钟翔山　主编

机械设备维修

JIXIE SHEBEI
WEIXIU
QUANCHENG
TUJIE

第2版

化学工业出版社
·北京·

图书在版编目（CIP）数据

机械设备维修全程图解/钟翔山主编. —2版. —北京：化学工业出版社，2019.4(2024.5重印)
ISBN 978-7-122-33958-4

Ⅰ.①机… Ⅱ.①钟… Ⅲ.①机械维修-图解
Ⅳ.①TH17-64

中国版本图书馆CIP数据核字（2019）第034680号

责任编辑：贾　娜　　　　文字编辑：陈　喆
责任校对：宋　夏　　　　装帧设计：刘丽华

出版发行：化学工业出版社（北京市东城区青年湖南街13号　邮政编码100011）
印　　装：北京建宏印刷有限公司
787mm×1092mm　1/16　印张26　字数717千字　　2024年5月北京第2版第6次印刷

购书咨询：010-64518888　　售后服务：010-64518899
网　　址：http://www.cip.com.cn
凡购买本书，如有缺损质量问题，本社销售中心负责调换。

定　　价：128.00元

前言

FOREWORD

机械设备是现代社会进行生产和用于服务的重要装备，其服务领域很广。随着工业技术的进步，机械设备正朝着自控、成套和机电一体化方向发展。机械设备维修是一门涉及知识面广、专业性强的技术，其所维修的机械设备质量很大程度上取决于操作人员的技术水平及当今的科技水平。

为满足市场对技能型人才的需要，笔者以提高维修人员的实际水平为出发点，结合机械设备的发展方向及新时期对机械设备维修操作的要求，在继承传统机械设备经典维修工艺内容的基础上，对新设备、新工艺等进行了大量补充，精心编写，形成了本书。

本书第 1 版根据机械设备维修的实际需求，注重传统实用设备维修技术与现代维修新技术、新工艺、新材料的融合，对机械设备维修方法的操作步骤、过程、要点、注意事项等方方面面进行了分析与讲解。第 2 版在保持第 1 版编写特色的基础上，围绕机械设备维修的全部操作过程，以全程、全局的视野，对第 1 版内容进一步优化、整理和系统归纳，进一步强化了“实用、先进、全程”的编写理念，进一步突出了帮助读者提供维修技能及实际工作能力的编写目的，主要做了以下几方面的工作：细化了各维修工序的操作步骤、要点；增加了维修过程中容易被忽略的“润滑、起重”等生产工序的内容；考虑到维修机械设备的特性，以及本书姊妹篇《机械设备装配全程图解》对机械设备的装配已有较详细的讲解，本书删除了第 1 版中“机械设备零部件的装配”章节；针对第 1 版在机械设备安装及维护方面内容的不足，本次修订新增了“机床设备的安装与维护”章节。

本书既可作为机械设备维修操作人员的培训及自学用书，也可作为从事机械设备维修的技术人员以及高校相关专业师生的参考书。

本书由钟翔山主编，钟礼耀、钟翔屿、孙东红、钟静玲、陈黎娟任副主编，参加资料整理与编写的有曾冬秀、周莲英、周彬林、刘梅连、欧阳勇、周爱芳、周建华、胡程英、彭英、周四平、李拥军、李卫平、周六根、曾俊斌，参与部分文字处理工作的有钟师源、孙雨暄、欧阳露、周宇琼、付英、刘玉燕等。全书由钟翔山整理统稿，钟礼耀、钟翔屿、孙东红校审。

在本书的编写过程中，得到了同行及有关专家、高级技师等的热情帮助、指导和鼓励，在此一并表示由衷的感谢，然而由于水平所限，不足之处在所难免，希望广大读者批评指正。

编　者

前言

FOREWORD

目录

CONTENTS

第4章 机床设备的安装与维护 / 121

第5章 机械设备零部件的装配及维修 / 164

第 6 章 机械设备的修理 / 260

第 7 章 数控机床类设备的修理 / 335

第 8 章 机械设备维修质量的检验 / 367

第1章

机械设备维修技术基础

1.1 机械设备维修的工作内容、特点及应用

随着现代工业技术的不断发展，机械制造业越来越成为一种技术密集型行业。维修机械设备是机械制造业中的一项重要内容。

(1) 机械设备维修的工作内容

机械设备维修实际上需要完成机械设备的维护和修理两大部分工作。维护主要指为保持装备或设备完好工作状态所做的一切工作，包括清洗擦拭、润滑涂油、检查调校以及补充能源、燃料等消耗品；修理则是指恢复装备或设备完好工作状态所做的一切工作，包括检查、判断故障、排除故障、排除故障后的测试，以及全面翻修等。概而言之，为保持和恢复机械设备完好工作状态而进行的一系列活动均是机械设备维修的工作内容，但在不同规模、不同行业的企业，具体的工作内容会有所不同。从机械设备维修的工作性质来讲，可定义为：使用手工工具或设备，主要从事机械设备的拆卸、修理、装配与调试、维护保养等工作。

尽管机械设备维修的主要工作是设备的维护、修理，但为完成机械设备的维修工作，维修人员必须在掌握划线、锯切、錾削、锉削、钻孔、扩孔、锪孔、铰孔、攻螺纹、套螺纹、刮削、研磨、装配和简单的热处理等基本操作技能的基础上，才能够胜任自身的工作需要。

(2) 机械设备维修的特点

① 机械设备维修是比较复杂、细微、工艺要求较高的以手工操作为主的工作。

② 机械设备维修操作的工具较简单、操作灵活，可以完成用机械加工不方便或难以完成的工作。

③ 机械设备维修可加工或修复形状复杂和高精度的零件。技艺精湛的操作人员可加工出比使用现代化机床加工还要精密和光洁的零件，可以加工出连现代化机床也无法加工的形状非常复杂的零件。

④ 机械设备维修加工所用工具和设备价格低廉、携带方便。

⑤ 机械设备维修的生产效率较低、劳动强度较大。

⑥ 机械设备维修工作质量的高低取决于操作人员技术熟练程度的高低。

⑦ 为维护、修理好现代数控、精密机械设备，机械设备维修人员需不断进行技术创新、知识更新，改进操作工艺。

(3) 机械设备维修的作用

机械设备维修是伴随生产工具的使用而出现的。随着生产工具的发展，机器设备大规模的使用，设备自动化水平的提高，维修的作用也越发凸显。具体说来主要有以下作用。

① 维修是事后对故障和损坏进行修复的一项重要活动。设备在使用过程中难免会发生故障和损坏，维修人员在工作现场随时应付可能发生的故障和由此引发的生产事故，尽可能不让生产停顿下来。

② 维修是事前对故障主动预防的积极措施。对影响设备正常运转的故障，事先采取一些“防患于未然”的措施，通过事先采取周期性的检查和适当的维修措施，可避免生产中的一些潜在故障以及由此可能引发的事故。

③ 维修是设备使用的前提和安全生产的保障。随着机器设备高技术含量的增加，新技术、新工艺、新材料的出现，智能系统的应用，导致设备越是现代化，对设备维修的依赖程度就越高。

1.2 机械设备维修的分类及工作过程

(1) 设备维修的分类及其工作特点

机械设备维修的分类方法很多，按维修时机的不同，维修工作可分为预防性维修及修复性维修（修理），其中，预防性维修工作又可以划分为保养、操作人员监控、使用检查、功能检测、定时拆修、定时报废和综合工作七种维修工作类型。

修理按机械设备技术状态劣化的程度、修理内容、技术要求和工作量大小分为小修、项修（中修）、大修和定期精度调整等不同等级。

1) 预防性维修的工作类型

① 保养　保养是为保持设备固有设计性能而进行的表面清洗、擦拭、通风、添加油液或润滑剂、充气等工作。它是对技术、资源要求最低的维修工作类型。

② 操作人员监控　操作人员监控是操作人员在正常使用设备时对其状态进行监控的工作，其目的是发现潜在故障。这类监控包括对设备所进行的使用前检查，对设备仪表的监控，通过气味、噪声、振动、温度、视觉、操作力的改变等感觉辨认潜在故障。但它对隐蔽功能不适用。

③ 使用检查　使用检查是按计划进行的定性检查工作，如采用观察、演示、操作手感等方法检查，以确定设备或机件能否执行其规定的功能。例如对火灾报警装置、应急设备、备用设备的定期检查等，其目的是发现隐蔽功能故障，减少发生多重故障的可能性。

④ 功能检测　功能检测是按计划进行的定量检查工作，以确定设备或机件的功能参数是否在规定的限度之内，其目的是发现潜在故障，通常需要使用仪表、测试设备。

⑤ 定时拆修　定时拆修是指装备使用到规定的时间予以拆修，使其恢复到规定状态的工作。

⑥ 定时报废　定时报废是指装备使用到规定的时间予以废弃的工作。

⑦ 综合工作　综合工作是指实施上述的两种或多种类型的预防性维修工作。

2) 机械设备修理的等级

① 大修　在设备修理类别中，设备大修是工作量最大、修理时间较长的一种计划修理。大修时，将设备的全部或大部分解体，修复基础件，更换或修复全部不合格的机械零件、电器元件；修理、调整电气系统；修复设备的附件以及翻新外观；整机装配和调试，从而达到全面消除大修前存在的缺陷，恢复设备规定的精度与性能。大修主要包括以下内容。

a. 对设备的全部或大部分部件解体检查，并做好记录。

b. 拆卸设备的各部件，对所有零件进行清洗并做出技术鉴定。

c. 编制大修技术文件，并做好修理前各方面准备。

d. 更换或修复失效的全部零部件。

e. 刮研或磨削全部导轨面。

f. 修理电气系统。

g. 配齐安全防护装置和必要的附件。

h. 整机装配，并调试达到大修理质量技术要求。

i. 翻新外观（重新喷漆、电镀等）。

j. 整机验收，按设备出厂标准进行检验。

通常，在设备大修时还应考虑适当地进行相关技术改造，如为了消除设备的先天性缺陷或多发性故障，可对设备的局部结构或零部件进行改进设计，以提高其可靠性。按照产品工艺要求，在不改变整机结构的情况下，局部提高个别主要部件的精度等。

对机械设备大修总的技术要求是：全面清除修理前存在的缺陷，大修后应达到设备出厂或修理技术文件所规定的性能和精度标准。

② 项修　项修是根据机械设备的结构特点和实际技术状态，对设备状态达不到生产工艺要求的某些项目或部件，按实际需要进行的针对性修理。修理时，一般要进行部分解体、检查，修复或更换失效的零件，必要时对基准件进行局部刮研、校正坐标，使设备达到应有的精度和性能。进行项修时，只针对需检修部分进行拆卸分解、修复；更换主要零件、刮研或磨削部分导轨面、校正坐标，使修理部位及相关部位的精度、性能达到规定标准，以满足生产工艺的要求。

项修时，对设备进行部分解体，修理或更换部分主要零件与基准件的数量约为10%～30%，修理使用期限等于或小于修理间隔期的零件；同时，对床身导轨、刀架、床鞍、工作台、横梁、立柱、滑块等进行必要的刮研，但总刮研面积不超过40%，其他摩擦面不刮研。项修时对其中个别难以恢复的精度项目，可以延长至下一次大修时恢复；对设备的非工作表面要打光后涂漆。项修的大部分修理项目由专职维修工人在生产车间现场进行，个别要求高的项目由维修车间承担。设备项修后，质量管理部门和设备管理部门要组织机械员、主修工人和操作者，根据项修技术任务书的规定和要求，共同检查验收。检验合格后，由项修质量检验员在检修技术任务书上签字，主修人员填写设备完工通知单，并由送修与承修单位办理交接手续。项修主要包括以下内容。

a. 全面进行精度检查，确定需要拆卸分解、修理或更换的零部件。

b. 修理基准件，刮研或磨削需要修理的导轨面。

c. 对需要修理的零部件进行清洗、修复或更换。

d. 清洗、疏通各润滑部位，换油，更换油毡、油线。

e. 治理漏油部位。

f. 喷漆或补漆。

g. 按部颁修理精度、出厂精度或项修技术任务书规定的精度检验标准，对修完的设备进行全部检查。但对项修时难以恢复的个别精度项目可适当放宽。

③ 小修　小修是指工作量最小的局部修理。小修主要是根据设备日常检查或定期检查中所发现的缺陷或劣化征兆进行修复。

小修的工作内容是拆卸有关的设备零部件，更换和修复部分磨损较快和使用期限等于或小于修理间隔期的零件，调整设备的局部机构，以保证设备能正常运转到下一次计划修理时间。小修时，要对拆卸下的零件进行清洗，将设备外部全部擦净。小修一般在生产现场进行，由车间维修工人执行。

④ 定期精度调整　定期精度调整是指对精密、大型、稀有设备的几何精度进行有计划的定期检查并调整，使其达到或接近规定的精度标准，保证其精度稳定，以满足生产工艺要求。通常，该项检查的周期为1～2年，并应安排在气温变化较小的季节进行。

(2) 机械设备修理的工作过程

一般说来，设备大修的工作过程最为复杂及完整，通常包括：解体前整机检查、拆卸部件、部件检查、必要的部件分解、零件清洗及检查、部件修理装配、总装配、空运转试车、负荷试车、整机精度检验、竣工验收等内容，如图1-1所示。

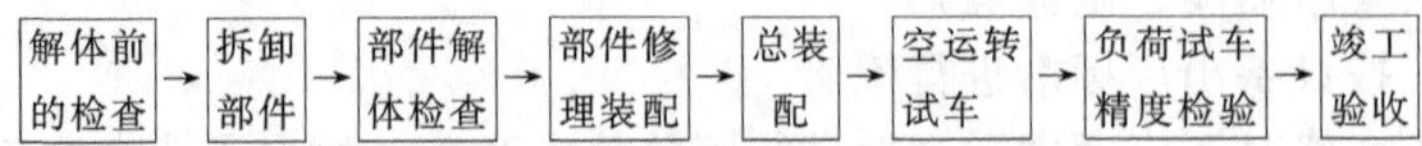

图1-1　机械设备大修的工作过程

机械设备大修的工作过程归纳起来可分为修前准备、修理过程和修后验收三个阶段。

① 第一阶段（修前准备阶段）　为使修理工作顺利地进行，做到准确无误，可先听取操作人员对该设备的修理要求，并详细了解待修设备的主要问题。例如精度丧失情况，主要机件的磨损程度，传动系统的精度和外观缺损。了解待修设备为满足工艺需要应做哪些改装。然后阅读有关技术资料、设备说明书和历次修理记录，以熟悉设备的结构特点、传动系统和原设计精度要求，提出预检的项目。经预检，确定更换件，确定大件、关键件的具体修复方法，准备专用的工检具，确定修后的精度检验项目和试车要求，这样就为整台设备的大修做好了各项技术准备工作。

② 第二阶段（修理过程阶段）　首先是进行设备的解体。按照与装配相反的顺序和方向，即以先上后下、先外后里的方法有次序地解除零、部件在机械中相互间的约束和固定形式。拆卸后应立即进行二次预检并提出二次补充件，还要根据更换件和修复件的供、修情况，大致排定修理工作进度，使修理工作有步骤、按计划地进行，以免因组织工作的衔接不当而延长修理周期。

对具体零、部件的修理和修复，应根据待修对象的结构特点、精度高低，并结合本单位的加工能力拟订合理的修理方案和相应的修复方法。

设备整机的组装工作以验收标准为依据进行，选择合适的组装基准面，确定误差补偿环节的形成及其补偿办法，以确保各零、部件间的拼装精度，如平行度、等高度、同轴度、垂直度以及传动的啮合要求。

③ 第三阶段（修后验收阶段）　组装调整好的设备应按有关精度标准项目或修前拟定的精度项目进行各项试验验收，如空运转试验、负荷试验、工作精度试验和几何精度试验，全面检查衡量修后设备精度和工作性能的恢复情况。

设备修理后，应记录对原技术资料的修改情况和修理中的经验教训，做好工作小结，与原始资料一起归档，以备下次修理时参考。

1.3 设备故障的判断及零件失效的形式

设备维修的目的是以最少的经济代价，使设备经常处于完好和生产准备状态，保持、恢复和提高设备的可靠性，保障使用安全和环境保护的要求，以确保生产任务的完成。

要完成上述任务，首先就应对所使用的机械设备是否发生故障进行判断，对零件失效的形式进行鉴定，以便在此基础上制定出经济、有效的修理方案。

(1) 故障及故障模式

机械设备丧失了规定功能的状态称为故障。机械设备的工作性能随使用时间的增长而下降，当其工作性能指标超出了规定的范围时就是出现了故障。机器发生故障后，其技术经济指标部分或全部下降而达不到规定的要求，如发动机功率下降、精度降低、加工表面粗糙度达不到预定等级、发生强烈振动、出现不正常的声响等。

每一种故障都有其主要特征，即故障模式。故障模式是故障现象的外在表现形式，相当于医学上的疾病症状。各种机器设备的故障模式包括以下数种：异常振动、磨损、疲劳、裂纹、破断、腐蚀、剥离、渗漏、堵塞、过度变形、松弛、熔融、蒸发、绝缘劣化、短路、击穿、异常声响、材料老化、油质劣化、黏合、污染、不稳定及其他。

机械设备故障的分类方法很多，随着研究目的的不同而异。通常按发生的原因或性质分为自然故障和人为故障两类。自然故障是指因机器各部分零件的磨损、变形、断裂、蚀损等而引起的故障；人为故障是指因使用了质量不合格的零件和材料，不正确的装配和调整，使用中违反操作规程或维护保养不当等而造成的故障，这种故障是人为因素造成的，是可以避免的。按故障发生的部位分为整体故障和局部故障，这类故障大多发生在产品最薄弱的部位，对这些部位应该重视，予以加强或者改变其结构。按故障发生的时间，分为磨合期、正常使用期和耗损故障期。在产品的整个寿命周期内，产品通常在耗损故障期内发生故障的概率较大。

(2) 故障产生的一般规律

机器设备的故障率随时间的变化规律如图 1-2 所示，此曲线常称为“浴盆曲线”。这一变化过程主要分为三个阶段：第一阶段为早期故障期，即由于设计、制造、运输、安装等原因造成的故障，故障率较高；随着故障一个个被排除而逐渐减少并趋于稳定，进入随机故障期，此期间不易发生故障，设备故障率很低，这个时期的持续时间称为有效寿命；第三阶段为耗损故障期，随着设备零部件的磨损、老化等原因造成故障率上升，这时若加强维护保养，及时修复或更换零部件，则可把故障率降下来，从而延长其有效寿命。

(3) 机械设备故障的判断准则

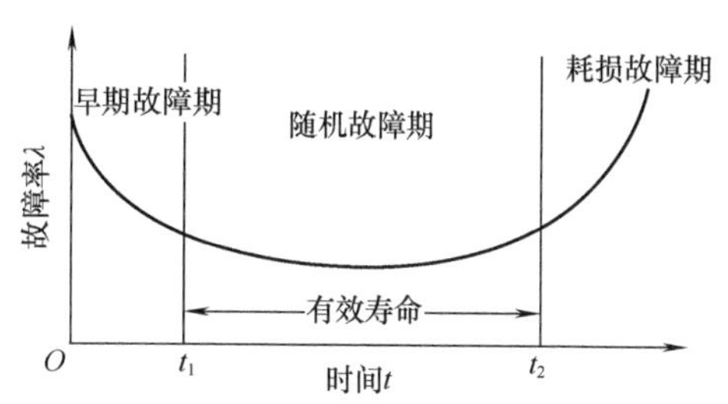

图 1-2　设备故障规律曲线

由上述分析可知，要对机械设备是否发生了故障进行判断，必须明确什么是规定的功能，设备的功能丧失到什么程度才算出了故障，以此才能作为故障判断的准则。比如汽车制动不灵，在规定的速度下刹车，停车超过了允许的距离，那么就认为是制动系统故障。“规定的功能”通常在机械设备运行中才能显现出来，如设备已丧失规定功能而设备未开动，则故障就不能显现。有时，设备还尚未丧失功能，但根据某些物理状态、工作参数、仪器仪表检测，就可以判断即将发生故障并可能造成一定的危害，因此，应当在故障发生之前进行有效的维护或修理。

(4) 机械零件的失效与对策

机械零件丧失了规定的功能称为失效。一个零件处于下列两种状态之一就认为是失效：一是不能完成规定的功能，二是不能可靠和安全地继续使用。机器的故障和机械零件的失效密不可分。机械零件的失效最终必将导致机械设备的故障。关键零件的失效会造成设备事故、人身伤亡事故甚至大范围内灾难性后果。因此，必须有效地预防、控制、监测零件的失效。

机械设备类型很多，其运行工况和环境条件差异很大，机械零件失效形式也很多，发生的原因也各不相同，一般是按失效件的外部形态特征来分类的，主要有磨损、变形、断裂、蚀损等四种较普遍的、有代表性的失效形式。

在生产实践中，最主要的失效形式是零件工作表面的磨损失效；而最危险的失效形式是瞬间出现裂纹和破断，统称为断裂失效。

失效分析是指分析研究机件磨损、断裂、变形、蚀损等现象的机理或过程的特征及规律，

从中找出产生失效的主要原因，以便采用适当的控制方法。

失效分析的目的是为制订维修技术方案提供可靠依据，并对引起失效的某些因素进行控制，以降低设备故障率，延长设备使用寿命。此外，失效分析也能为设备的设计、制造反馈信息，为设备事故的鉴定提供客观依据。

1）零件的磨损

相接触的物体有相对运动或有相对运动趋势时所表现出阻力的现象称为摩擦，摩擦时所表现出阻力的大小叫作摩擦力。摩擦与磨损总是相伴发生的，而摩擦的特性与磨损的程度密切相关。机械设备在工作过程中，有相对运动零件的表面上发生尺寸、形状和表面质量变化的现象称为磨损。

对一台大修的发动机进行检测可以发现，凡有相对运动、相互摩擦的零件（如缸套、活塞、活塞环、曲轴、主轴承、连杆轴承等）都有不同程度的磨损。磨损的速度不仅直接影响设备的使用寿命，而且还造成能耗的大幅度增加，据估计，磨损造成的能源损失占全世界能耗的1/3左右，大约有80%的损坏零件是由于磨损造成的。

① 磨损的一般规律　在不同条件下工作的机械零件，磨损发生的原因及形式各不相同，但磨损量随使用时间的延长而变化的规律相似。机械零件的磨损一般可分为三个阶段，如图1-3所示为磨损特性曲线。其中：

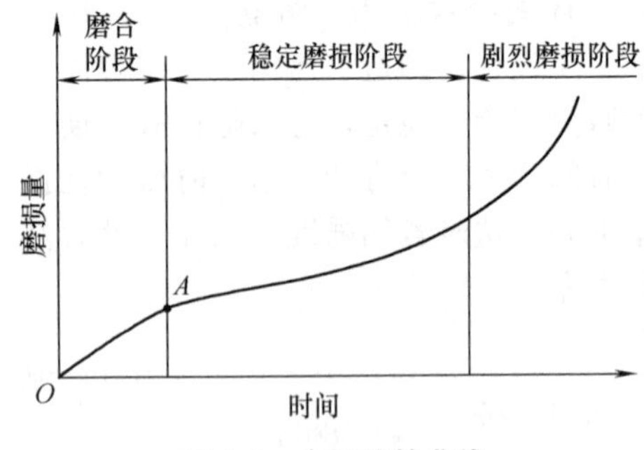

图 1-3　磨损特性曲线

a. 磨合（跑合）阶段　由于新加工零件表面比较粗糙，因此零件磨损十分迅速，随着时间的延长，表面粗糙度下降，实际接触面积增大，磨损速度逐渐下降。经过这一阶段以后，零件的磨损速度逐步过渡到稳定状态。选择合适的磨合载荷、相对运动速度、润滑条件等参数是尽快达到正常磨损的关键因素，应以最小的磨损量完成磨合。磨合阶段结束后，应清除摩擦副中的磨屑，更换润滑油，才能进入满负荷正常使用阶段。

b. 稳定磨损阶段　摩擦表面的磨损量随着工作时间的延长而稳定、缓慢增长，属于自然磨损。在磨损量达到极限值以前的这一段时间是零件的耐磨寿命。它与摩擦表面工作条件、维护保养好坏关系极大。使用保养得好，可以延长磨损寿命，从而提高设备的可靠性与有效利用率。

c. 剧烈磨损阶段　由于摩擦条件发生较大的变化，如温度升高、金属组织发生变化、冲击载荷增大、润滑状态恶化、磨损速度急剧增加、机械效率下降、精度降低等，最后导致零件失效，机械设备不能继续使用。这一阶段应采取修复、更换等措施，防止设备故障与事故的发生。

② 磨料磨损　磨料磨损又称磨粒磨损，它是由于摩擦副的接触表面之间存在着硬质颗粒，或者当摩擦副材料一方的硬度比另一方的硬度大得多时，所产生的一种类似金属切削过程的磨损现象。它是机械磨损的一种，特征是在接触面上有明显的切削痕迹。磨料磨损是农业机械、矿山机械、建筑机械、工程机械设备的主要破坏形式。如一台在多砂石地区工作的推土机，仅工作几十小时后发动机就不能正常工作了。拆开后发现缸旁严重磨损，进气管内残存许多砂粒，润滑油极脏。查其原因发现，进气管接头卡套损坏，使空气未经滤清而进入气缸，从而导致了严重的磨料磨损。

在各类磨损中，磨料磨损约占50%，是十分常见且危害性最严重的一种磨损，其磨损速率和磨损强度很大，致使机械设备的使用寿命大大降低，能源和材料大量消耗。

a. 磨料磨损的机理　磨料磨损的机理属于磨料颗粒的机械作用，一种是磨粒沿摩擦表面

进行微量切削的过程；另一种是磨粒使摩擦表面层受交变接触应力作用，产生不断变化的密集压痕，最后由于表面疲劳而剥蚀。磨粒的来源有外界砂尘、切屑侵入、流体带入、表面磨损产物、材料组织的表面硬点及夹杂物等。

磨料磨损的显著特点是：磨损表面具有与相对运动方向平行的细小沟槽，螺旋状、环状或弯曲状细小切屑及部分粉末。

b. 减轻磨料磨损的措施　磨料磨损是目前造成机械设备工作性能下降以致出现故障的主要原因之一，减轻磨料磨损的常用方法主要有以下几条：

• 减少磨料的进入　对机械设备中的摩擦副应阻止外界磨料进入，并及时清除摩擦副磨合过程中产生的磨屑。具体措施是配备空气滤清器及燃油、机油过滤器；增加用于防尘的密封装置等；在润滑系统中装入吸铁石、集屑房及油污染程度指示器；经常清理更换空气、燃油、机油滤清装置。

• 增强零件的耐磨性　可选用耐磨性能好的材料。对于要求耐磨又有冲击载荷作用的零件，可采用热处理和表面处理的方法改善零件材料的性质，提高表面硬度，尽可能使表面硬度超过磨料的硬度。如采用中碳钢淬火、低温回火得到马氏体钢的办法，使零件既具有耐磨性，又具有较好的韧性。选用一硬一软摩擦副，使磨料被软材料所吸收，减少磨料对重要、高价材料的磨损。对于精度要求不是非常高的零件，可用在工作面上堆焊耐磨合金的办法以提高其耐磨性。

③ 黏着磨损　构成摩擦副的两个摩擦表面，在相对运动时各接触表面的材料从一个表面转移到另一个表面所引起的磨损称为黏着磨损。根据零件摩擦表面破坏程度，黏着磨损可分为轻微磨损、涂抹、擦伤、撕脱以及咬死等五类。

a. 黏着磨损的机理　黏着磨损的机理是：由于黏着作用，摩擦副在重载条件下工作，因润滑不良、相对运动速度高、摩擦产生的热量来不及散发，摩擦副表面产生极高的温度，材料表面强度降低，使承受高压的表面凸起部分相互黏着，继而在相对运动中被撕裂下来，使材料从强度低的表面上转移到材料强度高的表面上，造成摩擦副的灾难性破坏，如咬死或划伤。

b. 减少黏着磨损的措施。

• 控制摩擦副表面状态　摩擦表面洁净、光滑，无吸附膜，易发生黏着磨损。金属表面经常存在吸附膜，当有塑性变形后，金属滑移，吸附膜被破坏，或者温度升高（一般认为达到100～200℃时），吸附膜也会被破坏，这些都易导致黏着磨损的发生。为了减轻黏着磨损的发生，应根据其工作条件（载荷、温度、速度等），选用适当的润滑剂，或在润滑剂中加入添加剂等，以建立必要的润滑条件。而大气中的氧通常会在金属表面形成一层保护性氧化膜，能防止金属直接接触和发生黏着，有利于减少摩擦和磨损。

• 控制摩擦副表面的材料成分与金相组织　材料成分和金相组织相近的两种金属材料之间最容易发生黏着磨损。这是因为两摩擦表面的材料形成固溶体或金属间化合物的倾向强烈，因此，作为摩擦副的材料应当是形成固溶体倾向最小的两种材料，即应当选用不同成分和晶体结构的材料。在摩擦副的一个表面上覆盖铅、锡、银、钢等金属或者软的合金可以提高抗黏着磨损的能力，如巴氏合金、铝青铜等常用作轴承衬瓦的表面材料，就是为了提高其抗黏着磨损的能力，钢与铸铁配对抗黏着性能也不错。

④ 疲劳磨损　疲劳磨损是摩擦副材料表面上局部区域在循环接触应力作用下产生疲劳裂纹，由于裂纹不断扩展并分离出微片和颗粒的一种磨损形式。根据摩擦副之间的接触和相对运动方式可将疲劳磨损分为滚动接触疲劳磨损和滑动接触疲劳磨损两种形式。

a. 疲劳磨损机理　疲劳磨损的过程就是裂纹产生和扩展的破坏过程。根据裂纹产生的位置，疲劳磨损的机理有两种情况。

• 滚动接触疲劳磨损　滚动轴承、传动齿轮等有相对滚动摩擦副表面间出现的麻点和脱

落现象都是由滚动接触疲劳磨损造成的。其特点是经过一定次数的循环接触应力的作用，麻点或脱落才会出现，在摩擦副表面上留下痘斑状凹坑，深度在0.2mm以下。

• 滑动接触疲劳磨损　两滑动接触物体在距离表面下0.786b处（b为平面接触区的半宽度）切应力最大。该处塑性变形最剧烈，在周期性载荷作用下的反复变形使材料局部弱化，并在该处首先出现裂纹，在滑动摩擦力引起的剪应力和法向载荷引起的剪应力叠加结果下，使最大切应力从0.786b处向表面移动，形成滚动疲劳磨损，剥落层深度一般为0.2～0.4mm。

b. 减少或消除疲劳磨损的对策　减少或消除疲劳磨损的对策就是控制影响裂纹产生和扩展的因素，主要有以下两方面。

• 材质　钢中非金属夹杂物的存在易引起应力集中，这些夹杂物的边缘最易形成裂纹，从而降低材料的接触疲劳寿命。材料的组织状态、内部缺陷等对磨损也有重要的影响。

通常，晶粒细小、均匀，碳化物成球状且均匀分布，均有利于提高滚动接触疲劳寿命。轴承钢经处理后，残留奥氏体越多，针状马氏体越粗大，则表层有益的残余压应力和渗碳层强度越低，越容易发生微裂纹。在未溶解的碳化物状态相同条件下，马氏体中碳的质量分数在0.4%～0.5%时，材料的强度和韧性配合较佳，接触疲劳寿命高。对未溶解的碳化物，通过适当热处理，使其趋于量少、体小、均布，避免粗大或带状碳化物出现，都有利于避免疲劳裂纹的产生。

硬度在一定范围内增加，其接触疲劳抗力将随之增大。例如，轴承钢表面硬度为62HRC左右时，其抗疲劳磨损能力最大。对传动齿轮的齿面，硬度在58～62HRC范围内最佳，而当齿面受冲击载荷时，硬度宜取下限。此外，两接触滚动体表面硬度匹配也很重要。例如，滚动轴承中，滚道和滚动元件的硬度相近，或者滚动元件比滚道硬度高出10%为宜。

• 表面粗糙度　实践表明，适当降低表面粗糙度是提高抗疲劳磨损能力的有效途径。例如，滚动轴承的表面粗糙度由Ra0.4μm降低到Ra0.2μm，寿命可提高2～3倍；由Ra0.2μm降低到Ra0.1μm，寿命可提高1倍；而表面粗糙度降低到Ra0.05μm以下对寿命的提高影响甚小。表面粗糙度要求的高低与表面承受的接触应力有关，通常接触应力大，或表面硬度高时，均要求表面粗糙度低。

此外，表面应力状态、配合精度的高低、润滑油的性质等都对疲劳磨损的速度产生影响。通常，表面应力过大、配合间隙过小或过大、润滑油在使用中产生的腐蚀性物质等都会加剧疲劳磨损。

⑤ 腐蚀磨损　在摩擦过程中，金属同时与周围介质发生化学反应或电化学反应，引起金属表面的腐蚀产物剥落，这种现象称为腐蚀磨损。它是在腐蚀现象与机械磨损、黏着磨损、磨料磨损等相结合时才能形成的一种机械化学磨损。因此，腐蚀磨损的机理与前述三种磨损的机理不同。腐蚀磨损是一种极为复杂的磨损过程，经常发生在高温或潮湿的环境，更容易发生在有酸、碱、盐等特殊介质条件下。

根据腐蚀介质的不同类型和特性，通常将腐蚀磨损分为氧化磨损和特殊介质中的腐蚀磨损两大类。

a. 氧化磨损　在摩擦过程中，摩擦表面在空气中氧或润滑剂中氧的作用下所生成的氧化膜很快被机械摩擦去除的磨损形式称为氧化磨损。

工业中应用的金属绝大多数都会被氧化而生成表面氧化膜，这些氧化膜的性质对磨损有重要的影响。若金属表面生成致密完整、与基体结合牢固的氧化膜，且膜的耐磨性能很好，则磨损轻微，若膜的耐磨性不好则磨损严重。如铝和不锈钢都易形成氧化膜，但铝表面氧化膜的耐磨性不好，不锈钢表面氧化膜的耐磨性好，因此不锈钢具有的抗氧化磨损能力比铝更强。

b. 特殊介质中的腐蚀磨损　在摩擦过程中，环境中的酸、碱等电解质作用于摩擦表面上所形成的腐蚀产物迅速被机械摩擦所除去的磨损形式称为特殊介质中的腐蚀磨损。这种磨损的机理与氧化磨损相似，但磨损速率较氧化磨损高得多。介质的性质、环境温度、腐蚀产物的强度、附着力等都对磨损速率有重要影响。这类腐蚀磨损出现的概率很高，如流体输送泵，当其输送带腐蚀性的流体，尤其是含有固体颗粒的流体时，与流体有接触的部位都会受到腐蚀磨损。

搅拌器叶片、风机、水轮机叶片、内燃机气缸内壁及活塞等也易发生严重的腐蚀磨损。因此，对于特定介质作用下的腐蚀磨损，可通过控制腐蚀性介质形成条件，选用合适的耐磨材料及改变腐蚀性介质的作用方式来减轻腐蚀磨损速率。

⑥ 微动磨损　两个固定接触表面由于受相对小振幅振动而产生的磨损称为微动磨损，主要发生在相对静止的零件结合面上，例如键连接表面、过盈或过渡配合表面、机体上用螺栓连接和铆钉连接的表面等，因而往往易被忽视。

微动磨损的主要危害是使配合精度下降，过盈配合部件紧度下降甚至松动，连接件松动乃至分离，严重者引起事故。微动磨损还易引起应力集中，导致连接件疲劳断裂。

a. 微动磨损的机理　由于微动磨损集中在局部范围内，同时两摩擦表面永远不脱离接触，磨损产物不易往外排除，磨屑在摩擦面起着磨料的作用；又因摩擦表面之间的压力使表面凸起部分黏着，黏着处被外界小振幅引起的摆动所剪切，剪切处表面又被氧化，所以微动磨损是一种兼有磨料磨损、黏着磨损和氧化磨损的复合磨损形式。

b. 减少或消除微动磨损的对策　实践表明，材质性能、载荷、振幅的大小及温度的高低是影响微动磨损的主要因素。因而，减少或消除微动磨损的对策主要有下列几个方面。

• 材质性能　提高硬度及选择适当材料配副都可以减小微动磨损。将一般碳钢表面硬度从180HV提高到700HV时，微动磨损量可降低50%。一般来说，抗黏着性能好的材料配副对抗微动磨损也好。采用表面处理（如硫化或磷化处理以及镀上金属镀层）是降低微动磨损的有效措施。

• 载荷　在一定条件下，微动磨损量随载荷的增加而增加，但是当超过某临界载荷之后，磨损量则减小。采用超过临界载荷的紧固方式可有效减少微动磨损。

• 振幅　振幅较小时，单位磨损率比较小；当振幅超过50μm时，单位磨损率显著上升。因此，应有效地将振幅控制在30μm以内。

• 温度　低碳钢在0℃以上，磨损量随温度上升而逐渐降低；在150～200℃时磨损量突然降低；继续升高温度，磨损量上升；温度从135℃升高到400℃时，磨损量增加15倍。中碳钢在其他条件不变时，在温度为130℃的情况下微动磨损发生转折，超过此温度，微动磨损量大幅度降低。

2）零件的变形

机械零件在外力的作用下，产生形状或尺寸变化的现象称为变形。过量的变形是机械失效的重要类型，也是判断韧性断裂的明显征兆。例如，各类传动轴的弯曲变形、桥式起重机主梁下挠或扭曲、汽车大梁的扭曲变形、基础零件（如缸体、变速箱壳等）变形等，使相互间位置精度遭到了破坏。当变形量超过允许极限时，将丧失规定的功能。有的机械零件因变形引起结合零件出现附加载荷、加速磨损或影响各零部件间的相互关系，甚至造成断裂等灾难性后果。

① 金属零件的变形类型　金属零件受力的作用所产生的变形可分为弹性变形和塑性变形（又称永久变形）两大类。在弹性变形阶段，应变与应力之间呈线性关系，应力消失后变形完全消除，恢复原状。在塑性变形阶段，应变与应力之间呈非线性关系，应力消失后变形不能完全消除，总有一部分变形被保留下来，此时，材料的组织和性能都会发生相应的变化。因此，研究变形，特别是塑性变形的变形规律及变形对零件性能的影响具有重要意义。

在金属零件使用过程中，若产生超量弹性变形（超量弹性变形是指超过设计允许的弹性变形），则会影响零件正常工作。例如，传动轴工作时，超量弹性变形会引起轴上齿轮啮合状况恶化，影响齿轮和支承它的滚动轴承的工作寿命；机床导轨或主轴产生超量弹性变形，会引起加工精度降低甚至不能满足加工精度。因此，在机械设备运行中，防止超量弹性变形是十分必要的。使用时应严防超载运行，注意运行温度规范，防止热变形等。

塑性变形导致机械零件各部分尺寸和外形的变化，将引起一系列不良后果。例如，机床主轴塑性弯曲，将不能保证加工精度，导致废品率增大，甚至使主轴不能工作。零件的局部塑性变形虽然不像零件的整体塑性变形那样明显引起失效，但也是引起零件失效的重要形式。如键连接、花键连接、挡块和销钉等，由于静压力作用，通常会引起配合的一方或双方的接触表面挤压（局部塑性变形），随着挤压变形的增大，特别是那些能够反向运动的零件将引起冲击，使原配合关系破坏的过程加剧，从而导致机械零件失效。

② 防止和减少机械零件变形的对策　在目前条件下，变形是不可避免的。引起变形的原因是多方面的，因此，减轻变形危害的措施也应从设计、加工、修理、使用等多方面来考虑。

a. 设计　设计时不仅要考虑零件的强度，还要重视零件的刚度和制造、装配、使用、拆卸、修理等问题。

正确选用材料，注意工艺性能。如铸造的流动性、收缩性；锻造的可锻性、冷镦性；焊接的冷裂、热裂倾向性；机加工的可切削性；热处理的淬透性、冷脆性等。

合理布置零部件，选择适当的结构尺寸，改善零件的受力状况。如避免尖角，棱角改为圆角、倒角，厚薄悬殊的部分可开工艺孔或加厚太薄的地方；安排好孔洞位置，把盲孔改为通孔等。形状复杂的零件在可能条件下采用组合结构、镶拼结构等。

在设计中，注意应用新技术、新工艺和新材料，减少制造时的内应力和变形。

b. 加工　在加工中要采取一系列工艺措施来防止和减少变形。对毛坯要进行时效处理以消除其残余内应力。

在制定机械零件加工工艺规程中，要在工序、工步的安排以及工艺装备和操作上采取减小变形的工艺措施。例如，粗精加工分开的原则，在粗精加工中间留出一段存放时间，以利于消除内应力。

机械零件在加工和修理过程中要减少基准的转换，尽量保留工艺基准留给维修时使用，减少维修加工中因基准不统一而造成的误差。对于经过热处理的零件来说，注意预留加工余量、调整加工尺寸、预加变形非常必要。在知道零件的变形规律之后，可预先加以反向变形量，经热处理后两者抵消；也可预加应力或控制应力的产生和变化，使最终变形量符合要求，达到减少变形的目的。

c. 修理　为了尽量减少零件在修理中产生的应力和变形，在机械大修时不能只是检查配合面的磨损情况，对于相互位置精度也必须认真检查和修复。为此，应制订出合理的检修标准，并且应该设计出简单可靠、易操作的专用工具、检具、量具，同时注意大力推广维修新技术、新工艺。

d. 使用　加强设备管理，严格执行安全操作规程，加强机械设备的检查和维护，避免超负荷运行和局部高温。此外，还应注意正确安装设备，精密机床不能用于粗加工，恰当存放备品备件等。

3）零件的断裂

机械零件在某些因素作用下发生局部开裂或分裂成几部分的现象称为断裂。零件断裂以后形成的新的表面称为断口。断裂是机械零件失效的主要形式之一，随着机械设备向着大功率、高转速方向发展，对断裂行为的研究已经成为日益重要的课题。虽然与磨损、变形相比，因断裂而失效的概率很小，但零件的断裂往往会造成严重设备事故乃至灾难性后果。因此，必须对断裂失效给予高度的重视。

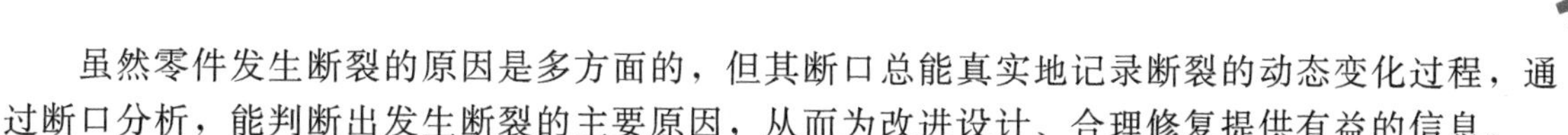

虽然零件发生断裂的原因是多方面的，但其断口总能真实地记录断裂的动态变化过程，通过断口分析，能判断出发生断裂的主要原因，从而为改进设计、合理修复提供有益的信息。

① 断裂的分类

a. 韧性断裂　零件在断裂之前有明显的塑性变形并伴有颈缩现象的一种断裂形式称为韧性断裂。引起金属韧性断裂的实质是实际应力超过了材料的屈服强度所致。分析失效原因应从设计、材质、工艺、使用载荷、环境等角度考虑问题。

b. 脆性断裂　零件在断裂之前无明显的塑性变形，发展速度极快的一种断裂形式称为脆性断裂。由于发生脆性断裂之前无明显的预兆，事故的发生具有突然性，因此是一种非常危险的断裂破坏形式。目前，关于断裂的研究主要集中在脆性断裂上。

c. 疲劳断裂　金属零件经过一定次数的循环载荷或交变应力作用后引发的断裂现象称为疲劳断裂。在机械零件的断裂失效中，疲劳断裂占很大的比重，约为80%～90%。

按断裂的应力交变次数又可分为高周疲劳和低周疲劳。高周疲劳是指机械零件断裂前在低应力（低于材料的屈服强度甚至低于弹性极限）下，所经历的应力循环周次数多（一般大于10^5次）的疲劳，是一种常见的疲劳破坏，如曲轴、汽车后桥半轴、弹簧等零部件的失效。低周疲劳承受的交变应力很高，一般接近或超过材料的屈服强度，因此每一次应力循环都有少量的塑性变形，而断裂前所经历的循环周次较少，一般只有10^2～10^5次，寿命短。

② 断裂失效分析　断裂失效分析的步骤大致如下。

a. 现场记载与拍照　设备事故发生后，要迅速调查了解事故前后的各种情况并做好记录，必要时需摄影、录像。

b. 分析主导失效件　一个关键零件发生断裂失效后，往往会造成其他关联零件及构件的断裂。出现这种情况时，要理清次序，准确找出起主导作用的断裂件，否则会误导分析结果。

c. 找出主导失效件上的主导裂纹　主导失效件如果已经支离破碎，应搜集残块，拼凑起来，找出哪一条裂纹最先发生，这一条裂纹即为主导裂纹。

d. 断口处理　如果需要对断口做进一步的微观分析，或保留证据，就应对断口进行清洗，可用压缩空气或酒精清洗，洗完以后烘干。如果需要保存较长时间，可涂防锈油并存放在干燥处。

e. 确定失效原因　确定零件的失效原因时，应对零件的材质，制造工艺，载荷状况，装配质量，使用年限，工作环境中的介质、温度，同类零件的使用情况等作详细的了解和分析。再结合断口的宏观特征、微观特征，作出准确的判断，确定断裂失效的主要原因、次要原因。

③ 断裂失效的对策　断裂失效的原因找出以后，可从以下几个方面考虑对策。

a. 设计方面　零件结构设计时，应尽量减少应力集中，根据环境介质、温度、负载性质合理选择材料。

b. 工艺方面　表面强化处理可大大提高零件疲劳寿命。表面适当的涂层可防止杂质造成的脆性断裂。某些材料热处理时，在炉中通入保护气体可大大改善其性能。

c. 安装使用方面　第一要正确安装，防止产生附加应力与振动，对重要零件应防止碰伤拉伤；第二应注意正确使用，保护设备的运行环境，防止腐蚀性介质的侵蚀，防止零件各部分温差过大，如冬季启动汽车时需先低速空运转一段时间，待各部分预热以后才能负荷运转。

4）零件的蚀损

蚀损即腐蚀损伤，是指金属材料与周围介质产生化学或电化学反应造成表面材料损耗、表面质量破坏、内部晶体结构损伤，最终导致零件失效的现象。金属腐蚀普遍存在，造成的经济损失巨大。据不完全统计，全世界因腐蚀而不能继续使用的金属制件，占其产量的10%以上。

① 蚀损的类型　按金属与介质作用机理，机械零件的蚀损可分为化学腐蚀和电化学腐蚀

两大类。

a. 机械零件的化学腐蚀　化学腐蚀是指单纯由化学作用而引起的腐蚀。在这一腐蚀过程中不产生电流，介质是非导电的。化学腐蚀的介质一般有两种形式，一种是气体腐蚀，指干燥空气、高温气体等介质中的腐蚀；另一种是非电解质溶液中的腐蚀，指有机液体、汽油、润滑油等介质中的腐蚀，它们与金属接触时进行化学反应形成表面膜，表面膜在不断脱落又不断生成的过程中使零件腐蚀。

大多数金属在室温下的空气中就能自发地氧化，但在表面形成氧化层之后，如能有效地隔离金属与介质间的物质传递，就成为保护膜；如果氧化层不能有效阻止氧化反应的进行，那么金属将不断地被氧化。

b. 金属零件的电化学腐蚀　电化学腐蚀是金属与电解质物质接触时产生的腐蚀。大多数金属的腐蚀都属于电化学腐蚀。金属发生电化学腐蚀需要几个基本条件：一是有电解质溶液存在；二是腐蚀区有电位差；三是腐蚀区电荷可以自由流动。

② 减少或消除机械零件蚀损的对策

a. 正确选材　根据环境介质和使用条件，选择合适的耐腐蚀材料，如含有镍、铬、铝、硅、钛等元素的合金钢；在条件许可的情况下，尽量选用尼龙、塑料、陶瓷等材料。

b. 合理设计　设计零件结构时应尽量使整个部位的所有条件均匀一致，做到结构合理、外形简化、表面粗糙度合适。

c. 覆盖保护层　在金属表面上覆盖保护层，可使金属与介质隔离开来，防止腐蚀。常用的覆盖材料有金属或合金、非金属保护层和化学保护层等。

d. 电化学保护　对被保护的机械零件接通直流电流进行极化，消除电位差，使之达到某一电位时，被保护金属的腐蚀很小，甚至呈无腐蚀状态。

e. 添加缓蚀剂　在腐蚀性介质中加入少量缓蚀剂（缓蚀剂是指能降低腐蚀速度的物质），可减轻腐蚀。按化学性质的不同，缓蚀剂有无机缓蚀剂和有机缓蚀剂两类。无机类缓蚀剂能在金属表面形成保护，使金属与介质隔开，如重铬酸钾、硝酸钠、亚硫酸钠等。有机类缓蚀剂能吸附在金属表面上，使金属溶解和还原反应都受到抑制，减轻金属腐蚀，如胺盐、琼脂、动物胶、生物碱等。在使用缓蚀剂防腐时，应特别注意其类型、浓度及有效时间。

1.4 机械设备维修测量技术

在机械设备维修过程中，操作人员必须使用到各类量具进行维修测量。常用的量具、量仪很多。根据其用途和特点，可分为通用量具和专用量具两大类，通用量具可用于所有工件尺寸与形位公差的测量，而专用量具则是针对某一种或某一类零件所使用的量具，主要用于检查使用通用量具不便或无法检查的曲线、曲面等尺寸与形位公差。

1.4.1 常用的通用量具及使用

(1) 万能角度尺

万能角度尺又称角度游标尺，是用来测量工件内外角度的量具，分Ⅰ型和Ⅱ型两种，其中：Ⅰ型万能角度尺的测量范围为0°～320°，游标的测量精度分2′和5′两种；Ⅱ型万能角度尺的测量范围为0°～360°，游标的测量精度分5′和10′两种。表1-1给出了两种万能角度尺的技术参数。

如图1-4所示为Ⅰ型万能角度尺的结构。如图1-5所示为Ⅰ型万能角度尺不同安装方法所能测量的范围。

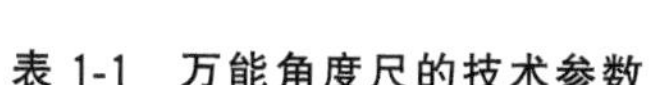

表 1-1 万能角度尺的技术参数

形　　式	测量范围	游标读数值	示值误差
Ⅰ型	0°～320°	2′、5′	±2′、±5′
Ⅱ型	0°～360°	5′、10′	±5′、±10′

① 测量方法　用万能角度尺测量外圆锥时，应根据工件角度调整万能角度尺的安装。万能角度尺基尺与工件端面靠平并通过工件中心，直尺与圆锥母线接触，利用透光法检查，视线与检测线等高，在检测线后方衬一白纸以增加透视效果，若合格，投射在白纸上的为一条均匀的白色光线。若检测线从小端到大端逐渐增宽，则说明锥度小，反之则说明锥度大，需要调整小滑板角度，如图 1-6 所示。

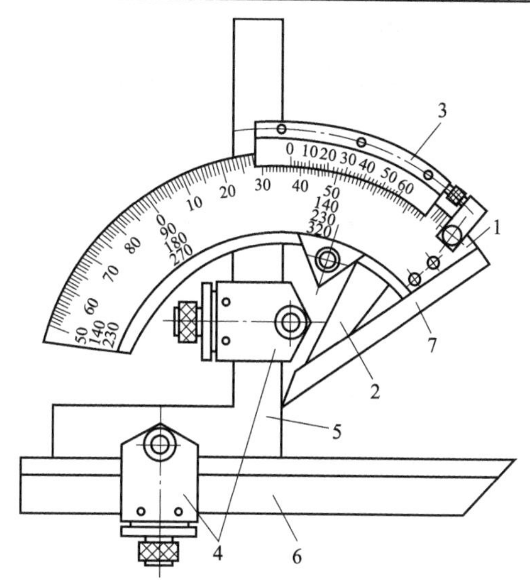

图 1-4　Ⅰ型万能角度尺

1—尺身；2—扇形板；3—游标；4—卡块；5—90°角尺；6—直尺；7—基尺

② 测量步骤　根据被测角度的大小按如图1-7所示的四种组合方式之一选择附件后，调整好万能角度尺。如图 1-7（a）所示的组合方式可测的角度范围 α 为 0°～50°；如图 1-7（b）所示的组合方式可测的角度范围 α 为 50°～140°；如图 1-7（c）所示的组合方式可测的角度范围 α 为 140°～230°；如图 1-7（d）所示的组合方式可测的角度范围 α 为 230°～320°，β 为 40°～130°。

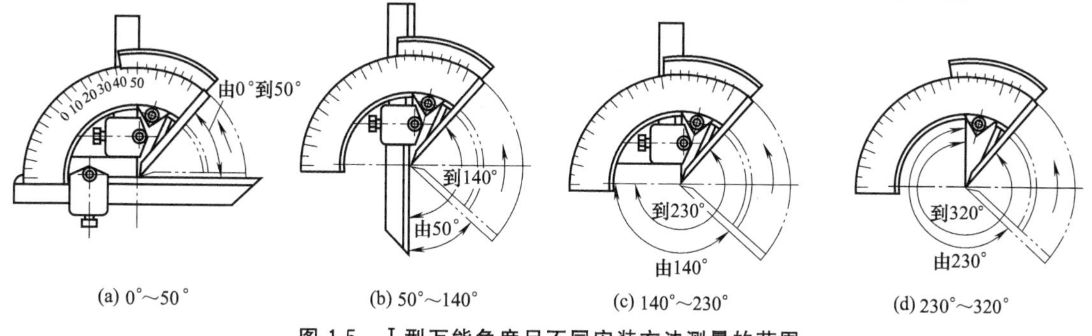

(a) 0°～50°　(b) 50°～140°　(c) 140°～230°　(d) 230°～320°

图 1-5　Ⅰ型万能角度尺不同安装方法测量的范围

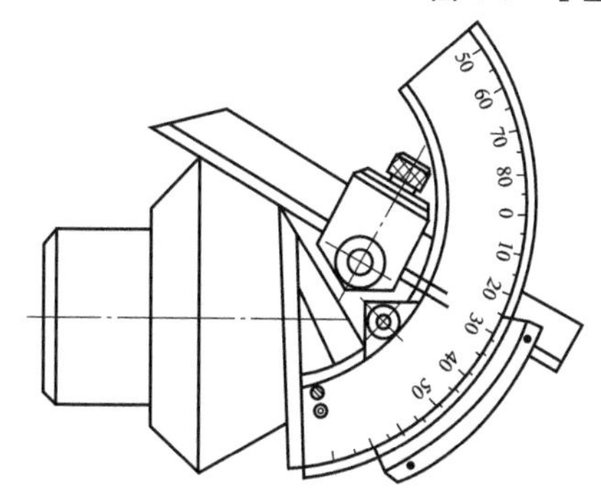

图 1-6　使用万能角度尺测量外圆锥

松开万能角度尺锁紧装置，使万能角度尺两测量边与被测角度贴紧，目测观察无可见光隙，锁紧装置锁紧后即可读数。测量时须注意保持万能角度尺与被测件之间的正确位置。

(2) 游标卡尺

游标卡尺简称卡尺，是一种比较精密的量具，通常用来测量工件的内外径尺寸、孔心距、孔边距、壁厚、沟槽和深度等。游标卡尺的规格有 120mm、150mm、200mm、250mm、300mm 等多种。

① 游标卡尺的构造　游标卡尺的构造如图 1-8 所示。由主尺和副尺（即游标尺）组成。主尺和固定卡脚制成一体，副尺和活动卡脚制成一体，测量深度的装置与副尺为一体。测量时，将两卡脚贴住工件的两测量面，拧紧螺钉，然后旋转螺母，推动副尺微动，通过副尺刻度与主尺刻度相对位置，便可读出工件尺寸，如图 1-8（b）中Ⅰ、Ⅱ所示。深度测量方法如图 1-8（b）中Ⅲ所示。

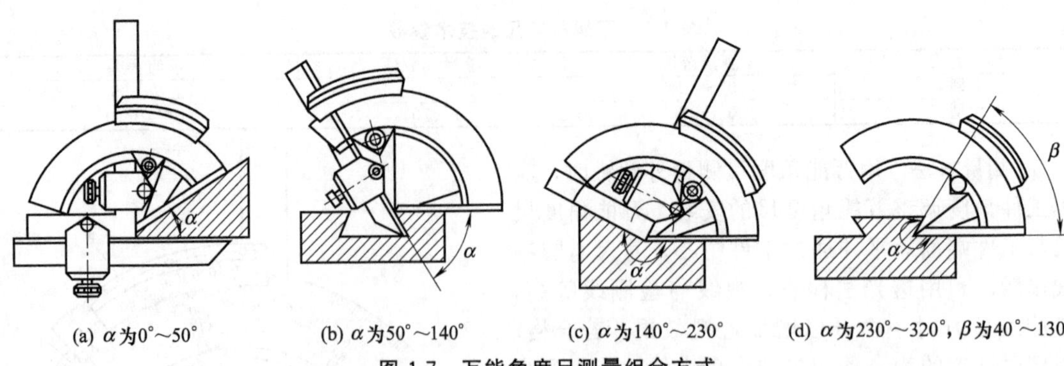

(a) α为0°～50°　(b) α为50°～140°　(c) α为140°～230°　(d) α为230°～320°，β为40°～130°

图 1-7　万能角度尺测量组合方式

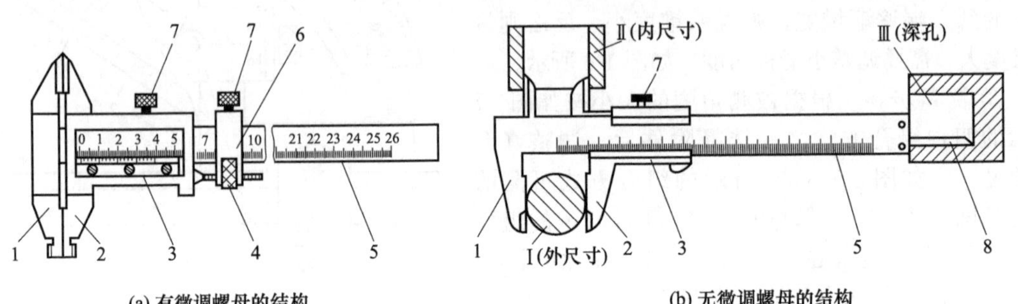

(a) 有微调螺母的结构　(b) 无微调螺母的结构

图 1-8　游标卡尺的构造

1—固定卡脚；2—活动卡脚；3—副尺；4—微调螺母；5—主尺；6—滑块；7—螺钉；8—深度尺

游标卡尺的读数精度有 0.1mm、0.05mm、0.02mm、0.01mm，读数精度高的多采用有微调螺母的结构。

如表 1-2 所示为常用游标卡尺的结构和基本参数。

表 1-2　常用游标卡尺的结构和基本参数

种类	结构图	测量范围/mm	游标读数值/mm
游标三用卡尺（Ⅰ型）	刀口测量面　内测卡爪　锁紧螺钉　副尺　主尺　外测卡爪　游标　手柄　测深杆　宽口测量面　刀口测量面	0～125 0～150	0.02 0.05
游标双面卡尺（Ⅱ型）	刀口测量面　外测卡爪　锁紧螺钉　副尺　主尺　游标　微调装置　内外测卡爪　宽口测量面　圆弧测量面　b	0～200 0～300	0.02 0.05

续表

种类	结构图	测量范围/mm	游标读数值/mm
游标单面卡尺（Ⅲ型）	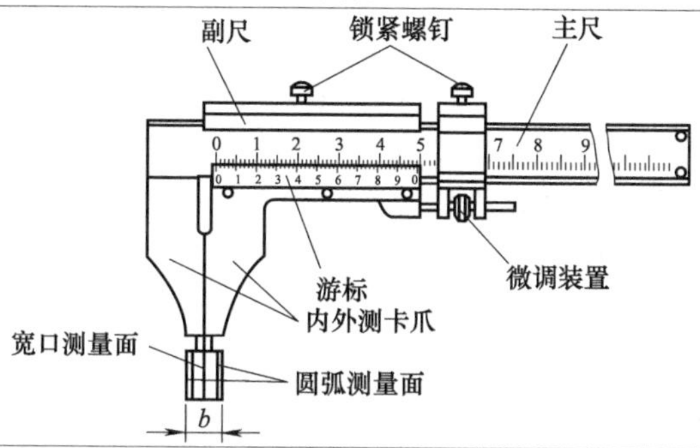 副尺 锁紧螺钉 主尺 游标 内外测卡爪 微调装置 宽口测量面 圆弧测量面 b	0～200 0～300	0.02 0.05
		0～500	0.02 0.05 0.1
		0～1000	0.05 0.1
游标深度卡尺	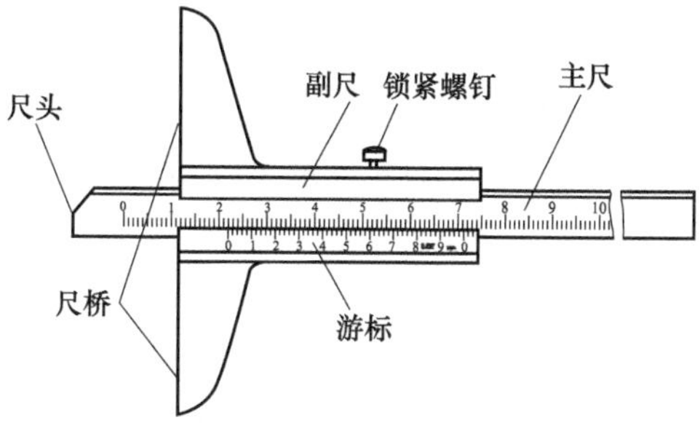 尺头 副尺 锁紧螺钉 主尺 尺桥 游标	0～150 0～250 0～500 0～600	0.02 0.05
游标表盘卡尺（Ⅰ型）	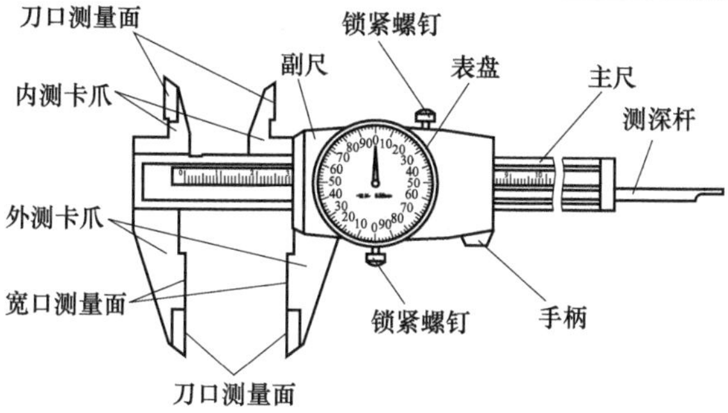 刀口测量面 锁紧螺钉 副尺 表盘 主尺 内测卡爪 测深杆 外测卡爪 宽口测量面 锁紧螺钉 手柄 刀口测量面	0～150 0～200 0～300	0.02
游标数显卡尺（Ⅰ型）	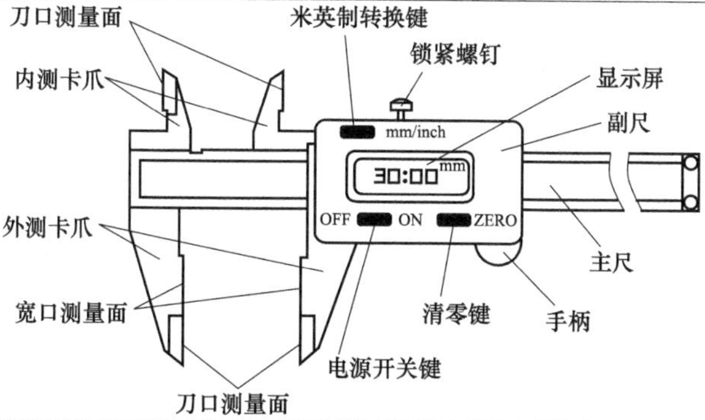 刀口测量面 米英制转换键 锁紧螺钉 内测卡爪 显示屏 副尺 mm/inch 30:00 mm OFF ON ZERO 外测卡爪 主尺 宽口测量面 清零键 手柄 电源开关键 刀口测量面	0～150 0～250 0～500 0～600	0.02 0.05

游标卡尺的适用范围可按表1-3选用。

表1-3　游标卡尺的适用范围

mm

游标读数值	示值误差	读数误差	适用精度范围
0.02	0.02	±0.02	IT12～IT16
0.05	0.05	±0.05	IT13～IT16
0.10	0.10	±0.10	IT14～IT16

② 游标卡尺使用注意事项　使用游标卡尺前，应先检查副尺在主尺上移动是否平稳灵活，其间不能有明显的晃动；量爪并拢时，量爪的测量面不应该有明显的漏光。如有透光不均，说明卡脚测量面已有磨损，应送检修；其次，把卡尺量爪反复并拢几次，检查主尺与副尺的零线是否对齐，如果并拢时零位对不齐，并且每次并拢零线位置都不相同时，这样的卡尺不能再用。如果并拢时零位对不齐，但是，各次并拢时零线的位置都相同，可以用于不精确的测量。但此时必须对读数结果进行零位误差修正，其方法是：读数＋零位误差＝被测尺寸。当量爪并拢时，游标零线在尺身零线之前时，零位误差为“正”，否则为“负”。

每次测量时，应将卡脚擦干净，被测零件的被测量处，应保证无毛刺。使用完毕后，应将卡尺擦拭干净放在专用的盒内，不能把卡尺放在磁性物体附近，以免卡尺磁化，更不要和其他工具放在一起，尤其不能和锉刀、凿子及车刀等刃具堆放在一起。

③ 游标卡尺的测量操作　用游标卡尺测量时，应掌握正确的操作方法。一般对小卡尺采用单手握尺，大卡尺要用双手握尺。测量时，右手大拇指指腹应抵住副尺下面的手柄，另外四指握住主尺尺身，用游标卡尺测量外尺寸或内尺寸时，都应使卡脚贴住工件，不可歪斜，卡脚卡紧松紧适中，两卡脚与工件接触点的连线应为设计要求测量尺寸的尺寸线方向，如图 1-9 所示。

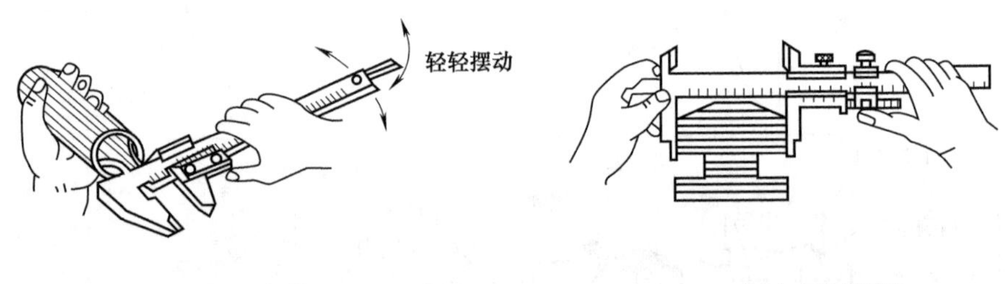

(a) 小卡尺的握法　(b) 大卡尺的握法

图 1-9　卡尺的握法与测量

测量时，应正确接触被测位置，图 1-10 中的实线量爪表示正确的接触测量位置，虚线为错误的接触测量位置。

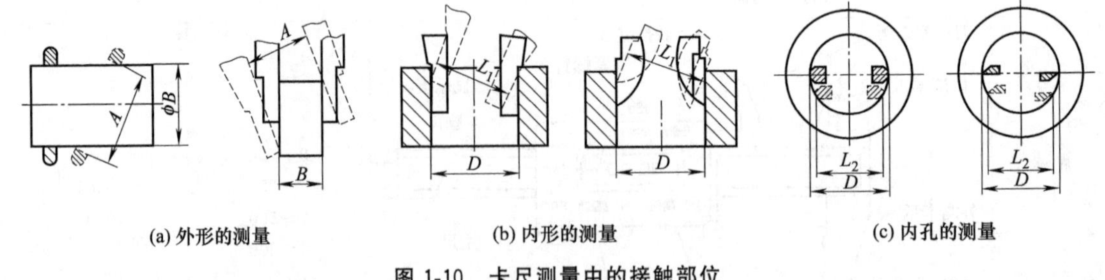

(a) 外形的测量　(b) 内形的测量　(c) 内孔的测量

图 1-10　卡尺测量中的接触部位

另外，卡尺测量时，应保证正确的进尺方法。不允许把量爪挤入工件，应预先把量爪间距调整到稍大于（测量外尺寸时）或小于（测量内尺寸时）被测尺寸，量爪放入测量部位后，轻轻推动游标，使量爪轻松接触测量面，如图 1-11 所示。

读数时可将制动螺钉拧紧后取出卡尺，把卡尺拿正，使视线尽可能正对所读刻线。

(3) 千分尺

千分尺是一种精密量具，它的测量精度比游标卡尺高，对于加工尺寸精度要求较高的工件，一般常采用千分尺进行测量，而且千分尺使用方便、调整简单。千分尺的种类较多，按其用途不同可分为外径千分尺、内径千分尺、深度千分尺、螺纹千分尺等。

① 外径千分尺　外径千分尺的测量范围有 0～25mm、25～50mm、50～75mm 和 75～

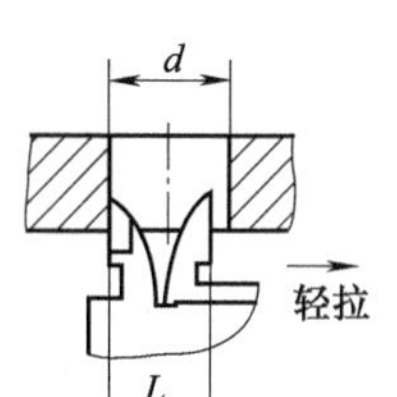

(a) L<d的正确进尺方法

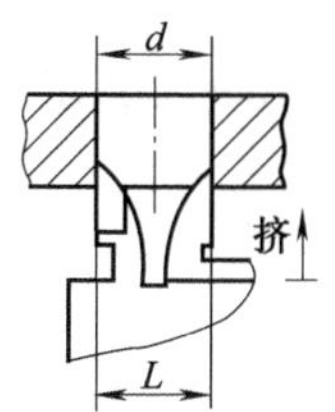

(b) L>d的错误进尺方法

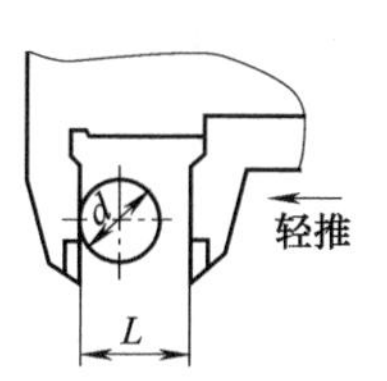

(c) L>d 的正确进尺方法

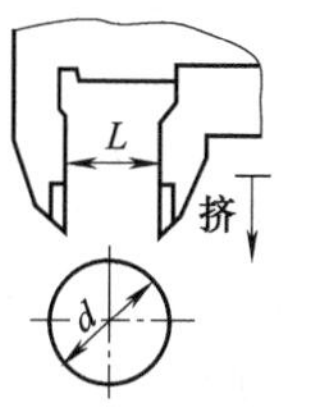

(d) L<d的错误进尺方法

图 1-11 卡尺测量时的进尺方法

100mm 等多种，分度值为 0.01mm，制造精度分 0 级和 1 级两种。可用于测量长、宽、厚及外径等。

外径千分尺构造如图 1-12 所示。由弓架、固定量砧、活动测轴、固定套筒和转筒等组成。固定套筒和转筒是带有刻度的主尺和副尺。活动测轴的另一端是螺杆，与转筒紧固为一体，其调节范围在 25mm 以内，所以从零开始，每增加 25mm 为一种规格。

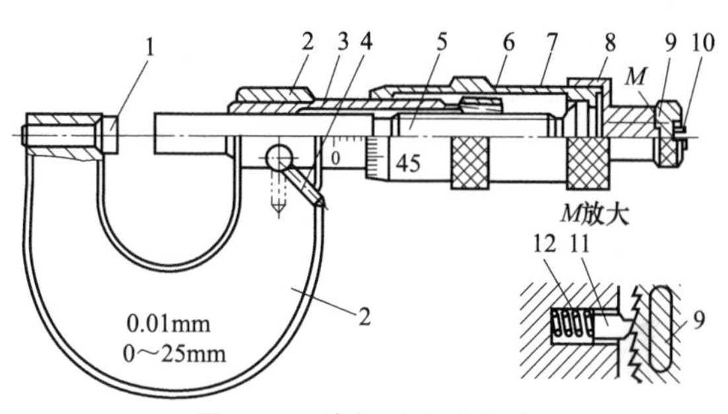

图 1-12 外径千分尺构造

1—固定量砧；2—弓架；3—固定套筒；4—偏心锁紧手柄；5—活动测轴；6—调节螺母；7—转筒；8—端盖；9—棘轮；10—螺钉；11—销子；12—弹簧

如表 1-4 所示为外径千分尺的技术参数。

表 1-4 外径千分尺的技术参数 mm

测量范围	示值误差		两测量面平行度	
	0 级	1 级	0 级	1 级
0～25	±0.002	±0.004	0.001	0.002
25～50	±0.002	±0.004	0.0012	0.0025
50～75 75～100	±0.002	±0.004	0.0015	0.003
100～125 125～150	—	±0.005	—	—
150～175 175～200	—	±0.006	—	—
200～225 225～250	—	±0.007	—	—
250～275 275～300	—	±0.007	—	—

外径千分尺的适用范围可按表 1-5 选用。

使用外径千分尺测量时，应采用双手操作，一般左手拿千分尺的弓架，右手先拧动转筒，后拧旋转棘轮，如图 1-13（a）所示。对于小工件测量，可用支架固定住千分尺，左手拿工件，右手拧转筒，如图 1-13（b）所示。

表 1-5 外径千分尺的适用范围

级别	适用范围
0 级	IT6～16
1 级	IT7～16

测量时，还必须正确选择测砧与被测面的接触位置。进尺时，先调整可动测砧与活动测砧的距离，使其稍大于被测尺寸，当两测量面与工件接触后，右手开始旋转棘轮，出现空转，发出“咔咔”响声，即可读出尺寸。读数时，最好不要从被测件上取下千分尺，如果要取下，则应将锁紧手把锁上，然后才可从被测件上取下千分尺。

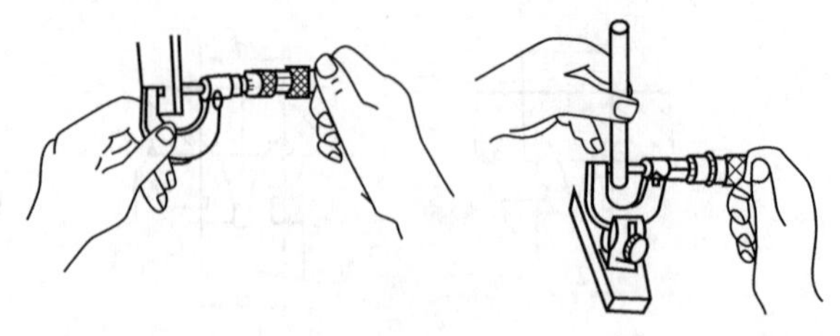

(a) 外径千分尺的一般测量操作方法　(b) 小工件的测量操作方法

图 1-13　外径千分尺测量示意图

② 其他类型的千分尺　除外径千分尺外，还有卡脚式内径千分尺、接杆式内径千分尺等其他类型的千分尺，其读数原理和读数方法与外径千分尺相同，只是由于用途不同，在外形和结构上有所差异。

如图 1-14 所示为卡脚式内径千分尺，它是用来测量中小尺寸孔径、槽宽等内尺寸的一种测微量具，测量范围为 5～30mm。

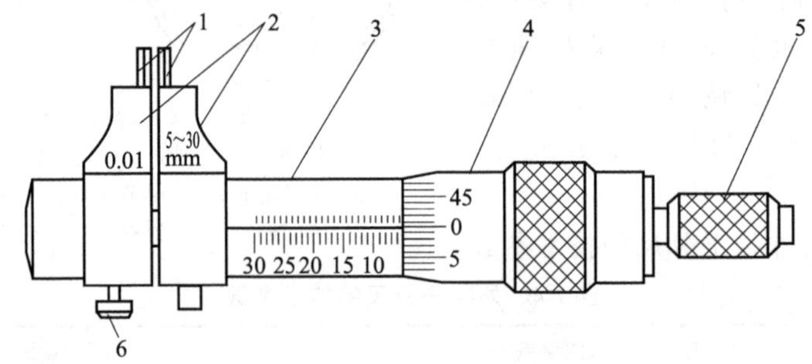

图 1-14　卡脚式内径千分尺

1—圆弧测量面；2—卡脚；3—固定套管；4—微分筒；5—测力装置；6—锁紧装置

接杆式内径千分尺是用来测量 50mm 以上的内尺寸，其测量范围为 50～63mm，如图 1-15（a）所示。为了扩大测量范围，一般均配有成套接长杆，如图 1-15（b）所示。连接时卸掉保护螺母，把接长杆右端与内径千分尺左端旋合，可以连接多个接长杆，直到满足需要为止。

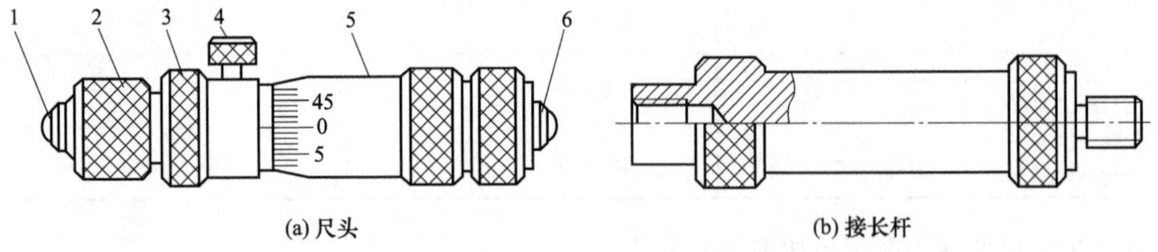

(a) 尺头　(b) 接长杆

图 1-15　接杆式内径千分尺

1,6—测量头；2—保护螺母；3—固定套管；4—锁紧装置；5—微分筒

(4) 百分表

百分表用于测定工件尺寸相对于规定值的偏差，如检验机床精度和测量工件的尺寸、形状和位置误差等。百分表分度值为 0.01mm，测量范围有 0～3mm、0～5mm、0～10mm 三种规格，百分表的制造精度分为 0 级、1 级和 2 级三等。此外，还有杠杆百分表和内径百分表等其他百分表类型。

表 1-6 给出了百分表的技术参数。

表 1-6 百分表的技术参数 mm

精度等级	示值误差			适用范围
	0～3	0～5	0～10	
0 级	0.009	0.011	0.014	IT6～IT14
1 级	0.014	0.017	0.021	IT6～IT16
2 级	0.020	0.025	0.030	IT7～IT16

① 百分表的结构 百分表的结构如图 1-16 所示。由表盘 1，主指针 3，表体 8，测量头 10，测量杆 11，齿轮 6、7、12、13 等主要部分组成。

表体 8 是百分表的基础件，轴管 9 固定在表体上，中间穿过装有测量头 10 的测量杆 11，测量杆上有齿条，当被测件推动测量杆移动时，经过齿条，齿轮 12、13、7、6 传动，将测量杆的微小直线位移转变为主指针 3 的角位移，由表盘 1 将数值显示出来。测量杆上端的挡帽 5 主要用于限制测量杆的下移位置，也可在调整时，通过它将测量杆提起来，以便重复观察指示值的稳定性。为读数方便，表圈 2 可带动表盘在表体上转动，以便将指针调到零位。

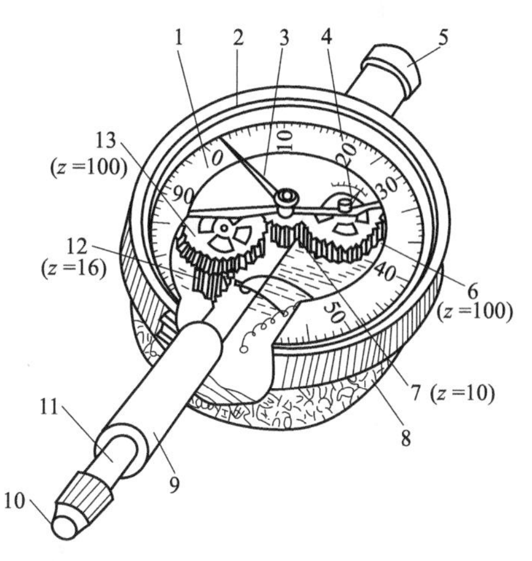

图 1-16 百分表的结构

1—表盘；2—表圈；3—主指针；4—转数指示盘；5—挡帽；6,7,12,13—齿轮；8—表体；9—轴管；10—测量头；11—测量杆

② 百分表的使用方法及注意事项 百分表在使用时要装夹在专用的表架上，测量前应将工件、百分表及基准面清理干净，以免影响测量精度，如图 1-17 所示。表架底座应放在平整的平面上，底座带有磁性，可牢固地吸附在钢铁制件的基准面上。百分表在表架上可做上下、前后和角度的调整。

使用前，用手轻轻提起挡帽，检查测量杆在套筒内移动的灵活性，不得有卡滞现象，并且在每次放松后，指针应回复到原来的刻度位置。测量平面时，百分表的测量杆轴线与平面要垂直；测量圆柱形工件时，测量杆轴线要与工件轴线垂直，否则百分表测量头移动不灵活，测量结果不准确。

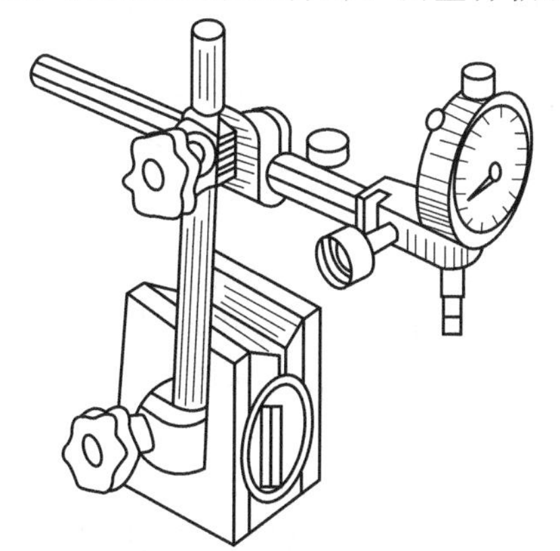

图 1-17 百分表的安装方法

测量时，测量头触及被测表面后，应使测量杆有 0.3mm 左右的压缩量，不能太大，也不能为 0，以减小由于自身间隙而产生的测量误差。用百分表测量机床和工件的误差时，应在多个位置上进行，测得的最大读数与最小读数之差即为测量误差。

③ 其他百分表 在不便使用普通百分表测量的地方（如沟槽等），可以选用杠杆百分表，如图 1-18（a）所示。它是利用杠杆原理将工件平面上的误差反映到百分表的表盘上的。当测量孔径尺寸和孔的形状误差时，应选用内径百分表，尤其对于测量深孔极为方便，如图 1-18（b）所示。内径百分表规格较多，要根据被测孔径尺寸选用。但必须注意，内径百分表指示值误差较大，测量前必须校准尺寸。

校正内径百分表零位的方法如图 1-19 所示；用内径百分表测量孔径如图 1-20 所示；用内径百分表测量孔的形状误差如图 1-21 所示。

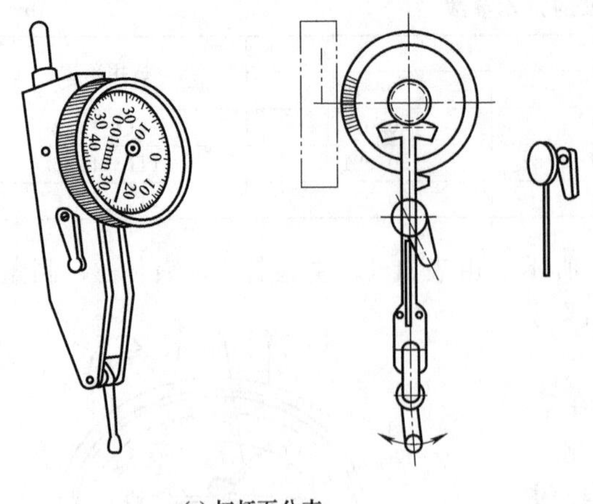

(a) 杠杆百分表

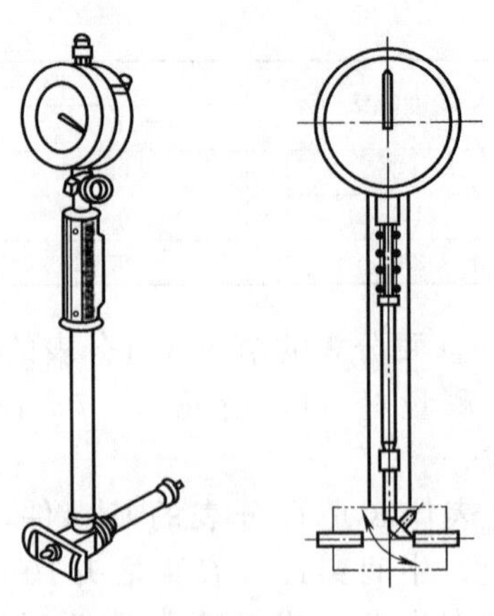

(b) 内径百分表

图 1-18　其他百分表

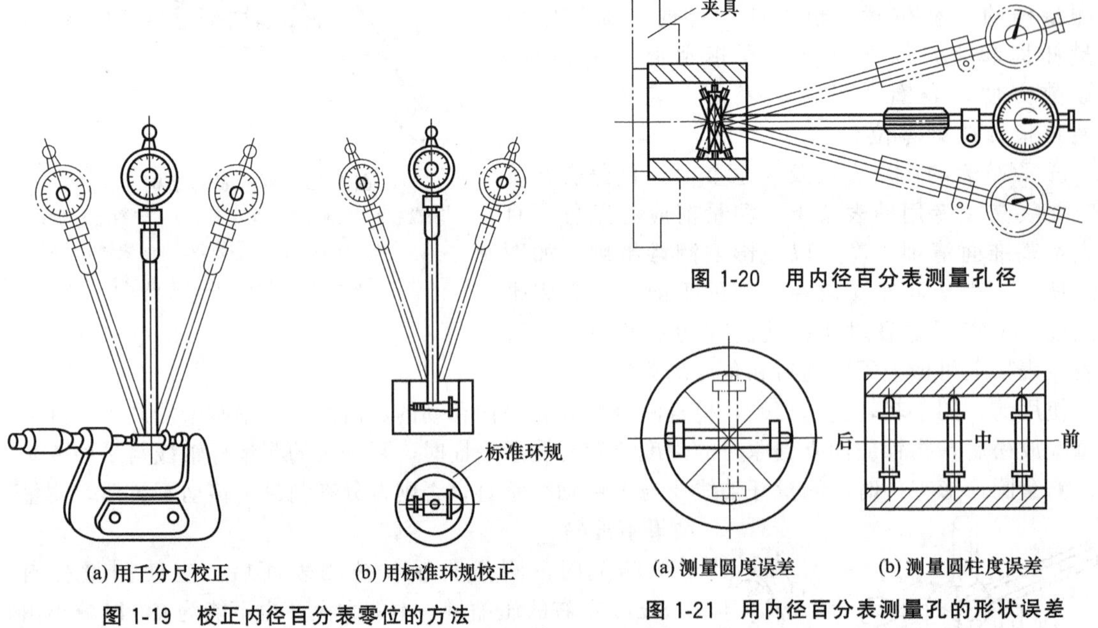

(a) 用千分尺校正　(b) 用标准环规校正

图 1-19　校正内径百分表零位的方法

图 1-20　用内径百分表测量孔径

(a) 测量圆度误差　(b) 测量圆柱度误差

图 1-21　用内径百分表测量孔的形状误差

(5) 量块

量块是没有刻度的平行端面单值量具，又称为块规，是用特殊合金钢制成的长方体。量块的应用范围较为广泛，除了作为量值传递的媒介以外，还用于检定和校准其他量具、量仪，相对测量时调整量具和量仪的零位以及用于精密机床的调整、精密划线和直接测量精密零件等。

① 量块的结构　量块的形状为长方形平面六面体，其结构如图 1-22 所示。

量块具有经过精密加工很平、很光的两个平行平面，称为测量面。两测量面之间的距离为工作尺寸 L，又称为标称尺寸，该尺寸具有很高的精度。量块的标称尺寸大于或等于 10mm 时，其测量面的尺寸为 35mm×9mm；标称尺寸在 10mm 以下时，其测量面的尺寸为 30mm×9mm。

② 量块的尺寸组合及使用方法　量块的测量面非常平整和光洁，用少许压力推合两块量块，使它们的测量面紧密接触，两块量块就能黏合在一起，量块的这种特性称为研合性。利用

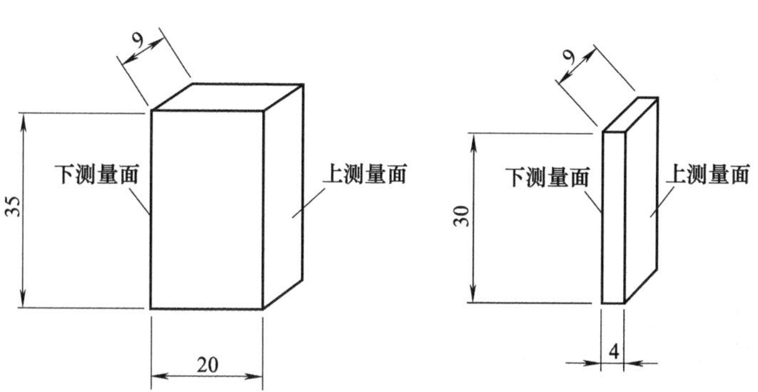

图 1-22 量块

量块的研合性，就可用不同尺寸的量块组合成所需的各种尺寸。

在实际生产中，量块是成套使用的，每套量块由一定数量的不同标称尺寸的量块组成，以便组合成各种尺寸，满足一定尺寸范围内的测量需求。

为了减少量块组合的累积误差，使用量块时，应尽量减少使用的块数，一般要求不超过4～5块。选用量块时，应根据所需组合的尺寸，从最后一位数字开始选择，每选一块，应使尺寸数字的位数减少一位，以此类推，直至组合成完整的尺寸。例如校对某量具时，需要65.456mm的量块。量块组的实际尺寸计算过程是从最小位数开始选取的。如采用46块的量块（表1-7），则可按以下量块尺寸进行组合。

表 1-7 量块分组

序号	总块数	公称尺寸系列/mm	间隔/mm	块数	精度等级
1	112	0.5,1.0,1.0005,1.001	0.001	3	0,1
		1.002,…,1.009	—	9	
		1.01,1.02,…,1.49	0.01	49	
		1.5,2,…,25	0.5	48	
		50,75,100	25	3	
2	88	0.5,1.0,1.0005,…,1.001,	—	3	0,1
		1.002,…,1.009	0.001	9	
		1.01,1.02,…,1.49	0.01	49	
		1.5,2,2.5,…,9.5	0.5	17	
		10,20,30,…,100	10	10	
3	83	0.5	—	1	0,1,2,3
		1	—	1	
		1.005	—	1	
		1.01,1.02,…,1.49	0.01	49	
		1.5,1.6,…,1.9	0.1	5	
		2.0,2.5,…,9.5	0.5	16	
		10,20,…,100	10	10	
4	46	1	—	1	0,1,2,3
		1.001,1.002,…,1.009	0.001	9	
		1.01,1.02,…,1.09	0.01	9	
		1.1,1.2,…,1.9	0.1	9	
		2,3,…,9	1	8	
		10,20,…,100	10	10	
5	58	1	—	1	0,1,2.3
		1.005	—	1	
		1.01,1.02,…,1.09	0.01	9	
		1.1,1.2,…,1.9	0.1	9	
		2,3,…,9	1	8	
		10,20,…,100	10	10	

所需量块组的尺寸：65.456mm。

选取第一块量块尺寸：1.0060mm。

余数：64.45mm。

选取第二块量块尺寸：1.050mm。

余数：63.4mm。

选取第三块量块尺寸：1.4mm。

余数：62.0mm。

选取第四块量块尺寸；2.0mm。

余数：60mm。

选取第五块量块尺寸：60mm。

余数：0。

③ 量块使用注意事项　在使用量块时，应注意到以下事项。

a. 量块是一种精密量具，不能碰伤和划伤其表面，特别是测量面。

b. 量块选好后，在组合前先用航空汽油洗净表面的防锈油，然后用软绸将各面擦干，然后用推压的方法将量块逐块研合。

c. 使用时不得用手接触测量面，以免影响量块的组合精度。

d. 使用后，用航空汽油洗净擦干并涂上防锈油。

(6) 塞尺

塞尺又叫厚薄规，是用来检验两个接合面之间间隙大小的片状量规，如图1-23所示。

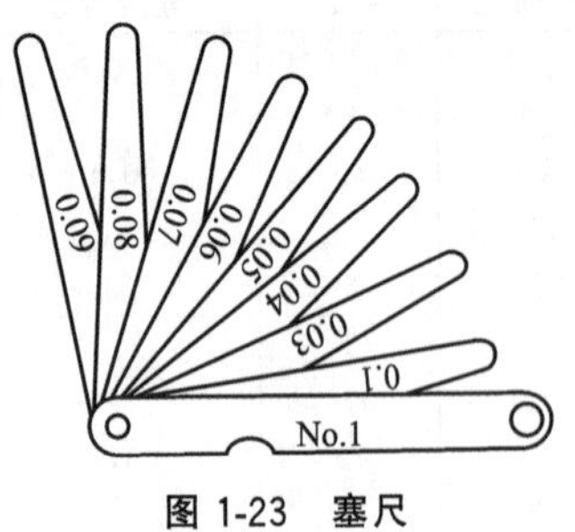

图1-23　塞尺

塞尺有两个平行的测量平面，其长度制成50mm、100mm或200mm，由若干片叠合在夹板里。厚度为0.02～0.1mm组的塞尺，中间每片相隔0.01mm；厚度为0.1～1mm组的塞尺，中间每片相隔0.05mm。

使用塞尺时，根据间隙的大小，可用一片或数片重叠在一起插入间隙内。例如，用0.3mm的塞尺可以插入工件的间隙，而用0.35mm的塞尺插不进去时，说明工件的间隙在0.3～0.35mm之间。

塞尺的片有的很薄，容易弯曲和折断，测量时不能用力太大，还应注意不能测量温度较高的工件。用完后要擦拭干净，及时合到夹板中去。

(7) 平板

平板测量面的形状有长方形、正方形和圆形，在机床几何精度检查中通常作为基准平面使用。因此，要根据实际测量的面积范围和精度要求，选择不同的平板。

① 平板的规格型号　长方形和正方形铸铁平板按照尺寸系列划分，通常用平板工作面的长度尺寸乘以宽度尺寸表示。按照平板精度等级划分有0级、1级、2级和3级四个等级。根据接触精度要求，0级和1级平板在每25mm^{2}范围内不少于25点；2级平板在每25mm^{2}范围内不少于20点；3级平板在每25mm^{2}范围内不少于12点。

② 平板的使用方法　用平板测量机床的平面度主要有两种方法。

a. 研点法　选择一块平板，其精度应高于被检查机床被检平面（或两条有一定跨距的导轨面）的平面度精度要求，被检平面应该被平板完全覆盖。检查时，先在被检平面上均匀涂抹一层很薄的显示剂，将平板擦净后覆盖在被检平面上；沿平板的长边方向做短距离的往复运动进行研点。取下平板，观察被检平面上研点的分布，如果在整个平面上研点分布均匀，则表明被检平面的平面度已达到了相应的精度。研点法不能测出被检平面的平面度误差值。

b. 垫塞法　在被检平面上覆盖一把平板，用塞尺塞平板与被检平面结合面的四周，插入

不超过 20mm 的最大塞尺片的厚度作为被检平面的平面度误差。垫塞法无法检查出呈中凹平面的平面度误差。

在用平板做机床几何精度检查前，应先对平板自身的制造精度进行鉴定，最简便的鉴定方法是 3 块平板对研法。因为平板一般都是以 3 块为一组，采用对研法刮削而成的。假设这 3 块平板分别为 A 平板、B 平板和 C 平板，只要分别将 A 平板与 B 平板、A 平板与 C 平板、B 平板与 C 平板对研，如果在 3 次对研中各平板工作平面上的接触点都是均匀分布的，就证明这组平板仍然保持着良好的精度，可以放心使用。如果现场只有一块或两块平板，无法采用对研法检查时，可采用水平仪检查平面度的方法进行检查。

③ 平板使用的注意事项　平板的平面度要求很高，在使用过程中要避免磕碰。平板使用后要擦净上油，水平放置，严禁多块平板重叠放置。

(8) 90°角尺

90°角尺是用来测量零件上的直角或检验零件间相互垂直的垂直度误差的量具，它也可以用来找正零件。90°角尺大多数采用铸铁制造，为了减小长期使用中的变形，制造中经过多次时效处理以消除内应力。其测量平面都具有很高的直线度、平面度、平行度和垂直度以及很小的表面粗糙度值。其结构形式和基本尺寸如表 1-8 所示。

表 1-8　90°角尺的结构形式和基本尺寸

形式	结构		精度等级	基本尺寸/mm	
	简图	说明			
圆柱角尺	中心孔 凹面 测量面 h α d 基面	两端应有凹面及中心孔，在非基面一端应加标志及提手。高度 h 大于或等于 500mm 的圆柱角尺允许制成空心式结构	00 级 0 级	h	d
				200	80
				315	100
				500	125
				800	160
				1250	200
刀口矩形角尺	刀口测量面 侧面 β h 基面 隔热板 α l 基面	高度 h 等于 200mm 的刀口矩形角尺，其质量不得超过 3kg	00 级 0 级	h	l
				63	40
				125	80
				200	125
矩形角尺	测量面 侧面 β h α l 基面	在侧面上应采取减重措施，允许制成正方形角尺	00 级 0 级 1 级	h	l
				125	80
				200	125
				315	200
				500	315
				800	500
三角形角尺	侧面 测量面 h α l 基面	在侧面上应采取减重措施	00 级 0 级	h	l
				125	80
				200	125
				315	200
				500	315
				800	500
				1250	800

续表

形式	结构		精度等级	基本尺寸/mm	
	简图	说明			
刀口角尺		刀口角尺应带有隔热板	0级 1级	h	l
				63	40
				125	80
				200	125
宽座角尺		允许制成整体式结构，但基面仍应为宽形基面。0级宽座角尺仅适用于整体式结构	0级 1级 2级	h	l
				63	40
				125	80
				200	125
				315	200
				500	315
				800	500
				1250	800
				1600	1250

① 90°角尺的几何精度误差　由于90°角尺有自身制造的误差，在测量时必须预先测量出90°角尺的垂直度误差，然后从几何精度检查读数中予以补偿。

用90°角尺拉表法检查垂直度时，90°角尺垂直度误差的测量和计算如图1-24所示。

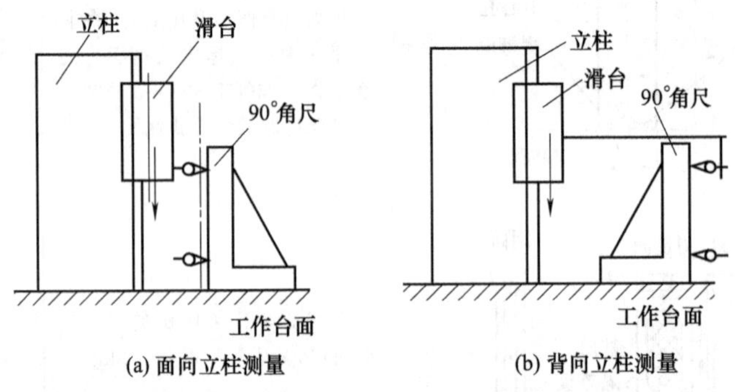

图1-24　90°角尺垂直度误差的测量和计算

若每次测量都是滑台从立柱的上方移向下方进行读数，则将百分表在上方的读数置为零，移到下方后压表视为正值（说明两者的距离变小）；反之，视为负值（说明两者的距离变大）。分别按90°角尺面向立柱测量，如图1-24（a）所示；背向立柱测量，如图1-24（b）所示。进行两次测量读数。

面向立柱时读数值为a，背向立柱时读数值为b，则有：

被测立柱的垂直度误差为：$\frac{a+b}{2}$

90°角尺垂直度制造误差为：$\frac{a-b}{2}$

计算结果的数值符号为正时表示立柱仰头或90°角尺夹角小于90°；符号为负时表示立柱俯头或90°角尺夹角大于90°。

例如：测得$a=0.08$mm，$b=0.06$mm

立柱垂直度误差为：$\frac{a+b}{2}=\frac{0.08+0.06}{2}=0.07(\text{mm})$

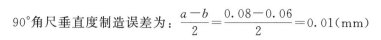

90°角尺垂直度制造误差为：$\frac{a-b}{2}=\frac{0.08-0.06}{2}=0.01(\text{mm})$

② 90°角尺使用的注意事项　90°角尺是一种精密量具，使用时要特别小心，不要使角尺的尖端、边缘和零件表面相磕碰。扳动时要一手托短边，一手扶长边，轻拿轻放。90°角尺使用后一定要擦净上油以防止生锈。保存时必须立放，严禁卧放以减少变形；立放时短边朝下，长边垂直放置。

1.4.2 常用的专用量具及使用

专用量具主要用于检查使用通用量具不便或无法检查的曲线、曲面等尺寸与形位公差。一般只能用来判定零件是否合格，不能量出实际尺寸。常用的专用量具主要有各种专用塞规、量规、平面曲线样板、角度样板及外形样板等。

如图 1-25 所示为常见的量规形式。其中：图 1-25（a）～（d）为检验孔用的塞规；图 1-25（e）、（f）为检验轴用的卡规；图 1-25（g）、（h）为检验长度或宽度的量规；图 1-25（i）为检验槽宽的量规；图 1-25（j）为检验深度或高度用的量规；图 1-25（k）为检验外螺纹用的螺纹环规；图 1-25（l）为检验螺纹孔用的螺纹塞规。但不论哪一种用途的量规，都具有一个通端、一个止端，被检验的工件只有既能通过通端，而又不能通过止端才能被确定为检验合格。

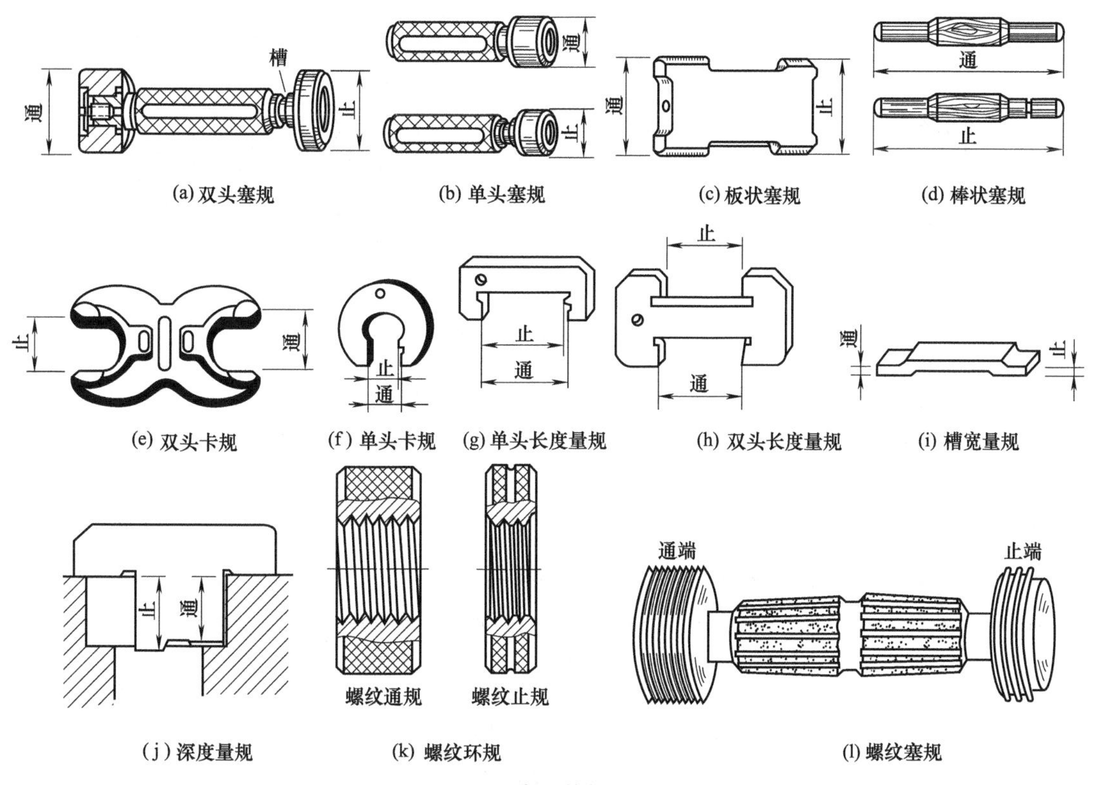

图 1-25　常见的量规形式

如图 1-26 所示的角度样板是检验外锥体用的角度样板，它是根据被测角度的两个角度的极限尺寸制成的，因此有通端和止端之分。检验工件角度时，若工件在通端样板中，光隙从角顶到角底逐渐减小，则表明角度在规定的两极限尺寸之内，被测角度合格。角度样板常用于检验零件上的斜面或倒角、螺纹车刀及成形刀具等。

如图 1-27 所示为锥度量规结构，在量规的基面端处间距为 m 的两刻线或小台阶代表工件

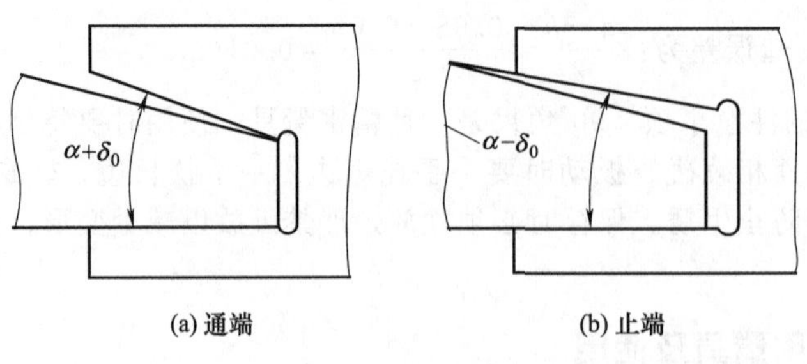

(a) 通端　(b) 止端

图 1-26　角度样板

圆锥基面距公差。锥度量规一般用于批量零件或综合精度要求较高零件的检验。

使用锥度量规检验工件时，按量规相对于被检零件端面的轴向移动量判断，如果零件圆锥端面介于量规两刻线之间则为合格。对于锥体的直径、锥角和形状（如素线直线度和截面圆度）、精度有更高要求的零件检验时，除了要求用量规检验其基面距外，还要观察量规与零件锥体的接触斑点，即测量前在量规表面三个位置上沿素线方向均匀涂上一薄层如红丹粉之类的显示剂，然后与被测工件一起轻研，旋转 1/3～1/2 转，观察量规被擦涂色或零件锥体的着色情况，判断零件合格与否。

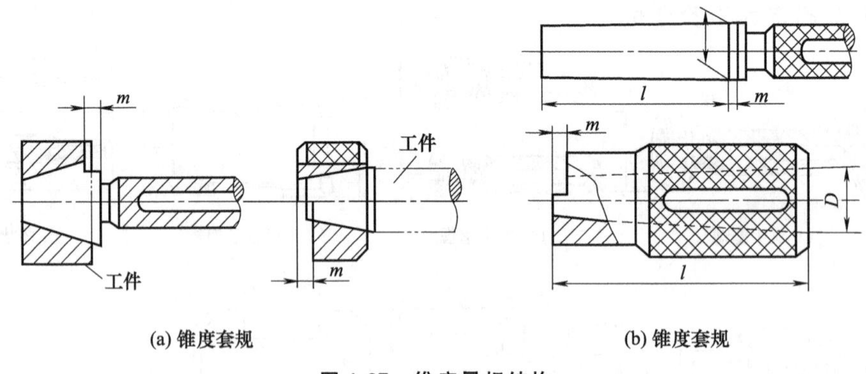

(a) 锥度套规　(b) 锥度套规

图 1-27　锥度量规结构

用平面样板检查属于比较测量，一般配合塞规及塞尺使用，通过比较查出加工件的曲线、曲面部分与设计要求（标准样板）的吻合程度，以该不符合程度的实测值作为检测结果。如图 1-28 所示为用于检查各类工件平面样板的结构。

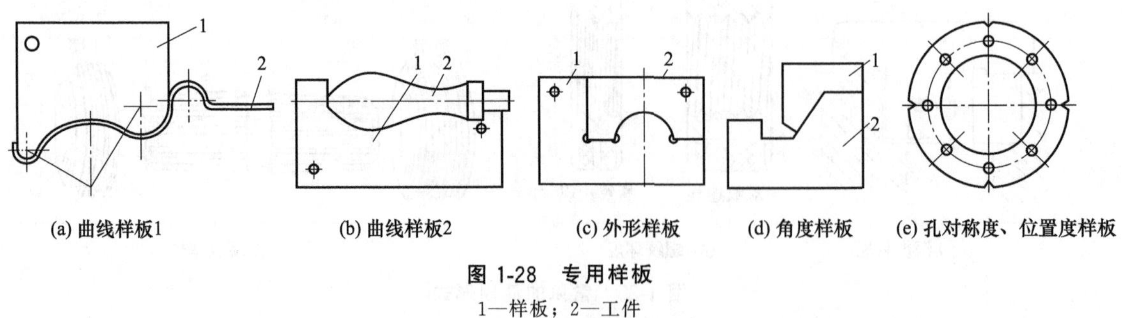

(a) 曲线样板1　(b) 曲线样板2　(c) 外形样板　(d) 角度样板　(e) 孔对称度、位置度样板

图 1-28　专用样板

1—样板；2—工件

其中：图 1-28（a）、（b）用于检查工件的曲线形状；图 1-28（c）用于检查工件的外形样板；图 1-28（d）用于检查工件的外形角度。

此外，由于产品性能的要求，对产品零件中的形状位置尺寸，如孔位的对称度、位置度、成形平面的平面度、直线度、平行度、垂直度等，在加工检测中还可能设计检验夹具（俗称检

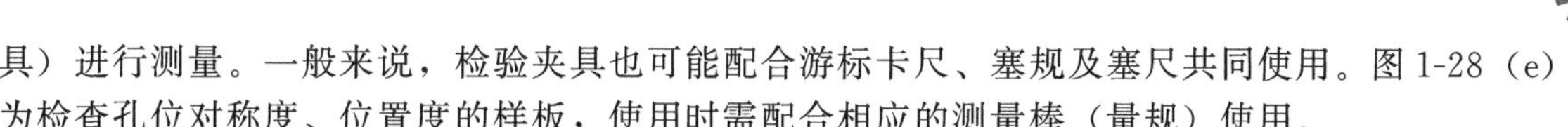

具）进行测量。一般来说，检验夹具也可能配合游标卡尺、塞规及塞尺共同使用。图 1-28（e）为检查孔位对称度、位置度的样板，使用时需配合相应的测量棒（量规）使用。

1.4.3 常用的维修检具及使用

(1) 水平仪

水平仪按其工作原理的不同，可分为水准式水平仪和电子水平仪两类。生产中应用较多的是水准式水平仪。常用的水准式水平仪有条形水平仪、框式水平仪、合像水平仪三种结构形式，图 1-29 给出了其结构。

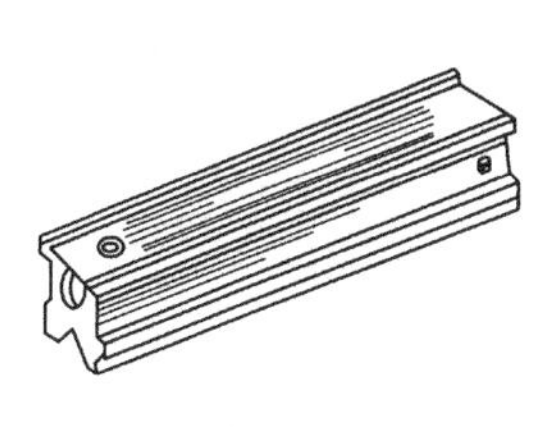

(a) 条形水平仪

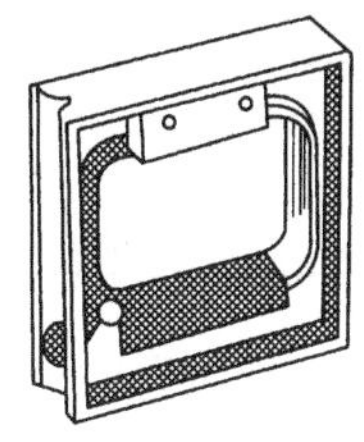

(b) 框式水平仪

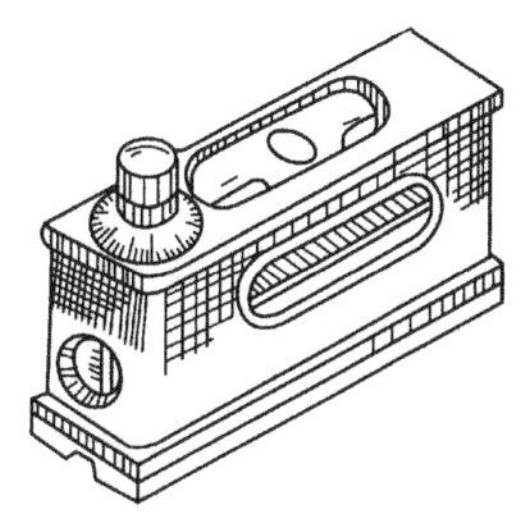

(c) 合像水平仪

图 1-29 水平仪的种类

水平仪是一种以重力方向为基准的精密测角仪器。其主要工作部分是管状水准器，它是一个密封的玻璃管，管内装有精馏乙醚或精馏乙醇，但未注满，形成一个气泡。当水准器处于水平位置时，气泡位于中央；水准器相对于水平面倾斜时，气泡就偏向高的一侧，倾斜程度可以从玻璃管外表面上的刻度读出，经过简单的换算，就可以得到被测表面相对水平面的倾斜度和倾斜角。

① 水平仪的刻线原理　水平仪的刻线原理如图 1-30 所示。假定平台工作面处于水平位置，在平台上放置一根长度为 1000mm 的平尺，平尺上水平仪的读数为零（即处于水平状态），若将平尺一端垫高 0.02mm，则平尺相对于平台的夹角，即倾斜角 $\theta=\arcsin(0.02/1000)=4.125''$，若水平仪底面长度 l 为 200mm，则水平仪底面两端的高度差 H 为 0.004mm。

读数值为 0.02/1000 的水平仪，当其倾斜 4″时，气泡移动一格，弧形玻璃管的弯曲半径 R 约为 103m，则弧形玻璃管上的每格刻度 λ 距离为

$$\lambda=\frac{2\pi R\theta}{360^\circ}=\frac{2\pi\times103\times10^3\times4}{360\times60\times60}\approx2(\mathrm{mm})$$

即 0.02/1000(4″) 的水平仪的水准器刻线间距为 2mm。

② 水平仪的读数方法　通常有绝对读数法和相对读数法两种。采用绝对读数法时，气泡在中间位置时，读作“0”，偏离起始端读为“+”，偏向起始端读为“−”，或用箭头表示气泡的偏移方向；采用相对读数法时，将水平仪在起始端测量位置的读数总是读作零，不管气泡是否在中间位置。然后依次移动水平仪垫铁，记下每一次相对于零位的气泡移动方向和格数，其正负值读法也是偏离起始端读为“+”，偏向起始端读为“−”，或用箭头表示气泡的偏移方向。机床精度检验中，通常采用相对读数法。

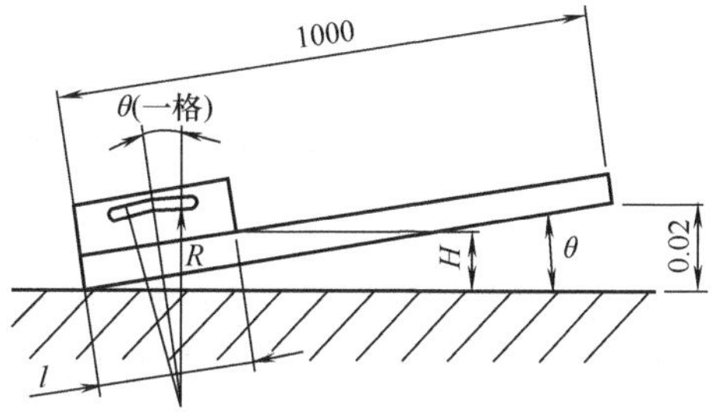

图 1-30 水平仪的刻线原理

为避免环境温度影响，不论采用绝对读数法还是相对读数法，都可采用平均值的读数方

法，即从气泡两端边缘分别读数，然后取其平均值，这样读数精度高。

③ 水平仪的应用　三种水平仪中，条形水平仪主要用来检验平面对水平位置的偏差，使用方便，但因受测量范围的限制，不如框式水平仪使用广泛；框式水平仪主要用来检验工件表面在垂直平面内的直线度、工作台面的平面度、零部件间的垂直度和平行度等，在安装和检修设备时也常用于找正安装位置；合像水平仪则用来检验水平位置或垂直位置微小角度偏差的角测量仪。合像水平仪是一种高精度的测角仪器，一般分度值为2″，这一角度相当于在1m长度上其对边高为0.01mm，此时，在相应的水准管的刻线上气泡移动一格，其精度记为0.01/1000或0.01mm/m，装配机床设备的水平仪分度值一般为4″。

如表1-9所示给出了条形水平仪及框式水平仪的精度等级。

表1-9　条形及框式水平仪的精度等级

精度等级	1	2	3	4
气泡移动1格时的倾斜角度/(″)	4～10	12～20	25～41	52～62
气泡移动1格时的倾斜高度差/mm	0.02～0.05	0.06～0.10	0.12～0.20	0.25～0.30

④ 水平仪检定与调整　水平仪的下工作面称为基面，当基面处于水平状态时，气泡应在居中位置，此时气泡的实际位置对居中位置的偏移量称为零位误差。由于水准管的任何微小变形，或安装上的任何松动，都会使示值精度产生变化，因而不仅新制的水平仪需要检定示值精度，使用中的水平仪也需做定期检定。

(2) 光学平直仪

光学平直仪又称自准直仪、自准直平行光管，其应用与水平仪基本相同，但测量精度较高。其外形结构如图1-31（a）所示。

图1-31（b）给出了其工作原理。从光源5发出的光线，经聚光镜4照明分划板6上的十字线，由半透明棱镜10折向测量光轴，经物镜7、8成平行光束射出，再经目标反射镜9反射回来，把十字线成像于分划板上。由鼓轮通过测微螺杆移动，照准刻在可动分划板2上的双刻划线，由目镜1观察，使双刻划线与十字线像重合，然后在鼓轮上读数。测微鼓轮的示值读数每格为1″，测量范围为0～10′，测量工作距离为0～9m。

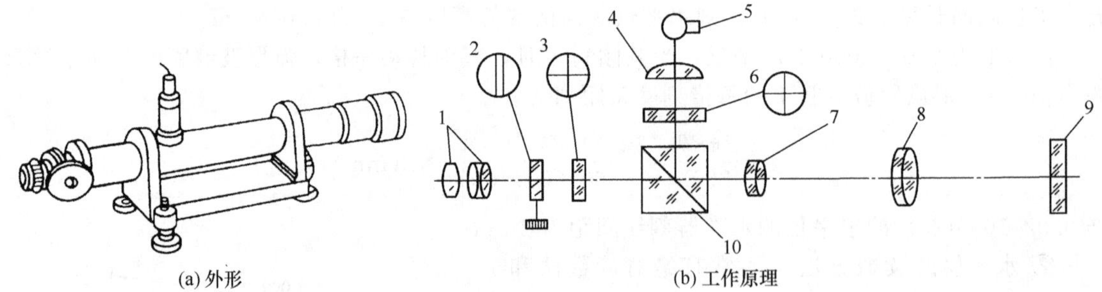

图1-31　光学平直仪

1—目镜；2,3,6—分划板；4—聚光镜；5—光源；7,8—物镜；9—目标反射镜；10—棱镜

(3) 平尺

在机床几何精度检查中，平尺通常都是作为测量的基准，所以，其测量平面都具有很高的直线度、平面度、平行度和垂直度，以及很小的表面粗糙度值。通常采用刮削或研磨方法达到有关要求。平尺大多数采用铸铁制造，为了减小长期使用中的变形，制造中经过多次时效处理以消除内应力。近年来，内应力很小、基本不变形的岩石平尺在几何精度检查中得到了应用。

① 平尺的种类　常用的平尺有平行平尺（又分为Ⅰ字形平行平尺和Ⅱ字形平行平尺）和桥形平尺两种，如图1-32所示。它们在机床几何精度检查中通常作为基准直线使用。所以，

要根据实际测量的长度和精度要求选择不同的平尺。表 1-10 中列举了平尺的长度系列和不同精度等级的直线度公差。

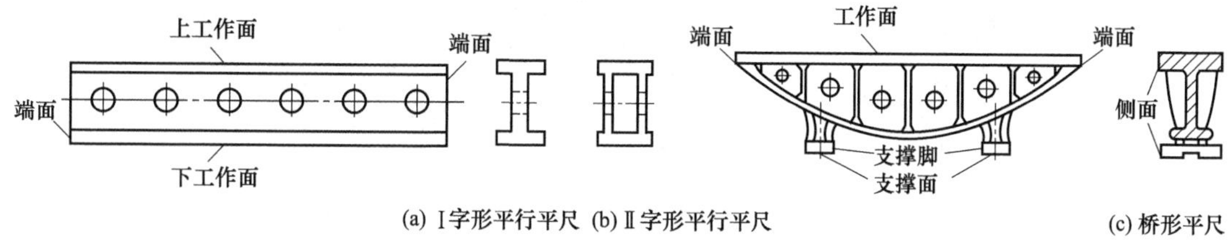

(a) Ⅰ字形平行平尺 (b) Ⅱ字形平行平尺 (c) 桥形平尺

图 1-32 铸铁平尺

表 1-10 铸铁平尺工作面直线度公差

规格/mm	精度等级			
	00	0	1	2
	直线度公差/μm			
200	1.1	1.8	4	—
400	1.6	2.6	5	—
500	1.8	3.0	6	—
630	2.1	3.5	7	—
800	2.5	4.2	8	—
1000	3.0	5.0	10	20
1250	3.6	6.0	12	24
1600	4.4	7.4	15	30
2000	5.4	9.0	18	36
2500	6.6	11.0	22	44

② 平尺在测量时的使用方法 用平尺测量机床的直线度主要有 3 种方法。

a. 研点法 选择一把平尺，其精度应高于被检查机床导轨直线度要求的精度；长度不短于被检查导轨的长度。测量精度较低的机床导轨，允许平尺短于导轨长度，但导轨长度不得超过平尺长度的 1/4。就是说，1000mm 长的平尺最长可以测量长度为 1250mm 的导轨。研点法常用于检查长度不超过 2000mm 的短导轨。

检查时，先在被检查的导轨面上均匀涂抹一层很薄的显示剂（如红丹油等），将平尺擦净后覆盖在被检导轨表面上，垂直施加适当的压力后做短距离的往复运动进行研点，如图 1-33（a）所示。取下平尺，观察被检导轨表面研点的分布，如果研点在导轨全长上均匀分布，则表明导轨的直线度已达到了平尺的相应精度。由于研点法不能直接测出导轨直线度的量值，所以，一般不用于几何精度检查的最后测量。它的优点是不需要精密的测量仪器。

b. 平尺百分表法 这种方法常用于检查长度不超过 2000mm 的机床导轨在垂直面内或水平面内的直线度，如图 1-33（b）、（c）所示。

检查时将平尺置于被检查的导轨旁边，平尺的测量面与被检查导轨的直线度方向平行，在导轨上放置一块预先与被检查导轨面配刮好的垫铁，将百分表固定在垫铁上，使百分表测头顶压在平尺的测量面上。读数前，先调整平尺位置，使百分表在平尺两端的读数相等，然后移动垫铁在导轨全长上读数，百分表的最大示值差就是该导轨的直线度误差。

c. 垫塞法 在被检查的平面导轨上安装一平尺，在离平尺两端各为平尺全长的 2/9 处，支撑两个等高垫块，如图 1-34 所示。用量块或塞尺测量平尺和被检查导轨面之间的间隙差值，就是该导轨的直线度误差值。

③ 平尺使用时的注意事项 铸铁平尺在使用前，应把工作面和被测量面清洗干净，不得有锈蚀、斑痕及其他缺陷存在，否则，直接影响测量精度或拉毛平尺及导轨表面。平尺使用后

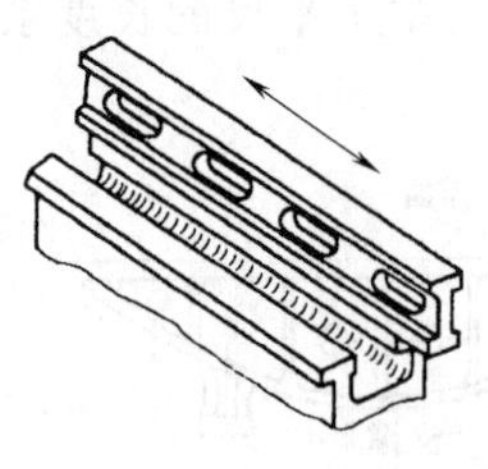
(a) 研点法检查导轨直线度

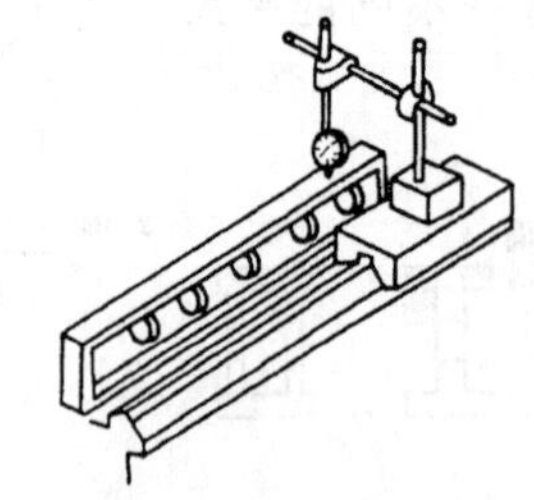
(b) 平尺配合百分表在垂直面内直线度的检查

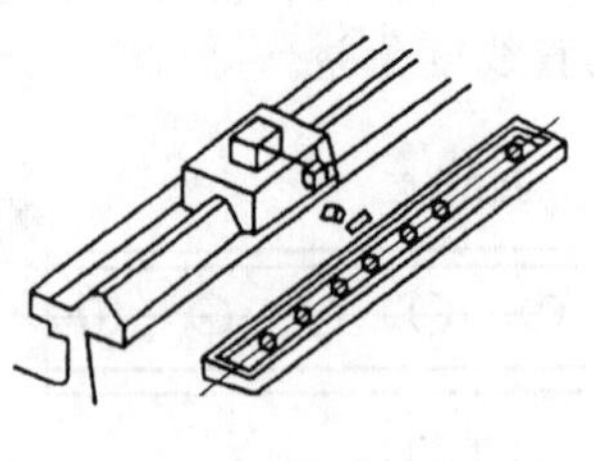
(c) 平尺配合百分表在水平面内直线度的检查

图 1-33　平尺的用法

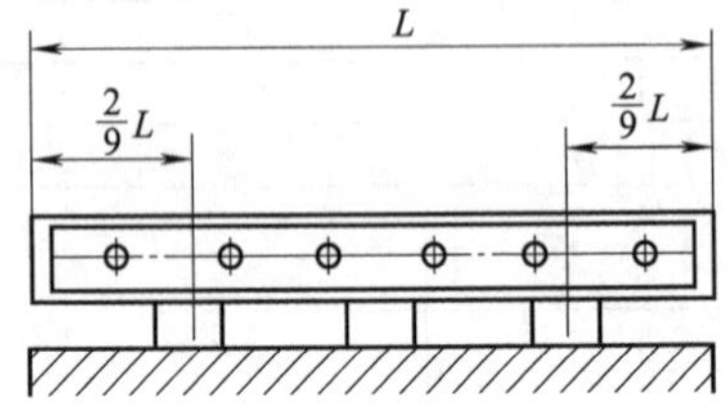

图 1-34　垫塞法检查导轨直线度

应该擦净、涂油，以免生锈；存放桥形平尺时，应将测量面朝上水平放置，而平行平尺最好悬挂存放。

(4) 检验棒

检验棒是检测机床精度的常备工具，主要用来检查主轴、套筒类零件的径向跳动、轴向窜动、相互间同轴度和平行度及轴与导轨的平行度等。

检验棒一般用工具钢经热处理及精密加工而成，有锥柄检验棒和圆柱检验棒两种。机床主轴孔都是按标准锥度制造的。莫氏锥度多用于中小型机床，其锥柄大端直径从 0～6 号逐渐增大。铣床主轴锥孔常用 7∶24 锥度，锥柄大端直径从 1～4 号逐渐增大。而重型机床则用 1∶20 公制锥度，常用的有 80（80 指锥柄大端直径为 80mm）、100、110 三种。检验棒的锥柄必须与机床主轴锥孔配合紧密、接触良好。为便于拆装及保管，可在棒的尾端做拆卸螺纹及吊挂孔。用完后要清洗、涂油，以防生锈，并妥善保管。

按结构形式及测量项目分类，常用的检验棒有如图 1-35 所示的几种。图 1-35（a）所示的长检验棒用于检验径向跳动、平行度、同轴度；图 1-35（b）所示的短检验棒用于检验轴向窜动；图 1-35（c）所示的圆柱检验棒用于检验机床主轴和尾座中心线连线对机床导轨的平行度及床身导轨在水平面内的直线度。

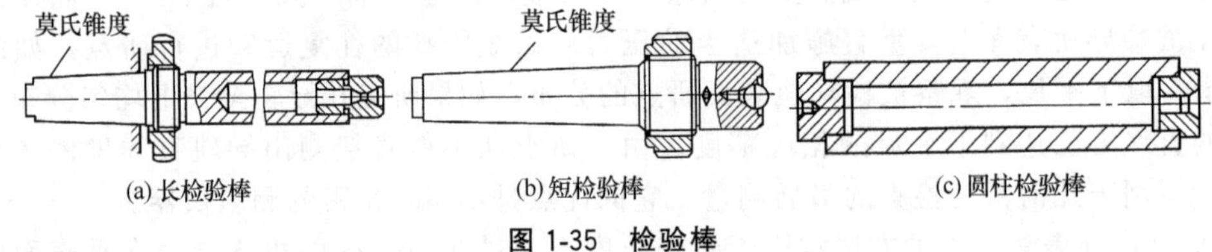

(a) 长检验棒　(b) 短检验棒　(c) 圆柱检验棒

图 1-35　检验棒

(5) 仪表座

在机床制造修理中，仪表座是一种测量导轨精度的通用工具，主要用作水平仪及百分表架等测量工具的基座。仪表座的平面及角度面都应精加工或刮研，使其与导轨面接触良好，否则会影响测量精度。材料多为铸铁，根据导轨的形状不同而做成多种形状，如图 1-36 所示。

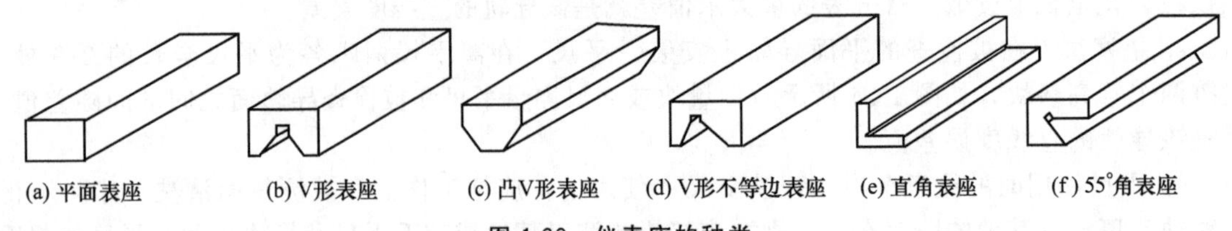
(a) 平面表座　(b) V形表座　(c) 凸V形表座　(d) V形不等边表座　(e) 直角表座　(f) 55°角表座

图 1-36　仪表座的种类

(6) **检验桥板**

检验桥板用于检验导轨间相互位置精度，常与水平仪、光学平直仪等配合使用，按不同形状的机床导轨做成不同的结构形式，主要有V-平面形、山-平面形、V-V形、山-山形等，如图1-37所示。

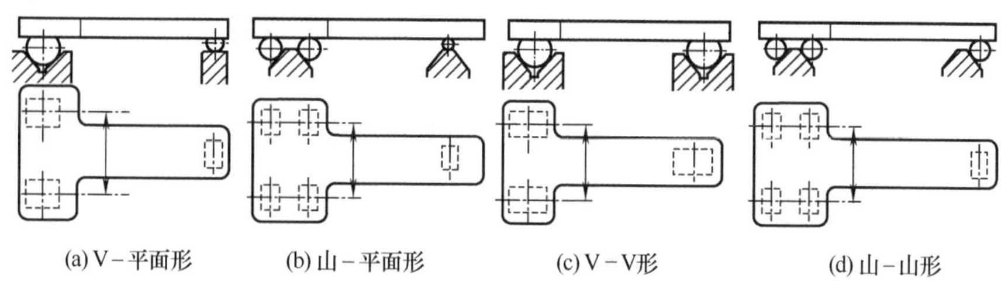

图 1-37　专用检验桥板

为适应多种机床导轨组合的测量，也可做成可更换桥板与导轨接触部分及跨度可调整的可调式检验桥板，如图1-38所示。

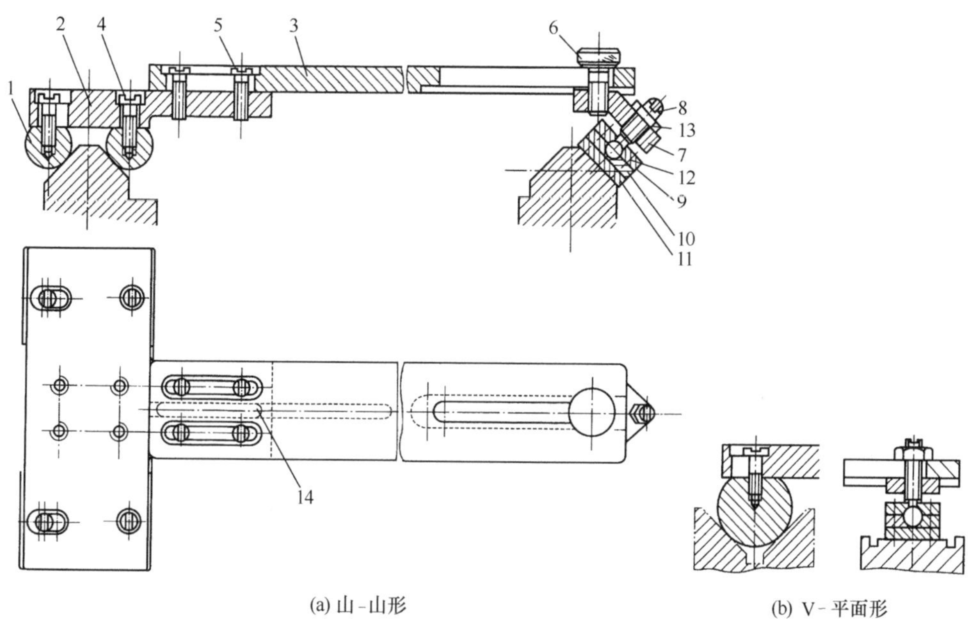

图 1-38　可调式检验桥板

1—圆柱；2—T字板；3—桥板；4,5—圆柱头螺钉；6—滚花螺钉；7—支承板；8—调整螺钉；9—盖板；10—垫板；11—接触板；12—沉头螺钉；13—螺母；14—平键

检验桥板的材料一般采用铸铁经时效处理精制而成，圆柱的材料采用45钢经调质处理。

1.4.4 工件测量的方法

测量方法分直接测量和间接测量两种。直接测量是把被测量与标准量直接进行比较，而得到被测量数值的一种测量方法。如用卡尺测量孔的直径时，可直接读出被测数据，此属于直接测量。间接测量只是测出与被测量有函数关系的量，然后再通过计算得出被测尺寸具体数据的一种测量方法。

(1) **线性尺寸的测量换算**

工件平面线性尺寸换算一般都是用平面几何、三角的关系式进行的。如测量图1-39 (a) 所示两孔的孔距 L，无法直接测得，只能通过直接测量相关的量 A 和 B 后，再通过关系式

$L=(A+B)/2$，求出孔心距 L 的具体数值。

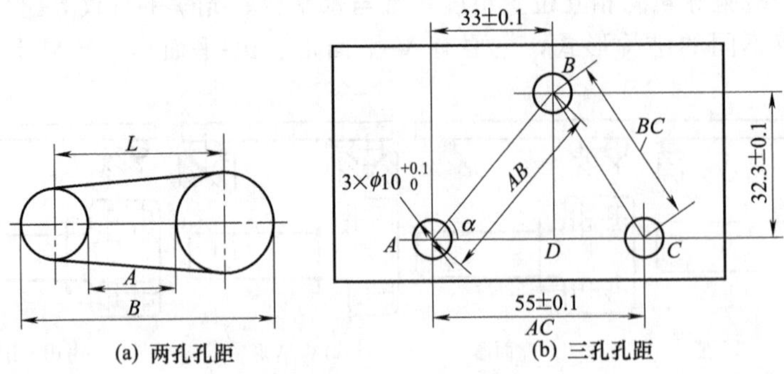

图 1-39　孔距的测量

又如图 1-39（b）所示三孔间的孔距，利用前述方法可分别测得 A、B、C 三孔孔距为：$AC=55.03$mm；$AB=46.12$mm；$BC=39.08$mm。BD、AD 的尺寸可利用余弦定理求得。

$$\cos\alpha=\frac{AC^2+AB^2-BC^2}{2AC\times AB}=\frac{55.03^2+46.12^2-39.08^2}{2\times55.03\times46.12}=0.7148$$

$$\alpha=44.38°$$

那么 $BD=AB\times\sin44.38°=46.12\times\sin44.38°=32.26$(mm)

$$AD=AB\times\cos44.38°=46.12\times\cos44.38°=32.96\text{(mm)}$$

图 1-39（b）所示 BD、AD 孔距也可借助高度游标尺通过划线测量。

(2) 角度的测量换算

一般情况下，工件的角度可以直接采用万能角度尺进行测量，而一些形状复杂的工件，则需在测量后换算某些尺寸。尺寸换算可用三角、几何的关系式进行计算。

如图 1-40 所示的零件，由于外形尺寸较小，用万能角度尺难以测量，则可借助高度游标尺划线，利用游标卡尺测量工件的尺寸 A、B、B_1、A_1、A_2，然后通过正切函数，即 $\tan\alpha=\frac{B-B_1}{A-A_1-A_2}$求得。

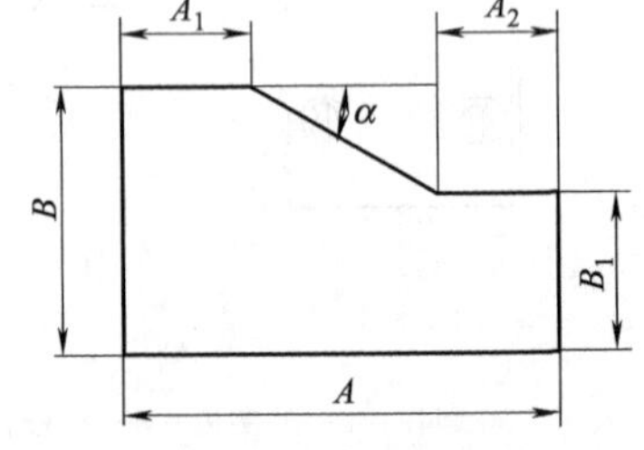

图 1-40　角度的测量

(3) 常用的测量计算公式

表 1-11 给出了常用的测量计算公式及方法。

表 1-11　常用测量计算公式拉及方法

测量名称	图形	计算公式	应用举例
外圆锥斜角	（图：L、α、H、l）	$\tan\alpha=\frac{L-l}{2H}$	例：已知 $H=15$mm，游标卡尺读数 $L=32.7$mm，$l=28.5\mu$m，求斜角 α 解：$\tan\alpha=\frac{32.7-28.5}{2\times15}$ $=0.140$ $\alpha=7°58'$

续表

测量名称	图形	计算公式	应用举例
内圆锥斜角	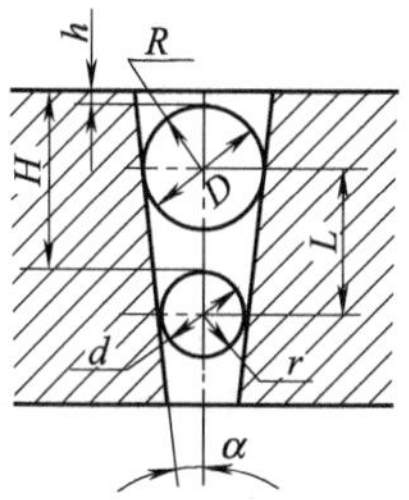	$\sin\alpha=\dfrac{R-r}{L}$ $=\dfrac{R-r}{H+r-R-h}$	例：已知大钢球半径 $R=10$mm，小钢球半径 $r=6$mm，深度游标卡尺读数 $H=24.5$mm，$h=2.2$mm，求斜角 α 解：$\sin\alpha=\dfrac{10-6}{24.5+6-10-2.2}$ $=0.2186$ $\alpha=12°38'$
内圆锥斜角	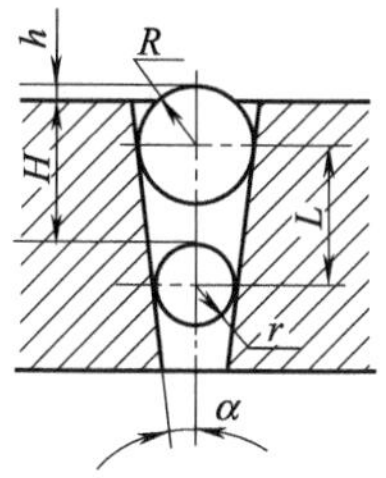	$\sin\alpha=\dfrac{R-r}{L}$ $=\dfrac{R-r}{H+h-R-r}$	例：已知大钢球半径 $R=10$mm，小钢球半径 $r=6$mm，深度游标卡尺读数 $H=18$mm，$h=1.8$mm，求斜角 α 解：$\sin\alpha=\dfrac{10-6}{18+1.8-10+6}$ $=0.2532$ $\alpha=14°40'$
V形槽角度	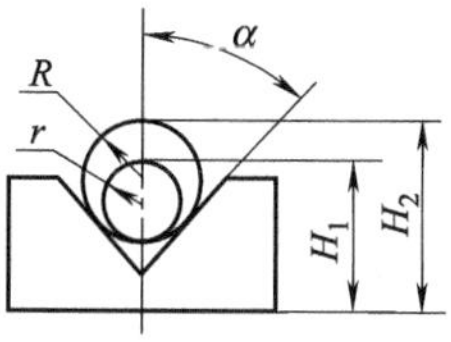	$\sin\alpha=\dfrac{R-r}{H_1-H_2-(R-r)}$	例：已知大钢柱半径 $R=15$mm，小钢柱半径 $r=10$mm，高度游标卡尺读数 $H_1=43.53$mm，$H_2=55.6$mm，求V形槽斜角 α 解：$\sin\alpha=\dfrac{15-10}{55.6-43.53-(15-10)}$ $=0.7071$ $\alpha=45°$
燕尾槽	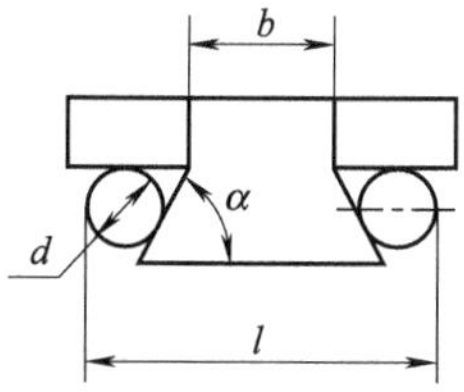	$l=b+d\left(1+\cot\dfrac{\alpha}{2}\right)$ $b=l-d\left(1+\cot\dfrac{\alpha}{2}\right)$	例：已知钢柱直径 $d=10$mm，$b=60$mm，$\alpha=55°$，求 l 解：$l=60+10\times\left(1+\cot\dfrac{55°}{2}\right)$ $=60+10\times(1+1.921)=89.21$(mm)
燕尾槽	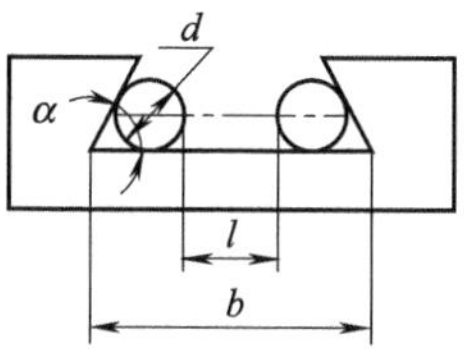	$l=b-d\left(1+\cot\dfrac{\alpha}{2}\right)$ $b=l+d\left(1+\cot\dfrac{\alpha}{2}\right)$	例：已知钢柱直径 $d=10$mm，$b=72$mm，$\alpha=55°$，求 l 解：$l=72-10\times\left(1+\cot\dfrac{55°}{2}\right)$ $=72-10\times(1+1.921)=43.79$(mm)

1.5 维修机械零件的检验

维修机械零件的检验内容分修前检验、修后检验和装配检验。修前检验在机械设备拆卸后进行，对已确定需要修复的零件，可根据零件损坏情况及生产条件确定适当的修复工艺，并提出修理技术要求；对报废的零件，要提出需要补充的备件型号、规格和数量，没有备件的需提出零件工作图或进行测绘。修后检验是指检验零件加工后或修理后的质量，是否达到了规定的

技术标准，以确定是成品、废品或是返修品。装配检验是指检查所有待装零件的质量是否合格、能否满足装配技术要求。在装配过程中，对每道工序进行检验，以免中间工序不合格而影响装配质量。组装后，检验累积误差是否超过装配技术要求。机械设备总装后进行试运转，检验工作精度、几何精度及其他性能，以检查修理质量是否合格，同时进行相应调整。

1.5.1 机械零件的检验分类

机械设备维修过程中，零件的检验是一道重要工序，它不仅影响到维修质量，也影响到维修成本。零件从设备上拆卸下后，通过检测确定其技术状态，便可将其划分为可用的、需要修理的和需要报废的三大类。

可用零件是指其所处技术状态仍能满足规定要求，可不经任何修理便直接进行装配。如果零件所处技术状态已超过规定要求，则属于需要修理的零件。不过有些零件，虽然通过修理能达到技术要求，但费用高、不经济，此时通常不修理而换用新零件。当零件所处技术状态（如材料变质、强度不足等）已无法修复时，应给予报废处理。

机械零件检验和分类时，必须综合考虑下列技术条件。

① 零件的工作条件与性能要求，如零件材料的力学性能、热处理及表面特性等。

② 零件可能产生的缺陷（如龟裂、裂纹等）对其使用性能的影响，掌握其检测方法与标准。

③ 易损零件的极限磨损及允许磨损标准。

④ 配合件的极限配合间隙及允许配合间隙标准。

⑤ 零件的其他特殊报废条件，如镀层性能、轴承合金与基体的结合强度、平衡性和密封件的破坏等。

⑥ 零件工作表面状态异常，如精密零件工作表面的划伤、腐蚀等。

1.5.2 机械零件的检验内容

不同机械设备上的零部件，其各自的要求及重要性是不一样的，因此，其检测项目也有所不同。一般，可从以下方面对机械零件进行检验。

① 零件的几何形状精度　主要检验项目有：圆度、圆柱度、平面度、直线度、线轮廓度和面轮廓度。检验时，一般采用通用量具，如游标量具、螺旋测微量具、量规等。

② 零件的表面相互位置精度　检验项目有：同轴度、对称度、位置度、平行度、垂直度、斜度以及跳动。检验时，一般采用芯轴、量规与百分度等通用量具相互配合进行测量。

③ 零件的表面质量　主要检查疲劳剥落、腐蚀麻点、裂纹及刮痕等。裂纹可用渗透探伤、磁粉探伤、涡流探伤及超声波探伤等方法检查。

④ 零件的内部缺陷　内部缺陷有裂纹、气孔、疏松、夹杂等，可采用射线及超声波检查。对于近表面的缺陷，有些也可用磁粉探伤及涡流探伤检查出来。

⑤ 零件的力学物理性能　主要检查硬度、硬化层深度、磁导率等，可用电磁感应法进行无损检测。硬度也可用超声波等方法检查。零件的表面应力状态可采用 X 射线、磁性及超声波等方法检测。

⑥ 零件的重量与平衡　对活塞、活塞连杆组的重量差需要进行检查。对一些高速转动的零部件，如曲轴飞轮组、汽车传动轴以及小汽车的车轮等需要进行动平衡检查。这是因为，活塞类零件及高速转动的零件，零件的不平衡将引起机器的振动，并给零件本身和轴承造成附加载荷，从而加速零件的磨损和其他损伤。动平衡需要在专门的动平衡机上进行。如曲轴动平衡机、小汽车车轮动平衡机等。在没有动平衡检验设备时，若进行拆卸和加工修理，要注意不破坏原来的组装状态，在拆卸前预先做好记号。

1.5.3 机械零件的检验方法

目前，机械零件常用的检测方法有检视法、测量法和隐蔽缺陷的无损检测法等。一般根据生产具体情况选择相应的检测方法，以便对零件的技术状态作出全面、准确鉴定。

(1) 检视法

它主要是凭人的器官（眼睛、手和耳等）感觉或借助于简单工具（放大镜、手锤等）、标准块等进行检验、比较和判断零件技术状态的一种方法。此法简单易行，不受条件限制，因而普遍采用。但检验的准确性主要依赖检查人员的生产实践经验，且只能作定性分析和判断。

(2) 测量法

用测量工具和仪器对零件的尺寸精度、形状精度及位置精度进行检测。该方法是应用最多、最基本的检查方法。

(3) 隐蔽缺陷的无损检测法

无损检测主要是确定零件隐蔽缺陷的性质、大小、部位及其取向等，因此，在具体选择无损检测方法时，必须结合零件的工作条件，综合考虑其受力状况、生产工艺、检测要求及经济性等。目前，在生产中常用的无损检测方法主要有磁粉法、渗透法、超声波法和射线法等。

① 磁粉法　此法设备简单、检测可靠、操作方便，但仅适用于铁磁性材料的零件表面和近表面缺陷的检测。其原理是，利用铁磁材料在电磁场作用下能够产生磁化的现象，被测零件在电磁场作用下，由于其表面或近表面（几毫米之内）存在缺陷，磁力线只得绕过缺陷，产生磁力线泄漏或聚集形成局部磁极吸附磁粉，从而显示出缺陷的位置、形状和取向。如图 1-41 所示为磁粉法检测的原理。

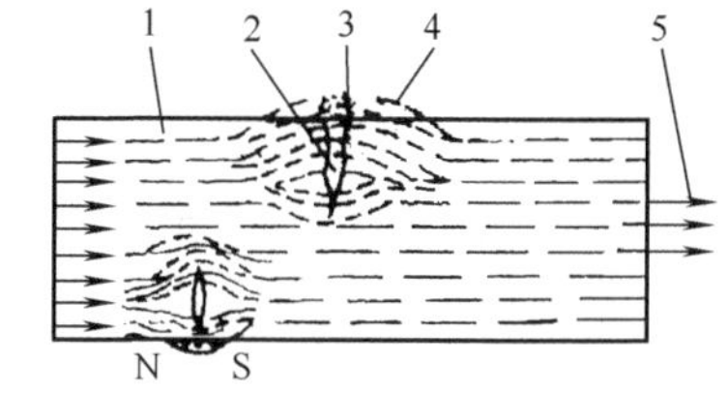

图 1-41　磁粉法检测原理

1—零件；2—缺陷；3—局部缺陷；4—泄漏磁通；5—磁力线

采用磁粉法检测时，必须注意磁化方法的选择，使磁力线方向尽可能垂直或以一定角度穿过缺陷的取向，以获得最佳的检测效果，同时需注意检测后退磁。

② 渗透法　用渗透法可检测出任何材料制作的零件和零件任何形状表面上 1μm 左右宽的微裂纹，此法检测简单、方便。其原理和过程是，在清洗后的零件表面上涂上渗透剂，渗透剂通过表面缺陷的毛细管作用进入缺陷中。这时可利用缺陷中的渗透剂以颜色或在紫外线照射下能够产生荧光的特点将缺陷的位置和形状显示出来。渗透检测的原理如图 1-42 所示。

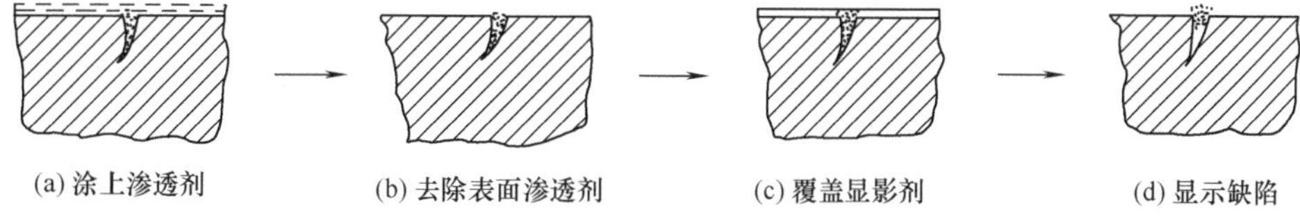

(a) 涂上渗透剂　(b) 去除表面渗透剂　(c) 覆盖显影剂　(d) 显示缺陷

图 1-42　渗透检测的原理

③ 超声波法　此法的主要特点是穿透能力强、灵敏度高、适用范围广、不受材料限制，设备轻巧、使用方便、可到现场检测，但仅适用于零件内部缺陷的检测。其原理是，利用某些物质（石英、钛酸钡等）的压电效应产生的超声波在介质中传播时遇到不同介质间的界面（内部裂纹、夹渣和缩孔等缺陷）会产生反射、折射等特性，通过检测仪器可将超声波在缺陷处产生的反射、折射波显示在荧光屏上，从而确定零件内部缺陷的位置、大小和性质等。超声波检测原理如图 1-43 所示。

④ 射线法　此法的最大特点是从感光软片上较容易判定此零件缺陷的形状、尺寸和性质，

并且软片可长期保存备查。但是检测设备投资及检测费用较高，且需要有相应的防射线的安全措施，仅用于对重要零件的检测或者用超声波检测尚不能判定时采用。其原理是，利用射线（X射线）照射，使其穿过零件，如果遇到缺陷（裂纹、气孔、疏松或夹渣等），射线则较容易透过，这样从被测零件缺陷处透过射线的能量较其他地方多。当这些射线照射到软片，经过感光和显影后，形成不同的黑度（反差），从而分析判断出零件缺陷的形状、大小和位置。如图1-44所示为射线检测原理。

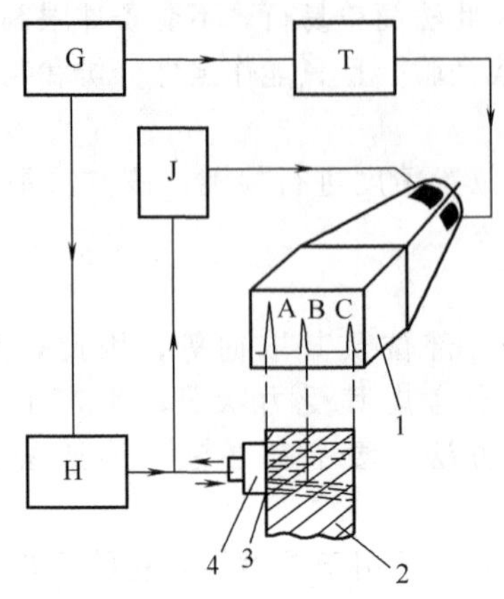

图1-43 超声波检测原理

A—初始脉冲；B—缺陷脉冲；C—底脉冲；
G—同步发生器；H—高频脉冲发生器；
J—接收放大器；T—时间扫描器；
1—荧光屏；2—零件；3—耦合剂；4—探头

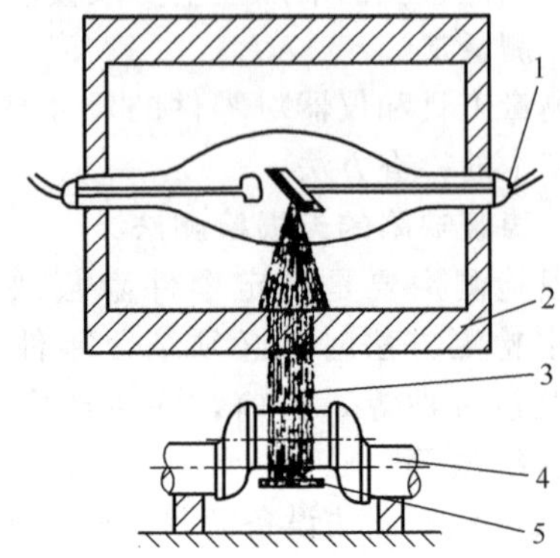

图1-44 射线检测原理图

1—射线管；2—保护箱；3—射线；
4—零件；5—感光胶片

必须指出，零件检测分类时，还必须注意结合零件的特殊要求进行相应的特殊试验，如高速运动的平衡试验、弹性件的弹性试验以及密封件的密封试验等，只有这样才能对零件的技术状态作出全面、准确鉴定及正确分类。

1.5.4 典型机械零件的检验

(1) 矩形花键的检验

花键的基本尺寸，如外径、内径、键宽等，用万能量具进行测量。它的形位误差用综合量规进行检验，如图1-45所示。其中：图1-45（a）适用于外径和键宽定心的内花键，它的前端有一导向圆柱面；图1-45（b）有两个导向圆柱面，它适用于内径定心的内花键；图1-45（c）为外花键综合量规，它是用量规后端面的圆柱孔直径来检验外花键的外径。

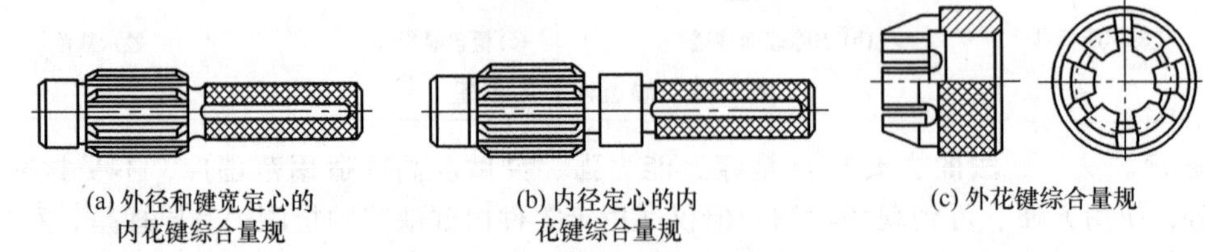

(a) 外径和键宽定心的内花键综合量规　(b) 内径定心的内花键综合量规　(c) 外花键综合量规

图1-45 矩形花键的检验

(2) 滚动轴承的检验

一般先观察其座圈、滚珠或滚子表面有无裂纹、疲劳麻点及金属脱层等缺陷，然后用百分表在检验架上检查其径向和轴向间隙，如图1-46所示。

图 1-46 滚动轴承的检验

(3) 齿轮的检验

齿轮常见的损坏有疲劳裂纹、疲劳麻点和剥落、齿表面磨损、断齿、轴孔及键槽磨损等。齿表面磨损一般用齿轮游标卡尺测量分度圆齿厚的偏差，如图 1-47 所示。

(4) 螺旋压缩弹簧及活塞环弹力的检验

弹性金属零件由于受热退火或疲劳，使其弹性减弱或产生疲劳裂纹。压缩弹簧及活塞环弹力可用弹力检查仪检验，如图 1-48 所示。将弹簧压缩到规定的长度或将活塞环开口间隙压缩到规定的大小，然后测量其弹力，需达到规定的技术要求。

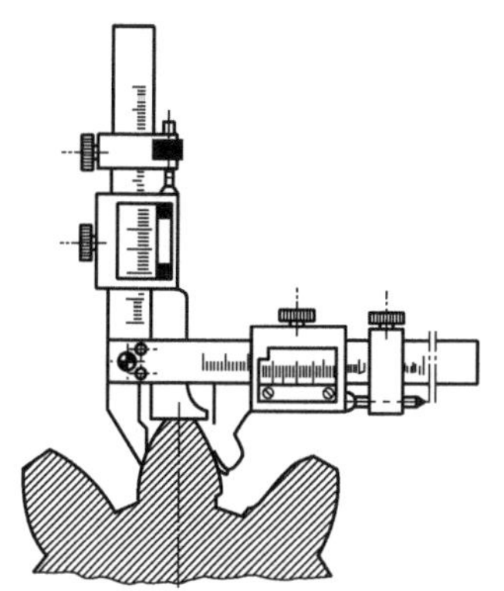
图 1-47 用齿轮游标卡尺测量齿面磨损

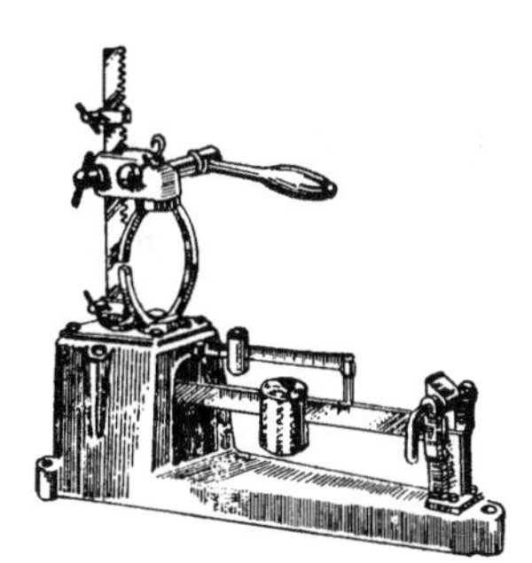
图 1-48 用弹力检查仪检查活塞环弹力

第2章

机械设备维修基本操作技术

2.1 錾削

用手锤打击錾子对金属工件进行切削加工的操作称为錾削。錾削加工主要进行工件表面的粗加工、去除铸造件的毛刺和凸台、分割材料和錾削油槽。

2.1.1 錾削的工具与应用

錾削的主要工具是錾子和手锤。

(1) 手锤

手锤是由锤头和木柄两部分组成的。锤柄装得不好，会直接影响操作。因此安装锤柄时要使锤柄中线与锤头中线垂直，装后打入锤楔，以防使用时锤头脱出。

(2) 錾子

錾子种类较多，可根据需要，制成必要的形状。一般常用的有以下几种。

① 扁錾　如图 2-1 (a) 所示，它有较宽的刃，宽一般在 25mm 左右。一般应用于凿开薄的板料、直径较细的棒料，錾削平面，去除焊件、锻件、铸件上的毛刺飞边等。

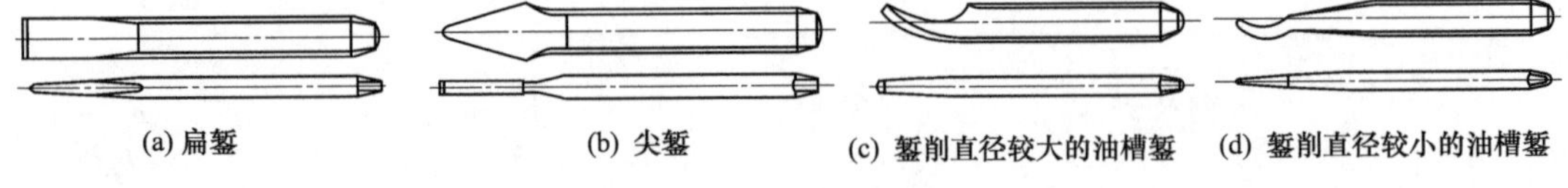

(a) 扁錾　(b) 尖錾　(c) 錾削直径较大的油槽錾　(d) 錾削直径较小的油槽錾

图 2-1　錾子的种类

② 尖錾　如图 2-1 (b) 所示，它的刃较窄，一般为 2～10mm。主要应用手凿槽或配合扁凿錾削较宽的平面。

③ 油槽錾　如图 2-1 (c) 所示，它应用于錾削轴瓦和一些设备上的油槽等。錾削直径较小的轴瓦油槽时，应用图 2-1 (d) 所示的油槽錾较为灵便。

(3) 錾子楔角的选择

錾子的斜面角（前后两面）一般均为 8°～10°，尖錾的斜面角均为 35°。錾削时，要根据工件材料的软硬，合理选用刃磨錾子的楔角（錾子前、后刀面形成的夹角称为楔角）。可参考表 2-1 錾子楔角提供的数据，对錾子进行刃磨。

表 2-1 錾子楔角的选择

工件材料	錾子的楔角	工件材料	錾子的楔角
硬钢、硬铸铁等	65°～70°	铜合金	45°～60°
钢、软铸铁	60°	铝、锌	35°

(4) 錾削的应用

錾削就是錾掉或錾断金属，使其达到理想长度、尺寸和要求。它的工作范围：从不平整的粗糙的工作表面或毛坯表面凿去多余的金属，分割材料，凿油槽等。

由于錾子可以根据需要做成各种形状，在一些特殊场合可以完成机械加工不能完成的工作。

2.1.2 錾削的操作方法

(1) 基本操作手法

錾削操作时，首先应熟练掌握錾子的握法、手锤的握法等方面的内容。

① 錾子的握法 錾子主要用左手的中指、无名指握住，小指自然合拢，食指和大拇指自然接触，錾子头部伸出约 20mm。应轻松自如地握稳錾子，不能握得太紧，以免敲击时掌心承受的振动过大，或一旦锤子打偏后伤手。錾削时，握錾子的手要与小臂保持水平，肘部不能下垂或抬高。如图 2-2 (a) 所示为錾子的正握法，如图 2-2 (b) 所示为反握法。

② 手锤的握法 手锤一般采用右手的 5 个手指满握的方法，大拇指轻轻压在食指上，虎口对准锤头方向，不要歪向一侧，木柄尾端露出 15～30mm。如图 2-3 (a) 所示为手锤的紧握法；如图 2-3 (b) 所示为松握法。

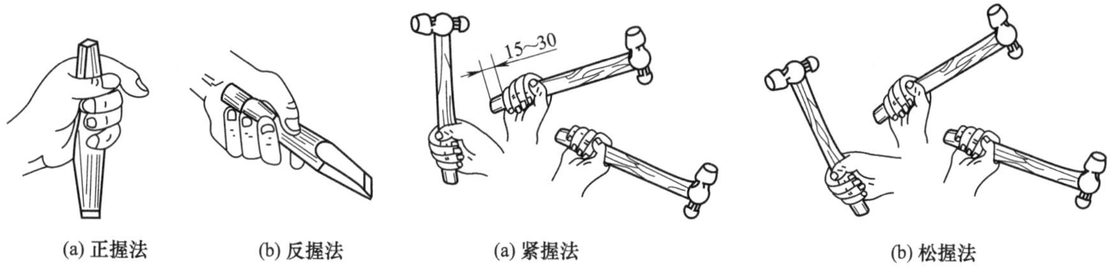

(a) 正握法 (b) 反握法

图 2-2 錾子的握法

(a) 紧握法 (b) 松握法

图 2-3 手锤的握法

③ 錾削姿势 錾削时，为充分发挥较大的敲击力量，操作者必须保持正确的站立位置，如图 2-4 所示。左脚超前半步，两腿自然站立，人体重心稍微偏于右脚，视线要落在工件的錾削位置。

④ 錾削时的注意事项 錾削时，要注意以下事项：首先要保持錾子锋利，过钝的錾子不但工作费力，錾削表面不平整，且容易打滑或伤手；錾子的锤击部分有明显毛刺时要及时磨掉，避免铁屑碎裂而飞出伤人，操作者必须戴上防护眼镜；锤子木柄有松动或损坏时要及时更换，以防锤头飞出；錾子锤击部分、锤子头部及柄部均不应沾油，以防打滑；工件必须夹持稳固，伸出钳口的高度为 10～15mm，且工件下面要加垫块。

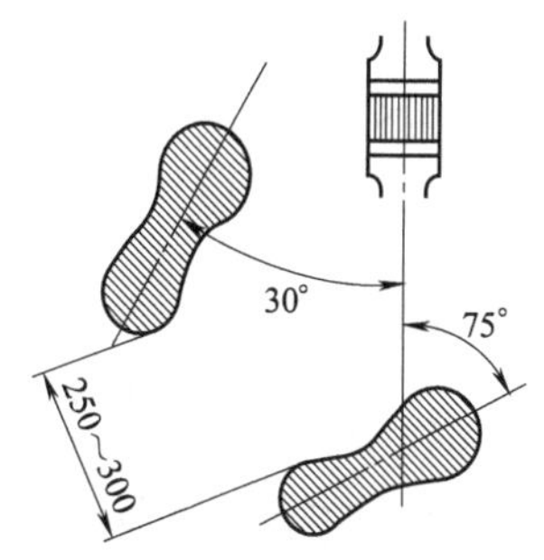

图 2-4 錾削时的站立位置

(2) 常见的錾削作业方法

① 錾断 工件的錾断方法有两种，一种是在虎钳上錾断，如图 2-5 (a)、(b) 所示；二是在铁砧上凿断，如图 2-5 (c) 所示。

要凿断的材料厚度与直径不能过大，一般板料在 4mm 以下，圆料直径在 ϕ13mm 以下。

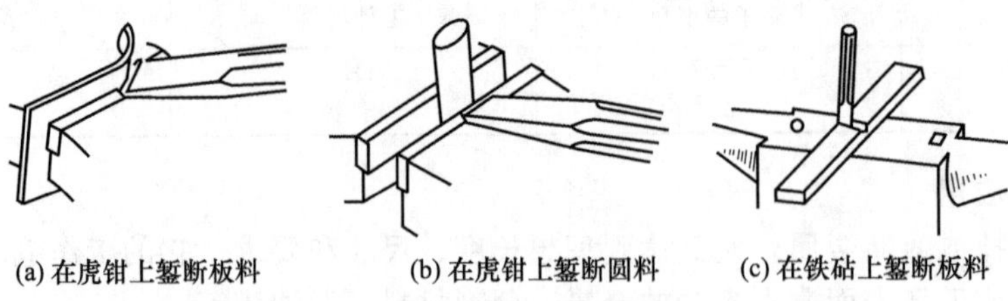

(a) 在虎钳上錾断板料　(b) 在虎钳上錾断圆料　(c) 在铁砧上錾断板料

图 2-5　工件的錾断方法

② 錾键槽　键槽的錾削方法为：先划出加工线，再在一端或两端钻孔，将錾尖磨成适合尺寸，进行加工，如图 2-6 所示。

③ 錾平面　平面的錾削，要先划出尺寸界线。夹持工件时，界线应露在钳口上面，但不宜太高，如图 2-7（a）所示，一次不宜凿得过厚，否则会将工件凿坏，如果太薄，錾子将会从工件表面滑脱，每次錾削厚度约为 0.5～1.5mm。当工件快要凿到尽头时，为避免将工件棱角撕裂掉，需调转方向从另一端凿去多余部分，如图 2-7（b）所示。

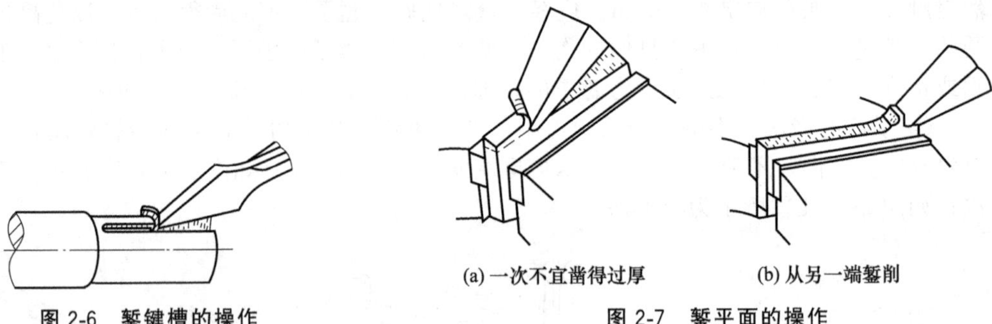

图 2-6　錾键槽的操作

(a) 一次不宜凿得过厚　(b) 从另一端錾削

图 2-7　錾平面的操作

当平面宽度大于錾子时，可用尖凿在平面上先凿出若干沟槽，将宽面分成若干窄面，如图 2-8（a）所示；然后用扁錾将窄面錾去，如图 2-8（b）所示。

(3) 錾子的刃磨

錾子楔角的刃磨如图 2-9 所示。握錾时右手在前、左手在后，前翘握持，在旋转着的砂轮缘上进行刃磨，此时錾子的切削刃应高于砂轮中心，在砂轮全宽上左右来回平稳地移动，并要控制錾子前、后面的位置，保证磨出合格的楔角。刃磨时加在錾子上的压力不能过大，刃磨过程中錾子应经常浸水冷却，防止过热退火。

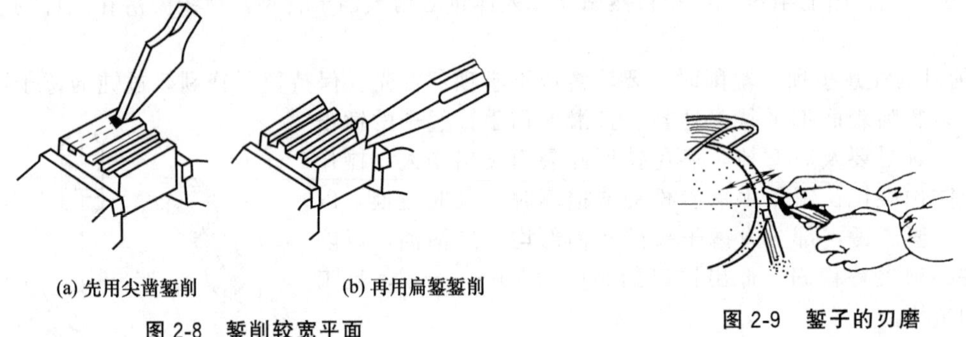

(a) 先用尖凿錾削　(b) 再用扁錾錾削

图 2-8　錾削较宽平面

图 2-9　錾子的刃磨

2.1.3　油槽的錾削操作

油槽分为平面油槽和曲面油槽两种。平面油槽的形式一般有 X 形、S 形和“8”字形等，如图 2-10（a）～（c）所示；曲面油槽的形式一般有“1”字形、X 形和“王”字形等，如图 2-10（d）～（f）所示。

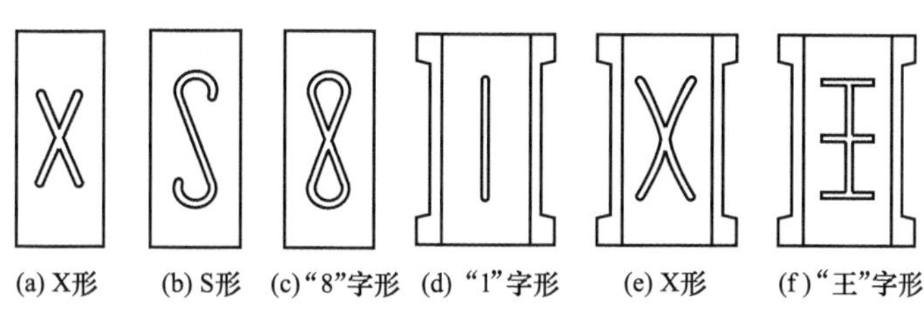

图 2-10 油槽的形式

油槽的作用是向运动机件的接触部位输送和存储润滑油，因此要求油槽槽形粗细均匀、深浅一致、槽面光滑。

(1) 油槽錾削的步骤

① 熟悉图样。

② 根据錾削油槽的类型，平面油槽或曲面油槽分别选择对应的油槽錾，再按照油槽的几何尺寸，对所选的油槽錾进行粗磨、热处理和精磨，用半径样板检查圆弧切削刃形状；精磨完成后，再用油石修磨前、后刀面，以使錾出的油槽表面比较光滑。

③ 按图样尺寸要求划出油槽的加工线。

④ 对 X 形油槽的錾削：应先连续、完整錾出第一条油槽，第二条油槽分两次錾削，即錾至与第一条油槽交会后，不再连续錾下去，而是调头从第二条油槽的另一端重新开始錾削，直至与第一条油槽交会。对“8”字形油槽的錾削：要把“8”字形油槽分成两大部分进行錾削，即中间两条相交的直线槽为第一部分，两边的两个半圆槽为第二部分。第一部分与錾削 X 形油槽的方法基本相同。两条相交的直线槽錾好后，再来錾两个半圆槽，錾半圆槽时，注意收錾接头处的圆滑过渡。对“王”字形油槽的錾削：首先应依次錾出三条周向油槽，然后錾出中间轴向油槽。但应注意收錾接头处的圆滑过渡。

錾削操作过程中，应采用腕挥小力量锤击錾削，锤击力量要均匀。

⑤ 用锉刀修去槽边毛刺。

⑥ 正确使用各类量具对錾削油槽进行检测。

(2) 油槽錾的种类

油槽錾分为平面油槽錾和曲面油槽錾两种。錾削平面油槽应选择平面油槽錾；錾削曲面油槽应选择曲面油槽錾。

平面油槽錾的几何形状如图 2-11（a）所示；曲面油槽錾几何形状如图 2-11（b）所示。

表 2-2 给出了油槽錾的相关技术参数。

表 2-2 油槽錾技术参数

参数项目	平面油槽錾	曲面油槽錾
楔角 β	65°±2°	60°～70°
副偏角 κ_τ	−3°～−1°	−3°～−1°
錾头锥角 γ	15°～20°	15°～20°
錾刃半径 R/mm	1～4	1～4
切削部长度 l/mm	30～50	30～60
錾身长度 L/mm	160～200	160～200
錾身宽度 b/mm	18～22	18～22

(3) 油槽錾的刃磨要求

平面油槽錾和曲面油槽錾的刃口形状要和工件图样上油槽端面形状相吻合，其楔角大小要根据被錾材料的性质而定。油槽錾的后面（圆弧面）其两侧应逐步向后缩小，刃磨完成后还要

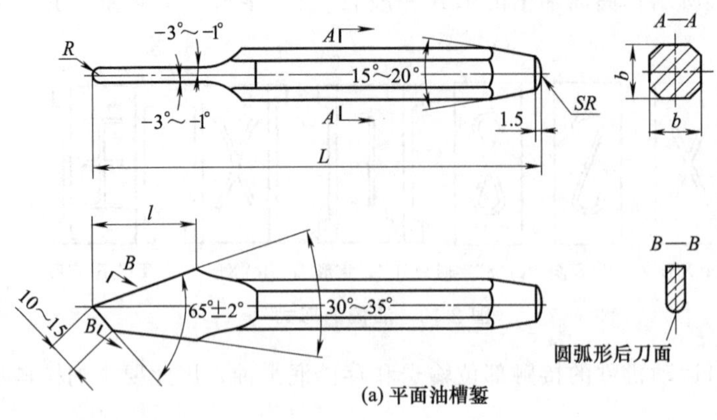

(a) 平面油槽錾

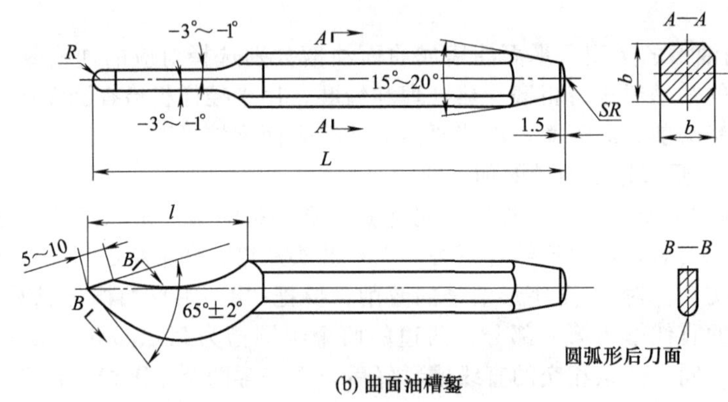

(b) 曲面油槽錾

图 2-11　油槽錾几何形状

用油石对后面（圆弧面）进行修光，以使錾出的油槽表面比较光滑。

为保证錾削过程中的后角基本一致，曲面油槽錾的切削部应锻成弧形。此时，錾子圆弧刃刃口的中心点仍在錾身轴线的延长线上，使錾削时的锤击作用力方向朝向刃口方向。

（4）錾削油槽的方法

① 根据油槽的位置尺寸划出加工线，可以按照油槽的宽度划两条线，也可只划一条中心线。

② 錾削油槽一般要求一次成形，必要时可进行一定的修整。

③ 錾削油槽时，不需要大力錾削，一般采用腕挥锤击即可。

④ 在平面上錾削油槽，起錾时錾刃要慢慢地加深至尺寸要求，錾削角度保持一致。錾削时捶击力量应均匀，收錾时錾刃要慢慢地抬起，以保证槽底圆滑过渡；也可采用调头收錾。

⑤ 如果是在曲面上錾削油槽，錾身的倾斜状态要随着曲面不断调整，以使錾削时的后角保持不变，方能保证錾出的油槽光整和深浅一致。

⑥ 油槽錾削好后，需修去槽边毛刺；最后使用各类量具对錾削油槽进行检测。

2.2 锉削

用锉刀对工件表面进行切削加工，使工件达到要求的尺寸、形状和表面粗糙度，这种加工方法叫锉削。锉削在机械设备的装配及维修中应用广泛。锉削的最高精度可达 0.01mm 左右，表面粗糙度可达 $Ra1.6\mu m$ 左右。

2.2.1 锉削的工具与应用

锉削加工的工具主要为锉刀，锉刀一般采用 T12 或 T12A 碳素工具钢经过轧制、锻造、退火、磨削、剁齿和淬火等工序加工而成，经表面淬火热处理后，其硬度不小于 62HRC。

(1) 锉刀的种类和用途

锉刀的种类很多，按锉刀使用情况，可分为普通锉刀、异形锉刀和什锦锉刀三类，其中：普通锉刀又以其断面形状分为平锉、方锉、三角锉等；异形锉刀有刀口锉、菱形锉等；什锦锉又称整形锉，外形尺寸很小，形状也很多，通常是 8 把、10 把或 12 把组成一组，成组供货。表 2-3 给出了锉刀的种类和用途。

表 2-3 锉刀的种类和用途

名称	形状	锉号	齿形情况	用途	截面图
大方锉	正方形、向头部逐渐缩小	1、2	四面有齿	平面粗加工	
大平锉	全长截面相等	1、2	两面或三面有齿	平面粗加工	
平头扁锉	长方形、向头部逐渐缩小	3、4、5、6	三面有齿	平面和凸起的曲面	
方锉	正方形、向头部逐渐缩小	3、4、5、6	四面有齿	方形通孔方槽	
三角锉	正三角形、向头部逐渐缩小	1、2、3、4、5、6	三面有齿	三角形通孔三角槽	
锯锉	向头部逐渐缩小	3、4、5、6	宽边双齿狭边单齿	锉锯齿	
刀口锉	向头部逐渐缩小	2、3、4、5、6	宽边双齿狭边单齿	楔形燕尾形的通孔	
圆锉	向头部逐渐缩小	1、2、3、4、5、6	大锉双齿小锉单齿	圆孔和圆槽	
半圆锉	向头部逐渐缩小	1、2、3、4、5、6	平面双齿圆面单齿	平面和通孔	
菱形锉	向头部逐渐缩小	2、3、4、5、6	双齿	有尖角的槽和通孔	
扁三角锉	向头部逐渐缩小	2、3、4、5、6	下面一边双齿	有尖角的槽和通孔	
橄榄锉	向头部逐渐缩小	1、2、3、4、5、6	全部双齿	半径较大的凹圆面	
什锦锉（组锉）	向头部逐渐缩小	1、2、3、4、5、6	全部双齿	各种形状通孔	各种形状
木锉	向头部逐渐缩小	1、2	锉齿大	软材料	各种形状

按锉刀齿纹齿距大小的不同，锉刀可分为：粗齿锉刀、中齿锉刀、细齿锉刀、油光锉刀、细油光锉刀 5 种，其粗细等级如下。

① 1 号：粗齿锉刀，齿距为 2.3～0.83mm；

② 2 号：中齿锉刀，齿距为 0.77～0.42mm；

③ 3 号：细齿锉刀，齿距为 0.33～0.25mm；

④ 4 号：油光锉刀，齿距为 0.25～0.2mm；

⑤ 5 号：细油光锉，齿距为 0.2～0.16mm。

(2) 锉削的应用及锉刀的选用

锉削的工作范围非常广，可以锉削工件的表面、内孔、沟槽与各种形状复杂的表面。

锉削前，应正确地选用锉刀，如选择不当，会浪费工时或锉坏工件，也会过早地使锉刀失去切削能力。选用锉刀应遵循下列原则。

① 按工件所需加工部位的形状选用锉刀，图 2-12 给出了根据工件形状选用锉刀的情况。

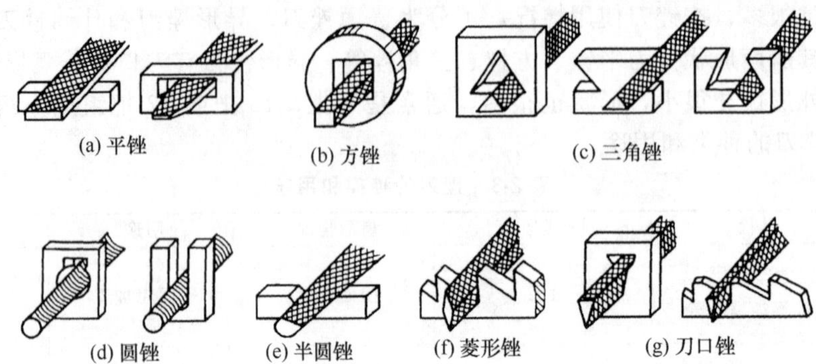

图 2-12　各种锉刀的选用

② 按工件加工的余量、精度和材料性质选用锉刀。粗齿锉刀适用于锉削加工余量大、加工精度和表面粗糙度要求不高的工件；而细齿锉刀适用于锉削加工余量小、加工精度和表面粗糙度要求较高的工件；异形锉刀用于加工特殊表面；什锦锉刀用于修整工件精密细小的部位。

2.2.2　锉削的操作方法

(1) 基本操作手法

锉削操作时，应熟练掌握锉刀的基本操作方法，主要有锉刀柄的装卸、锉刀的握法以及锉削时两手用力的变化等方面的内容。

① 锉刀柄的装卸　为了能握持锉刀和使用方便，锉刀必须装上木柄。木柄必须用较紧韧的木材制作，要插孔的外部要套有一个铁圈，以防装锉时将木柄胀裂。锉刀柄安装孔的深度约等于锉舌的长度，其孔径以锉舌能自由插入 1/2 为宜。装柄与卸柄方法如图 2-13 所示。

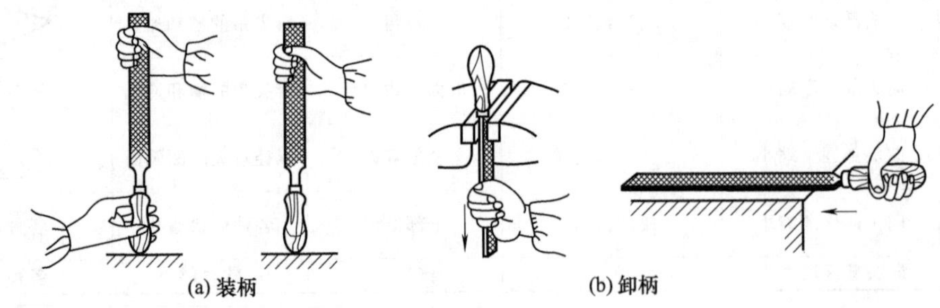

图 2-13　锉刀柄的装卸

② 锉刀的握法　锉削时，一般是右手心抵着锉刀木柄的端头握锉柄，大拇指放在木柄上面，左手压锉，如图 2-14 所示。

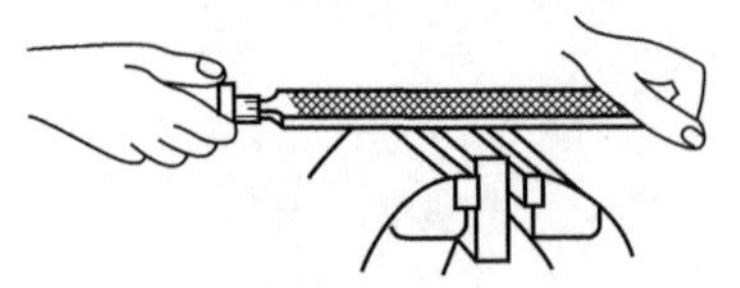

图 2-14　锉刀的握法

③ 站立姿势　锉削时对站立姿态的要求是：要以锉刀纵（轴）向中心线的垂直投影线为基准，两脚跟大致与肩同宽，右脚与锉刀纵（轴）向中心线的垂直投影线大致成 75°角，且右脚的前 1/3 处踩在投影线上；左脚与锉刀纵（轴）向中

心线的垂直投影线大致成30°角，在锉削运动中，应始终保持这种几何姿态，如图2-15所示。

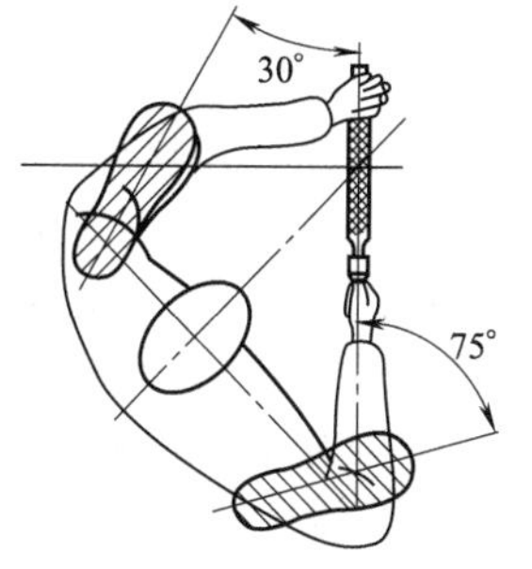

图2-15 站立姿态

④ 锉削时的施力 锉刀推进时，应保持在水平面内运动，主要靠右手来控制，而压力的大小由两手控制，使锉刀在工件上的任一位置时，锉刀前后两端所受的力矩应相等，才能使锉刀平直水平运动。两手用力的变化如图2-16所示。

锉削开始时，左手压力大，右手压力小，随着锉刀向前推进，左手压力要逐渐减小，右手压力逐渐增大，到中间时两手压力应相等；再向前推进时，左手压力又逐渐减小，右手压力逐渐增大；锉刀返回时，两手都不加压力，以减少齿面磨损。如两手用力不变，则开始时刀柄会下偏，而锉削终了时，前端下垂，结果会锉成两端低，中间凸的鼓形表面。

⑤ 工件的夹持 工件夹持的正确与否，将直接影响锉削的质量与效率。一般夹持的工件应尽量夹在虎钳钳口中间，伸出钳口不要太高，且夹持牢固，但不能使工件变形；在夹持已加工面、精密工件和形状不规则工件时，应在钳口加适宜的衬垫，以免将工件表面夹坏。

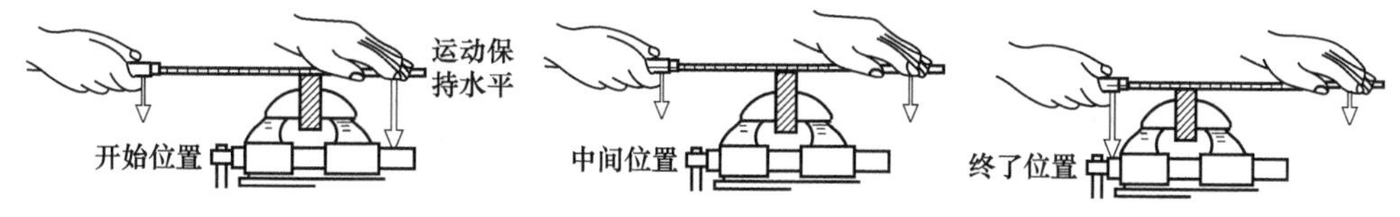

图2-16 锉削过程中的施力

⑥ 锉削时的注意事项 锉削时，要注意以下事项：新锉刀应先用一面，用钝后再使用另一面。在使用中先用于锉削软金属，使用一段时间后，再锉削硬金属，以延长锉刀使用寿命；锉刀上不可沾油或沾水，以防锉削时打滑或锉齿锈蚀；不可用锉刀来锉带有型砂的铸件或带有硬皮表面的锻件，以及经过淬硬的表面，也不可用细锉锉软金属；不可用锉刀当作装拆、锤击或撬动的工具；锉刀上的铁屑应用毛刺顺齿纹刷掉，不准用嘴吹，也不准用手去清除，以防铁屑飞进眼里或伤手。

(2) 各种表面的锉削方法

不论锉削何种表面，首先应正确地夹持好工件，工件夹持的正确与否，将直接影响锉削的质量与效率。夹持工件应符合以下要求：a. 工件应尽量夹在虎钳钳口中间，伸出钳口不要太高，夹持力应均匀，并夹持牢固，但不能使工件变形；b. 夹持已加工面、精密工件和形状不规则工件时，应在钳口加适宜的衬垫，以免将工件表面夹坏。

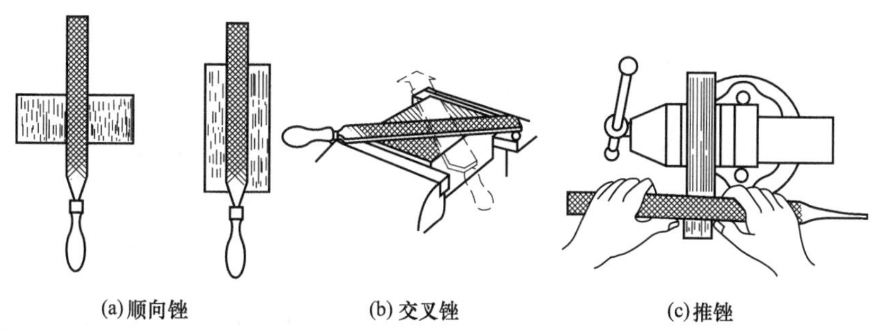

图2-17 平面锉削的方法

① 平面的锉削 在锉削不同的加工面时，应针对性地采用不同的锉削方法。

常用的平面锉削方法有顺向锉、交叉锉和推锉三种，如图2-17 (a)～(c) 所示。

顺向锉是锉刀始终沿其长度方向锉削，一般用于锉平或锉光，它可得到正直的锉痕。

交叉锉是先沿一个方向锉一层，然后再转 90°锉第二遍，如此交叉进行。这样可以从锉痕上发现锉削表面的高低不平情况，容易把平面锉平。此法锉刀与工件接触面较大，锉刀容易掌握平稳，适用于加工余量较大和找平的场合。

推锉是锉刀的运动与其长度方向相垂直。一般用于锉削窄长表面或是工件表面已锉平、加工余量很小时，为光洁其表面或修正尺寸用。

② 曲面锉削的基本方法　曲面锉削的基本方法主要有以下几种。

a. 外圆弧面锉削　当锉削余量大时，应分步采用粗锉、精锉加工，即先用顺向锉削法横对着圆弧面锉削，按圆弧的弧线锉成多边棱形，最后再精锉外圆弧面，精锉方法主要有两种：图 2-18（a）为轴向滑动锉法，操作时，锉刀在做与外圆弧面轴线相平行推进的同时，还要做一个沿外圆弧面向右或向左的滑动；图 2-18（b）为周向摆动锉法，操作时，锉刀在做与外圆弧面轴线相平行推进的同时，右手还要做一个沿圆弧面垂直摆动下压锉柄。

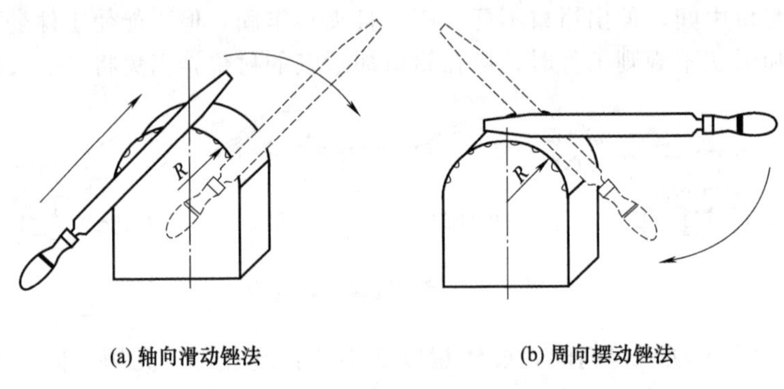

(a) 轴向滑动锉法　　(b) 周向摆动锉法

图 2-18　外圆弧面的锉削方法

b. 内圆弧面锉削　锉削内圆弧面通常选用圆锉、半圆锉、方锉（圆弧半径较大）刀完成。用圆锉或半圆锉粗锉内圆弧面时，锉刀要同时合成三个运动，即锉刀与内圆弧面轴线相平行的推进运动和锉刀刀体的自身（顺时针或逆时针方向）旋转运动以及锉刀沿内圆弧面向右或向左的横向滑动的一种锉法，如图 2-19（a）所示；用圆锉或半圆锉精锉内圆弧面时，采用双手横握法握持刀体，锉刀要同时合成两个运动，即锉刀与内圆弧面轴线相垂直的推进运动和锉刀刀体的自身旋转运动共同进行滑动锉削的一种锉法，如图 2-19（b）所示。

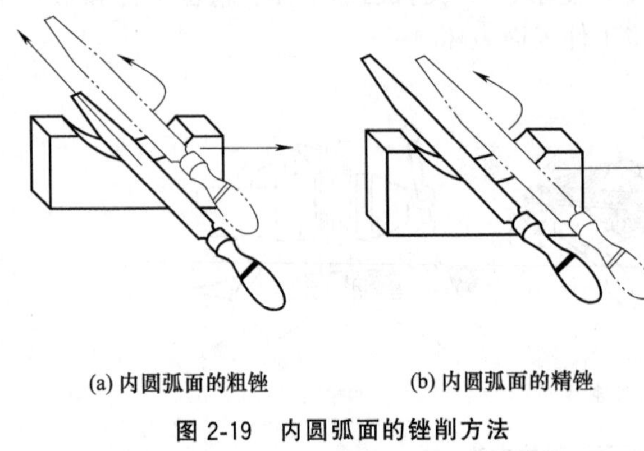

(a) 内圆弧面的粗锉　　(b) 内圆弧面的精锉

图 2-19　内圆弧面的锉削方法

c. 球面锉削　球面锉削通常选用扁锉加工。锉刀在完成外圆弧锉削复合运动的同时，还须环绕球中心做周向摆动，通常有两种操作方法。如图 2-20（a）所示为纵倾横向滑动锉法，锉刀根据球面半径 SR 摆好纵向倾斜角度 α，并在运动中保持稳定，锉刀在做推进的同时，刀体还要做自左向右的弧形滑动；图 2-20（b）为侧倾垂直摆动锉法，操作时，锉刀根据球面半径 SR 摆好侧倾角度 α，并在运动中保持稳定，锉刀在推进的同时，右手还要垂直下压摆动锉柄。球面锉削操作时，要注意把球面大致分成四个区域进行对称锉削，依次循环地锉至球面顶部。

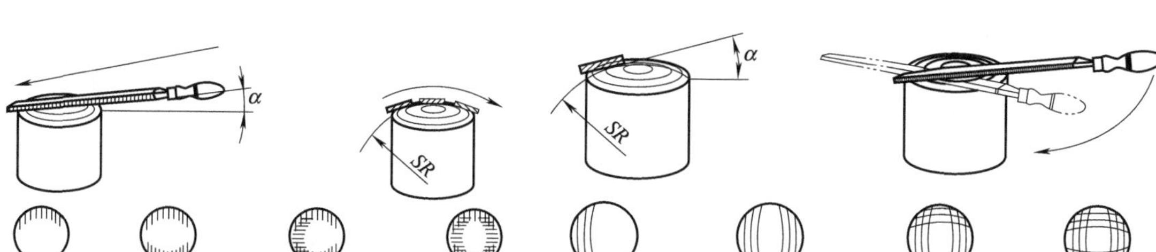

(a) 纵倾横向滑动锉法　(b) 侧倾垂直摆动锉法

图 2-20　球面锉削的方法

③ 凸圆弧面接凹圆弧面锉削的方法　如图 2-21（a）所示为加工图，首先除去加工线外多余部分［图 2-21（b）］；粗锉凹圆弧面 1［图 2-21（c）］，粗锉凸圆弧面 2［图 2-21（d）］；再半精锉凹圆弧面 1［图 2-21（e）］，后半精锉凸圆弧面 2［图 2-21（f）］；最后精锉凹圆弧面 1 和凸圆弧面 2［图 2-21（g）］。

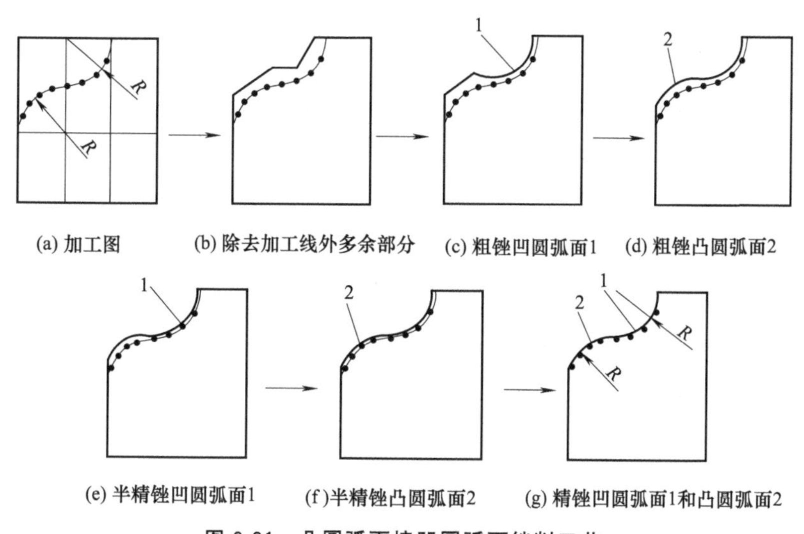

(a) 加工图　(b) 除去加工线外多余部分　(c) 粗锉凹圆弧面1　(d) 粗锉凸圆弧面2

(e) 半精锉凹圆弧面1　(f) 半精锉凸圆弧面2　(g) 精锉凹圆弧面1和凸圆弧面2

图 2-21　凸圆弧面接凹圆弧面锉削工艺

(3) 锉削质量检查

① 检查平直度　检查平直度的方法基本上有两种：一是用刀口直尺或钢板尺以透光法来检查，二是采用研磨法检查。

如图 2-22（a）所示，将工件擦净后用刀口直尺或钢板尺靠在工件平面上。如果刀口直尺、钢板尺与工件表面透光微弱而均匀，该平面是平直的，假如透光强弱不一，表明该面高低不平，如图 2-22（c）所示。检查时应在工件的横向、纵向和对角线方向多处进行，如图 2-22（b）所示。钢板尺一般只在粗加工时使用。

(a) 透光法检查的方法1　(b) 透光法检查的方法2　(c) 检查的判断

图 2-22　用刀口尺检查直线度

如图 2-23（a）所示，在平板上涂红丹粉（或蓝油）；然后把锉削平面放在平板上，均匀地轻微摩擦几下，如图 2-23（b）所示。如果平面着色均匀，说明平直了。有的呈灰亮色（高处），有的没有着色（凹处），说明高低不平，如图 2-23（c）所示。

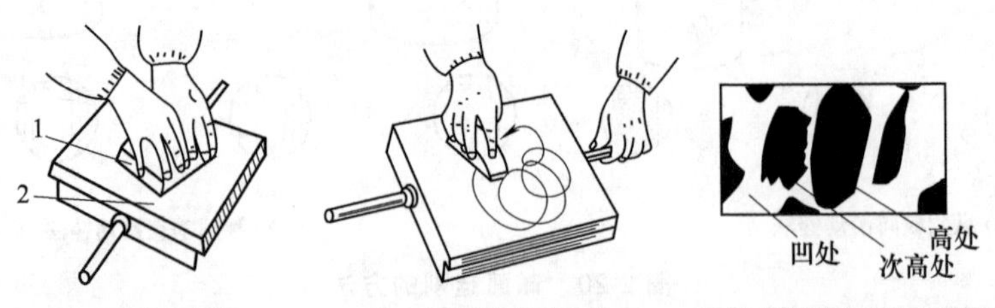

(a) 研磨法检查的方法1　(b) 研磨法检查的方法2　(c) 检查锉削平面的着色情况

图 2-23　研磨法检查平直度

1—工件；2—标准板

② 检查垂直度　使用直角尺（俗称弯尺），同样采用透光法。以基准面为基准，对其他各面有次序地检查，如图 2-24（a）所示。阴影部分为基准面。

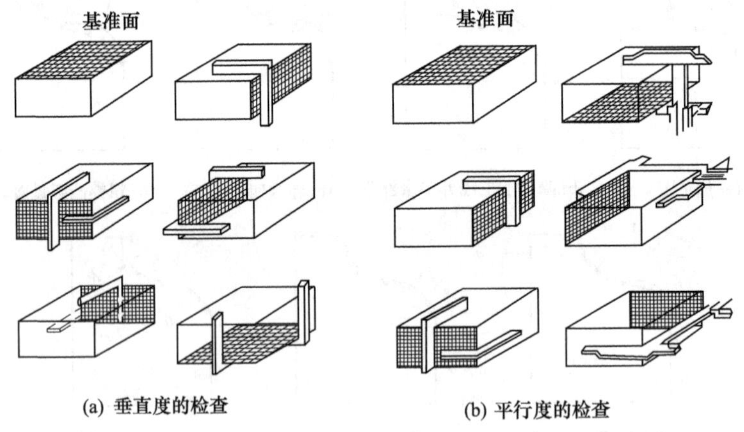

(a) 垂直度的检查　(b) 平行度的检查

图 2-24　检查垂直度、平行度及尺寸

③ 检查平行度与尺寸　平行度可用游标卡尺与千分尺进行检查。使用千分尺时，要根据工件的尺寸大小选择相应规格的千分尺。检查时在全长不同的位置上多测量几次，如图 2-24（b）所示。

④ 检测内、外圆弧面及球面的误差　对于锉削加工后的内、外圆弧面及球面，可采用半径样板检测其轮廓度，半径样板通常包括凹半径样板和凸半径样板两类，如图 2-25 所示。

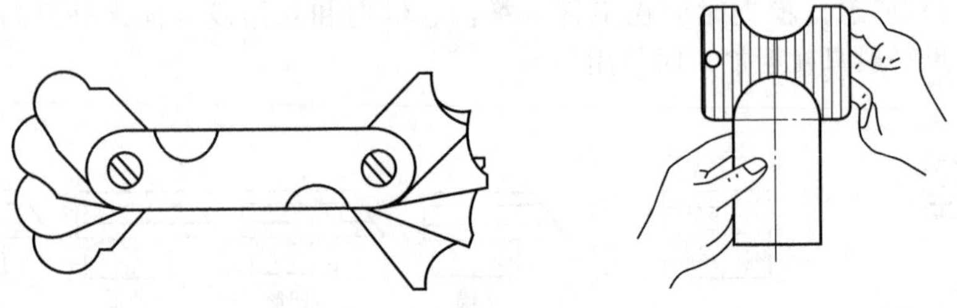

(a) 半径样板外形　(b) 采用凹半径样板检测外圆弧面轮廓度

图 2-25　采用半径样板检测轮廓度

⑤ 检查表面粗糙度　一般用眼睛直接观察，为鉴定准确，可使用表面粗糙度样板对照检查。

2.3 孔加工

用钻头在材料上加工出孔的操作称为钻孔。孔加工的方法主要有两类：一类是在实体工件上加工出孔，即用麻花钻、中心钻等进行的孔加工，俗称钻孔；另一类是对已有孔进行再加工，即用扩孔钻、锪孔钻和铰刀进行的孔加工，分别称为扩孔、锪孔和铰孔。

2.3.1 钻孔的设备与工具

钻孔属孔的粗加工，其加工孔的精度一般为1T11～1T13，表面粗糙度 Ra 为 50～12.5μm，故只能用作加工精度要求不高的孔。

(1) 钻孔设备

钻孔的常用设备主要有台式钻床、立式钻床、摇臂钻床和手电钻等，如图 2-26 所示。

其中：台式钻床是一种小型钻床，是装配工作中常用的设备。一般可钻直径 12mm 以下的孔，但有的台式钻床的最大钻孔直径为 20mm，这种钻床体积也较大。

立式钻床最大钻孔直径有 25mm、35mm、40mm、50mm 几种，适用于钻削中型工件，它有自动进刀机构，生产效率较高，并能得到较高的加工精度。立钻主轴转速和进刀量有较大的变动范围，适用于不同材质的刀具，能够进行钻孔、锪孔和攻螺纹等加工。

摇臂钻最大钻孔直径有 35mm、50mm、75mm、80mm、100mm 等几种，一般是由底座、立柱、摇臂、钻轴变速箱、自动走刀箱、工作台等主要部分组成。它的摇臂能回转 360°，并能自动升降和夹紧定位。因其调速、进刀调整范围广，可利用它进行钻孔、扩孔、锪平面、锥坑、铰孔、镗孔、环切大圆和攻螺纹等加工。

手电钻种类较多，规格大小不等，携带方便、使用灵活，尤其在检修工作中使用广泛。电钻有单相（电压为 220V），其钻孔直径 6mm、10mm、13mm、19mm；三相（电压为 380V），其钻孔直径有 13mm、19mm、23mm、32mm 等规格。使用手电钻必须注意安全，要严格按照操作规程进行操作。

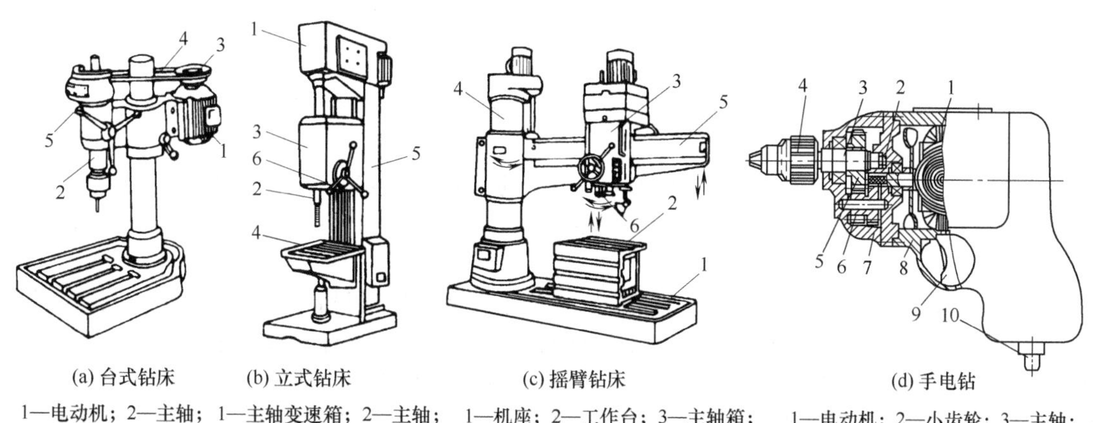

图 2-26　钻孔设备结构图

(2) 钻头

钻头是钻孔的主要工具，其种类有麻花钻、扁钻、深孔钻、中心钻等。它们的几何形状虽然不同，但都有两个对称排列的切削刃，使得钻削时产生的力保持平衡，其切削原理都相同。其中又以麻花钻最为常用。

① 麻花钻的结构　麻花钻由柄部、颈部和工作部分组成。它有直柄［图 2-27（a）］和锥柄［图 2-27（b）］两种。直柄所能传递的转矩较小，钻头直径一般都在 13mm 以内，较大钻头一般均为锥柄钻头，如表 2-4 所示给出了莫式锥柄钻头的详细规格。

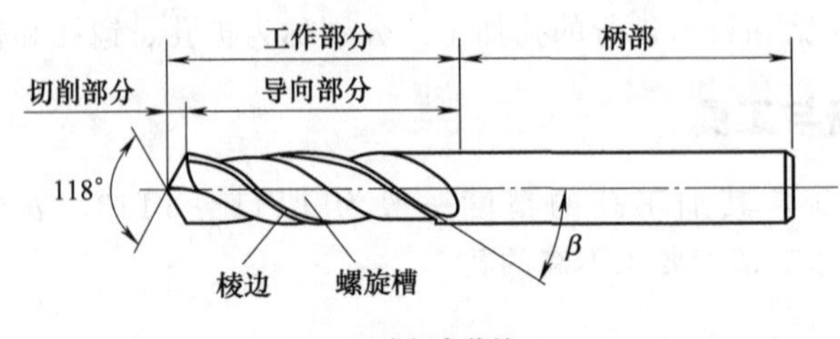

(a) 直柄麻花钻

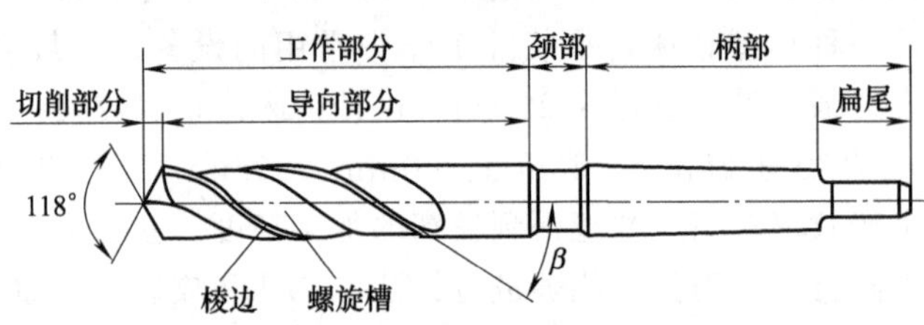

(b) 锥柄麻花钻

图 2-27　麻花钻的结构

表 2-4　莫氏锥柄钻头直径　　mm

莫氏锥柄号	1	2	3	4	5	6
钻头直径	6～15.5	15.6～23.5	23.6～32.5	32.6～49.5	49.6～65	～80

锥柄的扁尾是用来增加传递转矩，避免钻头在轴孔或钻套中打滑，并作为把钻头从主轴孔或钻套中退出之用。

颈部为制造钻头供砂轮退刀之用。一般也用来刻印商标和规格。

工作部分由导向部分和切削部分组成。导向部分在切削过程中，能保持钻头正直的钻削方向和具有修光孔壁的作用，工作部分担任主要的切削工作。两条螺旋槽用来形成切削刃，并起排屑和输送冷却液作用。

钻头直径大于 6～8mm 时，时常制成焊接式的，其工作部分一般用高速钢（W18Cr4V）制作，淬硬至 62～68HRC，其热硬性可达到 550～600℃。柄部一般用 45 钢制作，淬硬至 30～45HRC。

② 标准麻花钻切削部分的几何参数　标准麻花钻是按标准设计制造的未经过后续修磨的钻头，在钻削时，麻花钻又常根据加工工件材质、厚薄的不同，需要重新进行刃磨。标准麻花钻切削部分的几何形状主要由六面（两个前刀面、两个主后刀面和两个副后刀面）、五刃（两条主切削刃、两条副切削刃和一条横刃）、四角（锋角、前角、主后角和横刃斜角）组成，如图 2-28 所示。其中：

a. 前刀面：前刀面是指螺旋槽表面。

b. 主后刀面：主后刀面是指钻顶的螺旋圆锥表面。

c. 副后刀面：副后刀面是指低于棱边的圆柱表面。

d. 主切削刃：主切削刃是指前刀面与主后刀面所形成的交线。

e. 副切削刃：副切削刃是指前刀面与棱边圆柱表面（凸起刃带）所形成的交线。

f. 横刃：横刃是指两主后刀面所形成的交线。横刃太短会影响钻尖的强度，横刃太长会使轴向抗力增大，影响钻削效率。

g. 锋角（2ϕ）：锋角是指钻头两主切削刃在其平行平面内投影的夹角。锋角越大，主切削刃就越短，定心就越差，钻出的孔径就越大。但是锋角增大，前角也会随之增大，切削就比较轻快。标准麻花钻的锋角一般为118°±2°，锋角为118°时两主切削刃呈直线；大于118°时两主切削刃呈内凹曲线；小于118°时两主切削刃呈外凸曲线。为适应不同的加工条件，锋角常常经刃磨后有所改变。

h. 前角（γ_0）：前角是主切削刃上任一点的基面与前面之间的夹角（图2-29）。由于螺旋槽形状的特点，在切削刃各个点上，前角的数值不同，越靠近中心的点，前角越小；越靠近外边缘，前角越大。切削层的变形越小，摩擦越小，所以切削越省力，切屑越容易流出。一般情况下，最靠近中心处，前角约为0°，最靠近边缘处，前角约为18°～30°。靠近横刃处主切削刃上前角为－30°左右。

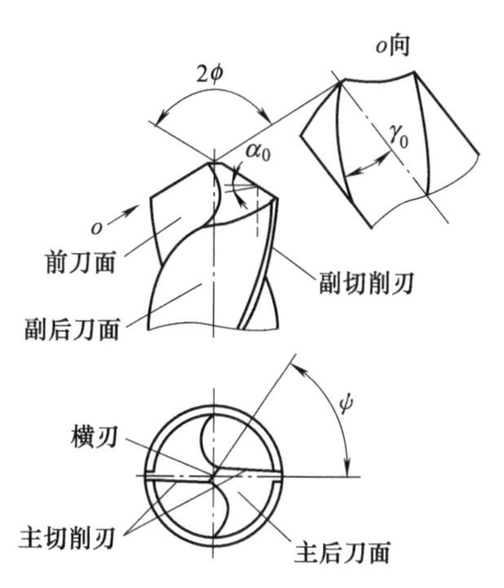

图2-28 麻花钻切削部分的几何形状

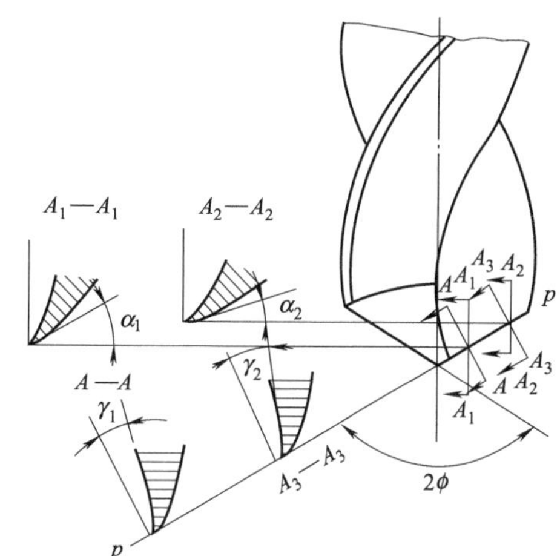

图2-29 麻花钻的前角

i. 主后角（α_0）：主后角是切削平面与主后刀面的夹角。主后角的作用是减小主后刀面与切削面间的摩擦。主切削刃上各点主后角是不相同的，外缘处最小，自外向内逐渐增大。直径为15～30mm的麻花钻，外缘处的主后角为9°～12°，钻心处的主后角为20°～26°，横刃处的主后角为30°～60°。

j. 横刃斜角（ψ）：横刃斜角是在垂直于钻头轴线的端面投影中，横刃与主切削刃之间的夹角。它的大小由主后角的大小决定，主后角大时，横刃斜角就减小，横刃就比较长；主后角小时，横刃斜角就增大，横刃就比较短。横刃斜角一般为50°～55°。

③ 标准麻花钻的缺点　通过对标准麻花钻切削部分几何参数的分析，可看出由于结构上的原因，标准麻花钻切削部分存在以下四个缺点。

a. 主切削刃上各点前角的变化很大，外缘处且靠近横刃处有1/3长度范围的主切削刃的前角为负值，在工作时处于刮削状态，从而形成很大的轴向分力。

b. 由于横刃过长，且横刃前角均为绝对值很大的负值，工作时为挤压刮削，从而增大了轴向分力且磨损严重，同时会导致定心效果比较差、钻削时容易产生振动，从而影响钻孔质量。

c. 由于主切削刃外缘处的切削速度为最高，因而切削负荷大，其前角又为最大值，会使

强度大大降低，加上副切削刃的后角为零和散热条件差，会导致磨损严重并影响钻头寿命。

d. 由于主切削刃很长且全部参加切削，各处切屑排出的速度和方向不一样，使切屑容易在螺旋槽中发生堵塞，排屑不畅，切削液难以进入切削区。

2.3.2 钻头刃磨与修磨的操作

麻花钻是机械加工中使用最广泛的钻孔工具，然而在使用过程中，其切削部分容易变钝，此时，需要对其进行刃磨，以恢复切削部分的锋利。

在钻削不同材料时，麻花钻切削部分的角度和形状也略有不同，另外，标准麻花钻本身也存在一些结构上的缺点，影响切削性能，因此，也需要对标准麻花钻进行适当刃磨，通过这种刃磨方式，使麻花钻的切削部分磨成所需要的几何参数（故称为修磨），使钻头具有良好的钻削性能。正确地刃磨与修磨钻头，对钻孔质量、效率和钻头使用寿命等都有直接影响。

(1) 标准麻花钻刃磨的操作

标准麻花钻的刃磨主要是刃磨两个主切削刃及其后角，手工刃磨钻头是在砂轮机上进行的，要求刃磨砂轮的外圆柱表面要平整，砂轮旋转时，必须严格控制其跳动量。

① 砂轮的选择　刃磨高速钢钻头一般采用粒度为F46～F80、硬度等级为中软级（K、L）的氧化铝砂轮（又称刚玉砂轮）；刃磨硬质合金钻头一般采用粒度为F36～F60、硬度等级为中软级（K、L）的碳化硅砂轮。

② 刃磨麻花钻的操作方法　刃磨时，右手大拇指与其他四指上下相对捏住钻头的前端，左手大拇指与其他四指上下相对捏住钻头的尾端，两手共同协调以控制钻头的刃磨，如图2-30所示。

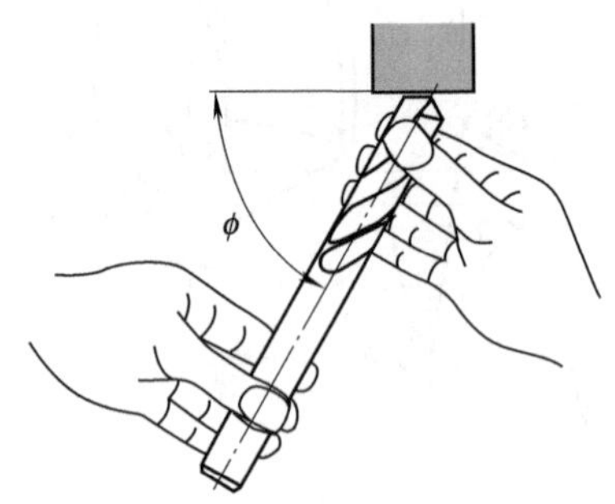

图 2-30　麻花钻刃磨时的握法

在接触砂轮之前（1～2mm），首先要摆好钻头轴线与砂轮圆柱母线在水平面内的夹角，即1/2锋角（$\phi=58°\sim60°$），并在整个刃磨过程中要基本保持这个角度（图2-30）。以主切削刃的稍下部分（即钻尾轴线稍低于水平面）先行接触砂轮并开始刃磨［图2-31（a）］，此时用力要轻些，同时双手要协同动作，使钻尾呈扇形自上而下地摆动刃磨主后刀面［图2-31（b）］，并按螺旋角的旋转钻身18°～30°，此时随着旋转，用力要逐渐增大；返回时，使钻尾呈扇形自下而上地摆动刃磨主后刀面，用力要逐渐减小，钻身轴线要摆至水平状态［图2-31（c）］，以便磨到主切削刃，当磨到主切削刃时，用力一定要轻，并要控制好1/2锋角。每磨一至二遍后就转过180°刃磨另一边。

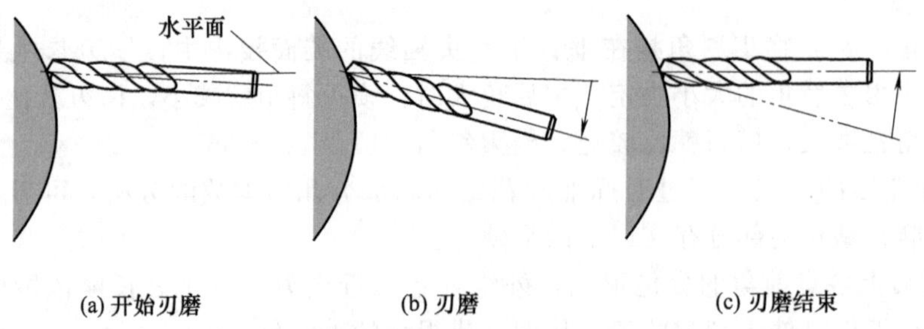

图 2-31　刃磨主切削刃和主后刀面

③ 刃磨注意事项　在刃磨过程中，要经常检查两主切削刃的锋角是否对称、两主切削刃的长度是否等长，直至符合要求。检查可用样板进行，也可用目测法。目测时，要将钻头竖起，立在眼前，两眼平视，观察刃口一次后，应将钻头轴心线旋转180°，再观察，并循环观

察几次，以减少视差的影响。

刃磨时，钻头锋角 2ϕ 的具体数值可根据钻削材料的不同按表 2-5 选择。

表 2-5 不同材料选取的锋角数值

工件材料	$2\phi/(°)$
钢、铸铁、硬青铜	116～120
不锈钢、高强度钢、耐热合金	125～150
黄铜、软青铜	130
铝合金、巴氏合金	140
纯铜	125
锌合金、镁合金	90～100
硬材料、硬塑料、胶木	50～90

刃磨时，最好不要从刀背向刃口方向进行磨削，以免刃口退火；对于高速钢钻头，每磨一至二次后就要及时将钻头放入水中进行冷却，防止退火。

(2) 标准麻花钻修磨的操作

① 修磨横刃 麻花钻的横刃给切削过程带来极坏的影响，很容易造成引偏，因此修磨横刃便成为改进麻花钻切削性能的重要措施。

修磨横刃的操作方法是：首先接近砂轮右侧并摆好钻身角度，钻尾相对砂轮水平面下倾20°左右［图 2-32 (a)］，同时相对砂轮侧面外倾 10°左右［图 2-32 (b)］。然后手持钻头从主后刀面和螺旋槽的外缘接触砂轮右侧外圆柱面，由外缘向钻心移动，并逐渐磨至横刃，此时用力要由大逐渐减小（以防止钻心和横刃处退火）；每磨一至二次后就转过 180°刃磨另一边，直至符合要求。

修磨横刃时对砂轮的要求：一是砂轮的直径要小一些；二是砂轮的外圆柱面要平整；三是砂轮外圆棱角要清晰。

修磨横刃的方法主要有以下几种。

a. 将整个横刃磨去，如图 2-33 (a) 所示。用砂轮把原来的横刃全部磨去，以形成新的切削力，加大该处前角，使轴向力大大减小。这种修磨方法使钻头新形成的两钻尖强度减弱，定心不好，只适用于加工铸铁等强度较低的材料。

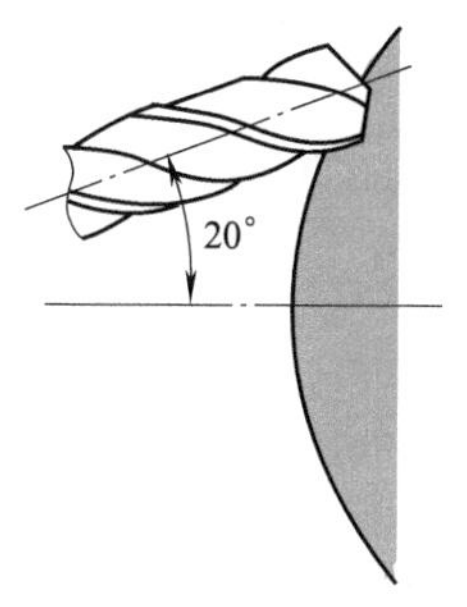

(a) 修磨横刃钻身的角度

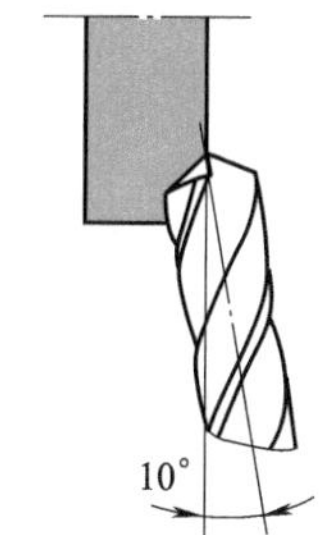

(b) 修磨横刃钻尾的角度

图 2-32 修磨横刃的操作

b. 磨短横刃，如图 2-33 (b) 所示。采用这种修磨方法可以减少因横刃造成的不利因素。

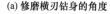

c. 加大横刃前角，如图 2-33 (c) 所示。横刃长度不变，将其分为两半，分别磨出一定前角（可磨出正的前角），从而改善切削条件，但修磨后钻尖被削弱，不宜加工硬材料。

d. 磨短横刃并加大前角，如图 2-33 (d) 所示。这种修磨方法是沿钻刃后面的背棱刃磨至钻心，将原来的横刃磨短（约为原来横刃长度的 1/3～1/5）并形成两条新的内直刃。内刃斜角 τ（内刃与主刃在端面投影的夹角）大约为 20°～30°，内刃前角 $\tau_r=0°\sim15°$，如图 2-33 (d) 所示。这种修磨方法不仅有利于分屑，增大钻尖处排屑空间和前角，而且短横刃仍保持定心作用。

② 修磨前刀面 由于主切削刃前角外大（30°）内小（−30°），故当加工较硬材料时，可将靠外缘处的前面磨去一部分［图 2-34 (a)］，使外缘处前角减小，以提高该部分的强度和刀具寿命；当加工软材料（塑性大）时，可将靠近钻心处的前角磨大而外缘处磨小［图 2-34

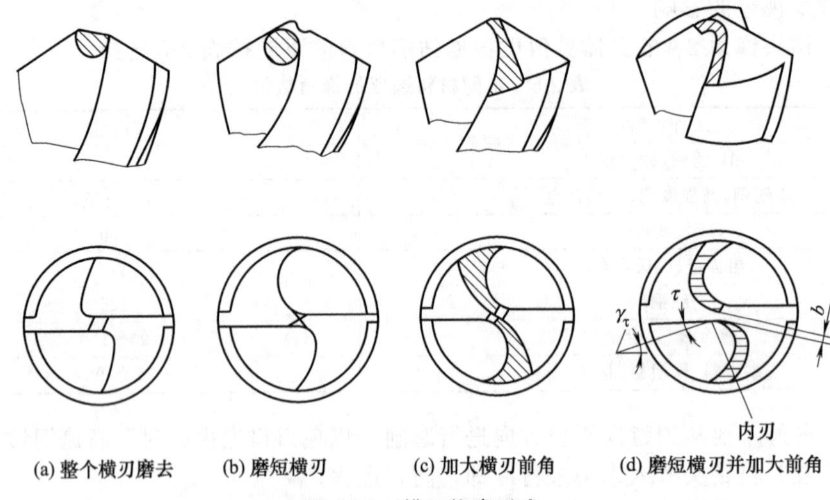

图 2-33 横刃修磨形式

(b)]，这样可使切削轻快、顺利。当加工黄铜、青铜等材料时，前角太大会出现“扎刀”现象，为避免“扎刀”也可采用将钻头外缘处前角磨小的修磨方法，如图 2-34（a）所示。

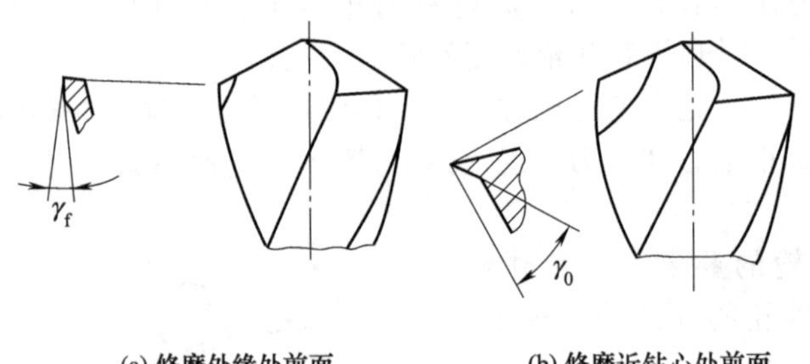

图 2-34 修磨前面

钻头前刀面的修磨可在砂轮左侧进行。参与修磨的砂轮要外圆柱表面平整、外圆棱角清晰。操作的具体方法是：

首先接近砂轮左侧并摆好钻身角度，钻尾相对砂轮侧面下倾 35°左右，如图 2-35（a）所示；同时相对砂轮外圆柱面内倾 5°左右，如图 2-35（b）所示。然后手持钻头使前刀面中部和外缘接触砂轮左侧外圆柱面，由前刀面外缘向钻心移动，并逐渐磨至主切削刃，此时用力要由大逐渐减小（以防止钻心和主切削刃处退火）；每磨一至二次后就转过 180°刃磨另一边，直至符合要求。对于高速钢钻头，每磨一至二次后就要及时将钻头放入水中进行冷却，防止退火。注意，前角不要磨得过大，在修磨前角和前刀面的同时，也会对横刃产生一定的修磨。

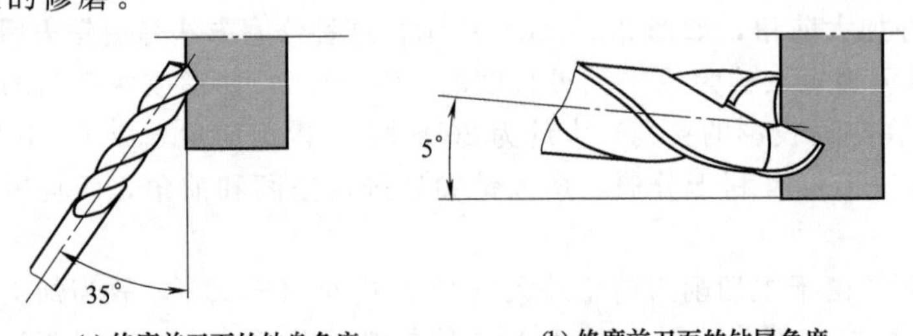

图 2-35 修磨前刀面的操作

③ 修磨切削刃及断屑槽　由于主切削刃很长并全部参加切削，使切屑易堵塞。加之锋角较大，造成轴向力加大及刀尖角 ε 较小，刀尖薄弱。针对主切削刃上述问题，可以采用以下几种修磨方法。

a. 修磨过渡刃（图 2-36）：在钻尖主切削刃与副切削刃相连接的转角处，磨出宽度为 B 的过渡刃（$B=0.2d_0$，d_0 为钻头直径）。过渡刃的锋角 $2\phi=70°\sim75°$，由于减小了外刃锋角，使轴向力减小，刀尖角增大，从而强化了刀尖。由于主切削刃分成两段，切屑宽度（单段切削刃）变小，切屑堵塞现象减轻。对于大直径的钻头有时还修磨双重过渡刃（三重锋角）。

b. 修磨圆弧刃（图 2-37）：将标准麻花钻的主切削刃外缘段修磨成圆弧，使这段切削刃各点的锋角不等，由里向外逐渐减小。靠钻心的一段切削仍保持原来的直线，直线刃长度 f_0 约为原主切削刃长度的 1/3。圆弧刃半径 $R\approx(0.6\sim0.65)d_0$（d_0 为钻头直径）。

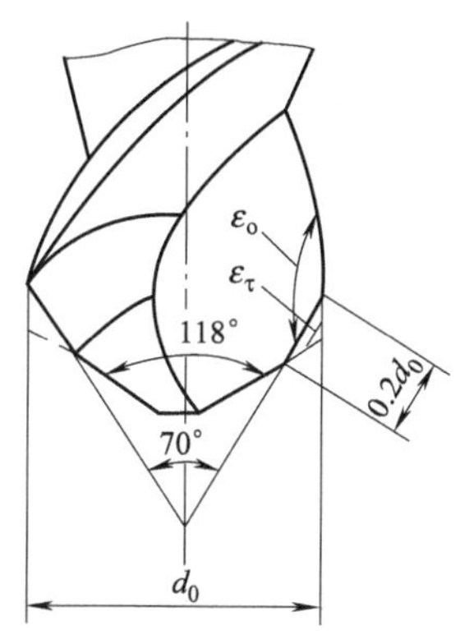

图 2-36　修磨过渡刃

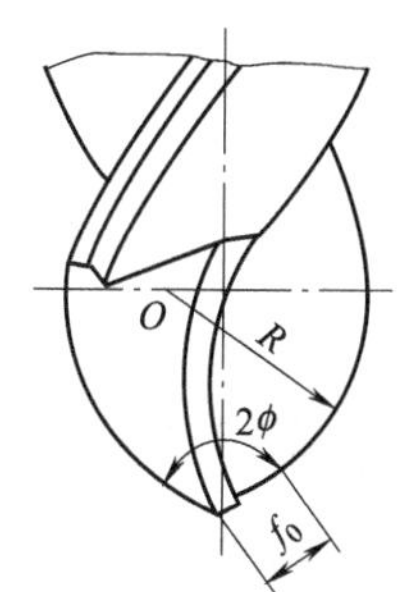

图 2-37　修磨圆弧刃

圆弧刃钻头由于切削刃增长，锋角平均值减小，可减轻切削刃上单位长度上的负荷。改善了转角处的散热条件（刀尖角增大），从而提高了刀具寿命，并可减少钻透时的毛刺，尤其是钻比较薄的低碳钢板小孔时效果较好。虽然圆弧刃长度较长，但由于主切削刃仍分两段，故保持修磨过渡刃的效果。

c. 修磨分屑槽（图 2-38）：在钢件等韧性材料上钻较大、较深的孔时，因孔径大、切屑较宽，所以不易断屑和排屑。为了把宽的切屑分割成窄的切屑使排屑方便，并为了使切削液易进入切削区，从而改善切削条件，可在钻头切削刃上开分屑槽。分屑槽可开在钻头的后面［图 2-38（a）］也可开在钻头前面［图 2-38（b）］。前一种修磨法在每次重磨时都需修磨分屑槽，而后一种在制造钻头时就已加工出分屑槽，修磨时只需修磨切削刃就可以了。

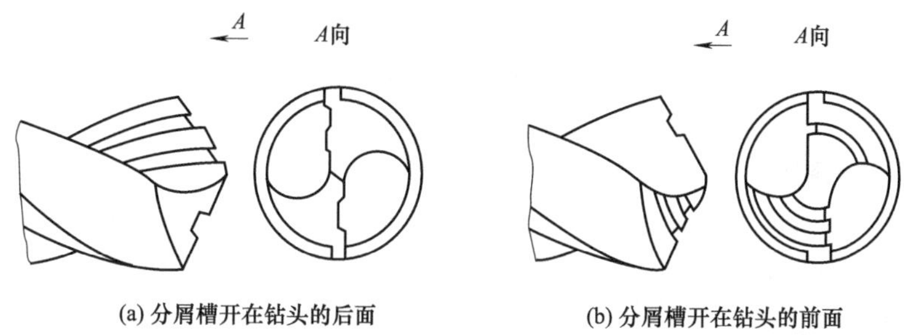

(a) 分屑槽开在钻头的后面　　(b) 分屑槽开在钻头的前面

图 2-38　修磨分屑槽

分屑槽的修磨是在砂轮外圆棱角上进行的，要求参与修磨砂轮的外圆棱角一定要清晰。

d. 磨断屑槽：钻削钢件等韧性较大的材料时，切屑连绵不断往往会缠绕钻头，使操作不安全，严重时会折断钻头。为此可在钻头前面沿主切削刃磨出断屑槽（图 2-39），能起到良好

的断屑作用。

④ 修磨棱边　直径大于 12mm 的钻头在加工无硬皮的工件时，为减少棱边与孔壁的摩擦，减少钻头磨损，可按图 2-40 所示修磨棱边，使原来的副后角由 0°磨成 6°～8°，并留一条宽为 0.1～0.2mm 的刃带。经修磨的钻头，其寿命可提高一倍左右，并可使表面质量提高。表面有硬皮的铸件不宜采用这种修磨方式，因为硬皮可能使窄的刃带损坏。

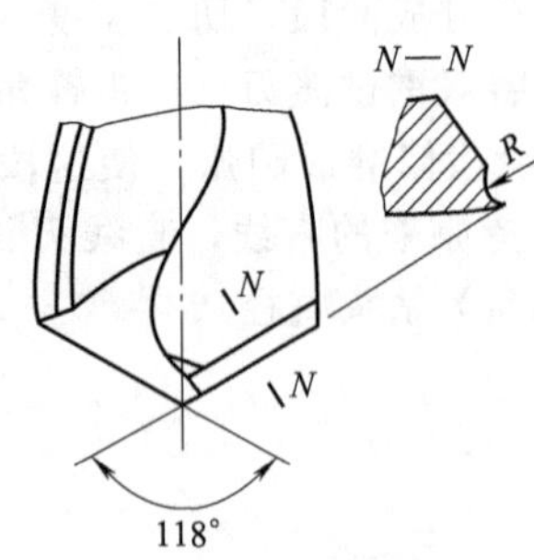

图 2-39　磨断屑槽

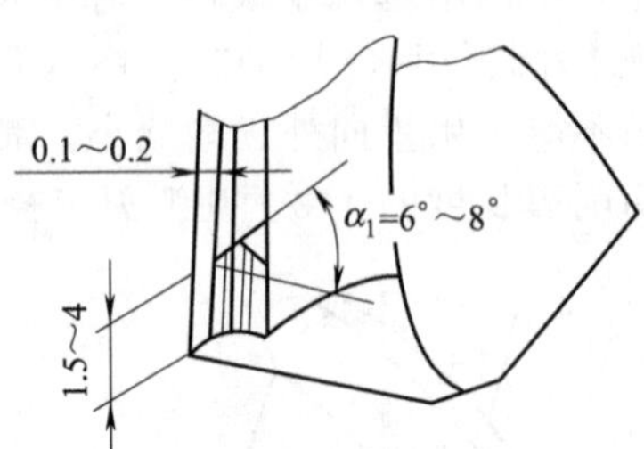

图 2-40　修磨棱边

棱边的修磨也是在砂轮外圆棱角上进行的，因此对砂轮的要求：一是砂轮的外圆柱面要平整；二是外圆棱角一定要清晰。

2.3.3　钻孔的操作方法

钻孔操作加工的质量与其操作手法应用的正确性关系极大，操作时主要应注意以下方面的问题。

(1) 钻孔的切削用量

切削用量是切削速度、给进量和吃刀深度的总称。钻孔时的切削速度 v，是钻头直径上一点的线速度，可用下式计算

$$v=\frac{\pi Dn}{1000}(\mathrm{m/min})$$

式中　D——钻头直径，mm；

n——钻头的转速，r/min；

π——圆周率。

钻孔时的给进量 s 是钻头每转一周向下移动的距离。钻孔时的吃刀深度 t 等于钻头的半径 $t=D/2$。由于吃刀深度已由钻头直径所定，所以只需选择切削速度和进给量。正确地选择切削用量，是为了在保证加工表面粗糙度和精度、保证钻头的合理耐用度的前提下，提高生产效率，同时不允许超过机床功率和机床、刀具、夹具等的强度和刚度。

在选择钻孔的切削用量时，应考虑在允许范围内，尽量选择较大的进给量，当受到表面粗糙度和钻头刚度的限制时，再考虑选较大的切削速度。

具体选择时应根据钻头直径、工件材料、表面粗糙度等几方面因素，确定合适的切削用量、切削速度与钻头转连。

如表 2-6、表 2-7 所示分别给出了钻钢材及铸铁的切削用量。

(2) 冷却润滑液的选择

钻头在切削过程中产生大量的热量，很容易造成切削刃的退火和严重损坏，而使钻头失去切削性能，不能继续使用，对于工件的钻孔质量也有很大影响。为了降低切削温度和保证润滑性能，提高钻头的耐用性、钻孔质量及效率，应根据工件材料的性质不同，选择适当的冷却润滑液。钻各种材料所用的冷却润滑如表 2-8 所示。

表 2-6 钻钢材的切削用量

加工材料			深径比 L/D	切削用量	直径 D/mm								
碳钢（10,15,20,35,40,45,50 等）	合金钢（40Cr，38CrSi，60Mn，35CrMo，18CrMnTi 等）	其他钢			8	10	12	16	20	25	30	35	40～60
正火＜207HB 或 σ_b＜600MPa	＜143HB 或 σ_b＜500MPa	易切钢	≤3	进给量 s/(mm/r)	0.24	0.32	0.40	0.50	0.60	0.67	0.75	0.81	0.90
				切削速度 v/(m/min)	24	24	24	25	25	25	26	26	26
				转速 n/(r/min)	950	760	640	500	400	320	275	235	—
			3～8	进给量 s/(mm/r)	0.20	0.26	0.32	0.38	0.48	0.55	0.60	0.67	0.75
				切削速度 v/(m/min)	19	19	19	20	20	20	21	21	21
				转速 n/(r/min)	750	600	500	390	300	240	220	190	—
170～229HB 或 σ_b=600～800MPa	143～207HB 或 σ_b=500～700MPa	碳素工具钢、铸钢	≤3	进给量 s/(mm/r)	0.20	0.28	0.35	0.40	0.50	0.56	0.62	0.69	0.75
				切削速度 v/(m/min)	20	20	20	21	21	21	22	22	22
				转速 n/(r/min)	800	640	530	420	335	270	230	200	—
			3～8	进给量 s/(mm/r)	0.17	0.22	0.28	0.32	0.40	0.45	0.50	0.56	0.62
				切削速度 v/(m/min)	16	16	16	17	17	17	18	18	18
				转速 n/(r/min)	640	510	420	335	270	220	190	165	—
229～285HB 或 σ_b=800～1000MPa	207～255HB 或 σ_b=700～900MPa	合金工具钢，易切不锈钢，合金铸钢	≤3	进给量 s/(mm/r)	0.17	0.22	0.28	0.32	0.40	0.45	0.50	0.56	0.62
				切削速度 v/(m/min)	16	16	16	17	17	17	18	18	18
				转速 n/(r/min)	640	510	420	335	270	220	190	165	—
			3～8	进给量 s/(mm/r)	0.13	0.18	0.22	0.26	0.32	0.36	0.40	0.45	0.50
				切削速度 v/(m/min)	13	13	13	13.5	13.5	13.5	14	14	14
				转速 n/(r/min)	520	420	350	270	220	170	150	125	—
285～321HB 或 σ_b=1000～1200MPa	255～302HB 或 σ_b=900～1100MPa	奥氏体不锈钢	≤3	进给量 s/(mm/r)	0.13	0.18	0.22	0.26	0.32	0.36	0.40	0.45	0.50
				切削速度 v/(m/min)	12	12	12	12.5	12.5	12.5	13	13	13
				转速 n/(r/min)	480	380	320	250	200	160	140	120	—
			3～8	进给量 s/(mm/r)	0.12	0.15	0.18	0.22	0.26	0.30	0.32	0.38	0.41

续表

加工材料			深径比 L/D	切削用量	直径 D/mm								
碳钢（10,15,20,35,40,45,50等）	合金钢（40Cr，38CrSi，60Mn，35CrMo，18CrMnTi等）	其他钢			8	10	12	16	20	25	30	35	40～60
285～321HB或σ_b=1000～1200MPa	255～302HB或σ_b=900～1100MPa	奥氏体不锈钢	3～8	切削速度 v/(m/min)	11	11	11	11.5	11.5	11.5	12	12	12
				转速 n/(r/min)	440	350	290	230	185	145	125	110	—

注：1. 钻头平均耐用度 90min。

2. 当钻床和刀具刚度低，钻孔精度要求高和钻削条件不好时，应适当降低进给量 s。

表 2-7 钻铸铁的切削用量

加工材料		深径比 L/D	切削用量	直径 D/mm								
灰铸铁	可锻铸铁、锰铸铁			8	10	12	16	20	25	30	35	40～60
143～229HB(HT10-26,HT15-33)	可锻铸铁(≤259HB)	≤3	进给量 s/(mm/r)	0.30	0.40	0.50	0.60	0.75	0.81	0.90	1.00	1.10
			切削速度 v/(m/min)	20	20	20	21	21	21	22	22	22
			转速 n/(r/min)	800	640	530	420	335	270	230	200	—
		3～8	进给量 s(mm/r)	0.24	0.32	0.40	0.50	0.60	0.67	0.75	0.81	0.90
			切削速度 v/(m/min)	16	16	16	17	17	17	18	18	18
			转速 n/(r/min)	640	510	420	335	270	220	190	165	—
170～269HB(HT10-40以上)	可锻铸铁(179～270HB)、锰铸铁	≤3	进给量 s/(mm/r)	0.24	0.32	0.40	0.50	0.60	0.67	0.75	0.81	0.90
			切削速度 v/(m/min)	16	16	16	17	17	17	18	18	18
			转速 n/(r/min)	640	510	420	335	270	220	190	165	—
		3～8	进给量 s/(mm/r)	0.20	0.26	0.32	0.38	0.48	0.55	0.60	0.67	0.75
			切削速度 v/(m/min)	13	13	13	14	14	14	15	15	15
			转速 n/(r/min)	520	420	350	270	220	170	150	125	—

注：1. 钻头平均耐用度为 120min。

2. 应使用乳化液冷却。

3. 当钻床和刀具刚度低，钻孔精度要求高和钻削条件不好时（如倾斜表面，带铸造黑皮），应适当降低进给量 s。

表 2-8 钻各种材料的冷却润滑液

工件材料	冷却润滑液
各类结构钢	3%～5%乳化液，7%硫化乳化液
不锈钢、耐热钢	3%肥皂水，加2%亚麻油水溶液、硫化切削油
纯铜、黄铜、青铜	不用；或用5%～8%乳化液

续表

工件材料	冷却润滑液
铸铁	不用；或用5%～8%乳化液、煤油
铝合金	不用；或用5%～8%乳化液、煤油、煤油与菜油的混合油
有机玻璃	5%～8%的乳化液、煤油

(3) 钻孔的操作步骤

① 准备　钻孔前，应熟悉图样，选用合适的夹具、量具、钻头、切削液，选择主轴转速、进给量。

② 划线　划出孔加工线（必要时可划出校正线、检查线），并加大圆心处的冲眼，便于钻尖定心。

③ 装夹　装夹并校正工件。

④ 手动起钻　钻孔时，先用钻尖对准圆心处的冲眼钻出一个小浅坑。目测检查浅坑的圆周与加工线的同心程度，若无偏移，则可继续下钻。若发生偏移，则可通过移动工作台和钻床主轴（使用摇臂钻时）来进行调整，直到找正为止。当钻至钻头直径与加工线重合时，起钻阶段完成。

⑤ 中途钻削　当起钻完成后，即进入中途深度钻削，可采用手动进给或机动进给钻削。

⑥ 收钻　当钻头将钻至要求深度或将要钻穿通孔时，要减小进给量。特别是在通孔将要钻穿时，此时若是机动进给的，一定要换成手动进给操作，这是因为当钻心刚穿过工件时，轴向阻力突然减小，此时，由于钻床进给机构的间隙和弹性变形的突然恢复，将使钻头以很大的进给量自动切入，容易造成钻头折断、工件移位甚至提起工件等现象。用手动进给操作时，由于已注意减小了进给量，轴向阻力较小，就可避免发生此类现象。

(4) 一般件的钻孔方法

① 先把孔中心的样冲眼冲大一些，使钻头容易定位，不偏离中心，然后用钻头尖钻一浅坑。检查钻出的锥坑与所划的孔的圆周线是否同心，否则及时予以纠正。

② 钻通孔时，当孔要钻透前，手动进给的要减小压力，钻床加工采用自动进给的最好改为手动，或减小走刀量，以防止钻心刚钻穿工件时，轴向力突然减小，使钻头以很大的进给量自动切入，造成钻头折断或钻孔质量降低等现象。

③ 钻不通孔时，应调整好钻床上深度标尺挡块，或实际测量，控制准确钻孔深度。

④ 钻深孔时一般钻深到直径的3倍时，需将钻头提出排屑，以后每进一定深度，钻头均应退出排屑，以免钻头因切屑阻塞而折断。

有的深孔深度超过钻头的总长度，或更深些，这时可使用加长杆钻头或接杆钻头钻孔，这两种钻头可外购或自制。

对于一些特殊的深孔，例如某些长轴的透孔的加工，一般采用专用设备，或在机床上进行，此时，需要特别的加长杆钻头。这种钻头需根据工件的具体情况，自行研究制作。

⑤一般钻直径超过30mm的大孔要分两次钻削，先用3～5mm小钻头钻出中心孔，再用0.5～0.7倍孔径的钻头钻孔，然后用所需孔径的钻头扩孔。这样可以减小轴向力，保护机床，同时也可以提高钻孔质量。

2.3.4 特殊孔的钻削

(1) 在斜面上钻孔

钻削斜孔时，由于孔的中心与钻孔端面不垂直，因此，钻头在开始接触工件时，先是单面受力，作用在钻头切削刃上的径向力会把钻头推向一边，故易出现钻头偏斜、滑移，钻不进工件等多种缺陷，为保证钻孔质量，应针对性地采取以下几种方法。

① 钻孔前用铣刀在斜面上铣出一个平台，或用錾子在斜面上凿出一个小平面，按钻孔要求定出中心后再钻孔。

② 可用圆弧刃多能钻直接钻出，将钻头修磨成圆弧刃多能钻，如图 2-41 所示。这种钻头相似于立铣刀，圆弧刃各点均成相同的后角（6°～10°），横刃经过修磨。这种钻头长度要短，以增强其刚度。钻孔时虽然是单面受力，但由于刃呈圆弧形，钻头所受径向力小些，改善了偏切削受力情况。钻孔时应选择低转速手进给。

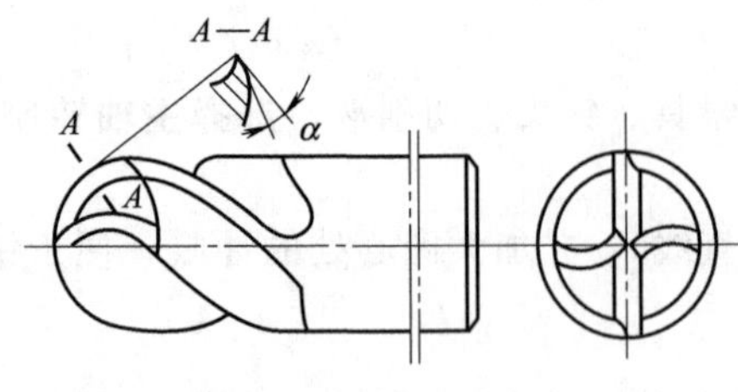

图 2-41　圆弧刃多能钻

③ 在装配操作中，常遇到钻斜孔，可采用垫块垫斜度的方法，或者用钻床上有可调整斜度的工作台进行钻孔。

(2) 钻半圆孔（或缺圆孔）

在工件上钻半圆孔，可用同样材料的物体工件合起来，找出中心后钻孔，分开后即是要钻的半圆孔。钻缺圆孔，同样用材料嵌入工件内与工件合钻孔，然后拆开。

(3) 钻骑缝孔

在连接件上钻骑缝孔，例如套与轴、轮毂与轮圈之间，装骑缝螺钉或销钉。此时尽量用短的钻头，钻头伸出钻夹头外面的长度也要尽量短，钻头的横刃要尽量磨窄，以增加钻头刚度，加强定心作用，减少偏斜现象。如两件的材料性质不同，则打中心样冲眼应往硬质材料一边偏些，以防止钻头偏向软质材料一边。

(4) 二联孔的钻削

常见的二联孔有三种情况，如图 2-42 所示。

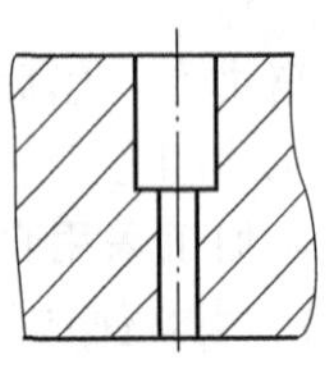

(a) 常见二联孔Ⅰ

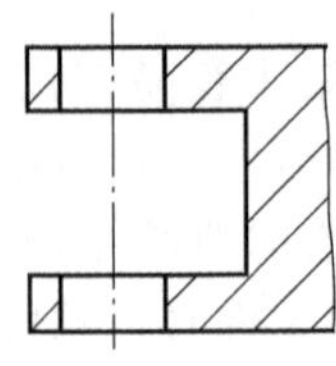

(b) 常见二联孔Ⅱ

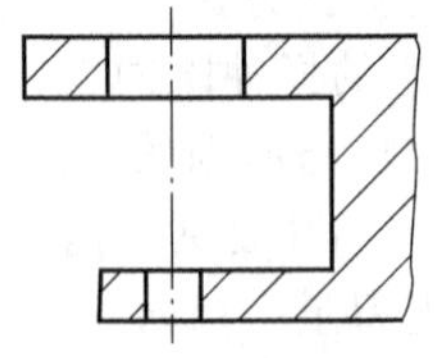

(c) 常见二联孔Ⅲ

图 2-42　常见二联孔

对图 2-42（a）所示的二联孔，钻削方法是先用较短的钻头钻至大孔深度。再改用加长的小钻头将小孔钻完。将大孔钻至深度，并锪大孔底平面。如果孔的同轴度要求不高也可先钻大孔，再钻小孔，再锪大孔平面。

如图 2-42（b）所示的二联孔，钻削方法是因钻头伸出比较长，下面的孔无法划线和打样冲眼，所以很难保证上下孔的同轴度要求。此时，可以采用以下办法解决。

① 先钻出上面的孔。

② 用一个外径与上面的孔配合较严密的大样冲，插进上面的孔中，在下面欲钻孔中心打一个小样冲眼，如图 2-43 所示。

③ 引进钻头，对正样冲眼开慢车，锪一个浅窝以后再高速钻孔。

如图 2-42（c）所示的二联孔，钻削方法是先钻出上面的大孔，再换上一根装夹有小钻头的接长钻杆（图 2-44）。接长钻杆的外径与上面的孔径为间隙配合。以上面的孔为引导，加工下面的小孔。

(5) 配钻孔的钻削

在装配零件时，如果零件需要用螺钉组装在一起，而且组合精度较高，螺钉数量又比较多

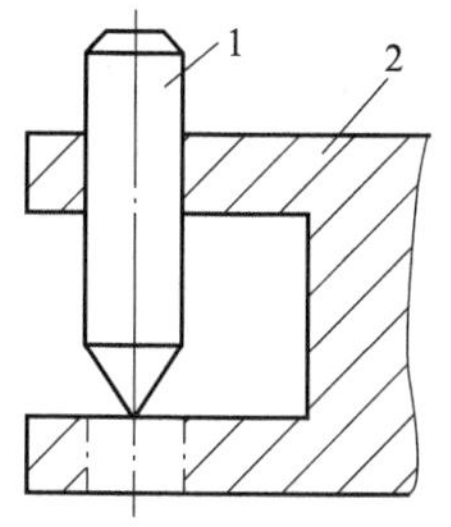

图 2-43 打样冲眼法

1—特制样冲；2—工件

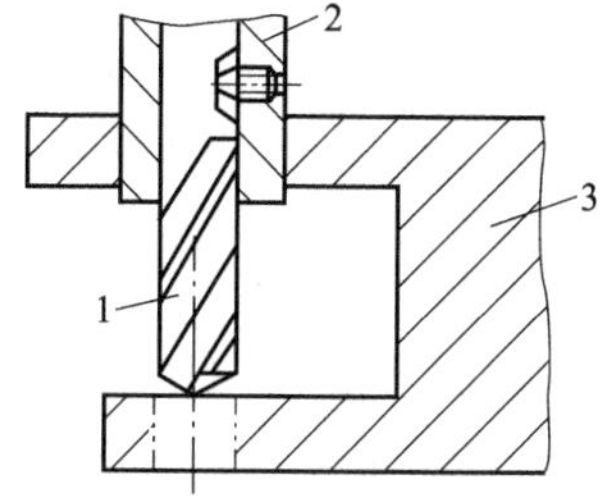

图 2-44 接长钻杆法

1—钻头；2—接长钻杆；3—工件

时，常采用配钻孔的方法。

如图 2-45 所示的装配部件，当 a 件上的光孔已钻出，需要配钻 b 件上的螺纹底孔时，可先将 a、b 两个零件压在一起（相互位置对正）。然后用一个与 a 件上光孔相配合的钻头，并以 a 件上光孔为引导，在 b 件上全部欲钻孔位置的中心锪一个浅窝。再把两件分开，以浅窝为准，钻出螺纹底孔即可保证 a、b 件相互对应孔的同轴度要求。

如在装配前 b 件上的螺纹通孔已加工好，需要配钻 a 工件上的光孔时，有两个方案。

① 做一个与 b 件螺纹相配合的螺纹钻套，如图 2-46（a）所示。钻孔前将 a、b 件相对位置对准并压紧，然后把螺纹钻套拧进 b 件螺纹孔内。用一个与钻套中心孔相配合的钻头，在 a 件上钻一个小孔，全部钻完后，将两件分开，将每个小孔扩大至所需直径，即可保证 a、b 两件相对应孔的同轴度要求。

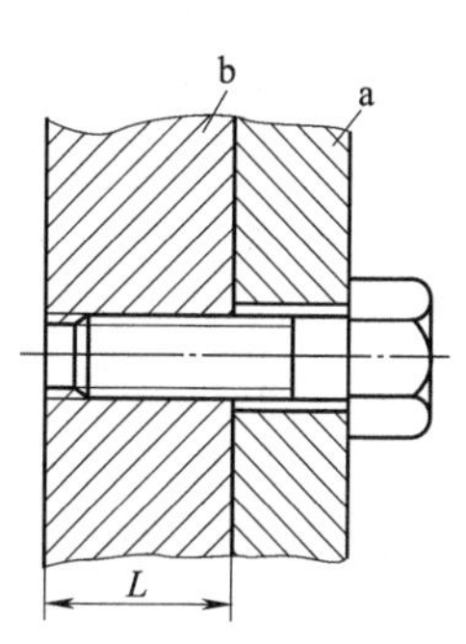

图 2-45 装配部件

② 当 b 件上的螺纹孔为不通孔时，可做一种与 b 件螺纹相配合的螺纹样冲。如图 2-46（b）所示，尖端淬火 56～60HRC。螺纹样冲数量与工件孔数相等。使用时，将螺纹样冲拧进 b 件螺纹内，再将露在外面的高度与工件调整一致，然后将 a、b 件相互位置对准并放在一起，用木锤敲打 a 或 b 工件，使螺纹样冲在 a 件的欲钻孔位置上打出中心眼，然后钻孔，可保证 a、b 两工件相对应孔的同轴度要求。

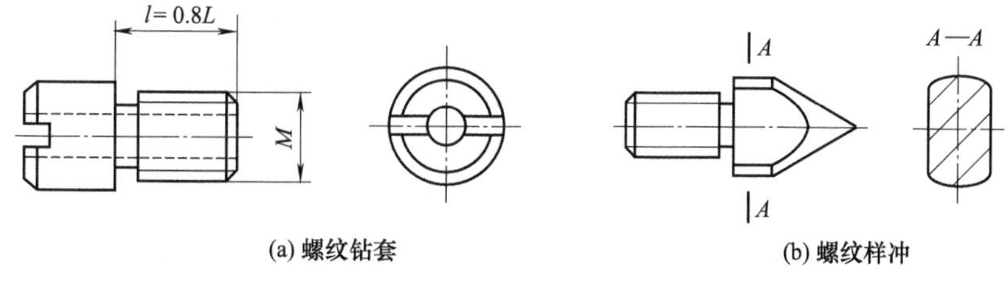

图 2-46 螺纹光孔的钻削

2.3.5 扩孔与锪孔

扩孔是用扩孔钻或钻头来扩大工件上已冲压或钻出孔的操作方法，锪孔是用锪孔钻在已有的孔口表面，加工出所需形状的沉坑或表面的一种孔加工方法。

(1) 扩孔

当加工的孔径较大时，可先钻出直径较小的孔，再通过扩孔的方法加工大直径的孔，以获得较高的孔加工质量。扩孔常作为孔的半精加工及铰孔前的预加工。它属于孔的半精加工，一般扩孔加工孔的公差等级可达 IT10～IT9，表面粗糙度值可达 Ra12.5～3.2μm。

① 扩孔的刀具　扩孔主要由麻花钻、扩孔钻等刀具完成。标准扩孔钻头一般有三个以上

的刀齿，如图 2-47 所示。刀齿增多，与孔壁接触的棱边就增加，从而改善了扩口的导向作用，使切削平稳，孔轴线的直线度也较好。同时，扩孔的背吃刀量减小，刀具的容屑空间也相应减小，因而使钻头的钻心部分加粗，提高了刀具刚度，使扩孔过程中钻头不易歪斜。

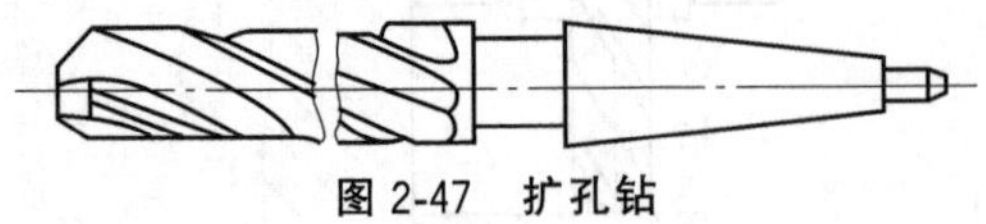

图 2-47 扩孔钻

② 扩孔的切削用量　由于扩孔的背吃刀量比钻孔小，因此，其切削用量与钻孔不同，主要体现在以下方面。

a. 扩孔的切削速度一般为钻孔的 1/2，进给量为钻孔的 1.5～2 倍。

b. 用麻花钻头扩孔，扩前孔径为 0.5～0.7 倍扩孔直径；用扩孔钻头扩孔，扩前孔径为 0.9 倍扩孔直径。

c. 要求较高且后续还要进行铰孔加工的孔，除先用小钻头钻出一个孔外，可分两次以不同直径进行扩孔，以保证铰前孔的质量。用麻花钻扩孔，应适当减小钻头外刃边处的后角，以防进给切削力减小引起扎刀。对塑性材料扩孔，还必须相应地修磨前角，减小外刃边的前角，增加该处切削刃的强度。

③ 扩孔的操作步骤

a. 扩孔前准备：主要内容有，熟悉加工图样，选用合适的夹具、量具、刀具等。

b. 根据所选用的刀具类型选择主轴转速。

c. 装夹：装夹并校正工件，为了保证扩孔时钻头轴线与底孔轴线相重合，可用钻底孔的钻头找正。一般情况下，在钻完底孔后就可直接更换钻头进行扩孔。

d. 扩孔：按扩孔要求进行扩孔操作，注意控制扩孔深度。

e. 卸下工件并清理钻床。

④ 扩孔的注意事项

a. 当扩孔的余量较大时，可先用小钻头扩孔，再用扩孔钻扩孔。

b. 对孔径要求较高的孔，可进行两次扩孔，以保证铰前孔的质量。

(2) 锪孔

锪孔加工主要分为锪圆柱形沉孔［图 2-48 (a)］、锪锥形沉孔［图 2-48 (b)］和锪凸台平面［图 2-48 (c)］三类。

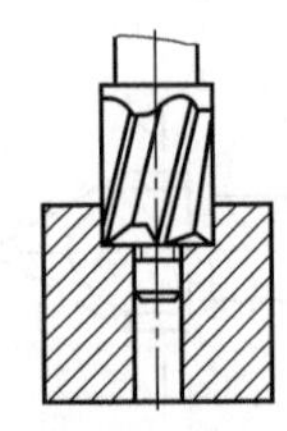

(a) 锪圆柱形沉孔

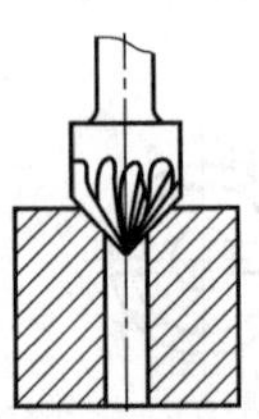

(b) 锪锥形沉孔

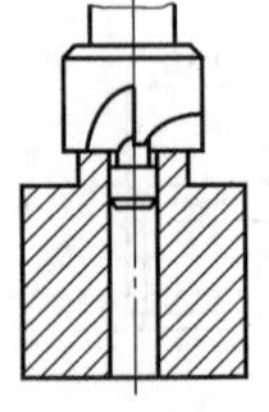

(c) 锪凸台平面

图 2-48 锪孔加工的形式

锪孔主要由锪钻来完成，锪钻的种类较多，有柱形锪钻、锥形锪钻、端面锪钻等。根据锪孔加工的不同形式，其所选用的锪钻种类及加工特点也有所不同。

① 锪钻锪孔　锪钻有柱形锪钻和锥形锪钻。这两类刀具为标准刀具，使用时按规格选择。

柱形锪钻：锪圆柱形沉孔（埋头孔）用。锪钻前端有导柱，保证良好的定心与导向。导柱与锪钻可制成一体，也可以把导柱制成装卸式。

锥形锪钻：锪锥形沉孔（埋头锥坑）用。它的锥角按工件锥形沉孔的要求不同，有 60°、75°、90°及 120°四种，其中 90°的用得较多。

② 钻头锪孔　钻头锪孔这种方法使用非常广泛。

a. 按锥形沉孔要求将钻头磨成需要的顶角。同时后角要磨得小些，在外缘处的前角也磨得小些，两边切削刃磨得对称进行锪锥孔。

b. 使用钻头锪凸台平面与柱形沉孔，在锪凸台平面时往往先钻一个小孔，按小孔定位再选择大的尺寸、合适的钻头。将钻头磨成平钻头后进行锪凸台端面。

用钻头锪柱形沉孔，一般孔精度要求不高时，可将钻头磨成平钻头，直接加工柱形沉孔。孔精度要求高时，可将钻头前端按所加工孔的尺寸磨制 15～30mm 长的导向定位部分，进行锪柱形沉孔，如图 2-49 所示。

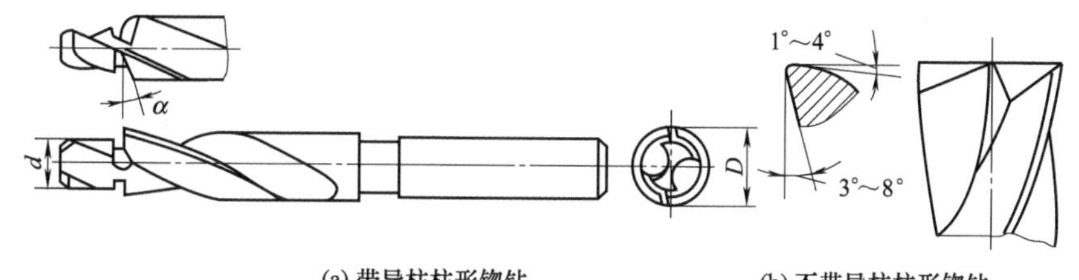

(a) 带导柱柱形锪钻　　(b) 不带导柱柱形锪钻

图 2-49　用钻头改制的柱形锪钻

③ 端面锪钻　用来锪平孔端面的锪钻称为端面锪钻。标准的端面锪钻为多齿形。简易的端面锪钻如图 2-50 所示。刀杆与工件孔的配合为间隙配合，保证良好的导向作用。刀片上的方孔与方刀杆的配合为较小的间隙配合，并保证刀片装入后，切削刃与刀杆线垂直。刀片的切削刃前角由工件材料决定，锪铸铁孔时前角 $\gamma_0=5°\sim10°$，后角 $\alpha_0=6°\sim8°$；锪钢件时前角 $\gamma_0=15°\sim25°$，后角 $\alpha_0=4°\sim6°$。

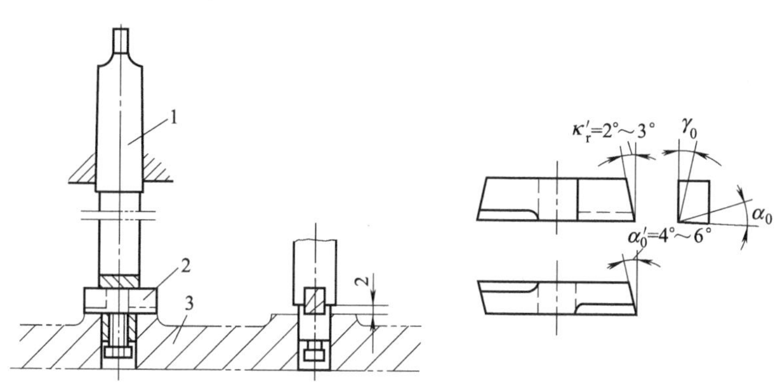

图 2-50　端面锪钻

1—刀杆；2—刀片；3—工件

2.3.6 铰孔

铰孔是用铰刀对不淬火工件上已粗加工的孔进行精加工的一种加工方法。一般加工精度可达 IT9～IT7，表面粗糙度 $Ra2.2\sim0.8\mu m$。铰制后的孔主要用于圆柱销、圆锥销等的定位装配。

(1) 铰刀的种类及用途

铰刀是铰削加工的主要刀具，所有类型铰刀均为国家标准刀具，使用时应按所需尺寸选取。铰刀的构造主要有切削部分、颈部和尾部，如图 2-51 所示。

刀齿的数目根据铰刀直径不同有 4～12 条，刀刃的形状为楔形，因为它的切削量很薄，所以前角 γ 为 0°，起刮削作用，如果要求精度很高，可改为负前角，一般为 $-5°\sim0°$。后角 α 不宜过大，它关系到刀刃的强度（α 越小强度越高），一般铰硬质材料 α 为 8°，脆性材料 α 为 5°，如图 2-52 所示。

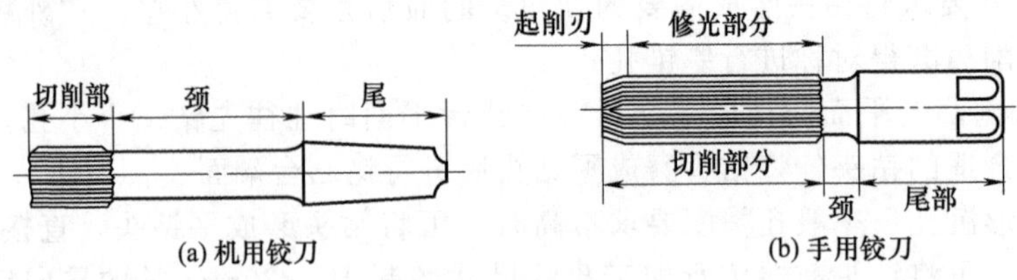

图 2-51 铰刀各部名称

为了测量准确，刀刃都是偶数的，但是分布不均匀，以保证铰刀切削均匀平衡，防止孔壁产生颤痕（尤其材料硬度不均的表面上更为明显）。刀刃分布情况如图 2-53 所示。铰刀修光部分起着保证铰刀对中、修光孔壁、作备磨部分等作用。铰刀齿顶有 0.3～0.5mm 的宽刃带，用于对准孔位。

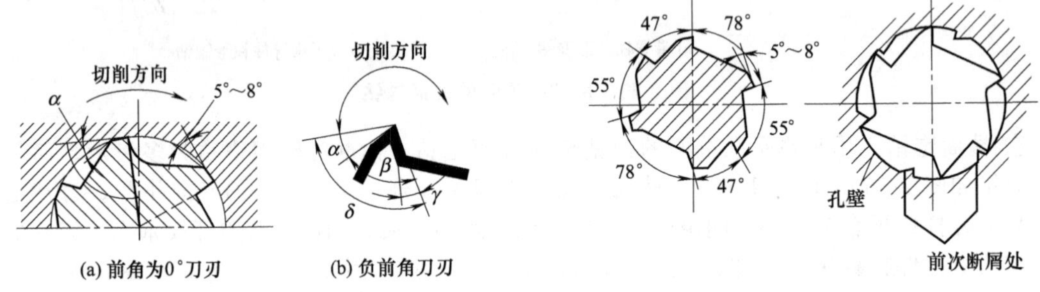

图 2-52 铰刀刃形状

图 2-53 铰刀刃分布

铰刀的种类比较多，按加工孔的形状可分为圆柱形铰刀、圆锥形铰刀、圆锥阶梯形铰刀。其中：圆柱形铰刀用以铰削圆孔，锥铰刀用以铰削圆锥孔。常用的锥铰刀主要有以下四种。

第一种为 1∶10 锥铰刀，主要用于加工联轴器上与柱销配合的锥孔。

第二种为莫氏锥铰刀，主要用于加工 0 号～6 号莫氏锥孔（其锥度近似于 1∶20）。

第三种为 1∶30 锥铰刀，主要用于加工套式刀具上的锥孔。

第四种为 1∶50 锥铰刀，主要用于加工锥形定位销孔。

锥铰刀的刀刃是全部参加切削的，铰起来比较费力。其中 1∶10 锥铰刀及莫氏锥铰刀一般一套三把。一把是精铰刀，其余是粗铰刀。

(2) 铰孔的切削用量

铰孔的前道工序（钻孔或扩孔）必须留有一定的加工量，供铰孔时加工。铰孔的加工余量适当，铰出的孔壁光洁。如果余量过大，容易使铰刀磨损，并影响孔的表面粗糙度，有时还会出现多边形，因此应留有合理的铰削余量，可按表 2-9 选择。

表 2-9 铰孔余量的选择 mm

孔公称直径	<5	5～20	21～32	33～50	51～70
加工余量	0.1～0.2	0.2～0.3	0.3	0.5	0.8

(3) 冷却润滑液的选择

铰削的切屑一般都很碎，容易黏附在刀刃上，甚至夹在孔壁与铰刀校准部分的棱边之间，将已加工表面刮毛，使孔径扩大。切削时产生的热量积累过多，从而降低铰刀的耐用度，增加产生积屑瘤的机会，因此，在铰削中必须采用适当的冷却润滑液，借以冲掉切屑和消散热量。冷却润滑液的选择如表 2-10 所示。

表 2-10 铰孔时的冷却润滑液

加工材料	冷却润滑液
钢	①10%～20%乳化液 ②铰孔要求高时，采用 30%菜油加 70%肥皂水 ③铰孔的要求更高时，可用茶油、柴油、猪油等
铸铁	①不用 ②煤油，但要引起孔径缩小，最大缩小量达 0.02～0.04mm ③低浓度的乳化液
铝	煤油
铜	乳化液

(4) 铰孔的操作方法

铰孔的操作方式，可分为手工铰孔及机动铰孔，它们的操作方法主要有以下内容。

① 手工铰孔的操作方法 手工铰孔是手工铰刀配合手工铰孔工具利用人力进行的铰孔方法，常用的手工铰孔工具有：铰手、活扳手等，如图 2-54 所示。

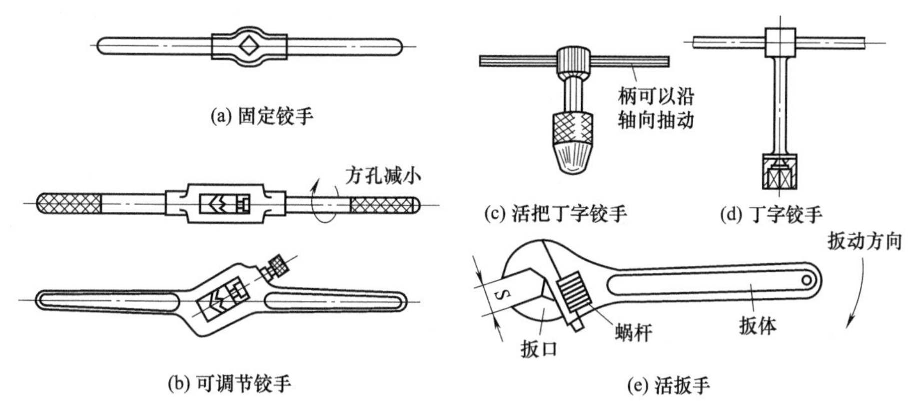

图 2-54 手工铰孔的工具

其中：铰手又称铰杠，它是装夹铰刀和丝锥并板动铰刀和丝锥的专用工具。常用的有固定式、可调节式、固定丁字式、活把丁字式四种。其中可调节式铰手只要转动右边手柄或调节螺旋钉，即可调节方孔大小，在一定尺寸范围内，能装夹多种铰刀和丝锥。丁字铰手适用于工件周围没有足够空间，铰手无法整周转动时使用。

活扳手则是在一般铰手的转动受到阻碍而又没有活把丁字铰手时，才用活扳手的。扳手的大小要与铰刀大小适应，大扳手不宜用于扳动小铰刀，否则，容易折断铰刀。

② 机动铰孔的操作方法。

a. 选用的钻床，其主轴锥孔中心线的径向圆跳动、主轴中心线对工作台平面的垂直度均不得超差。

b. 装夹工件时，应保证欲铰孔的中心线垂直于钻床工作台平面，其误差在 100mm 长度内不大于 0.002mm。铰刀中心与工件预钻孔中心需重合，误差不大于 0.02mm。

c. 开始铰削时，为了引导铰刀进给，可采用手动进给。当铰进 2～3mm 时，使用机动进给，以获得均匀的进给量。

d. 采用浮动夹头夹持铰刀时，在未吃刀前，最好用手扶正铰刀慢慢引导铰刀接近孔边缘，以防止铰刀与工件发生撞击。

e. 在铰削过程中，特别是铰不通孔时，可分几次不停车退出铰刀，以清除铰刀上的粘屑和孔内切屑，防止切屑刮伤孔壁，同时也便于输入切削液。

f. 在铰削过程中，输入的切削液要充分，其成分根据工件的材料进行选择。

g. 铰刀在使用中，要保护两端的中心孔，以便刃磨时使用。

h. 铰孔完毕，应不停车退出铰刀，否则会在孔壁上留下刀痕。

i. 铰孔时铰刀不能反转。因为铰刀有后角，反转会使切屑塞在铰刀刀齿后面与孔壁之间，将孔壁划伤，破坏已加工表面。同时铰刀也容易磨损，严重的会使刀刃断裂。

2.4 螺纹加工

螺纹在机械、仪器和日常生活中获得广泛的应用，其分类方法和种类很多。按其牙型形状的不同可分为三角形螺纹、梯形螺纹、锯齿形螺纹、半圆形螺纹和圆锥螺纹等；按螺旋线条数的不同可分为单线螺纹和多线螺纹；按螺纹母体形状的不同可分为圆柱螺纹和圆锥螺纹等。螺纹的加工方法很多，在机械设备的维修中最常用的方法主要有：攻螺纹及套螺纹。

2.4.1 攻螺纹

用丝锥在工件孔中切削出内螺纹称为攻螺纹（简称攻丝）。它是应用最广泛的螺纹加工方法，对于小尺寸的内螺纹，攻螺纹几乎是唯一有效的加工方法，如图 2-55 所示。

图 2-55 丝锥

1—丝锥；2—工件

(1) 攻螺纹的工具

使用丝锥在孔壁上切削螺纹叫作攻螺纹。攻螺纹用工具主要包括丝锥、铰手（又称丝锥扳手、铰杠）和机用攻螺纹安全夹头等。

① 丝锥　丝锥是用来切削内螺纹的刀具，主要由工具钢或高速钢加工，并经淬火硬化制成。

a. 丝锥的结构：丝锥主要由切削部分、修光部分（定径部分）、屑槽和柄部组成，其构造如图 2-56 所示。

其中，切削部分：在丝锥前端呈圆锥形，有锋利的切削刃，

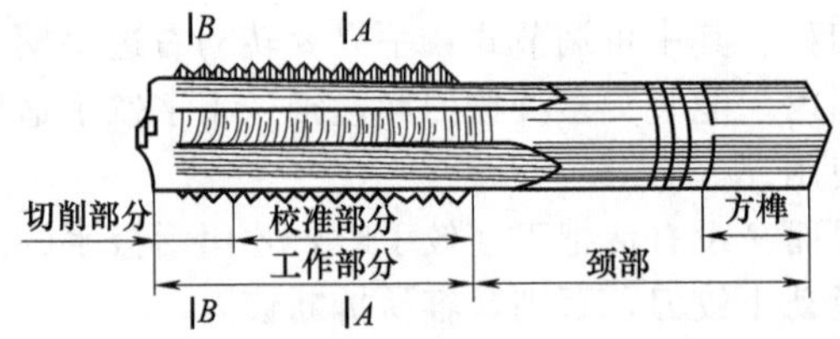

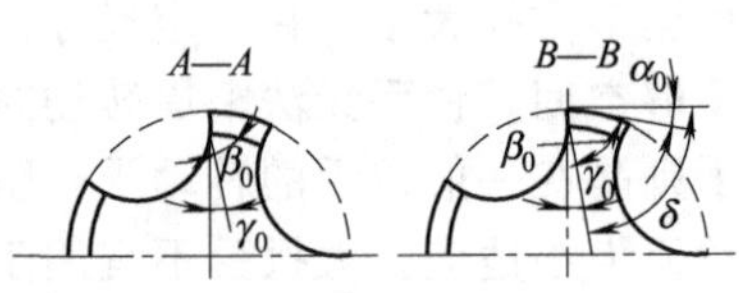

图 2-56 丝锥的构造

刀刃的前角为 8°～10°，后角为 4°～6°，用来完成切削螺纹工作。

修光部分：修光部分具有完整的齿形，可以修光和校准已切出的螺纹，并引导丝锥沿轴向运动。

屑槽部分：屑槽部分有容纳、排除切屑和形成刀刃的作用，常用的丝锥上有 3～4 条屑槽。

柄部：它的形状与作用与铰刀相同。

b. 丝锥的种类及应用：按丝锥加工场合的不同，丝锥主要有手用丝锥、机用普通丝锥两种。

• 手用丝锥：原先手用丝锥一般由两只或三只组成一组，分为头锥、二锥、三锥。由于制造丝锥材料的提高，现在一般 M10 以下丝锥大部分为 1 组 1 支，M10 以上的为 1 组 2 支，3 支 1 组的已经很少见了。通常普通丝锥还包括管子丝锥，它又分为圆柱形管子丝锥和圆锥形管

子丝锥。

• 机用普通丝锥：用于机械攻螺纹，为了装夹方便，丝锥柄部较长。一般机用丝锥是一支攻螺纹一次完成。它适用于攻通孔螺纹，不便于浅孔攻螺纹。机用丝锥也可用于手工攻螺纹。

② 攻丝扳手　攻丝扳手又称铰杠。攻丝扳手是用来夹持丝锥的工具，分为普通扳手和丁字扳手两类。各种扳手又分为固定式和活动式两种，扳手方孔尺寸与柄的长度都有一定的规格，使用时应根据丝锥尺寸大小选择不同规格的扳手，如表 2-11 所示。

表 2-11　常用攻丝扳手规格　　mm

丝锥直径	≤6	8～10	12～14	≥16
扳手长度	150～200	200～250	250～300	400～450

如在凸凹台旁攻螺纹时，可采用丁字形扳手。由于扳手构造简单，工作时可根据实际情况自行制作固定式扳手或丁字形扳手。

③ 安全夹头　在钻床上攻螺纹或使用手提式电钻攻螺纹时，要用安全夹头来夹持丝锥，以免当丝锥负荷过大时或攻不通孔到底时，产生丝锥折断或损坏工件等现象。

常用的安全夹头有钢球式安全夹头和锥体摩擦式安全夹头等，使用时，其安全转矩应注意按照丝锥直径的大小进行调节。

(2) 攻螺纹的操作

与钻孔和铰孔加工一样，攻螺纹也有手工攻螺纹与机动攻螺纹两种，且攻螺纹操作时，应正确地选用丝锥及切削液，并进行合理的操作。攻螺纹的操作与方法主要有以下方面的内容。

① 攻螺纹前螺纹底孔直径的确定　攻螺纹时，丝锥对金属有切削和挤压作用，使金属扩张，如果螺钉底孔与螺纹内径一致，会产生金属咬住丝锥现象，造成丝锥折断与损坏。所以攻螺纹前的底孔直径（钻孔直径）必须大于螺纹标准中规定的螺纹内径。

底孔直径的大小，要根据工件材料的塑性大小和钻孔的扩张量来考虑。使攻螺纹时有足够的空隙来容纳被挤出的金属，又能保证加工出的螺纹得到完整的牙型。按照普通螺钉标准，内螺纹的最小直径 $d_1=d-1.08t$，内螺纹的允差是正向分布的。这样攻出的内螺纹的内径在上述范围内，才合乎理想要求。

根据以上原则，确定钻普通螺纹底孔所用的钻头直径大小的方法，有计算或查表两种表达形式。

a. 计算法：攻普通螺纹的底孔直径根据所加工的材料类型由下式决定。

• 对钢料及韧性材料，底孔直径 $D=d-t$。

• 铸铁及塑性较小的材料，底孔直径 $D=d-1.1t$。

式中　D——钻头直径（底孔直径），mm；

d——螺纹外径（公称直径），mm；

t——螺距，mm。

对于英制螺纹攻螺纹底孔（钻头），可按以下经验计算公式确定。

钢料及韧性金属：$D=25.4\times\left(d_0-1.1\times\dfrac{1}{N}\right)$

铸铁及塑性较小的材料：$D=25.4\times\left(d_0-1.2\times\dfrac{1}{N}\right)$

式中　D——钻头直径（钻孔直径），mm；

d_0——螺纹外径（英寸转换），mm；

N——螺纹每英寸牙数。

b. 查表法：攻螺纹前钻底孔的钻头直径也可以从表 2-12～表 2-14 中查得。

表 2-12　普通螺纹攻螺纹前钻底孔的钻头直径　　mm

螺纹直径 D	螺距 P	钻头直径 d_0	
		铸铁、青铜、黄铜	钢、可锻铸铁、纯铜、层压板
2	0.4 0.25	1.6 1.75	1.6 1.75
2.5	0.45 0.35	2.05 2.15	2.05 2.15
3	0.5 0.35	2.5 2.65	2.5 2.65
4	0.7 0.5	3.3 3.5	3.3 3.5
5	0.8 0.5	4.1 4.5	4.2 4.5
6	1 0.75	4.9 3.2	5 3.2
8	1.25 1 0.75	6.6 6.9 7.1	6.7 7 7.2
10	1.5 1.25 1 0.75	8.4 8.6 8.9 9.1	8.5 8.7 9 9.2
12	1.75 1.5 1.25 1	10.1 10.4 10.6 10.9	10.2 10.5 10.7 11
14	2 1.5 1	11.8 12.4 12.9	12 12.5 13
16	2 1.5 1	13.8 14.4 14.9	14 14.5 15
18	2.5 2 1.5 1	13.3 13.8 16.4 16.9	13.5 16 16.5 17
20	2.5 2 1.5 1	17.3 17.8 18.4 18.9	17.5 18 18.5 19

续表

螺纹直径 D	螺距 P	钻头直径 d_0	
		铸铁、青铜、黄铜	钢、可锻铸铁、纯铜、层压板
22	2.5 2 1.5 1	19.3 19.8 20.4 20.9	19.5 20 20.5 21
24	3 2 1.5 1	20.7 21.8 22.4 22.9	21 22 22.5 23

表 2-13　英制螺纹、圆柱管螺纹攻螺纹前钻底孔的钻头直径

英制螺纹				圆柱管螺纹		
螺纹直径/in	每英寸牙数	钻头直径/mm		螺纹直径/in	每英寸牙数	钻头直径/mm
		铸铁、青铜、黄铜	钢、可锻铸铁			
3/16	24	3.8	3.9	1/8	28	8.8
1/4	20	5.1	5.2	1/4	19	11.7
5/16	18	6.6	6.7	3/8	19	15.2
3/8	18	8	8.1	1/2	14	18.9
1/2	12	10.6	10.7	3/4	14	24.4
5/8	11	13.6	13.8	1	11	30.6
3/4	10	16.6	16.8	1¼	11	39.2
7/8	9	19.5	19.7	1⅜	11	41.6
1	8	22.3	22.5	1½	11	45.1
1⅛	7	25	25.2			
1¼	7	28.2	28.4			
1⅜	6	34	34.2			
1¾	5	39.5	39.7			
2	2½	45.3	45.6			

表 2-14　圆锥管螺纹攻螺纹前钻底孔的钻头直径

55°圆锥管螺纹			60°圆锥管螺纹		
公称直径/in	每英寸牙数	钻头直径/mm	公称直径/in	每英寸牙数	钻头直径/mm
1/8	28	8.4	1/8	27	8.6
1/4	19	11.2	1/4	18	11.1
3/8	19	14.7	3/8	18	14.5
1/2	14	18.3	1/2	14	17.9
3/4	14	23.6	3/4	14	23.2
1	11	29.7	1	11½	29.2
1¼	11	38.3	1¼	11½	37.9
1½	11	44.1	1½	11½	43.9
2	11	55.8	2	11½	56

② 攻不通螺纹孔深度的确定　攻不通孔螺纹时，由于丝锥切削部分不能切出完整的螺纹牙型，所以钻孔深度要大于所需的螺孔深度（图纸标注深度尺寸除外）。一般取

钻孔深度 H＝所需钻孔深度 $h+0.7d$（d 为螺纹外径）

③ 攻螺纹方法及注意事项

a. 工件上底孔的孔口要倒角，通孔螺纹要两面都倒角，可使丝锥容易切入和防止孔口的螺纹牙崩裂。

b. 攻螺纹开始时，要尽量将丝锥放正，与孔端面垂直，然后对丝锥加压力并转动扳手，当切入1～2圈后，再仔细观察和校正丝锥的位置。也可用钢尺、角尺有直角边的工具检查，例如使用导向套，和同样直径的精制螺母等校正，以保证丝锥切入3～4圈时丝锥与孔端面的垂直度，不再有明显的偏差和强行纠正，此后只需转动扳手即可攻螺纹。

c. 攻螺纹时，扳手每转动1/2～1圈，就应倒转1/3圈，使切屑碎断后容易排除。在攻M5以下的螺纹或塑性较大的材料与深孔时，有时每扳转不到1/2圈就要倒转。

d. 攻不通孔时，要经常退出丝锥排屑，尤其当将要攻到孔底时更要注意。

e. 攻螺纹时要加润滑冷却液，以及时散热，保持丝锥刃部锋利，减少切削阻力，降低螺孔表面粗糙度，延长丝锥使用寿命。对于钢料，一般使用机油或浓度较大的乳化液；对于铸铁料，可使用轻柴油或煤油；对于不锈钢可使用30#机油。

f. 机攻时，要保证丝锥与孔的同轴度。机攻时，丝锥的校准部分不能全部出头，否则返车退出丝锥时会产生乱牙现象。

g. 机攻时，要选择低转速进行，一般在80转以下为好。

(3) 螺纹测量

在机械设备装配过程中，为了弄清楚螺纹的尺寸规格，必须对螺纹的外径、螺距和牙型进行测量，以利于加工及质量检查。通常可按以下几种简便方法进行测量。

① 用游标卡尺测量螺纹外径，如图2-57所示。

② 用螺纹样板（螺纹规）量出螺距与牙型，如图2-58所示。

③ 用英制钢板尺量出英制螺纹每英寸的牙数，如图2-59所示。

④ 用已知螺杆或丝锥，放在被测量的螺纹上，测出是哪一种规格的螺纹，如图2-60所示。

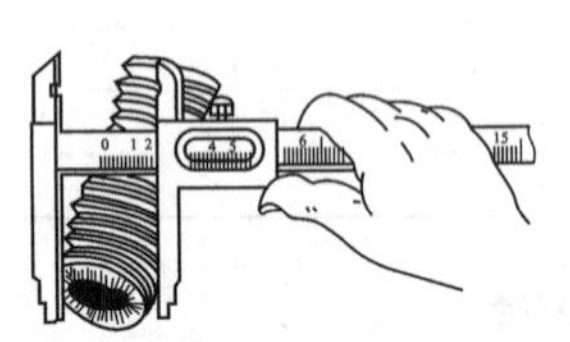

图2-57 用游标卡尺测量螺纹外径

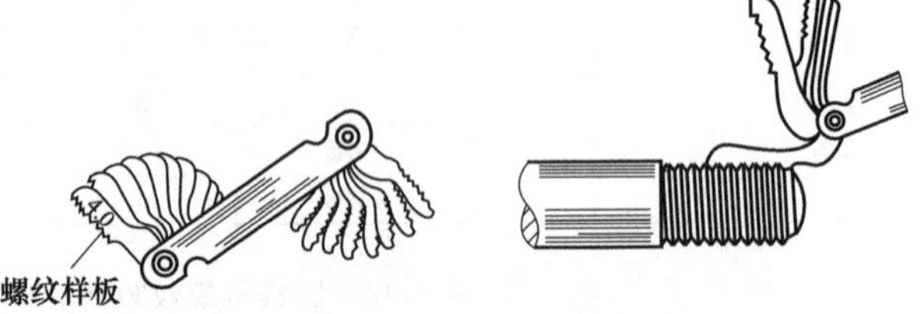

图2-58 用螺纹样板测量牙型及螺距

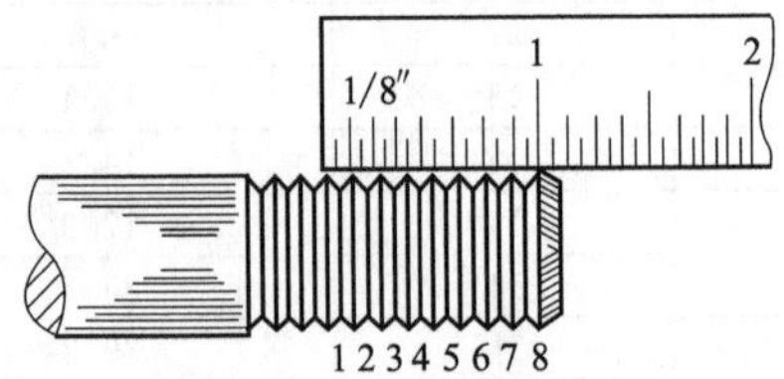

图2-59 用英制钢尺测量英制螺纹牙数

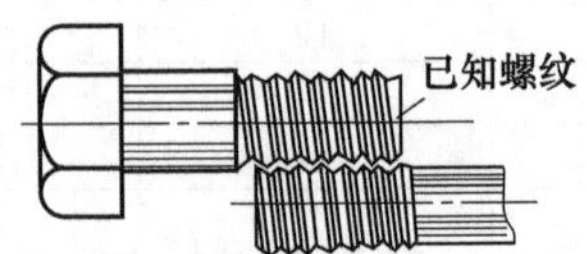

图2-60 用已知螺纹测定公、英制螺纹方法

2.4.2 套螺纹

用板牙在圆柱体上切削螺纹，叫作套螺纹。

(1) 套螺纹的工具

套螺纹用工具主要有：板牙及圆板牙架。其中板牙是加工外螺纹的刀具，用合金工具钢或高速钢制作并经淬火处理。按所加工螺纹类型的不同，有圆板牙及圆锥管螺纹板牙两类；圆板牙架是安装板牙的工具。

① 板牙　板牙的种类有圆板牙、可调式圆板牙、方板牙（一般不常见）、活络管子板牙和圆锥管螺纹板牙，如图 2-61 所示。

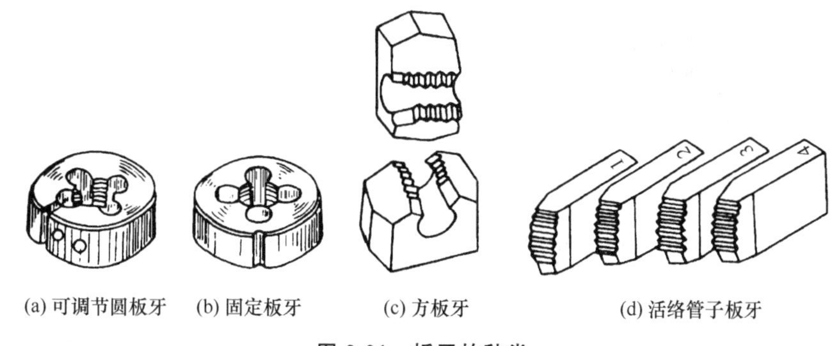

(a) 可调节圆板牙　(b) 固定板牙　(c) 方板牙　(d) 活络管子板牙

图 2-61　板牙的种类

② 板牙架的种类及应用　板牙架是装夹板牙的工具，它分为圆板牙架、可调式板牙架和管子板牙架三种，如图 2-62 所示。

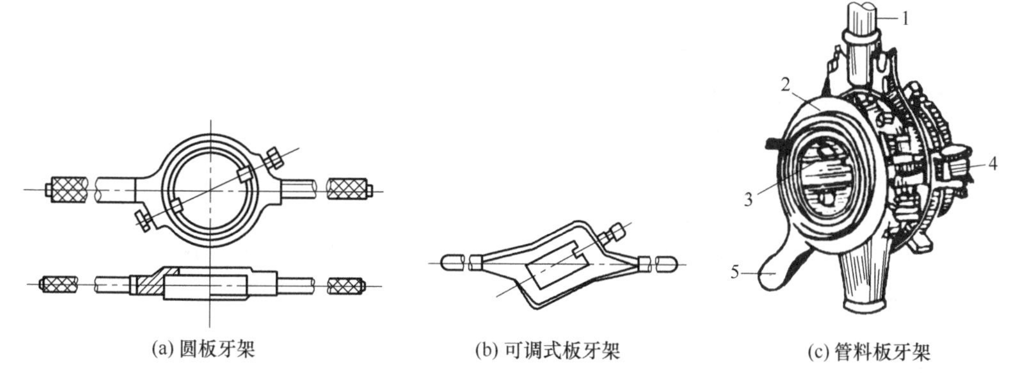

(a) 圆板牙架　(b) 可调式板牙架　(c) 管料板牙架

图 2-62　板牙架

1—套丝扳动手柄；2—本体；3—板牙；4—螺杆；5—板牙手柄

使用板牙架（圆板牙架）时，将板牙装入架内，板牙上的锥坑与架上的紧固螺钉要对准，紧固后使用。可调式板牙架装入架内后，旋转调整螺钉，使刀刃接近坯料。管子板牙架可装三副不同规格的活络板牙，扳动手柄可使每副的四块板牙同时合拢或张开，以适应切削不同直径的螺纹，或调节切削量。组装活络板牙时，应注意每组四块上都有顺序标记，按板牙架上标记依次装上。

(2) 套螺纹的操作方法

套螺纹操作与方法主要有以下方面的要点。

① 套螺纹圆杆直径的确定　与攻螺纹一样，用板牙在钢料上套螺纹时，其牙尖也要被挤高一些，所以圆杆直径 d_0 应比螺纹的外径 D（公称直径）小一些。圆杆直径可采用下列公式计算出。

$$d_0 = D - 0.13t$$

式中　D——螺纹外径，mm；

t——螺距，mm。

圆杆直径也可用查表法查出，如表 2-15 所示。

表 2-15 套螺纹时圆杆的直径

粗牙普通螺纹				英制螺纹			圆柱管螺纹		
螺丝直径 d/mm	螺距 t/mm	圆杆直径 d_0/mm		螺纹直径 /in	圆杆直径 d_0/mm		螺纹直径 /in	管子外径 d_0/mm	
		最小直径	最大直径		最小直径	最大直径		最小直径	最大直径
M6	1	5.8	5.9	1/4	5.9	6	1/8	9.4	9.5
M8	125	7.8	7.9	5/16	7.4	7.6	1/4	12.7	13
M10	1.5	9.75	9.85	3/8	9	9.2	3/8	16.2	16.5
M12	1.75	11.75	11.9	1/2	12	15.2	1/2	20.5	20.8
M14	2	13.7	13.85	—	—	—	5/8	25.5	25.8
M16	2	15.7	15.85	5/8	15.2	15.4	3/4	26	26.3
M18	5.5	17.7	17.85	—	—	—	7/8	29.8	30.1
M20	5.5	19.7	19.85	3/4	18.3	18.5	1	32.8	33.1
M22	5.5	21.7	21.85	7/8	21.4	21.6	1.125	37.4	37.7
M24	3	23.65	23.8	1	24.5	24.8	1.25	41.4	41.7
M27	3	26.65	26.8	1.25	30.7	31	1.875	43.8	44.1
M30	3.5	29.6	29.8	—	—	—	1.5	47.3	47.6
M36	4	35.6	35.8	1.5	37	37.3			
M42	4.5	41.55	41.75						
M48	5	47.5	47.7						
M52	5	51.5	51.7						
M60	5.5	59.45	59.7						

② 套螺纹方法与注意事项

a. 套螺纹时应将圆杆端部倒 30°角，倒角锥体小头一般应小于螺纹内径，便于起削和找正。

b. 套螺纹前将圆杆夹持在软虎钳口内，要夹正、夹牢固，工件不要露出钳口过长。

c. 板牙起削时，要注意检查和校正，使板牙与圆杆保持垂直。两手握持板牙架手柄，并加上适当压力，然后按顺时针方向（右旋螺纹）扳动板牙架起削。当板牙切入修光部分 1～2 牙时，两手只用旋转力，即可将螺杆套出。套螺纹时两手用力均匀，以避免螺纹偏斜，发现稍有偏斜，要及时调整两手力量，将偏斜部分借过来，但偏斜过多不要强借，以防损坏板牙。

d. 套螺纹过程与攻螺纹一样，每转 1/2～1 周时倒转 1/4 周。

e. 为了保持板牙的切削性能，保证螺纹表面粗糙度，要在套螺纹时，根据工件材料性质的不同，适当选择冷却润滑液，与攻螺纹一样，套螺纹时，适当加注切削液，也可以降低切削阻力，提高螺纹质量和延长板牙寿命。切削液可参见表 2-16 选用。

表 2-16 套螺纹切削液的选择

被加工材料	切削液
碳钢	硫化切削油
合金钢	硫化切削油
灰铸铁	乳化液
铝合金	50%煤油+50%全系统消耗用油
可锻铸铁	乳化液
铜合金	硫化切削油，全系统消耗用油

2.5 刮削

利用刮刀在已加工的工件表面上刮去一层很薄的金属，这种操作叫作刮削。刮削的原理是：在工件的被加工表面或校准工具、互配件的表面涂上一层显示剂，再利用标准工具或互配

件对工件表面进行对研显点，从而将工件表面的凸起部位显现出来，然后用刮刀对凸起部位进行刮削加工并达到相关技术要求。

2.5.1 刮削的工具与应用

刮削操作通常需要以下刮削工具：刮削刀具（简称刮刀）、校准工具、显示剂相互配合才能完成。

(1) 刮刀的种类

刮刀是刮削工件表面的主要工具。刮削时由于工件的形状不同，因而要求刮刀有不同的形式。

根据刮削形面的不同，刮刀分为平面刮刀和曲面刮刀两大类。

① 平面刮刀　用于刮削平面和刮一般的花纹，大多采用 T12A 钢材锻制而成，有时因平面较硬，也采用焊接合金钢刀头或硬质合金刀头。常用的有直头刮刀（图 2-63）和弯头刮刀（又称鸭嘴刮刀），如图 2-64 所示。

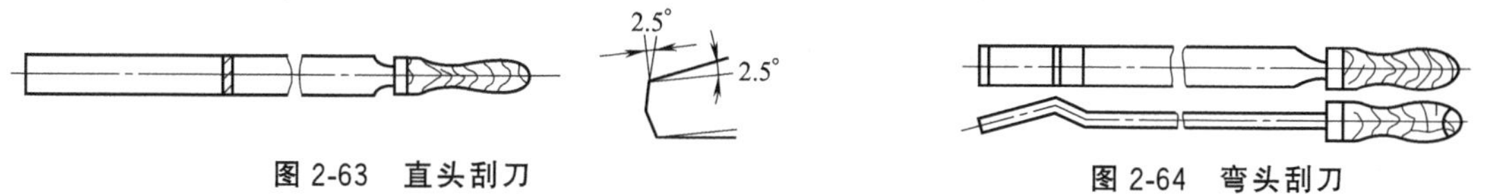

图 2-63　直头刮刀　　图 2-64　弯头刮刀

② 曲面刮刀　用于刮削曲面，可分为三角形刮刀、匙形刮刀、柳叶刮刀和圆头刮刀，如图 2-65 所示。

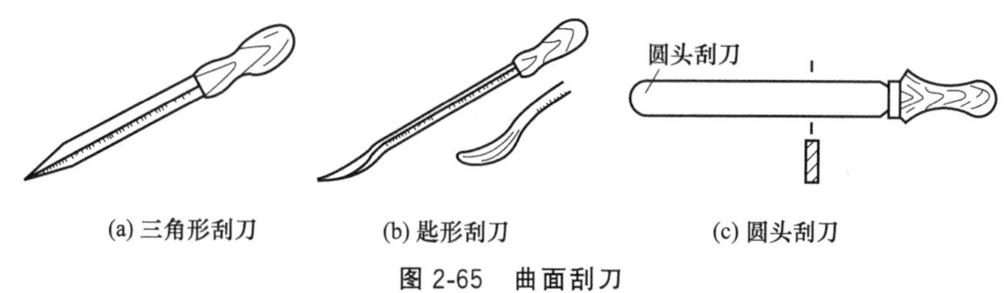

(a) 三角形刮刀　(b) 匙形刮刀　(c) 圆头刮刀

图 2-65　曲面刮刀

(2) 校准工具

校准工具是用来配研显点和检验刮削状况的标准工具，也称为研具。校准工具的作用有二：一是用来和刮削表面磨合，以接触点的多少和分布的疏密程度，来显示刮削表面的平面度，提供刮削的依据；二是用来检验刮削表面的精度。常用的校准工具有标准平板、标准平尺和角度平尺三种。

① 标准平板　如图 2-66 所示，一般用于刮削较宽的平面。它有多种规格，使用时按工件加工面积选用，一般平板的面积不应小于加工平面的 3/4。平板的材质应具有较高的耐磨性。

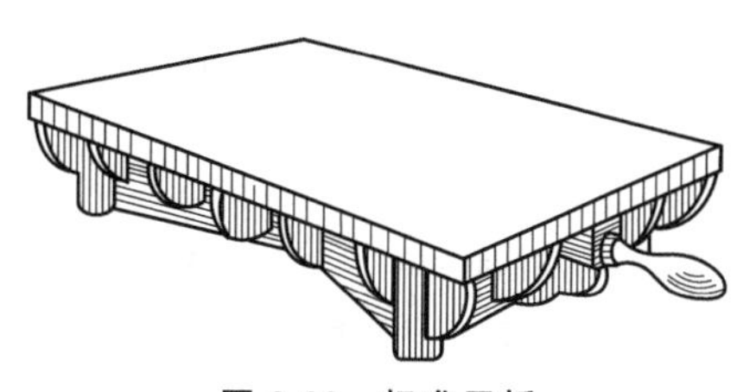

图 2-66　标准平板

② 校准直尺　图 2-67（a）是桥式直尺，用来校检较大的平面或机床导轨的直线度与平面度。图 2-67（b）是工字直尺，一般有两种：一种是单面直尺，其工作面经过精刮，精度很高，用来校验较小平面或短导轨的直线度与平面度；另一种是两面都经过刮研且平行的直尺，它除能完成工字直尺的任务外，还可用来校检长平面相对位置的准确性。

③ 角度直尺　用来校检两个刮削面成角度的组合平面，如机床燕尾导轨的角度。尺的两

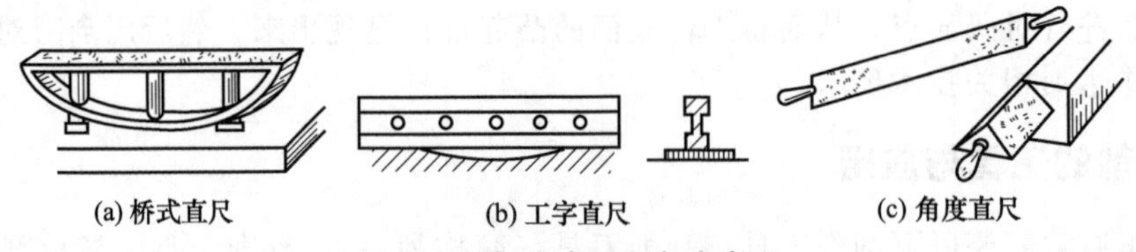

图 2-67　标准直尺和角度直尺

面都经过精刮，并形成规定的角度（一般为 55°、60°等），第三面是支承面，如图 2-67（c）所示。

④ 校检轴　用于校检曲面或圆柱形内表面。校检轴应与机轴尺寸相符，一般情况下滑动轴承瓦面的校检多采用机轴本身。

(3) 显示剂

刮削时要采用显示剂，对显示剂有一定的要求，显示剂的显示效果要光泽鲜明，对工件没有磨损腐蚀作用。一般常用显示剂有以下几种。

① 红丹粉　红丹粉分为铁丹（氧化铁呈红褐色）和铅丹（氧化铅呈橘黄色），颗粒极细，使用时用机油调和而成。特点是无反光，显示出的点子清晰。

② 蓝油　蓝油是用普鲁士蓝粉和蓖麻油及适量机油调和而成的，呈深蓝色，研点小而清楚，故多用于精密工件和有色金属，如铜合金、铝合金的工件上。

(4) 刮削的应用

刮削工作是一种比较原始的加工方法，也是一项繁重的体力劳动，它有用具简单、切削量小、切削小、产生热量小、变形小等特点，并能获得很高的形位精度、尺寸度、接触精度、传动精度及表面粗糙度。

对表面粗糙度要求比较高的配合表面，如大型机床的导轨面，往往需要用刮削的方法来达到较高的精度要求。刮削后的表面，形成微浅的凹坑，创造了良好的存油条件，起到减小配合摩擦的作用。

2.5.2 刮削的操作方法

刮削操作主要分平面刮削及曲面刮削两种，但不论刮削何种表面，操作时主要应注意以下方面。

(1) 刮刀的刃磨

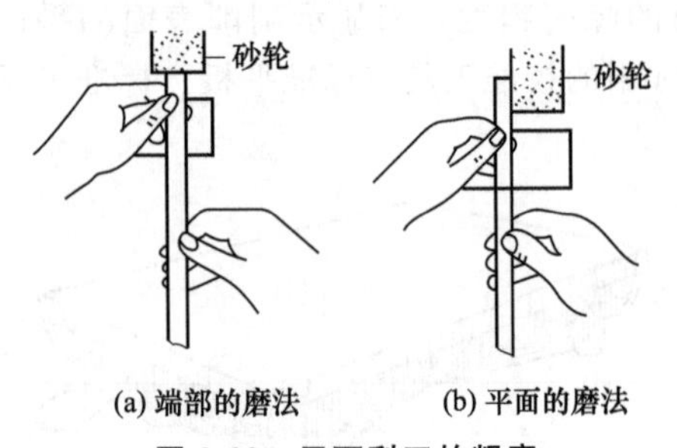

图 2-68　平面刮刀的粗磨

① 平面刮刀的刃磨　平面刮刀的刃磨分粗磨和精磨。

a. 平面刮刀的粗磨　刮刀坯锻成后，其刃口和表面都是粗糙和不平直的，必须在砂轮上基本磨平。粗磨时，先将刮刀端部（刀刃小面部位）磨平直，然后将刮刀的平面放在砂轮的正面磨平。刮刀的最终平面可使用砂轮侧面磨平，最后磨出刮刀两侧窄面，如图 2-68 所示。

b. 平面刮刀的精磨　平面刮刀精磨应在油石上进行，将刃口磨得光滑、平整、锋利。平面刮刀的精磨如图 2-69 所示。

平面的磨法：使刮刀平面与油石平面完全接触，两手掌握平稳，使磨出的平面平整光滑。

端部的磨法：一般平面刮刀有双刃 90°和单刃两种，精磨端部时一手握住刀头部的刀杆，另一手扶住刀柄，使刮刀与油石保持所需要的角度，在油石上做比较短的往复运动，修磨刮刀端部时最好选择较硬的油石。

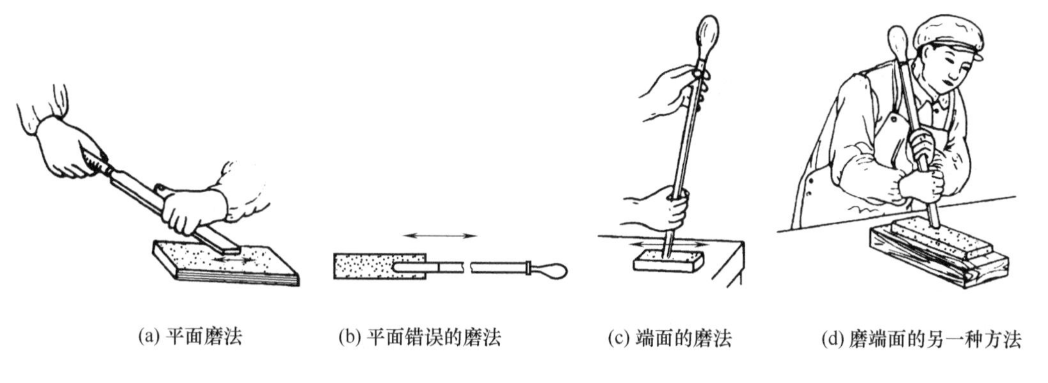

(a) 平面磨法　(b) 平面错误的磨法　(c) 端面的磨法　(d) 磨端面的另一种方法

图 2-69　平面刮刀的精磨

② 曲面刮刀的刃磨　常用的曲面刮刀主要有三角刮刀、圆头刮刀、匙形刮刀与柳叶刮刀等，其刃磨方法如下。

a. 三角刮刀　三角刮刀三个面应分别刃磨，使三个面的交线形成弧形的刀刃，接着将三个圆弧刃形成的面在砂轮上开槽。刀槽要开在两刃的中间，刀刃边上只留 2～3mm 的棱边，如图 2-70 所示。

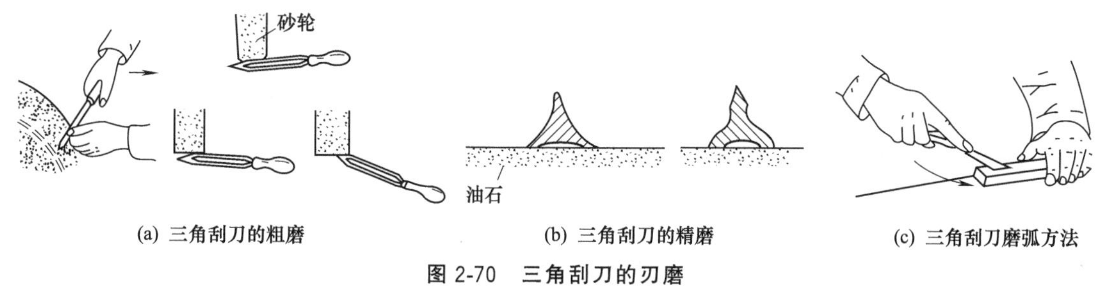

(a) 三角刮刀的粗磨　(b) 三角刮刀的精磨　(c) 三角刮刀磨弧方法

图 2-70　三角刮刀的刃磨

三角刮刀粗磨后，同样要在油石上精磨。精磨时，在顺着油石长度方向来回移动的同时，还要依刀刃的弧形做上下摆动，直至三个面所交成的三条刀刃上的直面、弧面的砂轮磨痕消失，直面、弧面光洁，刀刃锋利为止。

b. 圆头刮刀　两平面与侧面的刃磨与平面刮刀相同，刀头部位圆弧面的刃磨方法与三角刮刀的磨法相近。

c. 匙形刮刀与柳叶刮刀　这两种刮刀刀头形状稍有不同，都有两个切削面和切削刃，切削角度要比三角刮刀大，一般在 70°～80°，适用于刮削较软金属，如巴氏轴承合金等。刃磨方法与精磨方法大致与三角刮刀相同。

(2) 显示剂的使用方法

显示剂的使用是否正确与刮削质量关系很大，粗刮时可调得稀些，精刮时要适当干些。其使用方法为：一是将显示剂涂在校准工具上；二是直接将显示剂涂在工件上，工件结合面刮研时也可同时涂在两结合面上。选择何种方法，要看加工情况而定。使用显示剂时应注意：

① 显示剂必须保持清洁，而且必须涂抹薄而均匀，否则，很难准确地显示出工件表面的状况。

② 在推磨研点时，整个面的压力要均匀，工件不均匀对称时应人力使其保持均匀，工件较轻时要加适当的压力。

③ 一般在推磨时要经常调换方向，防止不均匀现象，保证研点的准确显示。

④ 当工件与工件、工具与工件的表面大小或长度接近于相同时，工件落空部分不应超过

其本身长度的1/4。

(3) 刮削余量

刮削是一种繁重的操作，每次的刮削量都很少，因此机械加工所留下的刮削加工余量不宜太大，否则会耗费很多的时间和劳动。但余量也不能太小，应能保证刮出正确尺寸和良好的工作表面。刮削余量的多少与工件表面积的大小有直接关系，同时与工件表面的加工精度也有直接关系。由于各厂加工工件的设备新旧程度、机床本身的精度、操作者的技术水平不同，加工后的工件精度误差存在很大的差别。所以，在确定加工余量时可按表2-17、表2-18的数值选用，但同时要考虑实际加工情况，可根据经验确定，刮削余量比表中略大些。一般说来，工件在刮削前加工精度主要是直线度、平面度和表面粗糙度，应不低于9级精度。

表2-17 平面的刮削余量 mm

平面宽度	平面长度				
	100～500	500～1000	1000～2000	2000～4000	4000～6000
100以下	0.10	0.15	0.20	0.25	0.30
100～500	0.15	0.20	0.25	0.30	0.40

表2-18 孔的刮削余量 mm

孔径	孔长		
	100以下	100～200	200～300
80以下	0.05	0.08	0.12
80～180	0.10	0.15	0.25
180～360	0.15	0.20	0.35

2.5.3 常见形面的刮削操作

(1) 平板的刮削和检验

平板是进行划线和一些零件尺寸及形位公差的测量所必需的工具。要使划线精度和测量精度达到良好的效果，就必须使平板具有很高的平面精度，同时也要具备良好的耐磨性和可靠的润滑性，要达到这样的性能，平板需经刮削加工而成。

① 刮削平板的方法 刮削平板的方法有两种：标准平板研点刮削法和正研（互研互刮）加对角研修正法。

a. 标准平板研点刮削法 用精度不低于被刮平板精度、规格不小于被刮平板规格的标准平板，放在涂有很薄的一层显示剂的被刮平板上进行研点，然后进行刮削。不断地提高被刮平板的精度，直至被刮平板工作面的任何部位在每25mm×25mm范围内的研点数达到规定的数值，即表示被刮平板达到了要求的精度。这种方法常用于旧平板的修理。

b. 正研加对角研修正法 正研刮削主要是采用循环刮削的方法进行，一般用在原始平板的刮削上。方法如图2-71所示。当三块平板上在25mm×25mm方框内所显示的研点数达到12点左右时，正研结束。

在正研过程中，往往会在平板对角部位上产生如图2-72（a）所示的平面扭曲现象，即*AB*对角高，而*CD*对角低，且三块高低位置相同，即同向扭曲。这种现象的产生，是由于在正研中平板的高处（+）正好和平板的低处（-）重合［图2-72（b）］。要了解是否存在扭曲现象，可采用如图2-72（c）所示的对角研的方法来检查（对角研只限于正方形或长宽尺寸相差不大的平板，长条形的平板则不适合），经合研后，研点会明显地显示出来［图2-72（d）］。根据研点修刮，直至研点分布均匀并消除扭曲，且三块平板相互之间，无论是直研、掉头研、对角研，研点情况完全相同、研点数符合要求为止。

② 平板的检测。

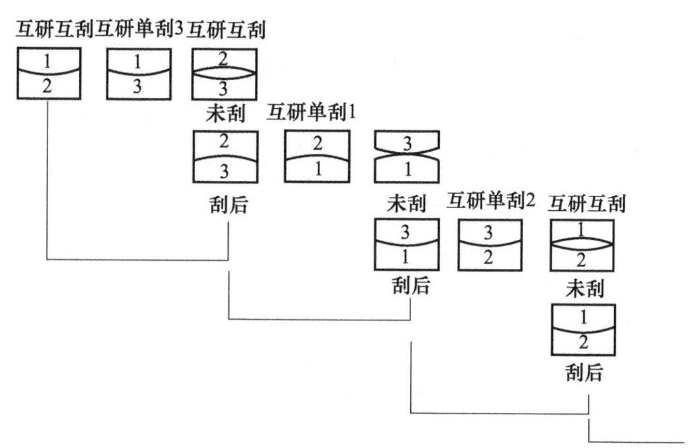

图 2-71 平板循环刮削法

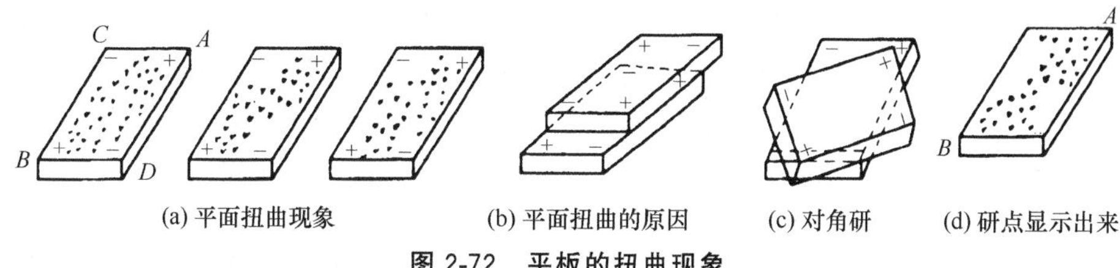

(a) 平面扭曲现象　(b) 平面扭曲的原因　(c) 对角研　(d) 研点显示出来

图 2-72 平板的扭曲现象

a. 单块平板刮削时一般使用标准平板研磨显点刮削，当显点数大小均匀，且在 25mm×25mm 方框内显点数符合该平板等级数时，该平板精度符合要求，刮削结束。

目前通用平板的精度分 0、1、2、3 四级，国家标准按不同规格规定不同精度要求。常用平板精度等级如表 2-19 所示。

表 2-19 通用平板的精度等级及规格

平板尺寸/(mm×mm)	精度偏差/μm			
	0 级	1 级	2 级	3 级
100×200	±3	±6	±12	±30
200×200	±3	±6	±12	±30
200×300	±3.5	±7	±12.5	±35
300×300	±3.5	±7	±13	±35
300×400	±3.5	±7	±14	±35
400×400	±3.5	±7	±14	±40
450×600	±4	±8	±16	±40
500×800	±4	±8	±18	±45
750×1000	±5	±10	±20	±50
1000×1500	±6	±12	±25	±60
研点数/25mm×25mm	≥25	≥25	≥20	≥12

b. 对于采用正研加对角研修正法刮削时（原始平板使用）也采用上述单块平板检测方法（即显点检测）检测的平板，检测结果符合表 2-19 中的等级点数时该平板符合精度要求。

大面积平板的检测可用水平仪来配合测量（图 2-73），检查平板各个部位在垂直面内的精度误差大小是否符合要求，可参照表 2-19 来进行对比。

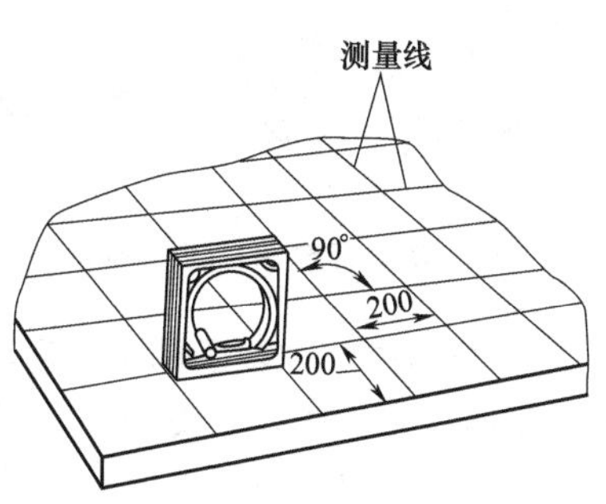

图 2-73 水平仪检查平面度

(2) 曲面的刮削

被刮削的曲面一般是做相对运动的配合面，最典型的

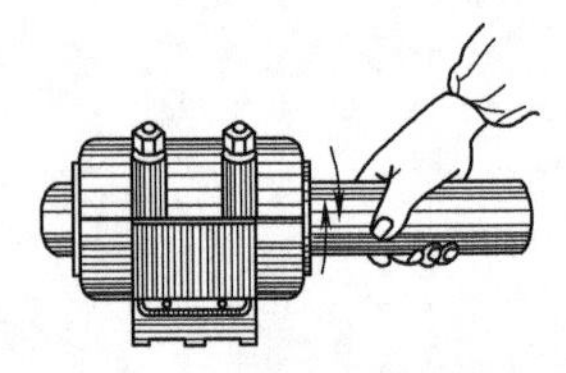

图 2-74　轴承的刮削研磨

是滑动轴承的内表面刮削。曲面刮削的原理和平面刮削一样，但刮削的方法不同，以标准轴（也称为工艺轴）或相配合的轴做内曲面研点的校准工具。校准时将显示剂涂在轴的圆周表面上，用轴在轴承孔中来回旋转显示研点（图 2-74），根据显示的研点进行刮削。以下通过几个实例简述曲面的刮削操作。

① 多瓦式动压滑动轴承的刮研与检查　多瓦式动压滑动轴承有三块一组和五块一组，支承点的形式也有固定的和球面的。现以三块瓦和固定支承的磨床磨头主轴瓦为刮研对象。此轴承要求的精度为：在 25mm×25mm 范围内接触点数为 16～20 点，同轴度为 $\phi0.02$mm，表面粗糙度为 $Ra1.6\mu m$。三块瓦轴瓦前后轴承共有六块，刮研前先将瓦块编号（图 2-75），前轴承编号为 11、12、13，后轴承编号为 21、22、23。将前后的相应位置的瓦块分为三组：11、21 一组，12、22 一组，13、23 一组。粗刮时，先将每一组轴瓦与主轴颈研点粗刮表面至 12 点左右。刮削时，落刀要轻、刀花要小，同时千分表在精密平板上测量每组中的两只轴瓦的等厚度和内外圆表面的平行度误差（图 2-76）。对每组（两块）轴瓦的内外表面的平行度误差和等厚度的要求，固定装配的 11、21 和 12、22 两组瓦块为 0.008mm 以内，可调整的一组瓦块，基本无等厚和平行度要求（而五块式有三组不可调整的瓦块有等厚和平行度要求）。瓦块粗刮后，按瓦块号及主轴旋转方向分别将 11、21 和 12、22 号瓦块装入固定的定位销上，如图 2-76 所示。使瓦块外表面紧贴孔壁，再在主轴上薄薄涂一层显示剂，并严格防止纤维性物质混入。再将主轴和 13、23 号瓦块装上，调整前后轴承的螺钉 A、B，力求前后轴承松紧一致。拧紧螺钉 A 时，用力必须尽量相同，当螺钉调整合适后，按主轴的回转方向转动主轴 5～8 转，进行研点，再卸下主轴和瓦块，精刮瓦块。如此反复进行，直至轴承表面斑点密而匀。同时刀花表面亦比较光洁，研点密度在 16～20 点左右，表面粗糙度 $Ra1.6\mu m$ 以上，即完成精刮。再将瓦块的 L 边（瓦宽方向与旋转方向相反边）刮低一些（0.15～0.40mm），如图 2-77 所示。宽度为 3～5mm，这样有利于形成油楔。然后将主轴及轴瓦清洗干净，在瓦块上涂上氧化铬（绿油）研磨剂，重新装配主轴和轴瓦，转动主轴进行研磨。转动方向应与主轴旋转方向一致，使轴瓦斑点扩大，进一步降低表面粗糙度值。再仔细清洗一次，重新装配调整间隙在 0.008～0.002mm 左右，再拧紧前、后轴承螺钉 A、B 及其他零件。开动机床空运转 1～2h，随时检查轴承的发热情况（不超过 60℃），测量主轴的径向圆跳动（不超过 0.015mm），并再检查一次轴瓦的接触点是否均匀，是否有变化。若有变化，应重新修刮至符合要求，才能正式使用。主轴轴颈经过研磨后，如表面粗糙度不理想时，则要求进行一次抛光加工，一般利用一加工过的与轴尺寸相同的铸铁轴来研磨轴承，达到表面粗糙度的要求。

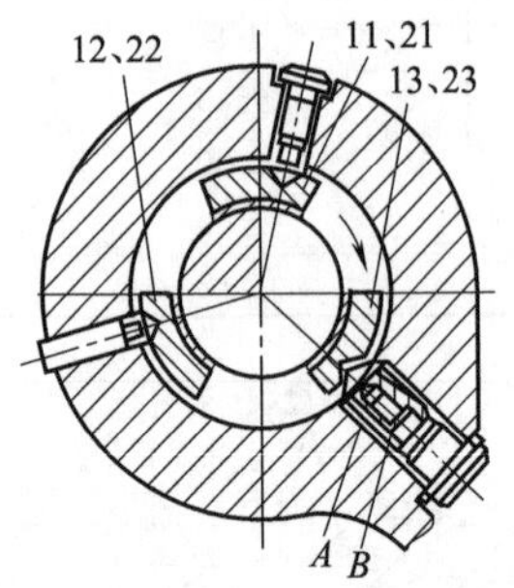

图 2-75　多块瓦轴承

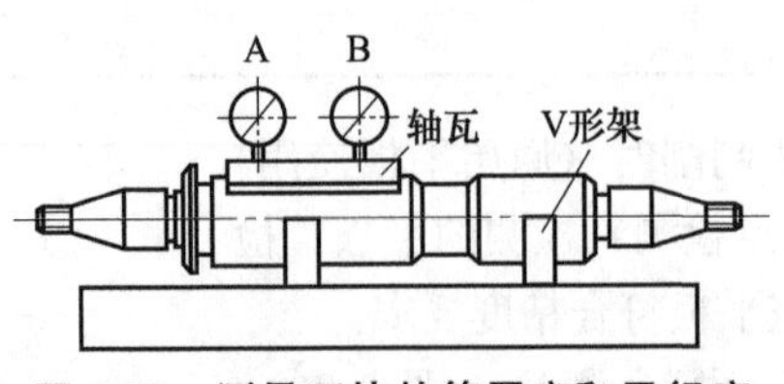

图 2-76　测量瓦块的等厚度和平行度

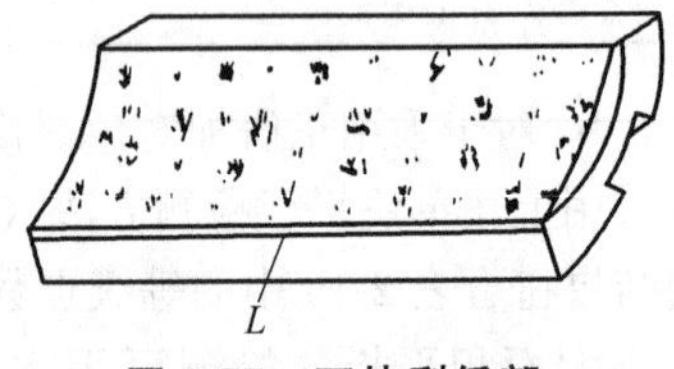

图 2-77　瓦块刮低部

② 外锥内圆柱轴承的刮削和检验　如图 2-78 所示为一外锥内圆柱轴承，将主轴承外套 2 压入箱体 1 的孔中，用专用芯轴研点，修刮轴承外套内孔，并保证前后轴承同轴，要求研点在 25mm×25mm 的方框内 12～16 点。

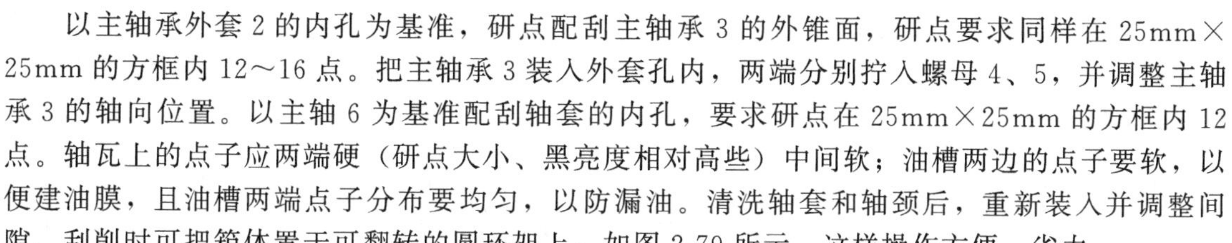

以主轴承外套2的内孔为基准，研点配刮主轴承3的外锥面，研点要求同样在25mm×25mm的方框内12～16点。把主轴承3装入外套孔内，两端分别拧入螺母4、5，并调整主轴承3的轴向位置。以主轴6为基准配刮轴套的内孔，要求研点在25mm×25mm的方框内12点。轴瓦上的点子应两端硬（研点大小、黑亮度相对高些）中间软；油槽两边的点子要软，以便建油膜，且油槽两端点子分布要均匀，以防漏油。清洗轴套和轴颈后，重新装入并调整间隙。刮削时可把箱体置于可翻转的圆环架上，如图2-79所示。这样操作方便、省力。

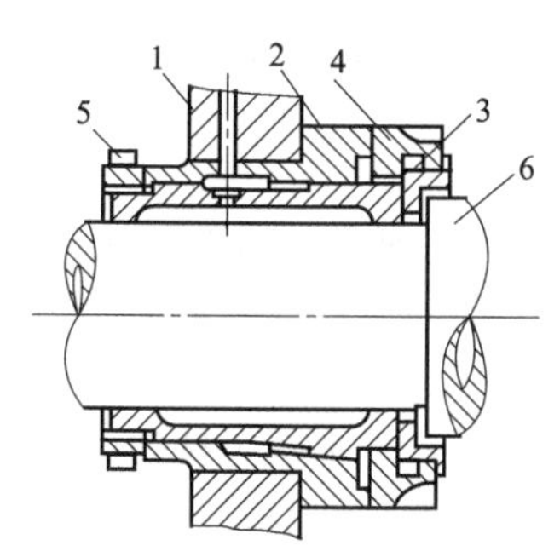

图2-78　外锥内圆柱轴承

1—箱体；2—主轴承外套；3—主轴承；4,5—螺母；6—主轴

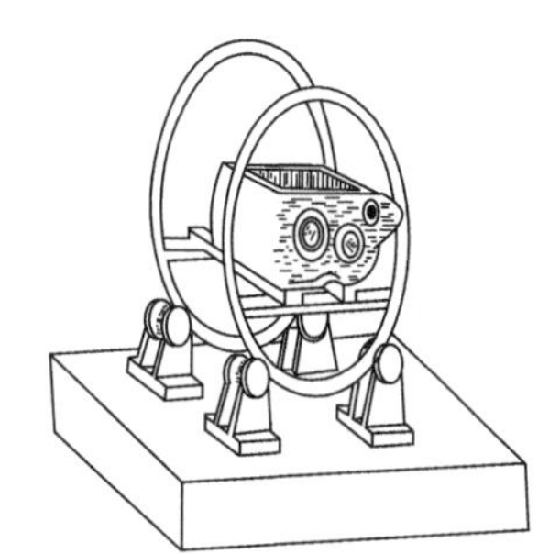

图2-79　刮削轴承用的圆环架

2.6 研磨

用研磨工具和研磨剂从工件表面磨掉一层极薄的金属，使工件表面具有精确的尺寸、形状和很低的表面粗糙度，这种操作称为研磨。研磨有手工操作和机械操作。在机械设备的检修工作中，常常也要运用手工研磨操作。

2.6.1 研磨的工具与应用

研磨操作，通常需要研具、研磨剂等工具相互配合才能完成，其基本原理是磨料通过研具对工件进行微量切削。

(1) 研具

研具是研磨时决定工件表面几何形状的标准工具。

① 研具的主要类型及适用范围。

a. 板条形研具　板条形研具通常用来研磨量块及各种精密量具。

b. 圆柱和圆锥形研具　在制造与检修工作中，通常见到和使用的是这两种研具。这两种研具又可分为整体式和可调式两种，根据工件的加工部位，又可分为外圆研具和内孔研具。整体式圆柱和圆锥研具如图2-80所示。

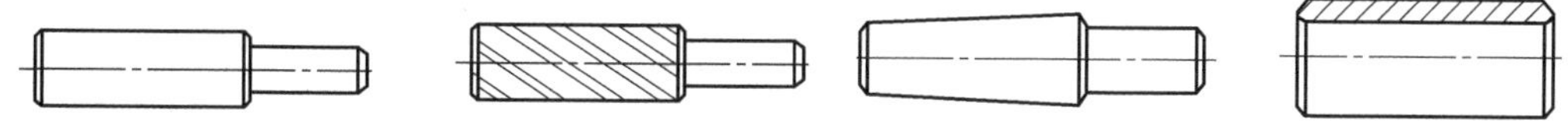

(a) 整体圆柱式研具　(b) 整体圆锥式研具

图2-80　整体式圆柱和圆锥研具

整体式研具结构简单、制造方便，但由于没有调整量，在磨损后无法补偿，故只用于单件或小批量生产。制作整体式研具时，可按研磨工件的实际加工尺寸、研具的磨损量、工件研磨的切削量，制作一组1～3个不同公差的研具，对工件进行研磨。小批量生产时，可适当增加孔较大公差、外圆较小公差的研具，以补充不足。

可调式研具适用于研磨成批生产的工件。由于这种研具可在一定范围内调节尺寸，因此使用寿命较长，但结构复杂、制造比较困难、成本较高，一般工厂很少使用。可调式圆柱和圆锥形研具如图 2-81 所示。

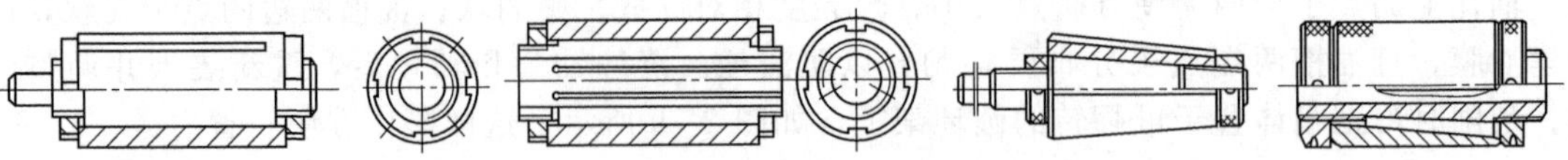

(a)可调式外圆柱形研具　(b)可调式内圆柱形研具　(c)可调式外圆锥形研具　(d)可调式内圆锥形研具

图 2-81　可调式圆柱和圆锥形研具

② 研具的材料　研具的材料一般有以下两点要求：一是研具材料要比工件软，且组织要均匀，使磨粒嵌入研具表面，对工件进行切削不会嵌入工件表面，但也不能太软，否则嵌入研具太深而失去切削作用；二是要容易加工，寿命长和变形小。

常用的材料有灰铸铁、软钢、纯铜、铅、塑料和硬木等，其中灰铸铁的润滑性能好，有较好的耐磨性、硬度适中、研磨效率较高，是制作研磨工具最常用的材料。

软钢的韧性较好，常作为小型研具，如研磨螺纹和小孔的研具；纯铜的性质较软，容易被磨粒嵌入，适用于作粗研时的研具，其研磨效率也较高；铅、塑料、硬木则更软，用于研磨铜等软金属。

(2) 研磨剂

研磨剂是由磨料和研磨液调和而成的混合剂。

① 磨料　磨料在研磨时起切削作用，研磨的效率、精度和表面粗糙度都与磨料有密切的关系。常用的磨料主要有氧化物、碳化物和金刚石三大类。

a. 氧化物磨料（俗称刚玉）　氧化物磨料主要用于研磨碳素工具钢、合金工具钢、高速钢和铸钢工件，也适用于研磨铜、铝等有色金属。这类磨料能磨硬度 60HRC 以上的工件，其主要品种有棕色氧化铝、白色氧化铝和氧化铬等。

b. 碳化物磨料　这种磨料除了用于研磨一般钢料外，主要用来研磨硬质合金、陶瓷和硬铬等高硬度工件，其硬度高于氧化物磨料，主要品种有黑色碳化硅、绿色碳化硅和碳化硼等。

c. 金刚石磨料　金刚石磨料的硬度比碳化物磨料更高，故切削能力也高，分人造的和天然的两种。由于价格昂贵，一般只用于精研硬质合金、宝石、玛瑙等高硬度工件。上述各种磨料的系列与用途如表 2-20 所示。

表 2-20　磨料的系列与用途

系列	磨料名称	代号	特性	适用范围
氧化物系	棕刚玉	GZ	棕褐色，硬度高，韧性大，价格便宜	粗精研磨钢、铸铁、黄铜
	白刚玉	GB	白色，硬度比棕刚玉高，韧性比棕刚玉差	精研磨淬火钢、高速钢、高碳钢及薄壁零件
	铬刚玉	GG	玫瑰红或紫红色，韧性比白刚玉高，磨削光洁度好	研磨量具、仪表零件及高光洁度表面
	单晶刚玉	GD	淡黄色或白色，硬度和韧性比白刚玉高	研磨不锈钢、高钒高速钢等强度高、韧性大的材料
碳化物系	黑碳化硅	TH	黑色有光泽，硬度比白刚玉高，性脆而锋利，导热性和导电性良好	研磨铸铁、黄铜、铝、耐火材料及非金属材料
	绿碳化硅	TL	绿色，硬度和脆性比黑碳化硅高，具有良好的导热性和导电性	研磨硬质合金、硬铬宝石、陶瓷、玻璃等材料
	碳化硼	TP	灰黑色，硬度仅次于金刚石，耐磨性好	精研密和抛光硬质合金、人造宝石等硬质材料

续表

系列	磨料名称	代号	特性	适用范围
金刚石系	人造金刚石	JR	无色透明或淡黄色、黄绿色或黑色，硬度高，比天然金刚石略脆，表面粗糙	粗、精研磨硬质合金、人造宝石、半导体等高硬度脆性材料
	天然金刚石	JT	硬度最高，价格昂贵	
其他	氧化铁		红色至暗红色，比氧化铬软	精研磨或抛光钢、铁、玻璃等材料
	氧化铬		深绿色	

磨料的粗细程度用粒度表示，粒度越细，研磨精度越高。磨料粒度按照颗粒尺寸分为磨粉和微粉两种，磨粉号数在 100～280 范围内选取，数字越大，磨料越细；微粉号数在 W40～W0.5 范围内选取，数字越小，磨料越细。磨料粒度及应用如表 2-21 所示。

表 2-21 磨料粒度及应用

研磨粉号数	研磨加工类别	可达到的粗糙度 $Ra/\mu m$
100#～280#	用于最初的研磨加工	0.80
W40～W20	用于粗研磨加工	0.40～0.20
W14～W7	用于半粗研磨加工	0.20～0.10
W5 以下	用于粗细研磨加工	0.10 以下

② 研磨液　研磨液在研磨加工中起调和磨料、冷却和润滑的作用，它能防止磨料过早失效和减少工件（或研具）的发热变形。

常用的研磨液有煤油、汽油、10# 和 20# 机械油、透平油等。此外，根据需要在研磨剂中加入适量的石蜡、蜂蜡等填料，和氧化作用较强的油酸、脂肪酸、硬脂酸等，则研磨效果更好。

研磨剂也可自行配制，表 2-22 给出了部分研磨剂的配制方法及用途。

表 2-22 研磨剂的配制方法及使用

研磨剂类别		研磨剂成分	数量	用途	配制方法
液体研磨剂	1	氧化铝磨粉 硬脂酸 航空汽油	20g 0.5g 200mL	用于平板、工具的研磨	研磨粉与汽油等混合，浸泡一周即可使用，用于压嵌法研磨
	2	研磨粉 硬脂酸 航空汽油 煤油	15g 8g 200ml 15mL	用于硬质合金、量具、刃具的研磨	材质疏松，硬度为 100～120HBS，煤油加入量应多些；硬度大于 140HBS，煤油加入量应少些
固体研磨剂（研磨膏，分为粗、中、精三种）	1	氧化铝 石蜡 蜂蜡 硬脂酸 煤油	60% 22% 4% 11% 3%	用于抛光	先将硬脂酸、蜂蜡和石蜡加热溶解，然后入汽油搅拌，经过多层纱布过滤，最后加入研磨粉等调匀，冷却后成为膏状 使用时将少量研磨膏置于容器中，加入适量蒸馏水，调成糊状，均匀地涂在工件或研具表面上进行研磨
	2	氧化铝磨粉 氧化铬磨粉 硬脂酸 电容器油 煤油	40% 20% 25% 10% 5%	用于精磨	

(3) 研磨的应用

研磨是精密和超精密零件精加工的主要方法之一。通过研磨能使两个紧密结合的，或有微量间隙能滑动而又能密封的工件、组合表面，具有精密的尺寸、形状和很低的表面粗糙度。工件经研磨后，表面粗糙度 Ra 可达 1.6～0.05μm，最高可达 0.012μm，尺寸精度可达 0.001～

0.005mm，几何形状可以更加理想。它可以加工平面、圆柱面、圆锥面、螺纹面和其他特殊面等，常用于各种液压阀的阀体、气动阀体及各类密封阀门的进出口密封部位、精密机械设备配合面的制造与修复等。

2.6.2 研磨的操作方法

刮削操作主要分平面刮削及曲面刮削两种，但不论刮削何种表面，操作时主要应注意以下方面。

(1) 研磨余量

研磨的切削量很小，一般每研磨一遍，所磨掉的金属层厚度不超过0.002mm，为减少研磨时间，提高研具的使用寿命，研磨余量不能太大。一般情况下，可按以下三个原则来确定。

① 根据工件的几何形状与精度要求确定，若研磨表面面积大、形状复杂，且精度要求高，则研磨量应取较大值；

② 根据研磨前的工件加工质量选择，若研磨前工件的预加工质量高，研磨量可取较小值，反之则应取较大值；

③ 按实际加工情况选择，若工件位置精度要求高，而预加工又无法保证必要的质量要求时，则可适当增加研磨余量。

研磨余量的增加，要掌握一定限量。对于一个工件，经研磨后是否能够达到要求，有时取决于工件的预加工的精度、几何形状与表面粗糙度精度。例如对一个孔进行研磨，要求达到 $Ra=0.2\mu m$，这就要求孔的预加工后表面粗糙度 Ra 应在 $1.6\mu m$ 以下，也就是说孔研磨前后表面粗糙度不可能相差太多，一般是1～2个精度等级，最大不应超过3个精度等级，否则研磨后的孔肯定达不到要求。其原因在于，不可能对孔无限制地进行研磨，研磨时间一旦过长，会造成孔口部位成喇叭形、孔成椭圆或尺寸超差等情况，而使工件报废。无论何种工件，在研磨时预加工精度、几何形状、表面粗糙度愈好，对研磨愈有利。有时差得太多，无论对工件怎样研磨也达不到要求。

一般情况下，平面、外圆和孔的研磨余量可分别按表2-23～表2-25选择。

表2-23 平面的研磨余量 mm

平面长度	平面宽度		
	≤25	26～75	76～150
≤25	0.005～0.007	0.007～0.010	0.010～0.014
26～75	0.007～0.010	0.010～0.014	0.014～0.020
76～150	0.010～0.014	0.014～0.020	0.020～0.024
151～260	0.014～0.018	0.020～0.024	0.024～0.030

表2-34 外圆的研磨余量 mm

直径	直径余量	直径	直径余量
≤10	0.005～0.008	51～80	0.008～0.012
11～18	0.006～0.008	81～120	0.010～0.014
19～30	0.007～0.010	121～180	0.012～0.016
31～50	0.008～0.010	181～260	0.015～0.020

表2-25 孔的研磨余量 mm

加工孔的直径	铸铁	钢
25～125	0.020～0.100	0.010～0.040
150～275	0.080～0.160	0.020～0.050
300～500	0.120～0.200	0.040～0.060

(2) 研磨的操作步骤

① 研磨前准备：根据工件图样，分析其尺寸和形位公差以及研磨余量等基本情况，并确定研磨加工的方法。

② 根据所确定的加工工艺要求，配备研具、研磨剂。

③ 按研磨要求及方法进行研磨。

④ 全面检查研磨的质量。

(3) 手工研磨运动轨迹的选择

研磨有手工和机械研磨两种方法，有时也用手工与机械配合的方法，可按企业及进行设备装配的实际情况加以选择。手工研磨的运动轨迹一般有直线、摆动式直线、螺旋线和8字形或仿8字形等几种，具体选用哪一种方法，应该根据工件被研面的形状特点确定。

图2-82(a)为直线研磨运动轨迹示意图，由于直线研磨运动轨迹不能相互交叉，容易直线重叠，使被研工件表面的表面粗糙度较差一些，但可获得较高的几何精度。一般用于有台阶的狭长平面，如平面板、直尺的测量面等。

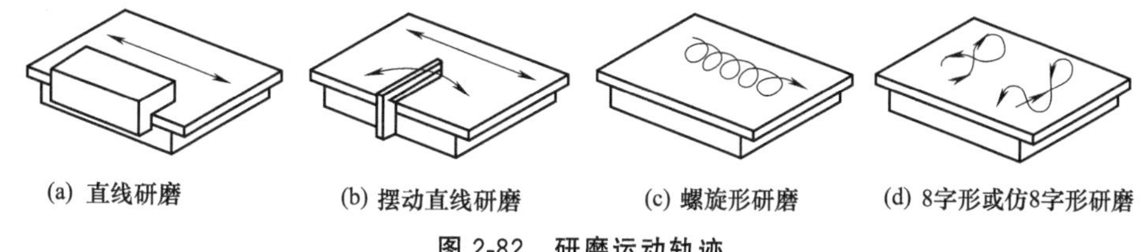

图2-82 研磨运动轨迹

图2-82(b)为摆动式直线研磨运动轨迹示意图，其运动形式是在左右摆动的同时，做直线往复移动。对于主要保证平面度要求的研磨件，可采用摆动式直线研磨运动轨迹，如研磨双斜面直尺、样板角尺的圆弧测量面等。

图2-82(c)为螺旋形研磨运动轨迹示意图，对于圆片或圆柱形工件端面的研磨，一般采用螺旋形研磨运动轨迹，这样能够获得较高的平面度和较低的表面粗糙度。

图2-82(d)为8字形或仿8字形研磨运动轨迹示意图，采用8字形或仿8字形研磨运动轨迹进行研磨，能够使被研工件表面与研具表面均匀接触，这样能够获得很高的平面度和很低的表面粗糙度，一般用于研磨小平面的工件。

2.6.3 常见形面的研磨操作

(1) 平面的研磨

研磨平面时，一般选用非常平整的平面作研具。粗研时，常采用平面上带槽的平板。带槽的平板可以使研磨时多余的研磨剂被刮去。工件容易压平，以提高粗研时平面的平整性，而不会产生凸弧面，同时可使热量从沟槽中散出。精研时为了获得低的表面粗糙度，应用光滑的平板，而不能带槽。

研磨平面时，合理的运动轨迹对提高工作效率、研磨质量和研具寿命都有直接的影响。如图2-83所示是常采用的8字形运动轨迹。它能使工件表面与研具保持均匀的接触，有利于保证研磨质量和使研具均匀地磨损，但对于有台阶或狭长的平面，则必须采用直线运动。

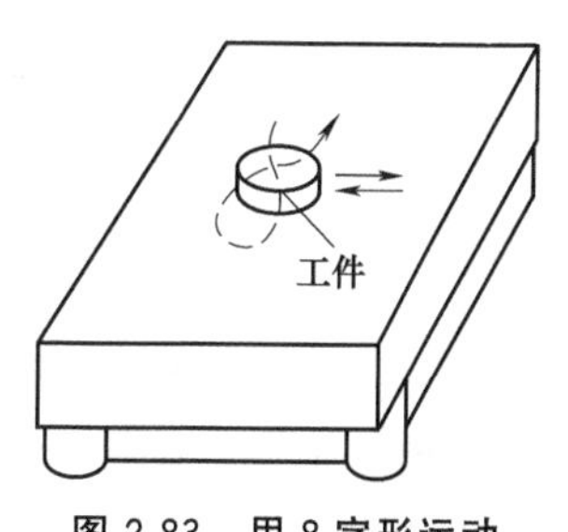

图2-83 用8字形运动轨迹研磨平面

研磨时应在研磨一段时间后，将工件调头或偏转一个位置，这是为了使工件均匀地磨去，同时避免工件因受压不均而造成不平整。研磨时压力太大，研磨切削量虽大，但表面光洁度差，也容易

把磨料压碎，使表面划出深痕。一般手工研磨时的适当压力：粗磨为 0.1～0.2MPa，精磨为 10～50kPa。研磨时的速度也不应过快，手工研磨时，粗磨 40～60 次/min，精磨为 20～4 次/min。当研磨狭窄平面时，可用标准方铁作导向，工件紧靠方铁一起研磨，防止产生偏斜。

研磨时，无论工件、磨具和研磨剂，都应该做好严格的清渣工作，以防研磨时划伤工件表面。

（2）外圆柱面的研磨

外圆柱面的研磨一般采用研磨环进行，通常情况下都采用手工与机器（使用车床或钻床等）互相配合的方式进行研磨。

研磨环的内径应比工件直径大 0.025～0.05mm，长度为孔径的 1～2 倍，其形式有固定式和可调式，如图 2-84 所示。

研磨时，研磨工件由机床夹持（图 2-85），先在工件上均匀涂上研磨剂，套上研磨环并调整好研磨间隙（松紧程度以用力能转动为宜），然后开动机床低速旋转（工件转速在直径小于 80mm 时为 100r/min，直径大于 100mm 时为 50r/min）。用手推动研磨环，使它在工件转动的同时沿轴线方向做往复运动，且须经常做断续的转动。研磨环在工件上往复移动的速度，应根据工件在研磨环上研出的网纹来控制，以研出的网纹与轴线成 45°交角为最好。

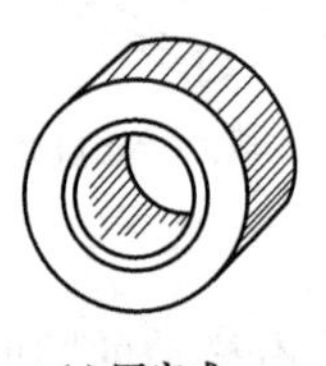

(a) 固定式

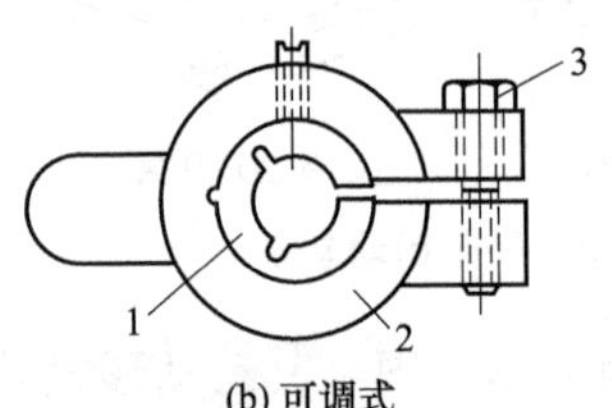

(b) 可调式

图 2-84 研磨环

1—开口调节环；2—外圈；3—调节螺钉

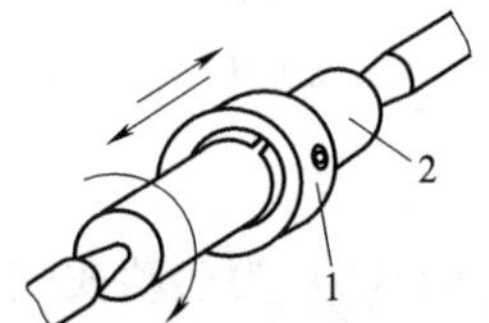

图 2-85 研磨外圆柱面

1—研磨环；2—工件

在研磨过程中，如工件出现因加工误差造成的沿轴线上直径大小不一时，则可靠手感在直径大的部位多研磨几次。在研磨中，应随时调整研磨环工作面的内径，使研磨环与工件始终保持适当的研磨间隙。研磨一段时间后，应将工件调头再进行研磨，这样可清除可能出现的锥度，使工件得到正确的几何形状，且使研磨环的磨损比较均匀。

（3）圆柱孔的研磨

研磨内孔应在研磨棒上进行。研磨棒有固定式和可调式两种，其长度应为工件长度的1.5～2倍，如图 2-86 所示。光滑的研磨棒［图 2-86（a）］一般用于精研磨。如图 2-86（b）所示的研磨棒上开有螺旋槽，目的是存放研磨剂，不致在研磨时把研磨剂全部从工件两端挤出。

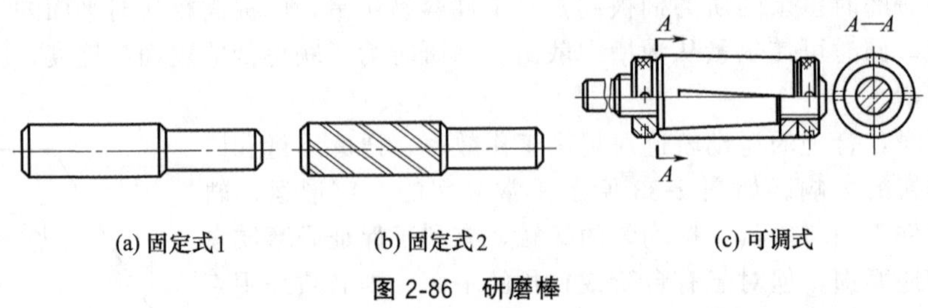

(a) 固定式1　(b) 固定式2　(c) 可调式

图 2-86 研磨棒

研磨时，研磨棒用三爪自定心卡盘装夹（长研磨棒的另一端须用尾座顶尖顶住），把工件套在研磨棒上进行研磨，如图 2-87 所示。研磨棒与工件配合的松紧程度，以手推动工件不十分费力为宜。

研磨时，若工件两端有过多的研磨剂被挤出，应及时擦掉，以免孔口扩大成喇叭口。如果

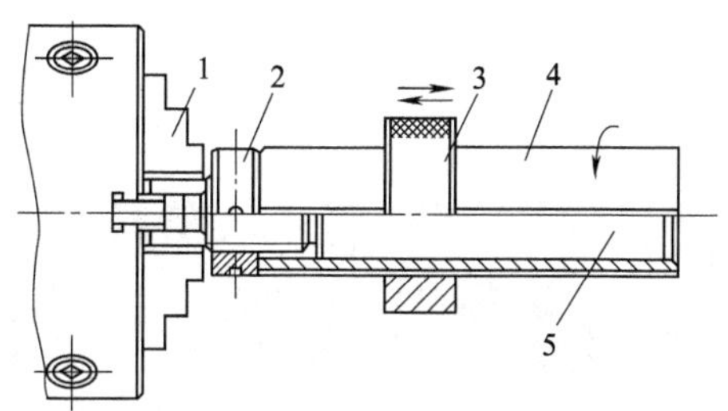

图 2-87 圆柱孔工件的研磨

1—研磨卡盘（研磨用设备）；2—调节螺钉；3—工件；4—研套；5—锥度芯轴

孔口尺寸精度要求较高，可以将研磨棒两端直径用砂布磨得小一些，避免孔径扩大。

研磨时，因工件受热膨胀，应待其冷至室温后再进行测量。

第3章 机械设备的拆卸、清洗、润滑及起重

3.1 机械设备的拆卸

任何机械设备都是由许多零、部件组成的，修理机械设备时，首先必须经过拆卸才能对失效零、部件进行修复或更换。机械设备的正确合理拆卸是保证修理质量的前提及基础。

3.1.1 设备修理常用的拆卸工具及操作

(1) 常用手持拆装工具

① 钳子类　主要有弹簧挡圈安装钳和钢丝钳两种，前者用于装卸弹性挡圈，有直嘴式、弯嘴式和孔用、轴用之分，如图3-1所示。后者用于夹持或折断金属薄板及切断金属丝，长度规格有150mm、175mm和200mm三种。

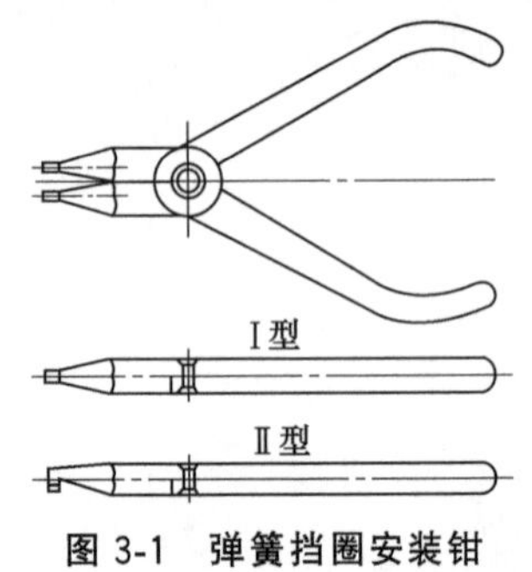

图3-1　弹簧挡圈安装钳

表3-1给出了弹簧挡圈安装钳的使用方法及安全操作规程。

表3-1　弹簧挡圈安装钳使用方法及安全操作规程

操作要点	钳爪对准弹簧挡圈口，插入环口不松手，轻捏稳胀慢动作，弹簧挡圈出槽再移走
操作步骤	①手握轴用卡钳钳柄，将钳爪对准轴用弹簧挡圈的插口，并插入孔内 ②手捏钳柄，稳当用力，胀开轴用弹簧挡圈 ③用另一只手轻扶弹簧挡圈，共同移动，沿轴向退出
安全操作规则	①孔用、轴用弹簧卡钳的钳爪插入卡环口中，要对正、插稳，保持钳子平面平行于卡环平面 ②卡钳的胀紧力不必过大，胀开可以移出弹簧挡圈即可

② 扳手类　机械设备维修使用的扳手种类较多，如图3-2所示。在成批生产和装配流水线上广泛采用风动扳手、电动扳手。为了满足不同需要，还可采用各种专用工具，如测力扳手、棘轮扳手等。其中，活扳手的开口宽度可以调节，可用来扳动六角头或方头螺栓、螺母等，因此使用最为广泛。其长度规格有100mm、150mm、200mm、250mm、300mm、375mm、450mm和600mm等。

表3-2给出了活扳手的使用方法及安全操作规程。

③ 螺钉旋具类　螺钉旋具可分为一字旋具、十字旋具、弯头旋具和快速旋具等，如图3-3所示。主要用来拆装螺钉。螺钉旋具的使用方法及安全操作规程见表3-3。

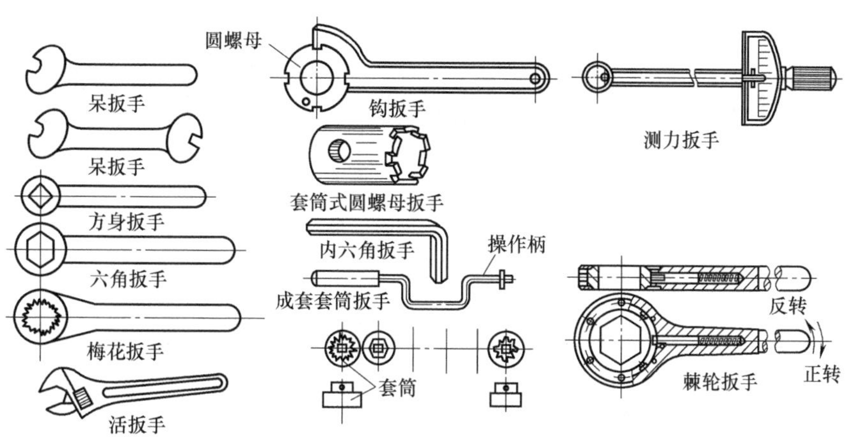

图 3-2 维修常用的扳手

表 3-2 活扳手的使用方法及安全操作规程

操作要点	根据旋向选扳手，固定卡爪承受力，刚刚卡住锁扳口，试探用力不滑脱，连续扳动至卸落
操作步骤	①转动活扳手螺杆，张开开口 ②根据拆卸或装配零件，判定正确扳动方向后，调整活舌，将开口卡住螺母，其大小以刚好卡住为好，不宜过松 ③按顺时针方向，先试探性用力扳动，感觉无滑脱等不良情况后，再用力连续扳动至拆下(或拧紧)螺母
安全操作规则	①根据不同规格的螺栓或螺母，应选用相应规格的活扳手 ②钳口的开口度应适合螺钉或螺母对边间尺寸，开口过宽会损坏螺栓或螺母 ③使用扳手时，应让固定钳口承受主要作用力，并且用力均匀，否则容易损坏扳手 ④在拆卸较紧的螺母或螺钉时，不要加套过长的套管，不允许锤击扳手柄部，避免活扳手超载使用，以防损坏螺钉或螺母

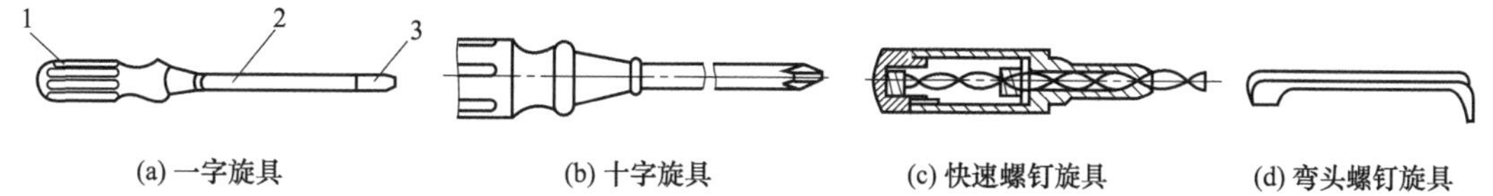

图 3-3 螺钉旋具

1—旋具手柄；2—旋具体；3—旋具口

表 3-3 螺钉旋具的使用方法及安全操作规程

操作要点	根据头部选旋具，手握柄部对准槽，用力朝向螺钉处，旋转时，应注意其方向
操作步骤	①根据螺钉头部沟槽形状和尺寸大小，选用相应的螺钉旋具 ②手握柄部，刃口对准螺钉头部沟槽，向螺钉方向用力，确定旋转方向，进行拧紧或拆卸操作 ③操作结束，整理现场
安全操作规则	①根据螺钉头部沟槽形状和尺寸大小，选用相应的螺钉旋具 ②使用旋具时，手握柄部，使刃口对准螺钉头部沟槽，向螺钉方向用力，力的大小要以不破坏螺钉或旋具为宜 ③要正确判断旋转方向，防止损坏螺钉或旋具

(2) 专用拆装工具

① 拔卸类工具　拔卸类工具包括拔销器、拔键器等，拔销器是用来拉出带内螺纹的轴或销的工具，拔键器是用来拆卸钩头楔键的工具，如图 3-4 所示。

表 3-4 给出了拔销器的使用方法及安全操作规程，其他拔卸类工具可参照执行。

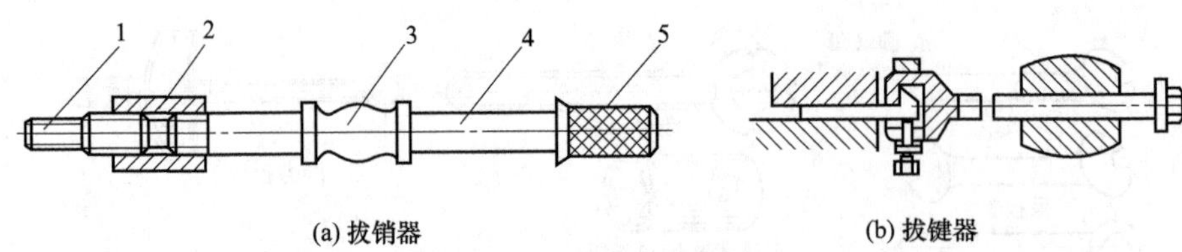

(a) 拔销器　　(b) 拔键器

图 3-4　拔卸类工具

1—可更换螺钉；2—固定螺钉套；3—作用力圈；4—拉杆；5—受力圈

表 3-4　拔销器的使用方法及安全操作规程

操作要点	旋入深度超直径，拉杆轴心要摆正，由轻到重边撞击，销子松动递减力
操作步骤	①观察所要拔卸销子的直径、长度，根据过盈量产生摩擦力的大小，选择规格合适的拔销器 ②根据销子尾端的螺孔直径选换螺钉 ③将螺钉连同拔销器旋入销子尾端螺孔，旋入深度应大于螺孔直径 ④摆正拉杆轴向位置，左手轻扶受力圈，右手拔动作用力圈，先轻轻撞击，观察无异常，再逐渐加力，拔到末尾减小冲击力 ⑤卸下销子
安全操作规则	①选择螺钉，使其旋入拔销器和销孔内的深度都必须分别大于螺孔直径 ②左手扶受力圈时，手指不要超出端面，以免拉动作用力圈时砸碰手指

② 拉卸类工具　拉卸类工具是用来拆卸机械中的轮、盘或轴承类零件的几种专用工具，如图 3-5 所示。

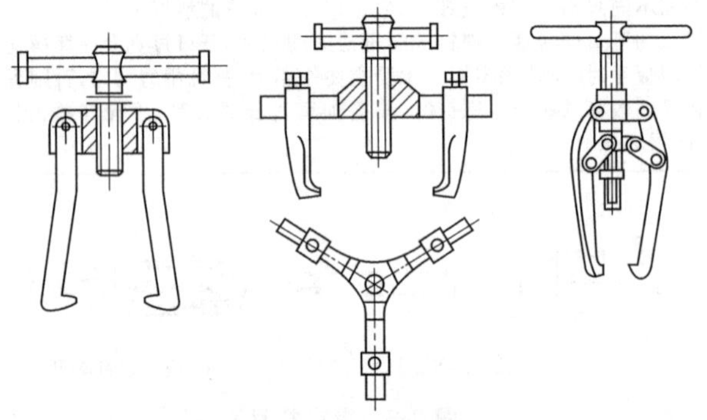

图 3-5　拉卸类工具

拉卸类工具的使用方法及安全操作规程见表 3-5。

表 3-5　拉卸类工具的使用方法及安全操作规程

操作要点	拉爪钩牢背端面，顶杆顶正中心眼，匀力旋转手柄杆，行程不够加垫块，件欲脱落慢旋转，接住零件保安全
操作步骤	①根据轴承直径和轴头长度，选择规格合适的拉轮器 ②将拉轮器的拉爪对称地勾在轴承背端面上，调整顶杆，使顶杆端部球头顶稳在轴端部的中心孔内 ③顺时针慢慢地扳转手柄杆，旋入顶杆，不要让爪钩滑脱 ④当轴承退出一段距离，顶杆螺纹行程不够时，可退出顶杆在轴端加垫块后继续拆卸直至卸掉 ⑤作业后清理现场
安全操作规则	①当顶杆端头没有球头时，为减小顶杆端部和轴头端部的摩擦，可在顶杆端部中心孔与轴头端部中心孔之间放一合适的钢球进行拆卸 ②拆卸的轴承要掉下来时，应用手托住轴承，或用吊车吊住（质量较大时），以防突然落下，发生意外事故

3.1.2 设备修理常用的辅助设备及操作

(1) 手动压床

手动压床不同于各种吨位的机械式压力机，是一种以手为动力、吨位较小的机修钳工常用的辅助设备。手动压床的形式很多，按结构特点的不同，可分为螺旋式、齿条式、杠杆式及液动式等多种，其外形及结构如图3-6所示。

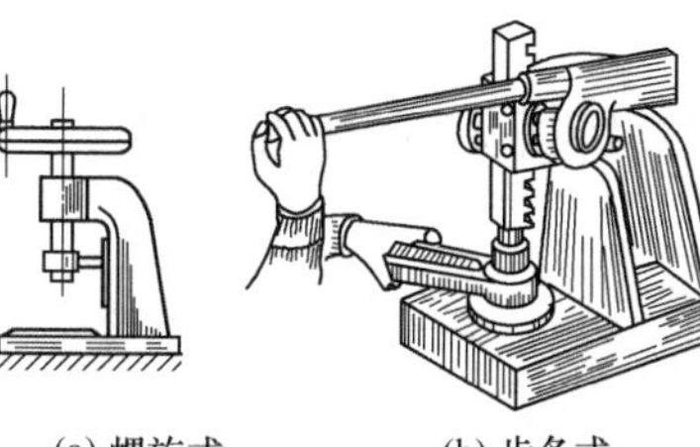

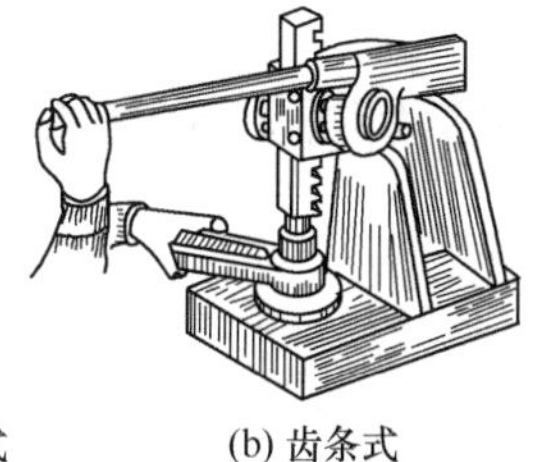

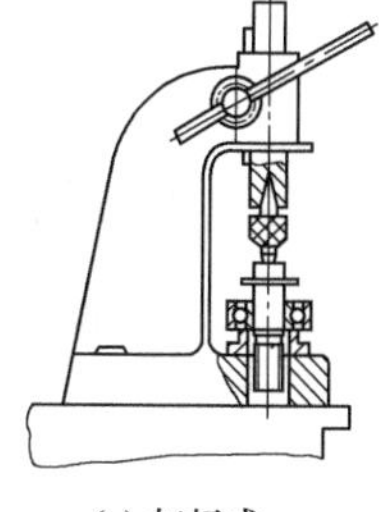

(a) 螺旋式　(b) 齿条式　(c) 杠杆式

图3-6　手动压床

手动压床主要用于过盈连接中零件的拆卸和装配压入，有时也可用于矫正、弯曲等操作。表3-6给出了手动压床的使用方法及安全操作规程。

表3-6　手动压床的使用方法与安全操作规程

操作要点	调整压头放正垫，压头零件成一线，试压观察无隐患后，才能连续下压操作
操作步骤	①选取与作业匹配的手动压床 ②去除压入件的毛刺，并在轴端倒角，清洗配合件 ③根据压入距离选取尺寸适当的衬垫，将压合的零件放置好 ④降下压头，压住压入件，并在配合件的配合表面加注润滑油 ⑤向下扳动手把，检查压入件的垂直度，并准确控制压入行程 ⑥抬起手把，脱开棘爪、棘轮，逆时针转动手轮，退回压头，锁住齿条 ⑦取下配合件，工作结束，整理现场
安全操作规则	压入或压出时，应确保孔、轴及工作台孔中心的一致；所有的垫、衬套等应垫稳、垫实，不要在加压时产生径向分力造成倾斜

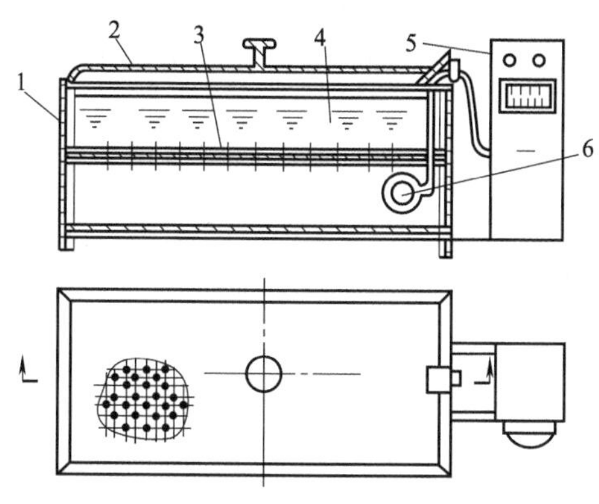

图3-7　轴承加热器

1—油箱；2—上盖；3—油盘；4—重型机械油；5—电气箱；6—螺旋管加热器

(2) 轴承加热器

传统的轴承加热器是根据机修钳工的工作需要而自行制作的一种加热装置，专门用来对轴承体进行加热，以得到所需的轴承膨胀量以及去除新轴承表面的防锈油。其外形及结构如图3-7所示。

轴承加热器的工作原理是：当电气箱5中开关接通电源后，油槽底部的螺旋管加热器6便对油槽中的重型全损耗系统用油4进行加热，使浸泡在油中的轴承体温度升高，而产生所需要的膨胀量。

随着科学的进步和机械设备精度要求的提高，利用电磁感应原理设计生产的轴承加热器被广泛使用，轴承加热温度和时间可以预先设定并显示，从而提高轴承加热温度的准确性，更有利于保证装配质量。

轴承加热器的使用方法及安全操作规程如表3-7所示。

表3-7　轴承加热器的使用方法及安全操作规程

操作要点	定好轴承膨胀量，预设加热温度点，轴承投放穿成串，加热要把盖扣严，保温时间控制好，轴承取出保安全
操作步骤	①根据过盈量确定加热温度 ②将要加热的轴承穿串放入油箱的油盘内 ③加热到指定温度后，必须保温一段时间 ④关闭电源，取出轴承 ⑤操作结束，清理现场

续表

安全操作规则	①加热时要盖好油箱盖，以减少散热及油的挥发，加热温度不要过高 ②加热停止后保温 8～10min 即可 ③提取轴承时，由于温度较高，要注意安全

3.1.3 机械设备的拆卸原则及注意事项

(1) 拆卸前的准备

拆卸是设备修理工作的一部分。在日常维修中寻找故障源和更换损坏零件及大修中的设备解体，零部件都要拆卸。拆卸工作质量直接影响修理周期和修理质量。拆卸前，应做好以下准备工作。

① 读懂设备装配图或零部件图样，熟悉零部件的构造及它们的连接与固定方式。

② 读懂设备的机械传动系统图、轴承的布置图。了解传动元件的用途及相互关系，了解轴承的型号及结构。

③ 熟悉拆卸的操作规程，并要确定典型零部件、关键零部件的正确拆卸方法。

④ 准备必要和专用的工具、设备。

(2) 拆卸设备的一般原则

① 拆卸前必须首先弄清楚设备的结构、性能，掌握各个部件的结构特点（必要时必须画草图)、装配关系以及定位销、弹簧垫圈、锁紧螺母与锁紧螺钉的位置及退出方向，以便正确进行拆卸。

② 拆卸设备的顺序与装配相反。在切断电源之后，应先拆外部附件，再将整机拆成部件，然后拆成零件。必须按部件归并放置，绝对不能乱扔乱放。对于精密零件要单独妥善存放，对于丝杆和轴类零件应悬挂起来，以免变形。

③ 选择正确的拆卸方法，正确使用拆卸工具。直接拆卸轴孔装配件时，通常要坚持该用多大力装配，就用多大的力拆卸的原则，如果出现异常，就要查找原因，防止在拆卸中将零件拉伤，甚至损坏；热装零件要利用加热来拆卸。

④ 拆卸大型零件，要坚持慎重、安全的原则。拆卸中应仔细检查锁紧螺钉及压板等零件是否拆开。

⑤ 对于精密、稀有及关键机床，拆卸时应特别慎重。在日常维护中，一般不允许拆卸，尤其是光学部件。

⑥ 要坚持拆卸服务于装配的原则。如果被拆卸机床的技术资料不全，在拆卸过程中，必须进行记载。装配时，遵照“先拆后装”的原则。

(3) 设备拆卸注意事项

① 对不易拆卸或拆卸后会降低连接质量和损坏一部分连接零件的连接，应尽量避免拆卸，例如密封连接、过盈连接、铆接和焊接连接件等。

② 拆卸中，对于螺纹的旋向、零件的松开方向、大小头和厚薄端，一定要辨别清楚。

③ 拆卸时用力要适当，特别要注意保护主要构件，不使其发生任何损坏。对于相配合的两零件，在不得已必须损坏一个零件的情况下，应保存价值较高、制造困难或质量较好的零件。

④ 必须采用正确的拆卸方法，如在拆卸锥销时，只能从大端压出。不了解零件结构和固定方法就大力锤击，往往会损坏零件。

⑤ 拆下的零件应尽快清洗，并涂上防锈油。对精密零件，还要用油纸包好，防止生锈腐蚀或碰撞表面。零件较多时还要按部件分门别类，做好标记后再放置。

⑥ 拆下较细小，易丢失的零件，如紧定螺钉、螺母、垫圈及销子等，清理后尽可能再装

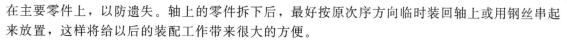

在主要零件上，以防遗失。轴上的零件拆下后，最好按原次序方向临时装回轴上或用钢丝串起来放置，这样将给以后的装配工作带来很大的方便。

⑦ 在拆卸经过平衡的旋转部件时，应尽量不破坏原来的平衡状态。

⑧ 拆下后的导管、润滑或冷却用的管道以及各种液压件等，清洗后均应将进出口封好，以免灰尘及杂质侵入。

⑨ 起吊拆卸的零件时，应防止零件变形和发生人身事故。

3.1.4 机械设备常用的拆卸方法

拆卸工作简单地讲，就是如何正确地解除零部件在机器中的相互约束与固定形式，把零部件有条不紊地分解出来。零件的拆卸，按其拆卸的方式可以分为击卸法、拉拔法、顶压法、温差法和破坏法等，其中最常用的方法是击卸法和拉拔法。

(1) 击卸法

击卸法是拆卸工作中最常用的一种方法。它利用锤子或其他重物的冲击能量，把零件拆卸下来。

击卸法的优点是使用工具简单、操作方便，不需要特殊设备和工具，因此，应用最为广泛。击卸法的不足之处是如果击卸方法不对，零件就容易受到损伤或破坏，所以击卸时必须注意以下几点。

① 按被拆卸零部件的尺寸、重量、配合性质等选择大小适当的手锤，并且要使用正确的敲击力。如果用小锤子击卸重量大、配合紧的零件，就不易敲动，反之，容易将零件敲毛甚至损坏零件。

② 对敲击部位必须采取保护措施，切忌用锤子直接敲击零件。一般用铜锤、胶木棒、木板保护受击的轴端、套端或轮辐。对精密重要的部件拆卸时，还必须制作专用工具加以保护。如图 3-8（a）所示为保护主轴的垫铁；如图 3-8（b）所示为保护轴端中心孔的垫铁；如图 3-8（c）所示为保护轴端螺纹的垫铁；如图 3-8（d）所示为保护轴套的垫套。

击卸操作时，应选择合适的锤击点，以防止变形和破坏。如对于带有轮辐的带轮、齿轮、链轮，应锤击轮与轴配合处的端面，避免锤击外缘，锤击点要均匀分布。

③ 击卸前，要检查锤子手柄是否松动，以防止猛击时锤头脱柄飞出。要观察锤子所划过的空间是否有人或其他障碍物。

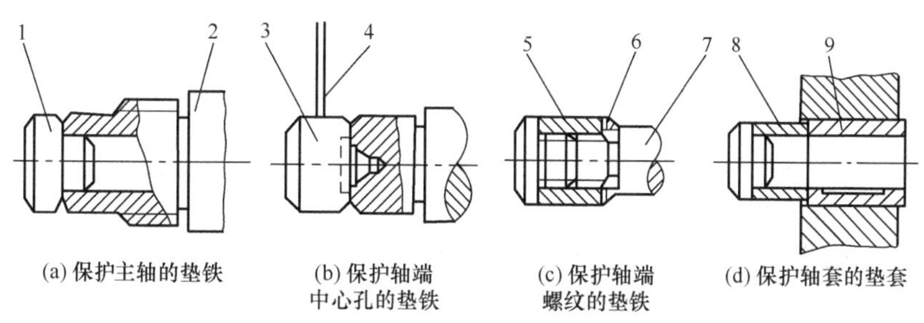

图 3-8 击卸保护

1,3—垫铁；2—主轴；4—铁条；5—螺母；6,8—垫套；7—轴；9—击卸套

④ 要先对击卸件进行试击，以确定零件的走向是否正确和零件间结合的牢固程度。如果听到坚实的声音或手感反弹力很大，要立即停止锤击，进行检查，看是否由于方向相反或由于紧固件漏拆而引起，发现上述情况，要纠正击卸方法。若零件锈蚀严重时，可以加煤油润滑。

(2) 拉拔法

拉拔法是一种静力拆卸方法，其优点是被拆零部件不受冲击力，因而拆卸比较安全，不易

损坏零件。适用于拆卸精度较高、不允许敲击或无法敲击的零件的拆卸，也适用于过盈量较小的配合件（如滚动轴承、带轮等）的拆卸。以下给出了几种常见零件的拉拔操作方法。

① 轴端零件的拉拔　利用各种顶拔器［图 3-9（a）、（b）］拉卸装在轴端位置的带轮、齿轮及轴承等零件的方法，具体如图 3-9（c）～（e）所示。拉卸时，顶拔器的拉钩要保持平行，钩子与零件接触要平整，否则容易打滑。如图 3-9（b）所示为具有防滑装置的顶拔器，使用时先将轴承扣紧，再将螺纹套旋紧抵住螺母，转动螺杆便可以将轴承拉出。

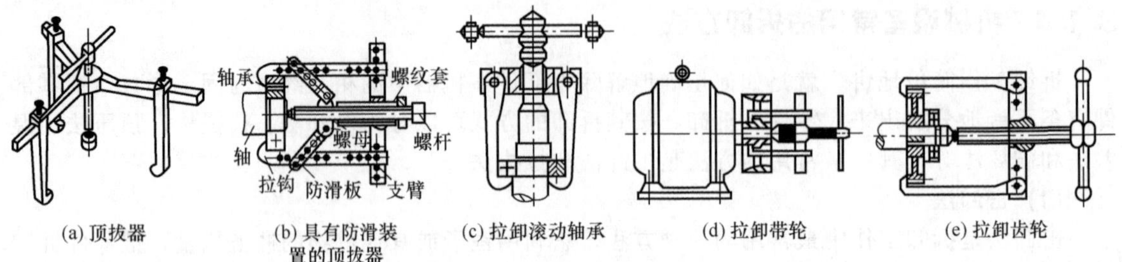

图 3-9　轴端零件的拉卸

② 轴的拉拔　图 3-10 给出了利用专用拉具，拉卸万能铣床主轴的方法。拉具由拉杆、手把、推力轴承、螺钉销、支承体、垫圈、螺母等组成。使用时，将拉杆穿过主轴内孔，旋紧螺母 2，转动手柄便可以将主轴拉出。

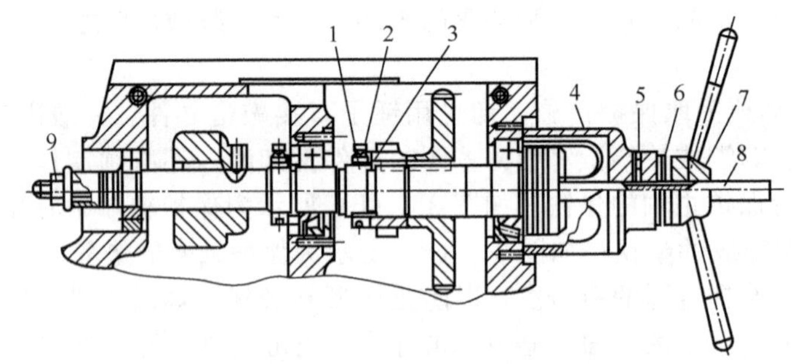

图 3-10　专用拉具拆卸主轴

1—圆螺母；2—紧固螺钉；3—齿轮；4—支承体；5—螺钉销；6—推力球支承；7—螺母 1；8—拉杆；9—螺母 2

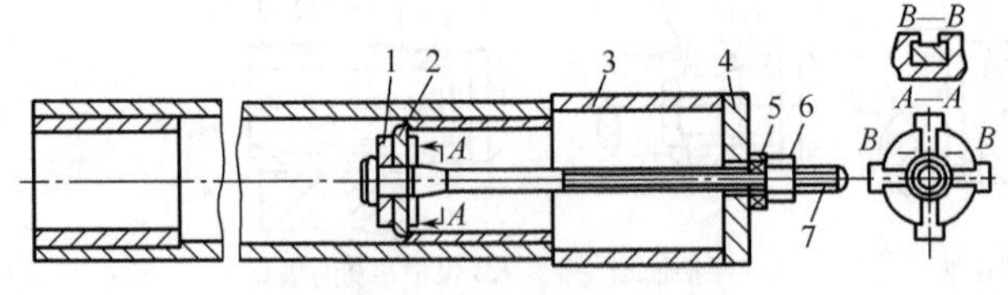

图 3-11　专用拉套工具

1—拉具体；2—滑爪；3—垫套；4—垫板；5—推力轴承；6—螺母；7—拉杆

③ 套的拉拔　如图 3-11 所示是一种专用拉套工具，不但可以拉卸一般的套，还能拉卸两端装有孔径相等的套，如镗床空心主轴套等。图中所示拉具，有四块可以伸缩的拉爪。当拉具放入孔内时，滑爪收缩与拉杆锥部小端接触。拉卸时，拉杆锥部将四块滑爪顶出，靠在套的端面，转动螺母便可以将套拉出。

④ 钩头键的拉拔　钩头键是一种具有一定斜度的键，它既能传递力矩，又能在轴向固定零件。拆卸时，图 3-12（a）给出了用錾子拆卸钩头键的方法，操作时，用锤子、錾子将其挤出，但容易损坏零件。若采用如图 3-12（b）、（c）所示的两种专用拉具，则拆卸较为方便可靠，且不易损坏零件。

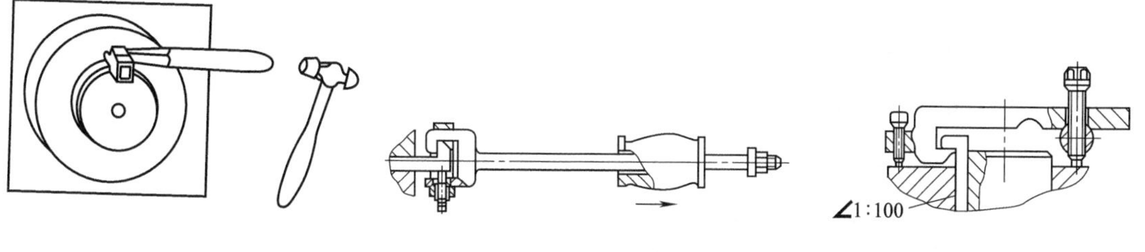

图 3-12 拆卸钩头键的方法

⑤ 锥销的拉拔 图 3-13 给出了利用拔销器拉拔锥销的操作方法。

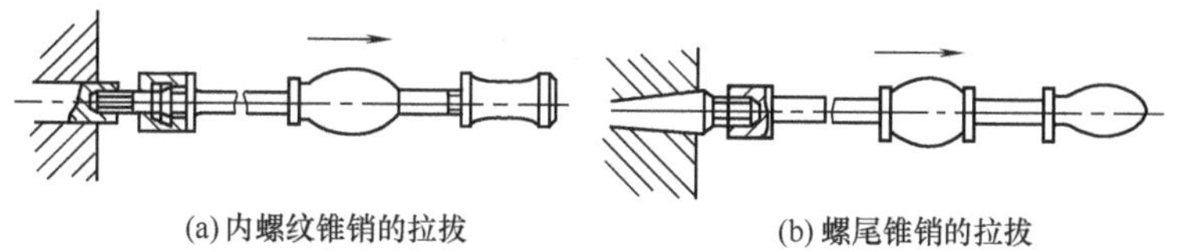

图 3-13 锥销的拉拔

(3) 顶压法

顶压法是在各种手动压力机和油压机上进行的，是一种静力拆卸方法。适用于形状简单、配合过盈量较大的零部件的拆卸。采用这种拆卸方法时，应特别注意安全。如图 3-14 所示为用千斤顶拆卸带轮的方法，拆卸时，先用吊钩将带轮吊住，起保护作用。将两只千斤顶对称放置在带轮的两侧，交替（或同时）旋转两只千斤顶的螺栓，逐渐将带轮顶出。

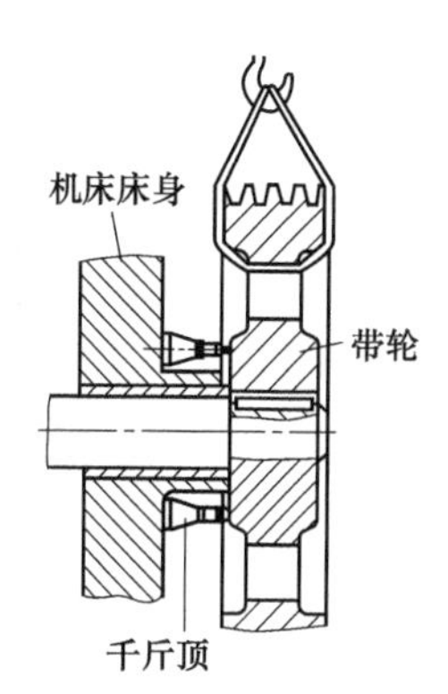

图 3-14 用千斤顶拆卸带轮

(4) 温差法

温差法是利用物体热胀冷缩的原理进行零件拆卸的一种方法。具体分热拆卸和冷拆卸两种。其中：热拆卸是利用物体受热后膨胀的原理，采用各种手段使零件加热到一定的温度，然后再进行拆卸的方法，热拆卸不但可用于较小零件的拆卸，尤其适用于外形较大和热盈配合零件的拆卸；与热拆卸相反，冷拆卸则是利用物体冷却后收缩这一特性来完成拆卸的，由于冷拆卸所用的冷却工装设备（如液态氨罐、液态氮罐等）比较复杂，操作起来比较麻烦，所以很少采用，但对于一些需要加热的零件较大，而与之配合件又很小的零件，若受加热设备的限制，此时采取冷拆卸就比较合适，此外，对一些特殊材料制造的零件或装配后精度要求高，而要求变形量非常微小的零件，则必须采用冷拆卸方法进行。

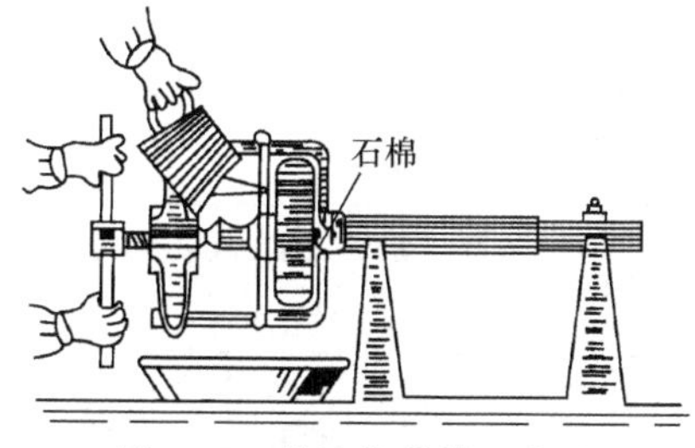

图 3-15 热油加热轴承内圈

图 3-15 为利用热油加热轴承内圈，完成轴承拆卸的示意图。在对轴承内圈加热前，应先用石棉将靠近轴承的那部分轴隔离开来，防止轴受热膨胀，用拉卸器卡爪勾住轴承内圈，给轴承施加一定的拉力。然后迅速将加热到 100℃左右的热油浇注在轴承内圈上，待轴承内圈受热膨胀后，即可用拉力器将轴承拉出。

(5) 破坏法

破坏性拆卸这种方法很少采用，特别是对于价格较高的零部件更不宜使用。只有在拆卸热

压、焊接、铆接等固定连接件，或轴与轴套相互咬合、花键轴扭转变形和严重锈蚀无法拆开时，才采用这种保护主件而破坏副件的措施。破坏性拆卸多采用车削、切割等方法进行。

3.1.5 典型零部件的拆卸

(1) 螺纹连接的拆卸

螺纹连接在机械设备中应用最为广泛，它具有结构简单、调整方便和可多次拆卸装配等优点。其拆卸虽然比较容易，但有时因重视不够或工具选用不当、拆卸方法不正确等而造成损坏，因此应注意选用合适的呆扳手或一字旋具，尽量不用活扳手。对于较难拆卸的螺纹连接件，应先弄清楚螺纹的旋向，不要盲目乱拧或用过长的加力杆。拆卸双头螺柱，要用专用的扳手。

① 断头螺钉的拆卸　如果螺钉断在机体表面及以下时，可以用下列方法进行拆卸。

a. 在螺钉上钻孔，打入多角淬火钢杆，将螺钉拧出，如图 3-16 所示。注意打击力不可过大，以防损坏机体上的螺纹。

b. 在螺钉中心钻孔，攻反向螺纹，拧入反向螺钉旋出，如图 3-17 所示。

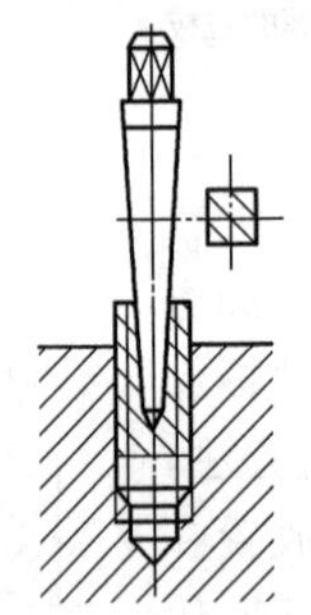

图 3-16　多角淬火钢杆拆卸断头螺钉

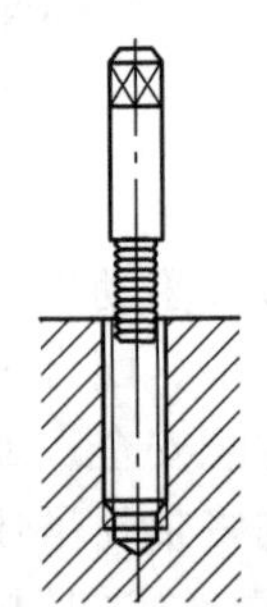

图 3-17　攻反向螺纹拆卸断头螺钉

c. 在螺钉上钻直径相当于螺纹小径的孔，再用同规格的螺纹刃具攻螺纹；或钻相当于螺纹大径的孔，重新攻一比原螺纹直径大一级的螺纹，并选配相应的螺钉。

d. 用电火花在螺钉上打出方形或扁形槽，再用相应的工具拧出螺钉。

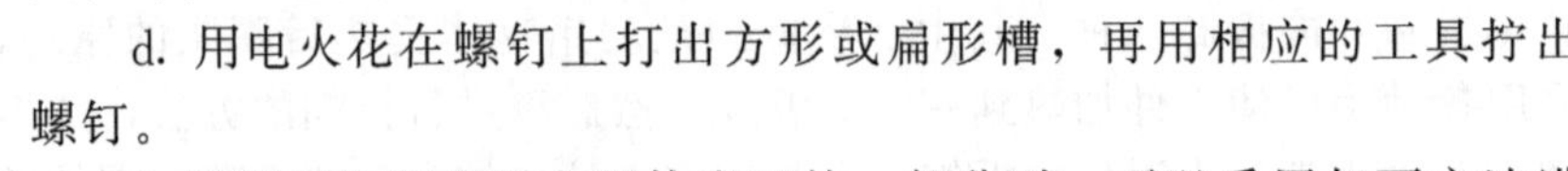

如果螺钉的断头露在机体表面外一部分时，可以采用如下方法进行拆卸。

a. 在螺钉的断头上用钢锯锯出沟槽，然后用一字旋具将其拧出；或在断头上加工出扁头或方头，然后用扳手拧出。

b. 在螺钉的断头上加焊一弯杆［图 3-18（a）］或加焊一螺母［图 3-18（b）］拧出。

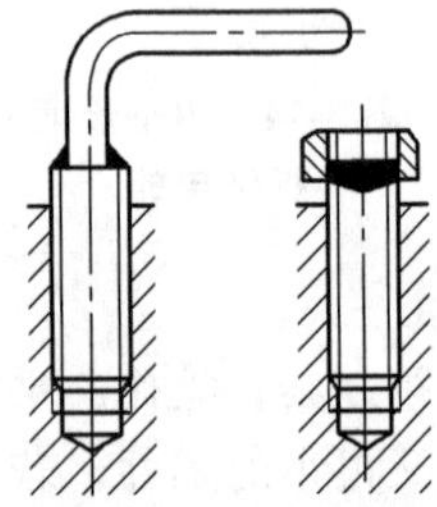

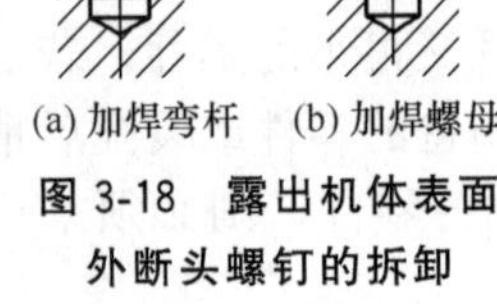

(a) 加焊弯杆　(b) 加焊螺母

图 3-18　露出机体表面外断头螺钉的拆卸

c. 当断头螺钉较粗时，可用錾子或冲子沿圆周逐渐剔出。

② 打滑六角螺钉的拆卸　六角螺钉用于固定连接的场合较多，当内六角磨圆后会产生打滑现象而不容易拆卸，这时用一个孔径比螺钉头外径稍小一点的六方螺母，放在内六角螺钉头上，如图 3-19 所示。然后将螺母与螺钉焊接成一体，待冷却后用扳手拧六方螺母，即可将螺钉迅速拧出。

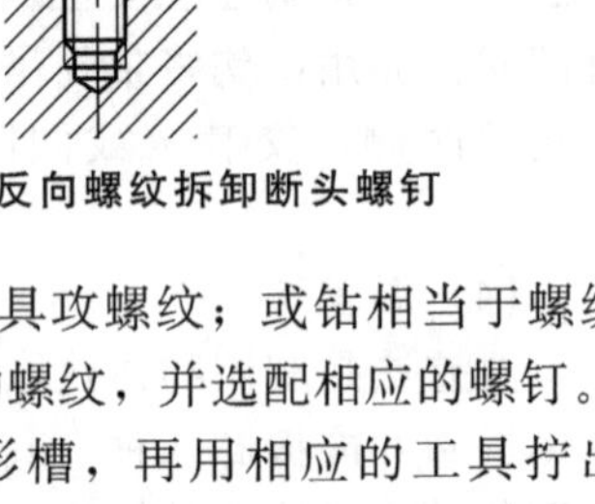

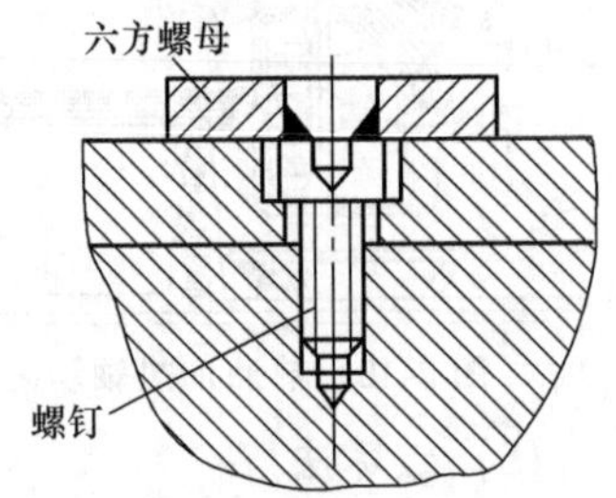

图 3-19　拆卸打滑六角螺钉

③ 锈死螺纹件的拆卸　锈死螺纹件有螺钉、螺柱、螺母等，当其用于紧固或连接时，由于生锈而很不容易拆卸，这时可采用下列方法进行拆卸。

a. 用手锤敲击螺纹件的四周，以振松锈层，然后拧出。

b. 可先向拧紧方向稍拧动一点，再向反方向拧，如此反复拧紧和拧松，逐步拧出为止。

c. 在螺纹件四周浇些煤油或松动剂，浸渗一定时间后，先轻轻锤击四周，使锈蚀面略微松动后，再行拧出。

d. 若零件允许，还可采用快速加热包容件的方法，使其膨胀，然后迅速拧出螺纹件。

e. 采用车、锯、錾、气割等方法，破坏螺纹件。

④ 成组螺纹连接件的拆卸　成组螺纹连接件的拆卸，除按照单个螺纹件的方法拆卸外，还要做到如下几点。

a. 首先将各螺纹件拧松 1～2 圈，然后按照一定的顺序，先四周后中间按对角线方向逐一拆卸，以免力量集中到最后一个螺纹件上，造成难以拆卸或零、部件的变形和损坏。

b. 处于难拆部位的螺纹件要先拆卸下来。

c. 拆卸悬臂部件的环形螺柱组时，要特别注意安全。首先要仔细检查零、部件是否垫稳，起重索是否捆牢，然后从下面开始按对称位置拧松螺柱进行拆卸。最上面的一个或两个螺柱，要在最后分解吊离时拆下，以防事故发生或零、部件损坏。

d. 注意仔细检查在外部不易观察到的螺纹件，在确定整个成组螺纹件已经拆卸完后，方可将连接件分离，以免造成零、部件的损伤。

(2) 过盈配合件的拆卸

拆卸过盈配合件，应根据零件配合尺寸和过盈量的大小，选择合适的拆卸方法和工具、设备，如顶拔器、压力机等，不允许使用铁锤直接敲击零、部件，以防损坏零、部件。在无专用工具的情况下，可用木锤、铜锤、塑料锤或垫以木棒（块）、铜棒（块）用铁锤敲击。无论使用何种方法拆卸，都要检查有无销钉、螺钉等附加固定或定位装置，若有应先拆下；施力部位应正确，以使零件受力均匀，如对轴类零件，力应作用在受力面的中心；要保证拆卸方向的正确性，特别是带台阶、有锥度的过盈配合件的拆卸。

滚动轴承的拆卸属于过盈配合件的拆卸，在拆卸时除遵循过盈配合件的拆卸要点外，还要注意尽量不用滚动体传递力。拆卸尺寸较大的轴承或过盈配合件时，为了使轴和轴承免受损害，可利用加热来拆卸。

(3) 不可拆连接件的拆卸

焊接件的拆卸可用锯割、等离子切割或用小钻头排钻孔后再锯或錾，也可用氧炔焰气割等方法；铆接件的拆卸可用錾掉、锯掉或气割掉铆钉头，或用钻头钻掉铆钉等。操作时，应注意不要损坏基体零件。

3.2 维修零件的清洗

拆卸后的机械零件进行清洗是修理工作的重要环节。清洗方法和清洗质量，对零件鉴定的准确性、维修质量、维修成本和使用寿命等均产生重要影响。

设备及零部件表面污物主要有油污、锈层、水垢、积炭、旧涂装层等。零件的清洗主要就是清除包括油污、锈层、水垢、积炭、旧涂装层等污物。

3.2.1 清洗方法的选用

(1) 各种清洗方法的特点和应用

机械设备零部件常用的清洗方法主要有擦洗、浸洗、电解清洗、喷洗、气相清洗、高压喷射清洗、超声波清洗和多步清洗等。

各种清洗方法的特点和应用如表 3-8 所示。

表 3-8 各种清洗方法的特点和应用

清洗方法	配用清洗液	主要特点	用途
擦洗	煤油、柴油、汽油、二甲苯、酒精、丙酮、常温水基清洗液等	①手工操作简易，装备简单 ②配置合适的清洗设备也可实现高效率清洗	①小批生产中的中小工件 ②大型工件的局部清洗 ③严重污垢工件的头道清洗
浸洗	常见的各种清洗液	①设备简易 ②清洗作用主要依靠清洗渣，清洗时间较长	①轻度油脂污垢的工件 ②批量大、形状复杂的工件
电解清洗	碱液、水基清洗液	①清洗质量优于浸洗 ②清洗液要有一定的导电性，必须配置电源装置	①大批和中批生产的小型工件 ②清洗质量要求较高的工件
喷洗	除多泡沫的水基清洗液外，其余常用的清洗液	①工件与喷嘴应有相对运动，设备较复杂，生产率高 ②必须配置传送和起重装置	①大批和中批生产、形状不复杂的工件 ②半固态污垢与一般的固态污垢均能清除
气相清洗	三氯乙烯、三氯乙烷、三氯三氟乙烷等	①清洗效果好，工件表面清洁度高 ②设备复杂，必须配置加热、冷凝装置 ③劳动安全和管理要求严格	①清洁度要求高的工件 ②成批生产中的中小工件
高压喷射清洗	清水、碱液、水基清洗液	①能去除严重油污，包括固态污垢 ②工作压力一般 7MPa 以上，可达 20～30MPa，手工操作或机动作业	①油垢严重的大型工件 ②中小型生产中油垢较严重的中型工件
超声波清洗	常用的多种清洗液均可配用	①工件清洗效果好，工件表面清洁度高 ②设备复杂，维护管理要求高 ③工件一般必须先用其他方法清洗，再用超声波清洗	①清洁度要求高的中小工件 ②成批生产中清洁度要求高的微型工件
多步清洗	多步清洗所配清洗液，根据工艺需要和清洗方法配置	一般将浸洗、喷洗、气相清洗和超声波清洗互相组合，以得到清洗质量高、生产率高的工件	①大批和中批生产的中小工件 ②成批生产中清洁度要求高的中小型和微型工件

(2) 清洗的装置

在少量情况下，机械零件的清洗可在清洗槽内用棉纱、棉布擦洗或冲洗；大批量时，可根据具体情况，采用适当方法在各种清洗设备上进行清洗。固定式喷嘴喷洗装置如图3-20所示。

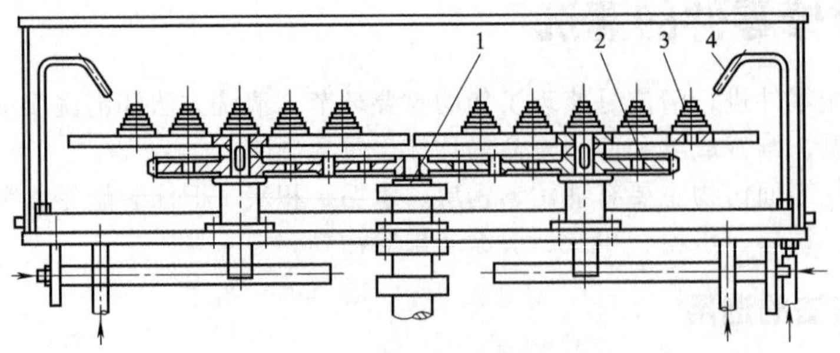

图 3-20 固定式喷嘴喷洗装置

1—传动轴；2—转盘；3—零件；4—喷嘴

超声波清洗装置如图 3-21 所示。它利用高频率的超声波振动清洗液，从而出现大量空穴气泡，并逐渐长大，然后突然闭合。闭合时产生自中心向外的微激波，促使零件上所黏附的油

垢剥落。同时，空穴气泡的强烈振荡也加强和加速了清洗液对油垢的乳化和增溶作用，因而提高了清洗的能力。

超声波清洗主要用于经过精密加工、几何形状比较复杂的零件，如液压件、钟表零件、精密轴承、精密传动零件等。超声波清洗对零件上的小孔、盲孔、凹槽等也具有很好的清洗效果。

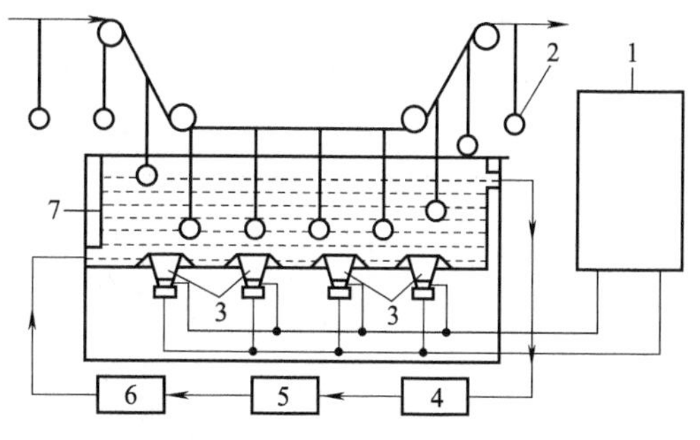

图 3-21 超声波清洗装置

1—超声波发生器；2—零件；3—换能器；4—过滤器；5—泵；6—加热器；7—清洗器

3.2.2 清洗的操作

拆卸后的机械零件进行清洗是机械设备维修的重要环节。清洗后零件的清洁度是设备的一项重要质量指标。设备清洁度降低往往造成其使用性能下降，如导轨“咬合”，配合副、摩擦副出现严重磨损，气缸“拉毛”，轴承“抱轴”，加工精度降低等。因此，搞好清洗工作，提高零部件表面的清洁度，保证设备维修精度、改善使用性能、延长其工作寿命有很重要的意义。

机械设备维修所要进行的清洗工作主要是设备拆卸前后和修理过程中的清洗以及装配前后与装配过程中的清洗。各机件间配合不适当，制造上的缺陷，存放过程中所造成的变形和损坏，都要在清洗过程中发现并及时处理。清洗时要选用合适的清洗液和正确方法，保护机件不受损伤，并使清洗后的机件十分清洁，以保证机械设备正常运转，达到规定装配精度。

(1) 清洗的步骤

机械设备零部件的清洗主要就是清除包括油污、锈层、水垢、积炭、旧涂装层等污物。为了去除旧油、锈层和漆皮，使零件表面达到要求的清洁度，清洗工作常按以下步骤进行。

1）初步清洗

初步清洗包括去除零件表面的旧油、铁锈和油漆等工作。清洗时，可用专门的油桶把清理下来的旧干油保存起来以作他用。

① 去旧油　一般可用竹片或软金属片从零件上刮下旧油，也可使用脱脂剂去除，脱脂剂的运用如表 3-9 所示。

表 3-9 脱脂剂的应用

脱脂剂名称	适用范围	附　注
二氯乙烷	金属制件	有剧毒、易燃易爆，对黑色金属有腐蚀性
三氯乙烷	金属制件	有毒，对金属无腐蚀性
四氯化碳	金属和非金属制件	有毒，对有色金属有腐蚀性
95%乙醇	脱脂要求不高的设备和管路等	易燃易爆，脱脂性能较差
98%浓硝酸	浓硝酸装置的部分管件和瓷环等	有腐蚀性
碱性清洗液	脱脂要求不高的部件和管路等	清洗液应加热至 60～90℃

应用脱脂剂时，小零件浸在脱脂剂内 5～15min；较大零件的表面用清洁的棉布或棉纱浸蘸脱脂剂进行擦洗；一般容器或管子的内表面用灌洗法脱脂（每处灌洗时间不少于 15min）；大容器的内表面用喷头喷淋脱脂剂冲洗。

② 除锈　除锈时，轻微的锈斑也要彻底除净，直至呈现出原来的金属光泽；中等的锈斑应除至表面平滑为止，应尽量保持接合面和滑动面的表面质量和配合精度。除锈后，应用煤油或汽油清洗干净，并涂以适当的润滑油脂。

a. 小批量零件的除锈　当需除锈零件的数量较少，根据零件表面粗糙度要求的不同，可采用以下除锈方法，常用的除锈方法见表 3-10。

表 3-10　常用的除锈方法

表面粗糙度值 $Ra/\mu m$	除锈方法
＞6.3	用砂轮、钢丝刷、刮具、砂布、喷砂或酸洗除锈
5.0～6.3	用非金属刮具、油石或粒度为 150 号的砂布蘸机械油擦除或进行酸洗除锈
1.6～3.2	用细油石、粒度为 150 号或 180 号的砂布蘸机械油擦除或进行酸洗除锈
0.2～0.8	先用粒度为 180 号或 240 号的砂布蘸机械油进行擦拭，然后再用干净的棉布（或布轮）蘸机械油和研磨膏的混合剂进行磨光
＜0.1	先用粒度为 280 号的砂布蘸机械油进行擦拭，然后用干净的绒布蘸机械油和细研磨膏的混合剂进行磨光

注：1. 有色金属加工面上的锈蚀应用粒度号不低于 150 号的砂布蘸机械油擦拭，轴承的滑动面除锈时，不应用砂布。
2. 表面粗糙度值 Ra＞12.5μm，形状较简单（没有小孔、狭槽、铆接等）的零部件，可用 6％硫酸或 10％盐酸溶液进行酸洗。
3. 表面粗糙度值 Ra 为 6.3～1.6μm 的零部件，应用铬酸酐-磷酸水溶液酸洗或用棉布蘸工业醋酸进行擦拭。
4. 酸洗除锈后，必须立即用水进行冲洗，再用含氢氧化钠 1g/L 和亚硝酸钠 2g/L 的水溶液进行中和，防止腐蚀。
5. 酸洗除锈、冲洗、中和、再冲洗、干燥和涂油等操作应连续进行。

b. 大批量零件的除锈　对于大批量的生锈零件，可采用化学除锈。化学除锈是指利用化学药品将锈溶解掉，可采用除锈液和除锈膏进行。

• 除锈液除锈　应用除锈液对黑色金属、“双”金属零件和有色金属进行除锈的情况，分别如表 3-11～表 3-13 所示。

表 3-11　应用除锈液对黑色金属除锈

配　方	处理温度	处理时间	说　明
①铬酐：15％ 磷酸：8.5％ 水：76.5％	85～95℃	2min 以上	只能除轻锈，对金属不腐蚀。适用于精密零件、轴承等除锈
②铬酐：110g（5％） 硫酸：15g（10％） 水：1L	80～90℃	轻锈数分钟即可去除，重锈需数小时	适用于精密零件、仪表零件等除锈，对金属腐蚀很小，对表面光泽影响不大
③磷酸（相对密度 1.71）：480mL 丁酮或丙酮：500mL 对苯二酚：20g 水：2～2.5L	室温	数十秒到数分钟	除锈速度快，对金属腐蚀不大。处理超过 5min 时，金属受腐蚀变暗变黑
④磷酸（相对密度 1.71）：550mL 丁醇：50mL 乙醇：50mL 对苯二酚：10g 水：240mL	室温	10s～30min	除锈速度快，对金属腐蚀不大，超过 30min 金属就变黑。适合用棉花蘸取进行局部除锈
⑤硫酸（工业）：18％～20％ 食盐：4％～5％ 硫酸：0.3％～0.5％ 水：余量	65～80℃	25～40min	适用于对尺寸要求不严的大型零件，如铸铁件氧化皮的清除等，处理后要用冷水冲洗→中和（碳酸钠 2％，水 98％，浸洗 5～10min）→冷水冲洗

表 3-12　应用除锈液对“双”金属零件除锈

配方	说　明
硝酸：5％ 磷酸：5％ 三氧化铬：10％ 重铬酸钠：3％ 水：77％	先用汽油除去油膜，然后，放到酸溶液中于室温下浸泡 1～1.5min，取出后用水冲洗，用 2％的碳酸钠水溶液中和 2min，再用水冲洗干净，擦干

表 3-13 应用除锈液对有色金属除锈

配　方	处理温度	处理时间	说　明
铜合金(铝青铜及铅青铜除外)			
①硫酸(相对密度 1.84):100mL 水:900mL	室温	数分钟到 30min	对金属腐蚀不大,能除轻锈和重锈,但常留有痕迹
②草酸:10% 水: 90%	室温	8～9min	适用于铍青铜
③硫酸(相对密度 1.84):30mL 铬酐:90g 碳酸钠:1g 水:1L	室温	1～1.5min	有除锈和钝化作用。处理时间过长对金属有溶解作用
铝合金			
①铬酐:80g 磷酸(相对密度 1.71):200mL 水:1L	室温	数分钟到 10min	对金属腐蚀极微,但不能除掉重锈
②硝酸:5%	室温	数分钟到 10min	加 1%重铬酸钾,可减少对金属的腐蚀
③苛性钠:40～60g 水:1L	50～60℃	1～2s	对金属腐蚀较大。适用于尺寸要求不严的零件。除锈后要进行钝化处理
镁合金			
①铬酐:20% 水: 80%	室温	8～10min	增加温度可以缩短时间,对金属腐蚀极小
②铬酐:2% 水: 98%	60～70℃	8～10min	

• 除锈膏除锈　用除锈膏除锈速度快，一般用于大部件的局部除锈或精度要求不高的黑色金属的除锈。

除锈方法：先除去表面油污，再涂一层厚度 1～5mm 的除锈膏。除锈时间以除去锈为标准，一般需要 20～60min。重锈如一次除不尽，可以再涂一次。温度最好高于 30℃，要防止日晒、雨淋。

化学除锈的工艺过程一般为：除油→热水洗→除锈→中和（用 3%～5%的碳酸钠水溶液）→流动水冲洗（或洗涤剂洗）→钝化→干燥→防锈处理（涂防锈油或油漆等）。

③ 去油漆　去油漆的常用方法有以下几种。

a. 一般粗加工面都采用铲刮的方法。

b. 精细加工面可采用布头蘸汽油或香蕉水用力摩擦来去除。

c. 加工面高低不平（如齿轮加工面）时，可采用钢丝刷或用钢丝绳头刷。

2）用清洗液或热油清洗

零件经过去油、除锈、去漆之后，应用清洗液将加工表面的渣子洗净。原有干油的零件经初步清洗后，如仍存在大量干油，可用热油烫洗，但油温不得超过 120℃。

用清洗液清洗时，常用的清洗液有碱性清洗液、水剂清洗液、石油溶剂清洗液和氯化物清洗剂。各种清洗液的应用如表 3-14～表 3-17 所示。

表 3-14 碱性清洗液的应用

清洗液配方/%	性能及用途	工艺说明
①氢氧化钠:0.5～1 碳酸钠:5 水玻璃:3 水:余量	强碱性,加热的溶液能清洗矿物油、植物油及钠基脂。适用于一般钢件除油	用热溶液(60～90℃)浸洗或喷洗 5～10min,再用冷水漂洗

续表

清洗液配方/%	性能及用途	工艺说明
②氢氧化钠:1～2 磷酸三钠:5～8 水玻璃:3～4 水:余量	强碱性,加热的溶液能清洗矿物油、植物油及钠基脂。适用于一般钢件除油	用热溶液(60～90℃)浸洗或喷洗5～10min,再用冷水漂洗
③磷酸三钠:5～8 磷酸二氢钠:5～6 水玻璃:5～6 烷基苯磺酸钠:0.5～1 水:余量	碱性较弱,加热的溶液有除油能力,对金属腐蚀性较低。适用于钢铁及铝合金零件的清洗	用热溶液(60～95℃)浸洗或喷洗5～10min,再用冷水漂洗
④十二烷基硫酸钠:0.5 油酸三乙醇胺:3 苯甲酸钠:0.5 水:余量	碱性更弱,加热的溶液能去除油脂。适用于精加工、抛光后的钢质零件和铝合金零件的清洗	先在加热到90℃的溶液中浸洗,然后用防锈水漂洗

表3-15 水剂清洗液的应用

序号	水剂清洗液配方		使用方法	适用性
	成分	配比(质量分数)/%		
1	SP-1 清洗剂 105清洗剂 磷酸钠 三聚磷酸钠 硅酸钠水	1 1 0.2 0.2 0.1 余量	常温加压喷洗、浸洗	铝、铜、锌及其合金,钢铜件,也适用于清洗机械杂质、灰尘、油垢等
2	105清洗剂 6501清洗剂 水	0.5 0.5 余量	加热,在85℃以上加压喷洗	铸铁件 清洗以全损耗系统用油为主的油污和机械杂质
3	664清洗剂 平平加清洗剂 三乙醇胺 乳化油 水	0.3～0.5 0.3 0.3 0.01 余量	加热,在50～60℃以上加压喷洗、浸洗	钢铁件 清洗液态和半固态污物效果良好,清洗后可防锈2～3天
4	6503清洗剂 6501清洗剂 三乙醇胺油酸 皂水	0.2 0.2 0.2 余量	常温加压喷洗、浸洗	钢铁零件 清洗半固态污物和精研、抛光后的油泥
5	105清洗剂 6503清洗剂 TX-10清洗剂 水	0.25 0.125 0.125 余量	加热,在90℃左右加压喷洗,工作压力为0.35～0.4MPa	钢铁件和铁铝合金件 清洗矿物油、灰尘和积炭等

表3-16 石油溶剂清洗液的应用

材料及配方	性能及用途	工艺说明
①汽油,常用200号工业汽油,也可用120号汽油或160号汽油	汽油易挥发、易燃烧、去除油脂能力强,是最常用的清洗液。用于钢、铁、有色金属的清洗液。洗后,由于汽油挥发而吸收零件表面的热量,使零件表面温度下降,在温度高的天气会产生凝露。防止方法为:可在最后一次清洗用的汽油中加入少量的(2%～3%)置换型防锈油,如661、201、204-1等防锈油,以提高其防蚀能力。操作前,手上可涂一层“液体手套”。“液体手套”有保护皮肤的作用,并可以用水洗掉	一般用浸洗、擦洗等方法。大批生产时用200号汽油喷洗,清洗次数根据情况和要求而定,一般为1～2次,精密零件的清洗可采用下列工艺方法: 用含有2%的201防锈油的汽油清洗,再用汽油清洗,最后用酒精清洗

续表

材料及配方	性能及用途	工艺说明
②煤油或轻柴油	易燃烧，挥发后常留下微量油迹。用于一般产品零件的清洗	可以用浸洗、喷洗等方法
③含有添加剂的汽油：200号汽油94%，石油磺酸钠1%，司本－80为1%，十二烷基醇酰胺1%，苯并三氮唑酒精溶液1%，蒸馏水2%	易燃烧，去污力比用汽油清洗强，能去除手汗、无机盐、油脂等，不需要加置换型防锈油，对钢、铜合金零件等有短期防锈的作用。主要用于超声波清洗精密零件	适用于超声波清洗机。主要工艺如下：用200号汽油浸洗一遍，再用添加剂汽油在超声波机器上清洗一次，最后用汽油浸洗一次

表 3-17　氯化物清洗剂的应用

清洗剂	性能及用途	工艺说明
①三氯乙烯（以工业三氯乙烯加入0.1%～0.2%稳定剂，如乙二胺、三乙胺、吡啶四氯呋喃等）	沸点低、易挥发、无燃烧性，不与空气形成可爆性混合气体，但有一定毒性，所以通风要好（大气中允许浓度不得超过50mg/m³）；脱脂能力很强。适用于钢铁零件除油脱脂，如零件解封除油、热处理后除油等。一些不能与油类相接触的产品零件可用它清洗，是一种很经济的清洗方法	由于它有一定的毒性，所以大多数用清洗机清洗 一般零件在槽内清洗5～8min就可去除油脂 三氯乙烯可以用蒸馏法回收继续使用
②四氯化碳	它有很强的脱脂能力，常用于小批零件的除油，如忌油产品的零件等	适用于冷浸洗、擦洗，清洗后应立即擦干，防止凝露影响

3）净洗

零件表面的旧油、锈层、漆皮洗去之后，先用压缩空气吹（以节省汽油），再用煤油或汽油清洗干净。

(2) 清洗操作注意事项及安全保护

清洗是维修的重要组成部分，其作业质量对零件鉴定的准确性、维修质量、维修成本和使用寿命等均产生重要影响。此外，由于所使用的清洗剂大多具有易挥发性，不少还具有毒性。因此，在清洗作业时，机修人员应做好自身的安全保护及环保工作。

① 清洗操作注意事项。

a. 修理设备装配前，首先应进行表面清洗（如工作台面、滑动面及其他外表面等）。

b. 滑动表面未清洗前，不得移动它上面的任何部件。

c. 清洗时，应根据不同的零件，选用合适的擦洗用具和材料。设备加工面的防锈油层只能用干净的棉纱、棉布、木刮刀或牛角刮具清除，不能用砂布或金属刮具清除；如果有干油，可用煤油清洗；如为防锈漆，可用香蕉水、酒精、松节油或丙酮擦洗。

d. 滚动轴承不能使用棉纱清洗，以防棉纱屑进入轴承内，影响轴承的装配质量。

e. 对于橡胶制品，如密封圈等零件严禁用汽油清洗，以防发胀变形，而应使用酒精或清洗液进行清洗。

f. 加工表面如有锈蚀，用油无法除去时，可用棉纱蘸醋酸擦掉，但除锈后要用石灰水擦拭使其中和，并用清洁棉纱或棉布擦干。

g. 使用汽油或其他挥发性高的油类清洗时，不要使油液滴在机身的油漆面上。

h. 清洗后的零件应等零件上的油滴干后再进行装配，以防污油影响装配质量。同时，清洗后的零件放置时间不应过长（应妥善保管暂不装配的零件），以防污物和灰尘弄脏零件。

i. 凡需组合装配的部件，必须先将接合面清洗干净，涂上润滑油，然后才能进行装配。

② 清洗作业的安全技术措施　清洗作业容易造成对周围环境的污染，甚至发生爆炸、火灾等事故，特别是汽油、柴油、三氯乙烯等化学物品都是有毒物，对人体健康危害很大，必须采取妥善的安全措施。主要应做好以下几方面的安全技术措施。

a. 采用有机溶剂作清洗液进行清洗作业的场所，属乙类火灾危险区域，必须有良好的通风设施，并且严禁引入火种和吸烟，应配置火灾自动报警设备和自动灭火系统。同时，还应设置可燃气体检测仪，定期进行检测，在作业场所周围15m范围内，严禁堆积易燃、易爆物品。

b. 清洗液配制间应与周围的相邻部分隔开，并且要设置全面机械通风。

c. 严格控制清洗作业场所的噪声，使其对作业区的影响不超过85dB（A）。

d. 超声波清洗用的清洗槽，由于长期受化学物品腐蚀，所以必须定期检查，以防止槽底破裂事故。为了降低噪声，必须提高超声波工作的频率，并且要对清洗槽及槽底换能器采取隔音措施。

e. 清洗作业场所的地面要平整光滑、易于清扫，并应配置地面和墙壁的冲洗设施。经常有酸碱液流散或聚积的地面，应采用耐腐蚀材料铺设，并呈1%～2%坡度，坡向车间的排污系统。

f. 清洗作业人员要戴防护手套，如耐碱的橡皮手套、耐苯的防护手套等。并且要对操作工人进行安全教育和防护用品合理使用的职业教育。

g. 当三氯乙烯溅入眼睛时，应立即用大量清水冲洗。当小滴溅入眼睛时，在用水冲洗前，先掀开眼皮，用干净空气吹一下眼球，待三氯乙烯初步蒸发后再用水冲洗。然后立即送医院就诊。

3.2.3 常用零部件的清洗

（1）油孔的清洗

油孔是机械设备润滑的孔道。清洗时，先用铁丝绑上沾有汽油的布条，塞到油孔中往复捅几次，把里面的铁屑污油擦干净，再用清洁布条（干净白布）捅一下，然后用压缩空气吹一遍。清洗干净后，用油枪打进油，外面用沾有油的木塞堵住，以免灰尘侵入。

（2）滚动轴承的清洗

滚动轴承是精密机件，清洗时要特别仔细。在未清洗到一定程度之前，最好不要转动，以防杂质划伤滚道或滚动体。清洗时要用汽油，严禁用棉纱擦洗。在轴上清洗时，用喷枪打入热油，冲去旧干油。然后再喷一次汽油，将内部余油完全除净。清洗前要检查轴承是否有锈蚀、斑痕，如有，可用研磨粉擦掉。擦时要从多方向交叉进行，以免产生擦痕。

滚动轴承清洗完毕后，如果不立即装配，应涂油包装。

（3）齿轮箱（如主轴箱、变速箱等）的清洗

清洗前，应先将箱内的存油放出（干油也应去掉），再注入煤油，手动使齿轮回转，并用毛刷、棉布清洗，然后放出脏油，待清洗洁净后再用棉布擦干。应注意箱内不得有铁屑、灰砂等杂物。

如箱内齿轮所涂的防锈干油过厚，不易清洗时，可用机油加热至70～80℃或用煤油加热至30～40℃，倒入箱中冲洗。

（4）冷却器的清洗

冷却器的清洗主要包含冷却管及冷却腔的清洗两部分。

① 冷却管的清洗　冷却管子内孔污垢一般采用旋转动力头（如电钻、风钻等）带动与管子内径相等的圆柱形钢丝刷子做往复运动进行刷洗。但刷子的钢丝不能太粗、太硬，否则会在管子内孔留下划痕，缩短管子的使用寿命。

② 冷却腔的清洗　冷却器腔内污垢一般采用化学清洗法，其配方如下（按质量计）：

氢氧化钠　3%
碳酸钠　3%
磷酸三钠　2%

水玻璃　　　　1.5%

水　　　　　　90.5%

将按上述配方配好的溶液放入冷却器腔内，加热到85～90℃，停留约2h（在停留期间，不断将浮在溶液上的污油及时清除）后，将溶液放掉，用60℃的温水冲洗，直到没有碱性为止。

3.3 机器及零件的润滑

润滑是利用油、脂或者其他流体材料，使运动物体之间的接触表面能分隔开来，以求降低摩擦、减少磨损的一种重要措施。在设备的维护保养中起着控制摩擦、减少磨损、降低温度、防止锈蚀、阻尼振动的重要作用。机器及零件的润滑也是机械设备维修的重要组成部分。

3.3.1 润滑剂的形式及选用原则

正确合理地应用好润滑剂是保证机器及零件润滑的关键。

(1) 润滑剂的形式

润滑剂分为气体润滑剂、液体润滑剂及半固体润滑剂、固体润滑剂等多种形式，其中以液体润滑剂在普通机床的润滑中应用最广泛。

① 气体润滑剂　采用空气、蒸汽或氮气、氦气等惰性气体作为润滑剂，将摩擦表面用高压气体分隔开，如重型机器的轴承、高速内圆磨头的轴承都采用了气体润滑。

② 液体润滑剂　采用矿物润滑油、合成润滑油、乳化油、水等液体作为润滑剂，这是一种应用最广的润滑形式。

③ 半固体润滑剂　半固体润滑剂是一种介于流体和固体之间的塑性状态或膏脂状态的半固体物质，它包括矿物润滑脂、合成润滑脂、动植物润滑脂等，广泛应用于轴承和垂直面的润滑。

④ 固体润滑剂　利用石墨、二硫化钼、二硫化钨等润滑性能良好的固体润滑剂隔离摩擦接触面，形成固体润滑膜。

(2) 选择润滑剂的一般原则

① 根据工作条件进行选择　摩擦表面之间的相对运动速度越高，形成油楔作用的能力就越强。因此，在高速运动的摩擦副内加入的润滑油黏度应该较低，润滑脂的工作锥入度应该较大。摩擦表面单位面积的负荷较大时，应选用黏度较大、油性较好的润滑油。使处于液体润滑状态的油膜具有较高的承载能力；使处于边界润滑状态的边界油膜具有良好的润滑性能。有冲击振动负荷及往复、间歇运动的摩擦副应选用黏度较大的润滑油，或选用锥入度较小的润滑脂。

② 考虑使用润滑剂的周围环境　环境温度较高时，应采用黏度较大、闪点较高、油性较好、稳定性较强的润滑油或滴点较高的润滑脂。环境温度较低时，应选用黏度较小，凝点较低的润滑油，或者工作锥入度较大的润滑脂。若环境潮湿，应选用抗乳化性能、油性、防锈蚀性能均较好的润滑油或抗水性较好的钙基、锂基等润滑脂。在灰尘较多的环境应尽量用脂润滑。

③ 选择润滑材料不能忽视摩擦表面的具体特点　例如，摩擦表面之间的间隙越小，用油黏度应越低；表面越粗糙，用油黏度应越大，用脂工作锥入度应越小。对于润滑油容易流失的部位，应采用黏度较大的润滑油，或用脂润滑。

④ 针对实际使用的润滑方法进行合理选择　例如，用油绳、油垫润滑时，为了使油具有良好的流动性，应使用黏度较小的润滑油。用手工加油润滑时，为避免油过快流失，应使用黏度较大的润滑油。在压力循环润滑中，油温较高，应使用黏度较大的润滑油。

3.3.2 润滑油的品种及选用

普通机械设备中常用的润滑油主要有：工业齿轮油、轴承油、导轨油等，其选用主要应注意以下方面的内容。

(1) 工业齿轮油的品种及选用

1）工业齿轮油的品种

① CKB 工业齿轮油　又称普通工业齿轮油，用于一般的齿轮传动。

② CKC 工业齿轮油　又称中负荷工业齿轮油，用于有冲击的齿轮传动。

③ CKD 工业齿轮油　又称重负荷工齿轮油，用于高温、潮湿、有冲击的齿轮传动。

④ CKE 工业齿轮油　CKE 工业齿轮油又称蜗杆蜗轮油，用于青铜-钢摩擦副的蜗杆蜗轮传动。

2）工业齿轮油的选用

根据不同的用途和齿轮转速等，选择不同品种和黏度的工业齿轮油。

对于减速器闭式齿轮箱，如给油方式为循环或油浴时，建议按表 3-18 选择油的黏度。

表 3-18　减速器齿轮油推荐黏度

小齿轮转速/(r/min)	功率/kW	黏度等级(40℃)	
		减速比 1∶10 以下	减速比 1∶10 以上
2000～5000	3.75 以下	32～46	46～68
	3.75～15	46～68	68～100
	15 以上	68～100	100～150
1000～2000	7.5 以下	46～68	68～100
	7.5～37.5	100～150	100～150
	37.5 以上	150～220	150～220
300～1000	15 以下	46～150	68～150
	15～57	100～220	100～220
	57 以上	150～320	220～460
300 以下	22.5 以下	150～220	220～320
	22.5～75	220～320	320～460
	75 以上	320～460	460～680

对于开式齿轮传动，建议按表 3-19 选择油的黏度。

表 3-19　开式齿轮传动齿轮油推荐黏度

给油方式 \ 环境温度/℃	推荐黏度(98.9℃)/(mm²/s)		
	−15～17	5～38	22～48
油浴	151～216(37.8℃)	16～22	22～26
涂刷(加热)	193～257	193～257	386～536
涂刷(冷却)	22～26	32～41	193～257
手涂	151～216(37.8℃)	22～26	32～41

① CKB 工业齿轮油的选用如下。

a. 特性：采用精制的基础油，加入极压抗磨、抗氧化、防锈、抗泡沫等添加剂调制而成。具有良好的抗氧化、防锈、抗乳化和抗泡沫性能。

b. 规格：有 100、150、220、320 共 4 种黏度等级。

c. 用途：适用于润滑齿面应力小于 500MPa 的一般机械设备的减速箱，最大滑动速度与齿轮分度圆圆周速度之比为 1∶3，油温不高于 70℃的一般负荷圆柱齿轮、圆锥齿轮及蜗杆蜗轮传动。

② CKC 中负荷工业齿轮油的选用如下。

a. 特性：同 CKB 工业齿轮油，但其极压抗摩性有明显提高。

b. 规格：有 68、100、150、220、320、460、680 共 7 种黏度等级。

c. 用途：适用于润滑齿面应力为 500～1100MPa 的密封式圆柱齿轮传动装置，最大滑动速度与齿轮分度圆圆周速度之比小于 1∶3，油温为 5～80℃的中等负荷传动装置。

③ CKD 重负荷工业齿轮油的选用如下。

a. 特性：采用精制的基础油，加入极压抗磨、抗氧化、防锈、金属钝化、抗乳化、抗泡沫等多种添加剂调制而成。具有良好的极压抗磨、抗氧化、防锈、抗乳化等性能。

b. 规格：有 100、150、220、320、460、680 共 6 个黏度等级。

c. 用途：适用于润滑齿面应力大于 1100MPa 的重负荷齿轮传动装置，最大滑动速度与齿轮分度圆圆周速度之比大于 1∶3，油温为 5～120℃的重负荷传动装置。

④ CKE 蜗杆蜗轮油的选用如下。

a. 特性：采用精制的基础油，加入抗氧化、防锈、油性等多种添加剂调制而成。

b. 规格：有 220、320、460、680、1000 共 5 个黏度等级。

c. 用途：适用于润滑青铜-钢配对的蜗杆蜗轮副，及轻载、平稳、无冲击的传动。

(2) 轴承油的品种及选用

1) 轴承油的品种

轴承油主要有中低黏度的 FC、FD 和中高黏度的油膜轴承油 3 个品种。

2) 轴承油的选用

选用轴承油要根据轴承的类型、运转温度、轴承负荷以及轴承转速与直径的乘积值（dn 值）等因素，选择轴承油的品种。根据轴承的使用环境、工作温度、速度指数（dn 值）和负荷大小等因素，选择轴承油的黏度。如使用温度高于 100℃时，应选择黏度高的油膜轴承油；在冬季室外使用时，应选择低凝点的轴承油；有冲击负荷时，应选用含极压抗磨剂的轴承油；dn 值大于 300000mm · r/min 的轴承，则要选择黏度低的主轴油。

对于滚动轴承可按表 3-20 选择轴承油黏度。

表 3-20 滚动轴承油黏度选择

运转温度（环境温度）/℃	速度指数（dn 值）/（mm · r/min）	黏度等级（40℃）	
		普通负荷	高负荷或冲击负荷
－10～0	各种	15～32	22～46
0～60	15000 以下	32～68	100
	15000～80000	32～46	46～68
	80000～150000	15～32	32～46
	150000～500000	10～15	15～32
60～100	15000 以下	100～150	150～220
	15000～80000	68～100	100～150
	80000～150000	46～68	68～150
	150000～500000	22～32	46～68
100～150	各种	220～320	
0～60	自动调心滚动轴承	32～68	
60～100		100～150	

① FC 轴承油的选用如下。

a. 特性：采用精制的基础油，加入适量的抗氧化、防锈、油性、抗泡沫等添加剂调制而成，属于抗氧防锈型油。

b. 规格：有 2、3、5、7、10、15、22、32、46、68、100 共 11 个黏度等级。

c. 用途：适用于滑动轴承或滚动轴承润滑，也适用于在 0℃以上温度工作的离合器润滑。

② FD轴承油的选用如下。

a. 特性：采用深度精制的基础油，加入适量的抗氧化、防锈、油性、抗泡沫等优质添加剂调制而成。属于抗氧、防锈、抗磨型油。

b. 规格：有2、3、5、7、10、15、22共7个黏度等级。

c. 用途：适用于精密机床主轴轴承及其他以循环、油浴、喷雾润滑的高速滑动轴承或精密滚动轴承，使用温度在0℃以上。其中5号、7号油可用作纺织工业高速锭子油；10号油可用作缝纫机油。

③ 油膜轴承油的选用如下。

a. 特性：采用深度精制的基础油，加入抗氧化、防锈、抗磨等多种添加剂调制而成。具有良好的黏温性、抗氧化安定性、防锈性、抗磨性、抗泡沫性等。抗乳化性能尤为优异，混入油中的水极易被分离出来。

b. 规格：分为100、300、500共3个系列，每个系列中又有不同的黏度等级。

c. 用途：适用于大型冷、热轧机和高速线材轧机的油膜轴承。

(3) 导轨油的品种及选用

导轨油是防止机床导轨爬行的专用润滑油，除具有一般工业润滑油的抗氧化安定性和良好的防锈性外，还有良好的抗磨性以及黏滑特性（静、动摩擦系数差值小）。目前，导轨油仅有一组，组别代号为G。

① 导轨油的特性　采用深度精制的基础油，加入油性、增黏、抗氧化和防锈等添加剂调制而成，以改善其极压、抗腐蚀、润滑性和黏性，防止黏滑。

② 导轨油的规格　导轨油的规格有32、46、68、100、150、220、320共7个黏度等级。

③ 导轨油的用途　导轨油适用于润滑各种精密机床导轨、密封齿轮、床鞍、定位器等滑动部位，以及有冲击振动的摩擦点或工作台导轨，适应环境温度在0℃以上。其中32号油可用于坐标镗床、万能工具磨床；68号油用于内圆磨床、万能工具磨床、滚齿机、插齿机、双柱坐标镗床；100号油用于光学坐标镗床；150号油用于大型坐标镗床、落地镗床的导轨润滑。

(4) 全损耗系统用油（机械油）的品种及选用

全损耗系统用油是采用加氢高黏度矿物基础油，精选防锈、防老、抗泡、抗氧化、抗磨修复等多种添加剂调和而成。共有机械油、车轴油、三通阀油三种类型。我国过去的一种油品叫机械油，即属此类用油。

① 性能特点　全损耗系统用油具有以下特点。

a. 具有良好的抗磨损性能，对机械系统提供良好的防护；

b. 具有良好的氧化安定性，和抗泡性能；

c. 具有良好的剪切安定性，高温时提供有效的润滑保护；

d. 具有高黏度指数能保障良好的润滑性能；

e. 具有优异的防锈性、防腐蚀性、抗磨修复性，提高机械运动部件使用寿命。

② 应用范围　全损耗系统油适用于各种纺织机械、各种机床、水压机、小型风动机械、缝纫机、小型电动机、普通仪表、木材加工机械、起重设备、造纸机械、矿山机械等。并适用于工作温度在60℃以下的各种轻负荷机械的变速箱、手动加油转动部位等一般润滑系统。在各种机床等机械设备上广泛使用的全损耗系统油（机械油）主要为L类A组产品，我国将L类A组产品划分为AB、AN和AY三个品种。又以AN品种使用最广，其中：

a. L-AN5、L-AN7、L-AN10黏度等级的机械油属于轻质润滑油，主要应用于高速轻负荷机械摩擦件的润滑。例如，L-AN5黏度等级的机械油可用于转速达12000r/min以上的高速轻负荷机械设备的轴承、主轴处；L-AN7黏度等级的机械油可用于转速达到8000～12000r/min的高速轻负荷机械设备的轴承、主轴处；L-AN10黏度等级的机械油可用于转速在5000～

8000r/min 范围之内的高速轻负荷机械设备的轴承、主轴处。L-AN5、L-AN7、L-AN10 黏度等级的机械油还可作为调配其他油品的基础油。

b. L-AN15 黏度等级的机械油，主要适用于转速在 1500～5000r/min 范围之内，较轻负荷机械设备的轴承及主轴处的润滑；可作为系统压力较低的、中小型普通机械设备的液压系统冬季用油。

c. L-AN22 黏度等级的机械油，主要适用于转速在 1200～1500r/min 范围之内，较轻负荷机械设备的轴承及主轴处的润滑，可作为系统压力较低的普通机械设备的液压系统用油。

d. L-AN32 黏度等级的机械油，主要适用于转速在 1000～1200r/min 范围之内，轻中负荷机械设备的轴承、主轴、齿轮等处润滑，广泛作为普通机械设备的液压系统用油。例如，可作为小型车床、立钻、台钻、风动工具的齿轮箱及小型磨床、液压牛头刨床的液压箱用油。

e. L-AN46 黏度等级的机械油，主要适用于转速在 1000r/min 以下，中等速度、中等负荷机械设备的轴承、主轴、齿轮及其他摩擦件的润滑，其应用非常广泛。例如，C620 卧式车床、X62W 万能铣床、Z35 摇臂钻床等机械设备的各齿轮箱及各油孔注油处，都使用的是 L-AN46 黏度等级的机械油。

f. L-AN68 黏度等级的机械油，主要适用于速度较低、负荷较重的机械设备的润滑。例如，立式车床、大型铣床、龙门刨床的传动装置的润滑以及小型吨位的锻压设备、桥式吊车减速器、木工机械设备的润滑都应使用 L-AN68 黏度等级的机械油。

g. L-AN100、L-AN150 黏度等级的机械油，主要适用于速度低，负荷重的重型机械设备的传动部位及注油容易流失的摩擦件上的润滑。

③ 全损耗系统用油在普通机械设备上的应用　普通机械设备在常温环境下工作，不与水蒸气、腐蚀性气体接触，选用润滑油的主要技术指标是黏度。

表 3-21 给出了常用普通机床主要部件用油黏度等级的选用情况。

表 3-21　常用普通机床主要部件用油黏度等级选用表

部件名称＼设备类型	C616 卧式车床	C620 卧式车床	C630 卧式车床	X51 立式铣床	X62W 万能铣床	B650 牛头刨床	B690 液压刨床	M7120 平面磨床	M120W 万能磨床	Z35 摇臂钻床	G72 弓型锯床
主轴箱	L-AN46	L-AN46	L-AN46						L-AN32	L-AN46	
进给箱	L-AN46	L-AN46	L-AN46							L-AN46	
溜板箱	L-AN46	L-AN46	L-AN46								
变速箱	L-AN46										
尾座	L-AN46	L-AN46	L-AN46						L-AN46		
导轨	L-AN46	L-AN46	L-AN46	L-AN46	L-AN46	L-AN46	L-AN46	L-AN32	L-AN46	L-AN46	L-AN46
托架	L-AN46	L-AN46	L-AN46								
刀杆支架					L-AN46						
丝杠	L-AN46	L-AN46	L-AN46	L-AN46	L-AN46	L-AN46	L-AN46	L-AN32	L-AN46	L-AN46	
磨头主轴								L-AN15	L-AN7		
摇杆机构						L-AN46					
液压系统							L-AN32	L-AN32	L-AN32		L-AN32
一般润滑	L-AN46	L-AN46	L-AN46	L-AN46	L-AN46	L-AN46	L-AN46	L-AN32	L-AN46	L-AN46	L-AN46

3.3.3　润滑油的主要质量指标及失效鉴别方法

(1) 润滑油的主要质量指标

润滑油的质量指标包括油品的理化性能指标和使用性能指标。

1）理化性能指标

润滑油的理化性能指标包括黏度、凝点与倾点、闪点、酸值、水分、灰分、机械杂质等。

2）使用性能指标

① 抗腐蚀性　在规定条件下，将钢片、铜片或铝片浸入指定温度（一般为100℃）的润滑油中保持3h，若金属表面产生污点或变色，则这种油不允许在机床中使用。

② 抗乳化性　润滑油抗乳化性不好，容易与混入的冷却水形成乳化液，降低润滑性能，损坏机件。为保证油品具有良好的抗乳化性，必须提高基础油的精制程度，在储运和使用过程中要避免混入杂质。

③ 抗泡性　润滑油受到振荡、搅拌作用，会使空气混入油中而形成泡沫。这些泡沫使润滑油的润滑性能变差，有时甚至会发生气阻，影响供油。油品抗泡性能好，才能在润滑系统中起到正常的润滑作用。

④ 抗氧化安定性　润滑油在一定的外界条件下抗氧化的能力，称为抗氧化安定性。在有金属催化与温度升高的环境，以及搅拌或强烈振荡的场合，会加速油品氧化。为了防止和减缓润滑油的氧化，调制润滑油必须加入抗氧化添加剂，如T501、T502等。在储存和使用过程中，也要避免高温、混入杂质和水分。

(2) 添加剂

添加剂是少量添加在润滑油脂中能大大改善其润滑性能的物质，按其作用分主要有以下几种：

1）抗磨添加剂

① 种类如下。

a. 油性添加剂　油性添加剂是一种极性较强的物质，在低温和低压时能与金属表面起物理化学吸附作用，形成牢固的吸附膜，从而起减少摩擦作用。

b. 极压添加剂　极压添加剂是在温度较高和压力很大时，能与金属表面起化学反应的相当活泼的物质。当润滑油膜在高负荷下破裂时，摩擦力增大，存在于油中的极压性添加剂便分解并与金属表面发生化学反应，生成一层活性膜，将油膜破裂处覆盖，从而继续发挥润滑作用。在润滑过程中，油膜只要破裂，油中的极压性添加剂就会发生化学反应而形成活性膜，极压性添加剂被不断地消耗。因此，分析油脂中极压性添加剂的含量就可以判断出油脂的老化程度。对含有极压性添加剂的油脂，在工作中要经常补充极压性添加剂。

由此可见，在低温低压时，使用油性添加剂是有效的；在高温高压时，使用极压性添加剂是有效的。

② 作为油性添加剂和极压性添加剂的物质必须具备的条件如下。

a. 在分子中具有能与金属起反应的极性基团（极性不能太强烈，否则会引起金属的腐蚀）。

b. 与金属表面起反应而形成的极压膜（活性膜）应具有较高的化学稳定性。

c. 形成的极压膜必须易于剪断，即具有塑性，且此膜的油溶性要好。

③ 常见油性添加剂如下。

a. 猪油　油性效果好，但容易氧化。

b. 鲸鱼油　油性效果好，但油溶性较差，易沉淀。

c. 油酸　能促进油性、减少摩擦，油溶性也很好，但容易氧化变质。加入量稍多时会腐蚀金属。

d. 磷酸三甲酚酯　油性较强。

以上油性添加剂的加入量为1%～5%。

④ 常见极压性添加剂如下。

a. 硫化油　常用蓖麻油和硫黄粉加热到150～170℃，然后冷却过滤作为极压性添加剂。硫化棉籽油也可以作为极压性添加剂。此外，硫化鲸鱼油的极压性效果也很好。

b. 三甲基苯磷酸酯。

c. 氯化石蜡（氯含量在40%以上） 易水解，因此要防止冷却水混入。

d. 二烷基二硫代磷酸锌 这是一种常用的极压性添加剂，添加量在5%以下，调制工艺掌握不好时会发生沉淀。

抗磨添加剂的品种还有很多，如固体的二硫化钼，加入润滑脂中使用的效果很好，一般加入量为3%～5%，但它加入稀油中的沉淀问题尚待进一步研究解决。

2）黏度指数改进添加剂

热黏性能不好的润滑油在加入黏度指数改进添加剂后可以得到改善。在工作温度变化范围较大而要求黏度变化不能太大的部位，润滑油中都要加入黏度指数改进添加剂。常用的黏度指数改进添加剂有以下几种。

① 聚异丁烯正丁基醚 商品名叫维尼波尔，相对分子质量在9000～12000，其作用是提高黏度和黏度指数。

② 聚异丁烯。

③ 聚甲基丙烯酸酯 它不但能改善油的黏度指数，而且能降低凝固点。

以上几种均属于高分子聚合物，呈线性卷曲状结构，其分子比油分子大得多。低温时在油中不能全溶，而是呈胶体分散状态。当温度升高时，线性分子伸长，溶解度增大，从而提高油的黏度，改善油的热黏性能。黏度指数改进添加剂对低黏度或低黏度指数的油具有很好的效果，使用量一般为1%～7%。

3）抗氧化添加剂

润滑油在使用过程中，由于温度升高等原因被氧化而生成胶质沥青，这些物质对润滑有很大的妨碍作用。为了防止油的氧化变质，就必须在油中加入抗氧化添加剂，它能与空气中的氧直接起反应，中和或吸收氧化活性基，从而避免了油被氧化的连锁反应。常用的抗氧化添加剂有：

① 胺类 如二苯胺、对羟基二苯胺等。

② 酚类 如2,6-二叔丁基对甲酚、β-苯酚等。

③ 有机硫、磷、硅、硒的化合物和有机金属盐类 如二烷基二硫代磷酸锌等。

其中最常用的是2,6-二叔丁基对甲酚，添加量在1%左右。

此外，油温升高也是促进油氧化的重要因素。因此，除了采用抗氧化添加剂外，还需要注意降低油的使用温度，所以一般都规定油温不得超过60℃。当油温超过60℃时，油的氧化速度大大加快。

4）防锈添加剂

防锈添加剂的作用原理与油性添加剂的原理相同，即能在金属表面形成吸附膜，隔绝氧气与金属接触，从而达到防锈的目的。目前使用的防锈添加剂大都是有机性表面活性剂，相对分子质量为300～500。防锈剂的种类很多，主要有金属皂脂肪族胺、酯、磺酸盐、羟酸盐和磷酸盐。最常用的是石油磺酸钡，多用于防锈油脂，添加量为1%左右。还有十二烯基丁二酸，它多用于润滑油脂，添加量为0.02%～0.2%。此外，还有硬脂酸锌、硬脂酸钠和硬脂酸铝等。

5）抗泡沫添加剂

循环系统所用的油在使用过程中会产生泡沫，以致在循环系统中阻碍其正常工作。抗泡沫添加剂的作用就在于抑制泡沫的产生和消除泡沫。抗泡沫添加剂具有很大的表面张力，因而能附着在油的表面，防止泡沫产生，或者渗入已产生的泡沫中，使泡沫迅速消散。

抗泡沫添加剂主要有甲基硅油和苯甲基硅油，其添加量一般为0.0001%～0.001%。硅油的油溶性较差，宜采用相对分子质量较大的油，并且在25℃时的运动黏度要达到10^4%/s以上，能在油中呈胶体分散状态最好。

6）降凝添加剂

在冬季使用润滑油时，因气温过低导致油中的蜡质析出，因而妨碍了液体的流动。凡是含蜡量较高的润滑油，其凝固点都比较高，要使这类润滑油深度脱蜡十分困难。为了降低润滑油的凝固点，要借助于降凝添加剂。加入降凝添加剂后可以阻止蜡从油中析出，但又不妨碍油的流动性，从而达到降凝的目的。常用的降凝添加剂有氯化石蜡、聚甲基丙烯酸酯等。

7）浮游性添加剂

浮游性添加剂又名清净分散添加剂，可添加在内燃机润滑油中。其目的是使在气缸中由于高温氧化作用而生成的油泥，不能牢固地附着在活塞环槽中，这些油泥将被油液冲洗掉并且悬浮在油中，避免阻塞油路。因此，加有浮游性添加剂的润滑油能够延长内燃机的使用寿命。

常用的浮游性添加剂有碱式烷基酚钡盐，添加量为3%左右。此外，还有硫酸钡、磺酸钙等。

由于浮游性添加剂的浮游能力有限，当油中悬浮的脏物含量达到一定程度时，仍然会凝聚成较大的颗粒沉淀下来妨碍内燃机的正常工作，所以要求内燃机运行一定时间后，就要更换新油。

(3) 润滑油的失效鉴别方法

1）外观鉴别

油品质量的优劣在很大程度上可以从外观进行鉴别，质量优良的油，首先会给人良好的外观感觉。

① 颜色　润滑油在使用过程中，由于杂质污染及氧化变质，会使原来颜色较浅的润滑油逐渐变深，甚至发黑。因此，从油品的颜色变化可以判断油品的变质程度。为了提高颜色测定的准确性，将油品分为16个色号，0号为无色，依次从浅黄、黄、深黄、棕、深棕至8号为近似黑色，8号以后各色号逐渐加黑。各色号已做成标准玻璃片以便对照。液压油新油一般都在3号以下，当使用中油品的颜色加深至5号时就要考虑换油。

② 透明度　质量好的油品有较好的透明度，当油中含有水分、气体杂质及其他外来成分时，会使透明度下降。检验方法是将油品倒入试管内冷却至5℃后，油中含有的杂质会在低温下析出而影响透明度。有时为了证明油品是否失效，可反复升温至室温后冷却，如此反复2～3次后，油品仍未变浑浊，说明油品的质量是良好的。

③ 气味　优良的油品在使用过程中不应当散发出刺激性气体或臭气。如果油品发出难闻的气味，说明润滑油已腐败变质失效。特别严重时会发黑、发臭，引起头晕呕吐，必须立即更换新油。

2）流动性鉴别

润滑油在使用过程中，黏度是会发生变化的，例如氧化变质、混入水分后乳化等，所以要定期检测润滑油的黏度，将它控制在允许的范围内。

在实验室里测定油品的运动黏度常用毛细管黏度计。测定的方法是用一定量的试验用润滑油，在规定的温度（40℃、50℃、100℃）下，通过毛细管所需的时间（s）乘以毛细管黏度计的校正系数，得到该试验用润滑油的运动黏度。

3）酸值的鉴别

润滑油在使用过程中，因氧化分解，酸值不断增加，当增加到一定程度时，就应该立即更换新油。

酸值的测定多采用滴定法，测得中和1g润滑油中含有的有机酸所需要的氢氧化钾（KOH）的质量（mg），用mgKOH/g来表示。当酸值比规定值增加0.5倍时，说明润滑油已老化变质，应当考虑换新油。

4）杂质含量的鉴别

① 机械杂质　它是悬浮或沉淀在润滑油中的不溶物质（如尘土、泥沙；金属粉末、砂轮粉末等）的统称。测量方法是取一定的试样（润滑油）溶于规定的溶剂中，经过过滤后，不溶于溶剂的物质就会残留在滤纸上，以百分率表示，如超过 0.005%就认为该试样油品含杂质严重。

② 苯不溶物与正戊烷不溶物的差值　正戊烷的溶解能力差，测得的杂质含量较高；苯的溶解能力强，油中的老化产物大部分被溶解，因此测得的杂质含量较低。两者的差值会显示出油品的老化程度。

③ 清洁度　主要指油中细微颗粒杂质的含量。检测清洁度的方法有两种：一种是计数法；另一种是称量法。

a. 计数法：用特别的、精度为 0.45～0.8mm 的过滤膜，过滤 100mL 油样，在显微镜下观察，计算过滤膜上的颗粒数量，按颗粒大小及数量对照标准确定该油品的清洁度等级。

b. 称量法：用上述的过滤膜，过滤 100mL 油样，用天平称膜上杂质的质量（mg），对照标准确定该油品的清洁度等级。

（4）M131W 型万能磨床液压系统用润滑油的失效鉴别

M131W 型万能磨床采用通用液压油（L-HL）作为液压系统用润滑油，冬天用 32 号，夏天用 46 号。现以 32 号润滑油为例，说明油样采集和鉴别的操作过程。

1）油样的采集

① 连续开动万能磨床液压系统 1h 以上，使床身内油池中的液压油充分搅和。

② 手持玻璃管，并用拇指堵住一端管口，将玻璃管伸入油池油面以下至 2/3 处。

③ 松开拇指，该层液压油在液体深度压力的作用下，从下端流入玻璃管内。

④ 将拇指堵住管口后，将玻璃管从油池中提起，此时管中的液压油在大气压力的作用下仍然留在玻璃管内。

⑤ 将玻璃管插入量杯中，松开拇指，管中的液压油在重力的作用下全部从管中排出并流入量杯中。

⑥ 反复上述动作，直至量杯中油量达到 200～300mL 为止。

2）油样的鉴别

① 外观鉴别　用眼睛仔细观察量杯中的油样，如果油样呈不透明状或浑浊状，说明此液压油已经失效。

② 颜色鉴别　用标准玻璃色片对比新油的颜色，再对比油样的颜色，如果油样颜色与新油颜色比较后大于或等于 3 个色号，说明此液压油已经失效。

③ 运动黏度鉴别　如果上述两项鉴别不超差时，可在量杯中取一定量的油样做运动黏度鉴别。L-HL32 液压油在 40℃时的运动黏度不大于 28.8～35.2mm^2/s。如果运动黏度的变化率超过±10%，则可断定此液压油已经失效。

④ 酸值　用滴定法做酸值（mgKOH/g）测定，当酸值比大于 0.3 时，可以断定此液压油已经失效。

⑤ 水分　液压油中的水分含量不得大于 0.1%。

3.3.4　润滑脂的主要应用

机械设备除采用润滑油润滑外，在滚动轴承、滑动轴承上大量采用润滑脂润滑，相对于润滑油润滑来讲，尽管其润滑效果相对较差一些，但由于维修、保养简单，因此，生产中应用广泛。

（1）常用润滑脂的应用特点

① 钙基润滑脂是以动植物脂肪钙皂稠化矿物油，以水作为稳定剂而制得的润滑脂。主要

特点是耐水性较强、耐温性较差，在高温和低温下都会使其润滑性能丧失。它适于使用温度范围在－10～60℃、潮湿或者有水环境、转速在1500r/min以下、中等负荷的机械设备上使用。按工作锥入度的大小，钙基润滑脂共分为1号、2号、3号、4号四个品种。

② 复合钙基润滑脂是以乙酸钙复合的脂肪酸钙皂稠化矿物油而制成的润滑脂。这种润滑脂具有较好的机械安定性和胶体安定性，适用于较高温度及潮湿条件下工作的机械设备摩擦件的润滑。例如，在水泵、农机、汽车、锻压设备上应用比较广泛。按工作锥入度的大小，复合钙基润滑脂共分为1号、2号、3号、4号四个品种。1号润滑脂可在150℃条件下工作，2号润滑脂可在170℃条件下工作，3号润滑脂可在190℃条件下工作，4号润滑脂可在210℃条件下工作。

③ 钠基润滑脂是以动植物脂肪钠皂稠化矿物油而制得的润滑脂。主要特点是能耐较高温度，机械安定性良好，但是不耐水，遇水就会乳化，胶体安定性较差。这种润滑脂广泛使用在高中负荷、低中转速、较高温度、环境干燥的机械设备上。按工作锥入度的大小，钠基润滑脂共分为2号、3号、4号三个品种。2号润滑脂、3号润滑脂可在110℃条件下工作，4号润滑脂可在120℃条件下工作。

④ 钙-钠基润滑脂是用钙、钠皂稠化矿物油而制得的。其特点是耐水性能比钠基润滑脂强，但不如钙基润滑脂；耐温性能比钙基润滑脂强，但不如钠基润滑脂。它适于在工作温度80～100℃以下，中等负荷、中等转速、比较潮湿，但不与水直接接触的环境中工作的机械设备上使用。按工作锥入度的大小，钙钠基润滑脂分为1号、2号两个品种。

⑤ 铝基润滑脂有较好的耐水性及金属表面的防腐蚀性，能用于潮湿的工作环境。

⑥ 锂基润滑脂呈白色、性能优良、耐水，适用于－20～150℃温度范围，可代替钙基润滑脂、钠基润滑脂，但成本要高些。分为0号、00号、000号3个牌号。锂基润滑脂内加有抗氧剂、防锈剂等，适用于矿山、建筑、重型机械等大型设备的润滑。

⑦ 二硫化钼润滑脂是在润滑脂中掺入3%～10%的二硫化钼粉末制成的，摩擦因数低，而且耐200℃以下的高温，适用于重载的滚动轴承。

（2）滚动轴承用润滑脂的选用

滚动轴承采用润滑油润滑的效果较好，但维修、保养和密封结构复杂。滚动轴承采用润滑脂的优点更多，润滑脂可以在较长的时间内不必更换或添加，并能较好地隔绝外界的尘屑、水分等，维修、保养和密封也简单。

① 滚动轴承对润滑脂的要求　润滑脂要求能减少摩擦和磨损，防止腐蚀，并具有良好的密封性能，因此选用润滑脂时要注意其滴点、针入度和机械安定性等指标。此外，用于潮湿环境的润滑脂应具有抗水性。质量好的润滑脂结构平滑、拉丝较短。

② 滚动轴承润滑脂的选择　主要按工作温度来选用润滑脂，但在极高或极低的温度条件下工作时，则需采用合成油稠化的润滑脂，如表3-22所示。

表3-22　滚动轴承润滑脂的选用

工作环境	工作温度	润滑脂	备　注
一般	30～90℃	运转速度低的，采用钠基脂或钙-钠基脂；中速的，采用钙基脂（工作温度低于70℃）；运转速度高的，采用锂基脂或主轴脂	定期加脂和更换
一般	－70～－50℃	采用双酯、硅油等合成润滑油稠化的润滑脂	定期加脂和更换
潮湿	＜70℃	选用耐水性较好的钙基脂	定期加脂和更换
高温	＞150℃	采用高黏度矿物油稠化的润滑脂	添加润滑脂的次数，应有所增加
高温	＞150℃	采用硅油稠化的锂基脂	添加润滑脂的次数，应有所增加

注：1. 在高速、重载条件下工作的滚动轴承，可采用泵送性能良好的压延机润滑脂或复合锂基脂等。

2. 高速滚动轴承可按其速度因数选用润滑脂，速度因数为150000～200000mm·r/min的滚动轴承采用3号或4号的一般润滑脂；速度因数为400000～500000mm·r/min的滚动轴承则采用2号主轴脂或锂基脂。

润滑脂用量的多少与轴承旋转速度有着直接关系。转速在1500r/min以下时，润滑脂用量可为2/3轴承腔；转速在1500～3000r/min时，润滑脂用量可为1/2轴承腔；转速在3000r/min以上时，润滑脂用量不能超过1/3轴承腔。如果润滑脂用量过大，轴承运动阻力就会明显增大，造成轴承温度过高，影响轴承的工作能力。

滚动轴承更换润滑脂的周期一般和设备二级保养的周期相同。也允许根据轴承的实际运转情况决定，只要定期进行补充，直到拆修时进行更换。补充新润滑脂的周期与轴承的类型、大小、转速、工作条件有关，设备的使用说明书上都会有具体要求。

(3) 滑动轴承用润滑脂的选用

① 滑动轴承对润滑脂的要求如下。

a. 轴承的负荷大、转速低时，润滑脂的针入度应该小些。

b. 润滑脂的滴点一般应高于轴承工作温度20～30℃。

c. 滑动轴承在水淋或潮湿环境中工作时，应选用钙基脂或锂基脂。在环境温度较高的条件下工作时，应选用钙-钠基润滑脂。

d. 具有良好的黏附性能。

② 滑动轴承润滑脂的选用　应根据单位载荷、轴颈圆周速度及最高工作温度选用滑动轴承润滑脂，如表3-23所示。

采用润滑脂润滑的滑动轴承，其给油方式主要采用旋盖式油杯和加压给油器。

表3-23　滑动轴承润滑脂的选用

单位载荷/MPa	圆周速度/(m/s)	最高工作环境/℃	选用润滑脂的名称牌号	备　注
≤1	≤1	75	3号钙基脂	①潮湿环境、工作温度在75～120℃的条件下,应考虑用钙-钠基脂 ②有水或潮湿,工作温度在75℃的条件下,可用铝基脂 ③集中润滑系统给脂时,应选用针入度较大的润滑脂 ④压延机润滑脂冬季规格可通用
1～6.5	0.5～5	55	2号钙基脂	
≥6.5	≤0.5	75	3号、4号钙基脂	
1～6.5	0.5～5	120	1号、2号钠基脂	
≥6.5	≤0.5	110	1号钙-钠基脂	
1～6.5	≤1	50～100	2号锂基脂	
≥6.5	约0.5	60	2号压延机脂	

3.3.5 润滑脂的主要质量指标及失效鉴别方法

润滑脂在机械设备中广泛应用于轴承和垂直面的润滑，为保证润滑脂的润滑性能，要求所使用的润滑脂在任何负荷下，均需保持良好的润滑性能，并具有适当的流动性，且当温度变化时，润滑脂只应稍稍改变其稠度，但在使用和保管期内绝不允许变质。为此，设备维修人员应了解润滑脂的主要质量指标及失效鉴别的方法。

(1) 润滑脂的组成和分类

① 润滑脂的组成　润滑脂是由基础油、稠化剂及改善性能的添加剂所制成的一种半固体的润滑剂。基础油在润滑脂中约占70%～90%，对润滑脂的性能影响很大。矿物油和合成油都可作为基础油，矿物油是制造普通润滑脂的主要基础油，但使用温度范围较窄，不能同时满足高、低温要求，合成油用于制造高低温或某些特殊用途的润滑脂。

稠化剂在润滑脂中含量约占10%～30%，它能使基础油被吸附与固定在结构骨架之中。

② 润滑脂的分类　润滑脂按其基础油可分为矿油润滑脂和合成油润滑脂两大类；按用途可分为防护润滑脂、抗磨润滑脂和密封润滑脂三大类；按稠化剂不同润滑脂又可分为皂基润滑脂、短基润滑脂、无机润滑脂和有机润滑脂四大类。目前，我国是按国际标准化组织ISO的分类方法进行分类，用5个字母和1个数字组成命名代号，表示方法如图3-22所示。

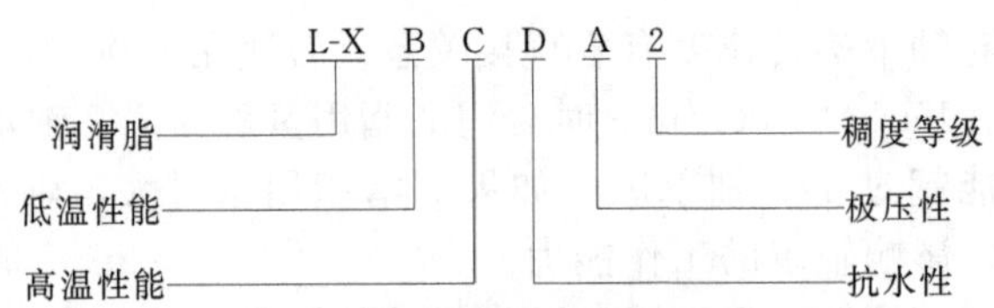

图 3-22 润滑脂的命名代号

第一位字母代表润滑脂，第 2～5 位字母的含义如表 3-24 所示。

表 3-24 润滑脂的命名代号与含义

字母位置	2 位低温性能/℃	3 位高温性能/℃	4 位抗水性能	5 位极压性
A	0	60	干燥环境使用，不防锈	非极压性
B	−20	90	干燥环境使用，对淡水防锈	极压性
C	−30	120	干燥环境使用，对盐水防锈	
D	−40	140	静态潮湿环境下，无防锈性	
E	＜−40	160	静态潮湿环境中，在淡水存在情况下有防锈性	
F		180	静态潮湿环境中，在盐水存在情况下有防锈性	
G		＞180	在水洗条件下不防锈	
H			在水洗条件下对淡水防锈	
I			在水洗条件下对盐水防锈	

（2）润滑脂的主要质量标准

① 针入度　润滑脂在外力作用下抵抗变形的能力称为稠度，针入度是评价润滑脂稠度的常用指标，它是用标准圆锥体放于 25℃ 润滑脂试样中，经 5s 后所沉入的深度（单位为 0.1mm）称为该润滑脂的针入度。针入度值越大，表示润滑脂稠度越小。

润滑脂的牌号是按针入度来划分的，采用美国润滑脂协会（NLGI）按针入度划分润滑脂级号，如表 3-25 所示。

表 3-25 润滑脂级号及针入度

针入度系列号	NLGI 级号	工作针入度范围/(1/10mm)	状态
—	000	445～475	液状
—	00	400～430	几乎成液状
0	0	355～385	极软
1	1	310～340	非常软
2	2	265～295	软
3	3	220～250	中
4	4	175～205	硬
5	5	130～160	非常硬
6	6	85～115	极硬或固体
7	7	60～80	
8	8	35～55	
9	9	10～30	

② 滴点　按规定的加热条件加热，润滑脂在滴点计的脂杯中滴落下第一滴油时的温度称为滴点。润滑脂滴点与所采用的稠化剂的种类和数量有关，几种不同稠化剂制成的润滑脂滴点列于表 3-26 中。

表 3-26 润滑脂的滴点

种类	膨润土脂	酰胺钠脂	锂脂	钠脂	钙脂	工业凡士林
滴点/℃	200 以上	200 以上	175	140	85	55

滴点是衡量润滑脂耐温程度的参考指标，选用时应使其高于工作温度 15～20℃，这样才

能使润滑脂不至于流失。

③ 保护性能　保护性是指保护金属表面防止生锈的能力。

④ 安定性　安定性分为机械安定性、化学安定性和胶体安定性3种。机械安定性指润滑脂受到机械剪切后，稠度下降的程度；化学安定性指润滑脂抵抗氧化的能力；而胶体安定性指抑制析油的能力。

⑤ 流变性　指润滑脂在外力作用下，产生形变流动的性能。

(3) 润滑脂的性能和用途

润滑脂是一种凝胶状润滑材料，流动性差、不易流失，同时密封简单，可以防止外界尘土进入摩擦副。因此，润滑脂应用普遍，特别是用在滚动轴承上，据统计，80%的滚动轴承采用润滑脂。但由于其散热性差，受污染后不易净化，应用范围受到了限制。

(4) 润滑脂失效的外观鉴别

① 颜色变黑　润滑脂颜色变黑，表示已氧化变质。这时，最好再检查润滑脂酸碱度的变化。具体方法是：用酚酞指示剂滴在少量的润滑脂上，混合均匀，用手指捻一下，如果呈红色，则说明润滑脂保持碱性；如果不变色，则说明润滑脂已变成酸性。变为酸性的润滑脂不能再继续使用，特别是不能用在精密仪器上。

② 形成胶膜　表面形成胶膜也属于氧化现象，所以也可以用检查酸碱度变化的方法来测定。

③ 析油　析油表示胶体的安定性已经被破坏。轻微析油时，可将析油的表层去除后用于较粗糙的设备上，但不能用于高温高负荷的部位。严重析油说明润滑脂已完全变质，不可以再使用。

④ 水分　由于吸收水分或漏入雨水，油脂产生乳化。乳化的严重程度可以从颜色上来判断，含水量越多，润滑脂颜色越浅，光泽越暗，且呈透明状。

3.4 机械设备维修的起重

3.4.1 起重设备的选用原则

起重设备可分为轻小型起重设备、起重机等类型。机械设备维修常使用的主要有：

① 千斤顶　可分为机械千斤顶（包括螺旋千斤顶、齿条千斤顶）、油压千斤顶等；

② 起重葫芦　可分为手拉葫芦、手扳葫芦、电动葫芦、气动葫芦、液动葫芦等；

③ 卷扬机　可分为卷绕式卷扬机（包括单卷筒、双卷筒、多卷筒卷扬机）、摩擦式卷扬机；

④ 起重机　可分为桥架型起重机、臂架型起重机、缆索型起重机三大类。机械设备维修常用的主要为桥架型起重机，其类别主要有：梁式起重机、桥式起重机、门式起重机、半门式起重机等。尤以桥式起重机使用广泛。

(1) 起重设备的选用

选用起重设备可依据起重设备的基本参数进行，起重设备基本参数主要有吊装载荷、额定起重量、最大起升高度等，这些参数是制订吊装技术方案的重要依据。

① 吊装载荷 Q　吊装载荷 Q 可根据被吊设备或构件在吊装状态下的重量和吊、索具重量确定。

② 吊装计算载荷 Q_1　起重吊装工程中常以吊装计算载荷作为计算依据。吊装计算载荷（简称计算载荷）Q_1 的计算分两种情况：采用单台起重机吊装时，吊装计算载荷 Q_1 等于动载系数 k_1 乘吊装载荷 Q，即 $Q_1=k_1Q$（动载荷系数 k_1 为起重机在吊装重物的运动过程中所产

生的对起吊机具负载的影响而计入的系数。在起重吊装工程计算中，以动载荷系数计入其影响。一般取动载荷系数 $k_1=1.1$）；采用多台起重机联合起吊设备时，其中一台起重机承担的计算载荷 Q_1 等于动载系数 k_1、不均衡载荷系数 k_2 及分配至一台起重机的吊装载荷 Q 三者的乘积（不均衡载荷系数 k_2 主要是在多台起重机共同抬吊一个重物时，由于起重机械之间的相互运动可能产生作用于起重重物和吊索上的附加载荷，或者由于工作不同步，各分支往往不能完全按设定比例承担载荷，在起重工程中，以不均衡载荷系数计入其影响。一般取不均衡载荷系数 $k_2=1.1\sim1.25$。应该注意的是：对于多台起重机共同抬吊设备，由于存在工作不同步而超载的现象，有时单纯考虑不均衡载荷系数 k_2 是不够的，还必须根据工艺过程进行具体分析，采取相应措施）。

③ 额定起重量　在确定回转半径和起升高度后，起重机能安全起吊的重量。额定起重量应大于计算载荷。

④ 最大幅度　最大幅度即起重机的最大吊装回转半径，即额定起重量条件下的吊装回转半径。

⑤ 最大起升高度 H　起重机最大起重高度 H 应满足下式要求：

$$H>h_1+h_2+h_3+h_4$$

式中　H——起重机吊臂顶端滑轮的高度起重，m；

h_1——设备高度，m；

h_2——索具高度（包括钢丝绳、平衡梁、卸扣等的高度），m；

h_3——设备吊装到位后底部高出地脚螺栓高的高度，m；

h_4——基础和地脚螺栓高，m。

(2) 钢丝绳的选用

起重吊装作业中常用的钢丝绳为多股钢丝绳，由多个绳股围绕一根绳芯捻制而成。大型吊装应采用《重要用途钢丝绳》GB 8918—2006 标准的钢丝绳。钢丝绳的选用主要考虑以下几点。

① 钢丝绳钢丝的强度极限　起重工程中常用的钢丝绳钢丝的公称抗拉强度有 1570MPa（相当于 1570N/mm^2）、1670MPa、1770MPa、1870MPa、1960MPa 等数种。

② 钢丝绳的规格　钢丝绳由高碳钢丝制成。钢丝绳的规格较多，起重吊装常用 6×37＋F（IWR）、6×61＋FC（IWR）二种规格的钢丝绳。其中 6 代表钢丝绳的股数；37（61）代表每股中的钢丝数；“＋”后面为绳股中间的绳芯，其中 FC 为纤维芯，IWR 为钢芯。

③ 钢丝绳的许用拉力　钢丝绳的许用拉力 T 按 $T=p/K$ 计算。式中，p 为钢丝绳破断拉力（MPa），一般应按国家标准或生产厂提供的数据为准；K 为安全系数，钢丝绳安全系数为标准规定的钢丝绳在使用中允许承受拉力的储备拉力，即钢丝绳在使用中破断的安全裕度，做吊索的钢丝绳安全系数一般不小于 8。

(3) 吊装方法的选择

对大型机械设备的吊装，选择吊装方法时应进行技术可行性论证。对多个吊装方法进行比较，从先进可行、安全可靠、经济适用、因地制宜等方面进行技术可行性论证。

选择吊装方法应进行安全性分析。吊装工作应安全第一，必须结合具体情况，对每一种技术可行的方法从技术上进行安全分析，找出不安全的因素和解决的办法并分析其可靠性。此外，选择吊装方法还应进行成本分析。对安全和进度均符合要求的方法进行最低成本核算，以较低的成本获取合理利润。

3.4.2 千斤顶的结构及操作注意事项

千斤顶是设备维修人员在拆卸和装配机械设备零部件时常用到的一种简单的起重工具，它具有体积小、操作简单、使用及维修方便等优点，按结构形式的不同，可分为齿条式千斤顶、螺旋式千斤顶和油压式千斤顶 3 种。目前常见的是油压式千斤顶，图 3-23 为油压千斤顶的结构图。

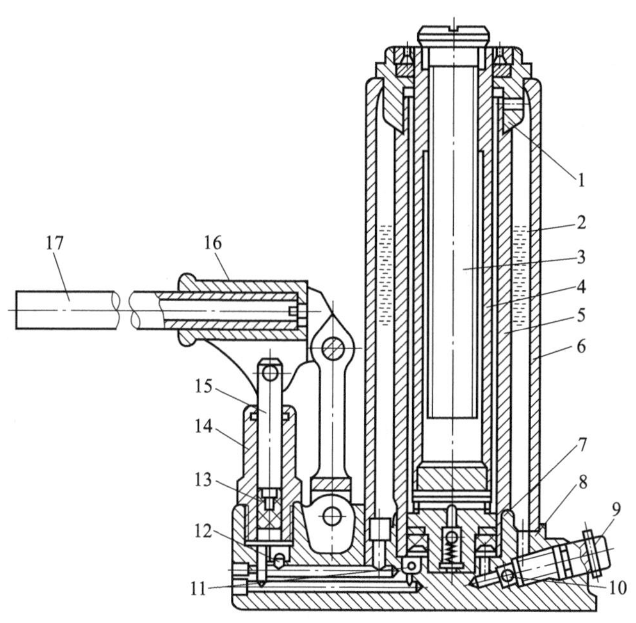

图 3-23 油压千斤顶的结构

1—顶帽；2—工作油；3—调整螺杆；4—活塞杆；5—活塞缸；6—外套；7,13—活塞胶碗；8—底盘；9—回油开关；10～12—单向阀；14—油泵缸；15—油泵芯；16—撳手；17—手把

千斤顶的使用方法及安全操作规程如表 3-27 所示。

表 3-27 千斤顶的使用方法及安全操作规程

操作要点	摆平立正千斤顶，工件顶杆加木板，顶住重心莫斜偏，边起边垫才安全
操作步骤	①确定起重件的总重量，选取适当的千斤顶 ②认真检查油压千斤顶的灵活性及是否泄漏 ③千斤顶的下面要放枕木或垫铁，调整千斤顶到适当的初始高度，并在油压千斤顶调整螺杆端部垫一块坚韧的木板，摆平立正千斤顶，顶于重物的中央 ④将手柄开槽的一端套入千斤顶回油开关，顺时针转动，将开关拧紧，然后再把手柄插入撳手孔内，做上下撳动 ⑤当起重件顶起一定高度时，停止手柄的撳动，垫入略低于千斤顶高度的安全可靠的垫块 ⑥维修结束时，将手柄带槽一端再次套入千斤顶回油开关，逆时针慢慢打开回油开关，使重物慢慢回落 ⑦起重工作完毕，整理现场
安全操作规则	①估计起重量，选择适当的千斤顶型号，切忌超载使用 ②检查千斤顶是否正常，千斤顶加垫的木板或铁板等表面不能沾有油污，以防受力时打滑，用齿条千斤顶工作时，止退棘爪必须紧贴棘轮 ③确定起重物的重心，选择千斤顶着力点。同时必须考虑地面软硬程度，应垫以坚韧的木料，以免起重时产生倾斜的危险，重物回落时，应逐步向外抽出，保持枕木与重物间的距离不超过一块枕木的厚度，以防发生意外 ④数台千斤顶同时作业时，各千斤顶要同步，要保持重物平稳，并在千斤顶之间垫上支承木块

3.4.3 手动葫芦的结构及操作注意事项

手动葫芦分为手拉葫芦和手扳葫芦两种，如图 3-24 所示。它是一种操作简单、携带方便的起重机械，一般适用于小型机械设备或小型零部件的吊装。

手拉葫芦是一种以手拉为动力的起重设备，在生产中使用最为普遍。常用的国产手拉葫芦一般起吊高度不超过 3m，起吊重量一般不超过 10t，最大可达 20t，可以垂直起吊，也可以水平或倾斜使用，表 3-28 给出了常见的 HS 型手拉葫芦的起重量及起重高度；常用的国产手扳葫芦一般起吊高度不超过 2m，起吊重量不超过 5t。

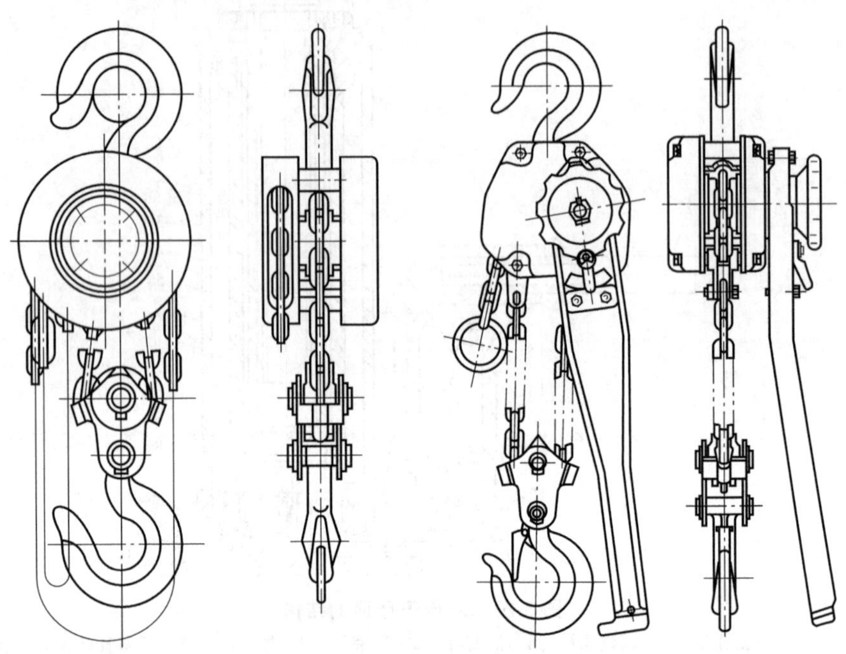

(a) 手拉葫芦　　(b) 手扳葫芦

图 3-24　手动葫芦

表 3-28　常见的 HS 型手拉葫芦的起重量及起重高度

型号	HS½		HS1		HS1½		HS2		HS2½		HS3		HS5	
起重量/t	0.5		1		1.5		2		2.5		3		5	
起重高度/m	2.5	3	2.5	3	2.5	3	2.5	3	2.5	3	3	5	3	5
试验载荷/t	0.75		1.5		2.25		3.00		3.75		4.50		7.50	
满载时的手链拉力/N	170		320		370		330		410		380		420	

手动葫芦的使用方法及安全操作规程如表 3-29 所示。

表 3-29　手动葫芦的使用方法及安全操作规程

操作要点	支点钩挂要可靠，吊点重心要捆牢，拉吊链条相平行，微量起升察隐情，中间卡住勿硬拽，稳拉匀拽向上升
操作步骤	①根据工件重量选取吨位合适的手拉葫芦，将葫芦挂钩挂在可靠的支承点上，检查葫芦动作灵活自如 ②检查工件的捆绑是否安全可靠，起升高度在手拉葫芦的行程范围内 ③逆时针拽手拉葫芦链条，降下吊钩，将捆绑工件的钢丝绳扣头套在吊钩之中 ④顺时针拽手拉葫芦链条，并保持与吊链方向平行，升起吊钩，当张紧起重链条时，微量起升工件，观察无异常变化，再顺时针拽手拉链条，稳妥地吊起工件 ⑤当需要降下工件时，逆时针拽手拉葫芦链条，工件便缓慢下降，当工件落至目的地后，继续下降一段距离，摘下吊钩，起重工作结束，整理现场
安全操作规则	①手拉葫芦不准超负荷使用 ②起重前，要认真检查吊钩、链条、墙板和制动器等主要受力部件是否损坏，并进行润滑 ③起重链条要垂直悬挂，不得有错扭的链环，以免影响正常作业 ④操作者拽动手拉链条时应站在手拉链条的同一平面内 ⑤作业前，应先试吊，并检查制动器是否正常可靠 ⑥提升或下降重物时，拽动手拉链条不可用力过猛，应均匀缓慢用力，以免引起链条跳动或卡环

3.4.4 起重机的结构及操作注意事项

起重机具有起重吨位较大、机动性好等优点，其中，桥式起重机在大型机床设备的施工安装、维修等作业中应用最为广泛。

(1) 桥式起重机的结构与工作原理

起重机的类型较多，但其大致结构和基本原理是相同的。下面以通用桥式起重机为例，简介其结构与工作原理。

① 起升机构　起升机构是起重机最基本的机构，它是用来使货物提升或降落的。起升机构通常包括取物装置、钢丝绳卷绕系统、驱动系统及安全装置等。

典型的起升机构是借交流线绕型电动机的高速旋转，经齿轮联轴器和齿轮减速器相连接，减速器的低速轴带动绕有钢丝绳的卷筒转动，而卷筒是通过钢丝绳和滑轮组与吊钩相联动来工作的。机构工作时，只要控制电动机的正、反转，卷筒使钢丝绳卷进或放出，从而通过钢丝绳卷绕系统使悬挂的货物实现提升或降落。当机构停止工作时，悬挂的货物依靠制动器刹住。起升机构一般安装在小车架上。

② 小车运行机构（即横向运行机构）　起重机的大车（即纵向运行机构）或小车都是沿水平位置移动的，为此，在水平方向上运移的货物就是凭借运行机构实现的，如图 3-25 所示是小车运行机构的简单结构。小车的运行机构是由双端伸出轴的电动机带动立式减速器，减速器的低速轴以集中传动的方式连接在小车架上的主动车轮上，在电动机另一端的伸出轴上装有制动器。小车采用单轮缘车轮，且车轮的轮缘设置在轨道的外侧。

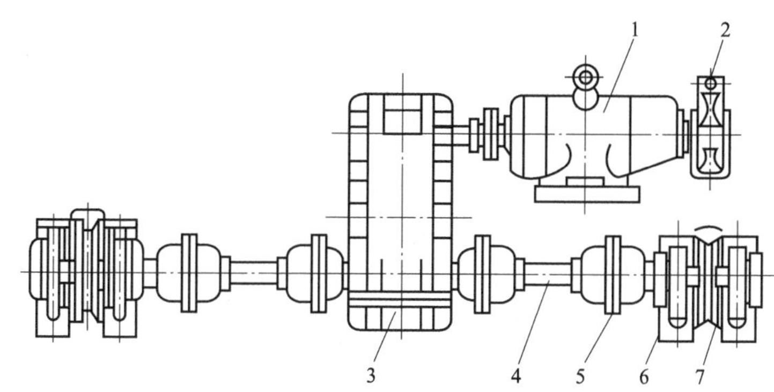

图 3-25　小车运行机构的简单结构图

1—电动机；2—制动器；3—减速器；4—补偿器；5—联轴器；6—角形轴承箱；7—小车车轮

③ 大车运行机构　在起重机桥架端梁的两端安装着大车运行机构用的车轮，起重量在 50t 以下的装置四个车轮，其中两个为主动轮；起重量在 75t 以上时，都采用平衡梁的车轮组，常装着八个以上车轮。对驱动大车机构的运行装置，通常具有两种形式，即集中驱动和分别驱动。集中驱动是用一台电动机通过减速器及传动轴带动大车的两个车轮，这种方式已基本淘汰。分别驱动方式是用两台规格相同的电动机，分别通过齿形联轴器直接与减速器高速轴连接，减速器低速轴联轴器与大车车轮连接。对分别驱动的大车运行机构，由两套各自独立的无机械联系的运行机构组成，其简单的结构形式如图 3-26 所示。要指出的是，大车车轮一般都采用双轮缘车轮。

(2) 起重机械使用时应注意的一些问题

① 行车（天车）操作者一定要经过培训。经考试合格，取得安全操作合格证书的人员方可上车操作。

② 行车在工作前，必须检查行车全部润滑系统情况、离合器及钢丝绳卡等，确认无误后才能上车启动驾驶。

③ 行车司机只允许由驾驶扶梯上下行车，禁止从房梁或其他地方攀登上下行车。

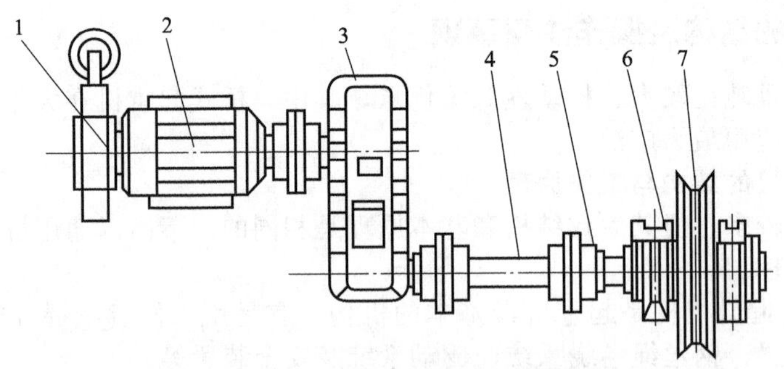

图 3-26　大车运行机构的结构形式

1—制动器；2—电动机；3—减速器；4—补偿轴；5—联轴器；6—角形轴承箱；7—车轮

④ 使用行车时，若第一次起吊载荷，应先进行试吊和试制动。将载荷吊起不高于 0.8m，然后徐徐落下。

⑤ 每台行车的司机应该是固定的。

⑥ 行车司机上下驾驶梯时，双手不准拿任何东西。

⑦ 起吊物体时，行车司机应一切听从起重工的指挥，若指令不清，应按铃请示。禁止物件尚在地面上时进行行车。

⑧ 行车吊物时，必须离开人群，重物应离人员 2m 以外才可作业。不得将吊起的重物长时间悬挂在吊钩上。

⑨ 行车不得超负荷使用，以免发生危险。

⑩ 吊运物件时，一定要用钢丝绳的，就不得用麻绳或三角带之类代替。

⑪ 用钢丝绳吊挂带有棱角的物件时，在棱角的地方应垫放软垫，以免钢丝绳被折断。

⑫ 使用钢丝绳的安全起吊质量，由经验公式 $P=9d^2$ ［P 为允许起吊质量（kg），d 为钢丝绳直径（mm）］求得。

⑬ 使用钢丝绳前应做外观检查，尤其是断丝数和断丝位置，锈蚀、磨损程度和位置，变形情况等。根据钢丝绳的直径估计是否能安全起吊所拆装的零部件，应避免使用断丝过多的钢丝绳。选择合适的捆钩位置，以免打滑。无论吊钩端还是工件上均应采用合适的绳扣，以免吊装过程中工件重心偏移造成倾倒。久置不用的钢丝绳应涂油，盘卷后适当放置。

⑭ 使用的钢丝绳要采用打扣及解扣方便迅速、不易打滑、较安全的绳扣。

⑮ 检修或上车检查行车时必须切断电源。

⑯ 一个班作业完成后下班时，行车司机应按规定把大、小车定位并收好吊钩。

(3) 桥式起重机常见的主要故障

① 桥架的变形　桥式起重机主梁的结构大多是箱式的，一般桥架主梁经使用后，其变形的主要形式是主梁下挠。按规定主梁的允许下挠量为（1/1000～1/800）S（S 为跨度值），若下挠量超出此值，即需修复。可采用预应力法和火焰矫正法两种方法，迫使主梁向上弯曲而上拱，进而使下挠得到克服。

② 啃轨　起重机的啃轨是其大车或小车在轨道上于相对歪斜状态下运行到某一限度后的结果，是车轮的轮缘在轨道侧面强行通过时的摩擦接触现象。起重机的啃轨会造成传动轴扭断、脱轮等重大事故。造成啃轨的原因主要有跨度误差偏大、车轮组的直径及其装配精度超差、桥架和小车架的结构变形等。故若发现此问题，必须分析原因，予以消除。

③ 减速器的噪声与漏油　减速器经使用，其零件的磨损、精度减低、装配误差扩大、润滑不良及轴承的配合间隙增加等都会引起噪声，要采取措施找出噪声源并加以消除。减速器的漏油是由于长期使用、油温升高，使润滑油脂变稀，容易蒸发或飞溅泄漏，以及原来的装配质量粗糙而造成的。可采用更换密封件或用密封胶等措施解决。

第 4 章

机床设备的安装与维护

4.1 机床安装的程序及技术要求

机床是用切削的方式将金属毛坯加工成机器零件的机器，它是制造机器的机器（工作母机），它的精度是机器零件精度的保证，因此，新机床的安装及其后续维修（中修、大修）之后的安装都特别重要。

4.1.1 机床安装的程序

机床的装配通常是在工厂的装配车间内进行的，但在某些场合下，制造厂为了运输的方便，产品的总装必须在基础安装的同时才能进行，此时，机床的安装还包括部件与部件的连接，零件与部件的连接等工作内容。

(1) 金属切削机床确定安装位置的原则

在工艺路线（或工艺平面布置）已经确定，单台机床基础已经设计的情况下，应仔细考虑机床安装的相互位置。应从保证安全、便于操作、方便维修、充分利用车间面积等不同角度综合考虑，使安装的机床与机床之间、机床与墙体或立柱之间保持最佳距离。

金属切削机床排列一般有背靠背排列法、横向排列法和纵向排列法。确定机床安装位置时，应注意机床辅助设备、运输装置、电气设备等对机床相对位置的要求，以及这些辅助设备的最大外形尺寸、机床本身最大外形尺寸对厂房高度、厂门尺寸的要求等。在确定机床位置时，还应注意使精密机床不受粗加工机床及振动剧烈设备的影响，以及精密机床对防潮、隔振及恒温等方面的技术要求。

(2) 金属切削机床安装的一般程序

① 制定安装规程，应根据实际情况制订和选择机床到位运输方式、施工步骤、检测质量标准及方法、检测工具、安全防护技术等。

② 根据机床技术文件，结合生产实际工艺和现场地质资料，确定和设计机床基础。

③ 确定机床平面布置图和安装位置。

④ 设备安装用材料的准备。

⑤ 施工步骤如下。

a. 基础施工。

b. 基础检验与修补。

c. 定位划中心线。

d. 放置垫铁（包括平铁和斜铁）。

e. 组装机床（包括部件组装和调试）。

f. 机床粗平。

g. 浇灌砂浆。

h. 机床精平（垂直和水平及回转精度检验）。

i. 机床运转试验（包括空运转和负荷运转）。

j. 验收（精密、大型或稀有机床负荷运转后必须对几何精度、主旋转精度、加工精度重新进行复检）。

4.1.2 机床设备地基基础的要求

地基是机床设备的安装基础，由于机床设备的地基基础的施工质量直接影响机床设备的床身、立柱等基础件的几何精度、精度的保持性以及机床的技术寿命等安装质量，因此，对设备的地基基础应提出具体的要求。

(1) 地基基础的要求

① 具有足够的强度和刚度，避免自己的振动和不受其他振动的影响（即与周围的振动绝缘）。

② 具有稳定性和耐久性，防止油水浸蚀，保证机床基础局部不下陷。

③ 机床的基础，安装前要进行预压。预压重量为自重和最大载重总和的 1.25 倍。且预压物应均匀地压在地基基础上，压至地基不再下沉为止。

(2) 对地基质量的要求

地基的质量是指它的强度、弹性和刚度的符合性。其中强度是较主要的因素，它与地基的结构及基础埋藏深度有关。若强度较差，会引起地基发生局部下沉，将对机床的工作精度有较大影响，所以一般地基强度要求以 $5tf/m^2$ 以上为标准。如有不足，需用打桩等方法来加强。刚度、弹性也会通过机床间接影响刚性工件的加工精度。

(3) 对基础材料的要求

对于 10t 以上的大型设备基础的建造材料，从节约费用的角度出发，在混凝土中允许加入质量分数为 20%的 200 号块石。在高精度机床安装过程中，由于地基振动成了影响其精度的主要因素之一，所以机床必须安装在单独的块型混凝土基础上。并尽可能在四周设防振槽，防振层一般均填粗砂或掺杂一定数量的炉渣。

(4) 对基础的结构要求

虽然基础越厚越好，但考虑到经济效果，基础厚度以能满足防振荡和基础体变形的要求为原则。大型机床基础厚度一般在 1000～2500mm 之间。基础厚度可用下式计算：

$$B=(0.3\sim0.6)L$$

式中 B——基础厚度，mm；

L——基础长度，mm。

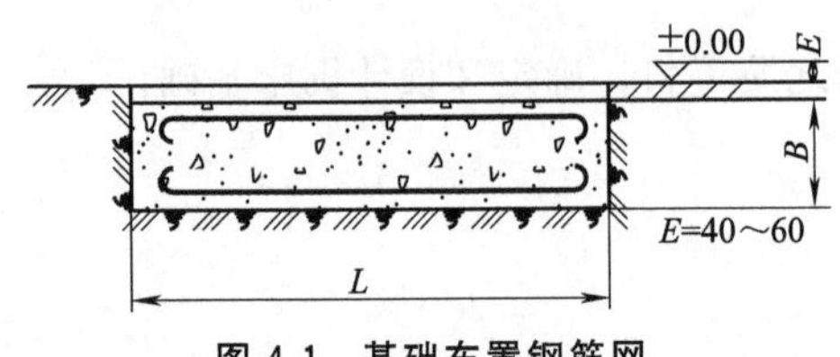

图 4-1 基础布置钢筋网

12t 以上大型机床，在基础表面 30～40mm 处配置直径为 $\phi6\sim8$mm 的钢筋网；特长的基础，其底部也需配置钢筋网，方格间距为 100～150mm（图 4-1）。

长导轨机床的地基结构，一般应沿着长度方向做成中间厚两头薄的形状，以适应机床重量的分布情况。对于像高精度龙门导轨磨床类的大型、精密机床，基础下层还应填0.5m厚细砂和卵石掺少量水泥，作为弹性缓冲层。

(5) 对基础荷重及周围重物的要求

大型机床的基础周围经常放置或运走大型工件及毛坯之类的重物，必然使基础受到局部影响而变形，引起机床精度的变化。为了解决这一问题，在进行基础结构设计时，应考虑基础或多或少受到这些因素的影响。另外，新浇铸的基础结构设计时，混凝土强度变化大，性能不稳定，所以施工后一个月最好不要安装机床。在安装后一年内，至少要每月调整一次精度。

(6) 对基础抗振性的要求

机床的固有频率通常在20～25Hz，振幅在0.2～1μm范围内。在车间里，由于天车通过时会通过梁柱这个振源影响到机床，所以，精密机床应远离梁柱或采取隔振措施。

4.1.3 机床安装的技术要求

(1) 金属切削机床安装的通用规则

1) 施工和检测的技术要求

① 机床定位划中线前的检查应按照位置和基础设计文件检查基础的位置、几何尺寸及角度，清除地脚螺栓孔中的杂物及基础表面的脏物。灌浆处应凿成麻面。

② 垫铁组的放置应符合设备文件规定，无规定时应靠近地脚螺栓，其组数至少与地脚螺栓数相等；间距以500～800mm为宜，机床组装缝两边均应放置调整垫铁。安装前平铁和斜铁均应清洗干净，采用无垫铁安装工艺时，应符合有关规定，不允许降低安装精度。

③ 机床的找平应使机床处于自由状态下进行，不允许用紧固地脚螺栓或局部加压等方法。强制变形达到的精度稳定性太差。

④ 要求恒温的精密机床必须在规定的恒温条件下进行检验。特别精密的机床，其安装与检验都必须在恒温条件下进行。检验的量具应先放在待测机床的安装现场，经过一段时间后再使用，一般不少于30min。

⑤ 用平尺或检具测量导轨的直线度时，测量间隔不应大于平尺或检具的长度。

⑥ 检测调试机床所用的检测工具（包括专用量具），其精度应高于被检测部件的精度要求。一般检测工具的测量误差应为被测部件精度极限偏差的1/5～1/3。检测方法应符合精度检验的有关文件规定。计算测量数据时应考虑工具或方法本身引起的误差，当这类误差小于被测部件允许偏差的1/10～1/3时可忽略不计。

2) 分部件组装的技术要求

① 需组装的零部件应根据装配顺序清洗干净，并涂以润滑油脂。清洗一般用煤油、柴油、汽油等。如用热溶剂煤油清洗，加热不应超过65℃；用机油清洗时，加热不能超过120℃；用碱性清洗液清洗，水温宜加热到60～90℃。清洗后再用清水冲洗干净，干燥后再上油。对忌油的零部件应进行脱脂处理。

② 零部件的组装应符合技术文件规定，出厂已装配好的组装件，一般不再拆装。因调试或检测需要拆卸的部件，应测量被拆件的装配间隙和记下原始装配位置。重新组装时应按原始记录复位。对于新装的组件，应先检查与装配有关的零部件尺寸及配合精度，确认符合技术要求后再进行装配。

③ 组装的各滑动、转动、滚动等部件的运动间隙应符合技术要求。移动时应轻快灵活，无阻滞现象。

④ 机床的定位销与销孔接触应良好，销装入孔内的深度应符合规定，在重新调整连接件时，不应使定位销受剪力。

⑤ 重要的固定接合面，如铣床悬梁与床身的接合面、镗床立柱与床身的接合面等应紧密

贴合，紧固后用0.04mm塞尺检验不应插入。

⑥ 导轨与导轨的接头应符合技术文件规定。模拟导轨工作状态，推动、移置导轨与滑动件的接合面，应在导轨镶条压板端部的滑动面间用0.04mm塞尺检验，插入深度不应超过20mm。

⑦ 立式机床中平衡锤升降距离应符合机床移动部件最大行程的要求。平衡锤与钢丝（或链条）的连接必须牢固可靠。

3）各系统的组装与调试的相关规定

① 液压和润滑系统用油应严格按技术文件规定的油料品种、质量和数量添加。

② 液压和动力润滑管路并列或交叉排列时，各管之间应有适当间隙，以防止振动干扰。弯管的弯曲半径应大于3倍管子外径，椭圆度不应超过原管径的10%。

③ 液压系统的吸油管应尽量短，吸油高度一般不超过500mm。回油管路应伸到油面下，回油管的坡度应为0.003～0.005。油泵、阀类、管路等全系统装配后应按规定进行试压，所有连接处不得泄漏。如用空气试压，试压后应将系统中全部空气排除后再加液压油。

④ 液压系统安装完毕后需对安全联锁装置、调压、调速、换向等各种操纵机能进行模拟调试，执行机构的推动力、行程和速度应对照技术文件进行逐条检验。调试后，系统启动、换向、变速、停止时，运动应平稳，不得有爬行、跳动和冲击现象。

⑤ 润滑系统的每一个润滑点应有规定压力的润滑油脂。其油量和油温均保持在规定范围。集中润滑系统油泵的工作压力，应使最远的润滑点流出润滑脂，并使终端压力控制阀动作，其压力应调到能顶动电器行程开关。上述两工作压力在达到要求的同时，应尽量调小。

⑥ 气动、冷却等系统安装后，各阀门及控制机构的动作应可靠、准确、灵活。

⑦ 复杂的电气系统，安装后应按程序分阶段进行调试，并记录必要的数据，作为空运转和负荷运转的参考对比。

4）机床试运转前的相关规定

① 机床清洗干净。

② 控制系统、安全装置、制动、夹紧机构等，经检查调试良好、灵敏可靠、电动机转向与运动部件的运行方向符合技术文件规定。

③ 润滑、液压、电气和气动系统及分系统检验调试良好。

④ 各运动部件手摇移动或盘车时灵活、无阻滞，各操纵手柄扳动自如，到位准确可靠。

（2）机床无负荷试运转的相关规定

机床安装完成后，在进行无负荷试运转时，应满足以下方面规定。

① 试运转以安装单位为主，应邀请使用单位相关人员参加，并对所有参数做好记录。试运转步骤一般由部件至组件，由组件至单元机床，由单台至生产线，先手动后机动，先主机后辅助设备，先低速后高速地进行。有静压导轨、静压轴承及恒温要求的机床，必须等规定条件建立后方可开始试运转。试运转由专人负责，操作程序应符合规定，各操纵机构的位置、刻度标志应正确可靠。

② 机床的主运动应按规定的级数逐级试车，由最低速度运转至最高速度。整体安装的或小型的机床，各级速度运转时间不应少于2min，最高速运转不应少于30min。现场组装的大型机床，运转时间应符合文件规定，无规定时应结合产品加工工艺，会同有关部门商定。

③ 进给机构的进给速度应按规定做低、中、高进给量运转。快速移动机构应做快速移动试验。

④ 自动机床应做自动加工程序试验，有专用夹具或分度装置的机床应做夹紧、松开及分度试验。

⑤ 试运转中对机床进行检验的要求如下。

a. 各级速度下工作机构动作协调、平稳、准确、可靠。

b. 主运动和进给运动的启动、停止、制动及自动等动作准确，无冲击、振动和爬行等不正常现象。

c. 变速、换向、重复定位、分度、自动循环、夹紧装置、快速移动及数字显示等应灵敏、正确和可靠。

d. 电气、液压、润滑、气动、冷却等系统的工作应正常，介质的流量、压力、工作温度均不超过规定范围。

e. 安全防护和保险装置应可靠。

f. 运转中轴承及管路无不正常响声。滚动轴承温度不高于70℃，温升不超过40℃；滑动轴承温度不高于60℃，温升不应超过30℃。无负荷运转功率应符合机床文件规定。

(3) 机床的负荷试验的相关规定

① 机床负荷试验一般以使用单位为主，也可由安装单位提出负荷试验项目，会同使用单位一起进行。负荷试验的目的是试验机床的最大承载能力。一般用实际切削的方法进行。试验后对机床的加工精度、几何精度、传动精度进行复测和记录，作为移交生产的主要依据。

② 机床主轴系统最大扭转力矩试验可按文件规定的最大加工直径和最高速度切削两个方面分别进行，不可同时用两个极限参数试验，切削时间应严格符合文件规定。

③ 工作台、刀架、夹具等最大作用力试验可结合产品加工工艺，用实际生产中最大加工件进行试验。切削加工时间至少不少于实际加工时间的两倍。

④ 高精度机床可不做最大负荷试验，而按相关规定的技术要求进行试验。如无规定时，应会同使用单位和有关部门研究试验项目。

⑤ 负荷试验的主要检验项目为机床加工精度，并对机床的几何精度、传动精度进行复检，复检项目与各类机床专项检验项目相同。复检不合格的机床须对各组件重新调整与安装。对精度确实较低的机床应会同使用单位研究，将机床降级使用，如精加工降为粗加工。

4.2 机床安装的过程及实例

4.2.1 设备安装材料的准备

机械设备安装时所需材料包括设备吊装时使用的金属型材、枕木、竹板和橡胶板等，设备就位后基础二次灌浆时使用的建筑材料，设备安装后配管、配线所需的材料，以及试车前的清洗材料等。

(1) 设备安装用金属材料的准备

设备安装时，通常应准备好以下方面的金属材料。

① 轧制钢板　轧制钢板分为冷轧钢板和热轧钢板两种。由于冷轧钢板价格较高，设备安装时一般采用热轧钢板。Q235热轧钢板具有良好的焊接性能，在安装作业中得到了广泛应用。此外，镀锌薄板常用于室外设备安装时的防雨篷；花纹钢板因其防滑性能良好，常用于操作人员行走通道的铺设。

② 圆钢　圆钢可分为冷拔和热轧两种，安装施工中常用热轧圆钢作为起吊时固定钢丝绳或在设备运输途中作为滚杠使用。为了减轻质量，在强度允许时，也可用钢管替代。

③ 型材　型材有工字钢、槽钢、角钢及钢轨等。在设备安装时主要用于运输、吊装或临时固定设备，也可以搭建脚手架供施工人员攀登操作。在施工过程中，尽量不要破坏型材原有的状态，使之重复使用，以降低安装成本。

④ 钢管　钢管在设备的安装和修理中应用很广，其种类较多主要有如下两类。

a. 低压流体输送用镀锌焊接钢管　在安装作业时多用作搭脚手架，或用于向被安装设备供水、供煤气、供润滑油、供冷却液以及电缆保护的管道。由于它是焊接钢管，弯曲时应注意弯曲方向，否则会导致管道焊缝裂开。管道需转弯时也可采用弯头连接。

由于表面有镀锌保护层，管道连接要采用三通、四通或变径管接头，不允许焊接，以免损坏表面镀锌层。

b. 无缝钢管　在安装机械设备时，往往要在设备安装地配备高、中压液体和气体输送管路，这些管路一般采用输送流体用无缝钢管。这类无缝钢管也分为热轧管和冷拔管两大类。由于冷拔无缝钢管，特别是较高级的无缝钢管具有较小的外径尺寸公差，因此是卡套式管接头首选的连接钢管。如果输送液体的压力特别高，则要选用合金结构钢无缝钢管。

(2) 设备安装用非金属材料的准备

① 石棉橡胶板　石棉橡胶板适用于最高温度450℃、最高压力6MPa以下，以水、水蒸气等为介质的设备、管道法兰连接用密封材料。如果用于油类、制冷系统的设备安装，可采用耐油石棉橡胶板。

② 橡胶制品。

a. 工业用橡胶板　在精密设备安装时，将橡胶板铺展在地面上用以放置精密零部件。由于橡胶板特有的性能，不但可以避免零部件磕碰，而且能够将零部件与潮湿的地面隔绝，防止金属表面锈蚀。

b. 橡胶管　橡胶管按其性能和用途可分为压缩空气用橡胶软管、氧气乙炔橡胶软管、蒸汽胶管及高压液压胶管。在准备时应根据用途不同予以选定。

③ 木材　通常还应准备好以下方面的木材。

a. 经防腐处理的枕木　在大型设备安装时，枕木用于支垫大型零部件，一般与液压千斤顶组合使用。将零部件升至一定的高度后，进行对接拼装。

b. 板材　用作设备基础二次灌浆的边框。为了节约木材，也可用金属模板替代。

(3) 零、部件清洗材料的准备

① 清洗材料　零、部件清洗时，应准备好以下清洗材料。

a. 擦洗用的棉纱、布头和纱布等。

b. 清洗除锈用的煤油、汽油、柴油、机械油、松节油、变压器油、丙酮、酒精、香蕉水以及各种清洗液、除锈液、除锈膏等。

c. 保持场地和环境清洁用的塑料布、席子等。

② 清洗用具　常用的清洗用具有油枪、油壶、油桶、油盘、毛刷、刮具、铜棒、软金属锤、皮老虎、防尘罩、喷头、空气压缩机以及各种槽子和清洗设备。

③ 清洗前的准备工作

a. 熟悉设备图样和说明书，弄清设备的性能和所需润滑油的种类、数量及加油位置。

b. 检查设备外部是否完整，有无碰伤；对于设备内部的损伤，也要做出记录，并及时处理。

c. 准备好清洗场地。设备清洗前，场地应进行适当的清理和布置，不要在多尘土的地方或露天进行清洗。

d. 准备好所需的清洗材料、用具和放置机件用的木箱、木架及必须用的压缩空气、电、照明设备等。

e. 准备好防火用具，要时刻注意安全。

4.2.2 机床安装的过程

(1) 开箱检查

检查各零部件有无缺损、锈蚀等问题，检查箱内物品是否齐全。检查后核对安装技术规程是否符合实际，并确定安装方案。发现问题应查明原因，及时报请主管部门处理。

(2) 选用地脚螺栓和垫铁

一般来说，新设备在安装指导资料中都有地脚螺栓和垫铁的形式及安装说明，可按要求选用。

(3) 确定安装位置

根据地基图在基础上画出机床的中线，复查各地脚螺栓孔中心位置和各平面的标高与图样是否相符，以便安装时能正确定位。

(4) 吊运机床

吊装前先把机床外表擦净，并在地基的适当位置上安放临时垫铁。按照说明书规定的吊运方式把机床吊起，挂上地脚螺栓，其螺纹应露出螺母 3～5 牙，然后安放到临时垫铁上。地脚螺栓与地基上预留孔壁的距离应大于 20mm，并且可自由晃动，可用临时垫铁粗调机床的安装水平。

(5) 灌注混凝土

所用混凝土要比基础用混凝土高一个标号，石子尺寸要小于 20mm，灌注时必须仔细捣实，并检查地脚螺栓，如有歪斜要及时扶正。

(6) 安放垫铁

当地脚螺栓孔的混凝土经养护达到要求强度后，把机床上的地脚螺母取下，然后将机床吊离基础放在一旁。取出临时垫铁，按地基图的规定安装垫铁。再把机床吊装到地基上，并初步拧紧地脚螺母。常用垫铁一般分为平垫铁、斜垫铁、开口垫铁，如图 4-2 所示。此外，有些机床制造厂有时还配备可调整垫铁。

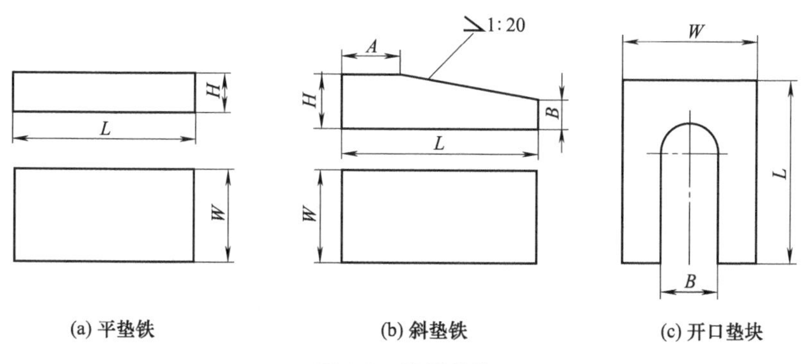

图 4-2 常用垫铁

① 平垫铁 平垫铁的结构如图 4-2（a）所示。5t 以下设备，地脚螺栓直径一般为 20～35mm，5t 以上设备，地脚螺栓直径一般为 35～50mm。平垫铁的主要参数如表 4-1 所示。

表 4-1 平垫铁的主要参数 mm

地脚螺栓直径	L	W	H
20～35	110	20	3,6,9,12,15,25,40
35～50	135(或 150)	80(或 100)	3,6,9,12,15,25,40

② 斜垫铁 斜垫铁的结构如图 4-2（b）所示。其主要参数如表 4-2 所示。

表 4-2 斜垫铁的主要参数 mm

地脚螺栓直径	L	W	H	B	A
20～35	100	60	13	5	5
35～50	120	75	15	6	10

③ 开口垫铁 开口垫铁的结构如图 4-2（c）所示。常用于设备以支座形式安装在金属结构或地平面上，并且支承面积较小的状况。开口垫铁的基本尺寸与普通垫铁相同，其开口尺寸比地脚螺栓大 2～5mm。

④ 可调整垫铁 可调整垫铁用于金属切削机床的安装，其安装精度较高，垫铁规格由制造厂设计，垫铁的数量都是由机床配套供应的。

每组垫铁应整齐平稳放置，保证每块之间以及与基础面接触良好。平垫铁应在设备底座边缘外侧露出 25～30mm，伸入设备底座内的长度应超过地脚螺栓的中心，而斜垫铁露出边缘外侧应为 25～50mm。用 0.25kg 锤子逐组轻轻敲击听音检查时，与设备接触良好的声音沉闷，与设备接触不好的声音响亮。

斜垫铁应成对使用，如果只用一块斜垫铁时，下面要放一块平垫铁配合使用。对于承受冲击或振动比较大的设备，只允许使用钢质平垫铁，不能使用斜垫铁。设备找平之后，应将几块垫铁焊牢（铸铁垫铁可以不焊）。

使用可调垫铁时，安装前应仔细检查有无损坏，数量是否符合设计要求。每块垫铁的接触面积不小于 75%，必要时需要进行刮研。此外，还应在螺纹部分和调整块滑动面上涂润滑油脂。利用调整块升高找平设备时，调整后应留有再升高的余量。垫铁固定部分可用混凝土灌注牢固，但活动部分不允许灌注。

(7) 地脚螺栓的调整

地脚螺栓是将机械设备固定在基础上的一种金属构件。地脚螺栓、螺母和垫圈通常随机械设备配套供应，并在说明书中有明确规定。地脚螺栓的长短与直径有关，有长形和短形两种。长螺栓长度为 1～4m，用来固定重大且有剧烈振动和冲击的设备。短螺栓长度为 0.1～1m，用来固定负荷较轻、冲击力不大的设备。短形地脚螺栓的样式较多，如图 4-3 所示。一般都浇固在基础中，为防止地脚螺栓旋转，有时还在钩中穿上横杆。

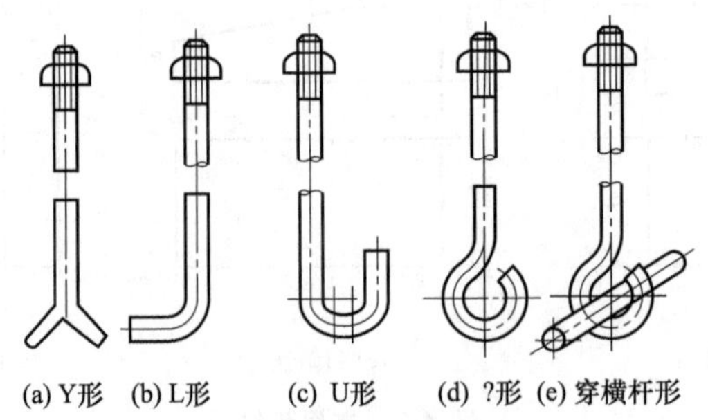

图 4-3 短形地脚螺栓

地脚螺栓的直径与设备底座孔径有关，一般要比孔径小几毫米，具体尺寸如表 4-3 所示。

在拧紧地脚螺母时，首先从中间开始、自内向外、对称轮换、逐次拧紧，这样才能使地脚螺栓和设备受力均匀。螺母拧紧后，螺栓的螺纹应露出螺母 2～3 牙。在灌浆时就要留出螺栓伸出基础面的高度。

表 4-3 设备底座孔径与地脚螺栓尺寸 mm

设备底座孔径	12～13	13～17	17～22	22～27	27～33	33～40	40～80
地脚螺栓直径	10	12	16	20	24	30	36

(8) 调整安装水平

为了保持机床的稳固性、减轻振动、防止变形、避免不合理的磨损、确保加工精度，设备安装水平的调整和选定找平基准面的位置，应按机床说明书和《设备安装验收规范》的规定进行。

新机床经调整安装水平后，应进行清洗、加润滑油，并进行空运转试验、负荷试验和精度检验。对试验和检查的结果应进行记录和总结，对无法调整或消除的问题，分析原因后按性质不同可归纳为设备制造问题、设备安装质量问题、调整中的技术问题、设备设计问题等。要对试运转和精度检验做出评定结论，然后办理移交生产部门的手续，并注明参加试运行、精度检验的人员和日期。

4.2.3 金属切削机床安装基础的制作及检查

机床的自重、工件的重量、切削力等，都将通过机床的支承部件而最后传给基础。所以，基础的质量直接关系到机床的加工精度、运动平稳性、机床的变形、磨损以及机床的使用寿命。因此，机床在安装之前，首要的工作是做好安装基础。

(1) 普通结构基础制作

普通结构基础如图 4-4 所示。它适用于一般中、小型金属切削机床的安装。

(2) 防振基础制作

防振基础的结构如图 4-5 所示。它主要用在以下两个方面：一是主要用于高精度机床，以防外界振源对机床加工精度的影响；二是用于在切削过程会产生振动的机床，以防止其产生的振动对其他机床加工精度造成影响。

(3) 安装基础的检查

根据对设备安装基础的要求，将设备安装在混凝土地面上或单独的基础上，要求符合以下规定。

① 大型机床应安装在单独的基础上或局部加厚的混凝土地面上。

② 重型机床、精密机床应安装在单独的基础上。

③ 机床安装在单独的基础上时，基础平面尺寸应比机床底座的轮廓尺寸大一些。基础的深度则由车间土壤的性质决定，一般可参考表 4-4。

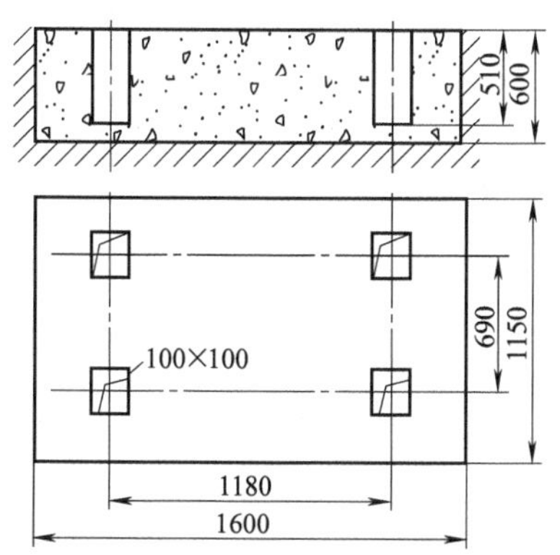

图 4-4　X6132 型万能卧式铣床的安装基础

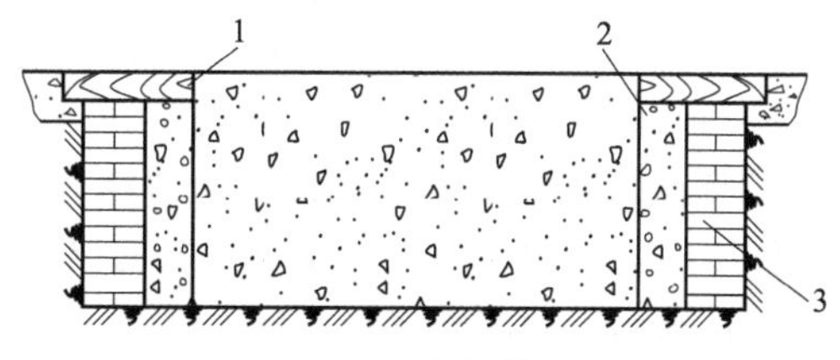

图 4-5　防振基础

1—板；2—防振材料；3—隔墙

表 4-4　机床安装基础的混凝土厚度　　m

机床名称	安装基础的厚度
卧式车床	$0.3+0.07L$
立式车床	$0.5+0.15h$

续表

机床名称	安装基础的厚度
铣床	0.2+0.15L
龙门铣床	0.3+0.07L
插床	0.3+0.15h
内圆磨床、外圆磨床、无心磨床、平面磨床	0.3+0.08L
导轨磨床	0.4+0.08L
螺纹磨床、精密外圆磨床、齿轮磨床	0.4+0.10L
摇臂钻床	0.2+0.13h
深孔钻床	0.3+0.05L
卧式镗床、落地镗床	0.3+0.12L
卧式拉床	0.3+0.05L
齿轮加工机床	0.3+0.15L
立式钻床	0.3+0.6L
牛头刨床	0.6+1.0L

注：1. 表中基础厚度是指机床底座下面承重部分的厚度。
2. 表中 L 为机床外形长度，m；h 为机床外形高度，m。

4.2.4 机床在基础上的安装方法

机床基础的安装通常有两种方法。第一种是在混凝土地坪上直接安装机床，并用图 4-2 所示的调整垫铁调整水平后，在床脚周围浇灌混凝土固定机床。这种方法适用于小型和振动轻微的机床。另一种是用地脚螺栓将机床固定在块状式地基上，这是一种常用的方法。安装机床时，先将机床吊放在已凝固的地基上，然后在地基的螺栓孔内装上地脚螺栓并用螺母将其连接在床脚上。待机床用调整垫铁调整水平后，用混凝土浇灌进地基方孔。混凝土凝固后，再次对机床调整水平并均匀地拧紧地脚螺栓。

(1) 机床在基础上的安装调试步骤

机床在基础上的安装主要有整体及分体安装调试两种方式，针对不同的安装方式，其安装调试步骤也有所不同。

① 对于整体安装调试，调试步骤如下。

a. 机床用多组楔铁支承在预先做好的混凝土地基上。

b. 将水平仪放在机床的工作台面上，调整楔铁，要求每个支承点的压力一致，使纵向水平和横向水平都达到粗调要求（0.03～0.04)/1000。

c. 粗调完毕后，用混凝土在地脚螺孔处固定地脚螺栓。

d. 待充分干涸后，再进行精调水平，并均匀紧固地脚螺母。

② 对于分体安装调试，还应注意以下几点。

a. 零部件之间、机构之间的相互位置要正确。

b. 在安装过程中，要重视清洁工作，并严格按工艺要求安装。

c. 调试工作是调节零件或机构的相互位置、配合间隙、结合松紧等，目的是使机构或机器工作协调，如轴承间隙、镶条位置的调整等。

(2) 机床安装时的灌浆

灌浆属于建筑安装方面的知识，但在机床安装中，灌浆却是固定并保持机床安装调整精度以及保证机床后续使用精度的一项重要措施，也是机床安装过程中一个重要步骤，因此，设备维修人员应熟练掌握灌浆方面的基础知识。

1）混凝土材料的组成

我国混凝土采用“强度等级”表达。根据有关标准规定，混凝土强度等级以混凝土英文名称第一个字母加上其强度标准值来表达，如 C20、C30 等。混凝土一般是由下列材料组成的。

① 水泥　水泥是基础施工的常用材料，是混凝土的主要组成部分，机械设备基础常选用300号或400号硅酸盐膨胀水泥，二次灌浆常选用500号或600号硅酸盐膨胀水泥。

② 沙子　一般基础混凝土使用的是天然沙，如河沙、海沙、山沙等，因为河沙比较洁净，在基础施工中应用最多。按沙子的颗粒大小，又可分为粗沙、中沙和细沙，一般砂子的直径在0.15～5mm之间。

③ 石子　石子分为碎石和砾石两种，石子按其颗粒大小分为粗（40～150mm）、中（20～40mm）、细（5～20mm）三种。

④ 水　不含油质、糖类与酸类等杂质的自来水和清洁的天然水均可使用。

⑤ 钢筋　钢筋主要配置在受压弯曲、偏心受压时结构物承受拉应力的部位；其次可将钢筋做成各种搭配形式来加固混凝土的拉压能力，承受收缩及温度变化而引起的应力，用来提高混凝土的强度。

2）混凝土的使用

投入使用的机械设备一般都要安装固定在混凝土结构的基础上。由于机械设备都具有一定质量，运行过程中将会产生冲击和振动，有些情况下还要避免外界振动的干扰。为保证机械设备的正常工作，混凝土结构的基础必须坚实牢固。设备基础的尺寸、位置等质量要求应符合《钢筋混凝土工程施工及验收规范》的规定。安装的具体要求应符合《机械设备安装工程及验收规范》的规定。

① 灌浆前的准备工作

a. 灌浆一般宜用细碎石混凝土（或水泥砂浆），其标号应比基础或地坪混凝土高一级，石子尺寸要小于20mm。

b. 采用的沙、石子应仔细清洗和筛选，不得夹带杂质，水质要清洁，混凝土的配合比及人工搅拌应严格遵守技术规范。

c. 为使灌注的混凝土或水泥砂浆与基础结合紧密，应将基础表面铲出麻面，每100cm^{2}的面积上应有5～6个直径为10～20mm的小坑。

d. 在设备底座上安装好地脚螺栓，并对基础进行检查，清除凹穴处的积水、油物、泥土和杂质。

e. 垫铁与机械设备底座应严密贴合，垫铁组应调整到最低位置，使其留有最大的升高余量。

② 灌浆的技术要求

a. 灌浆层不允许有裂纹、蜂窝、孔洞及麻面等缺陷，如要求灌浆层与设备底座紧密接触时，在灌浆过程中应注意捣实，其接触面不允许有间隙。

b. 机械设备下面的灌浆层如需承受负荷时，其厚度一般不得小于25mm，如果只起固定垫铁和防止油、水进入等作用并且灌浆较容易时，其厚度可小于25mm。

c. 当设备安装完毕，校准合格后，必须在24h之内集中力量完成灌浆工作，否则还要进行一次复测，检查安装精度后再灌浆。

d. 灌浆前安设的外模板与设备底座底面外缘之间的距离不得小于60mm，其高度视具体需要而定。

e. 如果设备底座下的整个面积并不全部灌浆，应考虑安设内模板，内模板至设备底座底面外缘的距离不得小于100mm，也不能小于底座底面边宽，其高度不能小于底座底面至基础或地面间的净空。

f. 灌浆时，要分层捣实，并检查螺栓，如有歪斜要及时扶正。应保持连续浇灌，浇灌时间不能超过1～1.5h，否则会出现混凝土分层的现象。

g. 灌浆时，现场气温应在5℃以上，如果气温偏低，则需用温度60℃以下的水搅拌混凝土并掺入一定数量的早强剂。掺入早强剂时，可考虑选用占水泥质量3%的氯化钙，灌浆后用

草席、草袋等遮盖保养。

压浆法如图 4-6（a）所示。地脚螺栓、垫铁、灌浆层和内外模板如图 4-6（b）所示。

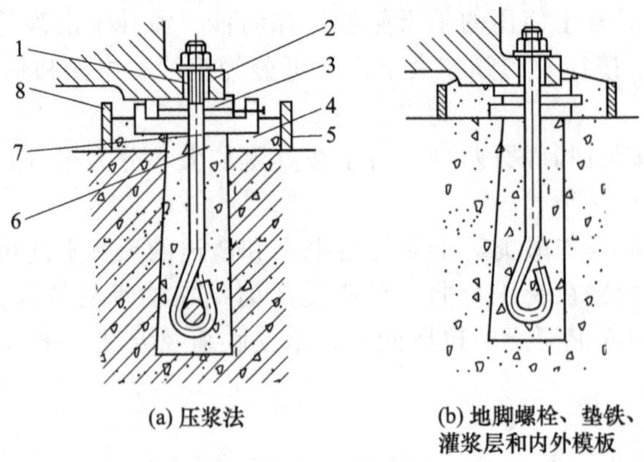

(a) 压浆法　　(b) 地脚螺栓、垫铁、灌浆层和内外模板

图 4-6　灌浆

1—地脚螺栓；2—机床底座；3—调整垫铁；4—灌浆层；5—外模板；6—支撑圆钢；7—点焊位置；8—内模板

3）地基养护

任何机械设备的基础所使用的地基都必须进行加固处理，其方法有填土法、机械加固法、桩加固法、水泥灌浆法和化学加固法。

为了使基础混凝土达到预定的强度，基础浇灌完毕之后，不允许立即进行机械设备的安装，而应该至少保养 7～14 天。设备在基础上面安装完毕后，应至少经过 15～30 天之后，才能进行设备的试运转。

4.2.5　卧式车床安装实例

机床设备为机电一体化产品，涉及的专业学科较多，通常价格都比较贵，安装也比较复杂，这就要求各维修人员之间应相互协助、配合，积极做好各方面的工作。下面以卧式车床为例，简述其安装过程及要点。

(1) 卧式车床的搬运

用起重设备搬运装箱的卧式车床时，应按包装箱上的起吊标志系钢丝绳起吊和卸放。卸放时不允许使包装箱底面或侧面受到冲击或剧烈振动，也不得过度倾斜。

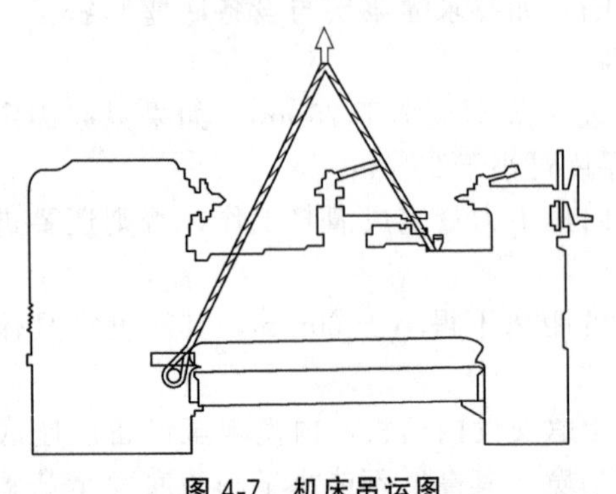

图 4-7　机床吊运图

用起重设备搬运已开箱的卧式车床时，应按使用说明书的吊运图进行，并利用床鞍保持平衡。在绳索接触部位应垫木块以免损坏表面，如图 4-7 所示。

开箱后应首先检查机床的外观有无损伤，并按装箱单清点附件和工具是否齐全。

当利用滚杠移动卧式车床时，滚杠直径不应超过 60～70mm。

(2) 卧式车床的安装、调平

卧式车床在使用前，必须正确安装与调平，否则将影响车床的精度。

① 安装　安装是用地脚螺栓将卧式车床固定在基础上，这是常用的方法。安装卧式车床时，先将车床吊放在已凝固的基础上，然后在基础的螺栓孔内装上地脚螺栓并用螺母将其连接在床脚上，待车床用调整垫铁调整水平后（卧式车床用 6 组斜垫铁支承，每组 2 块，应尽量放在地脚螺栓附近，常用的垫铁如图 4-8 所示）用混凝土浇灌进地基孔内。混凝土凝固后，再次对车床调整水平，并均匀地拧紧地脚螺栓。

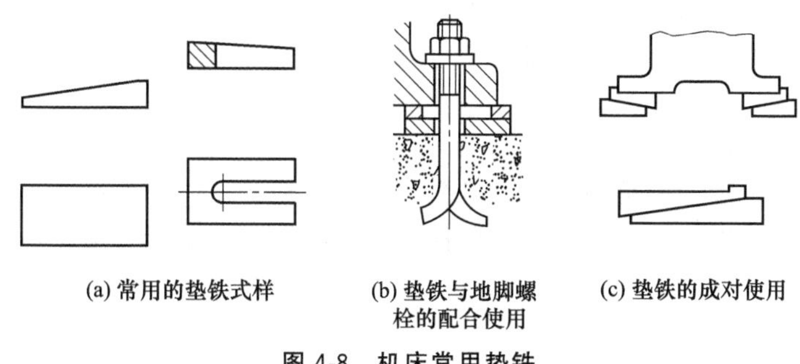

(a) 常用的垫铁式样　(b) 垫铁与地脚螺栓的配合使用　(c) 垫铁的成对使用

图 4-8　机床常用垫铁

② 调平　调整卧式车床的水平时，应首先进行粗调（一般应在地脚螺栓孔灌注混凝土之前进行）。当水平仪放在床鞍溜板在床身全长上检验时，每 500mm 做一次记录。当水平仪的读数接近允许值时，粗调完毕并将混凝土灌入地脚螺栓孔内，等待混凝土干透后，再进行精调。

精调卧式车床的水平时，应同时调整垫铁和地脚螺栓上的螺母，两者相互配合，直至车床的纵向水平和横向水平均达到要求。当精调完毕后，地脚螺栓上的螺母均应已拧紧。设备投入运转之前用水泥固定调整垫铁，床脚周围必须抹平，以免润滑油渗入。

(3) 注意事项

① 搬运车床时，应避免冲击和剧烈的振动。

② 搬运过程中，要有专人指挥。

③ 卧式车床在安装前应按要求做好基础。准备工作要充分，包括垫铁、地脚螺栓、水平仪等。

④ 由于机床在出厂以前已做过全面检查，各项精度均在允差范围内，故在安装、调平时，只需控制机床的纵向水平及横向水平，即将溜板移动时的倾斜度控制在 0.02/1000，全长上为 0.03mm；将溜板移动在垂直平面内的直线度（只许中凸）控制在 0.02/1000，全长上为 0.04mm，其他精度项目一般不做检查。

⑤ 精调水平时，水平仪的读数应在紧固各地脚螺栓后读取，再根据读数对相应位置的垫铁进行调整（调整垫铁和紧固地脚螺栓，两者互相配合）。

(4) 安装后的机床设备清洗

机床安装后，必须用煤油仔细将防锈涂料清洗干净。床头箱内需用煤油冲洗，润滑部位的导油羊毛线逐一清洗干净，干透后仍装回原处。丝杠、光杠、导轨和刀架等处，不允许用砂纸或金属硬物磨刮，将防锈涂料仔细清洗干净后，及时涂上机油，以防生锈。

(5) 安装后的机床设备试车的基本要求

试车前，应仔细阅读机床使用说明书，了解机床的结构，熟悉各操纵机构和使用方法，并按机床润滑系统图的规定加注润滑油，用手动检查各部分的工作情况。机床接通电源前应检查电气系统是否完好、电动机是否受潮。接通电源后，应检查电动机的旋转方向是否正确。

各部分检查完毕，可进行空运转试验，检查各传动部分的运转情况是否正常。正常后，机床才可以用于切削工作。

4.3 普通机床的维护保养

为了保证机床设备的工作精度，延长其使用寿命，必须对机床进行合理的维护保养。维护保养一般采用日常维护保养、一级保养及二级保养的“三级保养”制度。它的内容如下。

日常维护保养：要求操作工人在每班生产中做到班前对设备进行检查、润滑；班中严格按

操作规程使用设备，发现问题及时处理；下班前对设备进行认真清扫、擦拭。

一级保养：以操作工人为主，专业维修工人为辅，按计划对设备进行局部和重点部位拆卸、检查，彻底清洗外表和内部，疏通油路，清洗或更换油毡、油线、滤油器，调整各部位配合间隙，紧固各连接部件。

二级保养：以设备维修人员为主，设备操作人员为辅，工作内容有针对性，一般部位只进行检查、修整，并局部拆卸、清洗设备，更换磨损的零件，恢复原有精度，以满足正常运转的要求。

4.3.1 设备的润滑

设备润滑是设备维护保养工作的重要环节。搞好设备润滑工作，对减少故障、保证设备正常运转、减少机件磨损、延长设备使用寿命都有着重要的意义。

（1）机床常用的润滑方式

① 动压润滑　通过轴承副轴颈的旋转，将润滑油带入摩擦表面，由于润滑油的黏性和油在轴承副中的楔形间隙形成流体动力作用而产生油压，即形成承载油膜，称为流体动压润滑。动压润滑多用于有一定速度的主轴滑动轴承（多片轴瓦）上。

② 静压润滑　将一定压力的润滑油强行压到运动摩擦副的摩擦表面间隙中，强制形成油膜，称为液体静压润滑。静压润滑多用于静压轴承、静压导轨上。

③ 动、静压润滑　当轴承在启动或制动过程中时，采用静压液体润滑将轴颈浮起。当轴承副进入全速稳定运转时，则采用动压润滑。因此，这种润滑方式具备动压、静压两者的优点，能大大延长轴承的工作寿命。

④ 边界润滑　边界润滑是从摩擦面润滑剂分子间内摩擦（即液体润滑）过渡到摩擦面直接接触之间的临界状态。边界润滑剂中加入了各种极性物质，多用于重负荷齿轮传动、凸轮机构中凸轮与顶杆以及普通滑动轴承的润滑。

⑤ 极压润滑　属于边界润滑的一种特殊情况，也就是在重载、高速、高温条件下，润滑油中的极压添加剂与金属摩擦表面发生反应生成一层化学反应膜，将两摩擦表面分隔开，达到润滑的作用。极压润滑多用于汽车齿轮、轧钢设备的齿轮、丝杠副、联轴器等。

⑥ 固体润滑　这是在摩擦面间放入固体润滑剂的润滑形式。多用于不能采用液体润滑油的机械设备。

⑦ 自润滑　将具有润滑性能的固体润滑剂粉末与其他固体材料混合并经压制、烧结成材，或是在多孔性材料中浸入固体润滑剂，或是用固体润滑剂直接压制成材，作为摩擦表面。在整个润滑过程中，不需要再加入其他润滑剂。如用聚四氟乙烯制品做成的空气压缩机的活塞环、轴瓦、轴套等。

（2）润滑剂的作用

① 降低摩擦因数　润滑剂形成润滑油膜减摩层，能够降低摩擦因数、减小摩擦阻力、减少动能消耗。

② 降低温度　由于摩擦因数降低，必然减少了摩擦热的产生。此外，循环润滑系统还能够带走摩擦所产生的热量，对设备起到降温冷却的作用。

③ 减少磨损　用润滑剂将两摩擦表面隔离，能够减少由于硬粒、表面锈蚀、表面咬焊和撕裂等造成的磨损。

④ 防止腐蚀，保护金属表面　对金属没有腐蚀作用的润滑剂能够隔绝潮湿空气中的水分和有害物质对金属表面的侵蚀。

⑤ 清洁冲洗作用　摩擦副在运动时产生的磨损微粒或外来物质，都会加速摩擦表面的磨损，液体润滑剂的冲洗作用可以冲走摩擦面间的磨粒，从而减少磨粒磨损。

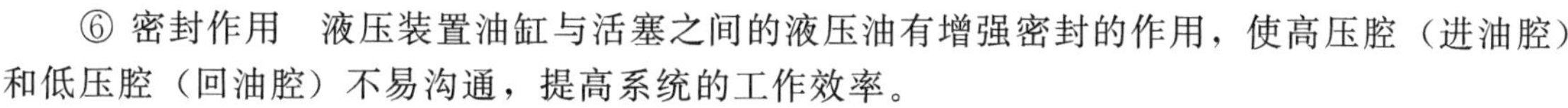

⑥ 密封作用　液压装置油缸与活塞之间的液压油有增强密封的作用，使高压腔（进油腔）和低压腔（回油腔）不易沟通，提高系统的工作效率。

(3) 常见的润滑方法

① 手工加油润滑　润滑油、脂通过人工使用油枪、油壶，经分散的油杯注入摩擦表面，或者直接将油加到摩擦表面的方法称为手工加油润滑法。这种方法常使用在轻负荷、低速度的摩擦部位，如开式齿轮、链条、钢丝绳等处，也用于一些普通车床、铣床、牛头刨床、卧式镗床等设备的导轨润滑。它具有方法简单的优点，但存在加油不及时，容易造成设备零件磨损，润滑油、脂利用率较低，油的供给不均匀等弊病。这种润滑方法的关键是要及时加油。图 4-9 给出了常见的几种手工加油润滑装置的结构。

② 滴油润滑　滴油润滑是通过针阀滴油杯控制滴油量，使注入其中的润滑油能一点一滴地向摩擦表面滴入，图 4-10 为滴油杯结构。这种方法常使用在数量不多而又容易靠近的摩擦部位，如滑动轴承、滚动轴承、链条、导轨等处。使用滴油润滑必须保持容器内的油位不得低于最高油位的 1/9 高度，定期清洗油杯，采用经过过滤的润滑油，防止针阀阻塞。

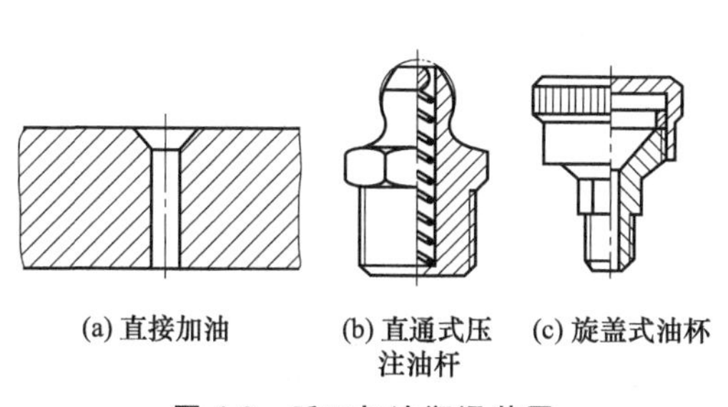

(a) 直接加油　(b) 直通式压注油杆　(c) 旋盖式油杯

图 4-9　手工加油润滑装置

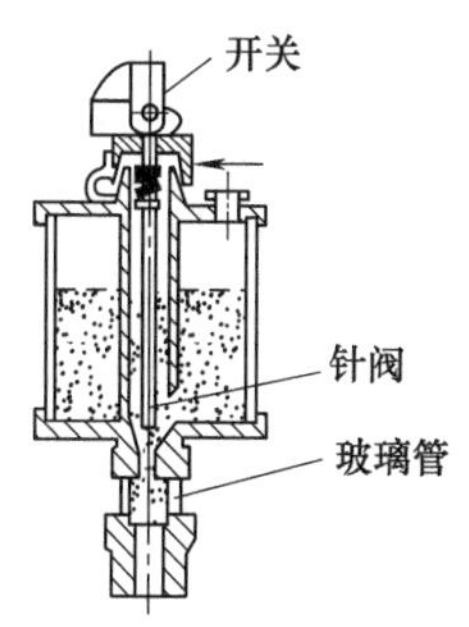

图 4-10　滴油杯的结构

③ 飞溅润滑　这种润滑方法通常是依靠旋转的机械零件，或者附加在轴上的甩油盘、甩油片，把油池中的油通过飞溅的形式，推到容器壁上，靠集油孔、槽的形式来润滑摩擦部位。它具有封闭润滑、防止沾污、循环润滑、省油防漏、作用可靠、维护简单等优点。常用于齿轮箱、蜗轮蜗杆机构、链条传动等处。使用这种方法进行润滑必须保证油池中规定的油位，并要定期换油。

④ 油环、油链及油轮润滑　这种润滑方法是把油环或者油链套在轴上自由旋转，或者将油轮固定在轴上随轴旋转，油环、油链、油轮部分浸泡在油池之中。当轴旋转时，它们就会将油带入摩擦表面，形成自动润滑。与飞溅润滑方法相类似，它具有循环润滑、作用可靠、维护简单等特点。当主轴密封圈保持紧密和弹性时不会产生漏油，或油受沾污的现象。使用中要注意，必须保证油池中的油位，并进行定期换油。显然此种方法只适合对处于水平方向上的主轴轴承进行润滑。

⑤ 油绳、油垫润滑　这种润滑方法是当将油绳、毡垫或泡沫塑料等物的一部分浸在油内时，自身就会产生毛细管作用，出现虹吸现象，连续不断地向摩擦表面供油。这种润滑方法供油均匀，具有过滤作用，常用在低速、轻负荷的轴套和一般机械上。使用这种润滑方法时油绳、油垫一般不要和摩擦表面接触，以防被卷入摩擦副内。要定期清洗或者更换油绳、油垫，以免变脏被堵，丧失毛细管作用。要经常保持油位处于正常的高度。更换的油绳不能打结。图 4-11给出了油绳、油垫润滑装置的结构。

⑥ 强制送油润滑　这种润滑方法是利用装在设备内油池上的小型柱塞泵，通过机械传动装置的带动进行工作，把润滑油从油池送入摩擦部位。它具有维护简单、供油随设备的启闭而启闭、自动均匀等特点，常用在金属切削和锻压等设备上。对于这种润滑方法，要保持装置内

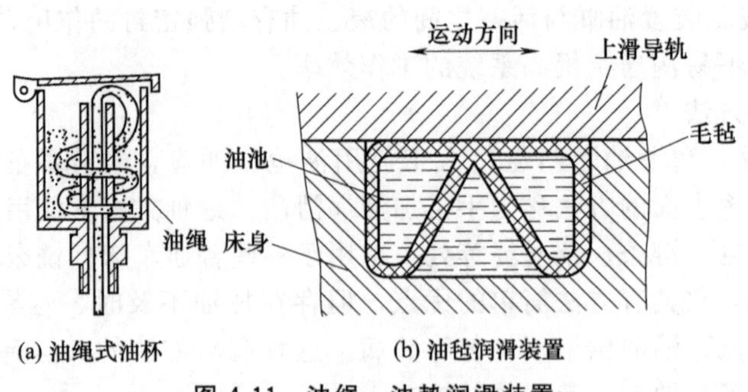

(a) 油绳式油杯　(b) 油毡润滑装置

图 4-11　油绳、油垫润滑装置

的清洁，要按规定油位加油，润滑油应经过过滤，防止泵吸入油池中的沉淀物堵塞油路。

⑦ 压力循环润滑　压力循环润滑通常利用油泵，将循环系统的润滑油加压到一定的工作压力，然后输送到各润滑部位。使用过的油经回油管送到油箱过滤后，又继续循环使用。该系统一般由电动机、油泵、油箱、滤油器、分油器、分油槽、油管及控制器件等组成。系统装置虽然比较复杂，但能均匀连续供油，油量充足，经久耐用，适于重负荷的主要摩擦表面的润滑，如图 4-12 所示为压力循环润滑安装及柱塞泵润滑装置的结构。使用这种润滑方法，要求管道畅通、无泄漏，油箱要保持规定油位。

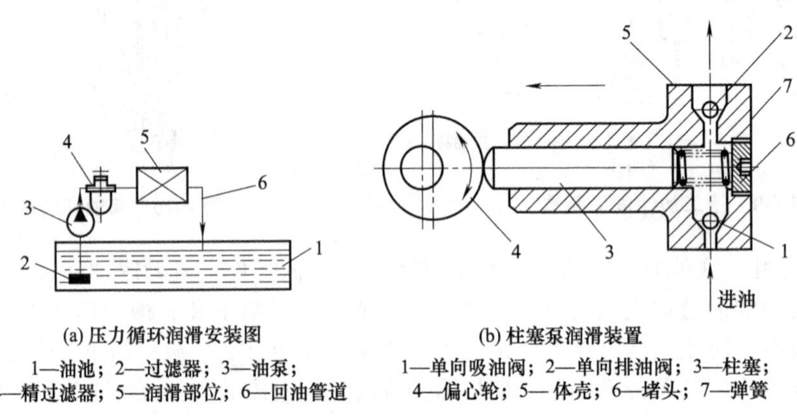

(a) 压力循环润滑安装图

1—油池；2—过滤器；3—油泵；4—精过滤器；5—润滑部位；6—回油管道

(b) 柱塞泵润滑装置

1—单向吸油阀；2—单向排油阀；3—柱塞；4—偏心轮；5— 体壳；6—堵头；7—弹簧

图 4-12　压力循环安装及柱塞泵润滑装置的结构

⑧ 集中润滑　集中润滑是用一个位于中心的油箱和油泵及一些分配阀、分送管道，每隔一定的时间输送定量油、脂到各润滑点。它可以通过手工进行操作，也可以通过专用装置在调整好的时间内，自动配送油、脂。这种方法供油均匀、有周期性、可靠安全，但系统比较复杂，要求油路系统畅通，润滑油、脂清洁，保持规定油位。

此外，还有利用压缩空气通过喷嘴把润滑油喷出雾化，对摩擦副进行润滑的油雾润滑和选用自身具有润滑作用的材料制作摩擦副零件的内在润滑等润滑方法，在普通设备上很少使用。

(4) 普通机床对润滑油的一般要求

① 润滑油应具有一定的黏度，以保证在相对运动的零件上具有持久的油膜，保证润滑能力。

② 润滑油不得腐蚀机械零件，不得含有水分和机械杂质。温度变化时，其黏度改变的幅度要小。

③ 润滑油在使用中不得形成大量的积炭和沥青层。

④ 润滑油必须经过化验，确定符合规定要求后方可使用。

⑤ 加入机床内的润滑油必须经过过滤，并且所加油量必须达到规定的油标位置。

⑥ 凡需两种油料混合使用时，应先按比例配合好，然后使用。

⑦ 液压系统的油液，必须特别注意清洁，不得使用再生油液。

(5) 机床润滑注意事项

① 按机床润滑表的规定按时、按量加润滑油（脂）。图 4-13 为 CA6140 型卧式车床的润滑系统位置示意图，润滑部位用数字标出，数字的含义：46 表示 N46 机油，图中的②表示 2 号钙基润滑脂，$\frac{46}{15}$表示油号/两班制换油天数等。

② 选用适当黏度的润滑油，如砂轮主轴滑动轴承选用 2 号精密机床主轴油或 85%～90% 灯用煤油加 10%～15%22 号汽轮机油；再如润滑系统与液压系统合并的精密磨床导轨，选用 20 号精密机床液压导轨油等。

③ 加入的润滑油要干净，油量要足，凡是有油标的地方，一定要达到规定高度。

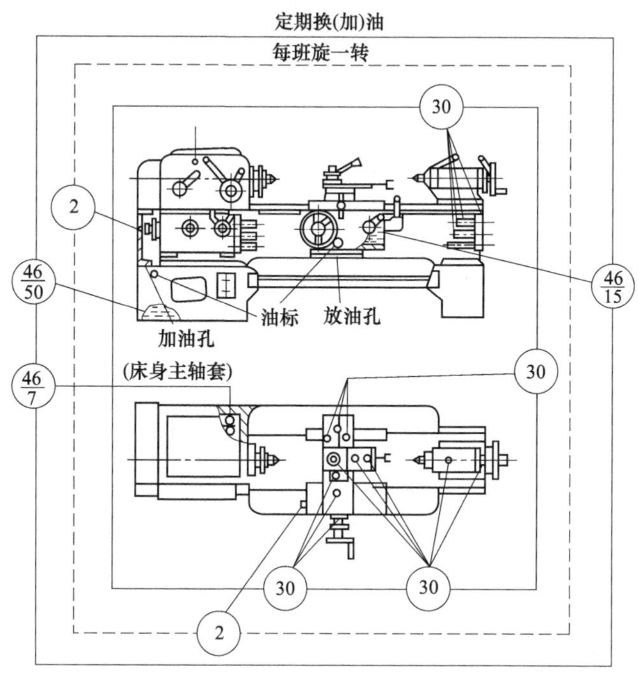

图 4-13 CA6140 型卧式车床润滑系统

4.3.2 润滑系统的密封

密封装置是机械设备的重要部件之一，密封的功能是阻止流体的泄漏，流体泄漏会引起机械设备运转异常、故障增多、效率下降、寿命缩短、能源浪费、环境污染，而应用密封技术防漏治漏则是最常用的方法。

(1) 常用的密封材料

① 橡胶类密封材料　橡胶类密封材料具有高弹性、耐液体介质腐蚀、耐高温及耐低温、易于模压成形等优点，是最主要的密封材料。橡胶分为天然橡胶和合成橡胶，合成橡胶中应用最广的是丁腈橡胶、氯丁橡胶和氟橡胶。

② 密封胶　用密封胶涂覆在结合面上，将两结合面胶接，堵塞缝隙部位的泄漏，这种治漏方法称为胶密封。在采用胶密封时，应根据不同的材料和工作环境等要求选用不同的密封胶。常用的密封胶有液态密封胶、硅酮型液态密封胶、厌氧胶、热熔型密封胶和带胶垫片等。所有密封胶在使用时，应按下列程序施工。

a. 表面处理：除去灰尘、锈迹、油污，再用汽油、酒精、丙酮或三氯乙烯等有机溶剂清洗并晾干。

b. 涂胶：涂胶厚度视间隙大小而定，螺纹连接密封时只在外螺纹上涂胶。

c. 干燥：各种密封胶晾干放置的时间按密封胶说明书的要求确定。厌氧胶、带胶垫片等不需要晾干放置。

d. 紧固密封：一般紧固力越大，结合面的间隙越小，密封效果越好。

e. 清理：及时清除结合面挤出来的多余胶液，因为密封胶固化后清理十分困难。

f. 固化：密封胶的固化时间一般为8～24h，待固化后才能承受压力或试运行。

③ 塑料类密封材料　塑料类密封材料应用较多的是聚四氟乙烯，它是一种化学稳定性好的耐磨材料，故常用于防腐蚀、耐高温和减少摩擦、防止爬行的密封装置中。

④ 石墨　石墨具有耐热、耐腐蚀、耐辐射、自润滑、摩擦因数小、导热性好等优点。浸渍石墨可制成端面密封的软环或石墨密封带，作为阀门密封使用。

(2) 常用的密封方式

1）往复运动的密封

① 软填料密封　软填料密封俗称盘根，是用软填料填塞环形缝隙后压紧的密封形式。软填料靠压盖的轴向压力产生径向变形，贴紧轴表面和填料盒内壁来实现密封。常用的填料有氟纤维、碳纤维、浸渍油脂的棉麻绳、浸渍油脂和石墨的石棉编织品等。

② O形密封圈密封　O形密封圈是一种横截面形状为圆形的耐油橡胶环，如图4-14所示。拆卸或装配O形密封圈时要仔细，防止O形密封圈被划伤、切断。装配时应注意：

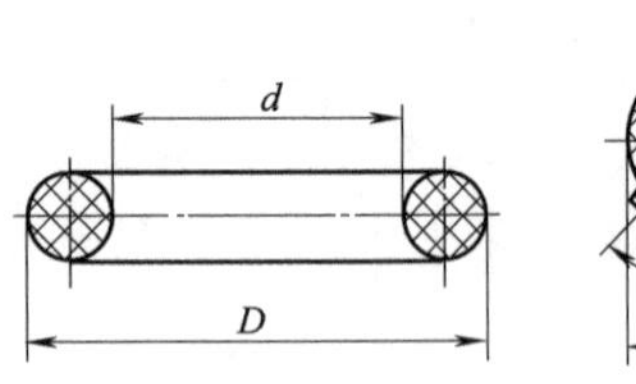

(a) 截面形状　(b) 分模面位置及尺寸

图 4-14　O形密封圈

a. 零件轴头、台肩处应有倒角。O形密封圈安装时途经之处的棱角和毛刺要用锉刀修整。

b. 通过螺纹、键槽时，应设置用纸或塑料纸卷成的保护套，轴径和内孔中涂润滑油。

③ 唇形密封圈密封　唇形密封圈按断面形状不同，分为Y形密封圈、V形密封圈、U形密封圈、L形密封圈和J形密封圈，如图4-15所示。使用唇形密封圈时应注意：

a. 安装部位各锐棱应倒钝，圆角半径应大于0.1～0.3mm。

b. 按载荷方向安装密封圈，切勿反装，否则会将载荷加到密封圈的背面，使密封圈失去密封作用。

c. 安装前对密封圈要通过的表面涂润滑油，对用于气动装置的密封圈则涂润滑脂。

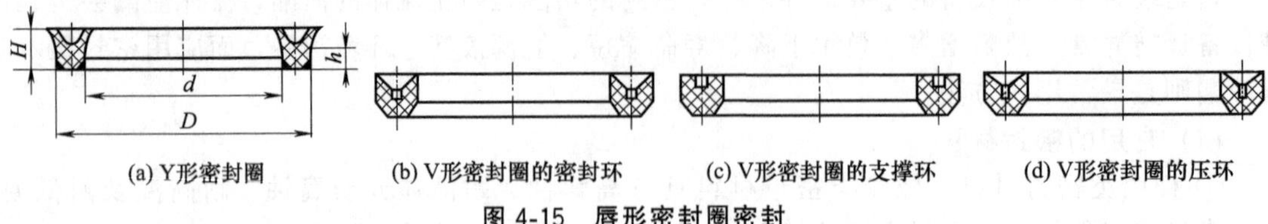

(a) Y形密封圈　(b) V形密封圈的密封环　(c) V形密封圈的支撑环　(d) V形密封圈的压环

图 4-15　唇形密封圈密封

2）回转运动的密封

① 毡圈密封　毡圈密封结构简单，同时具有密封、储油、防尘、抛光的作用。使用时应注意：

a. 毡圈需用细羊毛毡冲裁成圈，不能用毡条装入槽中代替毡圈。

b. 毡圈不能紧压在轴上，装配时毡圈既要与轴接触，又不能压得过紧。

c. 毡圈装在斜度为4°的梯形沟槽中，毡圈外径与槽底面保持径向间隙0.4～0.8mm，轴和壳体间应有0.25～0.40mm的间隙。

② 间隙密封　利用配合件的间隙对润滑油流动的阻力来阻止漏油，称为间隙密封，如图4-16所示。利用曲折通路节油效应，降低压力差来减少泄漏的密封方式，称为迷宫密封。

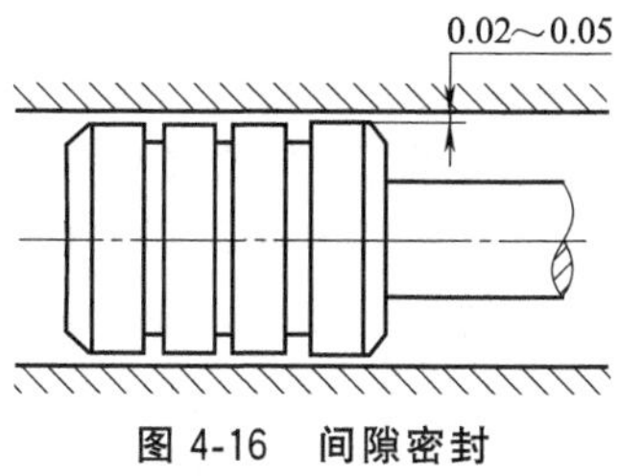

图 4-16　间隙密封

③ 油封　带有唇口密封的旋转轴密封件称为油封，油封由耐油橡胶制成，用金属骨架加强，并用环形弹簧加压。

油封安装前要在唇口和轴的表面上涂润滑油或润滑脂，安装时要注意方向，弹簧一侧朝里，操作时要防止弹簧脱落、唇口翻转。当油封通过轴上键槽、孔或花键时，要保护油封唇口。油封装入座孔时应保持垂直压入，切勿歪斜。

3）静密封

静密封就是两固定结合面间的密封。

① 垫片密封　要根据工作压力、工作温度和密封介质等因素合理选择密封垫片材料。常用密封垫片的材料有纸垫、橡胶垫片、夹布橡胶垫片、聚氯乙烯垫片、橡胶石棉垫片、缠绕垫片和金属垫片等。

② 螺纹的密封　常用的密封方法有：

a. 直接封严螺纹部分。其方法有在外螺纹上缠麻丝并涂铅油，在外螺纹上缠聚四氟乙烯密封带，在螺纹上涂密封胶等。

b. 在螺纹退刀槽处装O形密封圈。

c. 在螺钉头与被连接面间加垫片。

d. 在螺纹盲孔端部加垫片。

(3) 防漏及治漏的方法

通常将漏油划分为渗油、滴油和流油三种形态。一般规定，静结合面部位，每半个小时滴一滴油为渗油；动结合面部位，每六分钟滴一滴油为渗油。无论是动结合面还是静结合面，每二至三分钟滴一滴油时，就认为是在滴油；每分钟滴五滴及以上时，就认为是在流油。

在排除设备漏油故障中，使设备达到治漏目的的一般要求是：设备外部静结合面处不得有渗油现象，动结合面处允许有轻微渗油，但不允许流到地面上；设备内部允许有些渗油，但不得渗入电气箱和传动带上，不得滴落到地面上，并能引回到润滑油箱内。

1）设备漏油的常见原因

① 由设计不合理引起的漏油。

a. 没有合理的回油通路，使回油不畅造成设备漏油。例如，轴承处回油不畅，就容易在轴承盖处出现积油，或者形成一定压力，使轴承盖处出现漏油现象。有的设备回油孔位置不对，容易发生被污物堵塞，回油不畅出现漏油的现象；有的设备回油槽容量过小，容易造成回油从回油槽溢出的现象；有的设备在工作台旋转时，容易将油甩出，而如果又没有设计适用的回收装置，就会造成润滑油漏到地面的现象。

b. 密封件与使用条件不相适应，造成设备漏油现象。在机械设备中最常用的密封件是O形橡胶密封圈，选用时必须根据设备的使用条件和工作状态进行选择。在用油润滑条件下，当密封压力小于2.9MPa时，可选用低硬度耐油橡胶O形密封圈；当密封压力达到2.9～4.9MPa时，应选用中硬度耐油橡胶O形密封圈；当密封压力达到4.9～7.8MPa时，应选用高硬度耐油橡胶O形密封圈。若用油润滑选择了普通橡胶O形密封圈，或者虽然选用了耐油橡胶O形密封圈，但应用压力范围低于设备密封压力，就会造成设备漏油故障。

c. 该密封的地方没有设计密封，或者密封尺寸不当，与密封件相配的结构不合理，造成设备出现漏油现象。例如，箱体上的螺钉孔设计成通孔，又没有密封措施；箱体盖处没有设计密封垫；转轴与箱体孔的配合间隙过大；密封圈与轴配合的过盈量不合要求；密封槽设计不合理等情况都可能使设备中的润滑油从没有实现密封的环节中漏出。

② 由缺陷和损坏引起的漏油。

a. 铸造箱体时，质量不符合要求，出现砂眼、气孔、裂纹、组织疏松等缺陷，而又未及时发现，在设备使用过程中，这些缺陷往往就是设备漏油产生的根源。

b. 油管选用塑料管，管接头选用塑料接头时，经过长期使用以后，材料会老化，造成油管和管接头破裂，引起漏油故障。

c. 密封圈长期使用以后，摩擦磨损会使其丧失密封性能，或者橡胶等材料老化使密封圈完全损坏，以及转轴与套之间由于磨损，使孔轴间间隙增大，从而产生漏油现象。

d. 由于箱体和箱盖的结合面加工时，平面度严重超差以及表面粗糙度值太大，或者残余内应力过大引起变形，使结合面贴合不严密，或者紧固件产生损坏松动，都会引起漏油现象。

③ 由于维修不当而引起的漏油。

a. 相关件装配不合适引起漏油的情况比较常见。例如，箱体和箱体盖之间结合面处有油漆、毛刺或碰伤，使结合面出现贴合不严的现象；未加盖板密封纸垫或者盖板的密封纸垫被损坏；密封圈在拆卸安装中受到划伤损坏或者装配不当；螺钉、螺母拧得过松等原因都会使装配不合适的部位产生漏油现象。

b. 换油不合要求，往往也会引起设备漏油。换油中出现的问题主要表现为三个方面：其一是对于采用高黏度润滑油进行润滑的零部件，换油时随意改用低黏度润滑油，就会使设备中相应箱体的密封性能受到一定影响；其二是换油时不清洗油箱，油箱中的污物就有可能进入润滑系统，堵塞油路，造成漏油；其三是换油时加油过多，在旋转零件的搅动下，容易产生溢油现象，造成漏油。

c. 对润滑系统选用和调节不合适而引起漏油。例如，维修选用油泵时选用了压力过高或者输油量过大的油泵，或者调节润滑系统时使油压过高、油量过大，与回油系统以及密封系统不能相适应，就会产生漏油现象。

2）漏油检查的一般方法

① 机械系统的漏油检查。

a. 按部件进行普查：一般设备都包括主轴箱、进给箱、床身部件、工作台部件等几大部分。检查设备的漏油情况时，应检查完一个部件后，再检查另一个部件。先将要检查的部件外表用棉纱擦干净，再进行观察，看从什么部位出现润滑油渗漏现象，并测定其渗漏程度。检查时要注意那些动密封部位，例如，转轴的孔轴配合处，由于间隙的存在容易出现漏油现象，旋转工作台若回油不畅容易将油甩出、溢出，通过观察都能很容易地发现问题。静密封处应检查的主要部位是箱体盖缝、油标、油管、管接头等处。

b. 对重点部件要进行细查：由于箱体大多储存大量的润滑油，又有旋转零件的作用及受负荷后的变形，从而使箱体成为最容易漏油的部件，因此，治漏时要作为重点进行细查。

当箱体的底部漏油时，可将白纸塞入怀疑部位，5min 后抽出，观察纸片上的滴油情况，进行判断。若能进行拆卸检查，可以将箱体内部擦干净，然后对怀疑是由于裂纹、疏松引起漏油的部位涂上煤油。过一段时间再将煤油擦净，并敷上白色粉末，用小锤连续敲击，从而渗过金属裂缝中的煤油，就会透过白色粉末显出裂纹、疏松的轮廓。缺陷位置找到以后，就可以对症修理。

c. 重视设备使用过程的日常观察工作：在日常维护中，设备操作者要重视设备表面及润滑系统各部位的清洁工作。通过这项工作可以观察设备各部位的渗漏情况，弄清渗漏部位，以便为治漏中查清漏因提供依据。由于有些设备的箱体漏油原因隐蔽，漏油部位一时很难查清

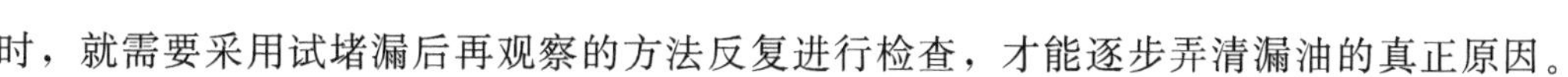
时，就需要采用试堵漏后再观察的方法反复进行检查，才能逐步弄清漏油的真正原因。

② 转轴部位漏油治理实例。

a. 用增加回油孔槽的方法实现治漏，如图 4-17 所示。其中，图 4-17（a）为治理前的结构形式，采用了毡垫结构进行密封防漏。但是当轴承润滑比较充分时，往往会有润滑油沿转轴渗出，尤其毡垫使用较长时间以后情况更加严重。图 4-17（b）为改进后的形式，去掉毡垫，把毡垫槽作为回油槽，再在轴承座处打一个回油孔，并将带轮凸缘外圆处加工成锯齿状圆槽。这样有利于将沿转轴流出的润滑油甩进回油槽，使油流回油箱，起到治漏的作用。

b. 用增加密封圈的方法治漏，如图 4-18 所示。其中，图 4-18（a）为治理前的结构形式，由于手柄轴与套之间存在有较大的间隙，从而造成了润滑油沿轴渗出的现象。图 4-18（b）为改进后的结构形式，在手柄转轴上分别切出两个环形槽，并加上 O 形密封圈，以防止润滑油渗出。

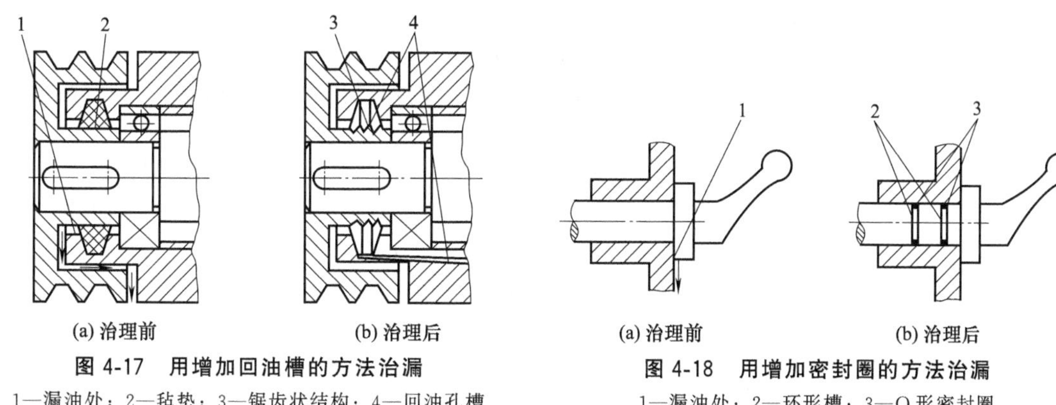

(a) 治理前 (b) 治理后

图 4-17 用增加回油槽的方法治漏

1—漏油处；2—毡垫；3—锯齿状结构；4—回油孔槽

(a) 治理前 (b) 治理后

图 4-18 用增加密封圈的方法治漏

1—漏油处；2—环形槽；3—O 形密封圈

③ 箱体治漏。

a. 铸造箱体的铸造缺陷会造成泄漏，如砂眼、气孔、缩孔、裂纹等。微孔可用浸渗密封胶密封；大的气孔则采用机械加工挖去缺陷部位后加堵头密封；有裂纹时，先在裂纹两端稍前方钻孔，防止裂纹进一步延伸，然后用胶黏剂修补；焊接箱体的焊缝缺陷是造成泄漏的主要原因，一般采用补焊的方法治漏。

b. 固定结合面，如观察孔、操作孔等，可用环形密封圈、密封垫或密封胶密封。

c. 密闭式箱体，由于温度升高，内部压力加大而发生泄漏，应在箱盖上的适当位置加一通气孔，排出多余气体，减小内部压力，以达到治漏的目的。

4.3.3 机床润滑系统的清洗及保养

机床设备的润滑装置一般包括油箱、油泵、润滑油流量和压力调节系统、润滑管路、单体润滑装置、多润滑点供油装置、过滤装置和润滑检查保护装置等。

(1) 机床设备润滑装置的清洗

① 油绳、油毡的清洗方法　油绳、油毡都是用纯羊毛做成的，在润滑装置中起着吸油、过滤和防尘的作用。当使用到一定期限后，由于残留的脏物堵塞在羊毛纤维的毛细管，使其润滑性能下降，必须进行清洗，以恢复原有的功能。清洗的步骤如下。

a. 将油绳、油毡从装置上仔细拆下，特别是羊毛毡做成的油封，拆卸时极易损坏，必须小心操作。

b. 用手挤干残留油液。

c. 将油绳、油毡置于盛有清洗液的容器内浸泡 24h。常用的清洗液有航空洗涤煤油、工业

酒精等。

d. 将浸泡后的油绳、油毡捞出后用手挤干；再浸入清洗液中，使之吸满清洗液；再捞出挤干，如此反复多次，直至挤不出脏物为止。

e. 将挤干的油绳、油毡放在与润滑时品牌及标号相同的润滑油中浸泡。

f. 将已充分吸收润滑油的油绳、油毡重新安装在装置上。

② 油杯的清洗方法　机械设备中常用的油杯有压注油杯、旋盖式油杯、旋套式注油油杯、弹簧盖油杯、针阀式注油油杯等。油杯在使用中残留的脏物渐渐增多，特别是长期残留在油杯中的润滑脂与空气接触，极易变质。一旦这些残留物进入到设备润滑部位，就会破坏正常的润滑功能。所以，要对油杯定期进行清洗，清洗的步骤是：

a. 从设备上将油杯仔细拧下（压配式压注油杯除外）。因为油杯螺纹部分处于颈部易折断，故操作时应小心谨慎。

b. 清除油杯中的残油、残渣。

c. 用清洗剂反复清洗，清洗剂可为油剂，也可为水剂。

d. 仔细擦净清洗剂，特别是水剂清洗剂。因为残留的清洗剂会使新加入的润滑剂变质。

e. 将洗净的油杯重新安装到设备上。

f. 安装好的油杯应立即注入所要求品牌标号的润滑剂，以免清洗后遗漏润滑点。

③ 过滤装置的清洗方法　设备润滑系统的过滤装置有网式滤油器、线隙式滤油器、纸芯式滤油器、烧结式滤油器等。过滤装置对润滑剂起着过滤作用。长期使用后，由于被过滤截流的各种杂质积存过多，堵塞过滤装置，使设备的润滑性能下降。因此，必须定期对过滤装置进行清洗或更换。

a. 网式滤油器　清洗网式滤油器一般用航空洗涤煤油，滤油器洗净后要用压缩空气吹干，清洗时勿将滤网弄破，否则必须更换新滤网才能保证过滤精度的要求。

b. 线隙式滤油器　其过滤材料是用铜丝或铝丝绕制而成的，因此，强度较低，杂质堵塞后很难清洗，一般要更换新的滤网。如果没有滤网备品，则可将滤油器拆下，反向通入清洗剂进行冲洗。

c. 纸芯式滤油器　发现纸芯式滤油器堵塞，只能更换过滤纸芯，同时将滤油器的其他部分用清洗剂清洗干净。

d. 烧结式滤油器　滤芯一旦堵塞，清洗十分困难，一般要更换新滤芯。也可反向通入清洗剂进行冲洗，但效果不明显。

④ 油箱（池）的清洗　在对润滑系统更换新油前，必须将油箱清洗干净，其一般步骤为：先将油箱中的陈油放出，并用其他工具将放油后油箱中的残留物全部清理干净；再采用水剂清洗剂清洗油箱，要避免在清洗中留有死角；将清洗后的油箱擦拭干净并注入新油。

(2) 设备润滑装置易损件、密封件的更换

经过多次堵塞和清洗，油绳、油毡的毛细管作用明显下降，此时必须更换新的油绳、油毡。更换时必须使用全羊毛制品，不能用合成纤维或混纺制品代替。

润滑系统中的油封皮碗大多是橡胶制品，长期与润滑油接触后易变质老化，所以，在进行润滑系统维护时最好予以更换，以免在使用中因损坏后更换造成停机时间过长影响生产。

润滑系统的部件连接面有的采用纸垫密封，每次拆卸维护后最好更换新纸垫，这是因为纸垫质地较脆，装拆过程中极易破损；原有纸垫使用过程中，长期在油中浸泡，已疏松变质，重新装配不可能达到原有的密封性能。制作纸垫时应按要求形状画线后用剪刀剪成，切勿将纸垫直接压在密封件上用锤子敲击，这样会损伤密封面，影响密封性能。

(3) 卧式车床润滑装置的清洗和保养

① 先清洗主轴箱，其清洗步骤如下。

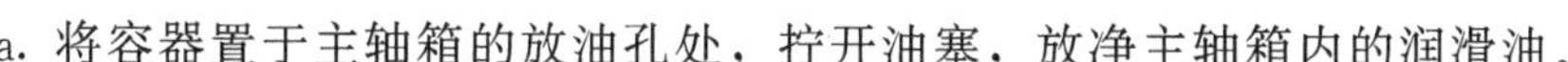

a. 将容器置于主轴箱的放油孔处，拧开油塞，放净主轴箱内的润滑油。

b. 重新拧紧油塞后，倒入清洗用油（一般采用煤油）。

c. 用长柄毛刷（或用木棒包上棉布）伸入主轴箱内仔细清洗，要特别注意死角部位。

d. 用勺子舀取清洗油反复冲淋主轴箱内齿轮、轴、轴承等处，将传动装置上黏附的脏物尽量冲净。

e. 拧开油塞，放净主轴箱内的清洗油。

f. 用擦料（一般为棉纱或棉布）将主轴箱仔细擦净。

g. 拧紧油塞，注入新润滑油至油面要求高度。

② 清洗柱塞泵润滑系统，清洗方法如下。

a. 将进油箱连同滤网从油泵上拆下，用煤油清洗滤网，如发现滤网有破损，必须更换新滤网。

b. 将柱塞泵的柱塞从泵体中拔出，在煤油中清洗并用棉布擦净后重新装入。

c. 更换橡胶油封。

d. 用四氯化碳擦净观察油窗孔。

③ 取下进给箱上的进给标牌盖板，清洗油盘及油绳，或更换新油绳。

④ 拆下床鞍两侧的油毡和丝杠托架上油池内的油毡后进行清洗，或更换新油毡。

⑤ 清洗油杯时拆下润滑脂用旋盖式油杯，刮去残油，在清洗剂内洗净并擦干后重新装上。

⑥ 清洗完毕后，按润滑图要求的油品对车床各润滑点重新加油。

4.3.4 机床的操作规程和日常保养

机械设备的精度很大程度上决定了零件的加工精度，为此，机床操作人员认真遵守机床操作规程，同时做好机床的日常保养，对于保证机床的工作精度，延长机床的使用寿命具有重要的作用。

(1) 机床的通用操作规程

① 开动设备前清理好工作现场，并仔细检查各种手轮、手柄位置是否正确，操作是否灵活，安全装置是否齐全可靠。

② 检查油池、油箱、油杯中的油量是否充足，油路是否畅通，并按润滑图的规定进行班前润滑工作。

③ 机床变速时，各变速手柄必须切实转换到指定的位置。

④ 经常保持润滑工具及润滑系统的清洁。操作时不得敞开油箱和油杯盖，以免灰尘、杂物混入润滑油路。

⑤ 机床外露平面上不得堆放加工零件、工具等，以免碰击损伤，影响机床精度。

⑥ 严禁超规格、超负荷使用机床。

⑦ 机床运转时，操作人员不得离开工作岗位。要经常注意机床各部位有无异常声响、异常气味、发热或振动。发现故障应立即停止操作，予以排除。凡属操作人员不能排除的故障应及时通知机床维修人员前来排除。

⑧ 机床发生事故后，应保护现场，并为分析事故提供准确真实的资料。

⑨ 操作人员离开机床或对机床进行调整、清洗时必须先停车，并切断电源。

⑩ 机床上的一切安全防护装置，不得随意拆除，以免发生人身、设备事故。

⑪ 机床开动时，应合上电器箱箱盖，不允许有污物、水、切削液、油等进入电动机或电器装置内。

⑫ 调整机床时，要正确使用调整、拆装工具，严禁乱敲乱打。

(2) 设备的日常维护保养

设备的日常维护保养是由当班的操作人员进行的，设备维修人员应负责对维护保养进行指导和监督。日常维护保养的主要内容有日保养和周保养。

① 设备的日保养　指操作人员在每班生产中必须对设备进行的日常保养，其内容包括：上班前对设备进行检查、润滑；班中严格按设备操作规程使用设备，发现故障及时处理；下班前对设备进行清扫、擦拭，并将设备状况记录在交接班记录本上。日保养是设备保养最基础的工作，要求做到经常化和制度化。

② 设备的周保养　周保养主要是指在周末和节假日之前对设备进行较为彻底的清理、保养、擦拭和涂油。

③ 设备日常维护保养的检查。

a. 工具、工件、设备附件摆放整齐，安全防护装置齐全，设备线路管路完整。

b. 设备内外清洁，各外露滑动面、传动件等处无油污、无碰伤，各部位不漏油、不漏水、不漏气、不漏电，工业废料、垃圾清扫干净。

c. 按时加油、换油，油质应符合要求，加油工具齐备，润滑点的油杯、油毡、油绳清洁齐全，油标、油窗明亮清楚。

d. 实行定人定机（台）持证上岗和交接班记录制度，熟悉设备结构，遵守操作规程，精心保养设备，防止事故发生。

(3) 钻床的维护保养

钻床根据其结构和适用范围不同，可分为台式钻床（简称台钻）、立式钻床（简称立钻）和摇臂钻床三种。其维护保养主要包括设备的日常维护保养和设备的一、二级保养。日常维护保养（又称日保）由操作者进行，应满足整齐、清洁、安全、润滑四项要求。日保要经常进行，以便做到预防为主；如若发现隐患应及时排除，重大问题立即上报。一、二级保养又称二保，应以操作者为主，维修者为辅。

钻床的维护保养主要应做好以下工作。

① 清洁　工作台面要经常保持清洁，使用完毕后，必须将台钻外露的滑动面及工作台面擦干净，并对各滑动面及各注油孔加注润滑油。

② 机床外观　清洗机床表面、工作台、丝杠、齿条、锥齿轮。清除导轨面及工作台面磕碰毛刺，补齐螺钉、手柄球等。

③ 主轴和进给箱　检查油质、油量；清除主轴锥孔毛刺；调整电动机传动带；检查各手柄位置。二保时要清洗换油，更换必要的传动机构磨损件。

④ 润滑　清洗油毡，检查油路。

⑤ 冷却　清洗冷却泵、过滤器及冷却油槽，检查管路。二保时要更换切削液。

⑥ 电气　清扫电动机及电气箱（必要时配合电工进行）。二保时要按需拆洗电动机，更换油脂。

(4) 卧式车床的日常维护保养

1）日保养

① 熟悉当班要加工的产品图样，检查交接班记录；擦拭机床各导轨面，按机床润滑图要求给润滑点加油；检查主轴箱、进给箱、滑板箱的手柄位置和手动运转部位是否正确、灵活，安全装置是否可靠；低速运转检查传动装置是否正常，润滑、冷却系统是否畅通。

② 操作时，随时注意车床有无异常声音，主轴温升和安全保险是否正常。当热继电器跳断时，要立即通知电气维修人员前来排除故障，不得自行接通。

③ 关闭电源，所有的手柄归到零位；清除铁屑、脏物，擦净车床导轨面上的切屑、油污，并加油；清扫工作场地，整理车床附件、工具；填写交接班记录或办理交接班手续。

2）周保养

① 擦净机床各导轨面、齿条及纵向丝杠，擦拭机床各外露表面，清扫工作场地。

② 检查主轴箱、进给箱、滑板箱和尾座的技术状态。紧固床鞍、中滑板、小刀架的松动部位；调整斜铁松紧程度，检查互锁、保险装置，达到传动正常、安全可靠。

③ 清洗油绳、油毡、滤油器。如果发现主轴箱内油面过低或油已变质时，应及时补充油量或更换新油。

④ 擦拭电动机、配电柜、蛇皮管外表面。

(5) 卧式车床的一级保养

为了保证车床的精度和延长使用寿命，当新车床运转500h后，一般情况在运转1200～1500h后，或两班制连续生产的车床运转4～5个月后进行一次一级保养。主要是清洗、润滑和进行必要的调整。保养工作以操作工为主，维修工配合。保养时必须先切断电源，然后进行工作，具体保养内容和要求如下。

1）外保养

① 清洗机床外表及各罩盖，保持内外清洁，无锈蚀、无油污。

② 清洗长丝杠、光杠和操纵杆。

③ 检查并补齐螺钉、手柄球、手柄。

2）主轴箱

① 清洗滤油器，使其无杂物。

② 检查主轴并检查螺母有无松动，紧定螺钉是否锁紧。

③ 调整摩擦片间隙及制动器。

3）滑板及刀架

① 清洗刀架，调整大、小滑板镶条间隙。

② 清洗，调整大、小滑板丝杠螺母间隙。

4）交换齿轮箱

① 清洗齿轮、轴套并注入新油脂。

② 调整齿轮啮合间隙。

③ 检查轴套有无晃动现象。

5）尾座

清洗尾座，保持内、外清洁。

6）润滑

① 清洗冷却泵、滤油器、盛液盘。

② 油路畅通，油孔、油绳、油毡清洁，无铁屑。

③ 检查油质，并保持油杯齐全、油窗明亮。

7）电气

① 清扫电动机、电器箱。

② 电器装置固定整齐。

(6) 卧式车床的二级保养

一般情况在运转3600～4500h后，或两班制连续生产12～15个月后进行一次二级保养。保养时应以维修工为主，操作工配合。其主要内容如下。

1）传动装置

① 检查各传动零件，根据磨损情况进行调整、修复或更换，恢复运动精度。

② 检查修刮镶条及导轨，恢复接触精度。

2）操纵装置

① 检查修复操纵机构，使之做到动作灵敏、定位可靠。

② 各操作手柄齐全，各种标志位置正确。

3）尾座

检查尾座，并修复其套筒锥度。

4）冷却及润滑

① 检修阀门和管道，保证畅通。

② 检查有无泄漏点，消除泄漏。

③ 清洗油泵、油池和冷却泵等。

④ 更换润滑油和切削液。

5）电气

进行系统检修，测量绝缘。

6）精度要求

检查调整车床精度，必要时刮研，保养后达到加工工艺要求。

4.4 动、静压轴承和动、静压导轨的调整与维修

动、静压轴承和动、静压导轨是机械设备中常见的零部件，所谓“动、静压轴承和动、静压导轨”是液体摩擦，由动压或静压所形成的油膜隔开机件而不直接接触，在部件运动时运动件由压力轴承托浮起。显然，这种轴承或导轨摩擦小，甚至可做到基本上无磨损，从而对轴承或导轨材料要求低。轴承或导轨间有油膜存在，因而抗振性好，摩擦阻力也很小。

4.4.1 动压轴承和动压导轨的工作原理、调整及维修

所谓“动压轴承或动压导轨”，就是依靠轴承间或导轨间相对运动速度达到一定值时，产生的压力油膜使运动件完全浮起的轴承或导轨。

动压的供油系统一般是低压、大流量。当轴承或导轨的运动速度达到一定值时，轴承或导轨间是纯液体摩擦。但是，由于动压本身所固有的特点，在低速、启动、停车或换向时，轴承或导轨间会出现直接接触现象而引起磨损。而且，即使处在纯液体摩擦状态下，油膜厚度也会随载荷和运动速度的变化而变化，这对加工精度要求较高的机床来说是不允许的。

(1) 动压润滑的基本原理

动压轴承、动压导轨的润滑均属于动压润滑。动压润滑在一个固定平板和一个直线运动的平板之间输入压力润滑油，使润滑油也随之流动，这种相对滑动速度的流动，称之为速度流动。固定平板油层速度为零，运动平板油层速度与运动平板速度一致，形成一个三角形。这种条件下油膜各点的压力相同，不可能形成具有承载能力的油膜。当两平板间产生收敛间隙，即入口处间隙大于出口处间隙时，在油膜中各油层也形成三角形的速度流动，也就形成了入口处流量必然大于出口处流量。因润滑油不可压缩，若收敛间隙的内部形状和尺寸不发生变化，则油膜内部必然产生压力，并由此而产生压力流动来调整各截面上的流速分布。所以，在收敛间隙中各截面的流速实际上由速度流动和压力流动叠加而成，油膜的压力就具有平衡一定外载荷的能力，这就是动压润滑的基本原理。

(2) 动压润滑必须具备的条件

① 两滑动面间要有一定的收敛间隙（即油楔）。

② 移动件要有足够的运动速度。

③ 润滑油要有一定的黏度。

④ 外载荷不大于某一额定值。

(3) **动压导轨**

动压导轨是设备中常用的导轨润滑形式。导轨的几何精度，即导轨的宏观直线度是自然的收敛间隙（油楔），导轨副注入压力油，工作台有运动速度，润滑油有黏度，所以完全具备动压润滑的4个条件。

磨床床身导轨、较长的龙门刨床导轨等，其直线度只允许中凹，不允许中凸，它们也都是注入压力润滑油，目的是创造条件满足动压润滑的要求。

在设备修理装配时，床身导轨的安装、润滑油的牌号、润滑油的压力和流量的调整，都必须按照设备说明书的规定执行。在说明书中规定了润滑油的压力实际上就是规定了动压润滑刚性油膜的厚度，所以润滑油的压力不能随意增大或减小，否则会影响动压润滑的性能。

(4) **动压轴承**

动压轴承按照油楔形式可分为单油楔动压轴承和多油楔动压轴承两种。

1）单油楔动压轴承

如图4-19所示的内锥外柱式轴承和如图4-20所示的外锥内柱式轴承，都属于单油楔动压轴承。

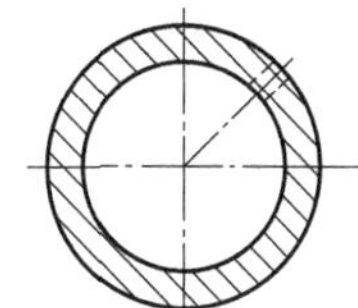
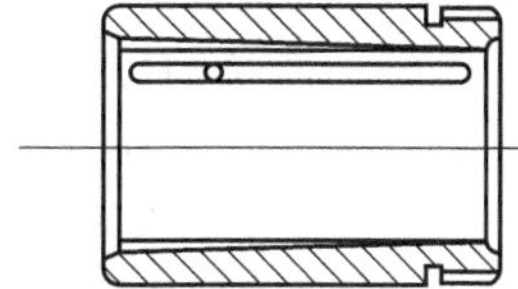

图4-19 内锥外柱式轴承

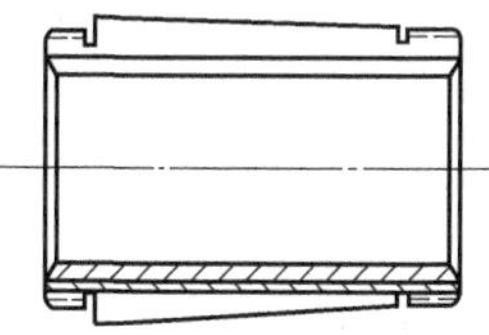

图4-20 外锥内柱式轴承

① 单油楔动压轴承的结构 如图4-19所示的内锥外柱式轴承，其轴承间隙可通过轴向移动轴或刚性轴套来调节。轴承刚度好，结构也简单。但由于锥形轴颈圆周速度不等，易产生不均匀磨损，当轴承升温过高时因热膨胀易发生抱轴。轴承的锥度一般在（1∶10）～（1∶30）之间。

外锥内柱式轴承的间隙是通过轴向移动弹性轴套，使之产生弹性变形来进行调节的。轴套有一轴向通槽，其截面为梯形，由于轴套壁厚不等，为减少调整轴承间隙时内孔的畸变，常在轴套外圆周上均匀地开有数条不通的浅槽。通槽两侧面互相不平行，调整时，一般通过调节与通槽吻合的楔块使弹性轴套的外锥面与座孔紧密地贴合，使内柱面的畸变进一步减小。外锥内柱式轴承的锥度也在（1∶10）～（1∶30）之间。

各种单油楔动压轴承都必须在主轴和轴承孔成微小偏心状态时，才能产生动压效应，形成油楔，且油楔位置随载荷方向的变化而变化。因此，主轴的回转精度较低，油膜刚度也较差。

② 单油楔动压轴承的修刮与调整 单油楔动压轴承修刮时，应根据轴承的形状、承载的方向和大小以及所选用润滑油的黏度，来确定显点的合理分布。对于重载低速、所用润滑油黏度大的轴承，刮削刀痕（油囊）应稍深些，以利于蓄油，使轴颈得到良好的润滑；对于轻载高速、所用润滑油黏度小的轴承，刮削刀痕浅一些，使轴承的油膜有较高的刚度。

精密机床的外锥内柱式轴承内孔刮削时，要根据润滑油进入轴承的方式来确定具体的工艺参数。若润滑油从轴承后端引入，轴承内孔显点的分布要求为：在轴承前端的1/3轴承长度处为16～20点/(25mm×25mm)，中间和后端的显点的分布为12～16点/(25mm×25mm)，且点小而稍软些，使轴承内孔靠后端处略大，以利于润滑油进入。若润滑油从轴承中间部位引入，则显点的分布要求是：在轴承前、后端约1/3轴承长度处为16～20点/(25mm×25mm)，中间部位显点为12～16点/(25mm×25mm)，显点小而软些，就是让轴承内孔的中部与轴颈的配合间隙略大一点。当然，在刮削过程中也可凭经验，通过判断显点硬（浓）或软（淡）来达到要求。刮削刀痕应无棱角，分布均匀。

单油楔动压轴承在刮配完毕后，需将轴颈和轴承的配合表面仔细清洗干净。在组装调整过程中，应根据有关的工艺要求保证合适的配合间隙。

2）多油楔动压轴承

多油楔动压轴承的压力油膜，不一定像单油楔动压轴承那样依靠轴心偏移来形成，它有多个相互独立并且均匀分布的油楔表面。当轴高速回转时，即使轴心无偏移，其油楔表面仍维持楔形间隙。因此，无论轴承承载与否，各油楔均可形成承载油膜，并力图使轴的轴心处于无偏移的状态，所以它的回转精度高、刚度好。多油楔动压轴承按具体的结构形式不同，可分为多种。

① 刚性多油楔动压轴承

其外部为圆柱形，内孔是锥度为 1∶20 的圆锥形，内孔壁上制有五个等分的油囊，如图 4-21所示。由于轴转向固定，因此，油囊横断面的轮廓线形状多为阿基米德螺旋线形，经机械铲削而成，深 0.1～0.5mm。由液压泵供应的低压油经五个进油孔 a 进入阿基米德螺旋线形的油囊，从回油槽 b 流出，形成循环润滑。供应低压油的目的在于避免启动或停止时出现干摩擦现象。轴瓦的基体是 15 钢，内壁一般浇铸轴承合金。

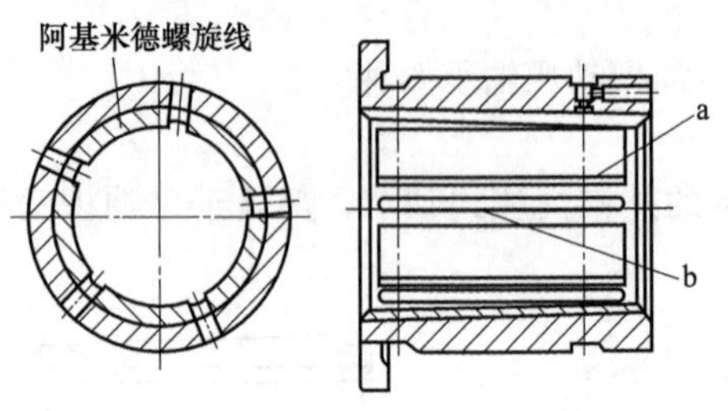

图 4-21　刚性多油楔动压轴承

② 薄壁变形多油楔动压轴承　薄壁变形多油楔轴承的油楔是靠装配时使轴承薄壁产生变形来形成的，其结构如图 4-22 所示。轴承的内孔为圆柱形，外周有三条锥度为 1∶20 的锥形轴向棱边与箱体套筒紧密贴合。当轴承被收缩时，三条棱边受力使轴承收缩变形成弧三角形。这样，轴回转时将油液从缝隙较大处带至缝隙较小处而形成三个油楔。并且当油液经过最小缝隙后，缝隙又逐渐加大，形成负压区。如在这个部位安置进油管就可以自动吸入润滑油，有的机床另由液压泵供油。

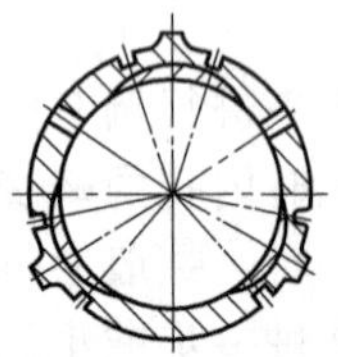
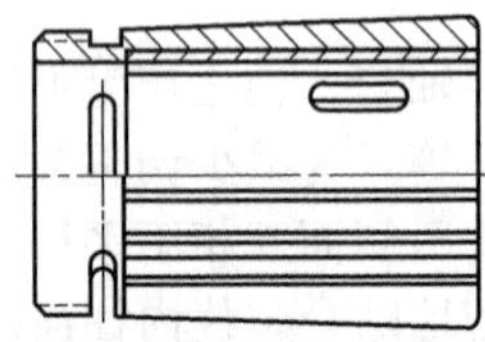

(a) 整体薄壁弹性变形轴承

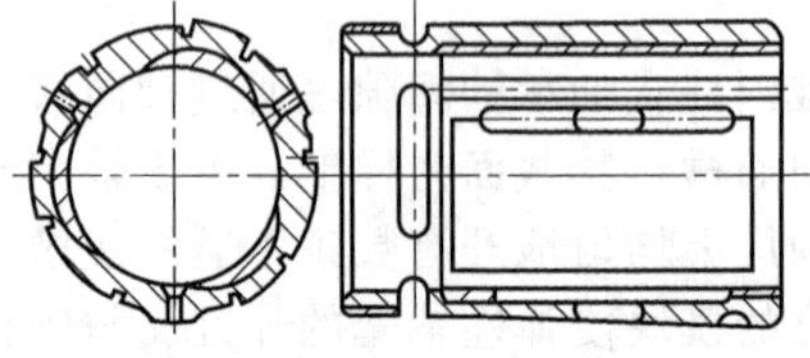

(b) 弹性轴套式阿基米德螺旋线轴承

图 4-22　薄壁变形多油楔动压轴承

薄壁变形轴承的内孔一般制成光滑的圆柱体，依靠轴承变形与轴颈间产生楔形间隙。增加油囊的深度可增加油的流量，有利于散热。有的轴承还在棱边间相应内圆上加工成圆弧形槽或阿基米德螺旋线形槽。这样，在轴承变形后进口和出口处的间隙都大于中间部位的间隙，使轴能双向回转。

这类轴承的间隙可以调整得很小，油膜刚度较大，使主轴运转平稳。但轴承只以三条很窄的棱边支承，刚度较差。

3）自动调位轴承

自动调位轴承常有三片瓦式［图 4-23（a）］和五片瓦式［图 4-23（b）］两种。而轴瓦又有长轴瓦和短轴瓦之分，如图 4-24 所示。

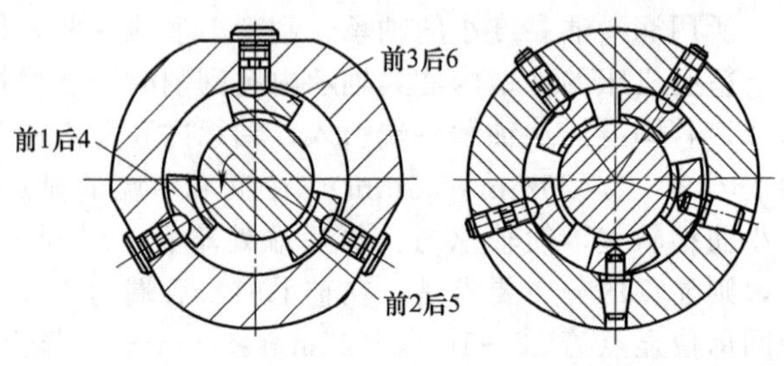

(a) 三片瓦式　(b) 五片瓦式

图 4-23　自动调位轴承

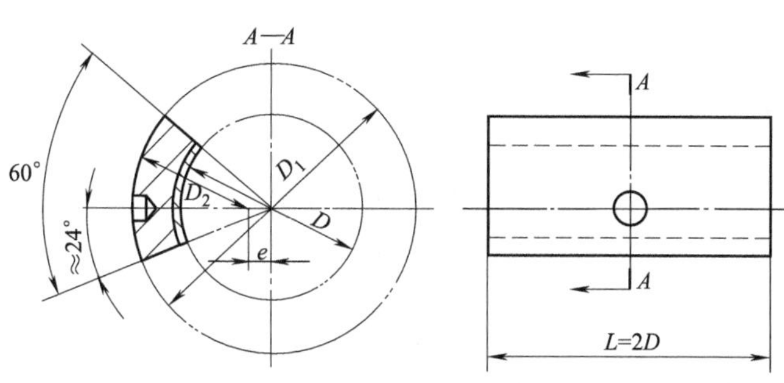

图 4-24 自动调位轴承的轴瓦形式

自动调位轴承的轴瓦背面与箱体孔不直接接触，所以对箱体孔的要求相对可低些。轴瓦靠球面螺钉支承，在径向及轴向均可自动地调整位置，因此，可消除边侧压力，从而使轴承间隙可调整至0.005～0.01mm。轴的回转精度高且稳定，并且油膜刚度较好。但支承螺钉的球形端头与相配轴瓦背面上的球形凹坑需经研配，使之具有良好的接触刚度。

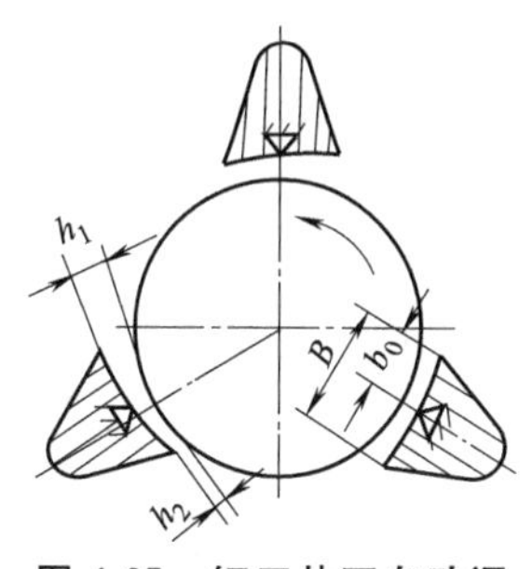

图 4-25 短三片瓦自动调位轴承的工作原理

短三片瓦自动调位轴承，是目前各种普通精度的磨床砂轮主轴部件上用得最广泛的一种轴承。这种轴承的工作原理如图 4-25 所示。

轴瓦被支承在压力中心 $b_0 \approx 0.4B$ 的位置上，进油口的缝隙 h_1 大于出油口的缝隙 h_2。当载荷增加时，h_2 减小的比例较 h_1 大，即 h_1 有增大的趋势，油楔流出边侧的油压增大，使轴瓦绕支点略做逆时针方向摆动，但仍保持最佳的间隙比$\left(\text{最佳间隙比}\dfrac{h_1}{h_2}=2.2\text{左右}\right)$。由于油楔楔缝的减小，使各处的油压都随之增高，但仍以支点处为压力中心。可见，这种活动轴瓦轴承可随载荷增加而提高承载能力，并且油楔越窄刚度越高。轴瓦除了在径向可摆动外，在轴向也能自动调位。

4.4.2 静压轴承和静压导轨的工作原理、调整及维修

静压轴承或静压导轨压力油膜的形成是借助液压系统强制地把压力油送入运动副配合面间的油腔中，使运动件浮起将轴与轴承或两导轨面隔开，获得纯液体摩擦。这样，静压轴承或静压导轨就避免了动压轴承和动压导轨那种油膜厚度会随载荷和运动速度变化而变化的缺点，使用寿命长，轴承或导轨面间摩擦系数小（一般为0.005左右），抗振性好。但结构复杂，需要一套专门的供油系统，对润滑油的清洁程度要求很高。因此仅用于高精度、高效率的大型机床上。

(1) 静压润滑的工作原理

静压润滑属于完全液体摩擦润滑。静压系统一般由供油系统、节流器和轴承或导轨（油膜或油腔）三部分组成。节流器基本上是一个油腔配置一个。静压润滑的工作原理如图 4-26 所示。

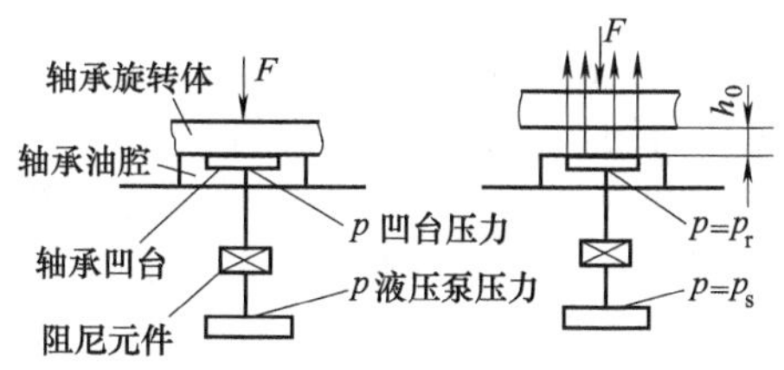

图 4-26 静压润滑的工作原理

当液压泵（齿轮泵、叶片泵、螺旋泵）供给压力油，经阻尼元件（节流器）进入凹台时，使轴承旋转体位于轴承中心或工作台上平行抬起，与凹台间形成平衡外载荷的刚性油膜。当轴或工作台受到变化的外载荷作用时；油膜受载或增大或减小，通过节流器形成液压泵和轴承的压力差，油膜厚度随

之减薄或加厚，凹台的油压也随之增高或降低，直到轴承与凹台的间隙能支承外载荷为止，这就是静压润滑的工作原理。静压系统主要就是使转动主轴或工作台在受到外载荷变化时，自动调整油压，使之始终处于稳定的运动状态。

静压系统按恒压供油，节流器可分为：

① 可变节流　又分为薄膜反馈节流和滑阀反馈节流。

② 固定节流　又分为毛细管节流和小孔节流。

(2) 静压轴承

静压轴承的整个系统一般由供油系统、节流器和轴承三部分组成。如图 4-27 所示为有周向回油的四油腔向心静压轴承结构。在静压轴承的工作面上开有一定形状的油腔，油腔四周被周向、轴向封油面封住，形成一个油垫支承。各油垫支承之间，有时还有回油槽互相隔开。

当压力油进入油腔后，由于油腔四周的封油面和轴颈间的配合间隙很小，因此，压力油从间隙中间流出时，受到很大的阻力，使油腔里的油液以很大的静压力作用在轴上。

静压轴承的供油方式有定量式和定压式两种。前者是每个油腔各有一个定量泵供给恒定的流量；后者是由一个共有的液压泵供油，在通往轴承各油腔的油路上设置节流器，利用节流器的调压作用，使各个承载油腔的压力按外载荷的变化自行调节，从而平衡外载荷，这种方式在机床上已广为采用。

1）小孔节流静压轴承的工作原理

图 4-27 为其原理图，压力为 p_B 的压力油先通过各个节流器（图中为四个）进入所对应的轴承油腔，然后经过与轴之间的微小封油间隙 h_0 回油箱，压力降为零。空载时，由于各油腔对称等面积分布和各个节流器的节流阻力相等，故各油腔产生的承载力将主轴浮起并处于轴承的中间位置。此时，主轴和轴承之间各处的间隙 h_0 相同，各油腔的压力 p_0 相等，主轴受到各油腔的承载力相互平衡。

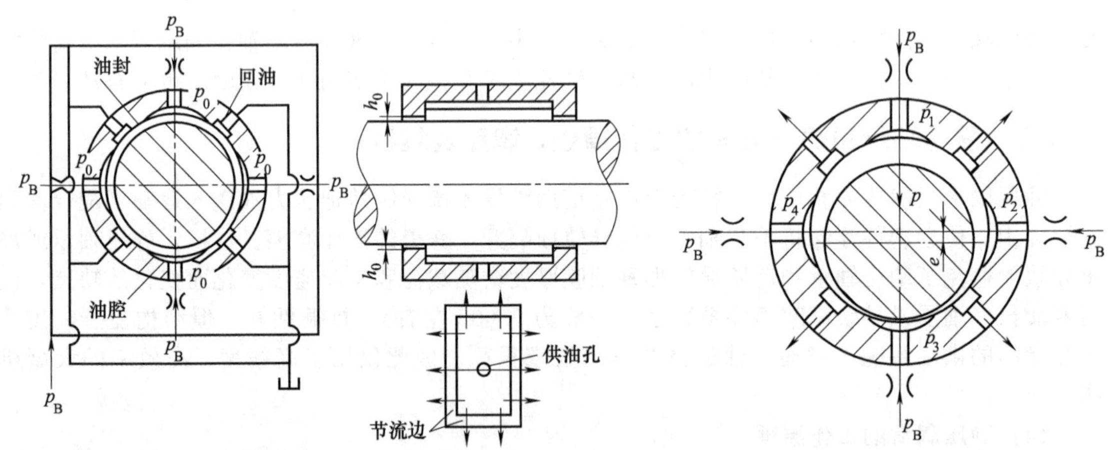

图 4-27　小孔节流有周向回油槽静压轴承　　图 4-28　轴受力后的位移

当主轴受到如图 4-28 所示的外载荷 p 的作用时，轴线会向下偏移一个距离 e。显然，下部油腔的封油间隙从 h_0减小到 h_0-e，回油不通畅，油腔中的压力从 p_0升高到 p_3（俗称“憋油”）。而上部油腔的间隙从 h_0增大到 h_0+e，使回油更加通畅，油腔中的压力将从 p_0下降到 p_1。由于 $p_3>p_1$，使轴受到一个向上的推力。当这个推力和外载荷平衡时，主轴保持在某一新的位置上稳定下来。轴仍浮在油中，只不过轴线向下偏移了一个很微小的量，即在新的位置上，力求达到新的平衡。

2）滑阀反馈静压轴承的工作原理

滑阀反馈静压轴承的工作原理如图 4-29 所示。压力油通过各滑阀节流器进入相应的轴承

油腔。由于各油腔等面积对称分布，滑阀在两端弹簧作用下处于中间位置，各节流器的节流阻力相同，使主轴浮起在轴承的中心位置（忽略轴的自重）。此时，轴承四周的间隙相同，轴承各油腔有的压力相等。

当主轴受到外载荷 p 作用后，轴线向下产生位移 e，使上部油腔1的间隙增大，液阻减小，压力 p_1降低；下油腔3的间隙减小，液阻增大，压力 p_3升高，上、下油腔就形成了压力差。由于上、下油腔分别与滑阀两端连接，滑阀两端受 p_1、p_3作用后，使阀芯向左移动 x 距离。于是，左边的节流长度增长为 L_C+x，压力油流入油腔1的阻力增大；右边的节流长度增长为 L_C-x，压力油进入油腔3的阻力减小，使上、下油腔的压力差进一步增大。此时，左边的弹簧越来越压缩，右边的弹簧越来越放松，弹簧力作用的方向与这个压力差的方向相反。当滑阀处于一个新的平衡位置时，主轴平衡外载荷的作用也位于新的平衡位置（此时，左右油腔4、2的间隙相同，滑阀的节流长度也相等，不形成压力差）。主轴向上浮起量的大小取决于轴承和节流器的结构参数和调整正确与否。在正常的情况下，当主轴受某额定范围内的载荷作用时，只产生很小的位移就可处于新的平衡位置。

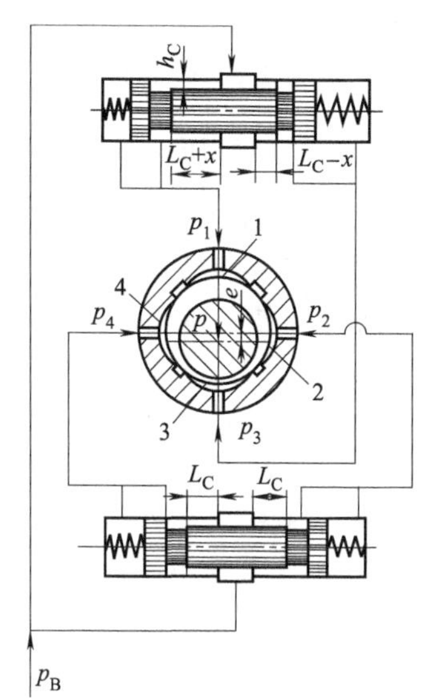

图 4-29　滑阀反馈静压轴承

根据上述作用原理，主轴在载荷作用下稳定在某个新位置时，可能出现下列三种位移状态：

① 使主轴稳定下来的位移方向与载荷作用力方向相同，称为正位移（又称轴承为正刚度）。

② 主轴在某额定载荷作用下产生的位移，由于节流器的反馈作用，使主轴回到原来位置，处于平衡状态，即稳定下来的轴在载荷作用下的位移为零，也即轴承的刚度无限大。

③ 主轴在载荷作用下产生的位移，由于节流器的反馈作用，使主轴回到原来位置的上方后处于平衡状态。此时，主轴稳定下来的位移方向与载荷作用力方向相反，称为负位移（轴承为负刚度，这是应该力求避免的）。

这里应指出的是，轴承刚度除与原设计结构（如滑阀两端面积的大小，节流长度 L_C 的长短）有密切关系外，也与修理中调整好滑阀左右两边的弹簧刚度有极大的关系。

3）薄膜反馈静压轴承的工作原理

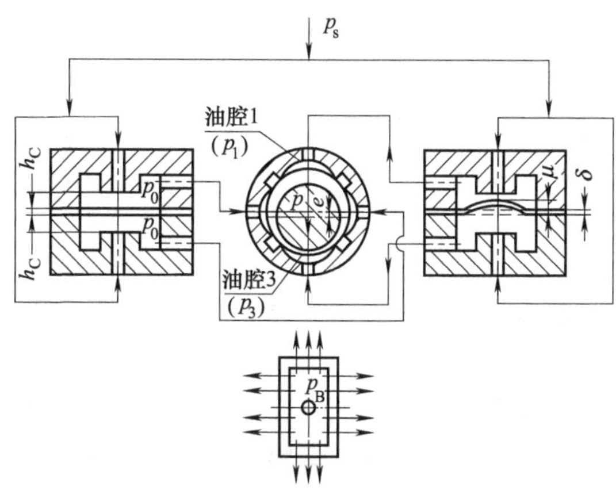

图 4-30　薄膜反馈静压轴承

如图4-30所示，薄膜反馈静压轴承的工作原理和滑阀反馈静压轴承基本相同，只是依靠节流器中厚度为 δ 的薄膜的弹性变形量 μ（油腔压力差作用的结果）来改变节流间隙 h_C 而起反馈作用，增加 p_1 与 p_3 的压力差，使主轴浮起，稳定在新的平衡位置上。

(3) 静压轴承的调整与维护保养

1）节流器的调整

节流器是静压轴承的一个重要组成部分，它直接影响轴承的油膜刚度与承载能力。因此，正确调整节流器，是保证静压轴承良好工作的重要环节。

① 小孔节流器的调整　同一轴承的节流

小孔孔径应力求相同，用钻头一次装夹加工一批小孔，其孔径可以不做流量检查。如用不同的钻头（虽然名义尺寸相同）加工或采用其他方法加工的小孔，则需做流量检查。同一轴承的节流小孔流量差应不大于10%。

小孔节流静压轴承最佳刚度的节流比$\beta=1.71$（$\beta=\frac{p_s}{p_{r0}}$，其中p_s为油泵供油压力；p_{r0}为油腔压力）。由于节流小孔流入轴承油腔的流量与润滑油的黏度无关，而轴承油腔向外流出的流量与润滑油的黏度有关，所以小孔节流静压轴承在使用过程中，随着润滑油温度升高引起的黏度变小，使轴承油腔内的压力减小，因而节流比β相应地发生变化。理论计算和实验表明：在节流比$\beta=1.5\sim3$范围内仍有较好的刚度。装配调整时，可改变节流小孔的直径d_c或改变轴承间隙（一般改变节流小孔的直径较为方便）来保证节流比β在要求范围内。

利用外锥面定位和密封的小孔节流器，使外锥面与安装部件的相应内锥孔接触面积不得小于80%，避免由于外锥面的泄漏而影响轴承的工作性能。

② 滑阀反馈节流器的调整　静压轴承空载时，反馈滑阀应处于居中位置，即两边节流长度L_C应相等。但因零件制造误差和弹簧自由长度误差，使滑阀原始位置又偏移，从而影响反馈效果，所以要对滑阀进行调整。用测量流量的方法（图4-31）对滑阀进行定中调整，若滑阀两边流量不等，则可改变两边调整垫厚度使滑阀处于中间位置。调整好后，再拆装时要对号入座。

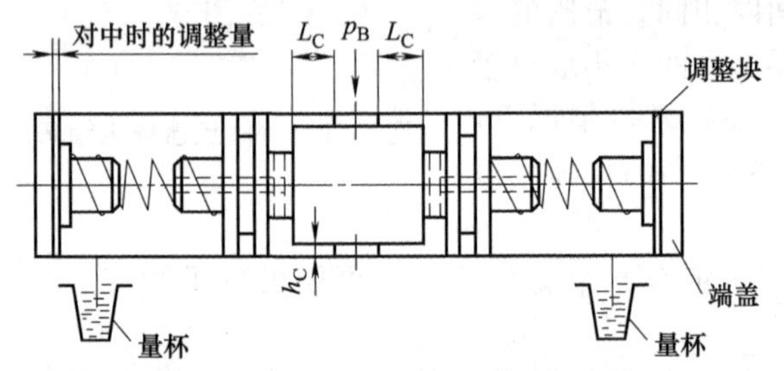

图4-31　反馈滑阀对中调整示意图

滑阀反馈节流器的节流比β可通过改变滑阀的节流间隙h_C、节流长度L_C或改变轴承间隙h_0（一般改变节流间隙h_C较方便）保证在要求的范围内。最佳的节流比β一般在2～3之间。

③ 薄膜反馈节流器的调整　薄膜在工作前（即空载时）应平直地保持在中间位置，使两面节流间隙相同，两面流出的流量差应小于10%。

薄膜反馈节流器的最佳节流比β在1～2范围内，一般调整在节流比$\beta=2$左右。装配调整时，可改变节流间隙h_C或轴承间隙（一般改变h_C较方便）所要求的节流比β值。

2）静压轴承装配调整时的要求

① 保证配合尺寸　轴承外圆与座孔的配合应有过盈量，如过盈太小或有间隙，将使外圆上油槽互通，引起轴承承载能力降低，甚至不能工作。轴承内孔与轴颈的配合对轴承的刚度影响也很大，在配磨（研）轴承时应尽量达到间隙要求。要保证轴向间隙，通常采用配磨调整垫片达到工艺要求。

② 轴承的装配　装配前，应彻底清除各零件的毛刺。对待装零件、主轴箱内部及管路系统等进行彻底清洗，不应残留有金属屑、面纱和剥落的油漆等杂物。清洗时，切忌使用棉纱，以免纤维粘在零件表面。装完后，应先用仔细过滤的煤油冲洗，保证畅通。

接上静压供油系统，按要求加入一定黏度的润滑油，经过滤后加入油箱。用手轻轻转动主轴，当感到轻快灵活时，方可启动。如手感太紧，需检查并排除故障后再启动。检查进油压力与油箱压力之比是否正常，并注意各管道不许有漏油现象。

对于具有压力继电器或蓄能器的供油系统，应检查压力继电器或蓄能器的工作性能是否正常。若主轴有卸荷装置，其内孔与前后轴承孔的同轴度应符合要求。否则，会影响主轴的回转精度。

3）静压轴承常见故障的产生原因

① 主轴与轴承拉毛或产生“抱轴”现象　出现拉毛或“抱轴”故障的主要原因可能来自供油系统和节流器，轴承的配合精度也有影响。

如轴承油腔和管路中残留有机械杂质，轴承配合面有毛刺或锐边未倒钝；滤油器未更换而失效，使油液过滤不良；蓄能器和压力继电器等安全装置失灵。

如节流器局部堵塞会使出油不均匀，造成节流器的阻尼不等，导致轴承间隙发生变化；假使同一轴承的个别节流器完全堵塞时，主轴将被压向一边，出现金属间的直接接触，导致滑动表面拉毛，甚至抱轴。

若轴承装配时错位，压力油将不能进入对应油腔；轴承与箱体座孔的配合过盈量太小、节流后的压力油互通，使轴承的刚度和承载能力降低；前、后轴承的同轴度超差，推力轴承与轴的垂直度超差等原因也会引起上述故障。

② 轴承油腔压力不稳定　影响油腔压力波动的因素很多，要使压力不波动是很困难的，根据使用要求，通常可允许在一定范围内波动。对于一般机床，空载时压力表指针摆动不应超过 1×10^5Pa；对于高精度机床，不应超过 0.5×10^5Pa。超过此值可能的原因有以下几项。

轴承间隙因磨损增大，使油腔压力下降；当封油面积聚有油垢或污物，使主轴静止时油腔压力升高，一旦转动后压力又恢复正常；主轴的圆度误差或动不平衡引起轴承间隙周期性变化；带卸荷装置的静压轴承，卸荷装置的轴与轴承同轴度超差，或是卸荷传动轴与静压轴连接同轴度超差；泵供油不足或溢流阀失灵，油的黏度受温度影响发生变化（尤其对小孔节流静压轴承）等原因均会引起系统压力波动。

(4) 静压导轨

静压导轨压力油膜的形成不像动压导轨那样要依赖于导轨的相对运动速度，而是将具有一定压力的润滑油通过节流器输入两导轨面的油腔中，形成压力油膜，使运动件浮起，将两导轨面隔开，获得纯液体摩擦。

1）静压导轨的工作原理及结构

静压导轨如同普通滑动导轨一样，也有开式与闭式两种。

采用固定节流器的开式静压导轨的工作原理如图 4-32 所示。来自液压泵的压力油 p_B经过节流器节流，压力油降为 p_0，进入导轨的各个相应油腔。p_0达到一定值，便使工作台（上导轨面）浮起一定高度 h_0，建立起纯液体摩擦。油腔中的压力油穿过各油腔的封油间隙流回油箱，压力降为零。当工作台在外载荷 F 作用力向下产生一个位移时，油腔中也产生相应的“憋油”现象，压力油 p_0升高到 p_1，从而升高工作台的承载能力。该承载能力始终抵抗工作台继续沿外载 p 方向移动，维持导轨仍处于纯液体摩擦下工作，即此时工作台微小移动后在新的位置上平衡下来。

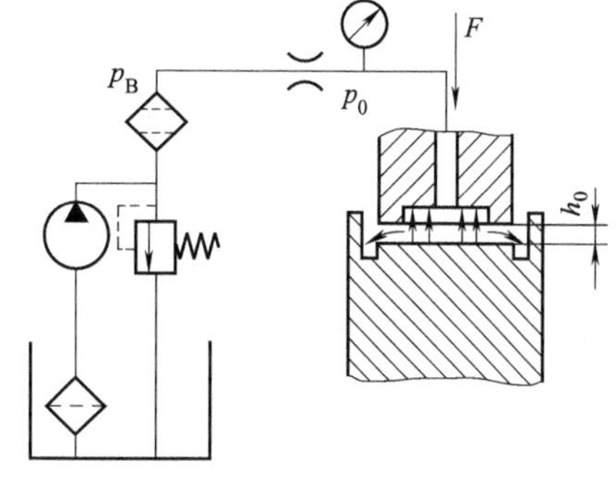

图 4-32　开式静压导轨

开式静压导轨的特点是承受正方向载荷的能力较强，而承受偏载及颠覆力矩的能力差，不能防止两个导轨面的相互脱离。为了避免上述缺点，一般在开式静压导轨上增加一个副导轨，形成闭式静压导轨。

采用双面薄膜节流器的闭式静压导轨工作原理如图 4-33 所示。其基本原理与静压轴承原理相似。但因闭式静压导轨一对主、副导轨的油腔面积往往是不相等的，而静压轴承则是等油腔的，因此，其节流参数的选择比静压轴承要复杂一些，调整也较麻烦。

静压导轨一般由 V 形与矩形导轨组合而成（也有双矩形组合而成的）。V 形导轨便于导向，也便于回油；矩形导轨易于做成闭式导轨。

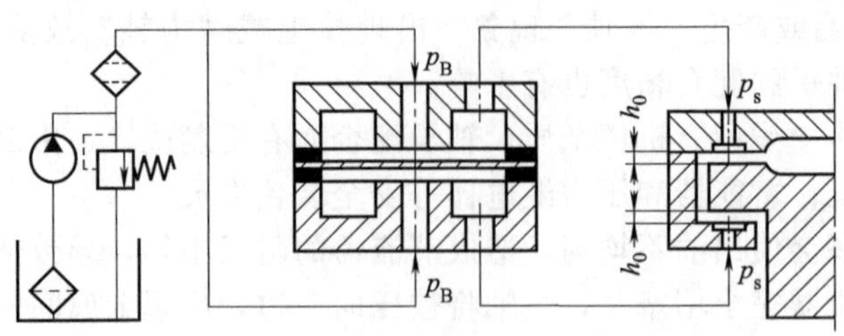

图 4-33　闭式静压导轨

导轨的油腔形状一般为“H”或“川”条形，较窄导轨面上也有整穴形的。如果油腔的外形尺寸一样，则上述三种形式的油腔几乎有相同的承载面积。

静压导轨所用的节流器形式与静压轴承所用的一样，但一般不用小孔节流器。

2）静压导轨的维护与保养

一般静压导轨的刚度主要是指导轨间油膜的刚度。在结构参数已确定的情况下，导轨间的间隙越小，油膜刚度越大。当载荷最大时，间隙最小，此时的间隙不应小于导轨面的平面度误差和导轨变形量的大小，否则导轨将直接接触而不能形成液体摩擦状态。因此，为提高静压导轨的刚度，一方面必须提高导轨的制造精度，另一方面必须保证支承的结构刚度。修理静压导轨时，应注意如下几个问题。

① 保证静压导轨结合面的精度　要使静压导轨有较好的性能，导轨结合面的精度应尽可能提高。但受工艺条件的限制，实际应用中可根据结合面的尺寸和使用要求来确定结合面的精度。

当使用薄膜节流器节流时，对中、小型机床，导轨油膜厚度 h_0 一般为 0.02～0.035mm，要求导轨面刮研显点数为 16～20 点/(25mm×25mm)；对重型机床，其导轨油膜厚度 h_0 一般为 0.04～0.06mm，要求导轨面刮研显点数为 12～16 点/(25mm×25mm)。如使用固定节流器节流，油膜厚度应小些。

导轨面的平面度、扭曲度和平行度误差值均为 h_0 值的 1/3～1/4。如超差，会引起大量油液的泄漏，导轨油腔不能建立足够的压力，上导轨面不能浮起。

② 保证支承的结构刚度　如静压导轨的上、下两个支承（如上导轨面和床身）本身结构刚度较差，则工作时会产生较大的变形，造成导轨性能不稳定。对于闭式静压导轨，副导轨压板的刚度也很重要，如压板本身刚度太差，或是压板与床身连接强度不够，会导致导轨间隙增大，使油液泄漏，或者造成导轨面直接接触，使导轨面间不能形成液体摩擦。如静压导轨为双矩形导轨，待导轨间隙调整好后再将楔铁锁紧，以免其变形或削弱刚度。修理中，如油泵压力已相当高，上导轨面仍推移不动，而节流器又无阻塞现象，就必须检查上、下支承（包括设备基础）等的结构刚度是否足够。

③ 调整各支承，使上导轨面均匀浮起。静压导轨是多支承系统，导轨上的每一个油腔相当于一个支点，由于导轨的尺寸、形式及支承上载荷分配的不同，导轨上各处油膜厚度就不同，运动件就不会水平，这是不允许的。因此，在静压导轨装配完毕后要进行油膜厚度的测试，即对每个节流器进行调整，使上导轨均匀浮起。调整的方法是：当导轨面间建立起纯液体润滑后，应利用百分表测量上导轨面的浮起量（测量四个角或更多的点）。如上浮量不均匀可适当改变节流器的间隙或薄膜的厚度，直至符合设计要求。

4.5 设备常见密封装置的修理

密封装置是机械设备的重要部件，常见机械设备的密封形式可分为三类：机械密封、静密封与动密封。每类密封根据所密封的工作介质、设备的需要，又有许多种密封结构形式和方法。但不论哪种类型、哪种结构形式，其密封元件都有一定的使用寿命，经长期运行磨损后，密封性能得不到保证，就会发生泄漏现象。此外，在机器设备运行当中，由于各种杂质进入或配合不当，使密封元件或与其相对应使用的零件遭到不同程度的损坏，也会致使密封部位发生泄漏现象；另外，工作介质的腐蚀、温度以及工作环境等也将影响到密封件的密封性能。密封失效与泄漏已成为机械设备常见的故障之一。

由于许多设备必须密封性能可靠，才能长期有效地运行。因此，密封装置的失效与泄漏不但会降低机械设备的工作效率、增大磨损概率、污染环境，而且会经常导致设备的停机，故研究机械设备密封装置的维修及泄漏治理技术很有必要。

4.5.1 静密封的修理

结合面间无相对运动的密封叫作静密封。对不同的结合面，可采用的密封类型也有所不同；对不同的密封类型，其失效修理方法也有所不同。

(1) 常见的密封类型及应用范围

① 平垫密封　平垫密封依靠垫片或密封面的弹性变形，把密封面上微小的不平处填满，以达到密封的目的。平垫密封根据密封垫的制作材料可分为三种类型。

a. 非金属垫密封　非金属垫的制作材料，一般为耐油橡胶、石棉橡胶板以及牛皮等，使用非常广泛，几乎随处可见。主要用于封闭盛液体器具，常压、低压容器及低压气体等，一般情况下自行制作。对于直径较小的容器，如直径＜200mm，可适当提高密封压力和温度。例如石棉胶板垫用于暖气管道，可在压力＜1.6MPa，温度≤200℃的情况下使用。有时在密封盖与座的结合面上开两条深宽各为1mm的三角形截面槽，能增强密封效果。

b. 非金属和金属复合垫的密封　有夹金属丝网石棉平垫片、组合密封垫圈、金属板夹石棉垫片（用于水、油、气体）、金属包垫片等，主要用在高温、高压的场合中，最大可承受32MPa压力。在化工设备中，许多人孔、视孔等都使用这种材料制作的垫片。

c. 金属垫片密封　常用的为纯铜（退火后使用）、铝制作，适用于高温、高压的场合。

② 八角垫与O形垫的密封　八角垫与O形垫的断面形状为八角垫与O形，安装在沟槽中使用，其靠垫圆与沟槽的斜面接触并压紧而形成一个环形窄带面并压光而进行密封，主要运用在高压高温气体的场合。

③ 双锥环密封　双锥环密封的结构如图4-34所示。螺栓将平盖适当压紧后，靠双锥环的两个锥面与软金属垫片进行密封。主要用于化工的大直径高压容器。

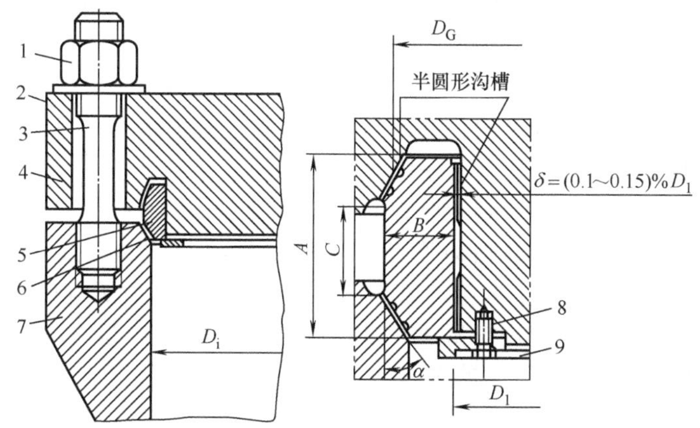

图4-34　双锥环密封结构

1—主螺母；2—垫圈；3—主螺栓；4—平盖；5—双锥环；6—软金属垫片；7—筒体端部；8—螺栓；9—托环

④ C 形环密封　C 形环密封结构如图 4-35 所示。在 C 形环上下方有两个凸出的圆弧面为密封面，加适当的预紧力后，达到一定的密封作用。在 C 形环受到压力的作用下，迫使环口上下张开，压力越大，张开力越大，从而达到密封的目的。

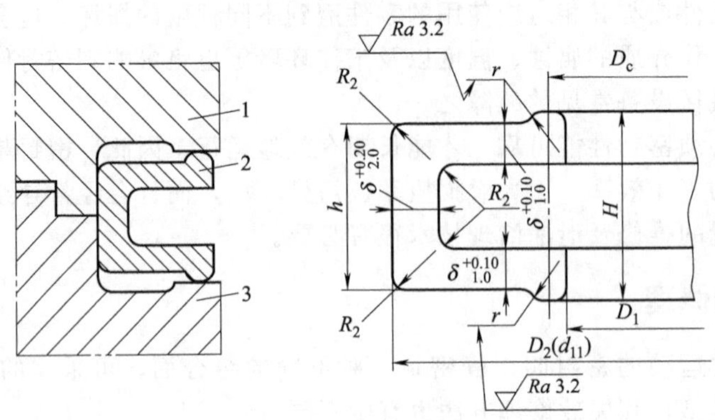

图 4-35　C 形环密封结构

1—平盖（封头）；2—C 形环；3—筒体

C 形环密封一般运用于高压设备的密封场合。

(2) 密封部位的检修方法

密封部位的泄漏，其产生原因主要是密封垫的损坏及密封面上有缺陷而造成的。可从以下方面进行检查与修理。

① 检查密封垫是否完好无损，是否使用时间长而老化。如果损坏，应按原垫的材质、尺寸大小更换新垫。在静密封中有很多密封垫需自行制作，制作时，一定要根据已损坏垫的材质，领用相同的材料，对于使用的标准垫，一般外购，但要有合格证方能使用。

② 检查密封面上是否有缺陷，或密封垫装配不良、预紧力不均匀、预紧力不够等。检修时，必须对密封面认真地检查有无伤痕、蚀坑等缺陷，并用着色法检查有无裂纹。尤其是贯穿密封面的划痕等，虽然很浅，但最容易造成泄漏。确定了原因后，根据具体情况给予解决。对划痕和蚀坑比较浅的，在不影响其强度的情况下，可将其拆下，在机床上将缺陷加工掉，重新组装使用。对有深的划痕、蚀坑及裂纹的，原则上应更换新件。但在无备件的情况下，可进行局部补焊处理。裂纹应打磨消除后再补焊，最好用手工氩弧焊进行补焊，同时要采取一些防止受热后变形的办法。补焊面积小的，用手工锉削研磨方法以得到平整光滑密封面。补焊面积较大的，需要上机床加工。对于有些设备上的密封部位端面，不能拆下修理，可在设备上装设专用工装刀架，对密封面进行加工。缺陷小的可进行补焊手工修研。

(3) 密封部位拆装注意事项

① 组装与拆卸时，应注意保护密封部位的密封端面，防止碰撞、划伤密封端面。

② 组装时，密封面、密封垫要清洗干净。

③ 修复后、组装时各螺栓的预紧力要均匀。

④ 对有些设备，由于受温度、振动等因素影响，应在螺栓预紧、设备运转 24h 后，再重新紧固一次，以保证设备长期安全运行，尤其是人孔、视孔等部位更应如此。

⑤ 检修工作完成后，一般应进行试压，以检查检修后的密封部位是否密封良好，达到了规定要求。试验压力为设备工作压力的 1.25～1.5 倍。

4.5.2　动密封的修理

结合面相对运动的密封叫作动密封。一般用于旋转运动轴和往复运动件的密封。

(1) 动密封常见的类型

一般动密封按照结合面是否接触，分为接触式动密封和非接触式动密封两种类型。接触式密封有填料密封、皮碗密封、胀圈密封、机械密封和浮环密封等。非接触式密封有迷宫密封、离心密封、气动密封、水力密封等。其中有些密封往往不单独使用，而总是与其他类型的密封组合使用。

① 皮碗密封　皮碗密封利用皮碗的唇口与轴接触遮断泄漏间隙，达到密封的目的，并分为有骨架与无骨架、有弹簧与无弹簧等类型。制作的材料主要是橡胶、皮革或聚四氟乙烯等，常用于液体密封，尤其是广泛地用于各种传动装置中密封润滑油，也用于防尘。一般使用在常压下，压差在0.1～0.2MPa。皮碗密封圈为标准件，不能自制，损坏后应按使用规格外购，更换新件。

② 胀圈密封　胀圈密封一般用于液体介质密封（因胀圈密封工作时必须以液体润滑）。用于气体密封时，要有油润滑其摩擦面。工作温度≤200℃，可用于旋转运动和往复运动。用于旋转运动时，其压力应≤1.5MPa，用于往复运动时其压力应≤70MPa。胀圈一般情况下为外购件，自制困难。

③ 离心密封　借离心力的作用（甩油盘）将液体介质沿径向甩出，阻止液体进入泄漏缝隙而达到密封目的。转速愈高，密封效果越好，转速太低或静止不动，则密封无效。用于液体的密封，不适用于气体介质。

④ 螺旋密封　借螺旋作用将液体介质赶回去，以达到密封的目的，螺旋的方向至为重要。仅适用于液体介质，转速愈高，密封愈强，低则密封性能差。

⑤ 气动密封　利用空气动力来堵住旋转轴的泄漏间隙，以保证密封，其结构简单，但要有一定压力的气源供气，一般密封空气压力要高出介质压力的0.03～0.05MPa，如图4-36所示。一般不受速度温度限制，用于压差不大的地方，如防止高温燃气漏入轴承腔内。气动密封往往与迷宫式或螺旋式密封组合使用。

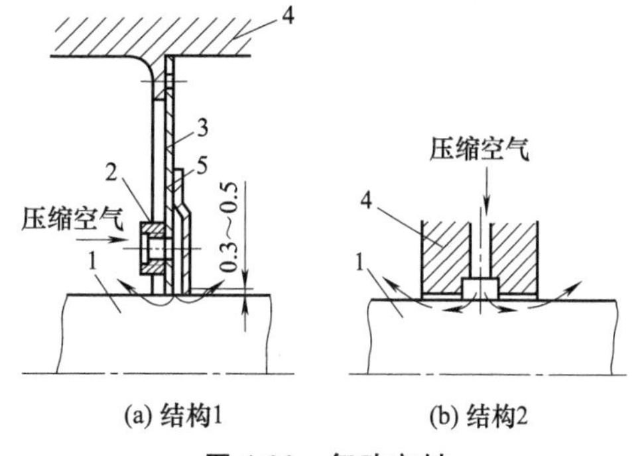

图4-36　气动密封

1—轴；2—空气接头；3—隔板；4—壳体；5—密封唇

(2) 常用动密封的检修方法

1) 填料密封

常用的填料密封主要有成形填料密封及压盖填料密封。

① 成形填料密封　主要有毛毡密封、O形密封圈密封与Y形密封圈密封等。其中：毛毡密封多用于润滑脂的密封，使用广泛，其材料为工业用毛毡，损坏时可自制更换；O形密封圈为标准件，使用广泛。用于往复运动、旋转运动及静压密封，损坏后应外购更换；Y形密封圈适用于各种机械设备中，常用于油缸、活塞的密封；用于矿物油、水及气体介质。Y形密封圈为标准件，损坏后同O形圈一样外购更换。

② 压盖填料密封　压盖填料密封又称盘根密封。这种密封是在轴与壳体之间缠绕盘根，然后用压盖和螺栓压紧，以达到密封的目的，用作液体或气体介质的密封，广泛地应用于各种泵类、阀门等。使用的密封填料盘根有金属箔包石棉类、石棉编结类、石棉和铅混装类、棉纱类、橡胶类，并有不同的编结方法。

盘根损坏发生泄漏后，应全部拆下，更换新的盘根。安装新的盘根时应注意：

a. 切割盘根时最好将盘根绕在同样直径的圆钢上切割，以保证尺寸正确、切口平行、齐整、无松散线头、切口成30°；

b. 为便于安装，在压装铝箔（铅箔）包石棉盘根时，在盘根内缘涂一层用机油调和的鳞状石墨粉；压装油浸石棉盘根时，第一圈及最后一圈最好压装干石棉盘根，以免油渗出；

c. 选用的盘根宽度应与盘根盒尺寸一致，或大1～2mm；

d. 组装时，盘根切口必须错开，一般成120°，盘根不宜压得过紧，压入盘根箱的深度一般为一圈盘根的高度，但不得小于5mm；

e. 应使盘根压盖与阀杆（轴等）的间隙保持一致，防止上偏，使盘根受力不均匀。

2）迷宫密封

迷宫密封由若干个依次排列的环状密封齿组成。齿与转子间形成一系列节流间隙与膨胀空间，流体经过许多曲曲折折的通道，经多次节流而产生很大阻力，使流体难于泄漏，以达到密封的目的。迷宫密封属于非接触密封，不需润滑，允许热膨胀，故可用于高温、高压、高转速的场合。汽轮机、压缩机、鼓风机等轴端和级间都广泛采用迷宫密封，如图4-37所示。由于迷宫密封的泄漏量较大，在密封有毒、易燃、易爆气体时，仅作为级间密封。如要作壳体密封，应在迷宫的结构中充入压力略高于介质的无毒气体，以阻断有害气体的外漏，防止污染和意外事故的发生。

① 迷宫密封的种类　按制造和安装方式不同，可分为整体式、密封片式和密封块式三种类型。

a. 整体式迷宫密封　整体式密封结构，只在壳体上加工出密封齿，其结构简单，但密封效果不佳，而且加工困难，损坏后无法更换密封齿。主要用在要求不高，间隙较大的场合。

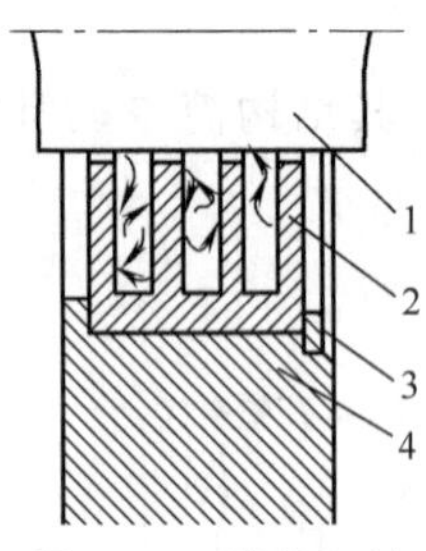

图4-37　迷宫密封

1—轴；2—箅齿；3—卡圈；4—壳体

b. 密封片式迷宫密封　通常所使用的密封片有三种形式。如图4-38（a）所示为冲压成形的镶片式箅齿；如图4-38（b）所示为机械加工成形的镶片式箅齿；如图4-38（c）所示为冲压成形的薄板镶片式箅齿。这三种箅齿在磨损后检修时需整体更换，装配时较困难一些。

c. 密封块式迷宫密封　这种密封是由若干块密封块组成，叫作气封环，也可叫作气封块。将其装入机壳中的T形槽内，靠弹簧将其顶向轴心，紧靠T形槽作径向定位。下机体水平剖分面处设有一块气封块带有定位销作周向定位。使用中，气封块若与轴相碰，由于弹簧的作用，可自行退让，避免过分摩擦和振动；也有采用不加弹簧的气封块，完全靠T形槽定位的，这种结构的气封块是镶进去的，间隙量小；多数情况下，气封块需修研后才能装入槽内，与机壳组成一体使用。

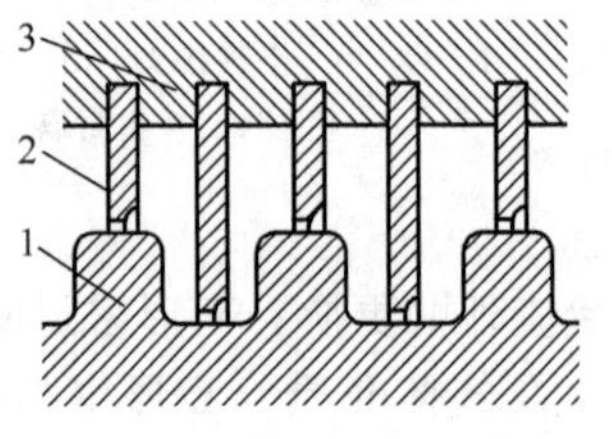

(a) 镶片式箅齿密封（冲压件）

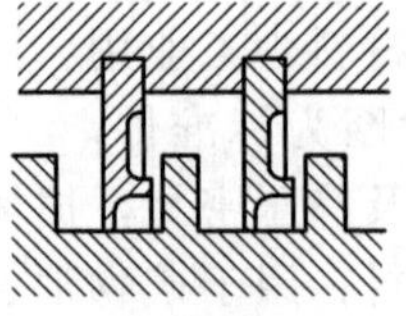

(b) 镶片式箅齿密封（机械加工件）

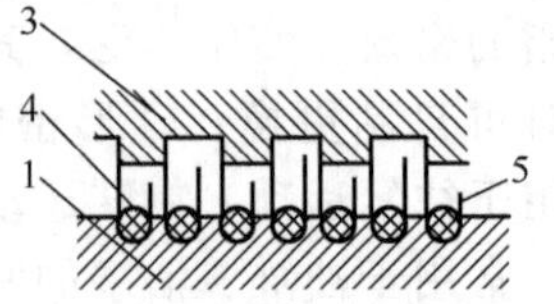

(c) 薄板镶片式箅齿密封（冲压件）

图4-38　密封片

1—轴；2—镶片式箅齿；3—壳体；4—金属丝；5—箅齿刀片

密封齿形有薄片形与厚片修尖形两种。根据使用情况，厚片修形的端部齿形大致有图4-39所示的四种形状。从齿形上来说，使用片修尖形的要多一些。

② 迷宫密封工作方式　迷宫密封按所密封的工作介质流程，可分为直通式、交叉式、阶

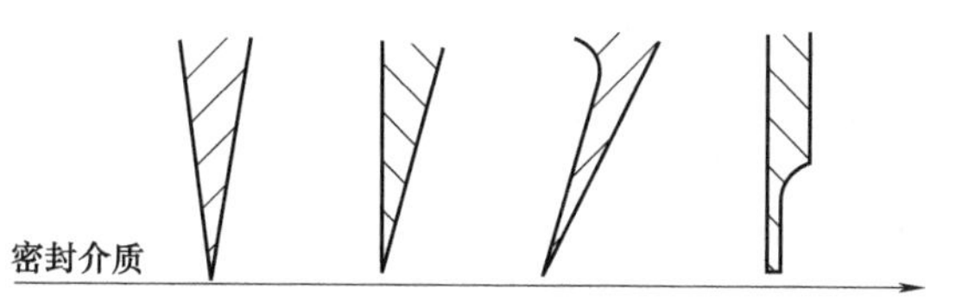

图 4-39 厚片修尖形密封齿

梯式和嵌入式四种工作方式，具体采用何种工作方式需根据设备及密封介质的需要选用。

③ 影响迷宫密封的因素。

a. 径向间隙过大，或新更换的气封环间隙过小。

b. 密封片或气封环齿间因磨损变钝，或因长期摩擦受热后变形，造成损坏与不能使用。

c. 长期使用后，弹簧变松弛、变形，使气封环不能到位。

d. 采用气封块的结构，因气封块与槽的配合间隙小，或长期运转后，灰尘、污物的沉淀堆积，使密封块不能正常伸缩等原因。

e. 采用组合密封时，用于密封的介质气、水等压力低于工作介质压力，或压力不稳定等。

④ 迷宫密封的检修方法与要求。

a. 采用组合密封时，应首先检查用于密封的介质压力源是否工作正常。一般其压力应大于工作介质压力 0.03～0.05MPa。发现问题及时检修。

b. 检修密封片式或密封环式迷宫密封，应将机壳打开进行。对设备进行拆卸时应注意：记清拆卸顺序，必要时做好拆卸记录，或在件上做明显标记，以便于组装工作；打开机壳后应先检查密封部位故障的原因，并对迷宫部位做必要的精确的尺寸测量；测出密封部位的轴向定位基准尺寸、密封片或密封环的径向尺寸，并做好记录，为组装调整轴向间隙时作参考数据用；然后将转子拆下，对密封部位做全面检查。

采用密封片式的迷宫密封，在密封片损坏或磨损间隙大了不能使用时，应更换新件。

采用气封环式结构的，当径向间隙过大时，应通过修研密封块与槽的结合面，使其向圆心方向做调整，以减少径向间隙。当间隙过小时，要通过刮削密封齿内圆面，使间隙增加。

齿尖因磨损或在修大径向间隙时而变钝，应对其进行修研。可用刮削方法将其修尖，齿尖部厚度应不大于 0.5mm。修研齿尖时应注意在出气侧修研，任何情况下不得将齿尖（需密封侧）弄成圆角。

气封环式密封结构中所使用的弹簧，发生松弛或变形时，要进行更换。新弹簧的刚度要合格，装配后，用手压气封块，应感觉软硬合适，压缩到位，其压缩力应在 9.8kgf（1kgf＝9.80665N）左右。

气封块与槽间隙小，使用时不能正常滑动，可通过修研解决，但修研后的间隙量应在规定范围之内。由污物造成的密封块不能正常滑动，对其进行清洗即可解决。

在检修更换新件时要注意：由于化工设备多为单机或小批量生产，不同于有些设备的件为标准部件，换上即可使用。大多数情况下，在经过修配后才能达到原机的组装精度。因此新件组装时要仔细地检查测量，有些成组使用或配制的件，都有标记，应按原标记位置组装。在更换新件后，应在同一位置上打上相同的标记。

⑤ 组装与试车　对于迷宫密封的组装（特别是气封环式）主要是径向间隙与轴向间隙的调整。

首先应对密封片或密封环的径向尺寸（齿尖到旋转轴中心尺寸）和轴向位置尺寸进行精确的测量，将所测得的尺寸与拆卸时所测的尺寸及设备技术要求规定的尺寸进行比较。如间隙合适，它们之间的差距是很微小的。然后采用压铅丝法或贴白胶布的方法，进行核实复测（压铅

丝法要根据设备结构进行，因其不容易固定，往往掉入机壳中去）。一般常用三层白胶布，在要求的间隙值小于 0.5mm 时用两层白胶布。各层依次减少 5～7mm，成梯形粘贴在一起，并顺转子转动向增加层数。有弹簧的暂时不装，并采取措施将气封块顶死，不能回缩。将转子气封在凸凹台上，沿轴长相当于气封块宽度的上部，涂上薄薄的一层红丹后，将其组装完毕。转子转动数圈后拆开检查，根据白胶布带上接触红丹印痕的轻重来判断间隙的大小。如表 4-5 所示为常用的印痕数值。

表 4-5　常用的印痕数值　　mm

序号	胶布接触情况	间隙值
1	三层胶布没有接触	>0.75
2	三层胶布刚见红色	0.75
3	三层胶布有较深的红色	0.65～0.70
4	三层胶布表面被压光，颜色变紫	0.55～0.60
5	三层胶布表面被磨光呈黑色，两层胶布刚见红色	0.45～0.50

另外还可采用塞尺测量或制作工装等方法进行测量。

轴向间隙比较好测，一般用塞尺即可进行。要两侧都进行测量，但是要掌握进气侧间隙要比排气侧大一些，一般在 1～1.5mm。

有的设备采用气封环式密封，没有弹簧，其检修方法、测间隙方法与上述相同，只是当齿尖磨损超过一定值时，需更换新的气封环。

在检测调整径向间隙、轴向间隙达到规定范围后，进行组装工作。然后进行试车，在密封达到规定值后，经检验合格后，方能交付使用。

3）浮环密封的检修

浮环密封的结构如图 4-40 所示。主要由浮环（1、7、8、14）装于固定环 2 与密封套 13 中组成。件 8 为高压侧浮环，其余为低压侧浮环。根据机器设备密封的需要，浮环可由两个或多个组成。密封油（或水、气）由进油口 3 注入密封腔中，并沿浮环间隙向两侧溢出，流向高压侧的油通过浮环 8、挡油板 10 等，从油孔 12 排出。流向低压侧的油通过 3 个浮环减压后流出密封腔。由于密封油的压力要大于工作介质的压力（一般高 0.05MPa），而低压侧 3 个浮环的阻力大于高压侧一个浮环的阻力，从而达到密封的目的。浮环密封的浮环，实际使用中由多个组成，成组使用，有宽环、窄环、L 形环、矩形环、光滑环和开槽环之分。制造浮环的材料，通常使用青铜、黄铜、含二硫化钼的烧结青铜以及轴承合金（巴氏合金）等。一般重要、大型、高速运转的机器设备，都采用轴承合金。其密封液体多数用油，其次是水等。

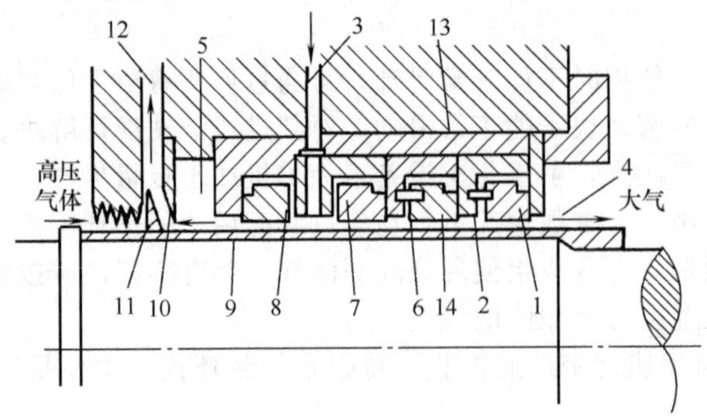

图 4-40　浮环密封

1,7,8,14—浮环（轴环）；2—固定环；3—注油孔；4—大气侧；5—密封室；6—销钉；9—轴套；10—挡油板；11—甩油环；12—油孔；13—密封套浮环密封的原理是靠高压密封油在浮环与轴套间形成油膜，产生节流降压，阻止高压侧气体流向低压侧。因此，无论采用何种材料，浮环数量多少，浮环与轴套之间都必须有间隙存在，有少量液体流过，一是润滑，二是起冷却作用。

浮环密封发生故障与泄漏过大，其产生原因及检修方法主要有以下几方面。

① 浮环密封发生故障与泄漏过大的主要原因是振动、磨损和泄漏。当浮环端面的对中附件O形环断面直径过大或销子长，轴向无间隙及销子歪斜时；浮环强行装入，迫使浮环部分弧面与轴接触，而不能使间隙自动调整时；机器运转使浮环与轴发生干摩擦，以及浮环间隙过小，使油液很难通过形不成润滑油膜，并不能达到冷却效果时，会使机器振动加大。时间一长就会将浮环内衬材料烧毁，这种现象危害性极大。发生此种状况应及时分析，果断采取处理措施。

浮环密封允许存在一定的间隙量，如果间隙超出，泄漏就会增大而超出规定范围。造成这种现象的原因：一是浮环长期使用，正常磨损，使间隙增大；二是浮环孔的轴衬表面粗糙度、精度低，短时间磨损使间隙增大；三是装配不当造成偏斜，对中附件脱落，使油液从其他间隙流出，使泄漏增大。

发生上述原因后，就要对浮环密封进行检修，一般都是更换浮环。选择新浮环时，一定要对浮环各部尺寸进行测量，选合格件更换。更换浮环时，一定要对轴进行仔细检查，如有研伤、结疤等现象，应先将其修复后再组装新环。

② 组装　浮环密封结构比较简单，但其组装精度要求很高。选择合格的浮环备件后，应对组装部位的相关尺寸进行检测，在间隙量、端面垂直度、平行度得到保障后，再组装浮环（备件与原件的尺寸有差别，使装配尺寸链发生变化）。否则将对浮环进行修研，直至达到所需要的尺寸为止。

浮环及密封部位的相关件都要清洗干净、清除毛刺等。

检查各件装配后的轴向尺寸，核实组件与零件是否组装到位。

销子要对准销孔，装配前应将销孔线引出，以便找正。

装配浮环时，要端平、端正，滑送到位，防止造成硬痕、划伤现象。每装一个浮环，应测一次轴向间隙，保证整组浮环在密封腔内的轴向间隙达到要求。

不要随意刮削浮环的内孔与端面的巴氏合金。因配合间隙较小，一旦超差就会将浮环报废。

③ 试车　浮环密封检修、组装完毕后，进行试车工作。其泄漏量应在规定的范围内。经检验合格后，交付使用。

4.5.3 机械密封的修理

机械密封又叫端面密封，是旋转轴用的接触式动密封。它是由两块密封元件垂直于轴的光洁而平直的表面相互贴合，并作相对转动而构成的密封装置，如图4-41所示。它是靠弹性构件（如弹簧）弹力和密封介质的压力，在旋转的动环与不旋转的静环接触表面（端面）上，产生适当的压紧力，使这两个端面紧密贴合，而达到密封的目的。端面间维持一层极薄的液体膜，这层液体膜具有液体动压力与静压力，起着润滑和平衡压力的作用。

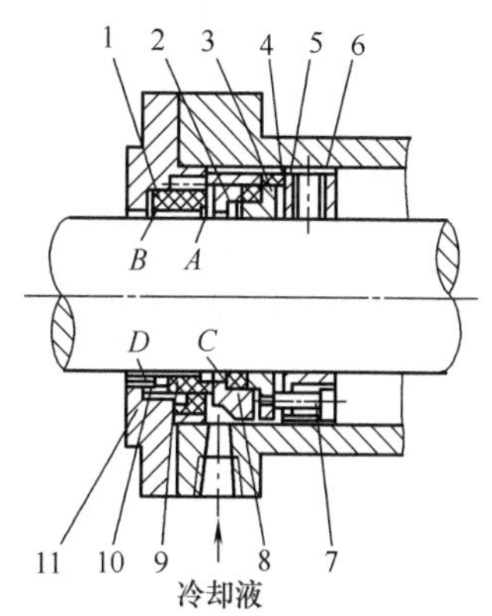

图4-41　机械密封结构原理

1—静环；2—动环；3—推环；4—弹簧；5—弹簧座；6—固定螺钉；7—传动销；8—动环密封圈；9—静环密封圈；10—防转销；11—压盖

机械密封一般有四个密封点，如图中 *A*、*B*、*C*、*D*。*B* 点为静环与压盖端面之间的密封点；*C* 点为动环与轴（或轴套）配合面之间的密封点；*D* 点为压盖与泵壳（或其他

设备）端面之间的密封点。A、B、C 三点是静密封，一般采用 O 形密封圈、V 形密封圈等垫圈密封。如图 4-42 所示为常用的几种密封圈形式，一般不易泄漏。A 点即为端面相对旋转密封。

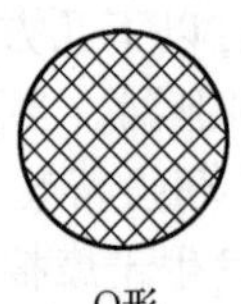

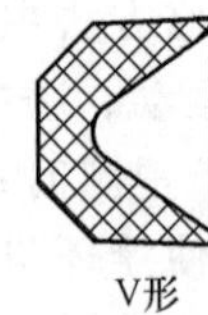

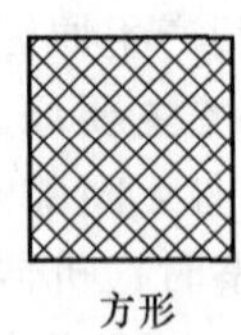

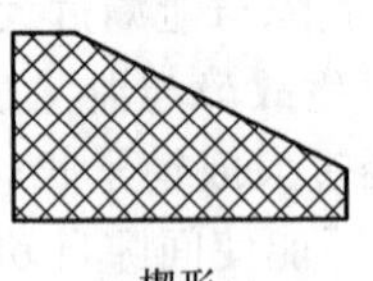

图 4-42　几种密封圈形式

机械密封中，动环是与轴一起旋转的环形零件，静环是固定在端盖或密封腔上的环形零件；补偿缓冲机构由弹性元件和附属零件组成（弹簧、波纹管等），还有辅助密封圈、传动零件等。机械密封根据其工作特性和组装方法，存在着多种结构形式。一般根据工作介质腐蚀程度分为内装式和外装式；根据其工作旋转情况可分为旋转式、静止式或单弹簧、多弹簧等形式；有的还根据其工作介质与温度的条件，设置了冷却、冲洗和润滑措施，保证其正常工作，延长其使用寿命。尽管采用的机械密封组装形式不同，但其工作原理都是相同的。机械密封广泛地应用在石油化工行业及其他行业的旋转泵及离心式压缩机等机器设备上。

机械密封摩擦副的材料选用是一个非常重要的环节。其选择原则应根据介质的性质、工作压力、温度、滑动速度等因素来加以选择，同时还要考虑在启动或液膜破坏时承受短时间干摩擦的能力。

(1) 机械密封泄漏的主要原因

① 动环与静环间密封端面存在磨损过大、裂纹、变形、破损等现象。

② 几处辅助密封圈有缺陷或由于装配不当造成的缺陷，以及经长时间空运转后发生变形、硬化、破裂等现象。

③ 弹簧预紧力不够或经长时间运转后，发生断裂、腐蚀、松弛；以及工作介质里的悬浮性微粒或结晶等，因长时间积累堵塞在弹簧间隙里，造成补偿密封环不能浮动，发生泄漏。

④ 由于动、静环密封端面与轴中心线垂直度偏差过大，使密封端面贴合不严密而造成泄漏。

⑤ 由于密封轴的轴向窜动量大，与密封处相关的件质量不好，产生泄漏现象。

(2) 机械密封的检修方法

发现机器设备的机械密封处泄漏，应及时进行检修，否则泄漏会越来越大，导致设备不能运转或发生其他事故。检修时应注意以下内容。

1）拆卸时的要求

① 机械密封的结构类型虽然很多，但其工作原理、基本结构大同小异，拆卸前应先熟悉掌握所要拆卸的机械密封的有关资料、图纸及机械密封的类型结构。

② 有顺序地拆卸，并做好顺序标记，以便于重新组装。边拆卸边观察，分析查找造成泄漏的原因。

③ 在大型设备上进行拆卸工作时，要做好拆卸的准备工作。准备必要的设施和工具，并做好安全防护工作。

④ 拆下的旧件不可随意扔掉，应暂时保管一段时间。在无资料或资料不全的情况下，可以按旧件材质、规格领取新件，还可判断新件正确与否。

2）检修措施方法

将拆下的件清洗干净，结合拆卸时判断发生泄漏的原因，对其进行检查，查明原因后，可按以下步骤进行检修。

① 静环、动环及辅助密封圈经检查不能使用的，要更换新件。所更换的新件在材质、规格上必须符合规定，不可随意替代。新件应具备产品合格证。

② 弹簧损坏时，更换新的弹簧。使用时间长的弹簧，应成组更换。选择弹簧时，应选择端面平并与中心线垂直、自由高度尽量一致的。在有条件的情况下，对弹簧进行变形测量。方法为：对每个弹簧都分别施加相等的力，使其压缩，松开后，取其变形量大致相等的使用为最好，这样能大大地提高组装质量。

③ 对于动、静环端面与轴中心线垂直度偏差过大的，可对其进行检测。检测方法是将百分表固定在轴上，使测头对准密封腔端面，转动轴，表上最大值与最小值之差即为垂直度。如超出规定值应对其进行调整与修理，使其达到规定值。方法为：一是调整动力端与静环底座端（只能做微量调整）；二是有可能的话，将端面重新加工；三是采用修研的方法。

④ 轴向窜动量过大时，可重新进行调整。一般通过调整推力球轴承，使轴向窜动量达到规定范围内。

⑤ 由于脏物、介质等因素长时间积累，堵塞在动环与轴之间、弹簧间隙之间等原因产生的泄漏，通过拆卸清洗后可完全排除。

⑥ 冲洗冷却液流量太小或太大、压力低或过高，可进行调整使之正常。同时对动、静环清洗，可消除杂质脏物等。

⑦ 机械密封检修过程中，所更换的新件应有产品合格证。

（3）一般机械密封的组装工作

① 所要组装的零件、部件均要清洗干净。

② 组装工作按拆卸时相反的程序进行。

③ 组装时要注意保护好各个密封面，不允许出现擦伤、划伤、碰伤等现象。

④ 分别将转动组件中各件与静环组件中各件组装完毕，并做好弹簧的初步预紧。

⑤ 把转动组件组装到轴上，静环组件装到密封腔端，初步测量动环密封端面至密封腔端面的距离，与静环密封端面至端盖端面的距离，两者之差即为机械密封的弹簧预压缩量，然后组装好轴承。

⑥ 对照技术要求的压缩量，参照实测的弹簧预压缩量，将压缩量调整合适，将压盖紧固，至此组装工作初步完成。

⑦ 组装过程中一定要注意保持干净清洁，尤其是动、静环的密封端面。装配时要在动、静环密封面上、轴上和端盖上涂以润滑油（一般可用透平油或规定使用的润滑油）。

（4）组装后试压工作

机械密封检修、组装完毕后，要进行静压试验与动压试验，同时对弹簧的压缩量进行调整，达到密封要求为止。

① 静压试验　关闭机器、设备的进出口，达到密封状态，将其内充满允许使用的试压介质（一般用水），然后试压达到有关技术要求及规定的时间。

② 动压试验　静压试验合格后，进行动压试验。将压力卸除为零后，开动机器设备，逐级升压，在达到规定的时间与动压试验的压力后，应无泄漏现象或达到规定的范围内（无规定时间的，应连续运转4h以上）。

以上两项试验经检验合格后，方能交付使用，至此，对机械密封的检修工作全部完成。

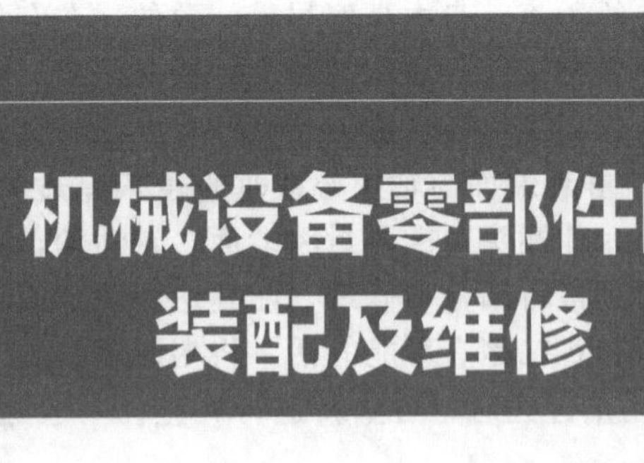

第5章

机械设备零部件的装配及维修

5.1 机械零件修复的一般方法

机械设备在使用过程中，由于其零部件会逐渐产生磨损、变形、断裂、蚀损等失效形式，设备的精度和性能就要下降，导致设备发生故障、事故甚至报废，需要及时进行维护和修理。在修复性维修中，一切措施都是为了以最短的时间、最少的费用来有效地消除故障，以提高设备的有效利用率，而采用修复工艺措施使失效的机械零件再生，能有效地达到此目的。

随着新材料、新工艺、新技术的不断发展，零件的修复已不仅仅是恢复原样，很多修复工艺方法获得了实际应用，如电镀、堆焊或涂覆耐磨材料、粘接和一些表面强化处理等工艺方法，只将少量的高性能材料覆盖于零件表面，成本并不高，却大大提高了零件的耐磨性。此外，有些修复技术还可以提高零件的性能和延长零件的使用寿命。因此，在机械设备修理中充分利用修复技术，选择合理的修复工艺，可以缩短修理时间、节省修理费用，显著提高企业的经济效益。

5.1.1 机械修复法

利用机械连接，如螺纹连接、键、销、铆接、过盈连接和机械变形等各种机械方法，使磨损、断裂、缺损的零件得以修复的方法称为机械修复法。例如镶补、局部修换、金属扣合等，这些方法可利用现有设备和技术，适应多种损坏形式，不受高温影响，受材质和修补层厚度的限制少、工艺易行、质量易于保证，有的还可以为以后的修理创造条件，因此应用很广。缺点是受到零件结构和强度、刚度的限制，工艺较复杂，被修件硬度高时难以加工，精度要求高时难以保证。

零件修复中，机械加工是最基本、最重要的方法。多数失效零件需要经过机械加工来消除缺陷，最终达到配合精度和表面粗糙度等要求。它不仅可以作为一种独立的工艺手段获得修理尺寸，直接修复零件，而且还是其他修理方法的修前工艺准备和最后加工必不可少的手段。根据其修复方式的不同，机械修复法主要有以下几种操作方法。

(1) 修理尺寸法

对机械设备的动配合副中较复杂的零件修理时可不考虑原来的设计尺寸，而采用切削加工或其他加工方法恢复其磨损部位的形状精度、位置精度、表面粗糙度和其他技术条件，从而得

到一个新尺寸（这个新尺寸，对轴来说比原来设计尺寸小，对孔来说则比原来设计尺寸大），这个尺寸即称为修理尺寸。而与此相配合的零件则按这个修理尺寸制作新件或修复，保证原有的配合关系不变，这种方法便称为修理尺寸法。

例如，轴、传动螺纹、键槽和滑动导轨等结构都可以采用这种方法修复。但必须注意，修理后零件的强度和刚度仍应符合要求，必要时要进行验算，否则不宜使用该法修理。对于表面热处理的零件，修后仍应具有足够的硬度，以保证零件修理后的使用寿命。

修理尺寸法的应用极为普遍，为了得到一定的互换性，便于组织备件的生产和供应，大多数修理尺寸均已标准化，各种主要修理零件都规定有它的各级修理尺寸。如内燃机的气缸套的修理尺寸，通常规定了几个标准尺寸，以适应尺寸分级的活塞备件。

(2) 镶加零件法

配合零件磨损后，在结构和强度允许的条件下，增加一个零件来补偿由于磨损及修复而去掉的部分，以恢复原有零件精度，这样的方法称为镶加零件修复法。常用的有扩孔镶套、加垫等方法。

如图 5-1 所示，在零件裂纹附近局部镶加补强板，一般采用钢板加强、螺栓连接。脆性材料裂纹应钻止裂孔，通常在裂纹末端钻直径为 ϕ8～40mm 的孔。

如图 5-2 所示为镶套修复法。对损坏的孔，可镗大镶套，孔尺寸应镗大，保证有足够刚度，套的外径应保证与孔有适当过盈量，套的内径可事先按照轴径配合要求加工好，也可留有加工余量，镶入后再铣削加工至要求的尺寸。对损坏的螺纹孔可将旧螺纹扩大，再切削螺纹，然后加工一个内外均有螺纹的螺纹套拧入螺孔中，螺纹套内螺纹即可恢复原尺寸。对损坏的轴颈也可用镶套法修复。

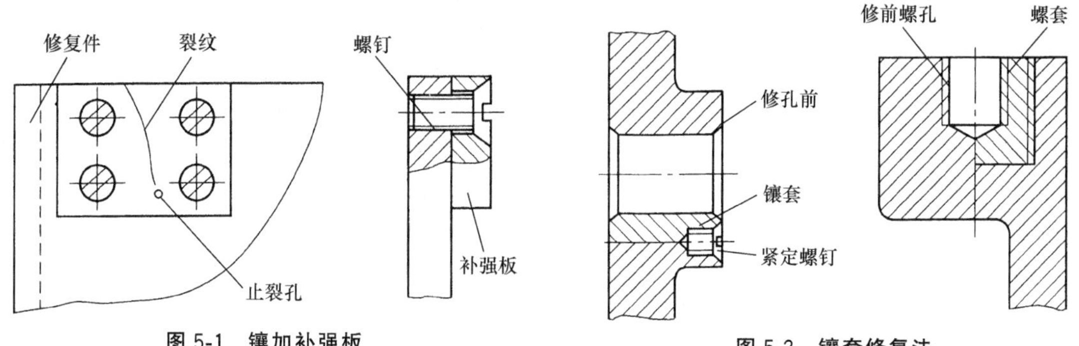

图 5-1　镶加补强板

图 5-2　镶套修复法

镶加零件修复法在维修中应用很广，镶加件磨损后可以更换。有些机械设备的某些结构，在设计和制造时就应用了这一原理。对一些形状复杂或贵重零件，在容易磨损的部位，预先镶装上零件，以便磨损后只需更换镶加件，即可达到修复的目的。

在车床上，丝杠、光杠、操纵杠与支架配合的孔磨损后，可将支架上的孔镗大，然后压入轴套。轴套磨损后可再进行更换。

汽车发动机的整体式气缸，磨损到极限尺寸后，一般都采用镶加零件法修理。

箱体零件的轴承座孔，磨损超过极限尺寸时，也可以将孔镗大，用镶加一个铸铁或低碳钢套的方法进行修理。

如图 5-3 所示为机床导轨的凹坑。可采用镶加铸铁塞的方法进行修理，先在凹坑处钻孔、铰孔，然后制作铸铁塞，该塞子应能与铰出的孔过盈配合。将塞子压入孔后，再进行导轨精加工。如果塞子与孔配合良好，加工后的结合面非常光整平滑。严重磨损的机床导轨，可采用镶加淬火钢镶条的方法进行修复，如图 5-4 所示。

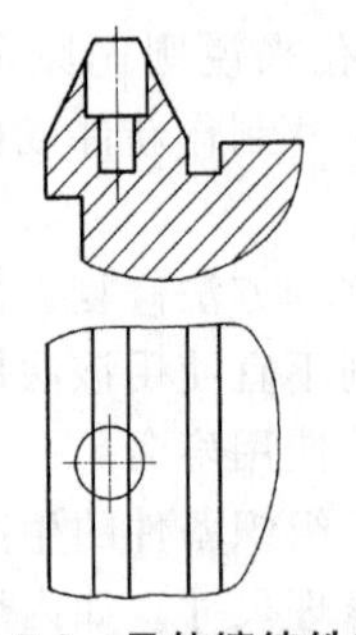

图 5-3 导轨镶铸铁塞

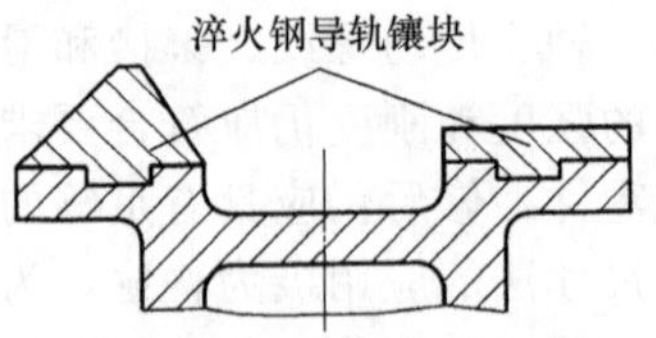

图 5-4 床身镶加淬火钢导轨

应用这种修复方法时应注意：镶加零件的材料和热处理，一般应与基体零件相同，必要时选用比基体性能更好的材料。

为了防止松动，镶加零件与基体零件配合要有适当的过盈量，必要时可采用在端部加胶黏剂、止动销、紧定螺钉、骑缝螺钉或点焊固定等方法定位。

(3) 局部修换法

有些零件在使用过程中，往往各部位的磨损量不均匀，有时只有某个部位磨损严重，而其余部位尚好或磨损轻微。在这种情况下，如果零件结构允许，可将磨损严重的部位切除，将这部分重制新件，用机械连接、焊接或粘接的方法固定在原来的零件上，使零件得以修复，这种方法称为局部修换法。

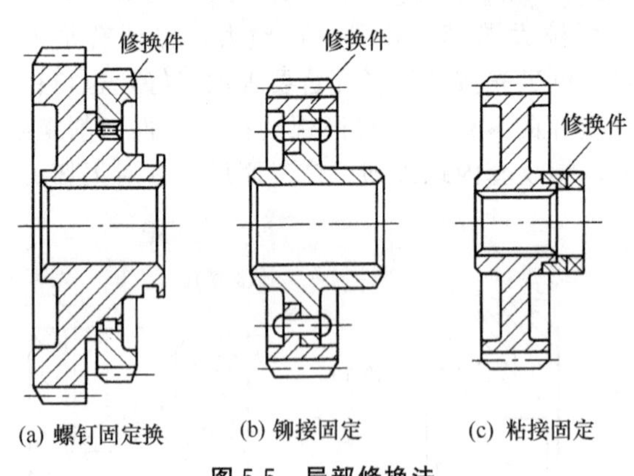

图 5-5 局部修换法

如图 5-5（a）所示，是将双联齿轮中磨损严重的小齿轮的轮齿切去，重制一个小齿圈，用键连接，并用骑缝螺钉固定的局部修换。图 5-5（b）是在保留的轮载上，铆接重制的齿圈的局部修换。图 5-5（c）是局部修换牙嵌式离合器，以粘接法固定，该法应用很广泛。

(4) 塑性变形法

塑性材料零件磨损后，为了恢复零件表面原有的尺寸精度和形状精度，可采用塑性变形法修复，如滚花、镦粗法、挤压法、扩张法、热校直法等。

(5) 换位修复法

有些零件局部磨损可采用调头转向的方法，如长丝杠局部磨损后可调头使用；单向传力齿轮翻转 180°，利用未磨损面将它换一个方向安装后继续使用。但必须结构对称或稍做加工即可实现时才能进行调头转向。

如图 5-6 所示，轴上键槽重新开制新槽。如图 5-7 所示，连接螺孔也可以转过一个角度，在旧孔之间重新钻孔。

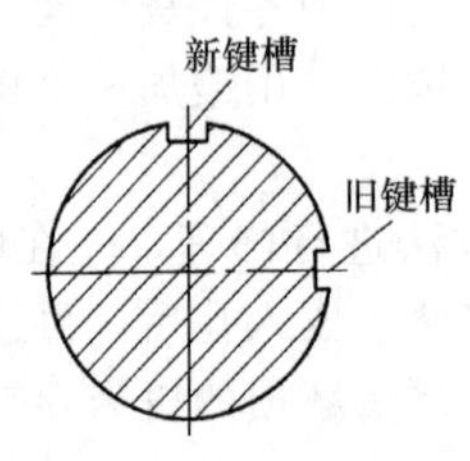

图 5-6 键槽换位修理

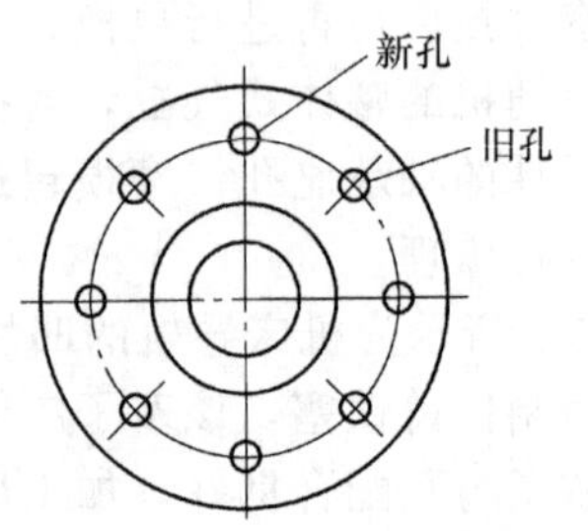

图 5-7 螺孔换位修理

(6) 金属扣合法

金属扣合法是利用高强度合金材料制成的特殊连接件以机械方式将损坏的机件重新牢固地连接成一体，达到修复目的的工艺方法。它主要适用于大型铸件裂纹或折断部位的修复。

按照扣合的性质及特点，可分为强固扣合、强密扣合、优级扣合和热扣合4种工艺。

1）强固扣合法

该法适用于修复壁厚为8～40mm的一般强度要求的薄壁机件。其工艺过程是，先在垂直于机件的裂纹或折断面的方向上，加工出具有一定形状和尺寸的波形槽，然后把形状与波形槽相吻合的高强度合金波形键镶入槽中，并在常温下铆击，使波形键产生塑性变形而充满槽腔，这样波形键的凸线与波形槽的凹部相互扣合，使损坏的两面重新牢固地连接成一体，如图5-8所示。强固扣合法的操作要点主要如下。

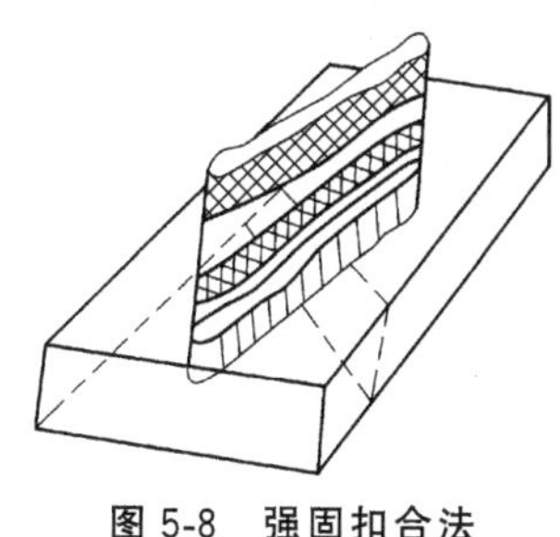

图5-8 强固扣合法

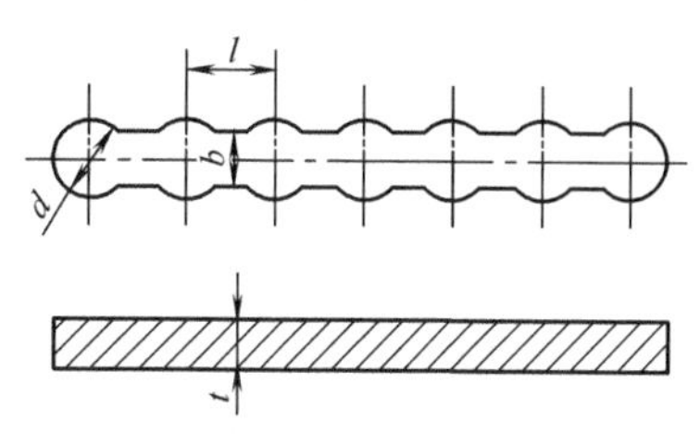

图5-9 波形键

① 波形键的设计和制作 通常将波形键（图5-9）的主要尺寸凸缘直径d、宽度b、间距t（波形槽间距t）规定成标准尺寸，根据机件受力大小和铸件壁厚决定波形键的凸缘个数、每个断裂部位安装波形键数和波形槽间距等。一般取b为3～6mm，其他尺寸可按下列经验公式计算：

$$D=(1.4\sim1.6)b$$

$$l=(2\sim2.2)b$$

$$t\leqslant b$$

通常选用的凸缘个数为5、7、9个。一般波形键材料常采用1Cr18Ni9或1Cr18Ni9Ti奥氏体镍铬钢。对于高温工作的波形键，可采用热膨胀系数与机件材料相同或相近的Ni36或Ni42等高镍合金钢制造。

波形键成批制作的工艺过程是：下料→挤压或锻压两侧波形→机械加工上下平面和修整凸缘圆弧→热处理。

② 波形槽的设计和制作 波形槽尺寸除槽深T大于波形键厚度t外，其余尺寸与波形键尺寸相同，而且它们之间配合的最大间隙可达0.1～0.2mm。槽深T可根据机件壁厚H而定，一般取$T=(0.7\sim0.8)H$。

为改善工件受力状况，波形槽通常布置成一前一后或一长一短的方式，如图5-10所示。

小型机件的波形槽加工可利用铣床、钻床等加工成形。大型机件因拆卸和搬运不便，因而采用手电钻和钻模横跨裂纹钻出与波形键的凸缘等距的孔，用锪钻将孔底锪平，然后钳工用宽度等于b的錾子修正波形槽宽度上的两平面，即成波形槽。

③ 波形键的扣合与铆击 波形槽加工好后，清理干净，将波形键镶入槽中，然后从波形键的两端向中间轮换对称铆击，使波形键在槽中充满，最后铆裂纹大的凸缘。一般以每层波形键铆低0.5mm左右为宜。

2）强密扣合法

在应用了强固扣合法以保证一定强度条件之外，对于有密封要求的机件，如承受高压的气

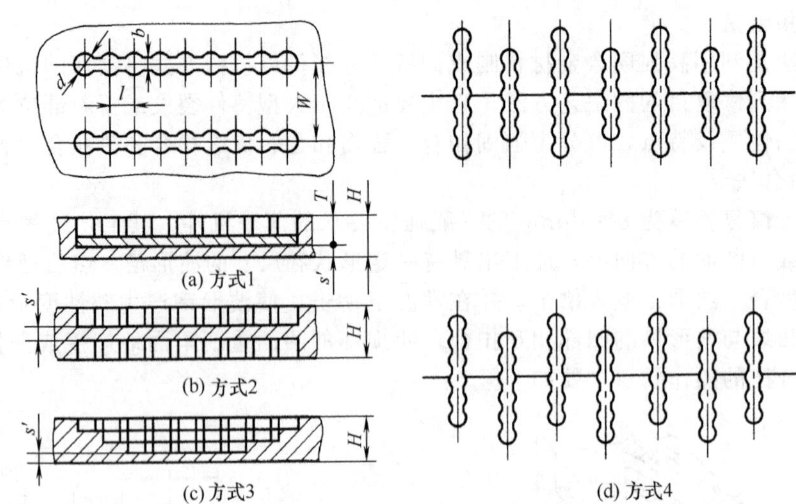

图 5-10　波形槽的尺寸与布置方式

缸、高压容器等防渗漏的零件，应采用强密扣合法，如图 5-11 所示。

强密扣合法是在强固扣合法的基础上，在两波形键之间、裂纹或折断面的结合线上，加工缀缝栓孔，并使第二次钻的缀缝栓孔稍微切入已装好的波形键和缀缝栓，形成一条密封的“金属纽带”，以达到阻止流体受压渗漏的目的。

缀缝栓可用直径为 $\phi5\sim8$mm 的低碳钢或纯铜等软质材料制造，这样便于铆紧。缀缝栓与机件的连接与波形键相同。

3）优级扣合法

优级扣合法主要用于修复在工作过程中要求承受高载荷的厚壁机件，如水压机横梁、轧钢机主梁、辊筒等。为了使载荷分布到更多的面积和远离裂纹或折断处，需在垂直于裂纹或折断面的方向上镶入钢制的砖形加强件，用缀缝栓连接，有时还用波形键加强，如图 5-12 所示。

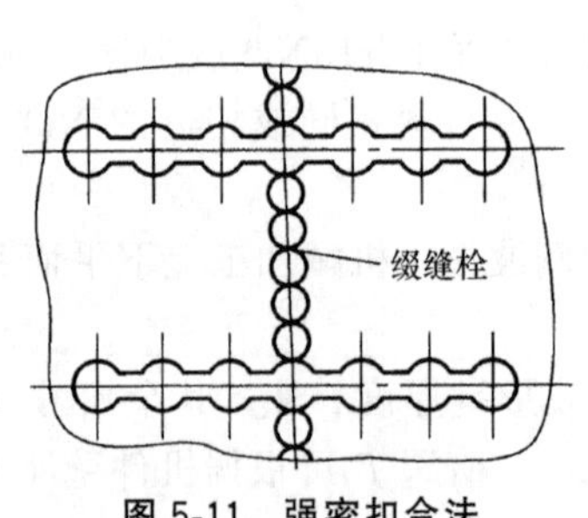

图 5-11　强密扣合法

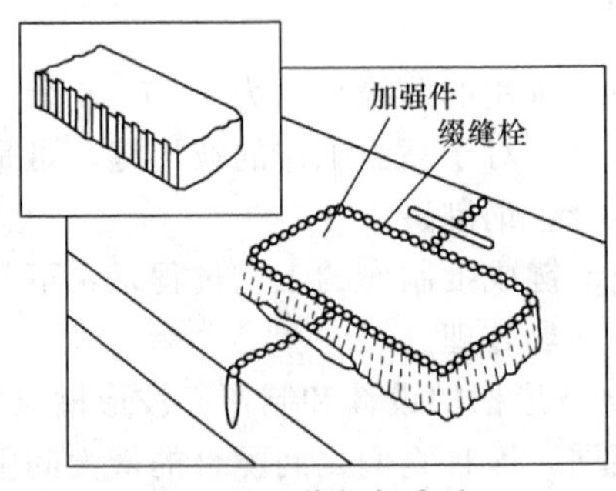

图 5-12　优级扣合法

加强件除砖形外还可制成其他形式，如图 5-13 所示。其中：图 5-13（a）用于修复铸钢件；图 5-13（b）用于多方面受力的零件；图 5-13（c）可将开裂处拉紧；图 5-13（d）用于受

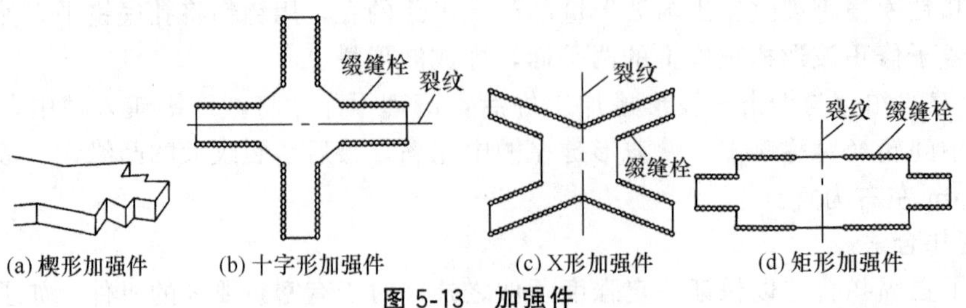

图 5-13　加强件

冲击载荷处，靠近裂纹处不加缀缝栓，以保持一定的弹性。如图 5-14 所示，为修复弯角附近的裂纹所用加强件的形式。

4）热扣合法

热扣合法是利用加热的扣合件在冷却过程中产生收缩而将开裂的机件锁紧。该法适用于修复大型飞轮、齿轮和重型设备机身的裂纹及折断面。如图 5-15 所示，圆环状扣合件适用于修复轮廓部分的损坏，工字形扣合件适用于机件壁部的裂纹或断裂。

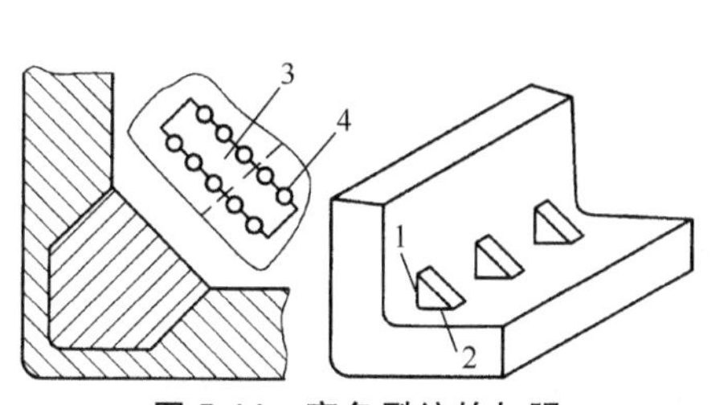

图 5-14 弯角裂纹的加强

1，2—凹槽底面；3—加强件；4—缀缝栓

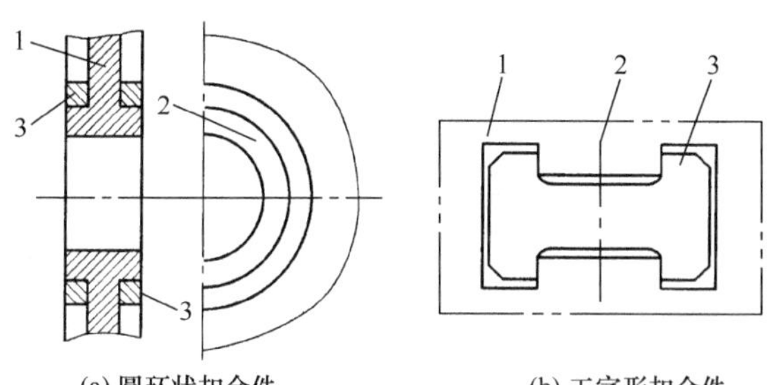

图 5-15 热扣合法

1—机件；2—裂纹；3—扣合件

综上所述，可以看出金属扣合法的优点是：使修复的机件具有足够的强度和良好的密封性；所需设备、工具简单，可现场施工；修理过程中机件不会产生热变形和热应力等。其缺点主要是薄壁铸件（厚度＜8mm）不宜采用，波形键与波形槽的制作加工较麻烦等。

5.1.2 焊接修复法

利用焊接技术修复失效零件的方法称为焊接修复法。用于修补零件缺陷时称为补焊。用于恢复零件几何形状及尺寸，或使其表面获得具有特殊性能的熔敷金属时称为堆焊。焊接修复法在设备维修中占有很重要的地位，应用非常广泛。

焊接修复法的特点是：结合强度高；可以修复大部分金属零件因各种原因（如磨损、缺损、断裂、裂纹、凹坑等）引起的损坏；可局部修换，也能切割分解零件，用于校正形状，对零件预热和热处理；修复质量好、生产效率高。成本低，灵活性大，多数工艺简便易行，不受零件尺寸、形状和场地以及修补层厚度的限制，便于野外抢修。但焊接方法也有不足之处，主要是热影响区大，容易产生焊接变形和应力，以及裂纹、气孔、夹渣等缺陷。对于重要零件焊接后应进行退火处理，以消除内应力。不宜修复较高精度、细长、薄壳类零件。

(1) 钢制零件的焊修

机械零件所用的钢材料种类繁多，其可焊性差异很大。一般而言，钢中含碳量越高、合金元素种类和数量越多，可焊性就越差。

1）低碳钢制零件的焊修

一般低碳钢具有良好的可焊性，可采用焊条电弧焊、氩弧焊、CO_2气体保护焊、气焊、埋弧焊等多种方法进行焊接。焊修这些钢制零件时，主要考虑焊修时的受热变形问题。由于其具有良好的可焊性，通常不需要采取特殊的工艺措施就可以获得优质的焊接接头，所以一般不预热，焊后也不进行热处理（电渣焊除外）。但对不同的施焊环境条件，含碳量的不同，结构形式的不同，往往需要采取下列工艺措施。

① 焊后回火　焊后回火的目的一方面是为了减少焊接残余应力，另一方面则是为了改善接头局部的组织，平衡焊接接头各部分的性能，回火温度一般取 600～650℃。

② 预热　在低温下焊接，特别是焊接厚度大、刚度大的结构，由于环境温度较低，接头焊后冷却速度较快，所以裂纹倾向就增大，故较厚的焊件焊前应预热。例如梁、柱、桁架结构

在下列情况下焊接：板厚30mm以内，施焊环境温度低于－30℃；板厚31～50mm，环境温度低于－10℃；板厚51～70mm，环境温度低于0℃，均需预热100～150℃。

如表5-1所示给出了几种低碳钢焊条电弧焊时的焊条选择。

表5-1 几种低碳钢焊条电弧焊时的焊条选择

钢　号	选用焊条		施焊条件
	一般结构(包括厚度不大的中低压容器)	受动载荷、复杂、厚板结构、重要受压容器	
Q235	J421、J422、J423、J424、J425	J422、J423、J424、J425、J426、J427(或J506、J507)	一般不预热
Q255			
Q275	J422、J423、J424、J425	J506、J507	厚板结构预热150℃
08、10、15、20	J422、J423、J424、J425	J426、J427(或J506、J507)	一般不预热
25、30	J426、J427	J506、J507	厚板结构预热150℃

2）中碳钢制零件的焊修

对中碳钢、一些合金结构钢、合金工具钢等由于含碳量比低碳钢高，因而焊接性比低碳钢差。且制件多经过热处理，硬度较高、精度要求也高，焊修时残余应力大，易产生裂纹、气孔和变形，为保证精度要求，必须采取相应的技术措施。如选择合适的焊条，焊前彻底清除油污、锈蚀及其他杂质，焊前预热，焊接时尽量采用小电流、短弧，熄弧后马上用锤头敲击焊缝以减小焊缝内应力，用对称、交叉、短段、分层方法焊接以及焊后热处理等均可提高焊接质量。

中碳钢常用焊条电弧焊进行焊修，为保证焊接时不出现裂纹、气孔等缺陷和获得良好的力学性能，通常要采取以下的工艺措施。

① 尽量选用碱性低氢型焊条　这类焊条的抗冷裂及抗热裂能力较强。当严格控制预热温度和熔合比时，采用氧化钛钙型焊条也能得到满意的要求。中碳钢焊条电弧焊时的焊条选择如表5-2所示。在特殊情况下或对重要的中碳钢焊件也可选用铬镍不锈钢电焊条，其特点是焊前不预热也不易产生冷裂纹，这类焊条有A302、A307、A402、A407等，施焊时，电流要小，熔深要浅，宜采用多层焊，但焊接成本较高。

表5-2 中碳钢焊条电弧焊时的焊条选择

钢号	含碳量/%	焊接性	焊条型号(牌号)	
			不要求等强度	要求等强度
35	0.32～0.40	较好	E4303、E4301(J422、J423)	E5016、E5015(J506、J507)
ZG270-500	0.31～0.40	较好	E4316、E4315(J426、J427)	
45	0.42～0.50	较差	E4303、E4301、E4316(J422、J423、J426)	E5516、E5515(J556、J557)
ZG310-570	0.41～0.50	较差	E4315、E5016、E5015(J427、J506、J507)	
55	0.52～0.60	较差		E6016、E6015(J606、J607)
ZG340-640	0.51～0.60	较差		

② 预热　预热是中碳钢焊接的主要工艺措施，对厚度大、刚度大的焊件以及在动载荷或冲击载荷下工作的焊件进行预热显得尤其重要。预热可以防止冷裂纹，改善焊接接头的塑性，还能减少焊接残余应力。预热有整体预热和局部预热，局部预热的加热范围在焊缝两侧150～200mm。一般情况下，35钢和45钢（包括铸钢）预热温度可选用150～200℃。含碳量更高或厚度和刚度很大的焊件，裂纹倾向会大大增加，对这类焊件可将预热温度提高到250～400℃。

③ 做好焊前处理　焊接前，坡口及其附近的油锈要清除干净，坡口加工过程中不允许产生切割裂纹。最好开成U形坡口，坡口外形应圆滑，以减少基本金属的熔入量，同时，焊条

使用前要烘干，对碱性焊条应经250℃以上高温烘干1～2h。

④ 正确操作　对多层焊的第一层焊道，在保证基本金属熔透的情况下，应尽量采用小电流，慢速施焊，但必须避免产生夹渣和未熔合。每层焊缝都必须清理干净。

⑤ 最好用直流反接　采用直流反接进行焊接，可以减少焊件的受热量，降低裂纹倾向，减少金属的飞溅和焊缝中的气孔。焊接电流应较低碳钢小10%～15%，焊接过程中，可用锤击法使焊缝松弛，以减少焊件的残余应力。

⑥ 焊件焊后必须缓冷　有时当焊缝降到150～200℃时，还要进行均温加热，使整个接头均匀地缓冷。为了消除内应力，可采用600～650℃的高温回火。

3）低合金结构钢制零件的焊修

低合金结构钢是生产中应用广泛的钢种，其种类较多，各类钢的强度等级差别也较大，对于强度等级较低而且含碳量较少的一些低合金结构钢，如09Mn2、09Mn2Si和09MnV等，其焊接热影响区的淬硬倾向并不大，但随着低合金钢强度等级的提高，其焊接热影响区的冷裂倾向显著加大。为保证低合金钢的焊接质量，工艺上应从以下方面进行控制。

① 焊接材料的选用　为保证低合金钢的焊接质量，焊接材料的选择依据是：等强原则，即选择与母材强度相当的焊接材料，并综合考虑焊缝的塑性、韧性；保证焊缝不产生裂纹、气孔等缺陷。如表5-3所示给出了一些低合金钢的焊接材料选用。

表5-3　低合金钢的焊接材料选用

钢材牌号	焊条	埋弧焊		电渣焊		CO_2气体保护焊焊丝
		焊剂	焊丝	焊剂	焊丝	
Q295(09Mn2、09MnV、09Mn2Si)	J422、J423、J426、J427	HJ430、HJ431、SJ301	H08A、H08MnA	—	—	H10MnSi、H08Mn2Si、H08Mn2SiA
Q345(16Mn、14MnNb、16MnCu)	J502、J503、J506、J507	SJ501	H08A、H08MnA	HJ360、HJ431	H08MnMoA	H08Mn2Si(ER50-4) H08Mn2SiA(ER50-4) YJ502-1 YJ502-3 YJ506-4
		HJ430、HJ431、SJ301	H08A、H08MnA、H10Mn2			
		HJ350	H10Mn2、H08MnMoA			
Q390(15MnV、16MnNb、15MnVCu)	J502、J503、J506、J507、J556、J557	HJ430、HJ431	H08A、H10Mn2、H10MnSi	J360、HJ431	H10MnMo、H08Mn2MoVA	H08Mn2Si、H08Mn2SiA
		HJ250、HJ350、SJ101	H08MnMoA			
Q420(15MnVN)、15MnVTiRE、15MnVNCu	J556、J557、J606、J607	HJ431	H10Mn2	HJ360、HJ431	H10MnMo、H08Mn2MoVA	H08Mn2Si、H08Mn2SiA
		HJ250、HJ350、SJ101	H08MnMoA、H08Mn2MoA			
18MnMoNb、14MnMoV、14MnMoVCu	J606、J607、J707	HJ250、HJ350、SJ101	H08Mn2MoA、H08Mn2MoVA、H08Mn2NiMo	HJ250、HJ360、HJ431	H10Mn2MoA、H10Mn2MoVA、H10Mn2NiMoA	H08Mn2SiMoA

② 焊接要点　低合金钢的焊接方法较多，可采用电弧焊、埋弧焊、电渣焊和CO_2气体保护焊、气焊等。

低合金钢焊接时，焊接规范对热影响区淬硬组织的影响主要是通过冷却速度起作用。焊接

线能量大，冷却速度则小；反之，线能量小，冷却速度就应大。但线能量也不能过大，当线能量过大时，接头在高温停留的时间长，将使过热区的晶粒长大严重，使热影响区塑性降低。所以，对于过热敏感性大的钢材，焊接规范又不能太大，并应采用预热以减少过热区的淬硬程度。

焊后是否需要热处理，主要根据钢材的化学成分、厚度、结构刚性、焊接方法及使用条件等因素来考虑。如果钢材确定，主要决定于钢材厚度。要求抗应力腐蚀的容器或低温下使用的焊件，尽可能进行焊后消除应力热处理。

通常，焊后热处理或消除应力热处理的温度要稍低于母材的回火温度，以免降低母材的强度。如表 5-4 所示是几种合金结构钢的预热和热处理规范参考。

表 5-4　合金结构钢的预热和焊后热处理规范

强度级别 σ_b/MPa	钢号	预热温度/℃	焊后热处理温度/℃	
			电弧焊	电渣焊
295	Q295(09Mn2) Q295(09MnV) 09Mn2Si	不预热($t \leqslant 16$mm)	不热处理	—
345	Q345(16Mn) Q345(14MnNb)	100～150 ($t \geqslant 30$mm)	600～650 回火	900～930 正火 600～650 回火
390	Q390(15MnV) Q390(15MnTi) Q390(16MnNb)	100～150 ($t \geqslant 28$mm)	550 或 650 回火	950～980 正火 550 或 650 回火
420	Q420(15MnVN) 15MnVTiRE	100～150 ($t \geqslant 25$mm)	—	950 正火 650 回火
490	14MnMoV、18MnMoNb	150～200	600～650 回火	950～980 正火 600～650 回火

此外，对 300～350MPa 强度级的普通低合金钢薄板多选用气焊焊接，这一类普通低合金钢的可焊性均较好，特别是 300MPa 等级的钢种，由于其含碳量低，其可焊性比 20 钢还要好些。因此可按照焊接碳钢的方法来焊接普通低合金钢，没有特殊的工艺要求。

对 350MPa 以上等级的普通低合金钢，由于强度级别增高，并含有一定量的合金元素，因而淬硬倾向较低碳钢要大，在结构刚性大、冬季野外施工、气温低的情况下，冷裂倾向较严重。所以，在焊前应少许预热，而且气焊本身有预热、缓冷的作用，对焊接有利。但 350MPa 级的普通低合金钢，由于其中锰等元素有脱硫作用，含碳量又低，因而热裂的可能性很小。

(2) 铸铁零件的焊修

铸铁在机械设备中的应用非常广泛。灰口铸铁主要用于制造各种支座、壳体等基础件，球墨铸铁已在部分零件中取代铸钢而获得应用。

1）铸铁焊修时存在的问题

① 铸铁含碳量高，焊接时易产生白口，既脆又硬，焊后加工困难，而且容易产生裂纹；铸铁中磷、硫含量较高，也给焊接带来一定困难。

② 焊接时，焊缝易产生气孔或咬边。

③ 铸铁件原有气孔、砂眼、缩松等缺陷也易造成焊接缺陷。

④ 焊接时，如果工艺措施和保护方法不当，易造成铸铁件其他部位变形过大或电弧划伤而使工件报废。

因此，采用焊修法最主要的还是提高焊缝和熔合区的可切削性，提高焊补处的防裂性能、渗透性能和提高接头的强度。

2）焊接分类

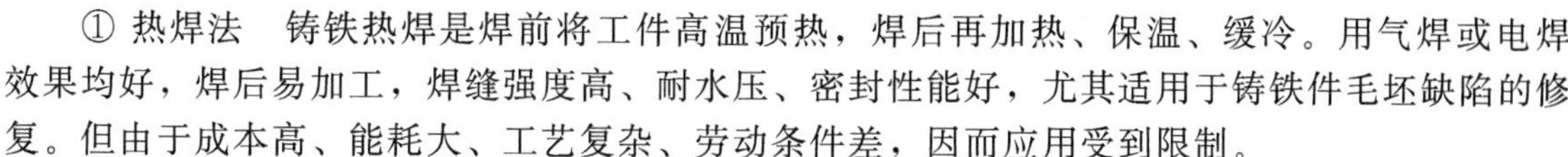

① 热焊法　铸铁热焊是焊前将工件高温预热，焊后再加热、保温、缓冷。用气焊或电焊效果均好，焊后易加工，焊缝强度高、耐水压、密封性能好，尤其适用于铸铁件毛坯缺陷的修复。但由于成本高、能耗大、工艺复杂、劳动条件差，因而应用受到限制。

② 冷焊法　铸铁冷焊是在常温或局部低温预热状态下进行的，具有成本较低、生产率高、焊后变形小、劳动条件好等优点，因此得到广泛的应用。缺点是易产生白口和裂纹，对工人的操作技术要求高。

③ 加热减应焊　选择零件的适当部位进行加热使之膨胀，然后对零件的损坏处补焊，以减少焊接应力与变形，这个部位就叫作减应区，这种方法就叫作加热减应区补焊法。

加热减应区补焊法的关键在于正确选择减应区。减应区加热或冷却不应影响焊缝的膨胀和收缩，它应选在零件棱角、边缘和加强肋等强度较高的部位。

3）冷焊工艺

铸铁冷焊多采用手工电弧焊，其工艺过程简要介绍如下。

① 焊前准备　先将焊接部位彻底清整干净，对于未完全断开的工件要找出全部裂纹及端点位置，钻出止裂孔，如果看不清裂纹，可以将可能有裂纹的部位用煤油浸湿，再用氧乙炔火焰将表面油质烧掉，用白粉笔涂上白粉，裂纹内部的油慢慢渗出时，白粉上即可显示出裂纹的痕迹。此外，也可采用王水腐蚀法、手砂轮打磨法等确定裂纹的位置。

再将部位开出坡口，为使断口合拢复原，可先点焊连接，再开坡口。由于铸件组织较疏松，可能吸有油质，因此焊前要用氧乙炔火焰火烤脱脂，并在低温（50～60℃）均匀预热后进行焊接。焊接时要根据工件的作用及要求选用合适的焊条，常用的国产铸铁冷焊焊条如表5-5所示。其中使用较广泛的还是镍基铸铁焊条。

表5-5　常用的国产铸铁冷焊焊条

焊条名称	统一牌号	焊芯材料	药皮类型	焊缝金属	主要用途
氧化型钢芯铸铁焊条	Z100	碳钢	氧化型	碳钢	一般非铸铁件的非加工面焊补
高钒铸铁焊条	Z116	碳钢或高钒钢	低氢型	高钒钢	高强度铸铁件焊补
高钒铸铁焊条	Z117	碳钢或高钒钢	低氢型	高钒钢	高强度铸铁件焊补
钢芯石墨化型铸铁焊条	Z208	碳钢	石墨型	灰铸铁	一般灰铸铁件焊补
钢芯球墨铸铁焊条	Z238	碳钢	石墨型（加球化剂）	球墨铸铁	球墨铸铁件焊补
纯镍铸铁焊条	Z308	纯镍	石墨型	镍	重要灰口铸铁薄壁件和加工面焊补
镍铁铸铁焊条	Z408	镍铁合金	石墨型	镍铁合金	重要高强度灰口铸铁件及球墨铸铁件焊补
镍铜铸铁焊条	Z508	镍铁合金	石墨型	镍铜合金	强度要求不高的灰口铸铁件加工面焊补
铜铁铸铁焊条	Z607	纯铜	低氢型	铜铁混合物	一般灰口铸铁非加工面焊补
铜包铜芯铸铁焊条	Z612	铁皮包铜芯或铜包铁芯	钛钙型	铜铁混合物	一般灰口铸铁非加工面焊补

② 施焊　焊接场地应无风、暖和。采用小电流、快速焊，光点焊定位，用对称分散的顺序、分段、短段、分层交叉、断续、逆向等操作方法，每焊一小段熄弧后马上锤击焊缝周围，使焊件应力松弛，并且焊缝温度下降到60℃左右不烫手时，再焊下一道焊缝，最后焊止裂孔。经打磨铲修后，修补缺陷，便可使用或进行机械加工。

为了提高焊修可靠性，可拧入螺栓以加强焊缝，如图5-16所示。用纯铜或石墨模芯可焊后不加工，难焊的齿形按样板加工。大型厚壁铸件可加热扣合件，扣合件热压后焊死在工件

上，再补焊裂纹，如图 5-17 所示。还可焊接加强板，加强板先用锥销或螺栓销固定，再焊牢固，如图 5-18 所示。

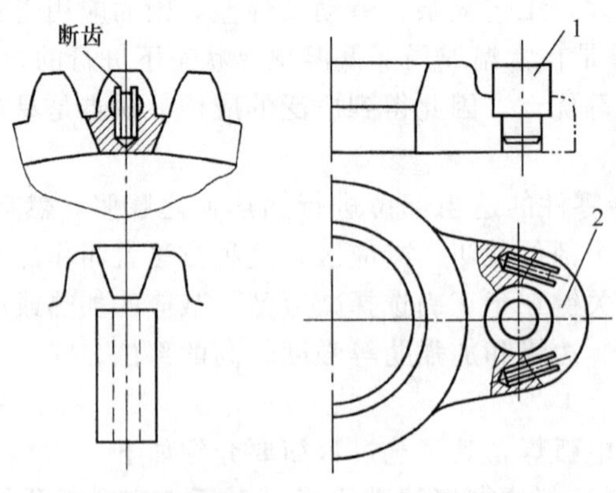

图 5-16 焊修实例

1—纯铜或石墨模芯；2—缺口

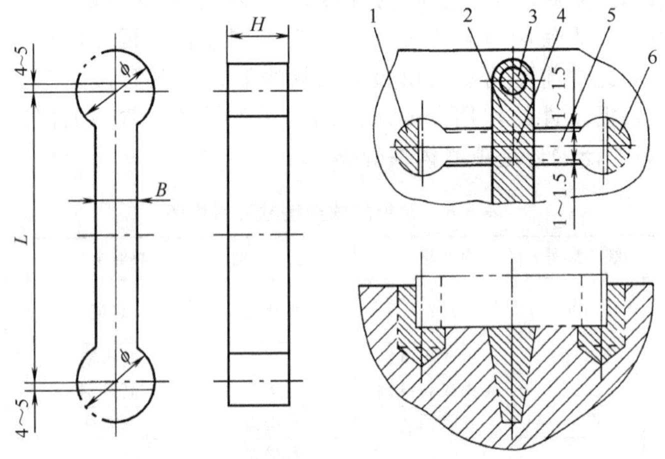

图 5-17 加热扣合件的焊接修复

1,2,6—焊缝；3—止裂孔；4—裂纹；5—扣合件

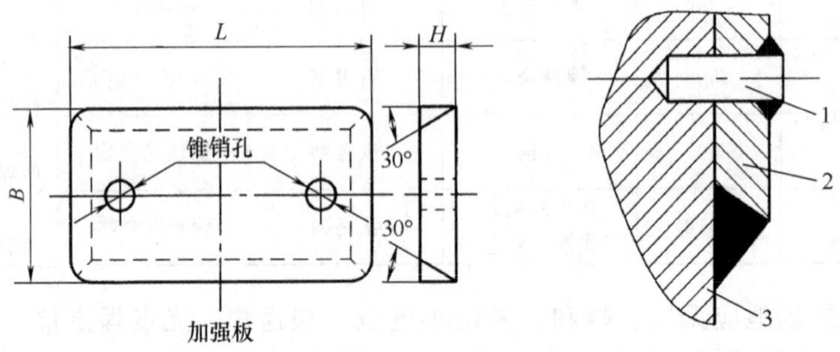

图 5-18 加强板的焊接

1—锥销；2—加强板；3—工件

铸铁件常用的焊修方法如表 5-6 所示。

表 5-6 铸铁件常用的焊修方法

焊补方法		要点	优点	缺点	适用范围
气焊	热焊	焊前预热至650～700℃，保温缓冷	焊缝强度高，裂纹、气孔少，不易产生白口，易于修复加工，价格低些	工艺复杂，加热时间长，容易变形，准备工序的成本高，修复周期长	焊补非边角部位，焊缝质量要求高的场合
	冷焊	不预热，焊接过程中采用加热减应法	不易产生白口，焊缝质量好，基体温度低，成本低，易于修复加工	要求焊工技术水平高，对结构复杂的零件难以进行全方位焊补	适于焊补边角部位
电弧焊	冷焊	用铜铁焊条冷焊	焊件变形小，焊缝强度高，焊条便宜，劳动强度低	易产生白口组织，切削加工性差	用于焊后不需加工的凝结零件，应用广泛
		用镍基焊条冷焊	焊件变形小，焊缝强度高，焊条便宜，劳动强度低，切削加工性能极好	要求严格	用于零件的重要部位，薄壁件修补，焊后需加工
		用纯铁芯焊条或低碳钢芯铁粉型焊条冷焊	焊接工艺性好，焊接成本低	易产生白口组织，切削加工性差	用于非加工面的焊接
		用高钒焊条冷焊	焊缝强度高，加工性能好	要求严格	用于焊补强度要求较高的厚件及其他部件
	热焊	用钢芯石墨化焊条，预热400～500℃	焊缝强度与基体相近	工艺较复杂，切削加工性不稳定	用于大型铸件，缺陷在中心部位、而四周刚度大的场合
		用铸铁芯焊条预热、保温、缓冷	焊后易于加工，焊缝性能与基体相近	工艺复杂、易变形	应用范围广泛

(3) 有色金属零件的焊修

机修中，常用的有色金属材料有铜及铜合金、铝合金等，与黑色金属相比，其可焊性差，由于它们的导热性好、线胀系数大、熔点低、高温时脆性较大、强度低，很容易氧化，因此焊接比较复杂、困难，要求具有较高的操作技术，并采取必要的技术措施来保证焊修质量。

铜及铜合金的焊修工艺要点如下。

① 焊修时首先要做好焊前准备，对焊丝和工件进行表面处理，并开出坡口。

② 施焊时要对工件预热，一般温度为300～700℃，注意焊修速度，按照焊接规范进行操作，及时锤击焊缝。

③ 气焊时一般选择中性焰，手工电弧则要考虑焊修方法。

④ 焊修后需要及时进行热处理。

(4) 堆焊修复法

采用堆焊法修复机械零件时，不仅可以恢复其尺寸，而且可以通过难焊材料改善零件的表面性能，使其更为耐用，从而取得显著的经济效果。常用的堆焊方法有手工堆焊和自动堆焊两类。

1) 手工堆焊

手工堆焊是利用电弧或氧乙炔火焰来熔化基体金属和焊条，采用手工操作进行的堆焊方法。由于手工电弧堆焊的设备简单、灵活、成本低，因此应用最广泛。它的缺点是生产率低、稀释率较高，不易获得均匀而薄的堆焊层，劳动条件较差。

手工堆焊方法适用于工件数量少且没有其他堆焊设备的条件下，或工件外形不规则、不利于机械堆焊的场合。

① 手工堆焊的工艺要点。

a. 正确选用合适的焊条　根据需要选用合适的焊条，应避免成本过高和工艺复杂化。

b. 防止堆焊层硬度不符合要求　焊缝被基体金属稀释是堆焊层硬度不够的主要原因，可采取适当减小堆焊电流或采取多层焊的方法来提高硬度。此外，还要注意控制好堆焊后的冷却速度。

c. 提高堆焊效率　应在保证质量的前提下，提高熔敷率。如适当加大焊条直径和堆焊电流、采用填丝焊法以及多条焊等。

d. 防止裂纹　可采取改善热循环和堆焊过渡层的方法来防止产生裂纹。

② 手工堆焊修复的应用举例　齿轮最常见的损坏方式是轮齿表面磨损或由于接触疲劳而产生严重的点状剥蚀，这时可以用堆焊法修复，其修复工艺过程如下。

a. 退火　堆焊前进行退火主要是为了减少齿轮内部的残余应力、降低硬度，为修复后齿轮的机加工和热处理做准备。退火温度随齿轮材料的不同而异，可从热处理手册中查得。

b. 清洗　为了减少堆焊缺陷，焊前必须对齿轮表面的油污、锈蚀和氧化物进行认真清洗。

c. 施焊　对于渗碳齿轮，可以用20Cr及40Cr钢丝，以碳化焰或中性焰进行气焊堆焊；也可以用65Mn焊条进行电焊堆焊。对于用中碳钢制成的整体淬火齿轮，可用40钢钢丝，以中性焰进行气焊堆焊。

采用自熔合金粉末进行喷焊，不经热处理也可获得表面高硬度，且表面平整、光滑、加工余量很小。

d. 机械加工　可用于车床加工外圆和端面，然后铣齿或滚齿。如果件数少，也可用钳工修整。

e. 热处理　对于中碳钢齿轮，800℃淬火后，再300℃回火。渗碳齿轮应在900℃渗碳，保温10～12h，随炉缓冷，然后加热到820～840℃在水或油中淬火，再用180～200℃回火。个别轮齿损坏严重时，除用镶齿法修复外，也可用堆焊法进行修补。这时为了防止高温对其他部位的影响，可将齿轮浸在水中，仅将施焊部分露出水面。

2）自动堆焊

自动堆焊又称焊剂层下自动堆焊，其特点是生产效率高、劳动条件好等。堆焊时所用的焊接材料包括焊丝和焊剂，二者须配合使用以调节焊缝成分。埋弧自动堆焊工艺与一般埋弧焊工艺基本相同，堆焊时要注意控制稀释率和提高熔敷率。

埋弧自动堆焊适用于修复磨损量大、外形比较简单的零件，如各种轴类、轧辊、车轮轮缘和履带车辆上的支重轮等。

埋弧堆焊法特别适用于大型曲轴的修复。其修复工艺过程如下。

① 焊前准备　焊前准备的工作内容主要有：清除所修复曲轴上的全部油污和锈迹；用各种方法检查曲轴有无裂纹，发现有裂纹先处理后堆焊；检验是否有弯曲或扭曲，若变形超限要先进行校正；用碳棒等堵塞各油孔；将曲轴温度预热到约300℃。

② 焊丝和焊剂　一般选用ϕ0.15～2.0mm的50CrVA、30CrMnSiA、45或50钢丝。采用国产焊剂431与其配套使用。当选用的焊丝含碳量较低时，应在焊剂中适当添加石墨。

③ 堆焊　一般拖拉机曲轴的埋弧焊可采用如下规范：

堆焊速度　460～560mm/min

送丝速度　2.1～2.3m/min

堆焊螺距　3.6～4mm/r

电感　0.1～0.2mH

工作电压　21～23V

工作电流　150～190A

5.1.3 电镀修复法

电镀是利用电解的方法，使金属或合金沉积在零件表面上形成金属镀层的工艺方法。电镀修复法不仅可以用于修复失效零件的尺寸，而且可以提高零件表面的耐磨性、硬度和耐腐蚀性以及其他用途。因此，电镀是修复机械零件的最有效方法之一，在机械设备维修领域中应用非常广泛。目前常用的电镀修复法有镀铬、镀铁和电刷镀技术等。

(1) 镀铬

镀铬修复法具有以下特点：镀铬层硬度高（800～1000HV，高于渗碳钢、渗氮钢），摩擦因数小（为钢和铸铁的50%），耐磨性高（高于无镀铬层的2～50倍），热导率比钢和铸铁约高40%；具有较高的化学稳定性，能长时间保持光泽，抗腐蚀性强；镀铬层与基体金属有很高的结合强度。镀铬层的主要缺点是性脆，它只能承受均匀分布的载荷，受冲击易破裂。而且随着镀层厚度增加，镀层强度、疲劳强度也随之降低。镀铬层可分为平滑镀铬层和多孔性镀铬层两类。平滑镀铬层具有很高的密实性和较高的反射能力，但其表面不易储存润滑油，一般用于修复无相对运动的配合零件尺寸，如锻模、冲压模、测量工具等。而多孔性镀铬层的表面形成无数网状沟纹和点状孔隙，能储存足够的润滑油以改善摩擦条件，可修复具有相对运动的各种零件尺寸，如比压大、温度高、滑动速度大和润滑不充分的零件、切削机床的主轴、镗杆等。

1）镀铬修复工艺的应用范围

镀铬修复工艺应用广泛，可用来修复零件尺寸和强化零件表面，如补偿零件磨损失去的尺寸。但是，补偿尺寸不宜过大，通常镀铬层厚度控制在0.3mm以内为宜。镀铬层还可用来装饰和防护表面。许多钢制品表面镀铬，既可装饰又可防腐蚀。此时镀铬层的厚度通常很小（几微米）。但是，在镀防腐装饰性铬层之前应先镀铜或镍做底层。

此外，镀铬层还有其他用途。例如在塑料和橡胶制品的压模上镀铬，改善模具的脱模性能等。

2）镀铬工艺

① 镀前表面处理　镀铬前，应做好以下方面的表面处理工作。

a. 机械准备加工　为了得到正确的几何形状和消除表面缺陷并达到表面粗糙度要求，工件要进行准备加工和消除锈蚀，以获得均匀的镀层。如对机床主轴，镀前一般要加以磨削。

b. 绝缘处理　不需镀覆的表面要做绝缘处理。通常先刷绝缘性清漆，再包扎乙烯塑胶带，工件的孔眼则用铅堵牢。

c. 除去油脂和氧化膜　可用有机溶剂、碱溶液等将工件表面清洗干净，然后进行弱酸蚀，以清除工件表面上的氧化膜，使表面显露出金属的结晶组织，增强镀层与基体金属的结合强度。

② 施镀　装上挂具吊入镀槽进行电镀，根据镀铬层种类和要求选定电镀规范，按时间控制镀层厚度。设备修理中常用的电解质成分是$CrO_3$150～250g/L；$H_2SO_4$0.75～2.5g/L。工作温度（温差±1℃）为55～60℃。

③ 镀后检查和处理　镀后检查镀层质量，观察镀层表面是否镀满及色泽，测量镀层的厚度和均匀性。如果镀层厚度不合要求，可重新补镀。如果镀层有起泡、剥落、色泽不符合要求等缺陷时，可用10%盐酸化学溶解或用阳极腐蚀法退除原镀铬层，重新镀铬。

对镀铬厚度超过0.1mm的较重要零件应进行热处理，以提高镀层的韧性和结合强度。一般温度采用180～250℃，时间是2～3h，在热的矿物油或空气中进行。最后根据零件技术要求进行磨削加工，必要时进行抛光。镀层薄时，可直接镀到尺寸要求。

此外，除应用镀铬的一般工艺外，目前还采用了一些新的镀铬工艺，如快速镀铬、无槽镀

铬、喷流镀铬、三价铬镀铬、快速自调镀铬等。

3）电镀溶液基本成分

一种电镀溶液有固定的成分和含量要求，使之达到一定的化学平衡，具有所要求的电化学性能，才能获得良好的镀层。通常镀液由下面成分构成。

① 主盐　主盐为沉积金属的盐类，有单盐，如硫酸铜、硫酸镍等；有络盐，如锌酸钠、氰锌酸钠等。

② 配合剂　配合剂与沉积金属离子形成配合物，改变镀液的电化学性质和金属离子沉积的过程，对镀层质量有很大影响，是镀液的重要成分。常用配合剂有氰化物、氢氧化物、焦磷酸盐、酒石酸盐、氨三乙酸、柠檬酸等。

③ 导电盐　导电盐的作用是提高镀液的导电能力，降低槽端电压，提高工艺电流密度。例如镀镍液中加入硫酸钠。导电盐不参加电极反应，酸或碱类也可以作为导电物质。

④ 缓冲剂　在弱酸或弱碱性镀液中，pH 值是重要的工艺参量。加入缓冲剂，使镀液具有自行调节 pH 值能力，以便在施镀过程中保持 pH 值稳定。缓冲剂要有足够量才有较好的效果，一般加入 30～40g/L，例如氯化钾镀锌溶液中的硼酸。

⑤ 活化剂　在电镀过程中金属离子被不断消耗，多数镀液依靠可溶性阳极来补充，使金属的阴极析出量与阳极溶解量相等，保持镀液成分平衡。加入活化剂能维持阳极活性状态，不会发生钝化，保持正常溶解反应。例如镀镍液中必须加入氯离子，以防止镍阳极钝化。

⑥ 镀液稳定剂　许多金属盐容易发生水解，而许多金属的氢氧化物是不溶性的。生成金属的氢氧化物沉淀，使溶液中的金属离子大量减少，电镀过程电流无法增大，镀层容易烧焦。

⑦ 特殊添加剂　为改善镀液性能和提高镀层质量，常需要加入某种特殊添加剂。其加入量较少，一般每升只有几克，但效果显著。这类添加剂种类繁多，按其作用分别如下。

a. 光亮剂——可提高镀层的光亮度。

b. 晶粒细化剂——能改变镀层的结晶状况，细化晶粒，使镀层致密。例如锌酸盐镀锌液中，添加环氧氯丙烷与胺类的缩合物之类的添加剂，镀层就可以从海绵状变得致密而光亮。

c. 整平剂——可改善镀液微观分散能力，使基体显微粗糙变平整。

d. 润滑剂——可以减低金属与溶液的界面张力，使镀层与基体更好地附着，减少针孔。

e. 应力消除剂——可降低镀层应力。

f. 镀层硬化剂——可提高镀层硬度。

g. 掩蔽剂——可消除微量杂质的影响。

以上添加剂应按要求选择应用，有的添加剂兼有几种作用。这些添加剂主要是有机化合物，无机化合物也配合使用。

(2) 镀铁

按照电解液的温度不同分为高温镀铁和低温镀铁。当电解液的温度在 90℃以上的镀铁工艺，称为高温镀铁。所获得的镀层硬度不高，且与基体结合不可靠。在 50℃以下至室温的电解液中镀铁的工艺，称为低温镀铁。

目前一般均采用低温镀铁。它具有可控制镀层硬度（30～65HRC）、提高耐磨性、沉积速度快（每小时 0.60～1mm）、镀铁层厚度可达 2mm、成本低、污染小等优点，因而是一种很有发展前途的修复工艺。

镀铁层可用于修复在有润滑的一般机械磨损条件下工作的动配合副的磨损表面以及静配合副的磨损表面，以恢复尺寸。但是，镀铁层不宜用于修复在高温或腐蚀环境、承受较大冲击载荷、干摩擦或磨料磨损条件下工作的零件。镀铁层还可用于补救零件加工尺寸的超差。

当磨损量较大，又需耐腐蚀时，可用镀铁层做底层或中间层补偿磨损的尺寸，然后再镀耐腐蚀性好的镀层。

(3) 局部电镀

在设备大修理过程中，经常遇到大的壳体轴承松动现象。如果采用扩大镗孔后镶套法，费时费工；用轴承外环镀铬的方法，则给以后更换轴承带来麻烦。

若在现场利用零件建立一个临时电镀槽进行局部电镀，即可直接修复孔的尺寸，如图5-19所示。对于长大的轴类零件，也可采用局部电镀法直接修复轴上的局部轴颈尺寸。

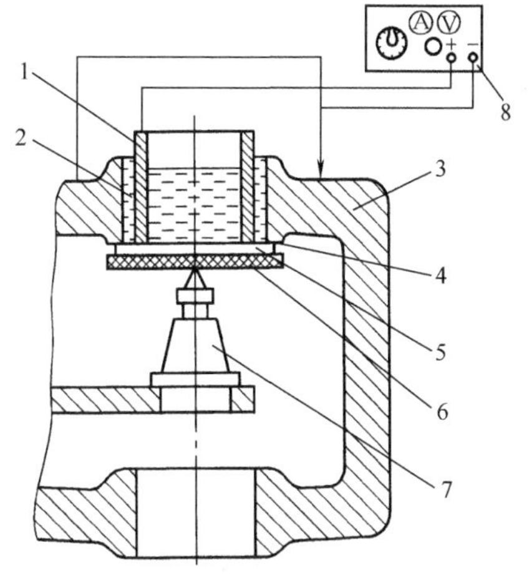

图5-19 局部电镀槽的构成

1—纯镍阳极空心圈；2—电解液；3—被镀箱体；4—聚氯乙烯薄膜；5—泡沫塑料；6—层压板；7—千斤顶；8—电源设备

(4) 电镀修复与其他修复技术的比较

各种修复技术都具有优点和不足，一般而言一种技术都不能完全取代另一种技术，而是应用于不同的范围。如表5-7所示是电镀修复技术与堆焊修复技术的比较。

表5-7 电镀修复技术与堆焊修复技术的比较

项　目	电镀法	堆焊法
工件尺寸	受镀槽限制	无限制
工件形状	范围较广	不能用于小孔
粘接性	较好	好
基体	导电体	钢、铁、超合金
涂覆材料	金属、合金、某些复合材料、非金属材料经化学镀后也可	钢、铁、超合金
涂覆厚度/mm	0.001～1	3～30
孔隙率	极小	无
热输入	无	很高
表面预处理要求	高	低
基体变形	无	大
表面粗糙度	很小	极大
沉积速率/(kg/h)	0.25～0.5	1～70

5.1.4 粘接修复法

采用胶黏剂等对失效零件进行修补或连接，以恢复零件使用功能的方法称为粘接（又称胶接）修复法。近年来粘接技术发展很快，在机电设备维修中已得到越来越广泛的应用。

(1) 常用的粘接方法

① 热熔粘接法　该法利用电热、热气或摩擦热将黏合面加热熔融，然后加上足够的压力，直到冷却凝固为止。主要用于热塑性塑料之间的粘接，大多数热塑性塑料表面加热到150～230℃即可进行粘接。

② 溶剂粘接法　非结晶性无定形的热塑性塑料，接头加单纯溶剂或含塑料的溶液，使表面熔融从而达到粘接目的。

③ 胶黏剂粘接法　利用胶黏剂将两种材料或两个零件黏合在一起，达到所需的连接强度。该法应用最广，可以粘接各种材料，如金属与金属、金属与非金属、非金属与非金属等。

胶黏剂品种繁多，其中，环氧树脂胶黏剂对各种金属材料和非金属材料都具有较强的粘接能力，并具有良好的耐水性、耐有机溶剂性、耐酸碱与耐腐蚀性，收缩性小，电绝缘性能好，所以应用最为广泛。表5-8中列出了机械设备修理中常用的几种胶黏剂。

表 5-8 机械设备修理中常用的胶黏剂

类别	牌 号	主要成分	主要性能	用处
通用胶	HY-914	环氧树脂、703 固化剂	双组分，室温快速固化，中强度	60℃以下金属和非金属材料粘补
	农机 2 号	环氧树脂、二乙烯三胺	双组分，室温固化，中强度	120℃以下各种材料
	KH-520	环氧树脂、703 固化剂	双组分，室温固化，中强度	60℃以下各种材料
	JW-1	环氧树脂、聚酰胺	三组分，60℃ 2h 固化，中强度	60℃以下各种材料
	502	α-氨基丙烯酸乙酯	单组分，室温快速固化，低强度	70℃以下受力不大的各种材料
密封胶	Y-150 厌氧胶	甲基丙烯酸双氧酯	单组分，隔绝空气后固化，低强度	100℃以下螺纹堵头和平面配合处紧固密封堵漏
	7302 液体密封胶	聚酯树脂	半干性，密封耐压 3.92MPa	200℃以下各种机械设备平面螺纹连接部位的密封
	W-1 密封耐压胶	聚醚环氧树脂	不干性，密封耐压 0.98MPa	
结构胶	J-19C	环氧树脂、二氰二胺（俗称双氰胺）	单组分，高温加压固化，高强度	120℃以下受力大的部位
	J-04	钡酚醛树脂丁腈橡胶	单组分，高温加压固化，高强度	250℃以下受力大的部位

(2) 粘接工艺过程

① 胶黏剂的选用　选用胶黏剂时主要考虑被粘接件的材料、受力情况及使用的环境，并综合考虑被粘接件的形状、结构和工艺上的可能性，同时应成本低、效果好。

② 接头设计　粘接接头受力情况可归纳为四种主要类型，即剪切力、拉伸力、剥离力、不均匀扯离力，如图 5-20 所示。

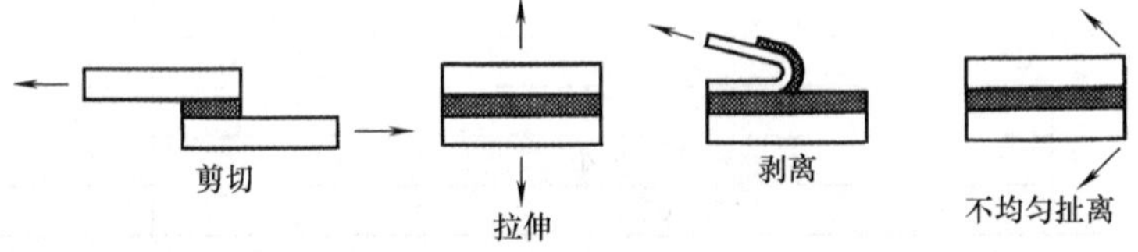

图 5-20　胶黏接头受力类型

在设计接头时，应遵循下列基本原则。

a. 粘接接头承受或大部分承受剪切力。

b. 尽可能避免剥离和不均匀扯离力的作用。

c. 尽可能增大粘接面积，提高接头承载能力。

d. 尽可能简单实用、经济可靠。对于受冲击或承受较大作用力的零件，可采取适当的加固措施，如焊接、铆接、螺纹连接等形式。

③ 表面处理　其目的是获得清洁、粗糙活性的表面，以保证粘接接头牢固。它是整个粘接工艺中最重要的工序，关系到粘接的成败。

表面清洗可先用干布、棉纱等除尘，清去厚油脂，再以丙酮、汽油、三氯乙烯等有机溶剂擦拭，或用碱液处理脱脂去油。用锉削、打磨、粗车、喷砂、电火花拉毛等方法除锈及氧化层，并可粗化表面。其中喷砂的效果最好。金属件的表面粗糙度以 $Ra12.5\mu m$ 为宜。经机械处理后，再将表面清洗干净，干燥后待用。

必要时还可通过化学处理使表面层获得均匀、致密的氧化膜，以保证粘接表面与胶黏剂形成牢固的结合。化学处理一般采用酸洗、阳极处理等方法。钢、铁与天然橡胶进行粘接时，若

在钢、铁表面进行镀铜处理，可大大提高粘接强度。

④ 粘接工艺

a. 配胶　不需配制的成品胶使用时摇匀或搅匀，多组分的胶配制时要按规定的配比和调制程序现用现配，在使用期内用完。配制时要搅拌均匀，并注意避免混入空气，以免胶层内出现气泡。

b. 涂胶　应根据胶黏剂的不同形态，选用不同的涂布方法。如对于液态胶可采用刷涂、刮涂、喷涂和用滚筒布胶等方法。涂胶时应注意保证胶层无气泡、均匀而不缺胶。涂胶量和涂胶次数因胶的种类不同而异，胶层厚度宜薄。对于大多数胶黏剂，胶层厚度控制在 0.05～0.2mm 为宜。

c. 晾置　含有溶剂的胶黏剂，涂胶后应晾置一定时间，以使胶层中的溶剂充分挥发，否则固化后胶层内产生气泡，降低粘接强度。晾置时间的长短、温度的高低都因胶而异，按规定掌握。

d. 固化　晾置好的两个被粘接件可用来进行合拢、装配和加热、加压固化。除常温固化胶外，其他胶几乎均需加热固化。即使是室温固化的胶黏剂，提高温度也对粘接效果有益。固化时应缓慢升温和降温。升温至胶黏剂的流动温度时，应在此温度保温 20～30min，使胶液在粘接面充分扩散、浸润，然后再升至所需温度。

固化温度、压力和时间，应按胶黏剂的类型而定。加温时可使用恒温箱、红外线灯、电炉等，近年来还开发了电感应加热等新技术。

e. 质量检验　粘接件的质量检验有破坏性检验和无损检验两种。破坏性检验是测定粘接件的破坏强度。在实际生产中常用无损检验，一般通过观察外观和敲击听声音的方法进行检验，其准确性在很大程度上取决于检验人员的经验。近年来，一些先进技术如声阻法、激光全息摄影、X 光检验等也用于粘接件的无损检验，取得了很好的效果。

f. 粘接后的加工　有的粘接件粘接后还要通过机械加工或钳工加工至技术要求。加工前应进行必要的倒角、打磨，加工时应控制切削力和切削温度。

⑤ 粘接技术在设备修理中的应用　由于粘接工艺的优点使其在设备修理中的应用日益广泛。应用时可根据零件的失效形式及粘接工艺的特点，具体确定粘接修复的方法。

a. 机床导轨磨损的修复　机床导轨严重磨损后，通常在修理时需要经过刨削、磨削或刮研等修理工艺，但这样做会破坏机床原有的尺寸链。现在可以采用合成有机胶黏剂，将工程塑料薄板如聚四氟乙烯板、1010 尼龙板等粘接在铸铁导轨上，这样可以提高导轨的耐磨性，同时可以改善导轨的防爬行性和抗咬焊性。若机床导轨面出现拉伤、研伤等局部损伤，可采用胶黏剂直接填补修复。如采用 502 瞬干胶加还原铁粉（或氧化铝粉、二硫化钼等）粘补导轨的研伤处。

b. 零件动、静配合磨损部位的修复　机械零部件如轴颈磨损、轴承座孔磨损、机床楔铁配合面的磨损等均可用粘接工艺修复，比镀铬、热喷涂等修复工艺简便。

c. 零件裂纹和破损部位的修复　零件产生裂纹或断裂时，采用焊接法修复常常会引起零件产生内应力和热变形，尤其是一些易燃易爆的危险场合更不宜采用。而采用粘接修复法则安全可靠、简便易行。零件的裂纹、孔洞、断裂或缺损等均可用粘接工艺修复。

d. 填补铸件的砂眼和气孔　采用粘接技术修补铸造缺陷，简便易行、省工省时、修复效果好，且颜色可保持与铸件基体一致。

在操作时要认真清理干净待填补部位，在涂胶时可用电吹风均匀在波层上加热，以去掉胶黏剂中混入的气体和使胶黏剂顺利流入填补的缝隙里。

e. 用于连接表面的密封堵漏和紧固防松　如防止油泵泵体与泵盖结合面的渗油现象，可将结合面处清理干净后涂一层液态密封胶，晾置后在中间再加一层纸垫，将泵体和泵盖结合，

拧紧螺栓即可。

f. 用于连接表面的防腐　采用表面有机涂层防腐是目前行之有效的防腐蚀措施之一，粘接修复法可广泛用于零件腐蚀部位的修复和预保护涂层，如化工管道、储液罐等表面的防腐。

g. 也可用于简单零件粘接组合成复杂件，以代替铸造、焊接等，从而缩短加工周期。

h. 用环氧树脂胶代替锡焊、点焊，省锡节电。

如图 5-21 所示给出了一些粘接修复的实例。

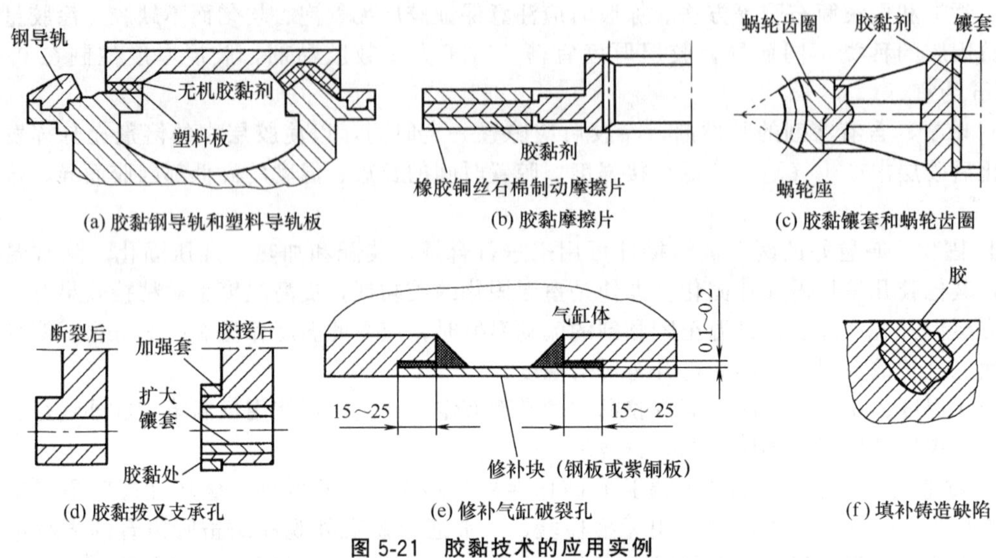

图 5-21　胶黏技术的应用实例

5.1.5　刮研修复法

刮研修复法是利用刮刀、拖研工具、检测器具和显示剂，以手工操作的方式，边刮研加工，边研点测量，使所修理的工件达到规定的尺寸精度、几何精度和表面粗糙度等要求的一种精加工工艺。

(1) 刮研技术的特点

① 可以按照实际使用要求将导轨或工件平面的几何形状刮成中凹或中凸等各种特殊形状，以解决机械加工不易解决的问题，消除由一般机械加工所遗留的误差。

② 刮研是手工作业，不受工件形状、尺寸和位置的限制。

③ 刮研中切削力小，产生热量小，不易引起工件受力变形和热变形。

④ 刮研表面接触点分布均匀，接触精度高，如采用宽刮法还可以形成油楔，润滑性好、耐磨性高。

⑤ 手工刮研掉的金属层可以小到几微米以下，能够达到很高的精度要求。

刮研法的明显缺点是工效低、劳动强度大。但尽管如此，在机械设备修理中，刮研法仍占有重要地位。如导轨和相对滑行面之间、轴和滑动轴承之间、导轨和导轨之间、部件与部件的固定配合面、两相配零件的密封表面等，都可以通过刮研而获得良好的接触率，增加运动副的承载能力和耐磨性，提高导轨和导轨之间的位置精度；增加连接部件间的连接刚性；使密封表面的密封性提高。因此，刮研法广泛地应用在机械制造及修理中。对于尚未具备导轨磨床的中小型企业，需要对机床导轨进行修理时，仍然采用刮研修复法。

(2) 刮研工具和检测器具

刮研工作中常用的工具有刮刀、显示剂。此外，还需一些检测器具，如检验平板、检验桥板、水平仪、光学平直仪（自准直仪）、塞尺和各种量具等。

(3) 内孔的刮研

内孔刮研时，刮刀在内孔面上做螺旋运动，且以配合轴或检验芯轴作研点工具。将显示剂薄而均匀地涂布在轴的表面上，然后将轴在轴孔中来回转动显示研点。

1）内孔刮研的方法

如图 5-22（a）所示，为一种内孔刮研方法。右手握刀柄，左手用四指横握刀身。刮研时右手作半圆转动，左手顺着内孔方向作后拉或前推刀杆的螺旋运动。

另一种刮研内孔的方法如图 5-22（b）所示。刮刀柄搁在右手臂上，双手握住刀身。刮研时左右手的动作与前一种方法一样。

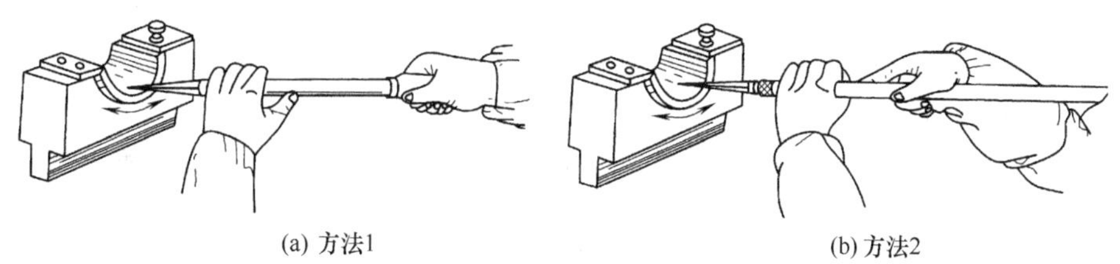

(a) 方法1　　(b) 方法2

图 5-22　内孔刮研方法

2）刮研时刮刀的位置与刮研的关系

当用三角刮刀或匙形刮刀刮内孔时，要及时改变刮刀与刮研面所成的夹角。刮研中刮刀的位置大致有以下三种情况。

① 有较大的负前角　如图 5-23（a）所示，由于刮研时切屑较薄，故刮研表面粗糙度较低。一般在刮研硬度稍高的铜合金轴承或在最后修整时采用。而刮研硬度较低的锡基轴承时，则不宜采用这种位置，否则易产生啃刀现象。

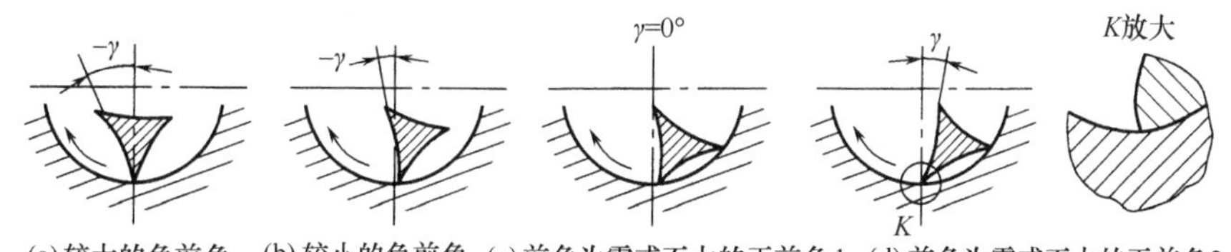

(a) 较大的负前角　(b) 较小的负前角　(c) 前角为零或不大的正前角1　(d) 前角为零或不大的正前角2

图 5-23　三角刮刀的位置

② 有较小的负前角　如图 5-23（b）所示，由于刮研的切屑极薄，能将显示出的高点较顺利地刮去，并能把圆孔表面集中的点子改变成均匀分布的点子。但在刮研硬度较低的轴承时，应注意用较小的压力。

③ 前角为零或不大的正前角　如图 5-23（c）、（d）所示，这时刮研的切屑较厚，刀痕较深，一般适合粗刮。当内孔刮研的对象是较硬的材料，则应避免采用图 5-23（d）所示的产生正前角的刮刀位置，否则易产生振痕。振痕深时，修正也困难。而对较软的巴氏合金轴承的刮研，用这种位置反而能取得较好的刮研效果。

内孔刮研时，研点应根据轴在轴承内的工作情况合理分布，以取得良好的效果。一般轴承两端的研点应硬而密些，中间的研点可软而稀些，这样容易建立油楔，使轴工作稳定；轴承承载面上的研点应适当密些，以增加其耐磨性，使轴承在负荷情况下保持其几何精度。对经刮研修复的滑动轴承内的，其不同接触精度的研点数应符合表 5-9。

(4) 机床导轨的刮研

机床导轨是机床移动部件的基准。机床有不少几何精度检验的测量基准是导轨。机床导轨的精度直接影响到被加工零件的几何精度和相互位置精度。机床导轨的修理是机床修理工作中

表 5-9　滑动轴承的研点数

轴承直径/mm	机床或精密机械主轴轴承			锻压设备、通用机械的轴承		动力机械、冶金设备的轴承	
	高精度	精密	普通	重要	普通	重要	普通
	每 25mm×25mm 内的研点数						
≤120	25	20	16	12	8	8	5
>120	—	16	10	8	6	6	2

最重要的内容之一，其目的是恢复和提高导轨的精度。未经淬硬处理的机床导轨，如果磨损、拉毛、咬伤程度不严重，可以采用刮研修复法进行修理。一般具备有导轨磨床的大中型企业，对于与“基准导轨”相配合的零件（如工作台、溜板、滑座等）导轨面以及特形状导轨面的修理通常也不采用精磨法，而是采用传统的刮研法。

1）导轨刮研基准的选择

配刮导轨副时，选择刮研基准应考虑：变形小、精度高、刚度好、主要导向的导轨；尽量减少基准转换；便于刮研和测量的表面。

2）导轨刮研顺序的确定

机床导轨随着各自运动部件形式的不同，而构成各种相互关联的导轨副。它们除自身有较高的形状精度要求外，相互之间还有一定的位置精度要求，修理时就要求有正确的刮研顺序。一般可按以下方法确定。

① 先刮与传动部件有关联的导轨，后刮无关联的导轨。

② 先刮形状复杂（控制自由度较多）的导轨，后刮简单的导轨。

③ 先刮长的或面积大的导轨，后刮短的或面积小的导轨。

④ 先刮研施工困难的导轨，后刮容易施工的导轨。

对于两件配刮时，一般先刮大工件，配刮小工件；先刮刚度好的，配刮刚度较差的；先刮长导轨，后刮短导轨。要按达到精度稳定、搬动容易、节省工时等因素来确定顺序。

3）导轨刮研的注意事项

① 要求有适宜的工作环境　工作场地清洁，周围没有严重振源的干扰，环境温度尽可能变化不大。避免阳光的直接照射。因为在阳光照射下机床局部受热，会使机床导轨产生温差而变形，刮研显点会随温度的变化而变化，易造成刮研失误。特别是在刮研较长的床身导轨和精密机床导轨时，上述要求更要严格些。如果能在温度可控制的室内刮研最为理想。

② 刮研前机床床身要安置好　在机床导轨修理中，床身导轨的修理量最大，刮研时如果床身安置不当，可能产生变形，造成返工。

床身导轨在刮研前应用机床垫铁垫好，并仔细调整，以便在自由状态下尽可能保持最好的水平。垫铁位置应与机床实际安装时的位置一致，这一点对长度较长和精密机床的床身导轨尤为重要。

③ 机床部件的重量对导轨精度有影响　机床各部件自身的几何精度是由机床总装后的精度要求决定的。大型机床各部件重量较大，总装后可能有关部件对导轨自身的原有精度产生一定影响（因变形所引起）。如龙门刨床、龙门铣床、龙门导轨磨床等床身导轨精度将随立柱的装上和拆下而有所变化；横梁导轨精度将随刀架（或磨架）的装上和拆下而有所变化。因此，拆卸前应对有关导轨精度进行测量，记录下来，拆卸后再次测量，经过分析比较，找出变化规律，作为刮研各部件及其导轨时的参考。这样便可以保证总装后各项精度一次达到规定要求，从而避免刮研返工。

对于精密机床的床身导轨，精度要求很高。在精刮时，应把可能影响导轨精度变化的部件预先装上，或采用与该部件形状、重量大致相近的物体代替。例如，在精刮立式齿轮磨床床身导轨时，齿轮箱预先装上；精刮精密外圆磨床床身导轨时，液压操纵箱应预先装上。

④ 导轨磨损严重或有深伤痕的应预先加工　机床导轨磨损严重或伤痕较深（超过0.5mm），应先对导轨表面进行刨削或车削加工后再进行刮研。另外，有些机床，如龙门刨床、龙门铣床、立式车床等工作台表面冷作硬化层的去除，也应在机床拆修前进行。否则工作台内应力的释放会导致工作台微量变形，可能使刮研好的导轨精度发生变化。所以这些工序一般应安排在精刮导轨之前。

⑤ 刮研工具与检测器具要准备好　机床导轨刮研前，刮研工具和检测器具应准备好，在刮研过程中，要经常对导轨的精度进行测量。

4）导轨的刮研工艺

导轨刮研一般分为粗刮、细刮和精刮几个步骤，并依次进行。导轨的刮研工艺过程大致如下。

① 首先修复机床部件移动的"基准导轨"。该导轨通常比沿其表面移动的部件导轨长，例如床身导轨、滑座溜板的上导轨、横梁的前导轨和立柱导轨等。

② V-平面导轨副，应先修刮V形导轨，再修刮平面导轨。

③ 双V形、双平面（矩形）等相同形式的组合导轨，应先修刮磨损量较小的那条导轨。

④ 修刮导轨时，如果该部件上有不能调整的基准孔（如丝杠、螺母、工作台、主轴等装配基准孔等），应先修整基准孔后，再根据基准孔来修刮导轨。

⑤ 与"基准导轨"配合的导轨，如与床身导轨配合的工作台导轨，只需与"基准导轨"进行合研配刮，用显示剂和塞尺检查与"基准导轨"的接触情况，可不必单独做精度检查。

5.2 机械零件维修方法的选择

在维修机械设备损坏的零件时，合理选择好零件的维修方法，是保证修理质量、降低成本、加快修理速度的有效措施。

5.2.1 机械零件修复或更换的原则

(1) 确定零件修换应考虑的因素

① 零件对设备精度的影响　有些零件磨损后影响设备精度，如机床主轴、轴承、导轨等基础件磨损将使被加工零件质量达不到要求，这时就应该修复或更换。一般零件的磨损未超过规定公差时，估计能使用到下一修理周期者可不更换，估计用不到下一修理期，或会对精度产生影响，拆卸又不方便的，应考虑修复或更换。

② 零件对完成预定使用功能的影响　当设备零件磨损已不能完成预定的使用功能时，如离合器失去传递动力的作用，凸轮机构不能保证预定的运动规律，液压系统不能达到预定的压力和压力分配等，均应考虑修复或更换。

③ 零件对设备性能和操作的影响　当零件磨损到虽能完成预定的使用功能，但影响了设备的性能和操作时，如齿轮传动噪声增大、效率下降、平稳性差、零件间相互位置产生偏移等，均应考虑修复或更换。

④ 零件对设备生产率的影响　零件磨损后致使设备的生产率下降，如机床导轨磨损，配合表面研伤，丝杠副磨损、弯曲等，使机床不能满负荷工作，应按实际情况决定修复或更换。

⑤ 零件对其本身强度和刚度的影响　零件磨损后，强度下降，继续使用可能会引起严重事故，这时必须修换。重型设备的主要承力件，发现裂纹必须更换。一般零件，由于磨损加重、间隙增大，而导致冲击加重，应从强度角度考虑修复或更换。

⑥ 零件对磨损条件恶化的影响　磨损零件继续使用可引起磨损加剧，甚至出现效率下降、发热、表面剥蚀等，最后引起卡住或断裂等事故，这时必须修复或更换。如渗碳或氮化的主轴

支承轴颈磨损，失去或接近失去硬化层，就应修复或更换。

在确定零件是否应修复或更换时，必须首先考虑零件对整台设备的影响，然后考虑零件能否保证其正常工作的条件。

(2) 修复零件应满足的要求

机械零件失效后，在保证设备精度的前提下，能够修复的应尽量修复，要尽量减少更换新件。一般地讲，对失效零件进行修复，可节约材料、减少配件的加工、减少备件的储备量，从而降低修理成本和缩短修理时间。对失效的零件是修复还是更换，是由很多因素决定的，应当综合分析。修复零件应满足的要求如下。

① 准确性　零件修复后，必须恢复零件原有的技术要求，包括零件的尺寸公差、形位公差、表面粗糙度、硬度和技术条件等。

② 安全性　修复的零件必须恢复足够的强度和刚度，必要时要进行强度和刚度验算。如轴颈修磨后外径减小，轴套镗孔后孔径增大，都会影响零件的强度与刚度。

③ 可靠性　零件修复后的耐用度至少要能维持一个修理周期。大修的零件修复后要能维持一个大修周期；中、小修的零件修复后要能维持一个中修周期。

④ 经济性　决定失效零件是修理还是更换，必须考虑修理的经济性，修复零件应在保证维修质量的前提下降低修理成本。比较修复与更换的经济性时，要同时比较修复、更换的成本和使用寿命，当相对修理成本低于相对新制件成本时，应考虑修复。即满足：

$$S_{修}\ T_{修} < S_{新}\ T_{新}$$

式中　$S_{修}$——修复旧件的费用，元；

$T_{修}$——修复零件的使用期，月；

$S_{新}$——新件的成本，元；

$T_{新}$——新件的使用期，月。

⑤ 可能性　修理工艺的技术水平是选择修理方法或决定零件修复、更换的重要因素。一方面应考虑工厂现有的修理工艺技术水平，能否保证修理后达到零件的技术要求；另一方面应不断提高工厂的修理工艺技术水平。

⑥ 时间性　失效零件采取修复措施，其修理周期一般应比重新制造周期短，否则应考虑更换新件。但对于一些大型、精密的重要零件，一时无法更换新件的，尽管修理周期可能要长些，也要考虑修复。

(3) 磨损零件的修换原则

① 当主要件与次要件配合运转，磨损后一般修复主要件、更换次要件。例如，车床丝杠与螺母的传动，应对丝杠进行修整，而更换螺母。

② 当工序长的零件与工序短的零件配合运转，磨损后一般对工序长的零件进行修复而更换工序短的零件。例如，主轴与滑动轴承的配合，主轴采取修复而更换轴承。

③ 当大零件与小零件相配合的表面磨损后，一般对大零件采取修复而对小零件进行更换。例如，尾架体与套筒的配合，尾架体进行修整而配换套筒；又如，大齿轮与小齿轮的啮合，对大齿轮进行修整而将小齿轮改成修正齿轮。

④ 当一般零件与标准零件配合使用，磨损后通常修复一般零件，更换标准件。

⑤ 当非易损件和易损件相配合的表面磨损后，一般修复非易损件，更换易损件。

除上述修换原则外，还须考虑以下问题：在确定修复旧件和更换新件时，要考虑修理的经济性，必须以两者的费用与使用期限的比值相比较。即以零件修复费用与修复后的使用期限之比值和新件费用与使用期限之比值相比较，比值小的经济合理；修复后不能恢复原有的技术要求、尺寸公差、形位公差和表面粗糙度的应更换新件；零件经修复后不能保证原来强度、刚度和装配精度的应更换新件；修复零件不能维持一个修理间隔期的应更换新件；零件的修复时间

过长、停机的时间过久、影响生产的应尽快更换新件。

(4) 磨损零件的修换标准

① 对设备精度的影响　有些零件磨损后影响设备精度，使设备在使用中不能满足工艺要求，如设备的主轴、轴承及导轨等基础零件磨损时，会影响设备加工工件的几何形状，此时磨损零件就应修复或更换。当零件磨损尚未超出规定公差，继续使用到下次修理也不会影响设备精度时，则可以不修换。

② 对完成预定使用功能的影响　当零件磨损而不能完成预定的使用功能时，如离合器失去传递动力的作用，就该更换。

③ 对设备性能的影响　当零件磨损降低了设备的性能，如齿轮工作噪声增大、效率下降、平稳性破坏，这时就要进行修换。

④ 对设备生产效率的影响　当设备零件磨损，不能使用较高的切削用量或增加空行程的时间，增加工人的体力消耗，从而降低了生产效率，如导轨磨损、间隙增加、配合零件表面研伤，此时就应修复或更换。

⑤ 对零件强度的影响　如果锻压设备的曲轴、锤杆发现裂纹，继续使用可能迅速发生变化，引起严重事故，此时必须加以修复或更换。

⑥ 对磨损条件恶化的影响　磨损零件继续使用，除将加剧磨损外，还可能出现发热、卡住、断裂等事故，如渗碳主轴的渗碳层被磨损，继续使用就会引起更加严重的磨损，因此必须更换。

5.2.2 典型零件修复、更换方式的确定

机械设备中损坏零件的修理方式不外乎两种：修复或更换。一般说来，设备损坏零件在保证设备精度的条件下，应尽量修复，避免更换。究竟选择修复还是更换，除了应根据设备修理的质量、内容、工作量、成本、效率和周期等进行综合判断外，一般对于具有下述缺陷的典型零件，可参照表5-10确定零件损坏后的修复、更换方式。

表5-10　缺陷零件修复、更换方式的确定

<table>
<tr><th>缺陷零件</th><th>修理方式的选择</th></tr>
<tr><td>机床主要铸件</td><td>①机床导轨面磨损或损伤后，影响到机床精度时，应该修复
②发现床身、箱体等部件有裂纹或漏油等缺陷，在不影响机床性能和精度的情况下，可以进行修复
③箱体上有配合关系的孔，其圆度、圆柱度超过孔的公差时，要进行修复</td></tr>
<tr><td>主轴</td><td>①弯曲塑性变形超过设计要求值，且难以修复时，要更换
②出现裂纹或扭曲塑性变形时应更换
③支承轴颈表面粗糙度 Ra 值大于原设计规定且有划伤时，应考虑修复
④支承轴颈处的圆度及圆柱度超过直径公差的40%时，应考虑修复
⑤两个支承轴颈的同轴度误差大于0.01mm时，应考虑修复。轴颈的修磨允许量如表1所示
表1　安装滑动轴承的轴颈处的修磨量
<table>
<tr><th>热处理方式</th><th>硬化层厚度 C/mm</th><th>轴的类型</th><th>允许修磨量</th></tr>
<tr><td>调质处理</td><td>全部</td><td>主轴</td><td><1mm</td></tr>
<tr><td>调质处理</td><td>全部</td><td>传动轴</td><td><直径尺寸的10%</td></tr>
<tr><td>表面淬火</td><td>1.5～2</td><td>主轴或传动轴</td><td><0.5<i>C</i></td></tr>
<tr><td>渗碳淬火</td><td>1.1～1.5</td><td>主轴或传动轴</td><td><0.4<i>C</i></td></tr>
<tr><td>氮化</td><td>0.45～0.6</td><td>主轴或传动轴</td><td><0.4<i>C</i></td></tr>
</table>
⑥主轴的螺纹部分损坏，一般可以修小外径，螺距保持不变，重新配置螺母
⑦主轴锥孔磨损后允许修磨，但修磨后，锥孔端面的位移量应使标准锥柄工具仍能适用，否则应更换
⑧主轴上的花键磨损后，可以按照花键轴的修磨规定进行修磨</td></tr>
</table>

续表

缺陷零件	修理方式的选择
一般轴类零件	①一般简单的小轴,磨损后要进行更换 ②一般轴类零件有裂纹或扭曲塑性变形后,应更换 ③轴类零件弯曲后,直线度误差超过 0.1/1000 时,应采用校直法修复 ④安装齿轮、带轮及滚动轴承的轴颈处磨损后,可采用修磨后涂镀的方法修复 ⑤安装滑动轴承的轴颈磨损后,可在修磨轴颈的基础上,配置轴瓦或轴套。其修磨量,可参照表 1 ⑥轴上的键槽磨损后,可以根据磨损情况,适当地加大键槽宽度,但最大不得超过标准中规定的上一级尺寸。结构许可时,可在距原键槽位置 60°处,另外加工一个键槽 ⑦当配合轴颈超过上一级配合精度的过渡配合或间隙配合时,应进行修复或更换 ⑧配合轴颈的圆度、圆柱度误差超过直径公差的一半时,应进行修复或更换 ⑨配合轴颈的表面粗糙度 Ra 大于 1.6μm 时,应考虑进行修复或更换
花键轴	①有裂纹或扭曲塑性变形时,要进行更换 ②弯曲塑性变形超过设计允许值时,应采用校直法修复 ③定心轴颈的表面粗糙度值 Ra 大于 1.6μm,配合精度超过上一级配合或键侧隙大于 0.08mm 时,要更换 ④键侧的表面粗糙度 Ra 大于 1.6μm,磨损量大于键厚的 1/50 时,应修复或更换 ⑤键侧面出现压痕,其高度超过侧面高度的 1/4 时,要更换
机床主轴上的滑动轴承	①箱体孔与外圆柱面间的配合出现间隙、松动等现象以及外圆的圆度误差超过设计规定时,应更换 ②外圆锥面与箱体孔的接触率低于 70%时,可用刮研法修复,但要保证内孔尚有刮研调整余量 ③内孔与轴配刮后,尚有调整余量,并能维持一个修理间隔期,可以采用修复法
一般轴类的滑动轴承	①外圆与箱体孔之间的配合出现间隙,以及外圆度误差超过设计规定时,应更换 ②内孔的表面粗糙度 Ra 大于 1.6μm,且有划伤,预计经过修刮后与轴颈的配合间隙不超过上一级配合精度时,可以修复,否则应更换
滚动轴承	①对于高精度滚动轴承及主轴滚动轴承,当精度超过规定的允差时,应更换 ②对于一般传动轴的滚动轴承,当保持架变形损坏,或内、外滚道磨损,有点蚀现象,滚道体磨损,有点蚀及其他缺陷,或快速转动时,有显著的周期性噪声的现象出现时,均应更换
齿轮、齿条	①齿部发生塑性变形及出现裂纹,应更换 ②齿面出现严重疲劳点蚀现象,约占齿长的 1/3,高度占一半以上,以及齿面有严重的凹痕擦伤时,应更换 ③齿的端部倒角损伤,其长度不超过齿宽的 5%时,允许重新倒角 ④齿面磨损严重或轮齿崩裂,一般均应更换新的齿轮。如果是小齿轮和大齿轮啮合,往往是小齿轮磨损较快,为了避免加速大齿轮的磨损,应及时地更换小齿轮 ⑤在齿面磨损均匀的情况下,弦齿厚的磨损量:主传动齿轮允许 6%;进给传动齿轮允许 8%;辅助传动齿轮允许 10%。否则,应更换。对于大模数($m \geqslant 10$mm)齿轮,当齿厚磨损量超过上述数值时,可以采用高位法修复大齿轮,并配置变位的小齿轮 ⑥简单齿轮的齿部断裂,应进行更换。对于加工量较大的齿轮,视齿部断裂情况及使用条件,允许采用嵌齿法、堆焊法及更换齿圈法进行修复
蜗杆副	①对于动力蜗杆副,当蜗轮齿面严重损伤及产生塑性变形时应更换;蜗轮齿厚磨损量超过原齿厚的 10%时应更换;齿面粗糙度 Ra 大于 1.6μm,或有轻微擦伤,可用蜗杆配刮修复;蜗轮、蜗杆发生接触偏移,其接触面积少于允许值(7 级精度,长度上 65%,高度上 60%;8 级精度,长度上 50%,高度上 50%)时,应更换;蜗杆面严重损伤,或黏着蜗轮齿部材料,应更换 ②对于分度蜗杆副,若蜗轮齿面擦伤严重或产生塑性变形,应更换;蜗轮齿面磨损后,精度下降,可以采用修复法恢复精度,并配置新的蜗杆
丝杠	①对于一般传动丝杠,若其螺纹厚度减薄量超过原来厚度的 1/5 时,应更换;弯曲变形超过 0.1/1000,可以用校直法修复;螺纹表面粗糙度 Ra 大于 1.6μm,或有擦伤,应修复,修后螺纹厚度减薄量不应超过齿厚的 15% ②对于精密丝杠,若其螺纹表面粗糙度 Ra 大于 0.8μm,或有擦伤,应修复;弯曲变形超过设计要求,不允许校直,应更换;螺距误差超过设计要求时,应更换;若磨损过大,也应更换
离合器	①对于齿形离合器,若其齿部有裂纹,或端面磨损倒角大于齿高的 1/4 时,应更换;齿厚磨损减薄量超过原厚度的 1/10 时应予更换;齿部工作面出现压痕,允许修磨,但齿厚减薄量不应超过齿厚的 5% ②对于片式离合器,若其摩擦片平行度误差超过 0.1mm,或出现不均匀的光秃斑点时,应更换;摩擦片有轻微伤痕时可以磨削修复,修后的厚度减薄量应不超过原厚度的 1/5;锥形摩擦离合器的锥体接触面积小于 70%、锥体径向跳动大于 0.05mm 时,允许修磨锥面。无法修复时,可更换其中一件

续表

<table>
<tr><th>缺陷零件</th><th colspan="2">修理方式的选择</th></tr>
<tr><td>带轮</td><td colspan="2">①平带轮的工作表面粗糙度 Ra 大于 3.2μm 或表面局部凸凹不平，允许修磨
②带轮的 V 形槽边缘损坏，有可能使 V 形带越出槽外时，应更换
③带轮的 V 形槽底与 V 形带底面的间隙小于标准间隙的一半时，可以采用车削等方法以达到设计要求
④径向圆跳动和端面圆跳动超过 0.2mm 时应修复
⑤高速(500r/min)带轮的径向和端面圆跳动超过设计规定时，应修复或更换</td></tr>
<tr><td rowspan="6">光杠</td><td colspan="2">①光杠的直线度误差超过 0.1/1000 时，应校直
②光杠的外径在有效长度上应该一致，其圆柱度误差超过表 2 的数值时，应修复
表 2　光杠的圆柱度允许误差　mm</td></tr>
<tr><td>外径</td><td>圆柱度允差</td></tr>
<tr><td>18</td><td>0.06</td></tr>
<tr><td>18～30</td><td>0.07</td></tr>
<tr><td>30～55</td><td>0.08</td></tr>
<tr><td colspan="2">③光杠的键槽宽度尺寸误差超过 0.30mm 时，应修复</td></tr>
<tr><td>液压元件</td><td colspan="2">①齿轮泵。泵体内腔及齿轮工作表面的粗糙度 Ra 值大于原设计的一级时，可以继续使用，大于二级时，应修复或更换；齿轮泵体与齿轮外径之间的间隙超过原规定的 100%时，应更换。其轴向间隙超过 30%时，应修复
②叶片泵。定子、转子及叶片的粗糙度 Ra 值大于原设计要求的一级时，可以继续使用；大于二级时，应修复或更换；叶片与转子的槽的配合间隙超过原设计的 50%时，应更换；定子的工作表面拉毛或有棱时，应修复
③柱塞泵。柱塞滚道、柱塞及转子的柱塞孔的粗糙度 Ra 值大于原设计要求一级时，可以继续使用，大于二级时，应更换；柱塞与柱塞孔的间隙超过原设计的 100%时，应更换柱塞、修配柱塞孔
④工作液压缸。内表面粗糙度 Ra 值大于原设计要求一级时，可以继续使用，大于二级时，应更换；缸内孔的圆度及圆柱度误差超过原设计要求的 50%时，应修复
⑤活塞及活塞杆。表面粗糙度 Ra 值大于原设计要求一级时，可以继续使用，大于二级时，应更换；活塞(不带密封环的活塞)与液压缸的径向间隙超过原设计要求的 50%时，应更换活塞
⑥操纵阀。阀体及阀杆的表面粗糙度 Ra 值大于原设计要求二级时，应修复；阀体与阀杆的间隙超过原设计要求的 50%时，应更换阀杆，对溢流阀还可适当放宽些</td></tr>
</table>

5.3 零件修复方法的选择

通过上述介绍可知，用来修复机械零件的方法很多，事实上，随着科学技术的进步，很多新工艺、新技术在机械修理行业也获得了广泛的应用，图 5-24 给出了当前常见的修复工艺。

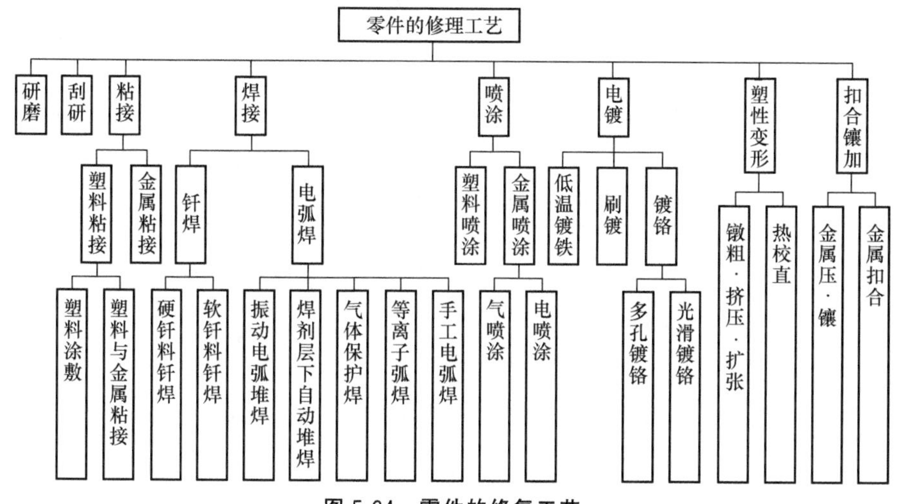

图 5-24　零件的修复工艺

(1) 选择修复工艺应考虑的因素

选择零件修复工艺时，不能只从一个方面，而要从几个方面综合考虑。一方面要根据修理零件的技术要求，另一方面考虑修复工艺的特点，还要结合本企业现有的修复条件和技术水平等，力求做到工艺合理、经济性好、生产可行，这样才能得到最佳的修复工艺方案。

① 修复工艺对零件材质的适应性　任何一种修复工艺都不能完全适应各种材料。如表 5-11所示可供选择时参考。

表 5-11　各种修复工艺对常用材料的适应性

修理工艺	低碳钢	中碳钢	高碳钢	合金结构钢	不锈钢	灰铸铁	铜合金	铝
镀铬	+	+	+	+	+	+		
镀铁	+	+	+	+	+	+		
气焊	+	+		+		−		
手工电弧堆焊	+	+	−	+	+	−		
焊剂层下电弧堆焊	+	+						
振动电弧堆焊	+	+	+	+	+	−		
钎焊	+	+	+	+	+	+	+	−
金属喷涂	+	+	+	+	+		+	+
塑料粘补	+	+	+	+	+	+	+	+
塑性变形	+	+					+	+
金属扣合						+		

注：“+”为修理效果良好；“−”为修理效果不好。

② 各种修复工艺能达到的修补层厚度　不同厚度零件需要的修复层厚度不一样。因此，必须了解各种修复工艺所能达到的修补层厚度，如图 5-25 所示是几种主要修复工艺能达到的修补层厚度。

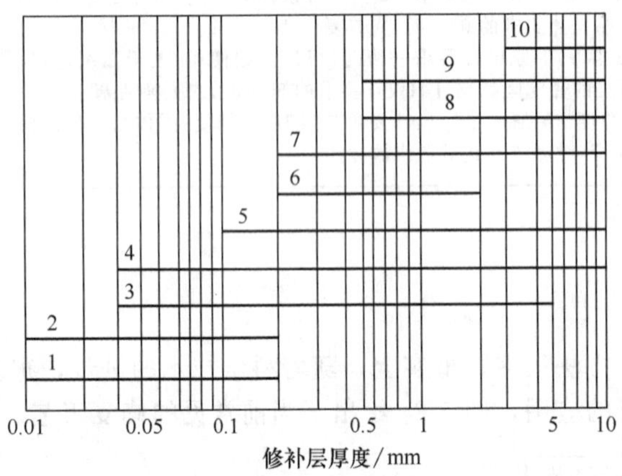

图 5-25　几种主要修复工艺能达到的修补层厚度

1—镀铬；2—滚花；3—钎焊；4—振动电弧堆焊；5—手工电弧堆焊；6—镀铁；7—粘补；8—熔剂层下电弧堆焊；9—金属喷涂；10—镶加零件

③ 被修零件构造对工艺选择的影响　选择修复工艺方法时，应考虑到被修零件构造对工艺选择的影响。如轴上螺纹损坏时可车成直径小一级的螺纹，但要考虑拧入螺母是否受到临近轴径尺寸较大的限制。又如镶螺纹套法修理螺纹孔、扩孔镇套法修理孔径时，孔壁厚度与邻近螺纹孔的距离尺寸是主要限制因素。

④ 零件修理后的强度　修补层的强度、修补层与零件的结合强度，以及零件修理后的强度，是修理质量的重要指标。如表 5-12 所示可供选择零件修复工艺时参考。

表 5-12　各种修补层的力学性能

修理工艺	修补层本身抗拉强度/MPa	修补层与 45 钢的结合强度/MPa	零件修理后疲劳强度降低的百分数/%	硬度
镀铬	400～600	300	25～30	600～1000HV
低温镀铁		450	25～30	45～65HRC
手工电弧堆焊	300～450	300～450	36～40	210～420HBS
焊剂层下电弧堆焊	350～500	350～500	36～40	170～200HBS
振动电弧堆焊	620	560	与 45 钢相近	25～60HRC
银焊	400	400	—	—

续表

修理工艺	修补层本身抗拉强度/MPa	修补层与45钢的结合强度/MPa	零件修理后疲劳强度降低的百分数/%	硬度
铜焊	287	287	—	—
锰青铜钎焊	350～450	350～450	—	217HBS
金属喷涂	80～110	40～95	45～50	200～240HBS
环氧树脂粘补	—	热粘20～40	—	80～120HBS
	—	冷粘10～20	—	80～120HBS

⑤ 修复工艺过程对零件物理性能的影响　修补层物理性能，如硬度、加工性、耐磨性及密实性等，在选择修复工艺时必须考虑。如硬度高，则加工困难；硬度低，一般磨损较快；硬度不均，加工表面不光滑。耐磨性不仅与表面硬度有关，还与金相组织、磨合情况及表面吸附润滑油的能力有关。如采用多孔镀铬、多孔镀铁、振动电弧堆焊、金属喷涂等修复工艺均能获得多孔隙的覆盖层。这些孔隙中能存储润滑油，从而改善了润滑条件，使得机械零件即使在短时间缺油的情况下也不会发生表面研伤现象。对修补可能发生液体、气体渗漏的零件则要求修补的密实性，不允许出现砂眼、气孔、裂纹等缺陷。

镀铬层硬度最高，也最耐磨，但磨合性较差。金属喷涂、振动电弧堆焊、镀铁等耐磨性与磨合性都很好。

修补层不同，疲劳强度也不同。如以45钢的疲劳强度为100%，各种修补层的疲劳强度如下：

热喷涂——86%；

电弧焊——9%；

镀铬——75%；

镀铁——71%；

振动电弧堆焊——62%。

⑥ 修复工艺对零件精度的影响　对精度有一定要求的零件，主要考虑修复中的受热变形。修复时大部分零件温度都比常温高。电镀、金属喷涂、电火花镀敷及振动电弧堆焊等，零件温度低于100℃，热变形很小，对金相组织几乎没有影响。软焊料钎焊温度约在250～400℃，对零件的热影响也较小。硬焊料钎焊时，零件要预热或加热到较高温度，如达到800℃以上时就会使零件退火，热变形增大。

其次还应考虑修复后的刚度，如镶加、粘接、机械加工等修复法会改变零件的刚度，从而影响修理后的精度。

⑦ 从经济性考虑　选择修复工艺方法时，还应考虑到修复的经济性。如一些简单零件，修复还不如更换经济。

(2) 常见典型零件和表面修复工艺的选择

如表5-13～表5-16所示分别给出了一些典型零件和典型表面修复工艺的选择方法。

表5-13　轴的修复工艺选择

零件磨损部分	修理方法	
	达到设计尺寸	达到修配尺寸
滑动轴承的轴颈及外圆柱面	镀铬、镀铁、金属喷涂堆焊并加工至设计尺寸	车削或磨削提高几何形状
装滚动轴承的轴颈及静配合面	镀铬、镀铁、堆焊、滚花、化学镀铜(0.05mm以下)	
轴上键槽	堆焊修理键槽，转位新铣键槽	键槽加宽，不大于原宽度的1/7；重新配键

续表

零件磨损部分	修理方法	
	达到设计尺寸	达到修配尺寸
花键	堆焊重铣或镀铁后磨（最好用振动堆焊）	
轴上螺纹	堆焊，重车螺纹	车成小一级螺纹
外圆锥面		磨到较小尺寸
圆锥孔		磨到较大尺寸
轴上销孔		铰大一些
扁头、方头及球面	堆焊	加工修整几何形状
一端损坏	切削损坏的一段，焊接一段，加工至设计尺寸	
弯曲	校正并进行低温稳化处理	

表 5-14　孔的修复工艺选择

零件磨损部分	修理方法	
	达到设计尺寸	达到修配尺寸
孔径	堆焊、电镀、粘补	镗孔
键槽	堆焊处理，转位另插键槽	加宽键槽
螺纹孔	镶螺纹套，改变零件位置，转位重钻孔	加大螺纹孔至大一级的螺纹
圆锥孔	镗孔后镶套	刮研或磨削修整形状
销孔	移位重钻，铰销孔	铰孔
凹坑、球面窝及小槽	铣掉重镶	扩大修整形状
平面组成的导槽	镶垫板、堆焊、粘补	加大槽形

表 5-15　齿轮的修复工艺选择

零件磨损部分	修理方法	
	达到设计尺寸	达到修配尺寸
轮齿	①利用花键孔，镶新轮圆插齿 ②齿轮局部断裂，堆焊加工成形 ③内孔镀铁后磨	大齿轮加工成负变位齿轮（硬度低，可加工者）
齿角	①对成形状的齿轮掉头倒角使用 ②堆焊齿角后加工	锉磨齿角
孔径	镶套、镀铁、镀镍、堆焊	磨孔配轴
键槽	堆焊加工或转位另开键槽	加宽键槽、另配键
离合器爪	堆焊后加工	

表 5-16　其他典型零件的修复工艺选择

零件名称	磨损部分	修理方法	
		达到标称尺寸	达到装配尺寸
导轨、滑板	滑动面研伤	粘或镶板后加工	电弧冷焊补、钎焊、粘补、刮、磨削
丝杠	螺纹磨损 轴径磨损	①掉头使用 ②切除损坏的非螺纹部分，焊接一段后重车 ③堆焊轴径后加工	①校直后车削螺纹进行稳化处理、另配螺母 ②轴径部分车削或磨削
滑移拨叉	拨叉侧面磨损	铜焊、堆焊后加工	
楔铁	滑动面磨损		铜焊接长、粘接及钎焊巴氏合金、镀铁
活塞	外径磨损镗缸后与气缸的间隙增大、活塞环槽磨宽	移位、车活塞环槽	喷涂金属，重点部分浇注巴氏合金，按分级处理尺寸车宽活塞环槽

续表

零件名称	磨损部分	修理方法	
		达到标称尺寸	达到装配尺寸
阀座	阀汽结合面磨损		车削及研磨结合面
制动轮	轮面磨损	堆焊后加工	车削至最小尺寸
杠杆及连杆	孔磨损	镶套、堆焊、焊堵后重加工孔	扩孔

5.4 常见零件的修理

5.4.1 轴的修理

轴类零件是组成各类机械设备的重要零件。它的主要作用是支承其他零件，承受载荷和传递转矩。轴是最容易磨损或损坏的零件，常见的失效形式、损伤特征、产生原因及修复方法如表 5-17 所示。

表 5-17 轴常见的失效形式、损伤特征、产生原因及修复方法

失效形式		损伤特征	产生原因	修复方法
磨损	黏着磨损	两表面的微凸体接触，引起局部黏着、撕裂，有明显粘贴痕迹	低速重载或高速运转、润滑不良引起胶合	①修理尺寸 ②电镀 ③金属喷涂 ④镶套 ⑤堆焊 ⑥粘接
	磨粒磨损	表层有条形沟槽刮痕	较硬杂质介入	
	疲劳磨损	表面疲劳、剥落、压碎、有坑	受变应力作用，润滑不良	
	腐蚀磨损	接触表面滑动方向呈均细磨痕，或点状、丝状磨蚀痕迹，或有小凹坑，伴有黑灰色、红褐色氧化物细颗粒、丝状磨损物产生	受氧化性、腐蚀性较强的气、液体作用，受外载荷或振动作用，接触表面间产生微小滑动	
断裂	疲劳断裂	可见到断口表层或深处的裂纹痕迹，并有新的发展迹象	交变应力作用、局部应力集中、微小裂纹扩展	①焊补 ②焊接断轴 ③断轴接段 ④断轴套接
	脆性断裂	断口由裂纹源处向外呈鱼骨状或人字形花纹状扩散	温度过低、快速加载、电镀等使氢渗入轴中	
	韧性断裂	断口有塑性变形和挤压变形痕迹，有颈缩现象或纤维扭曲现象	过载、材料强度不够、热处理使韧性降低，低温、高温等	
过量变形	弹性变形	承载时过量变形，卸载后变形消失，运转时噪声大、运动精度低，变形出现在承载区或整轴上	轴的刚度不足、过载或轴系结构不合理	①冷校 ②热校
	塑性变形	整体出现不可恢复的弯、扭曲，与其他零件的接触部位呈局部塑性变形	强度不足、过量过载、设计结构不合理、高温导致材料强度降低，甚至发生蠕变	

轴的具体修复内容主要有以下几个方面。

(1) 轴颈磨损的修复

轴颈因磨损而失去原有的尺寸和形状精度，变成椭圆形或圆锥形等，此时常用以下方法修复。

① 按规定尺寸修复　当轴颈磨损量小于 0.5mm 时，可用机械加工方法使轴颈恢复正确的几何形状，然后按轴颈的实际尺寸选配新轴衬。这种用镶套进行修复的方法可避免轴颈的变形，在实践中经常使用。

② 堆焊法修复　几乎所有的堆焊工艺都能用于轴颈的修复。堆焊后不进行机械加工，堆焊层厚度应保持在 1.5～2.0mm；若堆焊后仍需进行机械加工，堆焊层的厚度应使轴颈比其名义尺寸大 2～3mm。堆焊后应进行退火处理。

③ 电镀或喷涂修复　当轴颈磨损量在0.4mm以下时，可镀铬修复，但成本较高，只适于重要的轴。为降低成本，对于不重要的轴应采用低温镀铁修复，此方法效果很好，原材料便宜、成本低、污染小，镀层厚度可达1.5mm，有较高的硬度。磨损量不大的也可采用喷涂修复。

④ 粘接修复　把磨损的轴颈车小1mm，然后用玻璃纤维蘸上环氧树脂胶，逐层地缠在轴颈上，待固化后加工到规定的尺寸。

(2) 中心孔损坏的修复

修复前，首先除去孔内的油污和铁锈，检查损坏情况，如果损坏不严重，用三角刮刀或油石等进行修整；当损坏严重时，应将轴装在车床上用中心钻加工修复，直至完全符合规定的技术要求。

(3) 圆角的修复

圆角对轴的使用性能影响很大，特别是在交变载荷作用下，常因轴颈直径突变部位的圆角被破坏或圆角半径减小导致轴折断。因此，圆角的修复不可忽视。

圆角的磨伤可用细锉或车削、磨削加工修复。当圆角磨损很大时，需要进行堆焊，退火后车削至原尺寸。圆角修复后，不可有划痕、擦伤或刀迹，圆角半径也不能减小，否则会减弱轴的性能并导致轴的损坏。

(4) 螺纹的修复

当轴表面上的螺纹碰伤、螺母不能拧入时，可用圆板牙或车削加工修整。若螺纹滑牙或掉牙，可先把螺纹全部车削掉，然后进行堆焊，再车削加工修复。

(5) 键槽的修复

当键槽只有小凹痕、毛刺或轻微磨损时，可用细锉、油石或刮刀等进行修整。若键槽磨损较大，可扩大键槽或重新开槽，并配大尺寸的键或阶梯键；也可在原槽位置上旋转90°或180°重新按标准开槽。开槽前需先把旧键槽用气焊或电焊填满。

(6) 花键轴的修复

① 当键齿磨损不大时，先将花键部分退火，进行局部加热，然后用钝錾子对准键齿中间，手锤敲击，并沿键长移动，使键宽增加0.5～1.0mm。花键被挤压后，劈成的槽可用电焊焊补，最后进行机械加工和热处理。

② 采用纵向或横向施焊的自动堆焊方法。纵向堆焊时，把清洗好的花键轴装到堆焊机床上，机床不转动，将振动堆焊机头旋转90°，并将焊嘴调整到与轴中心线成45°角的键齿侧面。焊丝伸出端与工件表面的接触点应在键齿的节径上，由床头向尾架方向施焊。横向施焊与一般轴类零件修复时的自动堆焊相同。为保证堆焊质量，焊前应将工件预热。堆焊结束时，应在焊丝离开工件后断电，以免产生端面弧坑。堆焊后要重新进行铣削或磨削加工，达到规定的技术要求。

③ 按照规定的工艺规程进行低温镀铁，镀铁后再进行磨削加工，使其符合规定的技术要求。

(7) 裂纹和折断的修复

轴出现裂纹后若不及时修复，就有折断的危险。

对于轻微裂纹可采用粘接修复：先在裂纹处开槽，然后用环氧树脂填补和粘接，待固化后进行机械加工。

对于承受载荷不大或不重要的轴，其裂纹深度不超过轴直径的10%时，可采用焊补修复。焊补前，必须认真做好清洁工作，并在裂纹处开好坡口。焊补时，先在坡口周围加热，然后再进行焊补。为消除内应力，焊补后需进行回火处理，最后通过机械加工达到规定的技术要求。

对于承受载荷很大或重要的轴，其裂纹深度超过轴直径的10%或存在角度超过10°的扭转变形，应予以调换。

当载荷大或重要的轴出现折断时，应及时调换。一般受力不大或不重要的轴折断时，可用图 5-26 所示的方法进行修复。其中图 5-26（a）是用焊接法把断轴两端对接起来。焊接前，先将两轴端面钻好圆柱销孔，插入圆柱销，然后开坡口进行对接。圆柱销直径一般为（0.3～0.4）d，d 为断轴外径。图 5-26（b）是用双头螺柱代替圆柱销。

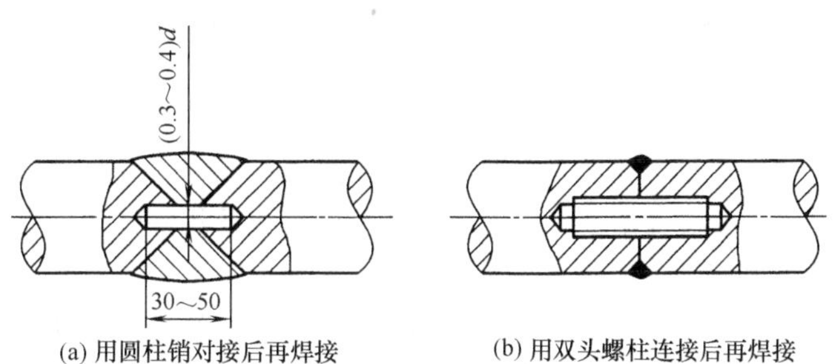

(a) 用圆柱销对接后再焊接　　(b) 用双头螺柱连接后再焊接

图 5-26　断轴修复

若轴的过渡部分折断，可另加工一段新轴代替折断部分，新轴一端车出带有螺纹的尾部，旋入轴端已加工好的螺孔内，然后进行焊接。

有时折断的轴其断面经过修整后，使轴的长度缩短了，此时需要采用接段修理法进行修复，即在轴的断口部位再接上一段轴颈。

(8) 弯曲变形的修复

对弯曲量较小的轴（一般小于长度的 8/1000），可用冷校法进行校正。通常对普通的轴可在车床上校正，也可用千斤顶或螺旋压力机进行校正。这些方法的弯曲量能达到 1m 长 0.05～0.15mm，可满足一般低速运行的机械设备要求。对要求较高、需精确校正的轴，或弯曲量较大的轴，则用热校法进行校正。通常热校可在调质回火温度以下进行，加热时间根据轴的直径大小、弯曲量及具体的加热设备确定。热校后应对该轴进行去应力回火，并保证原来的力学性能和技术要求。

(9) 其他失效形式的修复

外圆锥面或圆锥孔磨损，均可用车削或磨削方法加工到较小或较大尺寸，达到修配要求，再另外配相应的零件；轴上销孔磨损时，也可将尺寸铰大一些，另配销子；轴上的扁头、方头及球头磨损可采用堆焊或加工、修整几何形状的方法修复；当轴的一端损坏时，可采用局部修换法进行修理，即切削损坏的一段，再焊上一段新的后，加工到要求的尺寸。

5.4.2　丝杠的修理

当梯形螺纹丝杠的磨损不超过齿厚的 10％时，通常可采用车深螺纹的方法来消除。螺纹车深后，外径也要相应地车小，使螺纹达到标准深度，再配制螺母。

经常加工短工件的机床，由于丝杠的工作部分经常集中于某一段（如普通机床丝杠磨损靠近车头部位），因此这部分丝杠磨损较大。为了修复其精度，可采用丝杠调头使用的方法，让没有磨损或磨损不多的部分，换到经常工作的部位。但丝杠两端的轴颈大多不一样，因此调头使用还需做一些车、钳削加工。

对于磨损过大的精密丝杠，常采用更换的方法。矩形螺纹丝杠磨损后，一般不能修理，只能更换新的。

丝杠轴颈磨损后可在轴颈处镀铬或堆焊，然后进行机械加工加以修复，但车削轴颈时应保证轴颈轴线和丝杠轴线重合。

5.4.3 齿轮的修理

对于因磨损或其他故障而失效的齿轮进行修复，在机械设备维修中甚为多见。齿轮的类型很多，用途各异。齿轮常见的失效形式、损伤特征、产生原因和修复方法如表5-18所示。

表5-18 齿轮常见的失效形式、损伤特征、产生原因及修复方法

失效形式	损伤特征	产生原因	修复方法
轮齿折断	整体折断一般发生在齿根，局部折断一般发生在轮齿一端	齿根处弯曲应力最大且集中，载荷过分集中、多次重复作用、短期过载	堆焊、局部更换、栽齿、镶齿
疲劳点蚀	在节线附近的下齿面上出现疲劳点蚀坑并扩展，呈贝壳状，可遍及整个齿面，噪声、磨损、动载加大，在闭式齿轮中经常发生	长期受交变接触应力作用，齿面接触强度和硬度不高、表面粗糙度大一些、润滑不良	堆焊、更换齿轮、变位切削
齿面剥落	脆性材料、硬齿面齿轮在表层或次表层内产生裂纹，然后扩展，材料呈片状剥离齿面，形成剥落坑	齿面受高的交变接触应力，局部过载、材料缺陷、热处理不当、黏度过低、轮齿表面质量差	堆焊、更换齿轮、变位切削
齿面胶合	齿面金属在一定压力下直接接触发生黏着，并随相对运动从齿面上撕落，按形成条件分为热胶合和冷胶合	热胶合产生于高速重载，引起局部瞬时高温、导致油膜破裂、使齿面局部粘焊；冷胶合发生于低速重载、局部压力过高、油膜压溃	更换齿轮、变位切削、加强润滑
齿面磨损	轮齿接触表面沿滑动方向有均匀重叠条痕，多见于开式齿轮，导致失去齿形、齿厚减薄而断齿	铁屑、尘粒等进入轮齿的啮合部位引起磨粒磨损	堆焊、调整换位、更换齿轮、换向、塑性变形、变位切削、加强润滑
塑性变形	齿面产生塑性流动，破坏了正确的齿形曲线	齿轮材料较软、承受载荷较大、齿面间摩擦力较大	更换齿轮、变位切削、加强润滑

齿轮修理的操作方法主要有以下方面。

(1) 调整换位法

对于单向运转受力的齿轮，轮齿常为单面损坏，只要结构允许，可直接用调整换位法修复。所谓调整换位就是将已磨损的齿轮变换一个方位，利用齿轮未磨损或磨损轻的部位继续工作。

对于结构对称的齿轮，当单面磨损后可直接翻转180°，重新安装使用，这是齿轮修复的通用办法。但是，对圆锥齿轮或具有正反转的齿轮不能采用这种方法。

若齿轮精度不高，并由齿圈和轮毂组合的结构（铆合或压合），其轮齿单面磨损时，可先除去铆钉，拉出齿圈，翻转180°换位后再进行铆合或压合，即可使用。

结构左右不对称的齿轮，可将影响安装的不对称部分去掉，并在另一端用焊、铆或其他方法添加相应结构后，再翻转180°安装使用；也可在另一端加调整垫片，把齿轮调整到正确位置，而无须添加结构。

对于单面进入啮合位置的变速齿轮，若发生齿端碰缺，可将原有的换挡拨叉槽车削去掉，然后把新制的拨叉槽用铆或焊的方法装到齿轮的反面。

(2) 栽齿修复法

对于低速、平稳载荷且要求不高的较大齿轮，单个齿折断后可将断齿根部锉平，根据齿根高度及齿宽情况在其上面栽上一排与齿轮材质相似的螺钉，包括钻孔、攻螺纹、拧螺钉，并以堆焊连接各螺钉，然后再按齿形样板加工出齿形。

(3) 镶齿修复法

对于受载不大，但要求较高的齿轮，单个齿折断，可用镶单个齿的方法修复。如果齿轮有几个齿连续损坏，可用镶齿轮块的方法修复。若多联齿轮、塔形齿轮中有个别齿轮损坏，用齿

圈替代法修复。重型机械的齿轮通常把齿圈以过盈配合的方式装在轮芯上，成为组合式结构。当这种齿轮的轮齿磨损超限时，可把坏齿圈拆下，换上新的齿圈。

(4) 堆焊修复法

当齿轮的轮齿崩坏，齿端、齿面磨损超限，或存在严重表层剥落时，可以使用堆焊法进行修复。齿轮堆焊的一般工艺为：焊前退火、焊前清洗、施焊、焊缝检查、焊后机械加工与热处理、精加工、最终检查及修整。

1）轮齿局部堆焊

当齿轮的个别齿断齿、崩牙，遭到严重损坏时，可以用电弧堆焊法进行局部堆焊。为防止齿轮过热、避免热影响，可把齿轮浸入水中，只将被焊齿露出水面，在水中进行堆焊。轮齿端面磨损超限，可采用熔剂层下粉末焊丝自动堆焊。

2）齿面多层堆焊

当齿轮少数齿面磨损严重时，可用齿面多层堆焊。施焊时，从齿根逐步焊到齿顶，每层重叠量为2/5～1/2，焊一层经稍冷后再焊下一层。如果有几个齿面需堆焊，应间隔进行。

对于堆焊后的齿轮，要经过加工处理以后才能使用。最常用的加工方法有以下两种。

① 磨合法　按应有的齿形进行堆焊，以齿形样板随时检验堆焊层厚度，基本上不堆焊出加工余量，然后通过手工修磨处理，除去大的凸出点，最后在运转中依靠磨合磨出光洁表面。这种方法工艺简单、维修成本低，但配对齿轮磨损较大、精度低。它适用于转速很低的开式齿轮修复。

② 切削加工法　齿轮在堆焊时留有一定的加工余量，然后在机床上进行切削加工。此种方法能获得较高的精度，生产效率也较高。

(5) 塑性变形法

它是用一定的模具和装置并以挤压或滚压的方法将齿轮轮缘部分的金属向齿的方向挤压，使磨损的齿加厚的，如图5-27所示。

将齿轮加热到800～900℃放入在图5-27下模3中，然后将上模2沿导向杆5装入，用手锤在上模四周均匀敲打，使上下模具互相靠紧。将销子1对准齿轮中心以防止轮缘金属经挤压进入齿轮轴孔的内部。在上模2上施加压力，齿轮轮缘金属即被挤压流向齿的部分，使齿厚增大。齿轮经过模压后，再通过机械加工铣齿，最后按规定进行热处理。图5-27中4为被修复的齿轮，尺寸线以上的数字为修复后的尺寸，尺寸线以下的数字为修复前的尺寸。

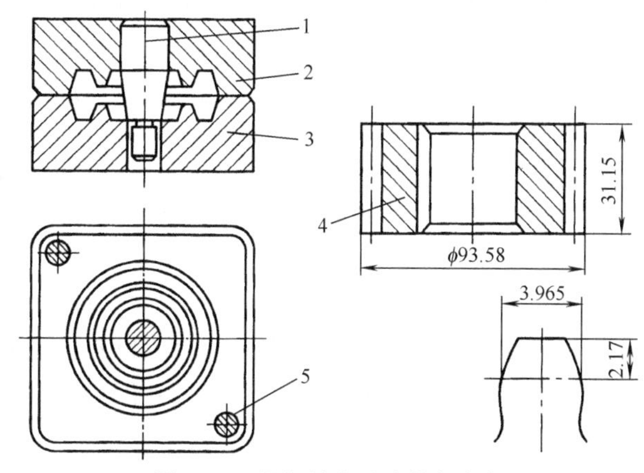

图5-27　用塑性变形法修复齿轮

1—销子；2—上模；3—下模；4—被修复的齿轮；5—导向杆

塑性变形法只适用于修复模数较小的齿轮。由于受模具尺寸的限制，齿轮的直径也不宜过大。需修复的齿轮不应有损伤、缺口、剥蚀、裂纹以及用此法修复不了的其他缺陷；材料要有足够的塑性，并能成形；结构要有一定的金属储备量，使磨损区的齿轮得到扩大，且磨损量应在齿轮和结构的允许范围内。

(6) 变位切削法

齿轮磨损后可利用变位切削，将大齿轮的磨损部分切去，另外配换一个新的小齿轮与大齿轮相配，齿轮传动即能恢复。大齿轮经过负变位切削后，它的齿根强度虽降低，但仍比小齿轮高，只要验算轮齿的弯曲强度在允许的范围内便可使用。

若两齿轮的中心距不能改变时，与经过负变位切削后的大齿轮相啮合的新小齿轮必须采用正变位切削。它们的变位系数大小相等，符号相反，形成高度变位，使中心距与变位前的中心距相等。

如果两传动轴的位置可调整，新的小齿轮不用变位，仍采用原来的标准齿轮。若小齿轮装在电动机轴上，可移动电动机来调整中心距。

采用变位切削法修复齿轮，必须进行如下相关方面的验算。

① 根据大齿轮的磨损程度，确定切削位置，即大齿轮切削最小的径向深度。

② 当大齿轮齿数小于40时，需验算是否会有根切现象；若大于40，一般不会发生根切，可不验算。

③ 当小齿轮齿数小于25时，需验算齿顶是否变尖；若大于25，一般很少使齿顶变尖，可不验算。

④ 必须验算轮齿齿形有无干涉现象。

⑤ 对闭式传动的大齿轮经负变位切削后，应验算轮齿表面的接触疲劳强度，而开式传动可不验算。

⑥ 当大齿轮的齿数小于40时，需验算弯曲强度；而大于或等于40时，因强度减少不大，可不验算。

变位切削法适用于大模数的齿轮传动因齿面磨损而失效，成对更换不合算，采取对大齿轮进行负变位修复而得到保留，只需配换一个新的正变位小齿轮，使传动得到恢复。它可减少材料消耗，缩短修复时间。

(7) 金属涂覆法

对于模数较小的齿轮齿面磨损，不便于用堆焊等工艺修复，可采用金属涂覆法。

这种方法的实质是在齿面上涂以金属粉或合金粉层，然后进行热处理或者机械加工，从而使零件的原来尺寸得到恢复，并获得耐磨及其他特性的覆盖层。

涂覆时所用的粉末材料，主要有铁粉、铜粉、钴粉、钼粉、镍粉、堆焊合金粉、镍-硼合金粉等，修复时根据齿轮的工作条件及性能要求选择确定。涂覆的方法主要有喷涂、压制、沉积和复合等。

此外，铸铁齿轮的轮缘或轮辐产生裂纹或断裂时，常用气焊、铸铁焊条或焊粉将裂纹处焊好；用补夹板的方法加强轮缘或轮辐；用加热的扣合件在冷却过程中产生冷缩将损坏的轮缘或轮辐锁紧。

齿轮键槽损坏，可用插、刨或钳工把原来的键槽尺寸扩大10%～15%，同时配制相应尺寸修复。如果损坏的键槽不能用上述方法修复，可转位在与旧键槽成90°的表面上重新开一个键槽，同时将旧键槽堆焊补平；若待修复齿轮的轮毂较厚，也可将轮毂孔以齿顶圆定心进行镗大，然后在镗好的孔中镶套，再切制标准键槽；但镗孔后轮毂壁厚小于5mm的齿轮不宜用此法修复。

齿轮孔径磨损后，可用镶套、镀铬、镀镍、镀铁、电刷镀、堆焊等工艺方法修复。

5.4.4 壳体零件的修理

壳体零件是机械设备的基础件之一。由它将一些轴、套、齿轮等零件组装在一起，使其保持正确的相对位置，彼此能按一定的传动关系协调地运动，构成机械设备的一个重要部件。因此壳体零件的修复对机械设备的精度、性能和寿命都有直接的影响。壳体零件的结构形状一般都比较复杂，壁薄且不均匀，内部呈腔形，在壁上既有许多精度较高的孔和平面需要加工，又有许多精度较低的坚固孔需要加工。以下以几种壳体零件为例对其修复工艺的要点进行简要介绍。

(1) 气缸体的修复

常见气缸体的使用缺陷主要有：气缸体裂纹、变形及磨损等。其修复方法主要有以下方面。

1）气缸体裂纹的修复

气缸体的裂纹一般发生在水套薄壁、进排气门垫座之间、燃烧室与气门座之间、两气缸之间、水道孔及缸盖螺钉固定孔等部位。产生裂纹的原因主要有以下几方面。

① 急剧的冷热变化形成内应力。

② 冬季忘记放水而冻裂。

③ 气门座附近局部高温产生热裂纹。

④ 装配时因过盈量过大引起裂纹。

常用的修复方法主要有焊补、粘补、栽铜螺钉填满裂纹、用螺钉把补板固定在气缸体上等。

2）气缸体和气缸盖变形的修复

变形不仅破坏了几何形状，而且使配合表面的相对位置偏差增大，例如，破坏了加工基准面的精度，破坏了主轴承座孔的同轴度、主轴承座孔与凸轮轴承孔中心线的平行度、气缸中心线与主轴承孔的垂直度等。另外还引起密封不良、漏水、漏气，甚至冲坏气缸衬垫。变形产生的原因主要有：制造过程中产生的内应力和负荷外力相互作用、使用过程中缸体过热、拆装过程中未按规定进行等。

如果气缸体和气缸盖的变形超过技术规定范围，则应根据具体情况进行修复，主要方法如下。

① 气缸体平面螺孔附近凸起，用油石或细锉修平。

② 气缸体和气缸盖平面不平，可用铣、刨、磨等加工修复，也可刮削、研磨。

③ 气缸盖翘曲，可进行加温，然后在压力机上校正或敲击校正，最好不用铣、刨、磨等加工修复。

3）气缸磨损的修复

磨损通常是由腐蚀、高温和与活塞环的摩擦造成的，主要发生在活塞环运动的区域内。磨损后会出现压缩不良、启动困难、功率下降和机油消耗量增加等现象，甚至发生缸套与活塞的非正常撞击。

气缸磨损后，可采用修理尺寸法，即用镗削和磨削的方法，将缸径扩大到某一尺寸，然后选配与气缸相符合的活塞和活塞环，恢复正确的几何形状和配合间隙。当缸径超过标准直径直至最大限度尺寸时，可用镶套法修复，也可用镀铬法修复。

4）气缸其他损伤的修复

主轴承座孔同轴度偏差较大时，需进行镗削修整，其尺寸应根据轴瓦瓦背镀层厚度确定；当同轴度偏差较小时，可用加厚的合金轴瓦进行一次镗削，弥补座孔的偏差；对于单个磨损严重的主轴承座孔，可将座孔镗大，配上钢制半圆环，用沉头螺钉固定，镗削到规定尺寸；座孔轻度磨损时，可使用刷镀方法修复，但要保证镀层与基体的结合强度和镀层厚度均匀一致，并不得超出规定的圆柱度要求。

(2) 变速箱体的修复

变速箱体可能产生的主要缺陷有：箱体变形、裂纹、轴承孔磨损等。造成这些缺陷的原因是：箱体在制造加工中出现内应力和外载荷、切削热和夹紧力；装配不好，间隙调整没按规定执行；使用过程中的超载、超速；润滑不良等。

当箱体上平面翘曲较小时，可将箱体倒置于研磨平台上进行研磨修平；若翘曲较大，应采用磨削或铣削加工来修平，此时应以孔的轴心线为基准找平，保证加工后的平面与轴心线的平行度。

当孔的中心距之间的平行度误差超差时，可用镗孔镶套的方法修复，以恢复各轴孔之间的相互位置精度。

若箱体有裂纹，应进行焊补，但要尽量减少箱体的变形和产生的白口组织。

若箱体的轴承孔磨损，可用修理尺寸法和镶套法修复。当套筒壁厚为7～8mm时，压入镶套之后应再次镗孔，直至符合规定的技术要求。此外，也可采用电镀、喷涂或刷镀等方法进行修复。

5.5 常见传动机构的装配与修理

机构是用来传递运动和力的构件系统，通常的机器设备中必然包含一个或一个以上的机构。因此，熟悉机构的装配与修理是机修钳工做好机械设备维修工作的基础。

5.5.1 带传动机构的装配与检修

带传动是由带和带轮组成传递运动或动力的传动，分摩擦传动和啮合传动两类。属于摩擦传动类的带传动主要有平带传动、V带传动和圆带传动几种，如图5-28（a）～(c）所示；属于啮合传动类的带传动有同步带传动，如图5-28（d）所示。

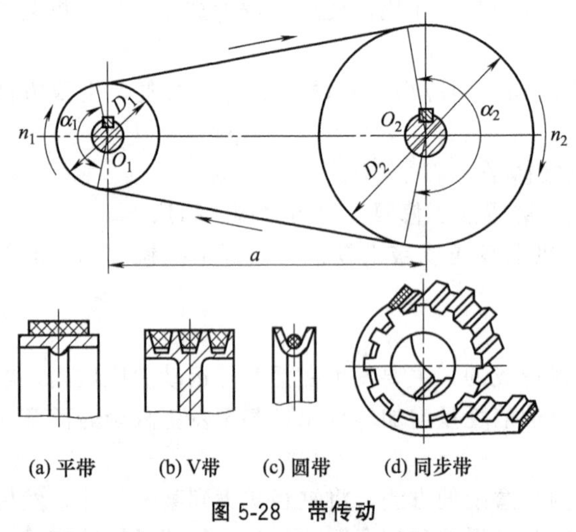

(a) 平带　(b) V带　(c) 圆带　(d) 同步带

图5-28　带传动

带传动是一种应用较广的机械传动形式，具有工作平稳、噪声小、结构简单、制造容易、过载时自动打滑能起到安全作用、能适应两轴中心距较大的传动等诸多优点，但也具有传动比不准确、传动效率低、带的寿命短等缺点。机械设备中应用最为广泛的带传动主要有V带传动和平带传动。

(1) 带传动机构的装配要求

① 表面粗糙度　带轮轮槽工作表面的表面粗糙度要适当，过细易使传动带打滑，过粗则传动带工作时易发热而加剧磨损。其表面粗糙度值一般取 $Ra3.2\mu m$，轮槽的棱边要倒圆或倒钝。

② 安装精度　带轮装在轴上后不应有歪斜和跳动，通常带轮在轴上的安装精度应不低于下述规定：带轮的径向圆跳动公差和端面圆跳动公差为0.2～0.4mm；安装后两轮槽的对称平面与带轮轴线的垂直度误差为±30′，两带轮轴线应互相平行，相应轮槽的对称平面应重合，其误差不超过±20′。

③ 包角　带在带轮上的包角α不能太小。因为当张紧力一定时，包角越大，摩擦力也越大。对V带来说，其小带轮的包角不能小于120°，否则容易打滑。

④ 张紧力　带的张紧力对其传动能力、寿命和轴向压力都有很大影响。张紧力不足，传递载荷的能力降低，效率也低，且会使小带轮急剧发热，加快带的磨损；张紧力过大则会使带的寿命降低，轴和轴承上的载荷增大，轴承发热，并加剧磨损。因此适当的张紧力是保证带传动正常工作的重要因素。

(2) 带轮的装配

带传动机构中的带轮一般是通过其自身的安装孔与轴采用过渡配合连接，同时用键或螺钉固定的，如图5-29所示。

带轮的装配可按以下方法及步骤进行。

① 装配前按轴和毂孔的键槽将键修配，除去安装面上污物并涂润滑油。

② 采用圆锥轴配合的带轮装配，只要先将键装到轴上，然后将带轮孔的键槽对准轴上的键套入，拧紧轴向固定螺钉即可。

③ 对直轴配合的带轮，装配前将键装在轴上，用木锤或螺旋压力机等工具，将带轮徐徐压到轴上，如图 5-30 所示。

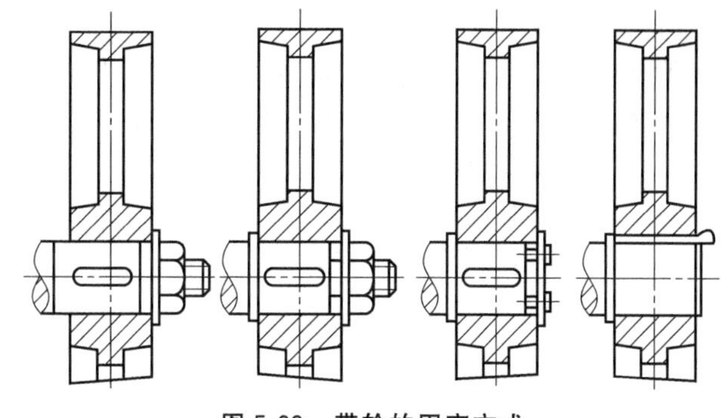

图 5-29　带轮的固定方式

④ 空转带轮，先将轴套或滚动轴承压在轮毂孔中，然后再装到轴上。

⑤ 带轮装在轴上后，应做以下两项重要检查。

首先，检查带轮在轴上安装的正确性，即用划线盘或百分表检查带轮的径向圆跳动和端面圆跳动误差是否在规定值的范围内，如图 5-31 所示。

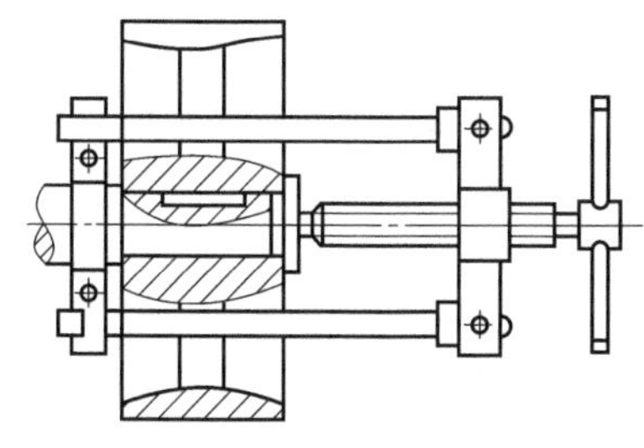

图 5-30　螺旋压入工具

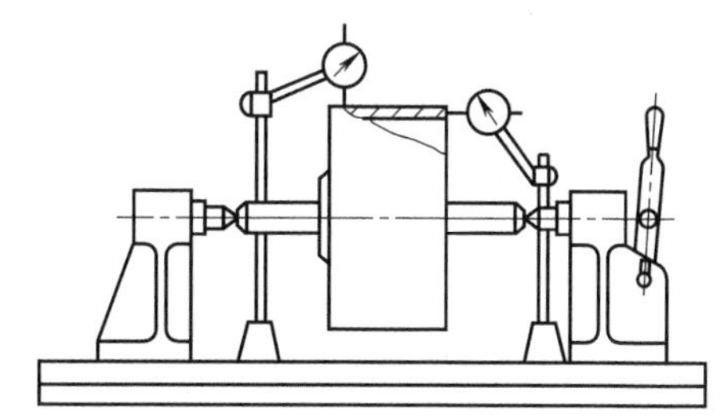

图 5-31　带轮跳动量的检查

如检验结果不合格可从以下方面进行检查和修整：轴是否弯曲或带轮安装不正；键槽修配不正确造成带轮装入后偏斜；带轮制造精度超差。

其次，检查一组带轮的相互位置正确性。具体方法是：当两轮中心距在 1000mm 以下，可以用直尺紧靠在大带轮端面上，检查小带轮端与直尺的距离 b，如图 5-32（b）所示。当两轮中心距大于 1000mm 时，用测线法来进行找正，方法是：把测线的一端系在大带轮的端面处（在Ⅰ的位置），然后拉紧测线，小心地贴住带轮的端面。当它接触到大带轮端面上的 A 点时，停止移动测线（即在Ⅱ的位置），再测量其与小带轮的距离 b，参见图 5-32（b）。

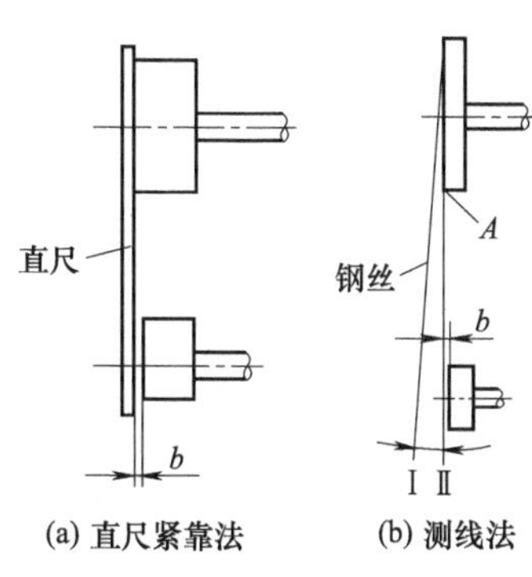

图 5-32　带轮相互位置正确性的检查

如检验结果不合格，则应调整带轮的安装位置，使之符合要求。

应该注意的是：对张紧轮和运输机的辊轮，它可以自由地在轴上转动，故又称为空转带轮，由于其轮毂中装有轴套或滚动轴承，故装配时应先将轴套或滚动轴承压在轮毂孔中，然后再按上述安装方法与步骤装到轴上。

(3) 传动带的安装

以安装 V 带为例，安装时，首先将带轮的中心距调小，然后将 V 带套在小带轮上，再转动大带轮，并用螺钉旋具将带拨入大带轮槽中（不要用带有刃口的锋利的金属工具硬性将 V 带拨入轮槽，以免损伤 V 带）。

(4) 传动带张紧力的调整

张紧力的大小是保证传动正常工作的重要因素，其张紧程度要适当，不宜过松或过紧。过松，不能保证足够的张紧力，传动时容易打滑，传动能力不能充分发挥；过紧，带的张紧力过大，传动中磨损加剧，使带的使用寿命缩短。V 带的张紧程度可通过以下方法检查。一是在中等中心距情况下，V 带安装后，可通过图 5-33（a）所示的经验法检查，若用大拇指能将带按下 15mm 左右，则表明张紧合适。

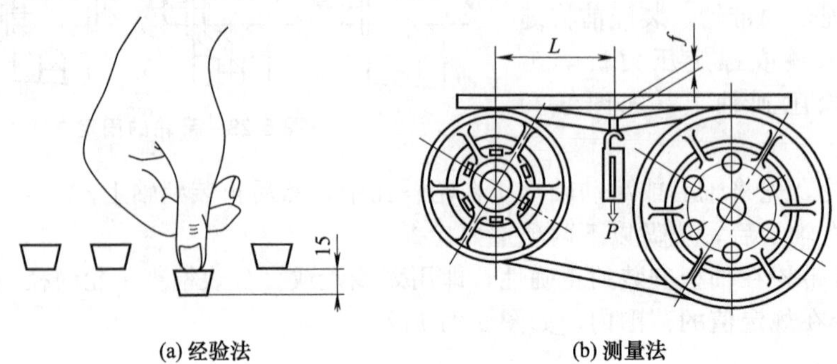

图 5-33　V 带的张紧程度

V 带的张紧程度也可用图 5-33（b）所示的张紧力测量方法进行检查。正常张紧力时的下垂量 f 可通过下式计算：

$$f=\frac{PL}{2S}$$

式中　f——下垂度，mm；

P——作用力，N；

L——测量点距轮子中心的距离，mm；

S——带的初拉力，其大小可按表 5-19 选取，N。

表 5-19　V 带的初拉力 S

型号	Y		Z		A		B		C		D		E	
小带轮直径/mm	63～80	≥80	90～120	≥120	125～180	≥180	200～250	≥250	350	≥350	500	≥500	500～800	≥800
初拉力/N	5.5	7.0	10	12	16.5	21	27.5	35	58	70	85	105	140	175

注：表中型号栏为 V 带的型号，根据国标，依据 V 带的截面尺寸，普通 V 带可为 Y、Z、A、B、C、D、E 七种型号。

安装过程中，若发现张紧力过大或过小，一般则应对其张紧装置进行调整。

(5) 带传动机构的检修

带传动机构是由带和带轮组成的传递运动或动力的传动机构。常见的损坏形式主要有：轴颈弯曲、带轮孔与轴配合松动、轮槽磨损、带拉长或断裂等问题。检查时主要应检查其以下方面，并有针对性地采取措施。

① 轴颈弯曲　检查轴颈是否弯曲，可将轴拆卸后，在车床上支顶，用百分表检查轴颈直线度，检查后，再根据轴颈弯曲情况进行矫直。

② 带轮孔与轴配合松动　检查带轮孔与轴配合是否松动，当轴承磨损间隙增大，应及时更换新的轴承；当轮孔或轴颈磨损不大时，带轮可在车床上修光修圆，再用锉刀修整键槽或在圆周方向另开新键槽。对与其相配合的轴颈可用镀铬法、喷镀法加大直径，然后磨削加工至配合尺寸；当轮孔磨损严重时，可将轮孔镗大，并压装衬套，再用骑缝螺钉固定，加工出新的键槽，然后修配轴颈至配合尺寸。

③ V带槽磨损　检查V带槽是否磨损，当其磨损后，可适当将带槽按其标准进行加深，以保证V带与轮槽两侧面接触。

④ 带拉长或破损　当带在运转一定时间后，会因带的伸长变形而产生松弛现象，可通过调节装置调整中心距，使传动带重新张紧，以保证要求的初拉力。若带长已超正常拉伸量或破损，应进行更换，更换时，应将一组带一起更换，保证带的松紧一致。

⑤ 带轮破碎　带槽出现破碎较小时，可以采用补焊方法进行修复，破碎严重或出现崩裂则应更换新轮。

5.5.2 链传动机构的装配与修理

链传动是由链条和具有特殊齿形的链轮组成的传递运动或动力的传动，是一种具有中间挠性件（链条）的啮合传动，如图5-34所示。

链传动主要用于两轴平行、中心距较远、传递功率较大且平均传动比要求准确、不宜采用带传动或齿轮传动的场合，特别适合于温度变化较大的工作环境。在轻工机械、农业机械、石油化工机械、运输起重机械及机床、汽车、摩托车和自行车等机械传动中广泛应用。

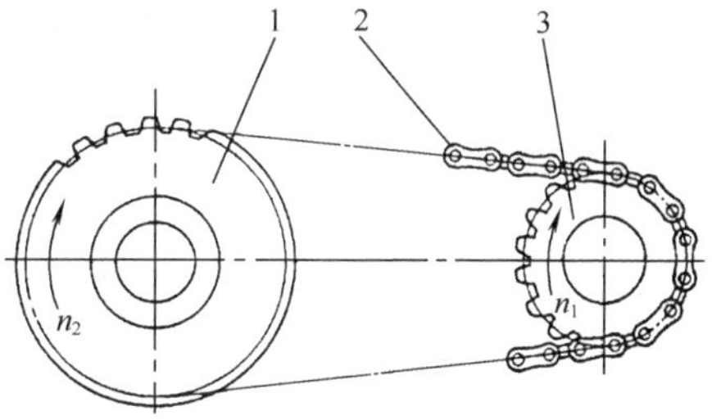

图5-34　链传动

1—从动链轮；2—链条；3—主动链轮

(1) 链传动机构的装配要求

① 两个链轮的轴线必须平行，否则会加剧链条或链轮的磨损，降低传动的平稳性，并增加噪声。

② 两个链轮之间的轴向偏移量不能太大。一般当两链轮中心距≤500mm时，轴向偏移量应在1mm以下；两带轮中心距＞500mm时，轴向偏移量应小于2mm。一般情况下，轴向偏移量可以用钢尺检查，当中心距较大时可用拉线法检查。

③ 链轮在轴上固定后，其径向圆跳动和轴向圆跳动均须符合要求。链轮的允许跳动量必须符合表5-20所列数值的要求。

表5-20　链轮允许跳动量　　mm

链轮的直径	套筒滚子链的链轮跳动量	
	径向(δ)	端面(a)
100以下	0.25	0.3
＞100～200	0.5	0.5
＞200～300	0.75	0.8
＞300～400	1.0	1.0
400以上	1.2	1.5

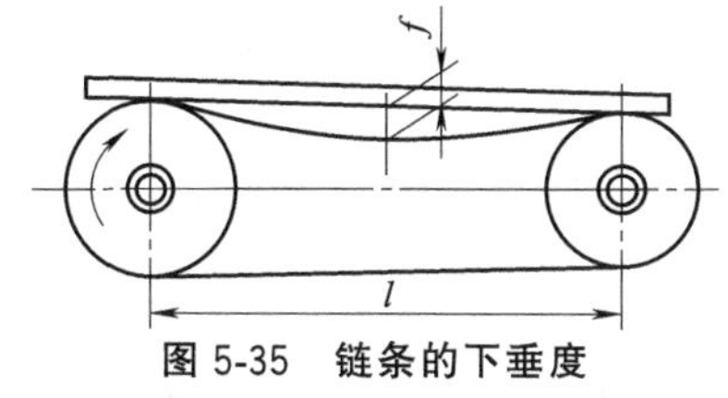

图5-35　链条的下垂度

④ 链条的下垂度要适当。过紧会增加负荷、加剧磨损；过松则容易产生振动或脱链。对于水平或倾斜45°以下的链传动，链的下垂度f不应大于$0.02l$；对于垂直传动或倾斜45°以上的链传动，链的下垂度f不应大于$0.002l$，如图5-35所示。图中f为下垂度；l为两链轮的中心距。

(2) 链传动机构的装配要点

链传动机构的装配主要包括：链轮与轴的装配、链条与链轮的装配两方面。

① 链轮与轴的装配要点　链轮在轴上固定的方法有用紧定螺钉固定和用圆锥销连接固定

两种，如图 5-36 所示。其中链轮与轴的装配方法和带轮与轴的装配方法基本类似。

② 链条的装配要点　链条的装配工作主要分为链条两端的连接和链条与链轮的装配两部分。其中：链条两端的连接主要有：开口销连接（主要适用于链节数为偶数的大节距链条）、弹簧卡片连接（适用于链节数为偶数的小节距链条）、过渡链节连接（适用于链节数为奇数的链条）。而在用弹簧卡片将活动销轴固定时，应注意使其开口端的方向与链的速度方向相反（图 5-37），不能与链的运动方向相同，否则在运转过程中易因受到碰撞而使开口销脱落。

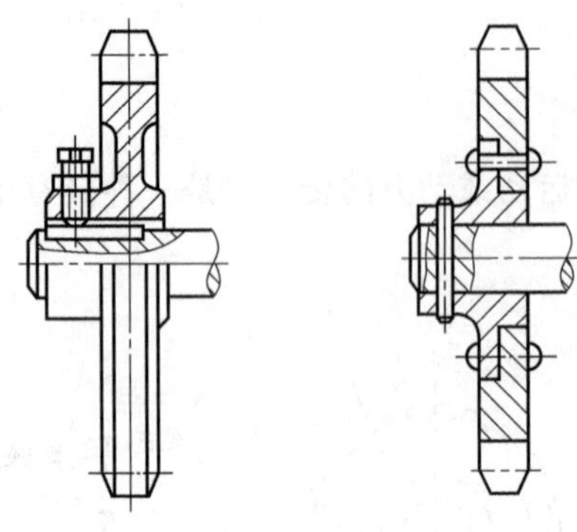

图 5-36　链轮的固定方式

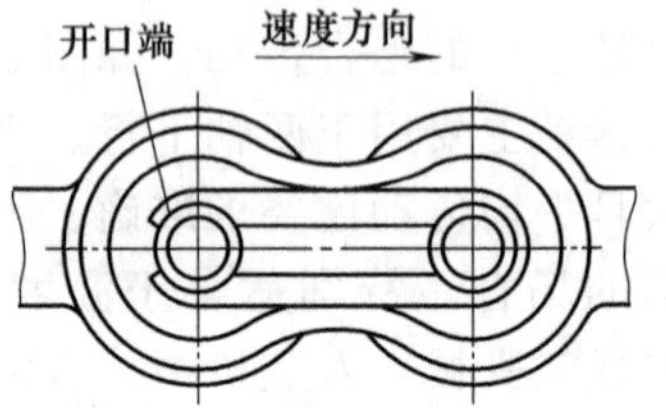

图 5-37　弹簧卡片安装方向

在链条与链轮装配时，如两轴中心距可调且链轮在轴端时，可以预先接好，再装到链轮上去。如结构不允许，则必须先将链条套在链轮上再进行连接。此时须采用专用的拉紧工具。用于套筒滚子链的拉紧工具如图 5-38（a）所示。对于齿形链条必须先套在链轮上，再用拉紧工具拉紧后进行连接，用于齿形链的拉紧工具如图 5-38（b）所示。

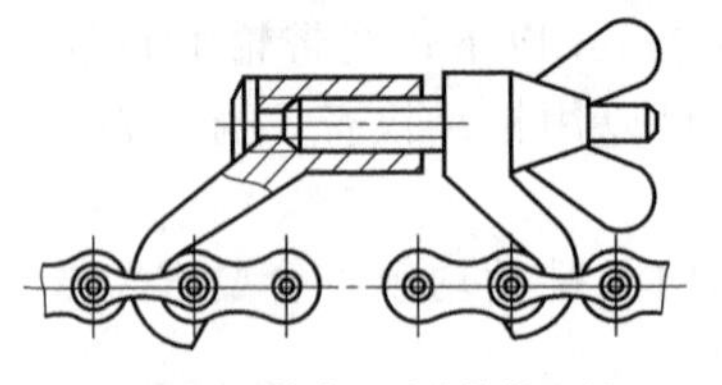

(a) 用于套筒滚子链的拉紧工具

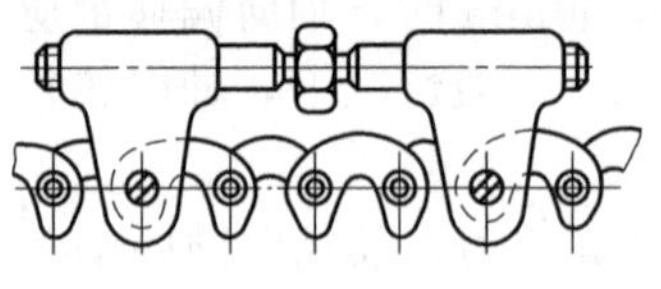

(b) 用于齿形链的拉紧工具

图 5-38　拉紧链条的工具

（3）链传动机构的修理

链传动机构常见的损坏现象有链使用后被拉长、链和链轮磨损、断裂等。通常的修理方法如下。

① 链使用后被拉长　链条经过一定时间的使用，会被拉长而下垂，产生抖动和掉链现象，必须予以消除。如果链轮中心距可调节，应首先调节中心距，使链条拉紧；链轮中心距不可调时，可以采取装张紧轮，使链条拉紧，也可以卸掉一个（或几个）链节来达到拉紧的目的。

② 链和链轮磨损　链传动中，链轮的牙齿逐渐磨损，节距增加，使链条磨损加快，当磨损严重时一般采用更换新件的方式解决。

③ 链环断裂　在链传动中，发现个别链环断裂，则采用更换个别链节的方法解决。

5.5.3　齿轮传动机构的装配与修理

齿轮传动是利用齿轮副（齿轮副是由两个相互啮合的齿轮组成的基本机构，两齿轮轴线相对位置不变，并各绕其自身轴线转动）来传递运动或动力的一种机械传动，如图 5-39 所示。

齿轮传动是现代机械中应用最广的一种机械传动形式。在工程机械、矿山机械、冶金机械、各种机床及仪器、仪表工业中被广泛地用来传递运动和动力。其具有：能保证一定的瞬时传动比、传动准确可靠、传递功率和速度范围大、传递效率高、使用寿命长、结构紧凑、体积小等一系列优点，但齿轮传动也具有：传动噪声大、传动平稳性比带传动差、不能进行大距离传动、制造装配复杂等缺点。

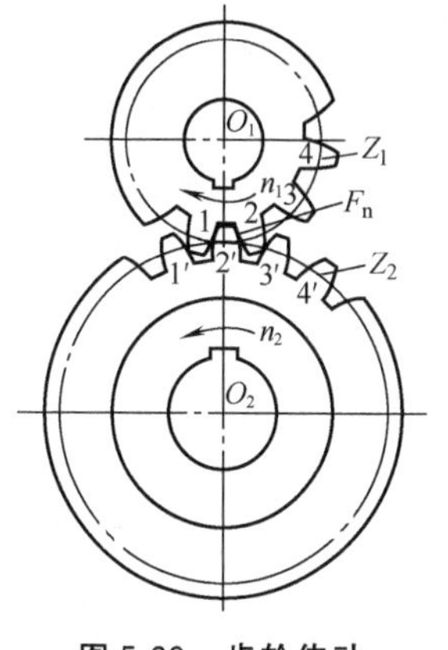

图 5-39 齿轮传动

(1) 齿轮传动机构的装配要求

① 配合 齿轮孔与轴的配合要满足使用要求。例如，对固定连接齿轮不得有偏心和歪斜现象；对滑移齿轮在轴上滑动自如，不应有咬死和阻滞现象，且轴向定位准确；对空套在轴上的齿轮，不得有晃动现象。

② 中心距和侧隙 保证齿轮副有准确的中心距和适当的侧隙。侧隙过小则齿轮传动不灵活，热胀时会卡齿，从而加剧齿面磨损；侧隙过大，换向时空行程大，易产生冲击和振动。

③ 齿面接触精度 保证齿面有一定的接触斑点和正确的接触位置，这两者是相互联系的，接触斑点不正确同时也反映了两啮合齿轮的相互位置误差。

④ 齿轮定位 变换机构应保证齿轮准确地定位，其错位量不得超过规定值。

⑤ 平衡 对转速较高的大齿，一般应在装配到轴上后再做动平衡检查，以免振动过大。

(2) 圆柱齿轮传动机构装配要点

齿轮传动机构的装配，一般可分为齿轮与轴的装配；齿轮轴组件的装配；啮合质量检查三个部分。在进行各部分的装配前，应做好以下检查工作：首先检查齿轮表面质量、齿轮表面毛刺是否去除干净，倒角是否良好；然后测量齿轮内孔与轴的配合是否适当；再检查键与键槽的配合是否符合要求。装配完成后，可用涂色法检查齿轮的啮合情况。检查时转动主动轮，被动轮加载使其轻微制动。双向工作的齿轮正反向都应进行检查。各部分的装配要点主要有以下方面。

1）齿轮与轴的装配

齿轮在轴上有空转、滑移和固定连接 3 种装配方法。图 5-40 所示为常见的几种齿轮与轴的连接方式。在轴上空转或滑移的齿轮与轴的配合为间隙配合，即齿轮孔与轴的装配是间隙配合。应该注意的是：对图 5-40（g）所示的齿轮与轴为锥面配合，并采用半圆键连接装配时，装配前，应用涂色法检查内外锥面的接触情况，贴合不良的应对齿轮内孔进行修正，装配后，轴端与齿轮端面应有一定的间隙。

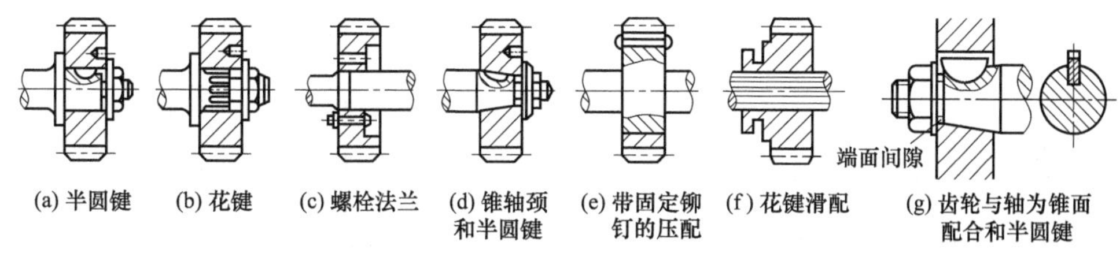

图 5-40 齿轮在轴上的装配方式

对齿轮与轴间隙配合的装配，可直接将齿轮套入轴，但装配后齿轮在轴上不得有晃动现象。在轴上固定的齿轮，通常齿轮与轴有少量的过盈配合（多数为过渡配合），装配时需要施加一定的外力。若过盈量不大时，可用手工工具敲击压紧；若过盈量较大时，可用压力机压装。压装时，要避免齿轮歪斜和产生变形。

圆柱齿轮装在轴上后，易产生齿轮偏心、歪斜或端面未贴紧轴肩等误差。因此精度要求高的齿轮传动机构，装配后要检查其径向圆跳动和端面圆跳动。

检查径向圆跳动误差的方法如图 5-41 所示。将齿轮轴支持在 V 形架或两顶尖上，使轴和平板平行，把圆柱规放在齿轮的轮齿间，将百分表的测头抵在圆柱规上，从百分表上得出一个读数。然后转动齿轮，每隔 3～4 个轮齿重复进行一次检查，百分表的最大读数与最小读数之差，就是齿轮分度圆上的径向圆跳动误差。

检查端面圆跳动误差的方法如图 5-42 所示。用顶尖将轴顶在中间，使百分表的测头抵在齿轮端面上，在齿轮轴旋转一周范围内，百分表的最大读数与最小读数之差即为齿轮的端面圆跳动误差。

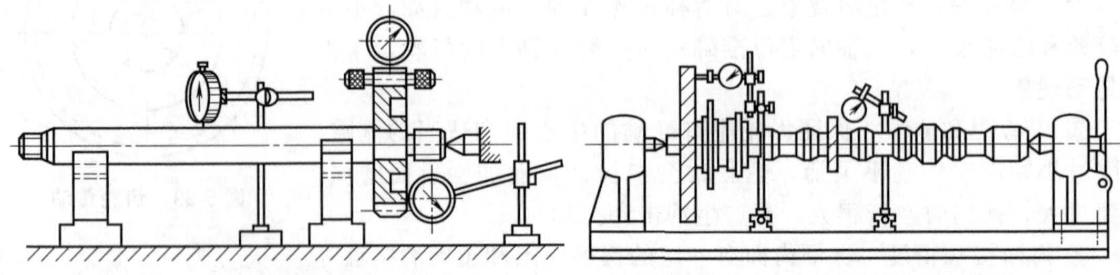

图 5-41　齿轮径向圆跳动误差的检查　　图 5-42　齿轮端面圆跳动误差的检查

2）齿轮轴组件的装配

齿轮轴组件装入箱体应根据轴在箱体内的结构特点来选择合适的装配方式。为了保证装配质量，还应在齿轮轴部件装入箱体之前，对箱体的有关部位进行复核检验，作为装配时修配和选配的依据。其检验内容主要有以下几个方面。

① 同轴孔的同轴度误差的检验　在成批生产中，可在各个孔中装入专用定位套，然后用通用检验芯棒检验，若芯棒能自由地推入几个同轴孔中，表示孔的同轴度误差在规定范围内。若要求测量出同轴度的偏差值，则应拆除待测孔的定位套，并把百分表装在芯棒上。转动芯棒，通过百分表的指针摆动范围即可测出同轴度的偏差值，如图 5-43 所示。

② 孔距精度和孔系相互位置精度的检验　根据箱体上各测量孔所处位置的不同，孔距精度和孔系相互位置精度的检验可分以下几种情况进行测量。

如图 5-44 所示为游标卡尺、专用轴套、检验芯棒测量孔距和孔系轴线平行度的检验方法。由图中可知：

孔距　$A=(L_1+L_2)/2-(d_1+d_2)/2$

平行度偏差　$\Delta=L_1-L_2$

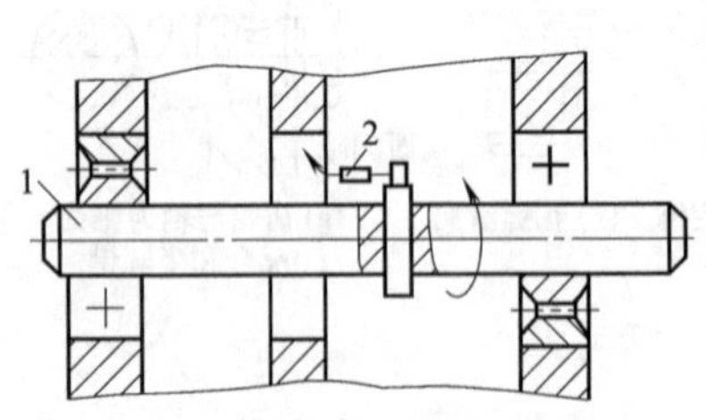

图 5-43　同轴线孔的同轴度检验

1—芯棒；2—百分表

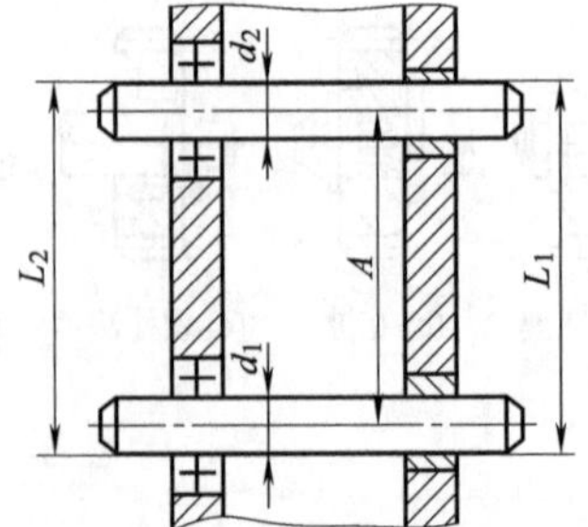

图 5-44　孔距精度及轴线平行度检验

如图 5-45（a）所示为两个孔的轴线垂直度的检验，即在同一平面内垂直相交的两个孔的垂直度检验方法。测量时，将百分表装在检验芯棒 1 上，为防止芯棒轴向窜动，芯棒上应有定位套。旋转芯棒 1，在 180°的两个位置上百分表的读数差值就是两个孔在 L 长度内的垂直度误差值。

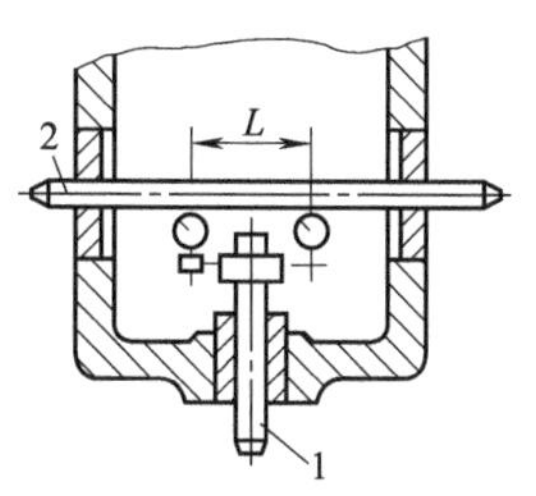

(a) 在同一平面内的两垂直孔的轴线垂直度检验

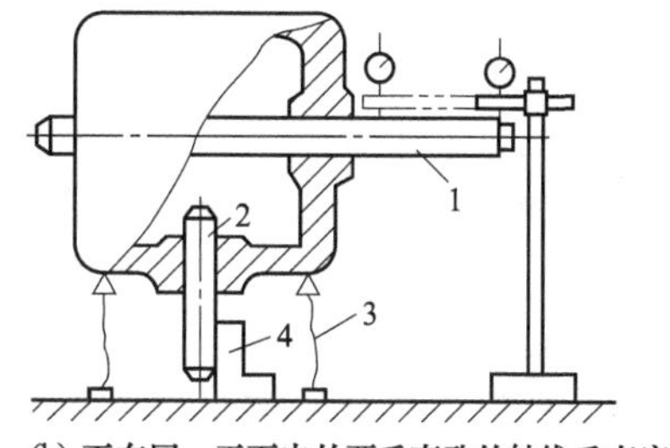

(b) 不在同一平面内的两垂直孔的轴线垂直度检验

图 5-45　相互垂直的两孔垂直度的测量

如图 5-45（b）所示为不在同一平面内的两个垂直孔的轴线垂直度检验方法。箱体用千斤顶 3 支承在平板上，用角尺 4 找正芯棒 2 垂直。测量芯棒 1 与平板的平行度，即可得出两个孔轴线的垂直度误差。

③ 轴线与基面的尺寸精度和平行度的测量　将箱体基面用等高块支承在平板上，孔内装入专用定位套。插入检验芯棒，用高度游标卡尺（或量块与百分表）测量心棒两端尺寸 h_1 和 h_2，其轴线与基面的距离为 h，如图 5-46 所示。

由图中可知：$h=(h_1+h_2)/2-d_1/2-a$；平行度偏差：$A=h_1-h_2$。

④ 轴线和孔端面的垂直度测量　将芯棒插入装有专用定位套的孔中。轴的一端用角铁抵住，使轴不能轴向窜动。转动芯棒一周，百分表指针摆动的范围即为孔端面与轴线之间的垂直度误差，如图 5-47 所示。

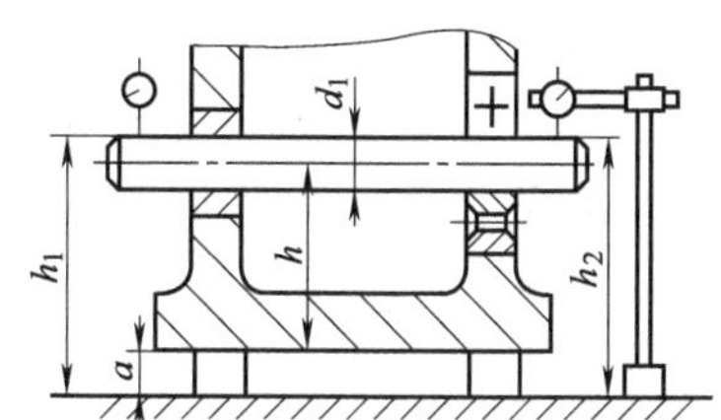

图 5-46　轴线与基面尺寸精度和平行度误差测量

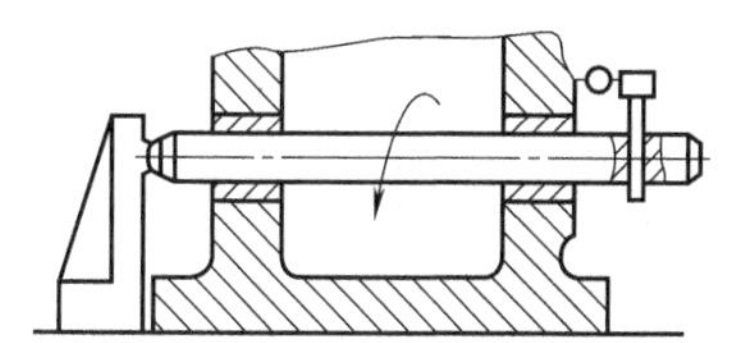

图 5-47　轴线与孔端面的垂直度测量

3）啮合质量检查

齿轮装配后，应对齿轮副的啮合质量进行检查，啮合质量包括：啮合部位及接触面积、啮合齿隙。其检查方法如下。

① 用涂色法检查啮合部位及接触面积　检查时，转动主动轮，从动轮轻微制动。对双向工作的齿轮副，正反都应检查。

齿轮上接触印痕的面积，应该在齿轮高度上接触斑点不少于 30%～60%，在齿轮宽度上不少于 40%～70%（随齿轮精度而定），分布的位置应是自节圆处上、下对称分布。通过印痕在齿面上的位置，可以判断误差的原因。如表 5-21 所示给出了圆柱齿轮啮合后接触斑点产生偏向的原因及调整的方法。

表 5-21　圆柱齿轮啮合后接触斑点产生偏向的原因及调整方法

接触斑点	原因分析	调整方法
正常接触	—	—
同向偏接触	两齿轮轴线不平行	可在中心距公差范围内，刮削轴瓦或调整轴承座

续表

接触斑点	原因分析	调整方法
导向偏接触	两齿轮轴线歪斜	可在中心距公差范围内，刮削轴瓦或调整轴承座
单向偏接触	两齿轮轴线不平行同时歪斜	
游离接触，在整个齿圈上接触区由一边逐渐移至另一边	齿轮端面与回转中心线不垂直	检查并校正齿轮端面与回转中心线的垂直度误差
不规则接触（有时齿面一个点接触，有时在端面边线上接触）	齿面有毛刺或有碰伤隆起	去除毛刺，修整
接触较好，但不太规则	齿圈径向圆跳动太大	检验并消除齿圈的径向圆跳动误差

② 用压丝法或百分表检查法测量啮合齿间隙　在齿面沿齿宽两端平行放置两条铅丝，宽齿放置3～4条铅丝，直径不超过最小侧隙的4倍，转动齿轮，测量铅丝最薄处的尺寸，即为侧隙，将百分表测头与一齿轮的齿面接触，另一齿轮固定。将接触百分表测头的齿轮转动，分别接触固定齿两齿面，百分表的读数差值即为侧隙。

在齿轮沿齿长两端并垂直于齿长方向，放置两条熔断丝，宽齿放3～4条，熔断丝的直径不得大于齿轮副规定的最小极限侧隙的4倍。经滚动齿轮挤压后，测量熔断丝最薄处的厚度，即为齿轮副的侧隙，如图5-48（a）所示；对于传动精度要求高的齿轮副，可用百分表检查。检验时将一个齿轮固定，在另一个齿轮1上装上夹紧杆2，然后倒顺转动与百分表3测头相接触的齿轮，得到表针摆动的读数 c。根据装夹紧杆齿轮的分度圆半径 R 及测量点的中心距 L，可求出侧隙 j_n，$j_n=cR/L$，如图5-48（b）所示。如果被测齿轮为斜齿或人字齿时，其法面侧隙 j_n 按下式计算：

$$j_n=j_k\cos\beta\cos Z_n$$

式中　j_n——法面侧隙，mm；

j_k——端面侧隙，mm；

β——螺旋角，(°)；

Z_n——法面压力角，(°)。

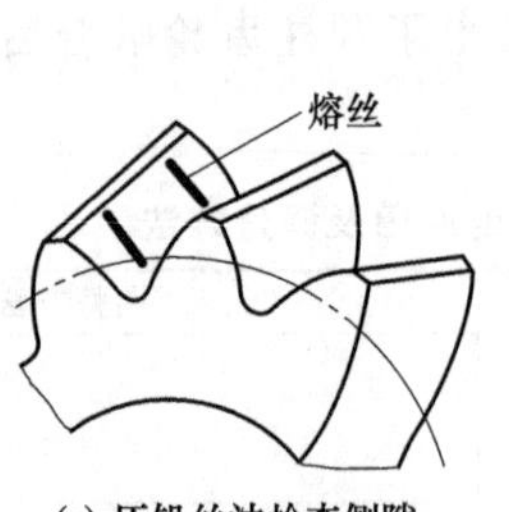

(a) 压铅丝法检查侧隙

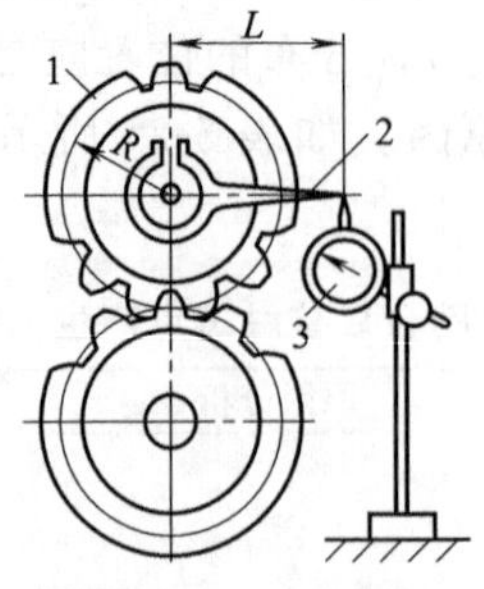

(b) 用百分表法检查侧隙1

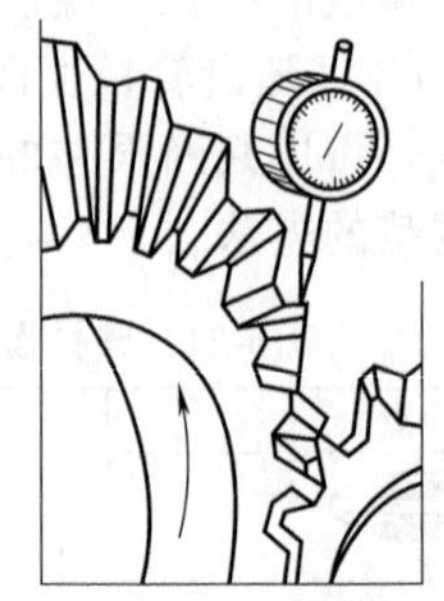
(c) 用百分表法检查侧隙2

图5-48　侧隙的检查

1—齿轮；2—夹紧杆；3—百分表

另外，也可将百分表的测头直接抵在未固定的齿轮轮齿面上，将可动齿轮从一侧啮合迅速转到另一侧啮合，百分表上的读数差值即为齿轮副的侧隙值，如图 5-48（c）所示。

侧隙的大小与中心距偏差有关，圆柱齿轮传动的中心距一般由加工来保证。由滑动轴承支承时，可以刮削轴瓦来调整侧隙的大小。

(3) 圆锥齿轮传动机构装配要点

装配直齿锥齿轮传动机构的顺序与装配圆柱齿轮相似，但还应注意以下装配要点。

① 装配前应对箱体孔的加工精度进行测量。因为圆锥齿轮属于相交轴线之间的传动，因此，箱体孔的测量属于同一平面内垂直相交的两个孔垂直度的测量，测量方法与安装圆柱齿轮箱体上的相互垂直两孔垂直度的测量方法相同，如图 5-45 所示。

② 应保证两个节锥的顶点重合在一起。当一对锥齿轮啮合传动时，必须使两锥齿轮分度圆锥相切，两锥顶重合。装配时以此来确定小齿轮的轴向位置，或者说这个位置是以"安全距离"x［小齿轮基准面 A 至大齿轮轴线的距离，如图 5-49（a）所示］来确定的。若小齿轮轴与大齿轮轴不相交时，小齿轮的轴向定位，同样也以"安全距离"为依据，用专用量规测量［图 5-49（b）］。若大齿轮尚未装好，那么可用工艺轴来代替，再按侧隙要求决定大齿轮的轴向位置。

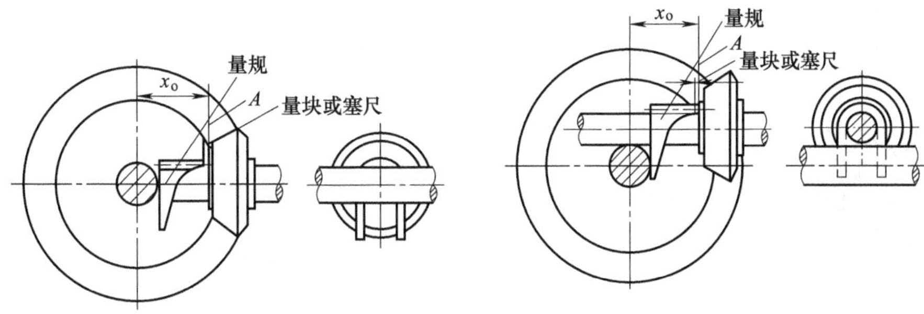

(a) 小齿轮安全距离的测量　　(b) 小齿轮偏置时安全距离的测量

图 5-49　小齿轮的轴向定位

用背锥作基准的锥齿轮，装配时将背锥面对成平齐，用来保证齿轮间正确的装配位置。也可使两齿轮沿各自的轴线方向移动，一直到其从假想锥顶重合为止。在轴向位置调整好后，通常用调整垫圈厚度的方法，将齿轮的位置固定，参见图 5-50。

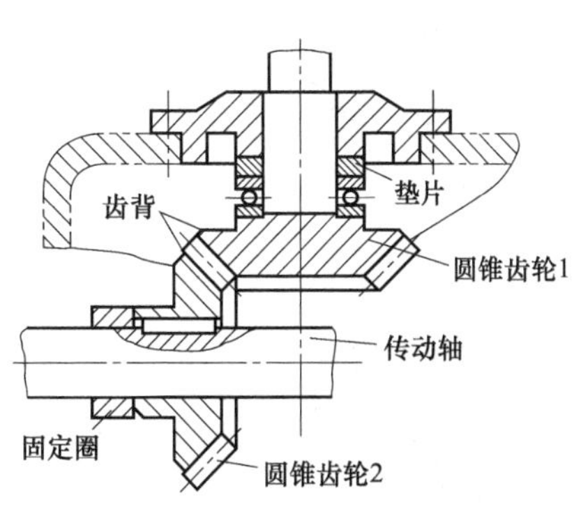

图 5-50　圆锥齿轮传动机构的装配调整

③ 装配后的圆锥齿轮传动机构仍必须进行精度检验，其检验项目为侧隙检验、啮合精度检验和跑合试车。

锥齿轮侧隙的检验：锥齿轮侧隙的检验方法与圆柱齿轮基本相同，也可用百分表测定。测定时，齿轮副按规定位置装好，固定其中一个齿轮，测量非工作齿面间的最短距离（以齿宽中点处计量），即为法向侧隙值。直齿锥齿轮的法向侧隙 j_n 与齿轮轴向调整量 x（图 5-51）的近似关系为

$$j_n = 2x\sin\alpha\sin\delta$$

式中　α——齿形角，(°)；

δ——节锥角，(°)；

x——齿轮的轴向调整量，mm。

由此可推出齿轮轴向调整量 $x=j_n/2\sin\alpha\sin\delta$。

圆锥齿轮啮合的检验。圆锥齿轮啮合的检验通常采用涂色法进行。直齿锥齿轮接触斑点位置，在无或轻负荷时，应在齿宽的中部稍偏小端，目的是防止齿轮重载时，接触斑点移向大端，使大端应力集中，造成齿轮过早磨损，如图 5-52 所示。

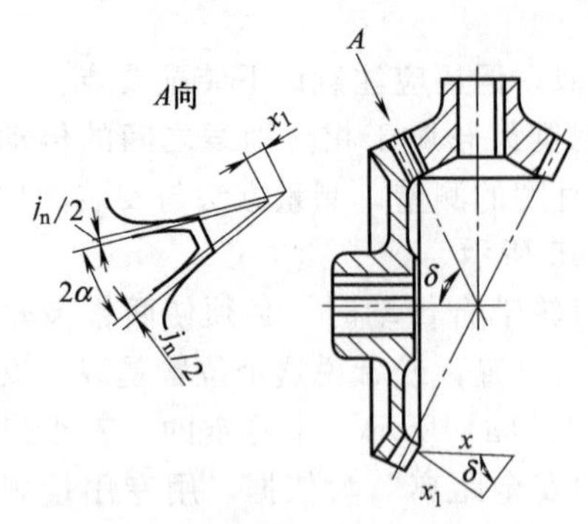

图 5-51　直齿锥齿轮轴向调整量与侧隙的近似关系

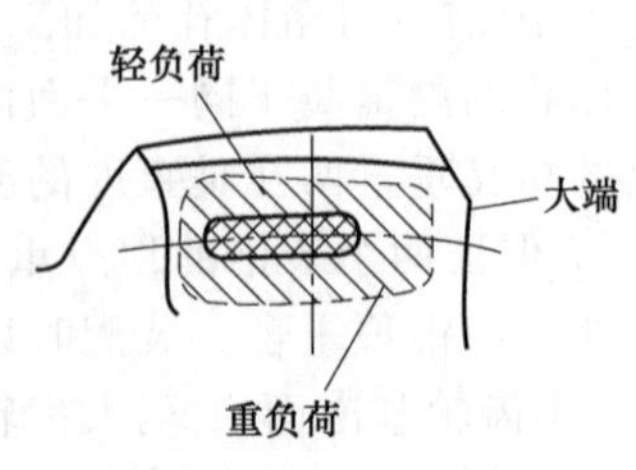

图 5-52　直齿锥齿轮接触斑点位置

如表 5-22 所示给出了锥齿轮啮合后接触斑点不合理的原因及调整的方法。

表 5-22　锥齿轮啮合后接触斑点不合理的原因及调整的方法

接触斑点	齿轮种类	现象及原因	调整方法
正常接触（中部偏小端接触）	直齿及其他锥齿轮	在轻微负荷下，接触区在齿宽中部，略宽于齿宽的一半，稍近于小端，在小齿轮齿面上较高，大齿轮上较低但都不到齿顶	—
低接触　高接触 高低接触	直齿锥齿轮	小齿轮接触区太高，大齿轮太低，由于小齿轮轴向定位有误差	小齿轮沿轴向移出，如侧隙过大，可将大齿轮沿轴向移动
		小齿轮接触太低，大齿轮太高，由于小齿轮轴向定位有误差	小齿轮沿轴向移进，如侧隙过小，则将大齿轮沿轴向移出
		在同一齿的一侧接触区高，另一侧低，如小齿轮定位正确且侧隙正常，则为加工不良所致	装配无法调整，需调换零件。若只做单向传动，可将大齿轮沿轴向移动，但需考虑另一齿侧的接触情况
小端接触 同向偏接触		两齿轮的齿两侧同在小端接触，由于轴线交角太大	应检查零件加工误差，必要时修刮轴瓦或修理箱体
		同在大端接触，由于轴线交角太小	
大端接触 小端接触 异向偏接触		大小齿轮在齿的一侧接触于大端，另一侧接触于小端。由于两轴心线有偏移	应检查零件加工误差，必要时修刮轴瓦或修理箱体

跑合试车：圆锥齿轮传动要求接触精度较高，噪声较小。若加工后达不到接触精度要求时，可在装配后进行跑合。因为跑合可以消除加工或热处理后的变形，能进一步提高齿轮的接触精度和减少噪声。对于高转速重载荷的齿轮传动副，跑合就显得更为重要。跑合方法有加载跑合和电火花跑合两种。

加载跑合是在齿轮副的输出轴上加一力矩，使齿轮接触表面相互磨合（需要时加磨料），以增大接触面积，改善啮合质量。用这种方法跑合需要较长的时间。

电火花跑合时在接触区域内通过脉冲放电，把先接触的部分金属去掉，使后接触面积扩大，达到要求的接触精度。但要注意，无论是用哪一种方法跑合，跑合合格后，应将箱体进行彻底清洗，以防磨料、铁屑等杂质残留在轴承等处。对于个别齿轮传动副，若跑合时间太长，还需进一步重新调整间隙。

(4) 齿轮的修理

齿轮传动的失效形式主要有：轮齿折断、齿面点蚀、胶合、磨损、轮齿折断及塑性变形。对于因磨损或其他故障而失效的齿轮可根据其损坏情况按本章“5.2.2 典型零件修复、更换方式的确定”确定更换或修复，其中具体的修复方法按本章“5.4.3 齿轮的修理”进行。

5.5.4 蜗轮蜗杆传动机构的装配与修理

蜗轮蜗杆传动机构是用来传递空间交错轴之间的运动和动力的机构，一般情况下，交错轴间的交角为 90°，如图 5-53 所示。

蜗杆传动机构常用于转速需要急剧降低的场合，其具有传动比大、传动平稳、噪声小、结构紧凑、有自锁功能等优点，但其效率低、发热量大、需要良好的润滑。

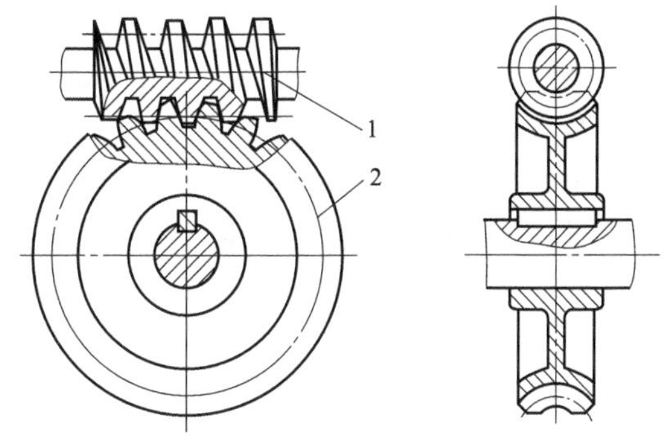

图 5-53 蜗杆传动

1—蜗杆；2—蜗轮

(1) 蜗杆传动机构的装配要求

通常的蜗杆传动机构是以蜗杆为主动件，蜗轮为从动件，一般情况下，蜗杆轴心线与蜗轮轴心线在空间交错的轴间交角为 90°，装配时符合以下技术要求。

① 蜗杆轴心线与蜗轮轴心线必须相互垂直，且蜗杆轴心线应在蜗轮轮齿的对称平面内。

② 蜗轮与蜗杆之间的中心距要正确，以保证有适当的啮合侧隙和正确的接触斑点。

③ 蜗杆传动机构工作时应转动灵活。蜗轮在任意位置时旋转蜗杆手感应相同，无卡滞现象。

(2) 蜗杆传动机构的装配要点

蜗杆传动机构的装配步骤与圆柱齿轮机构基本相同。根据蜗杆传动机构的工作特点，主要应在完成蜗轮蜗杆箱体孔的中心距和轴线之间垂直度的检查后，再进行后续的装配操作。装配过程中，还应注意以下装配要点。

① 蜗杆箱体孔中心距的检查　测量检查时，可先将蜗杆箱体用 3 个千斤顶支承在平板上，检验芯棒 1 和芯棒 2 分别插入箱体的蜗轮轴和蜗杆轴的孔中，如图 5-54 (a) 所示。再调整千斤顶使任一芯棒与平板平面平行，然后再分别测量两个芯棒与平板平面的距离，即可计算出其中心距 a。应该指出，当一个芯棒与平板平面平行时，另一个芯棒不一定平行于平板平面。这时应测量芯轴的两端到平板平面的距离，取其平均值作为该芯轴到平板平面的距离。

② 蜗杆箱体孔轴心线之间垂直度的检查　蜗杆箱体轴心线之间垂直度的测量方法如图

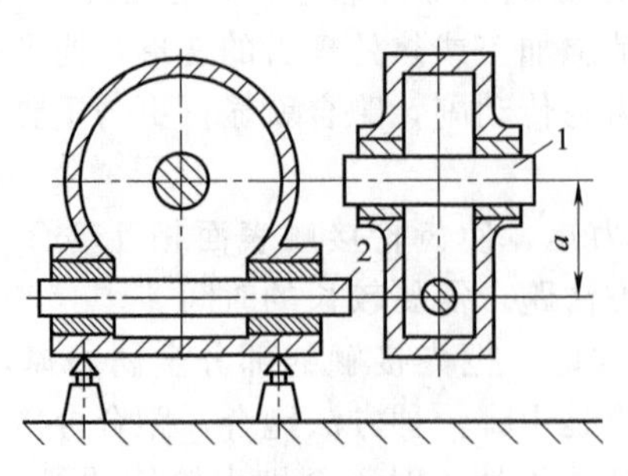

(a) 检验中心距

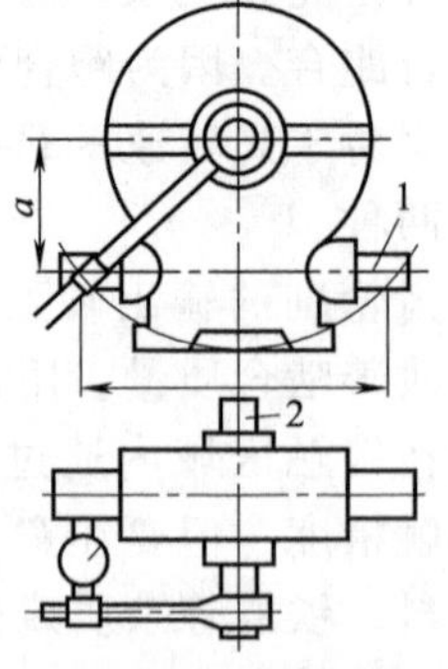

(b) 检验轴心线垂直度

图 5-54　蜗杆箱体加工精度的检查

1，2—芯棒

5-54（b)所示。即：在芯棒 2 的一端套一个百分表，用螺钉固定。旋转芯棒 2，根据百分表测量头在芯棒 1 两端的读数差，可以换算出轴线的垂直度误差值，也可按图 5-54（b）的方法测量轴心线的垂直度误差值。若检验结果为另一芯轴对平板平面的平行度和两轴线的垂直度超差，则可在保证中心距误差的范围内，用刮削轴瓦或底座平面的方法予以调整。若超差太大无法调整，一般应予以报废。在成本分析有利的情况下，也可以采用扩孔、胶接套圈等补救办法予以修复。

③ 蜗杆传动机构的装配顺序　装配蜗杆传动机构过程中，通常可按以下顺序进行：对组合式蜗轮应先将齿圈压装在轮毂上，方法与过盈配合装配相同，并用螺钉加以固定；再将蜗轮装在轴上，其安装与检验方法和圆柱齿轮相同；最后把蜗轮轴装入箱体，然后再装入蜗杆，因为蜗杆轴的位置已由箱体孔决定，要使蜗杆轴线位于蜗轮的对称中心平面内，只能通过改变调整垫片厚度的方法调整蜗轮的轴向位置；装配完成后，应检查接触斑点和侧隙，若不合适应进行调整。

④ 蜗杆传动机构啮合质量的检查　一般说来，在轻负荷的条件下，蜗轮齿面接触斑点为齿长的 25%～50%。不符合要求时应适当调整蜗杆座的径向位置。各精度等级蜗杆传动接触斑点的要求如表 5-23 所示。

表 5-23　蜗杆传动接触斑点的要求

精度等级	接触面积的百分比/%		接触形状	接触位置
	沿齿高不小于	沿齿长不小于		
1、2	75	70	接触斑点在齿高无断缺，不允许成带状条纹	接触斑点痕迹的分布位置趋近齿面中部，允许略偏于啮入端。在齿顶和啮入、啮出端的棱边处不允许接触
3、4	70	65		
5、6	65	60		
7、8	55	50	不做要求	接触斑点痕迹应偏于啮出端，但不允许在齿顶和啮入、啮出端的棱边接触
9、10	45	40		
11、12	30	30		

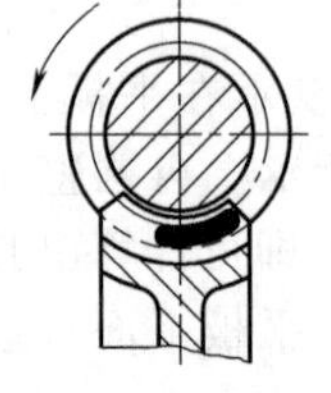

(a) 正确

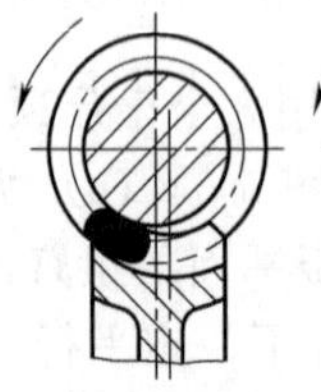

(b) 蜗轮偏左

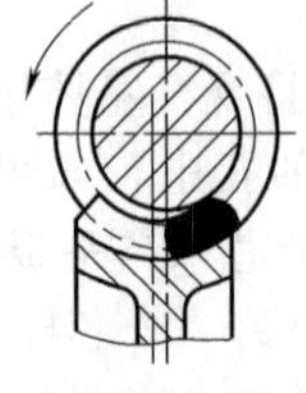

(c) 蜗轮偏右

图 5-55　蜗轮齿面上的接触斑点

在蜗杆传动机构装配完成后，可用涂色法来检查其啮合质量。检查时，可将红丹粉涂在蜗杆螺旋面上，给蜗轮加以轻微的阻尼，转动蜗杆，根据蜗轮齿上的痕迹来判断啮合质量。正确的接触斑点位置应在中部稍偏蜗杆旋出方向［图 5-55（a)］。对于图 5-55（b)、(c）所示的为蜗杆副两轴线不在同一平面内的情况，一般蜗杆位置已固定，则应调整蜗

轮的轴向位置，使其达到正确位置。

如表 5-24 所示给出了蜗轮啮合后接触斑点不合理的原因及调整的方法。

表 5-24　蜗轮啮合后接触斑点不合理的原因及调整的方法

接触斑点	现象及原因	调整方法
齿面对角接触	蜗杆副在承受载荷时，出现左右齿面对角接触。说明中心距大或蜗杆轴线歪斜	调整蜗杆座位置（缩小中心距）或调整（修整）蜗杆基面
齿面中间接触	蜗杆副在承受载荷时，出现中心或下端接触。说明中心距小	向上调整蜗杆座位置，增大中心距，以达到正常接触
齿面下端接触		
齿面上端接触	蜗杆副在承受载荷时，如果出现上端接触。说明中心距大	向下调整蜗杆座，以达到正常接触
齿面带状接触	蜗杆副在承受载荷时，如果出现带状接触。表明蜗杆径向跳动及加工误差过大	调换蜗杆轴承（或刮轴瓦），以及调换蜗轮或采取跑合的方法
齿面齿顶接触	蜗杆副在承受载荷时，如果出现齿顶或齿根接触。是因为蜗杆与终加工刀具齿形不一致造成的	调换蜗杆或蜗轮，或在中心距有充分保证的情况下重新加工
齿面齿根接触		

⑤ 蜗杆传动机构侧隙的检查　蜗杆传动机构的侧隙用铅丝或塞尺测量都很困难。一般对不重要的蜗杆副，仅凭经验，用手转动蜗杆，根据空程角的大小判断侧隙大小。对运动精度要求高的蜗杆副，要用百分表测量，如图 5-56（a）所示。在蜗杆轴上固定一带万能角度尺的刻度盘 2，百分表的测头抵在蜗轮齿面上，用手转动蜗杆，在百分表指针不动的条件下，用刻度盘相对固定指针 1 的最大转角（空程角）来判断侧隙的大小。空程角与侧隙有以下近似关系（蜗杆升角影响忽略不计）：

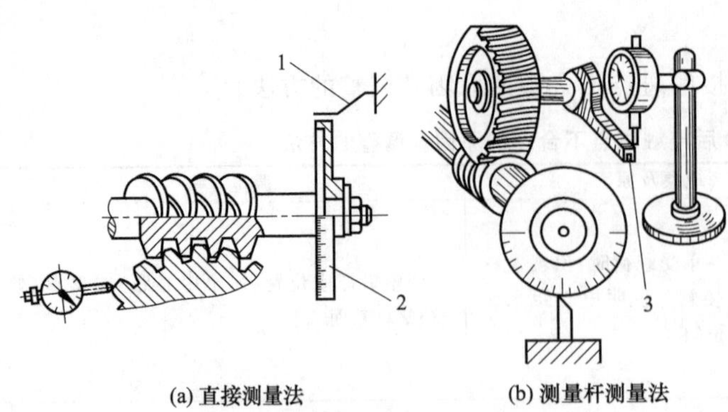

(a) 直接测量法　　(b) 测量杆测量法

图 5-56　蜗杆传动机构侧隙的检验

1—固定指针；2—刻度盘；3—测量杆

$$\alpha=C_n\frac{360^\circ\times60}{1000\pi Z_1 m}=6.8\frac{C_n}{Z_1 m}$$

式中　α——空程角，（′）；

Z_1——蜗杆头数；

m——模数，mm；

C_n——侧隙，μm。

如用百分表直接与蜗轮接触有困难时，可在蜗轮轴上装一测量杆3，如图 5-56（b）所示。

(3) 蜗轮蜗杆传动机构的修理

蜗杆传动的失效形式与齿轮传动相同，其中尤以胶合和磨损更易发生。由于蜗杆传动相对滑动速度大、效率低，并且蜗杆齿是连续的螺旋线，材料强度高，所以失效总是出现在蜗轮上。在闭式传动中，蜗轮多因齿面胶合或点蚀失效；在开式传动中，蜗轮多因齿面磨损和轮齿折断而失效。常见蜗轮蜗杆副的修理方法主要如下。

① 更换新的蜗杆副　如图 5-57 所示，机床的分度蜗杆副装配在工作台 1 上，除蜗杆副本身的精度必须达到要求外，分度蜗轮 2 与上回转工作台 1 的环行导轨还需满足同轴度要求。在更换新蜗轮时，为了消除由于安装蜗轮螺钉的拉紧力对导轨引起的变形，蜗轮齿坯应首先在工作台导轨的几何精度修复以前装配好，待几何精度修复后，再以下环行导轨为基准对蜗轮进行加工。

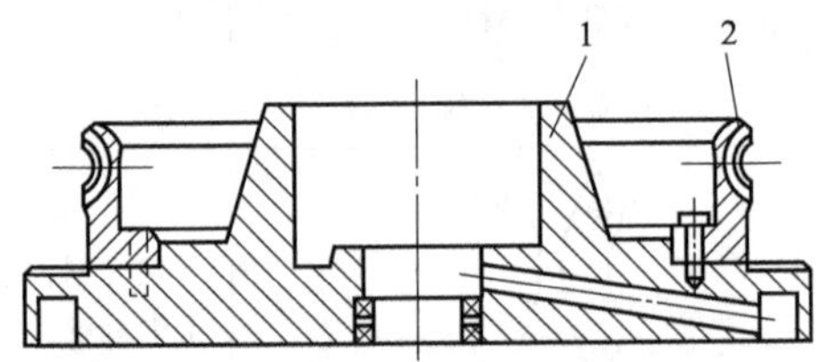

图 5-57　回转工作台及分度蜗轮

② 采用珩磨法修复蜗轮　珩磨法是将与原蜗杆尺寸完全相同的珩磨蜗杆装配在原蜗杆的位置上，利用机床传动使珩磨蜗杆转动，对机床工作台分度蜗轮进行珩磨。珩磨蜗杆是将 120 号金刚砂用环氧树脂胶合在珩磨蜗杆坯件上，待粘接结实后再加工成形。珩磨蜗杆的安装精度，应保证蜗杆回转中心线对蜗轮啮合的中间平面的平行及与啮合中心平面重合。啮合中心平面的检查可用着色检验接触痕迹的方法。

5.5.5　曲柄滑块机构的修理

曲柄滑块机构是具有一个曲柄和一个滑块的平面四杆机构，是由曲柄摇杆机构演化而来的，当摇杆的长度趋向无穷大，原来沿圆弧往复运动就变成了沿直线的往复运动，摇杆也就变成了沿导轨的滑块，其运动简图如图 5-58（a）所示。

采用曲柄滑块机构可以把回转运动变成往复直线运动。当曲柄是主动件时，则滑块的移动距离是曲柄长度的 2 倍。如果滑块是主动件，则可将滑块的直线运动变为曲柄的回转运动，但当曲柄与滑块在一条直线上时，会产生“死点”，这时必须用飞轮或其他方法来解决。

曲柄滑块机构在机械中应用很广，图 5-58（b）为压力机中的曲柄滑块机构。该机构将曲轴（即曲柄）的回转运动转换成重锤（即滑块）的上下往复直线运动，完成对工件的压力加工。

曲柄滑块机构又称为曲轴连杆机构，是机械设备中一种重要的动力传递零件，由于曲轴连杆的制造工艺比较复杂、造价较高，因此对其进行修复是维修中的一项重要工作。

(1) 曲轴的修理

曲轴的主要失效形式有曲轴的弯曲、轴颈的磨损、表面疲劳裂纹和螺纹的损坏等。

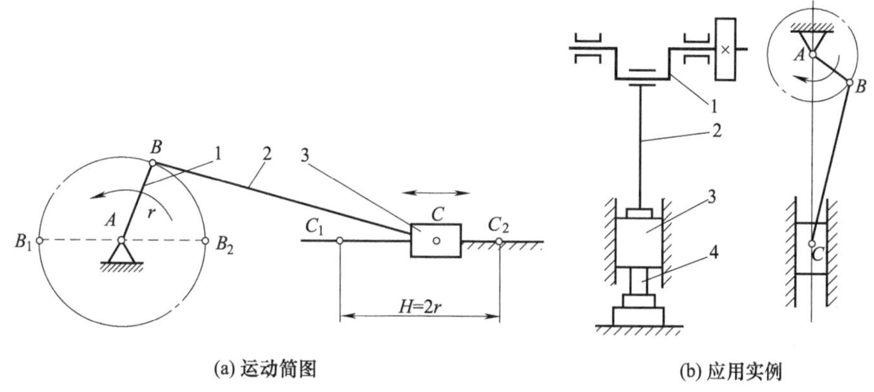

(a) 运动简图　　(b) 应用实例

图 5-58　曲柄滑块机构

1—曲柄；2—连杆；3—滑块；4—工件

① 曲轴弯曲校正　将曲轴置于压力机上，用V形铁支承两端主轴颈，并在曲轴弯曲的反方向对其施压，产生弯曲变形。若曲轴弯曲程度较大，为防止折断，校正应分几次进行。经过冷压校的曲轴，因弹性后效作用还会使其重新弯曲，最好施行自然时效处理或人工时效处理，消除冷压产生的内应力，防止出现新的弯曲变形。

② 轴颈磨损修复　主轴颈的磨损主要是失去圆度和圆柱度等形状精度，最大磨损部位是在靠近连杆轴颈的一侧。连杆轴颈磨损成椭圆形的最大磨损部位是在各轴颈的内侧面，即靠近曲轴中心线的一侧。连杆轴颈的锥形磨损，最大部位是机械杂质偏积的一侧。

曲轴轴颈磨损后，特别是圆度和圆柱度误差超过标准时需要进行修理。没有超过极限尺寸（最大收缩量不超过2mm）的磨损曲轴，可按修理尺寸进行磨削，同时换用相应尺寸的轴承，否则应采用电镀、堆焊、喷涂等工艺恢复到标准尺寸。

为利于成套供应轴承，主轴颈与连杆轴颈一般应分别修磨成同一级修理尺寸。特殊情况，如个别轴颈烧蚀并发生在大修后不久，则可单独将这一轴颈修磨到另一等级。曲轴磨削可在专用曲轴磨床上进行，并遵守磨削曲轴的规范。在没有曲轴磨床的情况下，也可用曲轴修磨机或在普通车床上修复，此时需配置相应的夹具和附加装置。

磨损后的曲轴轴颈还可采用焊接剖分式轴套的方法进行修复，如图5-59所示。

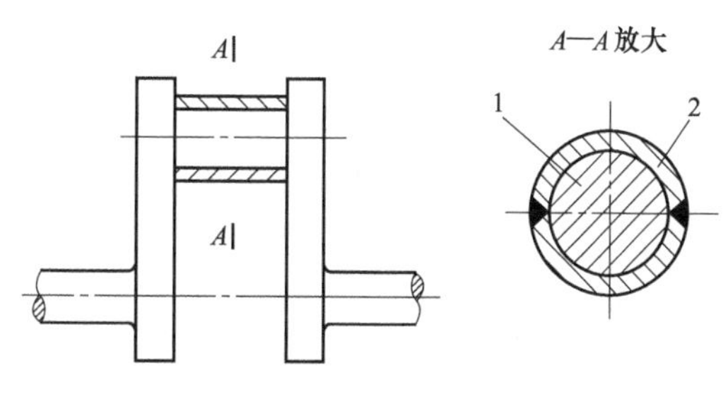

图 5-59　曲轴轴颈的修复

1—曲轴轴颈；2—轴套

先把已加工的轴套2切分开，然后焊接到曲轴磨损的轴颈1上，并将两个半套也焊在一起，再用通用的方法加工到公称尺寸。

不同直径的曲轴和不同的磨损量，所采用的剖分式轴套的壁厚也不一样。当曲轴的轴颈直径为ϕ50～100mm时，剖分式轴套的厚度可取4～6mm；当轴颈直径为ϕ150～220mm时，剖分式轴套的厚度为8～12mm。剖分式轴套在曲轴的轴颈上焊接时，应先将半轴套铆焊在曲轴上，然后再焊接其切口，轴套的切口可开V形坡口。为了防止曲轴在焊接过程中产生变形或过热，应使用小的焊接电流，分段焊接切口、多层焊、对称焊。焊后需将焊缝退火，消除应力，再进行机械加工。

曲轴的这种修复方法使用效果很好，并可节省大量的资金，广泛用于空压机、水泵等机械设备的维修。

③ 曲轴裂纹修复　曲轴裂纹一般出现在主轴颈或连杆轴颈与曲柄臂相连的过渡圆角处或

轴颈的油孔边缘。若发现连杆轴颈上有较细的裂纹，经修磨后裂纹能消除，则可继续使用。一旦发现有横向裂纹。则必须予以调换，不可修复。

(2) 连杆的修理

连杆是承载较复杂作用力的重要部件。连杆螺栓是该部件的重要零件，一旦发生故障，可能导致设备的严重损坏。连杆常见的故障有：连杆大端变形、螺栓孔及其端面磨损、小头孔磨损等。出现这些现象时，应及时修复。

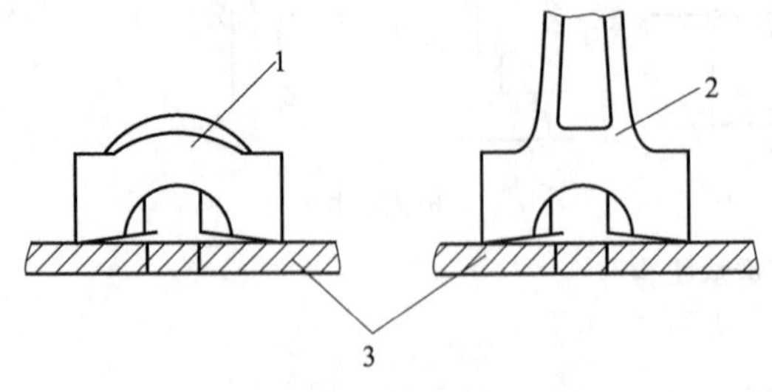

图 5-60 连杆大端变形示意图

1—瓦盖；2—连杆体；3—平板

① 连杆大端变形的修复　连杆大端变形如图 5-60 所示。产生大端变形的原因主要是：大端薄壁瓦瓦口余面高度过大、使用厚壁瓦的连杆大端两侧垫片厚度不一致或安装不正确。在上述状态下，拧紧连杆螺栓后便产生大端变形，螺栓孔的精度也随之降低。因此，在修复大端孔时应同时检修螺栓孔。

② 修复大端孔　将连杆体和大端盖的两结合面铣去少许，使结合面垂直于杆体中心线，然后把大端盖组装在连杆体上。在保证大小孔中心距尺寸精度的前提下，重新镗大孔达到规定尺寸及精度。

③ 检修两螺栓孔　如两螺栓孔的圆度、圆柱度、平行度和孔端面对其轴线的垂直度不符合规定的技术要求，应镗孔或铰孔修复。采用铰孔修复时，孔的端面可用人工修刮达到精度要求。按修复后孔的实际尺寸配制新螺栓。

5.5.6 螺旋传动机构的装配与修理

螺旋传动机构主要由丝杠和螺母组成。其作用主要是把旋转运动变为直线运动，具有传动机构结构简单、制造方便，工作平稳、传动精度高、传递动力大、无噪声和易于自锁等优点，但也存在摩擦阻力大、磨损较快、效率低等缺点。近年来，为了改善上述普通螺旋传动的功能，经常采用滚珠螺旋传动新技术，通过滚动摩擦来代替滑动摩擦，且在数控机床上得到了极为广泛的应用。有关滚珠丝杠传动机构的调整可参见本书“7.3.3 滚珠丝杠螺母副的故障诊断与维护”的相关内容。

(1) 螺旋传动机构的装配技术要求

① 丝杠螺母副应有较高的配合精度和准确的配合间隙。

② 丝杠与螺母的同轴度以及丝杠支承轴线与基准面的平行度都必须符合规定要求。

③ 丝杠与螺母相互之间的转动应灵活，在旋转过程中无时松时紧和无阻滞现象。

④ 丝杠的运动精度应在规定的范围内。

(2) 螺旋传动机构的装配与调整

1）丝杠螺母副配合间隙的测量及调整

丝杠螺母配合间隙是保证其传动精度的主要因素，分径向间隙和轴向间隙两种。由于测量时径向间隙更容易准确地反映丝杠螺母副的配合精度，所以其配合间隙常用径向间隙来表示。但轴向间隙却直接影响到丝杠螺母的传动精度，装配时可用选配法或用消隙机构进行轴向间隙的调整。

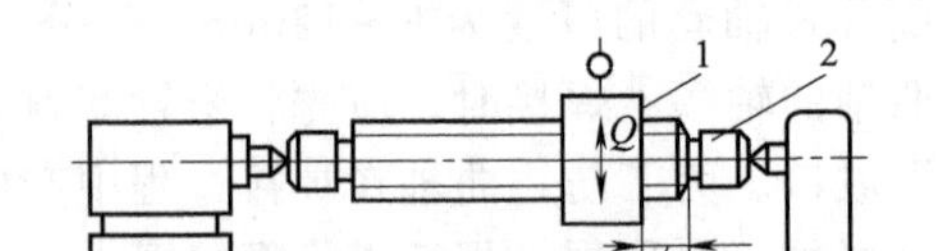

图 5-61 径向间隙的测量

1—螺母；2—丝杠

① 径向间隙的测量　测量螺旋传动机构的径向间隙时，其螺母应置于距丝杠一端 (3～5)P 的距离，使百分表抵在螺母 1 上。轻轻地抬起螺母，此时百分

表指针的摆动差值即为径向间隙值，如图 5-61 所示。

② 轴向间隙的调整　没有消隙机构的丝杠螺母副，可用单配或选配法来保证规定的配合间隙；有消隙机构的丝杠螺母副应根据其消隙机构的形式，即单螺母或双螺母结构的不同而采用不同的调隙方法。

对于单螺母消隙机构，其是利用强制施加外力的手段，迫使螺母与丝杠始终保持单向接触的。如图 5-62 所示为磨削工具中常用的 3 种单螺母消隙机构。其作用的外力分别为油缸压力［图 5-62（a)］、弹簧力［图 5-62（b)］和重锤重力［图 5-62（c)］。装配时应注意分别调整和选择适当的油缸压力、弹簧拉力、重锤重量，以消除轴向间隙。必须使消隙机构的消隙作用力与切削力 F_r 方向一致，以防止在进给过程中产生爬行，影响进给精度。

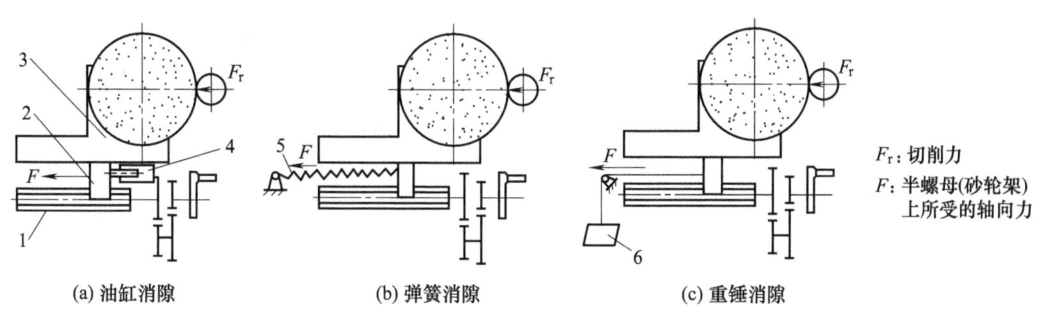

图 5-62　单螺母消隙机构

1—丝杠；2—螺母；3—砂轮架；4—液压缸；5—弹簧

对于双螺母消隙机构，是通过调整两个螺母的轴向相对位置，以消除轴向间隙并实现预紧的。

其中，如图 5-63（a）所示为斜面消隙机构。其调整方法是拧松螺钉 3，再拧动螺钉 1 使斜楔 2 向上移动，从而推动带斜面的螺母右移消除轴向间隙，调整好以后再将螺钉 3 拧紧固定。

如图 5-63（b）所示为弹簧消隙机构。其调整方法是转动调节螺母 4，通过垫片 3 压缩弹簧 2，使螺母 1 轴向移动，以消除轴向间隙。

如图 5-63（c）所示为垫片消隙机构。其调整方法是通过修磨垫片 2 的厚度使螺母 1 轴向移动，以消除轴向间隙。

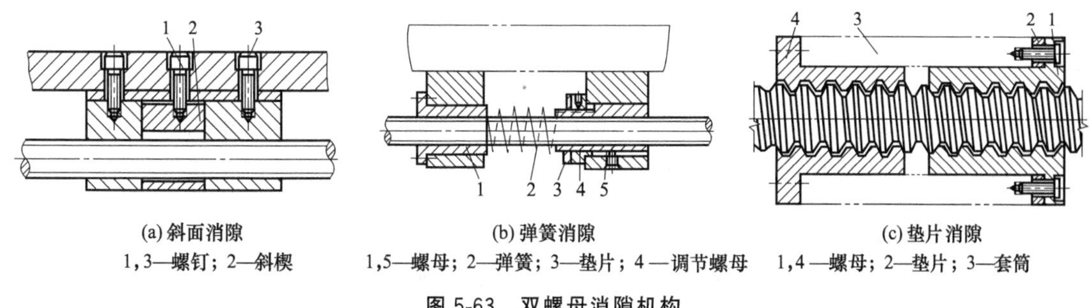

图 5-63　双螺母消隙机构

2）丝杠螺母副同轴度的校正

为了能准确而顺利地将旋转运动转换为直线运动，丝杠和螺母必须同轴，丝杠轴线必须与基准平行。丝杠螺母副同轴度的校正方法有检验棒校正和丝杠直接校正两种。

① 用检验棒校正　用检验棒校正是以平行于导轨面的丝杠两轴承孔的中心线为基准，校正螺母孔同轴度的方法。安装丝杠螺母时应按下列步骤进行。

首先应先正确安装丝杠两轴承座，用专用检验芯棒和百分表校正，使两轴承孔的轴线在同

一直线上，且与螺母移动时的基准导轨平行，如图 5-64（a）所示。校正时，可以根据误差情况修刮轴承座接合面，并调整前、后轴承的水平位置，使其达到要求。

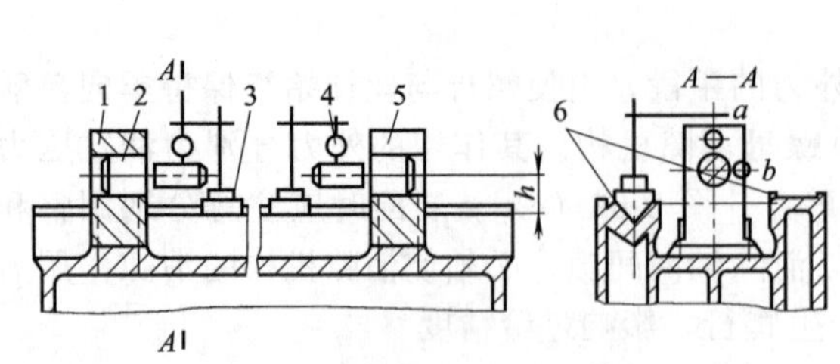

(a) 校正轴承孔中心位置

1,5—前后轴承座；2—检验棒；
3—检具；4—百分表；6—导轨面

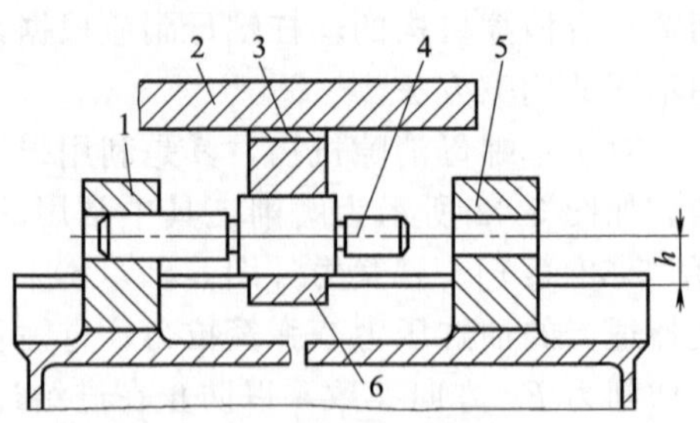

(b) 校正螺母中心

1,5—前后轴承座；2—工作台；
3—垫片；4—检验棒；6—螺母座

图 5-64　校正螺母孔与前后轴承孔的同轴度

利用芯轴上母线 a 校正垂直平面，侧母线 b 校正水平平面。

再以平行于基准导轨面的丝杠两轴孔的中心连线为基准，校正螺母与丝杠轴线的同轴度，如图 5-64（b）所示。校正时将检验棒 4 装在螺母座 6 的孔中，移动工作台 2，如检验棒 4 能顺利插入前、后轴承座孔中，即符合要求，否则应按 h 尺寸修磨垫片 3 的厚度。

在用检验棒校正过程中应注意：在校正丝杠轴心线与导轨面的平行度时，各支承孔中检验棒的“抬头”或“低头”的方向应一致；为消除检验棒在各支承孔中的安装误差，可将其转过 180°后再测量一次，取其平均值。

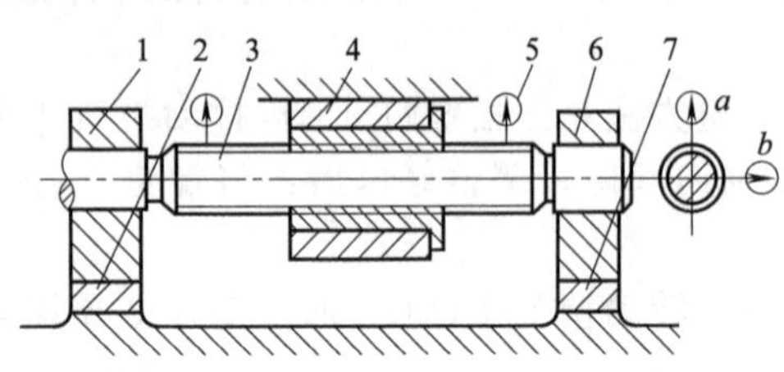

图 5-65　用丝杠直接校正两轴承孔与螺母的同轴度

1—前轴承座；2,7—垫片；3—丝杠；4—螺母座；5—百分表；6—后轴承座

② 用丝杠直接校正　两轴承孔与螺母孔同轴度的方法如图 5-65 所示。校正的步骤及要点主要有以下方面：

首先应调整水平位置，修刮螺母座 4 的底面，并调整其水平位置，使丝杠上母线 a 和侧母线 b 均与导轨面平行；然后再调整轴承座，修磨垫片 2、垫片 7，并在水平方向调整前、后轴承座，使丝杠两端的轴颈能顺利地插入轴承孔内，且丝杠 3 能够灵活地转动。

丝杠运动精度的调整是依据其径向圆跳动和轴向圆跳动的大小来进行的。当丝杠支承为滚动轴承时，可采用定向装配法来调整。为此装配前应先测出影响径向圆跳动的各零件最大径向圆跳动的方向，然后按最小累积误差进行定向装配，与此同时还要消除轴承间隙和采取预紧轴承的措施，使丝杠径向圆跳动和轴向圆跳动达到要求的运动精度。

为保证丝杠螺母副的装配精度，丝杠与螺母配合径向平均间隙不能过大，即应符合表5-25 的规定。对于无消除间隙机构的丝杠螺母副一般用单配或选配的方法来保证。

表 5-25　丝杠与螺母配合径向平均间隙　μm

精度等级	4	5	6	7	8	9
径向间隙	20～40	30～60	60～100	100～150	120～180	160～240

当装配有消除间隙机构的丝杠螺母副时，如配合间隙过大，则应进行合理调整。对于单螺母结构，可利用液压缸使螺母与丝杠永久保持单面接触，以消除轴向窜动。装配时适当调整液压缸压力，即可达到要求，如图 5-66 所示。

(3) 螺旋传动机构的修理

当梯形螺纹丝杠的磨损不超过齿厚的10%时，通常可采用车深螺纹的方法来消除。螺纹车深后，外径也要相应地车小，使螺纹达到标准深度，再配制螺母。

经常加工短工件的机床，由于丝杠的工作部分经常集中于某一段（如普通机床丝杠磨损靠近车头部位），因此这部分丝杠磨损较大。为了修复其精度，可采用丝杠调头使用的方法，让没有磨损或磨损不多的部分，换到经常工作的部位。但丝杠两端的轴颈大多不一样，因此调头使用还需做一些车削加工。

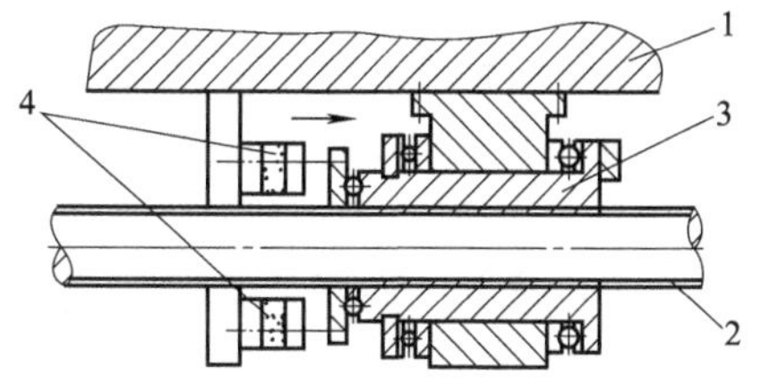

图5-66 单螺母结构的丝杠螺母副装配

1—机架；2—丝杠；3—螺母；4—液压缸

对于磨损过大的精密丝杠，常采用更换的方法。矩形螺纹丝杠磨损后，一般不能修理，只能更换新的。

丝杠轴颈磨损后可在轴颈处镀铬或堆焊，然后进行机械加工加以修复，但车削轴颈时应保证轴颈轴线和丝杠轴线重合。

5.6 典型零部件的修理

5.6.1 滑动轴承的装配、调整与修理

滑动轴承是轴与轴承孔进行滑动摩擦的一种轴承。其中，轴被轴承支承的部分称为轴颈，与轴颈相配的零件称为轴瓦。其结构形式较多，生产中常用的主要为液体摩擦轴承，根据滑动轴承两个相对运动表面油膜形成原理的不同，其又可分为液体动压轴承和液体静压轴承。

液体动压滑动轴承具有运转平稳、结构简单、噪声小，有较大的刚度和抗过载能力等特点。广泛用于高速、重载的场合；液体静压滑动轴承具有承载能力大、抗振性能好、摩擦系数小、寿命长、回转精度高、能在高速或极低转速下正常工作等优点，广泛用于高精度、重载、低速等场合。

(1) 滑动轴承的材料

滑动轴承分类的方法很多，结构形式也多种多样，按其油膜形式可分为液体动压轴承和液体静压轴承；按其受力方向可分为径向滑动轴承和推力滑动轴承；按结构可分为整体式、剖分式和多片式滑动轴承。为满足滑动轴承的工作要求，通常对滑动轴承的材料有以下方面的要求。

1）对轴瓦（或轴衬）材料的要求

① 有足够的强度和塑性，轴承衬材料的塑性越好，则它与轴颈间压力分布越均匀。

② 有良好的跑合性、减摩性和耐磨性，以延长轴承的使用寿命。

③ 要求轴承材料有良好的润滑性。

④ 有良好的工艺性。

2）轴承衬材料种类

① 灰铸铁　在低速、轻载和无冲击载荷的情况下，可用HT150、HT200做轴承衬。

② 铜基合金轴承　主要成分是铜，常用的有磷锡青铜（ZQSn10-1）和铝青铜（ZQA19-4）。磷锡青铜是一种很好的减摩材料，机械强度也很高，适用于做中速、重载、高温及有冲击条件下工作的轴承。铝青铜有良好的抗胶合性，但强度较磷锡青铜低。

③ 粉末合金轴承　采用青铜、铸铁粉末，加以适量的石墨粉压制成形后，经高温烧结形成多孔性材料，在120℃时浸透润滑油，冷却至常温，油就储存在轴承孔隙中。当轴颈在轴承

中旋转时，产生轴吸作用和摩擦热，油就膨胀而挤入摩擦表面进行润滑，轴停止运转后，油也因冷却而缩回轴承孔隙中去。因此，这类轴承也称含油轴承。

④ 轴承塑料　除了以布为基体的轴承塑料外，我国还制成了多种尼龙轴承衬，如尼龙 6、尼龙 1010 等，已应用于机床、汽车等机械中。塑料轴承具有跑合性好、磨损后屑粒较软，不易伤轴颈，抗腐蚀性好，可用水或其他液体润滑等优点，但导热性差，吸水后会膨胀。

⑤ 轴承合金（巴氏合金、乌金）　它是由锡、铅、铜、锑等元素组成的合金。对于高速、重载的滑动轴承，为了节省合金材料并满足轴承的要求，可在轴瓦表面上浇铸一层巴氏合金。轴承合金具有良好的减摩性和耐磨性，但强度较低，不能单独做轴瓦，通常将它浇铸在青铜、铸铁、钢材等基体上使用。常用的有锡基轴承（ZChSnSb11-6），主要成分是锡；铅基轴承合金（ZChPbSb16-2、ZChPbSb15-5），主要成分是铅。前者的力学性能和抗腐蚀性比后者好，但价格贵，因此常用于重载、高速和温度低于 110℃的重要轴承，如汽轮机、内燃机和高速机床主轴的轴承。

(2) 滑动轴承的修理要点

不论是静压轴承还是动压轴承，工作一定时期后，在运转过程中都会出现旋转精度下降、振动、轴承发热、“抱轴”等故障。由于两种轴承的工作原理不同，所以各自的修理要点也不同。

1）动压滑动轴承的修理要点

由于动压轴承在启动和停车阶段轴颈和轴承之间不能形成液体摩擦，使其配合表面逐渐磨损，导致间隙加大、几何形状精度和表面粗糙度下降、油膜压力减小、油膜压力分布不合理。这种磨损的初期，往往使主轴旋转精度下降、产生振动，到了磨损后期，动压效应极不稳定，轴颈和轴承直接摩擦加剧，工作表面往往会磨损，或出现轴承合金烧熔、剥落或裂纹等情况，轴瓦背部受长期振动后也会磨损而发生松动。

一般说来，针对此种情况，可采取修复轴颈、修配或更换轴承的方法，以恢复轴颈和轴承配合面间的合理间隙，恢复轴颈、轴承应有的几何形状精度和表面粗糙度。多支承的轴承则应恢复其支承表面的同轴度和表面粗糙度。具体的修理方法可按其结构的不同而采用不同的方法。

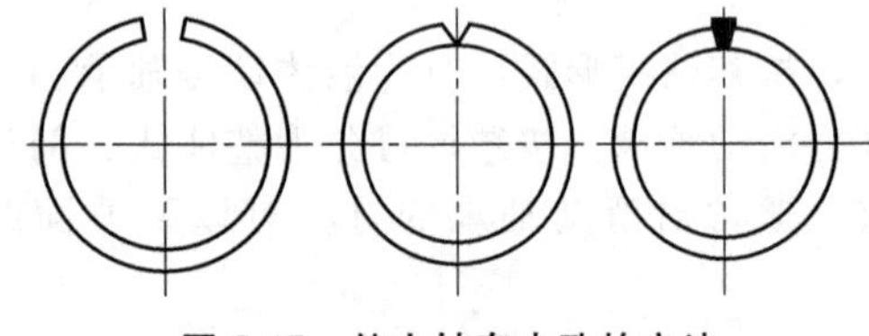

图 5-67　缩小轴套内孔的方法

① 整体式滑动轴承的修理　整体式滑动轴承损坏时，一般都采用更换新件解决。对大型或贵重金属的轴承，可采用喷镀的方法；或者可先在轴套轴向开槽，然后合拢使其内孔缩小，再将缺口用铜焊补满，如图 5-67 所示。大径可通过金属喷镀或镶套使其增大。最后机械加工和刮研达到要求。

② 内柱外锥式滑动轴承的修理　内柱外锥式滑动轴承的修理应根据损坏的情况进行，如工作表面没有严重擦伤，而仅做精度修整时，可以通过螺母来调节间隙。当工作表面有严重损伤时，应将主轴拆卸，重新刮研轴承，恢复其配合精度。

③ 剖分式滑动轴承的修理　剖分式滑动轴承经使用后，如工作表面轻微磨损，可通过重新修刮调整垫片以恢复其精度。对于巴氏合金轴瓦，如工作表面损坏严重时可重浇巴氏合金，并经机械加工，再进行修刮。修复时应注意轴承盖与轴承座之间的距离不小于 0.75mm，否则将影响轴瓦的压紧。

2）静压滑动轴承的修理要点

静压滑动轴承的修理主要是通过修理来恢复轴承四个油腔压力相等和稳定的。四个油腔的压力不相等，会导致轴颈偏转，产生振动，加剧轴颈和轴承的摩擦，使轴承发热甚至“抱轴”。

但是导致轴承内四个油腔压力不相等和不稳定的具体原因又各不相同，修理时应针对具体的故障原因加以修复，具体有以下方面。

① 轴承油腔漏油，压力油通过缺损部分直接回到回油腔，使轴颈偏向漏油油腔表面，造成偏转和加剧摩擦。此时用修补或更换轴承的方法进行修复。

② 节流器间隙堵塞，使四个油腔压力不等。原因是油液混入的杂质微粒积存在节流口处，节流间隙堵塞，导致膜片变形、平面度变差，使膜片两边间隙不等而造成油腔压力不等。此时应采取清洗节流器、更换膜片、更换滤油器等方法进行修复。

③ 油腔压力产生波动，使主轴产生振动。主要原因是主轴变形、弯曲或轴承和轴颈的圆度变差。当主轴旋转时，轴承和轴颈之间间隙发生周期性的变化引起油腔压力波动，导致主轴振动。有时由于主轴外负载回转件不平衡，也会引起油腔压力波动。可采取将外负载回转件配重平衡的措施加以排除。

(3) 滑动轴承组成零件的修理方法

滑动轴承通常由主轴和轴瓦组成。

1) 主轴的修理

滑动轴承的主轴以 MG1432A 砂轮主轴为例，如图 5-68 所示。主轴有两处 $\phi65_{-0.03}^{\ 0}$ mm 与轴瓦相配合的轴颈，当出现磨损后硬度降低，探伤时发现裂纹，轴颈有剥落，严重拉毛、烧伤，无法再进行修理时，只有更换新的主轴。修理主轴是使用各种零件修复技术，使其精度和性能不低于原标准。主轴的修理步骤如下。

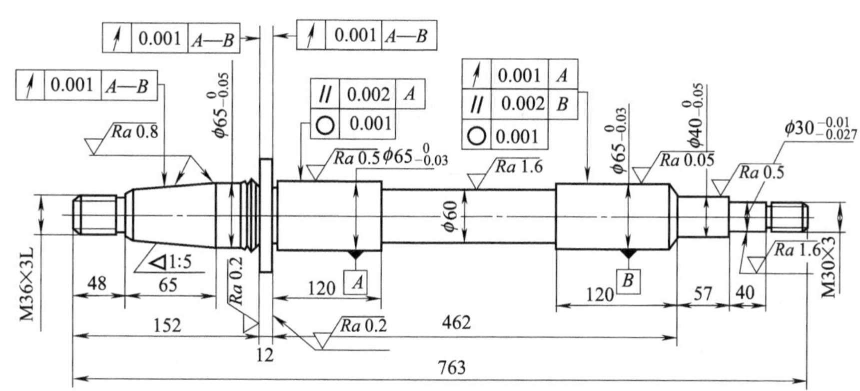

图 5-68　MG1432A 砂轮主轴

① 修研主轴两端中心孔　主轴两端中心孔是主轴精度检查和修理的基准，这是主轴修理的关键，所以首先检查主轴两端中心孔的情况，看是否有碰伤或拉毛（中心孔一般有保护锥面，不会磨损，如有碰伤或拉毛是人为造成的），若有，则须在车床上按主轴精度找正。然后用两顶尖顶住中心孔，检查主轴各部的圆跳动，并记录。

② 精磨　检查主轴超差的轴颈，尤其是与轴承相配的轴颈。表面粗糙度 Ra 值小于 0.8μm，磨削时尽量少磨，轴颈表面见光即可。此时，也可以在 $\phi65_{-0.03}^{\ 0}$ 轴颈上直接刮瓦，或以此尺寸制作假主轴以供刮瓦。磨削后要在机床上检查主轴精度以达到要求。

③ 超精磨削主轴，以达到制造精度要求　与轴瓦配合的轴颈、封油垫的轴端面、装砂轮用的锥度轴颈等，不但有几何精度要求，还有表面粗糙度要求。除超精磨外，还可以用研磨、抛光的修复方法减小表面粗糙度值。

④ 配刮轴瓦。

⑤ 装上所有零件（如电动机转子、风叶、键等）后再进行动平衡工作。要求动平衡精度为一级（振程 0.5～1mm 或 G2.5）。

2）轴瓦的修理

因滑动轴承从材料上可分为整体金属材料和离心浇铸材料，从可调性上又分为可调整和不可调整，所以轴承（轴瓦）的修理具有不同的方法。

① 整体轴瓦不可调整的滑动轴承　此种轴承一般装在一个套筒内，切勿拆下，以免重复装配而变形。其修复的方法如下。

a. 镗削　按轴颈尺寸和间隙镗孔修复。

b. 刮削　按孔的直径、长度选孔的刮削余量，然后以 0.02mm 的阶梯做假轴进行刮削，以达到尺寸和研点要求。

修复的方法还有以轴瓦尺寸配主轴轴颈，或以主轴轴颈尺寸配轴瓦。

在刮轴瓦时要注意后轴承应比前轴承的研点软一些，单个轴承轴向的两孔端要硬一些，中间软一些（常说的"中间掏空"），轴承的进油孔、油槽周围不能刮低；前轴承若有止推滑动轴承控制轴向窜动或封油结构也需刮研。

不可调的整体轴瓦有外锥内柱滑动轴承和外柱内锥滑动轴承。

② 整体轴瓦可调整的滑动轴承　此种形式的轴瓦大多指外锥内柱的滑动轴承。当内锥磨损或拉毛时，可以靠外锥的轴向移动使内孔收缩，留出刮削余量或镗量，以供修复。这种轴承首先是要求外锥与箱体套的接触精度，一般要达到 80%以上。外接触达到要求之后才能进行镗削或刮削，其方法与整体轴瓦不可调整轴承相同。如图 5-69 所示，M7120 砂轮轴采用的前轴承是外锥内柱式。

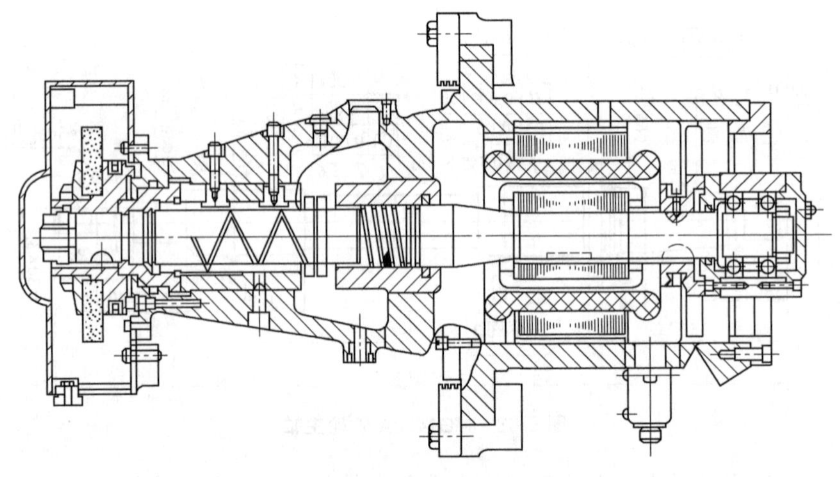

(a) M7120砂轮轴结构

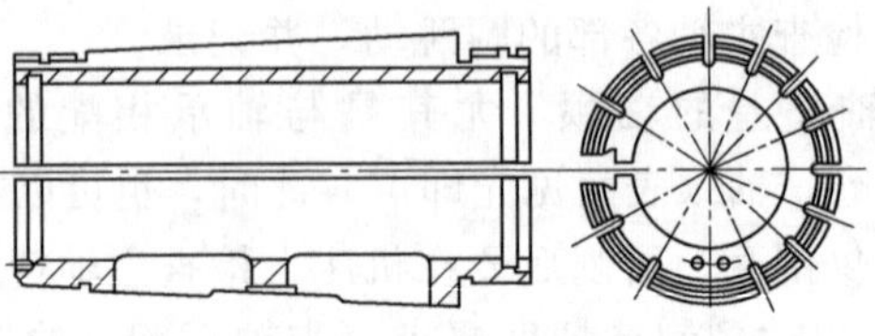

(b) 外锥内柱轴承

图 5-69　M7120 砂轮轴结构及外锥内柱轴承

③ 三片瓦的滑动轴承　如图 5-70 所示为 M7120A 平面磨床的短三片瓦的砂轮轴结构。它的瓦背不与箱体孔壁接触，靠球面螺钉头支承，在修理时要求以下几点。

a. 检查轴瓦所镶的金属材料层（一般是离心浇铸的铜材料或巴氏合金）是否在 1mm 以

上，否则不能使用一个大修周期，必须更换。

b. 调整螺钉的球头与轴瓦球面的接触应在70%以上，若达不到则应在车床上装夹研磨。

c. 轴瓦内圆弧面的修复有两种方法：一是精车；二是使在车床上装夹的珩磨轴旋转。轴瓦合在珩磨轴外圆轴颈上，用手揿住，并向两端做轴向移动，待表面全部珩出即可。珩磨时须用煤油不断冲洗，表面粗糙度 Ra 值小于0.16μm。不能采用刮削，否则表面粗糙度达不到要求。

轴瓦必须和球面螺钉相对应，并成组配对编号，以免装配时装错。

④ 多片瓦，瓦背与箱体孔壁接触　修复时要保证轴瓦厚度的等厚性在0.005mm以内。其他方法与三片瓦修复一样。

滑动轴承不论用哪种修复方法，都要注意前后轴瓦或轴瓦组的同轴度。单个轴瓦研好之后，要预装一次，并用主轴或假轴来通研，最后满足同轴度的要求。

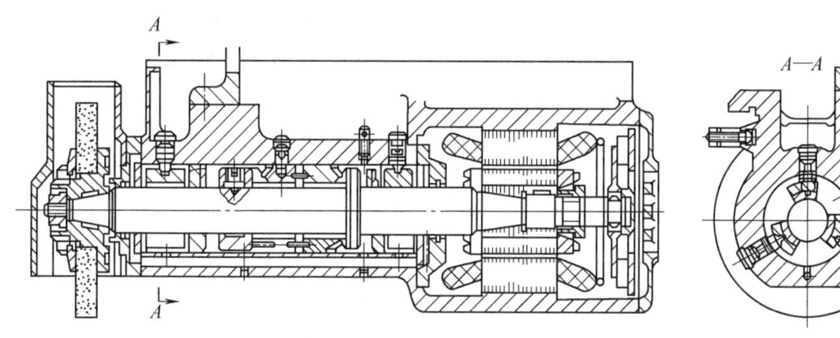

(a) M7120A砂轮轴结构　　(b) 三片瓦轴承

图5-70　M7120A砂轮轴结构及三片瓦轴承

(4) 滑动轴承的装配与调整要点

装配滑动轴承，主要应保证轴颈与轴承孔之间获得所需要的间隙和良好的接触，使轴在轴承中运转平稳。通常应注意以下装配调整要求。

① 认真清洗主轴箱内腔、主轴、轴瓦、球头螺钉等零件，并在箱体内腔涂上浅色的防腐漆。

② 装配前做好一切技术准备，熟悉装配图，清点所有零件和使用工具、量具等。

③ 实例　如图5-70所示，在主轴装配两个油封装置及双向平面推力轴承（装好平衡环中的支头螺钉）后一起装入砂轮架，并按编号和旋转方向装入前后各三片轴瓦。两端各装一个工艺法兰（法兰内径比轴颈大0.04mm，直口比箱体孔小0.005mm）。

装配时，应注意以下事项：

a. 两只油封装置的回油孔在上面，以保证轴瓦完全浸在油中。

b. 轴瓦装配位置正确，如编号、球头螺钉、轴瓦、旋转方向等。

④ 用支头螺钉将球面支承环支紧。

⑤ 按照先调下、后调上的原则，调整轴瓦与主轴的间隙。

装配时，应注意以下事项：

a. 调整时经常测量轴与工艺法兰孔四周的间隙，保证其均匀相等，用塞尺测量。

b. 调整主轴与轴瓦间隙在0.005～0.01mm之间，并测量间隙值。

⑥ 用手转动主轴应轻快、无阻力、有惯性。检查轴向窜动在0.01mm以内。

⑦ 固定球头螺钉。

⑧ 在主轴上装转子，并与定子的相对位置边的距离在要求的1mm以内，若错位则松开定

子紧定螺钉进行调整。

⑨ 空运转试车　将 N2 号主轴油接入或加入砂轮主轴箱，单独接通电动机电源，进行主轴空运转试车。先点动，无误后再继续旋转，4h 后检查主轴箱油温是否高于 60℃，再检查主轴全跳动和轴向窜动。

装配时，应注意以下事项：

a. 油温过高、精度超差或主轴“抱死”应立即停车，检查主轴与轴瓦装配时是否碰伤，油中是否有杂质（试车 1h 后就应检查一次）。

b. 空运转试车时，一般要在主轴前端捆上一小布条，以警示注意安全。

5.6.2 滚动轴承的装配、调整与检修

滚动轴承是支承轴和轴上回转零件的主要部件，它与滑动轴承相比具有启动阻力小、回转精度高、使用寿命长、结构紧凑、调整迅速、装拆方便等特点。现在，滚动轴承不仅广泛应用在普通精度的机床主轴部件上，而且也应用于高精度机床，如坐标镗床以及一部分磨床主轴部件上。但滚动轴承的滚动体数目有限，工作时刚度是变化的，容易引起振动和噪声，所以对一些抗振性要求较高的高速精密机床，采用滚动轴承往往还不能满足要求。并且滚动轴承径向尺寸较大，对某些大型和重型机床主轴部件还不适用。

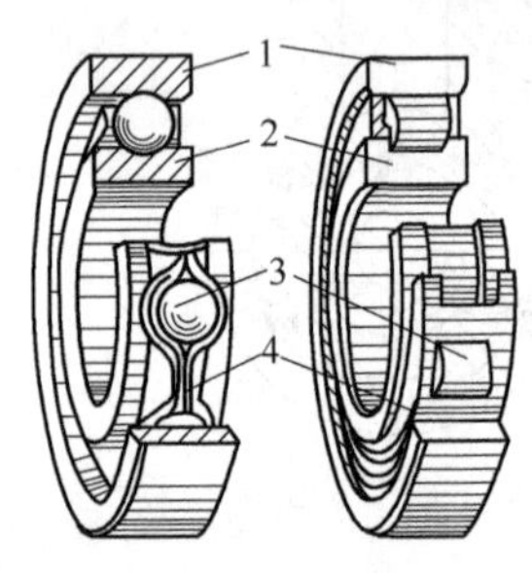

图 5-71　滚动轴承的结构

1—内圈；2—外圈；3—滚动体；4—保持架

(1) 滚动轴承的结构

滚动轴承一般由外圈（外环 1）、内圈（内环 2）、滚动体 3 和保持架 4 组成，如图 5-71 所示（内圈与轴颈采用基孔制配合，外圈与轴承座孔采用基轴制配合）。在内圈的外面和外圈的内面一般都具有光滑的凹槽，起滚道作用，滚动体就沿着滚道运动。保持架的作用是将相邻的滚动体隔开，并使滚动体沿滚道均匀分布。滚动体的形状有以下几种，如图 5-72 所示。

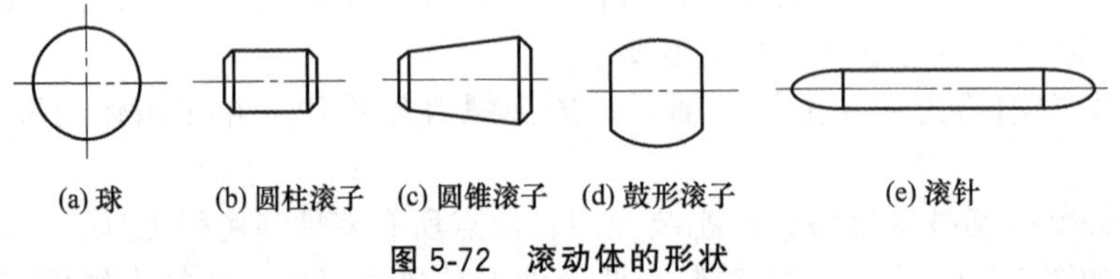

图 5-72　滚动体的形状

滚动轴承的基本类型和特性参照 GB/T 272—2017。GB/T 272—2017 规定了用字母加数字的方法来表示滚动轴承的代号，轴承代号由基本代号、前置代号和后置代号构成。

滚动轴承的精度等级：P0（G）、P6（F）、P6x（E）、P5（D）、P4（C）、P2（B），括号中为旧精度标准的等级。

(2) 滚动轴承装配的技术要求

① 装配前，应用煤油等清洗轴承和清除其配合表面的毛刺、锈蚀等缺陷。

② 装配时，应将标记代号的端面装在可见的方向，以便更换时查对。

③ 轴承必须紧贴在轴肩或孔肩上，不允许有间隙或歪斜现象。

④ 同轴的两个轴承中，必须有一个轴承在轴受热膨胀时可轴向移动。

⑤ 装配轴承时，作用力应均匀地作用在待配合的轴承环上，不允许通过滚动体传递压力。

⑥ 装配过程中应保持清洁，防止异物进入轴承内。

⑦ 装配后的轴承应运转灵活、噪声小，温升不得超过允许值。

⑧ 与轴承相配零件的加工精度应与轴承精度相对应，一般轴的加工精度取轴承同级精度

或高一级精度，轴承座孔则应取同级精度或低一级精度。滚动轴承配合示意如图5-73所示。

(3) 滚动轴承的调整

滚动轴承的调整实际上就是滚动轴承游隙的调整。因为滚动轴承在装配后，如轴承游隙过大，将使同时承受负荷的滚动体减少，应力集中，轴承使用寿命降低，同时，还将降低轴承的旋转精度，引起振动和噪声，当负荷有冲击时，这种影响尤为严重；如轴承游隙过小，则易发热和磨损，同样会降低轴承的使用寿命。因此，滚动轴承的调整（选择适当的游隙），是保证轴承正常工作、延长使用寿命的重要措施。

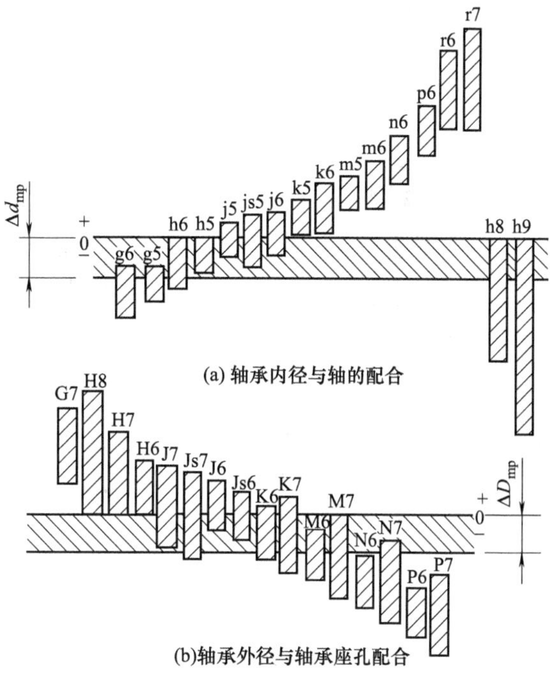

图 5-73 滚动轴承配合示意图

1）滚动轴承的游隙

滚动轴承的游隙分为两类，即径向游隙和轴向游隙。其意义为：如将一个套圈固定，另一套圈沿径向或轴向的最大活动量，如图 5-74 所示。两类游隙之间有密切关系，一般说来，径向游隙越大，则轴向游隙也越大，反之亦同。

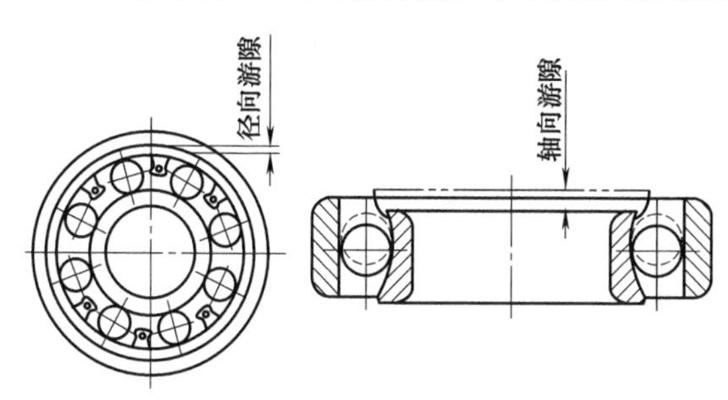

图 5-74 径向游隙和轴向游隙

① 轴承的径向游隙　轴承的径向游隙，由于轴承所处的状态不同，游隙分为原始游隙、配合游隙和工作游隙。

a. 原始游隙　轴承在未安装前自由状态时的游隙。

b. 配合游隙　轴承装配到轴上和外壳内的游隙。其游隙大小由过盈量决定。配合游隙小于原始游隙。

c. 工作游隙　轴承在工作时因内外圈的温度差使配合游隙减小，又因工作负荷的作用，使滚动体与套圈产生弹性变形而使游隙增大，但在一般情况下，工作游隙大于配合游隙。

② 轴承的轴向游隙　有些轴承，由于结构上的特点，其游隙可以在装配或使用过程中，通过调整轴承套圈的相互位置来确定，如深沟球轴承、圆锥滚子轴承和推力球轴承等。

2）滚动轴承的调整方法

许多轴承在装配时都要严格控制和调整游隙，其方法是使轴承的内、外圈做适当的轴向相对位移来保证游隙。

① 螺钉调整法　在如图 5-75 所示的结构中，调整的顺序是：先松开锁紧螺母 2，再调整螺钉 3，待游隙调整好后再拧紧锁紧螺母 2。

② 调整垫片法　如图 5-76 所示，通过调整轴承盖与壳体端面间的垫片厚度 δ 来调整轴承的轴向游隙。

3）滚动轴承的预紧

对于承受载荷较大、旋转精度要求较高的轴承，大都是在无游隙甚至有少量过盈的状态下

工作的，这些都需要轴承在装配时进行预紧。预紧就是轴承在装配时，给轴承的内圈或外圈施加一个轴向力，以消除轴承游隙，并使滚动体与内、外圈接触处产生初变形。预紧能提高轴承在工作状态下的刚度和旋转精度。滚动轴承预紧的原理如图 5-77 所示。预紧方法如下。

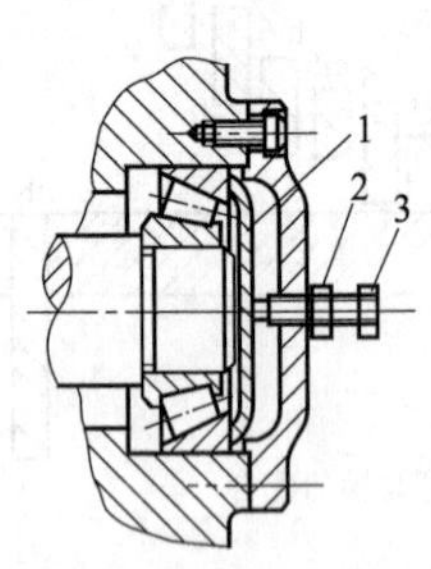

图 5-75　用螺钉调整轴承游隙

1—压盖；2—锁紧螺母；3—螺钉

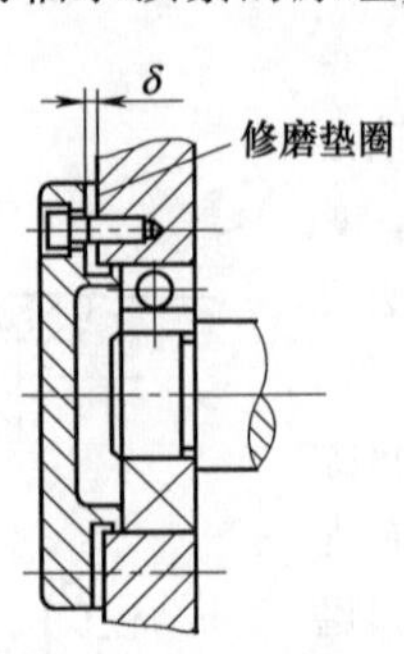

图 5-76　用垫片调整轴承游隙

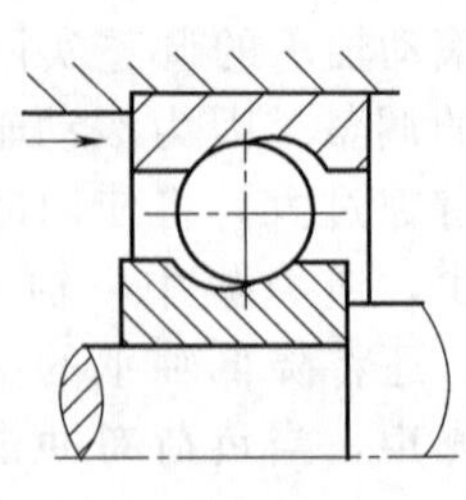

图 5-77　滚动轴承的预紧原理

① 成对使用角接触球轴承的预紧　成对使用角接触球轴承有 3 种装配方式（图 5-78）。若按图示方向施加预紧力，通过在成对安装轴承之间配置厚度不同的轴承内、外圈间隔套使轴承紧靠在一起，来达到预紧的目的。

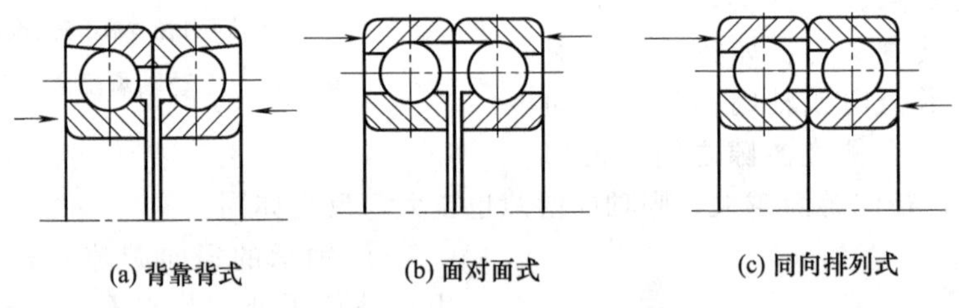

图 5-78　成对安装角接触球轴承

② 单个角接触球轴承的预紧　如图 5-79（a）所示，轴承内圈固定不动，调整螺母 4 改变圆柱弹簧 3 的轴向力大小来达到轴承预紧。如图 5-79（b）所示，为轴承内圈固定不动，在轴承外圈 6 的右端面安装圆形弹簧片对轴承进行预紧。

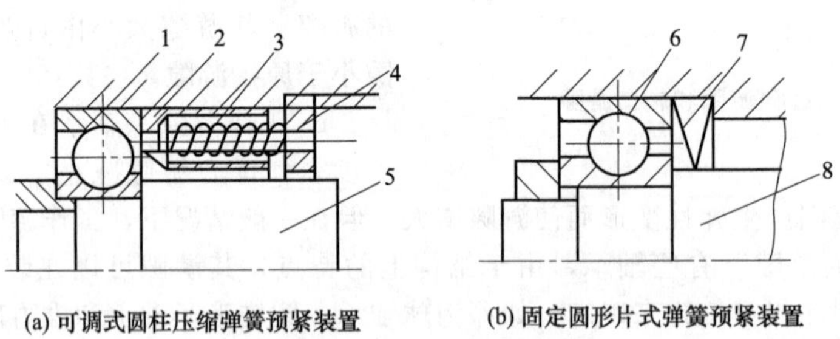

图 5-79　单个角接触球轴承预紧

1，6—轴承外圈；2—预紧环；3—圆柱弹簧；4—螺母；5，8—轴；7—圆形弹簧

③ 内圈为圆锥孔轴承的预紧　如图 5-80 所示，拧紧螺母 1 可以使锥形孔内圈往轴颈大端移动，使内圈直径增大形成预负荷来实现预紧。

(4) 滚动轴承的装配

滚动轴承的装配应根据轴承的结构、尺寸大小和轴承部件的配合性质而定。一般滚动轴承的装配方法有锤击法、压入法、热装法及冷缩法等。

1）装配前的准备工作

滚动轴承是一种精密部件，其套圈和滚动体有较高要求的精度和表面粗糙度，认真做好装配前的准备工作，是保证装配质量的重要环节。

① 按所装的轴承准备好所需的工具和量具。

② 清除轴、轴承座孔等表面的毛刺、凹陷、锈蚀及油污，并按图样要求检查倒角是否符合要求。

③ 用汽油或煤油清洗与轴承的配合件，并用干净的布仔细擦净，然后涂上一层薄油。

④ 检查轴承型号与图样要求是否一致。

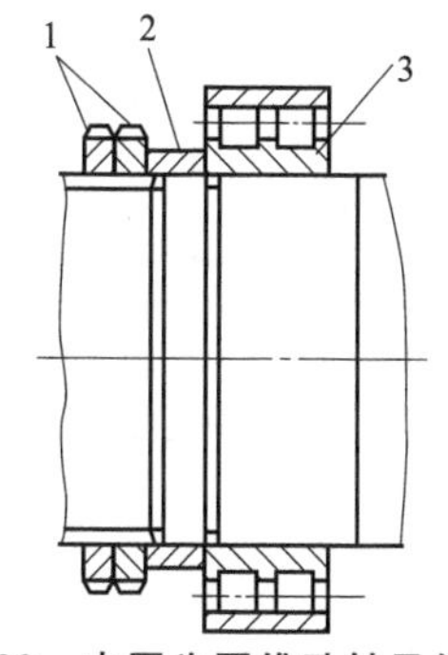

图 5-80 内圈为圆锥孔轴承的预紧

1—螺母；2—隔套；3—轴承内圈

⑤ 清洗轴承，如轴承是用防锈油封存的，可用汽油或煤油清洗；如是用厚油和防锈油脂防锈的轴承，可用轻质矿物油加热溶解清洗（油温不超过 100℃），方法是：将轴承放入油内，待防锈脂溶化后从油中取出，冷却后再用汽油或煤油清洗。经过清洗的轴承不能直接放在工作台上，应垫上干净的纸。对于两面带防尘盖、密封圈或涂有防锈润滑两用油脂的轴承就不必清洗。

2）滚动轴承的装配方法

① 圆柱孔轴承的装配

a. 不可分离型轴承（如深沟球轴承、调心球轴承、调心滚子轴承、角接触球轴承等）应按座圈配合的松紧程度决定其装配顺序。当内圈与轴颈配合较紧、外圈与壳体孔较松配合时，先将轴承装在轴上，然后连同轴一起装入壳体中。内圈与轴颈为较松配合时，应将轴承先压入壳体中；当内圈与轴、外圈与壳体孔都是较紧配合时，应把轴承同时压在轴上和壳体孔中。

b. 由于分离型轴承（如圆锥滚子轴承、圆柱滚子轴承、滚针轴承等）内、外圈可以自由脱开，装配时内圈和滚动体一起装在轴上，外圈装在壳体内，然后再调整它们之间的游隙。

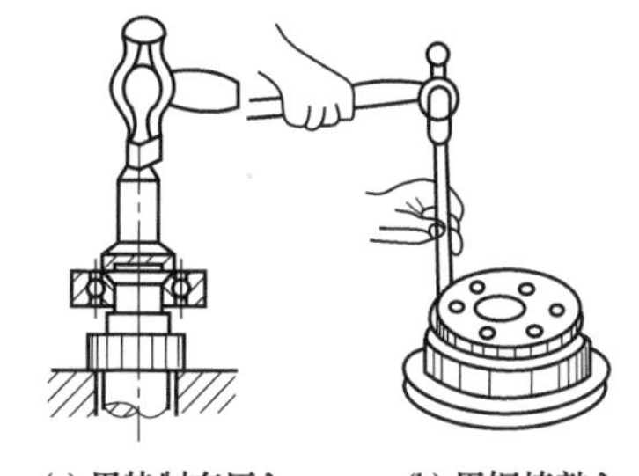

(a) 用特制套压入　(b) 用铜棒敲入

图 5-81 锤击法装配滚动轴承

轴承常用的装配方法有锤击法和压入法。如图 5-81（a）所示是用特制套压入；如图 5-81（b）所示是用铜棒对称地在轴承内圈（或外圈）端面均匀敲入。如图 5-82 是用压入法将轴承内、外圈分别压入轴颈和轴承座孔中的方法。如果轴颈尺寸较大、过盈量也较大时，为装配方便，可用热装法，即将轴承放在温度为 80～100℃ 的油中加热，然后和常温状态的轴配合。轴承加热时应搁在油槽内网格上（图 5-83），以避免轴承接触到比油温高得多的箱底，又可防止与箱底沉淀物接触。对于小型轴承，可以挂在吊钩上并浸在油中加热。内部充满润滑油脂带防尘盖或密封圈的轴承，不能采用热装法装配。

② 圆锥孔轴承的装配　圆锥孔的轴承可以直接装在有锥度的轴颈上，或装在紧定套和退卸套的锥面上，如图 5-84 所示。

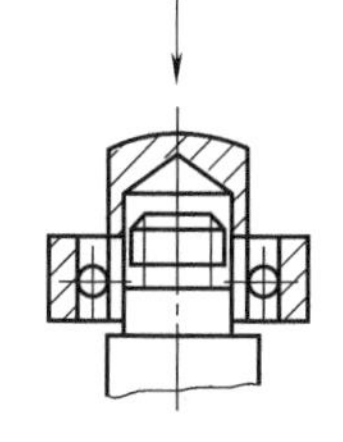

(a) 将内圈装到轴颈上

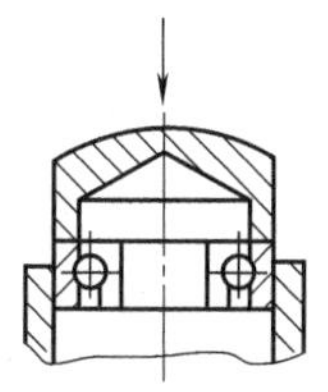

(b) 将外圈装入轴承孔中

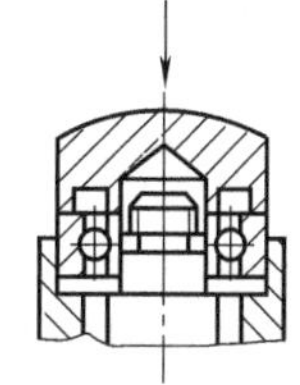

(c) 将内、外圈同时压入轴承孔中

图 5-82 压入法装配滚动轴承

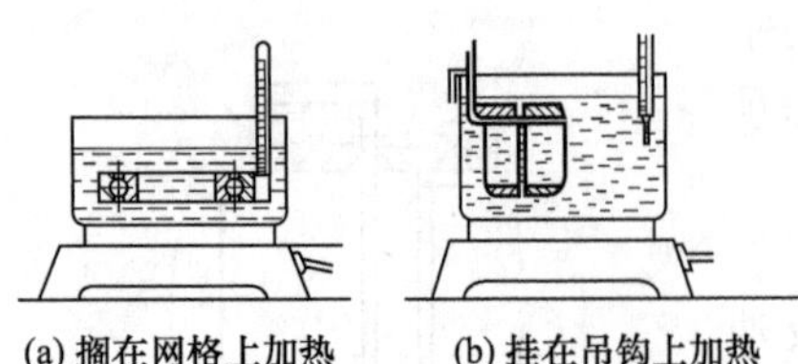
(a) 搁在网格上加热　(b) 挂在吊钩上加热

图 5-83　轴承在油箱中加热的方法

③ 推力球轴承的装配　推力球轴承有松圈和紧圈之分，装配时应使紧圈靠在转动零件的端面上，松圈靠在静止零件的端面上（图 5-85），否则会使滚动体丧失作用，同时会加速配合零件间的磨损。

推力球轴承的游隙可用螺母来调整。

(5) 滚动轴承的拆卸方法

滚动轴承的装拆方法应根据轴承的结构、尺寸大小和轴承部件的配合性质而定。装拆时的压力应直接作用在待配合的套圈端面上，不能通过滚动体传递压力。

滚动轴承的拆卸方法与其结构有关。对于拆卸后还要重复使用的轴承，拆卸时不能损坏轴承的配合表面，不能将拆卸的作用力加在滚动体上。如图 5-86 所示的方法是不正确的。

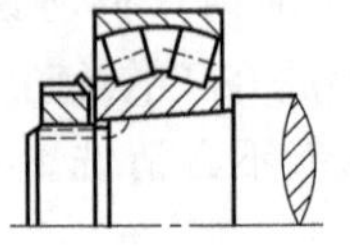
(a) 直接装在锥轴颈上

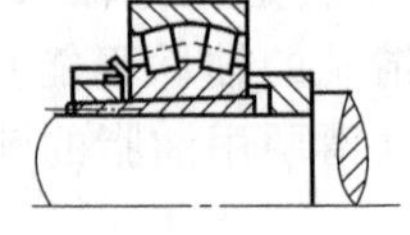
(b) 装在紧定套上

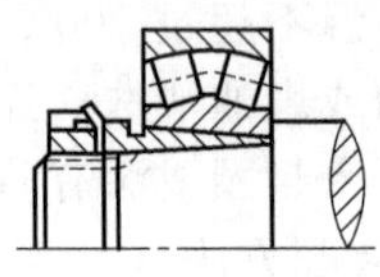
(c) 装在退卸套上

图 5-84　圆锥孔轴承的装配

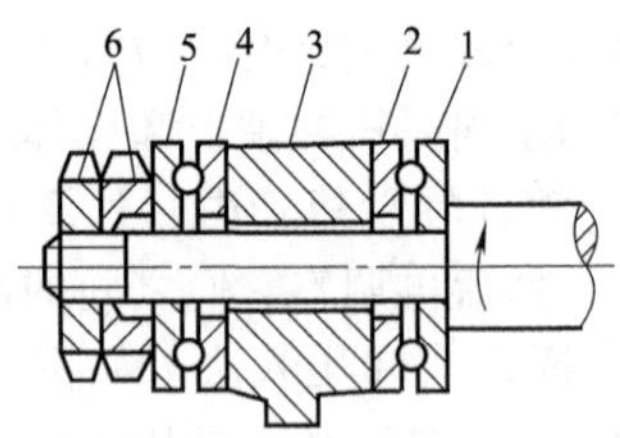

图 5-85　推力球轴承的装配

1,5—紧圈；2,4—松圈；3—箱体；6—螺母

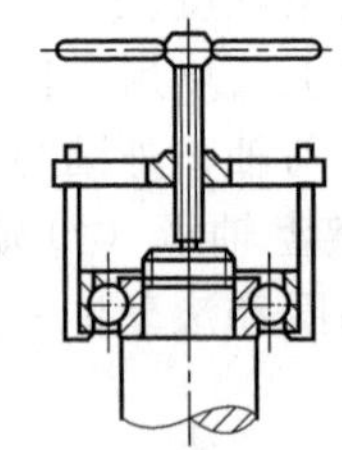
图 5-86　不正确的拆卸方法

对一般过渡配合的小型圆柱孔滚动轴承部件可用击卸法拆卸。把轴承支承在台虎钳或其他硬件上，用锤子或压力机将轴从轴承内圈中顶出，如图 5-87 所示，或用软金属的圆头冲子沿内圈端面的周围锤击冲出。也可以用拉出器，如图 5-88 所示。

圆锥孔轴承直接装在锥形轴颈上或装在紧定套上，可拧松锁紧螺母，然后利用软金属棒和手锤向锁紧方向将轴敲出，如图 5-89 所示。装在退卸套上的轴承，先将锁紧螺母卸掉，然后用拆卸螺母将退卸套从轴承座圈中拆出，如图 5-90 所示。

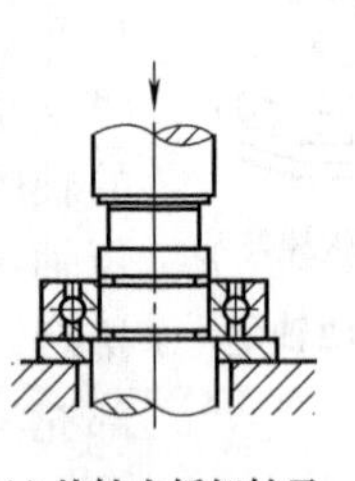
(a) 从轴上拆卸轴承

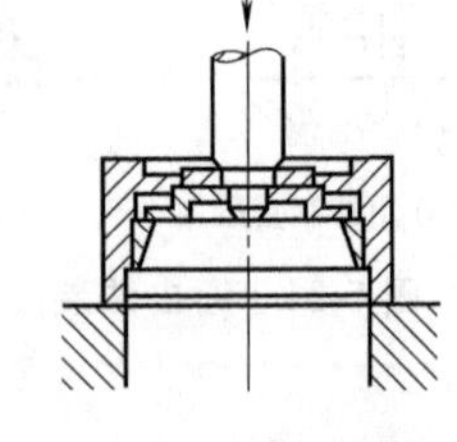
(b) 拆卸可分离轴承外圈

图 5-87　用击卸法拆卸圆柱孔轴承

(6) 角接触球轴承的预紧测量与调整

此类轴承可承受径向力和轴向力，但不经预紧力的作用不能单独使用。它可单独靠预紧力成对使用。常采用的是配垫法，目前也生产不用配垫能直接使用的成对轴承。

① 安装布置形式　如图 5-78 所示，共有三种形式。

② 预加载荷（预紧力）　预加载荷是消除滚珠与滚道全部间隙的载荷。这种载荷通过两轴承间不等厚的内、外垫夹紧轴承。

轻预紧用于高速、轻载荷的轴承，如金刚镗床、坐标镗床、高速内圆磨床等。中预紧用于

对刚度和旋转精度要求较高的中速、中等载荷的外圆磨床、螺纹磨床、精密车床等。重预紧用于低速、重载或刚度很高的齿轮及螺纹加工机床分度轴等。

③ 预加载荷的测量　支承轴承外环，内环加载荷后测量内外环端面之差 ΔK_1 或 ΔK_2 的方法如图 5-91 所示。也可支承内环，在外环加载荷，测量其内外环端面差值。

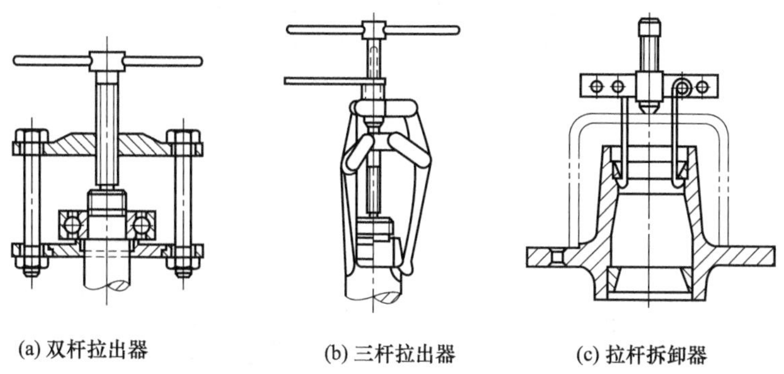

(a) 双杆拉出器　(b) 三杆拉出器　(c) 拉杆拆卸器

图 5-88　滚动轴承拉出器

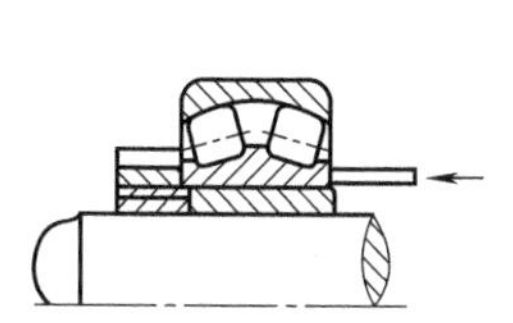

图 5-89　带紧定套轴承的拆卸

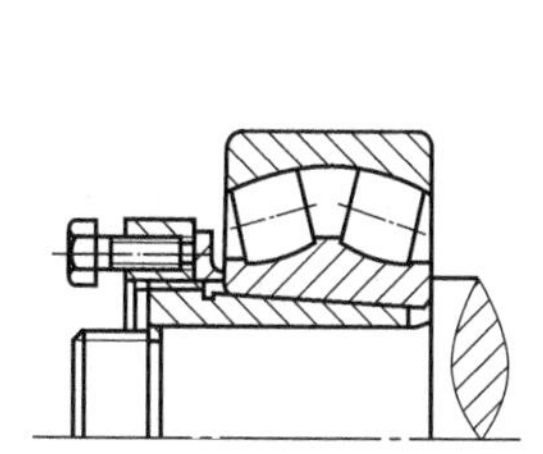

图 5-90　用拆卸螺母和螺钉拆卸

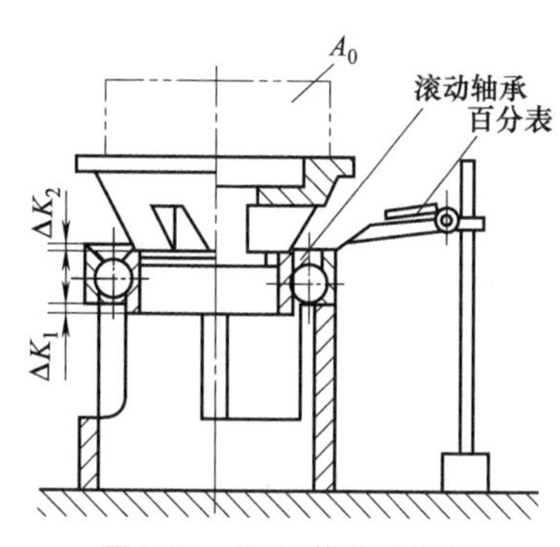

图 5-91　预加载荷的测量

当预紧量较小或仅仅消除滚动轴承内部原始间隙时，可以凭手感得知，如图 5-92（a）～（c）所示。当两个轴承间的内外圈分别安装规定的隔套时，可以在上面用重物或手直接压住轴承内圈或外圈，另一只手拨动外隔套或内隔套，并随时修磨其厚度，直至感觉到其松紧程度一致，使隔套的厚度符合设计预紧的要求，如图 5-92（d）所示。

配垫时，可固定一个垫的尺寸，使另一个垫加厚或减薄即可。

(7) 滚动轴承的定向装配

对于旋转精度要求很高的主轴，装配滚动轴承时，应采用定向装配法。

滚动轴承的定向装配，就是使轴承内圈的偏心（径向圆跳动）与轴颈的偏心、轴承外圈的偏心与轴承座孔的偏心，都分别配置于同一轴向截面内，并按一定的方向装配。

定向装配的目的是为了抵消一部分相配尺寸的加工误差，从而可以提高主轴的旋转精度。

定向装配前的主要工作，是要测出滚动轴承及其相配零件配合表面的径向圆跳动和方向。

1）装配要点

对旋转精度高的主轴部件采用定向装配，其要点是测出滚动轴承内圈、外圈、主轴轴颈配合表面及壳体孔的径向圆跳动量和方向。

① 滚动轴承内圈径向圆跳动的测量　滚动轴承内圈径向圆跳动的测量如图 5-93 所示，测量时，外圈固定不转，内圈端面上加以均匀的测量负载 F（不同于滚动轴承实现预紧时的预加负荷），F 的数值可由表 5-26 查得。使内圈旋转一周以上，用千分表便可测得内圈内孔径向圆

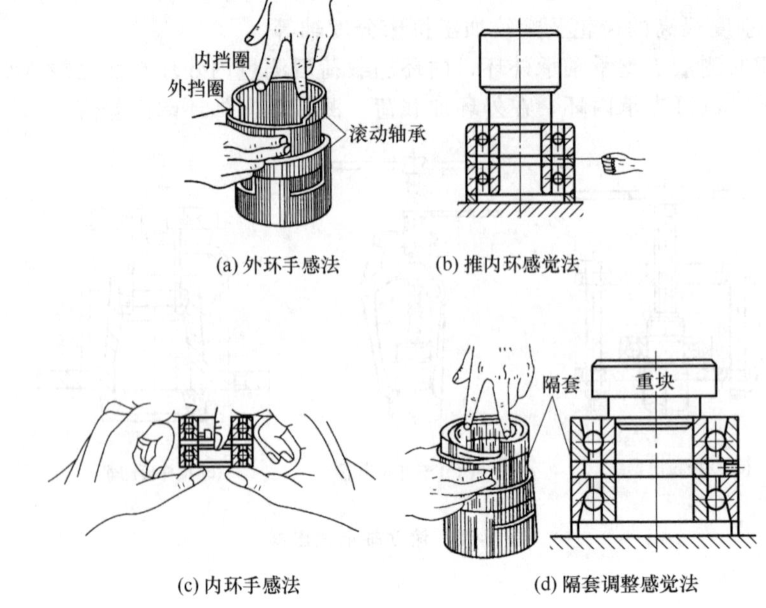

(a) 外环手感法　(b) 推内环感觉法

(c) 内环手感法　(d) 隔套调整感觉法

图 5-92　确定内外垫厚度的感觉法

跳动及其方向。

② 滚动轴承外圈径向圆跳动的测量　滚动轴承外圈径向圆跳动的测量如图 5-94 所示，测量时内圈固定不转，外圈端面上加以均匀的测量负荷 F（表 5-26），使外圈旋转一周以上，用千分表便可测得外圈的径向圆跳动误差及其方向。

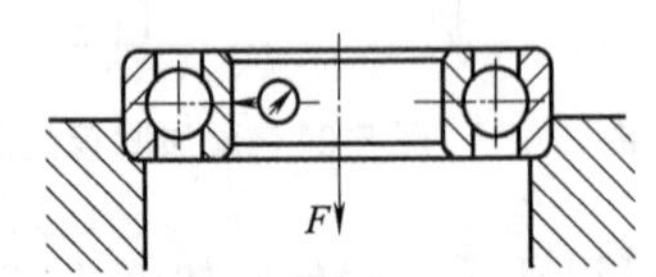

图 5-93　滚动轴承内圈径向圆跳动的测量

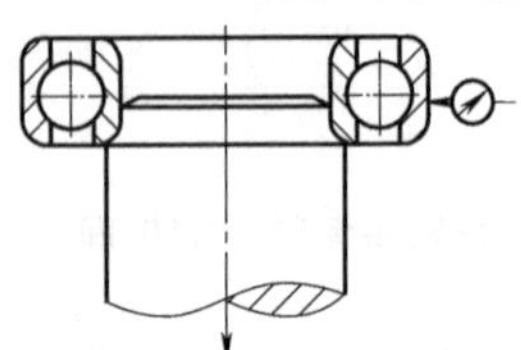

图 5-94　滚动轴承外圈径向圆跳动的测量

表 5-26　测量滚动轴承径向圆跳动所加的载荷

轴承标称直径 d/mm	测量时所加的负荷 F/N	
	角接触球轴承	深沟球轴承
≤30	≤40	≤15
30～50	≤80	≤20
50～80	≤120	≤30
80～120	≤150	≤50
>120	≤200	≤60

③ 轴颈径向圆跳动的测量　轴颈径向圆跳动的测量如图 5-95 所示，将主轴 1 的两轴颈放在一对等高的精密 V 形架 2 上，在主轴锥孔内插入量棒 3，转动主轴，用千分表可测得量棒圆周上的最高点，在对应的主轴母线上，便是轴颈最低点的方向。

④ 壳体孔径向圆跳动的测量　轴承座孔径向圆跳动误差的测量如图 5-96 所示，将轴承座（壳体）两端放在成对等高的精密 V 形架上，转动壳体，用千分表便可测得两端内孔的径向圆跳动误差及其方向。

2）装配步骤

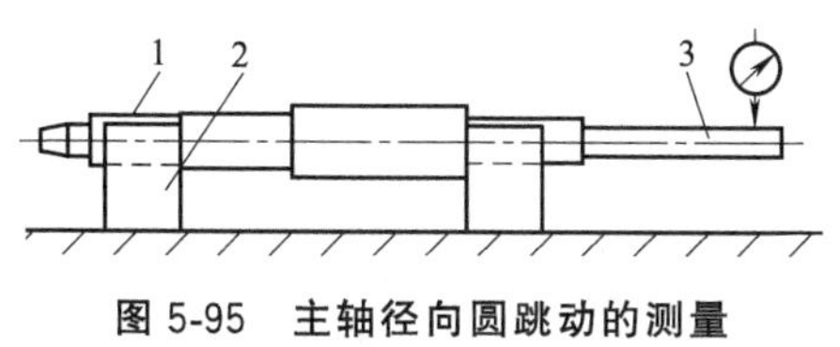

图 5-95　主轴径向圆跳动的测量
1—主轴；2—V 形架；3—量棒

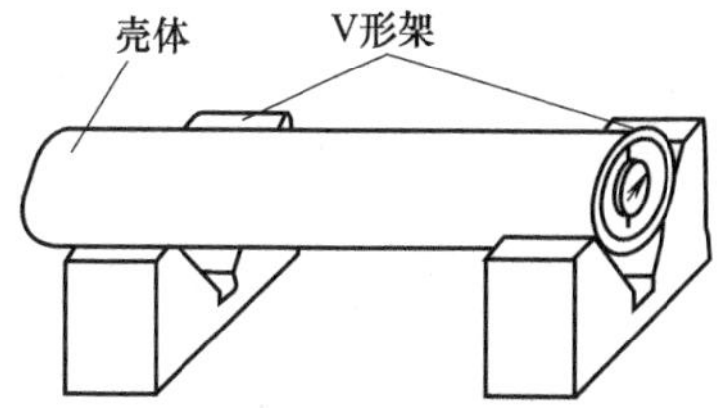

图 5-96　壳体孔径向圆跳动的测量

通过以上径向圆跳动误差的测量，已经确定了径向圆跳动的最高点和最低点，故定向装配步骤可按如下步骤进行。

① 使滚动轴承内圈的最高点与主轴轴颈的最低点相对应。

② 使滚动轴承外圈的最高点与壳体孔的最低点相对应。

③ 前后两个滚动轴承的径向圆跳动量不等时，应使前轴承的径向圆跳动量比后轴承小。

(8) 滚动轴承的检修

滚动轴承是用来支承轴的零部件，有时也用来支承轴上的回转零件，其种类较多，结构形式均已标准化，且各零件的加工及装配精度较高。常见的缺陷主要有：过度磨损，滚动体的伤痕、断裂、胶合、磨损，保持架的断裂以及内外圈滚道的表面剥落、胶合、磨损等，这些均会严重影响轴承的正常工作，导致噪声、振动、超温等故障。

在机械设备维修时，并不需要对已磨损的滚动轴承进行修复，其工作主要是根据滚动轴承的运转情况，判断滚动轴承是否运转正常，对已损滚动轴承可采用更换滚动轴承组件的方法完成，此时必须拆卸滚动轴承，对其进行更换。

滚动轴承的运转故障主要有：音响故障、振动故障及运转时温升异常等几种形式，其中，音响故障又可分为高频连续音响、低频连续音响和低频不规则音响；振动故障可分为启动或停机时共振和转动时的振动。各类故障产生的原因及排除方法主要如下。

① 高频连续音响　该故障产生的原因主要有：间隙太小，内负荷过大；润滑不良；安装误差超差；回转件有摩擦；排除方法主要是针对性的采取措施，分别为：修正间隙、预紧量和配合过盈量；增大润滑剂的黏度和用量；检查轴、轴承座孔的形位公差和安装精度；检查滚动轴承与端盖密封件的接触情况。

② 低频连续音响　该故障产生的原因主要是滚道有伤痕、缺陷，润滑剂不洁净；排除方法是清洗或更换滚动轴承、更换润滑剂。

③ 低频不规则音响　该故障产生的原因和排除方法主要有：间隙过大，应调整间隙，修正配合；异物进入滚动轴承，应清洗滚动轴承，检查、更换密封圈，更换润滑剂；机械振动，应采取相应的措施增加箱体和滚动轴承的刚性；滚动体表面有伤痕，应更换滚动轴承；回转件松动，应紧固滚动轴承端盖。

④ 启动或停机时共振　该故障产生的原因主要是轴的临界转速太低；排除方法是增加轴的刚性和滚动轴承的刚性。

⑤ 转动时振动　该故障产生的原因和排除方法是：回转体不平衡，可采取相应措施使回转体平衡；安装误差超差，可采取提高箱体的精度和安装精度的方法排除；异物进入滚动轴承，可用清洗滚动轴承、改进密封、更换润滑剂的措施排除；机械变形，应采取相应措施增大箱体和支承的刚性。

⑥ 运转时温升异常　该故障产生的原因和排除方法主要有：润滑油脂太多，应排出过多的润滑油脂；润滑剂的黏度太大，应降低润滑剂的黏度；润滑剂用量不足，应补充润滑剂的用量；滚动轴承的间隙太小、内负荷太大，应增大间隙、减小预紧力和过盈量，防止额外的负荷

产生；安装误差超差，应减小轴和轴承座的形位公差和提高安装精度；密封部位有摩擦，应改进密封结构，减小密封处的接触应力；配合部位松动，应修正配合等级，更换滚动轴承，涂少量厌氧胶以提高配合部位的接合力。

5.6.3 机床主轴组件的修理

机床主轴组件主要由主轴、主轴支承以及安装在主轴上的传动件等组成，主轴组件是机床的重要部件之一，其旋转精度、刚度、抗振性、耐磨性、温升与热变形等技术要求都很高，因此，主轴组件的修理在整个机床的修理工作中，十分重要。

主轴组件的结构形式较多，常见的有：调心滚子轴承主轴组件、整体滑动轴承主轴组件、角接触球轴承主轴组件和轴瓦式主轴组件等四种。各类机构的结构及修理方法主要有以下方面。

(1) 调心滚子轴承主轴组件的修理

调心滚子轴承广泛应用在车床、镗床、铣床和磨床的主轴组件中，这些主轴旋转精度高、刚性好，承载能力大、结构尺寸小，径向间隙可以调整。以下以C630车床的主轴组件为例对其修理进行说明。

① C630车床主轴的组成　C630车床主轴组件的组成如图5-97所示。

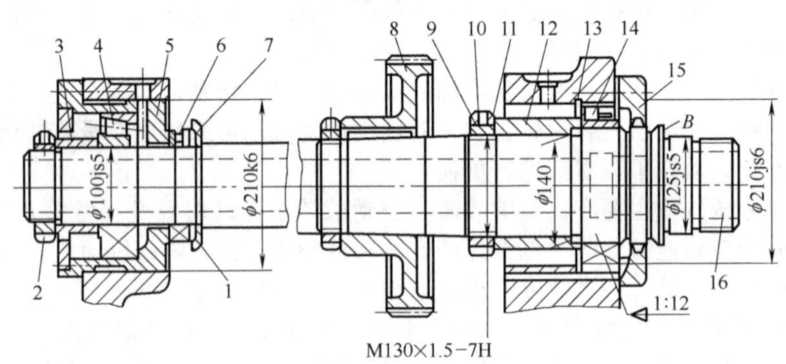

图5-97　C630车床的主轴组件

1—垫圈；2—圆螺母；3,12—衬套；4—圆锥滚子轴承；5—后轴承壳体；6—止推球轴承；7—对开垫圈；8—大齿轮；9—锁紧螺块；10—螺钉；11—螺母；13—卡环；14—调心滚子轴承；15—前法兰；16—主轴

主轴的大直径端有安装卡盘的定位 B 端面和 ϕ125mm 定位外圆面，还有用于安装芯棒的内锥孔；1∶12的外锥面用于安装前轴承14，并通过圆螺母11、衬套12调整前轴承14的内环的轴向位置；中间段的外锥面用于安装输入转矩的大齿轮8；主轴的尾端装有圆锥滚子轴承4，并通过圆螺母2、衬套3及垫圈1调整其间隙；后轴承壳体5的端面装有止推球轴承6，卡盘拧紧在主轴16的右端螺纹上，装卡工件随主轴转动。

② 主轴轴颈的修理　C630车床主轴轴颈的修理一般可采用镀铬或镶套两种方法。

第一种方法：镀铬修理。C630车床主轴卡盘轴颈 ϕ125js5 处，工艺上若要保持标准直径，以便于互换工装，可以采用镀铬方法进行修理。修理步骤如下。

首先在主轴两端重新配闷头，在机床上以前后主轴颈（ϕ140mm 和 ϕ100mm）处未磨损部分为基准找正，两端打中心孔。

然后在磨床上将磨损的轴颈（ϕ100mm 和 ϕ125mm）磨小0.05～0.15mm。一般磨削余量不宜过大，否则会增加镀铬时间。

镀铬时，为了保证镀层的质量和结合强度，零件镀铬前应进行磨削和除油等预备工序。镀铬后首先检查镀层有无裂纹、斑点及镀层的基体结合情况，镀层质量合格后，再按规定的要求

进行磨削。单边的镀层厚度一般不超过 0.2mm，保证直径上的磨削余量不小于 0.15mm。

磨制镀铬后的各轴颈，后轴承轴颈 ϕ100js5 处，最好按圆锥滚子轴承内孔的实际测量尺寸进行配磨，并保证过盈量在 0～0.005mm 之内。如配合太紧，使主轴调整和拆卸困难；如配合太松，会使轴承内圈走动。卡盘处轴颈 ϕ125js5 按规定公差磨制。

第二种方法：镶套修理。如果没有镀铬条件时，可采用红套的办法修复后轴颈 ϕ100js5 处，如图 5-98 所示。

修理时，先将主轴后轴颈车小至 ϕ95u5，再根据红套过盈量计算公式算出过盈量的数值，确定镶套的内孔尺寸。主轴后轴颈镶红套后，磨削后轴颈 ϕ100js5 至要求，并用砂轮靠磨台肩面 G。卡盘主轴颈 ϕ125js5 及其台肩面。主轴莫氏 5 号锥孔，可在主轴箱装好后利用车床本身的刀架精车修整。

③ 后轴承壳体的修理　C630 型车床后轴承壳体修理时，应按以下步骤进行操作。

先配车一根检验芯轴，将轴承外圈装进轴承壳体（注意校正），再将内圈装在检验芯轴上，而后置于平板上（如图 5-99 所示）测量表面 1 的端面圆跳动，用来检查安装正确性及综合精度。套的外径和端面 1、2 之端面圆跳动不得超过 0.01mm。当超差时，首先将轴承拆下，转动一个角度重新安装，直至确认超差并非因安装引起时，刮研 1、2 面至符合要求。

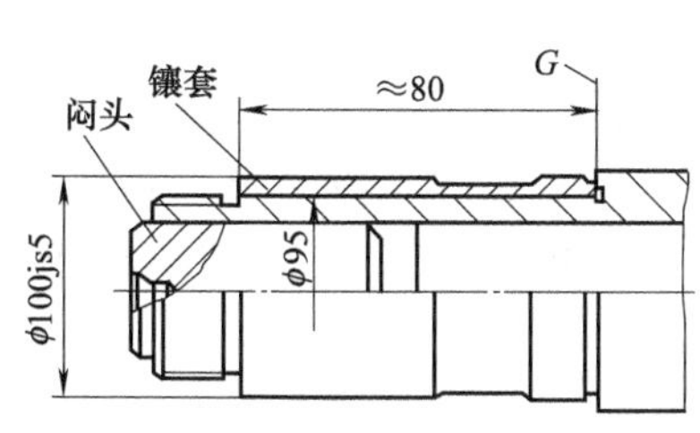

图 5-98　主轴后轴颈镶套示意图

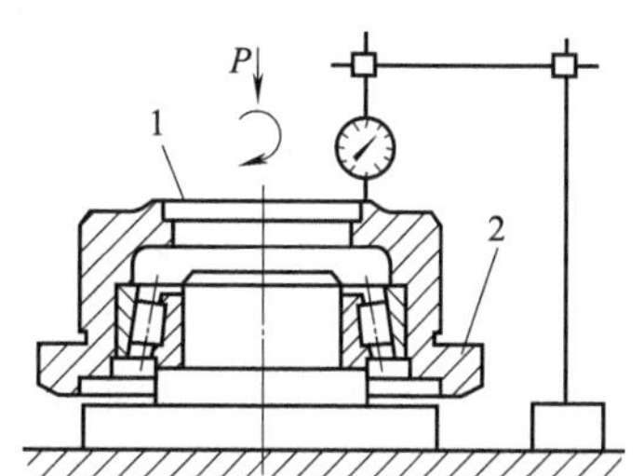

图 5-99　后轴承壳体检查

④ 车床主轴间隙的调整　C630 车床主轴组件中的主轴分别由前轴承和后轴承支承（图 5-97)。前轴承 14 为精密级的调心滚子轴承，用于承受切削时的径向力，通过调整轴承的间隙，可以控制主轴的径向跳动。主轴的轴向推力由止推球轴承 6 承受，主轴的端面圆跳动由圆锥滚子轴承 4 和止推球轴承 6 来调整。这种主轴的特点是：当主轴运转发热后，允许主轴向前端作轴向伸长，而不至于影响前轴承所调整的径向间隙，因此不会使主轴受体积膨胀力而变形。

在车床主轴间隙调整时，应注意要在机床温升稳定后调整。这是因为机床正常运转时，一般都会有温升，温度升高后主轴的间隙发生变化，要使主轴得到理想的运转状态，主轴间隙应在机床温升稳定后再调整。这时所得的间隙才是主轴的实际工作间隙。因此无论日常维修还是大修，机床主轴间隙的调整都应在机床温升稳定后进行。实际上，应使机床在温升允许的条件下，主轴间隙越小越好，这样可以提高主轴的旋转精度，从而提高加工工件的精度和得到较细的表面粗糙度。

(2) 整体滑动轴承主轴组件的修理

主轴采用整体滑动轴承，与滚动轴承相比，具有承载能力强、运转平稳的优点，但因其摩擦阻力大，仅适用于 1000r/min 以下的较低转速的工作场合。下面以 C618 车床的主轴组件为例对其修理进行说明。

① C618 车床主轴的组成　C618 车床主轴的结构如图 5-100 所示。主轴 1 的大直径端有安装卡盘的外圆面和端面定位面；主轴前端的螺纹用于锁紧卡盘；主轴前端的内锥孔用于安装芯棒和顶尖；1∶15 的外锥面用于安装外柱内锥的前轴承及大齿轮 6。

主轴前端装有滑动轴承 3，与主轴的径向间隙由圆螺母 2 及圆螺母 5 调整。主轴的尾端装

有圆锥滚子轴承及止推球轴承，圆螺母 11 调整圆锥滚子轴承 9 的工作间隙，垫圈 7 调整止推球轴承 8 的工作间隙。

主轴 1 支承在滑动轴承 3 和圆锥滚子轴承 9 上，中间安装有止推球轴承 8。前轴承用来控制主轴的旋转精度，中间轴承和后轴承控制主轴的端面圆跳动误差。

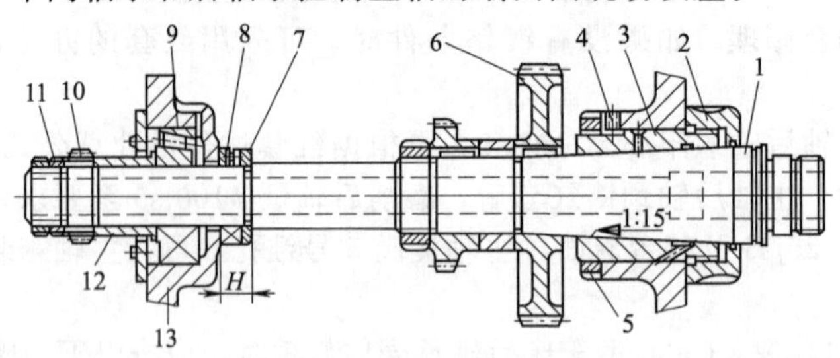

图 5-100　C618 车床主轴组件

1—主轴；2—圆螺母 1；3—滑动轴承；4—导向螺钉；5—圆螺母 2；6—大齿轮；7—垫圈；8—止推球轴承；9—圆锥滚子轴承；10—小齿轮；11—圆螺母 3；12—衬套；13—箱体

② 主轴磨损的修理　主轴锥体磨损轻微时，可采用抛光修复。采用这种方法修复后，应保证主轴颈的固度允差在 0.005mm 之内、锥部母线的直线度允差在 0.01mm 之内、前后轴颈同心度允差在 0.01mm 之内、表面粗糙度不高于 $Ra0.32\mu m$。

当主轴磨损较严重时，可以采用镀铬修复或更换主轴。

滑动轴承内孔的研磨，是以主轴轴颈为最终依据的。因此，滑动轴承修理精度的高低与主轴精度的高低有密切的关系。主轴精度的检查可在车床、磨床上进行，也可以在 V 形块上进行。图 5-101 所示为在机床上测量主轴的精度。

③ 主轴轴承外径的配磨　在配磨 C618 型车床主轴轴承外径时，必须将轴承推紧在主轴锥部或标准芯轴上，如图 5-101 所示，将轴承压紧在主轴锥部（或用标准锥度芯轴）上，按主轴箱轴承孔的实际尺寸，配磨轴承外径 $\phi112$mm，保证其过盈量在 0～0.01mm 之内。这样加工的好处是既保证了过盈量，又保证了轴承外径对其内锥孔的同轴度。

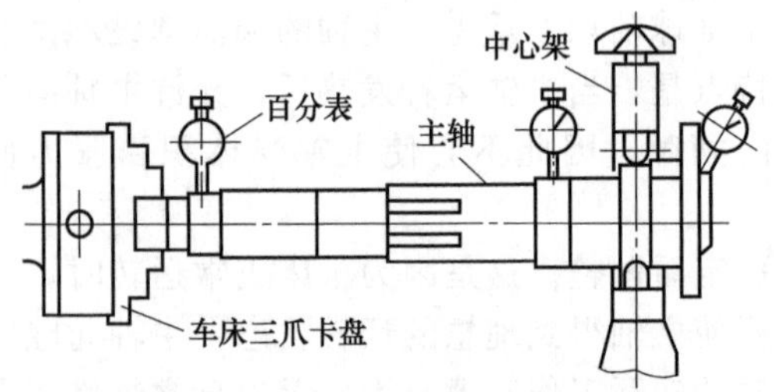

图 5-101　在机床上测量主轴的精度

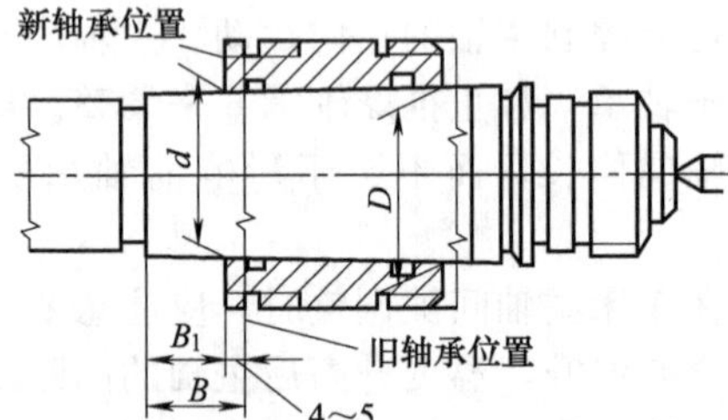

图 5-102　C618 型车床主轴组件滑动轴承的修理

④ 滑动轴承的修理　C618 型车床主轴组件滑动轴承的修理（图 5-102），可按以下步骤进行。

首先粗车轴承，按图样车好两端螺纹，外径尺寸为 $\phi112^{+0.035}_{+0.025}$mm；然后配车螺纹内锥孔。

再在轴承锥孔中加工油槽，刮油窝，以保证良好的润滑；然后在主轴锥孔上着色粗刮轴承内孔，整个锥孔上见点即可。

接着配磨轴承外径；配车刮研工艺套，与主轴箱后轴承孔配车外径为 $\phi120$k6，与主轴后轴颈配车内孔 $\phi65$mm，保证配合间隙在 0.015～0.025mm 之内；内外径同轴度允差 0.005mm，工艺套材料一般为 HT200；接着再半精刮轴承内锥孔、精刮轴承内锥孔；然后将主轴拆下洗净；最后试车调整。

(3) 角接触球轴承主轴组件的修理

角接触球轴承具有较高的旋转精度，能承受一定的轴向推力，在调整时需要给予一定的预

加载荷，才能充分显示它的优点。下面以 M131 万能外圆磨床的内圆磨具为例对其修理进行说明。

① 内圆磨具主轴的组成　如图 5-103 所示，内圆磨具由主轴 10、前轴承 4、后轴承 9、壳体 7 和套筒 13 等组成。主轴支承在两组角接触球轴承上。主轴的后端锥体上装有皮带轮 11。主轴前端的莫氏锥孔在工作时安装砂轮杆，并靠螺纹拉紧。

② 内圆磨具主轴的修理　主轴可以在外圆磨床上进行检查。检查时，先修整中心孔，再以中心孔定位，用千分表测量主轴轴承安装表面的径向圆跳动误差，同时检查轴承安装表面的端面圆跳动误差。如图 5-104 所示，为在 V 形块上检查锥孔轴线对主轴轴承安装表面径向圆跳动误差的方法。

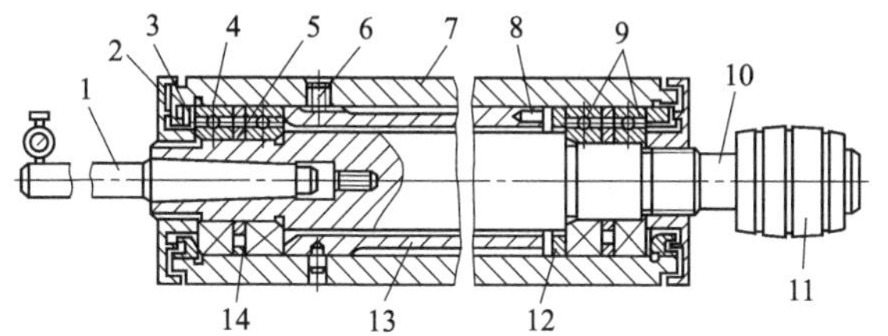

图 5-103　内圆磨具主轴的组成

1—锥度芯棒；2—外盖；3—内盖；4—前轴承；5—内隔圈；6—螺塞；7—壳体；8—弹簧；9—后轴承；10—主轴；11—皮带轮；12—垫圈；13—固定套；14—外隔圈

图 5-104　主轴锥孔的测量

若主轴前后轴承颈的径向圆跳动误差、端面圆跳动误差不超差时，可修磨锥孔后继续使用；若超差时，则应更换主轴。

若锥孔跳动误差的超差量较小时，可用研磨棒研磨修复；若超差量稍大，可在磨床上修磨，修磨量应控制在最小范围。

(4) 轴瓦式主轴组件的修理

轴瓦式滑动轴承是一种高精度滑动轴承，一般应用在磨床主轴上。下面以 M1432A 万能外圆磨床的内圆磨具为例对其修理进行说明。

① M1432A 磨床主轴的组成　主轴组件的结构如图 5-105 所示，它由主轴 10、前后两组短三瓦轴承、砂轮组件 8、带轮 13 及前后端盖等组成。

其中，主轴用来带动砂轮旋转进行磨削。主轴的尾端外锥上安装带轮 13，并用螺母 14 压

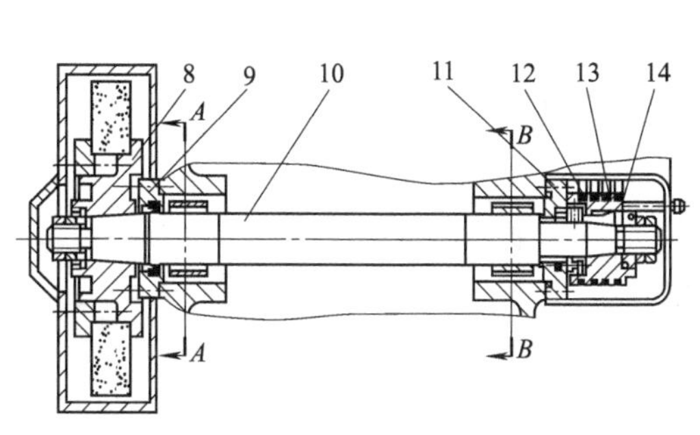

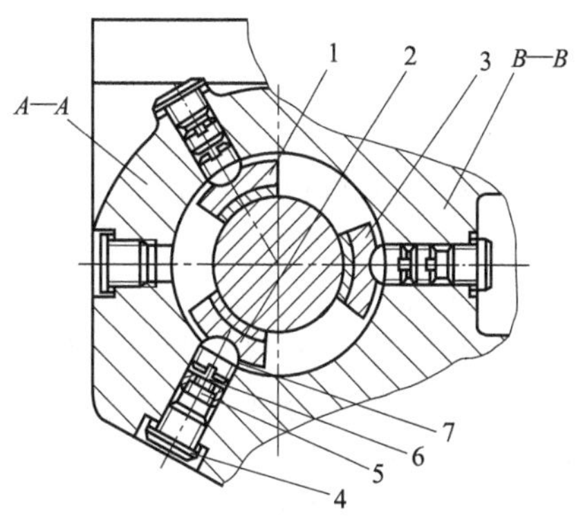

图 5-105　M1432A 磨床主轴的组成

1～3—轴瓦；4—油塞；5—螺钉；6,14—螺母；7—球头螺钉；8—砂轮组件；9—前端盖；10—主轴；11—后端盖；12—传动带；13—带轮

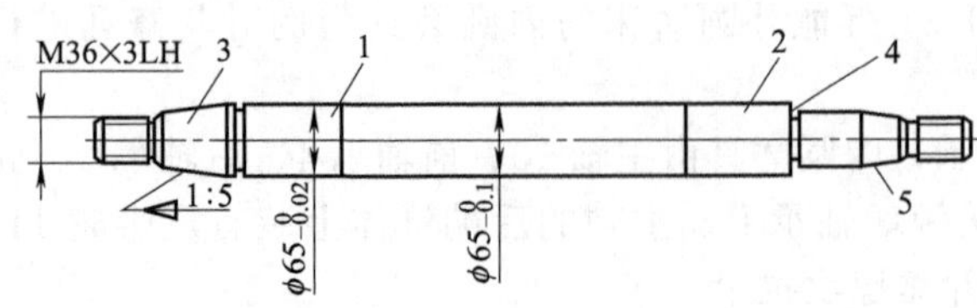

图 5-106　砂轮主轴

紧。主轴的前端外锥上安装砂轮盘组件，主轴支承在前后两组短三瓦轴承上。

② M1432A 磨床主轴的修理　砂轮主轴的结构如图 5-106 所示。

主轴修理前应进行“探伤”测定，对“探伤”测定有裂痕的主轴应予以更换，仅发生磨损的主轴可以修复后使用。

对轴颈丝痕在 0.01mm 之内，精度超差在 0.002～0.003mm 可研磨修复。研磨只能使主轴表面粗糙度细些，对保证主轴精度比较困难，研磨修理的方法如图 5-107 所示。一般是将砂轮主轴用鸡心平夹头及活络顶尖顶在车床上，研磨时，在材料为 HT150 的研套内加入粒度为 W10～W7 的磨粒，用氧化铬调煤油的研磨剂，转动主轴，研磨套在主轴上往复直线运动，将丝痕研磨掉。然后用木夹具夹住毛毡对主轴轴颈抛光达到如图 5-107 所示的允许值。

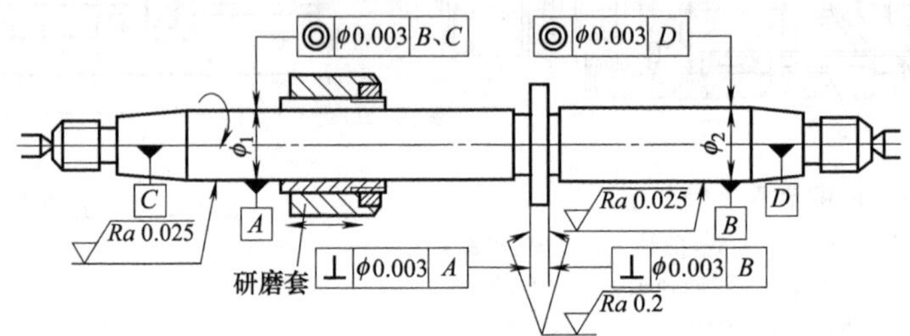

图 5-107　主轴研磨示意图

对仅发生磨损的主轴也可采用以下方法进行操作修复后使用。首先，以表面 3、5（图 5-106）为基准修整中心孔。操作时，将主轴顶在磨床上，在尾架上装一研磨顶尖。用千分表在近尾架处测量表面 3 或 5，边测量、边研磨，直到此锥面的跳动误差在 0.003mm 之内。用同样的方法研磨另一端的中心孔，然后在磨床上精磨主轴。操作时，先应将表面 1 和表面 2 的磨损痕迹全部磨掉，且圆度误差和圆柱度误差均合格或接近合格；表面 3 磨掉的量越少越好；而表面 4 磨损痕迹磨掉即可，最后将表面 1 和表面 2 磨至各项精度合格为止。表面 3 修磨后，应对锥度进行检查，在环规的三条母线上着色检查，转动应小于 60°，使表面的接触率 ≥70%。

③ 轴瓦的修复　轴瓦是主轴组件的重要零件，其质量的好坏直接影响主轴组件的精度。对发生磨损的轴瓦可采用刮研进行修复，刮研过程主要如下。

第一步：拆卸轴瓦。轴瓦拆卸时，应仔细对轴瓦和其成对组合的球面螺钉做好记号。

第二步：刮研主轴箱体。将主轴箱放在标准平板上，刮研底部，其接触率在每 25mm×25mm 上不低于 6～8 点，箱体前后主轴孔中心线对底面的平行度允差为 0.02mm。

第三步：粗刮轴瓦。在标准平板上放两块 V 形块，将研好的主轴置于 V 形块上，如图 5-108 所示。轴颈上涂一层薄而均匀的蓝油，将轴瓦放在主轴颈上着色刮研，手压轴承时用力要均匀，否则着色不真实。用百分表测量轴瓦背面两端厚度差，其允差为 0.01mm，且前后轴承相对应两块轴瓦的厚度差不超过 0.01mm，每 25mm×25mm 上接触点数为 12～14 点，点子要均匀分布。

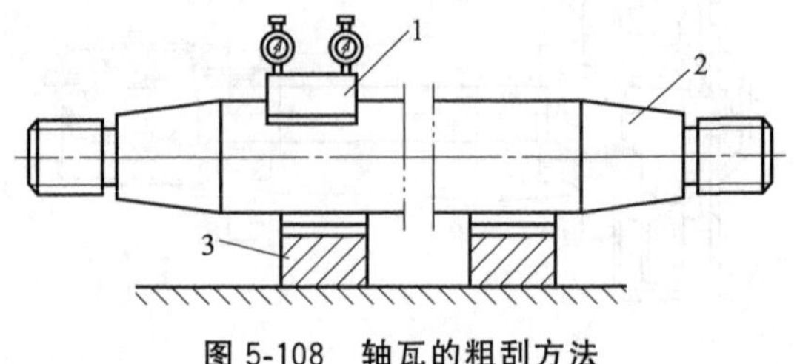

图 5-108　轴瓦的粗刮方法

1—轴瓦；2—主轴；3—V 形块

第四步：在箱体内精刮轴瓦。如图 5-109 所示，将下部的四块轴瓦 10、15、13、16 按运

转箭头方向分别放在固定支承头和球头螺钉上。将主轴放在这四块轴瓦上，然后插入上部的两块轴瓦6和14，调整球头螺钉和固定支承头的调整垫片厚度，使主轴在孔内对中，可用塞尺检验各轴瓦背面对箱体孔壁的间隙是否均匀。再将箱体置于标准平板上，检查主轴中心线对底面 K 的平行度，一般允差为0.02mm。用锁紧螺母将6、14、15三块轴瓦的球头螺钉锁紧。复查一次平行度与间隙的变化，若有变化应重新调整。再扳动辅具，转动主轴给主轴着色。为了保证已调整好的轴线位置不走动，在精刮和以后的调整过程中，轴瓦10、15、6、14的调整螺钉不能再动。拆卸主轴时只松动下部两块轴瓦13、16的调整螺钉，然后取下主轴和轴瓦，进行精刮，精刮后点子要求均匀，每25mm×25mm上点子接触率不低于18～20点。

第五步：抛光。将拆下的主轴与轴瓦洗净，然后装上，在轴瓦中加入粒度为W10～W7的氧化铬，用手转动主轴对研抛光，注意要不断加入适量的煤油，防止烧伤。

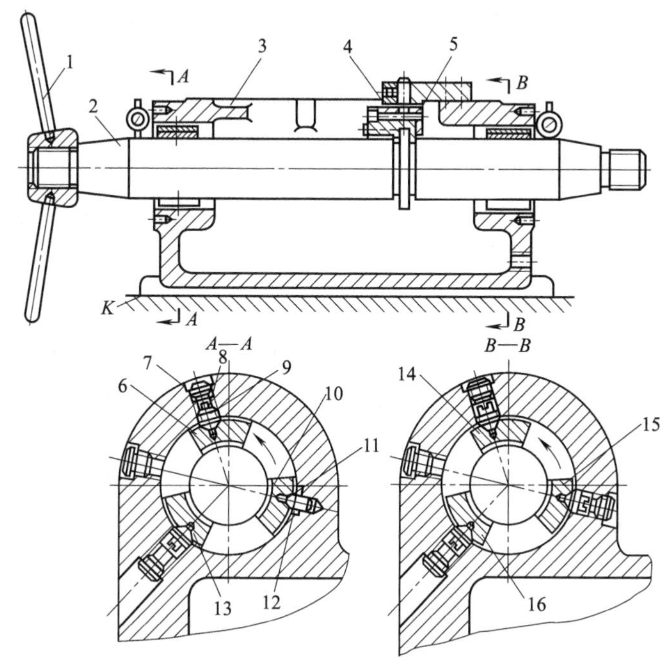

图5-109 外圆磨床轴瓦修理示意图

1—辅具；2—主轴；3—箱体；4—左止推环；5—右止推环；6,10,13～16—轴瓦；7—螺盖；8—锁紧螺母；9—球头螺钉；11—固定支承头；12—调整垫圈

5.6.4 机床导轨的修理要点及检测

导轨是保证机床运动部件能沿一定的轨迹运动，并承受运动部件及工件的重量和切削力的重要运动部件之一，导轨的磨损会严重影响机床的使用寿命和加工精度，因此，维持、保证机床导轨的精度是维护保养和机床修理的重要内容。

(1) 机床导轨的种类

机床导轨按运动性质可分为直线运动导轨和旋转运动导轨；按摩擦状态可分为滑动导轨、滚动导轨和静压导轨；按其截面形状可分为三角形导轨、矩形导轨、燕尾形导轨和圆柱形导轨。为保证机床导轨有良好的导向性、稳定性和承载能力，导轨通常由两条组成，其截面形状可以相同或不同。

(2) 机床导轨的精度

机床导轨的作用是导向和承受载荷，因此要求它具有良好的导向精度、良好的耐磨性和刚性，磨损后易进行调整和修复。机床直线运动导轨的精度如下。

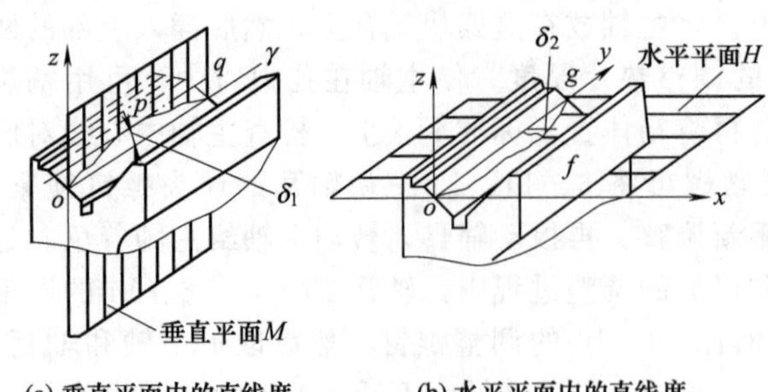

(a) 垂直平面内的直线度　(b) 水平平面内的直线度

图 5-110　导轨的直线度误差

1）几何精度

① 导轨在垂直平面内的直线度　沿导轨的长度方向作假想垂直平面 M 与导轨相截，得导轨在该垂直平面内的实际轮廓线 opq。包容 opq 曲线而距离为最小的两平行线之间的距离 δ_1，即为导轨在垂直平面内的直线度误差值，如图 5-110（a）所示。

② 导轨在水平平面内的直线度　沿导轨长度方向作假想水平平面 H 与导轨相截，得导轨在该水平平面内的实际轮廓线 ofg。包容 ofg 曲线而距离为最小的两平行线之间的距离 δ_2，即为导轨在水平平面内的直线度误差值，如图 5-110（b）所示。

通常导轨的直线度表示方式有两种：即给定的测量长度（一般为 1m）内的直线度和导轨全长内的直线度。

③ 同一组导轨两导轨面间的平行度　同一组导轨两导轨面间的平行度也称为导轨的扭曲，按标准规定是两导轨面在横向每 1m 长度内的平行度误差值为 δ_3，实际上测量的是测量桥板或溜板移动时的横向倾斜值。一般机床导轨平行度误差为 0.02/1000～0.05/1000，如图 5-111 所示。

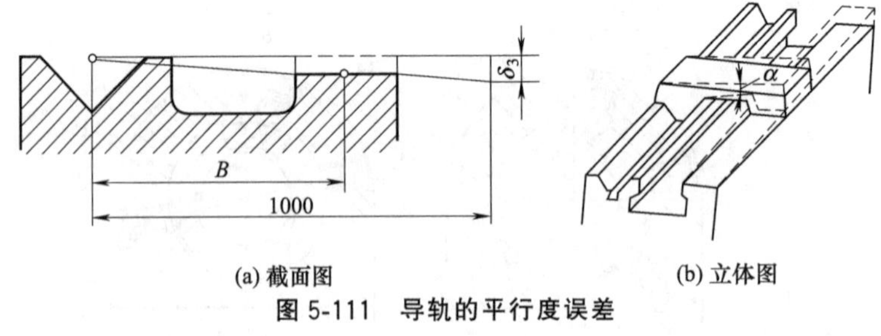

(a) 截面图　(b) 立体图

图 5-111　导轨的平行度误差

2）接触精度

接触精度指机床导轨副的接触精度。为保证导轨副的接触刚度和运动精度，导轨的两配合面必须有良好的接触，可用涂色法检查。对于刮削的导轨，以导轨表面 25mm×25mm 内的研点数作为精度指标，各种精度机床导轨表面接触精度的要求如表 5-27 所示。

表 5-27　刮削导轨表面的接触精度

研点数 / 机床类别	每条导轨宽度/mm		镶条、压板
	≤250	>250	
高精度机床	20	—	12
精密机床	16	12	10
普通机床	10	6	6

3）导轨表面粗糙度

一般刮削导轨表面粗糙度 Ra 应<1.6μm，磨削导轨和精刨导轨表面粗糙度 Ra 应<0.8μm，滑动导轨表面粗糙度的要求如表 5-28 所示。

(3) 导轨修理的一般原则

① 修理导轨面时，一般以本身不可调的装配孔（如丝杠孔）或未磨损的平面为基准。

② 对于不受基准孔或不受结合面限制的床身导轨，一般应选择刮削量最少的面或工艺复杂的面为基准。

表 5-28　滑动导轨表面粗糙度

机床类别		表面粗糙度 $Ra/\mu m$	
		支承导轨	动导轨
普通机床	中小型	0.8	1.6
	大型	1.6～0.8	1.6
精密机床		0.8～0.2	1.6～0.8

③ 对于导轨上滑动的另一相配导轨面，只进行配刮，不做单独的精度检查。

④ 导轨面相互拖研时应以刚性好的零件为基准，来拖研刚性差的零件。另外应以长面为基准拖研短面。

⑤ 导轨修理前后，应测出必要的数据并绘出运动曲线，供修理调整时参考、分析。

⑥ 机床导轨面在修理时，必须在自然状态下，放在牢固的基础上，以防止修理过程中变形或影响测量精度。

⑦ 机床导轨磨损 0.3mm 以上，一般应先精刨后再刮研或磨削。

(4) 机床导轨修理基准的选择

床身、立柱等带有导轨的零件，在导轨的修理过程中，一般应选用机床未失效的原始制造基准来作为修理基准，例如未经磨损的固定结合面或轴孔。在不影响传动性能的情况下，也可以选用测量方便、所需工具简单的表面作为修理基准。例如：

① 普通车床床身导轨修理基准的选择　在车床床身上，保持原来制造精度而没有磨损的面有齿条安装面、进给箱、主轴箱和托架的安装面。床身导轨与这些面之间都有密切联系，可以作为导轨的修理基准；但主轴箱、托架和进给箱的固定面太小，以它们为基准测量不方便。一般以齿条安装面作为修理基准较为合适，修理时可保证齿条安装面对导轨的平行度精度要求，故在普通车床修理时，一般用齿条安装面作为导轨的修理基准。

② 万能铣床床身导轨修理基准的选择　其工作条件和技术要求与普通车床不同，故选导轨修理基准的原则也不同。铣床床身的垂直导轨面必须与主轴轴承孔的中心线保持垂直。床身的水平导轨面必须与主轴轴承孔中心线保持平行。由于主轴轴承孔磨损较小，故以床身上主轴轴承孔为导轨的修理基准。

(5) 机床导轨面修复的方法

机床导轨面修复的方法经常采用刮削、精刨、磨削等方法。

① 导轨面的刮削　刮削法具有精度高、耐磨性好、表面美观、不需大型设备等优点，但劳动强度大、生产率低。

② 导轨面的精刨　精刨是加工大型导轨面的一种常用方法。精刨加工生产率高、加工质量好。一般在精度较高的龙门刨床上进行调整，即可进行精刨加工，精刨生产率比手工刮削提高 5～7 倍。精刨加工表面粗糙度一般不大于 $Ra0.4\mu m$，且精刨刀痕方向与运动方向一致、耐磨性好。精刨后的导轨再刮出花纹，表面美观又便于储油。

③ 导轨面的磨削　磨削广泛用于淬硬导轨的修理。磨削加工可实现微量进给，容易获得较高的尺寸精度、形位精度和细的表面粗糙度。磨削加工生产率比手工刮削可提高 5～15 倍，缩短修理周期。适用于中小型机床导轨。

导轨面的磨削一般都在自制的专用设备上进行。磨削方式可以采用砂轮端磨、周磨及成形砂轮磨削等。端磨应用广泛、设备简单；成形磨削生产率高，但砂轮修磨困难，对设备要求较高。

④ 导轨副的配磨　用磨削的方法使一对相配的导轨面（如床身导轨面与工作台导轨面）达到接触要求、位置精度及运动要求，称为导轨副的配磨。配磨可以减少甚至无须钳工对导轨面的手工刮削，可以提高生产率，缩短修理周期。

⑤ 导轨面的补焊、粘补或喷涂　当机床导轨面拉伤的沟槽深度在 5mm 以上时，若采用机械加工方法修复，导轨面刨削深度需在 5mm 以上，这样不仅会大大缩短导轨的使用寿命，而且会引起与导轨相配合各部件之间的尺寸链变化，进而导致机床修复工作的复杂化，此时，可用补焊、粘补、喷涂等方法进行修补，对拉伤沟槽在 0.3mm 以下的导轨该方法也可采用。

补焊修复法：当机床导轨面被拉出沟槽后，可以采用锡铋合金补焊技术进行修复。

粘补修复法：通常粘补修复可用活化填充聚四氟乙烯软带修复机床导轨拉伤。操作时，将已拉伤的导轨面加工平整，清洗干净后，用胶将软带粘补到导轨面上，待固化后，稍经修整即可继续使用。

喷涂修复法：用 AR-5 耐磨胶修复机床导轨拉伤。仔细清洗拉伤处，按规定调配好 AR-5 耐磨胶，并把胶涂装到拉毛的沟槽内，待固化后用砂布打磨光即可使用。用这种方法粘补的拉伤沟槽，虽然仍可看出被拉伤的痕迹，但用手触摸时却没有存在缝隙的感觉。这种方法适用于立式导轨、不外露的卧式导轨以及那些润滑条件好、铁屑和粉尘较少的机床导轨的修复。

(6) 提高导轨耐磨性的方法

修理导轨时，为提高导轨的耐磨性，可按以下方法进行。

① 导轨镶装夹布塑料板　在修理中，在滑动部件的导轨上镶装适当厚度的夹布塑料板，可降低摩擦系数，提高导轨的耐磨性。

② 导轨镶装淬硬钢条　修理中，将铸铁导轨刨去适当厚度，镶装尺寸相当已淬硬的钢条导轨，并用连接件紧固。可改善导轨的工作条件，增加导轨的耐磨性。

③ 导轨淬硬　导轨的淬硬处理，通常有高频、工频、电接触淬硬等，提高导轨的硬度以增强耐磨性。

(7) 导轨的几何精度测量

1）用水平仪检查导轨的直线度误差

用水平仪检查导轨在垂直平面内的直线度误差时，若设导轨长度为 1600mm，刮削时，可用尺寸 200mm×200mm、精度为 0.02/1000 的方框水平仪检查其直线度误差。步骤如下。

① 将被测导轨放在可调的支承垫铁上，置水平仪于导轨的中间或两端位置，初步找正导轨的水平位置。

② 按测量节距为 200mm，用水平仪对每段导轨检查，按顺序得读数为：+1、+1、+2、0、−1、−1、−1、−0.5（单位：格），如图 5-112（a）所示。

③ 根据测量读数，作出直线度误差曲线图，如图 5-112（b）所示。

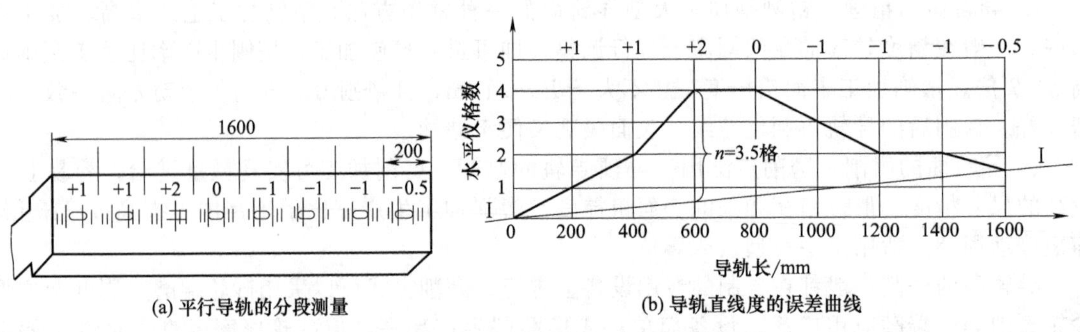

图 5-112　用水平仪检查导轨的直线度误差

纵坐标表示导轨直线度误差（水平仪读数格数），横坐标表示导轨测量处距起始位置的距离。按测量读数绘出误差曲线。再作曲线首尾两端点的连线Ⅰ-Ⅰ，即理论刮削直线。经曲线最高点作垂直于横坐标轴的垂线与连线Ⅰ-Ⅰ相交，图中距离 n 即表示导轨直线度误差的格数。

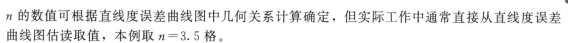

n 的数值可根据直线度误差曲线图中几何关系计算确定，但实际工作中通常直接从直线度误差曲线图估读取值，本例取 $n=3.5$ 格。

④ 按水平仪测出的偏差格数换算出导轨全长的直线度线值误差 Δ。

$$\Delta=nil$$

式中 Δ——直线度误差，mm；

n——误差曲线的最大误差的格数，格；

i——水平仪精度，取 0.02/1000；

l——每一测量段（测量节距）的长度，mm。

本例中 $\Delta=nil=3.5\times(0.02/1000)\times200=0.014$（mm）

2）用光学平直仪检查 V 形导轨

V 形导轨在垂直平面内的直线度误差和在水平平面内的直线度误差可用光学平直仪检查，具体的检查方法如图 5-113 所示。

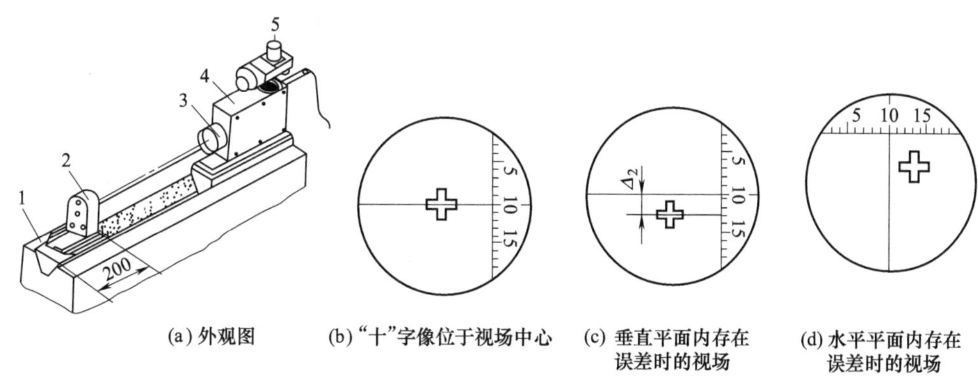

(a) 外观图　(b)“十”字像位于视场中心　(c) 垂直平面内存在误差时的视场　(d) 水平平面内存在误差时的视场

图 5-113 用光学平直仪检查导轨直线度

1—V 形架；2—反光镜；3—望远镜；4—光学平直仪本体；5—目镜

将光学平直仪的本体 4 和反光镜 2 分别放置在被测导轨的两端，借助 V 形架 1 移动反光镜，使其接近平直仪本体。左右摆动反光镜，同时观察平直仪目镜 5，直至反射回来的亮“十”字像位于视场中心为止。然后将反光镜垫铁移至原位，再观察“十”字像是否仍在视场中心。如果有偏离，则需重新调整平直仪本体和反光镜（可垫薄纸片调整），使“十”字像仍在视场中心，导轨两端处于光学平直仪光轴的平行线上。调整好后，平直仪本体不再移动，反光镜和垫铁用橡皮泥固定在一起。检查时，将反光镜垫铁移至起始位置，转动手轮，使目镜中指示的黑线在亮“十”字中间，如图 5-113（b）所示，并记下手轮的刻度数值。然后每隔 200mm 移动反光镜一次，旋转手轮使黑线与十字重合并记下手轮刻度数值，直至测完导轨全长。根据记下的数值用作图法求出导轨在垂直平面内的直线度误差。如图 5-113（c）表示目镜黑线与十字像未重合。

检查导轨水平平面内的直线度误差时，只要将目镜顺时针方向转 90°，使微动手轮与望远镜垂直即可测得起始位置，如图 5-113（d）所示。读数方法同上。现举例说明用作图法求导轨直线度误差的过程。

用光学平直仪（精度为 0.005/1200）检查长 2m 的导轨，每隔 200mm 检查一次，所得的读数（手轮刻度值）为 28、31、31、34、36、39、39、39、41、42。先将各原始读数同减去最小数 28，得一组简化的读数：0、3、3、6、8、11、11、11、13、14。然后按坐标法画误差曲线图，如图 5-114 所示。由图可知导轨的全长直线度误差为 0.02mm，呈现中凹状态。

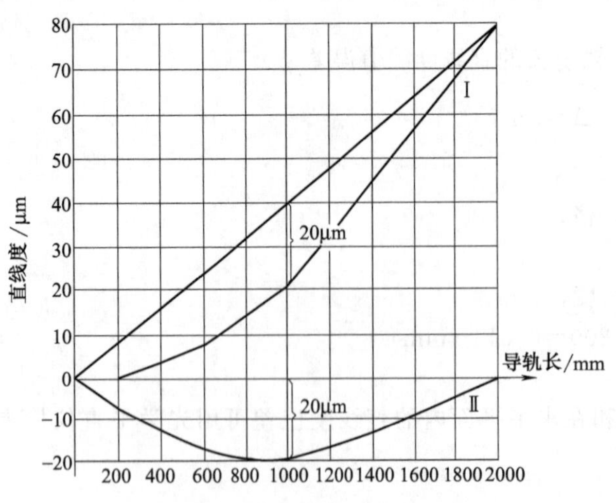

图 5-114　导轨的直线度误差曲线图

图 5-114 中的曲线Ⅱ比曲线Ⅰ更直观，它的作图方法是：计算出被简化了的读数，0、3、3……14 的平均值为 8，将各简化的读数减去平均值 8，得－8、－5、－5、－2、0、3、3、3、5、6，把所得的值逐项累积起来，画出曲线Ⅱ。

3）导轨平行度的检查方法

机床的床身、滑座、立柱等零件，通常由三条以上的导轨表面组成。这些导轨表面，不仅要求单导轨表面分别达到一定的直线度允差，而且对它们之间的平行度也给予严格的精度要求，才能使机床运动部件在工作时平稳，并保证加工零件能达到所要求的尺寸精度和形位精度。测量其平行度时，可根据导轨的各种不同结构采用各种量具。

① 千分表拉表检查法　这是较常用的测量方法之一。如图 5-115 所示是利用各种专用垫铁或桥板结合千分表检验导轨与导轨表面平行度的方法。在全长内千分表指针的最大偏差，即是平行度的误差。当利用千分表测量导轨的平行度时，要防止单导轨的扭曲使专用垫铁和千分表产生回转，造成测量误差。因此，用图 5-115（g）的方法测量平行度时，应检查三角导轨的单导轨扭曲。当单导轨扭曲时，应先修刮三角导轨，使单导轨扭曲合格后再测量。

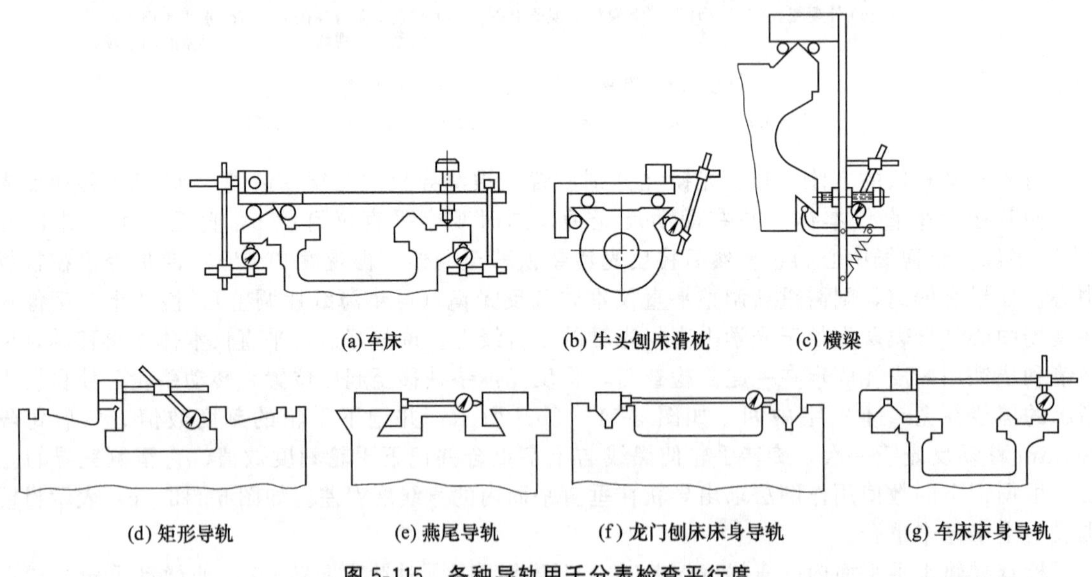

图 5-115　各种导轨用千分表检查平行度

② 用千分尺测量法　用千分尺测量导轨面间是否平行，也是在机床刮研时采用较多的一种测量方法［图 5-116（a）］。机床导轨两个要求平行的导轨表面，在导轨的前、中、后三点用千分尺测量，比较三个读数的大小，以了解平行度情况。如图 5-116（b）所示是下接触式

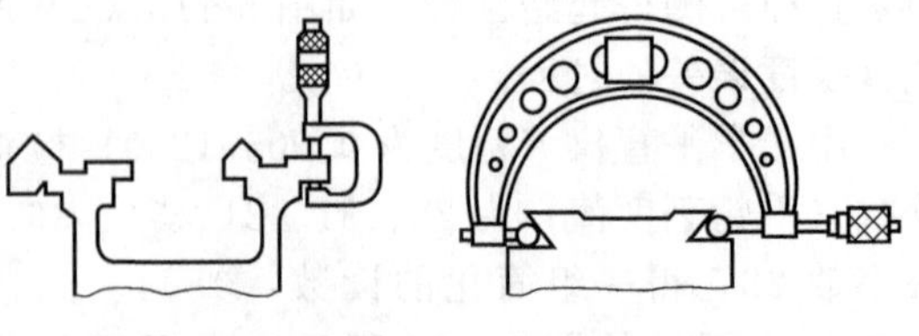

图 5-116　用千分尺测量导轨平行度

的燕尾导轨，利用两根直径相等的圆柱棒紧靠导轨表面，用千分尺在导轨两端进行测量，千分尺读数的变化值就是导轨的平行度误差。圆柱棒直径可按表 5-29 选择，长度约 50mm。

表 5-29　圆柱棒直径的选择　　mm

图示	选择尺寸			
	d	6	12	25
	H A F	6～10 32～70 42～73	12～20 60～100 78～167	25～32 125～250 160～278

③ 用桥板水平仪检查法　两条导轨的平行度采用水平仪及检验桥板进行测量，方法简便，而测量精度也较高。其误差的计算一律采用角度偏差值表示，当桥板在导轨上移动时，每隔 250mm（小机床短导轨）或 500mm（长床身）记录一次水平仪读数，水平仪在每米行程上和全部行程上读数的最大代数差，就是导轨平行度误差。

例如：有一床身导轨全长 2m，其平行度允差在 1m 长度上为$\frac{0.02}{1000}$，在全长上为$\frac{0.03}{1000}$。

现有水平仪精度为$\frac{0.02}{1000}$，检验桥板每 250mm 移动一次，取得 8 个读数，如表 5-30 所示，检查方法如图5-117所示。其 1m 长度上的最大平行度误差在 3～6 位置处，其误差为$\frac{0.01}{1000}-\left(-\frac{0.01}{1000}\right)=\frac{0.02}{1000}$精度合格。

全长上的平行度误差为 2～8 位置处，其误差值为$\frac{0.015}{1000}-\left(-\frac{0.015}{1000}\right)=\frac{0.03}{1000}$，精度也未超差。

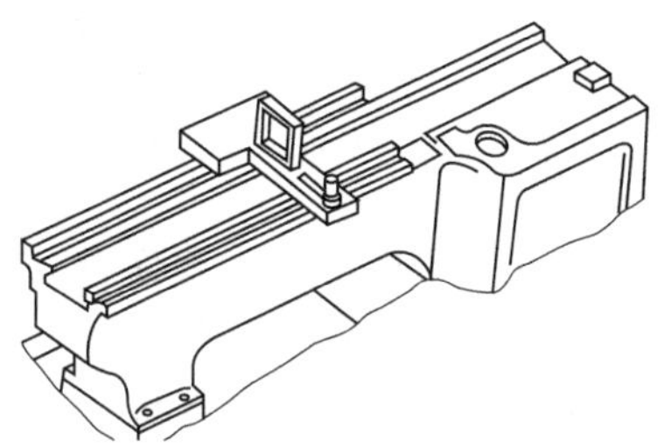

图 5-117　导轨平行度的检验

表 5-30　导轨平行度的记录表　　mm

位置序号	1	2	3	4	5	6	7	8
距离	0～250	250～500	500～750	750～1000	1000～1250	1250～1500	1500～1750	1750～2000
水平仪读数	0	$\frac{0.015}{1000}$	$-\frac{0.01}{1000}$	$-\frac{0.005}{1000}$	0	$\frac{0.01}{1000}$	$\frac{0.005}{1000}$	$\frac{0.015}{1000}$

根据各种不同形式的导轨，应设计各种不同的桥板。桥板设计时要求与导轨面的接触面小（如线接触）才能有较好的灵敏度。如图 5-118 所示为 4 种不同形式的桥板结构。

4）导轨之间、导轨各表面之间垂直度误差的检查方法

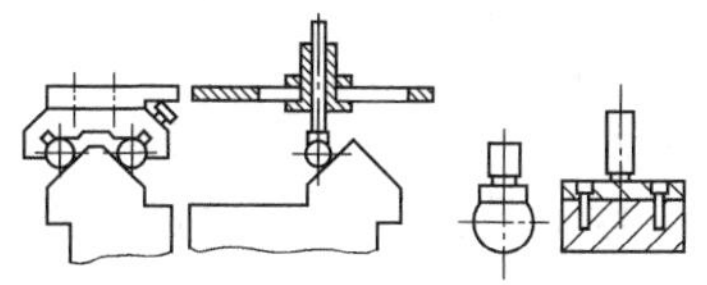

(a) 双扇形导轨检验桥板

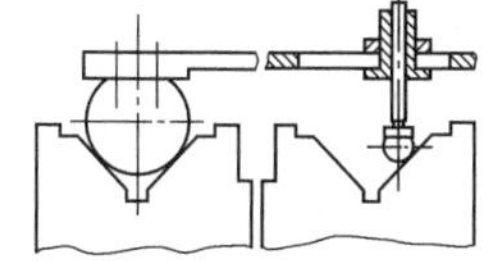

(b) 双 V形导轨检验桥板

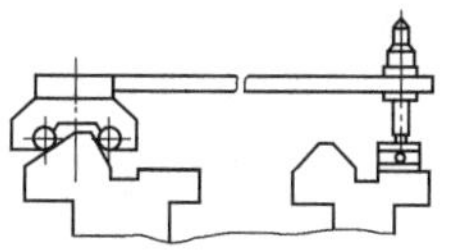

(c) 山、平形导轨检验桥板　(d) V、平形导轨检验桥板

图 5-118　几种检验桥板式样

机床溜板的导轨，如车床溜板、铣床溜板、镗床溜板等零件，一般都设计为上、下互相垂直的十字导轨，便于在工件加工时能加工出纵横互相垂直的工件表面。横梁类零件，它本身在立柱上做垂直移动，而刀架则又在其导轨上做水平移动，因此也要求横梁的前、后两导轨面相互垂直；立柱类零件，则要求其安装表面与导轨面在纵、横两个方向保持垂直；而牛头刨床的工作台则要求其安装工件表面互相垂直。这类零件都要求其导轨之间、导轨与表面间相互垂直，这是保证总装后精度检验项目通过的重要基础。

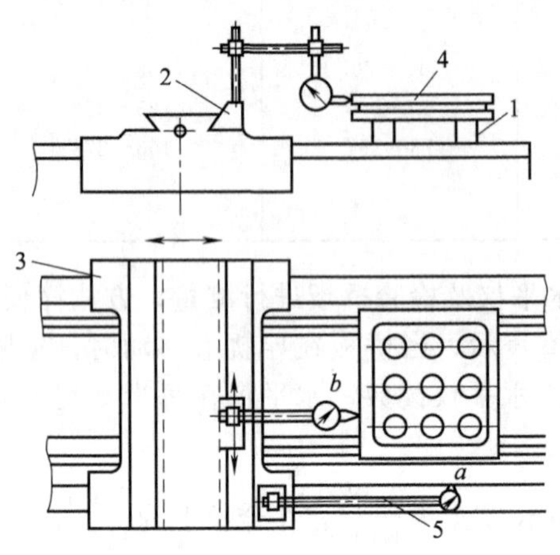

图 5-119 车床溜板导轨垂直度的检验

1—等高垫块；2—V 形角度规；3—溜板；4—方尺；5—磁力表架

① 直角尺（或方尺）拉表检查法　车床溜板的上部燕尾导轨和下部的 V、平形导轨，其垂直度有一定要求，目的是要满足在加工工件时平面只准中凹。要保证这项精度，主要是使溜板的上下导轨互相垂直，其偏差的方向有利于满足加工工件的精度要求，其检查方法如图 5-119 所示。在床身导轨上安放一方尺或直角尺，在溜板上固定一千分表，其测头顶在方尺的 a 边上，移动溜板，调整方尺使与溜板移动方向平行。然后在溜板的燕尾导轨上安放一块检具，其上固定千分表杆，千分表测头顶在方尺的 b 边上，移动角形垫铁进行测量，千分表读数的最大代数差就是导轨在该检具移动长度内的误差。

② 回转校表法　上下导轨要求相互垂直的溜板类零件可视零件的结构特点，有的可用回转校表法检查导轨之间的垂直度。如图 5-120 所示是利用圆柱棒及千分表等工具，用回转校表测量导轨侧面 A、B 两点，千分表在 A、B 两点读数的差值，即为该回转半径内的垂直度误差。但这种检查方法的先决条件是导轨的直线度必须满足要求，检查仪是证明垂直度的数值。

有些拼接的长床身，是由多段单节床身拼接的，其拼接表面要求与导轨垂直，其垂直度误差也可用图 5-121 的方法检查。

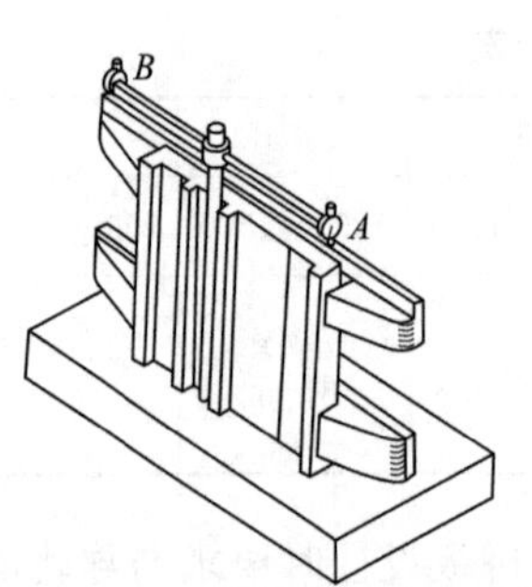

图 5-120 用千分表回转校表法检查导轨的垂直度

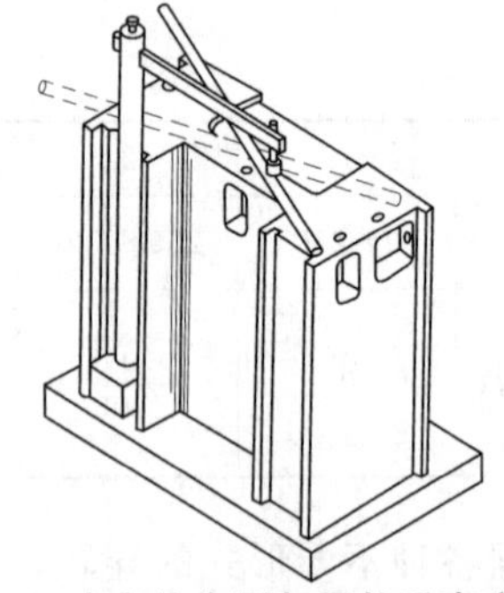

图 5-121 床身结合面与导轨垂直度的检验

③ 框式水平仪检查法　这种检查方法是利用框式水平仪两边互成直角的特点，既可以检查水平表面的直线度，也能检查垂直表面的垂直度。如果这两个被检表面要求互成直角，则利用水平仪两直角边测量表面贴在该两被检表面上测量，此时，水准器的气泡应在同一位置。水平仪两次读数的最大代数差，就是被测表面的垂直度误差。读出的数值是角值，再通过计算，可知 300mm 内或全长内的垂直度的误差。

如图 5-122 所示为检查钻床工作台表面 1 和表面 2 的垂直度。在检查时，水平仪的方位应保持不变。先在表面 1 上进行测量（水平仪与表面 2 垂面垂直），记录水平仪读数。然后平移

水平仪使其侧面紧靠表面 2 进行测量，水平仪读数的代数差即为垂直度的角值误差。必须注意，不能将水平仪旋转 180°，即调头测量，如水平仪不准就会造成测量误差。

如图 5-123 所示为利用框形水平仪检查牛头刨床床身导轨的垂直度。当检查床身的上下导轨表面 1、2 与表面 3、6 以及表面 1、2 与表面 4、5 垂直度时，可用如图 5-123 所示的方法进行测量，以比较被检表面的垂直度。

5）导轨对轴线的垂直度误差、导轨对轴线的平行度误差的检查方法

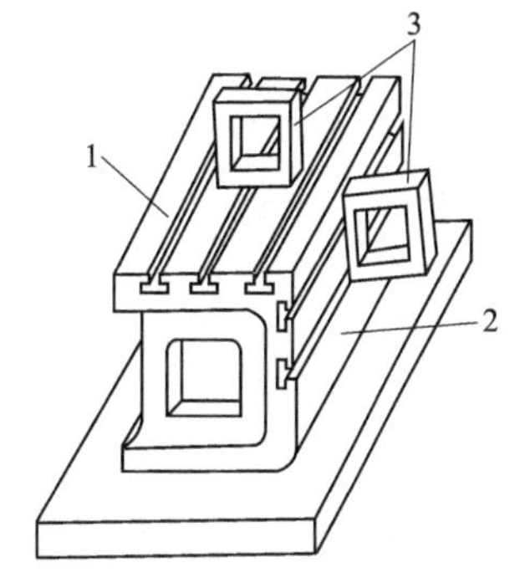

图 5-122　测量工作台表面垂直度

1—工作台上表面；2—工作台侧表面；3—水平仪

在机床大修恢复其几何精度时，不仅要满足精度的要求，而且要满足其传动性能的要求，在机床某些基准零件的导轨或平面与主轴或传动件应保证其所要求的位置公差。如图 5-124所示，卧式铣床主轴孔应与床身导轨平面垂直，在主轴孔内插带锥柄的检验棒和千分表，用回转校表法测量轴线与平面导轨的垂直度。当轴心线与平面的垂直度要求不高时，也可采用直角尺与芯轴靠紧，利用塞尺进行检查（图 5-125），a、b 两个方向分别计算。

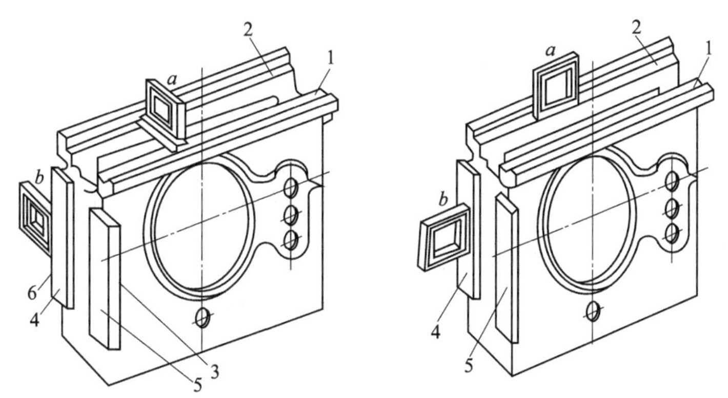

图 5-123　牛头刨床床身导轨用框形水平仪检查垂直度

1,2—导轨面；3～6—垂直导轨面

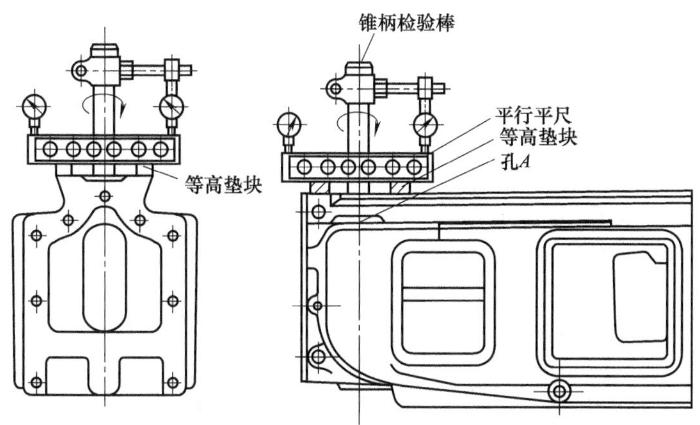

图 5-124　用回转校表法检查轴心线与平面的垂直度

机床的立柱、横梁等零件，其导轨一般都要求与其传动轴或丝杠的轴线保持平行，在检查导轨与轴线的平行度时，可采用图 5-126 所示的方法。利用垫铁在导轨上移动，千分表装于垫

铁上，在传动轴孔或丝杠轴孔内插入检查芯轴，使千分表触头在芯轴的上母线或侧母线上检查轴线与导轨表面的平行度。

有些中小零件，也可在平板上测量，先找正导轨面与平板平面的平行度，然后再在芯轴上拉表，检查其平行度。

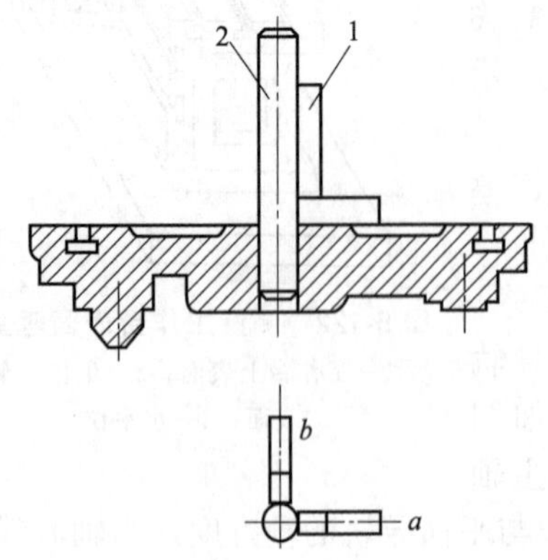

图 5-125　垂直度利用角尺、塞尺检查

1—直角尺；2—测量芯轴

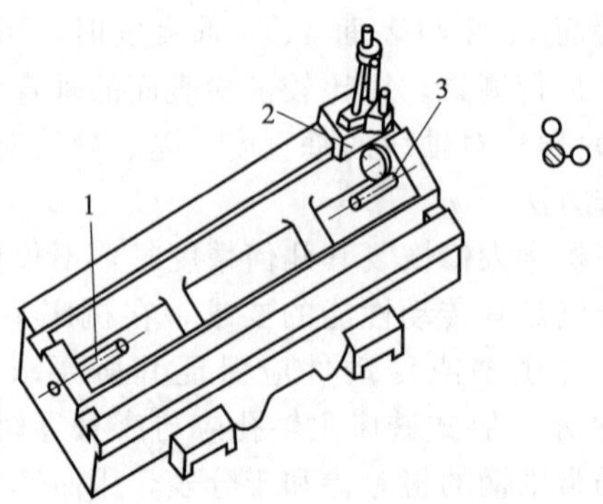

图 5-126　检查导轨与轴线的平行度

1,3—检验芯棒；2—千分表垫铁

5.6.5　机床导轨的刮削修复操作要点

机床导轨是用来承载和起导向作用的，是机床各运动部件的导向面，是保证刀具和工件相对运动精度的关键。为保证刀具和工件相对运动的精度。机床导轨精度主要应满足以下要求：具有良好的几何精度，主要包括导轨的直线度、导轨的平行度、导轨的垂直度；有足够的刚度、较好的稳定性和耐磨性。常见机床导轨的结构形式、特点及应用场合如表 5-31 所示。

表 5-31　机床导轨的结构形式、特点及应用

名称	结构形式	特点及应用
平面导轨		刚度好、易制造和修理方便，能承受较大载荷，但导轨精度较低，适用于重型机床
V 形导轨		导向精度高，磨损后不易改变水平方向位置，润滑性能好，但易积屑，制造也较困难。适用于精度较高的机床
棱形导轨		导向精度中等，易制造，磨损后有自动调节的能力，但不易保持润滑油。适用于一般普通精度的机床导轨
燕尾形导轨		能承受一定的颠覆力矩，高度尺寸小，调整方便，但刚度差。适用于车床小刀架、插齿刀架，铣床立柱等

刮削是机床导轨修理应用较多的加工方法，为保证导轨刮削质量，在导轨的刮削过程中，应注意按以下刮削原则及操作要点进行。

(1) 刮削导轨的基本原则

① 首先刮削长度较长、限制自由度较多和重要的静导轨，作为基准导轨（如卧式车床的床身导轨、V形导轨）。再刮削与基准导轨面相配的运动导轨。基准导轨必须进行单独检验，相配导轨只需配刮，达到接触精度即可，不用作单独检验。

② 组合导轨上的各个面的刮削，先刮削余量最小、面积较大、难度较大的导轨面，作为组合导轨的基准导轨面；后刮面积较小、余量较大、刚度较差的表面。

③ 导轨刮削前，应用可调垫铁将床身导轨垫平，以保证刮削时的精度稳定和测量方便。垫铁的位置应与导轨的安装位置一致。

④ 已有精加工好的基准孔或基准面时，应根据基准孔的中心线或基准面来刮削导轨面。

⑤ 根据机床总装配后的几何精度要求以及导轨受载荷的情况和运动情况，确定被刮导轨的误差分布方向、位置和允差值。

⑥ 装配过程中，需要调整两部件上导轨的互相平行或垂直时，应刮削部件接触面，不应再刮削导轨面。

(2) 滑动导轨的刮削操作要点

1）单条矩形导轨的刮削

单条矩形导轨的作用面有4个或3个。如图5-127所示，表面1、4是保证垂直平面内的直线运动，表面2、3是保证水平平面内的直线运动。其刮研步骤及要点主要有以下方面。

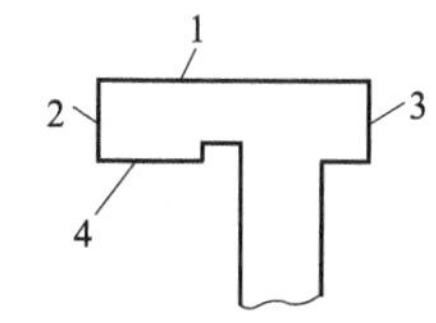

图5-127 单条矩形导轨刮研

① 刮研表面1　如为短导轨，可选用合适的平尺直接研点刮削。如导轨较长，则用水平仪测量（或用光学平直仪测量），根据导轨的运动曲线研点后，先刮去凸起部分，也可以采用预选基准刮研。

② 刮研表面2　对于小型机床，将导轨表面2放成水平位置，用水平仪测量，平尺研点进行刮削。对于大型机床，则用平直仪测量表面2在水平面内的直线度误差，根据测量作出运动曲线，采用预选基准刮削法，刮削表面2，同时也要使它与表面1保持垂直度要求（可用90°角尺测量）。

③ 刮研表面3　表面3刮研要与表面2平行，同时要与表面1垂直。

④ 刮研表面4　表面4是压板的滑动平面，要与表面1平行。对于中小型床身导轨，采用翻身办法使表面4朝上，然后进行刮削。对于重型床身，可以采用导轨磨磨削。

2）单条V形凹导轨的刮研

床身导轨V凹形对称的较多，不对称的较少。在刮削V形导轨时，要考虑两倾斜面与水平面和垂直面的交线同时达到直线度要求。

① 中小型机床的导轨磨损不大时，床身刚度较好的，可以用专门的支架支持V形导轨的床身，把V形导轨的一个斜面放成水平位置。如图5-128（a）所示，像刮平导轨一样，用平尺研点，用水平仪测量，刮至符合要求。再用同样的方法刮研另一斜面。也可以用V形平尺，以一个斜面为基准，刮另一斜面。然后以V形水平仪座检查导轨在垂直平面内的直线度误差，如图5-128（b）所示。

② 对于刚性较差的床身不能采用翻转刮研的办法，可用平尺分别刮研两个斜面，再用V形水平仪座和水平仪测量导轨在垂直面内的直线度误差和单导轨的水平倾斜，水平面内的直线度误差可用平尺和千分表检查。若要获得较高的精度则用光学平直仪测量。

3）矩形导轨副的刮研

在刮研机床导轨副时，不仅要求单条导轨在垂直平面内和水平平面内保持平直，还要求导轨副之间保持平行或垂直。如图5-129所示的矩形导轨副的刮研步骤如下。

① 在刮研前，用机床调整块调整好床身的安装水平。

② 以水平仪在表面 1、2 上测量的读数，在同一图上绘制运动曲线。

③ 将检验棒插入孔 A，用百分表及表座分别测量表面 1、2 与检验棒上母线的平行度误差。

④ 分析测量结果，选择与孔 A 轴线平行度较好的一表面作为基准（假定为表面 1），用平尺研点，刮直表面 1，并使其与检验棒上母线平行。

⑤ 刮研表面 2，用桥板测量表面 1、2 的平行度。

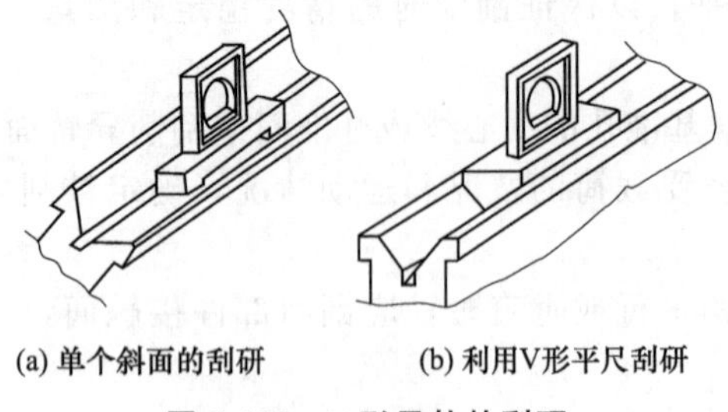
(a) 单个斜面的刮研　　(b) 利用V形平尺刮研

图 5-128　V 形导轨的刮研

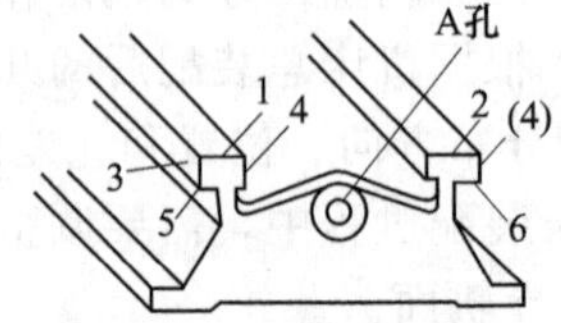

图 5-129　矩形导轨副的刮研

⑥ 刮研表面 3，将表面 3 放成水平位置，用平尺刮研，用水平仪测量，并检查表面 3 与检验棒侧母线的平行度误差。若床身不便翻转，则用平尺刮研水平面内直线度。长导轨可用光学平直仪检查。

⑦ 刮研表面 4，其刮研方法与刮研表面 3 相同。因表面 3 已刮好，可以采用平行导轨三点刮研法来刮研表面 4。

⑧ 刮研表面 5、6，一般都将机床床身翻转过来，用平尺刮研，使其与表面 1、2 保持平行即可。若不便翻转，可利用磨削等方法修复。

4）卧式车床床身导轨的刮削

如图 5-130 所示为卧式车床床身导轨，车床床身导轨是溜板移动的导向面，是保证刀具移动直线性的关键，其刮研步骤及要点主要有以下方面。

① 先刮削工作量最大、最难刮的溜板 V 形导轨面 5、6。刮削前先检查这两个面的直线度误差，并调整好水平位置。然后用标准平尺研刮平面 6，再用角度平尺研刮平面 5，用水平仪测量该基准导轨面的直线度，直至直线度和接触精度以及表面粗糙度均符合要求。以导轨面 5、6 作为基准，刮削其他平面。

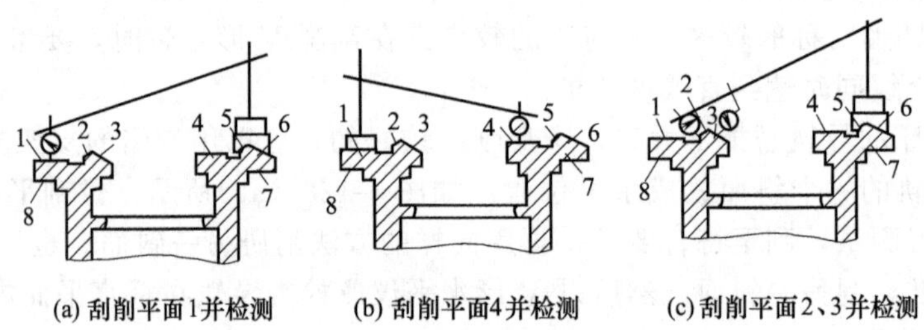
(a) 刮削平面1并检测　　(b) 刮削平面4并检测　　(c) 刮削平面2、3并检测

图 5-130　车床床身导轨及其刮削时的检查

② 刮削平面 1　以刮好的 5、6 平面为基准，用平尺研点刮削。此时不但要保证平面 1 本身的直线度，而且还要保证对基准导轨面 5、6 的平行度。检查时，将百分表座放在与基准导轨吻合的垫铁上，表头触及平面 1，移动垫铁，便可测出平行度，如图 5-130（a）所示。

③ 刮削尾架平面导轨 4，使其达到自身的精度和对平面 1 的平行度要求。平面 4 之所以比平面 2、3 先刮，是因为平面 5、6、1 导轨已刮好，按平面 1 检查平面 4 的平行度比较方便，容易保证精度；同时，当刮 2、3 面时，可按此平面作为测量基准，这样有利于保证各面之间

的平行度要求。检查方法如图 5-130（b）所示。

④ 刮削导轨面 2、3　刮削方法与刮削平面 5、6 相同，必须保证其自身的精度和对基准面 5、6 及平面 1 的平行度要求。检查方法如图 5-130（c）所示。

(3) 滚动导轨的刮削操作要点

滚动导轨是一种精密导轨，导轨面之间为滚动摩擦。按滚动体形状的不同，可分为滚珠导轨、滚柱导轨和滚针导轨三种。其中：滚珠导轨结构紧凑、制造方便，但接触面积小、刚度低，主要适用于承载力较小的场合；滚柱导轨和滚针导轨的承载能力和刚度都比滚珠导轨大，适用于载荷较大的场合。滚动导轨具有摩擦系数小、运动平稳、修理便捷等优点，但制造精度要求高、制造成本高。

如图 5-131 所示为螺纹磨床床身。导轨面 3、4 为横向进给滚动导轨，导轨面 1、2 为纵向进给滚动导轨面。床身滚动导轨的修理方法如下。

① 床身找正　将床身放在楔形垫铁上，楔形垫铁必须放在专用走条或坚实的水泥基础上，避免因基础刚性差而影响测量精度（有条件的工厂最好在 20℃恒温下进行修理），用桥形板和水平仪找正导轨面 1、2、3、4 至最小误差值。

② 分别用 V 形角度直尺和标准平尺着色，刮研滚动导轨面 3、4 至如下要求。

首先，用水平仪、V 形角度规和小平铁分别检查 V 形导轨分角线对平面导轨垂直线的平行度误差，一般不超过±30′，如图 5-132 所示。

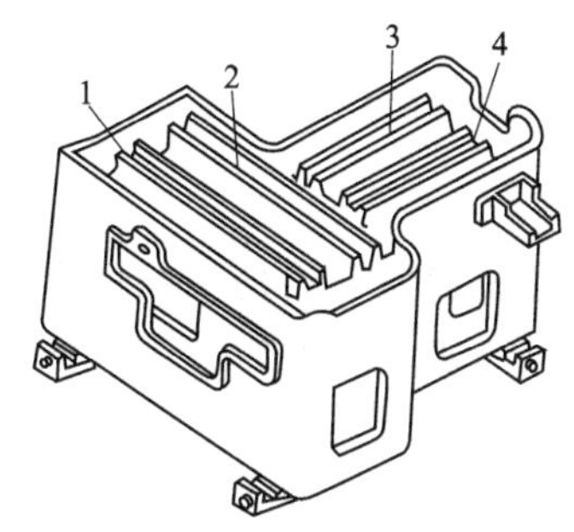

图 5-131　螺纹磨床床身

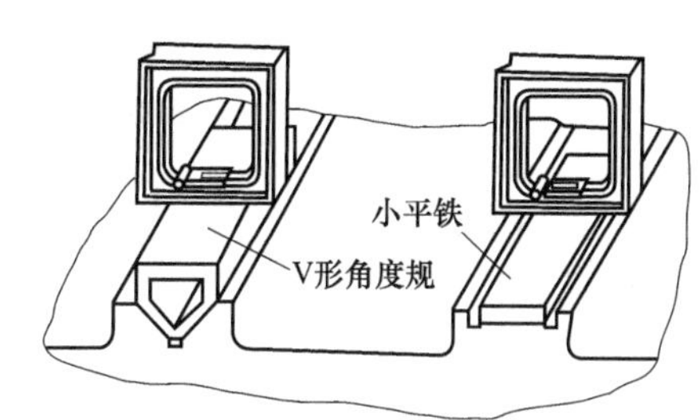

图 5-132　导轨的检验方法

其次，用水平仪、V 形角度规检查 V 形导轨水平面内的直线度允差 0.015/1000；用 V 形角度规着色检查 V 形导轨 90°的准确度，着色点均匀即可。

最后用检验桥板检查 V-平导轨的平行度，允差为 0.015/1000 [图 5-133（a)]；在 V-平导轨的接触率为每 25mm×25mm 不低于 18～20 点。

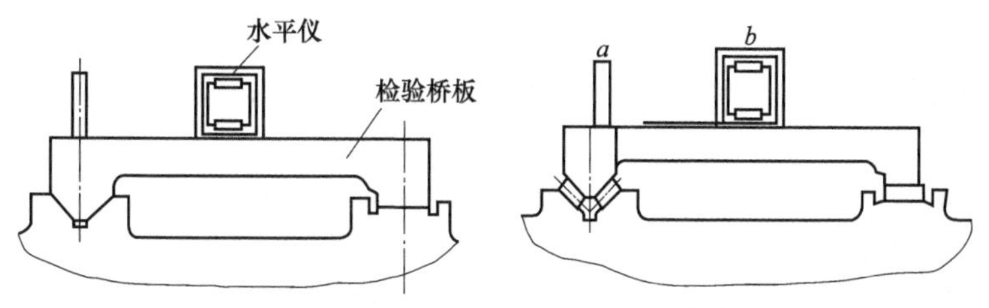

(a) 检查V-平导轨的平行度　(b) 在滚柱上放置检验桥板检查V-平导轨平行度

图 5-133　用检验桥板检查

③ 如图 5-133（b）所示，将每组滚柱置于导轨面上，滚柱的圆度、圆柱度和一组滚子的尺寸差一般不超过 0.002mm。放置时，尺寸大的要间隔放，V 形导轨的滚柱大端朝上为宜。然后在滚柱上放检验桥板，在全长上推动，水平仪在 a、b 方向检查精度，应满足上述要求。

④ 将工作台置于床身导轨 3、4 上着色刮研，接触率为每 25mm×25mm 为 18～20 点。

(4) 静压导轨的修理

运动导轨面间被一层压力油膜完全隔开使导轨处于纯液体摩擦状态，这种摩擦形式的导轨称静压导轨。静压导轨具有摩擦力小、运动精度高、无爬行、抗振性好、无机械磨损、功率消耗小和发热少等优点，但其导轨结构比较复杂，还要增加一套液压设备，调整也比较麻烦。

静压导轨按结构形式的不同，可分为：开式静压导轨（它只有一面有油腔），如图 5-134 (a) 所示；闭式静压导轨，其上下每对油腔都相当于静压轴承的一对油腔，只是压板油腔要窄一些，如图 5-134 (b)～(e) 所示。

按供油情况的不同，又可分为：定压式静压导轨、定量式静压导轨。其中：定压式静压导轨是由液压泵输出的压力油通过节流阀，进入导轨油腔，将工作台浮起。油腔油压随工作台载荷的大小而变化，使工作台和导轨间始终保持一定的间隙而实现纯液体摩擦工作状态的，这种结构应用较多；定量式静压导轨是通过保证流经油腔的润滑油为一定值而实现纯液体摩擦工作状态的，由于该结构需要较大的定量液压泵，结构较为复杂，因此用得较少。

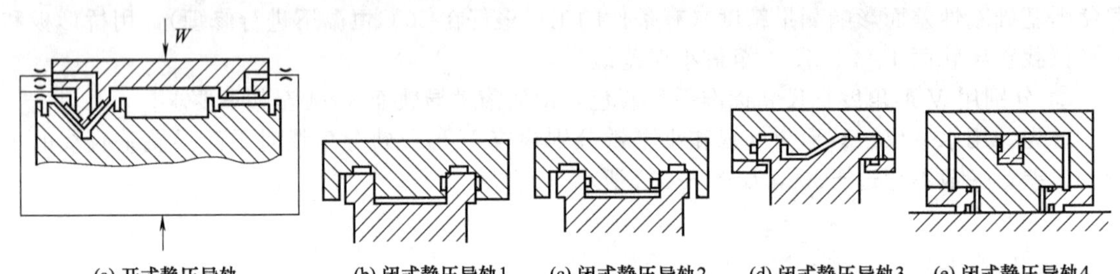

图 5-134　静压导轨的结构形式

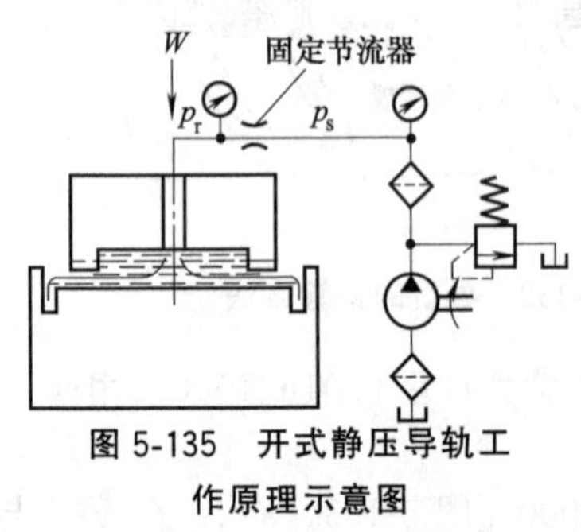

图 5-135　开式静压导轨工作原理示意图

如图 5-135 所示给出了开式静压导轨的工作原理。工作时，来自油泵压力为 p_s 的压力油，通过节流器后压力降为 p_r，并流入导轨油腔。当导轨面上油腔内有足够的液压支承力时，工作台即浮起，这时工作台与床身接触面被一层压力油完全隔开，形成纯液体摩擦。

静压导轨常见的故障主要是因节流器堵塞，使油腔失压，导致导轨时起时落而拉伤导轨表面，一般只需采取表面修复即能排除故障，一般修理过程中应注意以下事项。

1) 静压导轨组装前的要求

① 静压导轨移动部件，在其全长上的直线度误差，不应大于移动部件的上浮量（一般应在 0.01～0.02mm 之间）。

② 导轨与床身接触精度要达到规定要求（用涂色法检查时，应达到每 25mm×25mm 面积内不少于 20 点）。

③ 导轨接触面上的刮刀凹痕深度，不应超过 0.003～0.008mm。

2) 静压导轨的组装要求

① 需要一个良好的导轨安装基础，以保证床身安装后的稳定。

② 对导轨刮削精度要求　导轨全长上的直线度或平面度为：高精度和精密机床为 0.01mm，普通及大型机床为 0.02mm。高精度机床导轨在每 25mm×25mm 面积上的接触点不少于 20 点，精密机床不少于 16 点，普通机床不少于 12 点。刮研深度高精度机床和精密机床不超过 3～5μm，普通和大型机床不超过 6～10μm。这就要求在刮削过程中除了注意导轨有较高的直线度要求，包括垂直平面内的直线度要求、水平面内的直线度及扭曲度外，还要有较多、较均匀的接触点。一定要控制刮刀的刀迹深度，否则将会影响油膜的强度。

③ 油腔必须在导轨面刮好后加工，以免油腔四周边缘造成刮刀深痕。为了保持油腔内油液的一定压力，油腔不得外露，一般将油腔开在导轨上，每条导轨的油腔数不得少于两个。根据导轨的长度、刚度及导轨所承受载荷的均匀分布情况来确定。刚度差、载荷分布不均匀则油腔多些，反之少些。油腔形状、尺寸、深度应按图样要求严格加工。

3）静压导轨的调整

静压导轨的调整一般是调整供油压力、导轨油腔的压力和油膜厚度。其调整方法主要如下。

① 供油压力 p_s 的调整。根据设计时选定，可由液压系统中的溢流阀来调整。

② 导轨油腔压力 p_r 的调整。根据设计时选定，对于毛细管式节流阀可通过调整节流长度来实现。

③ 油膜厚度 h_0 的调整。调整时，可在工作台的四角各放一块百分表，对手较长的工作台，应在中间加放百分表。启动电动油泵，使工作台上浮，建立纯液体摩擦，然后调整各油腔压力，使其上浮量相等。静压导轨的关键问题在于油膜刚度的调整，这就是说不但要使导轨各处的上浮量一致，而且要求在外载荷作用下，能保持给定的油膜厚度 h_0 不变，油膜厚度与刚度成反比。当导轨浮起以后，刚度不好或产生飘浮时，可减少供油压力 p_s，或改变油腔中的压力，即微细调整节流比使其接近最佳值。目前，中小型机床空载时的导轨间隙一般取0.01～0.025mm；大型机床空载时的导轨间隙，一般取 0.03～0.08mm。

④ 供油系统必须保持清洁。油液必须经过精滤，过滤精度一般为 3～10μm，油中若夹杂棉纱或杂质微粒，便会堵塞节流缝隙使导轨产生时起时落现象，甚至拉伤导轨。

⑤ 为保证导轨各处间隙一致，对导轨的几何精度和接触精度都有较高的要求。动导轨全长上的直线度及平面度误差的总和应小于导轨间隙。

5.7 液压传动系统的检修

液压传动系统是以液体（通常是油液）作为工作介质，通过各类液压元件组成的系统完成将液体的压力能转换成机械能，从而驱动负载和实现执行机构运动的机构。常见的故障有：噪声大、爬行、泄漏、油温过高、冲击、压力提不高、运动速度低于规定值等。产生故障的主要原因可能是系统中某一元件失灵而引起的，或由于系统中各压力元件综合性因素造成。另外机械、电器以及外界因素也会引起液压系统出现故障。因此，液压传动系统的检修首先应根据故障现象，准确地判断故障产生的原因，其次才能有针对性地对各类液压元件进行修理。

5.7.1 液压系统的维护检修及故障处理

(1) 液压系统的日常维护

① 油箱中的油应经常保持正常油面，使用中应随时检查、及时补足。

② 液压油应保持清洁，随时检查清洁度。往油箱加油时应采用 120 目以上滤网过滤，油桶应避免其他杂物浸染；防止纤维混入油中，不用破布、棉纱擦拭液压元件。

③ 油温要适当，不应超过 60℃。若油温有异常上升时，应及时检查排除。常见有以下几种情况：油的黏度太高；采用的元件流量小，是流速过高引起的；油箱容积小、散热慢，或冷却性能不好；系统中有的阀性能不好，例如容易发生振动、可能引起异常发热。

④ 回路里的空气应完全排除。回路里进入空气后，会影响液压泵工作和造成油液变质与发热。液压泵进口过滤器定期或不定期检查和清洗液压泵进油口滤油器，使其经常保持通畅无阻滞，损坏的滤油器应及时更换。

⑤ 各种阀的阀芯与孔磨损后间隙增大，造成内泄或不能使用状态，此时应给予检修。检

修时可实测阀孔的尺寸公差，然后按其实际尺寸配制阀。阀孔的圆柱度不好时，可事先对其进行研磨。

⑥ 室外工作的液压系统，应根据季节选择合适的液压油。低温下启动油泵时应开开停停，往复几次使油温上升，待油压装置运转灵活后，再正式运行。

(2) 液压故障分析判断及排除故障的步骤

液压传动系统是一个以压力油为工作介质的传动系统，组成液压传动系统的每一个元件的工况互相作用、相互影响。不同元件的失调或损坏可能都导致同一故障现象的产生，某一元件的失调或损坏会导致其他元件的失调或损坏。液压系统出现的故障大部分都是综合故障。例如，油泵吸入口过滤器阻塞，会导致吸入不足，泵流量下降，引起噪声、“爬行”、运动不稳等现象。当更换过滤器后，上述故障还有可能存在，其原因有可能是原过滤器的积污脱落带入系统其他元件的控制油路小孔，造成堵塞，使主油路开度减小，使执行元件供油仍然不足。因此还必须进一步查出故障点，加以排除，直至各元件都处于正常工作状态，系统才能恢复正常工作。

为了确定故障原因，必须仔细检查分析，然后做出判断和处理。原则是：

① 认定故障现象、部位，罗列可能造成故障的因素。

② 检查与故障有关的各元件，顺着油路逐一顺序排除故障因素。

(3) 泵的故障及处理措施

如表 5-32 所示给出了泵常见的故障及处理措施。

表 5-32 泵常见的故障及处理措施

故障	原因	处理措施
泵不出油或吸空	①吸油管或滤油器堵塞 ②吸油管漏气或吸入管道局部缩小，阀未打开 ③油黏度过高 ④油温太低 ⑤叶片泵的叶片未伸出转子的叶片槽口 ⑥变量泵排量为 0 ⑦泵内部件磨损太大或损坏	①清除堵物，清洗滤油器 ②查管道部分，旋紧螺栓或螺纹，更换密封垫，修理或更换油阀及油管 ③使用推荐黏度的液压油 ④将油加热到适当的温度 ⑤拆开清洗，清除叶片及槽内污物 ⑥重调变量机构 ⑦拆开泵检查，更换或修理内部零件
泵噪声大、机械振动大、气蚀或吸入空气	①吸油管或滤油器堵塞 ②滤油器容量不够 ③转速超过额定值 ④油黏度过高 ⑤管路内有气泡 ⑥轴封泄漏 ⑦压力超额定值 ⑧泵内零件损坏 ⑨轴承研伤或破损 ⑩两级叶片泵的压力分配阀工作不良 ⑪变量泵的变量机构工作不良 ⑫联轴器声音异常	①清除堵物，清洗滤油器或油管 ②采用合适流量的滤油器(一般比泵大 1.5 倍) ③用额定转速或低转速运转 ④更换合适的油，温度低时用加热器加热 ⑤应将管路(特别是封闭管路)内空气排净 ⑥更换轴封，修复密封部位 ⑦调节溢流阀，保持系统正常工作压力 ⑧更换或修理内部零件 ⑨更换轴承 ⑩拆卸、清洗、修理压力分配阀 ⑪拆卸清洗，对变量机构进行修理或更换 ⑫调整两半联轴器的同轴度
流量不足	①内部零件磨损或损坏 ②变量机构工作不良 ③压力分配阀工作不良	①更换或修理内部零件 ②拆卸清洗，损坏件更换或修理，重新调整流量 ③拆卸清洗，如损坏，更换或修理
异常发热	①内部磨损过大 ②滑动部分烧损 ③轴承损坏，研伤	①修理内部零件 ②拆开检查，更换、修理内部零件 ③更换轴承
内部零件短期内磨损严重或损坏	①工作油污染 ②工作油液混有水和空气 ③工作油液不适当 ④运转条件太差	①更新新油，增加滤油器 ②消除混入水和空气的原因 ③更换液压油，选用规定使用的油 ④改善工作环境，对液压系统采取保护措施

(4) 流量控制阀的故障及处理措施

如表5-33所示给出了流量控制阀常见的故障及处理措施。

表5-33 流量控制阀常见的故障及处理措施

故障	原因	处理措施
压力补偿装置工作不良	①活塞有尖渣阻塞 ②进出口压力差过小 ③阻尼孔堵塞	①拆下清洗 ②调整到超过规定值的压力差 ③拆下清洗
流量调节轴,偏心的轴或阀芯回转不灵	①调节轴有尖渣堵塞缝隙 ②在开启点以下的刻度范围内,一次压力高 ③采用进油路节流方式时,二次压力过高	①拆下清洗 ②不要使用低于产品规定的最低调节流量的参数,降低压力后再调整 ③降低压力后再调整
刻度盘升高(非外部排油的形式无这种故障)	①排油管堵塞 ②排油孔有背压	①清洗堵塞管路,并同其他阀的排油管分开 ②油箱比阀高,受有落差压头时,换用无排油形式的阀

(5) 溢流阀的故障及处理措施

如表5-34所示给出了溢流阀常见的故障及处理措施。

表5-34 溢流阀常见的故障及处理措施

故障	原因	处理措施
压力不能充分提高	①压力调定不适当 ②针阀对不正阀座中心 ③活塞动作不良 ④弹簧变形 ⑤活塞与阀座磨损后间隙大 ⑥回路系统内其他元件漏油	①检查压力表,使其准确,调定阀的压力 ②更换针阀或阀座,针阀与孔有污物拆下清洗 ③拆下清洗 ④更换规定使用的弹簧 ⑤配制更换活塞或更换阀座 ⑥检查回路系统中各元件,进行修理或更换
压力不稳定,脉动较大	①针阀稳定性不良 ②针阀有异常磨损或损坏 ③油中有气泡 ④流量过大	①更换针阀或针阀弹簧 ②更换针阀 ③排除系统内空气 ④更换流量合适的阀
流量、压力不足	①泵的流量不足 ②系统内部漏损太大 ③流量控制阀调节不良 ④蓄能器的空气泄漏 ⑤节流效果因油温变化而发生变化	①检查检修泵 ②检查系统内各元件、连接管路,以及油黏度、温度等,然后采取相应措施处理 ③重新调定流量控制阀 ④修复漏气处,重新充气 ⑤安装油温控制装置,更换或修理温度补偿流量控制阀

(6) 油温过高的原因及处理措施

如表5-35所示给出了油温过高的原因及处理措施。

表5-35 油温过高的原因及处理措施

故障	原因	处理措施
从高压到低压侧的漏损	①安全压力调得太高 ②安全阀性能不好 ③油的黏度过低	①重新调整正确 ②用合适的结构代替 ③放出油,使用制造厂推荐用的油
当系统不需要压力油时,而油仍在阀的设定压力下回油	①卸荷回路动作不良 ②安全压力调得太低	①检查电气回路、电磁阀、先导回路和卸荷阀的动作是否正常 ②重新调整正确

续表

故障	原因	处理措施
冷却不足	①冷却水供应不足 ②冷却管道中有沉淀	①检查供水系统，保证水量 ②清洗管道，清除沉淀物
散热不足	油箱散热面积不足	改装冷却系统，或加大油箱容量

(7) 油缸运动不正常的原因及处理措施

如表5-36所示给出了油缸运动不正常的原因及处理措施。

表5-36 油缸运动不正常的原因及处理措施

原因	处理措施
回路中有空气	在回路的高处设气孔，把空气排净
油缸、活塞和活塞杆密封件老化	更换新的密封件
活塞与活塞杆不同轴	拆下，使油缸单独动作，测定偏心方位及尺寸，然后校正定心，重新组装
油缸工作一段时间后里边有磨损，研坏部位	拆开油缸，检查活塞与缸筒损坏部位，轻的用油石条修研，重的需更换新件
流量控制阀或压力控制阀工作不良	检查不良原因，并进行检修
顺序阀和溢流阀调定值太接近	改正调定值，保持必要的差值

(8) 辅助元件故障及其排除

液压传动系统的辅助元件，诸如过滤器、密封件、管道、油箱等，经过较长时间的正常运转以后，也会发生阻塞、老化、磨损、腐蚀、积污等情况，导致液压系统工作不稳定、“爬行”、出现噪声等。在出现故障时，应首先列出检查的程序，然后按维护保养的要求进行清洗、更换、修理即可将故障排除，恢复系统的正常工作。

5.7.2 常见液压元件的修理

(1) 齿轮油泵的修理

齿轮油泵的主要零件，如齿轮、泵体、端盖轴承等的磨损或损坏，将直接影响泵的工作性能，甚至使泵不能工作。除更换新泵外则必须对泵进行修理，修理的要点主要如下。

① 齿轮的修理　齿轮啮合表面磨损严重，应更换齿轮；齿轮两端面与前盖或后盖摩擦，可将齿轮端面修平修光，装配时重新调整间隙；齿轮一般为单面受力，在单面研伤后可将齿轮翻一个面使用；两齿轮的厚度差应在0.05mm以内。

② 轴的修理　当轴磨损严重时可重新更换新轴，或将磨损后的轴电镀后经磨削加工重新使用；如轴承为滑动轴承，也可按磨损后轴的尺寸配制轴套。

③ 泵体的修理　泵体发生裂纹，应更换新的泵体；当侧面与齿顶接触的面研伤时，可将研伤处修平修光后使用。

④ 轴承研坏或研伤，应更换新的轴承。

⑤ 齿轮泵组装的操作要点　齿轮泵上的破损零件拆卸修理完成后，应再次进行组装，装配时应注意以下操作要点：零件应全部经过退磁，修去毛刺，清洗干净；在规定的锐角处，只可做0.2～0.3mm倒钝处理，不可倒角；平键或花键连接，必须符合原配合要求；端面间隙视其流量的大小应在0.02～0.06mm之间；齿顶与泵体间隙一般在0.12～0.15mm；端间隙可调整，齿顶与泵体间隙一般不能调整；组装后用手转动，要求灵活无阻滞现象；在额定压力下工作时，能达到规定的输油量。

(2) 叶片泵的修理

叶片泵的转子、定子、配流盘和叶片为泵的主要零件，当泵发生故障时，多为这些件引起的。对其修理可按以下几方面进行。

① 泵不出油　对于泵不出油这类故障，多数因泵长时间不用，或长时间使用后，由于沉积的污垢进入叶片与转子的间隙里，造成泵工作时叶片甩不出而不能吸油。发生此种情况，将泵拆卸清洗后，再重新组装：便可排除故障，使泵重新工作。

② 定子内表面严重磨损　定子内表面磨损严重时，可上机床修复。因受设备限制，也可以将定子翻转，使吸油腔与压油腔对调使用。如磨损轻微，可对定子内表用油石条修磨，抛光后使用。

③ 转子两端面受损　当转子两端面轻微磨损、研伤时，可修研、抛光后使用；磨损严重需上机床修复，但要保证两端面平行度不大于0.08mm。

④ 配流盘端面磨损轻微时，可修研平后使用，磨损严重需上机床修理，但要控制加工量不可太大。同时应将配油盘上三角槽修复到原尺寸。

⑤ 叶片与槽间隙应在0.01～0.02mm内，当其间隙量大时，应重新配制叶片。

⑥ 叶片泵组装的操作要点　叶片泵上的破损零件拆卸修理完成后，应再次进行组装，装配时应注意以下操作要点：所有件应清洗干净，清除毛刺；叶片在槽内应能灵活滑动，叶片与槽、转子与定子装配方向应正确，不得装反，叶片高度应略低于槽深0.005～0.015mm；一般叶片泵的轴向间隙应为0.04～0.06mm，装配后花键轴应转动灵活，无阻滞现象；最后应以额定压力试验，应密封良好，输出流量达到要求。

(3) 常用阀的修理

尽管液压阀的种类很多，但其常见的故障却基本相同，主要有：阀芯不能正常滑动、堵塞、漏油等，修理方法主要有以下几种。

① 常用的各种液压阀，多数情况下因污垢的堵塞，使阀芯不能正常滑动，或阻尼孔堵塞，而使阀不能正常工作。一般情况下，只要将阀拆卸清洗干净后，再重新组装，即可将故障排除。

② 针形阀封闭不严，多数是因阀杆封闭部位和阀口部位磨损造成的。轻微的可进行研磨修理，严重的需上机床将阀杆或阀口部位加工后，再研磨修复。

③ 液压阀使用时间长发生漏油现象，多因密封件损坏、老化、磨损造成，此时应视其泄漏部位更换密封件。

④ 属于滑阀类的，因阀体与阀芯磨损、间隙增大而不能工作，此时应按磨损后孔的尺寸配制阀芯。

⑤ 阀体一旦损坏无法修复，一般情况下需更换新阀，或更换阀体（一般不予更换）。

(4) 液压操纵箱的修理

液压操纵箱是各种单个阀的集中组合，是液压传动机床的心脏部分。如果液压操纵箱出现故障，主要原因是调整不当或液压元件磨损。

液压操纵箱故障排除方法如下：液压操纵箱上，一般均有调节环节，虽已调好，但往往由于压力冲击、振动等原因而发生变动。发现问题必须及时给予调整，在调整时，要注意溢流阀、减压阀、液压泵和液压缸等液压元件出现故障后对液压操纵箱的影响。操纵箱使用时间过长时，由于滑阀和滑孔相对运动而失效，引起内、外泄漏增加，缓冲、节流等减弱或失去控制作用。操纵箱零件的失效，其形式为壳体孔磨损增大、滑阀磨损变小、弹簧产生永久变形或弹力减小等。操纵箱的壳体孔，可按技术要求进行研磨或珩磨，然后根据阀体孔配阀芯，保证圆度及圆柱度误差在0.003～0.005mm，内、外间隙在0.008～0.012mm的范围内，表面粗糙度为$Ra0.1\mu m$或更细些。弹簧失效，一般都应更换新件。除上述原因外，有些故障因结构不良引起，应按实际情况修复。

5.7.3 典型液压回路的调整及维护

金属切削机床广泛应用各种典型液压回路，实现其工作台的移动、进给机构的进退以及其

他机构的移动、锁紧和互锁等。下面以 M1432A 型万能外圆磨床液压传动系统包含的各种回路为例，介绍其工作原理、修理调整及维护。

M1432A 型万能外圆磨床的液压传动系统如图 5-136 所示。整个液压系统的压力油，由定量泵供给。由输出管道 1 分别经操纵箱、进退阀、尾座阀进入工作台液压缸、砂轮架液压缸、尾座液压缸和闸缸等，称主油路。另一路经精滤器进入润滑油稳定器，称为控制油路。系统的油压由溢流阀控制在 0.9～1.1MPa。

(1) 典型液压回路原理

1）工作台往复运动液压回路工作原理

磨床工作台的纵向往复运动，是磨削时的纵向进给运动，它直接影响工件的精度和表面质量。所以，要求工作台运动平稳，并能无级变速。其工作原理如下。

① 液压回路　当开停阀处于图 5-136（a）所示的位置时，工作台启动。此时，先导阀在左边位置，控制油路为：经过精滤油器→14→8→9→单向阀 I_2→16→换向阀右端油腔，换向阀芯移至左边位置，故工作台向左运动。其液压主回路如下。

进油路：1→换向阀→2→工作台液压缸左腔，液压缸连同工作台便向左移动。

回油路：工作台液压缸右腔→3→换向阀→4→先导阀→5→开停阀 *A* 截面（图 5-137）→轴向槽→B 截面→6→节流阀 *F* 截面（图 5-138）→轴向槽→*E* 截面→油箱。

工作台向左运动到调定位置时，工作台上右边的撞块拨动先导阀至右边位置，换向阀也随之右移，于是工作台又反向运动。如此，工作台向右运动到调定位置时，其左边撞块拨动先导阀至左边位置，换向阀又随之左移，工作台又向左运动。如此循环，工作台就不断地做往返运动。

② 工作台运动速度的调节　工作台液压缸的回油都是经过节流阀后流回油箱的。改变节流阀开口大小（*E* 断面上圆周方向的三角形槽），可使工作台的运动速度在 0.05～4m/min范围内无级调速。由于节流阀装在回油路上，液压缸回油具有一定的背压，有阻尼作用，因此，工作台运动平稳，并可以获得低速运动。

③ 工作台的换向过程　其换向过程分为三个阶段：制动阶段、停留阶段和反向启动阶段。

例如，工作台向左运动到达终点时的换向过程如下。

a. 制动阶段　工作台换向时的制动分两步：先导阀的预制动和换向阀的终制动。当工作台向左运动至接近终点一位置时，撞块拨动先导阀开始向右移动。在移动过程中，先导阀上的制动锥体将液压缸回油管道 4→5 逐渐关小，使主回油路受到节流，工作台速度减慢，实现预制动。

先导阀继续右移，管道 8→9、10→11 关闭，管道 12→10、9→13 打开［图 5-136（b)］，控制油进入换向阀左端油腔，推动换向阀右移。其控制油路如下。

进油路：14→12→先导阀→10→单向阀 I_1→15→换向阀左端油腔，换向阀右移。

回油路：换向阀右端油腔→18→19→先导阀→13→油箱。

由于此时回油路直通油箱，所以换向阀迅速地从左端向右端移动，称为换向阀第一次快跳。此时管道 1→2 和 1→3 都打开，压力油同时进入工作台液压缸的左腔、右腔。在油压的平衡力作用下，工作台迅速停止，实现终制动。

b. 停留阶段　换向阀第一次快跳结束后，继续右移。只要管道 1→2 和 1→3 都维持打开状态，工作台则继续停留不动。当换向阀右移至管道 18 被遮盖后，右端油腔回油只能经 16→停留阀 L_2→9→先导阀→13→油箱。回油受停留阀 L_2 的节流控制，移动速度减慢。因此，改变停留阀液流开口大小，就可改变换向阀移动至后阶段的速度，从而调节工作台换向时的停留时间。

c. 反向启动阶段　当换向阀继续右移至管道 20→18 接通时，右腔回油便经管道 16→20→

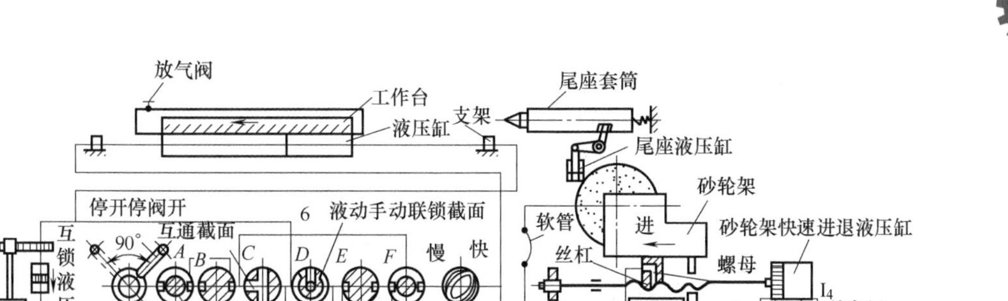
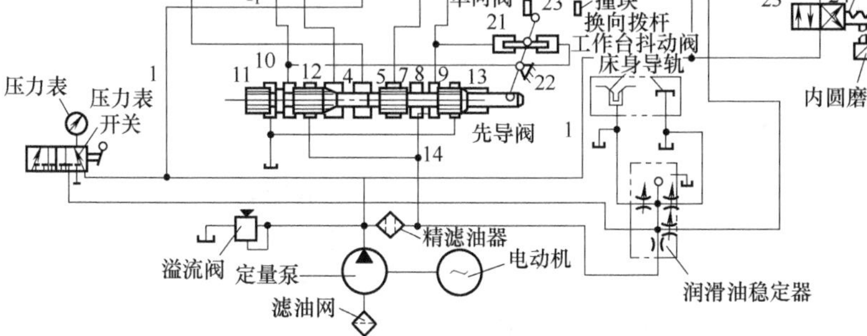

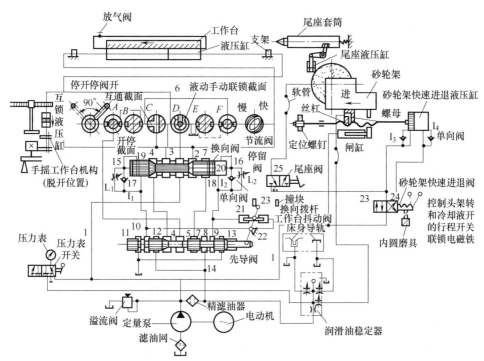

(a) 工作台向左运动，砂轮架引进，尾座套筒伸出，手摇工作台机构脱开

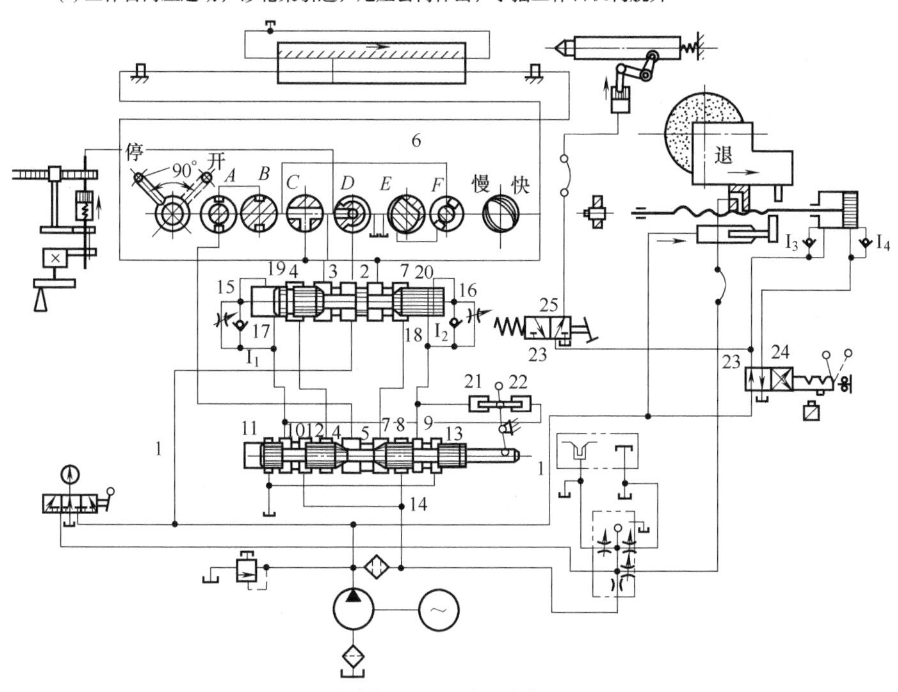

(b) 工作台停在右端，砂轮架退出，尾座套筒缩回，手摇工作台机构合上

图 5-136　M1432A 型万能外圆磨床液压传动系统图

18→9→先导阀→13→油箱。换向阀不受节流阻力，做第二次快跳，直到右端终点为止。此时，换向阀迅速切换主油路，工作台反向启动。

换向阀第一次快跳的作用是缩短预制动至终制动之间的间隔时间，换向阀第二次快跳的作用是为了缩短工作台的启动时间，保证必要的启动速度。这对提高生产率和磨削质量都是有利的。

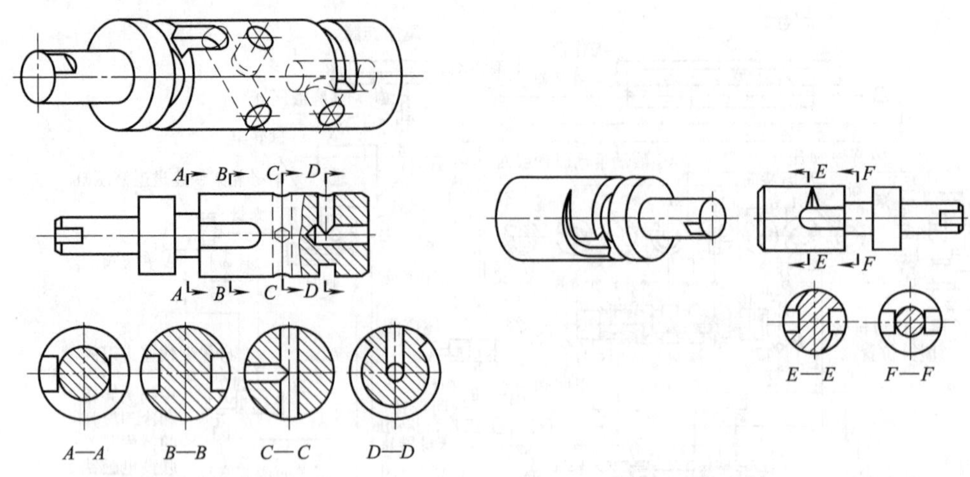

图 5-137　开停阀　　　　图 5-138　节流阀

④ 先导阀的快跳　在先导阀换向杠杆的两侧，各有一个小柱塞液压缸 21、22（或称抖动阀），它们分别由控制油路 9 和 10 供给压力油。当先导阀经换向杠杆拨动一段距离后（预制动完成后），压力油在进入换向阀的同时，也进入抖动阀。由于抖动阀直径比换向阀小，所以移动迅速，并通过换向杠杆迅速推动先导阀移动到底，这就称为先导阀快跳。其目的是不论工作台移动速度快慢如何，都能使换向后的主油路和控制油路迅速接通并开大。这样，换向阀的移动速度可不受工作台移动速度的影响，从而避免了工作台慢速运动时换向缓慢、停留时间过长和启动速度太慢等缺陷。

⑤ 工作台液动和手动的互锁　当开停阀处于如图 5-136（a）所示的“开”的位置时，工作台做液动往复运动，同时压力油回油管 1→换向阀→开停阀 D 截面→工作台互锁液压缸，推动活塞使传动齿轮脱离啮合位置。因此，工作台移动时不会带动手轮旋转。

当开停阀处于如图 5-136（b）所示的“停”的位置时，互锁液压缸通过开停阀 D 截面上的径向孔和轴向孔与油箱接通，活塞在弹簧作用下回复原位，使传动齿轮恢复啮合。同时，工作台液压缸的左腔、右腔通过开停阀 C 截面上的相交径向孔互通，工作台不能由液动控制往复，而只能用手操纵。

2）砂轮架的快速进退液压回路工作原理

砂轮架快速进退由手动快速进退阀（二位四通换向阀）控制。

① 砂轮架快速前进　如图 5-136（a）所示，当进退阀右位接入系统时，液压回路如下。

进油路：管道 1→进退阀→24→单向阀 I_4→进退液压缸右腔，由活塞推动丝杠、螺母，并带动砂轮架快速前进。

回油路：进退液压缸左腔→23→进退阀→油箱。

② 砂轮架快速退回　如图 5-136（b）所示，用手扳动进退阀手柄，阀的左位接入系统。其液压回路如下。

进油路：管道 1→进退阀→23→单向阀 I_3→进退液压缸左腔，由活塞带动砂轮架快速后退。

回油路：进退油缸右腔→24→进退阀→油箱。

3）尾座套筒的缩回液压回路工作原理

当砂轮架处于如图 5-136（b）所示的退出位置时，用脚踏下踏板后，可使尾座阀右位接入系统。其液压回路为：管道 1→砂轮架快速进退阀→23→尾座阀→25→尾座液压缸，由活塞通过杠杆带动尾座套筒缩回。

当松开踏板时，尾座阀在弹簧力作用下复位。尾座液压缸的压力油经管道25→油箱［图5-136（a）］，尾座套筒在弹簧力作用下向前顶出。

尾座套筒的缩回与砂轮架快速前进是互锁的。图5-136（a）表明，砂轮架处于快进位置时，管道23通过进退阀与油箱相通。所以，即使误踩踏板，尾座液压缸也不会进压力油，尾座套筒就不可能缩回，从而不会发生自动松开事故。

4）润滑及其他液压回路工作原理

① 导轨与丝杠螺母的润滑　油泵输出的压力油进入润滑油稳定器，然后分别流入V形导轨、平导轨和砂轮架丝杠螺母处进行润滑。

② 砂轮架丝杠与螺母间隙的消除　如图5-136所示，闸缸始终接通压力油，闸缸柱塞一直顶紧砂轮架，使丝杠和螺母间隙消除，其顶紧力与砂轮磨削时的受力方向一致。

(2) 典型液压回路的修理、调整

M1432A型万能外圆磨床的液压性能比较稳定，但也常出现工作台纵向冲击、砂轮架微量抖动、节流阀关闭后工作台仍慢速运动等故障。现将其产生的原因和修理、调整方法介绍如下。

1）节流阀关闭后工作台仍慢速运动

① 操纵箱的节流阀与阀体孔配合间隙较大，有渗漏。可重配，其圆度误差要求为0.002～0.004mm，间隙为0.008～0.012mm。

② 系统中有渗漏，应采取相应措施防止渗漏。

2）工作台换向时，砂轮架有微量抖动

① 系统压力波动大，特点是在换向时使砂轮架向前微动。若磨削工件在换向时磨削火花突然增多，应清洗和调整溢流阀，同时在闸缸和快速进退油缸后腔的油路上增设止回阀。

② 系统中工作压力调得过高　可将系统压力调低，一般为0.9～1.1MPa。

③ 系统中存在大量空气　必须将空气排尽。

3）工作台快跳不稳定

① 换向阀两端节流阀调整不当　节流开口量太小时，换向阀移动速度慢，引起快跳不稳，可加大节流开口。

② 当先导阀换向杠杆被工作台左、右行程挡块夹在正中位置时，回油开口量太小，影响工作台换向起步速度，同时使工作台抖动频率太低，甚至不抖动。排除方法是将换向阀两端环形油槽向端部方向车去一点，使第二次快跳提前加快起步速度；或修磨先导阀中的制动锥，保持原制动锥角度，适当加长制动锥长度。修磨量不宜太多，否则影响工作台换向精度。

4）启动油泵时工作台有纵向冲击

原因是油泵关停时，油泵电动机倒转，系统中油液回油池，而空气混入液压系统。其解决方法是在油泵输出油路上增设单向阀，使油液只能单向流动。

(3) 液压系统回路的维护

① 油液应经常保持清洁，加油和补充油要先过滤，防止纤维杂物混入油中。

② 油温要经常检查。油温过高，应停机检查。

③ 液面状况应经常观察，如有气泡悬浮，则应检查是否混入了空气。

④ 液压泵进口过滤器应保持通畅，损坏的滤油器应及时更换。

第 6 章

机械设备的修理

6.1 机械设备修理前的准备工作

在对机械设备进行修理之前，必须做好修理前的准备工作，一般说来，机械设备大修的准备最为复杂，主要包括修前技术准备和修前物质准备。准备工作的完善程度和准确性、及时性会直接影响到大修理作业计划、修理质量、效率和经济效益。

6.1.1 技术准备工作

设备修理前的技术准备，包括设备修理的预检和预检的准备、修理图纸资料的准备、各种修理工艺的制订及修理工检具的制造和供应。各企业的设备维修组织和管理分工有所不同，但设备大修理前的技术准备工作内容及程序大致相同，如图 6-1 所示。

(1) 预检

为了全面深入掌握设备的实际技术状态，在修理前安排的停机检查称为预检。预检工作由主修技术人员主持，设备使用单位的机械员、操作工人和维修工人参加。预检的时间应根据设备的复杂程度确定。

预检既可验证事先预测的设备劣化部位及程度，又可发现事先未预测到的问题，从而结合已经掌握的设备技术状态劣化规律，作为制订修理方案的依据。

1）预检前的准备工作

① 阅读设备使用说明书，熟悉设备的结构和性能、精度及其技术特点。

② 查阅设备档案，着重了解设备安装验收（或上次大修理验收）记录和出厂检验记录；历次修理（包括小修、项修、大修）的内容，修复或更换的零件；历次设备事故报告；近期定期检查记录；设备运行中的状态监测记录；设备技术状况普查记录等。

③ 查阅设备图册，为校对、测绘修复件或更换件做好图样准备。

④ 向设备操作工和维修工了解设备的技术状态：设备的精度是否满足产品的工艺要求，性能是否下降；气动、液压系统及润滑系统是否正常和有无泄漏；附件是否齐全；安全防护装置是否灵敏可靠；设备运行中易发生故障的部位及原因；设备现在存在的主要缺陷；需要修复或改进的具体意见等。

将上述各项调查准备的结果进行整理、归纳，可以分析和确定预检时需解体检查的部件和

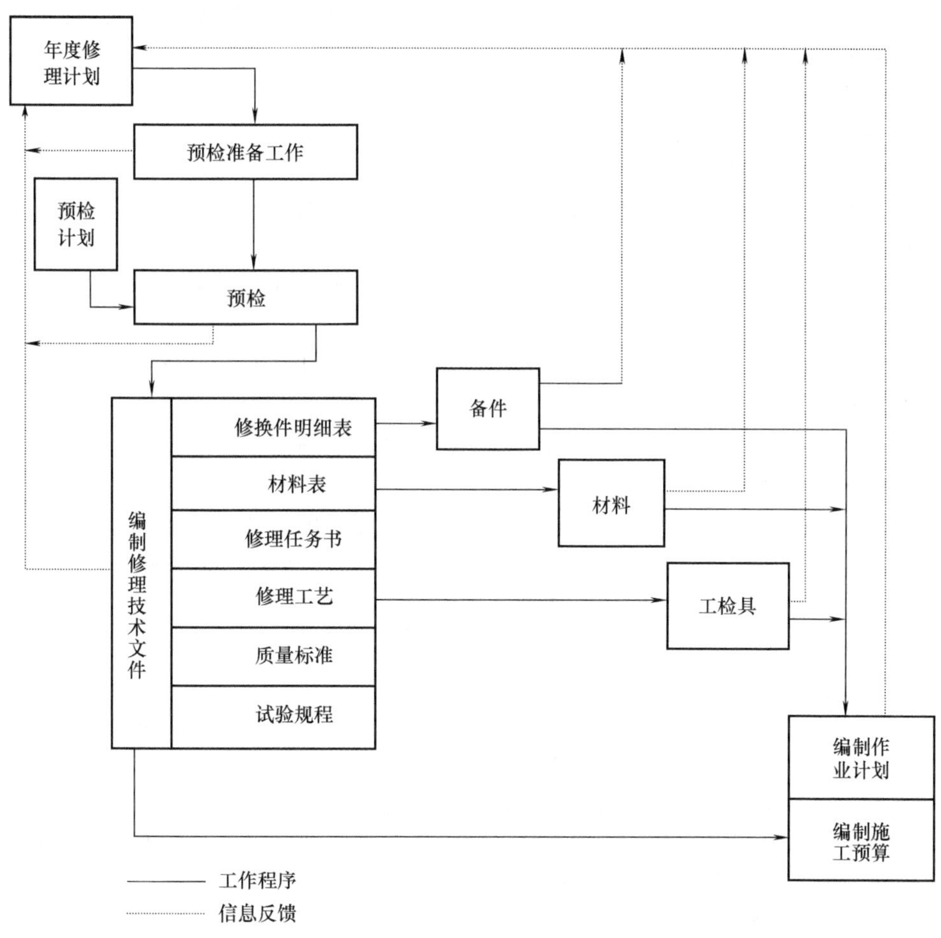

图 6-1　设备大修理准备工作及程序

预检的具体内容，并安排预检计划。

2）预检的内容

不同的机械设备，其预检的内容有所不同，以下为金属切削机床类设备的典型预检内容，其他设备可参照进行。

① 按出厂精度标准对设备逐项检验，并记录实测值。

② 检查设备外观有无掉漆、指示标牌是否齐全清晰、操纵手柄是否损伤等。

③ 检查机床导轨：若有磨损，测出磨损量，检查导轨副可调整镶条尚有的调整余量，以便确定大修时是否需要更换。

④ 检查机床外露的主要零件如丝杠、齿条、光杠等的磨损情况，测出磨损量。

⑤ 检查机床运行状态：各种运动是否达到规定速度，尤其高速时运动是否平稳，有无振动和噪声。低速时有无爬行，运动时各操纵系统是否灵敏和可靠。

⑥ 检查气动、液压系统及润滑系统。系统的工作压力是否达到规定、压力波动情况、有无泄漏。若有泄漏。查明泄漏部位和原因。

⑦ 检查电气系统：除常规检查外，注意用先进的元器件替代原有的元器件。

⑧ 检查安全防护装置：包括各种指示仪表、安全联锁装置、限位装置等是否灵敏可靠，各防护罩有无损坏。

⑨ 检查附件有无磨损、失效。

⑩ 部分解体检查，以便根据零件磨损情况来确定零件是否需要更换或修复。原则上尽量

不拆卸零件，尽可能用简易方法或借助仪器判断零件的磨损，对难以判断磨损程度和必须测绘、校对图样的零件才进行拆卸检查。

3）预检应达到的要求

① 全面掌握设备技术状态劣化的具体情况，并做好记录。

② 明确产品工艺对设备精度、性能的要求。

③ 确定需要更换或修复的零件，尤其要保证大型复杂铸锻件、焊接件、关键件和外购件的更换或修复。

④ 测绘或核对的更换件和修复件的图样要准确可靠，保证制造和修配的精度。

4）预检的步骤

做好预检前的各项准备工作，按预检内容进行。在预检过程中，对发现的故障隐患必须及时排除，恢复设备并交付继续使用。预检结束要提交预检结果，在预检结果中应尽量地反映检查出的问题。如果根据预检结果判断无需大修，应向设备主管部门提出改变修理类别的意见。

(2) 编制大修理技术文件

通过预检和分析确定修理方案后，必须准备好大修理用的技术文件和图样。机械设备大修理技术文件和图样包括：修理技术任务书，修换件明细表及图样，材料明细表，修理工艺规程，专用工、检、研具明细表及图样，修理质量标准等。这些技术文件是编制修理作业计划、指导修理作业以及检查和验收修理质量的依据。

1）编制修理技术任务书

修理技术任务书由主修人员编制，经机械师和主管工程师审查，最后由设备管理部门负责人批准。设备修理技术任务书包括如下内容。

① 设备修前技术状况　设备修前的技术状况主要包括说明设备修理前工作精度下降情况，设备的主要输出参数的下降情况，主要零部件（指基础件、关键件、高精度零件）的磨损和损坏情况，液压系统、润滑系统的缺损情况，电气系统的主要缺陷情况，安全防护装置的缺损情况等。

② 主要修理内容　主要修理内容主要包括说明设备要全部（或除个别部件外其余全体）解体、清洗，检查零件的磨损和损坏情况，确定需要更换和修复的零件，扼要说明基础件、关键件的修理方法。必须仔细说明检查和调整的机构，结合修理需要进行改善维修的部位和内容。

③ 修理质量要求　对装配质量、外观质量、空运转试车、负荷试车、几何精度和工作精度逐项说明，按相关技术标准检查验收。

2）编制修换件明细表

修换件明细表是设备大修前准备备品配件的依据，应当力求准确。

3）编制材料明细表

材料明细表是设备大修理准备材料的依据。设备大修材料可分为主材和辅材两类。主材是指直接用于设备修理的材料，如钢材、有色金属、电气材料、橡胶制品、润滑油脂、油漆等。辅材是指制造更换件所用材料、大修理时用的辅助材料，不列入材料明细表，如清洗剂、擦拭材料等。

4）编制大修工艺规程

机械设备大修工艺规程应具体规定设备的修理程序、零部件的修理方法、总装配与试车的方法及技术要求等，以保证修理质量。它是设备大修时必须认真遵守和执行的指导性技术文件。

编制设备大修工艺规程时，应根据设备修理前的实际状况、企业的修理技术装备和修理技术水平，做到技术上可行，经济上合理，切合生产实际要求。

机械设备大修工艺规程通常包括下列内容。

① 整机和部件的拆卸程序、方法以及拆卸过程中应检测的数据和注意事项。

② 主要零部件的检查、修理和装配工艺，以及应达到的技术条件。

③ 关键部位的调整工艺以及应达到的技术条件。

④ 总装配的程序和装配工艺，应达到的精度要求、技术要求以及检查方法。

⑤ 总装配后试车程序、规范及应达到的技术条件。

⑥ 在拆卸、装配、检查测量及修配过程中需用的通用或专用的工、研、检具和量仪。

⑦ 修理作业中的安全技术措施等。

5）大修理质量标准

机械设备大修后的精度、性能标准应能满足产品质量、加工工艺要求，并有足够的精度储备。主要包括以下几方面的内容。

① 机械设备的工作精度标准。

② 机械设备的几何精度标准。

③ 空运转试验的程序、方法，检验的内容和应达到的技术要求。

④ 负荷试验的程序、方法，检验内容和应达到的技术要求。

⑤ 外观质量标准。

在机械设备修理验收时，可参照国家和有关部委等制定和颁布的一些机械设备大修理通用技术条件，如金属切削机床大修理通用技术条件、桥式起重机大修理通用技术条件等。若有特殊要求，应按其修理工艺、图样或有关技术文件的规定执行。企业可参照机械设备通用技术条件编制本企业专用机械设备大修理质量标准。没有以上标准，大修理则应按照该机械设备出厂技术标准作为大修理技术标准。

6.1.2 物质准备工作

设备修理前的物质准备是一项非常重要的工作，是保证维修工作顺利进行的重要环节和物质基础。实际工作中经常由于备品配件供应不上而影响修理工作的正常进行，延长修理停机时间，使企业生产受到损失。因此，必须加强设备修理前的物质准备工作。

主修技术人员在编制好修换件明细表和材料明细表后，应及时将明细表交给备件、材料管理人员。备件、材料管理人员在核对库存后提出订货。主修技术人员在制订好修理工艺后，应及时把专用工具、检具明细表和图样交给工具管理人员。工具管理人员经校对库存后，把所需用的库存专用工具、检具，送有关部门鉴定，按鉴定结果，如需修理提请有关部门安排修理，同时要对新的专用工具、检具提出订货。

机械设备维修人员作业时，首先必须清楚作业所需物料的用途、性能、数量等，以便在准备过程中合理地领取并选用物品。其次要清楚所需物品的特点和使用中的注意事项，要做到合理存放、合理保管、合理使用、正确维护。最后要清楚所需物品在作业过程中使用的先后顺序及时间段，以便按时、按需领取，提高物料及工具的利用率。

概括说来，通常机械设备维修人员要做好的物质准备主要包括：设备安装材料及设备维修所用工具、量具、夹具等物质两大部分。主要有以下方面。

(1) 设备安装材料的准备

与机械设备的安装一样，在机械设备大修时，也需使用设备安装材料，具体参见本书第4章“4.2.1设备安装材料的准备”的相关内容。

(2) 维修工具、量具、夹具的准备

1）专用测量工具

① 角度块　角度块又称角度垫铁，在机床修理中多用作特殊截面导轨刮削的基准，或在

测量特殊截面导轨精度时，作为水平仪及百分表架的垫铁。

② 三爪千分尺　三爪千分尺的结构是三个测爪沿着径向同时外伸，可用于测量三块瓦轴承孔径。

③ 芯棒　芯棒又称检验棒、检验芯轴，主要用来检查轴类零件的径向圆跳动、轴向窜动，多根轴之间的同轴度、平行度和相交性，轴与平面之间的平行度、垂直度等精度。

④ 桥板　与水平仪、百分表结合使用，可以测量多条导轨间的平行度、导轨与轴线间的平行度等精度。

2）起吊工具

根据拆卸、装配的机械零部件的特殊结构和形状，设计制作的一些专用吊环、吊钩、吊架、吊杆等。

3）夹具

① 特殊形状零部件刮削夹具如下。

a. 镶条刮削夹具　镶条的结构特点是既薄又长，有时它的截面还具有一定的角度（如55°），刮削时不好装夹，极易变形，所以，设计制作了专门用于刮削镶条的夹具。

b. 轴瓦刮削夹具　在轴瓦刮削时用以固定轴瓦，并可以旋转一定的角度，使刮削操作人员能以较舒适的体位进行刮削。

② 翻转夹具　对于某些形状特殊、不易捆绑的零部件，为适应反复翻转（如按立式车床工作台导轨配刮床身圆导轨）的操作需要而专门设计制作的翻转夹具。

（3）维修工具、夹具、量具的选用原则

① 根据不同设备修理工艺中工具清单的要求，准备所需的工具、夹具、量具。

② 根据被测量面的长度、面积选用平尺和平板。

③ 根据两导轨面之间的跨距选用桥板。

④ 根据检验精度要求选用平板、平尺、角尺。

⑤ 根据被测轴的内孔形状、尺寸选用芯棒。

（4）维修作业所用工具、夹具、量具的保管和维护

① 维修作业用工具、夹具、量具应设置专门库房，由专人负责保管。

② 所有工具、夹具、量具应分类存放，加挂明显标志。

③ 工具、夹具、量具使用完毕后，必须擦净上油，方能入库保管。

④ 平板应水平放置、支平，上面加盖防尘罩，严禁多层重叠摆放。

⑤ 长条状工具、量具应垂直吊挂（桥尺除外）。

⑥ 入库工具、夹具、量具必须是完好的，如发现在使用中已经损坏，必须将损坏的工具、夹具、量具修复后方可入库。如确系无法修复，必须办理报损手续，并立即通知（或报告）有关部门及时予以补充。

⑦ 属于特殊设备一次性使用的工具、夹具、量具一般不入库。仍有利用价值、可改作他用的则在专门货架上存放。

⑧ 平板、直尺、90°角尺、方尺和标准芯棒要安排定期校验，每隔一定期限全面修整一次，确保其原有精度。

⑨ 定期对入库存放的工具、夹具、量具进行抽查，发现有异常状况，应立即分析产生的原因并采取补救措施。

6.2 设备故障的诊断及修理方案的确定

任何机械修理前都不能急于拆卸。必须先进行拆前静态与动态检查以及诊断，为故障分析

提供尽可能多的资料。在故障分析的基础上，制订初步的修理项目和修理方案后，才能进行零件拆卸。否则，盲目进行拆卸，只会事倍功半，造成返修。甚至导致设备精度下降，或者损坏零部件，引起新的故障发生。

6.2.1 设备故障的诊断

机床在运行过程中，一旦发生故障，往往会导致不良后果。因此，必须在机床运行过程中，对机床的运行状态及时做出判断并采取相应的措施。通常机械设备故障的诊断可采取以下方法。

(1) 拆卸前检查

拆卸前检查主要是通过检查机械设备静态与动态下的状态，弄清设备的精度丧失程度和机能损坏程度。

① 机械设备的精度状态是指设备运动部件主要几何精度的精确程度。对于金属切削机床来说，它反映在设备的加工性能上；对于机械作业性质的设备来说，它反映在机件的磨损程度上。

② 机械设备的机能状态是指设备能完成各种功能动作的状态。它主要包括以下五项内容。

a. 传动系统是否运转正常，变速齐全。

b. 操作系统动作是否灵敏可靠。

c. 润滑系统是否装置齐全、管道完整、油路畅通。

d. 电气系统是否运转可靠、性能灵敏。

e. 滑动部位是否运转正常，有无严重的拉、研、碰伤及裂纹损坏。

在检查中，应确定机械设备的每项机能是受到严重损坏，还是受到一般损坏；是否具有主要机能；设备机能能否满足生产工艺要求；设备机能能否完全、可靠地达到出厂水平。必须将具体存在的问题及潜在的问题进行整理登记。

(2) 诊断运转

诊断运转主要是通过空载运转和负载运转来诊断机械设备使用中存在的重要问题。在诊断中应该结合操作者提供的情况反映、日常操作记录、检修零件更换表、事故分析和日常维修档案进行故障诊断。

1）空载运转诊断

主要是由人的感官通过听、视、嗅、触诊断设备故障。其主要内容有：

① 对设备齿轮箱中传动齿轮的异常噪声进行诊断。空载运转中应逐级变速进行判断。如果某一级速度的噪声异常，则可以初步认定与这一级速度有关的零件，如齿轮、轴、轴承、拨叉等可能有较严重的损坏或磨损。然后再打开齿轮箱盖，做进一步检查。查看齿轮的外观质量是否有失效现象，如断裂、变形、点蚀、磨损等情况。用百分表测量齿轮轴是否发生弯曲现象，检查轴承间隙是否过大等。

② 诊断轴承旋转部位或滑动部件间发热的原因。例如，滑动轴承发热主要是由于轴瓦或轴颈磨损严重、表面粗糙度值变大、高速旋转时轴与轴瓦摩擦加大，并伴随冲击现象发生而引起的。也可能是因为轴承间隙过小，或其他原因而引起的。滚动轴承发热，主要是由于轴承间隙调节过小，润滑条件恶化而引起的。若轴承体发热产生过高温度，就会出现退火变色现象。诊断中应贯彻先易后难的原则，先看润滑是否充分合乎要求，再查轴承间隙是否过小，通过放大间隙进行试探性诊断，最后再进行拆卸后诊断。

③ 判断设备产生振动的主要原因。设备的故障性振动往往是由于旋转零件不平衡、支承零件有磨损、传动机构松动、不对中或者不灵活、移动件接触不良、传动带质量不好等原因引起的。查找振源时，应从弄清故障性振动的频率入手。在一般情况下，测量出主频率的大小就

可以根据传动关系找出产生故障性振动的部位。

④ 查找润滑、液压系统的漏油情况。主要诊断设备在运转中漏油产生的部位，分析漏油的原因。漏油有的是由于设备设计不合理、密封件选用不合适而引起的；有的是因为操作使用不当，或者维修不合要求而造成的；有的还由于设备出现裂纹、砂眼而引起。其中许多原因只有通过设备空运转，并且反复试验，才能找出根源，彻底治漏。

⑤ 对机械构件产生运动障碍的原因进行判断。例如，要判断设备产生运动传递中断、动作不能到位、功能错乱或功能不全等故障的原因时，只有通过设备空运转，才能看清运动中断的位置和产生功能性故障的具体零件。

2）负载运转诊断

① 通过加工工件判断机床的有关零件，如导轨、轴承等件的磨损情况以及装配不当引起的精度性故障产生的原因。对于车床、铣床来说，一般都选用铝材料作为试验件，检验加工件的几何精度及表面粗糙度的变化情况。根据加工件出现的形状误差及表面波纹产生的情况，进一步分析设备存在问题的症结。

② 使设备处于常用工作状态，检查负载运转中故障的表现形式，尤其是振动、温升、噪声、功能丧失的加剧程度。

3）实验性运转诊断

诊断运转中，为了从故障产生的许多可能的估计中，准确判断故障产生的位置及主要原因，采用实验方法进行诊断具有简单易行的特点。在实际工作中，常用的实验诊断方法有如下几种。

① 隔离法　首先根据设备的工作原理及结构特点，估计故障产生的几种可能的主要原因，然后把这几个原因发生的部位，分别隔离开来进行运转诊断。判断中必须逐个排除非故障原因，找出对故障产生和消失有明显影响的部位。故障部位找准了，就可以进一步查找和分析故障产生的原因。例如，车床的主轴箱内齿轮发出异常声响，如果直接打开主轴箱，很难一下子就判断出是哪个齿轮产生噪声。这时可以通过变速挂挡，对齿轮进行隔离判断。若有几个挡都发出异常声响，就可找出这几挡传递运动的共用齿轮进行检查；若只有一挡发生异常声响，就可以找出只有这一挡才使用的齿轮进行检查。

② 替换法　在推理分析故障的基础上，把可能引起故障的零件进行适当的修理，或者用合格的备件进行替换，然后再观察对原故障现象有无明显影响及其故障变化的趋势。若通过替换零件排除了故障，就可以对原零件和替换零件进行对比，诊断故障产生的原因。例如，车床滑板爬行现象的原因有三种：其一是滑板磨损严重出现凹形；其二是压板贴轨面磨损变毛；其三是光杠上的钩头位移键配合工作面磨损变毛。针对这三种原因，可以先用一个新钩头位移键代替旧键，进行试运转。观察爬行现象能否消除或减弱。若没有明显变化，可以再对压板贴轨面进行刮研，用新刮研面代替旧刮研面，并进行运转观察。若还不能解决问题，就应对滑板上的导轨面进行测量和刮研，直到找出故障原因。

③ 对比法　通过对比同型号设备的主轴、丝杠在用手转动时产生阻力的大小，能初步判断待修设备在被查部位的轴承、丝杠、导轨或其他件是否存在问题。对比同型号设备滑动轴承的轴颈和轴瓦之间间隙的大小，就可判断是否因为主轴间隙小，引起轴承发热或抱轴现象。是否因为主轴间隙过大，引起工件表面出现波纹，造成表面粗糙度值变大。

④ 试探法　当不能准确判断故障原因时，在模糊估计的基础上，由可能性最大的部位开始，由大到小进行试探性调整。通过改变调整部位的工作条件，主要是间隙大小，观察对故障现象有无明显影响，以判断故障产生的根源。例如，车床在加工中出现让刀现象，虽然影响因素很多，但是最大可能性是中滑板与小滑板的间隙过大。常见可能性是使中滑板实现横向进给的丝杠、螺母之间的磨损严重或调整不当，引起间隙过大；一般可能性是床鞍与导轨因磨损严

重引起配合不良，或者刀架定位机构失效等。这样就应先调整中滑板与小滑板的斜镶条，减小滑板与导轨之间的间隙，后调整横向进给丝杠的双螺母，减小丝杠、螺母之间的间隙。若都不能解决问题，再检查刀架定位机构以及提高床鞍与导轨的配合质量等。

⑤ 测量法　下面以CA6140车床为例来说明此种方法。判断故障时，若需要考虑导轨配合间隙的因素，应使用塞尺进行检查。滑动导轨端面塞入0.04mm塞尺片时，插入深度应不超过20mm。若超过太多，就可以认为导轨磨损严重，配合质量变劣。

滑板上的手轮规定操纵力不应超过78N。用弹簧秤测量后，若有超过现象，就可以判断出床身上的齿条与滑板箱上的小齿轮啮合过紧，或者床鞍上的压板螺钉调的过紧；若出现移动滑板中，手轮有时重时轻的现象，可能与导轨磨损不匀，或齿条磨损不匀有关系。主轴发热情况可以用温度计进行测量。按规定使主轴在最高速度运转半小时后，再用温度计测量主轴滚动轴承处的温度升高情况，以不超过室温40℃为好。若有超过现象就可判断出轴承可能磨损严重，或者调整过紧。如果轴承间隙调整合适后，轴承仍然发热过高，就可以认为是轴承磨损严重、精度过低引起轴承发热故障。

⑥ 综合法　对于影响因素比较复杂的故障，诊断中不能只采用一种方法，往往需要同时应用几种方法进行实验诊断。一般来说，应该先通过隔离，尽量缩小判断、研究问题的范围，再通过比较、试探确定发生问题的具体部位，最后才能通过测量和替换进行准确判断。这样有利于提高判断问题的准确性、工作效率。实际上在上述各种方法的判断事例中，都已经贯穿了综合法的思路。仔细分析起来，可以发现所列举的每一种故障，不是单纯只用一种方法就能诊断清楚，而是以一种方法为主的综合判断的结果。

6.2.2 制订修理方案

机械设备的修理不但要达到预定的技术要求，而且要力求提高经济效益。因此，在修理前应切实掌握设备的技术状况，制订经济合理、切实可行的修理方案，充分做好技术和生产准备工作，在施工中要积极采用新技术、新材料、新工艺等，以保证修理质量，缩短停修时间，降低修理费用。

(1) 修理方案的内容

确定修理方案前，必须对机械设备进行预检。在详细调查了解设备修理前技术状况、存在的主要缺陷和产品工艺对设备的技术要求后，分析制订修理方案，修理方案中主要应包含以下方面的内容。

① 根据故障诊断、故障分析及零部件的磨损情况，确定设备需要拆卸的部位及修理范围，确定设备需要更换的主要零部件，尤其是铸件、外协件及外购件。

② 制订需要进行修理的主要零件修理工艺。要求根据现有的条件，或者委托修理的实际条件制订切实可行的修理方案，提出需要使用的工具与设备，估计修理后能达到的修复精度。

③ 制订零部件的装配与调整工艺方案及要求。

④ 根据设备的现状与修理条件，确定设备修复的质量标准。

(2) 制订修理方案时应考虑的内容

① 按产品工艺要求，设备的出厂精度标准能否满足生产需要；如果个别主要精度项目标准不能满足生产需要，能否采取工艺措施提高精度；哪些精度项目可以免检。

② 对多发性故障部位，分析改进设计的必要性与可行性。

③ 对关键零、部件，如精密主轴部件、精密丝杠副、分度蜗杆副的修理，本企业维修人员的技术水平和条件能否胜任。

④ 对基础件，如床身、立柱、横梁等的修理，采用磨削、精刨或精铣工艺，在本企业或本地区其他企业实现的可能性和经济性。

⑤ 为了缩短修理时间，哪些部件采用新部件比修复原有零件更经济。

⑥ 如果本企业承修，哪些修理作业需委托外企业协作，应与外企业联系并达成初步协议。如果本企业不能胜任和不能实现对关键零部件、基础件的修理工作，应委托其他企业修理。

6.3 车床的修理

机械设备的修理就是修复由于正常或不正常的原因而引起的设备劣化，通过修复或更换已磨损、腐蚀或损坏的零部件，使设备的精度、性能、效率等得以恢复。卧式车床是加工回转类零件的金属切削设备，属于中等复杂程度的机床，下面以它的大修为例，介绍其修理工艺特点、主要零部件的修理方法。

6.3.1 卧式车床主要零部件的结构

CA6140 型卧式车床是车床中的一种重要类型，其结构形式比较典型，下面就以这种车床为例介绍车床的主要零部件结构。

(1) 卧式车床的总体结构

如图 6-2 所示给出了 CA6140 型卧式车床的结构，主要由主轴箱、滑板部件、进给箱、溜板箱、尾座、床身等部件组成，各部件的结构及作用主要有以下方面。

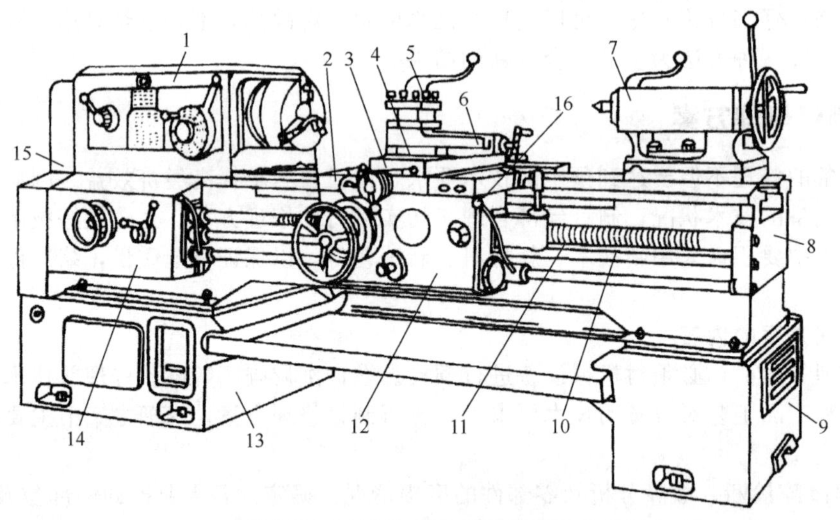

图 6-2 CA6140 型卧式车床的组成

1—主轴箱；2—床鞍；3—中滑板；4—转盘；5—方刀架；6—小滑板；7—尾座；8—床身；9—右床脚；10—光杠；11—丝杠；12—溜板箱；13—左床脚；14—进给箱；15—交换齿轮架；16—操纵手柄

① 主轴箱　车床主轴箱固定在床身 8 的左上部，主轴箱中包括主轴部件及其传动机构，启动、停止、变速、换向和制动装置，操纵机构和润滑装置等。主轴箱的功能是支承主轴，并将动力从电动机经变速机构和传动机构传给主轴，使主轴带动工件按一定的转速旋转，实现主运动。

② 滑板部件　它由床鞍 2、中滑板 3、转盘 4、小滑板 6 和方刀架 5 等组成。其主要功能是安装车刀，并使车刀做进给运动和辅助运动。床鞍 2 可沿床身上的导轨做纵向移动，中滑板 3 可沿床鞍上的燕尾形导轨做横向移动，转盘 4 可使小滑板和方刀架转动一定角度。用手摇小滑板使刀架做斜向移动，以车削锥度大的短圆锥体。

③ 进给箱　它固定在床身的左前侧，是进给系统的变速机构。其主要功能是改变被加工螺纹的螺距或机动进给的进给量。

④ 溜板箱　它固定在床鞍 2 的底部，与滑板部件合称为溜板部件，可带动刀架一起运动。实际

上刀架的运动是由主轴箱传出的，经交换齿轮架15、进给箱14、光杠10（或丝杠11）、溜板箱12并经溜板箱内的控制机构，接通或断开刀架的纵、横向进给运动或快速移动或车削螺纹运动。

⑤ 尾座　它装在床身的尾座导轨上，可沿此导轨做纵向调整移动并夹紧在需要的位置上。其主要功能是用后顶尖支承工件。尾座还可以相对于底座做横向位置调整，便于车小锥度的长锥体。尾座套筒内也可以安装钻头、铰刀等孔加工工具。

⑥ 床身　床身固定在左、右床脚9、13上，是构成整个机床的基础。在床身上安装机床的各部件，并使它们在工作时保持准确的位置。床身也是机床的基本支承件。

(2) 主要零部件的结构

1）主轴箱

主轴箱是用于安装主轴、实现主轴旋转及变速的部件。CA6140型卧式车床主轴箱结构如图6-3所示。它是将传动轴沿轴心线剖开，即沿轴Ⅳ-Ⅰ-Ⅱ-Ⅲ（Ⅴ）-Ⅵ-Ⅺ-Ⅸ-Ⅹ的轴线剖展开

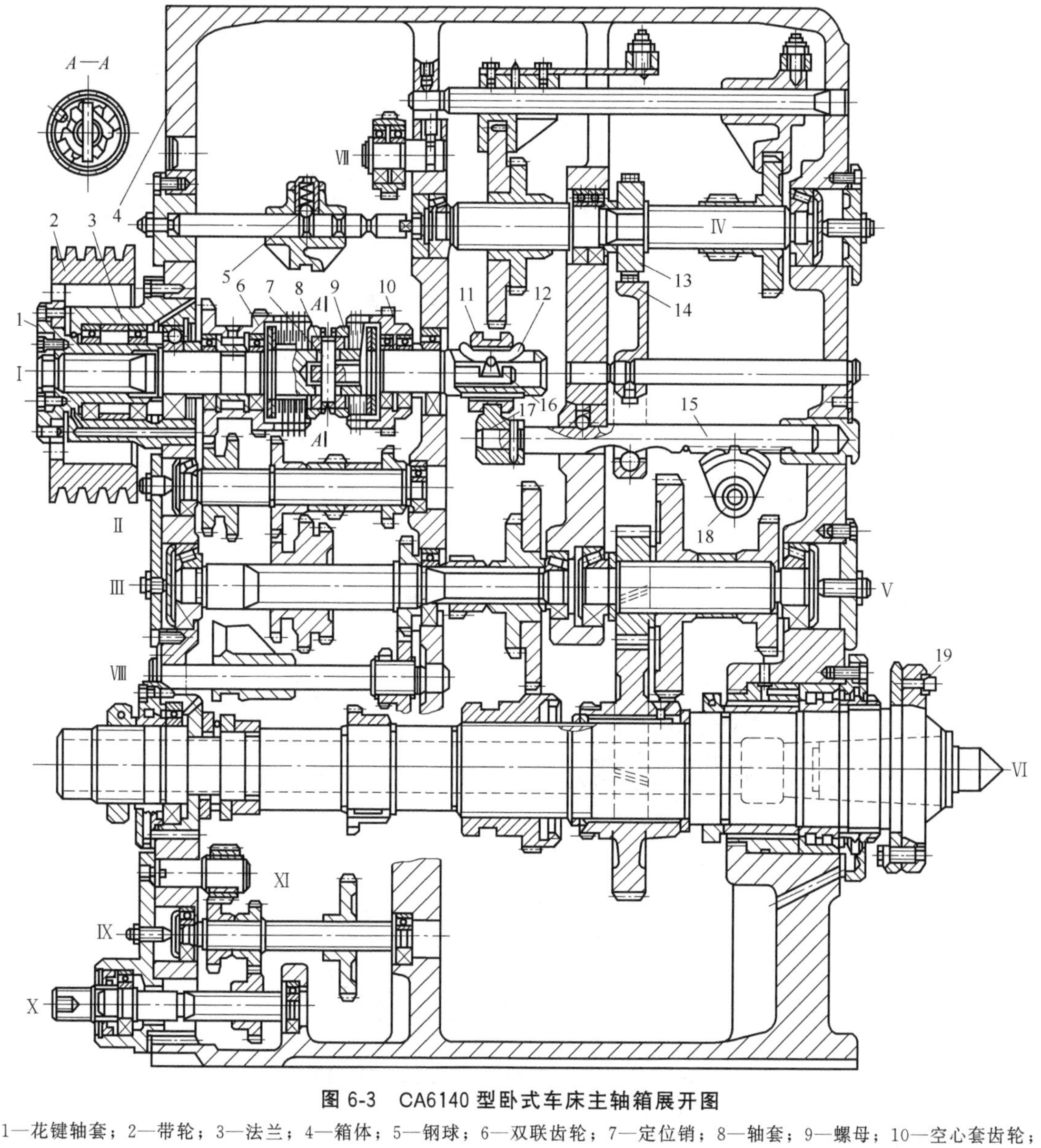

图6-3　CA6140型卧式车床主轴箱展开图

1—花键轴套；2—带轮；3—法兰；4—箱体；5—钢球；6—双联齿轮；7—定位销；8—轴套；9—螺母；10—空心套齿轮；11—滑套；12—摆杆；13—制动盘；14—杠杆；15—齿条轴；16—杆；17—拨叉；18—齿扇；19—主轴部件

而形成的。由于展开图是把立体展开在一个平面上，因此，它不能表示出各轴的实际位置，必须配合相应的横剖面图和侧视图才能表达清楚。图 6-4 为主轴箱的侧视图和剖面图，主轴箱各组成部件的结构主要如下。

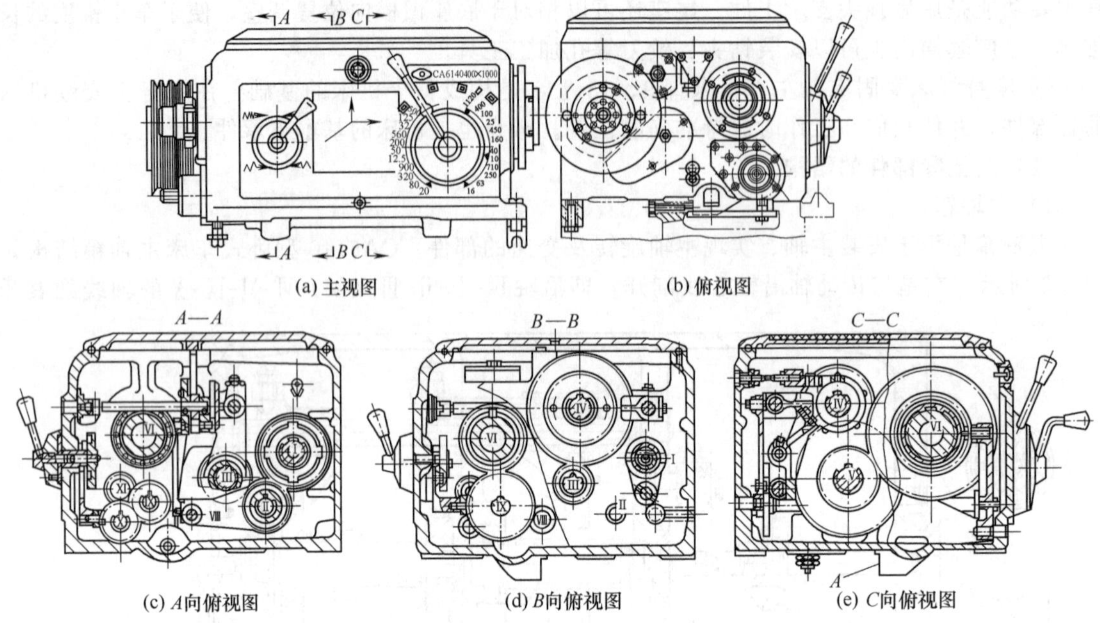

(a) 主视图　(b) 俯视图

(c) A向俯视图　(d) B向俯视图　(e) C向俯视图

图 6-4　主轴箱的侧视图和剖面图

片式摩擦离合器及操纵机构的结构如图 6-5 所示。它的作用是实现主轴启动、停止、换向

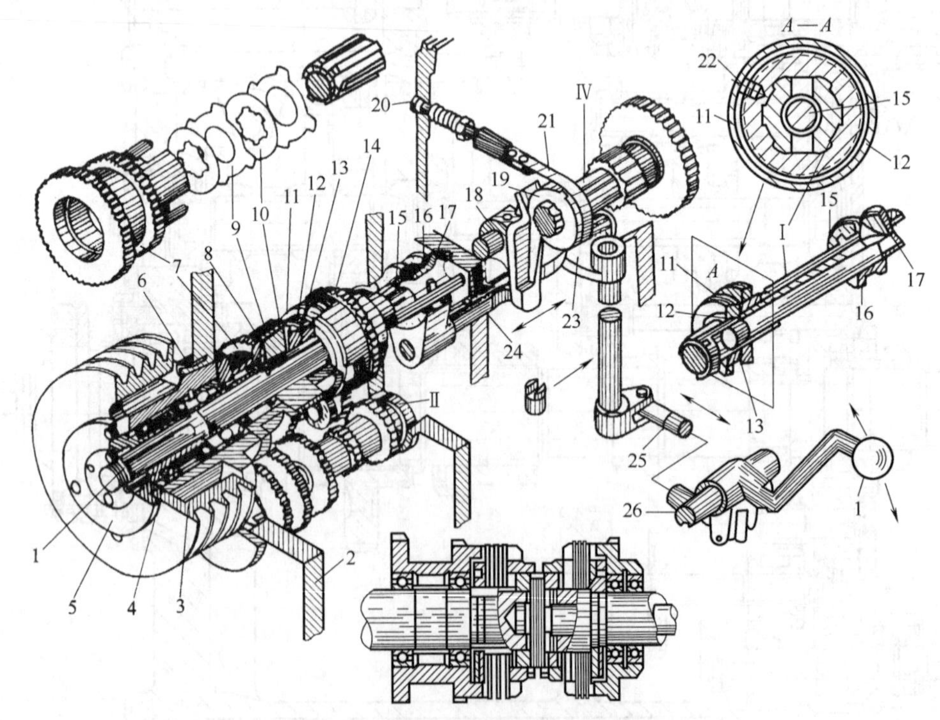

图 6-5　片式摩擦离合器及操纵机构的结构

1—操纵杠手柄；2—箱体；3—带轮；4—回油槽；5—端盖；6—轴承；7,14—齿轮；8—套；9—外摩擦片；10—内摩擦片；11—螺母；12—滑套；13—销；15—拉杆；16—滑环；17—摆杆；18—杠杆；19—制动盘；20—调节螺钉；21—制动带；22—定位销；23—扇形齿轮；24—齿条轴；25—连杆；26—操纵杠

及过载保护等。

离合器的内摩擦片 10 与轴Ⅰ以花键孔相连接，随轴Ⅰ一起转动。外摩擦片 9 空套在轴Ⅰ上，其外圆有四个凸缘，卡在空套在轴Ⅰ上齿轮 7 和 14 的四个缺口槽中，内、外片相间排叠。左离合器传动主轴正转，用于切削加工，传递扭矩大，因而片数多；右离合器片数少，传动主轴反转，主要用于退刀。

当操纵杠手柄 1 处于停车位置，滑套 12 处在中间位置，左、右两边摩擦片均未压紧不转。当操纵杠手柄向上抬起，经操纵杠 26 及连杆 25 向前移动，扇形齿轮 23 顺时针转动，使齿条轴 24 右移，经拨叉带动滑环 16 右移，压迫轴Ⅰ上摆杆 17 绕支点销摆动，下端则拨动拉杆 15 右移，再由拉杆上销 13 带动滑套 12 和螺母 11 左移，从而将左边的内、外摩擦片压紧，则轴Ⅰ的转动使通过内外片摩擦力带动空套齿轮 7 转动，使主轴实现正转。同理，若操纵杠手柄向下压时，使滑环 16 左移，经摆杆 17 使拉杠 15 右移，便可压紧右边摩擦片，则轴Ⅰ带动右边空套齿轮 14 转动，使主轴实现反转。

离合器摩擦片松开时的间隙要适当，当发生间隙过大或过小时，必须进行调整。调整的方法如图 6-5 中 $A—A$ 剖面所示，将定位销 22 压入螺母 11 的缺口，然后转动左侧螺母，可调整左侧摩擦片间隙；转动右侧螺母，可调整右边摩擦片间隙。调整完毕，让定位销 22 自动弹出，重新卡住螺母缺口，以防止螺母在工作中松脱。

为了缩短辅助时间，使主轴能迅速停车，轴Ⅳ上装有钢带式制动器。制动器由杠杆 18、制动盘 19、调节螺钉 20 及弹簧、制动带 21 组成。当操纵杠手柄 1 使离合器脱开时，齿条轴 24 处于中间位置，此时轴 24 凸起部分恰好顶住杠杆 18，使杠杆逆时针转动，将制动带拉紧，使轴Ⅳ和主轴停止转动。若摩擦离合器接合，主轴转动时，杠杆 18 则处于齿条轴中间凸起部分的左边或右边的凹槽中，使制动带放松，主轴不再被制动。制动带的制动力可由调节螺钉 20 进行调节。

2）进给箱

CA6140 型卧式车床进给箱的结构如图 6-6 所示。进给箱的功用是将主轴箱经挂轮传来的运动进行各种速比的变换，使光杠、丝杠得到不同的转速，以取得不同的进给量和加工不同螺距的螺纹。主要由基本组、增倍组及各种操纵机构组成。

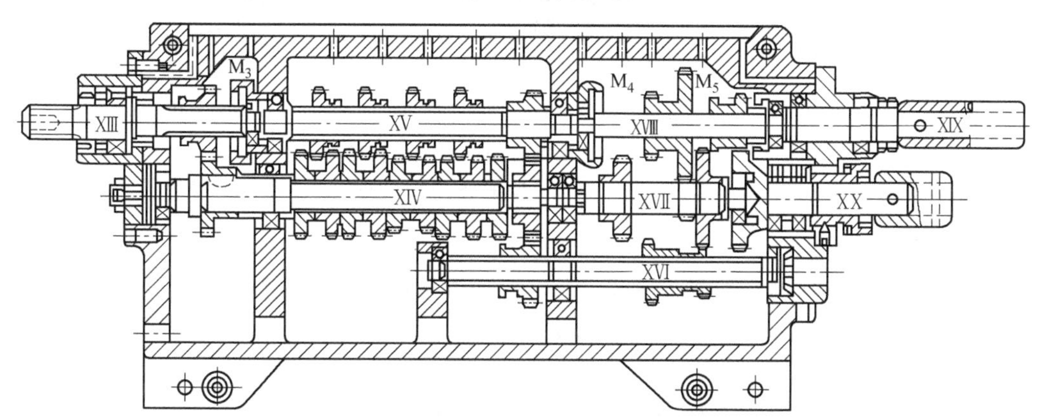

图 6-6　CA6140 型卧式车床进给箱的结构

进给箱中的基本组由ⅩⅤ轴上四个滑移齿轮和ⅩⅣ轴上八个固定齿轮组成。每个滑移齿轮依次与ⅩⅣ轴相邻的两个固定齿轮中的一个啮合，而且要保证在同一时刻内，基本组中只能有一对齿轮啮合。而这四个齿轮滑块是由一个手柄集中操纵的，进给箱基本组的操纵机构如图 6-7 所示。

基本组的四个滑移齿轮分别由四个拨块 2 来拨动，每个拨块的位置是由各自的销子 4 通过

杠杆 3 来控制的。四个销子均匀地分布在操纵手轮 6 背面的环形槽 e 中。环形槽上有两个间隔 45°的孔 a 和孔 b，孔中分别装有带斜面的压块 7 和 7′，两压块的形状如图 6-7（a）所示。安装时压块 7 的斜面向外斜，以便与销子 4 接触时能向外抬起销子 4；压块 7′的斜面向里斜，与销子 4 接触时向里压销子 4。这样利用环形槽、压块 7 和 7′，操纵销子 4 及杠杆 3，使每个拨块及其滑移齿轮依次有左、中、右三种位置。

手轮 6 在圆周方向有八个均布位置。它处在如图 6-7（b）所示的位置时，只有左上角的销子 4′在压块 7′的作用下靠在孔 b 的内侧壁上。此时，杠杆将拨动滑移齿轮右移，使轴ⅩⅤ上第三个滑移齿轮 $Z=28$ 左移，与 $Z=26$ 齿轮啮合。其余三个销子因在环形槽 e 中，相应的滑移齿轮都处在中间位置，保证ⅩⅤ轴、ⅩⅣ轴之间只有一对齿轮啮合。如需改变基本组的传动比时，先将手轮 6 向外拉，由图 6-7（a）可知，螺钉 9 尖端沿固定轴的轴向槽移动到环形槽 e 中，这时手轮 6 可以自由转动选位变速。由于销子 4 还有一小段保留在槽 e 及孔 b 中，转动手轮 6 时，销子 4 返回并沿槽 e 及孔 a、b 中滑过，所有滑移齿轮都在中间位置。当手轮转到所需位置后，例如，从图 6-7（b）所示位置逆时针转过 45°（这时孔 a 正对销 4′），将手轮重新推入，孔 a 中压块 7 的斜面将销子 4′向外抬起，通过杠杆将ⅩⅤ轴第三个滑移齿轮推向右端，使 $Z=26$ 与 $Z=28$ 齿轮啮合，从而改变基本组传动比。手轮 6 沿圆周转一周时，则会使基本组八个速比依次实现。

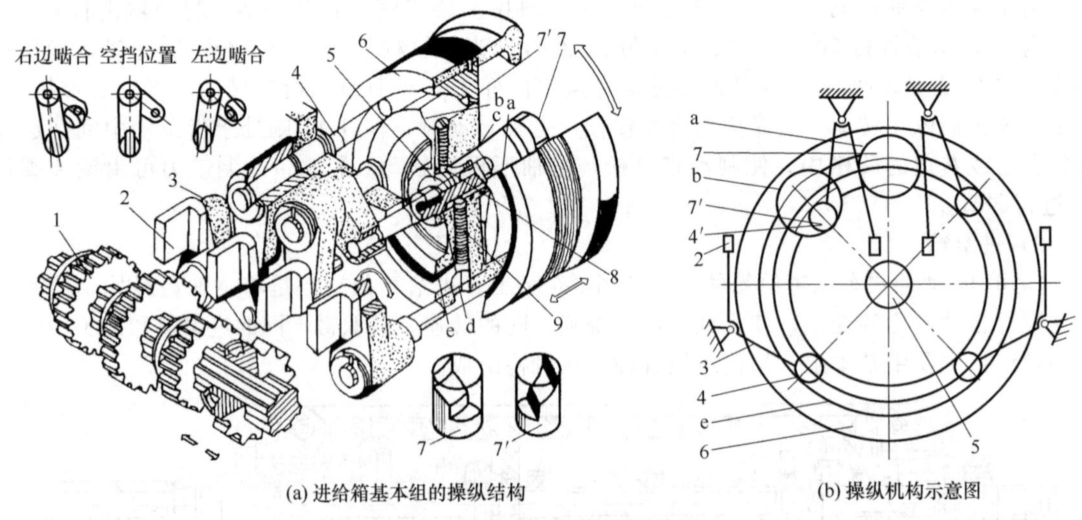

(a) 进给箱基本组的操纵结构　　(b) 操纵机构示意图

图 6-7　进给箱基本组的操纵机构图

1—滑移齿轮；2—拨块；3—杠杆；4—销子；5—弹簧；6—操纵手轮；7—压块；8—钢珠；9—螺钉

3）滑板箱

CA6140 型卧式车床滑板箱如图 6-8 所示，表示滑板箱中各轴装配关系。滑板箱的作用是将进给箱运动传给刀架，并做纵向、横向机动进给及车螺纹运动的选择，同时有过载保护作用。

CA6140 型卧式车床滑板箱传动操纵机构如图 6-9 所示。

① 开合螺母的操纵机构　开合螺母（因螺母做成开合的上下两部分而得名）机构如图 6-9（a）所示。用来接通和断开切削螺纹运动，顺时针转动手柄 5，通过轴 6 带动曲线槽盘 20 转动。利用其上曲线槽，通过圆柱销带动上半螺母 18、下半螺母 25 在滑板箱体 21 后面的燕尾形导轨内上下移动，使其相互靠拢，即开合螺母与丝杠啮合。若逆时针方向转动手柄 5，则两半螺母相互分离，开合螺母与丝杠脱开。

② 纵向、横向机动进给及快速移动操纵机构　CA6140 车床纵向、横向机动进给及快速移

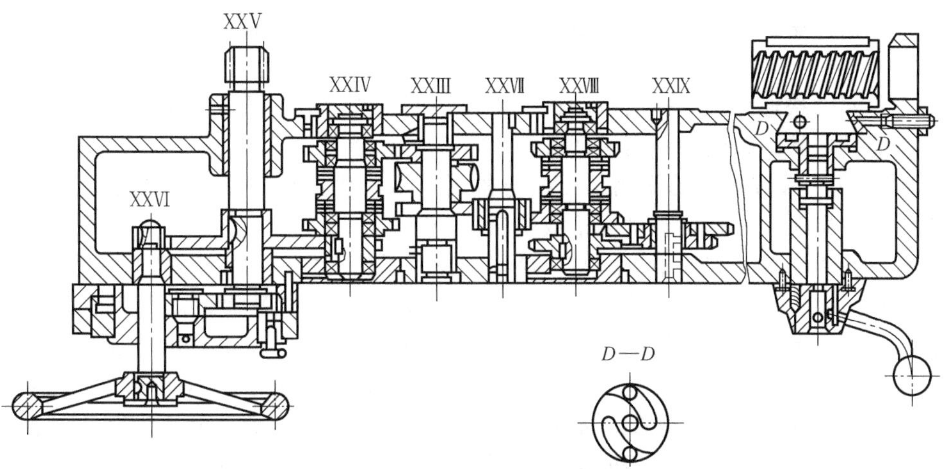

图 6-8 CA6140 型卧式车床滑板箱展开图

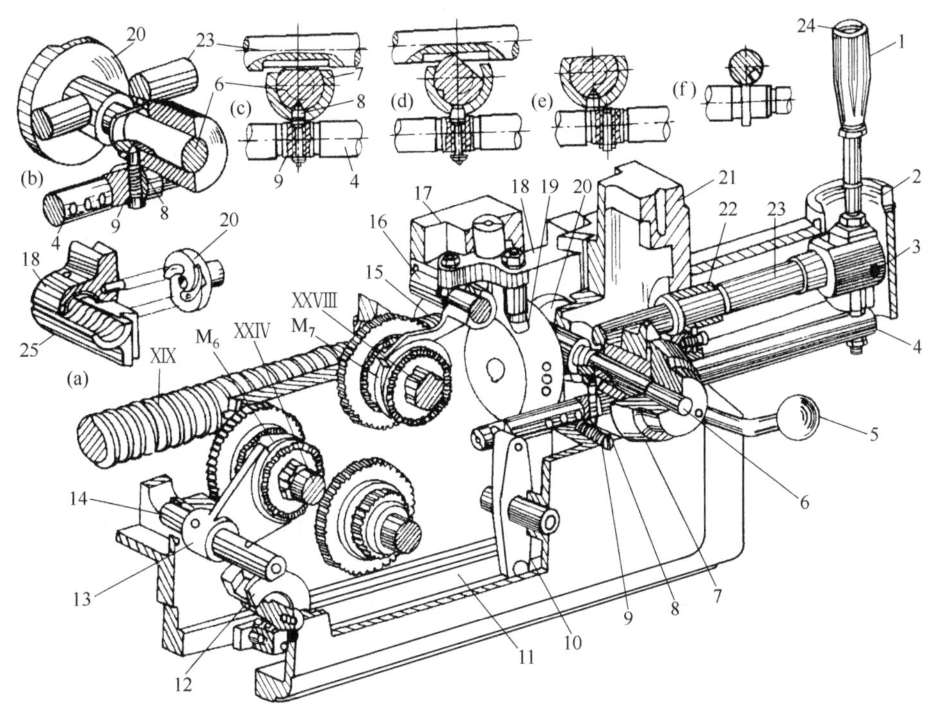

图 6-9 CA6140 型卧式车床滑板箱传动操纵机构图

1,5—手柄；2—盖；3,8—销；4,6,14,16,23—轴；7—端盖；9—弹簧；10,17—杠杆；11—推杆；12,19—凸轮；13,15—拨叉；18—上半螺母；20—曲线槽盘；21—滑板箱体；22—卡环；24—快速按钮；25—下半螺母

动由手柄 1 集中操纵。当需要纵向移动刀架时，将手柄 1 向相应的方向（向左或向右）扳动，因轴 23 利用其轴肩及卡环 22 轴向固定在箱体上，故手柄 1 只能绕销 3 摆动，于是下端推动轴 4 轴向移动。使杠杆 10 摆动，推动推杆 11 使凸轮 12 转动。凸轮曲线槽迫使轴 14 上的拨叉 13 移动，带动轴 XXIV 上的牙嵌式离合器 M_6 向相应方向移动而啮合，刀架实现纵向进给。此时，按下手柄 1 上端的快速移动按钮，刀架实现快速纵向机动进给，直到松开快速按钮时为止。若向前或向后扳动手柄 1，经轴 23 使凸轮 19 转动，而圆柱凸轮 19 上的曲线槽迫使杠杆 17 摆动，杠杆 17 另一端的销子拨动轴 16 以及固定在其上的拨叉 15 向前或向后轴向移动，使轴 XXVIII 上的 M_7 向相应的方向移动而啮合。刀架实现横向机动进给。此时，按下快速移动按钮，刀架实

现快速横向进给。手柄1处于中间位置时，离合器 M_6 和 M_7 都脱开，此时，断开机动进给及快速移动。

为了避免同时接通纵向和横向机动进给，在手柄1的盖2上开有十字槽，限制手柄1的位置，使它不能同时接通纵向和横向机动进给。

③ 互锁机构　互锁机构的作用是当接通机动进给或快速移动时，开合螺母不能合上；合上开合螺母时，则不允许接通机动进给或快速移动。

开合螺母操纵手柄5和刀架进给与快速移动操纵手柄1之间的互锁机构，如图6-9（b）所示。图6-9（c）～(f) 为互锁机构原理图。图6-9（c）为停车位置状态，即开合螺母脱开，机动进给也未接通，此时可任意扳动手柄1或手柄5。图6-9（d）为合上开合螺母时状态，由于手柄轴6转过一定角度，它的凸肩进入轴23的槽中，将轴23卡住而不能转动。同时，凸肩又将圆柱销8压入轴4的孔中，使轴4不能轴向移动。由此可知，如合上开合螺母，手柄1被锁住，因而机动进给和快速移动就不能接通。图6-9（e）为接通纵向进给时的情况。此时，因轴4移动，圆柱销8被轴4顶住，卡在手柄轴6凸肩的凹坑中，轴6被锁住，开合螺母手柄5不能扳动，开合螺母不能合上。图6-9（f）为手柄1前后扳动时的情况，这时为横向机动进给。因轴23转动，其上长槽也随之转动，于是手柄轴6凸肩被轴23顶住，轴6不能转动，所以，开合螺母不能闭合。

④ 单向超越离合器和安全离合器介绍如下。

a. 单向超越离合器　在CA6140型卧式车床的进给传动链中，当接通机动进给时，光杠XX的运动经齿轮副传动蜗杆轴XXII做慢速转动。当接通快速移动时，快速电动机经一对齿轮副传动蜗杆轴XXII做快速转动。这两种不同转速的运动同时传到一根轴上，而使轴不受损坏的机构称为超越离合器。

单向超越离合器和安全离合器的结构如图6-10所示。单向超越离合器由齿轮6、星状体9、滚柱8、弹簧14和顶销13等组成。滚柱8在弹簧和顶销的作用下，楔紧在齿轮6和星状体

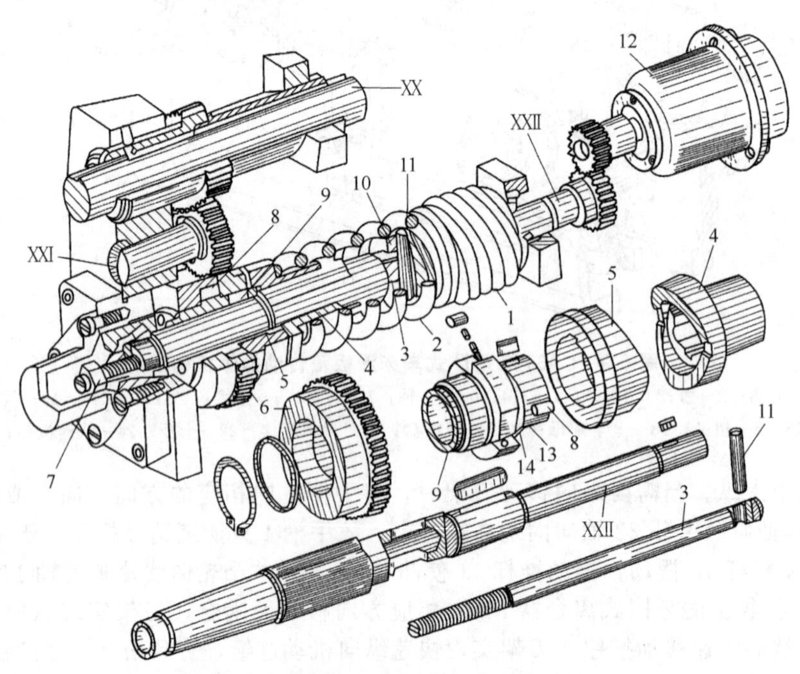

图6-10　单向超越离合器和安全离合器的结构

1,2,14—弹簧；3—拉杆；4—右端面接合子；5—左端面接合子；6—齿轮；7—螺母；8—滚柱；9—星状体；10—止推套；11—圆柱销；12—快速电动机；13—顶销

9 的楔缝里，如图 6-11 所示。机动进给时，齿轮 6 逆时针转动，使滚柱在齿轮 6 及星状体 9 的楔缝中越挤越紧，从而带动星状体旋转，使蜗杆轴慢速转动。

假若同时接通快速移动，星状体则直接随蜗杆轴一起做逆时针快速转动。此时由于星状体 9 比齿轮 6 转得快，迫使滚柱 8 压缩弹簧滚到楔缝宽端。则齿轮 6 的慢速转动不能传给星状体，即断开了机动进给。当快速电动机停止时，蜗杆轴又恢复慢速转动，刀架重新获得机动进给。

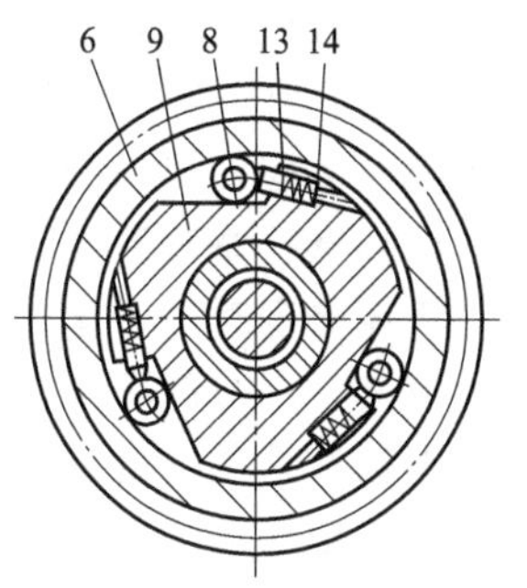

图 6-11 单向超越离合器的工作原理

6—齿轮；8—滚柱；9—星状体；13—顶销；14—弹簧

b. 安全离合器 也称为过载保护机构。它的作用是在机动进给过程中，当进给力过大或进给运动受到阻碍时，可以自动切断进给运动，保护传动零件在过载时不发生损坏。

安全离合器由两个端面接合子 4 和 5 组成，左接合子 5 和单向超越离合器的星状体 9 连在一起，而且空套在蜗杆轴 XXII 上；右接合子 4 和蜗杆轴有花键连接，可在该轴上滑移，靠弹簧 2 的弹簧力作用，与左接合子 5 紧紧地啮合。

安全离合器的工作原理如图 6-12 所示。在正常进给情况下，运动由单向超越离合器及左接合子 5 带动右接合子 4，使蜗杆轴转动，如图 6-12（a）所示。当出现过载或阻碍时，蜗杆轴转矩增大并超过了许用值，两接合端面处产生的轴向力超过弹簧 2 的压力，则推开右接合子 4，如图 6-12（b）所示。此时，左接合子 5 继续转动，而右接合子 4 却不能被带动，于是两接合子之间产生打滑现象，如图 6-12（c）所示。这样，切断进给运动可保护机构不受损坏。当过载现象消除后，安全离合器又恢复到原来的正常工作状态。

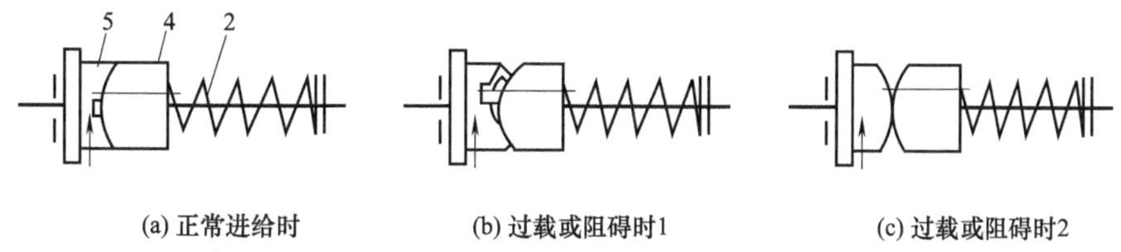

图 6-12 安全离合器的工作原理

2—弹簧；4—右端面接合子；5—左端面接合子

机床许用的最大进给力由弹簧 2 的弹簧力大小来决定。拧动螺母 7，通过拉杆 3 和圆柱销 11 即可调整止推套 10 的轴向位置，从而调整弹簧的弹力。

6.3.2 车床修理前的准备工作

卧式车床在经过一个大修周期的使用后，由于主要零件的磨损、变形，使机床的精度及主要力学性能大大降低，需要对其进行大修理。卧式车床修理前，应根据卧式车床 GB/T 4020—1997 精度标准或机床合格证明书中规定的检验项目和检验方法，仔细研究车床的装配图，分析其装配特点，详细了解其修理技术要求和存在的主要问题，如主要零部件的磨损情况，车床的几何精度、加工精度降低的情况，以及车床运转中存在的问题。据此提出预检项目，预检后确定具体的修理项目及修理方案，准备专用工具、检具和测量工具，并且做好工艺技术、备品配件等物质准备，确定修理后的精度检验项目及试车验收要求。

(1) 卧式车床修复后应满足的要求

① 达到零件的加工精度及工艺要求。

② 保证机床的切削性能。

③ 操纵机构应省力、灵活、安全、可靠。

④ 排除机床的热变形、噪声、振动、漏油之类的故障。

在制订具体修理方案时，除满足上述要求外，还应根据企业产品的工艺特点，对使用要求进行具体分析、综合考虑，制订出经济性好又能满足机床性能和加工工艺要求的修理方案。例如，对于日常只需加工圆柱类零件的内外孔径、台阶面等而不加工螺纹的卧式车床，在修复时可删除有关丝杠传动的检修项目，简化修理内容。

(2) 选择修理基准及修理顺序

机床修理时，合理地选择修理基准和修理顺序，对保证机床的修理精度和提高修理效率有很大意义。一般应根据机床的尺寸链关系确定修理基准和修理顺序。

根据修理基准的选择原则，卧式车床可选择床身导轨面作为修理基准。

在确定修理顺序时，要考虑卧式车床尺寸链各组成环之间相互关系。卧式车床修理顺序是床身修理、溜板部件修理、主轴箱部件修理、刀架部件修理、进给箱部件修理、溜板箱部件修理、尾座部件修理及总装配。在修理中，根据现场实际条件，可采取几个主要部件的修复和刮研工作交叉进行，还可对主轴、丝杠等修理周期较长的关键零件的加工做优先安排。

(3) 修理需要的测量工具

卧式车床修理需要的测量工具如表6-1所示。

表6-1 卧式车床修理需要的测量工具

名称	规格/mm	数量	用　途
检验桥板	长250	1	测量床身导轨精度
角度底座	长200～250	1	刮研、测量床身导轨
角度底座	200×250	1	刮研、测量床身导轨
检验芯轴	ϕ80×1500	1	测量床身导轨直线度
检验芯轴	ϕ30×300	1	测量溜板的丝杠孔对导轨的平行度
角度底座	长200	1	刮研溜板燕尾导轨
角度底座	长150	1	刮研溜板箱燕尾导轨
检验芯轴	ϕ50×300	1	测量开合螺母轴线
研磨棒		1	研磨尾座轴孔
检验芯轴	ϕ30×190/255	1	测量三支撑同轴度

(4) 车床修理尺寸链分析

在分析卧式车床修理尺寸链时，要根据车床各零件表面间存在的装配关系或相互尺寸关系，查明主要修理尺寸链。如图6-13所示为卧式车床的主要修理尺寸链，各部分的尺寸链分析如下。

① 保证前后顶尖等高的尺寸链　前后顶尖的等高性是保证加工零件圆柱度的主要尺寸，也是检验床鞍沿床身导轨纵向移动直线度的基准之一。这项尺寸链是由下列各环组成：床身导轨基准到主轴轴线高度A_1，尾座垫板厚度A_2，尾座轴线到其安装底面距离A_3以及尾座轴线与主轴轴线高度差A_Σ。其中A_Σ为封闭环，A_1为减环，A_2、A_3为增环。各组成环关系为

$$A_\Sigma = A_2 + A_3 - A_1$$

车床经过长时期的使用，由于尾座来回拖动，尾座垫板与车床导轨接触的底面受到磨损，使尺寸链中组成环A_2减小，扩大了封闭环A_Σ的误差。大修时A_Σ尺寸的补偿是必须完成的工作之一。

② 控制主轴轴线对床身导轨平行度的尺寸链　车床主轴轴线与床身导轨的平行度是由垂直面内和水平面内两部分尺寸链控制的。控制主轴轴线在垂直面内与床身导轨间的平行度的尺寸链是由主轴理想轴线到主轴箱安装面（与床身导轨面等高）间距离D_2、床身导轨面与主轴实际轴线间距离D_1及主轴理想轴线与主轴实际轴线间距离D_Σ组成的。D_Σ为封闭环，D_Σ的大小为主轴实际轴线与床身导轨在垂直面内的平行度。上述尺寸链中各组成环间关系为

$$D_{\Sigma}=D_1-D_2$$

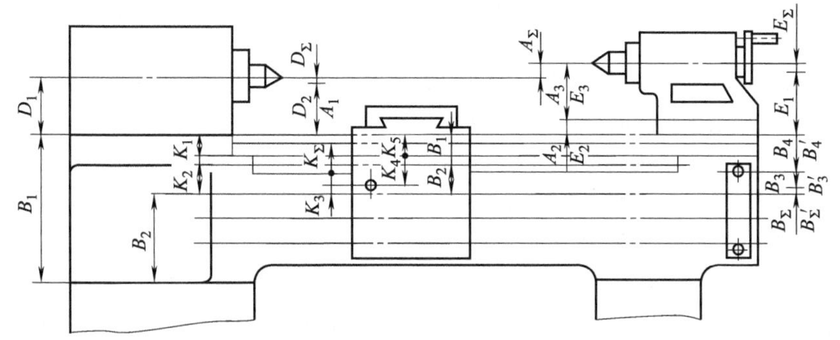

图 6-13 车床修理尺寸链

(5) 车床拆卸的基本顺序

在进行车床的正式修理之前，还应分析并确定其拆卸顺序。总的说来，设备拆卸的顺序与装配正好相反，基于设备修理的工作过程，确定 CA6140 车床拆卸的基本顺序如下。

① 由电工拆除车床上的电气设备和电气元件，断开影响部件拆卸的电气接线，并注意不要损坏、丢失线头上的线号，将线头用胶带包好。

② 放出溜板箱和前床身底座油箱和残存在主轴箱、进给箱中的润滑油，拆掉润滑泵。放掉后床身底座中的冷却液，拆掉冷却泵和润滑、冷却附件。

③ 拆除防护罩、油盘，并观察、分析部件间的联系结构。

④ 拆除部件间的联系零件，如联系主轴箱与进给箱的挂轮机构，联系进给箱与溜板箱的丝杆、光杆和操作杆等。

⑤ 拆除基本部件，如尾座、主轴箱、进给箱、刀架、溜板箱和床鞍等。

⑥ 将床身与床身底座分解。

⑦ 最后按先外后内、先上后下的顺序，分别将各部件分解成零件。

6.3.3 车床主要部件的修理

(1) 床身的修理

床身修理的实质是修理床身导轨面。床身导轨是卧式车床上各部件移动和测量的基准，也是各零部件的安装基础。其精度的好坏，直接影响卧式车床的加工精度；其精度保持性对卧式车床的使用寿命有很大影响。机床经过长期的使用运行后，导轨面会有不同程度的磨损，甚至还会出现导轨面的局部损伤，如划痕、拉毛等，这些都会严重影响机床的加工精度。所以在卧式车床的修理时，必须对床身导轨进行修理。

床身的修理方案应根据导轨的损伤程度、生产现场的技术条件及导轨表面的材质确定。若导轨表面整体磨损，可用刮研、磨削、精刨等方法修复；若导轨表面局部损伤，可用焊补、粘补、涂镀等方法修复。确定床身导轨的修理方案包括确定修理方法和修理基准。

① 导轨磨损后的修理方法，可根据实际情况确定。卧式车床一般采取磨削方法修复，对磨损量较小的导轨或其他特殊情况也可采用刮研的方法。现在发展起来的导轨软带新技术由于其不需要铲刮、研磨即满足导轨的各种精度要求且耐磨，是值得推广应用的一种修理方法。

② 修复机床导轨应满足以下两个要求，即修复导轨的几何精度和恢复导轨面对主轴箱、进给箱、齿条、托架等部件安装表面的平行度。在修复导轨时，由于齿条安装面 7 (图 6-14) 基本无磨损，有利于保持卧式车床主要零部件原始的相互位置，因此，床身导轨的修理基准可选择齿条安装面。

(2) 床身导轨的修理工艺

床身导轨的修理工艺方法主要有磨削、刮削。操作要点主要有以下方面。

1）床身导轨的磨削

床身导轨在磨削时产生热量较多，易使导轨发生变形，造成磨削表面的精度不稳定，因而在磨削中应注意磨削的进刀量必须适当，以减少热变形的影响。

床身导轨的磨削可在导轨磨床或龙门刨床（加磨削头）上进行。磨削时将床身置于导轨磨床工作台上的调整垫铁上，按齿条安装面 7（图 6-14）为基准进行找正，找正的方法为：将千分表固定在磨头主轴上，其测头触及齿条安装面 7，移动工作台，调整垫铁使千分表读数变化量不大于 0.001mm；再将 90°角尺的一边紧靠进给箱安装面，测头触及 90°角尺另一边，移动磨头架，通过转动磨头，使千分表读数不变，找正后将床身夹紧，夹紧时要防止床身变形。

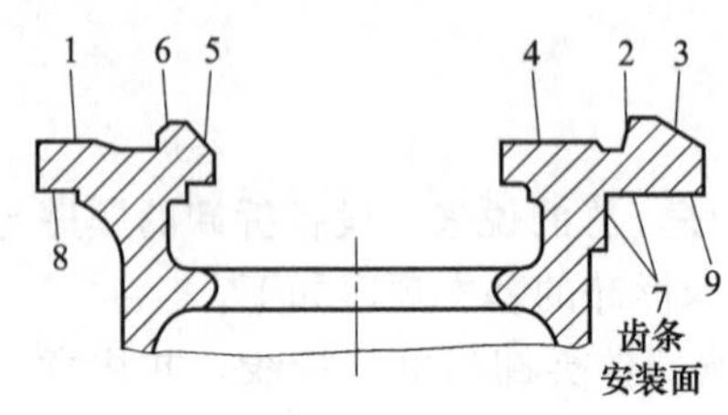

图 6-14　车床床身导轨截面图

磨削顺序是首先磨削导轨面 1、4，检查两面等高后，再磨削两压板面 8、9，然后调整砂轮角度，磨削 3、5 面和 2、6 面（图 6-14），磨削过程中应严格控制温升，以手感导轨面不发热为好。

由于卧式车床使用过程中，导轨中间部位磨损最严重，为了补偿磨损和弹性变形，一般应使导轨磨削后导轨面呈中凸状，可采取三种方法磨出：一种为反变形法，即安装时使床身导轨适当产生中凹，磨削完成后床身自动恢复形成中凸；另一种方法是控制吃刀量法，即在磨削过程中使砂轮在床身导轨两端多走刀几次，最后精磨一刀形成中凸；第三种方法是靠加工设备本身形成中凸，即将导轨磨床本身的导轨面调成中凸状，使砂轮相对工作台走出凸形轨迹，这样在调整后的机床上磨削导轨时即呈中凸状。

2）床身导轨的刮研

刮研是导轨修理的最基本方法，刮研的表面精度高，但劳动强度大、技术性强，并且刮研工作量大，其刮研过程如下。

① 机床的安置与测量　按机床说明书中规定的调整垫铁数量和位置，将床身置于调整垫铁上。如图 6-15 所示为车床床身的安装，在自然状态下，按图 6-16 所示的方法调整车床床身并测量床身导轨面在垂直平面内的直线度误差和相互的平行度误差，并按一定的比例绘制床身导轨的直线度误差曲线，通过误差曲线了解床身导轨的磨损情况，从而拟订刮研方案。对导轨刮削前首先测量导轨面 2、3 对齿条安装平面的平行度（图 6-16）。

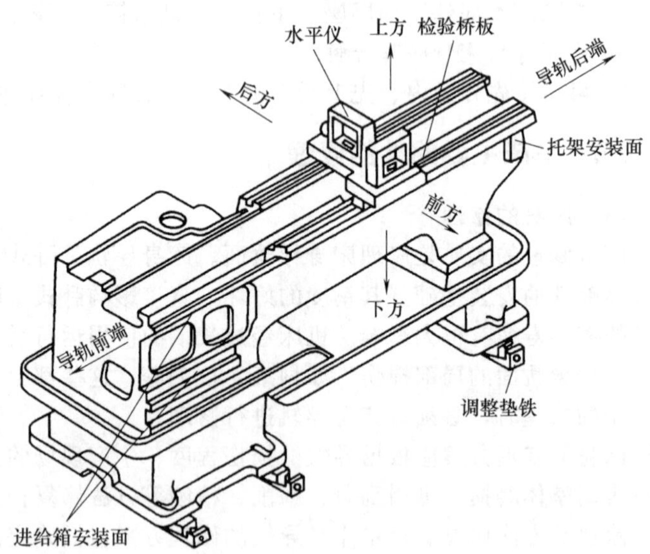

图 6-15　车床床身的安装

② 粗刮表面 1、2、3（图 6-14）　刮研前首先测量导轨面 2、3 对齿条安装面 7 的平行度误差，测量方法如图 6-16 所示。分析该项误差与床身导轨直线度误差之间的相互关系，从而确定刮研量及刮研部位，然后用平尺拖研及刮研表面 2、3。在刮研时，随时测量导轨面 2、3 对齿条安装面 7 之间的平行度误差，并按导轨形状修刮好角度底座。粗刮后导轨全长

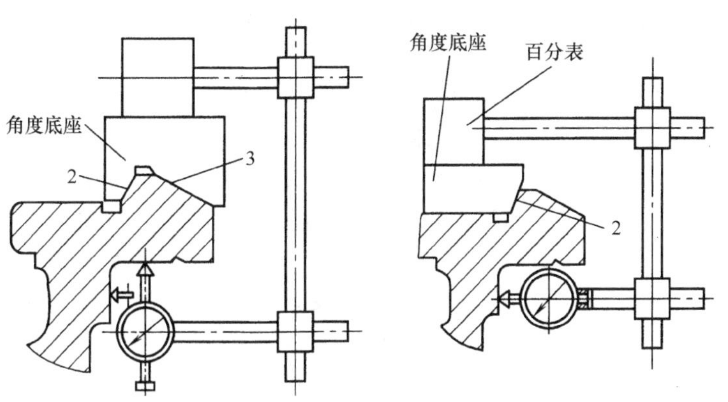

图 6-16 导轨对齿条安装平面平行度测量

上直线度误差应不大于 0.1mm（需呈中凸状），并且接触点应均匀分布，使其在精刮过程中保持连续表面。在 V 形导轨初步刮研至要求后，按图 6-16 所示测量导轨对齿条安装平面的平行度，同时在考虑此精度的前提下，用平尺拖研并粗刮表面 1，表面 1 的中凸应低于 V 形导轨。

③ 精刮表面 1、2、3（图 6-14） 利用配刮好的床鞍（床鞍可先按床身导轨精度最佳的一段配刮）与粗刮后的床身相互配研，进行精刮导轨面 1、2、3，精刮时按图 6-17 测量床身导轨在水平面的直线度。

④ 刮研尾座导轨面 4、5、6（图 6-14） 用平行平尺拖研及刮研表面 4、5、6，粗刮时按图 6-18、图 6-19 所示测量每条导轨面对床鞍导轨的平行度误差。在表面 4、5、6 粗刮达到全长上平行度误差为 0.05mm 要求后，用尾座底板作为研具进行精刮，接触点在全部表面上要均匀分布，使导轨面 4、5、6 在刮研后达到修理要求。精刮时测量方法如图 6-18、图 6-19 所示。

(3) 溜板部件的修理

溜板部件由床鞍、中滑板和横向进给丝杠螺母副等组成，它主要担负着机床纵、横向进给的切削运动，它自身的精度与床身导轨面之间配合状况良好与否，将直接影响加工零件的精度和表面粗糙度。

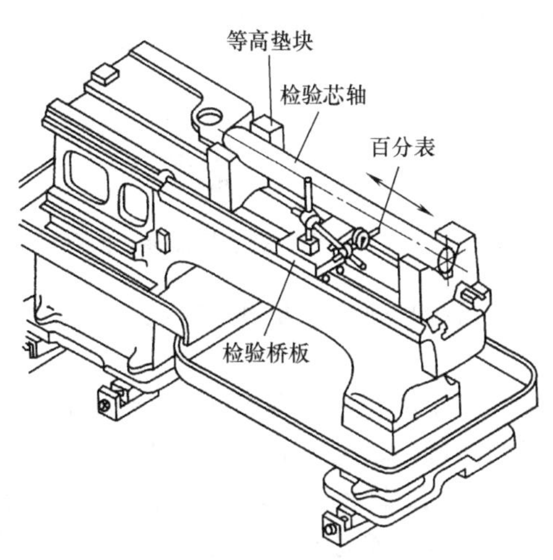

图 6-17 测量床身导轨在水平面的直线度

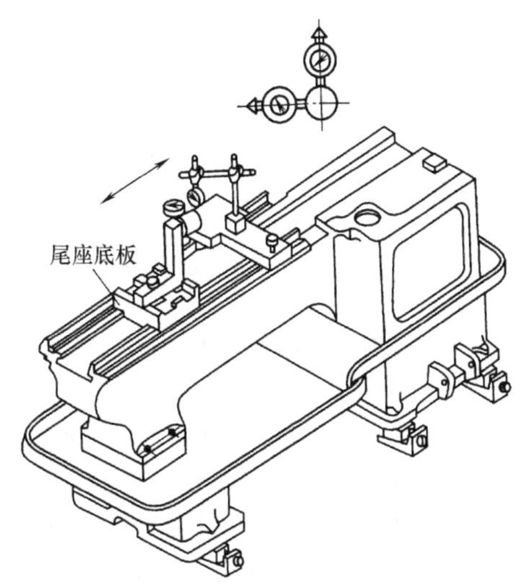

图 6-18 尾座导轨对床鞍导轨的平行度测量

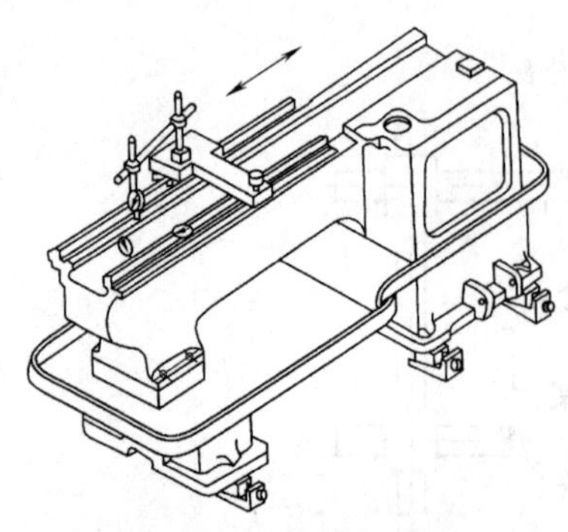

图 6-19　测量导轨面对床鞍导轨的平行度误差

1）溜板部件修理的重点

① 保证床鞍上、下导轨的垂直度要求。修复上、下导轨的垂直度实质上是保证中滑板导轨对主轴轴线的垂直度。

② 补偿因床鞍及床身导轨磨损而改变的尺寸链。由于床身导轨面和床鞍下导轨面的磨损、刮研或磨削，必然引起溜板箱和床鞍倾斜下沉，使进给箱、托架与溜板箱上丝杠、光杠孔不同轴，同时也使溜板箱上的纵向进给齿轮啮合侧隙增大，改变以床身导轨为基准的与溜板部件有关的几组尺寸链精度。

2）溜板部件的刮研工艺

卧式车床在长期使用后，床鞍及中滑板各导轨面均已磨损，需修复（图 6-20）。在修复溜板部件时，应保证床鞍横向进给丝杠孔轴线与床鞍横向导轨平行，从而保证中滑板平稳、均匀地移动，使切削端面时获得较小的表面粗糙度值。因此，床鞍横向导轨在修刮时，应以横向进给丝杠安装孔为修理基准，然后再以横向导轨面作为转换基准，修复床鞍纵向导轨面，其修理过程如下。

① 刮研中滑板表面 1、2　用标准平板作研具，拖研中滑板转盘安装面 1 和床鞍接触导轨面 2。一般先刮好表面 2，当用 0.03mm 塞尺不能插入时，观察其接触点情况，达到要求后，再以平面 2 为基准校刮表面 1，保证 1、2 表面的平行度误差不大于 0.02mm。

② 刮研床鞍导轨面 5、6　将床鞍放在床身上，用刮好的中滑板为研具拖研表面 5，并进行刮削，拖研的长度不宜超出燕尾导轨两端，以提高拖研的稳定性。表面 6 采用平尺拖研，刮研后应与中滑板导轨面 3、4 进行配刮角度。在刮研表面 5、6 时应保证与横向进给丝杠安装孔 A 的平行度，测量方法如图 6-21 所示。

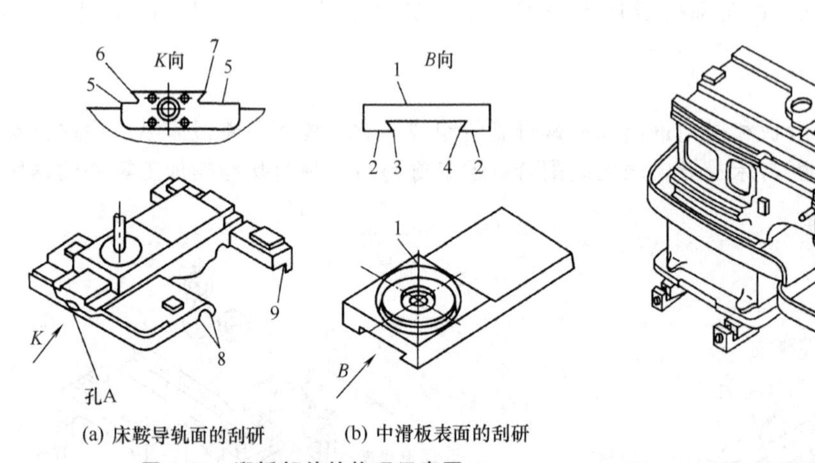

(a) 床鞍导轨面的刮研　(b) 中滑板表面的刮研

图 6-20　溜板部件的修理示意图

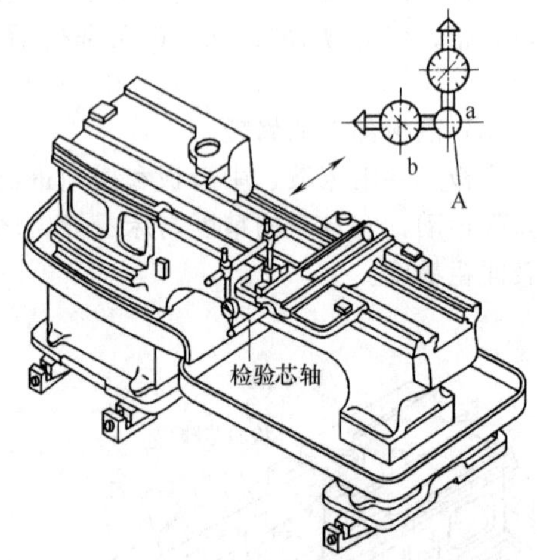

图 6-21　测量床鞍导轨对丝杠安装孔的平行度

③ 刮研中滑板导轨面 3　以刮好的床鞍导轨面 6 与中滑板导轨面 3 互研，通过刮研达到精度要求。

④ 刮研床鞍横向导轨面 7　配置塞铁利用原有塞铁装入中滑板内配刮表面 7，刮研时，保证导轨面 7 与导轨面 6 的平行度误差，使中滑板在溜板的燕尾导轨全长上移动平稳、均匀，刮研中用如图 6-22 所示的方法测量表面 7 对表面 6 的平行度。如果由于燕尾导轨的磨损或塞铁磨损严重，塞铁不能用时，需重新配置塞铁，可采取更换新塞铁或对原塞铁进行修理。修理塞铁时可在原塞铁大端焊接一段使之加长，再将塞铁小头截去一段，使塞铁工作段的厚度增加；

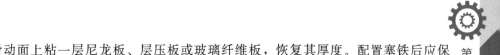

也可在塞铁的非滑动面上粘一层尼龙板、层压板或玻璃纤维板，恢复其厚度。配置塞铁后应保持大端尚有10～15mm的调整余量，在修刮塞铁的过程中应进一步配刮导轨面7，以保证燕尾导轨与中滑板的接触精度，要求在任意长度上用0.03mm塞尺检查，插入深度不大于20mm。

⑤ 修复床鞍上、下导轨的垂直度　将刮好的中溜板在床鞍横向导轨上安装好，检查床鞍上、下导轨垂直度误差，若超过允差，则修刮床鞍纵向导轨8、9（图6-20），使之达到垂直度要求。

在修复床鞍上、下导轨垂直度误差时，还应测量床鞍上溜板结合面对床身导轨的平行度（图6-23）及该结合面对进给箱结合面的垂直度（图6-24），使之在规定的范围内，以保证溜板箱中的丝杠、光杠孔轴线与床身导轨平行，使其传动平稳。

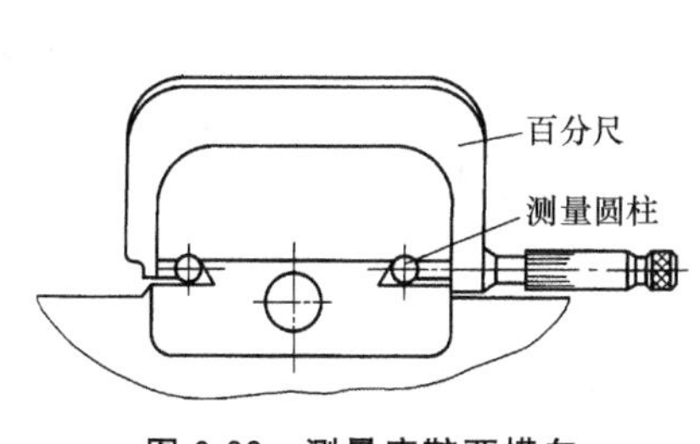

图6-22　测量床鞍两横向导轨面的平行度

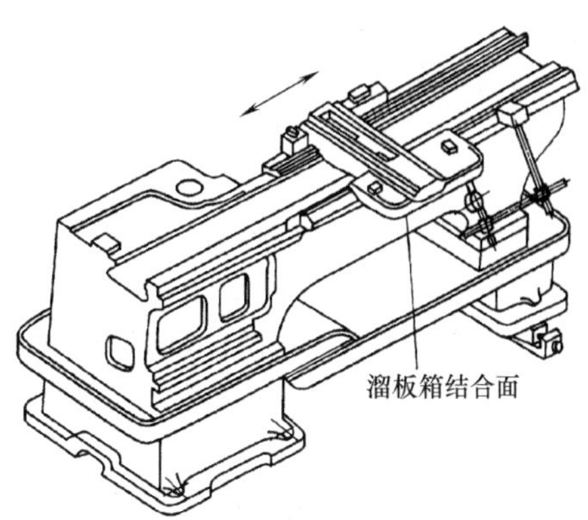

图6-23　测量床鞍上溜板结合面对床身导轨的平行度

校正中滑板导轨面1，如图6-25所示测量中滑板上转盘安装面与床身导轨的平行度误差，测量位置接近床头箱处，此项精度误差将影响车削锥度时工件母线的正确性，若超差，则用小平板对表面1刮研至要求精度。

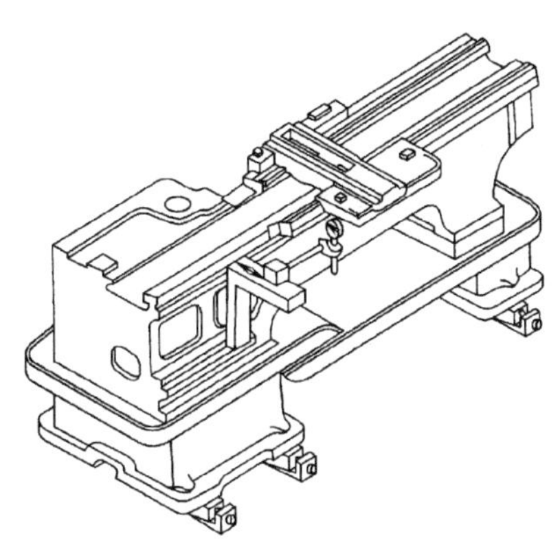

图6-24　测量床鞍上溜板结合面对进给箱结合面的垂直度

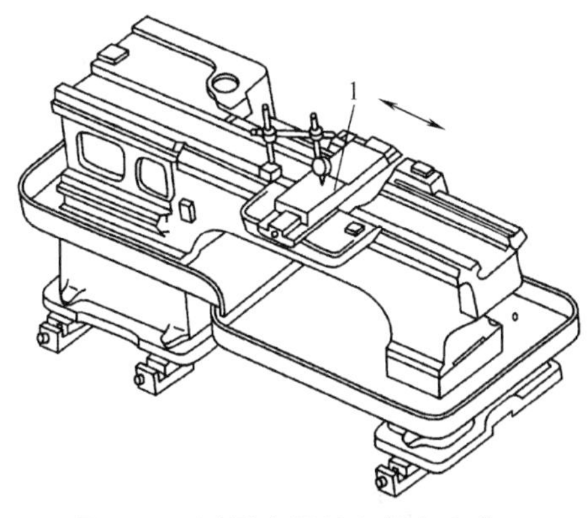

图6-25　测量中滑板上转盘安装面与床身导轨的平行度误差

3）溜板部件的拼装

① 床鞍与床身的拼装　床鞍与床身的拼装主要是刮研床身的下导轨面8、9（图6-14）及配刮两侧压板。首先按图6-26所示测量床身上、下导轨面的平行度，根据实际误差刮削床身下导轨面8、9，使之达到对床身上导轨面的平行度误差在1000mm长度上不大于0.02mm，全长不大于0.04mm。然后配刮压板，使压板与床身下导轨面的接触精度为6～8点/(25mm × 25mm)，刮研后调整紧固压板全部螺钉，应满足如下要求：用250～360N的推力使床鞍在床

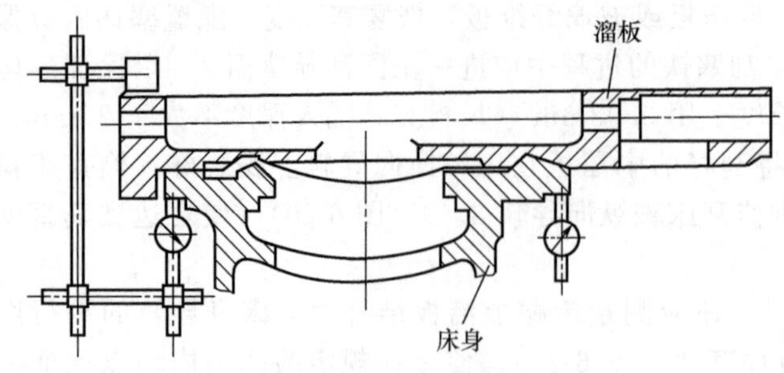

图 6-26 测量床身上、下导轨面的平行度

身全长上移动无阻滞现象；用0.03mm塞尺检验接触精度，端部插入深度小于20mm。

② 中滑板与床鞍的拼装　中滑板与床鞍的拼装包括塞铁的安装及横向进给丝杠的安装。塞铁是调整中滑板与床鞍燕尾导轨间隙的调整环节，塞铁安装后应调整其松紧程序，使中滑板在床鞍上横向移动时均匀、平稳。

横向进给丝杠一般磨损较严重，而丝杠的磨损会引起横向进给传动精度降低、刀架窜动、定位不准，影响零件的加工精度和表面粗糙度，一般应予以更换，也可采用修丝杠、配螺母、修轴颈、换（镶）铜套的方式进行修复。

丝杠的安装过程如图6-27所示。首先垫好螺母垫片（可估计垫片厚度Δ值并分成多层），再用螺柱将左右螺母及楔块挂住，先不拧紧，然后转动丝杠，使之依次穿过丝杠右螺母、楔形块丝杠左螺母，再将小齿轮（包括键）、法兰盘（包括套）、刻度盘及双锁紧螺母，按顺序安装在丝杠上。旋转丝杠，同时将法兰盘压入床鞍安装孔内，然后锁紧螺母。最后紧固左螺母7、右螺母10的连接螺柱。

在紧固左右螺母时，需调整垫片的厚度Δ值，使调整后达到转动手柄灵活，转动力不大于80N，正反向转动手柄空行程不超过回转周的1/20r。

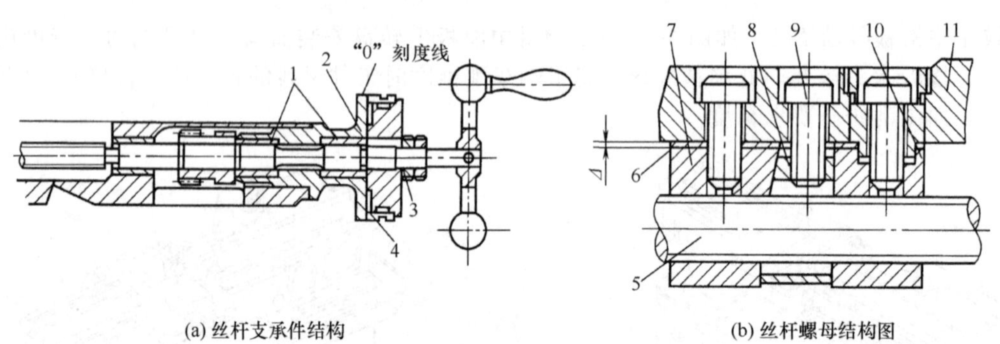

(a) 丝杆支承件结构　　(b) 丝杆螺母结构图

图 6-27 横向进给丝杆安装示意图

1—镶套；2—法兰盘；3—锁紧；4—刻度环；5—横向进给丝杆；6—垫片；7—左螺母；8—楔；9—调节螺钉；10—右螺母；11—刀架下滑座

(4) 主轴箱部件的修理

主轴箱部件由箱体、主轴部件、各传动件、变速机构、离合器机构、操纵机构等部分组成。如图6-28所示主轴箱部件是卧式车床的主运动部件，要求有足够的支撑刚度、可靠的传动性能、灵活的变速操纵机构、较小的热变形、低的振动噪声、高的回转精度等。此部件的性能将直接影响到加工零件的精度及表面粗糙度，此部件修理的重点是主轴部件及摩擦离合器，要特别重视其修理和调整质量。

1）主轴部件的修理

主轴部件是机床的关键部件，它担负着机床的主要切削运动，对被加工工件的精度、表面粗糙度及生产率有着直接的影响，主轴部件的修理是机床大修的重要工作之一。修理的主要内容包括主轴精度的检验、主轴的修复、轴承的选配和预紧及轴承的配磨等。

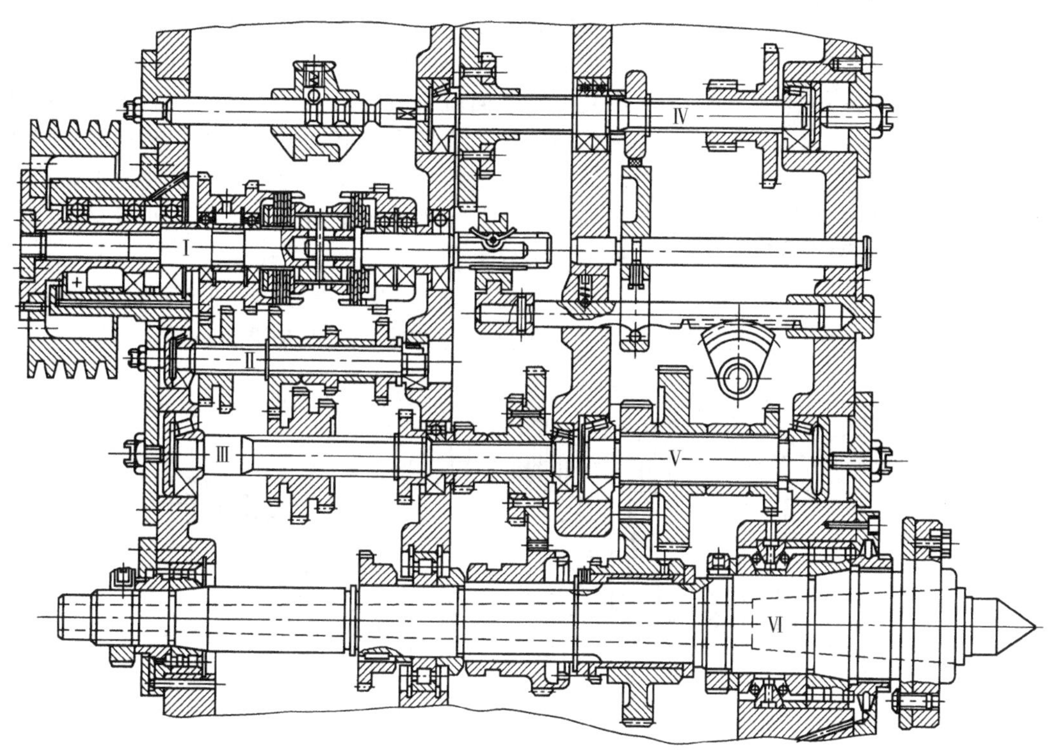

图 6-28 主轴箱部件

2）主轴箱体的修理

如图 6-29 所示为 CA6140 型卧式车床主轴箱体，主轴箱体检修的主要内容是检修箱体前后轴承孔的精度，要求 ϕ160H7 主轴前轴承孔及 ϕ115H7 后轴承孔圆柱度误差不超过 0.012mm，圆度误差不超过 0.01mm，两孔的同轴度误差不超过 0.015mm。卧式车床在使用过程中，由于轴承外圈的游动，造成了主轴箱体轴承安装孔的磨损，影响主轴回转精度的稳定性和主轴的刚度。

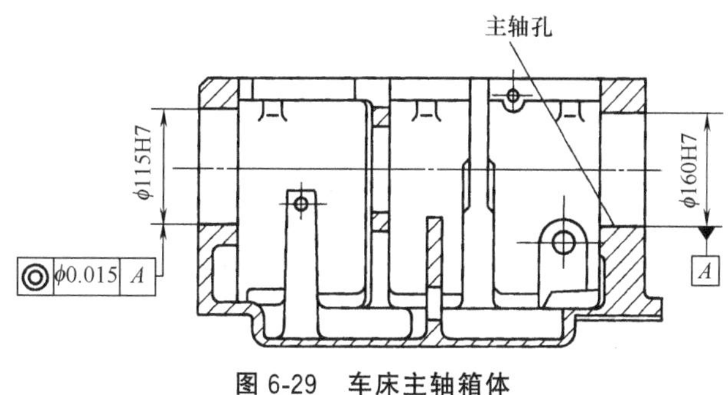

图 6-29 车床主轴箱体

修理前可用内径千分表测量前后轴承孔的圆度和尺寸，观察孔的表面质量，是否有明显的磨痕、研伤等缺陷，然后在镗床上用镗杆和杠杆千分表测量前后轴承孔的同轴度（图 6-30）。由于主轴箱前后轴承孔是标准配合尺寸，不宜研磨或修刮，一般采用镗孔镶套或镀镍修复。若轴承孔圆度、圆柱度超差不大时，可采用镀镍法修复，镀镍前要修正孔的精度，采用无槽镀镍工艺，镀镍后经过精加工恢复此孔与滚动轴承的公差配合要求；若轴承孔圆度、圆柱度误差过大时，则采用镗孔镶套法来修复。

3）主轴开停及制动机构的修理

主轴开停及制动操纵机构主要包括双向多片摩擦离合器、制动器及其操纵机构，实现主轴的启动、停止、换向。由于卧式车床频繁开停和制动，使部分零件磨损严重，在修理时必须逐项检验各零件的磨损情况，视情况予以更换和修理。

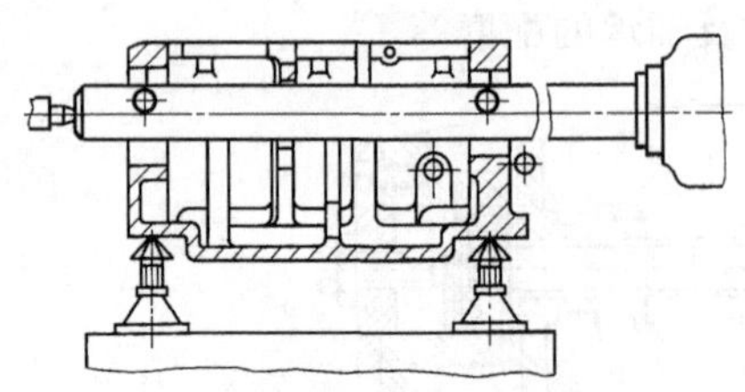

图 6-30　镗床上用镗杆和杠杆千分表测量前后轴承孔的同轴度

① 在双向多片摩擦离合器中（图 6-31），修复的重点是内、外摩擦片，当机床切削载荷超过调整好的摩擦片传递力矩时，摩擦片之间就产生相对滑动现象，多次反复，其表面就会被研出较深的沟槽。当表面渗碳层被全部磨掉时，摩擦离合器就失去功能，修理时一般更换新的内、外摩擦片。若摩擦片只是翘曲或拉毛，可通过延展校直工艺校平和用平面磨床磨平，然后采取吹砂打毛工艺来修复。

元宝形摆块 12 及滑套 10 在使用中经常做相对运行，在二者的接触处及元宝形摆块与拉杆 9 接触处产生磨损，一般是更换新件。

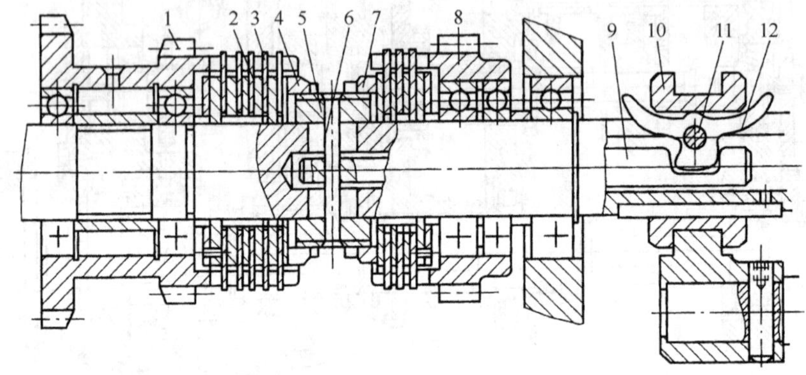

图 6-31　双向多片摩擦离合器

1—双联齿轮；2—内摩擦片；3—外摩擦片；4,7—螺母；5—压套；6—长销；8—齿轮；9—拉杆；10—滑套；11—销轴；12—元宝形摆块

② 卧式车床的制动机构如图 6-32 所示。当摩擦离合器脱开时，使主轴迅速制动。由于卧式车床的频繁开停使制动机构中制动钢带 6 和制动轮 7 磨损严重，所以制动带的更换、制动轮的修整、齿条轴 2 凸起部位（图 6-32 中的 b 部位）的焊补是制动机构修理的主要任务。

4）主轴箱变速操纵机构的修理

主轴箱变速操纵机构中各传动件一般为滑动摩擦，长期使用各零件易产生磨损，在修理时需注意滑块、滚柱、拨叉、凸轮的磨损状况。必要时可更换部分滑块，以保证齿轮移动灵活、定位可靠。

5）主轴箱的装配

主轴箱各零部件修理后应进行装配调整，检查各机构、各零件修理或更换后能否达到组装技术要求。

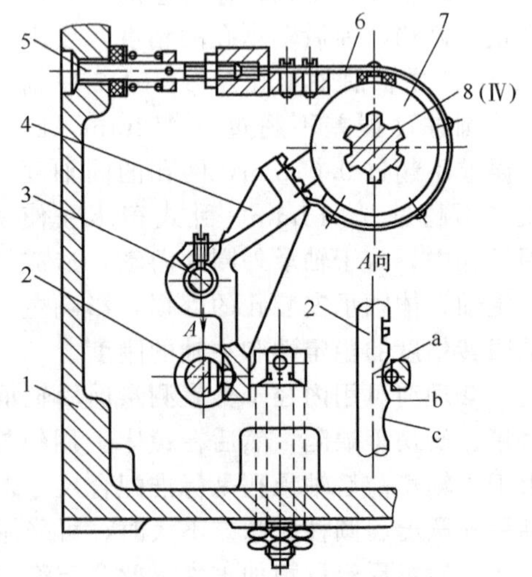

图 6-32　卧式车床的制动机构

1—箱体；2—齿条轴；3—杠杆支承轴；4—杠杆；5—调节螺钉；6—制动钢带；7—制动轮；8—花键轴

组装时按先下后上、先内后外的顺序，逐项进行装配调整，最终达到主轴箱的工作性能及精度要求。主轴箱的装配重点是主轴部件的装配与调整，主轴部件装配后，应在主轴运转达到稳定的温升后调整主轴轴承间隙，使主轴的回转精度达到

如下要求。

① 主轴定心轴颈的径向圆跳动误差小于 0.01mm。

② 主轴轴肩的端面圆跳动误差小于 0.015mm。

③ 主轴锥孔的径向圆跳动靠近主轴端面处为 0.015mm，距离端面 300mm 处为 0.025mm。

④ 主轴的轴向窜动为 0.01～0.02mm。

除主轴部件调整外，还应检查并调整使齿轮传动平稳、变速操纵灵敏准确、各级转速与铭牌相符、开停可靠、箱体温升正常、润滑装置工作可靠等。

6）主轴箱与床身的拼装

主轴箱内各零件装配并调整好后，将主轴箱与床身拼装，然后按图 6-33 所示的方法测量床鞍移动对主轴轴线的平行度，通过修刮主轴箱底面，使主轴轴线达到下列要求。

① 床鞍移动对主轴轴线的平行度误差在垂直面内 300mm 长度上不大于 0.03mm，在水平面内 300mm 长度上不大于 0.015mm。

② 主轴轴线的偏斜方向：只允许芯轴外端向上和向前偏斜。

(5) 刀架部件的修理

刀架部件包括转盘、小滑板和方刀架等零件，如图 6-34 所示。刀架部件是安装刀具、直接承受切削力的部件，各结合面之间必须保持正确的配合；同时，刀架的移动应保持一定的直线性，避免影响加工圆锥工件母线的直线度和降低刀架的刚度。因此刀架部件修理的重点是刀架移动导轨的直线度和刀架重复定位精度的修复。刀架部件的修理主要包括小滑板、转盘和方刀架等零件主要工作面的修复，如图 6-35 所示。

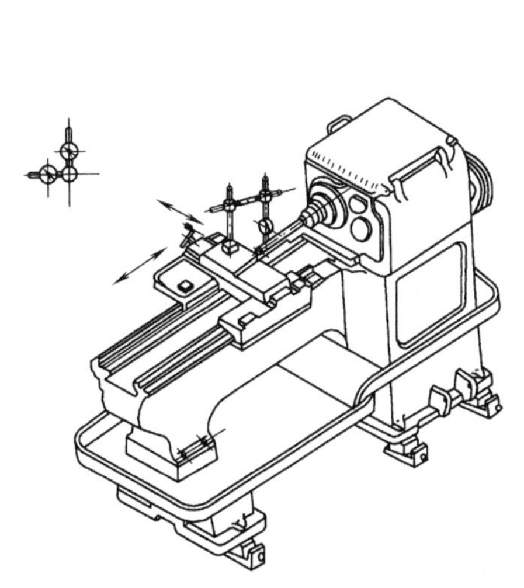

图 6-33 测量床鞍移动对主轴轴线的平行度

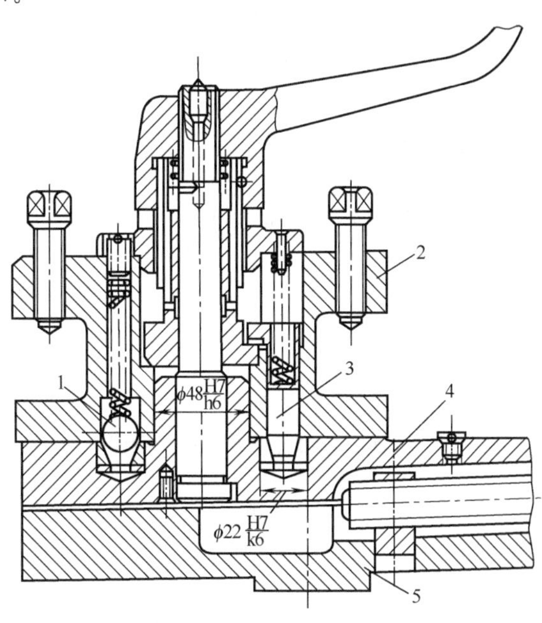

图 6-34 刀架部件结构

1—钢球；2—刀架座；3—定位销；4—小滑板；5—转盘

① 小滑板的修理 小滑板导轨面 2 可在平板上拖研修刮；燕尾导轨面 6 采用角形平尺拖研修刮或与已修复的刀架转盘燕尾导轨配刮，保证导轨面的直线度及与丝杠孔的平行度；表面 1 由于定位销的作用留下一圈磨损沟槽，可将表面 1 车削后与方刀架底面 8 进行对研配刮，以保证接触精度；更换小滑板上的刀架转位定位销锥套（图 6-34），保证它与小滑板安装孔 ϕ22mm 之间的配合精度；采用镶套或涂镀的方法修复刀架座与方刀架孔（图 6-34）的配合精

度，保证 ϕ48mm 定位圆柱面与小滑板上表面 1 的垂直度。

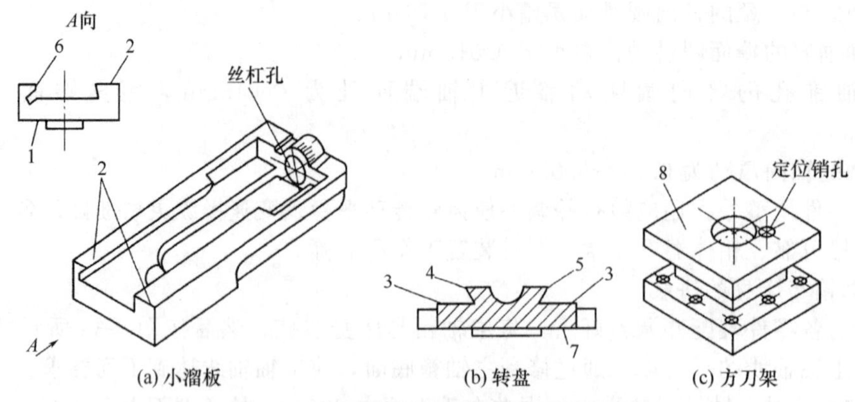

图 6-35　刀架部件主要零件修理示意图

② 方刀架的刮研　配刮方刀架与小滑板的接触面 8、1［图 6-35（a）、（c）］，配做方刀架上的定位销，保证定位销与小滑板上定位销锥套孔的接触精度，修复刀架上刀具夹紧螺纹孔。

③ 刀架转盘的修理　刮研燕尾导轨面 3、4、5［图 6-35（b）］，保证各导轨面的直线度和导轨相互之间的平行度。修刮完毕后，将已修复的镶条装上，进行综合检验，镶条调节合适后，小滑板的移动应无轻、重或阻滞现象。

④ 丝杠螺母的修理和装配　调整刀架丝杠及与其相配的螺母都属易损件，一般采用换丝杠配螺母或修复丝杠，重新配螺母的方法进行修复，在安装丝杠和螺母时，为保证丝杠与螺母的同轴度要求，一般采用如下两种方法。

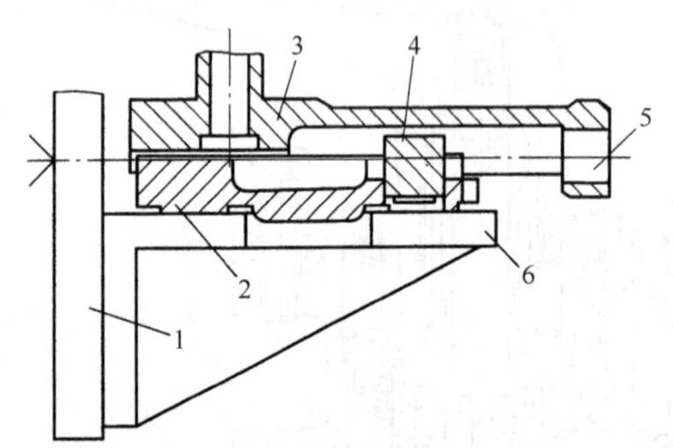

图 6-36　车削刀架螺母螺纹底孔示意图

1—花盘；2—转盘；3—小滑板；4—实心螺母体；5—丝杠孔；6—三角铁

a. 设置偏心螺母法　在卧式车床花盘 1 上装专用三角铁 6（图 6-36），将小滑板 3 和转盘 2 用配刮好的塞铁楔紧，一同安装在专用三角铁 6 上，将加工好的实心螺母体 4 压入转盘 2 的螺母安装孔内（实心螺母体 4 与转盘 2 的螺母安装孔为过盈配合）；在卧式车床花盘 1 上调整专用三角铁 6，以小滑板丝杠安装孔 5 找正，并使小滑板导轨与卧式车床主轴轴线平行，加工出实心螺母体 4 的螺纹底孔；然后再卸下螺母体 4，在卧式车床四爪卡盘上以螺母底孔找正加工出螺母螺纹，最后再修螺母外径保证与转盘螺母安装孔的配合要求。

b. 设置丝杠偏心轴套法　将丝杠轴套做成偏心式轴套，在调整过程中转动偏心轴套使丝杠螺母达到灵活转动位置，这时做出轴套上的定位螺钉孔，并加以紧固。

（6）进给箱部件的修理

进给箱部件的功用是变换加工螺纹的种类和导程，以及获得所需的各种进给量，主要由基本螺距机构、倍增机构、改变加工螺纹种类的移换机构、丝杠与光杠的转换机构以及操纵机构等组成。其主要修复的内容如下。

① 基本螺距机构、倍增机构及其操纵机构的修理　检查基本螺距机构、倍增机构中各齿轮、操纵机构、轴的弯曲等情况，修理或更换已磨损的齿轮、轴、滑块、压块、斜面推销等

零件。

② 丝杠连接法兰及推力球轴承的修理　在车削螺纹时，要求丝杠传动平稳，轴向窜动小。丝杠连接轴在装配后轴向窜动量不大于0.008mm，若轴向窜动超差，可通过选配推力球轴承和刮研丝杠连接法兰表面来修复。丝杠连接法兰修复如图6-37（a）所示，用刮研芯轴进行研磨修正，使表面1、2保持相互平行，并使其对轴孔中心线垂直度误差小于0.006mm，装配后按图6-37（b）所示测量其轴向窜动。

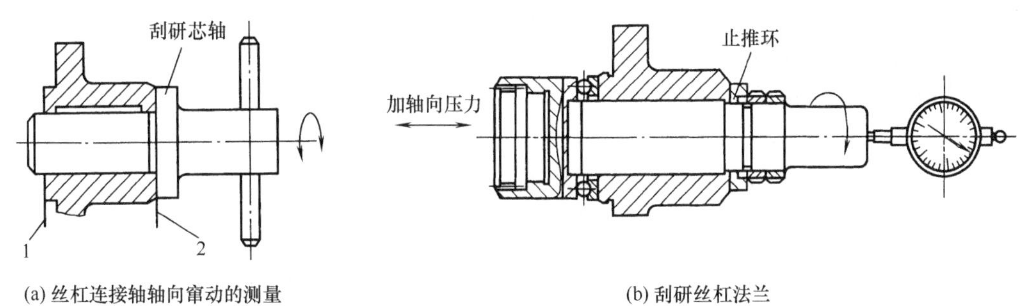

图6-37　丝杆轴向窜动的测量与修复

③ 托架的调整与支撑孔的修复　床身导轨磨损后，溜板箱下沉、丝杠弯曲，使托架孔磨损。为保证三支撑孔的同度轴，在修复进给箱时，应同时修复托架。托架支撑孔磨损后，一般采用镗孔镶套来修复，使托架的孔中心距、孔轴线至安装底面的距离均与进给箱尺寸一致。

（7）溜板箱部件的修理

溜板箱固定安装在沿床身导轨移动的纵向溜板下面。其主要作用是将进给箱传来的运动转换为刀架的直线移动，实现刀架移动的快慢转换，控制刀架运动的接通、断开、换向以及实现过载保护和刀架的手动操纵。溜板箱部件修理的主要工作内容有丝杠传动机构的修理、光杠传动机构的修理、安全离合器和超越离合器的修理及纵横向进给操纵机构的修理。

① 丝杠传动机构的修理　主要包括传动丝杠及开合螺母机构的修理。丝杠一般应根据磨损情况确定修理或更换，修理一般可采用校直和精车的方法；对于开合螺母机构的修理过程如下。

a. 溜板箱燕尾导轨的修理　如图6-38所示，用平板配刮导轨面1，用专用角度底座配刮导轨面2。刮研时要用90°角尺测量导轨面1、2对溜板结合面的垂直度误差，其误差值为在200mm长度上不大于0.08mm，导轨面与研具间的接触点达到均匀即可。

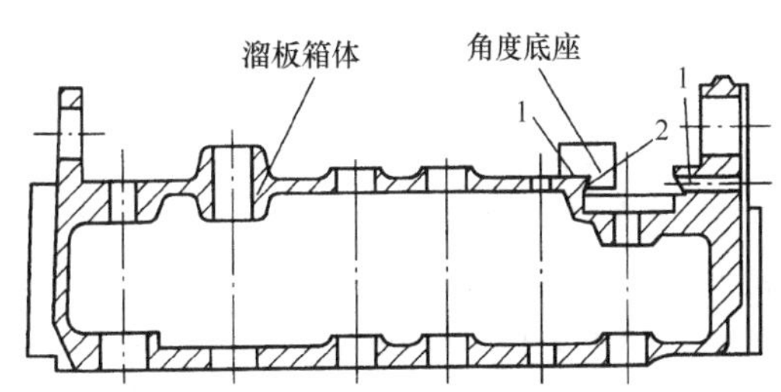

图6-38　溜板箱燕尾导轨的刮研

b. 开合螺母体的修理　由于燕尾导轨的刮研，使开合螺母体的螺母安装孔中心位置产生位移，造成丝杠螺母的同轴度误差增大。当其误差超过0.05mm时，将使安装后的溜板箱移动阻力增加，丝杠旋转时受到侧弯力矩的作用，因此当丝杠螺母的同轴度误差超差时必须设法消除，一般采取在开合螺母体燕尾导轨面上粘贴铸铁板或聚四氟乙烯胶带的方法消除。其补偿量的测量方法如图6-39（a）所示。测量时将开合螺母体夹持在专用芯轴2上，然后用千斤顶将溜板箱在测量平台上垫起，调整溜板箱的高度，使溜板箱结合面与90°角尺直角边贴合，使芯轴1、2母线与测量平台平行，测量芯轴1和芯轴2的高度差Δ值，此测量值Δ的大小即开合螺母体燕尾导轨修复的补偿量（实际补偿量还应加上开合螺母体燕尾导轨的刮研余量）。

消除上述误差后，须将开合螺母体与溜板箱导轨面配刮。刮研时首先车一实心的螺母坯，其外径与螺母体相配，并用螺钉与开合螺母体装配好，然后和溜板箱导轨面配刮，要求两者间的接触精度不低于 10 点/(25mm×25mm)，用芯轴检验螺母体轴线与溜板箱结合面的平行度，其误差控制在 200mm 测量长度上不大于 0.08mm，然后配刮调整塞铁。

c. 开合螺母的配做　应根据修理后的丝杠进行配作，其加工是在溜板箱体和螺母体的燕尾导轨修复后进行的。首先将实心螺母坯和刮好的螺母体安装在溜板箱上，并将溜板箱放置在卧式镗床的工作台上；按图 6-39（b）的方法找正溜板箱结合面，以光杠孔中心为基准，按孔间距的设计尺寸平移工作台，找出丝杠孔中心位置，在镗床上加工出内螺纹底孔；然后以此孔为基准，在卧式车床上精车内螺纹至要求，最后将开合螺母切开为两个部分。

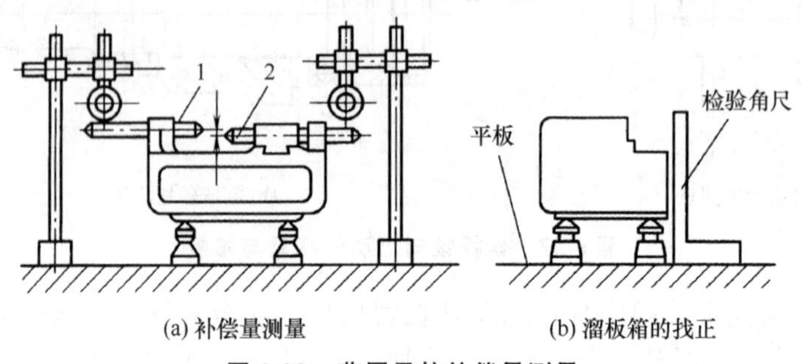

(a) 补偿量测量　　(b) 溜板箱的找正

图 6-39　燕尾导轨补偿量测量

② 光杠传动机构的修理　光杠传动机构由光杠、传动滑键和传动齿轮组成。光杠的弯曲、光杠键槽及滑键的磨损、齿轮的磨损，将会引起光杠传动不平稳、床鞍纵向工作进给时产生爬行。光杠的弯曲采用校直修复，校直后再修正键槽，使装配在光杠轴上的传动齿轮在全长上移动灵活。滑键、齿轮磨损严重时一般需更换。

③ 安全离合器和超越离合器的修理　超越离合器用于刀架快速运动和工作进给运动的相互转换，安全离合器用于刀架工作进给超载时自动停止，起超载保护作用。

超越离合器经常出现传递力小时易打滑、传递力大时快慢转换脱不开的故障，造成机床不能正常运转，一般可加大滚柱直径（传递力小时打滑）或减小滚柱直径（传递力大时快慢转换脱不开）来解决上述问题。

安全离合器的修复重点是左右两半离合器接合面的磨损，一般需要更换，然后调整弹簧压力使之能正常传动。

④ 纵横向进给操纵机构的修理　卧式车床纵横向进给操纵机构的功用是实现床鞍的纵向快慢速运动和中滑板的横向快慢速运动的操纵和转换。由于使用频繁，操纵机构的凸轮槽和操纵圆销易产生磨损，使拨动离合器不到位、控制失灵。另外，离合器齿形端面易产生磨损，造成传动打滑。这些磨损件的修理，一般采用更换方法即可。

(8) 尾座部件的修理

尾座部件结构如图 6-40 所示。主要由尾座体 2、尾座底板 1、顶尖套筒 3、尾座丝杠 4、螺母等组成。其主要作用是支撑工件或在尾座顶尖套中装夹刀具来加工工件，要求尾座顶尖套移动轻便，在承受切削载荷时稳定可靠。

尾座体部件的修理主要包括尾座体孔、顶尖套筒、尾座底板、丝杠螺母、锁紧机构，修复的重点是尾座孔。

① 尾座体孔的修理　一般是先恢复孔的精度，然后根据已修复的孔实际尺寸配尾座顶尖套筒。由于顶尖套筒受径向载荷并经常处于夹紧状态下工作，容易引起尾座体孔的磨损和变形，使尾座体孔孔径呈椭圆形，孔前端呈喇叭形。在修复时，若孔磨损严重，可在镗床上精镗

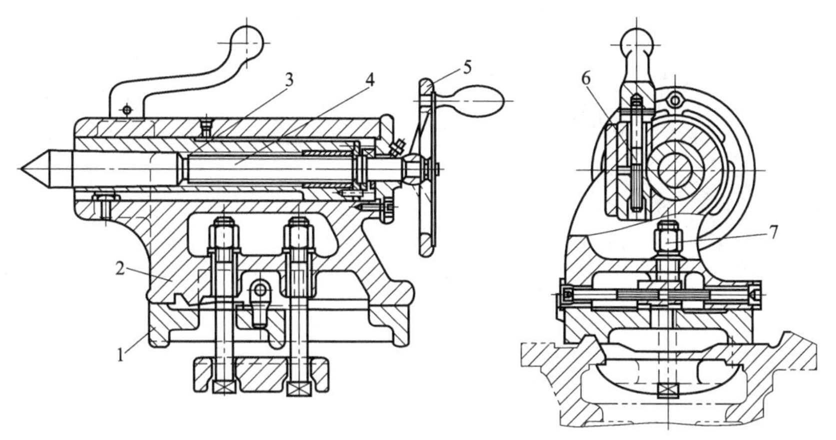

图 6-40 尾座部件装配图

1—尾座底板；2—尾座体；3—顶尖套筒；4—尾座丝杠；5—手轮；6—锁紧机构；7—压紧机构

修正，然后研磨至要求，修镗时需考虑尾座部件的刚度，将镗削余量严格控制在最小范围；若磨损较轻时，可采用研磨方法进行修正。研磨时，采用如图 6-41 所示方法，利用可调式研磨棒，以摇臂钻床为动力，在垂直方向研磨，以防止研磨棒的重力影响研磨精度。尾座体孔修复后应达到如下精度要求：圆度、圆柱度误差不大于 0.01mm，研磨后的尾座体孔与更换或修复后的尾座顶尖套筒配合为 H7/h6。

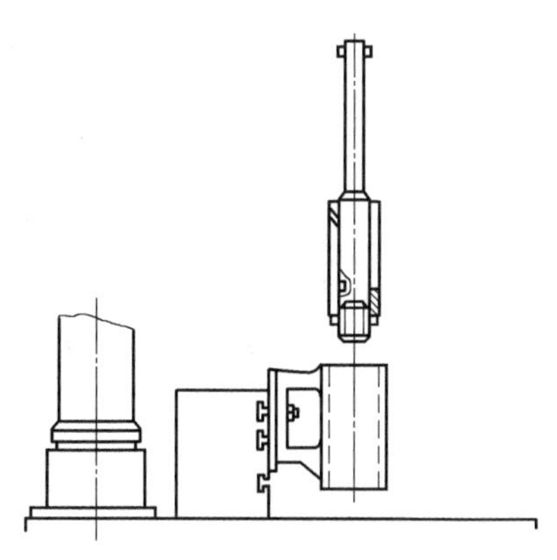

图 6-41 研磨尾座孔示意图

② 顶尖套筒的修理　尾座体孔修磨后，必须配制相应的顶尖套筒才能保证两者间的配合精度。顶尖套筒的配制可根据尾座孔修复情况而定，当尾座孔磨损严重采用镗修法修正时，可更换新制套筒，并增加外径尺寸，达到与尾座体孔配合要求；当尾座孔磨损较轻采用研磨法修正时，可采用原件经修磨外径及锥孔后整体镀铬，然后再精车外圆，达到与尾座体孔的配合要求。尾座顶尖套筒经修配后，应达到如下精度要求：套筒外径圆度、圆柱度小于 0.008mm；锥孔轴线相对外径的径向圆跳动误差在端部小于 0.01mm，在 300mm 处小于 0.02mm；锥孔修复后端面的轴线位移不超过 5mm。

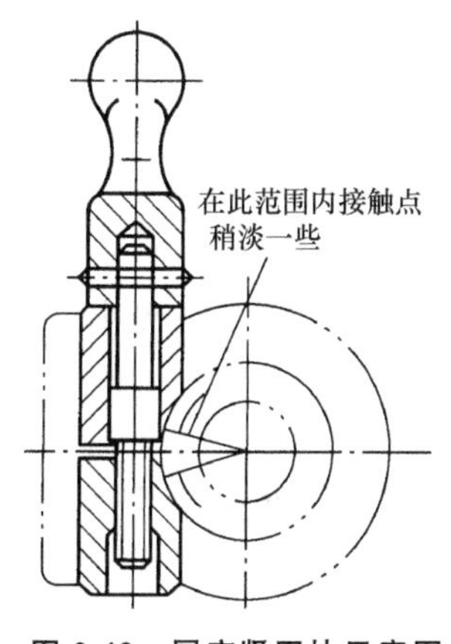

图 6-42 尾座紧固块示意图

③ 尾座底板的修理　由于床身导轨刮研修复以及尾座底板的磨损，必然使尾座孔中心线下沉，导致尾座孔中心线与主轴轴线高度方向的尺寸链产生误差，使卧式车床加工轴类零件时圆柱度超差。

尾座底板主要是针对其磨损，采用磨削、刮研及与床身导轨对刮的方法进行修理。

④ 丝杠螺母副及锁紧装置的修理　尾座丝杠螺母磨损后一般更换新的丝杠螺母副，也可修丝杠配螺母；尾座顶尖套筒修复后，必须相应修刮紧固块。如图 6-42 所示，使紧固块圆弧面与尾座顶尖套筒圆弧面接触良好。

⑤ 尾座部件与床身的拼装　尾架部件安装时，应通过检验和进一步刮研，使尾座安装后达到如下要求。

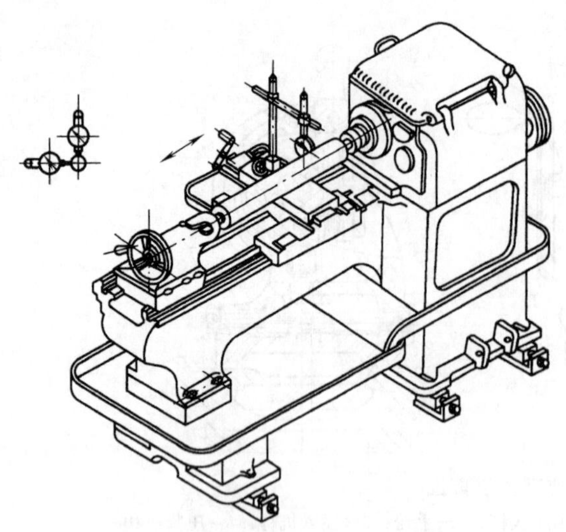

图 6-43　测量主轴锥孔轴线和尾座顶尖套筒锥孔轴线的等高度误差

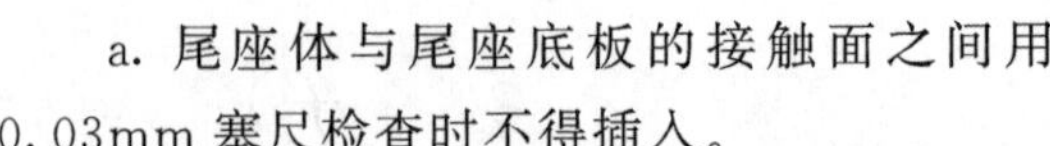

a. 尾座体与尾座底板的接触面之间用 0.03mm 塞尺检查时不得插入。

b. 主轴锥孔轴线和尾座顶尖套筒锥孔轴线对床身导轨的等高度误差不大于 0.06mm，且只允许尾座端高，测量方法如图 6-43 所示。

c. 床鞍移动对尾座顶尖套筒伸出方向的平行度在 100mm 长度上，上母线不大于 0.03mm，侧母线不大于 0.01 mm，测量方法如图 6-44 所示。

d. 床鞍移动对尾座顶尖套筒锥孔轴线的平行度误差，在 100mm 长度上测量，上母线和侧母线不大于 0.03 mm，测量方法如图 6-45 所示。

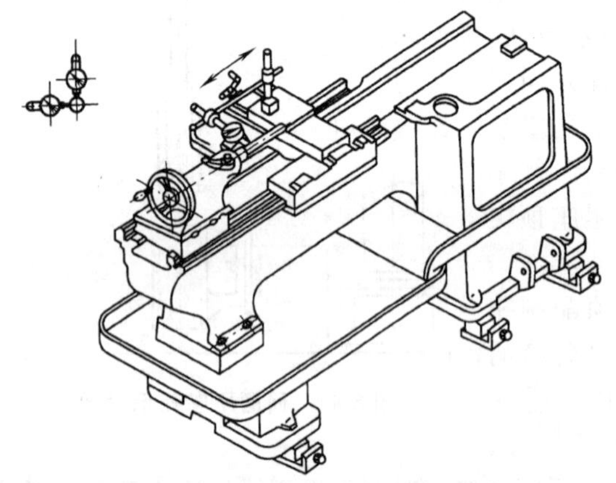

图 6-44　测量床鞍移动对尾座顶尖套筒伸出方向的平行度

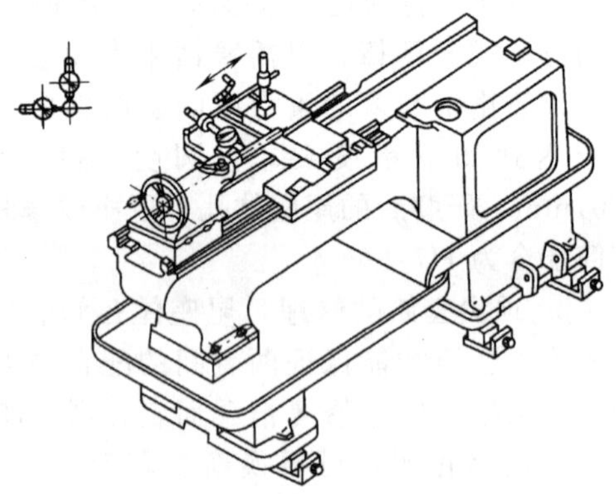

图 6-45　测量床鞍移动对尾座顶尖套筒锥孔轴线的平行度误差

6.3.4　车床的装配顺序和方法

机械设备损伤部位或零件修复完成后，便可进入设备的装配。设备大修后的装配顺序和方法主要有以下方面。

(1) 设备装配工艺过程

设备大修的装配工艺过程包括三个阶段：装配前的准备阶段；部件装配和总装配阶段；调整、检验和试运转阶段。

1）装配前的准备阶段

① 熟悉设备装配图和技术要求，熟悉修理技术要求和有关说明及修理装配工艺文件。

② 确定装配方法、顺序，准备所需的工具、夹具、量具。

③ 清理全部部件；配套齐全；对更换件、修复件进行检验。

④ 对必须进行平衡试验的零部件进行平衡试验；有密封要求的零部件进行密封性试验；有试运转要求的部件做试运转。

⑤ 大件和基础件间的拼装达到技术要求。

2）部件装配和总装配阶段

① 将零件装成部件，按部件技术条件检验达到合格。

② 将部件和零件装配成一台完整的设备，达到零部件配套齐全，装配关系符合图样要求。

3）调整、检验和试运转阶段

① 调整工作　检查设备各机构之间工作的协调性。调整零件之间、部件之间及零部件之间的相互位置、配合间隙、结合松紧程度等，使其动作协调、运转灵活、安全可靠、无故障发生。

② 精度检验　包括几何精度检验和工作精度检验。

③ 试运转　做空运转试验和负荷试验。试验设备的灵活性及振动、工作升温、噪声、转速、功率等性能和参数，检查其是否达到要求。

设备经试车合格后，进行清理、喷漆、封油。

(2) CA6140 车床的装配顺序和方法

以下以 CA6140 车床大修的装配为例，介绍其装配顺序及方法。

① 床身与床脚的安装　首先在床脚上装置床身，并复验床身导轨面的各项精度要求，因为床身导轨面是机床的装配基准面，又是检验机床各项精度的检验基准，床身必须置于可调的机床垫铁上，垫铁应安放在地脚螺钉孔附近，用水平仪检验机床的安装位置，使床身处于自然水平状态，并使各垫铁均匀受力，保证整个床身搁置稳定。检验床身导轨的几何精度，应达到如下要求。

a. 床鞍用导轨直线度：在垂直面内，全长上为 0.03mm，在任意 500mm 测量长度上为 0.015mm，只许中凸；在水平面内，全长上为 0.025mm。

b. 床鞍导轨的平行度全长为 0.04/1000。

c. 床鞍导轨与尾座导轨的平行度：在垂直平面与水平面内全长上均为 0.04mm；任意 500mm 测量长度上为 0.03mm。

d. 床鞍导轨对床身齿条安装基面的平行度：全长上为 0.03mm，在任意 500mm 测量长度上为 0.02mm。

② 床鞍与床身导轨配刮，安装前后压板　床鞍与床身导轨配刮，安装前后压板的操作要求及要点主要有以下方面。

a. 床鞍与床身导轨结合面的刮削要求：表面粗糙度不大于 $Ra1.6\mu m$；接触点在两端不小于 12 点/(25mm×25mm)，中间接触点 8 点/(25mm×25mm) 以上；床鞍上面的横向导轨和它的下导轨的垂直度要求，应控制在 0.015/300 之内，且使其方向只许后端偏向床头，并保证精车端面的平面度要求（只许中凹）。

b. 床鞍硬度要低于床身的硬度，其相差值不小于 20HB，以保证床身导轨面的磨损较少。

c. 在修刮和安装调整好前后压板后，应保证床鞍在全部行程上滑动均匀，用 0.04mm 塞尺检查，插入深度不大于 10mm。

③ 安装齿条　保证齿条与溜板箱齿轮具有 0.08mm 的啮合侧隙量。

④ 安装溜板箱、进给箱、丝杠、光杠及托架　保证丝杠两端支撑孔中心线和开合螺母中心线在上下、前后对床身导轨平行，且等距度允差小于 0.15mm。调整进给箱丝杠支撑孔中心线、溜板箱开合螺母中心和后托架支撑孔中心三者对床身导轨的等距度允差，保证上母线公差为 0.01/100，侧母线公差为 0.01/100。然后配作进给箱、溜板箱、后支座的定位销，以确保精度不变。

⑤ 安装主轴箱　主轴箱以底平面和凸块侧面与床身接触来保证正确安装位置。要求检验芯轴上母线公差小于 0.03/300，外端向上抬起；侧母线公差小于 0.015/300，外端偏向操作者位置方向。超差时，通过刮削主轴箱底面或凸块侧面来满足要求。

⑥ 安装尾座　尾座的安装分两步进行。第一步，以床身导轨为基准，配刮尾座底面，经常测量套筒孔中心与底面平行度，尾座套筒伸出长度 100mm 时移动溜板，保证底面对尾座套筒锥孔中心线的平行度达到精度要求；第二步，调整主轴锥孔中心线和尾座套筒锥孔中心线对床身导轨的等距离，上母线的允差为 0.06mm，只许尾座比主轴中心高，若超差，则通过修配尾座底板厚度来满足要求。

⑦ 安装刀架　保证小刀架移动对主轴轴心线在垂直平面内的平行度，允差为 0.03/100，若超差，通过刮削小刀架转盘与横溜板的接合面来调整。

⑧ 安装电动机、挂轮架、防护罩及操纵机构。

⑨ 静态检查　车床总装配后，性能试验之前，必须仔细检查车床各部是否安全、可靠，以保证试运转时不出事故。

a. 用手转动各传动件，应运转灵活。

b. 变速手柄和换向手柄应操纵灵活、定位准确、安全可靠。手轮或手柄操作力小于 80N。

c. 移动机构的反向空行程应尽量小，直接传动丝杠螺母不得超过 1/30r。间接传动的丝杠不得超过 1/20r。

d. 溜板、刀架等滑动导轨在行程范围内移动时，应轻重均匀和平稳。

e. 顶尖套在尾座孔中全程伸缩应灵活自如，锁紧机构灵敏，无卡滞现象。

f. 开合螺母机构准确、可靠，无阻滞和过松现象。

g. 安全离合器应灵活可靠，超负荷时能及时切断运动。

h. 挂轮架交换齿轮之间侧隙适当，固定装置可靠。

i. 各部分的润滑充分，油路畅通。

j. 电气设备启动、停止应安全可靠。

6.3.5 车床的试车验收

卧式车床经修理后，需进行试车验收，主要包括空运转试验前的准备、空运转试验、负荷试验、机床几何精度检验和机床工作精度试验。

(1) 空运转试验前的准备

① 机床在完成总装后，需清理现场和对机床全面进行清洗。

② 检查机床各润滑油路，根据润滑图表要求，注入符合规格的润滑油和冷却液，使之达到规定要求。

③ 检查紧固件是否可靠；溜板、尾座滑动面是否接触良好；压板调整是否松紧适宜。

④ 用手转动各传动件，要求运转灵活；各变速、变向手柄应定位可靠、变换灵活；各移动机构手柄转动时应灵活、无阻滞现象，并且反向空行程量小。

(2) 空运转试验

① 从低速开始依次运转主轴的所有转速挡进行主轴空运转试验，各级转速的运转时间不少于 5min，最高转速的运转时间不少于半小时。在最高速下运转时，主轴的稳定温度如下：滑动轴承不超过 60℃，温升不超过 30℃；滚动轴承不超过 70℃，温升不超过 40℃；其他机构的轴承温度不超过 50℃。在整个试验过程中润滑系统应畅通，无泄漏现象。

② 在主轴空运转试验时，变速手柄变速操纵应灵活、定位准确可靠；摩擦离合器在合上时能传递额定功率而不发生过热现象，处于断开位置时，主轴能迅速停止运转；制动闸带松紧程度合适，达到主轴在 300r/min 转速运转时，制动后主轴转动不超过 2～3r，非制动状态，制动闸带能完全松开。

③ 检查进给箱各挡变速定位是否可靠，输出的各种进给量与转换手柄标牌指示的数值是否相符；各对齿轮传动副运转是否平稳，应无振动和较大的噪声。

④ 检查床鞍与刀架部件，要求床鞍在床身导轨上，中、小滑板在其燕尾导轨上移动平稳，无松紧、快慢感觉，各丝杠旋转灵活可靠。

⑤ 溜板箱各操纵手柄操纵灵活，无阻卡现象，互锁准确可靠。纵、横向快速进给运动平稳，快慢转换可靠；丝杠开合螺母控制灵活；安全离合器弹簧调节松紧合适、传力可靠、脱开迅速。

⑥ 检查尾座部件的顶尖套筒，由套筒孔内端伸出至最大长度时无不正常的间隙和阻滞现象，手轮转动灵活，夹紧装置操作灵活可靠。

⑦ 调节带传动装置，四根V带松紧一致。

⑧ 电气控制设备准确可靠，电动机转向正确，润滑、冷却系统运行可靠。

(3) 机床负荷试验

机床负荷试验的目的在于检验机床各种机构的强度以及在负荷下机床各种机构的工作情况。其内容包括：机床主传动系统最大转矩试验以及短时间超过最大转矩25%的试验；机床最大切削主分力的试验及短时间超过最大切削主分力25%的试验。负荷试验一般在机床床上用切削试件方法或用仪器加载方法进行。

(4) 机床的几何精度检验

机床几何精度检验主要按GB/T 4020—1997要求的主要检验项目进行检验，其检验方法及要求的精度指标可参考上述标准。要注意的是在精度检验过程中，不得对影响精度的机构和零件进行调整，否则应复查因调整受影响的有关项目。检验时，凡与主轴轴承温度有关的项目，应在主轴轴承温度达到稳定后方可进行检验。

① 纵向导轨在垂直平面内直线度的检验　如图6-46所示，在溜板上靠近刀架的地方，放一个与纵向导轨平行的水平仪1。移动溜板，在全部行程上分段检验，每隔250mm记录一次水平仪的读数。然后将水平仪读数依次排列，画出导轨的误差曲线。曲线上任意局部测量长度的两端点相对导轨误差曲线两端点连线的坐标差值，就是导轨的局部误差（在任意500mm测量长度上应≤0.015mm）。曲线相对其两端点连线的最大坐标值就是导轨全长的直线度误差（$\Delta \leqslant 0.04$mm，且只许向上凸）。

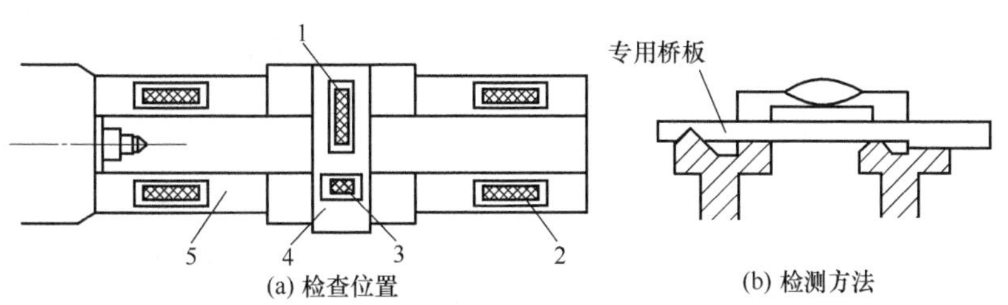

(a) 检查位置　(b) 检测方法

图6-46　纵向导轨在垂直面内直线度的检查

1～3—水平仪；4—溜板；5—导轨

也可将水平仪直接放在导轨上进行检验。

② 横向导轨的平行度检验　实质上就是检验前后导轨在垂直平面内的平行度，检验时在溜板上横向放一水平仪2，等距离移动溜板4检验（图6-46），移动的距离等于局部误差的测量长度（250mm或500mm），每隔250mm（或500mm）记录一次水平仪读数。

水平仪在全部测量长度上读数的最大代数差值就是导轨的平行度误差（$\Delta_{平} \leqslant 0.04/1000$）。也可将水平仪放在专用桥板上，再将桥板放在前后导轨上进行检验。

③ 溜板移动在水平面内直线度的检验　如图6-47所示，将长圆柱检验棒用前后顶尖顶紧，将指示器2（如百分表）固定在溜板3上，使其测头触及检验棒的侧母线（测头尽可能在两顶尖间轴线和刀尖所确定的平面内），调整尾座，使指示器在检验棒两端的读数相等。移动

溜板在全部行程上检验，指示器读数的最大代数差值就是直线度误差（$\Delta \leqslant 0.03$mm）。

④ 主轴锥孔轴线的径向跳动的检验　此项精度一般包含了两个方面：一是主轴锥孔轴线相对于主轴回转轴线的几何偏心引起的径向跳动；二是主轴回转轴线本身的径向跳动。

如图 6-48 所示，检验时将带有锥柄的检验棒 2 插入主轴内锥孔，将固定于机床床身上的百分表测头触及检验棒表面，然后旋转主轴，分别在 a 和 b 两点检查。a、b 相距 300mm。为防止产生检验棒的误差，须拔出检验棒，相对主轴旋转 90°重新插入主轴锥孔中依次重复检查 3 次。百分表 4 次测量结果的平均值就是径向跳动误差。

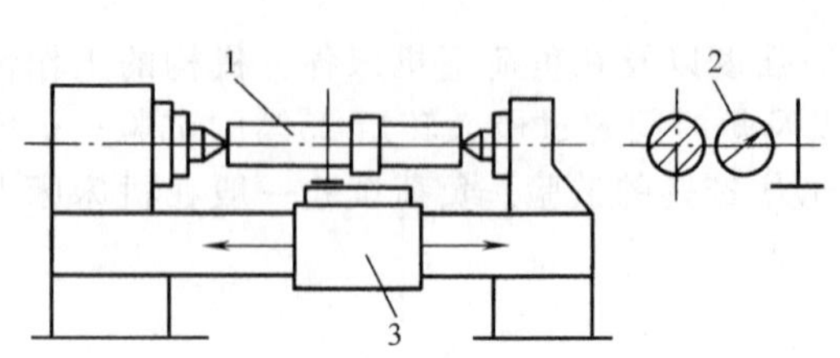

图 6-47　溜板移动在水平面内直线度的检验

1—检验棒；2—指示器；3—溜板

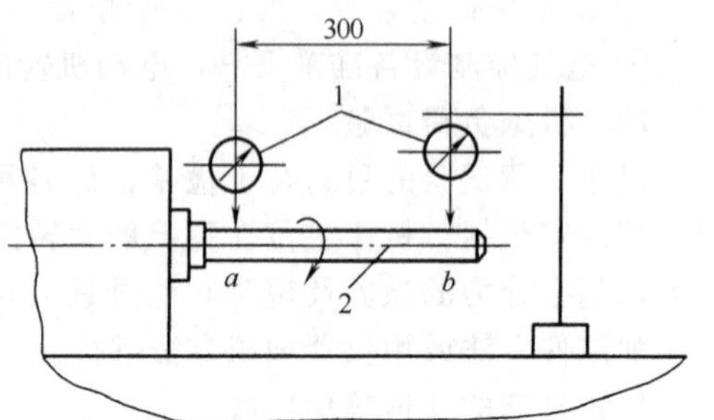

图 6-48　主轴锥孔轴线的径向跳动的检验

1—百分表；2—检验棒

如果在 300mm 处 b 点检查超差，很可能是后轴承装配不正确，应加以调整，使误差在公差范围之内。a 点公差为 0.01mm，b 点公差为 0.02mm。a、b 两点测量读数不一样，实质上反映了主轴轴线存在角度摆动，即 a、b 两点测量结果的差值为主轴回转轴线的角向摆动误差。

⑤ 主轴定心轴颈径向跳动的检查　主轴定心轴颈与主轴锥孔一样都是主轴的定位表面，即都是用来定位安装各种夹具的表面，因此，主轴定心轴颈的径向跳动也包含了几何偏心和回转轴线本身两方面的径向跳动。

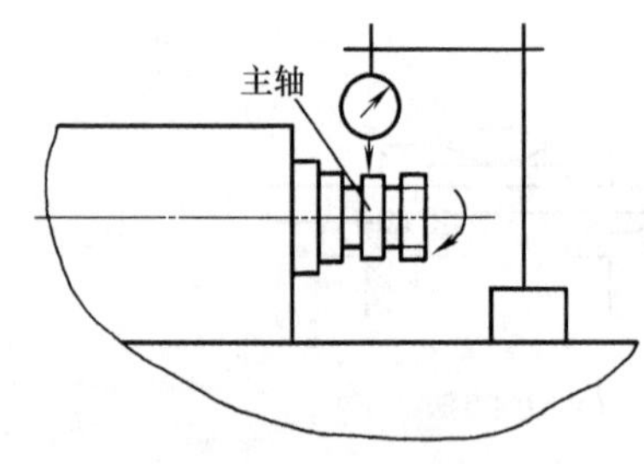

图 6-49　主轴定心轴颈径向跳动的检查

如图 6-49 所示，检验时将百分表固定在机床上，使百分表测头触及主轴定心轴颈表面，然后旋转主轴，百分表读数的最大差值，就是主轴定心轴颈的径向跳动量，$\Delta_{径} \leqslant 0.01$mm。

⑥ 主轴轴向窜动的检验　主轴的轴向窜动量允许 0.01mm，如果主轴轴向窜动量过大，则加工平面时将直接影响加工表面的平面度，加工螺纹时将影响螺纹的螺距精度。

对于带有锥孔的主轴，可将带锥度的芯棒插入锥孔内，在芯棒端面中心孔放一钢球，用黄油粘住，旋转主轴，在钢球上用表测量，其指针摆动的最大差值即为主轴轴向窜动量。

如果主轴不带锥孔，可按图 6-50 所示的方法检验。检验时将钢球 2 放入主轴 1 顶尖孔中，平头百分表 3 顶住钢球，回旋主轴，百分表指针读数的最大差值即为主轴轴向窜动量。

⑦ 主轴轴肩支撑面的跳动检验　实际上这就是检验主轴轴肩对主轴中心线的垂直性，它反映主轴端面的跳动，此外它的误差大小也反映出主轴后轴承装配精度是否在公差范围之内。

由于端面跳动量包含着主轴轴向窜动量，因此该项精度的检查应在主轴轴向窜动检验之后进行。检验时如图 6-51 所示，将固定在机床上的百分表 1 测头触及主轴 2 轴肩支撑面靠近边缘的地方，沿主轴轴线加一力，然后旋转主轴检验。百分表读数的最大差值就是轴肩支撑面的

跳动误差（$\Delta_1 \leqslant 0.02$mm）。

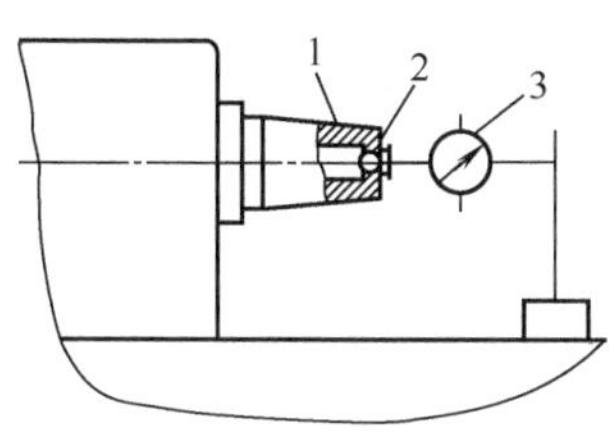

图 6-50 主轴轴向窜动的检验

1—主轴；2—钢球；3—百分表

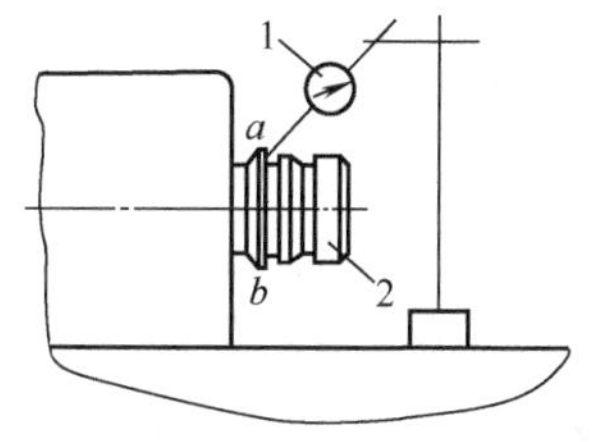

图 6-51 主轴轴肩支撑面的跳动检验

1—百分表；2—主轴

⑧ 主轴轴线对溜板移动的平行度检验　如图 6-52 所示，先把锥柄检验棒 3 插入主轴 1 孔内，百分表 2 固定于溜板 4 上，其测头触及检验棒的上母线 a，即使测头处在垂直平面内，移动溜板，记下百分表最小与最大读数的差值，然后将主轴旋转 180°，亦如上述记下百分表最小与最大读数的差值。两次测量读数值代数和的一半，即为主轴轴线在垂直平面内对溜板移动的平行度误差，要求在 300mm 长度上小于等于 0.02mm，检验棒的自由端只许向上偏。旋转主轴 90°，用上述同样方法测得侧母线 b 与溜板移动的平行度误差，要求在 300mm 长度上小于等于 0.015mm，检验棒的自由端只允许向车刀方向偏。如果该项精度不合格，将产生锥度，从而降低零件加工精度。因此该项精度检查的目的在于保证工件的正确几何形状。

⑨ 床头和尾座两顶尖的等高度检验　这实际上是检验主轴中心线与尾座顶尖孔中心线的同轴度。如果不同轴，当用前后顶尖顶住零件加工外圆时会产生直线性误差。尾座上装铰刀铰孔时也不正确，其孔径会变大。因此规定尾座中心最大允许高出主轴中心 0.06mm。检查时如图 6-53 所示。检验棒放于前后顶尖之间，并顶紧，百分表固定于溜板上，其测头触及检验棒的侧母线，移动溜板，如果百分表读数不一致，则应对尾架进行调整，使主轴中心与尾座中心沿侧母线方向同心。然后调换百分表位置，使其触及检验棒的上母线，移动溜板，百分表最大与最小读数的差值，即为主轴中心与尾座顶尖孔中心等高度误差。

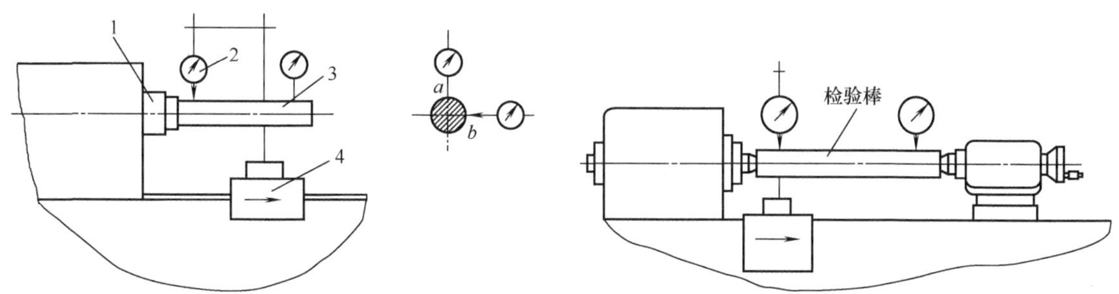

图 6-52 主轴轴线对溜板移动的平行度检验

1—主轴；2—百分表；3—检验棒；4—溜板

图 6-53 床头和尾座两顶尖的等高度检验

(5) 卧式车床工作精度试验

卧式车床工作精度试验是检验卧式车床动态工作性能的主要方法。其试验项目有精车外圆、精车端面、精车螺纹及切断试验。以上这几个试验项目，分别检验卧式车床的径向和轴向刚度性能及传动工作性能。具体方法如下。

① 精车外圆试验　用高速钢车刀车（ϕ30～50mm）×250mm 的 45 钢棒料试件，所加工零件的圆度误差不大于 0.01mm，表面粗糙度 Ra 值不大于 1.6μm。

② 精车端面试验　用 45°的标准右偏刀加工 ϕ250mm 的铸铁试件的端面，加工后其平面度误差不大于 0.02mm，只允许中间凹。

③ 精车螺纹试验　精车螺纹主要是检验机床传动精度。用60°的高速钢标准螺纹车刀加工ϕ40mm×500mm的45钢棒料试件。加工后要达到螺纹表面无波纹及表面粗糙度Ra值不大于1.6μm，螺距累积误差在100mm测量长度上不大于0.060mm，在300mm测量长度上不大于0.075mm。

④ 切断试验　用宽5mm标准切断刀切断ϕ80mm×150mm的45钢棒料试件，要求切断后试件切断底面不应有振痕。

6.3.6 车床常见故障及排除

车床经大修以后，在工作时往往会出现故障，车床常见故障及排除方法如表6-2所示。

表6-2　车床常见故障及排除方法

故障内容	产生原因	排除方法
圆柱类工件加工后外径产生锥度	①主轴箱主轴中心线对床鞍移动导轨的平行度超差 ②床身导轨倾斜一项精度超差过多，或装配后发生变形 ③床身导轨面严重磨损，主要三项精度均已超差 ④两顶尖支持工件时产生锥度 ⑤刀具的影响，刀刃不耐磨 ⑥由于主轴箱温升过高，引起机床热变形 ⑦地脚螺钉松动（或调整垫铁松动）	①重新校正主轴箱主轴中心线的安装位置，使工件在允许的范围之内 ②用调整垫铁来重新校正床身导轨的倾斜精度 ③刮研导轨或磨削床身导轨 ④调整尾座两侧的横向螺钉 ⑤修正刀具，正确选择主轴转速和进给量 ⑥如冷却检验（工件时）精度合格而运转数小时后工件即超差时，可按“主轴箱的修理”中的方法降低油温，并定期换油，检查油泵进油管是否堵塞 ⑦按调整导轨精度方法调整并紧固地脚螺钉
圆柱形工件加工后外径产生椭圆及棱圆	①主轴轴承间隙过大 ②主轴轴颈的椭圆度过大 ③主轴轴承磨损 ④主轴轴承（套）的外径（环）有椭圆，或主轴箱体轴孔有椭圆，或两者的配合间隙过大	①调整主轴轴承的间隙 ②修理后的主轴轴颈没有达到要求，这一情况多数反映在采用滑动轴承的结构上。当滑动轴承有足够的调整余量时可对主轴的轴颈进行修磨，以达到圆度要求 ③刮研轴承，修磨轴颈或更换滚动轴承 ④对主轴箱体的轴孔进行修整，并保证它与滚动轴承外环的配合精度
精车外径时在圆周表面上每隔一定长度距离上重复出现一次波纹	①溜板箱的纵走刀小齿轮啮合不正确 ②光杠弯曲，或光杠、丝杠、走刀杠三孔不在同一平面上 ③溜板箱内某一传动齿轮（或蜗轮）损坏或由于节径振摆而引起的啮合不正确 ④主轴箱、进给箱中轴的弯曲或齿轮损坏	①如波纹之间距离与齿条的齿距相同时，这种波纹是由齿轮与齿条啮合引起的，设法应使齿轮与齿条正常啮合 ②这种情况下只是重复出现有规律的周期波纹（光杠回转一周与进给量的关系）。消除时，将光杠拆下校直，装配时要保证三孔同轴及在同一平面 ③检查与校正溜板箱内传动齿轮，遇有齿轮（或蜗轮）已损坏时必须更换 ④校直转动轴，用手转动各轴，在空转时应无轻重现象
精车外径时在圆周表面上与主轴轴心线平行或成某一角度重复出现有规律的波纹	①主轴上的传动齿轮齿形不良或啮合不良 ②主轴轴承间隙过大或过小 ③主轴箱上的带轮外径（或皮带槽）振摆过大	①出现这种波纹时，如波纹的头数（或条数）与主轴上的传动齿轮齿数相同，就能确定。一般在主轴轴承调整后，齿轮副的啮合间隙不得太大或太小，在正常情况下侧隙在0.05mm左右。当啮合间隙太小时可用研磨膏研磨齿轮，然后全部拆卸清洗。对于啮合间隙过大的或齿形磨损过度而无法消除该种波纹时，只能更换主轴齿轮 ②调整主轴轴承的间隙 ③消除带轮的偏心振摆，调整它的滚动轴承间隙

续表

故障内容	产生原因	排除方法
精车外圆时圆周表面上有混乱的波纹	①主轴滚动轴承的滚道磨损 ②主轴轴向游隙太大 ③主轴的滚动轴承外环与主轴箱孔有间隙 ④用卡盘夹持工件切削时，因卡爪呈喇叭孔形状而使工件夹紧不稳 ⑤四方刀架因夹紧刀具而变形，结果其底面与上刀架底板的表面接触不良 ⑥上、下刀架(包括床鞍)的滑动表面之间的间隙过大 ⑦进给箱、溜板箱、托架的三支撑不同轴，转动有卡阻现象 ⑧使用尾座支持切削时，顶尖套筒不稳定	①更换主轴的滚动轴承 ②调整主轴后端推力球轴承的间隙 ③修理轴承孔达到要求 ④产生这种现象时可以改变工件的夹持方法，即用尾座支持住进行切削，如乱纹消失，即可肯定系由于卡盘法兰的磨损所致，这时可按主轴的定心轴颈及前端螺纹配置新的卡盘法兰。如卡爪呈喇叭孔时，一般加垫铜皮即可解决 ⑤在夹紧刀具时用涂色法检查方刀架与小滑板结合面接触精度，应保证方刀架在夹紧刀具时仍保持与它均匀全面接触，否则用刮刀修正 ⑥将所有导轨副的塞铁、压板均调整到合适的配合，使移动平稳、轻便，用0.04mm塞尺检查时插入深度应小于或等于10mm，以克服由于床鞍在床身导轨上纵向移动时受齿轮与齿条及切削力的颠覆力矩而沿导轨斜面跳跃一类的缺陷 ⑦修复床鞍倾斜下沉 ⑧检查尾座顶尖套筒与轴孔及夹紧装置是否配合合适，如轴孔松动过大而夹紧装置，又失去作用时，修复尾座顶尖套筒达到要求
精车外径时圆周表面在固定的长度上(固定位置)有一节波纹凸起	①床身导轨在固定的长度位置上碰伤、凸痕 ②齿条表面在某处凸出或齿条之间的接缝不良	①修去碰伤、凸痕等毛刺 ②将两齿条的接缝配合仔细校正、遇到齿条上某一齿特粗或特细时，可以修整至与其他单齿的齿厚相同
精车外径时圆周表面上出现有规律性的波纹	①因为电动机旋转不平稳而引起机床振动 ②因为带轮等旋转零件的振幅太大而引起机床振动 ③车间地基引起机床的振动 ④刀具与工件之间引起的振动	①校正电动机转子的平衡，有条件时进行动平衡试验 ②校正带轮等旋转零件的振摆，对其外径、带轮三角槽进行光整车削 ③在可能的情况下，将具有强烈振动来源的机器，如砂轮机(磨刀用)等移至离开机床的一定距离，减少振源的影响 ④设法减少振动，如减少刀杆伸出长度等
精车外径时主轴每一转在圆周表面上有一处振痕	①主轴的滚动轴承某几粒滚柱(珠)磨损严重 ②主轴上的传动齿轮节径振摆过大	①将主轴滚动轴承拆卸后用千分尺逐粒测量滚柱(珠)，如确是某几粒滚柱(珠)磨损严重(或滚柱间尺寸相差很大)时，须更换轴承 ②消除主轴齿轮的节径振摆，严重时要更换齿轮副
精车后的工件端面中凸	①溜板移动对主轴箱主轴中心线的平行度超差，要求主轴中心线向前偏 ②床鞍的上、下导轨垂直度超差，该项要求是溜板上导轨的外端必须偏向主轴箱	①校正主轴箱主轴中心线的位置，在保证工件正确合格的前提下，要求主轴中心线向前(偏向刀架) ②经过大修理后的机床出现该项误差时，必须重新刮研床鞍下导轨面；只有尚未经过大修理而床鞍上导轨的直线精度磨损严重形成工件凸时，可刮研床鞍的上导轨面
精车螺纹表面有波纹	①因机床导轨磨损而使床鞍倾斜下沉，造成丝杠弯曲，与开合螺母的啮合不良(单片啮合) ②托架支撑轴孔磨损，使丝杠回转中心线不稳定 ③丝杠的轴向游隙过大 ④进给箱挂轮轴弯曲、扭曲 ⑤所有的滑动导轨面(指方刀架中滑板及床鞍)间有间隙 ⑥方刀架与小滑板的接触面间接触不良 ⑦切削长螺纹工件时，因工件本身弯曲而引起的表面波纹 ⑧因电动机、机床本身固有频率(振动区)而引起的振荡	①修理机床导轨、床鞍达到要求 ②托架支撑孔镗孔镶套 ③调整丝杠的轴向间隙 ④更换进给箱的挂轮轴 ⑤调整导轨间隙及塞铁、床鞍压板等，各滑动面间用0.03mm塞尺检查，插入深度应≤20mm。固定接合面应插不进去 ⑥修刮小滑板底面与方刀架接触面间接触良好 ⑦工件必须加入适当的随刀托板(跟刀架)，使工件不因车刀的切入而引起跳动 ⑧摸索、掌握该振动区规律

续表

故障内容	产生原因	排除方法
方刀架上的压紧手柄压紧后(或刀具在方刀架上固紧后)小刀架手柄转不动	①方刀架的底面不平 ②方刀架与小滑板底面的接触不良 ③刀具夹紧后方刀架产生变形	均用刮研刀架座底面的方法修正
用方刀架进刀精车锥孔时呈喇叭形或表面质量不高	①方刀架的移动燕尾导轨不直 ②方刀架移动对主轴中心线不平行 ③主轴径向回转精度不高	①参阅"刀架部件的修理"刮研导轨 ②调整主轴的轴承间隙,按"误差抵消法"提高主轴的回转精度
用割槽刀割槽时产生"颤动"或外径重切削时产生"颤动"	①主轴轴承的径向间隙过大 ②主轴孔的后轴承端面不垂直 ③主轴中心线(或与滚动轴承配合的轴颈)的颈向振摆过大 ④主轴的滚动轴承内环与主轴的锥度配合不良 ⑤工件夹持中心孔不良	①调整主轴轴承的间隙 ②检查并校正后端面的垂直要求 ③设法将主轴的颈向振摆调整至最小值,如滚动轴承的振摆无法避免时,可采用角度选配法来减少主轴的振摆 ④修磨主轴 ⑤在校正工件毛坯后,修顶尖中心孔
重切削时主轴转速低于表牌上的转速或发生自动停车	①摩擦离合器调整过松或磨损 ②开关杆手柄接头松动 ③开关摇杆和接合子磨损 ④摩擦离合器轴上的弹簧垫圈或锁紧螺母松动 ⑤主轴箱内集中操纵手柄的销子或滑块磨损,手柄定位弹簧过松而使齿轮脱开 ⑥电动机传动V带调节过松	①调整摩擦离合器,修磨或更换摩擦片 ②打开配电箱盖,紧固接头上螺钉 ③修焊或更换摇杆、接合子 ④调整弹簧垫圈及锁紧螺钉 ⑤更换销子、滑块,将弹簧力量加大 ⑥调整V带的传动松紧程度
停车后主轴有自转现象	①摩擦离合器调整过紧,停车后仍未完全脱开 ②制动器过松没有调整好	①调整摩擦离合器 ②调整制动器的制动带
溜板箱自动走刀手柄容易脱开	①溜板箱内脱开蜗杆的压力弹簧调节过松 ②蜗杆托架上的控制板与杠杆的倾斜磨损 ③自动走刀手柄的定位弹簧松动	①调整脱落蜗杆 ②将控制板焊补,并将挂钩处修补 ③调整弹簧,若定位孔磨损可铆补后重新打孔
溜板箱自动走刀手柄在碰到定位挡铁后还脱不开	①溜板箱内的脱落蜗杆压力弹簧调节过紧 ②蜗杆的锁紧螺母紧死,迫使进给箱的移动手柄跳开或挂轮脱开	①调松脱落蜗杆的压力弹簧 ②松开锁紧螺母,调整间隙
光杠与丝杠同时传动	溜板箱内的互锁保险机构的拨叉磨损、失灵	修复互锁机构
尾座锥孔内钻头、顶尖等顶不出来	尾座丝杠头部磨损	焊接加长丝杠顶端
主轴箱油窗不注油	①滤油器、油管堵塞 ②液压泵活塞磨损、压力过小或油量过小 ③进油管漏压	①清洗滤油器,疏通油路 ②修复或更换活塞 ③拧紧管接头

6.4 铣床的修理

铣床是利用铣刀进行金属切削加工的机床设备，可加工水平的和垂直的平面、沟槽、键槽、T形槽、燕尾槽、螺纹、螺旋槽以及有局部表面的齿轮、链轮、棘轮、花键轴，各种成形表面等。加工时，铣刀的旋转运动为主体运动，工作台对刀具的直线运动为进给运动。与车床一样也是常用的金属切削设备，在生产中，经过一个大修周期的使用后，由于主要零件的磨损、变形，也将使机床的精度及主要力学性能大大降低，需要对其进行大修。

6.4.1 卧式铣床的结构

X62W卧式万能铣床是生产中常用的一种卧式铣床，卧式万能铣床的工艺特点：主轴水平布置，工作台可沿纵向、横向和垂直三个方向做进给运动或快速移动；工作台可在水平面内做正负45°的回转，以调整需要角度，适应于螺旋表面的加工；机床刚度好、生产率高、工艺范围广。

(1) 机床的主要部件

图6-54给出了X62W卧式万能铣床的外形结构，主要部件有床身1、主轴2、悬梁3、刀杆支架4、纵向工作台5、回转拖板6、下拖板7及升降台8等。床身内装有主体运动传动机构。升降台内装有进给运动和快速移动传动机构。工作台5与回转拖板6可以绕下拖板7顶面上的圆形导轨转动，用来调整工作台的回转角度。工作台可沿转盘上的燕尾形导轨纵向运动，床鞍沿升降台顶面的矩形导轨横向运动，升降台沿床身侧导轨垂直运动。机床各主要部件主要有以下方面的安装要求及作用。

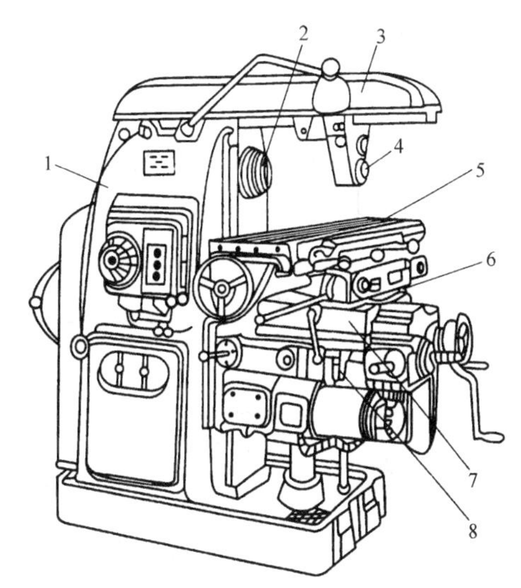

图6-54 X62W型铣床外形图

1—床身；2—主轴；3—悬梁；4—刀杆支架；5—纵向工作台；6—回转拖板；7—下拖板；8—升降台

① 床身 床身用来固定和支承铣床上所有的部件和机构。电动机、变速箱的变速操纵机构、主轴等均安装在它的内部；升降台、横梁等分别安装在它的下部和顶部。

对床身的整体要求是结构坚固、配合紧密，受力后所产生的变形极微。供升降台升降的垂直导轨、装横梁的水平导轨和各轴孔都应该经过精细的加工，以保证机床的刚性。

② 主轴 主轴的作用是紧固铣刀刀杆并带动铣刀旋转。主轴为空心结构，其前端为锥孔。刀杆的锥柄恰好与之紧密配合，并用长螺杆穿过主轴通孔从后面将其紧固。

主轴的轴颈与锥孔应该非常精确，否则，就不能保证主轴在旋转时的平稳性。

③ 变速操纵机构 变速操纵机构用来变换主轴的转速。变速齿轮均安装在床身内部。

④ 横梁 横梁上可安装吊架，用来支承刀杆外伸的一端以加强刀杆的刚性。横梁可在床身顶部的水平导轨中移动，以调整其伸出的长度。

⑤ 升降台 升降台可以使整个工作台沿床身的垂直导轨上下移动，以调整台面到铣刀的距离。升降台内装有进给运动的变速传动装置、快速传动装置及其操纵机构。升降台的水平导轨上装有床鞍，可沿主轴轴线方向移动（亦称横向移动）。床鞍上装有回转盘，回转盘上面的

燕尾导轨上又装有工作台。

⑥ 工作台　工作台包括三个部分，即纵向工作台 5、回转拖板 6 和下拖板 7。

纵向工作台可以在转台的导轨槽内做纵向移动，以带动台面上的工件做纵向送进。

台面上有三条 T形直槽，槽内可放置螺栓紧固夹具或工件。一些夹具或附件的底面往往装有定位键，在装上工作台时，一般应使键侧在中间的 T 形槽内贴紧，夹具或附件便能在台面上迅速定向。在三条 T 形直槽中，中间一条的精度较高，其余的两条精度较低。

下托板 7 安装在在升降台上面的水平导轨上，可带动纵向工作台一起做横向移动。

在下拖板 7 上的回转拖板 6，其唯一的作用是能将纵向工作台在水平面内旋转一个角度（正、反最大均可转过 45°），以便铣削螺旋槽。

工作台的纵、横移动或升降可以通过摇动相应的手柄实现，也可以由装在升降台内的进给电动机带动做自动送进，自动送进的速度可操纵进给变速机构加以变换。需要时，还可做快速运动。

(2) 机床的传动系统

X62W 型铣床传动系统中的主体运动和进给运动，分别由两个电动机带动。

① 主体运动　铣床的主体运动是主轴的旋转运动，传动链的两端件是主电动机和主轴。如图 6-55 所示，主电动机通过弹性联轴器与变速箱中轴Ⅰ相连。轴Ⅰ经齿轮传到轴Ⅱ，再经过两组三联滑移齿轮和一组双联齿轮，将运动从轴Ⅱ传到主轴Ⅴ。通过三组滑移齿轮的变速，使主轴获得了 3×3×2＝18 级的转速。主轴的旋转方向，由电动机的正反转来变换。停车时，通过电动机的反接制动克服旋转惯性，使主轴迅速停止转动。

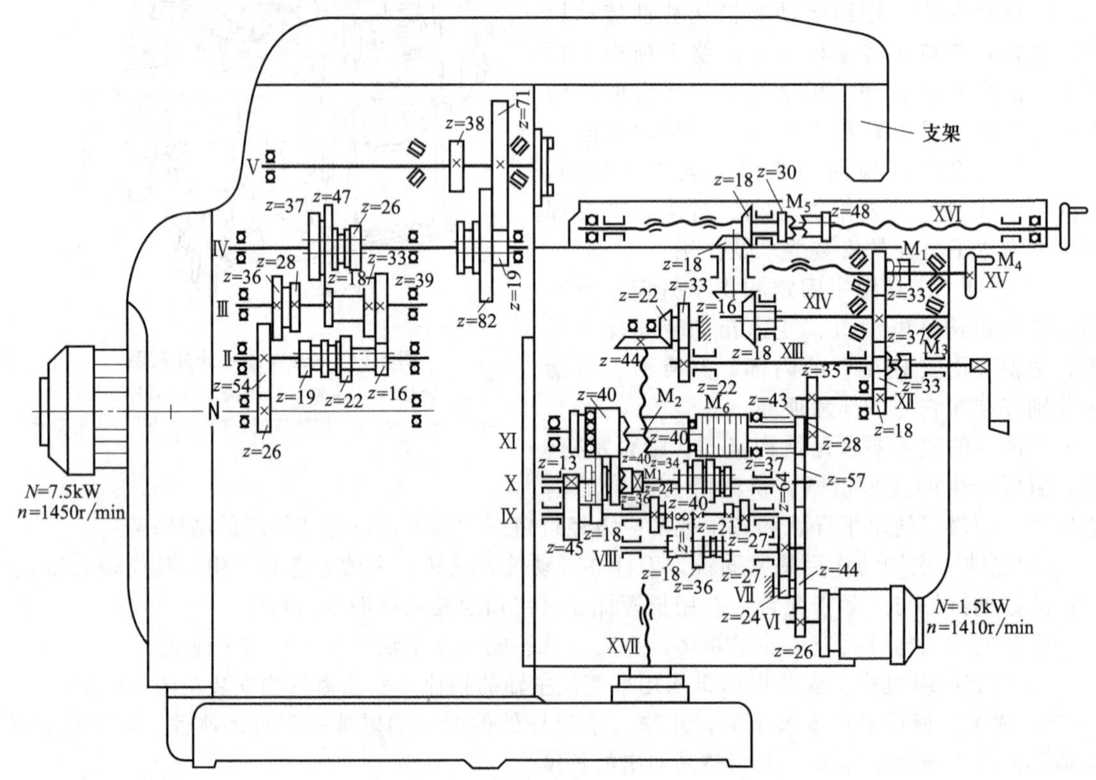

图 6-55　X62W 型铣床传动系统图

主体运动的传动结构式如图 6-56 所示。

$$\begin{matrix}\text{电动机}\\(1450\text{r/min})\end{matrix} - \text{Ⅰ} - \frac{26}{54} - \text{Ⅱ} - \begin{Bmatrix}\frac{22}{33}\\[4pt] \frac{19}{36}\\[4pt] \frac{16}{39}\end{Bmatrix} - \text{Ⅲ} - \begin{Bmatrix}\frac{39}{26}\\[4pt] \frac{28}{37}\\[4pt] \frac{18}{47}\end{Bmatrix} - \text{Ⅳ} - \begin{Bmatrix}\frac{82}{38}\\[4pt] \frac{19}{71}\end{Bmatrix} - \text{主轴Ⅴ}$$

图 6-56 主体运动的传动结构式

② 进给运动 进给运动的传动结构式如图 6-57 所示。

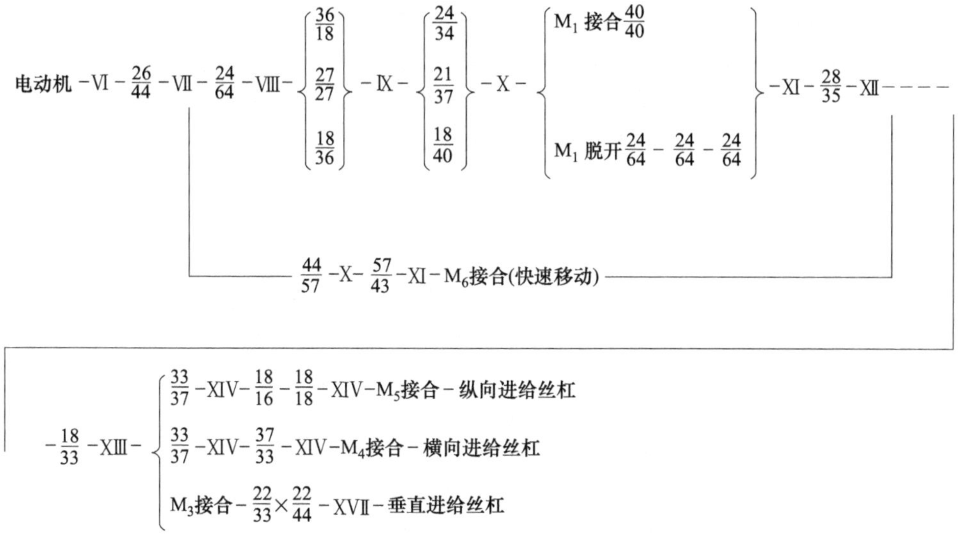

$$\text{电动机} - \text{Ⅵ} - \frac{26}{44} - \text{Ⅶ} - \frac{24}{64} - \text{Ⅷ} - \begin{Bmatrix}\frac{36}{18}\\[4pt] \frac{27}{27}\\[4pt] \frac{18}{36}\end{Bmatrix} - \text{Ⅸ} - \begin{Bmatrix}\frac{24}{34}\\[4pt] \frac{21}{37}\\[4pt] \frac{18}{40}\end{Bmatrix} - \text{Ⅹ} - \begin{Bmatrix}M_1\text{接合}\frac{40}{40}\\[8pt] M_1\text{脱开}\frac{24}{64} - \frac{24}{64} - \frac{24}{64}\end{Bmatrix} - \text{Ⅺ} - \frac{28}{35} - \text{Ⅻ} - - - -$$

$$\text{(Ⅶ)} - \frac{44}{57} - \text{Ⅹ} - \frac{57}{43} - \text{Ⅺ} - M_6\text{接合(快速移动)} - \text{(Ⅻ)}$$

$$- \frac{18}{33} - \text{XIII} - \begin{cases}\frac{33}{37} - \text{XIV} - \frac{18}{16} - \frac{18}{18} - \text{XIV} - M_5\text{接合} - \text{纵向进给丝杠}\\[6pt] \frac{33}{37} - \text{XIV} - \frac{37}{33} - \text{XIV} - M_4\text{接合} - \text{横向进给丝杠}\\[6pt] M_3\text{接合} - \frac{22}{33}\times\frac{22}{44} - \text{XVII} - \text{垂直进给丝杠}\end{cases}$$

图 6-57 进给运动的传动结构式

进给运动由进给电动机单独带动，经传动比为$\frac{26}{44}\times\frac{24}{64}$的两对齿轮传动轴Ⅷ，再经轴Ⅷ和轴Ⅹ上的两组三联滑动齿轮，使轴Ⅹ获得 9 级转速。当空套在轴Ⅹ上可滑动的 $Z=40$ 的齿轮处于图示位置时（与离合器 M_1 接合），轴Ⅹ的 9 级转速经传动比为$\frac{40}{40}$的一对齿轮及离合器 M_2 传至轴Ⅺ；当轴Ⅹ上空套的 $Z=40$ 的齿轮向左移动（离合器 M_1 脱开）与轴Ⅸ上 $Z=18$ 的齿轮啮合时，轴Ⅹ的 9 级转速经传动比为$\frac{13}{45}\times\frac{18}{40}$，以及$\frac{40}{40}$的一对齿轮和离合器 M_2 传至轴Ⅺ。轴Ⅺ的运动经传动比为$\frac{28}{35}$等齿轮和离合器 M_3、M_4、M_5 分别传给垂直、横向和纵向方向的进给丝杆，使工作台获得三个方向的进给运动。进给量的级数为 3×3×2=18 级。垂直进给量只相当于纵向进给量的 1/3，其范围为 8～394mm/min。

X62W 型铣床工作台三个方向的进给运动是互锁的。纵向进给运动与横向和垂直进给运动由电气互锁，横向进给运动与垂直进给运动靠机械互锁。进给运动的换向，通过改变电动机的转向来实现。

③ 工作台的快速移动 X62W 型铣床在工作台的三个进给运动方向上均可快速移动。其传动路线是：进给电动机的运动经 $Z=26$ 齿轮及Ⅷ轴与Ⅹ轴上空套的 $Z=44$、$Z=57$ 齿轮传给空套在Ⅺ轴上的 $Z=43$ 齿轮，然后经片式摩擦离合器 M_6、传动比为$\frac{28}{35}$的一对齿轮传给Ⅻ轴，使工作台获得快速移动。

当需要工作台快速移动时，可先通过进给操纵手柄接通进给运动，然后再按下快速移动按

钮，使片式摩擦离合器 M_6 接通，牙嵌式离合器 M_2 断开，工作台快速移动。

6.4.2 铣床修理前的准备工作

与卧式车床一样，卧式铣床在经过一个大修周期的使用后，由于主要零件的磨损、变形，使机床的精度及主要力学性能大大降低，也需要对其进行大修理。卧式铣床修理前也应根据其相关的国家标准或机床合格证明书中规定的检验项目和检验方法，仔细研究铣床的装配图，分析其装配特点，详细了解其修理技术要求和存在的主要问题，如主要零部件的磨损情况，铣床的几何精度、加工精度降低的情况，以及铣床运转中存在的问题。据此提出预检项目，预检后确定具体的修理项目及修理方案，准备专用工具、检具和测量工具，并且做好工艺技术、备品配件等物质准备，确定修理后的精度检验项目及试车验收要求。其中，“机床修复后应满足的要求、选择修理基准及修理顺序、修理需要的测量工具”等技术准备工作可参照“6.3.2 车床修理前的准备工作”的相关内容。

(1) 铣床修理尺寸链分析

机械设备修理尺寸链与设计、制造尺寸链不同，它的解法基本上是按单件生产性质进行的。尺寸链的各环已不是图样上的设计基本尺寸和公差，而是实际存在的可以精确测量的实际尺寸，这样，就可以把不需要修复的尺寸量值绝对化，在公差分配时该环的公差值可以为零。对于固定连接在一起的几个零件，可以根据最短尺寸链原则，当作一环来处理，最大限度地减少需要修理的环数，最大限度地扩大各环的修理公差值。如果修理工作是按尺寸链的顺序进行的，则可以采用误差抵消法放宽各修理环的修理公差值。

修理尺寸链的分析方法，首先是研究设备的装配图，根据各零、部件之间的相互尺寸关系，查明全部尺寸链。其次，根据各项规定允差和其他装配技术要求，确定有关修理尺寸链的封闭环及其公差。在修理尺寸链时，要注意各尺寸链之间的关系，特别是并联、串联、混联尺寸链，不要孤立地考虑，否则将会造成反复修理的事故。

卧式升降台铣床的修理中，其修理部位构成的修理尺寸链比较多，也比较典型。对这些修理尺寸链进行分析和研究，可使修理工作事半功倍。

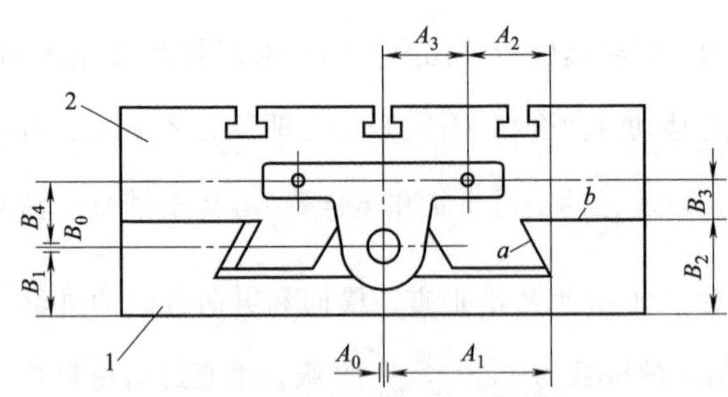

图 6-58 纵向丝杠与螺母的尺寸链

1—转盘；2—工作台

① 工作台纵向丝杠的中心线与螺母中心线同轴度的尺寸链　如图 6-58 所示，其 A 组和 B 组的尺寸链方程为

$$A_1-A_2-A_3\pm A_0=0$$

$$B_1-B_2-B_3+B_4\pm B_0=0$$

选用修配法，如果修刮 a 结合面，组成环 A_1 增大，A_2 减小，封闭环 A_0 增大。当修刮 b 结合面时，组成环 B_2、B_3 减小，封闭环 B_0 增大。为保证封闭环 A_0、B_0 的预定精度，当修刮量较小时，可选 A_2、B_4 为补偿环，移动丝杠支撑架位置，配作定位销孔。当修刮量较大时，选 A_3、B_4 作为补偿环，按螺母中心划线，镗大丝杠支撑孔，并更换支撑套。

② 床鞍横向丝杠中心线与螺母中心线同轴度的尺寸链　如图 6-59 所示，其 A 组和 B 组尺寸链的方程为

$$A_1-A_2-A_3\pm A_0=0$$

$$B_1+B_2-B_3+B_0=0$$

选用修配法，当修刮结合面 a 后，组成环 A_1 减小，A_2 增大。若在 A 组尺寸链中，取

$+A_0$时，封闭环A_0增大；取$-A_0$时，封闭环A_0减小。当修刮结合面b后，组成环B_1减小，B_2增大，封闭环B_0增大。为保证封闭环B_0、A_0的预定精度，可选A_3作为A组尺寸链的补偿环，刮研螺母架定位面c，使丝杠与螺母中心在同一水平面内。B组尺寸链可选B_2为补偿环，移动螺母架，配作定位销孔，使丝杠与螺母中心线在垂直面内同轴。或者选A_3、B_3作为补偿环，按丝杠中心划线，镗大螺母固定孔，并更换新螺母。

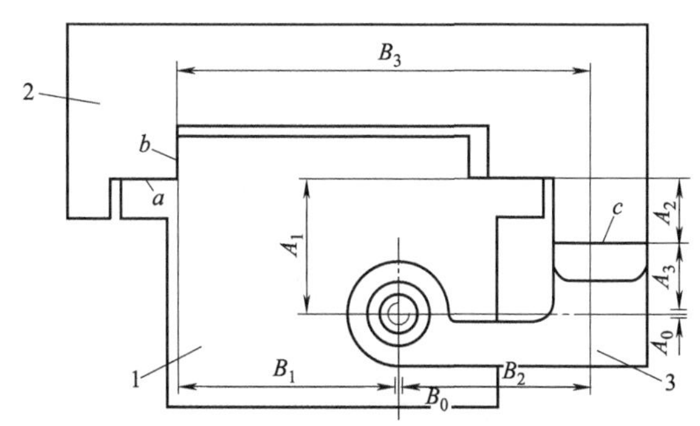

图 6-59　床鞍丝杠与螺母的尺寸链

1—升降台；2—床鞍；3—螺母支架

③ 升降丝杠与螺母同轴度的尺寸链　如图 6-60 所示，其A组和B组尺寸链方程为

$$A_1+A_2-A_3-A_0=0$$

$$B_1+B_2-B_3\pm B_0=0$$

选用修配法，当修刮a结合面后，A_3减小，A_2增大，封闭环A_0增大；当修刮b结合面后，B_2增大，B_3减小，封闭环B_0增大。为保证封闭环A_0、B_0的预定精度，可选A_1和B_1作为补偿环，按丝杠中心位置确定并配作螺母定位销孔。

④ 悬梁支架孔中心线与主轴中心线同轴度的尺寸链　如图 6-61 所示，其A组和B组尺寸链方程为

$$A_1-A_2-A_0=0$$

$$B_1-B_2\pm B_0=0$$

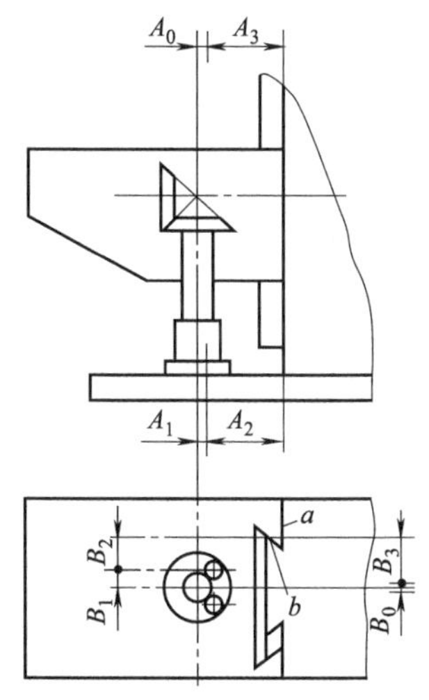

图 6-60　升降丝杠与螺母同轴度的尺寸链

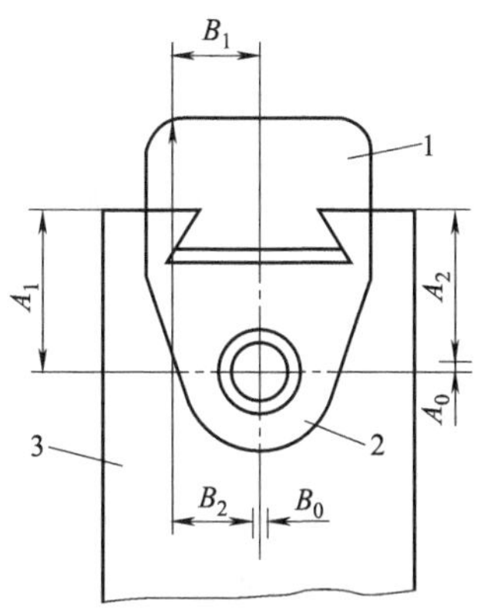

图 6-61　支架孔中心线与主轴中心线同轴度的尺寸链

1—悬梁；2—刀杆支架；3—床身

选用修配法解修理尺寸链：当修刮导轨面后，组成环A_1增大，A_2减小，封闭环A_0增大；组成环B_1增大，B_2减小，封闭环B_0增大。为保证封闭环A_0、B_0的预定精度，选A_2、B_2为补偿环，更换铜套，此铜套内孔由铣床主轴安装镗孔刀精镗。

⑤ 传动纵向工作台的两对锥齿轮啮合间隙的尺寸链　如图 6-62 所示，其A组、B组和C组尺寸链方程为

$$A_1 - A_2 - A_3 \pm A_0 = 0$$

$$B_1 + B_2 - B_3 - B_4 \pm B_0 = 0$$

$$C_1 + C_2 - C_3 \pm C_0 = 0$$

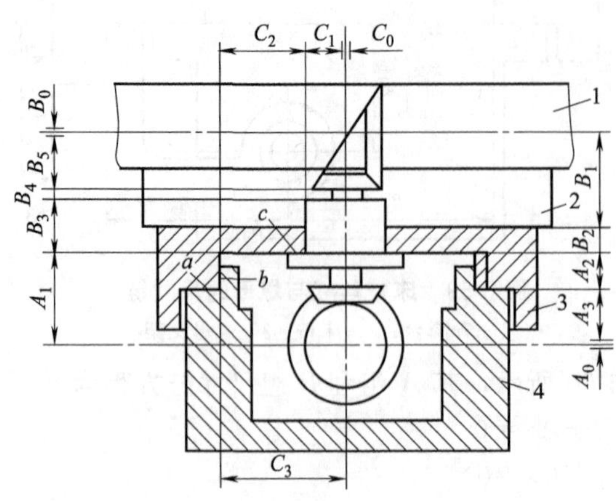

图 6-62 锥齿轮啮合间隙的尺寸链

1—工作台；2—转盘；3—床鞍；4—升降台

选用修配法解修理尺寸链：当修刮 a 结合面后，组成环 A_2、A_3 均减小，封闭环 A_0 增大。可选 A_1 为补偿环，修刮 c 结合面，使两锥齿轮节锥顶点在同一水平面内；同时，使组成环 B_3 增大，B_2 减小，封闭环 B_0 增大。可选 B_4 作为补偿环，磨薄锥齿轮的垫圈，使上面两锥齿轮节锥顶点在同一水平面内。

当修刮 b 结合面后，组成环 C_2 增大，C_3 减小，封闭环 C_0 增大。这时，可选 C_1 为补偿环，按齿轮中心划线，将床鞍上的孔镗大加套，使两齿轮节锥顶点在同一垂直面内。

(2) 铣床拆卸的基本顺序

与车床的修理一样，在进行铣床的正式修理之前，还应分析并确定其拆卸顺序。总的说来，设备拆卸的顺序与装配正好相反，基于设备修理的工作过程，确定 X62W 铣床拆卸的基本顺序如下。

① 通知电工拆除待拆设备上的全部电气设备，诸如照明灯、电器箱、控制按钮板和指示装置等。

② 放出所有油箱、油池中的润滑油，放出冷却润滑液。

③ 着手设备的解体工作　先拆除所有防护罩、观察孔盖板等，以了解设备部件间的定位和连接形式。在移去设备所有附件后，便依次进行基本部件拆卸，如刀杆支架、悬梁、工作台、回转拖板、下拖板、升降台、进给变速箱连同电动机、主轴、变速操作箱连同电动机等。基本部件拆卸时，应先拆除定位件，再拆连接零件，最后拆下床身。

6.4.3 铣床典型部件的修理

铣床主要部件的修理，可以几个部件同时进行，也可以交叉进行。一般可按下列顺序修理：主轴与变速箱→床身→升降台与下拖板→进给变速箱→工作台→拼装回转拖板→悬梁和刀杆支架等。

(1) 主轴部件的修理

① 主轴的修复　主轴是机床的关键零件，其工作性能的好坏直接影响机床的精度，因此在修理时必须对主轴各部分进行全面的检查，如有超差应修复至原精度。目前铣床大修时主轴的修复，一般是在磨床上精磨修复。

a. 主轴锥孔的修复方法，通常如图 6-63（a）所示。在磨床上将主轴尾部用卡盘夹持，用中心架支承前轴颈 1，校正后轴颈 3 的径向圆跳动≤0.005mm，并同时校正轴颈 4 的上母线和侧母线，使之与工作台运动方向平行。然后修磨锥孔 11，使径向圆跳动量在要求范围内，锥孔表面与标准锥面的接触率应≥70%。

b. 用千分表检查 4、5、6、7、2 各表面间的同轴度，其允差为 0.007mm。如果因轴变形超差，可采用镀铬工艺修复，并重新修磨至要求。按同样方法，用千分表检查端面 8、9 的全跳动，其允差为 0.007mm。如超差，可以在修磨 1、7 的同时磨正端面 8、9 至要求。表面 10 的全跳动，其允差为 0.05mm，如超差，也可同时修正。然后，在测量平板上用 V 形架支承

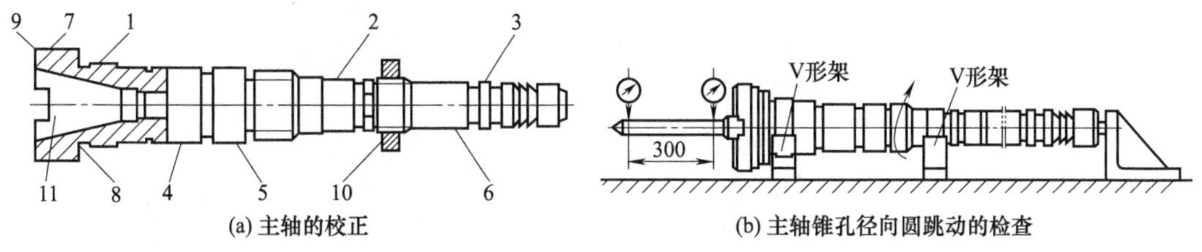

(a) 主轴的校正　　(b) 主轴锥孔径向圆跳动的检查

图 6-63　主轴锥孔径向圆跳动的检查

1,3,4—轴颈；2,5～7—圆柱面；8,9—端面；10—紧固螺纹；11—锥孔

轴颈 1、3，用带锥芯棒及千分表检查主轴锥孔的径向圆跳动量，如图 6-63（b）所示。要求近主轴端的允差为 0.005mm，离主轴端 300mm 处为 0.01mm（该项指标也有在刃磨中直接用锥棒测定）。

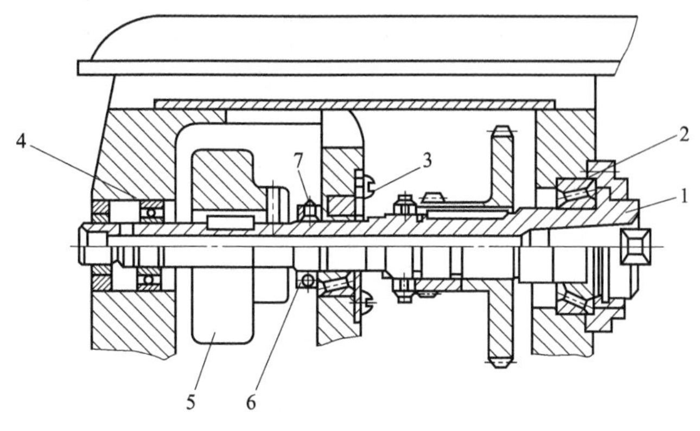

图 6-64　主轴部件

1—主轴；2—前支承；3—中间支承；4—后支承；5—飞轮；6—调整螺母；7—紧固螺钉

② 主轴部件的结构和装配工艺要点　图 6-64 为主轴部件结构图。主轴 1 有三个支承，前支承 2、中间支承 3 均为圆锥滚子轴承，后支承 4 为单列深沟球轴承。前两个轴承是决定主轴工作精度的主要轴承，装配时可采用定向装配的方法来提高装配精度。在主轴的后两个支承中间，装有飞轮 5，它利用惯性储存能量，以消除铣削时的振动，使主轴更加平稳。

为了使主轴得到理想的回转精度，在装配时应注意两圆锥滚子轴承径向和轴向间隙的调整。在转动调整螺母 6 之前，先松开紧固螺钉 7，调整完毕后，再把它拧紧，防止螺母松动。轴承的预紧量应根据机床工作要求来决定，当机床进行负荷不大的精加工时，轴承的预紧量可稍大些，但应保证在 1500r/min 的转速下，运转30～60min 后轴承的温度不超过 60℃。

主轴上调整螺母的端面圆跳动应在 0.05mm 以内，调整螺母与轴承端面间的垫圈两平面平行度应在 0.01mm 以内，否则将对主轴的径向圆跳动产生影响。

主轴装配精度的检查，应按机床几何精度检验标准的要求验收。

(2) 主传动变速箱的结构及修理

主传动变速箱如图 6-65 所示。轴Ⅰ～Ⅳ的轴承和安装方式基本一样，左端轴承采用内、外圈分别固定于轴上和箱体孔中的形式；右端轴承则采用只将内圈固定于轴上，外圈则在箱体孔中游隙的方式。装配Ⅰ～Ⅲ轴时，轴由左端深入箱体孔中一段长度后，把齿轮安装到花键轴上，然后装右端轴承，将轴全部伸入箱体内，并将两端轴承调整好固定。轴Ⅳ应由右端向左装配，先伸入右边一跨，安装大滑移齿轮块；轴继续前伸至左边一跨，安装中间轴承和三联滑移齿轮块，并将三个轴承调整好。

① 变速操纵机构的工作原理　变速操纵机构（图 6-66）是通过一个手柄和一个转盘来操纵的。扳动手柄 1，扇形齿轮 2 转动，经拨叉 3、轴 4 使变速盘 5 左移。在变速盘端面上有很多通孔、半通孔和不通孔，可使齿条轴 6、7 移动而得到三个不同位置（也有单片的变速圆盘，但原理与双片的相同）。这些齿条轴上装有变速拨叉，拨动滑移齿轮，实现变速。旋转胶木变速转盘 8，可得 18 种不同位置。经锥齿轮 9、10，使变速盘 5 也得到 18 个不同位置，每个位置对应一种转速。

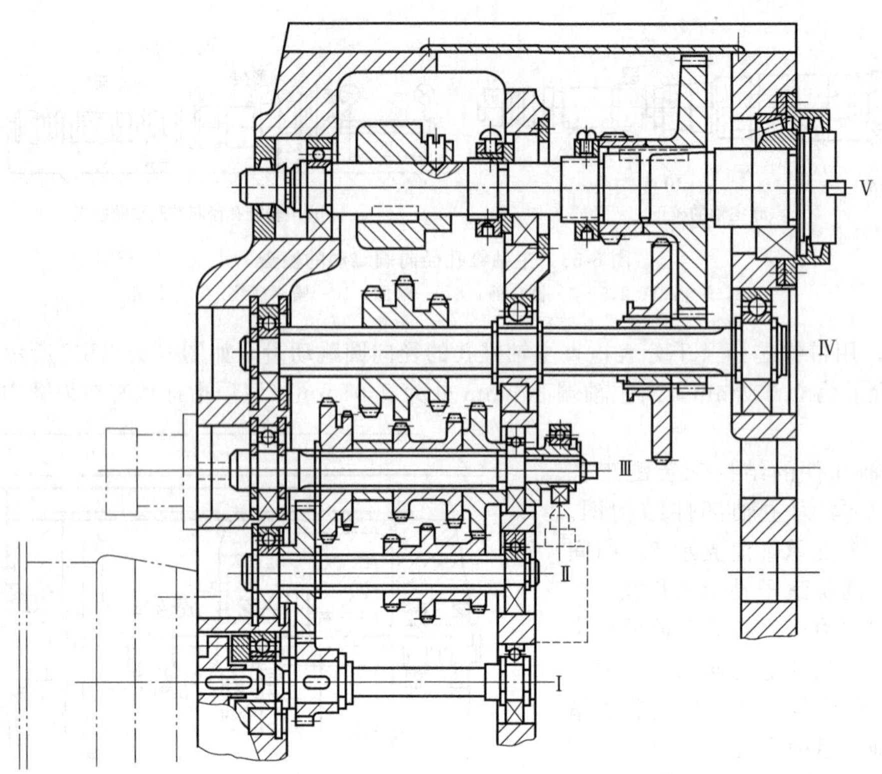

图 6-65　主传动变速箱展开图

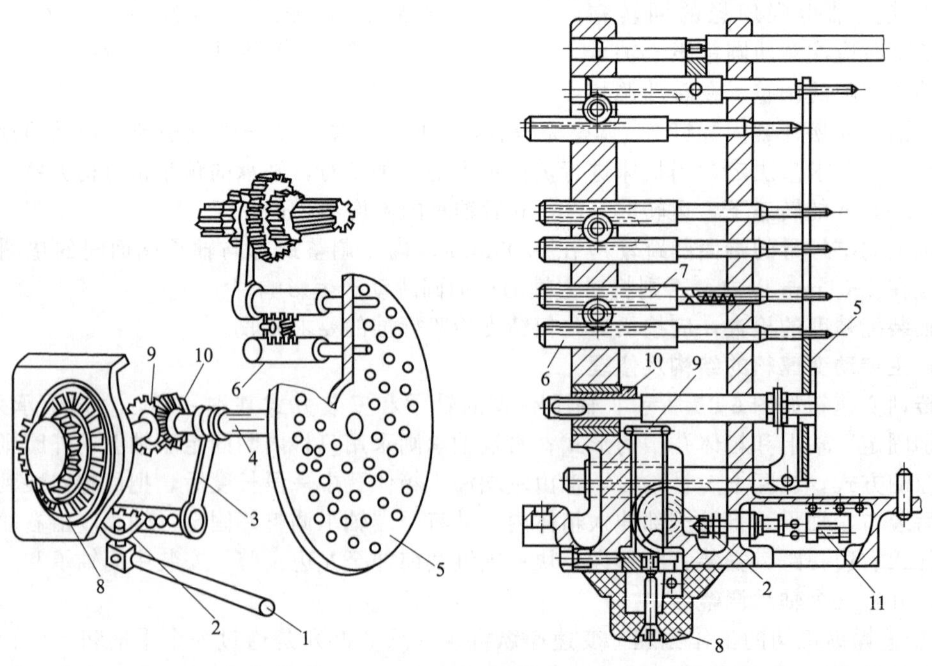

图 6-66　主轴变速操纵系统

1—手柄；2—扇形齿轮；3—拨叉；4—轴；5—变速盘；
6,7—齿条轴；8—变速转盘；9,10—锥齿轮；11—冲动开关

图 6-66 中齿条杆尾部带有弹簧的销子，其作用是当滑移齿轮与前面的齿端相碰时，弹簧

被压缩，并利用弹簧力把齿轮向前推。当轮齿落入齿槽时弹簧张开，并使滑移齿轮的轮齿很快地滑进另一齿轮的齿间。变速孔盘在转换过程中达到最终位置后，利用手柄榫块进入环的凹口来定位。此时齿条杆上的全部弹簧被压缩，而销子肩部就靠在齿条杆的端面上。这样就保证了拨叉和齿可靠定位，消除了弹簧的影响。

变速时，为使齿轮容易进入啮合位置，机构上装有冲动开关 11。一经扳动变速手柄，通过定杆推动开关，使电动机短时间点动，便于齿轮啮合。

② 变速操纵机构的调整　调整变速操纵机构时，应注意以下问题。

a. 变速操纵机构在拆卸时，为了避免以后装错，胶木变速转盘 8 轴上的锥齿轮 9 与变速盘轴上的锥齿轮 10 的啮合位置要做出标记，防止装配时错位。在拆卸齿条杆中销子时，应注意每对销子长短不等，不能装错，否则就会影响每对齿条杆开始脱出变速孔盘的时间和拨动齿轮的正常次序。

另一种方法是在拆卸前，把变速转盘转到 $n=30\text{r/min}$ 位置上。装配时按原拆卸位置进行，装配后，扳动手柄使孔盘定位，应保证转动齿轮中心至孔盘内端面的距离为 231mm，如图 6-67 所示。若尺寸不符，说明扇形齿轮与孔盘移动齿条轴啮合位置不正确，此时可将孔盘转至 $n=30\text{r/min}$ 位置定位后，使各齿条轴顶紧孔盘，重新装入转动齿轮，然后再检查各变速位置。

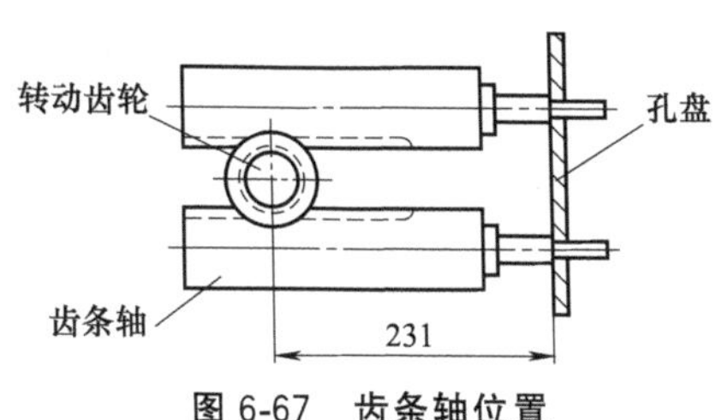

图 6-67　齿条轴位置

b. 当变速操纵机构的手柄合上定位槽后，如发现齿条轴上的拨叉又来回窜动或变速后齿轮错位的现象时，则应检查与其相应的齿条轴与齿轮的相对啮合位置是否正确。如有误差，可拆除该齿轮，用力推紧该组齿条轴，使其顶端碰至变速盘端面，然后再装入齿轮。

(3) 床身导轨的修理

床身导轨如图 6-68 所示。要恢复精度，可采用磨削或刮削的方法，要求如下。

① 磨（刮）床身导轨表面时应以主轴回转轴线 A 为基准，保证导轨面 1 在纵向垂直度允差为 0.015/300，且只许主轴回转轴线向下偏；横向垂直度允差为 0.01/300，检查方法如图 6-69 所示。

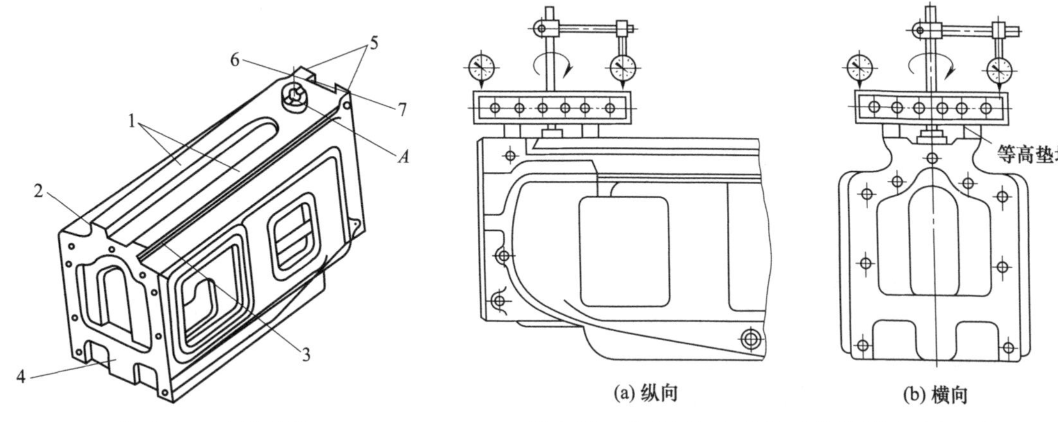

图 6-68　床身导轨

1～3,5～7—燕尾导轨面；4—底面

图 6-69　床身导轨对主轴回转轴线垂直度的检查

② 保证导轨面 2 与 3 平行，全长上允差为 0.02mm，直线度允差为 0.02/1000（只许中凹）。

③ 底面 4 需用油石研去毛刺。

④ 床身顶面的燕尾导轨面 5、6、7 在结合悬梁部件修理时进行刮研。

床身导轨表面如采用磨削工艺，各表面粗糙度 Ra 值应保证在 0.8μm 以上。如采用刮削工艺，导轨表面的接触点要求 8～10 点/(25mm×25mm)。

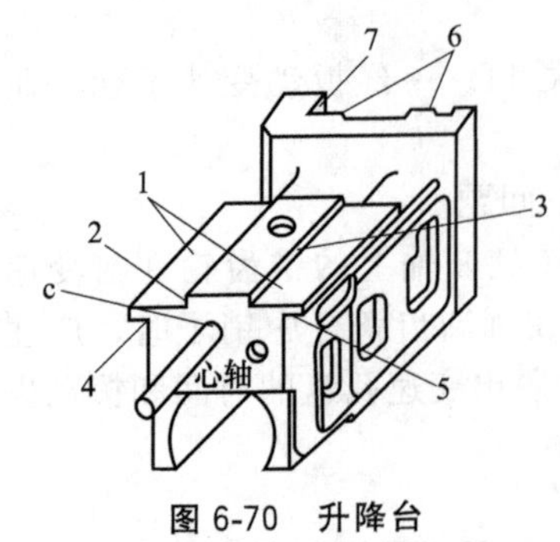

图 6-70 升降台

1～7—导轨面

(4) 升降台与下拖板、床身的组装

1）磨削升降台

升降台修理通常采用磨削或刮削的方法，采用磨削（图 6-70）时，其要求如下。

① 在磨削时应以升降台导轨 C 孔为基准，插入芯轴检查其与表面 1、2 的平行度，使其全长误差至最小值。

② 分别磨削导轨表面 1、2、3，使表面 1 的平面度误差在整个表面上不大于 0.01mm（只许中凹）。表面 2、3 的平行度允差在全长上为 0.02mm，直线度允差为 0.02/1000（只许中凹）。

③ 磨削表面 4、5，使与表面 1 平行，其允差在全长上为 0.02mm。

2）升降台与下拖板的组装

① 以磨削后的升降台为基准，刮研下拖板表面 2，如图 6-71所示。要求接触点为 6～8 点/(25mm×25mm)。

② 用平板刮研下拖板表面 1，保证表面 1 与表面 2 平行，在全长上允差为 0.02mm（只许前端厚），其接触点为 6～8 点/(25mm×25mm)。

③ 用平板刮研下拖板表面 3，使表面 3 与 1 平行，要求纵向的平行度误差不大于 0.01/300，横向不大于 0.015/300（只许前端厚），接触点为 6～8 点/(25mm×25mm)。

④ 将配刮好的塞铁与压板装在下拖板上，修刮和调整松紧。同时用塞尺检查塞铁及压板与导轨表面密合程度，在两端用 0.03mm 塞尺检查，插入深度应小于 20mm。

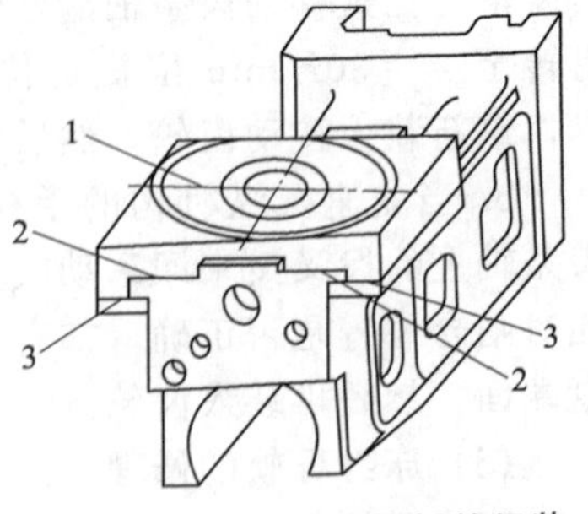

图 6-71 升降台与下拖板的组装

1～3—拖板表面

在配刮前如发现表面 3 磨损严重，则可考虑采用补偿尺寸链工艺修复，即将下拖板表面 1、2 均匀刨去 2mm，然后将升降台与下拖板刮好后，根据升降台横向传动花键轴中心，配磨补偿垫片厚度来达到要求。然后，再用螺钉将补偿垫片固定在下拖板表面 1、2 的导轨上即可。

3）升降台与床身的组装

① 升降台表面 2 与床身表面 1 的垂直度允差为（0.02～0.03)/300，如图 6-72（a）所示。要求升降台前端向主轴方向倾斜，以补偿因升降台重力及切削力作用所引起的下垂。

② 升降台表面 3 与床身表面 1 的垂直度允差为 0.02/300，如图 6-72（b）所示。

③ 将在平板上粗刮过的塞铁及压板装在升降台上，调整松紧，研刮至接触点为 6～8 点/(25mm×25mm)。用 0.04mm 塞规检查与导轨表面的密合度，要求塞入深度≤20mm。

(5) 升降台下拖板传动零件的组装

① 锥齿轮副托架组装的要求　升降台横向传动花键轴轴线与下拖板的锥齿轮副托架轴线的同轴度，允差为 0.02mm，如图 6-73（a）所示。组装时，由于升降台表面与下拖板表面磨损而下沉，可以修正锥齿轮副托架的端面，使之达到同轴度要求；若升降台侧表面与下拖板表面磨损而左移，造成水平方向的同轴度超差，则可修镗下拖板孔，并镶套补偿，如图 6-73（b）所示。

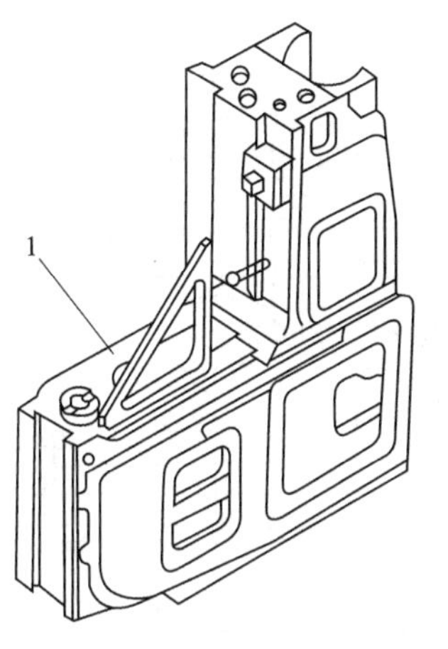

(a) 升降台表面2与床身表面1的垂直度测量

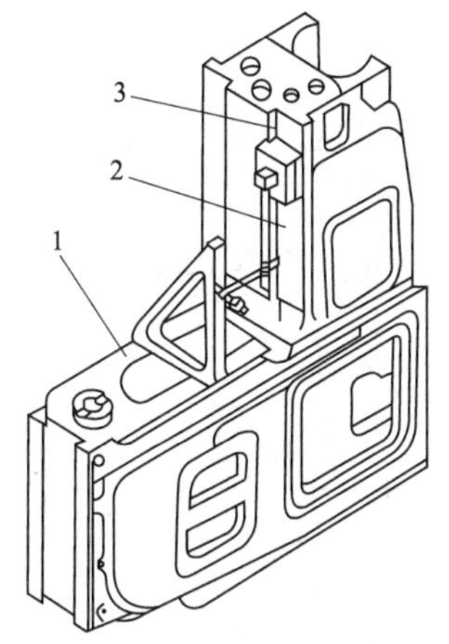

(b) 升降台表面3与床身表面1的垂直度测量

图 6-72 升降台与床身组装时的测量

1—床身表面；2,3—导轨面

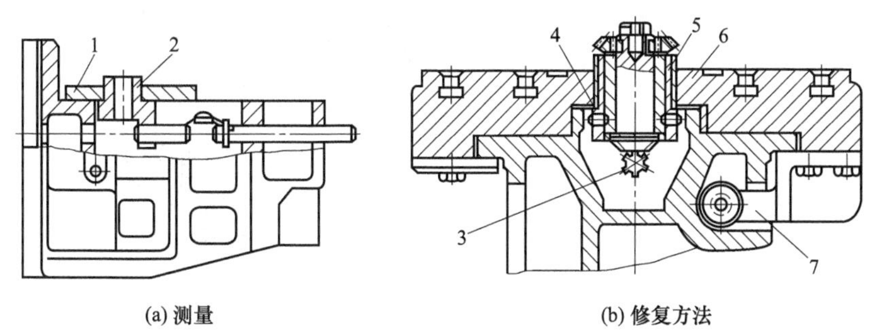

(a) 测量　　(b) 修复方法

图 6-73 升降台下拖板传动零件的组装

1—下拖板；2,5—锥齿轮副托架；3—横向传动花链轴；4—拖架端面；6—套筒；7—横向进给螺母座

② 横向进给螺母支架孔的组装要求　升降台横向手动或机动时，通过横向丝杆XV（图6-55）带动横向进给螺母座［图 6-73（b）］使工作台作横向移动，但由于升降台面与下拖板滑动面的修刮而下沉，使螺母孔与横向丝杆孔不同轴，所以组装后必须修正，为了解决横向丝杆孔的同轴度，可利用专用工具镗孔修正。

(6) 进给变速箱的修理及其与升降台装配的调整

进给变速箱如图 6-74 所示。从进给电动机传给轴XI的运动有进给传动路线和快速移动路线。进给传动路线是：经轴VIII上的三联齿轮块、轴X上的三联齿轮块和曲回机构传到轴XI上，可得到纵向、横向和垂直三个方向各 18 级进给量。快速移动路线是：由右侧箱壁外的四个齿轮直接传到轴XI上。进给运动和快速移动均由轴XI右端 z_{28} 齿轮向外输出。

① 轴XI的结构简介　如图 6-74 所示轴XI上，装有安全离合器、牙嵌式离合器和片式摩擦离合器。安全离合器是定转矩装置，用于防止过载时损坏机件，它由左半离合器、钢球、弹簧和圆柱销等组成。牙嵌式离合器是常啮合状态，只有接通片式摩擦离合器时，它才脱开啮合。牙嵌式离合器是用来接通工作台进给运动，宽齿轮 z_{40} 传来的运动经安全离合器和牙嵌式离合器传给轴XI，并由右端齿轮 z_{28} 输出。片式摩擦离合器是用来接通工作台快速移动的，轴XI右端齿轮 z_{43} 用键（图中未画出）与片式摩擦离合器的外壳体连接，接通片式摩擦离合器，齿轮 z_{43} 的运动经外壳体传给外摩擦片，外摩擦片传给内摩擦片，再通过套和键传给轴XI，也由齿轮 z_{28} 输出。牙嵌式离合器与片式摩擦离合器是互锁的，即牙嵌式离合器断开啮合，片式离合

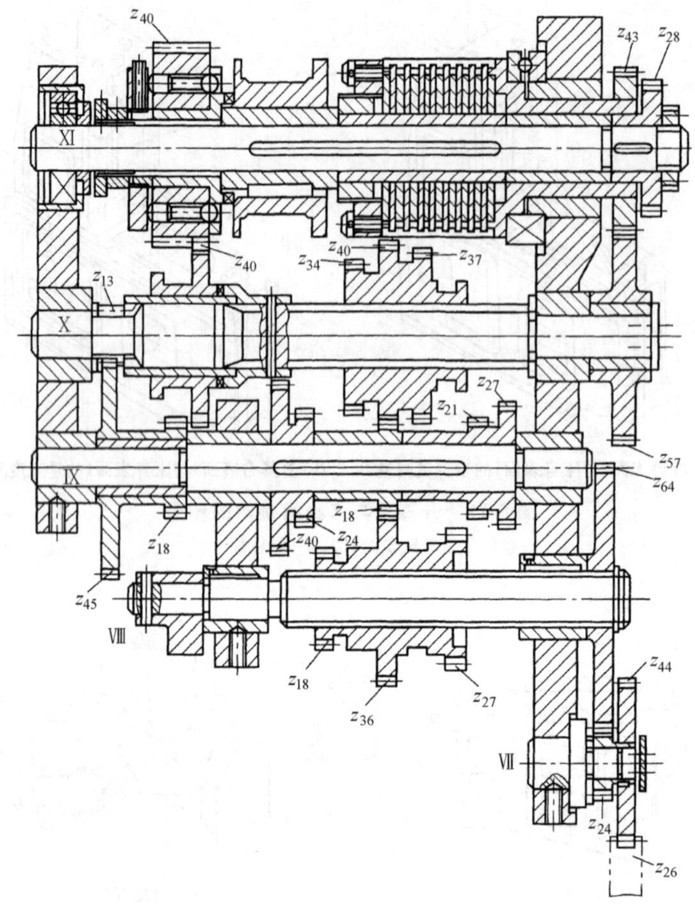

图 6-74　进给变速箱展开图

器才能接通；反之，片式摩擦离合器中断啮合，牙嵌式离合器才能接通。

② 进给变速箱的修理

a. 工作台快速移动是直接传给轴Ⅺ的，其转速较高，容易损坏。修理时，通常予以更换。牙嵌式离合器工作时频繁啮合，端面齿很容易损坏。修理时，可予以更换或用堆焊方法修复。

b. 检查摩擦片有无烧伤，平面度允差在 0.1mm 内。若超差，可修磨平面或更换。

装配轴Ⅺ上的安全离合器时，应先调整离合器左端的螺母，使离合器端面与宽齿轮 z_{40} 端面之间有 0.40～0.60mm 的间隙，然后调整螺套，使弹簧的压力能抵抗 160～200N・m 的转矩。

c. 进给变速操纵机构装入进给箱前，手柄应向前拉到极限位置，以利于装入进给箱。调整时，可把变速盘转到进给量为 750mm/min 的位置上，拆去堵塞和转动齿轮，使各齿条轴顶紧孔盘，再装入转动齿轮和堵塞，然后检查 18 种进给量位置，应做到准确、灵活、轻便。

d. 进给变速箱装配后，必须进行严格的清洗，检查柱塞式液压泵、输油管道，以保证油路畅通。

③ 工作台横向和升降操纵机构的修理与调整　工作台横向和升降进给操纵机构如图 6-75 所示。手柄 1 有五个工作位置，前、后扳动手柄 1，其球头拨动鼓轮 2 做轴向移动，杠杆使横向进给离合器啮合，同时触动行程开关启动进给电动机正转或反转，实现床鞍向前或向后移动。同样，手柄 1 上、下扳动，其球头拨动鼓轮 2 回转，杠杆使升降离合器啮合，同时触动行程开关启动进给电动机正转或反转，实现工作台的升降移动。手柄 1 在中间位置时，床鞍和升

降台均停止运动。

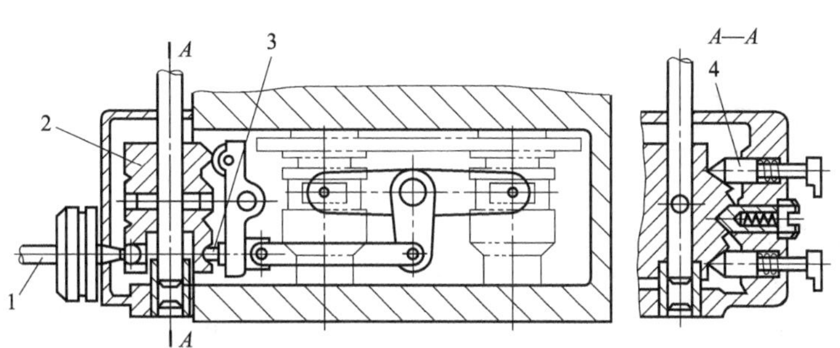

图 6-75 工作台横向和升降进给操纵机构示意图

1—手柄；2—鼓轮；3—螺钉；4—顶杆

鼓轮 2 表面经淬火处理，硬度较高，一般不易损坏，因此，装配前应清洗干净。如局部严重磨损，可用堆焊法修复并淬火处理。装配时，注意调整杠杆机构的带孔螺钉 3，保证离合器的正确开合距离，避免工作台进给中出现中断现象。扳动手柄 1 时，进给电动机应立即启动，否则应调节触动行程开关的顶杆 4。

④ 进给变速箱与升降台的装配与调整　进给变速箱与升降台组装时，要保证电动机轴上的齿轮 z_{26} 与轴Ⅶ上的齿轮 z_{44} 的啮合间隙，可以用调整进给变速箱与升降台结合面的垫片厚度来调节间隙的大小。

(7) 工作台和回转拖板的修理

① 工作台与回转拖板的配刮　工作台中央 T 形槽一般磨损极少，刮研工作台上表面及下表面以及燕尾导轨时，应以中央 T 形槽为基准进行修刮。按工作台上、下表面的平行度纵向允差为 0.01/500、横向允差为 0.01/300，中央 T 形槽与燕尾导轨两侧面平行度允差在全长上为 0.02mm 的要求刮研好各表面后，将工作台翻过去，以工作台上表面为基准与回转拖板配刮，如图 6-76 所示。

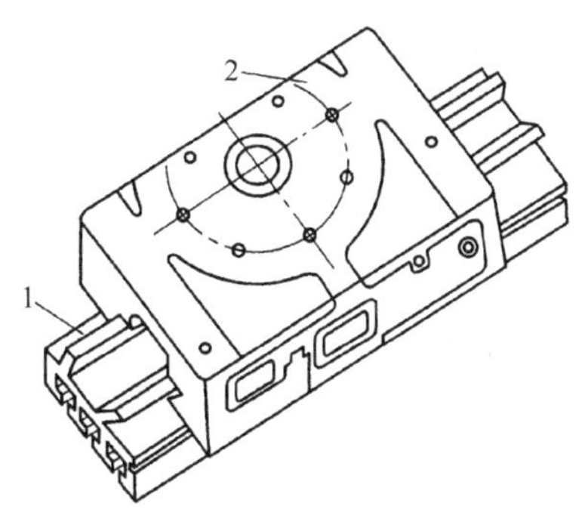

图 6-76 工作台与回转拖板的配刮

1—工作台；2—回转滑板

② 回转拖板底面与工作台上表面的平行度允差在全长上为 0.02mm，滑动面间的接触点在 25mm×25mm 内为 6～8 点。

③ 粗刮楔铁，将楔铁装入回转拖板与工作台燕尾导轨间配研，滑动面的接触点在25mm×25mm 内为 8～10 点；非滑动面的接触点为 6～8 点。用 0.04mm 的塞尺检查楔铁两端与导轨面间的密合程度，插入深度应小于 20mm。

④ 工作台传动机构的调整　工作台与回转拖板组装时，弧齿锥齿轮副的正确啮合间隙，可通过配磨调整环 1 端面加以调整，如图 6-77 所示。工作台纵向丝杠螺母间隙的调整如图 6-78所示。打开盖 1，松开螺钉 2，用一字旋具转动蜗杆轴 4，通过调整外圆带蜗轮的螺母 5 的轴向位置来消除间隙。调好后，工作台在全长上运动应无阻滞、轻便灵活；然后紧固螺钉 2，压紧垫圈 3，装好盖 1 即可。

(8) 悬梁和床身顶面燕尾形导轨的修理

悬梁的修理工作应与床身顶面燕尾导轨一起进行。可先磨或刮削悬梁导轨，达到精度后与床身顶面燕尾导轨配刮，最后进行装配。修理及修后装配的要点主要有以下方面。

① 悬梁导轨面的修理　将悬梁翻转，使导轨面朝上，对导轨面磨或刮削修理，应保证悬梁表面1的直线度为0.015/1000，并保证表面2与表面3平行，其允差为0.03/400，检测方法如图6-79所示。

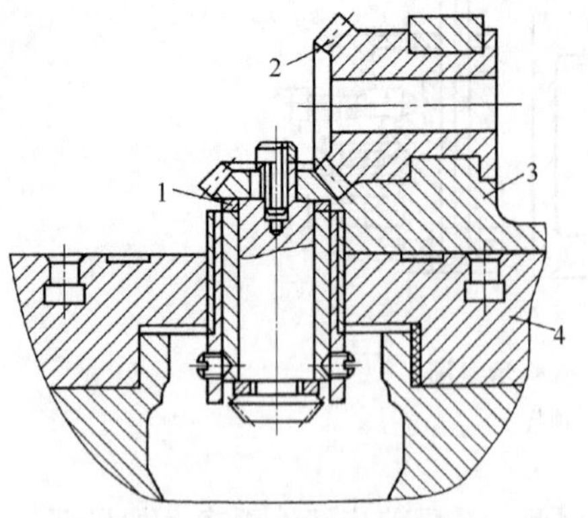

图 6-77　工作台弧齿锥齿轮副的调整

1—调整环；2—弧齿锥齿轮；3—工作台；4—回转滑板

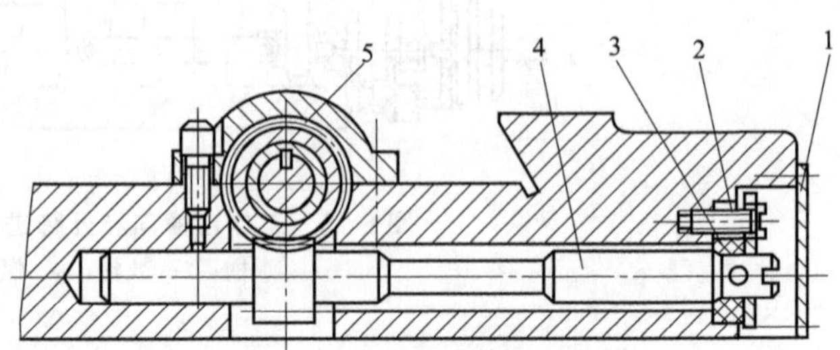

图 6-78　丝杠螺母间隙的调整机构

1—盖；2—螺钉；3—垫圈；4—蜗杆轴；5—外圆带蜗轮的螺母

② 床身顶面导轨的修理　以悬梁导轨面为基准，刮研床身顶面导轨表面1，要求表面与主轴轴线平行，床身顶面导轨表面2、3与主轴轴线平行（上母线允差为0.025/300，侧母线允差为0.025/300）。配刮面的接触点为6～8点/(25mm×25mm)。检验方法如图6-80所示。

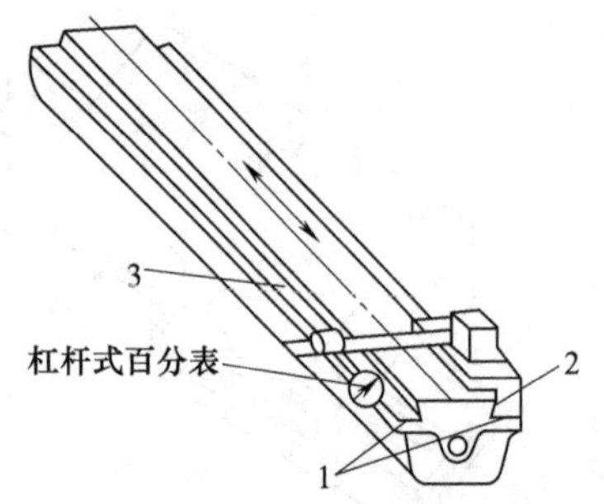

图 6-79　悬梁导轨的精度检查

1—燕尾导轨平面；2,3—燕尾导轨斜面

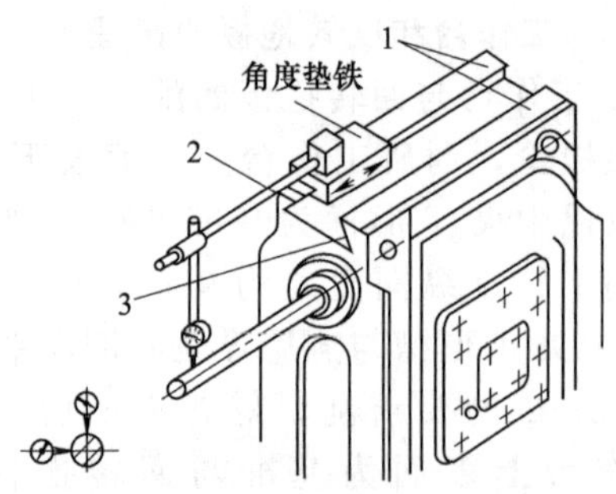

图 6-80　床身顶面导轨与主轴轴线平行度的检查

1—燕尾导轨平面；2,3—燕尾导轨斜面

(9) 刀杆支架的修理

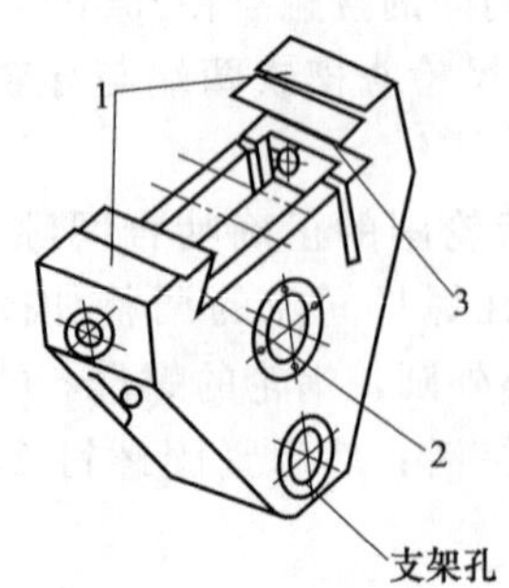

图 6-81　刀杆支架

1—燕尾导轨平面；2,3—燕尾导轨斜面

刀杆支架的修理须保证其与主轴的配合要求一起进行。具体的修理方法及修后装配的要点如下。

① 如图6-81所示，刀杆支架表面1的平行度及表面2、3的直线度可经过配刮获得。

② 刀杆支架孔与主轴轴线的同轴度为0.03/300（图6-82）。通常铣床刀杆支架孔有两种类型（圆柱形和圆锥形）。为了保证上述精度，支架孔须经镗孔修复。

6.4.4　铣床的试车验收

铣床经修理后，需进行试车验收，主要包括空运转试验、负载试验、机床工作精度试验和机床几何精度检验。

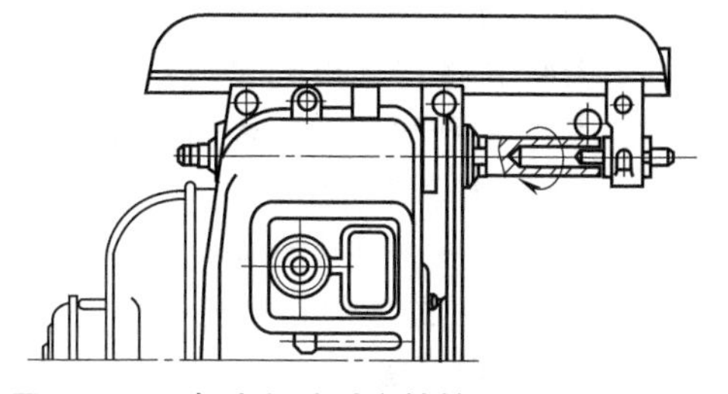
图 6-82 刀杆支架孔对主轴轴线的同轴度测量

(1) 空运转试验

空运转是在无负荷状态下运转机床，检查各机构的运转状态、温度变化、功率消耗、操纵机构的灵活性、平稳性、可靠性及安全性。

① 空运转试验前的准备工作

a. 将机床置于自然水平，不用螺栓固定。

b. 检查各油路，并用煤油清洗，使油路均畅通无阻。

c. 用手操纵所有移动装置在全程上移动，应无阻滞、轻便灵活。

d. 在摇动手轮或手柄，特别是启动电动机进给时，工作台各方向的夹紧手柄应松开。

e. 检查电动机旋转方向和限位装置。

② 空运转试验

a. 空运转试验从低速开始，逐级加速，各级转速的运转时间不少于 2min，最高转速运转时间不少于 30min，主轴承达到稳定温度时低于 60℃。

b. 启动进给电动机，进行逐级进给运动及快速移动试验，各级进给量的运转时间大于 2min，最大进给量运转达到稳定温度时，轴承温度应低于 50℃。

c. 所有转速的运转中，各工作机构应平稳，无冲击、振动和周期性噪声。

d. 机床运转时，各润滑点应有连续和足够的油液。各轴承盖、油管接头均不得漏油。

e. 检查电气设备的工作情况，包括电动机启动、停止、反向、制动和调速的平稳性等。

(2) 负载试验

机床负载试验的目的是考核机床主运动系统能否承受标准所规定的最大允许切削规范，也可根据机床实际使用要求取最大切削规范的 2/3。一般选下述项目中的一项进行切削试验。

① 切削钢的试验　切削材料为正火 210～220HBS 的 45 钢。

a. 圆柱铣刀：直径 100mm，齿数 4；切削用量：宽度 50mm，深度 3mm，转速 750r/min，进给量 750mm/min。

b. 端面铣刀：直径 100mm，齿数 14；切削用量：宽度 100mm，深度 5mm，转速 37.5r/min，进给量 190mm/min。

② 切削铸铁试验　切削材料为 180～220HBS 的 HT200。

a. 圆柱铣刀：直径 90mm，齿数 18；切削用量：宽度 100mm，深度 11mm，转速 47.5r/min，进给量 118mm/min。

b. 端面铣刀：直径 200mm，齿数 16；切削用量：宽度 100mm，深度 9mm，转速 60r/min，进给量 300mm/min。

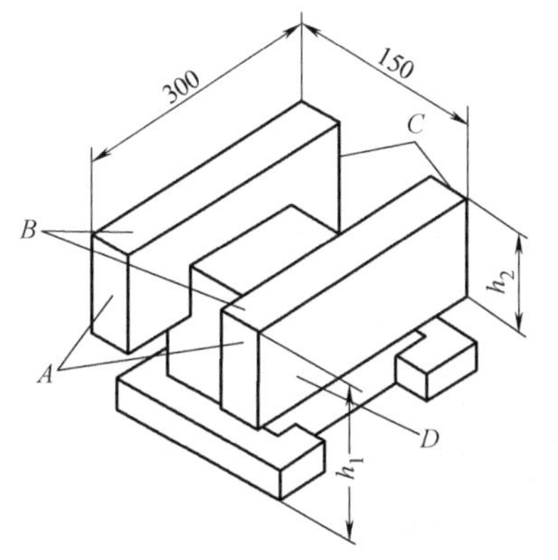

图 6-83 试件的形状尺寸

(3) 工作精度检验

机床工作精度检验应在机床空运转试验和负载试验之后，并确认机床所有机构均处于正常状态，按照 GB/T 3933.2—2002 卧式升降台铣床精度标准、检验方法进行。

切削试件材料为铸铁，试件的形状尺寸如图 6-83 所示。用圆柱铣刀进行铣削加工，铣刀直径小于 60mm。铣削加工前，应对试件底面先进行精加工，在一次安装中，用工作台纵向机动、升降台机动和床鞍横向手动铣削 A、B、C 三个表面。用工作台纵向机动和升降台手动铣削 D 面，接刀处重叠 5～10mm。试件应安装于工作台纵向中心

线上，使试件长度相等地分布在工作台中心线的两边。铣削后应达到的精度如下。

① 表面 B 的等高度允差为 0.03mm。

② 表面 A 和表面 B、表面 C 和表面 B 的垂直度允差为 0.02mm；表面 A、D、C 和表面 D 的垂直度允差为 0.03mm。

③ 表面 D 的平面度允差为 0.02mm。

④ 各加工面的表面粗糙度值为 $Ra1.6\mu m$。

(4) 几何精度检验

机床的几何精度检验，可按照 GB/T 3933.2—2002 卧式升降台铣床精度标准、检验方法进行。如果机床已修过多次，有些项目达不到精度标准，则可根据加工工艺要求选择项目检验验收。

6.4.5 卧式铣床常见的故障及排除方法

表 6-3 给出了卧式铣床常见的故障及排除方法。

表 6-3 卧式铣床常见的故障及排除方法

故障内容	产生原因	排除方法
主轴变速箱的操作手柄自动脱落	操作手柄内的弹簧松弛	更换弹簧或在弹簧尾端加一垫圈，也可将弹簧拉长重新装入
扳动主轴箱变速手柄用力超过 200N 力或扳不动	①扇形齿轮与齿条啮合不良 ②拨叉移动轴弯曲或咬死 ③齿条轴未对准孔盖	①调整啮合间隙 ②校直、修光或更换 ③先变换其他各级转速，或左右转动变速盘。调整星轮的定位器弹簧，使定位可靠
主轴变速齿轮不易啮合或有打击声	①主轴电动机的冲动线路接触点失灵 ②微动开关闭合时间过长	①检查电气线路，调整冲动小轴的尾端调整螺钉，达到冲动接触要求 ②调整微动开关位置
主轴制动不良	按下"停止"按钮，主轴不能立即停止或产生反转现象(转速控制继电器失灵)	检查控制继电器，进行检修或更换
主轴变速箱操纵手柄端部漏油	轴套与体孔间隙过大，密封性差	更换轴套，控制与体孔间隙在 0.01～0.02mm
主轴轴端漏油(对立铣头而言)	①主轴端部的密封圈磨损，间隙过大 ②封油圈的安装位置偏心	①更新封油圈 ②调整封油圈装配位置，消除偏心
开始铣削时进给箱有破裂声	安全离合器调整太松	调整安全离合器的传递扭矩在 160～200N
进给箱没有进给运动	①进给电动机没有接通或损坏 ②进给电磁离合器不能吸合	检查电气线路及元件的故障，做相应的排除
进给箱工作时摩擦片发热冒烟	摩擦片的总间隙过小	将摩擦片总间隙调整到 2～3mm
进给箱正常进给时突然跑快速	①摩擦片调整不当，正常进给时处于半闭合紧状态 ②快进和工作进给的互锁动作不可靠 ③摩擦片润滑不良，突然出现咬死 ④电磁吸铁安装不正，电磁铁断电后不能可靠松开，使摩擦片间仍有一定压力	①适当调整摩擦片间的间隙 ②检查电气线路的互锁性是否可靠 ③改善摩擦片之间的润滑，保持一定的润滑量 ④调整电磁离合器安装位置，使其动作可靠正常
进给箱噪声大	①与进给电动机箱第Ⅰ轴上的悬臂齿轮磨损，轴松动，滚针磨损 ②Ⅵ轴上的滚针磨损 ③电磁离合器摩擦片自由状态时没有完全脱开 ④传动齿轮发生错位或松动 ⑤电动机噪声	①检查Ⅰ轴齿轮及轴，滚针是否磨损、松动，并采用相应的补偿措施 ②检查Ⅵ轴上的滚针是否磨损或漏装 ③检查摩擦片在自由状态时是否完全脱开，并做相应调整 ④检查各传动齿轮是否松动，打牙 ⑤检查电动机，消除噪声

续表

故障内容	产生原因	排除方法
升降台在按下"快速行程"按钮时，接触点虽接通，但没有快速行程	①摩擦片间的总间隙太大 ②牙镶式离合器的行程不足6mm	①调整摩擦片的总间隙至2～3mm ②调整快速行程电磁铁的行程
升降台快速牵引电磁铁烧坏	电磁铁安装歪斜，铁芯未拉到底，叉形杆的弹簧太硬，而使负荷过载	检查电磁铁的安装位置是否垂直，调整铁芯的行程，消除间隙，调整弹簧压紧力≤150N
工作台下滑板横向移动手感过重	①下滑板镶条调整过紧 ②导轨面润滑条件差或拉毛 ③操作不当使工作台越位，导致丝杠弯曲 ④丝杠、螺母中心同轴度超差 ⑤下滑板中央托架上的锥齿轮中心与中央花键轴中心偏移量超差	①适当放松镶条 ②检查导轨润滑油供给是否良好，清除导轨面上的垃圾、切屑等 ③注意适当操作，不要做过载及损坏性切削 ④检查丝杠、螺母轴线的同轴度误差，若超差调整螺母托架位置 ⑤检查锥齿轮轴线与中央花键轴轴线的同轴度误差，若超差，需重新调整螺母与丝杠的同轴度误差在0.02mm以上
工作台作横向或垂直进给时有带动纵向移动的现象	纵向进给的拨叉与离合器之间的距离过小	调整拨叉与离合器之间的轴向配合间隙，或增加离合器脱开时的距离
扳动纵向行程操纵手柄时工作台无进给运动	①进给箱上的操作手柄不在中间位置 ②升降及横向进给机构中的联锁桥式接触点没有闭锁	①把操作手柄扳到中间位置 ②调整进给机构中凸轮下的终点开关上的销子
工作台快速进给脱不开	电磁铁的剩磁过大或慢速复位的弹簧力不够	清洗摩擦片或调整弹簧压力及电气系统
铣削时振动很大	①主轴的全跳动太大 ②工作台松动(导轨处的塞铁太松)	①调整主轴承径向和轴向间隙 ②调整工作台使导轨与塞铁的间隙在0.02～0.03mm之间
升降台上摇手感过重	①升降台镶条调整过紧 ②导轨及丝杠螺旋副润滑条件差 ③丝杠底座面对床身导轨的垂直度超差 ④防升降台自重下滑机构上的碟形弹簧压力过大(升降丝杠副为滚珠丝杠时) ⑤升降丝杠弯曲变形	①适当放松镶条 ②改善导轨的润滑条件 ③修正丝杠底面装配面对床身导轨面的垂直度误差 ④适当调整碟形弹簧的压力 ⑤检查丝杠，若弯曲变形，立即更换
左、右手摇工作台手感均太重	①镶条调整过紧 ②丝杠轴架中心与丝杠螺母中心不同轴 ③导轨润滑条件差 ④丝杠弯曲变形	①适当放松镶条 ②调整丝杠托架中心与丝杠螺母中心的同轴度 ③改善导轨的润滑条件 ④更换丝杠螺旋副
手摇工作台有明显的单向手感重	①滑板托架上的上、下锥齿轮中心对与之啮合的锥齿轮中心偏移量超差 ②工作台导轨平行度超差，呈喇叭形	①调整托架上锥齿轮的轴线 ②检查导轨的平行度误差
工作台进给时发生窜动	①切削力过大或切削力波动过大 ②丝杠螺母之间的间隙过大(使用普通丝杠螺旋副时) ③丝杠两端端架上的超越离合器主轴架端面间间隙过大(使用滚珠丝杠副)	①采用适当的切削余量，更换磨钝的刀具，去除切削硬点 ②调整丝杠与螺母之间的间隙 ③调整丝杠轴向定位间隙
进给抗力过小或抗力过大	①保险机构弹簧过软或过硬 ②保险机构的弹簧压缩量过小或过大 ③电磁离合器摩擦片间隙过大或吸合力过大	①更换弹簧 ②适当调整弹簧压缩量 ③适当调整摩擦片间隙，检查电磁牵引力是否符合技术要求

6.5 磨床的修理

磨床是利用砂轮或其他磨具、磨料作为切削工具对工件进行加工的机床设备，其种类较多，按其加工特点及结构的不同，常见的主要有：平面磨床、外圆磨床、内圆磨床及工具磨床等，利用磨床进行的加工称为磨削加工，磨削属精加工，能加工平面、内外圆柱表面、内外圆锥表面、内外螺旋表面、齿轮齿形及花键等成形表面。磨削加工所用刀具主要为砂轮、磨料等，磨削加工的切削能主要是由砂轮提供的。

6.5.1 M131W 型万能外圆磨床的结构和传动原理

M131W 型万能外圆磨床用于磨削圆柱形工件或圆锥形工件的外圆和内孔。磨削时，工作台带着工件做纵向往复运动，砂轮（砂轮架）能横向快速靠近、快速退回及周期送给，并且砂轮还可以在工件两端稍做停留，以保证被磨削工件两端的精度和表面粗糙度。

机床的主要结构如图 6-84 所示。由床身 1、工作台 2、砂轮架 3、头架 4、尾架 5 和内圆磨头 6 等组成。

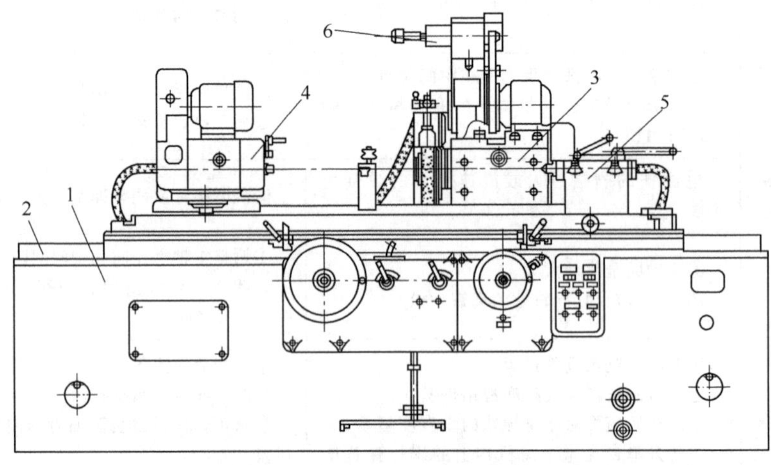

图 6-84 M131W 型万能外圆磨床外形

1—床身；2—工作台；3—砂轮架；4—头架；5—尾架；6—内圆磨头

机床除工作台的纵向往复运动、砂轮架的快速进退及尾架顶尖套筒的退回为液压传动外，横向进给机构、工作台纵向手动进给机构等均为机械传动。

(1) 机械传动系统

M131W 型万能外圆磨床的机械传动系统的工作原理如图 6-85 所示。

① 工件传动　工件由头架夹持。头架电动机带轮有四级直径，传动轴Ⅱ上的塔形带轮有五级直径，四级与电动机带轮经传动带相连，一级与轴Ⅲ上的带轮连接，轴Ⅲ另一端的带轮以两根 V 带带动主轴上的拨盘，使工件获得 4 种不同的转速。

② 砂轮传动　砂轮轴由装在砂轮架壳体上的电动机通过带轮及 V 带直接传动。

③ 内圆磨具传动　内圆磨具由另一电动机以平带传动。该电动机能否启动与内圆磨具主要位置有关，只有支架翻下，处于工作位置时，电动机才可启动，此时无论砂轮架处于前进或后退位置，其快速进退手柄均在原位被自动锁住。

④ 工作台手摇传动　工作台手摇传动的传动链为

$$手轮\rightarrow z_1 \sim z_2 \rightarrow z_3 \sim z_4 \rightarrow z_5 \rightarrow 齿条$$

⑤ 砂轮架的手动进给传动　砂轮架手动进给的传动链为

$$手轮\rightarrow交换齿轮\begin{bmatrix} z_6/z_9(粗进给) \\ z_7/z_8(细进给) \end{bmatrix}\rightarrow z_{14}/z_{15}$$

其中交换齿轮可由拉出或推进手柄来变换。砂轮架的粗、细进给量分别为 0.01mm 和 0.0025mm。

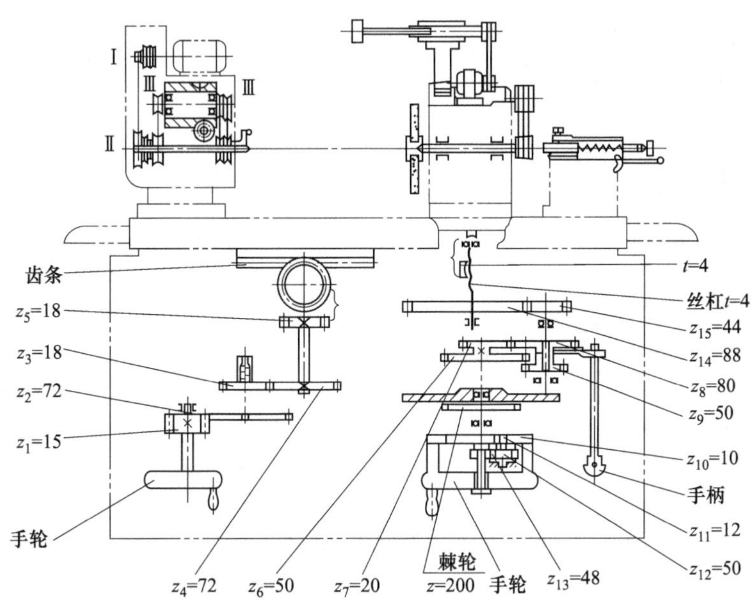

图 6-85　机械传动原理图

(2) 液压传动系统

M131W 型万能外圆磨床的整个液压系统由一个齿轮泵供油 [压力为 $(9\sim11)\times10^5$ Pa]，用于控制和实现工作台的往复运动和换向时砂轮架的横向进给运动、砂轮架的快速进退动作以及导轨和砂轮架横向进给螺旋副的润滑。

液压系统的工作原理如图 6-86 所示。由用以控制工作台往复运动的操纵箱、控制砂轮架横向运动的进给操纵箱以及一些辅助回路和液压元件组成。

液压系统通常由几种基本液压回路组合而成，以满足磨削加工所需的动作要求。为了使机床结构紧凑、动作稳定可靠，又将几种必要的液压系统元件做成一个集合体，即所谓液压操纵箱。以下对本机床液压系统中操纵箱的工作情况进行详细的分析。

1) 工作台的往复运动

本机床采用活塞杆固定的双出杆液压缸。工作台的往复运动由液压操纵箱（图 6-86）控制。该操纵箱是由先导阀 B、开停阀 A、换向阀 C 和换向停留阀等所组成，用于控制工作台往复运动，实现开停、调速、换向以及换向时停留等动作。图 6-86 为开停阀处于“开”、换向阀处于工作台右行的位置。

① 工作台右行　压力油经油路 1→开停阀 A→换向阀 C→油路 5→液压缸右腔，推动工作台向右运动；缸左腔回油经油路 4→换向阀 C→油路 6→先导阀 B→油路 7→开停阀 A→油路 0→油箱。

此时压力油又经油路 1→开停阀 A→油路 2→工作台手摇机构，使手摇机构不起作用。油路 2 的压力油还使互通阀 G 的弹簧压缩，从而隔绝油路 4 与油路 5，使缸的左右两腔互不相通。

② 工作台的换向过程　换向回路采用机械行程控制和液动时间控制的复合控制制动的换

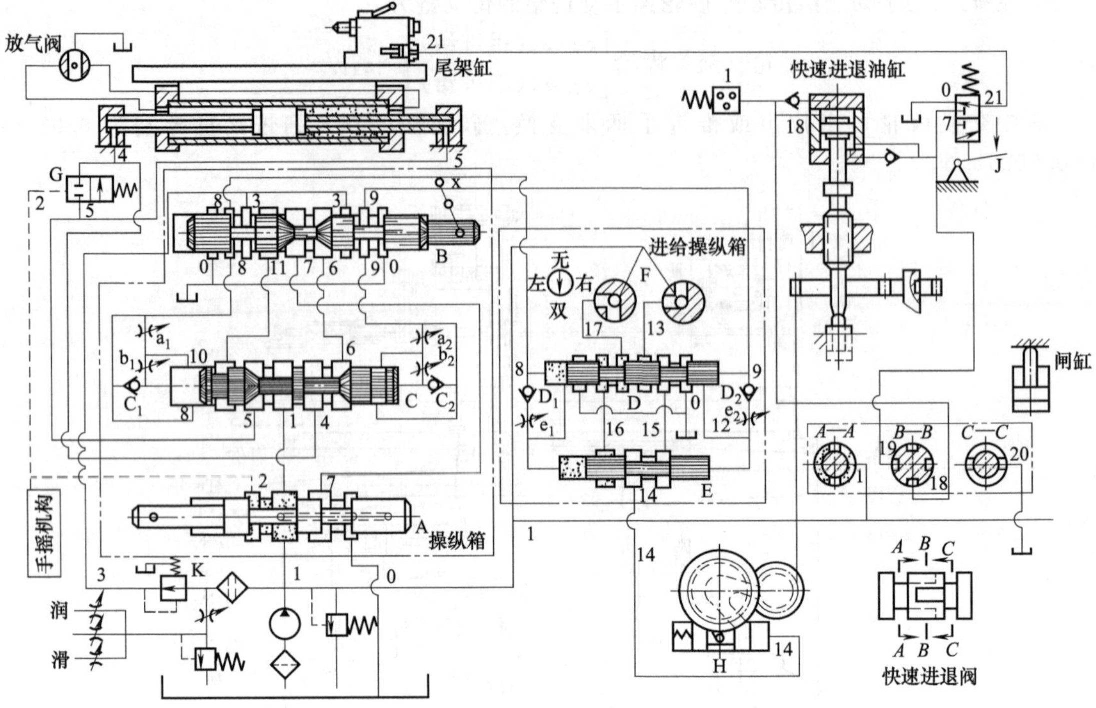

图 6-86 M131W 型万能外圆磨床液压系统工作原理

向方式，整个换向过程可分为换向前制动、换向及换向时停留和换向后启动三个动作。

a. 换向前制动　工作台的换向制动过程分两步，前一步制动由先导阀 B 行程控制，后一步制动通过换向阀 C 时间控制。由图 6-86 可知，液压缸的回油不但经过换向阀 C，而且还通过先导阀 B 才回油箱，因此，不管先导阀还是换向阀，只要堵死了缸的回油路，工作台便停止停，在此，先导阀不但控制了换向阀的换向回路，而且还起到制动作用。

第一步：行程制动过程如下：当台面右行接近终点时，台面上挡块拨动换向手柄 x，使其绕支点转动，推动先导阀 B 左移。在先导阀 B 左移过程中，通过改变控制油路 8、9 中油的流向，推动换向阀换向，同时先导阀 B 上的制动锥逐渐将工作台油缸的回油路 7 与 6 关小，工作台急剧减速进行第一次制动。在此，工作台的制动是依靠挡块拨动换向手柄使先导阀移至一定路程后，关小工作台油缸的回油路进行制动的，它与台面速度无关，所以称为行程（或称路程）制动。这样，工作台速度快慢不直接影响换向点的重复位置。

第二步：时间制动过程是当先导阀 B 移至一定路程后，来自减压阀 K 的控制油路 3 经阀 B 环形槽与 9 相通，顶开单向阀 C_2 推换向阀 C 左移，换向阀 C 左端回油由快跳孔 8 经阀 B 油路 0 回油箱，由于回油通畅，阀 C 上中间轴肩快跳至阀孔沉割槽中央（称为第一次快跳），并堵死快跳孔 8，油路 4 与 5 互通压力油。由于阀 C 快速左移，对回油（油管 4）施加了显著的反压力，加剧制动，使缸两腔压力平衡，液压缸失去运动的动力，工作台停止移动，制动过程结束。因此，工作台液压缸的回油不但受先导阀上制动锥的行程制动，而且还受到换向阀 C 时间控制的制动作用。

工作台换向前制动时的行程制动能提高换向精度，减小换向冲出量，在制动后期加入的一段时间制动可使换向冲击减少，从而提高了换向的平稳性。

b. 换向及换向时停留　换向阀 C 在压力油作用下继续左移，因油经停留孔 10、停留阀节流口 a_1（右端为 a_2），流回油箱，直至阀 C 的中间轴肩左移将油路 1 与 5 关闭。此时，换向结束，工作台开始反向启动。停留阀的阀芯上开有两条错位的节流口三角槽（又称眉毛槽），转动阀芯可改变节流口 a_1 及 a_2 的截面大小从而控制换向停留时间。停留阀手柄有四挡位置，顺时针转动手柄，便可实现无停、双停、右停及左停四种不同要求的停留动作。

c. 换向后启动　阀 C 继续左移，一旦左移至快跳孔 8 位置，就使阀 C 左环形槽与停留孔 10 相通，阀 C 左端回油经节流阀 b_1→油口 10→阀 C 左端环形槽→快跳油路 8→油箱，因此换向阀又快速左移，获得第二次快跳，使工作台迅速启动，缩短了启动时间。工作台启动的快慢和平稳与否决定于换向阀第二次快跳的速度，这可由节流阀 b_1 进行调节。换向阀开始第二次快跳后，缸右腔的油经油口 5→油口 11→油口 7→油口 O 回入油箱，于是工作台迅速向左启动。

③ 工作台的停止和与手摇机构的连锁　当液压泵正在运转而要求工作台停止运动时，可向左扳动开停阀 A 手柄使滑阀处于左位（如图 6-86 所示为右位）。这时，阀 A 中各油路的连通状况为：1 与 2 和 7 与 0 隔开；1 与 7 连通，2 通过阀芯的径向孔及中央孔与 0 连通，使互通阀 G 的阀芯在右端弹簧力的作用下处于左位，缸的左右两腔油路 5 与 4 被连通，使液压缸两腔都充满压力油，由于缸中两根活塞杆直径相同，工作台便停止不动。

要恢复工作台做往复运动，只要拨动手柄，使开停处于图示位置即可。

2）工作台换向时砂轮架横向进给周期运动回路

工作台换向时砂轮架的横向进给周期运动由进给操纵箱（图 6-86）控制，由进给选择阀 F、进给换向阀 D 和进给分配阀 E 组成。当工作台换向时，由操纵箱中先导阀孔的槽 8 与 9 上输出的液压油讯号控制进给操纵箱阀芯的位置从而实现砂轮架横向进给周期运动。

当工作台在右端换向时，先导阀孔上的槽 3 与 9 接通，信号压力油推动阀 D 左移，左移至 9 与 12 相通时，才能使阀 E 左移，但进给分配阀左端回油由于受节流阀 e_1 的节流控制，因此移动速度较慢并可以调节，此时，压力油 1→油口 13→油口 15→油口 14→撑牙阀 H 右端，带动棘轮使砂轮架进给，实现换向时右进给（当进给选择阀旋钮指向“右”时）。当阀 D 和阀 E 均移至左端时，撑牙阀 H 回油 14→油口 16→油口 0→油箱。同理，工作台在左端换向时，先导阀孔上槽 3 输出的液压油信号先后推动阀 D 和阀 E 右移，压力油经 1→油口 17→油口 16→油口 14→撑牙阀右端，实现换向时左进给。

转动进给选择阀 F，可实现无进给、右进给、双向进给或左进给。如图 6-86 所示的进给选择阀，处于双向进给位置。

3）砂轮架的快速进退回路和尾顶尖动作

砂轮架的快速进退运动由快速进退阀控制快速进退液压缸实现。为了防止冲击，快速进退缸两端设有回油节流阻尼缓冲装置，活塞上开三角槽。当活塞接近缸端盖时，通过三角槽回油，越接近端盖，阻尼越大，因此实现了缓冲。

快速进退阀是一个二位四通转阀。如图 6-86 中所示的 $A—A$、$B—B$、$C—C$ 视图是转阀的三个截面，其上的空腔分别以相应的轴向槽彼此连通。当该阀和快速进退缸处于图示位置时，压力油进入快速进退缸上腔，推动砂轮架快速移动至调定的位置；压力油 1→$A—A$ 截面轴向槽→$B—B$ 截面轴向槽→油口 18→油口快速进退缸上腔，推动活塞快速移动。同时，缸下腔的回油→油口 19→$B—B$ 截面轴向槽→$C—C$ 截面环形槽→油口 20→油箱。

当转阀顺时针旋转 90°时，则油口 19 通压力油，油口 18 通油箱，于是使砂轮架快速退出。

快进时，油路 18 中的压力油同时进入压力继电器 I，压力继电器动作，发出信号使头架主轴旋转；快退时，头架自动断电，主轴停止转动。

砂轮架快速退出后，脚踏下踏板 J，油路 19 中的压力油经尾架操纵阀进入尾架缸使尾架顶尖向右缩回，这时可取下工件。脚离开踏板 J 后，尾架操纵阀及尾架顶尖都在弹簧作用下复位，尾架缸的油液→油口 21→油口 0→油箱。在砂轮架快速靠近工件或在磨削工件的过程中，油路 19 不通，因此即使误踏下踏板 J，也不能使尾架缸动作，尾架顶尖不会缩回，从而保证

了操作安全。

当内圆磨具架处于工作位置时，电磁铁即起作用，使快速进退阀的手柄不能处于快速进退位置，从而实现联锁。

4）其他

流入闸缸的压力油，使闸缸的活塞杆顶紧砂轮架，以消除丝杆和螺母间的间隙，保证进给的准确性。

润滑油稳定器用以调节导轨、工作台手摇机构及砂轮架横向进给的丝杆螺旋副等处的润滑油压力和流量。

工作台液压缸两腔均通排气阀，该阀用作排除系统中的空气，防止液压冲击，使工作台运动平稳。

6.5.2 M131W型万能外圆磨床液压系统的调试及常见故障修理

磨床机械系统的修理可参照车床及铣床进行，以下以M131W型万能外圆磨床的液压系统为例，简述其调试及常见故障的处理。

(1) 液压系统的调试

当机床的安装和组装精度及各液压元件、辅助装置的性能符合规定要求后，可开始调试机床的液压系统。调试的目的不仅要使机床具有可靠而协调的工作循环，而且还应将工作循环中每个动作的力、速度、行程始点和终点的位置误差、各动作所需时间等调至所要求的数值，以使机床能完成既定的功能。换句话说，调试就是对液压系统进行综合检查，考核性能和清查故障的过程。

在调试液压系统之前，应力求全面了解该机床的结构性能、使用要求和操作方法，熟悉液压系统的工作原理和性能要求，明了液压、机械与电器三者间的相互联系并找到调整环节。否则，调试工作便难以顺利进行，修理工作也无从着手。

本机床液压系统的调试主要是进给操纵箱的调试，为了便于发现、分析并排除液压系统的故障，在调试过程中，可做适当的记录。下面简述液压系统的调试程序。

① 调试前的检查　调试工作应在一定的条件下进行，所以在正式调试前应做如下检查。

先检查所用的润滑油种类及油量是否符合机床说明书要求。接着检查油泵的旋向及各管路接头是否正常。然后检查各操纵手柄是否灵活可靠、是否处于所需位置上。最后检查油路压力是否正常：系统压力应为（9～11）$\times 10^5$Pa（应使运动件处于停止状态，即承受负载时进行调整），辅助压力应为（2.5～5）$\times 10^5$Pa，润滑压力应为（0.8～1.2）$\times 10^5$Pa。另外，润滑油量也要适当，过多易造成台面浮动，影响磨削精度；过少，则使导轨面处于半干摩擦状态，引起低速时爬行，并会加速导轨面磨损。

② 手摇工作台试验　通过上述检查后，使拨杆位于二行程挡块之间靠中间的位置，将各操纵手柄置于关停位置，启动油泵，打开排气阀，赶出系统中的空气，然后手摇工作台移动；如台面摇不动，应检查使液压缸两腔互通的油路；若开停阀尚未打开，台面就快速移动，应立即关闭油泵，检查主回油路是否未经该阀而直接和主回油口穿通。

③ 工作台慢速运动试验　排气完毕后，即可稍稍打开开停阀使台面慢速运动（强调慢速，是因为速度一快，万一台面不会换向时，行程挡块会将拨杆撞断）。用手拨动拨杆，台面应立即换向。若台面不运动，应检查操纵箱主油路是否接通，互通油路是否隔断，或互通阀动作是否失灵；若手摇机构脱不开，应检查开停阀控制手摇机构部分的油路；若台面只会单向运动而不会换向，则应按下述方法判断是主油路故障还是辅助油路故障。

如有合格的进给操纵箱配合调试，可将进给选择阀置于“双进给”位置，关闭开停阀，用手拨动拨杆，若进给动作正常则可判定主操纵箱阀体部分的辅助油路是正常的，但对于盖板部分的辅助油路（包括纸垫）和主油路的故障不能判定。

如无合格的进给操纵箱调试，可拆下操纵箱，利用油枪，分别向辅助进、回油口注油，并观察相应的信号油口（就是连接进给操纵箱的油口）的出油情况来检查辅助油路。例如：先导阀在右端时，辅助进油口通左信号油口，辅助回油口应通右信号油口（先导阀在左端时则相反）。如信号油口没有油流出，则表明这部分辅助油路不通，造成换向阀不能换向。先要从主油路油口处观察换向阀动作，同时从信号油口和停留孔注油。若辅助油路检查正常，则故障在主油路，这时应仔细检查换向阀至先导阀的那一段主回油路。

④ 工作台快速运动试验　台面慢速手动换向正常，则可打开开停阀提高台面速度，手拨拨杆后应注意观察台面有无前冲或耸车现象，换向时有无严重冲击现象。

若台面换向时有前冲现象，应检查辅助进油路和换向阀至先导阀的主回油路有无误击穿；若台面换向时有耸车现象，则应检查换向第一快跳孔是否起作用，还要检查信号油口和辅助回油口是否开口量太小，不能真正实现换向阀快跳。先导阀轴向尺寸排列不合适或盖板上括孔深度太深或太浅，手动换向时均会影响上述油口的进口量。换向阀没有第一快跳动作，不但会降低换向精度，而且在自动换向时的耸车还会使拨杆折断。若换向有冲击，则应检查先导阀制动锥长度是否合适，如该阀上的半锥角大于35°，换向冲击就较大。还应注意主回油路有没有被误击穿而使先导阀制动锥失去作用，如先导阀制动锥失效，则台面换向制动仅依靠换向阀制动（变成时间控制），耸车、冲击现象均很严重。

⑤ 工作台高速运动试验　当台面手动换向正常后，可使工作台面以最高速度运动，进行自动换向，这时可检查停留换向时间是否合格（<0.5～0.8s）。

若自动换向停留时间较长，而手动换向正常，则表明先导阀61.15mm尺寸不够大（图6-87）应适当修磨。如右端停留时间长可将与右边辅助回油边相关的锥面磨到比61.15mm稍长一些（或将辅助回油控制边车掉一点），但不能磨得太多。因为该尺寸过长后，虽然换向时的停留时间正常了，却增加了换向冲出量。因此，在调试时应多次反复试验得出正确的控制尺寸。

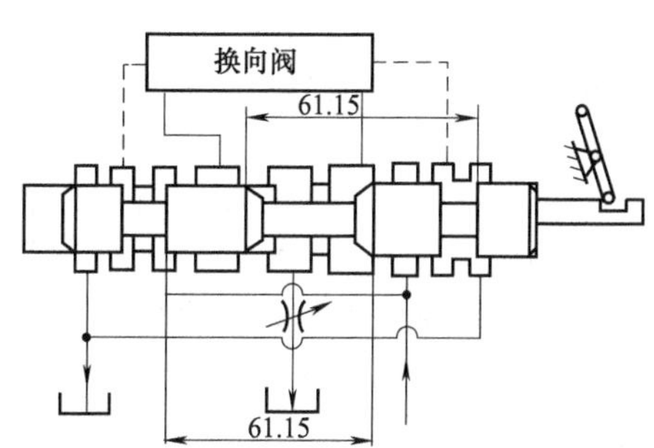

图6-87　先导阀示意图

若自动换向、手动换向、停留时间都很长，则有以下三种故障可能。

a. 单向节流阀油路不通（图6-86），换向阀端部台阶封住快跳孔后，端部的油只能从配合间隙挤到快跳孔去，因而停留时间非常长，严重时甚至不会换向。

b. 辅助进油、信号油、辅助回油之间有误击穿，使换向阀两端压差减小，运动速度减慢，而出现换向停留。当采用油塞隔开这些油路时，由于漏装或未堵实，常会出现这类情况。

c. 操纵箱盖板平刮孔深度太浅（或太深），使先导阀行程不足（或过头），辅助回油口开口量不足（或信号油口关闭）。

上述三种情况，可用油枪注油来检查。

⑥ 工作台换向正常后的后续检查项目如下。

a. 将工作台的运动速度调整在1～6m/min之间。在调试时，若达不到高速或低速时有爬行、在1m/min左右速度时台面往返速度差大于4%～10%，应检查回油部分有无误击穿、换向阀配合间隙是否合适、换向阀孔内是否被拉出沟槽等。

b. 在最高速度下，测量同速换向精度（指工作台在同一运动速度及同一油温下所测得的换向点位置之差，要求不超过0.03mm）和倒回量（即工作台在换向时到达换向点后急速倒退一段距离，然后才返回，允许值为0.05mm）。测量时可使台面有稍许换向停留，以便于观察

百分表读数。同速换向误差大，倒回量大，往往由于先导阀开挡尺寸过大引起。如先导阀无误差，则应仔细检查先导阀孔，观察沉割槽的边缘有没有碰坏的地方，阀孔内是否被拉出沟槽。另外，做此项测量时，必须将系统中的空气放尽，否则由于空气存在会影响该项测量精度的准确性。

c. 测量异速换向精度（指工作台在不同运动速度和不同油温情况下所测得的换向点位置之差，实际测量中以有停留的快速与无停留的慢速的换向点位置之差来考核），在 1.5～6m/min 之间测量，允差值为 0.15～0.20mm。异速换向精度差，主要是先导阀开挡尺寸相对阀孔来讲太大了。

d. 检查停留阀，双停留时间应为 1～2s，单面最大停留时间应不少于 3s。如果停留时间太短，应检查单向阀封油性能、停留阀的配合间隙以及换向阀端部的配合间隙。当有换向停留时，应观察台面起步是否正常，起步慢的应修正换向阀端部油槽，使第二快跳适当提前。

e. 检查台面在最低速度运动时的换向能力。要求在 50mm/min 左右的速度下，台面可以自动换向。

f. 将开停阀置于最高速度位置后缓慢地打开，关闭开停阀，观察手摇机构和台面两者动作是否协调。开车时要求在台面没有运动前手摇机构就先行脱开，停车时则要求台面先停住，而后手摇机构才合上。如果动作不对，应检查开停阀控制手摇机构部分的油槽角度是否正确。

⑦ 进给操纵箱的调试　在调试主操纵箱时，进给操纵箱可能会出现如下故障。

a. 左、右两面均无进给，应检查整个进给主油路及先导阀至进给操纵箱的辅助油路。

b. 双进给位置时只有单向进给，应检查进给主油路，进给主进油路通道弯曲较多，比较容易出毛病。

c. 出现假进给（即棘爪在有问题的一端推上，在正常的一端复位），应检查两个分配阀能否正常动作，假进给一端的主回油路或辅助回油路是否畅通。

(2) 液压系统常见故障的修理

液压系统可能出现的故障是多种多样的，同一个故障现象，产生故障的原因也各不相同。由于液压系统内部的工况不易观察，一般较难直接判断出产生故障的主要原因。因此，当系统出现故障时，应当仔细分析查找，确定主要原因，采取相应措施，就不难将故障排除。

不同的液压设备所出现的故障现象各有其特殊方面。有共性的几种常见故障和典型的磨床液压系统故障形式及排除方法如下。

1）爬行

液压系统的运动部件在工作过程中出现爬行现象，尤其在低速相对运动时更易发生。在轻度爬行时为目光不易觉察的振动，而严重时则表现为较大幅度的跳动。

产生爬行的主要原因是相对运动表面间的摩擦阻力变化和驱动系统内存在弹性环节。

① 由于驱动系统刚度差造成的爬行　机械爬行与液压系统以及机械传动部件的刚度有关，其中尤以液压系统的刚度为主要影响因素。

a. 空气侵入液压系统　当液压系统混入空气时，由于空气有很大的可压缩性，而使原来近似的“刚体”（由于油液的几乎不可压缩性）变成了“弹性体”。当混有空气的压力油进入缸的一腔时，由液压缸带动的往复运动工作台必须克服本身导轨和床身导轨间较大的静摩擦阻力开始运动，随油压力的升高，气泡被压缩，体积缩小。一旦工作台进入运动状态后，导轨间的静摩擦力由于润滑油膜的作用而转变成动摩擦力，运动阻力减小，气泡膨胀，使工作台向前冲动。由于这一冲动使缸另一腔油液中的气泡突然压缩而体积缩小，阻力增加，使工作台速度减慢甚至瞬时停止，又变成起始时的状况。在进油腔压力又恢复到能克服静摩擦力运动时，将重复出现上述过程。显而易见，液压系统中混入空气的液压油被反复地压缩和膨胀，造成了机械爬行。

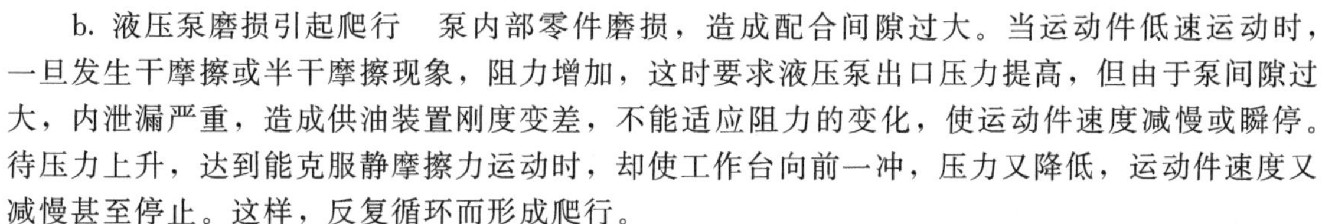

b. 液压泵磨损引起爬行　泵内部零件磨损，造成配合间隙过大。当运动件低速运动时，一旦发生干摩擦或半干摩擦现象，阻力增加，这时要求液压泵出口压力提高，但由于泵间隙过大，内泄漏严重，造成供油装置刚度变差，不能适应阻力的变化，使运动件速度减慢或瞬停。待压力上升，达到能克服静摩擦力运动时，却使工作台向前一冲，压力又降低，运动件速度又减慢甚至停止。这样，反复循环而形成爬行。

c. 各种控制阀运动受阻引起压力波动　由于油液污染，使各种控制阀的阻尼小孔及节流开口被污染物阻塞，以致滑阀移动不灵活，结果使系统中压力时大时小。如果溢流阀失灵，调定压力不稳定，则给工作台的推力时大时小，使工作台运动速度时快时慢；又如当节流阀的节流开口很小，节流口处又积聚有污物或杂质时，节流阀两端压力差增加，一旦脉动压力冲走污物或杂质，流量突然增加，如此反复造成爬行。

② 运动件摩擦阻力变化造成的爬行　当运动机件相对运动表面的几何精度和表面质量不良，设备使用年久，机件变形和磨损导致精度下降，使局部运动表面金属直接接触，润滑油膜被破坏，产生半干摩擦甚至干摩擦。修刮或配磨后的导轨副表面接触不良，油膜不易形成。以上原因均会造成摩擦阻力不稳定，产生爬行。

以上情况可通过提高运动表面的几何精度和表面质量解决，应使修复的导轨达到各项精度要求，例如外圆磨床导轨在水平平面内的直线度应达到 0.01/1000，显点数为 14～16 点/(25mm×25mm)，两组导轨间的平行度为 0.03/1000。

修刮后的导轨面一般可用油石拖研去毛刺，或在导轨面上涂一层薄薄的氧化铬，用手动的方法对研抛光两相对运动表面（切勿用机械带动或用液动），仔细清洗后，涂上一层润滑油，一般可消除爬行。

导轨副上的楔条（塞铁）、压板配合过紧，或由于局部磨损使得导轨全长上配合松紧不一致，也会造成爬行。一旦产生这种现象，应检查、调整或重新修整楔铁、压板的配合间隙，使运动部件移动时无阻滞现象。

液压缸轴线与导轨面不平行、活塞杆局部或全长弯曲、缸体孔拉毛刮伤或精度不良、活塞与活塞杆同轴度差、活塞杆两端油封过紧等因素也会引起机械爬行。

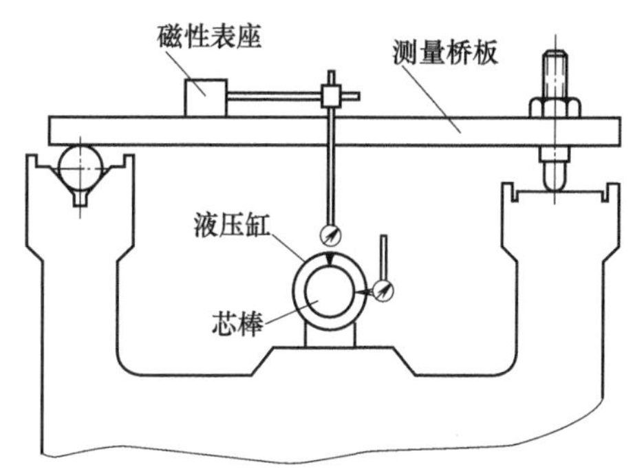

图 6-88　液压缸的安装校正法

当液压缸安装精度未达到要求时，缸轴线与导轨面不平行，运动时易使活塞杆卡住，可按图 6-88 所示的方法校正。安装校正时，应先检查液压缸支承面与导轨的平行度，要求沿导轨纵向不超过 0.025～0.05mm/全长，横向不超过 0.05mm。然后将液压缸置于支承面上，缸孔中插入芯棒（或利用缸的工艺外径），用百分表检查油缸的安装精度，要求其上母线对平导轨面的平行度为 0.1mm/全长，其侧母线对 V 形导轨面的平行度为 0.1mm/全长。精密机床或低速要求高的机床上述两项平行度允差为 0.02～0.05mm/全长。

为保证活塞杆与缸轴线同轴，在紧固活塞杆时，应使活塞杆支架紧靠液压缸处，当活塞杆伸出最短时锁紧。紧固后，用手推动运动部件，在全行程上应灵活自如，无轻重现象。

液压缸两端油封压得过紧时，应适当放松，以不渗漏为宜。同时在活塞杆伸出时，活塞杆上应有一层薄薄的油膜，活塞与缸体孔间配合很紧，运动时会产生爬行现象，液压缸缸体孔磨损造成精度不良或轻度拉毛刮伤，可采用研磨和珩磨的方法修复。

相对运动表面间润滑油不充分或润滑油选用不当，也会引起摩擦阻力变化而造成爬行。润滑油过多，会产生运动件上浮，影响加工精度。过少，会产生半干摩擦，运动阻力增加。因

此，应正确地调整润滑油的压力，润滑油的压力一般调整在（0.5～1.5）×10^5 Pa的范围内。

2）噪声与振动

在液压传动机床中往往发生振动，并伴随产生噪声。噪声不仅影响液压系统的工作性能，降低液压元件使用寿命，且影响机床的工作精度，甚至损坏机件。当我们听到噪声时，首先应找到噪声源，然后具体地分析噪声和振动产生的原因，采取相应措施。产生噪声的主要因素大致有以下几种。

① 泵产生的噪声　由于齿轮泵、叶片泵或柱塞泵在旋转中各个工作油腔内的流量和压力是周期性变化的，因而造成泵的流量和压力脉动而产生噪声。当泵的轴向、径向间隙由于泵内零件磨损而增大后，高压腔周期地向低压腔泄漏，引起压力波动、油量不足，产生噪声，由于上述几种液压泵均是以改变密封容积来实现吸、压油的，因此，不可避免地存在"困油"现象。虽然在结构上均采取了一些改善措施，但仍不能消除困油现象，泵经过修理后，应注意同时修整卸荷槽或三角沟槽。

液压泵系统中混入空气是系统产生噪声的主要原因。尤其在液压泵的吸油区，由于压力较低，容易产生空穴现象，即气泡在高压区被压缩，到低压区时，体积突然增加，产生"爆炸"现象而发生噪声。

② 控制阀故障引起的噪声　溢流阀作用不稳定，如溢流阀由于滑阀与阀孔配合不当，或锥阀与阀座接触处被污物卡住，阻尼孔堵塞，弹簧歪斜或失效等原因，使阀芯被卡或移动不灵活。尤其在换向时，系统压力的瞬变，使溢流阀阀芯和调整弹簧大幅度动作，若弹簧不良或并存上述现象，则极易产生振动和噪声。这时，可通过研磨阀体孔，更换新阀芯、重配间隙来达到要求的配合精度；清除阀口污物，疏通阻尼孔，修研锥阀阀座，更换钢球或修磨锥阀，使锥阀与阀座配合良好；更换符合要求的调压弹簧，使阀芯移动既有较高的灵敏度又有良好的阻尼。

③ 机械振动引起的噪声　产生的原因有：当液压泵与电动机轴安装的同轴度误差，联轴器松动；电动机转子动平衡不良或轴承损坏，设备的回转零件（如砂轮、带轮等）动不平衡；油管细长，弯头过多而又未加固定，在油液高速流过时产生抖动；换向部件换向时缺乏阻尼或外界振源的影响也是造成系统产生噪声和振动的因素。

因此，在安装电动机与液压泵时，应使同轴度误差小于0.1mm，倾斜度不得大于1°，联轴器改用柔性连接；对精密机床的转子，均应做相应的动平衡校正，且采取适当的避振措施来消除振动对加工件精度的影响；对换向冲击严重的系统，应仔细调整节流阀，或改装阻尼装置，使换向平稳无冲击。

3）泄漏

液压设备泄漏也是一种较常见的故障，它使液压系统压力不能提高，工作机构运动速度达不到设计要求，而且不稳定，液压泵的容积效率变低，既浪费油又污染环境，因此必须采取措施解决。

泄漏有外漏和内漏之分。外漏主要是缸漏和管漏。缸漏常因活塞杆密封不良引起，主要原因是密封件密封性能不良或损坏，或者在液压缸修理过程中将密封件方向装反。对有方向性的密封件，若装反了，密封能力大大减弱甚至不起密封作用。如Y形、V形、L形等密封圈因受压力油作用使唇张开并贴紧在轴和孔的表面而起密封作用，且其密封能力随压力的增加而提高，并能补偿磨损。因此装配时，唇口要对着压力油腔，不能装反。已经老化的密封件绝对不能使用。另外，外漏往往发生在管接头处，修理时应仔细检查各接头的密封情况。

内漏主要是指元件内部从高压腔到低压腔间的泄漏，它直接影响元件的工作性能。如使泵的容积效率降低，使出口油压不能提高；驱动刚度变差，使运动部件产生爬行。

液压系统中许多液压元件采用间隙配合来密封，磨损后配合间隙增大。从而使油液从压力高的部位渗漏到压力较低、但不应流往的部位。如多种控制阀的阀芯与阀孔磨损造成泄漏，使阀的控制动作不能实现，一般都要研磨阀体孔，重配滑阀。并且为了增加间隙密封的性能或防止卡阀，可在阀芯上切制环形平衡槽（建议槽宽为0.3～0.5mm，深度为0.5～1mm，节距为3～4mm），以改善阀芯的受力状况。

两接触面的平行度不良、接合面之间的纸垫被压力油击穿或纸垫厚度不匀而产生内泄漏，均会引起换向时液压冲击，工作台往复速度误差增加等故障。这时应检查更换纸垫，纠正两接触面间的平行度误差，拧紧紧固螺钉予以解决。

当单向阀中钢球不圆或锥阀缺损，阀座损坏或开口处积聚有胶黏状污物，使单向阀失去单向控制作用，从而产生内泄漏时，应更换钢球、修磨锥阀、研磨清洗阀座，使接触良好。

4）油温过高

液压系统工作时，由于油液沿管道流动或流经各种阀时会产生压力损失；系统中各相对运动零件的摩擦阻力引起机械损失；因泄漏等损耗而引起容积损失，这些构成系统的总能量损失并转变为热能，使油温升高。油温过高会使油的物理性能恶化、油液变质、使用寿命缩短。它不仅影响液压系统的正常工作，也会使机床产生热变形，影响机床的工作精度。因此，普通机床中油温不应超过60℃，其温升小于30℃；对于高精度机床，油温不应超过55℃，温升应小于25℃。

引起油温过高的一个主要原因是液压系统设计不合理，致使液压系统在工作过程中有大量的油液经控制阀溢回油池，造成能量损耗而使油发热。如选用液压泵流量太大，节流方式选择不妥，造成动力的无谓消耗；辅助时间内，系统没有卸荷；管路系统通道太小，压力损失较大，系统散热条件差等都可使油温升高。

如果液压系统的压力调得太高也会使油温过高，因此使用中不可随意提高系统压力，一般认为，溢流阀调整压力比工作台刚刚启动时的压力高20%即可。另外管道过长，弯曲太多和油液黏度太大也会使油温升高。

从机械损失角度来讲，则应尽量减少系统中各相对运动件间的摩擦阻力以免油温过高。例如，提高液压元件的加工精度和装配质量、导轨副间的塞铁和密封件不要调整得太紧等。

5）工作台同速换向精度差

换向精度对于外圆磨床是非常重要的，它直接影响外圆，特别是端面磨削的质量。同速换向精度差表现在倒回量大和同速差大两个方面。

① 倒回量大　产生原因及消除方法如下。

a. 系统内混入空气，应排除系统中的空气后再测量同速换向精度。

b. 导轨润滑油过多，使工作台处于浮动状态。应适当减少润滑油量，使导轨面上有一层薄薄的油膜即可，最多调至不产生溢油为止。

c. 滑阀与阀体孔配合间隙过大。应研磨阀体孔后做新阀芯，并保证其配合间隙在要求值内。

d. 先导阀上61.15mm尺寸太长，使回油边过早接通辅助回油，促使换向阀提前动作，使液压缸左、右腔互通压力油，先导阀削弱甚至失去预制动作用，使行程制动变成时间制动，故换向精度差。这时应配做一根新的先导阀芯，61.15mm尺寸应留有余量，通过逐步试验得到最佳值。

e. 推动换向阀移动的辅助油路压力太低，应适当升高该压力。

② 同速差大　该工作台换向的止动点决定于先导阀在阀体孔止动时的距离，而先导阀除可直线移动外还可转动。如果先导阀制动锥度与外圆交线呈波浪形，或阀体孔内沉割槽呈波浪形，这样，当先导阀每转动一个角度，其制动位置就变动一次。因此，造成工作台每次换向时

的换向点不一致。这时，应设法限制先导阀的转动，只让其直线移动。

系统内存在空气或液压缸活塞杆两端螺母松动也可能引起同速差大。

6）工作台异速换向精度差（换向冲出量大）

① 换向阀的移动速度受节流阀控制，若节流开口处堆积杂物，会影响换向阀移动速度的均匀性，从而引起异速差，这时应清除节流开口处的杂物。

② 液压缸两端的封油圈压得过紧或液压缸活塞杆端的螺母旋得太紧，会迫使活塞杆弯曲，造成换向精度差，这时应仔细地调整上述元件。

③ 导轨润滑油过多、油温过高、先导阀与阀体孔配合间隙过大，系统内存在空气或先导阀上 61.15mm 尺寸太大均会引起异速差过大，消除方法见前面叙述内容。

7）工作台换向时出现死点（不换向）

工作台面换向时，先导阀正在改变方向或已改变方向，但换向阀不动作，因而工作台不换向。产生原因及消除方法如下。

① 因辅助压力油压力太低或内部泄漏，不能推动换向阀移动。应适当提高辅助压力并防止内泄漏。

② 换向阀两端的节流阀调节不当或其开口被脏物堵塞，使回油阻尼太大或回油封闭，而停留阀位于最大停留位置。这时应重新调整或清洗节流阀并将停留阀置于无停或工作所需停留时间位置，以减少辅助回油的阻尼。

③ 换向阀因被拉毛或阀孔内存在污物等原因在阀体孔内卡死，这时应取出阀芯，去毛刺并清除阀孔内污物，使换向阀在阀体孔内移动灵活。

④ 当换向阀受单面径向压力油作用，辅助压力油无法克服此径向力而使换向阀移动时，就产生液压卡紧。这时可在换向阀外圆表面加工 1mm×0.5mm 的环形槽，以平衡径向力，避免液压卡紧现象。

⑤ 如换向阀能移动而工作台面不能换向，则可能是由于导轨润滑油太少、液压缸安装精度不良等因素引起的摩擦力过大，但工作压力又偏低，推不动工作台，这时应找出原因并进行针对性修理。

8）工作台换向起步迟缓

工作台换向时，不能及时起步或在起步后的一段工作行程内运动速度比正常运动速度慢，称换向起步迟缓。其产生原因及消除方法如下。

工作压力和辅助压力不足，使换向阀在阀体孔内运动受阻；工作台运动摩擦阻力太大等均会引起换向起步迟缓，应针对产生原因进行修理。

9）工作台换向停留时间不稳定

当磨削大直径外圆时，若工作台在两端换向点上不停留，则两端磨削量少，加工后工件两端的尺寸就偏大。因此，希望工作台在两端换向时应有一定的停留时间，且停留时间的长短可以调整。机床停留阀的工作原理和节流阀的工作原理相同，即靠改变节流开口通流面积的大小，来控制停留时间的长短。停留阀常见故障如下。

① 因弹簧损坏或阀孔内存在脏物等原因导致停留阀在阀孔内移动不灵活或卡死。或阀上的节流槽被污物等杂质堵塞，从而引起停留时间不稳定甚至无法调节，这时应更换弹簧或取出停留阀清洗。

② 辅助压力太高则停留时间短，反之亦然。应将辅助压力调整到要求范围内。

③ 单向阀封油不良，停留阀不起作用，使从换向阀来的油不受停留阀控制而从单向阀回流。改善单向阀的封油情况就可使停留阀正常工作。

④ 停留阀上的三角节流槽细而短，故节流面积太小，因而产生停留时间长，反之则停留时间短甚至不停留。这时应取出停留阀，修整三角节流槽。

10）在无停留时换向有瞬时停留

外圆磨床设计规定，当停留阀处于无停留位置时，允许台面换向时短暂停留，但停留时间不得超过 0.5s。但实际上的瞬时停留时间往往超过此值，这样不仅影响磨削工作精度，而且降低生产效率。这类故障与换向停留时间不稳定是截然不同的。在修理时，可拆除操纵箱两侧盖板中的单向阀（钢球）。如换向过程仍有停留，则可判断是由于先导阀的制动锥控制尺寸（61.15mm）太小所致。这时在保证控制锥角度不变的前提下，可将其磨长 0.2mm 左右（磨量一定要严格控制，否则会引起换向冲击）。另外，导轨润滑油太少、辅助压力太低、换向阀进回油道被污物堵塞等原因也会引起这类故障。

11）周期进给不稳定

① 周期进给动作错乱　原因是单向阀封油不良、节流阀的节流开口处堆积污物等。如原节流阀为针形节流阀，因节流范围小且易变化，易引起进给动作错乱，应将其改为三角槽式节流阀。

② 进给量时大时小　针形节流阀易产生这类故障，应加以改进。如节流阀未调整好或未紧固好也会引起这类故障。另外，当棘轮和撑牙磨损或横进给机构（机械部分）的轴向间隙太大，也会使进给量时大时小，应检查这些部位的工作情况并修理。

③ 进给量倒回　产生的原因有进给分配阀两端的节流开口量过小，撑牙阀移动不灵活；横向进给机构径向间隙太大，横向进给阻尼装置中弹簧过软或过小套在孔内卡住。发现这类故障时，可逐一检查调整。

12）尾架动作失常

若尾架动作失常，不仅给操作者带来不便，还容易产生人身和设备事故，故需认真对待。尾架动作失常的原因及排除方法如下。

① 尾架套筒与尾座孔形状精度超差或配合间隙太小致使尾架套筒移动不灵活，应修理至要求值。

② 球头拨叉把尾架套筒顶住或尾架弹簧失效，应除去拨叉与尾架套筒接触面的毛刺或更换尾架弹簧。

③ 工作压力不足，缺乏推力。应适当提高工作压力。

13）砂轮架滑鞍快速进退冲击大

砂轮架滑鞍快速前引时冲击大会影响砂轮架的运动平稳性及定位精度。产生冲击较大的原因及排除方法如下。

① 横进给丝杆前端的机械定位螺钉未调整好，使快速进退油缸内的活塞上的缓冲节流开口失去阻尼作用，应参照横进给系统修理方法调整好该定位螺钉。

② 缸体孔和活塞、缸前盖内孔与活塞杆配合间隙过大，需要重配零件，使配合间隙符合要求。

③ 活塞上的缓冲节流槽过长（太短则使前引时缓冲时间过长）。修理时先用锡焊或铜焊修补原三角节流槽，然后重新修整节流槽；或者将活塞端面车去适当尺寸（加工时应保证端面与孔的垂直度要求）。

④ 缸前端的单向阀封油不良，回油不经过缓冲节流开口面从单向阀直接回池，这时应修复单向阀。

综上所述，液压系统的某一故障可由多种原因引起，而某一原因又可能引起数种故障。因此，在发现故障后，首先要正确判断出故障类别，然后找出产生原因，但在采取具体的修理措施时（特别是修磨阀类零件或是对操纵箱加以改进时）一定要全面考虑，以免排除了现有故障却引起新的故障。

6.5.3 磨床常见的故障及排除方法

磨床在使用过程中，由于各种因素的影响，有时会出现某些故障，如传动带打滑、轴承过热、液压系统工作不正常等，必须及时排除，才能正常工作。各种磨床由于传动结构及工作条件不同，其可能出现的故障也各不相同，如表6-4所示。

表6-4 磨床常见的故障及排除方法

故障内容	产生原因	排除方法
传动带打滑或传动时有噪声	①传动带初牵引力不足或在使用过程中伸长 ②传动带传动有压紧轮时，压紧轮压紧程度不够 ③传动带使用时间过久或沾有油污，与带轮之间摩擦力不够	①重新调整传动带张紧力 ②重新调整压紧轮 ③在传动带与带轮之间涂以松香粉或调换传动带
砂轮主轴轴承产生过热现象	①主轴与轴承之间的间隙过小 ②润滑油不足或没有润滑油 ③润滑油不干净，混入灰尘、磨屑、砂粒等脏物 ④润滑油黏度过大或过小	①重新调整主轴与轴承的间隙 ②按机床使用说明书要求加足润滑油，检查润滑油供油系统工作是否正常 ③清洗润滑系统并加入清洁润滑油 ④按机床使用说明书要求调换润滑油
横向和垂直进给不准	①进给丝杠螺母间隙过大 ②螺母与砂轮架固定不牢，有松动 ③进给丝杠弯曲或转动时有轴向窜动 ④导轨摩擦阻力大，砂轮架移动时有爬行现象	①调整螺母间隙 ②检修机床，将螺母紧固在砂轮架上 ③检修丝杠或调整丝杠轴承的轴向间隙 ④在导轨上加入足够的润滑油或采用防爬行的导轨油，正确调整导轨楔铁或配刮导轨压板，使砂轮架移动无阻滞现象
启动开、停控制阀工作台不动作	①系统压力建立不起来，油量不足 a. 油泵旋转方向不对 b. 油泵损坏或有明显磨损 c. 溢流阀失灵，滑阀被卡在开口大的位置 d. 油温低或油液黏度太大 e. 系统内、外泄漏过大 ②互通阀故障 a. 互通阀被脏物卡死，使液压缸两腔始终互通 b. 互通阀配合间隙过大，液压缸两腔实际互通 ③换向阀故障 a. 滑阀被杂质卡住，移动失灵 b. 换向阀控制油路上的节流阀被污物堵塞，滑阀快跳到中间位置后不能移动，使液压缸两端互通 ④其他 a. 操作手柄与开停阀间的连接销被折断 b. 导轨润滑油不足或没有润滑油，摩擦阻力过大	①建立系统压力，保证油量充足 a. 检查更正 b. 更换新油泵或进行修复 c. 拆下，清洗修整 d. 加温或更换黏度较小的润滑油 e. 检查排除 ②排除互通阀故障 a. 检查、清洗滑阀 b. 重新配阀 ③排除换向阀故障 a. 清洗换向阀，清洗油箱及换油 b. 清洗节流阀，合理调节节流阀开口量 ④其他 a. 拆下修复 b. 调整润滑油调节装置，适当增加润滑油量或润滑油压力
启动开、停控制阀工作台突然向前冲	①设计不合理，停车时液压缸两腔都通回油，油液泄漏造成真空，再开车时，液压缸一腔通压力油 ②液压系统存在大量的空气 ③背压阀失灵，如弹簧断裂、滑阀卡住等	①慢慢开启开停阀，同时用手摇动先导阀几次，使液压缸两腔都有油液 ②根据情况采取措施，排除系统内空气 ③修复背压

续表

故障内容	产生原因	排除方法
液压系统工作时有噪声、杂音	①液压泵吸空 a. 液压泵吸油口密封不严，吸油管路漏气 b. 油箱中油液不足，吸油管浸入油面太浅 c. 液压泵吸油高度太高 d. 吸油管直径过小 e. 滤油器被杂物、污物堵塞，吸油不畅 ②液压泵故障 a. 齿轮泵的齿形精度差 b. 叶片泵困油 c. 液压泵内某些零件（如滚针、滚动轴承等）损坏或精度不良，引起机械振动 d. 液压泵磨损，轴向间隙增大或轴向端面咬毛 ③溢流阀失灵 a. 调压弹簧永久变形、扭曲或端面不平 b. 阀座损坏，密封不良 c. 滑阀与阀体孔配合间隙太大 d. 油液不清洁，阻尼小孔被堵塞 ④机械振动 a. 油管过长且没有固定好，造成油管抖动 b. 油管相互撞击 c. 液压泵与电动机安装不同轴或联轴器松动 ⑤停车一段时间后，空气渗入系统	①排除液压泵吸空现象 a. 用灌油法检查，将漏气管接头拧紧 b. 油箱加油到油标线，吸油管浸入油面以下200～300mm c. 一般泵的吸油高度应小于500mm d. 适当放大吸油管直径 e. 清洗滤油器 ②排除液压泵故障 a. 将两齿轮对研，达到齿面接触良好 b. 修整配流盘的三角槽，消除困油现象 c. 更换或修复损坏与精度不良的零件 d. 修复液压泵 ③修复溢流阀 a. 更换调压弹簧 b. 研磨阀座，更换钢球或修磨锥阀 c. 研磨阀体孔，更换滑阀，重配间隙 d. 清洗换油，疏通阻尼孔 ④排除机械振动 a. 适当增加支承管夹 b. 使管道之间、管道与机床壁之间保持一定距离 c. 重新安装、调整液压泵与电动机同轴度，更换联轴器或定位固定好 ⑤利用排气装置排气，开车后使工作台快速全程往复几次
工作台运行时爬行	①系统内存有空气 a. 液压泵吸空造成系统进气，或长期停车后空气渗入系统 b. 液压缸两端封油圈太松 ②溢流阀、节流阀等的阻尼孔和节流口被污物阻塞，滑阀移动不灵活，使压力波动大 ③导轨润滑油不充分或润滑油选用不当 ④导轨摩擦阻力大 a. 导轨精度不好，局部产生金属表面直接接触，油膜破坏 b. 新修复的机床导轨刮研阻力大 c. 导轨的楔铁或压板调整太紧 ⑤油缸中心线与导轨不平行，活塞杆局部或全长弯曲，液压缸缸体孔拉毛刮伤，活塞与活塞杆不同轴，液压缸两端封油圈调整过紧 ⑥回油路背压不足	①排除系统内空气 a. 参见“液压系统工作时有噪声、杂音”故障的排除方法 b. 调整液压缸两端锁紧螺母 ②定期换油，经常保持油液清洁 ③适当调整润滑油油量与压力，采用防爬行导轨润滑油 ④排除导轨摩擦阻力大故障 a. 修复导轨精度 b. 导轨刮研后用氧化铬进行对研或用油石抛光 c. 重新进行调整或配刮 ⑤对液压缸进行修复和重新校正安装，使精度符合技术要求 ⑥调节背压阀，使背压达到要求数值
工作台快速行程的速度达不到	①液压泵供油量不足，压力不够 a. 液压泵吸空 b. 液压泵磨损，间隙增大 ②溢流阀弹簧太软或失效，或者调整太松 ③活塞与液压缸配合间隙太大 ④系统漏油 ⑤节流阀的节流口被污物堵塞，通流面积减小 ⑥摩擦阻力太大，导轨润滑油不足或没有润滑油，液压缸活塞杆两端油封调整过紧，活塞杆弯曲较严重等	①保证液压泵供油量及压力 a. 参见“液压系统工作时有噪声、杂音”故障的排除方法 b. 修复或更换液压泵 ②更换溢流阀弹簧，或重新调整压力 ③修复液压缸，保证密封 ④拧紧漏油地方的接头螺母，更换纸垫，消除板式压力阀接合面上的凸起部分，放好O形密封圈 ⑤拆洗节流阀，更换润滑油 ⑥适当增加润滑油量，适当放松液压缸两端油封压盖的紧固螺钉，重新校正活塞杆等

续表

故障内容	产生原因	排除方法
工作台往返速度不一致	①液压缸两端的泄漏不等或单端泄漏（如单端油管损坏、接口套破裂、油封损坏等） ②液压缸活塞杆两端弯曲程度不一样 ③工作台运动时放气阀未关闭 ④换向阀由于间隙不适当或被污物卡住，移动不灵活，两个方向开口不一样 ⑤油中有杂质，影响回油节流的稳定性 ⑥节流阀在台面换向时，由于振动和压力冲击而使节流开口变化	①调整两端油封压盖，使之松紧程度相同，或调换损坏的油管、接口套和油封 ②检查并修整活塞杆 ③放完空气后转入正常工作时，应将放气阀关闭 ④检查配合间隙，清除污物，重新调整使两边开口量一致 ⑤清除节流开口处的杂质，调换不清洁的油液 ⑥收紧节流阀的锁紧螺母
工作台换向时有冲击	①换向阀控制油路的单向阀失灵 a. 单向阀钢球被杂质搁起 b. 钢球被弹簧压偏 c. 钢球与阀座密合不好 ②换向阀控制油路的针形节流阀调整失灵 ③换向阀两端盖处纸垫被冲破	①修复单向阀 a. 清除杂质，调换不清洁油液 b. 调整或更换弹簧 c. 调整不正圆的钢球或修整阀座 ②重新调整节流阀，或者改用三角槽形的针形节流阀代替锥形面针形节流阀 ③检查并更换纸垫
工作台换向起步迟缓	①控制换向阀移动速度的节流阀开口太小（拧得太紧） ②系统进气 ③系统压力不足 ④系统泄漏 ⑤换向阀在阀孔中由于拉毛被污物等阻碍，移动不灵活	①将节流阀适当拧松一些 ②参见"液压系统工作时有噪声、杂音"故障的排除方法 ③适当提高压力 ④检查管路、液压缸、控制阀、操纵箱，排除泄漏 ⑤清除污物，修去毛刺
手摇机构较重或不起作用	①手摇机构较重 a. 液压缸回油不畅 b. 工作台齿条与手摇机构齿轮的牙尖顶住 ②手摇机构不起作用，互锁液压缸活塞处压紧垫圈松脱，齿轮轴不移动	①修复、调整手摇机构 a. 用手扳动先导阀换向杠杆几次 b. 用手推动一下工作台 ②将活塞压紧垫圈压紧

6.6 机床电气控制线路的维修

机床电气控制线路的质量直接影响到机床的运行稳定性、精确性等方面的问题，主要可从以下几方面进行检查、维修。

6.6.1 常用机床电气控制线路维修的一般方法

(1) 电气设备的日常维护

① 整机设备维护　整机的设备维护应做好以下方面的工作。

a. 注意经常清除切屑、擦干净油垢、保持设备的整洁。

b. 检查电气设备的接地或接零是否可靠。

c. 在高温梅雨的季节注意对设备的检查。

d. 经常检查保护导线的软管和接头是否损坏、松动。

e. 做好电器元件的日常维护保养工作。

② 异步电动机的日常维护

a. 定期测量电动机的绝缘电阻，三相 380V 电动机的绝缘电阻一般不小于 0.5MΩ，否则应进行烘干或浸漆等。

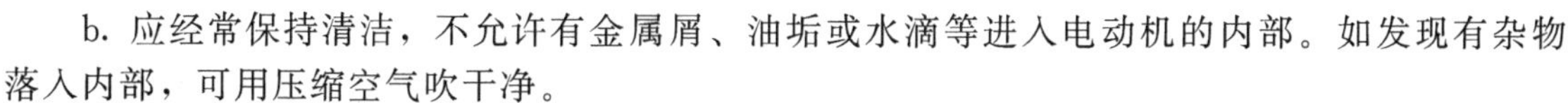

b. 应经常保持清洁，不允许有金属屑、油垢或水滴等进入电动机的内部。如发现有杂物落入内部，可用压缩空气吹干净。

c. 用钳形电流表经常检查是否过载，三相电流是否一致，经常检查三相电压是否平衡。

d. 检查电动机的接地装置是否牢靠。

e. 注意电动机启动是否灵活，运转中有没有不正常的摩擦声、尖叫声和其他噪声。

f. 检查电动机的温升有没有过高。

g. 检查轴承有没有过热和漏油现象。轴承的润滑油脂一般一年左右应进行清洗和更换。

h. 检查电动机的通风是否良好。

(2) 电气故障的诊断方法

① 向操作人员调查故障产生的情况　电气设备出现故障后，应先向操作人员了解故障的情况。了解的内容主要有以下几个方面。

a. 故障发生的部位。

b. 故障的现象。

c. 故障前的操作过程。

d. 故障发生后是否动过。

e. 此类故障是否经常发生。

② 认真分析故障产生的原因或范围　了解了故障后，再对照电气原理图进行分析。

③ 外观检查　在了解到故障范围后，进一步对这范围的电器进行外观检查。为了安全起见，外表检查一般在断电的情况下进行。

④ 断电检查法　断开电源开关，一般用万用表的电阻挡检查故障区域的元件有没有开路、短路或接地现象。有时可借助于电池灯、蜂鸣器和摇表等进行检查，断电如果找不到故障原因，则进行通电检查。

⑤ 通电检查法　在通电检查时要尽量使电动机和其所传动的机械部分脱开，将控制电气和转换开关置于零位，行程开关还原到正常位置。然后用校灯或万用表检查电源电压是否正常、是否缺相或三相严重不平衡，进行通电检查顺序是：先检查控制电路，后检查主电路；先检查辅助系统，后检查主传动系统；先检查交流系统，后检查直流系统；先检查开关电路，后检查调整系统。断开所有开关，取下所有熔断器，然后按顺序逐一插入欲要检查的熔断器，合上开关，观察各电气元件是否按要求动作，有无冒烟、冒火、熔断熔丝的现象，直至查到发生故障的部位。

6.6.2 车床电气控制线路的维修

以下以 C6140 型车床为例，简单介绍其电气控制线路的维修。

(1) 电气控制线路图

如图 6-89 所示为 C6140 型车床的电气控制线路，图中分为主电路、控制电路、照明电路、信号灯电路。

① 主电路分析　主电路中共有三台电动机，M1 为主轴电动机，带动主轴旋转和刀架做进给运动；M2 为冷却泵电动机；M3 为刀架快速移动电动机。

三相交流电源通过转换开关 QS1 引入，主轴电动机 M1 由接触器 KM1 控制启动，热继电器 FR1 为主轴电动机 M1 的过载保护。

冷却泵电动机 M2 由接触器 KM2 控制启动，热继电器 FR2 为它的过载保护。

接触器 KM3 用于控制刀架快速移动电动机 M3 的启动，因快速移动电动机 M3 是短时工作，故可不设过载保护。

② 控制电路分析　控制变压器 TC 二次侧输出 110V 电压作为控制回路的电源。

控制主轴电动机：按下启动按钮 SB2，接触器 KM1 的线圈获电动作，其三副主触头闭合，主轴电动机 M1 启动；同时 KM1 的自锁触头和另一副常开触头闭合；按下停止按钮 SB1，主轴电动机 M1 停止运转。

控制冷却泵电动机：只能在接触器 KM1 获电吸合，主轴电动机 M1 启动后，合上开关 SA 使接触器 KM2 线圈获电吸合，冷却泵电动机 M2 才能启动。

控制刀架快速移动电动机：刀架快速移动电动机 M3 的启动是由安装在进给操纵手柄顶端的按钮 SB3 来控制的，它与交流接触器 KM3 组成点动控制环节，将操纵手柄扳向所需的位置，压下按钮 SB3，接触器 KM3 获电吸合，电动机 M3 启动，刀架就向指定方向快速移动。

③ 照明、信号灯电路分析　控制变压器 TC 的二次侧分别输出 24 和 6V 电压，作为机床低压照明灯和信号灯的电源。EL 为机床的低压照明灯，由开关 QS2 控制；HL 为电源的信号灯。

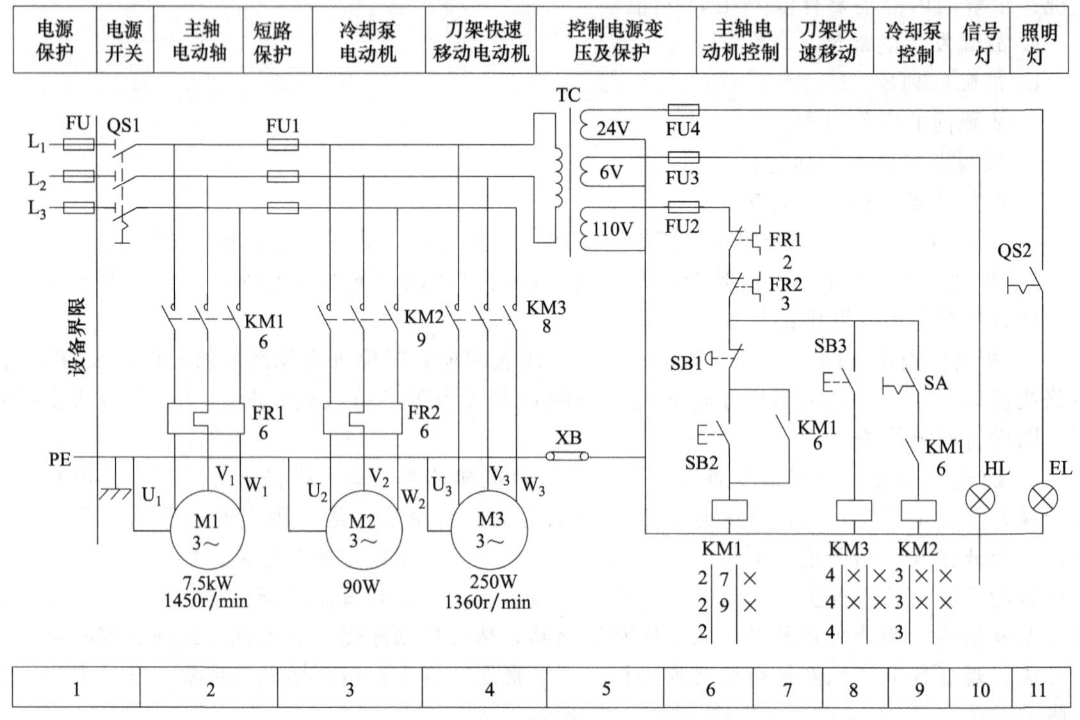

图 6-89　C6140 型机床电气控制线路

(2) 常见故障分析

① 主轴电动机不能启动　发生主轴电动机不能启动故障的原因主要有以下方面的内容。

a. 电源有故障，先检查电源的总熔断器 FU 的熔体是否熔断，接线头是否脱落、松动或过热。如无异常，可用万用表检查电源开关 QS1 出线端的线电压是否正常，以判断 QS1 接触是否良好。

b. 控制电路故障，如电源和主电路无故障，则故障必定在控制电路中。可依次检查熔断器 FU2、热继电器 FR1 和 FR2 的常闭触头，停止按钮 SB1、启动按钮 SB2 和接触器的线圈是否断路。

② 主轴电动机不能停车　这类故障的原因多数是因接触器 KM1 的主触头发生熔焊或停止按钮 SB1 触头短路所致。

③ 刀架快速移动电动机不能启动　首先检查熔断器 FU1 的熔丝是否熔断，然后检查接触器 KM2 的主触头的接触是否良好，如无异常或按下点动按钮 SB3 时，接触器 KM3 不吸合，则故障一定在控制线路中。这时可用万用表进行分段电压测量法依次检查热继电器 FR1 和

FR2 的常闭触头、点动按钮 SB3 及接触器 KM3 的线圈是否断路。

6.6.3 铣床电气控制线路的维修

下面以 X62W 型万能铣床为例，简单介绍其电气控制线路的维修。

(1) 电气控制线路图

如图 6-90 所示为 X62W 型万能铣床的电气控制线路。图中分为主电路、控制电路、照明电路、信号灯电路。

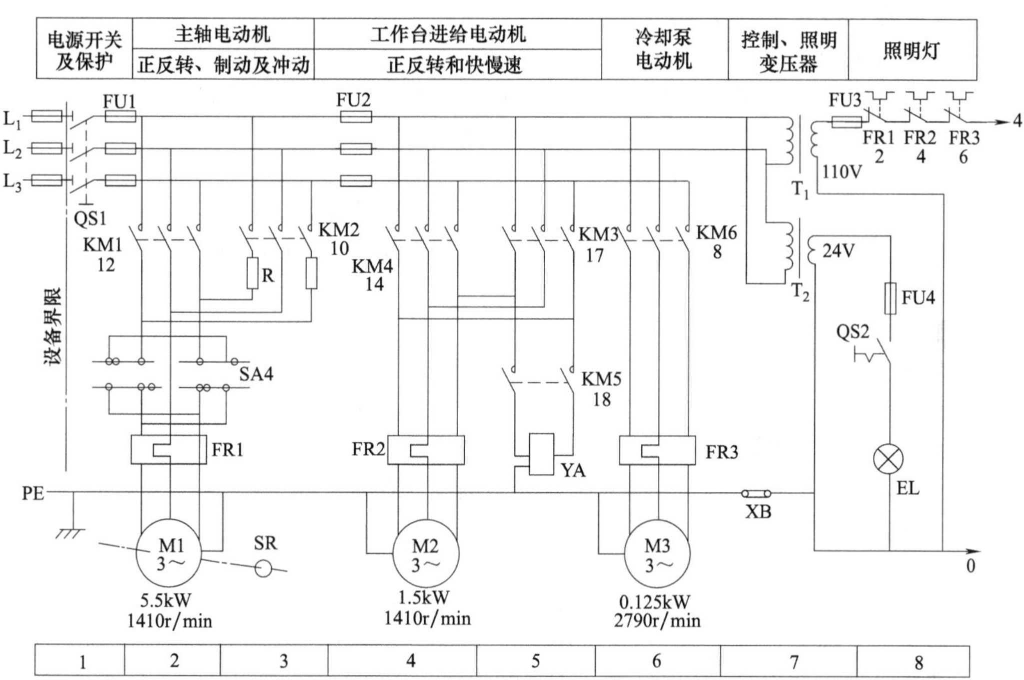

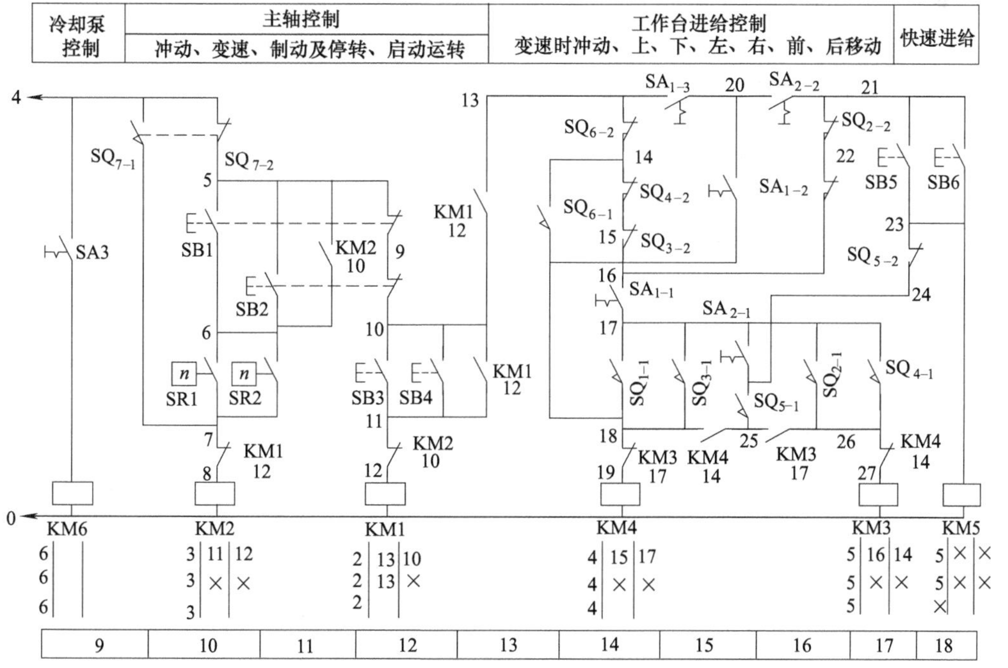

图 6-90　X62W 型万能铣床电气控制线路图

(2) 常见故障分析

① 主轴电动机不能启动　发生主轴电动机不能启动故障的原因主要有以下方面的内容。

a. 控制电路熔断器 FU3 熔断，应更换熔丝。

b. 换刀开关 SA2 在制动位置。

c. 主轴换向开关 SA5 在停止位置。

d. 按钮 SB1、SB2、SB3 或 SB4 的触头接头不良。

e. 主轴变速冲切行程无关 SQ7 的常闭触点不通。

f. 热继电器 FR1 或 FR2 已跳开。

② 主轴不能变速冲动　故障原因是主轴变速冲动行程开关 SQ7 位置移动，撞坏或断线。

③ 主轴不能制动　发生主轴不能制动故障的原因主要有以下方面的内容。

a. 熔断器 FU3 或 FU4 熔丝已熔断，应更换熔丝。

b. 主轴制动电磁离合器线圈已烧毁。

④ 按下停止按钮后主轴不停　故障的原因一般是接触器 KM1 触点已熔焊。

⑤ 工作台不能进给　发生工作台不能进给，故障的原因主要有以下方面的内容。

a. 熔断器 FU3 熔丝已熔断，应更换熔丝。

b. 主轴电动机未启动。

c. 接触器 KM2、KM3 线圈断开或主触头接触不良。

d. 行程开关 SQ1、SQ2、SQ3 或 SQ4 的常闭触头接触不良、接线松动或接线脱落。

e. 热继电器 FR2 常闭触头脱开。

f. 进给变速冲动开关 SQ6 的常闭触头 SQ6-2 断开脱落。

g. 两个进给操作手柄不是都在零位。

⑥ 进给变速不能变动　发生进给变速不能变动，故障的原因主要有以下方面的内容。

a. 进给变速行程开关 SQ6 的位置移动、撞坏或接线松脱。

b. 进给操作手柄不是都在零位。

⑦ 工作台向左、向右、向前和向下进给正常，没向上和向后进给　这一故障的原因是行程开关 SQ4 的常开触头 SQ4-1 断开。

⑧ 工作台的横向进给和垂直进给都正常，不能纵向进给　这一故障的原因是触头 SQ6-4、SQ4-2 和 SQ3-2 有断开的地方。

⑨ 工作台不能快速移动　发生工作台不能快速移动，故障的原因主要有以下方面的内容。

a. 熔断器 FU3 或 FU4 的熔丝已熔断，应更换熔丝。

b. 快速移动按钮 SB5 或 SB6 的触头接触不良或接线松动、脱落。

c. 接触器 KM4 的线圈已损坏。

d. 整流二极管损坏。

第7章 数控机床类设备的修理

7.1 数控机床关键零部件的特点

数控机床是典型的机电一体化产品，它有普通机床所不具备的许多优点，尤其在结构和材料上有很多变化，例如导轨、主轴、丝杠螺母等关键零部件。

(1) 导轨

数控机床的导轨，要求在高速进给时不振动，低速进给时不爬行；灵敏度高，能在重负载下长期连续工作；耐磨性高、精度保持性好等。目前数控机床上常用的导轨有滑动导轨和滚动导轨两大类。

1）滑动导轨

传统的铸铁、铸钢或淬火钢的导轨，除简易数控机床外，现代的数控机床已不采用，而广泛采用优质铸铁-塑料或镶钢-塑料滑动导轨，大大提高了导轨的耐磨性。优质铸铁一般牌号为HT300，表面淬火硬度为45～50HRC，表面粗糙度研磨至Ra0.20～1.10μm；镶钢导轨常用55钢或合金钢，淬硬至58～62HRC；而导轨塑料一般用于导轨副的运动导轨，常用聚四氟乙烯导轨软带和环氧树脂涂层两类。

① 聚四氟乙烯导轨软带　聚四氟乙烯导轨软带是一种以聚四氟乙烯为基料，添加适量青铜粉、二硫化钼、石墨等填充剂所构成的高分子复合材料，具有特别高的耐磨性能和很低的滑动阻力，吸振性能好、耐老化，不受一般化学物质的腐蚀，自润滑性能好等优点，用特种粘接剂便可将这种软带粘接在导轨面上，操作简便，且能大大地改善导轨的工作性能，延长使用寿命。如果所粘接的软带导轨经使用又磨损至不能满足工作要求时，可将原软带剥去，胶层清除干净后，重新粘接新的软带即可，非常简便。因此，它广泛应用于中小型数控机床的运动导轨，适用于进给速度15m/min以下。

② 环氧树脂涂层　它是以环氧树脂和二硫化钼为基体，加入增塑剂并混合为膏状，与固化剂配合使用的双组分耐磨涂层材料。它附着力强，可用涂覆工艺或压注成形工艺涂到预先加工成锯齿形状的导轨上。涂层厚度为1.5～2.5mm。国产的HNT（环氧树脂耐磨涂料）多用于轻负载的数控机床导轨；德国产的SKC3则更适用于重型机床和不能用导轨软带的复杂配合面上。

2）滚动导轨

由于数控机床要求运动部件对指令信号作出快速反应的同时，还希望有恒定的摩擦阻力和

无爬行现象，因而越来越多的数控机床采用滚动导轨。

① 滚动导轨的特点　滚动导轨在导轨面之间放置滚珠、滚柱（或滚针）等滚动体，使导轨面之间为滚动摩擦而不是滑动摩擦。滚动导轨与滑动导轨相比，优点是：灵敏度高、摩擦阻力小，且其动摩擦与静摩擦因数相差甚微，因而运动均匀，尤其是低速移动时，不易出现爬行现象；定位精度高，重复定位误差可达0.2μm；牵引力小、移动方便；磨损小、精度保持好、寿命长。但滚动导轨抗振性差，对防护要求高，结构复杂，制造比较困难，成本较高。滚动导轨适用于机床工作部件要求移动均匀、运动灵敏及定位精度高的场合。目前滚动导轨在数控机床上已得到广泛的应用。

② 滚动导轨的类型　根据滚动体的种类，滚动导轨有以下三种类型。

a. 滚珠导轨　这种导轨的承载能力小、刚度低。为了避免在导轨面上压出凹坑而丧失精度，一般常采用淬火钢制造导轨面。滚珠导轨适用于运动的工作部件质量小于100～200kg和切削力不大的机床上。如图7-1所示为工具磨床工作台导轨、磨床的砂轮修整器导轨以及仪器的导轨等。

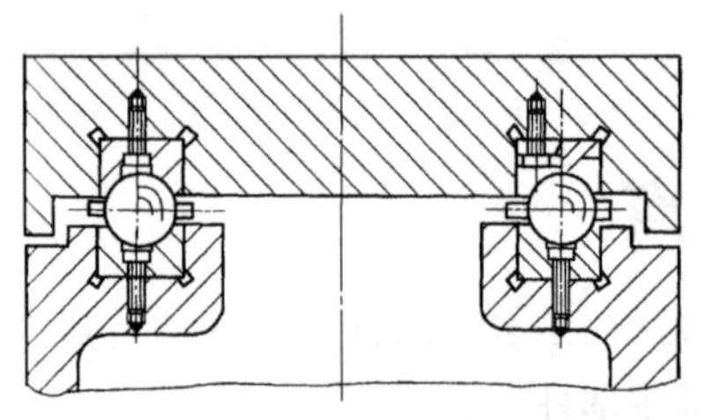

(a) 工具磨床工作台导轨

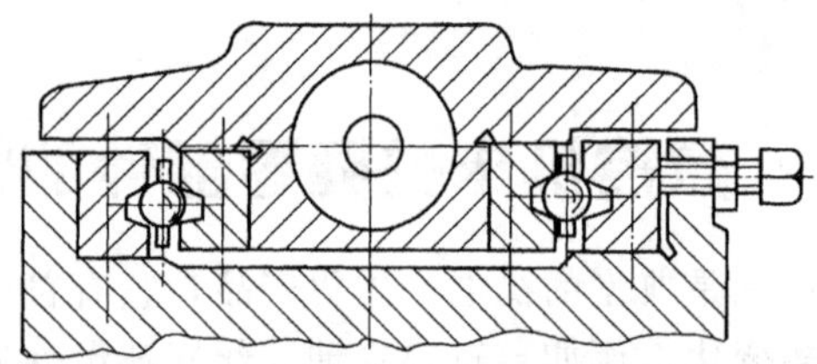

(b) 磨床的砂轮修整器导轨

图7-1　滚珠导轨

b. 滚柱导轨　如图7-2所示，这种导轨的承载能力及刚度都比滚珠导轨大。但对于安装的偏斜反应大，支承的轴线与导轨的平行度偏差不大时也会引起偏移和侧向滑动，这样会使导轨磨损加快或降低精度。小滚柱（小于ϕ10mm）比大滚柱（大于ϕ25mm）对导轨面不平行敏感，但小滚柱的抗振性高。目前数控机床较多采用滚柱导轨，特别是载荷较大的机床。

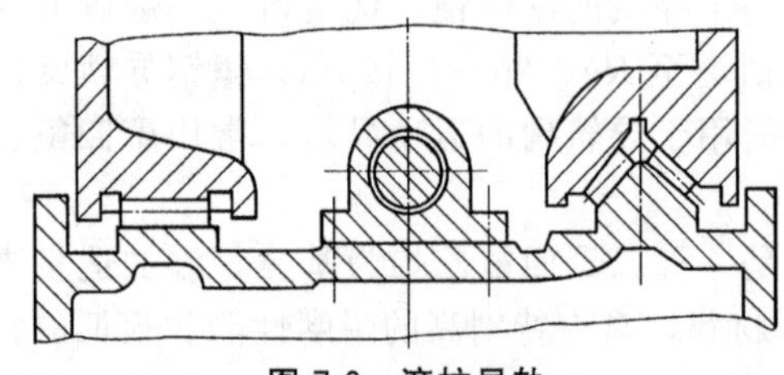

图7-2　滚柱导轨

c. 滚针导轨　滚针比滚柱的长径比大。滚针导轨的特点是尺寸小、结构紧凑。为了提高工作台的移动精度，滚针的尺寸应按直径分组。滚针导轨适用于导轨尺寸受限制的机床上。

根据滚动导轨是否预加负载，滚动导轨可分为预加负载和不预加负载两类。

预加负载的优点是能提高导轨刚度。在同样负载下引起的弹性变形，预加负载系统仅为没有预加负载时的一半。若预应力合理，则导轨磨损小。但这种导轨制造比较复杂，成本较高。预加负载的滚动导轨适用于颠覆力矩较大和垂直方向的导轨中，数控机床常采用这种导轨。

滚动导轨的预加负载，可通过相配零件相应尺寸关系形成，如图7-3（a）所示。装配时，量出滚动体的实际尺寸A，然后刮研压板与溜板的接合面或其间的垫片，由此形成包容尺寸A-δ。过盈量的大小可通过实际测量决定。如图7-3（b）所示为通过移动导轨体的方式实现预加负载的方法。调整时拧动侧面的螺钉3，即可调整导轨体1及2的距离而预加负载。若改用斜镶条调整，则导轨的过盈量沿全长的分布较均匀。

(2) 主轴部件

数控机床的主轴部件，既要满足精加工时精度较高的要求，又要具备粗加工时高效切削的

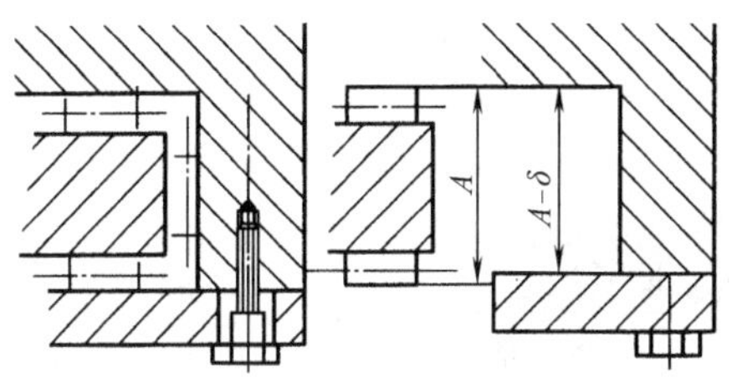

(a) 通过相配零件相应尺寸预加负载

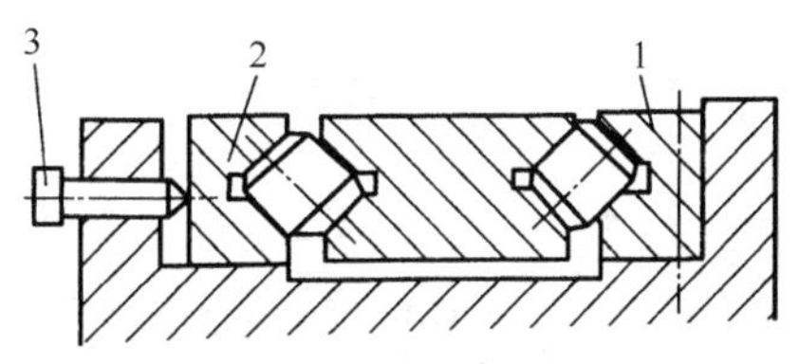

(b) 通过移动导轨体预加负载

图 7-3 滚动导轨预加负载的方法

1,2—导轨体 3—螺钉

能力，因此在旋转精度、刚度、抗振性和热变形等方面，都有很高的要求。在布局结构方面，一般数控机床的主轴部件，与其他高效、精密自动化机床没有多大区别，但对于具有自动换刀功能的数控机床，其主轴部件除主轴、主轴轴承和传动件等一般组成部分外，还有刀具自动夹紧、主轴自动准停和主轴装刀孔吹净等装置。

① 主轴轴承的配置方式

a. 前支承采用双列短圆柱滚子轴承和 60°角接触双列向心推力球轴承组合，后支承采用向心推力球轴承。此配置形式使主轴的综合刚度大幅度提高，可以满足强力切削的要求，因此普遍应用于各类数控机床的主轴。

b. 前支承采用高精度双列向心推力球轴承。向心推力球轴承具有良好的高速性能，主轴最高转速可达 4000r/min，但它的承载能力小，因而适用于高速、轻载和精密的数控机床的主轴。

c. 双列和单列圆锥滚子轴承。这种轴承能承受较大的径向和轴向力、重载荷，尤其能承受较强的动载荷，安装与调整性能好。但是这种配置方式限制了主轴最高转速和精度，因此适用于中等精度、低速与重载的数控机床主轴。

在主轴的结构上要处理好卡盘或刀具的装夹、主轴的卸荷、主轴轴承的定位和间隙调整、主轴部件的润滑和密封以及工艺上的一系列问题。为了尽可能减少主轴部件温升引起的热变形对机床工作精度的影响，通常用润滑油的循环系统把主轴部件的热量带走，使主轴部件与箱体保持恒定的温度。在某些数控镗铣床上采用专门的制冷装置，能比较理想地实现温度控制。近年来，某些数控机床主轴采用高级油脂，用封闭方式润滑，每加一次油脂可以使用 7～8 年，为了使润滑油和润滑脂不致混合，通常采用迷宫式密封。

对于数控车床主轴，因为它两端安装着结构笨重的动力卡盘和夹紧液压缸，主轴刚度必须进一步提高，并设计合理的连接端以改善动力卡盘与主轴端部的连接刚度。

对于数控镗铣床主轴，考虑到实现刀具的快速或自动装卸，主轴上还必须设计有刀具装卸、主轴准停和主轴孔内的切屑清除装置。

② 主轴的自动装卸和切屑清除装置 在带有刀具库的自动换刀数控机床中，为实现刀具在主轴上的自动装卸，其主轴必须设计有刀具的自动夹紧机构，如图 7-4 所示。

加工用的刀具通过刀杆、刀柄和接杆等各种标准刀夹安装在主轴上。刀夹 1 以锥度为 7∶24的锥柄在主轴 3 前端的锥孔中定位，并通过拧紧在锥柄尾部的拉钉 2 被拉紧在锥孔中。夹紧刀夹时，液压缸上（右）腔接通回油，弹簧 11 推活塞 6 上（右）移，处于图 7-4 所示位置，拉杆 4 在碟形弹簧 5 作用下向上（右）移动；由于此装置在拉杆前端径向孔中的四个钢球 12，进入主轴孔中直径较小的 d_2处，如图 7-4（b）所示，被迫径向收拢而卡进拉钉 2 的环形凹槽内，因而刀杆被拉钉拉紧，依靠摩擦力紧固在主轴上。切削扭矩则由端面键 13 传递。换刀前需将刀夹松开时，压力油进入液压缸上（右）腔，活塞 6 推动拉杆 4 下（左）移动，碟形

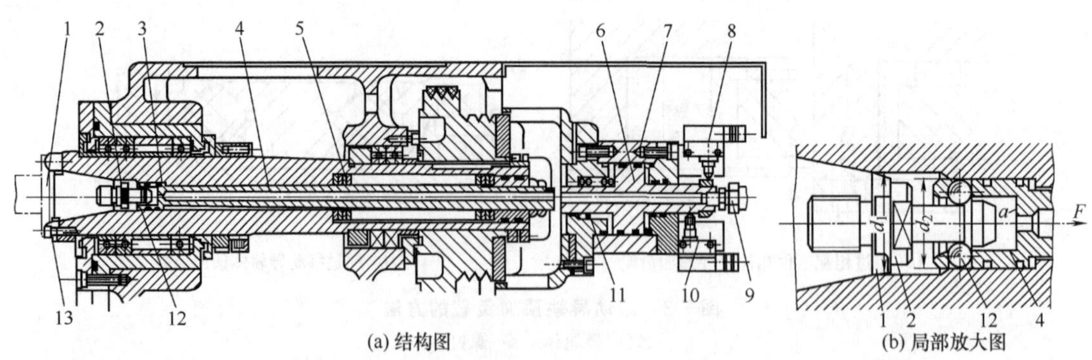

(a) 结构图 (b) 局部放大图

图 7-4　自动换刀数控立式镗床主轴部件（JCS-018）

1—刀夹；2—拉钉；3—主轴；4—拉杆；5—碟形弹簧；6—活塞；7—液压缸；8,10—行程开关；9—压缩空气管接头；11—弹簧；12—钢球；13—端面键

弹簧被压缩；当钢球 12 随拉杆一起下（左）移至进入主轴孔中直径较大的 d_1 处时，它就不再能约束拉钉的头部，紧接着拉杆前端内孔的台肩端面 a 碰到拉钉，把刀夹顶松。此时行程开关 10 发出信号，换刀机械手随即将刀夹取下。与此同时，压缩空气管接头 9 经活塞和拉杆的中心通孔吹入主轴装刀孔内，把切屑或脏物清除干净，以保证刀具的安装精度。机械手把新刀装上主轴后，液压缸 7 接通回油，碟形弹簧又拉紧刀夹。刀夹拉紧后，行程开关 8 发出信号。

自动清除主轴孔中的切屑和尘埃是换刀操作中的一个不容忽视的问题。如果在主轴锥孔中掉进了切屑或其他污物，在拉紧刀杆时，主轴锥孔表面和刀杆的锥柄就会被划伤，使刀杆发生偏斜，破坏刀具的正确定位，影响加工零件的精度，甚至使零件报废。为了保证主轴锥孔的清洁，常用压缩空气吹屑。如图 7-4 所示活塞 6 的心部钻有压缩空气通道，当活塞向左移动时，压缩空气经拉杆 4 吹出，将锥孔清理干净。喷气小孔要有合理的喷射角度，并均匀分布，以提高吹屑效果。

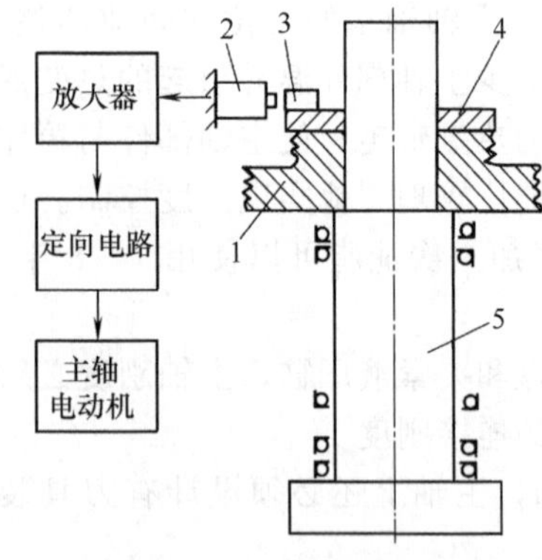

图 7-5　主轴准停装置的工作原理（JCS-018）

1—多楔带轮；2—磁传感器；3—永久磁铁；4—垫片；5—主轴

③ 主轴准停装置　自动换刀数控机床主轴部件设有准停装置，其作用是使主轴每次都准确地停止在固定不变的周向位置上，以保证换刀时主轴上的端面键能对准刀夹上的键槽，同时使每次装刀时刀夹与主轴的相对位置不变，提高刀具的重复安装精度，从而可提高孔加工时孔径的一致性。如图 7-4 所示主轴部件采用的是电气准停装置，其工作原理如图 7-5 所示。在传动主轴旋转的多楔带轮 1 的端面上装有一个厚垫片 4，垫片上装有一个体积很小的永久磁铁 3。在主轴箱箱体对应于主轴准停的位置上，装有磁传感器 2。当机床需要停车换刀时，数控装置发出主轴停转的指令，主轴电动机立即降速。在主轴以最低转速慢转很少几转，永久磁铁 3 对准磁传感器 2 时，后者发出准停信号。此信号经放大后，由定向电路控制主轴电动机，准确地停止在规定的周向位置上。这种装置可保证主轴准停的重复精度在±1°范围内。

7.2 数控机床的故障分析与检查

数控机床由于自身原因不能工作，就是产生了故障。此时，在修理前必须针对故障现象进行分析与检查。

7.2.1 数控机床故障分类

(1) 系统性故障和随机性故障

按故障出现的必然性和偶然性，分为系统性故障和随机性故障。系统性故障是指机床和系统在某一特定条件必然出现的故障，随机性故障是指偶然出现的故障。因此，随机性故障的分析与排除比系统性故障困难得多。通常，随机性故障往往是因机械结构局部松动、错位，控制系统中元器件出现工作特性漂移，电器元件工作可靠性下降等原因造成的，需经反复试验和综合判断才能排除。

(2) 诊断显示故障和无诊断显示故障

以故障出现时有无自诊断显示，可分为有诊断显示故障和无诊断显示故障两种。现今的数控系统都有较丰富的自诊断功能，出现故障时会停机、报警并自动显示相应报警参数号，使维护人员较容易找到故障原因。而无诊断显示故障，往往机床停在某一位置不能动，甚至手动操作也失灵，维护人员只能根据出现故障前后现象来分析判断，排除故障难度较大。另外，诊断显示也有可能是其他原因引起的。如因刀库运动误差造成换刀位置不到位、机械手卡在取刀中途位置，而诊断显示为机械手换位开关未压合报警，这时调整的应是刀库定位误差而不是机械手位置开关。

(3) 破坏性故障和非破坏性故障

以故障有无破坏性，分为破坏性故障和非破坏性故障。对于破坏性故障，如伺服系统失控造成撞车、短路烧坏保险等，维护难度大，有一定危险，修后不允许重演这些现象。而非破坏性故障可经多次反复试验至排除，不会对机床造成损害。

(4) 机床运动特性质量故障

这类故障发生后，机床照常运行，也没有任何报警显示。但加工出的工件不合格。针对这些故障，必须在检测仪器配合下，对机械系统、控制系统、伺服系统等采取综合措施。

(5) 硬件故障和软件故障

按发生故障的部位分为硬件故障和软件故障。硬件故障只要通过更换某些元器件，如电器开关等，即可排除。而软件故障是由于编程错误造成的，通过修改程序内容或修订机床参数即可排除。

7.2.2 故障原因分析

加工中心出现故障，除少量自诊断功能可以显示故障原因外，如存储器报警、动力电源电压过高报警等，大部分故障是由综合因素引起的，往往不能确定其具体原因，必须做充分的调查。

(1) 充分调查故障现场

机床发生故障后，维护人员应仔细观察寄存器和缓冲工作寄存器尚存内容，了解已执行程序内容，向操作者了解现场情况和现象。

(2) 将可能造成故障的原因全部列出

加工中心上造成故障的原因多种多样，有机械的、电气的、控制系统的等。

(3) 逐步选择确定故障产生的原因

根据故障现象，参考机床有关维护使用手册罗列出诸多因素，经优化选择综合判断，找出确切因素，才能排除故障。

(4) 故障的排除

找到造成故障的确切原因后，就可以“对症下药”，修理、调整和更换有关元部件。

7.2.3 数控机床故障检查

数控机床发生故障时，除非出现影响设备或人身安全的紧急情况，否则不要立即关断电源。要充分调查故障现场，从系统的外观、CRT 显示的内容、状态报警指示及有无烧灼痕迹等方面进行检查。在确认系统通电无危险的情况下，可按系统复位（RESET）键，观察系统是否有异常，报警是否消失，如能消失，则故障多为随机性，或是操作错误造成的。CNC 系统发生故障，往往是同一现象、同一报警号可以有多种起因，有的故障根源在机床上，但现象却反映在系统上，所以，无论是 CNC 系统、机床电器，还是机械、液压及气动装置等，只要有可能引起该故障，都要尽可能全面地列出来，进行综合判断，确定最有可能的原因，再通过必要的试验，达到确诊和排除故障的目的。为此，当故障发生后，要对故障的现象做详细的记录，这些记录往往为分析故障原因、查找故障源提供重要依据。当机床出现故障时，往往从以下几方面进行调查。

(1) 检查机床的运行状态

① 机床故障时的运行方式。

② MDI/CRT 显示的内容。

③ 各报警状态指示的信息。

④ 故障时轴的定位误差。

⑤ 刀具轨迹是否正常。

⑥ 辅助机能运行状态。

⑦ CRT 显示有无报警及相应的报警号。

(2) 检查加工程序及操作情况

① 是否为新编制的程序。

② 故障是否发生在子程序部分。

③ 检查程序单和 CNC 内存中的程序。

④ 程序中是否有增量运动指令。

⑤ 程序段跳步功能是否正确使用。

⑥ 刀具补偿量及补偿指令是否正确。

⑦ 故障是否与换刀有关。

⑧ 故障是否与进给速度有关。

⑨ 故障是否和螺纹切削有关。

⑩ 操作者的训练情况。

(3) 检查故障的出现率和重复性

① 故障发生的时间和次数。

② 加工同类工件故障出现的概率。

③ 多次重复执行引起故障的程序段，观察故障的重复性。

(4) 检查系统的输入电压

① 输入电压是否有波动，电压值是否在正常范围内。

② 系统附近是否有使用大电流的装置。

(5) 检查环境状况

① CNC 系统周围温度。

② 电气控制柜的空气过滤器的状况。

③ 系统周围是否有振动源引起系统的振动。

(6) 检查外部因素

① 故障前是否修理或调整过机床。

② 故障前是否修理或调整过 CNC 系统。

③ 机床附近有无干扰源。

④ 使用者是否调整过 CNC 系统的参数。

⑤ CNC 系统以前是否发生过同样的故障。

(7) 检查运行情况

① 在运行过程中是否改变工作方式。

② 系统是否处于急停状态。

③ 熔丝是否熔断。

④ 机床是否做好运行准备。

⑤ 系统是否处于报警状态。

⑥ 方式选择开关设定是否正确。

⑦ 速度倍率开关是否设定为零。

⑧ 机床是否处于锁住状态。

⑨ 进给保持按钮是否按下。

(8) 检查机床状况

① 机床是否调整好。

② 运行过程中是否有振动产生。

③ 刀具状况是否正常。

④ 间隙补偿是否合适。

⑤ 工件测量是否正确。

⑥ 电缆是否有破裂和损伤。

⑦ 信号线和电源线是否分开走线。

(9) 检查接口情况

① 电源线和 CNC 系统内部电缆是否分开安装。

② 屏蔽线接线是否正确。

③ 继电器、接触器的线圈和电动机等处是否加装有噪声抑制器。

7.3 数控机床机械部件的故障诊断与维修

机床在运行过程中，一旦发生故障，往往会导致不良后果。因此，必须在机床运行过程中，对机床的运行状态及时做出判断并采取相应的措施。

7.3.1 诊断故障的方法与技术

在诊断技术上，既有传统的“实用诊断方法”，又有利用先进测试手段的“现代诊断方法”。

(1) 实用诊断的方法与技术

由维修人员的感觉器官对机床进行问、看、听、触、嗅等的诊断，称为“实用诊断技术”。它主要应用以下诊断方法。

1）问

就是询问机床故障发生的经过，弄清故障是突发的，还是渐发的。一般操作者熟知机床性能，故障发生时又在现场耳闻目睹，所提供的情况对故障的分析是很有帮助的。通常应询问下

列情况。

① 机床开动时有哪些异常现象。

② 对比故障前后工件的精度和表面粗糙度，以便分析故障产生的原因。

③ 传动系统是否正常，出力是否均匀，背吃刀量和走刀量是否减小等。

④ 润滑油品牌号是否符合规定，用量是否适当。

⑤ 机床何时进行过保养检修等。

2）看

看主要是从以下方面针对故障进行的分析判断。

① 看转速　观察主传动速度的变化，如带传动的线速度变慢，可能是传动带过松或负荷太大；对主传动系统中的齿轮，主要看它是否跳动、摆动；对传动轴主要看它是否弯曲或晃动。

② 看颜色　如果机床转动部位，特别是主轴和轴承运转不正常，就会发热。长时间升温会使机床外表颜色发生变化，大多呈黄色。油箱里的油也会因温升过高而变稀，颜色变样；有时也会因久不换油、杂质过多或油变质而变成深墨色。

③ 看伤痕　机床零部件碰伤损坏部位很容易发现，若发现裂纹时，应做一记号，隔一段时间后再比较它的变化情况，以便进行综合分析。

④ 看工件　从工件来判别机床的好坏。若车削后的工件表面粗糙度 Ra 数值大，主要是由于主轴与轴承之间的间隙过大，溜板、刀架等压板楔铁有松动以及滚珠丝杠预紧松动等原因所致。若是磨削后的表面粗糙度 Ra 数值大，这主要是由于主轴或砂轮动平衡差，机床出现共振以及工作台爬行等原因所引起的。若工件表面出现波纹，则看波纹数是否与机床主轴传动齿轮的齿数相等，如果相等，则表明主轴齿轮啮合不良是故障的主要原因。

⑤ 看变形　主要观察机床的传动轴、滚珠丝杠是否变形；直径大的带轮和齿轮的端面是否跳动。

⑥ 看油箱与冷却箱　主要观察油或冷却液是否变质，确定其能否继续使用。

3）听

用以判别机床运转是否正常。一般运行正常的机床，其声响具有一定的音律和节奏，并保持持续的稳定。机械运动发出的正常声响大致可归纳为以下几种。

① 一般做旋转运动的机件，在运转区间较小或处于封闭系统时，多发出平静的“嘤嘤”声；若处于非封闭系统或运行区较大时，多发出较大的蜂鸣声；各种大型机床则产生低沉而振动声浪很大的轰隆声。

② 正常运行的齿轮副，一般在低速下无明显的声响；链轮和齿条传动副一般发出平稳的“唧唧”声；直线往复运动的机件，一般发出周期性的“咯噔”声；常见的凸轮顶杆机构、曲柄连杆机构和摆动摇杆机构等，通常都发出周期性的“嘀嗒”声；多数轴承副一般无明显的声响，借助传感器（通常用金属杆或螺钉旋具）可听到较为清晰的“嘤嘤”声。

③ 各种介质的传输设备产生的输送声，一般均随传输介质的特性而异。如气体介质多为“呼呼”声；流体介质为“哗哗”声；固体介质发出“沙沙”声或“呵罗呵罗”声响。

掌握正常声响及其变化，并与故障时的声音相对比，是“听觉诊断”的关键。以下是几种一般容易出现的异声。

a. 摩擦声　声音尖锐而短促，常常是两个接触面相对运动的研磨。如带打滑或主轴轴承及传动丝杠副之间缺少润滑油，均会产生这种异声。

b. 泄漏声　声小而长，连续不断，如漏风、漏气和漏液等。

c. 冲击声　声音低而沉闷，如气缸内的间断冲击声，一般是由于螺栓松动或内部有其他异物碰击。

d. 对比声　用手锤轻轻敲击来鉴别零件是否缺损，有裂纹的零件敲击后发出的声音就不那么清脆。

4）触

用手感来判别机床的故障，通常有以下几方面。

① 温升　人的手指触觉是很灵敏的，能相当可靠地判断各种异常的温升，其误差可准确到3～5℃。根据经验，当机床温度在0℃左右时，手指感觉冰凉，长时间触摸会产生刺骨的痛感；10℃左右时，手感较凉，但可忍受；20℃左右时，手感到稍凉，随着接触时间延长，手感潮湿；30℃左右时，手感微温有舒适感；40℃左右时，手感如触摸高烧病人；50℃左右时，手感较烫，如掌心扪的时间较长有汗感；60℃左右时，手感很烫，但可忍受10s左右；70℃左右时，手有灼痛感，且手的接触部位很快出现红色；80℃以上时，瞬时接触手感“麻辣火烧”，时间过长，可出现烫伤。为了防止手指烫伤，应注意手的触摸方法，一般先用右手并拢的食指、中指和无名指指背中节部位轻轻触及机件表面，断定对皮肤无损害后，才可用手指肚或手掌触摸。

② 振动　轻微振动可用手感鉴别，至于振动的大小可找一个固定基点，用一只手去同时触摸便可以比较出振动的大小。

③ 伤痕和波纹　肉眼看不清的伤痕和波纹，若用手指去摸则可很容易地感觉出来。摸的方法是：对圆形零件要沿切向和轴向分别去摸；对平面则要左右、前后均匀去摸。摸时不能用力太大，轻轻把手指放在被检查面上接触便可。

④ 爬行　用手摸可直观地感觉出来，造成爬行的原因很多，常见的是润滑油不足或选择不当；活塞密封过紧或磨损造成机械摩擦阻力加大；液压系统进入空气或压力不足等。

⑤ 松或紧　用手转动主轴或摇动手轮，即可感到接触部位的松紧是否均匀适当，从而可判断出这些部位是否完好可用。

5）嗅

由于剧烈摩擦或电器元件绝缘破损短路，使附着的油脂或其他可燃物质发生氧化蒸发或燃烧产生油烟气、焦煳气等异味，应用嗅觉诊断的方法可收到较好的效果。

上述实用诊断技术的主要诊断方法，实用简便、相当有效。

(2) 现代诊断技术的应用

现代诊断技术是利用诊断仪器和对所收集的数据进行处理，以便对机械装置的故障原因、部位和故障的严重程度进行定性和定量分析，常见的检测与分析方法主要有以下方面。

① 油液光谱分析　通过使用原子吸收光谱仪，对进入润滑油或液压油中磨损的各种金属微粒和外来杂质进行化学成分和浓度分析，进而进行状态监测。

② 振动检测　通过安装在机床某些特征点上的传感器，利用振动计来回检测，测量机床上某些测量处的总振级大小，如位移、速度、加速度和幅频特性等，从而对故障进行预测和监测。

③ 噪声谱分析　通过声波计对齿轮噪声信号频谱中的啮合谐波幅值变化规律进行深入分析，识别和判断齿轮磨损失效故障状态，可做到非接触式测量，但要减少环境噪声的干扰。

④ 故障诊断专家系统的应用　将诊断所必需的知识、经验和规则等信息编成计算机可以利用的知识库，建立具有一定智能的专家系统。这种系统能对机器状态做常规诊断，解决常见的各种问题，并可自行修正和扩充已有的知识库，不断提高诊断水平。

⑤ 温度监测　利用各种测温探头，测量轴承、轴瓦、电动机和齿轮箱等装置的表面温度，具有快速、正确、方便的特点。

⑥ 非破坏性检测　根据探伤仪观察内部机体的缺陷。

7.3.2 主轴部件的故障诊断与维护

数控机床主轴部件是影响机床加工精度的主要部件。它的回转精度影响工件的加工精度；它的功率大小与回转速度影响加工效率；它的自动变速、准停和换刀等影响机床的自动化程度。因此，要求主轴部件具有与本机床工作性能相适应的高回转精度、刚度、抗振性、耐磨性和低的温升。在结构上，必须很好地解决刀具和工件的装夹、轴承的配置、轴承间隙调整和润滑密封等问题。

(1) 维护的特点

如图 7-6 所示为一数控车床主轴部件的结构图。其维护的特点主要有以下方面。

1）主轴润滑

为了保证主轴有良好的润滑，减少摩擦发热，同时又能把主轴组件的热量带走。通常采用循环式润滑系统。用液压泵供油强力润滑，在油箱中使用油温控制器控制油液温度。为了适应主轴转速向更高速化发展的需要，新的润滑冷却方式相继开发出来。这些新型润滑冷却方式不但要减少轴承温升，还要减少轴承内外圈的温差，以保证主轴热变形小。

① 油气润滑方式　这种润滑方式近似于油雾润滑方式，有所不同的是，油气润滑是定时定量地把油雾送进轴承空隙中，这样既实现了油雾润滑，又不至于油雾太多而污染周围空气；后者则是连续供给油雾。

② 喷注润滑方式　它用较大流量的恒温油（每个轴承 3～4L/min）喷注到主轴轴承，以达到润滑、冷却的目的。这里要特别指出的是，较大流量喷注的油，不是自然回流，而是用排油泵强制排油，同时，采用专用高精度大容量恒温油箱，油温变动控制在±0.5℃。

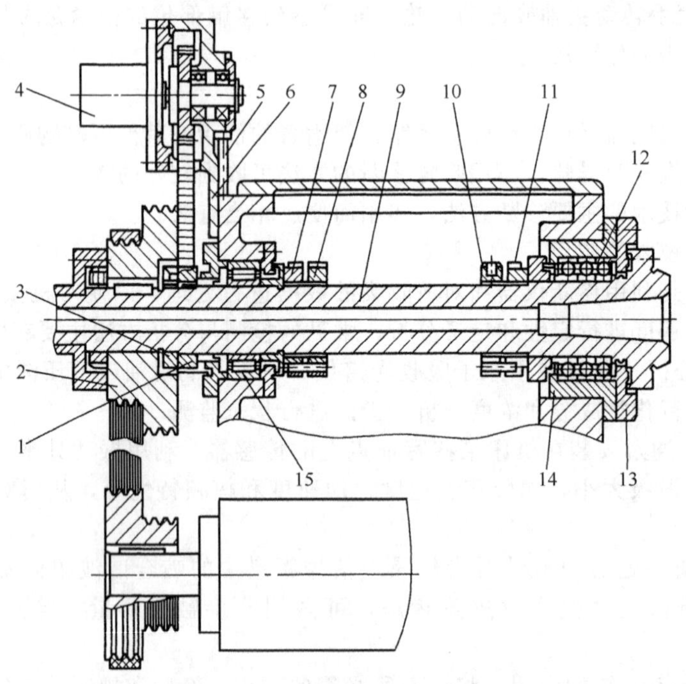

图 7-6　数控车床主轴部件的结构图

1—同步带轮；2—带轮；3,7,8,10,11—螺母；4—主轴脉冲发生器；5—螺钉；6—支架；
9—主轴；12—角接触球轴承；13—前端盖；14—前支承套；15—圆柱滚子轴承

2）防泄漏

在密封件中，被密封的介质往往是以穿滑、溶透或扩散的形式越界泄漏到密封连接处的彼

侧。造成泄漏的主要原因是流体从密封面上的间隙中溢出，或是由于密封部件内外两侧密封介质的压力差或浓度差，致使流体向压力或浓度低的一侧流动。

如图 7-7 所示为卧式加工中心主轴前支承的密封结构。在前支承处采用了双层小间隙密封装置。主轴前端车出两组锯齿形护油槽，1 为进油口，在法兰盘 4、5 上开沟槽及泄漏孔，当喷入轴承 2 内的油液流出后被法兰盘 4 内壁挡住，并经其下部的泄油孔 9 和套筒 3 上的回油斜孔 8 流回油箱，少量油液沿主轴 6 流出时，主轴护油槽内的油液在离心力的作用下被甩至法兰盘 4 的沟槽内，经回油斜孔 8 重新流回油箱，达到了防止润滑介质泄漏的目的。

当外部切削液、切屑及灰尘等沿主轴 6 与法兰盘 5 之间的间隙进入时，经法兰盘 5 的沟槽由泄漏孔 7 排出，少量的切削液、切屑及灰尘进入主轴前锯齿沟槽，在主轴 6 高速旋转的离心力作用下仍被甩至法兰盘 5 的沟槽内，由泄漏孔 7 排出，达到了主轴端部密封的目的。

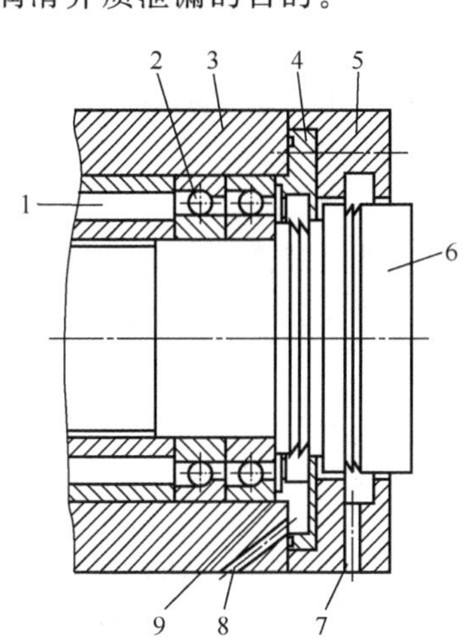

图 7-7 卧式加工中心主轴前支承的密封结构

1—进油口；2—轴承；3—套筒；4,5—法兰盘；6—主轴；7—泄漏孔；8—回油斜孔；9—泄油孔

要使密封结构能在一定的压力和温度范围内具有良好的密封防漏性能，必须保证法兰盘 4、5 与主轴及轴承端面的配合间隙符合如下条件。

① 法兰盘 4 与主轴 6 的配合间隙应控制在单边 0.1～0.2mm 范围内。如果间隙偏大，则泄漏量将按间隙的 3 次方扩大；若间隙过小，由于加工及安装误差，容易与主轴局部接触使主轴局部升温并产生噪声。

② 法兰盘 4 内端面与轴承端面的间隙应控制在 0.15～0.3mm 之间。小间隙可使压力油直接被挡住并沿法兰盘 4 内端面下部的泄油孔 9 经回油斜孔 8 流回油箱。

③ 法兰盘 5 与主轴的配合间隙应控制在单边 0.15～0.25mm 范围内。间隙太大，进入主轴 6 内的切削液及杂物会显著增多；太小，则易与主轴接触。法兰盘 5 沟槽深度应大于 10mm（单边），泄油孔 7 应大于 6mm，并位于主轴下端靠近沟槽内壁处。

④ 法兰盘 4 的沟槽深度大于 12mm（单边），主轴上的锯齿尖而深，一般在 5～8mm 范围内，从而确保具有足够的甩油空间。法兰盘 4 处的主轴锯齿向后倾斜，法兰盘 5 处的主轴锯齿向前倾斜。

⑤ 法兰盘 4 上的沟槽与主轴 6 上的护油槽对齐，以保证被主轴甩至法兰盘沟槽内腔的油液能可靠地流回油箱。

⑥ 套筒前端的回油斜孔 8 及法兰盘 4 的泄油孔 9 流量为进油孔 1 的 2～3 倍，以保证压力油能顺利地流回油箱。

(2) 主轴部件的维护

① 熟悉数控机床主轴部件的结构、性能参数，严禁超性能使用。

② 主轴部件出现不正常现象时，应立即停机排除故障。

③ 操作者应注意观察主轴箱温度，检查主轴润滑恒温油箱，调节温度范围，使油量充足。

④ 使用带传动的主轴系统，需定期观察调整主轴驱动皮带的松紧程度，防止因皮带打滑造成的丢转现象。

⑤ 由液压系统平衡主轴箱重量的平衡系统，需定期观察液压系统的压力表，当油压低于要求值时，要进行补油。

⑥ 使用液压拨叉变速的主传动系统，必须在主轴停车后变速。

⑦ 使用啮合式电磁离合器变速的主传动系统，离合器必须在低于 2r/min 的转速下变速。

⑧ 注意保持主轴与刀柄连接部位及刀柄的清洁，防止对主轴的机械碰击。

⑨ 每年对主轴润滑恒温油箱中的润滑油更换一次，并清洗过滤器。

⑩ 每年清理润滑油池底一次，并更换液压泵滤油器。

⑪ 每天检查主轴润滑恒温油箱，使油量充足，工作正常。

⑫ 防止各种杂质进入润滑油箱，保持油液清洁。

⑬ 经常检查轴端及各处密封，防止润滑油液的泄漏。

⑭ 刀具夹紧装置长时间使用后，会使活塞杆和拉杆间的间隙加大。造成拉杆位移量减少，使碟形弹簧张闭伸缩量不够，影响刀具的夹紧，故需及时调整液压缸活塞的位移量。

⑮ 经常检查压缩空气气压，并调整到标准要求值。有足够的气压，才能使主轴锥孔中的切屑和灰尘清理彻底。

(3) 主轴故障诊断

表 7-1 给出了主轴常见的故障及其产生原因。

表 7-1 主轴的故障诊断及其产生原因

故障现象	故障原因
主轴发热	轴承损伤或不清洁、轴承油脂耗尽或油脂过多、轴承间隙过小
主轴强力切削停转	电动机与主轴传动的皮带过松、皮带表面有油、离合器过松或磨损
润滑油泄漏	润滑油过量、密封件损伤或失效、管件损坏
主轴噪声(振动)	润滑油缺失、皮带轮动平衡不佳、皮带过紧、齿轮磨损或啮合间隙过大、轴承损坏、传动轴弯曲
主轴没有润滑或润滑不足	油泵转向不正确、油管未插到油面下 2/3 深处、油管或过滤器堵塞、供油压力不足
刀具不能夹紧	碟形弹簧位移量太小、刀具松夹弹簧上螺母松动
刀具夹紧后不能松开	刀具松夹弹簧压合过紧、液压缸压力和行程不够

7.3.3 滚珠丝杠螺母副的故障诊断与维护

滚珠丝杠螺母副是数控设备中的关键部件之一，其故障诊断与维护可从以下方面进行。

(1) 滚珠丝杠螺母副的特点

① 摩擦损失小、传动效率高，可达 90%～96%。

② 传动灵敏、运动平稳、低速时无爬行。

③ 使用寿命长。

④ 轴向刚度高。

⑤ 具有传动的可逆性。

⑥ 不能实现自锁，且速度过高会卡住。

⑦ 制造工艺复杂、成本高。

(2) 滚珠丝杠螺母副的装配要求及维护

滚珠丝杠螺母副的故障诊断及维护，可从以下几方面的装配及其维护要求进行。

① 轴向间隙的调整　为了保证反向传动精度和轴向刚度，必须消除轴向间隙。双螺母滚珠丝杠副消除间隙的方法是，利用两个螺母的相对轴向位移，使两个滚珠螺母中的滚珠分别贴紧在螺纹滚道的两个相反的侧面上。用这种方法预紧消除轴向间隙，应注意预紧力不宜过大，预紧力过大会使空载力矩增加，从而降低传动效率、缩短使用寿命。此外，还要消除丝杠安装部分和驱动部分的间隙。常用的双螺母丝杠消除间隙的方法如下。

a. 垫片调隙式　如图 7-8 所示，通过调整垫片的厚度使左、右螺母产生轴向位移，就可达到消除间隙和产生预紧力的目的。

通过垫片调整丝杠间隙的操作方法具有操作简单、刚性好、装卸方便、可靠，但调整困难、调整精度不高的特点。

b. 螺纹调隙式　如图 7-9 所示，用键限制螺母在螺母座内的转动。调整时，拧动圆螺母将螺母沿轴向移动一定距离，在消除间隙之后用圆螺母将其锁紧。

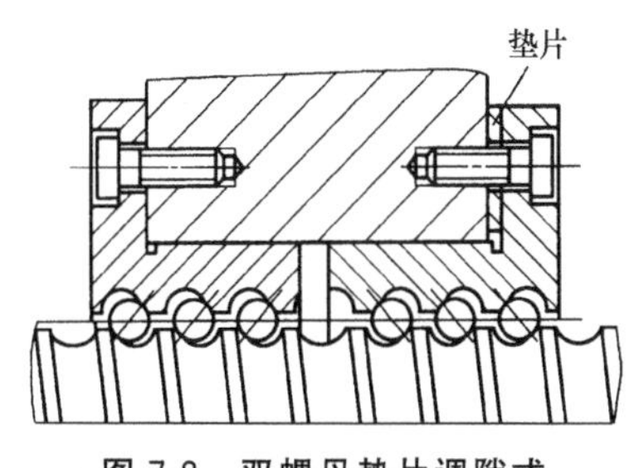

图 7-8　双螺母垫片调隙式

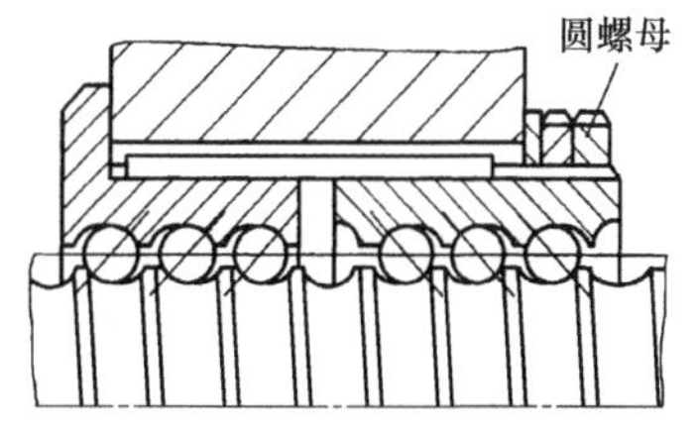

图 7-9　双螺母螺纹调隙式

通过双螺母的螺纹调整丝杠间隙的方法具有简单紧凑、调整方便，但调整精度较差，且易于松动的特点。

c. 齿差调隙式　如图 7-10 所示，螺母 1、2 的凸缘上各自有一个圆柱外齿轮，两个齿轮的齿数相差一个齿，两个内齿圈 3、4 与外齿轮齿数分别相同，并用预紧螺钉和销钉固定在螺母座的两端。调整时先将内齿圈取下，根据间隙的大小调整两个螺母 1、2 分别向相同的方向转过一个或多个齿，使两个螺母在轴向移近了相应的距离达到调整间隙和预紧的目的。

通过双螺母的齿差调整丝杠间隙的方法具有精确调整预紧量，调整方便、可靠，但结构尺寸较大，多用于高精度传动的特点。

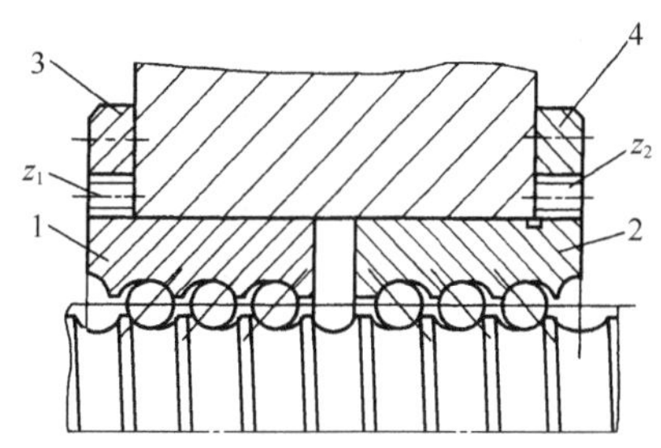

图 7-10　双螺母齿差调隙式

1,2—螺母；3,4—内齿圈

② 支承轴承的定期检查　应定期检查丝杠支承与床身的连接是否有松动以及支承轴承是否损坏等。如有以上问题，要及时紧固松动部位并更换支承轴承。

③ 滚珠丝杠螺母副的润滑　润滑剂可提高耐磨性及传动效率。润滑剂可分为润滑油和润滑脂两大类。润滑油一般为全损耗系统用油。用润滑油润滑的滚珠丝杠螺母副，可在每次机床工作前加油一次，润滑油经过壳体上的油孔注入螺母的空间内。润滑脂可采用锂基润滑脂。润滑脂一般加在螺纹滚道和安装螺母的壳体空间内，每半年对滚珠丝杠上的润滑脂更换一次，清洗丝杠上的旧润滑脂，涂上新的润滑脂。

④ 滚珠丝杠的防护　滚珠丝杠螺母副和其他滚动摩擦的传动元件一样，应避免硬质灰尘或切屑污物进入，因此，必须有防护装置。如滚珠丝杠螺母副在机床上外露，应采用封闭的防护罩，如采用螺旋弹簧钢带套管、伸缩套管以及折叠式套管等。安装时将防护罩的一端连接在滚珠螺母的端面，另一端固定在滚珠丝杠的支承座上。如果处于隐蔽的位置，则可采用密封圈防护，密封圈装在螺母的两端。接触式的弹性密封圈是用耐油橡胶或尼龙制成的，其内孔做成与丝杠螺纹滚道相配的形状，接触式密封圈的防尘效果好。但应有接触压力，使摩擦力矩略有增加。非接触式密封圈又称迷宫式密封圈，它用硬质塑料制成，其内孔与丝杠螺纹滚道的形状相反，并稍有间隙，这样可避免摩擦力矩，但防尘效果差。工作中应避免碰击防护装置，防护装置有损坏要及时更换。

7.3.4　导轨副的故障诊断与维护

导轨是进给系统的主要环节，是机床的基本结构要素之一，导轨的作用是用来支承和引导运动部件沿着直线或圆周方向准确运动的。与支承部件连成一体固定不动的导轨称为支承导

轨，与运动部件连成一体的导轨称为动导轨。机床上的运动部件都是沿着床身、立柱、横梁等部件上的导轨而运动的，其加工精度、使用寿命、承载能力很大程度上取决于机床导轨的精度和性能。而数控机床对于导轨在以下几方面有着更高的要求。

① 高速进给时不振动。

② 低速进给时不爬行。

③ 有高的灵敏度。

④ 能在重载下长期连续工作。

⑤ 耐磨性好、精度保持性好。

因此，导轨的性能对进给系统的影响是不容忽视的。

(1) 导轨的类型

按运动部件的运动轨迹分为直线运动导轨和圆周运动导轨；按导轨接合面的摩擦性分为滑动导轨、滚动导轨和静压导轨。

其中滑动导轨分为：普通滑动导轨——金属与金属相摩擦，摩擦系数大，一般用在普通机床上；塑料滑动导轨——塑料与金属相摩擦，导轨的滑动性好，在数控机床上广泛采用。

静压导轨根据介质的不同又可分为液压导轨和气压导轨。

(2) 导轨的一般要求

数控设备所用导轨具有以下要求。

① 高的导向精度　导向精度是指机床的运动部件沿着导轨移动的直线性（对于直线导轨）或圆性（对于圆运动导轨）及它与有关基面之间相互位置的准确性。各种机床对于导轨本身的精度都有具体的规定或标准，以保证该导轨的导向精度。精度保持性是指导轨能否长期保持其原始精度。此外，还与导轨的机构形式以及支承件材料的稳定性有关。

② 良好的耐磨性　精度丧失的主要因素是导轨的磨损。

③ 足够的刚度　机床各运动部件所受的外力，最后都由导轨面来承受，若导轨受力以后变形过大，不仅破坏导向精度，而且恶化其工作条件。导轨的刚度主要取决于导轨类型、机构形式和尺寸的大小、导轨与床身的连接方式、导轨材料和表面加工质量等。数控机床常用加大导轨截面尺寸，或在主导轨外添加辅助导轨等措施来提高刚度。

④ 良好的摩擦特性　导轨的摩擦系数要小，而且动静摩擦系数应比较接近，以减小摩擦阻力和导轨热变形，使运动平稳，对于数控机床特别要求运动部件在导轨上低速移动时，无“爬行”的现象。

(3) 导轨副的维护

1) 间隙调整

导轨副维护很重要的一项工作是保证导轨面之间具有合理的间隙。间隙过小，则摩擦阻力大，导轨磨损加剧；间隙过大，则运动失去准确性和平稳性，失去导向精度。以下为几种常见的间隙调整方法。

① 压板调整间隙　如图 7-11 所示为矩形导轨上常用的几种压板装置。

压板用螺钉固定在动导轨上，常用钳工配合刮研及选用调整垫片［图 7-11（b)］、加镶条［图 7-11（c)］等机构，使导轨面与支承面之间的间隙均匀，达到规定的接触点点数。对图 7-11（a）所示的压板结构，如间隙过大，应修磨或刮研 B 面；间隙过小或压板与导轨压得太紧，则可刮研或修磨 A 面。

② 镶条调整间隙　如图 7-12（a）所示为一种全长厚度相等、横截面为平行四边形（用于燕尾形导轨）或矩形的平镶条，通过侧面的螺钉调节和螺母锁紧，以其横向位移来调整间隙。由于收紧力不均匀，故在螺钉的着力点有挠曲。如图 7-12（b）所示为一种全长厚度变化的斜镶条及三种用于斜镶条的调节螺钉，以其斜镶条的纵向位移来调整间隙。斜镶条在全长上支

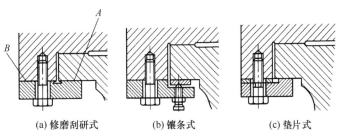

(a) 修磨刮研式　(b) 镶条式　(c) 垫片式

图 7-11　压板调整间隙

承，其斜度为 1∶40 或 1∶100，由于楔形的增压作用会产生过大的横向压力，因此调整时应细心。

③ 压板镶条调整间隙　如图 7-13 所示，T 形压板用螺钉固定在运动部件上，运动部件内侧和 T 形压板之间放置斜镶条，镶条不是在纵向有斜度，而是在高度方面做成倾斜。调整时，借助压板上几个推拉螺钉，使镶条上下移动，从而调整间隙。

三角形导轨的上滑动面能自动补偿，下滑动面的间隙调整和矩形导轨的下压板调整底面间隙的方法相同；圆形导轨的间隙不能调整。

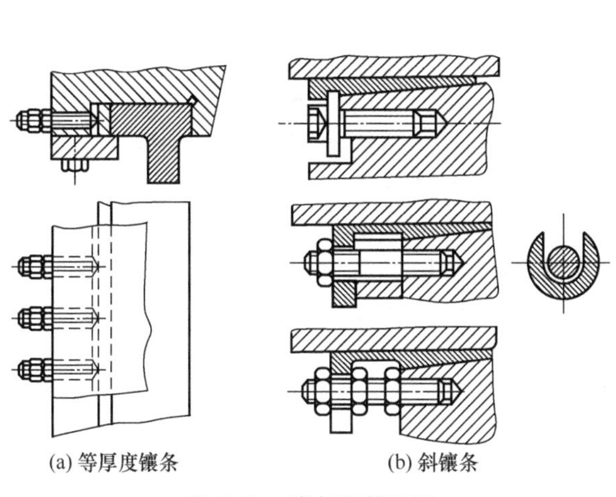
(a) 等厚度镶条　(b) 斜镶条

图 7-12　镶条调整间隙

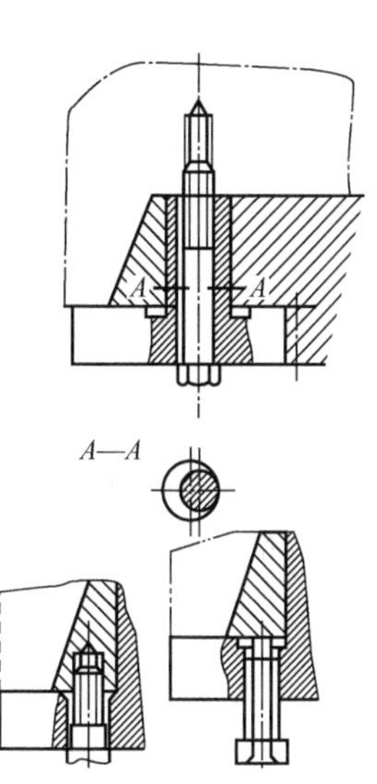

图 7-13　压板镶条调整间隙

2）滚动导轨的预紧

为了提高滚动导轨的刚度，对滚动导轨预紧。预紧可提高接触刚度并消除间隙；在立式滚动导轨上，预紧可防止滚动体脱落和歪斜。常见的预紧方法有以下两种。

① 采用过盈配合　预加载荷大于外载荷，预紧力产生的过盈量为 2～3μm，如过大会使牵引力增加。若运动部件较重，其重力可起预加载荷作用，若刚度满足要求，可不预加载荷。

② 调整法　利用螺钉、斜块或偏心轮调整来进行顶紧。

如图 7-14 所示给出了常见的滚动导轨预紧方法。

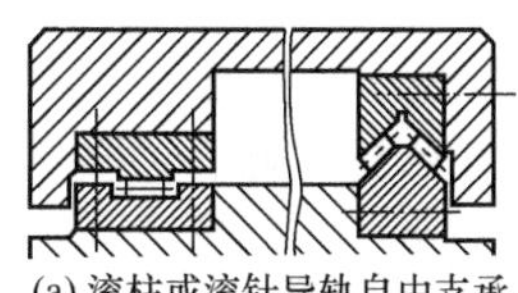
(a) 滚柱或滚针导轨自由支承

(b) 滚柱或滚针导轨预加载荷

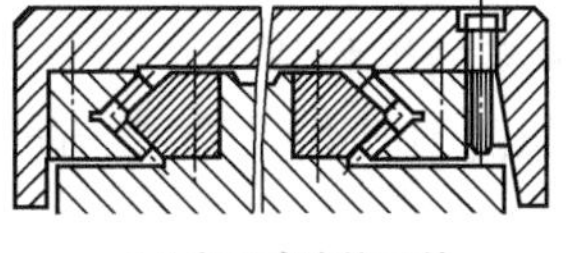
(c) 交叉式滚柱导轨

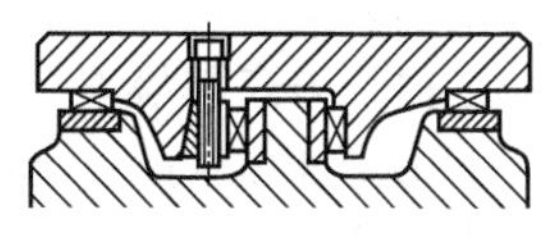
(d) 循环式滚动导轨块

图 7-14　滚动导轨预紧的方法

3）导轨的润滑

导轨面上进行润滑后，可降低摩擦系数、减少磨损，并且可防止导轨面锈蚀。导轨常用的润滑剂有润滑油和润滑脂，前者用于滑动导轨，而滚动导轨两种都用。

① 润滑方法　导轨最简单的润滑方式是人工定期加油或用油杯供油。这种方法简单、成本低，但不可靠。一般用于调节辅助导轨及运动速度低、工作不频繁的滚动导轨。

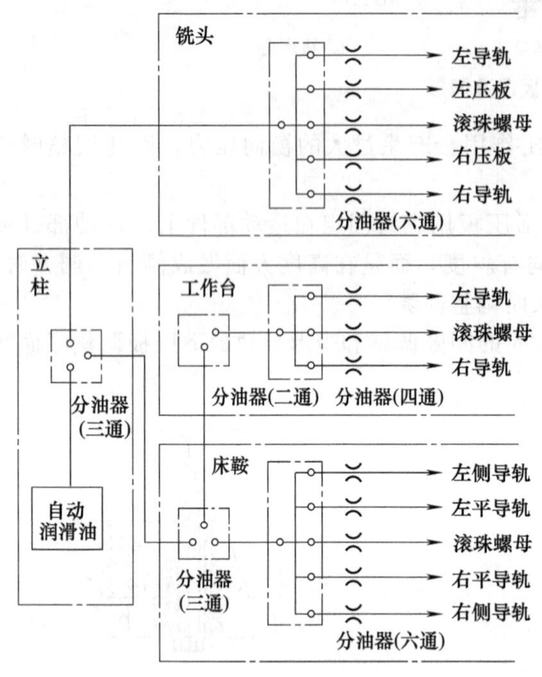

图 7-15　导轨的润滑系统

对运动速度较高的导轨大都采用润滑泵，以压力强制润滑。这样不但可连续或间歇供油给导轨进行润滑，而且可利用油的流动冲洗和冷却导轨表面；为实现强制润滑，必须备有专门的供油系统。如图 7-15 所示为某加工中心导轨的润滑系统。

② 对润滑油的要求　在工作温度变化时，润滑油黏度变化要小，要有良好的润滑性能和足够的油膜刚度，油中杂质尽量少且不侵蚀机件。常用的全损耗系统用油有 L-AN10、L-AN15、L-AN32、L-AN42、L-AN68，精密机床导轨油 L-HG68，汽轮机油 L-TSA32、L-TSA46 等。

4）导轨的防护

为了防止切屑、磨粒或冷却液散落在导轨面上而引起磨损、擦伤和锈蚀，导轨面上应有可靠的防护装置。常用的刮板式、卷帘式和叠层式防护罩，大多用于长导轨上。在机床使用过程中应防止损坏防护罩，对叠层式防护罩应经常用刷子蘸机油清理移动接缝，以避免碰壳现象的产生。

(4) 导轨的故障诊断

表 7-2 给出了导轨常见的故障及其产生原因。

表 7-2　导轨的故障诊断及其产生原因

故障现象	故障原因
导轨研伤	地基与床身水平有变化，使局部载荷过大、长期短工件加工局部磨损严重、导轨润滑不良、导轨材质不佳、刮研质量差、导轨维护不良落入脏物
移动部件不能移动或运动不良	导轨面研伤、导轨压板伤、镶条与导轨间隙太小
加工面在接刀处不平	导轨直线度超差、工作台塞铁松动或塞铁弯度过大、机床水平度差使导轨发生弯曲

7.3.5　刀库及换刀装置的故障诊断与维护

加工中心刀库及自动换刀装置的故障表现在：刀库运动故障、定位误差过大、机械手夹持刀柄不稳定和机械手运动误差过大等。这些故障最后都造成换刀动作卡位、整机停止工作，机械维修人员对此要有足够的重视。

(1) 刀库与换刀机械手的维护要点

① 严禁把超重、超长的刀具装入刀库，防止在机械手换刀时掉刀或刀具与工件、夹具等发生碰撞。

② 顺序选刀方式必须注意刀具放置在刀库上的顺序要正确。其他选刀方式也要注意所换刀具号是否与所需刀具一致，防止换错刀具导致事故发生。

③ 用手动方式往刀库上装刀时，要确保装到位、装牢靠。检查刀座上的锁紧是否可靠。

④ 经常检查刀库的回零位置是否正确，检查机床主轴回换刀点位置是否到位，并及时调整，否则不能完成换刀动作。

⑤ 要注意保持刀具、刀柄和刀套的清洁。

⑥ 开机时，应先使刀库和机械手空运行，检查各部分工作是否正常，特别是各行程开关和电磁阀能否正常动作。检查机械手液压系统的压力是否正常，刀具在机械手上锁紧是否可靠，发现不正常及时处理。

(2) 刀库与换刀机械手的故障诊断

表 7-3 给出了刀库与换刀机械手常见的故障及其产生原因。

表 7-3 刀库与换刀机械手的故障诊断及其产生原因

故障现象	故障原因
刀库中的刀套不能卡紧刀具	刀套上的卡紧螺母松动
刀库不能旋转	连接电动机轴与蜗杆轴的联轴器松动
刀具从机械手中滑落	刀具过重，机械手卡紧销损坏
换刀时掉刀	换刀时主轴箱没有回到换刀点或换刀点发生了漂移，机械手抓刀时没有到位就开始拔刀
机械手换刀时速度过快或过慢	气动机械手气压太高或太低、换刀气路节流口太大或太小

7.4 数控机床伺服系统故障诊断与维修

数控机床的伺服系统主要由主轴伺服系统、进给伺服系统组成。正确的对其进行诊断是保证设备维修质量的基础及关键。

7.4.1 主轴伺服系统故障诊断与维修

机床主轴主传动是旋转运动，传递切削力，伺服驱动系统分为直流主轴驱动系统和交流主轴驱动系统两大类，有的数控机床主轴利用通用变频器驱动三相交流电动机，进行速度控制。数控机床要求主轴伺服驱动系统能够在很宽范围内实现转速连续可调，并且稳定可靠。当机床有螺纹加工功能、C 轴功能、准停功能和恒线速度加工时，主轴电动机需要装配检测元件，对主轴速度和位置进行控制。

主轴驱动变速目前主要有 3 种形式：一是带有变速齿轮传动方式，可实现分段无级调速，扩大输出转矩，可满足强力切削要求的转矩；二是通过带传动方式，可避免齿轮传动时引起的振动与噪声，适用于低转矩特性要求的小型机床；三是由调速电动机直接驱动的传动方式，主轴传动部件结构简单紧凑，这种方式主轴输入的转矩小。

(1) 主轴伺服系统的常见故障形式

当主轴伺服系统发生故障时，通常有 3 种表现形式：一是在操作面板上用指示灯或 CRT 显示报警信息；二是在主轴驱动装置上用指示灯或数码管显示故障状态；三是主轴工作不正常，但无任何报警信息。常见数控机床主轴伺服系统的故障有以下几种。

1）外界干扰

① 故障现象　主轴在运转过程中出现无规律性的振动或转动。

② 原因分析　主轴伺服系统受电磁、供电线路或信号传输干扰的影响，主轴速度指令信号或反馈信号受到干扰，主轴伺服系统误动作。

③ 检查方法　令主轴转速指令信号为零，调整零速平衡电位计或漂移补偿量参数值，观察是否是因系统参数变化引起的故障。若调整后仍不能消除该故障，则多为外界干扰信号引起

主轴伺服系统误动作。

④ 采取措施　电源进线端加装电源净化装置，动力线和信号线分开，布线要合理，信号线和反馈线按要求屏蔽，接地线要可靠。

2）主轴过载

① 故障现象　主轴电动机过热，CNC 装置和主轴驱动装置显示过电流报警等。

② 原因分析　主轴电动机通风系统不良，动力连线接触不良，机床切削用量过大，主轴频繁正反转等引起电流增加，电能以热能的形式散发出来，主轴驱动系统和 CNC 装置通过检测，显示过载报警。

③ 检查方法　根据 CNC 和主轴驱动装置提示报警信息，检查可能引起故障的各种因素。

④ 采取措施　保持主轴电动机通风系统良好，保持过滤网清洁；检查动力接线端子接触情况；正确使用和操作机床，避免过载。

3）主轴定位抖动

① 故障现象　主轴在正常加工时没有问题，仅在定位时产生抖动。

② 原因分析　主轴定位一般分机械、电气和编码器 3 种准停定位，当定位机械执行机构不到位，检测装置信息有误时会产生抖动。另外，主轴定位要有一个减速过程，如果减速、增益等参数设置不当，磁性传感器的电器准停装置中的发磁体和磁传感器之间的间隙发生变化或磁传感器失灵也会引起故障。

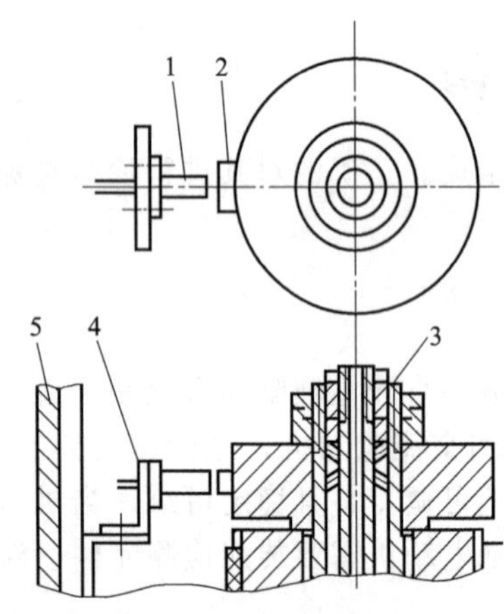

图 7-16　磁传感器主轴准停装置

1—磁传感器；2—磁发生器；3—主轴；4—支架；5—主轴箱

如图 7-16 所示为磁传感器主轴准停装置。

③ 检查方法　根据主轴定位的方式，主要检查各定位、减速检测元件的工作状况和安装固定情况，如限位开关、接近开关等。

④ 采取措施　保证定位执行元件运转灵活，检测元件稳定可靠。

4）主轴转速与进给不匹配

① 故障现象　当进行螺纹切削、刚性攻牙或要求主轴与进给同步配合的加工时，出现进给停止，主轴仍继续运转，或加工螺纹零件出现乱牙现象。

② 原因分析　当主轴与进给同步配合加工时，要依靠主轴上的脉冲编码器检测反馈信息，若脉冲编码器或连接电缆有问题，会引起上述故障。

③ 检查方法　通过调用 I/O 状态数据，观察编码器信号线的通断状态；取消主轴与进给同步配合，用每分钟进给指令代替每转进给指令来执行程序，可判断故障是否与编码器有关。

④ 采取措施　更换、维修编码器，检查电缆接线情况，特别注意信号线的抗干扰措施。

5）转速偏离指令值

① 故障现象　实际主轴转速值超过技术要求规定指令值的范围。

② 原因分析

a. 电动机负载过大，引起转速降低，或低速极限值设定太小，造成主轴电动机过载。

b. 测速反馈信号变化，引起速度控制单元输入变化；主轴驱动装置故障，导致速度控制单元错误输出。

c. CNC 系统输出的主轴转速模拟量（+/−10V）没有达到与转速指令相对应的值。

③ 检查方法

a. 空载运转主轴，检测比较实际主轴转速值与指令值，判断故障是否由负载过大引起。

b. 检查测速反馈装置及电缆，调节速度反馈量的大小，使实际主轴转速达到指令值。

c. 用备件替换法判断驱动装置的故障部位。

d. 检查信号电缆的连接情况，调整有关参数，使CNC系统输出的模拟量与转速指令值相对应。

④ 采取措施 更换、维修损坏的部件，调整相关的参数。

6）主轴异常噪声及振动

发生主轴异常噪声及振动故障，首先要区别异常噪声及振动发生在机械部分还是在电气驱动部分。

① 若在减速过程中发生，一般是驱动装置再生回路发生故障。

② 主轴电动机在自由停车过程中若存在噪声和振动，则多为主轴机械部分故障。

③ 若振动周期与转速有关，应检查主轴机械部分及测速装置。若无关，一般是主轴驱动装置参数未调整好。

7）主轴电动机不转

CNC系统至主轴驱动装置一般有速度控制模拟量信号和使能控制信号，一般为DC+24V继电器线圈电压。主轴电动机不转，应重点围绕这两个信号进行检查。

① 检查CNC系统是否有速度控制信号输出。

② 检查使能信号是否接通，通过调用I/O状态数据，确定主轴的启动条件，如润滑、冷却等是否满足。

③ 主轴驱动装置故障。

④ 主轴电动机故障。

（2）直流主轴伺服系统的安装及使用要求

① 伺服单元应置于密封的强电柜内。为了不使强电柜内温度过高，应将强电柜内部的温升设计在15℃以下；强电柜的外部空气引入口务必设置过滤器；要注意从排气口侵入的尘埃或烟雾；要注意电缆出入口、门等的密封；冷却风扇的风不要直接吹向伺服单元，以免灰尘等附着在伺服单元上。

② 安装伺服单元时要考虑到容易维修检查和拆卸。

③ 在安装数控设备时，对于直流主轴伺服系统用的电动机应符合以下原则。

a. 安装面要平，且有足够的刚性，要考虑到不会受电动机振动等影响。

b. 因为电刷需要定期维修及更换，因此安装位置应尽可能使检修作业容易进行。

c. 出入电动机冷却风口的空气要充分，安装位置要尽可能使冷却部分的检修清洁工作容易进行。

d. 电动机应安装在灰尘少、湿度不高的场所，环境温度应在40℃以下。

e. 电动机应安装在切削液和油之类的东西不能直接溅到的位置上。

④ 使用数控设备时，应注意对主轴伺服系统进行以下方面的检查。

a. 伺服系统启动前的检查按下述步骤进行：检查伺服单元和电动机的信号线、动力线等的连接是否正确、是否松动以及绝缘是否良好；强电柜和电动机是否可靠接地；电动机电刷的安装是否牢靠，电动机安装螺栓是否完全拧紧。

b. 使用时的检查注意事项：运行时强电柜门应关闭；检查速度指令值与电动机转速是否一致；负载转矩指示（或电动机电流指示）是否太大；电动机是否发出异常声音和异常振动；轴承温度是否有急剧上升的不正常现象；在电刷上是否有显著的火花产生的痕迹。

（3）直流主轴伺服系统的日常维护

① 强电柜的空气过滤器每月要清扫一次。

② 强电柜及伺服单元的冷却风扇应每两年检查一次。

③ 主轴电动机每天应检查旋转速度、异常振动、异常声音、通风状态、轴承温升、机壳温度和异常味道。

④ 主轴电动机每月（至少每3个月）应做电动机电刷的清理和检查、换向器的检查。

⑤ 主轴电动机每半年（至少也要每年一次）需检查测速发电机、轴承；做热管冷却部分的清理和绝缘电阻的测量工作。

(4) 交流主轴伺服系统

交流主轴伺服驱动系统与直流主轴驱动系统相比，具有如下特点。

① 由于驱动系统必须采用微处理器和现代控制理论进行控制，因此其运行平稳、振动和噪声小。

② 驱动系统一般都具有再生制动功能，在制动时，既可将电动机能量反馈回电网，起到节能的效果，又可以加快制动速度。

③ 特别是对于全数字式主轴驱动系统，驱动器可直接使用CNC的数字量输出信号进行控制，不需要经过D/A转换，转速控制精度得到了提高。

④ 与数字式交流伺服驱动一样，在数字式主轴驱动系统中，还可采用参数设定方法对系统进行静态调整与动态优化，系统设定灵活、调整准确。

⑤ 由于交流主轴电动机无换向器，主轴电动机通常不需要进行维修。

⑥ 主轴电动机转速的提高不受换向器的限制，最高转运速度常比直流主轴电动机更高，可达到数万转。

交流主轴驱动中采用的主轴定向准停控制方式与直流驱动系统相同。

7.4.2 进给伺服系统故障诊断与维修

机床进给伺服系统主要是用于控制设备的进给运动、传递加工切削量的运动。

(1) 常见进给驱动系统

常见的进给驱动系统主要有：直流进给驱动系统、交流进给驱动系统及步进驱动系统等。

① 直流进给驱动系统　直流进给驱动-晶闸管调速系统是利用速度调节器对晶闸管的导通角进行控制，通过改变导通角的大小来改变电枢两端的电压，从而达到调速的目的。

② 交流进给驱动系统　直流进给伺服系统虽有优良的调速功能，但由于所用电动机有电刷和换向器，易磨损，且换向器换向时会产生火花，从而使电动机的最高转速受到限制。另外，直流电动机结构复杂、制造困难，所用铜铁材料消耗大、制造成本高，而交流电动机却没有这些缺点。近20年来，随着新型大功率电力器件的出现，新型变频技术、现代控制理论以及微型计算机数字控制技术等在实际应用中取得了突破性的进展，促进了交流进给伺服技术的飞速发展，交流进给伺服系统已全面取代了直流进给伺服系统。由于交流伺服电动机采用交流永磁式同步电动机，因此，交流进给驱动装置从本质上说是一个电子换向的直流电动机驱动装置。

③ 步进驱动系统　步进电动机驱动的开环控制系统中，典型的有KT400数控系统及KT300步进驱动装置，SINUMERIK 802S数控系统配STEPDRIVE步进驱动装置及IMP5五相步进电动机等。

(2) 伺服系统结构形式

伺服系统不同的结构形式，主要体现在检测信号的反馈形式上，以带编码器的伺服电动机为例，主要形式如下。

方式1——转速反馈与位置反馈信号处理分离，如图7-17所示。

方式2——编码器同时作为转速和位置检测，处理均在数控系统中完成，如图7-18所示。

方式3——编码器同时作为转速和位置检测，处理方式不同，如图7-19所示。

方式 4——数字式伺服系统，如图 7-20 所示。

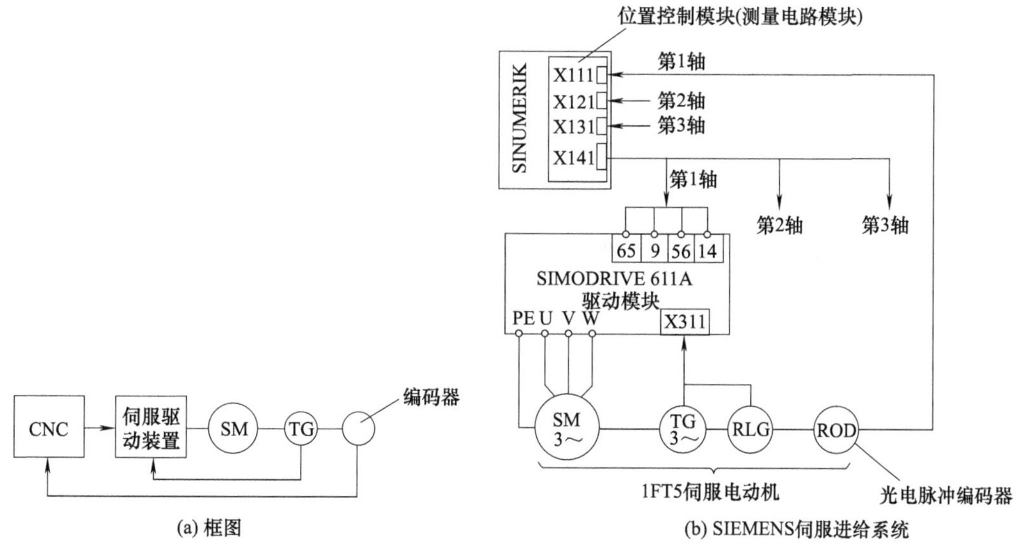

图 7-17 伺服系统（方式 1）

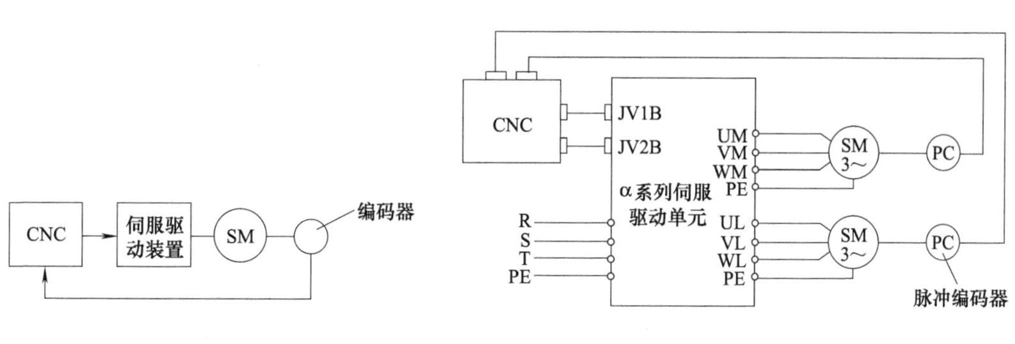

图 7-18 伺服系统（方式 2）

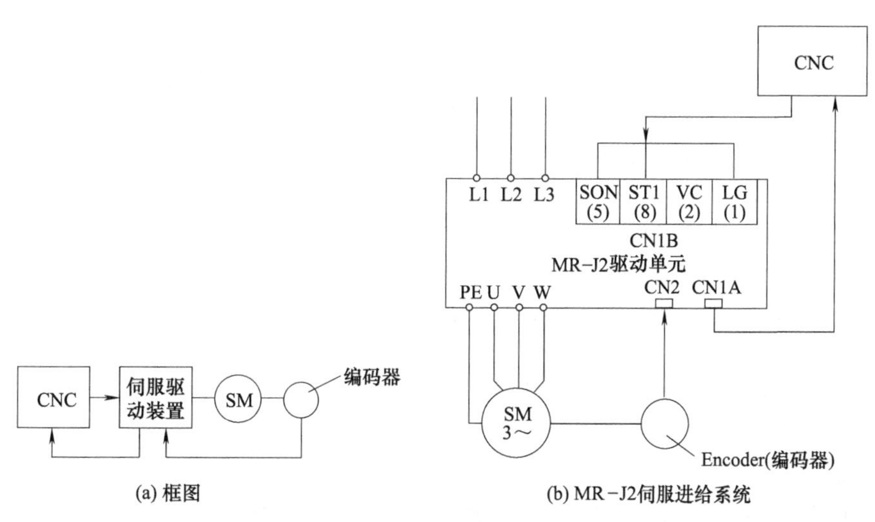

图 7-19 伺服系统（方式 3）

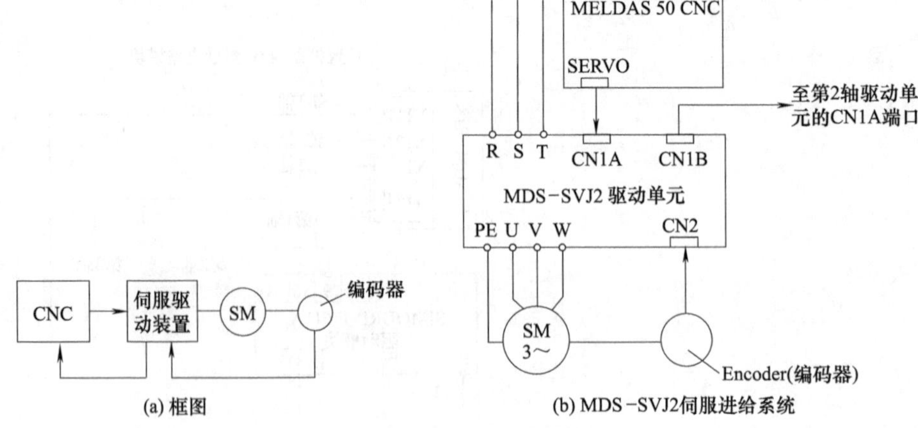

图 7-20　伺服系统（方式 4）

(3) 进给伺服系统故障及诊断方法

① 超程　当进给运动超过由软件设定的软限位或由限位开关设定的硬限位时，就会发生超程报警，一般会在 CRT 上显示报警内容，根据数控系统说明书，即可排除故障，解除报警。

② 过载　当进给运动的负载过大，频繁正、反向运动以及传动链润滑状态不良时，均会引起过载报警。一般会在 CRT 上显示伺服电动机过载、过热或过流等报警信息。同时，在强电柜中的进给驱动单元上，指示灯或数码管会提示驱动单元过载、过电流等信息。

③ 窜动　在进给时出现窜动现象：测速信号不稳定，如测速装置故障、测速反馈信号干扰等；速度控制信号不稳定或受到干扰；接线端子接触不良，如螺钉松动等。当窜动发生在正方向运动与反向运动的换向瞬间时，一般是由于进给传动链的反向间隙或伺服系统增益过大所致。

④ 爬行　发生在启动加速段或低速进给时，一般是由于进给传动链的润滑状态不良、伺服系统增益低及外加负载过大等因素所致。尤其要注意的是伺服电动机和滚珠丝杠连接用的联轴器，由于连接松动或联轴器本身的缺陷，如裂纹等，造成滚珠丝杠转动与伺服电动机的转动不同步，从而使进给运动忽快忽慢，产生爬行现象。

⑤ 机床出现振动　机床以高速运行时，可能产生振动，这时就会出现过流报警。机床振动问题一般属于速度问题，所以就应去查找速度环；而机床速度的整个调节过程是由速度调节器来完成的，即凡是与速度有关的问题，应该去查找速度调节器，因此振动问题应查找速度调节器。主要从给定信号、反馈信号及速度调节器本身三方面去查找故障。

⑥ 伺服电动机不转　数控系统至进给驱动单元除了速度控制信号外，还有使能控制信号，一般为 DC＋24V 继电器线圈电压。

伺服电动机不转，常用诊断方法如下。

a. 检查数控系统是否有速度控制信号输出。

b. 检查使能信号是否接通。通过 CRT 观察 I/O 状态，分析机床 PLC 梯形图（或流程图），以确定进给轴的启动条件，如润滑、冷却等是否满足。

c. 对带电磁制动的伺服电动机，应检查电磁制动是否释放。

d. 进给驱动单元故障。

e. 伺服电动机故障。

⑦ 位置误差　当伺服轴运动超过位置允差范围时，数控系统就会产生位置误差过大的报警，包括跟随误差、轮廓误差和定位误差等。主要原因如下。

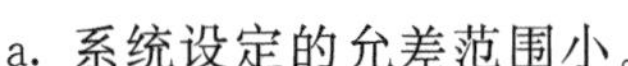

a. 系统设定的允差范围小。

b. 伺服系统增益设置不当。

c. 位置检测装置有污染。

d. 进给传动链累积误差过大。

e. 主轴箱垂直运动时平衡装置（如平衡液压缸等）不稳。

⑧ 漂移　当指令值为零时，坐标轴仍移动，从而造成位置误差。通过误差补偿和驱动单元的零速调整来消除。

⑨ 机械传动部件的间隙与松动　在数控机床的进给传动链中，常常由于传动元件的键槽与键之间的间隙使传动受到破坏，因此，除了在设计时慎重选择键连接机构之外，对加工和装配必须进行严查。在装配滚珠丝杠时应当检查轴承的预紧情况，以防止滚珠丝杠的轴向窜动，因为游隙也是产生明显传动间隙的另一个原因。

7.5 数控机床液压与气动系统的故障诊断与维护

液压传动系统与气动系统在数控设备中应用广泛，几乎数控机床都采用了液压与气动系统。因此，掌握其故障的诊断，做好维护工作在数控设备维修中占有很重要的位置。

7.5.1 液压传动系统的故障诊断与维护

在数控机床中，如：加工中心的刀具自动交换系统（ATC）、托盘自动交换系统、主轴箱的平衡、主轴箱齿轮的变挡以及回转工作台的夹紧等一般都采用液压系统来实现。机床液压设备是由机械、液压、电气及仪表等组成的统一体，分析系统的故障之前必须弄清楚整个液压系统的传动原理、结构特点，然后根据故障现象进行分析、判断，确定区域、部位，以至于某个元件。液压系统的工作总是由压力、流量、液流方向来实现的，可按照这些特征找出故障的原因并及时给予排除。造成故障的主要原因一般有三种情况：一是设计不完善或不合理；二是操作安装有误，使零件、部件运转不正常；三是使用、维护、保养不当。前一种故障必须充分分析研究后进行改装、完善；后两种故障可以用修理及调整的方法解决。

(1) 液压系统的维护要点

① 控制油液污染，保持油液清洁　控制油液污染，保持油液清洁是确保液压系统正常工作的重要措施。据统计，液压系统的故障有80%是由油液污染引发的，油液污染还会加速液压元件的磨损。

② 控制油液的温升　控制液压系统中油液的温升是减少能源消耗、提高系统效率的一个重要环节。一台机床的液压系统，若油温变化范围大，将引发以下各种后果。

a. 影响液压泵的吸油能力及容积效率。

b. 系统工作不正常，压力、速度不稳定，动作不可靠。

c. 液压元件内外泄漏增加。

d. 加速油液的氧化变质。

③ 控制液压系统泄漏　因为泄漏和吸空是液压系统的常见故障，因此控制液压系统泄漏极为重要。要控制泄漏，首先是提高液压元件零部件的加工精度和元件的装配质量以及管道系统的安装质量；其次是提高密封件的质量，注意密封件的安装使用与定期更换；最后是加强日常维护。

④ 防止液压系统的振动与噪声　振动会影响液压件的性能，使螺钉松动、管接头松脱，从而引起漏油，因此要防止和排除振动现象。

⑤ 严格执行日常点检制度　液压系统的故障存在隐蔽性、可变性和难于判断性，因此应

对液压系统的工作状态进行点检，把可能产生的故障现象记录在日检维修卡上，并将故障排除在萌芽状态，从而减少故障的发生。

a. 定期检查元件和管接头是否有泄漏。

b. 定期检查液压泵和液压马达运转时有无异常噪声。

c. 定期检查液压缸移动时是否正常平稳。

d. 定期检查液压系统的各点压力是否正常和稳定。

e. 定期检查油液的温度是否在允许范围内。

f. 定期检查电气控制及换向阀工作是否灵敏可靠。

g. 定期检查油箱内油量是否在标线范围内。

h. 定期对油箱内的油液进行检验、过滤、更换。

i. 定期检查和紧固重要部位的螺钉和接头。

j. 定期检查、更换密封件。

k. 定期检查、清洗或更换滤芯和液压元件。

l. 定期检查清洗油箱和管道。

⑥ 严格执行定期紧固、清洗、过滤和更换制度　液压设备在工作过程中，由于冲击振动、磨损和污染等因素，会使管件松动，金属件和密封件磨损，因此必须对液压件及油箱等实行定期清洗和维修制度，对油液、密封件执行定期更换制度。

（2）液压系统的常见故障

设备调试阶段的故障率较高，存在问题较为复杂，其特征是设计、制造、安装以及管理等问题交织在一起。除机械、电气问题外，一般液压系统常见故障如下。

① 接头连接处泄漏。

② 运动速度不稳定。

③ 阀芯卡死或运动不灵活，造成执行机构动作失灵。

④ 阻尼小孔被堵，造成系统压力不稳定或压力调不上去。

⑤ 阀类元件漏装弹簧或密封件，或管道接错而使动作混乱。

⑥ 设计、选择不当，使系统发热，或动作不协调，位置精度达不到要求。

⑦ 液压件加工质量差，或安装质量差，造成阀类动作不灵活。

⑧ 长期工作，密封件老化以及易损元件磨损等，造成系统中内外泄漏量增加，系统效率明显下降。

（3）液压系统常见故障的维修

1）液压泵故障

液压泵主要有齿轮泵、叶片泵等，以下以齿轮泵为例介绍故障及其诊断。在机器运行过程中，齿轮泵常见的故障有：噪声严重及压力波动；输油不足；液压泵运转不正常或有咬死现象。

① 噪声严重及压力波动　噪声严重及压力波动故障产生的原因及其排除方法主要有以下方面。

a. 泵的过滤器被污物阻塞不能起滤油作用：用干净的清洗油将过滤器去除污物。

b. 油位不足，吸油位置太高，吸油管露出油面：加油到油标位，降低吸油位置。

c. 泵体与泵盖的两侧没有加纸垫；泵体与泵盖不垂直密封，旋转时吸入空气：泵体与泵盖间加入纸垫；泵体用金刚砂在平板上研磨，使泵体与泵盖垂直度误差不超过0.005mm；紧固泵体与泵盖的连接，不得有泄漏现象。

d. 泵的主动轴与电动机联轴器不同心，有扭曲摩擦：调整泵与电动机联轴器的同心度，使其误差不超过0.2mm。

e. 泵齿轮的啮合精度不够：对研齿轮达到齿轮啮合精度。

f. 泵轴的油封骨架脱落，泵体不密封：更换合格泵轴油封。

② 输油不足　产生输油不足故障的原因及排除方法主要有以下方面。

a. 轴向间隙与径向间隙过大：由于齿轮泵的齿轮两侧端面在旋转过程中与轴承座圈产生相对运动会造成磨损，轴向间隙和径向间隙过大时必须更换零件。

b. 泵体裂纹与气孔泄漏现象：泵体出现裂纹时需要更换泵体，泵体与泵盖间加入纸垫，紧固各连接处螺钉。

c. 油液黏度太高或油温过高：用 20 号机械油选用适合的温度，一般 20 号全损耗系统用油适于 10～50℃的温度工作，如果三班工作，应装冷却装置。

d. 电动机反转：纠正电动机旋转方向。

e. 过滤器有污物，管道不畅通：清除污物，更换油液，保持油液清洁。

f. 压力阀失灵：修理或更换压力阀。

③ 液压泵运转不正常或有咬死　产生液压泵运转不正常或有咬死现象的可能原因及排除方法主要如下。

a. 泵轴向间隙及径向间隙过小：轴向、径向间隙过小则应更换零件，调整轴向或径向间隙。

b. 滚针转动不灵活：更换滚针轴承。

c. 盖板和轴的同心度不好：更换盖板，使其与轴同心。

d. 压力阀失灵：检查压力阀弹簧是否失灵，阀体小孔是否被污物堵塞，滑阀和阀体是否失灵；更换弹簧，清除阀体小孔污物或换滑阀。

e. 泵和电动机间联轴器同心度不够：调整泵轴与电动机联轴器同心度，使其误差不超过 0.20mm。

f. 泵中有杂质：可能在装配时有铁屑遗留，或油液中吸入杂质；用细铜丝网过滤全损耗系统用油，去除污物。

2）整体多路阀常见故障

① 工作压力不足。

a. 溢流阀调定压力偏低：调整溢流阀压力。

b. 溢流阀的滑阀卡死：拆开清洗，重新组装。

c. 调压弹簧损坏：更换新产品。

d. 系统管路压力损失太大：更换管路，或在许用压力范围内调整溢流阀压力。

② 工作油量不足。

a. 系统供油不足：检查油源。

b. 阀内泄漏量大，做如下处理：如油温过高、黏度下降，则应采取降低油温措施；如油液选择不当，则应更换油液；如滑阀与阀体配合间隙过大，则应更换新产品。

③ 复位失灵。复位失灵故障的产生原因多是因为复位弹簧损坏与变形，只需要换新产品便可。

④ 外泄漏。

a. Y 形圈损坏：更换产品。

b. 油口安装法兰面密封不良：检查相应部位的紧固和密封。

c. 各结合面紧固螺钉、调压螺钉背帽松动或堵塞：紧固相应部件。

3）电磁换向阀常见故障

① 滑阀动作不灵活。

a. 滑阀被拉坏：拆开清洗，或修整滑阀与阀孔的毛刺及拉坏表面。

b. 阀体变形：调整安装螺钉的压紧力，安装转矩不得大于规定值。

c. 复位弹簧折断：更换弹簧。

② 电磁线圈烧损。

a. 线圈绝缘不良：更换电磁铁。

b. 电压太低：使用电压应在额定电压的 90%以上。

c. 工作压力和流量超过规定值：调整工作压力，或采用性能更高的阀。

d. 回油压力过高：检查背压，应在规定值 16MPa 以下。

4）液压缸故障

① 外部漏油。

a. 活塞杆碰伤拉毛：用极细的砂纸或油石修磨，不能修的，更换新件。

b. 防尘密封圈被挤出和反唇：拆开检查，重新更新。

c. 活塞和活塞杆上的密封件磨损与损伤：更换新密封件。

d. 液压缸安装定心不良，使活塞杆伸出困难：拆下来检查安装位置是否符合要求。

② 活塞杆爬行和蠕动。

a. 液压缸内进入空气或油中有气泡：松开接头，将空气排出。

b. 液压缸的安装位置偏移：在安装时必须检查，使之与主机运动方向平行。

c. 活塞杆全长和局部弯曲：活塞杆全长校正直线度误差应小于等于 0.03/100 或更换活塞。

d. 缸内锈蚀或拉伤：去除锈蚀和毛刺，严重时更换缸筒。

(4) 供油回路的故障维修

如图 7-21 所示为一种常见的供油装置回路。其产生供油回路不输出压力油的故障。

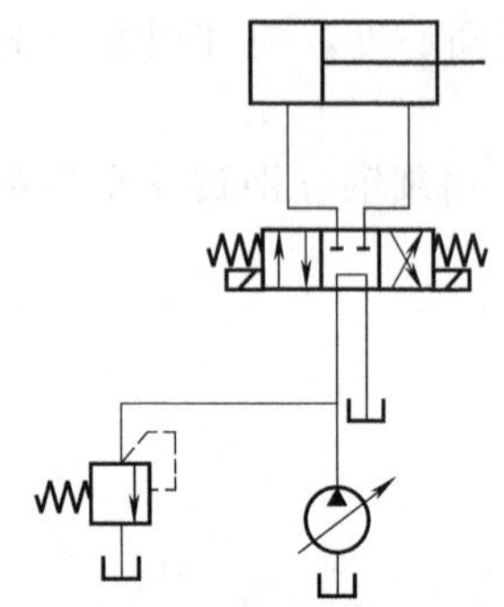

图 7-21　变量泵供油系统

故障分析及处理过程：该液压泵为限压式变量叶片泵，换向阀为三位四通 M 型电磁换向阀。启动液压系统，调节溢流阀，压力表指针不动作，说明无压力；启动电磁阀，使其置于右位或左位，液压缸均不动作。电磁换向阀置于中位时，系统没有液压油回油箱。检测溢流阀和液压缸，其工作性能参数均正常。而液压系统没有压力油输出，显然液压泵没有吸进液压油，其原因可能会有：液压泵的转向不对；吸油滤油器严重堵塞或容量过小；油液的黏度过高或温度过低；吸油管路严重漏气；滤油器没有全部浸入油液面以下或油箱液面过低；叶片在转子槽中卡死；液压泵至油箱液面高度大于 500mm 等。经检查，泵的转向正确，滤油器工作正常，油液的黏度、温度合适，泵运转时无异常噪声，说明没有过量空气进入系统，泵的安装位置也符合要求。将液压泵解体，检查泵内各运动副，叶片在转子槽中滑动灵活，但发现可移动的定子环卡死于零位附近。变量叶片泵的输出流量与定子相对转子的偏心距成正比。定子卡死于零位，即偏心距为零，因此泵的输出流量为零。具体说，叶片泵与其他液压泵一样都是容积泵，吸油过程依靠吸油腔的容积逐渐增大，形成部分真空，液压油箱中液压油在大气压力的作用下，沿着管路进入泵的吸入腔，若吸入腔不能形成足够的真空（管路漏气，泵内密封破坏），或大气压力和吸入腔压力差值低于吸油管路压力损失（过滤器堵塞，管路内径小，油液黏度高），或泵内部吸油腔与排油腔互通（叶片卡死于转子槽内，转子体与配油盘脱开）等因素存在，液压泵都不能完成正常的吸油过程。液压泵压油过程是依靠密封工作腔的容积逐渐减小，使油液被挤压在密封的容积中，压力升高，由排油口输送到液压系统中。由此可见，变量叶片泵密封的工作腔逐渐增大（吸油过程），密封的工作腔逐渐减小（压油过程），完全是由于定子和转子存在偏心距而形成的。当其偏心距为零时，密封的工作腔容积不变化，所以不能完成吸油、压油过程，因此上述回路中无液压油输入，系统也就不能工作。

故障排除的步骤。将叶片泵解体，清洗并正确装配，重新调整泵的上支承盖和下支承盖螺

钉，使定子、转子和泵体的水平中心线互相重合，使定子在泵体内调整灵活，并无较大的上下窜动，从而避免定子卡死而不能调整的故障。

7.5.2 气动系统的故障及维修

由于气动装置的气源容易获得，且结构简单、工作介质不污染环境、工作速度快、动作频率高，因此在数控机床上也得到广泛应用，通常用来完成频繁启动的辅助工作。如机床防护门的自动开关、主轴锥孔的吹气、自动吹屑清理定位基准面等。部分小型加工中心依靠气液转换装置实现机械手的动作和主轴松刀。

(1) 气动系统维护的要点

① 保证供给洁净的压缩空气　压缩空气中通常都含有水分、油分和粉尘等杂质。水分会使管道、阀和气缸腐蚀；油分会使橡胶、塑料和密封材料变质；粉尘造成阀体动作失灵。选用合适的过滤器，可以清除压缩空气中的杂质，使用过滤器时应及时排除积存的液体，否则当积存液体接近挡水板时，气流仍可将积存物卷起。

② 保证空气中含有适量的润滑油　大多数气动执行元件和控制元件都要求适度的润滑。如果润滑不良将会发生以下故障。

a. 由于摩擦阻力增大而造成气缸推力不足，阀心动作失灵。

b. 由于密封材料的磨损而造成空气泄漏。

c. 由于生锈造成元件的损伤及动作失灵。

润滑的方法一般采用油雾器进行喷雾润滑，油雾器一般安装在过滤器和减压阀之后。油雾器的供油量一般不宜过多，通常每 $10m^3$ 的自由空气供 1mL 的油量（即 40～50 滴油）。检查润滑是否良好的一个方法是：找一张清洁的白纸放在换向阀的排气口附近，如果阀在工作 3～4 个循环后，白纸上只有很轻的斑点时，则表明润滑是良好的。

③ 保持气动系统的密封性　漏气不仅增加了能量的消耗，也会导致供气压力的下降，甚至造成气动元件工作失常。严重的漏气在气动系统停止运行时，由漏气引起的响声很容易发现；轻微的漏气则利用仪表，或用涂抹肥皂水的办法进行检查。

④ 保证气动元件中运动零件的灵敏性　从空气压缩机排出的压缩空气，包含有粒度为 0.01～0.08μm 的压缩机油微粒，在排气温度为 120～220℃的高温下，这些油粒会迅速氧化，氧化后油粒颜色变深，黏性增大，并逐步由液态固化成油泥。这种微米级以下的颗粒，一般过滤器无法滤除。当它们进入到换向阀后便附着在阀芯上，使阀的灵敏度逐步降低，甚至出现动作失灵。为了清除油泥，保证灵敏度，可在气动系统的过滤器之后，安装油雾分离器，将油泥分离出来。此外，定期清洗阀也可以保证阀的灵敏度。

⑤ 保证气动装置具有合适的工作压力和运动速度　调节工作压力时，压力表应当工作可靠，读数准确。减压阀与节流阀调节好后，必须紧固调压阀盖或锁紧螺母，防止松动。

(2) 气动系统的点检与定检

① 管路系统点检　管路系统点检主要是对冷凝水和润滑油的管理。冷凝水的排放，一般应当在气动装置运行之前进行。但是当夜间温度低于 0℃时，为防止冷凝水冻结，气动装置运行结束后，应开启放水阀门排放冷凝水。补充润滑油时，要检查油雾器中油的质量和滴油量是否符合要求。此外，点检还应包括检查供气压力是否正常，有无漏气现象等。

② 气动元件的定检　主要内容是彻底处理系统的漏气现象。例如更换密封元件，处理管接头或连接螺钉松动等，定期检验测量仪表、安全阀和压力继电器等。

如表 7-4 所示为气动元件的点检内容。

表 7-4　气动元件的点检内容

元件名称	点检内容
气缸	①活塞杆与端面之间是否漏气 ②活塞杆是否划伤、变形 ③管接头、配管是否划伤、损坏 ④气缸动作时有无异常声音 ⑤缓冲效果是否合乎要求
电磁阀	①电磁阀外壳温度是否过高 ②电磁阀动作时，工作是否正常 ③气缸行程到末端时，通过检查阀的排气口是否有漏气来确诊电磁阀是否漏气 ④紧固螺栓及管接头是否松动 ⑤电压是否正常，电线有否损伤 ⑥通过检查排气口是否被油润湿，或排气是否会在白纸上留下油雾斑点来判断润滑是否正常
油雾器	①油杯内油量是否足够，润滑油是否变色、浑浊，油杯底部是否沉积有灰尘和水 ②滴油量是否合适
调压阀	①压力表读数是否在规定范围内 ②调压阀盖或锁紧螺母是否锁紧 ③有无漏气
过滤器	①储水杯中是否积存冷凝水 ②滤芯是否应该清洗或更换 ③冷凝水排放阀动作是否可靠
安全阀及压力继电器	①在调定压力下动作是否可靠 ②校验合格后，是否有铅封或锁紧 ③电线是否损伤，绝缘是否可靠

(3) 气动系统故障维修实例

TH5840 立式加工中心换刀时，主轴锥孔吹气，把含有铁锈的水分子吹出，并附着在主轴锥孔和刀柄上。刀柄和主轴接触不良。

故障分析及处理过程：故障产生的原因是压缩空气中含有水分。如采用空气干燥机，使用干燥后的压缩空气问题即可解决。若受条件限制，没有空气干燥机，也可在主轴锥孔吹气的管路上进行两次分水过滤，设置自动放水装置，并对气路中相关零件进行防锈处理，故障即可排除。

又如 TH5840 立式加工中心换刀时，主轴松刀动作缓慢。

故障分析及处理过程：根据气动控制原理进行分析，主轴松刀动作缓慢的原因如下。

① 气动系统压力太低或流量不足。

② 机床主轴拉刀系统有故障，如碟形弹簧破损等。

③ 主轴松刀气缸有故障。

根据分析，首先检查气动系统的压力，压力表显示气压为 0.6MPa，压力正常。将机床操作转为手动，手动控制主轴松刀，发现系统压力下降明显，气缸的活塞杆缓慢伸出，故判定气缸内部漏气。拆下气缸，打开端盖，压出活塞和活塞环，发现密封环破损，气缸内壁拉毛。更换新的气缸后，故障排除。

7.6 数控设备的维护保养

数控设备的正确操作和维护保养是正确使用数控设备的关键因素之一。正确的操作使用能够防止机床非正常磨损，避免突发故障；做好日常维护保养，可使设备保持良好的技术状态，延缓劣化进程，及时发现和消灭故障隐患，从而保证安全运行。

(1) 对数控机床操作人员的要求

操作人员的素质和他们的正确使用、精心维护对设备的技术状态有很重要的影响，一般说来，数控操作人员应符合以下要求。

① 能正确熟练地操作、掌握编程方法，避免因操作不当引起的故障。

② 熟悉机床的操作规程、维护保养和检查内容及标准、润滑的具体部位及要求等。

③ 对运行中发现的任何异常征兆都能认真处理和记录，会应急处理，并与修理人员配合做好机床故障的诊断和处理工作。

(2) 数控设备使用中应注意的问题

① 为提高数控设备的使用寿命，一般要求要避免阳光的直接照射和其他热辐射，要避免太潮湿、粉尘过多或有腐蚀气体的场所。精密数控设备要远离振动大的设备，如冲床、锻压设备等。

② 为了避免电源波动幅度大（大于±10%）和可能的瞬间干扰信号等影响，数控设备一般采用专线供电（如从低压配电室分一路单独供数控机床使用）或增设稳压装置等，都可减少供电质量的影响和电气干扰。

③ 在数控机床的使用与管理方面，应制定一系列切合实际、行之有效的操作规程。如润滑、保养、合理使用及规范的交接班制度等，是数控设备使用及管理的主要内容。制定和遵守操作规程是保证数控机床安全运行的重要措施之一。实践证明，众多故障都可由遵守操作规程而减少。

④ 购买数控机床以后要充分利用，尤其是投入使用的第一年，使其容易出故障的薄弱环节尽早暴露，以便能在保修期内及时排除。加工中，尽量减少数控机床主轴的启闭，以降低对离合器、齿轮等器件的磨损。没有加工任务时，数控机床也要定期通电，最好是每周通电1～2次，每次空运行1h左右，以利用机床本身的发热量来降低机内的湿度，使电子元件不致受潮，同时也能及时发现有无电池电量不足报警，以防止系统设定参数的丢失。

(3) 维护保养的内容

数控系统的维护保养的具体内容，在随机的使用和维修手册中通常都作了规定，现就共性问题做如下介绍。

① 严格遵循操作规程　数控系统编程、操作和维修人员必须经过专门的技术培训，熟悉所用数控机床的机械、数控系统、强电设备，液压、气源等部分及使用环境、加工条件等；能按机床和系统使用说明书的要求正确、合理地使用，尽量避免因操作不当引起的故障。通常，若首次采用数控机床或由不熟练的工人来操作，在使用的第一年内，有1/3以上的系统故障是由于操作不当引起的。

应按操作规程要求进行日常维护工作。有些地方需要天天清理，有些部件需要定时加油和定期更换。

② 防止数控装置过热　定期清理数控装置的散热通风系统。应经常检查数控装置上各冷却风扇工作是否正常；应视车间环境状况，每半年或一个季度检查清扫一次。

由于环境温度过高，造成数控装置内温度达到55℃以上时，应及时加装空调装置。这在我国南方常会发生这种情况，安装空调装置之后，数控系统的可靠性有比较明显的提高。

③ 经常监视数控系统的电网电压　通常，数控系统允许的电网电压范围在额定值的85%～110%。如果超出此范围，轻则使数控系统不能稳定工作，重则会造成重要电子部件损坏。因此，要经常注意电网电压的波动。对于电网质量比较差的地区，应配置数控系统专用的交流稳压电源装置，这将明显降低故障率。

④ 系统后备电池的更换　系统参数及用户加工程序由带有掉电保护的静态寄存器保存。系统关机后内存的内容由电池供电保持，因此经常检查电池的工作状态和及时更换后备电池非常重要。当系统开机后若发现电池电压报警灯亮时，应立即更换电池。还应注意，更换电池

时，为不遗失系统参数及程序，需在系统开机时更换。电池为高能锂电池，不可充电，正常情况下使用寿命为两年（从出厂日期起）。

⑤ 定期检查和更换直流电动机的电刷　目前一些老的数控机床上使用的大部分是直流电动机，这种电动机电刷的过度磨损会影响其性能甚至损坏。所以，必须定期检查电刷。检查步骤如下。

a. 要在数控系统处于断电状态且电动机已经完全冷却的情况下进行检查。

b. 取下橡胶刷帽，用旋具拧下刷盖，取出电刷。

c. 测量电刷长度。如磨损到原长的一半左右时必须更换同型号的新电刷。

d. 仔细检查电刷的弧形接触面是否有深沟或裂缝以及电刷弹簧上有无打火痕迹。如有上述现象必须更换新电刷，并在一个月后再次检查。如还发生上述现象，则应考虑电动机的工作条件是否过分恶劣或电动机本身是否有问题。

e. 用不含金属粉末及水分的压缩空气导入电刷孔，吹尽粘在电刷孔壁上的电刷粉末。如果难以吹净，可用旋具尖轻轻清理，直至孔壁全部干净为止。但要注意不要碰到换向器表面。

f. 重新装上电刷，拧紧刷盖，如果更换了电刷，要使电动机空运行一段时间，以使电刷表面与换向器表面吻合良好。如果数控机床闲置不用达半年以上，应将电刷从直流电动机取出，以免由于化学作用使换向器表面腐蚀，引起换向性能变化，甚至损坏整台电动机。

⑥ 防止尘埃进入数控装置内　除了进行检修外，应尽量少开电气柜门，因为车间内空气中飘浮的灰尘和金属粉末落在印制电路板和电气插件上容易造成元件间绝缘电阻下降，从而出现故障甚至损坏。

一些已受外部尘埃、油雾污染的电路板和接插件可采用专用电子清洁剂喷洗。

⑦ 数控系统长期不用时的维护　当数控机床长期闲置不用时，也应定期对数控系统进行维护保养。首先，应经常给数控系统通电，在机床锁住不动的情况下，让其空运行，在空气湿度较大的梅雨季节应该天天通电，利用电器元件本身发热驱走数控柜内的潮气，以保证电子部件的性能稳定可靠。如果数控机床闲置半年以上不用，应将直流伺服电动机的电刷取出来，以免由于化学腐蚀作用，使换向器表面腐蚀，导致换向性能变坏，甚至损坏整台电动机。

(4) 点检管理

与普通机床设备一样，数控设备的维护保养也是实行“三级保养制度”。一般采用点检管理，点检管理主要包括专职点检、日常点检、生产点检。

其中：专职点检负责对机床的关键部位和重要部位按周期进行重点点检和设备状态检测与故障诊断、制订点检计划、做好诊断记录、分析维修结果、提出改善设备维护管理的建议。

日常点检负责对机床一般部位进行点检处理和检查机床在运行过程中出现的故障。

生产点检负责对生产运行中的数控机床进行点检，并负责润滑、紧固等工作。

数控机床的点检管理一般包括下述几部分内容。

① 安全保护装置　安全保护装置的点检主要包括以下方面的内容。

a. 开机前检查机床的各运动部件是否在停机位置。

b. 检查机床的各保险及防护装置是否齐全。

c. 检查各旋钮、手柄是否在规定的位置。

d. 检查工装夹具的安装是否牢固可靠，有无松动位移。

e. 刀具装夹是否可靠以及有无损坏，如砂轮有无裂纹。

f. 工件装夹是否稳定可靠。

② 机械及气压、液压仪器仪表　机械及气压、液压仪器仪表的点检应在开机后使机床低速运转 3～5min，然后检查以下各项目。

a. 主轴运转是否正常，有无异声、异味。

b. 各轴向导轨是否正常，有无异常现象发生。

c. 各轴能否正常回归参考点。

d. 空气干燥装置中滤出的水分是否已经放出。

e. 气压、液压系统是否正常，仪表读数是否在正常值范围之内。

③ 电气防护装置　电气防护装置的点检主要包括以下方面的内容。

a. 各种电气开关、行程开关是否正常。

b. 电动机运转是否正常，有无异常噪声。

④ 加油润滑　加油润滑的点检主要包括以下方面的内容。

a. 设备低速运转时，检查导轨的上油情况是否正常。

b. 按要求的位置及规定的油品加润滑油，注油后，将油盖盖好，然后检查油路是否畅通。

如图 7-22 所示为数控车床的润滑示意图。

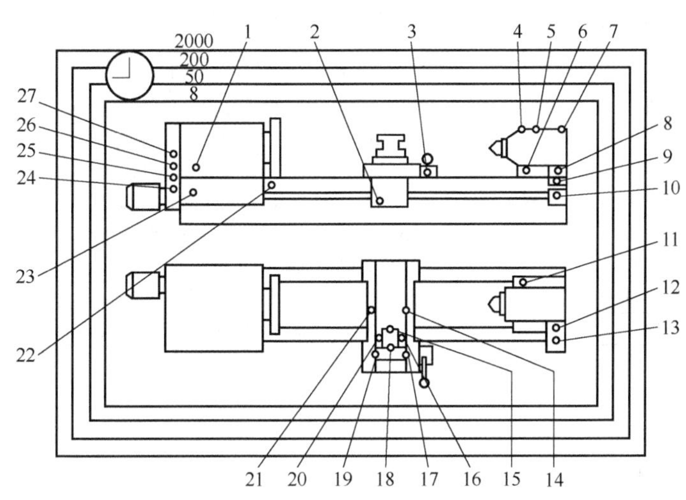

(a) 润滑部位及间隔时间

润滑部位编号	1	2	3	4～23	24～27
润滑方法					
润滑油牌号	N46	N46	N46	N46	油脂
过滤精度/μm	65	15	5	65	—

(b) 润滑方法及材料

图 7-22　数控车床润滑示意图

⑤ 清洁文明生产检查

a. 设备外观无灰尘、无油垢，呈现本色。

b. 各润滑面无黑油、无锈蚀，应有洁净的油膜。

c. 丝杠应洁净无黑油，亮泽有油膜。

d. 生产现场应保持整洁有序。

如表 7-5 所示是某加工中心日常维护保养一览表，可供制订有关保养制度时参考。

表 7-5　加工中心日常维护保养一览表

序号	检查周期	检查部位	检查要求(内容)
1	每天	导轨润滑油箱	检查油量，及时添加润滑油，润滑油泵是否能定时启动泵油及停止
2	每天	主轴润滑恒温油箱	工作是否正常，油量是否充足，温度范围是否合适

续表

序号	检查周期	检查部位	检查要求(内容)
3	每天	机床液压系统	油箱液压泵有无异常噪声，工作油面高度是否合适，压力表指示是否正常，管路及各管接头有无泄漏
4	每天	压缩空气气源压力	气动控制系统压力是否在正常范围之内
5	每天	气源自动分水滤气器，自动空气干燥器	及时清理分水器中滤出的水分，保证自动空气干燥器工作正常
6	每天	气液转换器和增压油面	油量不够时要及时补充足
7	每天	X、Y、Z 轴导轨面	清除切屑和脏物，检查导轨面有无划伤损坏，润滑油是否充足
8	每天	CNC 输入/输出单元	如光电阅读机的清洁，机械润滑是否良好
9	每天	各防护装置	导轨、机床防护罩等是否安全有效
10	每天	电气柜各散热通风装置	各电气柜中冷却风扇是否工作正常，风道过滤网有无堵塞；及时清除过滤器
11	每周	各电气柜过滤网	清除黏附的尘土
12	不定期	冷却油箱、水箱	随时检查液面高度，即时添加油(或水)，太脏时要更换；清洗油箱(水箱)和过滤器
13	不定期	废油池	及时取走积存在废油池中的废油，以免溢出
14	不定期	排屑器	经常清理切屑，检查有无卡住等现象
15	半年	检查主轴驱动皮带	按机床说明书要求调整皮带的松紧程度
16	半年	各轴导轨上镶条、压紧滚轮	按机床说明书要求调整松紧程度
17	一年	检查或更换电动机碳刷	检查换向器表面，去除毛刺、吹净碳粉，磨损过短的炭刷及时更换
18	一年	液压油路	清洗溢流阀、减压阀、油箱；过滤液压油或更换
19	一年	主轴润滑恒温油箱	清洗过滤器、油箱，更换润滑油
20	一年	润滑油泵，过滤器	清洗润滑油池，更换过滤器
21	一年	滚珠丝杠	清洗丝杠上旧的润滑脂，涂上新油脂

第8章 机械设备维修质量的检验

8.1 机械设备维修质量的检验内容与要求

机械设备经大修后，应检验其装配质量，检验主要从零件和部件安装位置的正确性、连接的可靠性、滑动配合的平稳性、外观质量以及几何精度等方面进行综合检查。对于重要的零件和部件应单独进行检查。为调整及检验设备的装配总质量，还须对设备进行空运转试验、负荷试验及工作精度的检验，以确保修理后的设备能满足设计要求。

(1) 组件、部件的装配质量

装配后的组件及部件应满足设备相应的技术要求，对于机床的操纵联锁机构，装配后，应保证其灵活性和可靠性；离合器及其控制机构装配后，应达到可靠的结合与脱开。对主传动和进给传动系统，装配后，主传动箱啮合齿轮的轴向错位量：当啮合齿轮轮缘宽度小于或等于20mm时，不得大于1mm；当啮合齿轮轮缘宽度大于20mm时，不得超过轮缘宽度的5%且不得大于5mm。此外，应从以下几方面进行检验。

① 变速机构的灵活性和可靠性。

② 运转应平稳，不应有不正常的尖叫声和不规则的冲击声。

③ 在主轴轴承达到稳定温度时，其温度和温升应符合机床技术要求的规定。

④ 润滑系统的油路应畅通、无阻塞，各结合部位不应有漏油现象。

⑤ 主轴的径向跳动和轴向窜动应符合各类型机床精度标准的规定。

(2) 机械设备的总装配质量

机械设备的总装配质量要求，也是总装配调整、检验必须达到的要求。对于没有特别技术指标要求的大修机械设备，应参照设备出厂的要求进行检验，具体对于机床来说，主要可从以下方面进行。

① 机床水平的调整　在总装前，应首先调整好机床的安装水平。

② 结合面的检验　配合件的结合面应检查刮研面的接触点数，刮研面不应有机械加工的痕迹和明显的刀痕。两配合件的结合面均是刮研面，用配合面的结合面（研具）进行涂色法检验时，刮研点应均匀。按规定的计算面积平均计算，在每25mm×25mm的面积内，接触点数不得少于技术要求规定的点数。

③ 机床导轨的装配　滑动、移置导轨除用涂色法检验外，还应用0.04mm塞尺检验，塞

尺在导轨、镶条、压板端的滑动面间插入深度不大于10～15mm。

④ 带传动装配　带传动机构装配后，应具有足够的调整量，两带轮的中心平面应重合，其倾斜角和轴向偏移量不应过大，一般倾斜角不超过1°。传动时带应无明显的脉动现象，对于两个以上的V带传动，装配后带的松紧应基本一致。

⑤ 机床装配后必须经过试验和验收　机床运转试验一般包括空运转试验、负荷试验和工作精度试验等。

8.2 机床修理质量的检验和机床试验

机床修理是一个对设备整体或局部故障进行消除的过程，修理后的质量直接影响到机床的工作性能及使用寿命。修理质量的检验要求，主要从机床的装配质量、液压系统、润滑系统、电气系统的装配质量以及机床外观质量、各类运转试验进行，以确保机床工作精度能达到设计要求。

8.2.1 机床的装配质量

① 机床应按图样和装配工艺规程进行装配，装配到机床上的零件和部件（包括外购件）均应符合质量要求。

② 机床上的滑动配合面和滚动配合面、结合缝隙、变速箱的润滑系统、滚动轴承和滑动轴承等，在装配过程中应仔细清洗干净。机床的内部不应有切屑和其他污物。

③ 对装配的零件，除特殊规定外，不应有锐棱和尖角。导轨的加工面与不加工面交接处应倒棱，丝杠的第一圈螺纹端部应修钝。

④ 装配可调节的滑动轴承和镶条等零件或机构时，应留有调整和修理的规定余量。

⑤ 装配时的零件和部件应清理干净，在装配过程中，加工件不应磕碰、划伤和锈蚀，加工件的配合面及外露表面不应有修锉和打磨等痕迹。

⑥ 螺母紧固后各种止动垫圈应达到止动要求，根据结构需要可在螺纹部分加低强度、中强度防松胶带代替止动垫圈。

⑦ 装配后的螺栓、螺钉头部和螺母的端面，应与被固定的零件平面均匀接触，不应倾斜和留有间隙；装配在同一部位的螺钉，其长度应一致；紧固的螺钉、螺栓和螺母不应有松动现象，影响精度的螺钉，紧固力应一致。

⑧ 机床的移动、转动部件装配后，运动应平稳、灵活轻便、无阻滞现象。变位机构应保证准确、可靠地定位。

⑨ 机床的主要几何精度包括主轴回转精度、导轨直线度、平行度、工作台面的平面度及两部件间的同轴度、垂直度等应符合设计要求（设备修理几何精度的检验方法可参见本书第6章“机械设备的修理”的相关内容）。此外，对高速旋转的零件和部件还应进行平衡试验。

⑩ 机床上有刻度装置的手轮、手柄装配后的反向空程量应按各类机床技术条件中的要求进行调整。

⑪ 采用静压装置的机床其节流比应符合设计要求。静压建立后，运动应轻便、灵活。

8.2.2 机床液压系统的装配质量

液压系统由动力装置、控制装置、执行装置及辅助装置四部分组成。液压系统的装配质量，直接影响到机床的工作性能及精度，应给予足够的重视。

① 动力装置的装配

a. 液压泵传动轴与电动机驱动轴的同轴度偏差应小于0.1mm。液压泵用手转动应平稳、

无阻滞感。

b. 液压泵的旋转方向和进、出油口不得装反。泵的吸油高度应尽量小些，一般泵的吸油高度应小于500mm。

② 控制装置的装配　控制装置的装配质量可从以下方面进行检查。

a. 不要装错外形相似的溢流阀、减压阀与顺序阀，调压弹簧要全部放松，待调试时再逐步旋紧调压。不要随意将溢流阀的卸荷口用油管接通油箱。

b. 板式元件安装时，要检查进、出油口的密封圈是否合乎要求，安装前密封圈要凸出安装表面，保证安装后有一定的压缩，以防泄漏。

c. 板式元件安装时，几个固定螺钉要均匀拧紧，最后使安装元件的平面与底板平面全部接触。

③ 执行装置的装配　液压缸是液压系统的执行机构，安装时应校正作为液压缸工艺用的外圆上母线、侧母线与机座导轨导向的平行度，垂直安装的液压缸为防止自动下滑，应配置好机械配重装置的重量和调整好液压平衡用的背压阀弹簧力。长行程缸的一端固定另一端游动，允许其热伸长。液压缸的负载中心与推动中心最后重合，免受颠覆力矩，保护密封件不受偏载。为防止液压缸缓冲机构失灵，应检查单向阀钢球是否漏装或接触不良。密封圈的预压缩量不要太大，以保证活塞杆在全程内移动灵活，无阻滞现象。

④ 辅助装置的装配

a. 吸油管接头要紧固、密封、不得漏气。在吸油管的结合处涂以密封胶，可以提高吸油管的密封性。

b. 采用扩口薄壁管接头时，先将钢管端口用专用工具扩张好，以免紧固后泄漏。

c. 回油管应插入油面之下，防止产生气泡。系统中泄漏油路不应有背压现象。

d. 溢流阀的回油管口不应与泵的吸油口接近，否则油液温度将升高。

⑤ 液压系统的清洗　液压系统安装后，对管路要进行清洗，要求较高的系统可分两次进行。

a. 系统的第一次清洗。油箱洗净后注入油箱容量60%～70%的工作用油或试车油。油温升至50～80℃时进行清洗效果最好。清洗时在系统回油口处设置80目的滤油网，清洗时间过半时再用150目的滤油网。为提高清洗质量，应使液压泵间断转动，并在清洗过程中轻击管路，以便将管内的附着物洗掉。清洗时间长短随液压系统的复杂程度、过滤精度及系统的污染情况而定，通常为十几小时。

b. 系统的第二次清洗。将实际使用的工作油液注入油箱，系统进入正式运转状态，使油液在系统中进行循环，空负荷运转1～3h。

8.2.3 润滑系统的装配质量

设备润滑系统的装配质量，直接影响到机床的精度、寿命等方面的问题。因此要引起足够的重视。

① 润滑油箱　油箱内的表面防锈涂层应与润滑剂相适应。在循环系统的油箱中，管子末端应当浸入油的最低工作面以下，吸油管和回油管的末端距离应尽可能远些，使泡沫和乳化的影响减至最小。全损耗性润滑系统的油箱，至少应装有工作50h后才加油的油量。

② 润滑管

a. 软管材料与润滑剂不得起化学作用，软管的机械强度应能承受系统的最大工作压力，并且在不改变润滑方式的情况下，软管应能承受偶然的超载。

b. 硬管的材料应与润滑剂相适应，机械强度应能承受系统的最大工作压力。在管子可能受到热源影响的地方，应避免使用电镀管。此外，如果管子要与含活性硫的切削液接触，则应

避免使用钢管。

c. 在油雾润滑系统中，所有类型的管子均应有平滑的管壁，管接头不应减小管子的横截面积。

d. 在油雾润滑系统中，所有管路均应倾斜安装，以便使油液回到油箱，并应设法防止积油。

e. 管子应适当地紧固和防护，安装的位置应不妨碍其他元件的安装和操作。管路不允许用来支撑系统中的其他大元件。

③ 润滑点、作用点的检查　润滑点是指将润滑剂注入摩擦部位的地点。作用点是指润滑系统内一般要进行操作才能使系统正常工作的位置。

各润滑部位都应有相应的注油器或注油孔，并保持完善齐全。润滑标牌应完整清晰，润滑系统的油管中油孔、油道等所有的润滑元件必须清洁。润滑系统装配后，应检查各润滑点、作用点的润滑情况，保证润滑剂到达所需润滑的位置。

8.2.4 电气系统的装配质量

电气系统的装配质量，直接影响到机床的运行、精度等方面的问题。因此要引起足够的重视。主要检查以下方面的内容。

(1) 外观质量

① 机床电气设备应有可靠的接地措施，接地线的截面积不小于 4mm^2。

② 所有电气设备外表要清洁，安装要稳固可靠，而且要方便拆卸、修理和调整。元件按图样要求配备齐全，如有代用，需经有关设计人员研究后在图样上签字。

(2) 外部配线

① 全部配线必须整齐、清洁、绝缘、无破损现象，绝缘电阻用500V绝缘电阻表测量时应不低于0.5MΩ，电线管应整齐完好、可靠固定，管与管的连接采用管接头，管子终端应设有管扣保护圈。

② 敷设在易被机械损伤部位的导线，应采用铁管或金属软管保护；在发热体上方或旁边的导线，要加瓷管保护。

③ 连接活动部分，如箱门、活动刀架、溜板箱等处的导线，严禁用单股导线，应采用多股或软线。多根导线应用线绳、螺旋管捆扎，或用塑料管、金属软管保护，防止磨伤、擦伤。对于活动线束，应留有足够的弯曲活动长度，使线束在活动中不承受拉力。

④ 接线端应有线号，线头弯曲方向应和螺母拧紧方向一致，分股线端头应压接或烫焊锡。压接导线螺钉应有平垫圈和弹簧垫圈。

⑤ 主电路、控制电路，特别是接地线颜色应有区别，备用线数量应符合图样要求。

(3) 电气柜

① 盘面平整、油漆完好、箱门合拢严密、门锁灵活可靠。柜内电器应固定牢固，无倾斜不正现象，应有防震措施。

② 盘上电器布置应符合图样要求，导线配置应美观大方、横平竖直。成束捆线应有线夹可靠地固定在盘上，线夹与线夹之间距离不大于200mm，线夹与导线之间应填有绝缘衬垫。

③ 盘上的导线敷设，应不妨碍电器拆卸，接线端头应有线号，字母清晰可辨。

④ 主电路和控制电路的导线颜色应有区别，地线与其他导线的颜色应绝对分开。压线螺钉和垫圈最好采用镀锌的。

⑤ 各导电部分，对地绝缘电阻应不小于1MΩ。

(4) 接触器与继电器

① 外观清洁无油污、无尘、绝缘、无烧伤痕迹。触头平整完好、接触可靠，衔铁动作灵

活、无粘卡现象。

② 可逆接触器应有可靠的联锁；交流接触器应保证三相同时通断，在85%的额定电压下能可靠地动作。

③ 接触器的灭弧装置应无缺损。

(5) 熔断器及过电流继电器

① 熔体应符合图样要求，熔管与熔片的接触应牢固，无偏斜现象。

② 继电器动作电流应与图样规定的整定值一致。

(6) 各种位置开关或按钮、调速电阻器

① 安装牢固，外观良好，调整时应灵活、平滑、无卡住现象。接触可靠，无自动变位现象。

② 绝缘瓷管、手柄的销子、指针、刻度盘等附件均应完整无缺。

(7) 电磁铁

行程不超过说明书规定距离，衔铁动作灵活可靠，无特殊响声，在85%额定电压下能可靠地动作。

(8) 电气仪表

表盘玻璃完整，盘面刻度字码清楚，表针动作灵活、计量准确。

8.2.5 机床的运转试验

机床的运转试验包括空运转及负荷运转。空运转是在无负荷状态下运转机床，检查各机构的运转状态、温度变化、功率消耗，操纵机构的灵活性、平稳性、可靠性及安全性；负荷运转是检验机床在负荷状态下运转时的工作性能及可靠性，即加工能力、承载能力及其运转状态，包括速度的变化、机床振动、噪声、润滑、密封等。试验的步骤及要点主要有以下方面。

(1) 运转前的准备

① 机械设备周围应清扫干净，机械设备上不得有任何工具、材料及其他妨碍机械运转的物品。

② 机械设备各部分的装配零件、附件必须完整无缺，检查各固定部位有无松动现象。所有减速器、齿轮箱、滑动面以及每个应当润滑的润滑点都要按机床说明书规定加润滑油。

③ 设备开动前应先开动液压泵将润滑油循环一次，检验整个润滑系统是否畅通，各润滑点的润滑情况是否良好。

④ 检查安全罩、栏杆、围绳等各安全防护措施是否安设妥当，并在设备启动前要做好紧急停车准备，确保设备运转时的安全。

(2) 设备运转的基本要求

① 设备运转前，电动机应单独试验，以判断电力拖动部分是否正常，并确定其正确的回转方向。其他如电磁制动器、电磁阀限位开关等各种电气配置都必须提前做好试验调整工作。

② 设备运转时，能手动的部位应先手动，后机动，对大型设备可用盘车器或吊车转动两圈以上，在一切正常的情况下，方可通电运转。

③ 运转时应按先无负荷后有负荷、先低速后高速、先单机后联动的原则进行试验。

④ 对于数台单机连成一套的机组，要每台分别试验，合格后再进行整台机组的联动试运转。

(3) 空运转试验的内容及检验项目

空运转试验前，应使机床处于水平位置，一般不采用地脚螺栓固定。设备运转前，应按润滑图表将机床所有润滑之处注入规定的润滑剂，然后方可进行，主要进行以下方面的试验。

① 主运动试验　试验时，机床的主运动机构应从最低速依次运转，每级转速的运转时间

不得少于 2min。用交换齿轮、皮带传动变速和无级变速的机床，可作低、中、高速运转。在最高速时运转时间不得少于 1h，使主轴轴承（或滑枕）达到稳定温度。

② 进给运动试验　试验时，进给机构应依次变换进给量或进给速度进行空运转试验，检查自动机构（包括自动循环机构）的调整和动作是否灵活、可靠。有快速移动的机构，应进行快速移动试验。

③ 其他运动试验　试验时，检查转位、定位、分度、夹紧及读数装置和其他附属装置是否灵活可靠；与机床连接的随机附件应在机床上试运转，检查其相互关系是否符合设计要求；检查其他操纵机构是否灵活可靠。

④ 电气系统试验　试验时，检查电气设备的各项工作情况，包括电动机的启动、停止、反向、制动和调速的平稳性，磁力启动器、热继电器和限位开关工作的可靠性。

⑤ 整机连续空运转试验　对于自动和数控机床，应进行连续空运转试验，整个运动过程中不应发生故障，连续运转时间应符合表 8-1 的规定。试验时，应包括机床所有功能和全部工作范围，各次自动循环之间休止时间不得超过 1min。

表 8-1　机床连续运转时间表

机床自动控制形式	机械控制	电液控制	数字控制	
			一般数控机床	加工中心
时间/h	4	8	16	32

(4) 负荷试验的内容及检验项目

① 机床主传动系统的扭矩试验　试验时，在小于或等于机床计算转速范围内选一适当转速，逐渐改变进给量或切削深度，使机床达到规定转矩，检验机床传动系统各元件和变速机构是否可靠以及机床是否平稳、运动是否准确。

② 机床切削抗力试验　试验时，选用适当几何参数的刀具，在小于或等于机床计算转速范围内选一适当转速，逐渐改变进给量或切削深度，使机床达到规定的切削抗力。检验各运动机构、传动机构是否灵活、可靠，过载保护装置是否可靠。

③ 机床传动系统达到最大功率的试验　选择适当的加工方式、试件（包括材料和尺寸的选择）、刀具（包括刀具材料和几何参数的选择）、切削速度、进给量，逐步改变切削深度，使机床达到最大功率（一般为电动机的额定功率）。检验机床结构的稳定性、金属切除率以及电气等系统是否可靠。

④ 有效功率试验　一些机床除进行最大功率试验外，由于工艺条件限制而不能使用机床全部功率，还要进行有限功率试验和极限切削宽度试验。根据机床的类型，选择适当的加工方法、试件、刀具、切削速度、进给量进行试验，检验机床的稳定性。

(5) 设备运转中的注意事项

① 机床运转中应随时检查轴承的温度，最高转速时，主轴滚动轴承的温度不得超过 70℃，滑动轴承不得超过 60℃，而在传动运动箱体内的轴承温度应不高于 50℃。

② 运转时应注意倾听机器的转动声音。以主轴变速箱为例，如果运转正常，则发出的声音应当是平稳的呼呼声；如果不正常，则会发出各种杂音，如齿轮噪声、轻微的敲击声、嘶哑的摩擦声、金属撞击的铿锵声等。

③ 检查各传动机构的运转是否正常，动作是否合乎要求，自动开关是否灵敏，机床是否有振动现象，各密封装置是否有漏油现象。如有不正常现象应立即停车，进行检查和处理。

④ 机床运转时，静压导轨、静压轴承、静压丝杠等液体静压支承的部件必须先开动液压泵，待部件浮起后，才能将它启动。停车时，必须先停止部件的运动，再停止液压泵。

⑤ 参加机床运转试验的人员，应穿戴好劳动保护用品；容易被机器卷入部分应扎紧；对

有害身体健康的操作，还必须穿戴防护用品。

8.2.6 机床工作精度的检验

机床的工作精度，是在动态条件下对工件进行加工时所反映出来的。工作精度检验应在标准试件或由用户提供的试件上进行。与实际在机床上加工零件不同，实行工作精度检验不需要多种工序。工作精度检验应采用该机床具有的精加工工序。

(1) 试件要求

工件或试件的数目或在一个规定试件上的切削次数，需视情况而定，应使其得出加工的平均精度。必要时，应考虑刀具的磨损。除有关标准已有规定外，用于工作精度检验试件的原始状态应予确定，试件材料、试件尺寸和应达到的精度等级以及切削条件应在制造厂与用户达成一致。

(2) 工作精度检验中试件的检查

工作精度检验中试件的检查，应按测量类别选择所需精度等级的测量工具。在机床试件的加工图纸上，应反映用于机床各独立部件几何精度的相应标准所规定的公差。

在某些情况下，工作精度检验可以用相应标准中所规定的特殊检查来代替或补充。例如在负载下的挠度检验、动态检验等。

不同机床设备，其工作精度的检验项目及检验方法也不同，一般可按相应的国家标准及制造厂说明进行。例如，卧式车床的工作精度检验一般应进行精车外圆试验、精车端面试验、切槽试验、精车螺纹试验等。

8.3 机床几何精度的检测

机床几何精度检验是机床处于非运行状态下，对机床主要零部件质量指标误差值进行的测量，它包括基础件的单项精度，各部件间的位置精度，部件的运动精度、定位精度、分度精度和传动链精度等。它是衡量机床精度的主要指标之一。

8.3.1 机床几何精度检测的一般规则

一般机床的几何精度检验分两次进行，一次在空运转试验后、负荷试验之前进行；另一次在工作精度检验之后进行。

机床的几何精度检验，一般不允许紧固地脚螺栓。如因机床结构要求，必须紧固地脚螺栓才能使检验数值稳定时，也应将机床调整至水平位置，在垫铁承载均匀的条件下，再以大致相等的力矩紧固地脚螺栓。绝对不允许用紧固地脚螺栓的方法来校正机床的水平和几何精度。

(1) 几何精度检验一般规定

① 凡与主轴轴承（或滑枕）温度有关的项目，应在主轴运转达到稳定温度后再进行几何精度检验。

② 各运动部件的检验应用手动，不适合用手动或机床质量大于10t的机床，允许用低速机动。

③ 凡规定的精度检验项目均应在允差范围内，如超差须进行返修，返修后必须重新检验所有的几何精度。

(2) 测量几何精度时的注意事项

① 测量时，被测件和量仪等的安装面和测量面都应保持高度清洁。

② 测量时，被测件和量仪应安放稳定、接触良好，并注意周围振动对测量稳定性的影响。

③ 在用水平仪测量机床几何精度时，由于测量时间较长，应特别注意避免环境温度的变化，因为这将造成被测件在测量过程中水平仪气泡的长度变化，而影响测量的准确性。

④ 在用水平仪或指示器（表）做移动测量时，为避免移动部件和量仪测量机构受力后间隙变化对测量数值的影响，在整个测量移动过程中，必须遵守单向移动测量的原则。

⑤ 对水平仪读数时，必须确认水准器气泡已处于稳定的静止状态。在用指示器（表）做比较测量时，其测量力应适度，一般以测量杆有 0.5mm 左右的压缩量为宜。

⑥ 当被测要素的实际位置不能直接测量而必须通过过渡工具间接测量时，为消除过渡工具的替代误差对测量的影响，一般应采用正反向二次测量法（或半周期法），并取测量结果的平均值。

8.3.2 卧式车床几何精度的检测

卧式车床几何精度检验的内容包括几何精度的检验项目、检验方法，使用的检验工具和允差值。下面以 CA6140 型卧式车床为例说明几何精度的检查方法及超差处置。

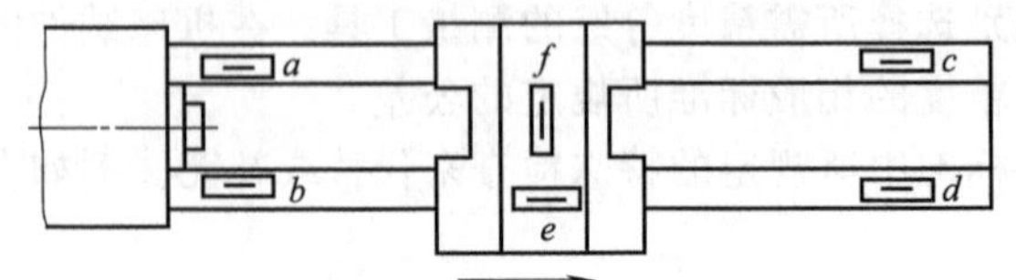

图 8-1 床身导轨调平的检验

(1) 床身导轨调平的检验

① 导轨在竖直平面内的直线度 检验简图如图 8-1 所示。允差值如表 8-2 所示。

检验前，需将机床安装在适当的基础上，在床脚紧固螺栓孔处设置可调垫铁，将机床调平。为此，水平仪应顺序地放在床身导轨纵向 a、b、c、d 和床鞍横向 f 的位置上，调整可调垫铁使两条导轨的两端放置成水平，同时校正床身导轨的扭曲。

表 8-2 床身导轨调平检验项目的允差值 mm

检验项目	允差	
	D_a①$\leqslant 800$	$800<D_a\leqslant 1250$
导轨在垂直平面内的直线度	D_c②$\leqslant 500$	
	0.01 凸	0.015 凸
	$500<D_c\leqslant 800$	
	0.02 凸	0.025 凸
	局部公差③ 在任意 250 测量长度上	
	0.0075	0.01
	$D_c>1000$ 最大工件长度每增加 1000 允差增加量	
	0.01	0.015
	局部公差 在任意 500 测量长度上	
	0.015	0.02
导轨在垂直平面内的平行度	0.04/1000	

① D_a 表示最大工件回转直径。

② D_c 表示最大工件长度。

③ 在导轨两端 $D/4$ 测量长度上局部公差可以加倍。

检验时，在床鞍上靠近前导轨 e 处纵向放置一个水平仪，等距离（近似等于规定的局部误差的测量长度）移动床鞍检验。

依次排列水平仪的测量读数，用直角坐标法画出导轨误差曲线。曲线相对其两端点连线在纵坐标上的最大正、负值的绝对值之和就是该导轨全长的直线度误差。曲线上任意局部测量长度的两端点相对于曲线两端点连线的坐标差值，就是导轨的局部误差。

例如，用精度为 0.03/1000 的水平仪测量长 2m 的车床床身导轨在竖直平面内的直线度，

其方法如下。

在床鞍处于靠近主轴端的极限位置处，首先读取水平仪的第 1 个读数，然后每移动 500mm 读取 1 个读数。这样，在导轨全长上共读取 4 个读数。设这 4 个读数依次为＋1 格、＋2 格、－1 格、－1.4 格，即可按上述读数在坐标纸上画出误差曲线，如图 8-2 所示。连接误差曲线起点和终点两端点，找出曲线相对其两端点连线的最大坐标值 Δ，即为导轨全长的直线度误差值（本例为 0.041mm），找出任意 500mm 的测量长度上其两端点相对于曲线两端点连线的最大坐标差值 $\Delta-\Delta_1$，即为局部误差值［本例为 $\Delta-\Delta_1=0.041-0.013=0.028$(mm)］。本例的误差曲线处于两端点连线的同一侧。

② 导轨在垂直平面内的平行度　检验简图如图 8-1 所示。允差值如表 8-2 所示。

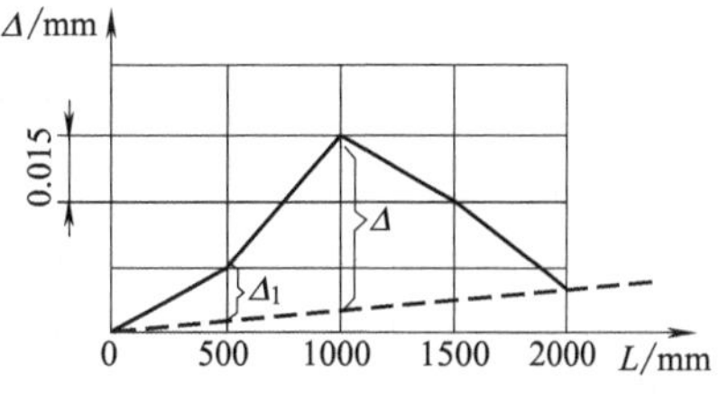

图 8-2　检验床身导轨调平误差曲线

检验方法及误差值的确定：在床鞍横向 f 位置处放一水平仪，等距离移动床鞍检验（移动距离与检验垂直平面内的直线度相同），水平仪在全部测量长度上读数的最大代数差值，就是该导轨的平行度误差。

例如，用精度 0.03/1000 的水平仪检验上例车床床身导轨在垂直平面内的平行度。在床鞍处于靠近主轴端的极限位置处，首先读取水平仪的第 1 个读数，然后每移动 500mm 读取 1 个读数。设这 4 个读数依次为＋1 格、＋0.7 格、＋0.3 格、－0.2 格，则在全部测量长度上水平仪读数的最大差值为＋1－(－0.2)＝＋1.2(格)，即导轨在全长上的平行度误差为 0.036/1000。

如发现本项检验精度超差，可对机床安装水平重新进行调整，直至达到规定的精度要求后方可进行以下几何精度项目的检验。

(2) 床鞍在水平面内移动的直线度检验

检验简图如图 8-3 所示。允差值如表 8-3 所示。

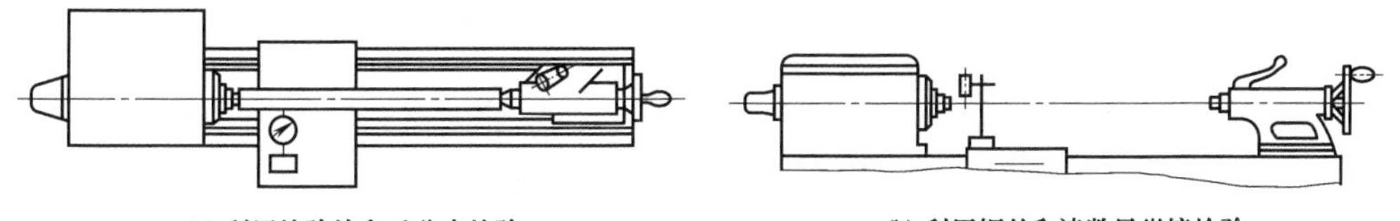
(a) 利用检验棒和千分表检验　　(b) 利用钢丝和读数显微镜检验

图 8-3　床鞍在水平面内移动的直线度检验简图

表 8-3　床鞍在水平面内移动的直线度项目的允差值　　mm

检验项目	允差	
	$D_a\leqslant800$	$800<D_a\leqslant1250$
床鞍在水平面内移动的直线度	$D_c\leqslant500$	
	0.015	0.02
	$500<D_c\leqslant1000$	
	0.02	0.025
	$D_c\leqslant500$ 在任意 250 测量长度上	
	0.0075	0.011
	$D_c>1000$ 最大工件长度每增加 1000 允差增加量 0.005 最大允差	
	0.03	0.05

检验方法及误差值的确定：当床鞍行程小于或等于 1600mm 时，可利用检验棒和千分表检验，如图 8-3 (a) 所示。将千分表固定在床鞍上，使其测头触及主轴和尾座顶尖间的检验棒表面，调整尾座，使千分表在检验棒两端的读数相等。将千分表测头触及检验棒侧素线，移动

床鞍在全部行程上进行检验，千分表读数的最大代数差值就是该导轨的直线度误差。

床鞍行程大于1600mm时，用直径约为0.1mm的钢丝和读数显微镜检验，如图8-3（b）所示。在机床中心高的位置上绷紧一根钢丝，显微镜固定在床鞍上，调整钢丝，使显微镜在钢丝两端的读数相等。等距离移动床鞍，在全部行程上检验，显微镜读数的最大代数差值就是该导轨的直线度误差值。

用光学自准直仪测量水平面内直线度的方法是测量车床直线度的最佳选择，有条件的尽可能采用光学自准直仪进行测量。

检验时也可以不将两端的读数调整到相等，但仍须将两种测量方法的测量读数用直角坐标法画出导轨误差曲线，从而确定其误差值。

例如，用千分表和检验棒检验上例的车床床鞍移动在水平面内的直线度。当床鞍处于靠近主轴端的极限位置时，读出第1个千分表读数，以后每移动500mm进行一次读数，共获得4个读数。设这4个读数依次为0、0.025mm、0.02mm、0.01mm，按上述读数值在坐标纸上画出误差曲线$ABCD$，如图8-4所示。连接误差曲线起点和终点两端点，曲线相对于其两端点连线的最大坐标值Δ，即为全部行程上的误差值（本例为0.022mm）。

如发现本项检验超差，可与床身导轨在竖直平面内的直线度项目一并对机床安装水平重新进行调整，直至达到规定的精度要求为止。

(3) 尾座移动对床鞍移动的平行度检验

检验简图如图8-5所示。允差值如表8-4所示。

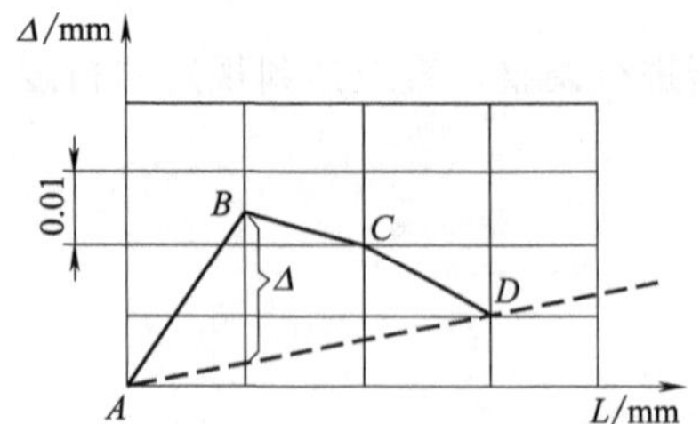

图8-4　检验床鞍在水平面内移动的直线度误差曲线

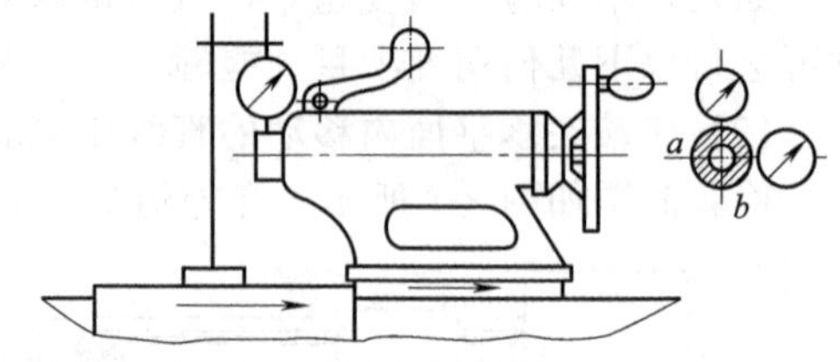

图8-5　尾座移动对床鞍移动的平行度检验简图

表8-4　尾座移动对床鞍移动的平行度项目的允差值　　mm

<table>
<tr><th rowspan="2">检验项目</th><th colspan="2">允　差</th></tr>
<tr><th>$D_a \leqslant 800$</th><th>$800 < D_a \leqslant 1250$</th></tr>
<tr><td rowspan="2">尾座移动对床鞍移动的平行度
a 在垂直平面内
b 在水平平面内</td><td colspan="2">$D_c \leqslant 1500$
a 和 b：0.03；a 和 b：0.04
局部公差
在任意500测量长度上为0.02</td></tr>
<tr><td colspan="2">$D_c > 1500$
a 和 b：0.04
在任意500测量长度上为0.04</td></tr>
</table>

检验方法及误差值的确定：将千分表固定在床鞍上，使其测头触及靠近尾座端面的顶尖套，a 在垂直面内，b 在水平面内。锁紧顶尖套，使尾座与床鞍一起移动（即在同方向按相同的速度一起移动，此时千分表触及顶尖套上的测点相对不动），在床鞍全部行程上检验。千分表在任意500mm行程上和全部行程上读数的最大差值就是局部长度和全长上的平行度误差。a、b 的误差分别计算。

如本项精度超差，说明床身上的尾座导轨面与床鞍导轨面平行度超差，此时必须对床身导轨进行修复。修复后先用检验桥板检查导轨面的平行度。确认已经达到床身制造精度要求后，以床身导轨为基准配刮床鞍和尾座相配合的导轨面。

(4) 主轴的轴向窜动和主轴轴肩支承面的径向圆跳动检验

检验简图如图 8-6 所示。允差值如表 8-5 所示。

表 8-5 主轴的轴向窜动和主轴轴肩支承面的径向圆跳动项目的允差值 mm

检验项目	允差	
	$D_a \leqslant 800$	$800 < D_a \leqslant 1250$
主轴的轴向窜动	0.01	0.015
主轴轴肩支承面的径向圆跳动（包括轴向窜动）	0.02	0.02

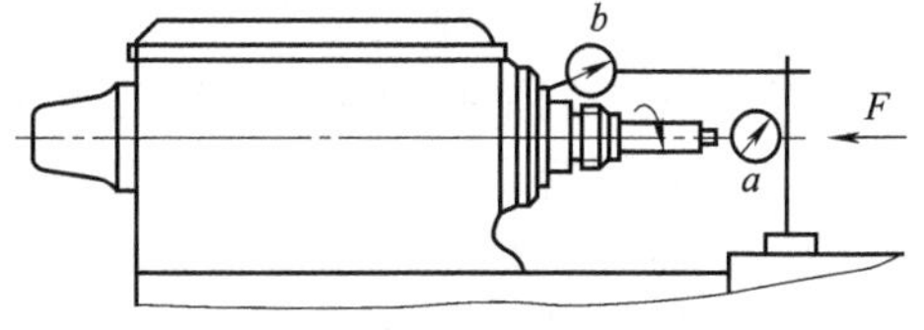

图 8-6 主轴的轴向窜动和主轴轴肩支承面的径向圆跳动检验简图

检验方法及误差值的确定：

① 主轴的轴向窜动检验　固定千分表，使其测头触及检验棒端部中心孔内的钢球，如图 8-6 中 a 处所示。为消除主轴轴向游隙对测量的影响，在测量方向上沿主轴轴线加力 F，缓慢而均匀地用手旋转主轴，千分表读数的最大差值就是轴向窜动误差值。

② 主轴轴肩支承面的径向圆跳动检验　固定千分表，使其测头触及主轴轴肩支承面，如图 8-6 中 b 处所示，沿主轴轴线加力 F，缓慢而均匀地用手旋转主轴，千分表在轴肩支承面的不同直径处一系列位置上进行检验，其中最大误差值就是包括轴向窜动误差在内的轴肩支承面的圆跳动误差值。如发现本项检验超差，可做以下处置。

a. 重新调整主轴轴承间隙，对于 CA6140 型卧式车床，当加力为 1000N 时，滚动轴承间隙不得超过 0.005mm。

b. 检查主轴锥孔、轴肩支承面及定心轴颈的制造精度，如发现超差，应予以修复。

c. 检查主轴轴承的磨损情况及现有的精度，如发现磨损或超差，应予更换。

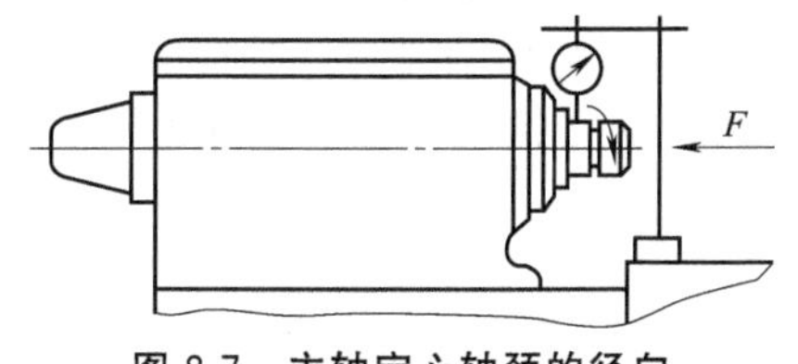

图 8-7 主轴定心轴颈的径向圆跳动检验简图

(5) 主轴定心轴颈的径向圆跳动检验

检验简图如图 8-7 所示。允差值如表 8-6 所示。

表 8-6 主轴定心轴颈的径向圆跳动项目的允差值

mm

检验项目	允　差	
	$D_a \leqslant 800$	$800 < D_a \leqslant 1250$
主轴定心轴颈的径向圆跳动	0.01	0.015

检验方法及误差值的确定：固定千分表使其测头垂直触及主轴轴颈（包括圆锥轴颈）的表面，沿主轴轴线加力 F，用手缓慢而均匀地旋转主轴，千分表读数的最大差值就是径向圆跳动误差值。

本项精度与序号主轴的轴向窜动和主轴轴肩支承面的径向圆跳动的精度相互关联，在调整好主轴的轴向窜动和主轴轴肩支承面的径向圆跳动精度后可使本项精度明显好转。如果主轴的轴向窜动和主轴轴肩支承面的径向圆跳动精度完全合格而本项精度却超差时，可以对主轴定心轴颈进行修复（但修复后的定心轴颈尺寸不能改变）或更换新主轴。

(6) 主轴锥孔轴线的径向圆跳动检验

检验简图如图 8-8 所示。允差值如表 8-7 所示。

表 8-7 主轴锥孔轴线的径向圆跳动项目的允差值

mm

检验项目		允　差	
		$D_a \leqslant 800$	$800 < D_a \leqslant 1250$
主轴锥孔轴线的径向圆跳动	靠近主轴端面	0.01	0.015
	距主轴端面 L 处	在 300 测量长度上为 0.02	在 500 测量长度上为 0.05

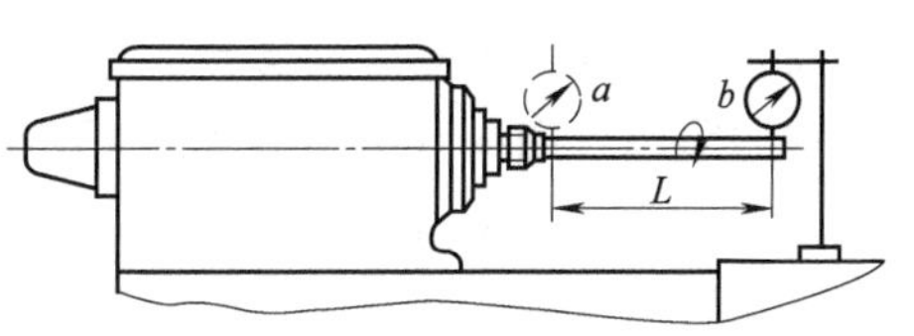

图 8-8 主轴锥孔轴线的径向圆跳动检验简图

检验方法及误差值的确定：如图 8-8 所示，将检验棒插入主轴锥孔内，固定千分表，使其测头触及检验棒的表面，a 为靠近主轴端面位置，b 为距 a 点 L（对于 CA6140 型车床为 300mm）处。沿主轴轴线加力 F，用手缓慢且均匀地旋转主轴检验。规定在 a、b 两个截面上检验，主要是控制锥孔轴线与主轴轴线的倾斜误差值。

为了消除检验棒误差和检验棒插入孔内的安装误差对主轴锥孔轴线径向圆跳动误差的叠加或抵偿，应将检验棒相对于主轴旋转 90°后重新插入检验，共检验 4 次，4 次测量结果的平均值就是径向圆跳动误差值。a、b 的误差分别计算。

如果项目主轴的轴向窜动和主轴轴肩支承面的径向圆跳动、主轴定心轴颈的径向圆跳动合格，而本项精度超差，一般是主轴后轴承松动或磨损引起的，此时可对轴承进行预紧，如预紧无效，则需更换新轴承。

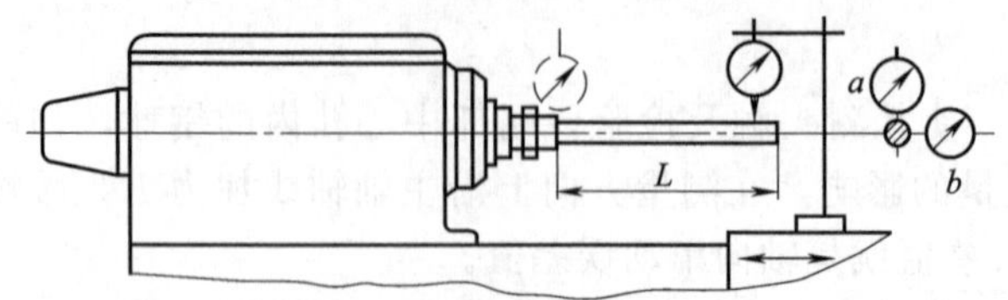

图 8-9　主轴轴线对床鞍移动的平行度检验简图

(7) 主轴轴线对床鞍移动的平行度检验

检验简图如图 8-9 所示。允差值如表 8-8 所示。

表 8-8　主轴轴线对床鞍移动的平行度项目的允差值　　mm

检验项目		允差	
		$D_a \leqslant 800$	$800 < D_a \leqslant 1250$
主轴轴线对床鞍移动的平行度	在垂直平面内(只许向上偏)	在 300 测量长度上为 0.02	在 500 测量长度上为 0.04
	在水平面内(只许向前偏)	在 300 测量长度上为 0.015	在 500 测量长度上为 0.03

检验方法及误差值的确定：如图 8-9 所示，千分表固定在床鞍上，使其测头触及检验棒的表面，a 在垂直平面内，b 在水平面内，移动床鞍检验。为消除检验棒轴线与主轴旋转轴线重合度误差对测量的影响，必须旋转主轴 180°做两次测量，两次测量结果代数和的平均值就是平行度误差。a、b 的误差分别计算。

例如，在垂直平面内第一次测得其平行度误差为 0.01/300（检验棒远端向上偏），主轴旋转 180°后测得其平行度误差为－0.02/300（检验棒远端向下偏），则平行度的实际误差为

$$\frac{0.01+(-0.02)}{2}/300=-0.005/300$$

负号表示检验棒远端向下偏。

当发现在垂直平面内的平行度超差时，可修刮床身与主轴箱的连接面。修刮前，先用厚薄不等的铜片垫入主轴箱与床身连接面的四角，直至测得垂直平面内主轴轴线对床鞍移动的平行度在精度允差范围以内为止，然后测量连接面四角所垫入铜片的厚度差值，以此作为修刮床身连接面的依据。需要注意的是垫得最厚的地方要刮去的量最少，垫得最薄的地方要刮去的量最多。

当发现在水平面内的平行度超差时，可修刮床身与主轴箱的侧定位面，修刮方法同前。有些机床采用的是三角筋定位，这时在修刮侧面的同时，顶面也要进行适当的修刮，以保证顶平面和三角筋面同时接触。

(8) 顶尖锥面的圆跳动检验

检验简图如图 8-10 所示。允差值如表 8-9 所示。

表 8-9　顶尖锥面的圆跳动项目的允差值　　mm

检验项目	允差	
	$D_a \leqslant 800$	$800 < D_a \leqslant 1250$
顶尖锥面的圆跳动	0.015	0.02

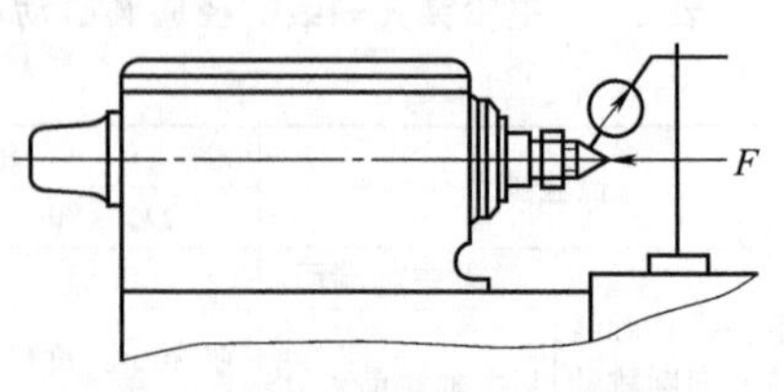

图 8-10　顶尖锥面的圆跳动检验简图

检验方法及误差值的确定：顶尖插入主轴锥孔内，固定千分表，使其测头垂直触及顶尖锥面，沿主轴轴线加力 F，用手缓慢而均匀地旋转主轴，千分表读数的最大差值乘以 $\cos\alpha$（α 为顶尖锥半角，一般为 30°），就是顶尖的斜向圆跳动误差值。

如超差，可将顶尖拔出后相对主轴旋转 180°再插入主轴锥孔内，重新测量。如果此时千分表示值的最高点仍位于主轴的某一固定位置，证明顶尖锥面相对于莫氏尾锥中心线的同轴度是不合格的。此时可用莫氏锥度铰刀修整主轴莫氏锥孔，直至达到要求。

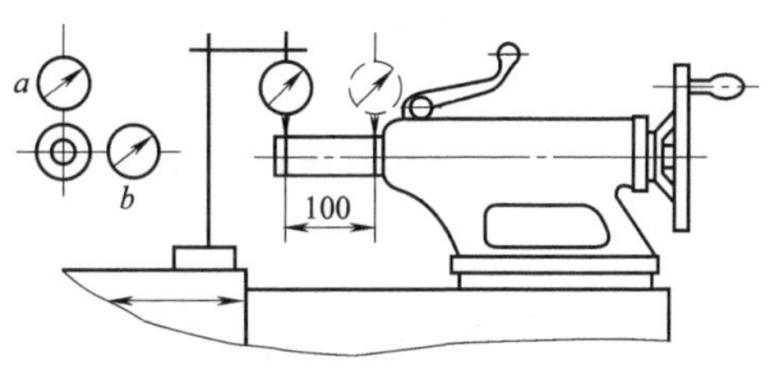

图 8-11 尾座套筒轴线对床鞍移动的平行度检验简图

(9) 尾座套筒轴线对床鞍移动的平行度检验

检验简图如图 8-11 所示。允差值如表 8-10 所示。

表 8-10 尾座套筒轴线对床鞍移动的平行度项目的允差值 mm

检验项目		允差	
		$D_a \leqslant 800$	$800 < D_a \leqslant 1250$
尾座套筒轴线对床鞍移动的平行度	在垂直平面内(只许向上偏)	在 100 测量长度上为 0.015	在 100 测量长度上为 0.02
	在水平面内(只许向前偏)	在 100 测量长度上为 0.01	在 100 测量长度上为 0.015

检验方法及误差值的确定：将尾座紧固在检验位置，当被加工工件最大长度小于或等于 500mm 时，应紧固在床身导轨的末端；当被加工工件最大长度大于 500mm 时，应紧固在导轨中部，但距主轴箱最大距离不大于 2000mm。尾座顶尖套伸出量约为最大伸出长度的一半，并锁紧。

将千分表固定在床鞍上，使其测头触及尾座套筒的表面，a 在垂直平面内，b 在水平面内，移动床鞍检验，千分表读数的最大差值就是平行度误差值。a、b 的误差应分别计算。

当垂直平面内（a 处）平行度超差时，可修刮尾座底板与床身导轨的滑动面，尾座套筒前端高时，刮削底板前端；后端高时，刮削底板后端。

当水平面内（b 处）平行度超差时，可修刮尾座体与尾座底板连接面的定位侧面，修刮合格后再相应刮低连接面，消除定位侧面的配合间隙。

修刮后，需重新测量尾座中心线与主轴箱中心线是否等高。

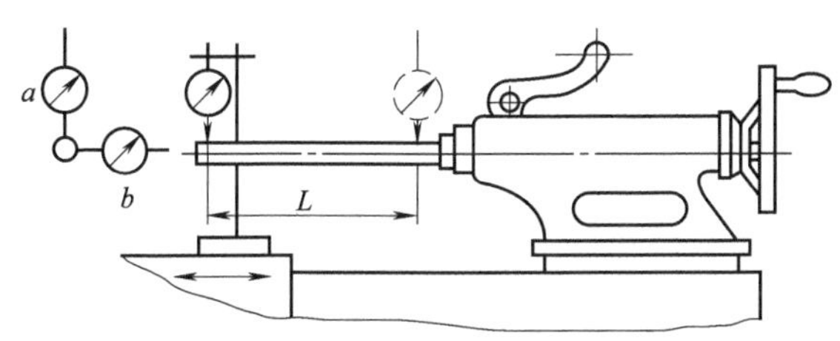

图 8-12 尾座套筒锥孔轴线对床鞍移动的平行度检验简图

(10) 尾座套筒锥孔轴线对床鞍移动的平行度检验

检验简图如图 8-12 所示。允差值如表 8-11 所示。

表 8-11 尾座套筒锥孔轴线对床鞍移动的平行度的允差值 mm

检验项目		允差	
		$D_a \leqslant 800$	$800 < D_a \leqslant 1250$
尾座套筒锥孔轴线对床鞍移动的平行度	在垂直平面内(只许向上偏)	在 300 测量长度上为 0.03	在 500 测量长度上为 0.05
	在水平面内(只许向前偏)	在 300 测量长度上为 0.03	在 500 测量长度上为 0.05

检验方法及误差值的确定：检验时尾座的位置同检验尾座套筒轴线对床鞍移动的平行度，顶尖套筒送入尾座孔内，并锁紧。在尾座套筒锥孔中插入检验棒，千分表固定在床鞍上，使其测头触及检验棒的表面，a 在垂直平面内，b 在水平面内，移动床鞍检验。一次检验后，拔出检验棒，旋转 180°后再插入尾座顶尖套锥孔中，重新检验一次。两次测量结果代数和的平均

值就是平行度误差。a、b 的误差值分别计算。

当发现此项精度超差，而精度尾座套筒轴线对床鞍移动的平行度合格时，可以断定是尾座套筒制造精度超差。此时可拆下套筒，在磨床上重新修磨锥孔，以保证莫氏锥孔与外圆的同轴度精度。由于锥孔修磨变大，使某些工具的锥柄装入套筒锥孔太深，此时可在车床上将套筒外露端相应车短一段。

(11) 主轴和尾座两顶尖的等高度检验

检验简图如图 8-13 所示。允差值如表 8-12 所示。

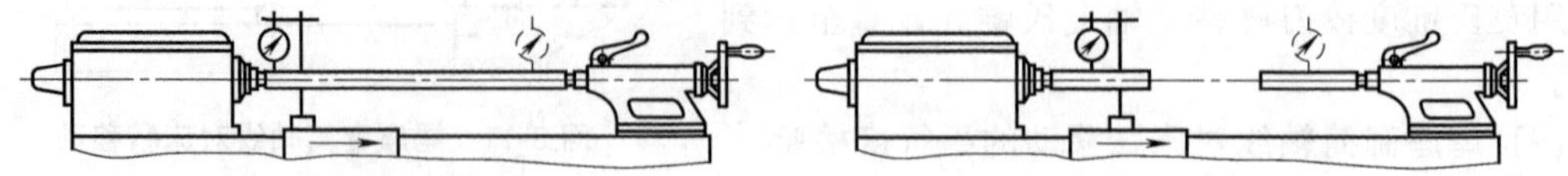

(a) 利用一根检验棒检验　　(b) 利用两根检验棒检验

图 8-13　主轴和尾座两顶尖的等高度检验简图

表 8-12　主轴和尾座两顶尖的等高度的允差值　　mm

检验项目	允差	
	$D_a \leqslant 800$	$800 < D_a \leqslant 1250$
主轴和尾座两顶尖的等高度(只许尾座高)	0.04	0.06

检验方法及误差值的确定：在主轴与尾座顶尖间装入检验棒，千分表固定在床鞍上，使其测头在垂直平面内触及检验棒，移动床鞍在检验棒的两极限位置上检验。千分表在检验棒两端读数的差值就是等高度误差值。检验时，尾座顶尖套应退入尾座孔内并锁紧，如图 8-13（a）所示；也可利用两根检验棒，分别插入主轴孔与尾座孔内进行检验，如图 8-13（b）所示。

经测量后，如果确认是主轴箱偏高，可修刮床身与主轴箱的连接面；如果确认是尾座偏高，可修刮尾座底板与床身导轨的滑动面。

(12) 小滑板移动对主轴轴线的平行度检验

检验简图如图 8-14 所示。允差值如表 8-13 所示。

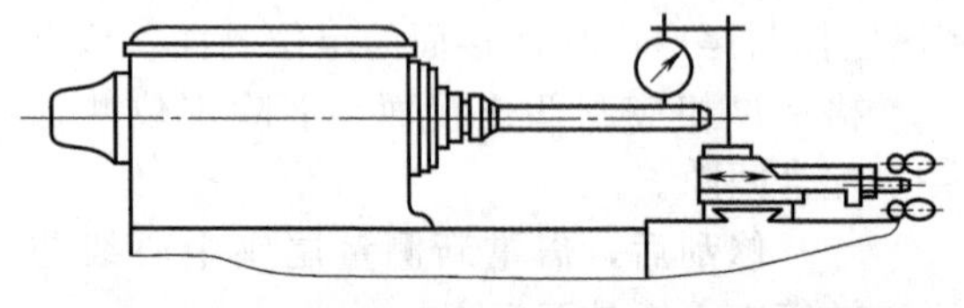

图 8-14　小滑板移动对主轴轴线的平行度检验简图

表 8-13　小滑板移动对主轴轴线的平行度的允差值　　mm

检验项目	允差	
	$D_a \leqslant 800$	$800 < D_a \leqslant 1250$
小滑板移动对主轴轴线的平行度	在 300 测量长度上为 0.04	

检验方法及误差值的确定：将检验棒插入主轴锥孔内，千分表固定在小滑板上，使其测头在水平面内触及检验棒。调整小滑板，使千分表在检验棒两端的读数相等，再将千分表测头在垂直平面内触及检验棒，移动小滑板检验，然后将主轴旋转 180°，再同样检验一次，两次测量结果代数和的平均值就是平行度误差。

该项精度如果超差，可修刮小滑板底座与中滑板连接的回转面，直至合格为止。

(13) 中滑板横向移动对主轴轴线的垂直度检验

检验简图如图 8-15 所示。允差值如表 8-14 所示。

表 8-14　中滑板横向移动对主轴轴线的垂直度的允差值　　mm

检验项目	允差	
	$D_a \leqslant 800$	$800 < D_a \leqslant 1250$
中滑板横向移动对主轴轴线的垂直度	0.02/300(偏差方向 $\alpha \geqslant 90°$)	

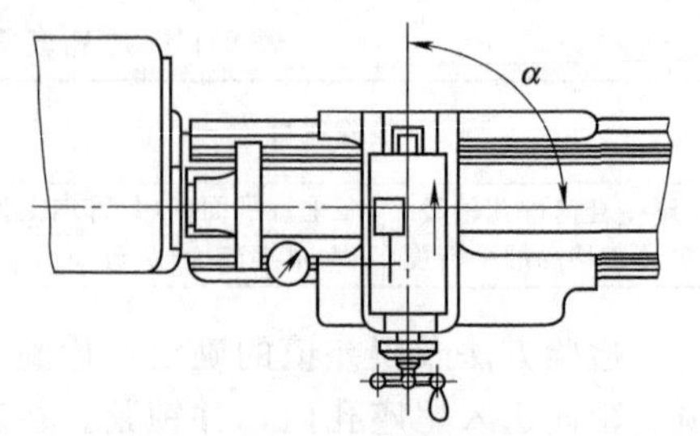

图 8-15　中滑板横向移动对主轴轴线的垂直度检验简图

检验方法及误差值的确定：将平面圆盘固定在主轴上，千分表固定在中滑板上，使其测头触及圆盘平面，移动中滑板进行检验，然后将主轴旋转 180°，再同样检验一次，两次测量结果代数和的平均值就是垂直度误差。

发现精度超差时，决不能调整主轴箱在床身上的位置，因为这样会破坏主轴轴线与床鞍移动的平行度精度。此时只能修刮床鞍上方的燕尾导轨侧面，根据修刮量调整或重新配作斜铁。修刮床鞍与床身导轨的滑动面也能改善这项精度，但这样做会使溜板箱的位置发生偏转，使溜板箱重新转回原位置的工作量加大。

(14) 丝杠的轴向窜动检验

检验简图如图 8-16 所示。允差值如表 8-15 所示。

表 8-15 丝杠的轴向窜动的允差值 mm

检验项目	允差	
	D_a≤800	800<D_a≤1250
丝杠的轴向窜动	0.015	0.02

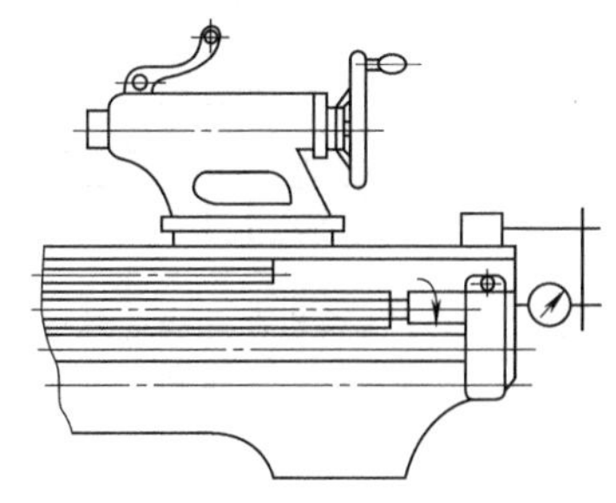
图 8-16 丝杠的轴向窜动检验简图

检验方法及误差值的确定：固定千分表，使其测头触及丝杠顶尖孔内的钢球（钢球用润滑脂粘牢）。在丝杠的中段处闭合开合螺母，旋转丝杠检验。检验时，有托架的丝杠应在装有托架的状态下检验，千分表读数的最大差值就是丝杠的轴向窜动误差值。正转、反转均应检验，但由正转换到反转时的游隙量不计入误差内。

如本项精度超差，可调节进给箱丝杠传动轴上的推力轴承锁紧螺母。如果调整后精度仍不见好转，可更换新的推力轴承。

(15) 由丝杠所产生的螺距累积误差检验

允差值如表 8-16 所示。

表 8-16 由丝杠所产生的螺距累积误差的允差值 mm

检验项目	允差	
	D_a≤800	800<D_a≤1250
由丝杠所产生的螺距累积误差	①在任意 300 测量长度内为 0.04 ②在任意 60 测量长度内为 0.015	①最大工件长度每增加 1000，允差增加 0.005，最大允差 0.05 ②在任意 60 测量长度内为 0.015

检验方法及误差值的确定：将不小于 300mm 长的标准丝杠装在主轴与尾座的两顶尖间。电传感器固定在刀架上，使其触头触及螺纹的侧面，用丝杠传动移动床鞍进行检验。电传感器在任意 300mm 和任意 60mm 测量长度内读数的差值，就是丝杠所产生的螺距累积误差。

如果本项精度超差，可对纵向丝杠进行修复，重配开合螺母，也可更换新丝杠。

8.3.3 铣床几何精度的检测

在检验铣床精度前，需将机床安放在适当的基础上，垫好调整垫铁并调整好机床的安装水平。把工作台移到中间位置，在工作台面上的中间位置放两个水平仪 a 和 b（水平仪 a 与 T 形槽平行，水平仪 b 和 T 形槽垂直）。找正机床水平，水平仪 a 和 b 的读数都不允许超过 0.04/1000。下面就 X62W 卧式万能铣床主要部件的几何精度要求和测量方法分别进行介绍。

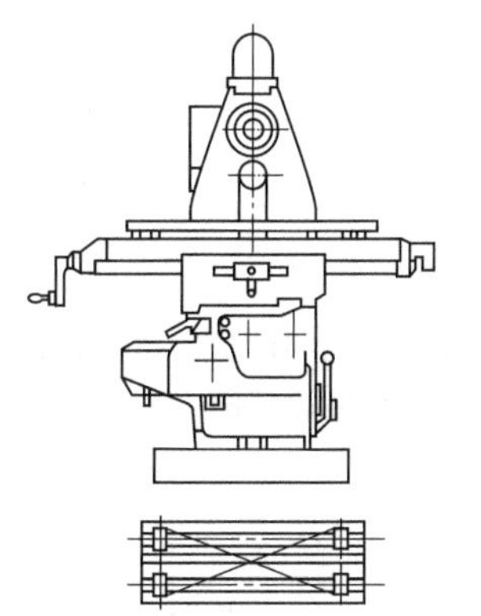
图 8-17 工作台面平面度的检验简图

(1) 工作台面平面度的检验

检验简图如图 8-17 所示。

① 检验项目　工作台面的平面度。

② 检验方法　在工作台面上，按图 8-17 中规定的方向，放两个高度相等的量块，在量块上放一根平尺。用量块和塞尺检验工作台面和平尺检验面间的间隙。

③ 允差　在 1m 长度上为 0.03mm（工作台面只许凹）。

(2) 工作台纵向和横向移动的垂直度检验

检验简图如图 8-18 所示。

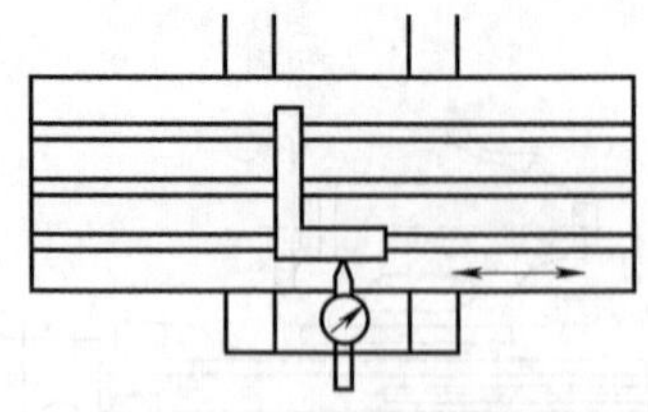

图 8-18　工作台纵向和横向移动的垂直度检验简图

① 检验项目　工作台纵向和横向移动的垂直度。

② 检验方法　把角尺卧放在工作台面上，使角尺的一个检验面和工作台横向移动平行。将千分表固定在机床上，使千分表测头顶在角尺的另一个检验面上，纵向移动工作台检验。

千分表读数的最大差值就是垂直度的误差。检验时，升降台应当夹紧。也可先使角尺一个检验面与纵向平行，然后检验横向。

③ 允差　在 300mm 的测量长度上为 0.02mm。

(3) 工作台纵向移动对工作台面的平行度检验

检验简图如图 8-19 所示。

① 检验项目　工作台纵向移动工作台面的平面度。

② 检验方法　在工作台面上，放两个高度相等的量块和工作台纵向移动平行，在量块上放一根平尺。将千分表固定在机床上，使千分表测头顶在平尺检验面上。纵向移动工作台检验。

千分表读数的最大差值就是平行度的误差。检验时，升降台和横滑板都要夹紧。

③ 允差　在全部行程上：≤300mm 为 0.015mm；>300mm、≤500mm 为 0.02mm；>500mm、≤1000mm 为 0.03mm；≥1000mm 为 0.04mm。

(4) 工作台横向移动对工作台面的平面度检验

检验简图如图 8-20 所示。

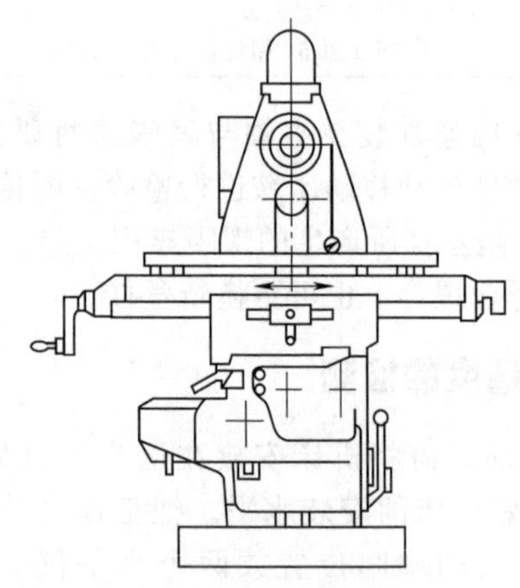

图 8-19　工作台纵向移动对工作台面的平行度检验简图

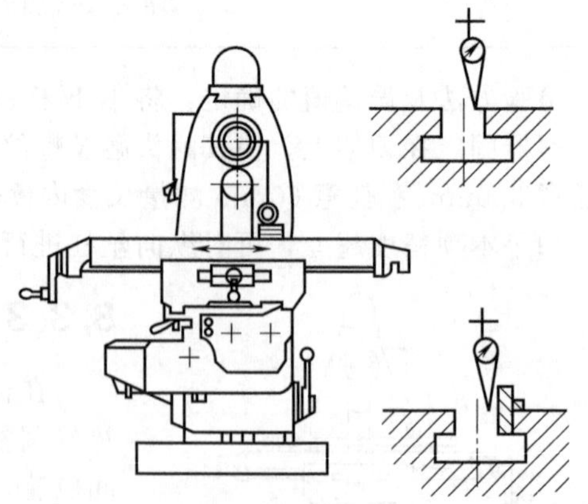

图 8-20　工作台横向移动对工作台面的平面度检验简图

① 检验项目　工作台横向移动对工作台面的平面度。

② 检验方法　在工作台面上，放两个高度相等的量块和工作台横向移动平行，在量块上放一根平尺。将千分表固定在机床上，使千分表测头顶在平尺检验面上，横向移动工作台检

验，千分表读数的最大差值就是平行度的误差。检验时，升降台应当夹紧。

③ 允差　在全部行程上：≤300mm 为 0.02mm；>300mm 为 0.03mm。

(5) 工作台中央T形槽侧面对工作台纵向移动的平行度检验

检验简图如图 8-21 所示。

① 检验项目　工作台中央 T 形槽侧面对工作台纵向移动的平行度。

② 检验方法　将千分表固定在机床上，使千分表测头顶在中央 T 形槽的侧面上（或顶在一个专用滑块的检验面上，此滑块的凸缘紧靠在中央 T 形槽的一个侧面上），纵向移动工作台检验，千分表读数的最大差值就是平行度的误差。中央 T 形槽的两个侧面都要检验。

③ 允差　在全部行程上：≤300mm 为 0.02mm；>300mm、≤500mm 为 0.03mm；>500mm、≤1000mm 为 0.035mm；>1000mm 为 0.04mm。

(6) 主轴的轴向窜动检验

检验简图如图 8-22 所示。

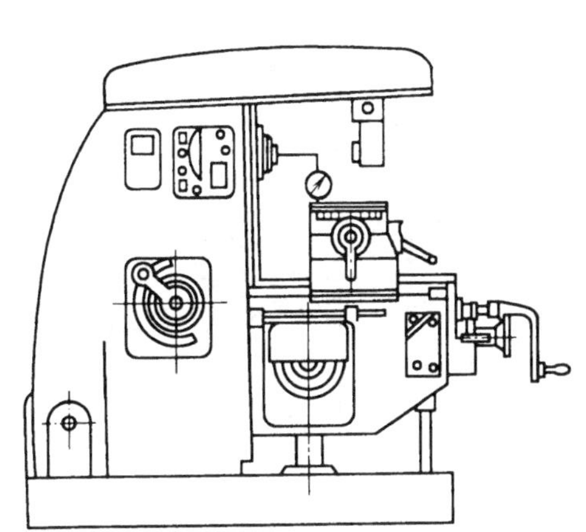

图 8-21　工作台中央 T 形槽侧面对工作台纵向移动的平行度检验简图

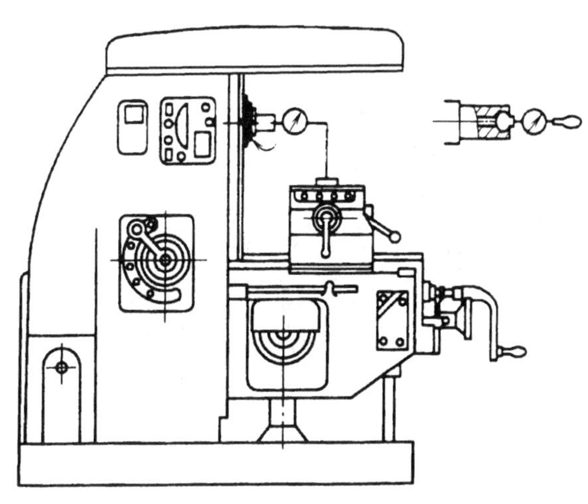

图 8-22　主轴的轴向窜动检验简图

① 检验项目　主轴的轴向窜动。

② 检验方法　在主轴锥孔中紧密地插入一根短检验棒，将千分表固定在机床上，使千分表测头顶在检验棒的端面靠近中心的部位（或顶在放入检验棒顶尖孔的钢球表面上），旋转主轴检验。

千分表读数的最大差值，就是轴向窜动的数值。

③ 允差　主轴前轴颈直径：≤80mm，0.01mm；>80mm，0.015mm。

(7) 主轴轴肩支承面的跳动检验

检验简图如图 8-23 所示。

① 检验项目　主轴轴肩支承面的跳动。

② 检验方法　将千分表固定在机床上，使千分表测头顶在主轴轴肩支承面靠近边缘的地方。旋转主轴，分别在相隔 180°的 a 点和 b 点检验。a 和 b 的误差分别计算。

千分表两次读数的最大差值，就是支承面跳动的数值。

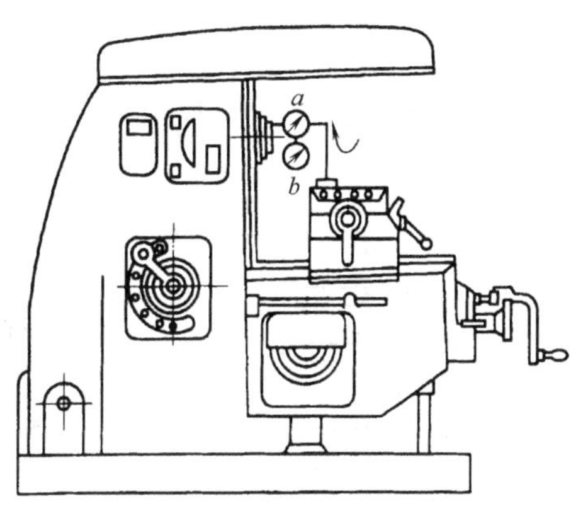

图 8-23　主轴轴肩支承面的跳动检验简图

③ 允差　在全部行程上为：≤50mm，0.015mm；>50mm、≤80mm，0.02mm；>80mm，0.025mm。

(8) 主轴锥孔中心线的径向圆跳动检验

检验简图如图 8-24 所示。

① 检验项目　主轴锥孔中心线的径向圆跳动。

② 检验方法　在主轴锥孔中紧密地插入一根检验棒，将千分表固定在机床上，使千分表测头顶在检验棒的表面上，旋转主轴，分别在靠近主轴端面的 a 处和距离 a 处 L 长度的 b 处检验径向圆跳动。

千分表读数的最大差值，就是径向跳动的数值。

③ 允差　主轴前轴颈直径：≤50mm；>50mm、≤80mm；>80mm。测量长度：$L=150$mm，a 处 0.01mm，b 处 0.015mm；$L=300$mm，a 处 0.01mm，b 处 0.02mm。

(9) 主轴定心轴颈的径向圆跳动检验

检验简图如图 8-25 所示。

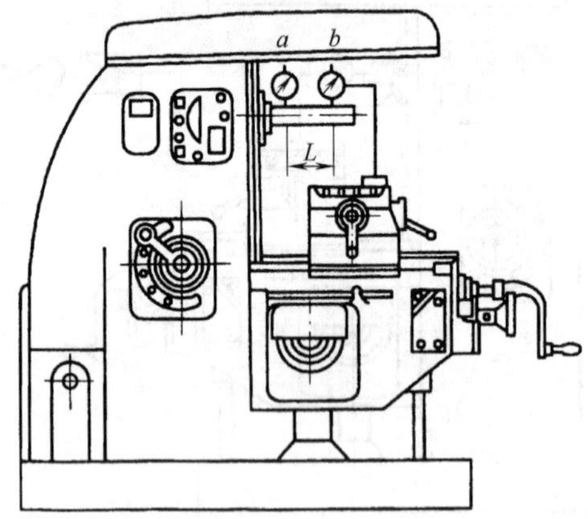

图 8-24　主轴锥孔中心线的径向圆跳动检验简图

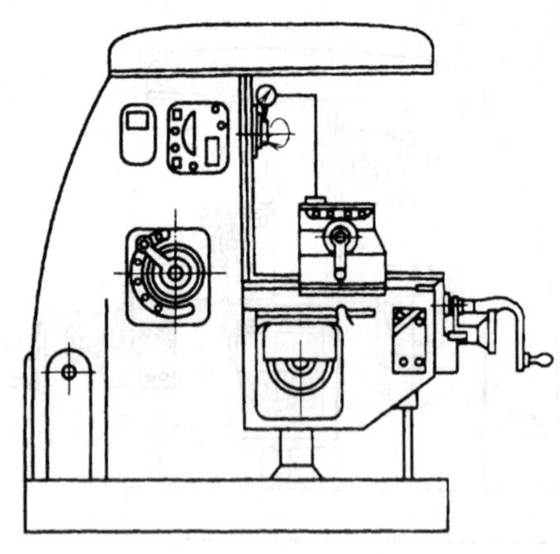

图 8-25　主轴定心轴颈的径向圆跳动检验简图

① 检验项目　主轴定心轴颈的径向圆跳动。

② 检验方法　将千分表固定在机床上，使千分表测头顶在主轴定心轴颈的表面上，旋转主轴检验。

千分表读数的最大差值，就是径向圆跳动的数值。

③ 允差　主轴前轴颈直径：≤50mm，为 0.01mm；>50mm、≤80mm，为 0.02mm；>80mm，为 0.02mm。

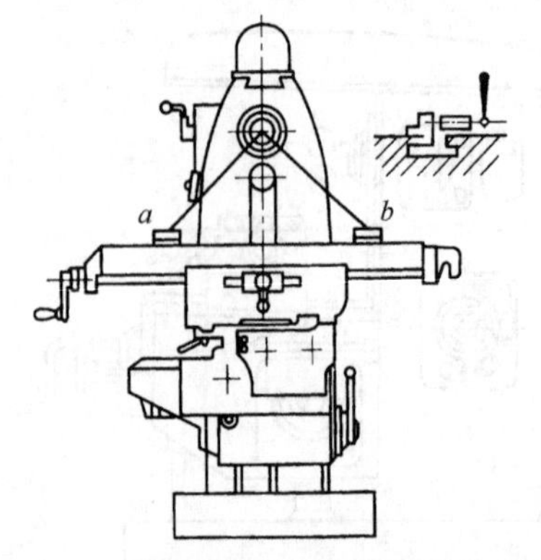

图 8-26　主轴回转中心线对工作台中央 T 形槽的垂直度检验简图

(10) 主轴回转中心线对工作台中央 T 形槽的垂直度检验

检验简图如图 8-26 所示。

① 检验项目　主轴回转中心线对工作台中央 T 形槽的垂直度。

② 检验方法　在主轴锥孔中紧密地插入一根角形表杆，将千分表固定在表杆上。使千分表的测头顶在一个专用滑块的检验面上，此滑块的凸缘紧靠在中央 T 形槽 a 端的一侧。旋转主轴，并把滑块移到中央 T 形槽的 b 端检验。

千分表在 a、b 两点读数的最大差值，就是垂直度

的误差。

中央T形槽的两侧面都要检查。

③ 允差　在 a、b 间距离300mm的测量长度上为0.02mm。

(11) 主轴回转中心线对工作台面的平行度检验

检验简图如图8-27所示。

① 检验项目　主轴回转中心线对工作台面的平行度。

② 检验方法　在主轴锥孔中紧密地插入一根检验棒。工作台上放一个带千分表的表座，使千分表测头顶在检验棒的上母线上。垂直于检验棒中心线移动千分表座，在靠近主轴端的 a 处，和距 a 处 L 长度的 b 处检验。测量结果分别以千分表最大读数差计算。然后，将主轴旋转180°，再同样检验一次。

两次测量结果代数和的一半，就是平行度的误差。

工作台应在上下两个位置上检验，检验时工作台和横向溜板都要夹紧。

③ 允差　工作台面宽度：≤160mm；>160mm。测量长度：$L=150$mm 为0.02mm；$L=300$mm 为0.03mm。检验棒伸出的一端只允许向下偏。

(12) 升降台移动对工作台面的垂直度检验

检验简图如图8-28所示。

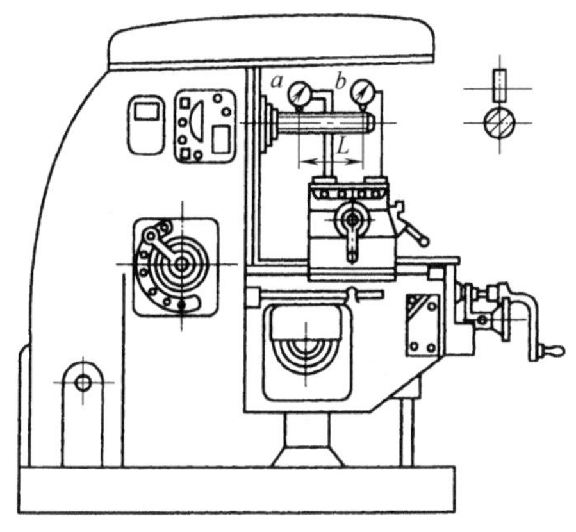

图8-27　主轴回转中心线对工作台面的平行度检验简图

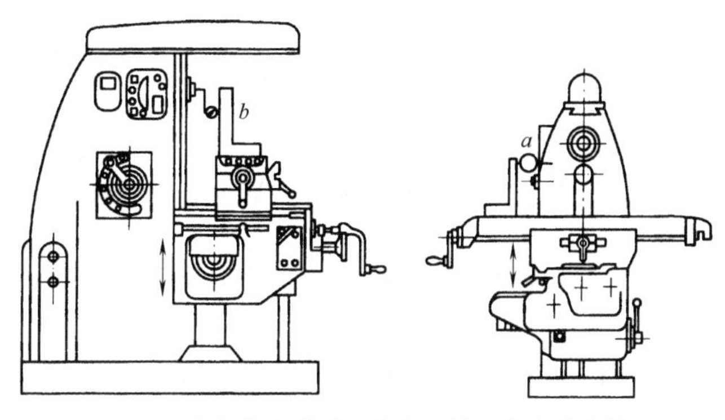

图8-28　升降台移动对工作台面的垂直度检验简图

① 检验项目　升降台移动对工作台面的垂直度。

② 检验方法　在工作台面的中央放一个角尺，使角尺和T形槽平行，使角尺和T形槽垂直。将千分表固定在机床上，使千分表测头顶在角尺检验面上，移动升降台检验 a、b 处。a、b 误差分别计算。

千分表读数的最大差值，就是垂直度的误差。

③ 允差　工作台面宽度：≤160mm；>160mm。测量长度：$L=150$mm，a 处为0.015mm，b 处为0.02mm；$L=300$mm，a 处为0.02mm，b 处为0.03mm。在垂直于T形槽的平面内，角尺上端只许向床身偏。

(13) 悬梁导轨对主轴中心线的平行度检验

检验简图如图8-29所示。

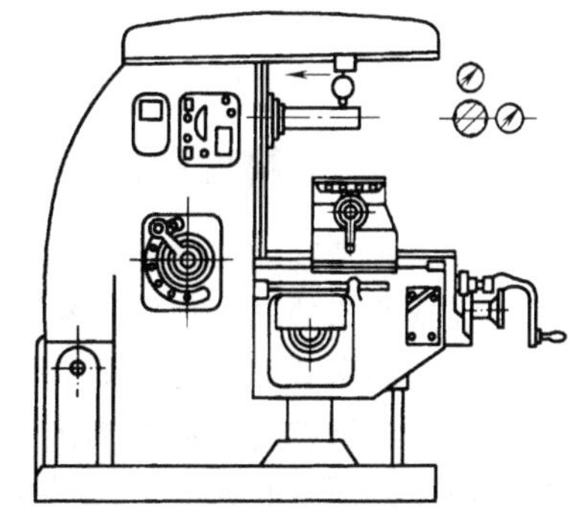

图8-29　悬梁导轨对主轴中心线的平行度检验简图

① 检验项目　悬梁导轨对主轴中心线的平行度。

② 检验方法　在主轴锥孔中紧密地插入一根检验棒，在悬梁导轨上套一个专用支架将千分表的表座固定，使千分表测头分别顶在检验棒的上母线上和侧母线上。

移动支架，分别在 a 上母线和 b 侧母线上检验。a 和 b 的测量结果，分别以千分表读数的最大差值表示。然后，将主轴旋转 180°，再同样检验一次。

a、b 的误差分别计算：两次测量结果代数和的一半就是平行度的误差。

③ 允差　工作台面宽度：≤160mm；>160mm。测量长度：$L=150$mm 为 0.015mm；$L=300$mm 为 0.025mm。

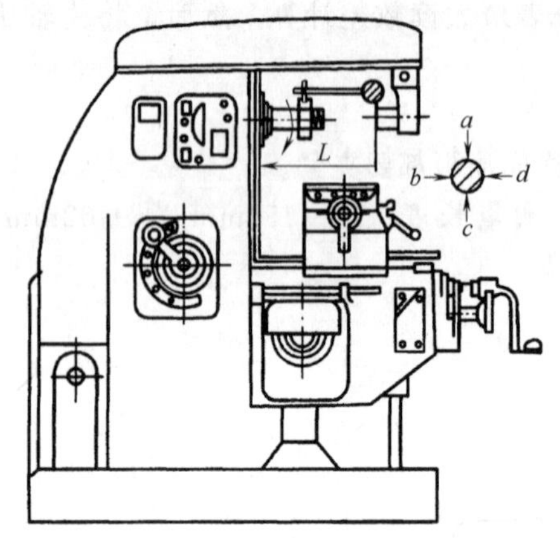

图 8-30　刀杆支架孔对主轴中心线的同心度检验简图

(14) 刀杆支架孔对主轴中心线的同心度检验

检验简图如图 8-30 所示。

① 检验项目　刀杆支架孔对主轴中心线的同心度。

② 检验方法　在刀杆支架孔和主轴锥孔中插入一根检验棒，将千分表固定在主轴孔中的检验棒上，使千分表测头顶在支架孔中的检验棒表面上，旋转主轴检验。

千分表读数最大差值的一半，就是同心度的误差。

检验时，悬梁和支架都要夹紧。

③ 允差　工作台面宽度：≤160mm；>160mm。测量长度：$L=150$mm 为 0.02mm；$L=300$mm 为 0.03mm。

(15) 工作台中央 T 形槽对主轴中心线的对称度检验

检验简图如图 8-31 所示。

① 检验项目　工作台中央 T 形槽对主轴中心线的对称度。

② 检验方法　在主轴锥孔中紧密地插入一根检验棒。将工作台上旋转 90°，使中央 T 形槽平行于主轴中心线。在工作台面上放一个专用平板，此平板的凸缘紧靠在工作台中央 T 形槽的侧面上。在平板上固定一个带千分表的表座，使平板分别紧靠在中央 T 形槽左右两侧面检验。

千分表两次读数的最大差值的一半就是对称度的误差。

③ 允差为 0.15mm。

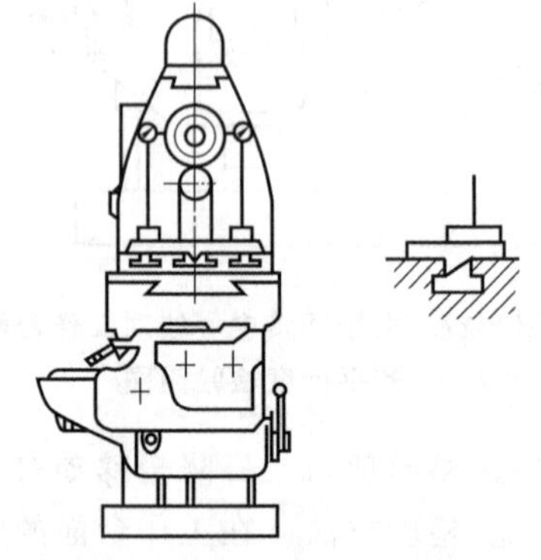

图 8-31　工作台中央 T 形槽对主轴中心线的对称度检验简图

8.3.4　磨床几何精度的检测

在检验磨床精度前，需将机床安放在适当的基础上，垫好调整垫铁并调整好磨床床身安装水平。再根据磨床的精度要求，检验磨床的几何精度。下面就 M131W 型万能外圆磨床主要部件的几何精度要求和测量方法分别进行介绍。

(1) 床身导轨在垂直平面内的直线度检验

检验简图如图 8-1 所示。这项要求包括导轨在全长内和 1m 长度内的直线度。当导轨全长≤2m 时，直线度允差为 0.02mm；1m 内允差为 0.01mm。

外圆磨床导轨在垂直平面内的直线度误差对被磨工件直径精度影响极小（对于平面磨床，

这项误差对工件精度影响很大)，如果工作台刚度较差，运动时就会紧贴床身导轨，使工作台上的头架和尾架间的顶尖距发生变化，造成工件与顶尖间的接触时紧时松，影响工件的加工精度。

(2) 床身导轨在水平平面内的直线度检验

检验简图如图 8-1 所示。其允差为：当机床床身导轨全长≤2m 时，水平平面内的直线度允差为 0.015mm；1m 长度内允差为 0.01mm。

外圆磨床床身导轨这项精度超差时，会对工件的加工精度产生直接的影响。若 V 形导轨中间部位相对砂轮架呈凹形时，磨出的工件母线则呈马鞍形；反之，磨后的工件母线呈鼓形，由于砂轮与工件是角接触，磨后的工件表面产生螺旋线。

(3) 床身两导轨面间的平行度检验

床身两导轨面间的平行度的检验简图如图 8-1 所示。两导轨面间的平行度，一般以角值法表示（即以水平仪倾斜时的正切值表示）。当床身导轨全长≤2m 时，平行度允差为 0.03/1000（相当于 6″），1m 长度内的平行度允差为 0.02/1000（相当于 4″）。

这项精度超差时，也将引起工件的加工误差。如床身的 V 形导轨没有误差，而平导轨纵向倾斜量为 Δ，当磨削外柱面工件时，工作台沿床身导轨移动到某一位置，就会产生一个相应的 a 的倾角，使工件高度为 H 的中心由 O 移到 O_1（图 8-32），从而造成工件的半径误差 δ。

(4) 头架主轴锥孔轴线及尾架套筒锥孔轴线对工作台移动方向的平行度检验

检验方法如图 8-33 所示。其要求的允差范围如表 8-17 所示。

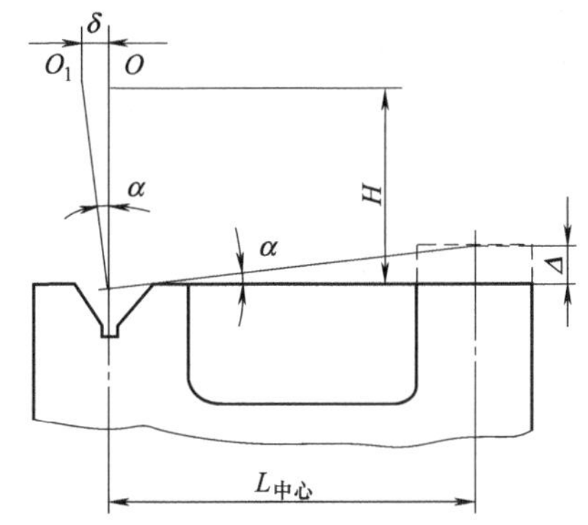

图 8-32 床身两导轨面间的平行度误差对工件加工精度的影响

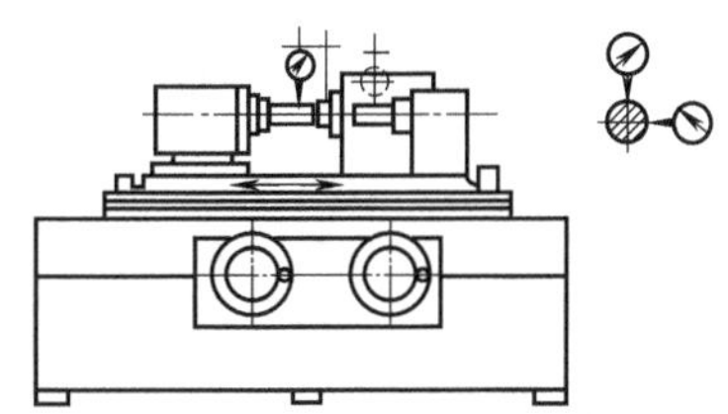

图 8-33 头架主轴锥孔轴线及尾架套筒锥孔轴线对工作台移动方向的平行度检验

表 8-17 头架主轴锥孔轴线及尾架套筒锥孔轴线对工作台移动方向平行度允差 mm

最大磨削直径		≤320	>320
检验棒测量长度		150	300
平行度	上母线(只允许向上偏)	0.01	0.02
	侧母线(只允许向砂轮架偏)		

这项精度超差时对被磨工件的精度影响很大。如果用头架卡盘夹持工件磨削端面，工件上母线与工作台移动方向不平行，则工件的端面呈中凸，而当侧母线不平行时，端面呈中凸或中凹。

当这项精度达不到要求时，可修刮头架和尾架的底面和侧面。若测出头架检验棒的最外端上母线偏离 Δ 值时，刮削余量的截面应为斜楔形 [图 8-34 (a)]，最大刮削量 δ_1 可由下式求得

$$\delta_1=\frac{L_1\Delta}{L_2}$$

式中　L_1——头架底面长度，mm；

　　　L_2——测量长度，mm。

例如，万能外圆磨床头架底面长度 $L_1=340\text{mm}$，测量长度 $L_2=150\text{mm}$，检验棒最外端上母线的偏高值 $\Delta=0.1\text{mm}$，则最大刮削量为

$$\delta_1=\frac{L_1\Delta}{L_2}=\frac{0.1\times340}{150}=0.23(\text{mm})$$

如果检验棒最外端上母线偏低，最大刮削量的计算方法同上。刮削余量的截面也是斜楔形，但方向相反，如图 8-34（b）所示。

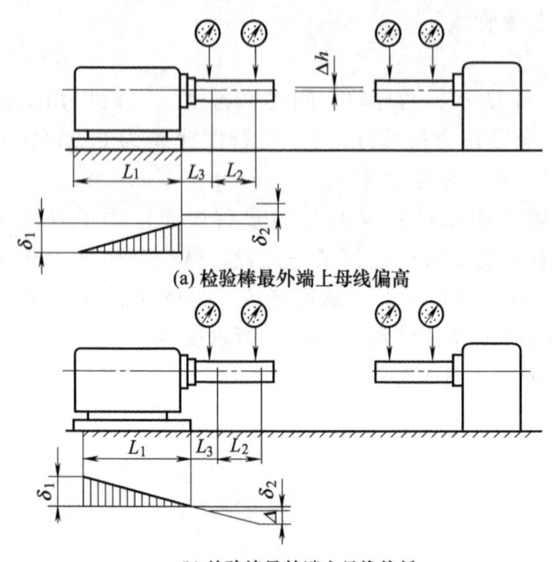

(a) 检验棒最外端上母线偏高

(b) 检验棒最外端上母线偏低

图 8-34　测量值与刮削量的关系

此外，还要考虑刮削后头架主轴锥孔轴线和尾架套筒锥孔轴线的等高度。由于头架底面经刮削后，检验棒最外端下降了 δ_2，其值为

$$\delta_2=\frac{L_3\Delta}{L_2}$$

式中　L_3——头架底座至近主轴测量点的距离，mm。

如果 δ_2 小于头架主轴锥孔轴线与尾架套筒轴线允许的等高量 Δh，即为合格。否则，在修刮头架底面后还要修刮尾架底面，以保证等高要求。由于尾架经常移动，底面容易磨损，因此要求尾架套筒轴线比头架主轴锥孔轴线高 0.01～0.02mm。

对于侧母线方向的误差，同样可用上述方法计算刮削量，但需刮削头架或尾架小筋来修正。

(5) 头架主轴锥孔和尾架套筒锥孔的中心连线对工作台移动方向的平行度检验

当头架主轴锥孔和尾架套筒锥孔的中心连线与工作台移动方向不平行时，安装在顶尖间的工件轴线在垂直面或水平面内与砂轮轴线成一倾斜角。前者磨出工件的母线呈现双曲线形状，后者磨出工件外圆成锥形，磨端面时两者都使端面成凸形或凹形面，工件长度越短，误差越大。表 8-18 是头架主轴锥孔和尾架套筒孔中心连线对工作台移动方向的平行度允差。这项精度的测量方法如图 8-35 所示。

表 8-18　头架主轴锥孔和尾架套筒锥孔中心连线对工作台移动方向的平行度允差　　mm

最大磨削直径	测量长度	平行度允差	
		上母线(只允许尾架高)	侧母线
≤200	150	0.01～0.03	0.01
≤320	300	0.01～0.04	0.015
>320	600	0.01～0.05	0.02

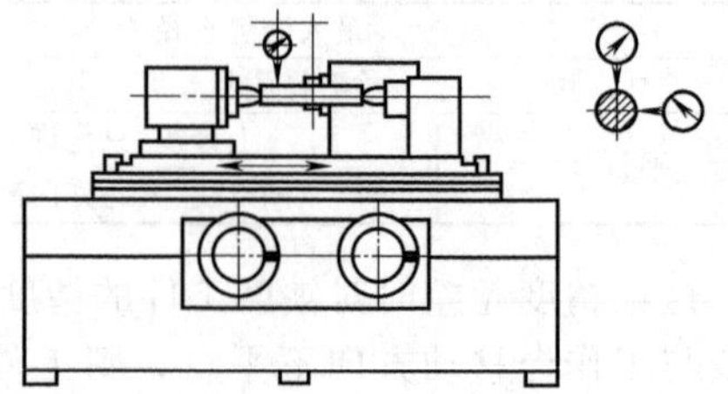

图 8-35　头架主轴锥孔和尾架套筒锥孔的中心连线对工作台移动方向平行度检验

如果不符合上述要求，则应修刮头架或尾架的底面和侧面。

(6) 砂轮架横向移动对工作台移动方向的垂直度检验

当这项误差超差时，工件的端面被磨成凸形面或凹形面。因此，规定砂轮架在总行程上与工作台移动方向的垂直度允差为 0.01mm，测量方法如图 8-36 所示。如不符合要求，应修刮

砂轮架导轨面。

(7) 砂轮架主轴轴线对工作台移动方向的平行度检验

测量方法如图 8-37 所示。在砂轮架主轴上装一测量套，表座放在工作台上，移动工作台测量套的上母线和侧母线。然后将主轴旋转 180°，再测量一次，两次测量值代数和的一半，就是砂轮主轴轴线对工作台移动方向的平行度误差值。

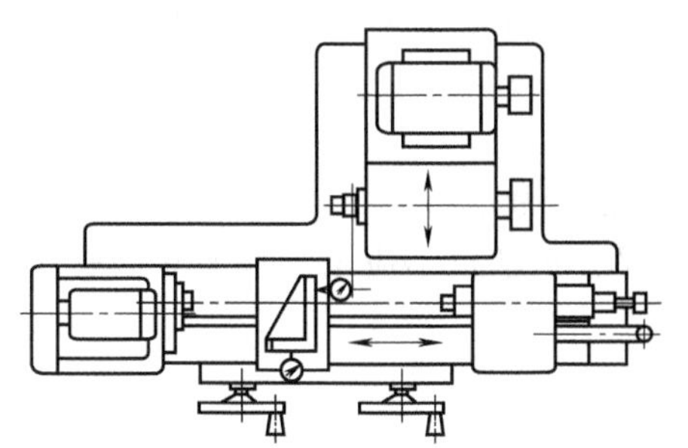

图 8-36 砂轮架横向移动对工作台移动方向的垂直度测量

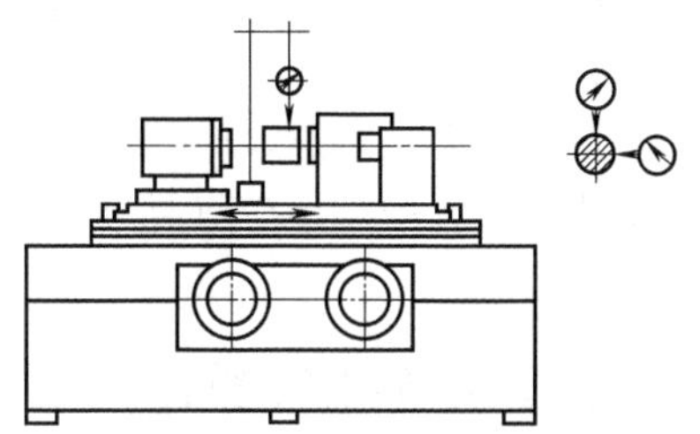

图 8-37 砂轮架主轴轴线对工作台移动方向的平行度测量

由于砂轮本身重量会使主轴前端下垂，因此，测量套伸出端 100mm 长度应向上偏 0.01mm。若不符合要求，可修刮砂轮架底面。

8.4 设备负荷实验

设备负荷试验是设备在规定的负荷或规定的超负荷下进行的试验，以检验设备的力学性能、强度和刚度。

8.4.1 设备负荷实验的内容及要求

对于不同型号的设备，其负荷试验的内容不一样。要通过负荷试验，测定出该设备的性能指标，如车床的进给量、吃刀量，内燃机的耗油量、功率、转速、扭矩和排气温度等。总之，设备的承受能力要达到原设计的要求。超负荷试验一般在特别需要时才做。

设备负荷试验前要按试验内容准备材料、刀具，并按切削规范调整机床，使主轴的转速、切削深度、进给量、切削速度都达到规定要求。要准备顶尖、卡盘或其他辅助工具以及所需的工具和检测仪器。

表 8-19 给出了卧式车床负荷试验的内容。

表 8-19 卧式车床负荷试验

<table>
<tr><th>项目</th><th colspan="2">内　容</th><th>项目</th><th colspan="2">内　容</th></tr>
<tr><td>材料/mm</td><td colspan="2">45 碳素钢，尺寸 ϕ194mm×750mm</td><td rowspan="2">切削规范</td><td>切削长度 L/mm</td><td>95</td></tr>
<tr><td>刀具</td><td colspan="2">45°标准外圆车刀 TSK10</td><td>机动时间 T/min</td><td>2</td></tr>
<tr><td rowspan="4">切削规范</td><td>主轴转速 n/(r/min)</td><td>46</td><td rowspan="4">损耗功率/kW</td><td rowspan="1">空转功率</td><td>0.625～0.72</td></tr>
<tr><td>切削深度 t/mm</td><td>5.5</td><td rowspan="2">切削功率</td><td rowspan="2">5.3</td></tr>
<tr><td>进给量 s/(mm/r)</td><td>1.01</td></tr>
<tr><td>切削速度 v/(m/min)</td><td>27.2</td><td>电动机功率</td><td>7</td></tr>
</table>

注：切削前应将摩擦离合器调紧，比正常使用时再多调 2～3 个切口，切削完成后再恢复正常。

在负荷试验过程中，首先要注意安全，工件要夹紧，受力后不能松动。如有主轴闷车、严重的异常响声、带轮打滑等情况应立即停车，进行检查并予以解决后，再恢复试验。

(1) 负荷试验时的要求

① 主轴转速不得比空运转试验时的转速下降 5%以上。

② 各部分手柄不得有颤抖和自动脱位现象，脱落蜗杆机构不得脱位。如有脱位必须进行调整。

③ 机床在负荷试验过程中，所有机构应正常工作，电气、润滑、冷却系统及其他部分均不应有不正常现象，动作要求平稳，不允许有振动和噪声。

(2) 超负荷试验时的要求

① 在超负荷试验时，主轴箱摩擦离合器不得脱开，可超范围调整，试验后应恢复。

② 在超负荷试验时，溜板箱脱落蜗杆合理地调整至不自动脱落状态。试验完成后也要再恢复正常状态。

③ 挂轮架应固定可靠，时刻注意挂轮在试验过程中的脱离。

④ 在试验过程中，不应有异常的振动和噪声，各部分手柄也不应该出现明显的颤抖和自动换位现象。

8.4.2 设备负荷实验的故障及排除

(1) 设备负荷试验时工件出现严重的“颤抖”

这是设备负荷试验最常出现的问题，它是一个综合故障的反映，引起严重颤抖的原因如下。

① 主轴的刚性差　由于与可调轴承配合的主轴轴颈没有按要求进行热处理，或没有达到热处理要求，在调整轴承间隙时，特别是重力切削时，轴承内环不向外胀而向轴心收缩，导致轴承和主轴配合形成不了刚性，解决的办法只有更换主轴。

② 主轴轴承的径向间隙过大　造成间隙过大有两种情况：一是调整不当，二是轴承外圈与箱体孔间隙过大。解决的办法是调整轴承，消除间隙，或者是在箱体孔镗孔镶套消除间隙。

③ 主轴后轴承是锥度轴承时，其间隙过大　锥度轴承的间隙纯属调整不当。只有调整用于调节锥度轴承间隙的预紧螺母，消除间隙，并锁紧螺母。

④ 主轴轴承锥度内孔与主轴锥度外颈配合不好　应用标准塞规配磨主轴锥度轴颈。

(2) 主轴转速明显下降或发生自动停车

负荷试验时，主轴转速明显下降或发生自动停车。产生的原因如下。

① 主轴箱Ⅰ轴摩擦片调整过松或磨损。如果已经按要求紧固 2～3 圈切口调紧摩擦片后还出现此类情况，就要更换磨损的摩擦片，或者是将摩擦片进行喷砂处理，以提高其摩擦力。

② 主轴正反转换向拉杆上的键磨损。在正反转换向时，由于键的磨损导致摩擦片压不紧，也会出现此类情况，解决的办法是更换键。

③ 主轴箱变速手柄的拨叉销子或滑块磨损，手柄定位弹簧过松，齿轮接触轴向偏移。当受力后，则使齿轮脱开。解决的办法是更换销子和滑块，调紧弹簧。

④ 电动机传动带松动，传动带调整过松，使受重载后打滑；传动带磨损已接触槽底或传动带上有油泥，这些都会引起传动带打滑。解决的办法是调整传动带松紧度，使之能承受负荷试验，或是更换传动带，要求长短一致。

(3) 溜板箱自动进给手柄容易脱落

溜板箱自动进给手柄容易脱落产生的原因如下。

① 脱落蜗杆的压力弹簧调整过松，解决的办法是通过拧紧压力弹簧的螺母，使弹簧弹力合适。

② 蜗杆托架上的控制板与杠杆的倾角磨损，实际上是控制板的磨损使销不能定位而打滑脱落。可以通过更换控制板加以解决，也可以修复控制板，即焊补磨损部位，修正后再使用。

③ 自动进给手柄的定位不可靠。有两个原因：一是箱体上的定位凹坑磨损，可焊补修复；二是弹簧调整较松，可以调整弹簧，若弹簧疲劳就更换。

8.5 设备工作试验

设备的工作试验是通过加工工件，通过工件的精度反映机床的动态几何精度、传动链精度的综合误差。

8.5.1 设备工作试验内容

每种型号的设备都有它自身的工作试验要求，试验前的准备工作主要是根据试验内容准备试验的材料、刀具，检查工件精度的量具、检具、辅具及车削时所用工具。

车床的工作试验主要有 3 项，即精车轴外圆试验、精车端面试验、精车螺纹试验。这 3 项精度试验是车床工作试验必须要进行的，工件精度需记录在车床几何精度验收单内，作为设备修理综合质量的依据。对于车床还有一项切断试验，它是在必要的情况下才进行的试验。

机床工作精度试验如表 8-20～表 8-23 所示。

表 8-20　精车轴外圆试验

项目	内　　容	
材料/mm	45 碳素钢，尺寸(ϕ50～80)×250	
刀具	①高速钢车刀，其几何形状：$\gamma=10°$，$\alpha=6°$，$\varphi=60°$，$\varphi_1=60°$，$\lambda=-10°$，$R=1.5$mm ②45°标准外圆车刀	
切削规范	主轴转速 n/(r/min)	230
	切削深度 t/mm	0.2～0.4
	进给量 s/(mm/r)	0.08
	切削速度 v/(m/min)	32.8～58
	切削长度 L/mm	150
	机动时间 T/min	8.15
损耗功率/kW	切削功率	0.077～0.123
	电动机功率	1.777～1.823

表 8-21　精车端面试验

项目	内　　容	
材料/mm	铸铁Ⅱ，尺寸为 ϕ250	
刀具	45°标准右偏刀	
切削规范	主轴转速 n/(r/min)	96～230
	切削深度 t/mm	0.2～0.3
	进给量 s/(mm/r)	0.12
	切削速度 v/(m/min)	75～178
	切削长度 L/mm	125
	机动时间 T/min	4.5～10.9
损耗功率/kW	切削功率	0.485
	电动机功率	2.185

表 8-22　精车螺纹试验

项目	内　　容	
材料/mm	45 碳素钢，尺寸 ϕ40×500	
刀具	高速钢 60°标准螺纹车刀	
切削规范	主轴转速 n/(r/min)	19
	切削深度 t/mm	0.02(最后精车)
	进给量 s/(mm/r)	6

表 8-23　切断试验

项目	内　　容	
材料/mm	45 碳素钢，尺寸 ϕ80×150	
刀具	标准切刀，切刀宽度 5mm	
切削规范	主轴转速 n/(r/min)	200～300
	进给量 s/(mm/r)	0.1～0.2
	切削速度 v/(m/min)	50～70
	切削长度 L/mm	120

(1) 精车轴外圆试验

精车的轴外圆误差为圆度 0.01μm，表面粗糙度 Ra 的上限为 1.6μm，且不允许有振痕和波纹。

(2) 精车端面试验

首先要检查圆盘端面的前半径（轴心线靠操作人员的半径），中滑板进给并固定千分表，其误差应在 0.005mm 以内。这主要是检查刃尖切削的可靠性。再检查端面的误差：平面度 0.02mm（只许凹），反映到后半径是 0.04mm，只允许外端为表值增加趋势。

(3) 精车螺纹试验

以标准螺纹测量精车螺纹累积误差：在 100mm 测量长度上的允差为 0.05mm，在 300mm 测量长度上的允差为 0.075mm。表面粗糙度 Ra 的上限为 1.6μm，且无振动和波纹。

（4）切断试验

要求在没有振动，主轴没有明显减速，更没有闷车的前提下，能比较顺利地进行切断操作，切断底面不应有振痕。

8.5.2 工件产生瑕疵的原因及排除方法

（1）设备精度故障分析

设备的工作精度试验是以工件精度来反映的。工件精度超差反映设备的工作精度不够。工件精度超差的原因主要如下。

1）尺寸精度超差

绝大都分属于人为故障，如刀具的选择、调整不合适、不准确，测量不准确、不可靠等。

2）形位公差超差

这基本上是由设备的几何精度超差或者综合精度超差引起的，另外还有设备的刚性变形、弹性变形、热变形等原因。

3）表面粗糙度超差

这也是设备综合误差的反映，如刀具、磨具的选用不正确，工件运动与刀具运动配合不当，润滑液、冷却液里含有杂质等。刀具、磨具不锋利，刀具或工件直线运动的爬行等，都会使工件表面粗糙度超差。

4）噪声和波纹

这两种故障是最常见的，有时单独出现，有时同时出现。要分析这两种故障的原因比较困难，因为它们是在设备运行（动态）过程中产生的。产生噪声和波纹的根源来自机械、电气、液压系统，下面分别进行分析。

① 在机械传动系统中引起振动的原因如下 。

a. 外界振动引起的设备振动：主要原因是设备地基没有隔振防护，设备距强烈振源很近等。

b. 旋转件动不平衡引起的振动：如电动机、旋转主轴、砂轮、传动带轮等的动不平衡。

c. 传动连接件的不同轴、不对称和调整不当所引起的振动：电动机与液压泵的联轴器装配不当，如不同轴、不对称、松动等，传动带、链传动件调整过松或过紧等。

d. 传动元件的制造误差及磨损：如齿轮的节圆振摆，齿轮的齿距误差过大，主轴呈椭圆形、有锥度，接触精度超差，轴承的工作游隙过大、有裂纹、磨损严重等。

e. 传动元件的装配误差：传动元件在装配时达不到装配精度的要求，如齿轮间隙过大、轴承间隙过大、运动副间隙过大或过小、滑动轴承间隙过大等都是因装配时调整不当而引起的。

② 液压传动故障的原因如下。

a. 液压泵输出的压力不稳定。

b. 液压系统中进入空气，管道相互碰撞。

c. 控制阀失灵：液流阀、单向阀、电磁阀等的滑阀支承在弹簧上，对振动相当敏感。如调压弹簧永久变形、损坏或弯曲，阀座损坏、密封不良，滑阀与阀座孔配合间隙过大，高低压油互通，油液混有杂质，滑阀拉毛，节流阀开口小而产生涡流，控制阀选择不当等都会引起噪声和爬行。

d. 液压系统回油路中没有背压或背压过少。

③ 电气系统故障　对于龙门刨床、龙门铣床这样一些设备来讲，拖动力是由电气系统控制的，工作台运动速度的调整也是由电气系统完成的。低速时出现的爬行现象，基本上也是由电气系统故障造成的。

（2）卧式车床加工工件精度超差分析

卧式车床在工作试验时，试验的结果反映在工件精度上。主要的工件精度有精车轴外圈的

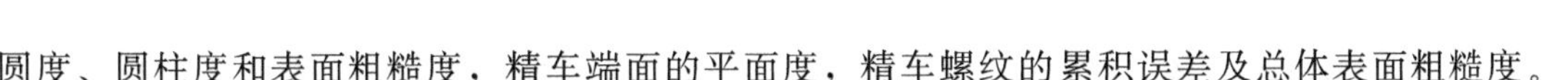

圆度、圆柱度和表面粗糙度，精车端面的平面度，精车螺纹的累积误差及总体表面粗糙度。

1）精车轴外圆圆度的超差分析

精车轴外圆的圆度实际上反映的是工件的椭圆或棱圆现象，其精度超差的原因如下。

① 主轴轴承间隙过大　卧式车床的主轴结构有两种，一种是滚动轴承，主轴的前轴承常采用圆锥孔双列向心短圆柱滚子轴承，另一种是主轴前轴承为整片瓦式的滑动轴承，轴承为内锥外柱式。这两种主轴轴承的结构形式中，轴承的间隙过大，基本上都是因为调整不当。轴承间隙没有调整量或因为主轴轴颈的刚性不够，致使滚动轴承调整时只缩不胀，也会造成轴承间隙过大。

② 主轴轴颈圆度超差　工件加工表面的圆度完全是按主轴装配轴承的轴颈圆度轨迹形成的，所以主轴轴颈圆度超差基本上按 1∶1 的比例反映到工件精度上。

③ 主轴轴承的磨损有均匀磨损和受载荷作用的非均匀磨损，它们都会产生间隙过大或运动轨迹不圆的故障。

④ 主轴轴承（滚动轴承或滑动轴承）的外径有圆度误差，箱体孔有圆度误差，且它们配合的间隙过大。

⑤ 加工轴时若用后尾座支承，尾座的套筒间隙过大、顶尖自身的圆度超差、轴中心孔不圆以及角度接触不好，都会引起加工轴外圆圆度超差。

2）精车轴外圆圆柱度（锥度）的超差分析

① 主轴回转中心线与溜板运动方向的平行度超差。

② 床身导轨的平行度（扭曲）超差　床身导轨的平行度超差有两种原因，均产生在床身导轨修复磨削的过程中。

a. 床身装夹，在压紧时产生变形，当床身磨完后，检验合格。但压紧螺钉松开后，强制压力产生的弹性变形又恢复而形成扭曲。

b. 机床修好后，在安装时没有按要求精平导轨的扭曲度或精平不合格，在灌浆时精平的不可靠引起的变动。

③ 床头、床尾两顶尖的中心高，尤其是中心连线对导轨运动方向的平行度超差，使加工工件产生锥度。

④ 由于主轴在旋转过程中，机械传动所产生的热变形会使主轴中心线抬高，所以卧式车床尾座中心线要求比主轴中心线高 0.06mm，其目的一是补偿尾座经常移动的磨损，二是补偿主轴在温升过高情况下的热变形。

⑤ 床身导轨的严重磨损　如卧式车床经常出现加工短工件多的一段导轨的局部磨损。再加工长轴时，导轨的直线度，尤其是导轨水平方向的直线度，直接影响加工工件母线的直线度，形成马鞍形、腰鼓形等。

⑥ 床身导轨在磨削修复的过程中，常出现热变形。在没有完全冷却的情况下，与完全冷却时的几何精度是不一样的，另外床身修复时装夹松紧不一，所产生的热变形内应力也不一样。当完全冷却后，内应力释放将引起床身变形，其变形后的平行度直接影响加工工件的圆度。

3）精车螺纹精度的超差分析

螺纹精度超差反映在螺距的不均匀和小螺距的乱纹上，其原因如下。

① 卧式车床丝杠的不均匀磨损、弯曲。

② 溜板箱的开合螺母磨损严重，与丝杠的同轴度超差，使丝杠与螺母啮合不良或间隙过大。上下运动的燕尾导轨副的磨损，使开合螺母的闭合不稳定。

③ 车床满负荷工作或切削毛坯工作量大引起的溜板箱导轨与床身导轨的磨损，导致溜板箱下垂或倾斜，使丝杠的三支承同心度（进给箱、溜板箱开合螺母、后支架）超差，造成开合螺母与丝杠的配合精度超差。

④ 主轴传向进给箱交换齿轮的传动链间隙过大，交换齿轮与交换齿轮轴的间隙和交换齿轮啮合间隙过大以及交换齿轮固定不牢靠等。

⑤ 丝杠的轴向窜动　引起丝杠轴向窜动的原因主要在进给箱端面与孔中心线的垂直度超差，输出齿轮与轴端面的垂直度、隔垫的平行度、螺母端面与螺纹中心线的垂直度超差。

4）精车端面精度超差分析

① 精车端面测量前半径不对零的超差，有以下两种原因。

a. 主轴前轴承间隙过大。

b. 中滑板斜铁弯曲，这是引起前半径测量不对零最主要的问题。若溜板箱燕尾导轨平行度超差，则更为严重。

② 端面精度超差主要是溜板箱运动方向与主轴轴心线的垂直度超差。

③ 床身溜板箱导轨的扭曲　因测量是间接测量，不是直接以轴心线为基准测量，因此，溜板纵向移动方向对基准水平线一边的平行度出现误差，溜板上的中滑板测量水平仪的另一直角边就是两项误差的积累。

④ 端面圆跳动超差主要是由主轴的轴向游隙或轴向窜动大而引起的。

5）加工轴外圆、端面及螺纹表面粗糙度超差的分析

① 精车轴外圆的表面产生有规律的波纹　这种误差主要是刀具有规律地抖动而产生的振纹，具体原因如下。

a. 溜板箱齿轮与床身齿条啮合不正确。

b. 光杠弯曲较大，在光杠上滑动的溜板箱传动齿轮节圆跳动较大，引起光杠旋转 1 周出现一次跳动，如 CA6140 光杠转 1 周，溜板纵向行程约等于 5mm，精车外圆则分别出现约等于 5mm 间隔的螺纹。

c. 主轴箱内的轴弯曲，或有齿轮损坏。

d. 电动机不平衡，带轮振摆过大。

② 精车轴外圆表面产生无规律的波纹　原因有床身导轨或溜板箱齿轮与之啮合的齿条有碰伤、损坏及磨损，使间隙不均匀。主轴轴承与轴颈、箱体孔的配合有间隙。卡盘装夹工件不紧。主轴滚动轴承的磨损或损坏。刀架（包括方刀架、小滑板、中滑板）间隙过大。使用尾座时，尾座套筒间隙过大等。

③ 精车端面产生有规律的波纹（间距波纹、螺旋波纹）　这主要由中滑板导轨间隙过大、中滑板丝杠弯曲、中滑板丝杠与螺母配合间隙过大、主轴后轴承有一滚动体比其余的直径大引起。

④ 精车螺纹表面产生波纹的原因如下。

a. 丝杠弯曲，与开合螺母接触不良。

b. 丝杠的轴向游隙过大。

c. 车削长螺纹工件时，工件弯曲（自重引起的下挠度）。

d. 丝杠前连接销和后托架的磨损使丝杠回转中心不稳定。

⑤ 精车螺距不稳定（指小螺纹螺距）的原因如下。

a. 丝杠的磨损或弯曲，开合螺母的磨损，开合螺母燕尾导轨的磨损，闭合不稳定。

b. 主轴传至刀具纵进给的传动链间隙过大，丝杠的轴向游隙（包括轴向窜动）过大。

6）工件精度故障的总结

工件精度故障从以上的分析中可总结为以下几个主要方面。

① 几何精度超差所引起的。

② 装配精度超差所引起的。

③ 磨损（传动元件、运动件等）及调整不当引起的。

④ 刀具、辅具的磨损所引起的。

⑤ 配合精度超差所引起的。

(3) 铣床加工工件可能产生的误差

1）加工工件表面接刀不平

① 产生原因如下。

a. 主轴中心线与床身导轨面不垂直，各部相对位置精度不好。

b. 安装水平调整不平，造成导轨扭曲。

c. 主轴轴向间隙、支架支承孔间隙过大。

d. 工作台镶条过松。

② 消除方法如下。

a. 调整或修复工作台纵、横移动对工作台面的平行度和主轴回转中心线对工作台面的平行度，同时检查升降移动对工作台面的垂直度。

b. 重新调整机床的安装水平，保证在0.02/1000之内。

c. 调整主轴间隙，修复支架孔。

d. 调整镶条间隙，保持工作台、升降台移动的稳定。

2）加工工件尺寸精度超差

① 产生原因如下。

a. 主轴回转中心与工作台面不平行。

b. 工作台面不平，导轨局部磨损。

c. 工件装夹不合理，引起工件变形。

d. 导轨间隙过大，工作台润滑不良。

② 消除方法如下。

a. 调整和修刮工作台导轨至符合要求，使此项精度保证为0.02/300。

b. 修理工作台面和导轨，要求台面中凹在全长上不超过0.02mm。

c. 装夹工件时，注意支承点的位置，保持接合面的清洁。

d. 调整导轨间隙，注意导轨润滑，保证0.03mm的塞尺不得塞入。

3）被加工工件表面与基准不垂直

① 产生原因如下。

a. 主轴中心与升降导轨垂直度和工作台的平行度超差。

b. 工件装夹方法不合理，在加工中发生移动。

c. 钳口或垫铁不平，钳口与基准面间有脏物。

d. 工作台面不平。

② 消除方法如下。

a. 调整和修复导轨，达到主轴中心与工作台的平行度误差在0.02/300以内。

b. 选择合理的支承点，并将工件牢固地夹住。

c. 把工件垫正，必要时用表找正，装夹工件前应仔细清除钳口或基准面间的脏物。

d. 修整工作台面的平面度，保持全长上中凹不超过0.02mm。

4）加工工件表面粗糙度值大

① 产生原因如下。

a. 主轴径向间隙大，轴向窜动大。

b. 各滑动导轨面的刮研精度差，配合间隙大。

c. 传动丝杠、螺母间隙过大。

d. 电动机振动大。

e. 传动V带过松或有破损现象。

f. 机床安装精度差、振动。

② 消除方法如下。

a. 应拆卸主轴，修磨垫片，拧紧螺母，保证其径向圆跳动误差和轴向窜动量合格。

b. 刮研接触点应不少于12点/(25mm×25mm)。调整镶条减少配合间隙，保证在0.02～0.04mm。

c. 调整传动丝杠与螺母的配合间隙，必要时更换或修配丝杠螺母。

d. 紧固电动机座或更换电动机。

e. 调整、紧固电动机座使V带适当张紧或更换新V带。

f. 重新安装调整，使基础稳固。

5）加工工件平面度超差

① 产生原因如下。

a. 主轴的轴心线与工作台导轨不垂直。

b. 工作台平面度超差。

c. 主轴径向间隙大，轴向窜动大。

② 消除方法如下。

a. 调整和修复主轴轴心线与工作台导轨，达到主轴中心与工作台导轨的垂直度误差在0.02/300以内。

b. 可用铣床自身的铣头将工作台面铣削合格。

c. 应拆卸主轴、修磨垫片、拧紧螺母，保证其径向圆跳动误差和轴向窜动量合格。

(4) 刨床加工工件可能产生的误差

1）工件精度超差分析

牛头刨床工件精度超差分析的试件应是：材料为HT200，硬度为160～180HB，最大刨削长度L在320～630mm之间，宽度$b=L/6$，高度$h=L/10$的长方体。基面为底面，刨削上平面，平面度允差为0.025mm，上平面对基面的平行度允差为0.03mm，试件两侧面的平行度允差为0.05mm。

① 工件上平面的平面度超差分析如下。

a. 滑枕与床身导轨接触精度差。滑枕的运动轨迹不是直线，刨刀的运动轨迹也就不是直线。

b. 滑枕直线运动的压板间隙过大，导致滑枕在直线运动时有一个向前倾倒的自重与刨刀切削时向上的抗力之间的均衡。当其不稳定时就会造成平面度超差。

c. 装夹刀具的刀架有“掉刀”现象，也可以造成平面度超差。

② 工件上表面与基面的平行度超差分析如下。

a. 滑枕压板调整间隙过大，滑枕向前做直线运动时向下倾斜。

b. 横梁压板间隙过大，在滑枕向前运动时，由于刨刀向下的切削力，也会使工作台向下倾斜。

c. 横梁压板经过几次大修后，压板的刚性减弱，刨刀切削工件时的切削力，使工作台产生变形，影响上平面与基面的平行度。

③ 工件两侧面的平行度超差分析如下。

a. 滑枕压板调整间隙过大，会造成滑枕的左右摇摆，刨削两侧面则不平行。

b. 滑枕的刚性差、滑枕与床身导轨相配的压板间隙过大，均会产生滑枕在移动时直线度超差，也会引起工件两侧面的平行度超差。

④ 工件加工表面粗糙度超差及产生波纹　影响加工表面粗糙度及产生波纹的因素很多，主要如下。

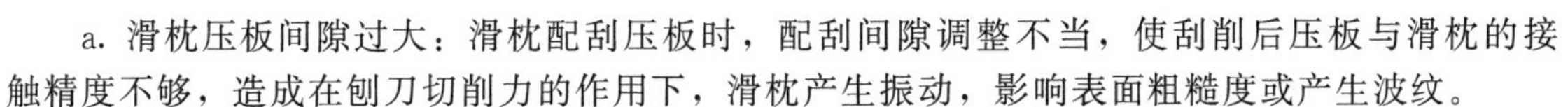

a. 滑枕压板间隙过大：滑枕配刮压板时，配刮间隙调整不当，使刮削后压板与滑枕的接触精度不够，造成在刨刀切削力的作用下，滑枕产生振动，影响表面粗糙度或产生波纹。

b. 滑枕运动方向与摇杆摆动方向不平行，摇杆滑块运动的间隙过大。

c. 床身导轨横平面与摇杆下支承轴中心线不平行。

d. 摇杆摆动的大齿轮精度差，磨损导致啮合不良，工作中容易造成振动。

e. 牛头刀架结构中有松动或接触不良现象，锥孔与锥销间隙大，在刨刀受力后会产生振动。

f. 横梁、工作台滑板、工作台三者之间的接触刚性差。

g. 滑枕压板调整过紧会产生滑枕直线运动的爬行，影响表面粗糙度并会形成波纹。长时间工作，还会导致滑枕温度升高，造成床身和滑枕的热变形，严重时滑枕与床身导轨产生胶合、拉毛。

2）工件精度故障的排除

从上述工件精度超差分析中可以看出，滑枕与压板的间隙过大，影响了工件上平面的平面度、工件上平面与基面的平行度、工件两侧面的平行度、工件的表面粗糙度和波纹的形成，所以配刮滑枕和压板是很关键的修理工艺，包括滑枕与床身上导轨面的配刮工艺，滑板压板的配刮工艺与间隙的调整。滑枕表面如图 8-38 所示，图 8-38 中 1、2、3、4 为磨削面，5 为滑枕，Ra 值为 1.6μm。

滑枕的加工可以磨代刮，在磨削时要注意装夹变形及热变形，保证在松开压板装夹后加工精度不变。

以滑枕配刮床身上导轨面，主要保证上导轨面纵向与床身横梁导轨面的垂直度，保证上导轨面横向与摇杆下支承孔中心线的平行度。

滑枕与压板的配刮，压板有固定压板和可调压板两种。滑枕压板如图 8-39 所示。固定压板是与床身侧面贴紧，可调压板与床身侧面有间隙。固定压板要达到下底面与床身上导轨面贴合，侧面与床身侧面贴合，斜面与滑枕 V 形导轨面接触。可调压板是底面贴合，斜面与滑枕配刮。

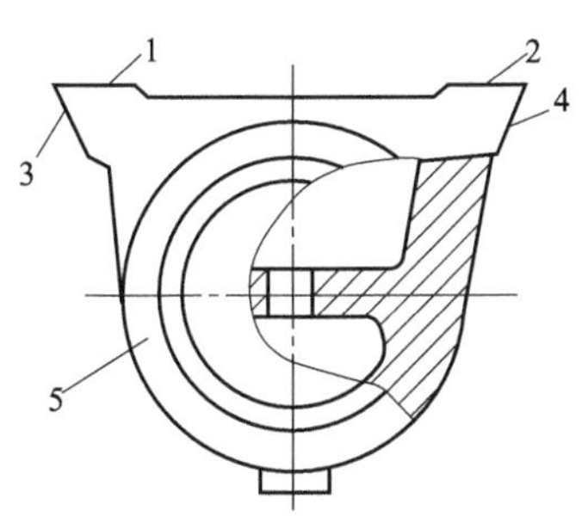

图 8-38　滑枕表面示意图

1～4—磨削面；5—滑枕

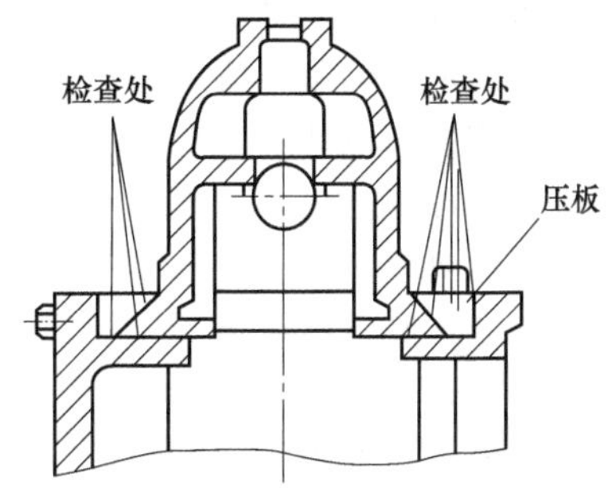

图 8-39　滑枕压板示意图

配刮压板斜面可分别配刮。配刮好斜面之后，固定好固定压板，通过调整螺钉来调整间隙。最后紧固调整压板，用 0.04mm 塞尺检查所有结合面均不能塞入，并推动滑枕顺畅为止。

影响牛头刨床工件精度的还有关键传动元件的制造或修复精度，如大齿轮、摇杆、摇杆滑块等组成的摇杆机构、刀架机构、横梁、工作台滑板的制造和修复精度。还有装配间隙，如摇杆大齿轮与空心轴的配合、滑块与摇杆的配合、工作台滑板与横梁压板的配合、电动机安装调整板轴与套的配合等。

(5) 平面磨床加工工件可能产生的误差

1）加工工件的表面粗糙度差，有明显的振纹

① 产生原因如下。

a. 砂轮主轴动平衡精度差。

b. 主轴、轴承间隙过大。

c. 工作台导轨面润滑油过多或过少。

d. 砂轮静平衡不合格。

e. 砂轮修整粗细不一致。

f. 进给量过大。

g. 机床振动。

② 消除方法如下。

a. 重新调整，进行动平衡检测并修复。

b. 重新调整，前轴承间隙为0.008mm，后轴承间隙为0.012mm。

c. 调整导轨润滑油至适量，以工作台导轨面上有湿润的润滑油但不滴下为宜。

d. 做好砂轮静平衡，必要时做二次静平衡。

e. 重新修整砂轮，使砂轮粗、细适中。

f. 进给量最大不应超过0.02mm，并分粗磨、精磨。

g. 消除机床振源：台面冲击，工作台齿条、齿轮啮合间隙过小，机床附近有振源等。

2）工件加工面平行度超差

① 产生原因如下。

a. 工作台面精度超差。

b. 工作台纵向移动时倾斜度超差。

c. 磨头主轴中心线相对于工作台横向移动时平行度超差。

d. 床身导轨在水平面内直线度超差。

② 消除方法如下。

a. 重磨工作台面至精度要求（自磨）。

b. 调整台面润滑油至适量，校正工作台纵向移动精度。

c. 校正滑板水平燕尾导轨的直线度误差及相对工作面的平行度误差。

d. 重新调整机床的床身安装水平。

3）工件表面有烧伤

① 产生原因如下。

a. 砂轮过硬，砂轮组织过于紧密，粒度过细或砂轮修得过细。

b. 砂轮过钝。

c. 磨削进给量过大。

d. 散热条件差。

② 消除方法如下。

a. 应合理选择砂轮，正确修磨砂轮。

b. 及时修磨砂轮。

c. 合理确定进给量，不宜过大。

d. 切削液冷却要充分。

8.6 数控机床修理质量的检验

数控机床的高加工精度是靠机床本身的精度来保证的。数控机床修理质量的检验主要包括数控机床修理后精度的检测及数控设备性能的检查两个方面。

8.6.1 机床精度的检测

数控机床精度分为几何精度、定位精度和切削精度三类。

(1) 几何精度检验

数控机床的几何精度检验，又称为静态精度检验。几何精度综合反映机床的各关键零件及其组装后的几何形状误差。数控机床的几何精度检验和普通机床的几何精度检验在检测内容、检测工具及检测方法上基本类似，只是检测要求更高。

目前，国内检测机床几何精度的常用检测工具有精密水平仪、精密方箱、直角尺、平尺、平行光管、千分表、测微仪、高精度检验棒及一些刚性较好的千分表杆等。每项几何精度的具体检测办法见各机床的检测条件及标准，但检测工具的精度等级必须比所测的几何精度高一个等级，否则测量的结果将是不可信的。下面是一台普通立式加工中心几何精度检验的主要项目。

① 工作台的平面度。

② 沿各坐标方向移动的相互垂直度。

③ 沿 X 坐标轴方向移动时工作台面 T 形槽侧面的平行度。

④ 沿 Y 坐标轴方向移动时工作台面 T 形槽侧面的平行度。

⑤ 沿 Z 坐标轴方向移动时工作台面 T 形槽侧面的平行度。

⑥ 主轴的轴向窜动。

⑦ 主轴孔的径向跳动。

⑧ 主轴回转轴心线对工作台面的垂直度。

⑨ 主轴箱沿 Z 坐标轴方向移动的直线度。

⑩ 主轴箱沿 Z 坐标轴方向移动时主轴轴心线的平行度。

卧式机床要比立式机床多几项与平面转台有关的几何精度。

由上述可以看出，第一类精度要求是机床各运动大部件如床身、立柱、溜板、主轴等运动的直线度、平行度、垂直度的要求；第二类是对执行切削运动主要部件如主轴的自身回转精度及直线运动精度（切削运动中进刀）的要求。因此，这些几何精度综合反映了该机床机械坐标系的几何精度，以及执行切削运动的部件主轴的几何精度。

工作台面及台面上 T 形槽相对机械坐标系的几何精度要求，反映了数控机床加工中的工件坐标系对机械坐标系的几何关系，因为工作台面及定位基准 T 形槽都是工件定位或工件夹具的定位基准，加工工件用的工件坐标系往往都以此为基准。

几何精度检测对机床地基有严格要求，必须在地基及地脚螺栓的固定混凝土完全固化后才能进行。精调时先要把机床的主床身调到较精密的水平面，然后再调其他几何精度。考虑到水泥基础不够稳定，一般要求在使用数个月到半年后再精调一次机床水平。有些几何精度项目是互相联系的，如立式加工中心中 Y 轴和 Z 轴方向的相互垂直度误差，因此，对数控机床的各项几何精度检测工作应在精调后一气呵成，不允许检测一项调整一项，分别进行，否则会由于调整后一项几何精度而把已检测合格的前一项精度调成不合格。

在检测工作中，要注意尽可能消除检测工具和检测方法的误差，如检测主轴回转精度时检验芯棒自身的振摆和弯曲等误差；在表架上安装千分表和测微仪时由表架刚性带来的误差；在卧式机床上使用回转测微仪时重力的影响；在测头的抬头位置和低头位置的测量数据误差等。

机床的几何精度在机床处于冷态和热态时是不同的，应按国家标准的规定即在机床稍有预热的状态下进行检测，所以通电以后机床各移动坐标往复运动几次。检测时，让主轴按中等的转速转几分钟之后才能进行检测。

(2) **定位精度检验**

数控机床定位精度，是指机床各坐标轴在数控系统控制下运动所能达到的位置精度。数控机床的定位精度又可以理解为机床的运动精度。普通机床由手动进给，定位精度主要取决于读数误差，而数控机床的移动是靠数字程序指令实现的，故定位精度决定于数控系统和机械传动误差。机床各运动部件的运动是在数控装置的控制下完成的，各运动部件在程序指令控制下所能达到的精度直接反映加工零件所能达到的精度，所以，定位精度是一项很重要的检测内容。定位精度检测的主要内容如下。

① 直线运动定位精度。

② 直线运动重复定位精度。

③ 直线运动各轴机械原点的复归精度。

④ 回转运动的定位精度。

⑤ 回转运动的重复运动定位精度。

⑥ 回转运动矢量动量的检测。

⑦ 回转轴原点的复归精度。

测量直线运动的检测工具有测微仪、成组块规、标准刻度尺、光学读数显微镜和双频激光干涉仪等。标准长度测量以双频激光干涉仪为准。回转运动检测工具有360齿精确分度的标准转台或角度多面体、高精度圆光栅及平行光管等。

1）直线运动定位精度的检测

机床直线定位精度检测一般都在机床空载条件下进行。常用检测方法如图8-40所示。

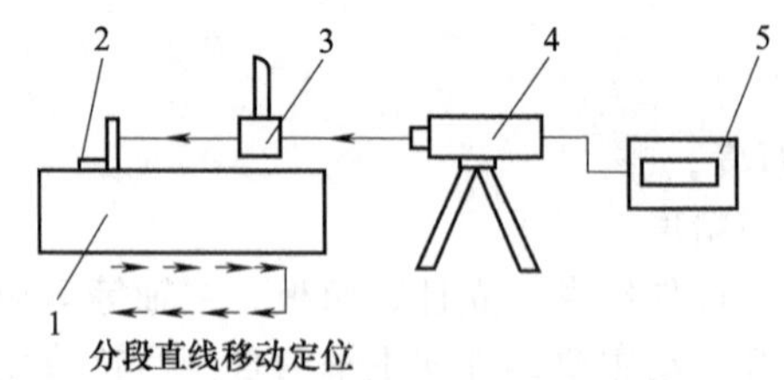

图8-40　直线运动定位精度检测

1—工作台；2—反光镜；3—分光镜；4—激光干涉仪；5—数显及记录器

按照ISO（国际标准化组织）标准规定，对数控机床的检测，应以激光测量为准，但目前国内拥有这种仪器的用户较少，因此，大部分数控机床生产厂的出厂检测及用户验收检测还是采用标准尺进行比较测量。这种方法的检测精度与检测技巧有关，较好的情况下可控制到（0.004～0.005）/1000，而激光测量，测量精度可比标准尺检测方法提高一倍。

机床定位精度反映该机床在多次使用过程中都能达到的精度。实际上机床定位时每次都有一定散差，称允许误差。为了反映出多次定位中的全部误差，ISO标准规定每一个定位测量点按5次测量数据算出平均值和散差±3σ。所以，这时的定位精度曲线已不是一条曲线，而是由各定位点平均值连贯起来的一条曲线再加上3σ散带构成的定位点散带，如图8-41所示。

此外，机床运行时正、反向定位精度曲线由于综合原因，不可能完全重合，甚至出现图8-42所示的几种情况。

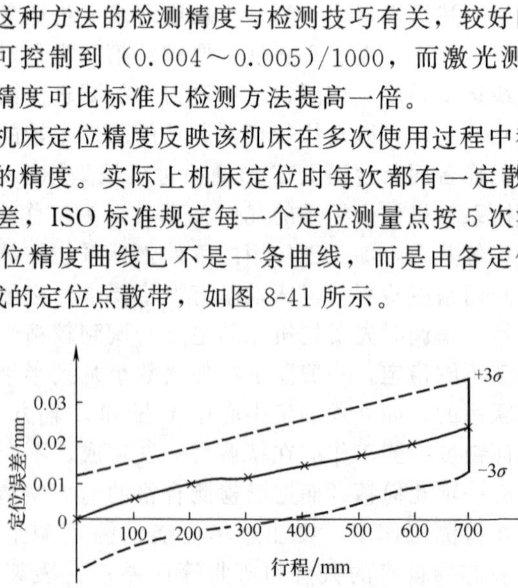

图8-41　定位精度曲线

① 平行形曲线　即正向曲线和反向曲线在垂直坐标上很均匀地拉开一段距离，这段距离即反映了该坐标的反向间隙。这时可以用数控系统间隙补偿功能修改间隙补偿值来使正、反向曲线接近。

② 交叉形与喇叭形曲线　这两类曲线都是由于被测坐标轴上各段反向间隙不均匀造成的。例如，滚珠丝杠在行程内各段的间隙过盈不一致和导轨副在行程内各段负载不一致等，造成反向间隙在各段内也不均匀。反向间隙不均匀现象较多表现在全行程内运动时，一头松一头紧，结果得到喇叭形的正、反向定位曲线。如果

此时又不适当地使用数控系统反向间隙补偿功能，造成反向间隙在全行程内忽紧忽松，就会造成交叉形曲线。

测定的定位精度曲线还与环境温度和轴的工作状态有关。目前大部分数控机床都是半闭环的伺服系统，它不能补偿滚珠丝杠热伸长，热伸长能使在 1m 行程上相差 0.01～0.02mm。为此，有些机床采用预拉伸丝杠的方法，来减少热伸长的影响。

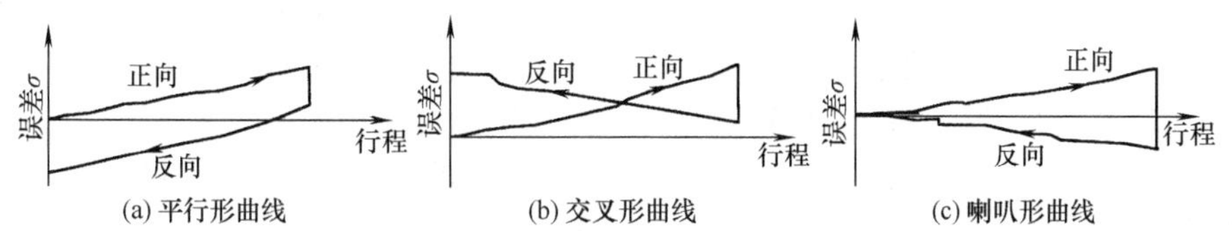

图 8-42　几种不正常的定位精度曲线

2）直线运动重复定位精度的检测

检测用的仪器与检测定位精度所用的仪器相同。一般检测方法是在靠近各坐标行程的中点及两端的任意三个位置进行测量，每个位置用快速移动定位，在相同的条件下重复做 7 次定位，测出停止位置的数值并求出读数的最大差值。以 3 个位置中最大差值的 1/2 附上正负符号，作为该坐标的重复定位精度，它是反映轴运动精度稳定性的最基本指标。

3）直线运动各轴机械原点的复归精度的检测

各轴机械原点的复归精度，实质上是该坐标轴上一个特殊点的重复定位精度，因此，它的测量方法与重复定位精度相同。

4）回转运动矢动量的测定

矢动量的测定方法是在所测量坐标轴的行程内，预先向正向或反向移动一个距离并以此停止位置为基准，再在同一方向上给予一个移动指令值，使之移动一段距离，然后再向相反方向上移动相同的距离。测量停止位置与基准位置之差（图 8-43）。在靠近行程中点及两端的 3 个位置上分别进行多次（一般为 7 次）测定，求出各位置上的平均值，以所得到平均值中的最大值为矢动量测定值。

坐标轴的矢动量是该坐标轴进给传动链上驱动部件（如伺服电动机、伺服液压电动机和步进电动机等）的反向死区，是各机械运动传动副的反向间隙和弹性变形等误差的综合反映。此误差越大，则定位精度和重复定位精度也越差。

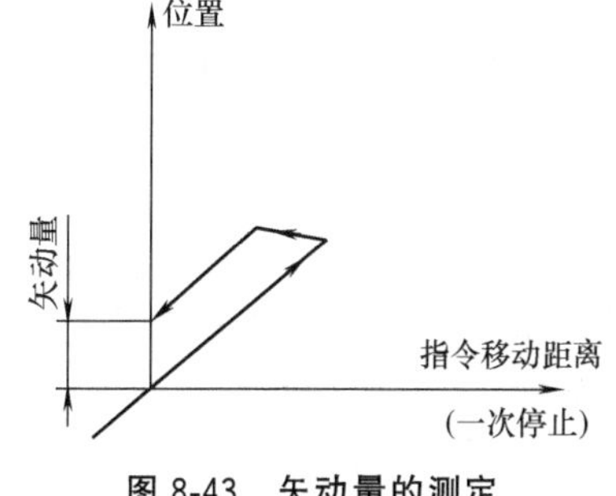

图 8-43　矢动量的测定

5）回转运动精度的测定

回转运动各项精度的测定方法与上述各项直线运动精度的测定方法相同，但用于回转精度的测定仪器是标准转台、平行光管（准直仪）等。考虑到实际使用要求，一般对 0°、90°、180°、270°等几个直角等分点做重点测量，要求这些点的精度较其他角度位置精度提高一个等级。

(3) 切削精度检验

机床切削精度检测实质是对机床的几何精度与定位精度在切削条件下的一项综合考核。一般来说，进行切削精度检查的加工，可以是单项加工或加工一个标准的综合性试件。对于加工中心，主要单项精度有下面几项。

① 镗孔精度。

② 端面铣刀铣削平面的精度（X/Y 平面）。

③ 镗孔的孔距精度和孔径分散度。

④ 直线铣削精度。

⑤ 斜线铣削精度。

⑥ 圆弧铣削精度。

对于卧式机床，还有箱体掉头镗孔同心度、水平转台回转 90°铣四方加工精度。

镗孔精度试验如图 8-44（a）所示。这项精度与切削时使用的切削用量、刀具材料、切削刀具的几何角度等都有一定的关系。主要是考核机床主轴的运动精度及低速走刀时的平稳性。在现代数控机床中，主轴都装配有高精度带有预负荷的成组滚动轴承，进给伺服系统带有摩擦系数小和灵敏度高的导轨副及高灵敏度的驱动部件，所以这项精度一般都不成问题。

图 8-44（b）表示用精调过的多齿端面铣刀精铣平面的方向，端面铣刀铣削平面精度主要反映 X 轴和 Y 轴两轴运动的平面度及主轴中心对 X-Y 运动平面的垂直度（直接在台阶上表现）。一般精度的数控机床的平面度和台阶差在 0.01mm 左右。

镗孔的孔距精度和孔径分散度检查按图 8-44（c）所示进行，以快速移动进给定位精镗 4 个孔，测量各孔位置的 X 坐标和 Y 坐标的坐标值，以实测值和指令值之差的最大值作为孔距精度测量值。对角线方向的孔距可由各坐标方向的坐标值经计算求得，或各孔插入配合紧密的检验芯轴后，用千分尺测量对角线距离。而孔径分散度则由在同一深度上测量各孔 X 坐标方向和 Y 坐标方向的直径最大差值求得。一般数控机床 X、Y 坐标方向的孔距精度为 0.02mm，对角线方向孔距精度为 0.03mm，孔径分散度为 0.015mm。

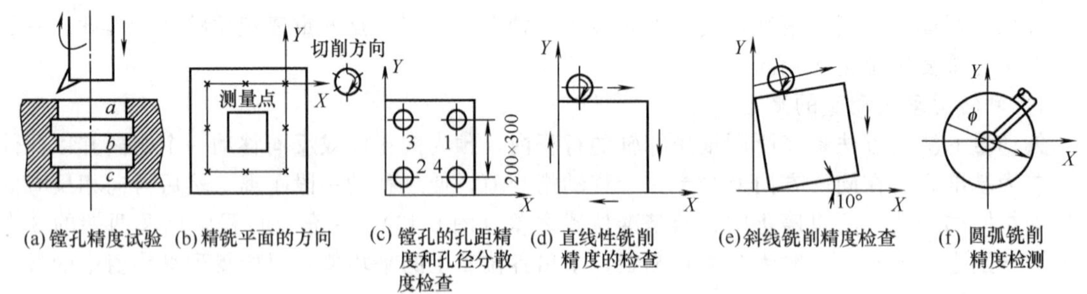

(a) 镗孔精度试验 (b) 精铣平面的方向 (c) 镗孔的孔距精度和孔径分散度检查 (d) 直线性铣削精度的检查 (e) 斜线铣削精度检查 (f) 圆弧铣削精度检测

图 8-44 各种单项切削精度试验

直线性铣削精度的检查，可按图 8-44（d）进行。由 X 坐标及 Y 坐标分别进给，用立铣刀侧刃精铣工件周边。测量各边的垂直度、对边平行度、邻边垂直度和对边距离尺寸差。这项精度主要考核机床各向导轨运动的几何精度。

斜线铣削精度检查是用立铣刀侧刃来精铣工件周边，如图 8-44（e）所示。它是用同时控制 X 和 Y 两个坐标来实现的。所以该精度可以反映两轴直线插补运动品质特性。进行这项精度检查时，有时会发现在加工面上（两直角边上）出现一边密一边稀的很有规律的条纹，这是由于两轴联动时，其中一轴进给速度不均匀造成的。这可以通过修调该轴速度控制和位置控制回路来解决。少数情况下，也可能是负载变化不均匀造成的。导轨低速爬行、机床导轨防护板不均匀摩擦及位置检测反馈元件传动不均匀等也会造成上述条纹。

圆弧铣削精度检测是用立铣刀侧刃精铣如图 8-44（f）所示的外圆表面，然后在圆度仪上测出圆度曲线。一般加工中心类机床铣削 ϕ200～300mm 工件时，圆度可达到 0.03mm 左右，表面粗糙度可达到 Ra3.2μm 左右。

在测试件测量中常会遇到如图 8-45 所示的图形。

对于两半错位的图形一般都是由于一个坐标或两个坐标的反向矢动量造成的，这可以通过适当地改变数控系统矢动量的补偿值或修调该坐标的传动链来解决。出现斜椭圆是由于两坐标实际系统误差不一致造成的。此时，可通过适当地调整速度反馈增益、位置环增益得到改善。常用的数控机床切削精度检测验收内容如表 8-24 所示。

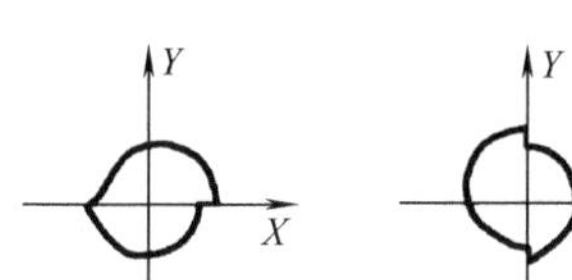

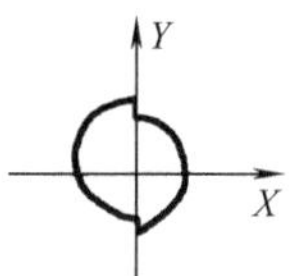

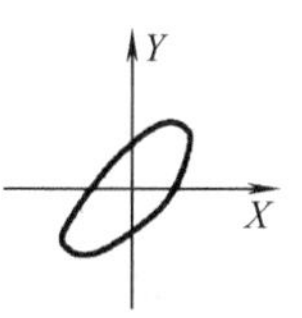

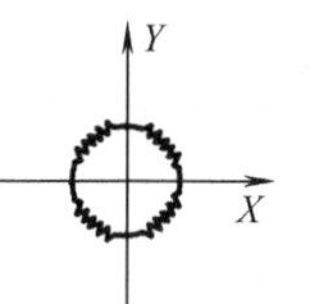

图 8-45　有质量问题的铣圆图形

表 8-24　常用的数控机床切削精度检测验收内容

检测内容		检测方法	允许误差/mm
镗孔精度	圆度	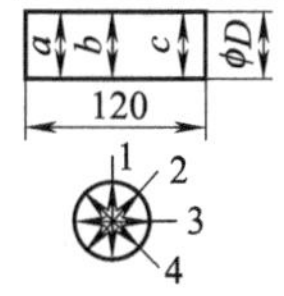	0.01
	圆柱度		0.01/100
端铣刀铣平面精度	平面度	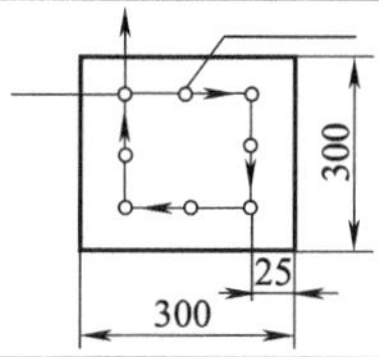	0.01
	阶梯度		0.01
端铣刀铣侧面精度	垂直度	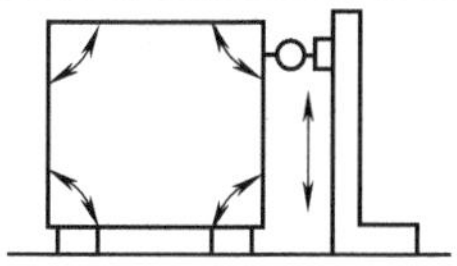	0.02/300
	平行度		0.02/300
镗孔孔距精度	X 轴方向	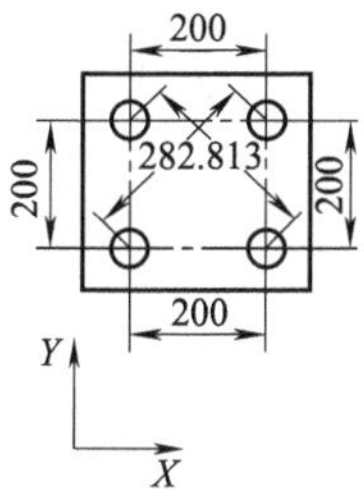	0.02
	Y 轴方向		0.02
	对角线方向		0.03
	孔径偏差		0.01
立铣刀铣削四周面精度	直线度	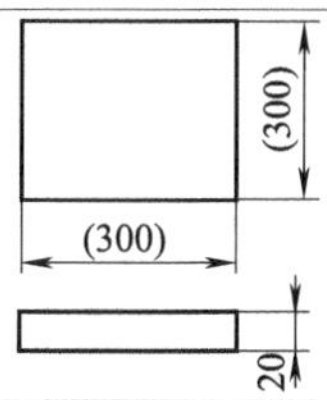	0.01/300
	平行度		0.02/300
	垂直度		0.02/300
两轴联动铣削直线精度	直线度	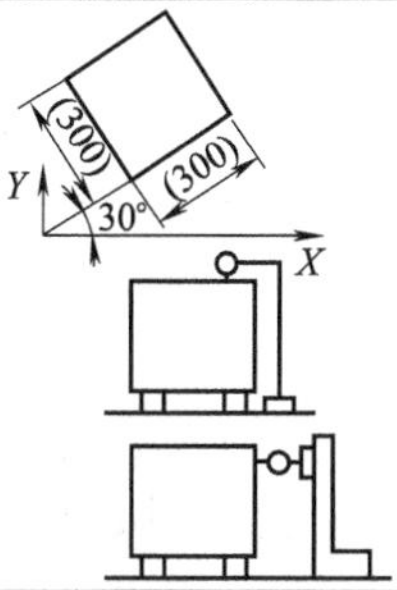	0.015/300
	平行度		0.03/300
	垂直度		0.03/300
立铣刀铣削圆弧精度	圆度	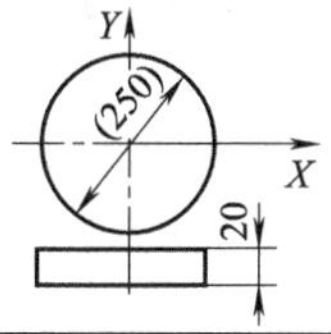	

8.6.2 数控设备性能的检查

随着数控技术日趋完善，数控机床的功能也越来越多样化，而且在单机基本配置前提下，可以有多项选择功能，少则几项，多则几十项。下面以一台相对复杂的立式加工中心为例，说明数控设备装配后一些主要应检查的项目。

(1) 主轴系统性能检查

① 用手动方式选择高、中、低3种主轴转速，连续进行5次正转和反转的启动和停止动作，试验主轴动作的灵活性和可靠性。

② 用数据输入方式，逐步从主轴的最低转速到最高转速，进行变速和启动，实测各种转速值，一般允差为定值的10%或15%，同时观察主轴在各种转速时有没有异常噪声，观察主轴在高速时主轴箱振动情况，主轴在长时间高速运转后（一般为2h）温度变化情况。

③ 主轴准停装置连续操作5次，检验其动作可靠性和灵活性。

④ 一些主轴附加功能的检验，如主轴刚性攻螺纹功能、主轴刀柄内冷却功能、主轴扭矩自测定功能（用于适应控制要求）等。

(2) 进给系统性能检查

① 分别对各运动坐标进行手动操作，检验正、反方向的低、中、高速进给和快速驱动的启动、停止、点动等动作平稳性和可靠性。

② 用数据输入方式测定G00和G01方式下各种进给速度，并验证操作面板上倍率开关是否起作用。

(3) 自动刀具交换系统检查

① 检查自动刀具交换动作的可靠性和灵活性，包括手动操作及自动运行时刀库满负载条件下（装满各种刀柄）的运动平稳性、机械抓取最大允许重量刀柄时的可靠性及刀库内刀号选择的准确性等。检验时，应检查自动刀具交换系统（ ATC）操作面板各手动按钮功能，逐一呼叫刀库上各刀号，如有可能逐一分解操纵自动换刀各单段动作，检查各单段动作质量（动作快速、平稳、无明显撞击、到位准确等)。

② 检验自动交换刀具的时间，包括刀具纯交换时间、离开工件到接触工件的时间，应符合机床说明书规定。

(4) 机床噪声检查

机床噪声标准已有明确规定，测定方法也可查阅有关标准规定。一般数控机床由于大量采用电调速装置，机床运行的主要噪声源已由普通机床上较多见的齿轮啮合噪声转移到主轴电动机的风扇噪声和液压油泵噪声。总的来说，数控机床要比同类的普通机床的噪声小，要求噪声不能超过标准规定（80dB)。

(5) 机床电气装置检查

在试运转前后分别进行一次绝缘检查，检查机床电气柜接地线质量、绝缘的可靠性、电气柜清洁和通风散热条件。

(6) 数控装置及功能检查

检查数控柜内外各种指示灯、输入输出接口、操作面板各开关按钮功能、电气柜冷却风扇和密封性是否正常可靠，主控单元到伺服单元、伺服单元到伺服电动机各连接电缆连接的可靠性。外观质量检查后，根据数控系统使用说明书，用手动或程序自动运行方法检查数控系统主要使用功能的准确性及可靠性。

数控机床功能的检查不同于普通机床，必须在机床运行程序时检查有没有执行相应的动作，因此检查者必须了解数控机床功能指令的具体含义，及在什么条件下才能在现场判断机床是否准确执行了指令。

(7) 安全保护措施和装置的检查

数控机床作为一种自动化机床，必须有严密的安全保护措施。安全保护在机床上分两大类：一类是极限保护，如安全防护罩、机床各运动坐标行程极限保护自动停止功能、各种电压电流过载保护、主轴电动机过热超负荷紧急停止功能等；另一类是为了防止机床上各运动部件互相干涉而设定的限制条件，如加工中心的机械手伸向主轴装卸刀具时，带动主轴箱的 Z 轴干涉绝对不允许有移动指令，卧式机床上为了防止主轴箱降得太低时撞击到工作台面，设定了 Y 轴和 Z 轴干涉保护，即该区域都在行程范围内，单轴移动可以进入此区域，但不允许同时进入。保护的措施可以有机械式（如限位挡块、锁紧螺钉）、电气限位（以限位开关为主）、软件限位（在软件参数上设定限位参数）。

(8) 润滑装置检查

各机械部件的润滑分为脂润滑和定时定点的注油润滑。脂润滑部位如滚珠丝杠螺母副的丝杠与螺母、主轴前轴承等。这类润滑一般在机床出厂一年以后才考虑清洗更换。机床验收时主要检查自动润滑油路的工作可靠性，包括定时润滑是否能按时工作，关键润滑点是否能定量出油，油量分配是否均匀，检查润滑油路各接头处有无渗漏等。

(9) 气液装置检查

检查压缩空气源和气路有无泄漏以及工作的可靠性。如气压太低时有无报警显示、气压表和油水分离等装置是否完好、液压系统工作噪声是否超标、液压油路密封是否可靠、调压功能是否正常等。

(10) 附属装置检查

检查机床各附属装置的工作可靠性。一台数控机床常配置许多附属装置，在新机床验收时对这些附属装置除了一一清点数量之外，还必须试验其功能是否正常。如冷却装置能否正常工作，排屑器的工作质量，冷却防护罩在大流量冲淋时有无泄漏，APC 工作台是否正常，在工作台上加上额定负载后检查工作台自动交换功能，配置接触式测头和刀具长度检测的测量装置能否正常工作，相关的测量宏程序是否齐全等。

(11) 机床工作可靠性检查

判断一台新数控机床综合工作可靠性的最好办法，就是让机床长时间无负载运转，一般可运转 24h。数控机床在出厂前，生产厂家都进行了 24～72h 的自动连续运行考机，用户在进行机床验收时，没有必要花费如此长的时间进行考机，但考虑到机床托运及重新安装的影响，进行 8～16h 的考机还是很有必要的。实践证明，机床经过这种检验投入使用后，很长一段时间内都不会发生大的故障。

在自动运行考机程序之前，必须编制一个功能比较齐全的考机程序，该程序应包含以下各项内容。

① 主轴运转应包括最低、中间、最高转速在内的 5 种以上的速度，而且应该包含正转、反转及停止等动作。

② 各坐标轴方向运动应包含最低、中间和最高进给速度及快速移动，进给移动范围应接近全行程，快速移动距离应在各坐标轴全行程的 1/2 以上。

③ 一般编程常用的指令尽量都要用到，如子程序调用、固定循环、程序跳转等。

④ 如有自动换刀功能，至少应交换刀库之中 2/3 以上的刀具，而且都要装上中等以上重量的刀柄进行实际交换。

⑤ 已配置的一些特殊功能应反复调用，如 APC 和用户宏程序等。

参 考 文 献

[1] 钟翔山. 机械设备维修全程图解 [M]. 北京：化学工业出版社，2014.

[2] 钟翔山. 机械设备装配全程图解 [M]. 北京：化学工业出版社，2014.

[3] 钟翔山，等. 实用钣金操作技法 [M]. 北京：机械工业出版社，2013.

[4] 陈宏钧，等. 钳工操作技能手册 [M]. 北京：机械工业出版社，1998.

[5] 盛永华. 钳工工艺技术 [M]. 沈阳：沈阳科学技术出版社，2009.

[6] 张应龙. 机械设备的装配与检修 [M]. 北京：化学工业出版社，2010.

[7] 吴拓. 实用机械设备维修技术 [M]. 北京：化学工业出版社，2013.

[8] 吴先文. 机械设备维修技术 [M]. 北京：人民邮电出版社，2012.

[9] 徐滨士，等. 表面工程 [M]. 北京：机械工业出版社，2000.

[10] 周树，等. 实用设备修理技术 [M]. 长沙：湖南科学技术出版社，1995.

[11] 杨叔子. 机械加工工艺师手册 [M]. 北京：机械工业出版社，2002.

[12] 姜秀华. 机械设备修理工艺 [M]. 北京：机械工业出版社，2003.

[13] 肖前蔚，等. 机电设备安装维修工实用技术手册 [M]. 沈阳：辽宁科学技术出版社，2007.

[14] 乐为. 机电设备装调与维护技术基础 [M]. 北京：机械工业出版社，2010.

[15] 魏康民. 机械制造工艺装备 [M]. 重庆：重庆大学出版社，2007.

[16] 张道行，等. 机修钳工（初级、中级、高级）[M]. 北京：中国劳动社会保障出版社，2001.

[17] 赵文珍，等. 机械零件修复新技术 [M]. 北京：中国轻工业出版社，2000.

[18] 苗子良，等. 工具钳工（初级、中级、高级）[M]. 北京：中国劳动社会保障出版社，1998.

[19] 黄祥成，等. 钳工技师手册 [M]. 北京：机械工业出版社，2002.

[20] 常宝珍，等. 钳工钻孔问答 [M]. 北京：机械工业出版社，1998.

[21] 龚仲华. 数控机床装配与调整 [M]. 北京：高等教育出版社，2017.

[22] 谢尧，等. 数控机床机械部件装配与调整 [M]. 北京：机械工业出版社，2017.

[23] 付承云. 数控机床安装调试及维修现场实用技术 [M]. 北京：机械工业出版社，2011.